本书受国家社科基金重点项目（项目编号：15AZD038）
河北大学宋史研究中心建设经费资助

中国传统科学技术思想史研究

秦汉卷

吕变庭◎著

科学出版社
北　京

内 容 简 介

本书旨在对秦汉时期的科技发展进行全面考察，通过对秦汉时期诸多科技名著本身所蕴含思想的剖析和解读，重点探讨科学技术思想发展的总体状况，试图较为清晰地勾勒出这一时期科技史发展的学术脉络，并对秦汉时期科技思想辉煌发展历史进行全面审视和反思。此外，本书还对这一时期中国科学技术思想历史的总体状况进行研究，着重考察儒家和道家与科学技术发展的关系，以期为当代科技发展提供历史借鉴。

本书可供秦汉史、科技史等专业的师生阅读和参考。

图书在版编目（CIP）数据

中国传统科学技术思想史研究. 秦汉卷 / 吕变庭著. —北京：科学出版社，2022.11
ISBN 978-7-03-073655-0

Ⅰ. ①中… Ⅱ. ①吕… Ⅲ. ①科学技术-思想史-研究-中国-秦汉时代 Ⅳ. ①N092

中国版本图书馆CIP数据核字（2022）第 205028 号

责任编辑：任晓刚 / 责任校对：张亚丹
责任印制：赵 博 / 封面设计：楠竹文化

科学出版社 出版
北京东黄城根北街 16 号
邮政编码：100717
http://www.sciencep.com

北京厚诚则铭印刷科技有限公司印刷
科学出版社发行 各地新华书店经销
*
2022 年 11 月第 一 版 开本：787×1092 1/16
2025 年 1 月第二次印刷 印张：34
字数：750 000
定价：298.00 元
（如有印装质量问题，我社负责调换）

目　录

绪　　论

一、秦汉科学技术思想史研究的学术回顾

秦汉时期是中国传统科学技术思想史体系的形成阶段，像《周髀算经》《九章算术》《神农本草经》《黄帝内经》《周易参同契》《氾胜之书》《论衡》等一大批具有里程碑意义的科技名典巍然耸立于中国古代传统文化之巅。无论前人抑或后人，也不管是国人还是洋人，一睹经典，犹如仰望高山，无不令人叹为观止。

在现存的中国古代历算遗产中，《周髀算经》是最早引用勾股定理的历史文献。被誉为"十八世纪法国最伟大的汉学家"宋君荣（Antoine Gaubil，1689—1759），对中国文化之研究具有极深造诣，他在 18 世纪 20 年代来华之后，凭借其良好的科学素养，翻译了《周髀算经》（*Textes du Lirre*）等中国经史文献。后来，法国学者毕瓯（Edouard Constant Biol，1803—1850）成为 19 世纪第一个研究中国数学史的法国汉学家，道光二十一年（1841）和道光二十二年（1842），他在《亚洲杂志》（*Journal Asiatique*）上分两次发表了《周髀算经》（*Traduction et Examen d'un Ancien Ouvrage Chinois*）的法语译文。[①]

《九章算术》作为古代中国乃至东方的第一部自成体系的数学专著，它创立了机械化算法体系，与古希腊的《几何原本》运用公理化方法所形成的最早的演绎体系，东西辉映，两者并称现代数学的两大源泉。[②]由于《九章算术》是中古时期（约从公元 500 年到 1500 年之间）世界上最先进的应用数学，因此，至少在隋唐时期《九章算术》就传入了东亚的朝鲜和日本。[③]在西方，《九章算术》的诸术如"盈不足术""测望术""方程术"等大约在六朝时传入印度，然后由印度传入阿拉伯。[④]其中"盈不足术"又称"契丹算法"，欧洲人亦称"假借法"，至迟到 1202 年，意大利数学家列奥纳多·斐波那契（Leonardo Fibonacci，1170[⑤]—1250）在他的《计算之书》（*Liber Abaci*）中就曾介绍了这种算法。诚如钱宝琮先生所说："在十六七世纪时期，欧洲人的代数学还没有发展到充分利用符号的阶段，这种万能的算法便长期统治了他们的数学王国。"[⑥]

---

① 岳峰等：《中华文献外译与西传研究》，厦门：厦门大学出版社，2018 年，第 294 页。

② 甘筱青：《感悟思辨逻辑——从数学到儒学的公理化诠释》，武汉：华中科学技术大学出版社，2020 年，第 17 页。

③ ［日］寺尾善雄：《中国数学和珠算传入日本的始末》，吴哲光译，《文化译丛》1984 年第 5 期，第 32—33 页。

④ 钱宝琮：《盈不足术在西域之流传》，中国科学院自然科学史研究所：《钱宝琮科学史论文选集》，北京：科学出版社，1983 年，第 89 页。

⑤ 也有学者认为他生于 1175 年。

⑥ 钱宝琮：《中国数学史话》，北京：中国青年出版社，1957 年，第 34 页。

在医学领域，《黄帝内经》是我国现存最早的医学理论著作，与西方迟缓至 20 世纪初期才将《黄帝内经》翻译成英文不同，早在飞鸟时代的大宝元年（701），日本就颁布了《大宝律令》，其"医疾令"规定：

> 凡医、针生，各分经受业。医生，习《甲乙》《脉经》《本草》，兼习《小品》《集验》等方。针生，习《素问》《黄帝针经》《明堂》《脉诀》，兼习《流注》《偃侧》等图，《赤乌神针》等经。凡医、针生，初入学者，先读《本草》《脉诀》《明堂》。……读《脉诀》者，令递相诊候，使知四时浮沉涩滑之状。令读《素问》《黄帝针经》《甲乙》《脉经》，皆使精熟。①

日本之所以能够如此成功地移植了唐朝的医学教育制度，主要原因还是因为同属汉语言文化圈，尽管从更深层的社会视角看，两者是各有各的历史背景和社会条件，各有各的文化延续和文化特色。在日本，《黄帝内经》作为一条文化链，节节环扣，既有传播者，又有接受者和研究者，历代不绝，坊间争相传抄，著述如潮，于是版刻大量涌现，其具体书目参见日本东方出版社出版的《黄帝内经版本丛刊》。然而，西方的情形却与此不同，由于《黄帝内经》文字古奥，这对于西语世界的学者而言，光研读它就够难了，更甭说在两个语言之间进行文字转换，那就更加不易。所以直到 1658 年波兰传教士卜弥格（Micha Boym，1612—1659）才在《医学的钥匙》一书中提及了《黄帝内经》，可惜他并没有对原始文献进行翻译。而对《黄帝内经》原文进行英语翻译的欧洲第一人应当是德国学者道森（Percy Millard Dawson），他在 1925 年的《医学史年鉴》上发表了节译的《黄帝内经素问：中医之基础》，"在当时以西医为主导的西方国家发表这一论文，开启了中医学理论传播的先河"②，"尽管短短 6 页的译文仅为《黄帝内经·素问》的沧海一粟，但足以在中医药对外传播的道路上立起新的丰碑"③。自此，一直到 2015 年，约有 15 种与《黄帝内经》相关的英译本。④其中，德国汉学家文树德（Paul Ulrich Unschuld，1943— ）从 1991 年开始《黄帝内经·素问》的英译研究。2003 年，该课题的阶段性成果《黄帝内经·素问：古代中国医经中的自然、知识与意象》一书，由加利福尼亚大学出版社出版，据文树德本人介绍，他在翻译《黄黄内经·素问》的过程中，"共计参考了 1600 年间中日两国学者的 600 部著作和近 3000 篇文献"⑤，可见其翻译难度之大。

《伤寒杂病论》早在唐朝就传入日本，如康治本《伤寒杂病论》书末有"唐·真元乙酉年写之"与日本"康治二年（1143）癸亥九月书写之，沙门了纯"⑥二行字。不过，从前揭《大宝律令·医疾令》所习医学经籍看，里面却没有《伤寒杂病论》，表明当时《伤寒杂病论》还未受到日本医学界的重视。直到日本室町时代中后期，特别是在坂净运入明

---

① 孙猛：《日本国见在书目录详考》中册，上海：上海古籍出版社，2015 年，第 1623 页。
② 黄光惠：《〈黄帝内经〉西传推动西方医学发展》，《中国社会科学报》2019 年 8 月 30 日，第 5 版。
③ 杨莉等：《〈黄帝内经〉英译本出版情况》，《中国出版史研究》2016 年第 1 期，第 137 页。
④ 杨莉等：《〈黄帝内经〉英译本出版情况》，《中国出版史研究》2016 年第 1 期，第 137—141 页。
⑤ 蒋辰雪：《浅析中医文化负载词深度化翻译及其意义》，《环球中医药》2019 年第 1 期，第 106 页。
⑥ 史世勤主编：《中医传日史略》，武汉：华中师范大学出版社，1991 年，第 155 页。

习医学成之后，返回日本时精心探究和推广伤寒之学，尽采《伤寒论》经方，撰有《新椅方》《遇仙方》《续添鸿宝秘要钞》等医著，不仅在日本汉方医学领域独树一帜，而且直接影响了古方派学术思想核心的形成。[①]江户时期，步躔张仲景之学的汉方医家不断增多，如日本古方派的鼻祖名古屋玄医，以"贵阳贱阴"为主题吸取《伤寒论》的精髓，唯见证施治，打开了古方派医学发展的一道新门径。据竜野一雄统计，自古方派兴起以降，尤其是 18—19 世纪，迎来日本研究伤寒之学的高潮，截至 20 世纪中期，日本研究《伤寒论》的著述，约有 531 种[②]，如吉益东洞可刊行《古文伤寒论》、山田正珍著《金匮要略集成》、丹波元简撰《金匮要略辑义》、浅田惟常著《伤寒辨要》等。[③]

为了清楚起见，我们简单地把秦汉时期主要科学技术典籍在国外的传播情况如表 0-1 所示：

表 0-1　秦汉部分科技典籍流传状况总数据表[④]

类别	中文书名	译本版本量/种	分布国家或地区数量/个	图书馆藏量	电子资源数量	电子资源占比/%	其他语言版本
数学类	《九章算术》	5	22	991	3	0.3	法语版 1
	《周髀算经》	1	2	8	0	0.0	无
农学类	《氾胜之书》	1	14	115	1	0.1	无
医学类	《黄帝内经·素问》	10	47	4669	2746	59.0	无
	《黄帝内经·灵枢》	2	14	262	0	0.0	无
	《伤寒论》	4	4	15	1	7.0	无
	《金匮要略》	4	28	182	2	1.0	无

国内研究《九章算术》的现代学者，以钱宝琮为最早。1921 年，钱宝琮在《学艺》第 3 卷第 1 期上发表了《九章问题分类考》一文。在文中，钱宝琮提出了"按郑注方田至旁要九名，当是汉时相传九数之目"[⑤]的观点，初步厘清了《九章算术》的发展脉络。此后，钱宝琮又发表了《〈九章算术〉盈不足术流传欧洲考》《周髀算经考》《汉人月行研究》《〈九章算术〉方程章校勘记》，以及未发表的《〈九章算术〉及其刘徽注与哲学思想的关系》等论文。尤其在《〈九章算术〉及其刘徽注与哲学思想的关系》一文中，钱宝琮提出了许多具有指导性的观点和意见。例如，他认为：

> 《九章算术》的编集与东汉初年经古文学派的儒士有密切的关系。郑众、马德、马融等人以为人民在生产实践中产生的数学概念和计算方法都是儒家六艺中"九数"的内容，因而把古代相传的算法分别隶属于"九章"之内。《九章算术》的编集工作

①　马伯英：《中国医学文化史》下卷，上海：上海人民出版社，2010 年，第 68 页。
②　上海中医学院主编：《中医年鉴（1984）》，北京：人民卫生出版社，1985 年，第 458 页。
③　关于日本刊刻《伤寒杂病论》的相关文献，参见钱超尘、温长路主编：《张仲景研究集成》上册，北京：中医古籍出版社，2015 年，第 185—212 页。
④　林广云、王赟、邵小森：《中国科技典籍译本海外传播情况调研及传播路径构建》，《湖北社会科学》2020 年第 2 期，第 155 页。
⑤　中国科学院自然科学史研究所：《钱宝琮科学史论文选集》，北京：科学出版社，1983 年，第 2 页。

表现了"实事求是"的作风，排除了经今文学派的阴阳五行说，接受了荀子学说的唯物主义思想，是可以理解的。①

这种对《九章算术》性质的纲领性认识，至今都是指导《九章算术》研究的重要原则之一。

《淮南子》和《周易参同契》是汉代道家的两部不朽经典，历来为学界所重。梁启超曾评价《淮南子》一书的价值说："《淮南鸿烈》为西汉道家言之渊府，其书博大而有条贯，汉人著述中第一流也。有东汉高诱注，亦注家最善者。"②高诱认为："（《淮南子》）旨近《老子》，淡薄无为，蹈虚守静，出入经道。其言大也，则焘天载地；说其细也，则沦与无垠，及古今治乱存亡祸福，世间诡异瑰奇之事。其义也著，其文也富，物事之类无所不载，然其大较归之于道"③，肯定《淮南子》的基本思想出于道家。在学界，除道家说之外，尚有杂家、儒道融合诸说，各有考证，笔者在兹不作详述。据初步统计，整个 20 世纪，研究《淮南子》的论文不下 200 篇，专著亦有 10 多种④，唯其专述《淮南子》科技思想的论著却不多见，仅有吕子方的《〈淮南子〉在天文学上的贡献》（《安徽史学》1960 年第 1 期）、席泽宗的《〈淮南子·天文训〉述略》（《科学通讯》1962 年第 6 期）、陈应时的《〈淮南子〉律数之谜》（《乐府新声》1984 年第 3 期）、龚纯的《淮南鸿烈中的医学思想》（《中华医史杂志》1983 年第 3 期）、顾伟康的《中国哲学史上第一个宇宙论体系——论〈淮南子〉的宇宙论》（《上海社会科学学术季刊》1986 年第 2 期）等几篇论文。当然，现在回过头来看，就其影响而言，要说系统论述《淮南子》科技思想的专著，首推陈广忠的《淮南子科技思想》（安徽大学出版社，2000 年）一书，因为由此而揭开了 21 世纪《淮南子》科技思想研究的新篇章，成果丰硕。如王巧慧的《〈淮南子〉的自然哲学思想》（科学出版社 2009 年）、高旭的《论〈淮南子〉农业观的生态意蕴》（《农业考古》2013 年第 3 期）⑤、黄鸿谞的《试论〈淮南子〉的科技思想》（武汉科技大学 2012 年硕士学位论文）、斯洪桥的《〈淮南子〉天人观研究》（南京大学 2014 年博士学位论文）、谢徐林的《〈淮南子〉天人感应思想研究》（南京大学 2017 年硕士学位论文）、王燕捷的《〈淮南子〉的地理观念》（华中科技大学 2019 年硕士学位论文）、张怡哲与孙小淳合作撰写的《〈淮南子〉"气"的宇宙生成论与浑天说》[《广西民族大学学报（自然科学版）》2021 年第 4 期]，以及孙迎智的《理性与神话——〈淮南子〉宇宙生成论研究》（《自然辩证法研究》2022 年第 1 期）等。探讨的视角不仅多元交错，而且拓展的领域越来越广泛，尤其是年轻一代学者逐渐崛起，给《淮南子》科技思想的研究带来生机和活力。

同《淮南子》一样，学界承认《周易参同契》的科学思想研究百年来亦取得了不俗成

---

① 中国科学院自然科学史研究所：《钱宝琮科学史论文选集》，第 601 页。

② 梁启超：《中国近三百年学术史》，北京：东方出版社，1996 年，第 263 页。

③ （汉）高诱：《〈淮南鸿烈解〉序》，张文治：《国学治要》第 3 册《诸子治要》，海口：海南出版社，2015 年，第301 页。

④ 杨栋、曹书杰：《二十世纪〈淮南子〉研究》，《古籍整理研究学刊》2008 年第 1 期，第 78 页。

⑤ 关于研究《淮南子》生态思想的论文比较多，不再一一列举，具体内容详见单长涛：《近三十年国内外〈淮南子〉生态思想研究述评》，《鄱阳湖学刊》2015 年第 1 期，第 59—66 页。

就。这是因为只有在新文化运动以后，《周易参同契》的研究才被真正进入"科学派"学者的视野。首先是中国化学史研究的开拓者王琎在 1920 年的《科学》杂志上发表了《中国古代金属原质之化学》及《中国古代金属化合物之化学》两篇文章，其对《周易参同契》的化学成就进行了初步分析和研究。1932 年，吴鲁强（Wu Luqiang）和美国学者戴维斯（Tenney I.Davis）在《伊希斯》（Isis）第 18 卷上发表了翻译和研究《周易参同契》的成果，产生了巨大影响。有学者评论说："这是第一篇关于这个主题的研究论文，它的开创性是无可怀疑的，使得世界炼丹史上现存的第一部理论著作，为世人所知。国外的炼丹史研究专著，也是通过吴、戴论文间接知道《参同契》的。"[①]此后，国内学者陈国符[②]、周士一[③]、孟乃昌[④]、容志毅[⑤]等人，他们多将科学与思想相结合，细致考辨《周易参同契》所蕴含的科学思想内容，尽管有学者批评说："该书毕竟不是一部科学思想史的著作，而是一部与《太平经》《老子想尔注》齐名的早期道教著作。倘若我们过于抬高它的科学思想，而忘记期实证性的说教与技术是为其求'丹'即长生不死服务的，那就有喧宾夺主之嫌，很可能使这部'丹经王'错位于一部科学著作了。"[⑥]然而，究竟如何认识古书中的科学价值，一直是学界争论不休的问题，本书不拟展开讨论。无论如何，对于已经接受了现代科学教育的受众，我们不能停留在古人的认识水平来为现代人讲解《周易参同契》的思想，假如《周易参同契》没有科学思想价值，我们相信多数现代人一定不会去接受这部丹经著作。在国外，有兴趣研读《周易参同契》的学者也不少，如日本学者石岛快隆的《〈参同契〉的思想史考察》、韩国学者林采佑与许一雄的《〈参同契〉的气功哲学研究》、韩国学者朴演铉著《周易和气功——以〈周易参同契〉为中心》，以及韩国学者朴演柱的《对利用〈周易参同契〉修炼气功的考察》等。可见，韩国学者对于《周易参同契》的研究取向更注重挖掘其人体科学的价值。在国内，经过"科学派"和"思想派"的深度分析和探索之后，学界对于《周易参同契》的研究已经开始逐渐走向"科学"与"思想"相综合的道路。对此，胡孚琛有一段非常精当的评论，他说：

> 《周易参同契》含有丰富的科学思想，它不仅在中国科学史上为医药学、化学、气功疗法合老年养生学直接留下了宝贵遗产，而且其科学思想还渗透到许多学科内（如数学、天学、仿生、军事、武术乃至建筑等），就连中国古代的许多技术发明也和它的思想一脉相承。另需指出的是《参同契》的科学思想曾使世界上一些著名的科学家（如莱布尼兹、玻尔等）受到启发，而且至今还在现代科学中闪烁着智慧的光芒。人们知道，十九世纪末和二十世纪初，西方自然科学发生了一场深刻的革命，相对论、量子力学、控制论等现代科学相继诞生。当《中国科学技术史》的著者李约瑟博

① 马宗军：《〈周易参同契〉思想研究》，山东大学 2006 年博士学位论文，第 8 页。
② 陈国符：《说周易参同契与内丹外丹》，《道藏源流考》修订版，北京：中华书局，2014 年。
③ 周士一、潘启明：《周易参同契新探》，长沙：湖南教育出版社，1981 年。
④ 孟乃昌：《〈周易参同契〉的实验和理论》，《太原工学院学报》1983 年第 3 期。
⑤ 容志毅：《〈参同契〉与中国古代炼丹学说》，《自然科学史研究》2008 年第 4 期。
⑥ 马宗军：《〈周易参同契〉思想研究》，山东大学 2006 年博士学位论文，第 9 页。

士追溯一些现代最有影响的西方科学家的欧洲思想渊源的时候，发现他们都通向莱布尼兹，然后就似乎消失不见了。爱因斯坦在1953年给斯威策的信中表示了对中国贤哲古代发现的惊奇，而李约瑟博士却从现存的莱布尼兹的书信和手稿中听到了古代中国科学思想的回声。原来终生爱好中国学术的莱布尼兹在和到过中国的耶稣会传教士白晋的长期接触中把得到的两个"易图"的挂爻与二进位制联系起来，从而成了控制论的先驱。据说他还曾将一篇关于八卦的数学论文和一个乘法计算器的复制品赠给康熙皇帝。1937年量子力学的创始人玻尔来到中国，发现他的"互补原理"的思想扎根于古老的中国文明之中。1947年丹麦决定授予他级别很高的勋章，他亲自设计的中心图案就是《太极图》中间含有"阳光（黑中白点）"和"阴魂（白中黑点）"的"黑白互回"图徽（《参同契》的图解），以表示阴阳互补之意。实际上，注意到中国古代科学思想的还有被誉为原子弹之父的奥本海默，哥本哈根学派的海森伯，日本著名物理学家汤川秀树等，甚至连因耗散结构理论而获诺贝尔奖金的普利高津，也认为他的理论和中国的研究整体性和自发性的思想相符，主张科学革命达到东西方传统的综合。这就难怪人们竟然声称"《参同契》是打开中国传统科技宝库的金钥匙"，《参同契》体系包括的科学思想"比一般所谈论的'丝绸之路'和'四大发明'的意义要重大的多"。①

《氾胜之书》是我国残存的最古农书，该书原为18篇，可惜原书在宋代以前就亡佚了，现仅存3500多字，书中以关中地区的农业生产为考察对象，选择了当时在关中地区普遍种植的黍、谷、稻、冬麦、春麦、麻、大豆、小豆、葫芦、桑等13种作物，设计了科学系统的精耕细作农业丰产方法区田法，不仅对每种作物从选种、播种、收获和储种，都做了精确的叙述，而且特别强调在农业生产管理中要重视农业技术的总结和生产成本效益分析，标志着我国古代农书的第一个高峰。②然而，就是这样一部承前启后的重要农书，却被某些学者视为"无关于大道"的"有形之具"，将"农学"与"农事"截然分开，因而打入另册，认为"农家之学所言者道农事之书所言者术，术即古之所谓器，不能与道并论……后世不明农家之旨，泥其名而不究其学，乃咸以《齐民要术》诸书列于农家，不特失农家之真，不亦乱班氏之旧耶"③，将《氾胜之书》《齐民要术》等农书归为"农事之书"，严重低估了这些农书的历史价值，在学界造成了一定的消极影响。加上近代以来学界围绕《氾胜之书》中的"谷物种植忌日"问题长期争论不断，故一直到20世纪50年代，氾胜之及其农书的科学地位才被学界重新确定。先是日本学者大岛利一君在《东方学报》第15册第3分册（1946年11月）发表《关于氾胜之书》的长文，对《氾胜之书》的科学内容作了比较全面的分析。接着，日本学者天野元之助在《松山商大开学纪念论文集》上发表《代田与区田——汉代农业技术考》，此文不仅肯定了区田法对于中国

① 胡孚琛：《〈周易参同契〉研究琐谈》，《齐鲁学刊》1985年第2期，第64—65页。
② 王龙宝主编：《中国管理通鉴·要著卷》，杭州：浙江人民出版社，1996年，第214—218页。
③ 转引自高华平、张永春主编：《先秦诸子研究论文集》，南京：江苏凤凰出版社，2018年，第447页。

旱地农业的先进性，而且还举出了实施区田法的实例。受到日本学者的影响，1955 年 3 月 28 日，万国鼎在《光明日报》发表《氾胜之和他的著作〈氾胜之书〉》一文，充分肯定了《氾胜之书》的农学成就及其历史地位，开启了科学研究《氾胜之书》的序幕。1956 年 11 月，石声汉在《生物学通报》第 11 期发表《介绍〈氾胜之书〉》一文。在这篇论文里，石汉声评价《氾胜之书》的科学价值说："（氾胜之）作这部书，是为当时西北地区的旱农设想的。我们今日看来，不仅基本上合理正确，并不陈旧，而且有些基本理论，现在还没有什么可以修改的。这就是说，关于旱农，二千年前我们祖先所认识到的，今日的人类还不能有什么超过。"①同年 12 月，石汉声出版《〈氾胜之书〉今释》（科学出版社，1956 年）一书，次年万国鼎又推出《〈氾胜之书〉辑释》（中华书局，1957 年）一书。这两部辑释《氾胜之书》的扛鼎之作，为进一步深入研究《氾胜之书》的科学价值奠定了雄厚的文献基础。进入 21 世纪以来，随着生态农业的兴起和发展，《氾胜之书》内涵的生态学价值和意义不断被农史学者揭示出来，如邵侃的《"区田法"原生地生态背景考证》（《原生态民族文化学刊》2013 年第 2 期）、杨庭硕的《中国农史研究必须正视环境差异——对汉代关中"区田法"的再认识》（《中国农史》2016 年第 1 期）、孙振民的《氾胜之灾害防治思想研究》（《农业考古》2019 年第 4 期）、王育济的《从〈氾胜之书〉看生态农业》（《春秋》2020 年第 1 期）等，它们从不同视角阐释了《氾胜之书》与中国生态农业发展历史之间的内在关系，具有较强的时代气息。当然，有学者将《氾胜之书》与罗马古农书《农业志》进行比较，认为："《氾胜之书》与《农业志》的创作时间均处于公元前 2 世纪—公元前 1 世纪，二者都是综合性农书，内容包含农、林、牧、副等各方面。由两书中所提到的农耕内容可见，当时古代中国与古代罗马对谷物的关注点有相似之处，农民的基本思想也是较为类似的。"②此外，在《氾胜之书》的文献考证、个别关键句子的释读以及哲学思想的探讨等方面还有不少较高水平的论著，这里就恕不一一赘述了。

在中国古代科学思想史上，《春秋繁露》和《论衡》影响尤其巨大，前者在经学史上的开山地位，无可置疑。对此，曾振宇与范学辉合著的《天人衡中：〈春秋繁露〉与中国文化》（河南大学出版社，1998 年）一书中有详细论述。至于国内学界对《春秋繁露》中科学思想的探讨，主要有吴倩的《试论〈黄帝内经〉之"五行"与〈春秋繁露〉之"五行"》（《湖北广播电视大学学报》2007 年第 1 期）、乔晶的《〈春秋繁露〉养生哲学研究》（曲阜师范大学 2012 年硕士学位论文）、张登本的《〈春秋繁露〉与〈黄帝内经〉理论的构建》（《山西中医学院学报》2012 年第 5 期）等，成果并不是很多，其主要原因是学界一直以来都认为"天人合一"思想阻碍了中国近代科学的发展。③

在宋代，由于受到理学思想的偏颇之见的影响，多数学者将《论衡》判定为"是一部

---

① 石声汉：《介绍"氾胜之书"》，《生物学通报》1956 年第 11 期，第 1 页。

② 范秀琳：《西汉与古罗马农书之比较——以〈氾胜之书〉与〈农业志〉为例》，《辽宁师范大学学报（社会科学版）》2021 年第 5 期，第 137 页。

③ 曲秀全：《从"天人合一"透视中国古代科学技术》，《科学技术哲学研究》2010 年第 4 期，第 94 页。

离经叛道的书"①,至清代则毁誉参半。所以李威武总结王充研究的历史特点说:

> 从东汉到唐代,《论衡》在问世后经过了一个从埋没到崛起的过程;从宋代到近世,环绕王充与《论衡》的评价问题,形成了贬抑与肯定两种不同态度的对立与论争;进至20世纪,王充思想越出国界,受到东西方汉学家的重视与阐释。②

在国外,以日本的王充研究最有代表性。③20世纪初,宇野哲人出版了了多本研究王充思想的著作④,他的思考模式和研究方法,对后来日本学界的王充思想研究产生了巨大的影响。从世界范围看,就日本学者对王充思想所揭示的深度和广度尤其是论文数量而言,在20世纪中后期恐怕无有出其右者,这一现象值得我们的重视和研究。像吉田照子的《〈论衡〉的"命"的性格和"气"的联系》、清水浩子的《王充的阴阳五行观》、堀池信夫的《王充〈论衡〉思想中的批判的合理性和科学思推的若干问题》、小池一郎的《〈论衡〉的意·数·体》等,都以独特的学术视角探讨了王充科学思想的某些侧面,体现了日本学者的治学特点。

当然,进入21世纪之后,我国学者对王充思想的研究,逐渐形成了王充思想研究热,经笔者从中国知网检索,从2000年至2022年5月,我国学者共发表了约340篇与王充思想相关的论文,其中有不少论文具有极强的创新性,发前人之未发,如邓红蕾的《王充"相似·相吸·相奉承理论及其中国哲学意义"》(《中南民族大学学报(人文社会科学版)》2017年第4期)、王子今的《〈论衡〉的海洋论议与王充的海洋情结》(《武汉大学学报(哲学社会科学版)》2019年第5期)、钱志熙的《王充〈论衡〉疾虚妄的生命思想》(《浙江社会科学》2022年第3期)等,不仅进一步扩大了王充研究的视野,而且更为王充思想研究注入了新的活力。

总之,秦汉科学思想的发展是我国古代历史上的一个高峰时期,诚如同袁运开所言:

> 两汉时期是我国古代科学技术发展的又一高峰期,一方面,由于科技本身经过了春秋战国的长期酝酿、积累和实践,到这时达到了量变足以引起质变的地步;另一方面,则是社会政治上的统一与安定,经济的恢复与持续发展,为科技活动和科技新高潮的到来创造了良好的外部条件。它呈现出科技人才辈出,科技著作大批问世,科技成果辉煌,科技对生产的渗透与协调日益显著等诸多特点。⑤

下面我们就以袁先生的观点为指南,通过对秦汉时期诸多科技名著本身所蕴含思想的剖析和解读,尽力向读者展开一幅秦汉科技思想辉煌发展的历史画卷。

---

① 蒋祖怡:《王充卷》,郑州:中州书画社,1983年,第235页。
② 中国社会科学院哲学研究所:《中国哲学年鉴(2001)》,北京:哲学研究杂志社,2001年,第163—164页。
③ [日]佐藤匡玄:《论衡的研究》,东京:创文社,1981年;[日]狩野直喜:《两汉学术考》,东京:筑摩书房,1964年等。
④ [日]宇野哲人:《儒教史》上册,东京:宝文馆,1924年等。
⑤ 袁运开:《中国古代科学技术发展历史概貌及其特征》,《历史教学问题》2002年第6期。

二、秦汉科学技术思想发展的总体状况

秦始皇在结束了诸侯纷争的历史局面之后，通过一系列统一措施，在政治、经济、思想、文化、军事、法律等各个领域，建立起影响深远的专制主义中央集权制度。仅就科学技术的发展而言，中央集权可以集中更多的人力和财力来兴修大型的工程项目。如"秦已并天下，乃使蒙恬将三十万众北逐戎狄，收河南。筑长城，因地形，用制险塞，起临洮，至辽东，延袤万余里"①，这比后来明长城还要长，创造了一项人类历史的奇迹。

文化从多元走向一元，而一元中又蕴涵多元②，这是秦汉大一统国家政权的一个重要特征。据《史记·秦始皇本纪》记载，丞相李斯在秦始皇三十四年（前213）曾经向秦始皇建议在意识形态领域"别黑白而定一尊"，并得到秦始皇的支持。于是，就有了历史上著名的"焚书"之举。关于这次事件的具体经过，《史记》记载李斯的建议如下：

> 五帝不相复，三代不相袭，各以治，非其相反，时变异也。今陛下创大业，建万世之功，固非愚儒所知。且越言乃三代之事，何足法也？异时诸侯并争，厚招游学。今天下已定，法令出一，百姓当家则力农工，士则学习法令辟禁。今诸生不师今而学古，以非当世，惑乱黔首。丞相臣斯昧死言：古者天下散乱，莫之能一，是以诸侯并作，语皆道古以害今，饰虚言以乱实，人善其所私学，以非上之所建立。今皇帝并有天下，别黑白而定一尊，私学而相与非法教。人闻令下，则各以其学议之，入则心非，出则巷议，夸主以为名，异取以为高，率群下以造谤。如此弗禁，则主势降乎上，党与成乎下。禁之便。臣请史官非《秦记》皆烧之。非博士官所职，天下敢有藏《诗》《书》、百家语者，悉诣守、尉杂烧之。有敢偶语《诗》《书》者弃市。以古非今者族。吏见知不举者与同罪。令下三十日不烧，黥为城旦。所不去者，医药卜筮种树之书。若欲有学法令，以吏为师。③

从上述内容看，"焚书"的宗旨是反对以古非今，即"今诸生不师今而学古，以非当世，惑乱黔首"。虽然李斯对当时意识形态领域的复杂形势估计比较悲观，但他认为"别黑白而定一尊"的指导思想是符合当时的历史实际的。为了树立皇帝的权威，秦始皇要求史官唯《秦记》是务，而其他史书皆令烧毁。至于"《诗》《书》、百家语者"，除了"博士官"允许阅读和珍藏之外，其他人必须"诣守、尉杂烧之"。特别是对"以古非今者"，处以"夷三族"的残酷刑罚。而对于非意识形态领域的书籍，如"医药卜筮种树之书"，则实行保护政策。其中"卜筮"之书，不能仅仅理解为"迷信"，在先秦时期科学与迷信很难截然分开，如《汉书·艺文志》将《周易》列入"蓍龟家"④就是典型一例。所以《汉书·艺文志》云："及秦燔书，而《易》为筮卜之事，传者不绝。"⑤而所谓"种树之

① 《史记》卷88《蒙恬列传》，北京：中华书局，1959年，第2565—2566页。
② 景戎华：《追思·俯察·展望——景戎华论文集》，哈尔滨：黑龙江教育出版社，1992年，第25页。
③ 《史记》卷6《秦始皇本纪》，第254—255页。
④ 《汉书》卷30《艺文志》，北京：中华书局，1962年，第1771页。
⑤ 《汉书》卷30《艺文志》，第1704页。

书"实际上是指先秦时期的各种农书。因此，秦始皇基本上把先秦时期的科学技术类书籍都保存下来了。

与"焚书"事件相关的还有秦始皇的"坑儒"之举。据《史记·秦始皇本纪》记载：

> 侯生、卢生相与谋曰："始皇为人，天性刚戾自用，起诸侯，并天下，意得欲从，以为自古莫及己。专任狱吏，狱吏得亲幸。博士虽七十人，特备员弗用。丞相诸大臣皆受成事，倚辨于上。上乐以刑杀为威，天下畏罪持禄，莫敢尽忠。上不闻过而日骄，下慑伏谩欺以取容。秦法，不得兼方，不验，辄死。然候星气者至三百人，皆良士，畏忌讳谀，不敢端言其过。天下之事无小大皆决于上，上至以衡石量书，日夜有呈，不中呈不得休息。贪于权势至如此，未可为求仙药。"于是乃亡去。始皇闻亡，乃大怒曰："吾前收天下书不中用者尽去之。悉召文学方术士甚众，欲以兴太平，方士欲练以求奇药。今闻韩众去不报，徐市等费以巨万计，终不得药，徒奸利相告日闻。卢生等吾尊赐之甚厚，今乃诽谤我，以重吾不德也。诸生在咸阳者，吾使人廉问，或为妖言以乱黔首。"于是使御史悉案问诸生，诸生传相告引，乃自除犯禁者四百六十余人，皆坑之咸阳，使天下知之，以惩后。益发谪徙边。始皇长子扶苏谏曰："天下初定，远方黔首未集，诸生皆诵法孔子，今上皆重法绳之，臣恐天下不安。唯上察之。"始皇怒，使扶苏北监蒙恬于上郡。[①]

此处到底是"坑儒"还是"坑方士"？学界有不同认识，不过，无论是儒生还是方士，秦始皇惩罚他们的直接原因就是"今乃诽谤我"，由于有人在背后骂皇帝，"或为妖言以乱黔首"，所以秦始皇将他们"皆坑之咸阳"。如果我们简单地看待秦始皇的上述行为，无疑就会得出"暴君"的结论。但是，秦始皇的初衷却是"悉召文学方术士甚众，欲以兴太平"，这不能不说是秦始皇所谋划的一个"文治"方略，可惜，这个方略没有能够如愿以偿地贯彻下去。至于"方士欲练以求奇药"，使服食者延年益寿，即积极谋求抗衰老之道，不独秦始皇有这样的梦想，就是现代人不也有这样的梦想吗？

汉武帝也延续了秦始皇"别黑白而定一尊"的治国理念，定"罢黜百家，独尊儒术"之策，初步奠定了儒学在中国传统文化中的主流地位。据《汉书·武帝纪》载，建元元年（前140）冬十月，汉武帝诏丞相、御史、列侯、中二千石、二千石、诸侯相举贤良方正直言极谏之士。丞相卫绾奏："所举贤良，或治申、商、韩非、苏秦、张仪之言，乱国政，请皆罢。奏可"[②]，这是汉武帝的第一次"罢黜百家"。

《汉书·武帝纪》又载：

> （元光元年）五月，诏贤良曰："朕闻昔在唐虞，画象而民不犯，日月所烛，莫不率俾。周之成康，刑错不用，德及鸟兽，教通四海。海外肃慎，北发渠搜，氐羌徕服。星辰不孛，日月不蚀，山陵不崩，川谷不塞；麟凤在郊薮，河洛出图书。呜乎，

---

① 《史记》卷6《秦始皇本纪》，第258页。
② 《汉书》卷6《武帝纪》，第156页。

何施而臻此与？今朕获奉宗庙，夙兴以求，夜寐以思，若涉渊水，未知所济。猗与伟与！何行而可以章先帝之洪业休德，上参尧舜，下配三王？朕之不敏，不能远德，此子大夫之所睹闻也。贤良明于古今王事之体，受策察问，咸以书对，著之于篇，朕亲览焉。"于是董仲舒、公孙弘等出焉。[①]

其中，董仲舒之《对贤良策》云：

> 《春秋》大一统者，天地之常经，古今之通谊也。今师异道，人异论，百家殊方，指意不同，是以上亡以持一统；法制数变，下不知所守。臣愚以为诸不在六艺之科孔子之术者，皆绝其道，勿使并进。邪辟之说灭息，然后统纪可一而法度可明，民知所从矣。[②]

汉武帝采纳了董仲舒的建议，"推明孔氏，抑黜百家"[③]。这是汉武帝第二次"罢黜百家"，有学者将其与秦始皇"焚书"相提并论，称为"秦以后中国文化所遭受的二次厄运"，而"董仲舒所发动的这一次对封建政权的长期巩固所起的作用最大，其在文化上之危害也最长远"[④]。在此，把"独尊儒术"片面地看作是一种"文化厄运"，显然脱离了当时"大一统"国家政治的特殊需要，故这种观点有失偏颇。考虑到"大一统"国家政治需要一元化的国家意识形态与之相适应，所以儒学就成为汉代官方教育的正统，但它并不排除民间文化的多元发展。一方面，汉武帝"建藏书之策，置书写之官，下及诸子传说，皆充秘府"[⑤]；另一方面，"自曹参荐盖公言黄老，贾生、晁错明申、商，公孙弘以儒显。百年之间，天下遗文古事靡不毕集"[⑥]。因此，钱穆比较正确地分析说：

> 至秦汉以后，中国学术大致归宗于儒家，此非各家尽被排斥之谓，实是后起儒家能荟萃先秦各家之重要精义，将之尽行吸收，融会为一。故在先秦时，尽有百家争鸣，而秦汉以后，表面上似乎各家都已偃旗息鼓，惟有儒家独行其道。按诸实际，殊不尽然。此因中国学术精神，乃以社会人群之人事问题的实际措施为其主要对象，此亦为中国学术之一特殊性。儒家思想之主要理想及其基本精神即在此。而先秦各家思想，大体亦无以逾此。故能汇归合一，而特以儒家为其中心之主流而已。[⑦]

秦汉的"大一统"国家政治有利于集中人才进行系统化的科学攻关和理论创新，因而出现了一批具有奠基性的科学论著。例如，最终成书于西汉的《黄帝内经》[⑧]，"吸收了当时比较先进的哲学思想，作为理论的支柱，并与医疗实践进行有机地结合，使之升华，形

---

① 《汉书》卷 6《武帝纪》，第 160—161 页。
② 《汉书》卷 56《董仲舒传》，第 2523 页。
③ 《汉书》卷 56《董仲舒传》，第 2525 页。
④ 胡寄窗：《中国经济思想史》中册，上海：上海人民出版社，1963 年，第 36 页。
⑤ 《汉书》卷 30《艺文志》，第 1701 页。
⑥ 《史记》卷 130《太史公自序》，第 3319 页。
⑦ 钱穆：《中国历史研究法》，北京：生活·读书·新知，2001 年，第 76—77 页。
⑧ 黎敬波、古继红主编：《内经讲记》，北京：中国医药科技出版社，2016 年，第 2 页。

成了脏象学说、病因病机学说、诊法学说及疾病防治学说，为中医学奠定了较为完整的理论体系，为中医学的发展提供了理论依据和指导方法。这也是中医学发展历经千年而不衰，而且在世界传统医学独树一帜的根本原因"①。又如，成书于东汉时期的《九章算术》，不仅确定了中国古代数学的体系框架，而且还自始至终贯穿着重实用的原则，且"专门致力于统治官员所要解决的问题"②，突出算法与数形结合，遂与《几何原本》一起成为现代数学发展的两大源泉之一。

相比于分散的割据政权，强大的中央集权制封建统治更有力量组织兴建跨区域的大型水利工程。如《淮南子·人间训》载："（秦始皇）又利越之犀角、象齿、翡翠、珠玑，乃使尉屠睢发卒五十万为五军，一军塞镡城之领，一军守九疑之塞，一军处番禺之都，一军守南野之界，一军结余干之水。三年不解甲驰弩，使监禄无以转饷。又以卒凿渠而通粮道，以与越人战。"③文中所凿之渠即沟通湘江、漓江的灵渠，到唐代时因水位下降而开始出现斗门。据范成大《桂海虞衡志》记载：

> 湘水源于云泉之海阳山，在此下漓江，骈舸下流，本南下广西兴安；水行其间，地势最高，二水远不相谋，禄始作此渠，派湘之流而注之漓，使北水南合，北舟逾岭。其作渠之法，于湘流沙磕中垒石作铧嘴，锐其前，逆分湘流为两，激之六十里行渠中，以入漓江，与俱南，渠绕兴安界，深不数尺，广丈余。六十里间，置斗门三十六，土人但谓之斗。舟入一斗，则复闸斗，伺水积渐进。故能循崖而上，建瓴而下，千斛之舟，亦可往来。治水巧妙，无如灵渠者。④

由于斗门（即陡门，相当于现代船闸）需要人工升降，故"置斗门三十六"就必须有专人日夜坚守。这样，世代沿袭守护灵渠的"陡军"就应运而生了。可见，自秦以来，灵渠对巩固国家的统一，加强南北政治、经济、文化的交流，密切各族人民的往来，都起到了积极作用。⑤

引黄灌溉是秦汉农田水利工程建设的重中之重，据《史记·水利书》载："（韩）使水工郑国间说秦，令凿泾水自中山西抵瓠口为渠，并北山东注洛三百余里……渠就，用注填阏之水，溉泽卤之地四万余顷，收皆亩一钟。"⑥又据《汉书·沟洫志》记载："太始二年，赵中大夫白公奏穿渠。引泾水，首起谷口，尾入栎阳，注渭中，袤二百里，溉田四千五百余顷，因名曰白渠。民得其饶。"⑦文中"亩产一钟"即 6 石 4 斗⑧，而关东旱作农区

① 王庆其主编：《内经选读》，北京：中国中医药出版社，2000 年，第 19 页。
② [英]李约瑟原著，[英]柯林·罗南改编：《中华科学文明史》上册，上海交通大学科学史系译，上海：上海人民出版社，2014 年，第 281 页。
③ （汉）刘安著、高诱注：《淮南子》卷 18《人间训》，《诸子集成》第 10 册，石家庄：河北人民出版社，1986 年，第 322 页。
④ （宋）范成大撰、严沛校注：《桂海虞衡志校注》，南宁：广西人民出版社，1986 年，第 174 页。
⑤ 贾兵强、朱晓鸿：《图说治水与中华文明》，北京：中国水利水电出版社，2015 年，第 120 页。
⑥ 《史记》卷 29《河渠书》，第 1408 页。
⑦ 《汉书》卷 29《沟洫志》，第 1685 页。
⑧ 王双怀：《古史新探》，西安：陕西人民出版社，2013 年，第 9 页。

的亩产才 1 石 5 斗，郑国渠灌区的亩产为关东旱作农区的 4 倍。①

在西汉之前，各地已经出现了不同类型的"纸"，如罗布淖尔纸、灞桥纸、居延纸、扶风纸等，但经专家考证，这些麻纸尚处于初级阶段，不仅产量有限，而且质地粗疏，取代简帛的条件还不成熟。东汉以降，尤其蔡伦改进造纸技术之后，纸张才逐渐取代简帛而成为书籍的主要载体。故人们通过对武威旱滩坡纸及额济纳烽燧遗址中出土的东汉文书残纸的研究分析，认为"至迟在公元二世纪后半叶，纸张已经可以取代简帛，成为理想的书写材料"②。而纸张在东汉的普及与大一统的国家政权关系密切，据《后汉书·蔡伦传》载：

> 伦有才学，尽心敦慎，数犯严颜，匡弼得失。每至休沐，辄闭门绝宾，暴体田野。后加位尚方令。永元九年，监作秘剑及诸器械，莫不精工坚密，为后世法。自古书契多编以竹简，其用缣帛者谓之为纸。缣贵而简重，并不便于人。伦乃造意，用树肤、麻头及敝布、鱼网以为纸。元兴元年奏上之，帝善其能，自是莫不从用焉，故天下咸称"蔡侯纸"。③

大一统国家政权推动了秦汉钢铁冶炼技术的发展，如满城汉墓出土的钢剑及错金宝刀，经鉴定都是"百炼钢"技术兴起的产物，而山东苍山县东汉墓出土的卅炼环首钢刀，则是以炒钢为原料并经过反复锻打所成。④汉武帝时期，盐的产、运、销皆归官府。用《盐铁论》中的话说，就是"笼天下盐铁诸利，以排富商大贾"⑤。对于这个政策实行后的社会效果，有专家这样评论说："官营盐铁业，由于是国家开办的，人力和物力当然是很雄厚的，又能集中全国最高技艺的手工业者。这些极为优越的条件是私营盐铁手工业者所无法比拟的"，故"汉代冶铁业在西汉中期以后一段时间内大发展，当与此有关"⑥。

综上所述，我们不难看出，秦汉生产力的发展水平在整体上超过了春秋战国。于是，有学者强调说："战国中期人口约三千万，汉初人口仅有六百万。……耕地面积约八亿亩。在墓葬中仓廪和谷物加工工具等实物和模型的大量发现，特别是洛阳地区发掘的数百个西汉墓葬，出土了大量的农作物标本。贮有谷物的陶仓和陶壶，上面书写着粮食品种，有：黍、粟、稷、小麦、大麦、硬稻（壳长 88 毫米，直径 4 毫米，是一种极其肥大良好的品种）、秈稻、薏米、大豆、麻子。粮食制品有酒、蘖、曲、酱、羹、醯、油和盐豉。这充分地反映了汉代生产力提高和农业经济的繁荣。"⑦而建立在此基础上的科学技术思想，也必然相应地发展到一个新的历史高度。以天文学为例，"从《太初历》到《四分历》，奠定了我国农历的基础。这些工作都是在汉代完成的，其制历原则一直沿用至今，

① 张波、樊志民主编：《中国农业通史·战国秦汉卷》，北京：中国农业出版社，2007 年，第 134 页。
② 中国社会科学院考古研究所：《新中国的考古发现和研究》，北京：文物出版社，1984 年，第 479 页。
③ 《后汉书》卷 78《蔡伦传》，北京：中华书局，1965 年，第 2513 页。
④ 庄泖编著：《人类的辉煌创造——不断寻找新的材料支持》，海口：海南出版社，1993 年，第 80 页。
⑤ （汉）桓宽：《盐铁论·轻重》，上海：上海人民出版社，1974 年，第 31 页。
⑥ 逄振镐：《秦汉经济问题探讨》，北京：华龄出版社，1990 年，第 80 页。
⑦ 南京大学历史系考古专业：《战国秦汉考古》，内部资料，1981 年，第 130 页。

影响之大，于此可见"①。

三、秦汉科学技术思想的主要特点

第一，为"大一统"国家政治服务的倾向比较明显。《汉书·地理志》载："凡民函五常之性，而其刚柔缓急，音声不同，系水土之风气，故谓之风；好恶取舍，动静亡常，随君上之情欲，故谓之俗。孔子曰：'移风易俗，莫善于乐。'言圣王在上，统理人伦，必移其本，而易其末，此混同天下一之乎中和，然后王教成也。"②这里提出了"移风易俗"的两条途径：第一条途径是"人口流动"，即班固所说的"汉承百王之末，国土变改，民人迁徙"③。第二条途径是改变自然环境和社会环境，其中"水土之风气"是指自然环境，"随君上之情欲"是指社会环境。那么，汉朝"君上之情欲"应当涵盖哪些内容呢？《史记·陆贾列传》载有刘邦与陆贾君臣两个人的一段佳话，其文云：

> 陆生时时前说称《诗》《书》。高帝骂之曰："乃公居马上而得之，安事《诗》《书》!"陆生曰："居马上得之，宁可以马上治之乎？且汤武逆取而以顺守之，文武并用，长久之术也。昔者吴王夫差、智伯极武而亡；秦任刑法不变，卒灭赵氏。乡使秦已并天下，行仁义，法先圣，陛下安得而有之？"高帝不怿而有惭色，乃谓陆生曰："试为我著秦所以失天下，吾所以得之者何，及古成败之国。"陆生乃粗述存亡之征，凡著十二篇。每奏一篇，高帝未尝不称善，左右呼万岁，号其书曰"新语"④。

在"大一统"的国家政权背景下⑤，皇帝的"情欲"直接影响到当朝社会的政治秩序。例如，据《史记·三王世家》载，元狩六年（前117），汉武帝封其子旦为燕王，针对燕地"愚悍少虑，轻薄无威"⑥之俗，汉武帝担心其被风俗所化，特别封策说："悉尔心，毋作怨，毋俷德。毋乃废备。非教士不得从征。於戏，保国艾民，可不敬与！"⑦文中"毋作怨"是指勿使从俗以怨望也⑧，而"非教士不得从征"则学界有两种解释：一是指"军士不经训练不得征召从军"⑨；二是指"非习礼仪不得在于侧也"⑩。本书从第二说。训诫归训诫，后来还是不幸被汉武帝言中了，燕王丹果然做了一件令他非常失望的愚蠢之事。据《史记》载：

---

① 罗新慧：《探索中华古文明》，西安：太白文艺出版社，2012年，第31—32页。
② 《汉书》卷28下《地理志》，第1640页。
③ 《汉书》卷28下《地理志》，第1640页。
④ 《史记》卷97《陆贾列传》，第2699页。
⑤ 晋文：《略论汉代的"《春秋》大一统"理论》，《徐州师范大学学报（哲学社会科学版）》2001年第4期，第73—75页。
⑥ 《汉书》卷28下《地理志》，第1657页。
⑦ 《史记》卷60《三王世家》，第2112页。
⑧ 《史记》卷60《三王世家》，第2118页。
⑨ 吴孟复、蒋立甫主编：《古文辞类纂评注》中册，合肥：安徽教育出版社，1995年，第1192页。
⑩ 《史记》卷60《三王世家》，第2118页。

会武帝年老长，而太子不幸薨，未有所立，而旦使来上书，请身入宿卫于长安。孝武见其书，击地，怒曰："生子当置之齐鲁礼义之乡，乃置之燕赵，果有争心，不让之端见矣。"于是使使即斩其使者于阙下。①

由此可见，汉武帝的"情欲"确实转向了"仁治"。而在"独尊儒术"的理念之下，汉武帝"博开艺能之路，悉延百端之学"②。于是，汉代的作者分布区域逐渐由中原地区向中原地区以外的区域扩展，"如作者扬雄、严平君、司马相如、毛亨、主父偃、甘可忠、司马谈、司马迁、桓宽、史游、虞初、刘歆、刘向、氾胜之等等，著作者的籍贯分布除了中原地区外，还出现了齐鲁和巴蜀两个中心，作者的身份不局限于朝中大臣，且地方守令，一般吏员及平民也加入其列。著作内容的范围涉及相当广泛，除哲学、政治、论理、军事以外，文学、史学、天文历法、语言文字、图书学、农学都有出现"③。东汉以后，变化更加显著，作者的籍贯分布"从中原、齐鲁、巴蜀三个中心地区，几乎辐射到了汉代各郡国，作者队伍中下层吏民更具普遍性；著述内容大为丰富，几乎涉及到了汉代整个社会生活的方方面面"④。

第二，以应用为目的的综合思维已经成为汉代科学研究的主要思维方式。所谓综合思维是指将逻辑思维与形象思维紧密结合起来进行思考的方法。⑤前揭《黄帝内经》即是这种思维方式的产物。如众所知，"八卦思维"是一种"象数集成符号"⑥，本质上属于形象思维的范畴。而《墨经》中的逻辑学部分则属于分析思维的范畴，它是科学理论形成的前提。史学界普遍认为，汉代学术比较轻视分析思维，这是墨家在汉代衰落的重要原因之一。如荀子"诃斥对逻辑难题的热忱为轻浮妄动"⑦，所以有学者认为，作为世界逻辑发展的三大源流之一的先秦逻辑学（以《墨经》的逻辑学为主要代表），到汉代以后，其自身的发展"链条被迫中断"，因而"未能进入世界逻辑发展的主流"⑧。汉代科学沿着两条途径向前发展：实用科学与谶纬学。无论是实用科学还是谶纬学，它们的内容虽然各有侧重，但注重形象思维却是两者的共同点。那么，如何评价谶纬与科学的关系，这是一个比较复杂的问题。谶纬中确实包含着许多反科学的内容，例如神道设教就是典型的一例。但是我们又不得不承认，谶纬学中也"包含着一些天体物理学、天体演化学、气象学、医学生理学、地理学等领域的科学成分"⑨。例如：

纬书对人感觉不到的地球运动，有形象而精彩的论述，"地常动而人不知"，就像人在大舟上，"闭牖而坐，舟行而人不觉"。(《河图》) 对地球运动的认识，达到这样

① 《史记》卷 60《三王世家》，第 2118 页。
② 《史记》卷 128《龟策列传》，第 3224 页。
③ 刘少虎：《论汉代著述之风的形成》，《益阳师专学报》1999 年第 4 期，第 94 页。
④ 刘少虎：《论汉代著述之风的形成》，《益阳师专学报》1999 年第 4 期，第 94 页。
⑤ 宋海宏、陈宇夫、李梅主编：《建筑设计及其方法研究》，北京：中国水利水电出版社，2015 年，第 88—89 页。
⑥ 汪国栋：《荀况天人系统哲学探索》，南宁：广西人民出版社，1987 年，第 39 页。
⑦ 王裕安主编：《墨子研究论丛》第 5 辑，济南：齐鲁书社，2001 年，第 430 页。
⑧ 陈波：《中国逻辑学的历史审视与前景展望》，《光明日报》2003 年 11 月 4 日。
⑨ 蔡德贵、侯拱辰：《道统文化新编》，济南：山东大学出版社，2000 年，第 513—514 页。

的高水平，实在是纬书的一大贡献。①

在物理气候学方面，谶纬对雷电的形成做出了较科学的解释，认为是阴气、阳气两种物质力量矛盾斗争相互作用的结果，"阴阳合为雷，阴阳激为电"（《春秋纬·元命包》），"阴阳相薄为雷"（《河图》）；"阴阳和合，其电耀耀也，其光长而雷殷殷也"（《易纬·稽览图》）。这种解释，都是在物质内部寻找自然气象所产生的原因。②

在医学生理学方面，谶纬记录和保存了许多对人体各部分器官功能的分析，如《春秋纬·元命包》对胃、脾、膀胱、肺、目、肝、脑的功能都有分析，指出：胃是脾之府，主禀气。胃是谷之委托，脾禀气。膀胱是肺之府，肺的作用是"断决"，而膀胱"决难"。目是肝之使，肝是木之精。头是神所居，上圆象天，气之府。而"脑之为言在，人精为脑"，已经清楚地指出大脑是思维器官，能辨察事物，是人之精神所在。这比古代把心作为思维器官，显然是科学的认识。③

以上几个实例表明，正是由于大量纬书的出现，才为汉代的综合思维创造了条件。如刘安的《淮南子》"'虽以道为归，但杂采众家'，仍表现出一定的融合倾向"④，被学界誉为"是一部百科全书式的著作"⑤，或者说是"当时私学知识荟萃"⑥。而"从各篇标目上看，这部作品的取材相当广泛，上至天文，下至地理，中至人世，全都涵盖其中"⑦。王充《论衡》对汉代盛行的谶纬之说做了批判性的总结，其综合思维水平之高，"实汉代批评哲学第一奇书"⑧。诚如有学者所言："（王充）一生最大的成果，就是《论衡》的写作，对当时知识所涵盖的学科几乎全部涉及，达到他那个时代科学思维的最高水平。"⑨

---

① 蔡德贵、侯拱辰：《道统文化新编》，第 514 页。
② 蔡德贵、侯拱辰：《道统文化新编》，第 514—515 页。
③ 蔡德贵、侯拱辰：《道统文化新编》，第 515 页。
④ 王连升、郝志达、周德丰主编：《中国文化要义》，武汉：华中理工大学出版社，1999 年，第 103 页。
⑤ 李炳海：《先秦两汉散文分类讲》，北京：高等教育出版社，2007 年，第 18 页。
⑥ 李冬君：《中国私学小史》，北京：学习出版社，2011 年，第 41 页。
⑦ 李炳海：《先秦两汉散文分类讲》，第 18 页。
⑧ 梁启超：《中国近三百年学术史》，北京：东方出版社，1996 年，第 266 页。
⑨ 王水福主编：《潮涌千年》，杭州：杭州出版社，2006 年，第 26 页。

第一章 道家科学思想研究

李约瑟博士在《中国古代科学思想史》一书中对道家的科学思想给予了很高的评价，他认为："道家的思想虽然有政治的集产主义，宗教的神秘主义，以及个人追求形而下不朽的功夫，即蕴涵着丰富的科学思想，因此道家在中国科学史上非常重要。此外，道家又能将他们的理论付诸实行，所以东亚的化学、矿物学、植物学、动物学和药物学，都渊源于道家。"①老实讲，李氏的言语未免有些夸张，但它确实具有极大的鼓动性，因而激发了我国学者研究道家或道教科技思想的巨大热情，尤其是进入 21 世纪以来，高水平的研究论著不断涌现，具体内容请参见《中国传统科学技术思想史研究·导论卷》中的相关文献综述，兹不赘论。

与儒家相比，道家更加关注自然和醉心于吸纳天地日月之真气，由于他们遁入世外，远离闹市，所以为了维持基本的生存所需，就必须学会自我保护，而道家所创立的很多养生方法，即是他们在主动适应自然界过程中不能不具备的一种自我保护意识。因而他们对自然与生命之间的关系，较常人认识和理解得更加透彻和通悟。这得益于这个阶层普遍的"眼睛向下"，而不是像儒家那样"眼睛向上"。因此，李约瑟博士说："道家思想既是现代科学的先驱，他们势必对各色各样的事物感兴趣，即使儒家不屑一顾的东西——如看起来毫无价值的矿物，野生的植物、动物，人体各部和人类的产品等——也在道家研究的范围之内。"②

下面笔者先从医药学入手来讨论道家的科学技术思想。

第一节 《神农本草经》的药物思想及其成就

《神农本草经》的成书经历了一个比较漫长的过程，相传起源于神农氏，代代口耳相传，最后定型于西汉末或东汉初③，非一时一人之所成。据范文澜先生考证："《汉书·艺文志》不曾记录《神农本草经》，但西汉确有这一部名叫《本草》的药物书。书中多见东

---

① ［英］李约瑟：《中国古代科学思想史》，陈立夫等译，南昌：江西人民出版社，1999 年，第 183 页。
② ［英］李约瑟：《中国古代科学思想史》，陈立夫等译，第 55 页。
③ 高文柱：《跬步集：古医籍整理序例与研究》，北京：中华书局，2009 年，第 437 页；汪子春、范楚玉：《中华文化通志·科学技术典》第 63 册《农学与生物学志》，上海：上海人民出版社，1998 年，第 276 页。薛公忱先生认为："《神农本草经》是先秦、西汉乃至东汉初期药物学的集大成之作，编撰者当为奉行道家思想的专业医药学家。"参见薛公忱主编：《儒道佛与中医药学》，北京：中国书店，2002 年，第 454 页。

汉时地名，当是东汉医家有较多的补充和说明。"①范老的意见是很中肯的，也是可信的。比如，自秦始皇以降，两汉诸帝无不孜孜于服食长生不老药。先是，《史记·秦始皇本纪》载："（秦始皇）因使韩终、侯公、石生求仙人不死之药。"②又，汉武帝迷信黄老道术，服食丹药以求长生不老，并"遣方士入海求蓬莱安期生之属，而事化丹沙诸药齐（剂）为黄金矣"③。当时，刘安招致宾客，在其主持编纂的《淮南子》一书里，已经反复提到汞、丹砂、雄黄等药物。因此，东汉科学家张衡分析说："淮安王学道，招会天下有道之人。倾一国之尊，下道术之士。是以道术之士，并会淮南，奇方异术，莫不争出。王遂得道，举家升天，畜产皆仙，犬吠于天上，鸡鸣于云中。此言仙药有余，犬鸡食之，皆随王而升天也。"④可是，在王充看来，"天养物，能使物畅至秋，不得延之至春。吞药养性，能令人无病，不能寿之为仙"⑤。这是对所谓"仙药"说的一种批判，其主旨在于回归本草。据统计，《神农本草经》共载有可"延年""不老"的药物多达211种，约占药物总数357种⑥的59%，如果我们把这个结果与《汉书·艺文志》相对照，就不难发现，《神农本草经》与《黄帝神农食禁》7卷、《黄帝三王养阳方》20卷、《黄帝杂子芝菌》18卷等，似乎有一定的关系。如刘安说："世俗之人多尊古而贱今，故为道者必托之于神农、黄帝而后能入说。"⑦我们知道，汉代设置有"本草"官，如《汉书·郊祀志》载，汉成帝二年（前31），"侯神方士使者副佐、本草待诏七十余人皆归家"⑧。又《汉书·平帝纪》载，元始五年（5）春正月，"征天下通知逸经、古记、天文、历算、钟律、小学、《史篇》、方术、《本草》及以《五经》、《论语》、《孝经》、《尔雅》教授者，在所为驾一封轺传，遣诣京师。至者数千人"⑨。此处的《本草》，究竟是个什么样子，不得而知。但可以肯定《本草》书的出现当在西汉末年，至于为何托古者不将其《本草》名为《黄帝本草经》，而名为《神农本草经》，应当与"神农尝百草"的传说有关。除此之外，还可能跟"神仙家的性质有关。考《汉书·艺文志》所载"神仙十家"中，以"黄帝"名者占了4家，而以"神农"名者仅占1家。它说明"神农"一家的"神仙"味儿比较淡薄，班固《汉书》对神仙并不感兴趣，认为它多"诞欺怪迂之文"。班固评价说："神仙者，所以保性命之真，而游求于其外者也。聊以荡意平心，同死生之域，而无怵惕于胸中。然而或者专以为务，则诞欺怪迂之文弥以益多，非圣王之所以教也。"⑩在西汉，"本

---

① 范文澜主编：《中国通史简编》第2编，北京：人民出版社，1965年，第239页。

② 《史记》卷6《秦始皇本纪》，北京：中华书局，1959年，第252页。

③ 《史记》卷6《孝武本纪》，第455页。

④ （汉）王充：《论衡》卷7《道虚篇》，《百子全书》第4册，长沙：岳麓书社，1993年，第3279页。

⑤ （汉）王充：《论衡》卷7《道虚篇》，《百子全书》第4册，第3279页。

⑥ 薛愚主编：《中国药学史料》，北京：人民卫生出版社，1984年，第96页。由于版本不同，所载药物略有差异，如孙星衍、孙冯翼辑本，共收载药物357种；明代卢复辑本，共收载药物365种；清朝黄奭辑本，共收载药物357种；清朝顾观光辑本，共收载药物365种；清朝王闿运辑本，共收载药物360种等。本书以黄奭辑本为准。

⑦ （汉）刘安撰、高诱注：《淮南子·修务训》，《百子全书》第3册，第2985页。

⑧ 《汉书》卷25下《郊祀志》，北京：中华书局，1962年，第1258页。

⑨ 《汉书》卷12《平帝纪》，第359页。

⑩ 《汉书》卷30《艺文志》，第1780页。

草"的地位远不如神仙的地位显赫，所以《汉书·艺文志》没有独立的"本草家"，而是归于"经方"内。而"本草学"从"经方"中独立出来，应在西汉末或东汉初。

然而，《神农本草经》的作者，尚不能确定。不过，可以肯定它是道家的作品。①

一、从神农尝百草到中国传统药物理论的形成

（一）从"神农尝百草"看汉代本草学的传承

神农被视为我国农业的始祖，陆贾《新语》卷上《道基》云："至于神农，以为行虫走兽难以养民，乃求可食之物，尝百草之实，察酸苦之味，教人食五谷。"②《淮南子·修务训》亦说："古者民茹草饮水，采树木之实，食蠃蛖之肉。时多疾病毒伤之害，于是神农乃始教民播种五谷，相土地［之］宜、燥湿肥饶高下，尝百草之滋味，水泉之甘苦，令民知所辟就。当此之时，一日而遇七十毒。"③《论衡·感虚》更说："神农之桡木为耒，教民耕耨，民始食谷，谷始播种。耕田以为土，凿地以为井。"④在东汉人的视域里，神农既是我国农业的始祖，同时又是本草的开山，两者具有内在的一致性和统一性，所谓"药食同源"指的就是这个意思。尽管《素问》已经提出了明确的"药食同源"说，如《素问·藏气法时论篇》云："毒药攻邪，五谷为养，五果为助，五畜为益，五菜为充，气味合而服之，以补精益气。"⑤《素问·五常政大论篇》又云："大毒治病，十去其六；常毒治病，十去其七；小毒治病，十去其八；无毒治病，十去其九，谷肉果菜，食养尽之。"⑥但是，这些重要的食疗思想都是在医方与药物相统一的情况下讲的，当时还没有把"本草"与"医方"分离开来，更没有作为一门独立的学问来研究。所以东汉道家的突出贡献就在于他们对"本草"学进行了系统的整理和研究，从而使本草逐渐演变为一门重要的医学专科。

西汉初期，已有专门《药论》。据《史记·扁鹊仓公列传》载："（淳于意）少而喜医方术。高后八年，更受师同郡元里公乘阳庆。庆年七十余，无子，使意尽去其故方，更悉以禁方予之，传黄帝、扁鹊之脉书，五色诊病，知人死生，决嫌疑，定可治，及药论，甚精。受之三年，为人治病，决死生多验。"⑦由于《药论》早已失传，其所载药物不得而知，而长沙马王堆西汉墓出土的《五十二病方》计有药物243种，它能大致反映当时药物之开发和利用的情况。又据《汉书·游侠传》载："楼护随父为医长安……护诵医经、本草、方术数十万言。"⑧既然是"诵本草"，就应当有《本草》之类的药物书籍。

① 白寿彝先生说："从《神农本草经》之内容和思想倾向分析，有明显的神仙家、道家影响。"参见白寿彝、廖德清、施丁主编：《中国通史》第 4 卷《中古时代·秦汉时期》下册，上海：上海人民出版社，2004 年，第 698 页。

② （汉）陆贾：《新语》卷上《道基》，《百子全书》第 1 册，第 288 页。

③ （汉）刘安撰、高诱注：《淮南子·修务训》，《百子全书》第 3 册，第 2980 页。

④ （汉）王充：《论衡》卷 5《感虚》，《百子全书》第 4 册，第 3262 页。

⑤ 陈振相、宋贵美：《中医十大经典全录》，北京：学苑出版社，1995 年，第 40 页。

⑥ 陈振相、宋贵美：《中医十大经典全录》，第 111 页。

⑦ 《史记》卷 105《扁鹊仓公列传》，第 2794—2795 页。

⑧ 《汉书》卷 92《游侠传》，第 3706 页。

可见，从《药论》到《本草经》的出现，至迟在西汉。故日本医史家冈西为人考证《神农本草经》与《子仪本草》的关系说：

兹考本经之所从来，益昉于神农氏尝草。然上古结绳为政，未著文字，以识相付，无有成书也。逮于先秦之时，有子仪者，乃扁鹊弟子，号为脉神，著《本草经》，以垂于世，是为本草权舆。降至后汉，传者稍多。王逸采注《楚辞》苣藐，高诱又释《淮南子》王瓜，而今之本草，绝无其语，则知王高二氏所引，确为《子仪本草经》也。及至曹魏之世，有李当之者出，修《神农本草》三卷，然后《本草经》始属神农氏。然当之以前，只有《子仪本草经》，而无《神农本（草）经》，则知当之所修者，乃《子仪本草经》也。①

冈西为人的推断似乎自有道理，但对《子仪本草经》的存在，尚志钧先生曾作《〈子仪本草经〉辨伪》一文②，否定了冈西为人的推断，其理由相对比较充分，故得出结论"《子仪本草经》实为汉代人所伪托"③。

此外，还有《蔡邕本草》，恐亦有后人伪托之嫌疑。例如，张灿玾先生就认为："如吴普撰《华佗方》六卷，李当之《本草经》一卷、《药录》六卷、《华佗内事》五卷，张仲景《疗伤寒身验方》一卷，蔡邕《本草》七卷等。此前不见著录，故真伪难辨。故此类医书，恐亦有为后人依托者。"④

可见，从《本草》到《神农本草经》的出现，应在东汉。

（二）中国传统药物理论的形成

1.《神农本草经》的主要内容

前揭东汉道家非常重视养生，并逐渐从"养气"发展到"养形"，例如《汉书·艺文志》"神仙十家"中，至少三家与"炼气"直接有关，像《黄帝杂子步引》十二卷、《黄帝岐伯按摩》十卷、《神农杂子技道》二十三卷，而间接相关者则有《宓戏杂子道》二十篇、《上圣杂子道》二十六篇、《道要杂子》十八卷等，另外服食者四家，即《黄帝杂子芝菌》十八卷、《黄帝杂子十九家方》二十一卷、《泰一杂子十五家方》二十二卷、《泰一杂子黄冶》三十一卷。⑤由于上述著作均已散佚，具体内容难以详考。但仅从题目否认名称看，日本学者滝德忠的观点值得重视。他说：

长生术即养生术，可分为辟谷、服饵、调息、导引、房中五类。不用说，由于道教的主要目的是长生不老，所以道士们重视养生术，各教派各自发明独自的方法，用于修行。五种之中，辟谷、服饵是外法（外丹），其他是内法（内丹）。无论内法还是

---

① ［日］冈西为人：《宋以前医籍考》，北京：人民卫生出版社，1958年，第1348页。
② 尚志钧：《本草人生——尚志钧本草论文集》，北京：中国中医药出版社，2010年，第34页。
③ 尚志钧：《本草人生——尚志钧本草论文集》，第35页。
④ 张灿玾：《中医古籍文献学》，北京：人民卫生出版社，1998年，第44页。
⑤ 《汉书》卷30《艺文志》，第1779页。

外法，作为道教修行都离不开"气"①。

汉代道家创造了许多炼气的方法，如长沙马王堆西汉墓出土的《却谷食气》《导引图》《合阴阳》及张家山汉简《引书》等，对汉代行气养生的珍贵文献。上述文献的出土，反映了导引行气在西汉的盛行，并形成了我国古代导引行气的基本范式，长盛不衰，影响至今，如图 1-1 所示：

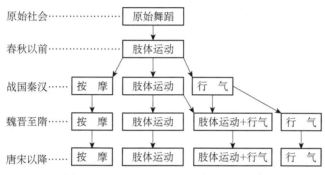

图 1-1　导引行气之关系与发展演变图②

自西汉后期以降，服食之风逐渐开始盛行，丹石买卖也很走俏。例如，《列仙传》载："任光者，上蔡人也，善饵丹，卖于都市里间，积八十九年，乃知是故时任光也。皆说如数十岁面颜。后长老识之，赵简子聘与俱归。常在柏梯山上，三世不知所在，晋人常服其丹也。"③

又《汉书·王吉传》云："自吉至崇，世名清廉，然材器名称稍不能及父，而禄位弥隆。皆好车马衣服，其自奉养极为鲜明，而亡金银锦绣之物。及迁徙去处，所载不过囊衣，不畜积余财。去位家居，亦布衣疏食。天下服其廉而怪其奢，故俗传'王阳能作黄金'。"④颜师古注："以其无所求取，不营产业，而车服鲜明，故谓自作黄金以给用。"所以此处的"王阳能作黄金"是指王吉整个家族靠买卖伪金暴富一事，看来汉代的炼丹有两途：服饵与造伪黄金。

再有，桓谭《新论》载有丞相史子心为傅太后（即汉哀帝的祖母）炼药金的事。其文云："史子心见署为丞相史，官架屋，官发吏卒及官奴婢以给之，作金，不成。丞相自以力不足，又白傅太后。太后不复利于金也，闻金成可以延年药，又甘心焉。"⑤

因此，张仲景在《金匮要略方论》配制了风靡一时的"五石散"，流毒甚深。其"五石散"共有两方：一是"侯氏黑散方"，或称"草方"；二是"紫石寒食散方"，亦称"石方"。具体药物组成如下：

（1）侯氏黑散方。菊花四十分、白术十分、细辛三分、茯苓三分、牡蛎三分、桔梗

① ［日］福井康顺等：《道教》第 1 卷，朱越利译，上海：上海古籍出版社，1990 年，第 196 页。
② 刘鹏：《中医学身体观解读——肾与命门理论的建构与演变》，南京：东南大学出版社，2013 年，第 129 页。
③ （汉）刘向撰、钱卫语释：《列仙传》，北京：学苑出版社，1998 年，第 50 页。
④ 《汉书》卷 72《王吉传》，第 3068 页。
⑤ （汉）桓谭：《新论》，上海：上海人民出版社，1977 年，第 55 页。

八分、防风十分、人参三分、矾石三分、黄芩五分、当归三分、干姜三分、芎勞三分、桂枝三分。①

（2）紫石寒食散方。紫石英、白石英、赤石脂、钟乳（碓炼）、栝楼根、防风、桔梗、文蛤、鬼臼各十分，太一余粮十分（烧）、干姜、附子（炮，去皮）、桂枝（去皮）各四分。②

关于这两方的功与过，学界讨论的比较多。在此，我们仅举两例以明之。

皇甫谧在《黄帝针灸甲乙经》中载录着一个案例，他说："仲景见侍中王仲宣，时年二十余，谓曰：'君有病，四十当眉落，眉落半年而死。令服五石汤可免。'仲宣嫌其言忤，受汤勿服。居三日，见仲宣，谓曰：'服汤否？'仲宣曰：'已服。'仲景曰：'色候固非服汤之诊，君何轻命也？'仲宣犹不言。后二十年果眉落，后一百八十七日而死，终如其言。"③这个案例表明，"五石散"在临床上确实有其特殊疗效。但"从魏晋到隋唐，服者相寻，杀人如麻，也是著名毒药。前人，如清郝懿行《晋宋书故》、余正燮《癸巳存稿》、近人鲁迅《魏晋风度及文章与药及酒之关系》、余嘉锡《寒食散考》等均有考证，而以余文为最详。余正燮曾以此药比鸦片，而余嘉锡'以为其杀人之烈，较鸦片尤为过之'，历考史传服散故事，自魏正始至唐天宝，推测这500年间，死者达'数十百万'"④。在利弊之间，只要运用恰当和对症，"五石散"就会发挥其独特疗效，对此，魏婷在《五石散的成分分析及其价值考辨》一文中，论述较详，可资参考。

那么，张仲景为什么会迷信"五石散"，从理论上讲，主要根源于《神农本草经》，再向前追溯，则导源于神仙家的"黄冶"（即炼丹）术，如《泰壹杂子黄冶》等。《神农本草经》将药物分作三类：上品、中品与下品。

（1）上品药总计120种。所谓上品药是指无毒延年的药，《神农本草经》云：上药"为君，主养命以应天，无毒，多服久服不伤人，欲轻身益气，不老延年者，本上经。"⑤这是东汉道家的一种典型的服食养生思维，或云"神仙思维"，它可以追溯到远古时期的玉石崇拜。诚如叶舒宪先生所言，上古人类以"美玉为神圣性和永生不死的象征"，而这"正是中华大传统的精神根脉所在，源于新石器时代数千年的琢磨玉器实践经验，以及在此基础上形成的一整套'玉教'意识形态"⑥。在这种服食思维的引导下，玉石自然被视为"不老延年"的仙药。然而，玉石类药物的化学结构却往往使道教的生命理想逐个破灭。举例来说：

丹沙，《神农本草经》云："味甘，微寒。主身体五脏百病，养精神，安魂魄，益气，明目，杀精魅邪恶鬼。久服通神明不老。能化为汞。生山谷。"⑦丹沙，为硫化物类矿物药

---

① 陈振相、宋贵美：《中医十大经典全录》，第390页。
② 陈振相、宋贵美：《中医十大经典全录》，第436页。
③ 陈振相、宋贵美：《中医十大经典全录》，第655页。
④ 李零：《花间一壶酒》，太原：山西人民出版社，2010年，第226页。
⑤ 陈振相、宋贵美：《中医十大经典全录》，第277页。
⑥ 叶舒宪：《金枝玉叶——比较神话学的中国视角》，上海：复旦大学出版社，2012年，第79页。
⑦ 陈振相、宋贵美：《中医十大经典全录》，第278页。

材，加热时能分解成汞。可见，丹沙是含有汞的有毒物质，很容易被人体吸收，却很难排出体外，因而久服会导致蓄积性中毒。

空青，又名杨梅青，其主要成分与孔雀石同，均为碱式碳酸铜，自然界中分布较稀少。《神农本草经》云："味甘，寒。主青盲，耳聋，明目，利九窍，通血脉，养精神。久服轻身延年不老。能化铜铁铅锡作金。生山谷。"[1]它是一种古老的玉料，在长沙马王堆西汉墓出土的《五十二病方》中已有记载。而人们在长期的炼丹实践过程中，发现空青与其他活性强的金属起置换反应，在一定条件下，能取代铜。按照一定比例，将铜与锡混合加热，就得到合金（即青铜）。经过现代药理学的实验分析与研究，空青不是无毒，而是"有小毒"，它含有铅、锌、钙、铜、镁、钛、钡、铁等元素，在临床上，"空青甘酸寒，性主沉降，具清热明目之功，主用于肝热目赤肿痛、青盲、雀目、翳膜遮睛等眼病，亦治中风口喝、手臂不仁、头风、耳聋等证。因其有小毒，故内服用量不宜过大"[2]。

石胆，有胆矾、黑石、铜勒、毕石、立制石、石液等多种称谓，它是含有5分子结晶水的硫酸铜，故又名五水硫酸铜，颜色深蓝似胆。《神农本草经》云："味酸，寒。主明目，目痛，金创……女子阴蚀痛，石淋，寒热，崩中下血，诸邪毒气，令人有子。炼饵服之不老，久服增寿神仙。能化铁为铜，成金银。一名毕石。生山谷。"[3]实际上，中国利用石胆的历史可以追溯到先秦时期，据《周礼·天官冢宰》载："凡疗疡以五毒攻之。"[4]其中"五毒"之药中就有石胆。[5]又如，略早于《神农本草经》的《九转流珠神仙九丹经》中也有用石胆做药的记载。从"炼饵服之不老"推知，《神农本草经》很可能已经认识到生石胆的毒性了，而炼制的过程即是减低其毒性的过程。对此，日本学者森立之在《本草经考注》一书中说："凡有毒之物不宜生用，经煅炼而后可得服。"[6]在石胆"能化铁为铜"的现象里，实际上是硫酸铜与金属铁之间发生了置换反应。换言之，铜盐溶液遇到金属铁之后，能还原出铜。这是因为在金属活性排序中，铁元素较铜元素活泼，所以它能将铜盐溶液中的铁置换出来，并附着于铁的表面。同理，铜元素较银、金元素活泼，所以它能将铜盐溶液中的金、银置换出来，并附着于铜的表面。经科学实验证实，五水硫酸铜有毒，属于致癌物质，大量入口会发生胃肠炎，或中毒致死。[7]在临床上，石胆除了"外用治疗口疮，恶疮及癫痫"外，还"具有强烈的涌吐作用，用于风痰壅塞、喉痹、误食毒物等；又有蚀疮去腐作用，治疗肿毒不破或胬肉疼痛"[8]。

曾青，亦作层青、朴青，又名黄云英、赤龙翘等，主要成分为碱式碳酸铜，是蓝色铜矿物，"以层理明显、色蓝、质硬、打之有金属声者为佳"[9]。《神农本草经》云："味酸，

① 陈振相、宋贵美：《中医十大经典全录》，第278页。
② 夏丽英主编：《现代中药毒理学》，天津：天津科技翻译出版公司，2005年，第760页。
③ 陈振相、宋贵美：《中医十大经典全录》，第278页。
④ 黄侃：《黄侃手批白文十三经·周礼》，上海：上海古籍出版社，1986年，第12页。
⑤ （汉）郑玄注、（唐）贾公彦疏：《周礼注疏》卷5，上海：上海古籍出版社，1997年，第158页。
⑥ ［日］森立之撰、吉文辉等点校：《本草经考注》，上海：上海科学技术出版社，2005年，第23页。
⑦ 浙江《植保员手册》编写组：《植保员手册·农药使用》，杭州：浙江人民出版社，1971年，第67页。
⑧ 高学敏、钟赣生主编：《临床中药学》，石家庄：河北科学技术出版社，2006年，第1025页。
⑨ 赵汝能主编：《甘肃中草药资源志》下册，兰州：甘肃科学技术出版社，2007年，第1307页。

小寒。主目痛，止泪，出风痹，利关节，通九窍，破症坚积聚。久服轻身不老。能化金铜，生山谷。"①曾青"能化金铜"，其化学原理同前揭之空青。也就是说，曾青只要与碳一起燃烧，就能生成铜。一般而言，碱式碳酸铜有毒。②

禹余粮，亦名余粮石、石中黄子、石脑、秋石霜等，呈褐色或黑色、黄褐色或黄色等，为褐铁矿之矿石（图1-2），主含碱式氧化铁，常杂有有毒物质。③《神农本草经》云："味甘，寒。主咳逆寒热，烦满，下赤白，血闭症瘕，大热。炼饵服之，不饥轻身延年。生池泽及山岛中。"④该药具有止泻和止血的功效，临床多用于治疗子宫功能性出血、慢性痢疾等病症。而"炼饵服之"中的"炼"即"火煅"之意，经过火煅后的禹余粮，用药安全确实有了一定保障，但即使如此，也不可久服，更不会"轻身延年"。

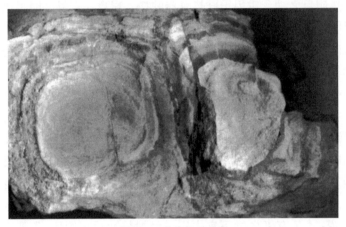

图 1-2　禹余粮矿石⑤

其他如石钟乳、涅石、消石、滑石、五色石脂等矿石药，虽然在临床上对症用药后都有肯定疗效，但仍然不可久服，也不可能具有"延年"的功效。

对于列入"上品"药的草药，有一些可以久服，如枸杞、酸枣、榆皮、葡萄、瓜子、大枣、藕实、橘柚等。如"枸杞：味苦，寒。主五脏邪气，热中，消渴，周痹。久服，坚筋骨，轻身不老。"⑥从现代医学科学的眼光看，《神农本草经》对枸杞养生的认识比较符合实际，有专家指出："现在，很多关于枸杞子毒性的动物实验证明，枸杞子是非常安全的食物，里面不含任何毒素，可以长期食用。"⑦当然，食用枸杞子不能过量，"一般来说，健康的成年人每天吃20克左右的枸杞子比较合适；如果想起到治疗的效果，每天最好吃30克左右"⑧。但有一些却不可以久服，例如，升麻，《神农本草经》云：它"味

①　陈振相、宋贵美：《中医十大经典全录》，第278页。
②　《辞海：数学　物理　化学分册》，上海：上海辞书出版社，1987年，第559页。
③　中山医学院《中药临床应用》编写组：《中药临床应用》，广州：广东人民出版社，1975年，第417页。
④　陈振相、宋贵美：《中医十大经典全录》，第278页。
⑤　唐德才、巢建国编著：《中草药彩色图谱》，长沙：湖南科学技术出版社，2013年，第913页。
⑥　陈振相、宋贵美：《中医十大经典全录》，第285页。
⑦　刘子君编著：《切勿让食物成为慢性毒药》，北京：中国长安出版社，2007年，第127页。
⑧　刘子君编著：《切勿让食物成为慢性毒药》，第127页。

甘，平。主解百毒，杀百老物殃鬼，辟温疾瘴邪毒虫。久服不夭。一名周升麻。生山谷。"[1]升麻确实"主解百毒"，现在临床常被用于治疗急性细菌性痢疾、小儿病毒性肺炎、带状疱疹、莨菪类药物中毒等。另外，升麻"善能疏散在表邪热而解表透疹，为外感风热头痛常用药，透发疹毒主药；其善上行而升举中阳，为气虚下陷诸证治标所常用；其寒清解毒之能，又为疮疡肿毒、咽肿舌疮、齿龈糜烂所必需"[2]。然而，升麻具有一定毒性，其有毒成分主要为升麻碱，过量可致中毒反应，轻者可引起胃肠炎，严重者可发生呼吸困难、头痛、谵妄、震颤及四肢强直性收缩等。[3]又如独活，《神农本草经》云："味苦，平。主风寒所击，金疮止痛，贲豚、痫、痓，女子疝瘕。久服轻身耐老。"[4]独活有毒，这是医学界比较普遍的认识。如《本溪县志》载"独居"这种植物说："独生水旁壕楞间，根干成竹节高三四尺，腹中空腔，土名叫走马芹，又名叫喇叭桶子，其味苦，入药名独活，有毒，可治跌打伤疼。"[5]而对含有独活的壮骨关节丸，亦有临床报告说：

> 壮骨关节丸由熟地黄、鸡血藤、独活、木香、续断，骨髓补、淫羊藿、狗脊八味中药组成。据传统中医药学文献记载，除独活有小毒外，其他成分均无明显肝毒性。现代中药药理毒理研究提示，壮骨关节丸中独活和淫羊藿二味中药所含化学成分，可引起试验动物肝损害。近年已有服用壮骨关节丸致肝损害的临床报告，虽然例数不多，但应引起警惕和重视。[6]

此外，《中华人民共和国药典》标示的 83 种有毒药物中，就有被《神农本草经》视为"上品"药的蛇床子和蒺藜子。所以，《神农本草经》所说的"无毒"中药，并非都"无毒"，当然，我们也不能因此而夸大"无毒"中药的毒性。诚如有专家所言："'毒'可指药物的偏性，用之得当，以偏纠偏即是对疾病产生疗效的基础；用之不当，对机体产生非预期的反应则是产生'毒性'的根源。"[7]

至于动物药中的"上品"，如蜂子、蜜蜡、石蜜等，都是比较传统的养生药物。例如，石蜜，亦即蜂蜜，"味甘，平。主心腹邪气……安五脏，诸不足，益气补中，止痛，解毒，除众病，和百药。久服，强志轻身，不饥不老。一名石饴。生山谷"[8]。关于蜂蜜的营养价值，普通民众的认可度很高。下面是专家的分析：

> 据营养学家测定，蜂蜜是一种含有多种化学和生物成分的食品，内含葡萄糖、果糖、蔗糖以及蛋白质和种类繁多的无机盐、有机酸、消化酶、维生素和多种微量

① 陈振相、宋贵美：《中医十大经典全录》，第 284 页。
② 侯士良主编：《中药八百种详解》，郑州：河南科学技术出版社，2009 年，第 104 页。
③ 侯士良主编：《中药八百种详解》，第 90 页。
④ 陈振相、宋贵美：《中医十大经典全录》，第 280 页。
⑤ 《本溪县志》编纂委员会：《本溪县志》卷 8《自然资源》，内部资料，1983 年，第 158 页。
⑥ 《开启健康的钥匙》编写组：《开启健康的钥匙——〈家庭医生报〉20 年文章精粹》下册，南昌：江西科学技术出版社，2004 年，第 385 页。
⑦ 陈长勋主编：《中药药理学》，上海：上海科学技术出版社，2012 年，第 14 页。
⑧ 陈振相、宋贵美：《中医十大经典全录》，第 287 页。

元素。

蜂蜜中含有的大量单糖能够很快地被人体直接吸收利用。蜂蜜所产生的能量比牛奶高约 8 倍，能够在很短时间内给人体补充能量，消除人体疲劳和饥饿。再加上蜂蜜不含脂肪，富含维生素、矿物质、氨基酸、酶类等，经常服用能使人精神焕发，精力充沛，记忆力提高，是运动员、老年人、儿童、高血压患者等的极好饮品。

蜂蜜中含有丰富的氨基酸，如丙氨酸、苯丙氨酸、精氨酸、谷氨酸、天冬氨酸、组氨酸等 16 种氨基酸，其中有 6 种是人体必需氨基酸。

矿物质在蜂蜜中也很多，主要有磷、铜、铁、镁、硅、镍等，这些矿物质在人体生理活动中起着重要作用。特别要指出的是蜂蜜中矿物质的含量和人体血液中的矿物质含量颇为相似，这样有利于人体对矿物质的吸收。由于矿物质的存在，使蜂蜜在人体内成为碱性成分，可中和血液中的酸性成分，使人较快地解除疲劳，增进健康。

人体的新陈代谢过程离不开各种酶的帮助，在蜂蜜中就含有蔗糖酶、淀粉酶、葡萄糖转化酶、过氧化氢酶等多种酶类。蜂蜜还含有对保持人体健康、增强免疫功能、防止心血管疾病所必需的各种维生素，如维生素 B_1、维生素 C、维生素 B_6、叶酸和烟酸等。

近年来，国内外医学工作者经过反复的临床实验表明，蜂蜜对肺结核病、心脏病、糖尿病、肝脏病、高血压、肠胃病、神经衰弱、支气管炎和贫血等都有辅助治疗作用。用它治疗角膜炎、角膜溃疡、创伤、冻裂、便秘也很有效。据现代药理研究证明，蜂蜜具有解毒、抗菌消炎、滋润、防腐、保护创面、促进细胞再生和渗透吸收的诸多功能。[1]

可见，石蜜是一种名副其实的上品药。不过，像雁脂、熊脂、麝香等，都以伤害野生动物生命为代价，有违现代动物保护的宗旨，不宜提倡。

（2）中品药总计 120 种。所谓中品药是指能防治一般疾病和补充营养的药物，因此，《神农本草经》说："（中品药）为臣，主养性以应人。无毒，有毒，斟酌其宜，欲遏病补赢者，本中经。"[2]同"上品药"一样，中品药也分矿物药、植物药和动物药三类。

在中品矿物药里，水银被视为"久服神仙、不死"之药，贻害殊深。《神农本草经》载：水银"味辛，寒。主疥、瘘、痂、疡、白秃，杀皮肤虱，堕胎，除热，杀金、银、铜、铁、锡毒。熔化还复为丹。久服神仙，不死。生平土。"[3]文中讲到了水银的一些化学性质，比如，水银与金、银、铜、锡化合，经反应后能生成一种新的物质——"汞齐"。我们知道，水银是常温下唯一的液态金属元素，它有润湿某些金属表面氧化膜的作用。由于金、银、铜、锡（铁除外）的表层氧化膜比较薄，容易在水银的润湿下生成汞齐。然而，因铁表面上的氧化膜极难除掉，故水银与铁不能直接生成"汞齐"。至于水银与金、

---

① 姜忠丽主编：《食品营养与安全卫生学》，北京：化学工业出版社，2010 年，第 95—96 页。

② 陈振相、宋贵美：《中医十大经典全录》，第 288—289 页。

③ 陈振相、宋贵美：《中医十大经典全录》，第 289 页。

银、铜、锡的润湿过程，我们以金为例，略作说明如下。

首先，金粒与水银均为金属，它们之间有一种内在的亲和力，容易生成金属互融体。

其次，金粒与水银的反应过程，是一个渐进的不断生成合成物的系列过程。先后共生成多个产物，内部的结构变化非常有规律，或如图 1-3 所示：

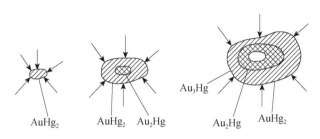

$$AuHg_2 \qquad AuHg_2 \quad Au_2Hg \qquad Au_3Hg \quad Au_2Hg \quad AuHg_2$$

图 1-3　金与水银反应过程图

用文字表述，即汞在向金粒中扩散与渗透的过程，是先在金粒表面生成，然后，再逐步向金粒深部扩散与渗透，并生成化合物，最后才慢慢生成固溶体。[①]

水银是重金属，其化合物的毒性极大，《神农本草经》将其列为"中品药"，就说明服用水银并不安全。那么，既然如此，《神农本草经》为什么还要"久服神仙，不死"呢？这个问题用一两句话不好说清楚。不过，这里有一个问题常常被人们所忽略，那就是《庄子》的"齐生死"观。道家对"死"之理解非常深刻而独特，如果我们不能彻悟庄子"齐生死"的思想内涵，就无法懂得汉代的士人为何如此狂热地迷恋"丹药"（多含有水银成分）。《庄子南华真经·至乐篇》载：

> 庄子妻死，惠子吊之，庄子则方箕踞鼓盆而歌。惠子曰："与人居，长子、老、身死，不哭亦足矣，又鼓盆而歌，不亦甚乎！"庄子曰："不然。是其始死也，我独何能无概！然察其始而本无生；非徒无生也，而本无形；非徒无形也，而本无气。杂乎芒忽之间，变而有气，气变而有形，形变而有生，今又变而之死。是相与为春秋冬夏四时行也。人且偃然寝于巨室，而我噭噭然随而哭之，自以为不通乎命，故止也。"[②]

这种对死的态度，常人很难理解。其实，《黄帝内经素问》已经解释得很清楚了。其《上古天真论篇》云："形体不敝，精神不散。"[③]桓谭在《新论》里又"以烛火喻形神"，表明他也不否认精神居住于形体当中这个事实。桓谭说："精神居形体，犹火之然烛矣；如善扶持，随火而侧之，可毋灭而竟烛。烛无火，亦不能独行于虚空。"[④]也就是说，精神不能离开人的形体而独立存在，形存则神依，反之形尽神灭。既然如此，那么，从逻辑上讲，只要保持形体不死，神就应该不会消亡。再联想到刘勰认为"道教炼形"，以与"佛

① 宋庆双、符岩编著：《金银提取冶金》，北京：冶金工业出版社，2012 年，第 27 页。
② （战国）庄周：《庄子南华真经·至乐篇》，《百子全书》第 5 册，第 4570 页。
③ 陈振相、宋贵美：《中医十大经典全录》，第 8 页。
④ （汉）桓谭：《新论·祛蔽》，（清）严可均：《全上古三代秦汉三国六朝文》，北京：中华书局，1958 年，第 544 页。

法炼神"①相泾渭。我们可以推断，在两汉民众的信仰体系里，死与形尽相联系，从这个意义上，炼丹家主张服用水银，正是为了保持形体的不朽，而形体不休与生本身具有内在的统一性。这种思维导致两汉时期人们用水银来保存尸体不朽，这也可以解释为什么两汉时期人们会热衷于服食丹砂，那是因为存形即是"生"，形不存即是"死"，从这个意义上，刘勰认为"道教炼形"是有道理的，尽管刘勰的观点有失偏颇。

杨文衡先生曾在《中国古代对朱砂、水银的认识和利用》一文中，总结了从仰韶文化以降，历代用朱砂或水银处理尸体的考古发现，结果如表 1-1 所述：

表 1-1　20 世纪中国境内所出土的朱砂与水银统计表②

编号	刊名	年期页	地点	时间	内容	品种
1	《考古》	61.4.175	洛阳王湾	仰韶文化	人头骨涂朱	
2	《文物》	88.1.1	浙江余杭	良渚文化	涂朱嵌玉，石器穿孔的四周和上端常涂圈形和辐射形的朱砂红彩	
3	《考古》	83.1.30	山西襄汾陶寺	龙山文化	裹尸织物外面遍撒朱砂一层，少数墓发现铺撒朱砂或涂朱现象，有的撒满尸身上下，有的撒在胸部或足部，有的只在颅顶或眉骨、下额处涂朱	
4	《文物》	76.1.67	青海乐都	齐家文化	尸体下撒有朱砂	
5	《考古》	83.3.199	河南偃师	二里头早商	墓底铺朱砂，重 616 斤多，多数小型墓底也铺朱砂	
6	《考古》	84.1.37	河南偃师	二里头早商	三座墓墓底铺朱砂，最厚达 8 厘米	
7	《考古》	75.5.302	偃师二里头	早商	墓底铺大量朱砂，重 1173 斤以上	
8	《考古》	76.4.259	偃师二里头	早商	墓底铺 5—6 厘米厚的朱砂	
9	《考古》	86.4.318	偃师二里头	早商	墓底铺朱砂很普遍	
10	《文物参考资料》	55.10.24	郑州白家庄	中商	墓底平铺朱红土厚 1 厘米	
11	《考古》	81.2.111	河南罗山县	商文丁时	椁底有大量朱砂，两座墓均如此	
12	《考古》	65.10.500	郑州市	商	墓底铺有约 1.5 厘米厚的朱砂土	
13	《考古》	86.8.703	河南安阳	晚商	椁、棺底部铺满朱砂	
14	《考古》	62.1.20	陕西长安	西周早期	尸身及周围撒朱砂	
15	《考古》	72.2.35	洛阳北瑶	西周早期	木椁下有一层朱砂	
16	《文物》	76.4.34	陕西宝鸡	西周早期	用朱砂作颜料，画织物上	
17	《考古》	76.4.246	北京昌平	西周早期	三座墓，椁内含多层朱砂	
18	《考古》	76.1.39	甘肃灵台	西周早期	胸骨处有朱砂	
19	《考古》	78.5.289	陕西宝鸡	西周早期	棺内有朱砂	
20	《文物》	81.9.18	山东济阳	西周早期	尸体上遍撒一层 0.5 厘米厚的朱砂	色鲜艳
21	《文物》	87.2.1	山西洪洞	西周	三座中型墓墓底铺朱砂	

① （南朝·梁）僧佑：《弘明集》卷 8，上海：上海古籍出版社，1991 年，第 50 页。

② 刘钝等：《科史薪传——庆祝杜石然先生从事科学史研究 40 周年学术论文集》，沈阳：辽宁教育出版社，1997 年，第 280—282 页。

续表

编号	刊名	年期页	地点	时间	内容	品种
22	《文物》	65.12.37	河南洛阳	西周	玉、石调色器中残留有朱砂，作颜料	
23	《考古》	87.8.734	缺地点	西周	漆器的朱漆，乃是加朱砂而成	
24	《考古》	87.1.15	沣西	西周	87 座墓中，41 座有木棺，棺内有大片朱砂	
25	《考古》	86.12.1073	江苏东海	西周晚	墓底有朱砂	
26	《考古》	84.4.302	河南信阳	春秋早	墓底铺朱砂厚 2 毫米	
27	《文物》	81.1.9	河南信阳	春秋早	墓底铺一层朱砂	
28	《文物》	80.9.1	陕西宝鸡	春秋早	尸体周围撒满朱砂粉末	
29	《文物》	80.1.34	湖北随县	春秋中	墓底有一层厚 0.6 厘米的朱砂粉末	
30	《考古》	63.10.536	陕西宝鸡	春秋中	墓底有朱砂	
31	《文物参考资料》	55.10.128	河南洛阳	战国	棺底铺朱砂	
32	《文物》	88.2.2	徐州北洞山	西汉早	墓底墙硕涂朱砂，计 11 间，一片朱红	
33	《文物》	75.9.1	湖北江陵	西汉早	内棺下部有朱砂	
34	《文物》	75.9.49	长沙马王堆	秦	公元前 3 世纪末的《五十二病方》记水银的药用，丹砂的药用	丹砂
35	《考古》	83.7.659	陕西临潼	秦	秦始皇陵中埋藏水银，作江河	
36	《文物》	78.12.14	缺	秦、汉	矿物颜料朱砂	
37	《考古》	82.2.147	湖北襄阳	西汉早	棺内有朱砂	
38	《文物》	73.12.20	武威	东汉初	简文中列丹砂药	
39	《文物参考资料》	55.3.85	重庆	东汉	棺底铺一层朱砂	
40	《文物》	81.10.25	成都	东汉	储药罐内装朱砂	
41	《文物》	72.10.49	河南密县	东汉末	壁面颜料有朱砂	
42	《文物》	74.1.8	内蒙古和林格尔	东汉末	壁面颜料有朱砂	
43	《文物》	61.1.73	陕西邠县	东汉早	墓中石门用朱砂作颜料绘画	
44	《文物》	79.6.1	甘肃酒泉	晋	墓中壁画用朱砂作颜料	
45	《文物》	85.5.7	甘肃武山	北周	石窟中颜料有朱砂	
46	《文物》	72.7.26	陕西	唐	墓中壁画颜料有银朱、朱□	
47	《考古》	60.2.15	辽宁建平	辽初	尸床上有很多水银，《心史》记用水银处理尸体的事	
48	《考古》	62.8.418	上海市	宋	6 座墓的棺底有水银，作防腐剂	
49	《考古》	63.9.499	广东潮州	北宋末	棺底有水银，防腐	
50	《考古》	63.5.259	太原市	北宋末	棺底收水银 0.845 公斤，《资治通鉴》卷38卷载"用水银实棺"	
51	《考古通讯》	56.5.50	四川绵阳	宋	尸体下面有水银	

续表

编号	刊名	年期页	地点	时间	内容	品种
52	《文物》	90.3.14	江西乐平	南宋初	墓底有水银,《宋史》"礼志"载,张俊仪,赐"水银二百两",合 12.5 斤	
53	《文物》	77.7.1	福州	南宋	棺内收集水银 684 克,含 1.369 斤	
54	《文物》	73.4.59	南京	南宋	棺内收集水银 5 斤,元丰六年(1083)全国水银产量 53 696 两,比黄金产量高 5 倍	
55	《文物》	82.2.1	缺	元	9 号墓收集水银 1 750 克,含 3.5 斤	
56	《考古》	65.6.318	江西南城	明	尸体注入水银,成为尸蜡	
57	《文物》	82.2.34	四川剑阁	明	棺底有水银	
58	《文物》	89.7.43	四川钢梁	1615 年	女尸胸部有大量水银	
59	《文物》	75.3.51	苏州虎丘	1613 年	尸体中有水银,尸体保存很好	

由表 1-1 中统计所见,从西周至东汉这段时间是人们用朱砂或水银处理尸体的高峰期,此与人们对人类形体的特殊理解有关。然而,由于这个问题涉及的内容较为复杂,故放在后面再作详细论述。

在属于"中品"的植物药中,仍有 10 余味"久服轻身(或增年)"的药物,如枲耳实、水萍、翘根、桑根白皮、竹叶、枳实、秦皮、秦艽、山茱萸、猪苓、龙眼、合欢、水苏、蘧及蘷实等。对于这些药物的功能,有的明显有夸张成分,但多数还是比较符合临床医学实际的。试举数例如下:

枲耳实,又名苍耳子、胡虱子、野落苏、苍刺头等,为菊花科植物苍耳的干燥成熟带总苞的果实,含有生物碱、苍耳醇、苍耳苷、蛋白质、脂肪油、维生素 C 等营养元素。故《神农本草经》云:"(枲耳实)味甘,温。主风,头寒痛,风湿周痹,四肢拘挛痛,恶肉死肌。久服,益气,耳目聪明,强志轻身,一名胡枲,一名地葵。生山谷。"[1]为了更加客观地评价这段记述,我们需要将它分成两个部分来看,第一个部分是临床功用部分,《神农本草经》讲得比较到位,与现代医学研究的结论一致。如苍耳子的功效为散风寒、通鼻窍、祛风湿、止痛,而临床应用则主要用于治疗风寒头痛、风湿痹痛、风疹瘙痒,以及鼻塞、鼻渊、鼻鼽等。[2]现代药物学研究证实,枲耳实所含的生物成分具有降血压、降血糖、抗氧化、抗炎、抑菌、镇痛、抗癌及增强机体对自由基的清除能力等生理作用。[3]第二部分是养生延年部分,这部分内容就需要用心分析了。首先,枲耳实能不能"久服"的问题。中药实验证实,枲耳实"有毒",近年来由于误食和过量服用所导致的不良反应越来越多,目前已经引起中医临床学的高度重视。有统计资料显示,枲耳实所致不良反应非常严重,具体情况如表 1-2 所示:

---

① 陈振相、宋贵美:《中医十大经典全录》,第 290 页。
② 彭康、张一昕主编:《中药学》,北京:科学出版社,2013 年,第 33 页。
③ 张彩山编著:《从生活学中医:学用中药一学就会》,天津:天津科学技术出版社,2013 年,第 79 页。

表 1-2 枲耳实所致不良反应的类型和主要临床表现①

受累系统	临床主要表现
皮肤损害	全身皮疹，接触性皮炎（红斑、水泡、渗出、痒）
呼吸系统	呼吸困难、呼吸节律不整、肺水肿
心血管系统	胸闷、心悸、血压升高或降低、心律失常、室性期前收缩、房室传到阻滞
消化系统	恶心、呕吐、食欲减退、腹胀、腹痛、腹泻、便血、肝区疼痛、肝大、腹水、肝昏迷、黄疸、肝功能异常、肝功能减退
中枢及外周神经系统	头晕、头痛、烦躁不安、抽搐、惊厥、嗜睡、神志模糊、昏迷
泌尿系统	少尿、血尿、蛋白质、水肿、肾功能异常
造血系统	皮肤黏膜出血、牙龈出血、瘀点、瘀斑、鼻出血、血小板减少、贫血、凝血功能异常
致死	多脏器功能衰竭
其他	神经性水肿、声嘶、吞咽困难、口唇肿胀、四肢麻木、肌肉疼痛

通过表 1-2 统计，专家分析说：

> 发生时间最短的为 20 分钟，最长的为用药一个月以上，分析长期用药可造成体内药物慢性蓄积中毒。……口服苍耳子中毒多为超用量引起（中毒最大剂量 250 克），但是发生……的最小剂量 5 克，苍耳子的用药常规剂量为 6—12 克，说明中毒不仅与超用量有关，而且常用量也可引起，分析与患者个体差异或伴有基础疾病有关。临床用药应避免过量，且必须经过合理、规范炮制，同时还应结合患者的年龄、体质等具体情况给药，伴有基础性疾病患者慎用。②

故枲耳实不能"久服"。因为"苍耳子具有很强的毒性，食用过量或是处理过程稍有不当，有可能引起中毒，严重者甚至导致死亡"③。

另外，枲耳实是否具有"耳目聪明，强志轻身"的功效。中医临床认为，枲耳实经过炒制之后，毒性大为减弱，甚至无毒。④此外，苍耳的茎叶亦有毒，"以果实为最毒，鲜叶比干叶毒，嫩叶比老叶毒"⑤。不过，"从水浸剂中分离出一种甙类，是苍耳子的主要毒性部分，水浸泡后之残渣则毒性减少或无毒"⑥，所以经过高温煮过之后的苍耳叶"久服可以耳聪目明，轻身强志"⑦，所以《诗经·卷耳》才有"采采卷耳，不盈顷筐。嗟我怀人，置彼周行"⑧的美妙诗行。李白亦有"置酒摘苍耳"⑨的咏唱，表明唐朝人还经常采摘苍耳的嫩叶用作蔬食。有研究证实："苍耳子的毒性成分为水溶性甙类，高热处理可破

① 曲莉颖等：《105 例苍耳子不良反应文献分析》，《辽宁中医药大学学报》2015 年第 2 期，第 128 页。
② 曲莉颖等：《105 例苍耳子不良反应文献分析》，《辽宁中医药大学学报》2015 年第 2 期，第 129 页。
③ 袁红娥：《鸭跖草和苍耳子的化学成分研究》，暨南大学 2014 年硕士学位论文，第 1 页。
④ 郑彦、李明珍：《苍耳子治疗过敏性鼻炎进展》，《中医研究》2000 年第 3 期，第 38 页。
⑤ 张齐明、陈智芳编著：《药用植物化妆品》，广州：华南理工大学出版社，1995 年，第 175 页。
⑥ 张齐明、陈智芳编著：《药用植物化妆品》，第 175 页。
⑦ 刘志杰：《苍耳》，《中国中医药报》2012 年 9 月 5 日，第 8 版。
⑧ 黄侃：《黄侃手批白文十三经·毛诗》，第 3 页。
⑨ 复旦大学古典文学教研组：《李白诗选》，北京：人民文学出版社，1977 年，第 103 页。

坏其毒性，因此一般认为炒制的苍耳子药材无毒。"①也有研究者认为："苍耳子毒性成分为毒蛋白，受热后使其凝固变性而降毒。"②依此，则下面制做的苍耳茶应当比较安全、健康。做苍耳茶法步骤如下：

①在大锅中烧足量开水（8 杯左右）。②在钵中放入苍耳子粉，加入水揉和。再加入茶用力揉和。③水烧开后仍用强火将②的苍耳子粉揉和成团放进去。把材料分成 4 等份，然后再将每份分成 1/8 左右放在手掌上，从球形揉成稍细长的眉毛状，放入开水中。④全部放入后再煮 2—3 分钟，用竹楼捞起。为使其中间部分冷却，要换 3 次凉水。⑤盛入器皿中，浇上蜂蜜食用。③

若从医理上讲，苍耳子确实有益气之功效。清人张璐在《本经逢原》一书中说："苍耳治头风脑痛，风湿周痹，四肢拘挛，恶肉死肌，皮肤瘙痒，脚膝寒痛，久服亦能益气。"④通过药理实验发现苍耳子有抗菌消炎、降血糖、抗氧化衰老、抗癌和抗病毒等作用。⑤这些实例说明，只要食用方法正确，适量，枲耳实就能发挥其"耳目聪明，强志轻身"的功效。

水萍，又名浮萍、浮草、水白、萍子草、水藓、紫萍、青萍、水上漂等，为浮萍科水萍属的漂浮性植物。《神农本草经》云："味辛，寒。主暴热，身痒，下水气，胜酒，长须发，止消渴。久服轻身。一名水花。生地泽。"⑥该草药含有丰富的氨基酸、黄酮类物质、维生素 C 及蛋白质、无机元素碘等，其发汗解表、透疹止痒、清热解毒、利水消肿、促黑素细胞生长及抗菌抗疟功效比较显著，临床上多用于治疗风热表证、隐疹瘙痒、麻疹不透、顽固性荨麻疹、癃闭、水肿尿少、下肢静脉血栓、丹毒、鹅掌风、疮癣等。从养生学的角度看，《神农本草经》称水萍"久服轻身"，这里的"轻身"是减肥之意。有研究者发现，水萍的氨基酸含量非常丰富，计有 18 种，具体内容如表 1-3 所示：

表 1-3 水萍中氨基酸的含量与种类统计表⑦

名称	含量（取均值）	名称	含量（取均值）
天门冬氨酸	15.34	甘氨酸	6.25
苏氨酸	4.72	丙氨酸	7.33
丝氨酸	4.76	胱氨酸	1.99
谷氨酸	11.46	缬氨酸	6.28
苯丙氨酸	6.11	赖氨酸	5.53

---

① 郑彦、李明珍：《苍耳子治疗过敏性鼻炎进展》，《中医研究》2000 年第 3 期，第 38 页。

② 金传山、吴德林、张京生：《不同炮制方法对苍耳子成分及药效的影响》，《安徽中医学院学报》2000 年第 1 期，第 56 页。

③ ［日］大森正司：《绿茶美容健康法》，王在琦译，广州：广东科技出版社，2000 年，第 64 页。

④ （清）张璐：《本经逢原》，北京：中国中医药出版社，2007 年，第 74 页。

⑤ 马子密、傅延龄主编：《历代本草药性汇解》，北京：中国医药科技出版社，2002 年，第 61 页。

⑥ 陈振相、宋贵美：《中医十大经典全录》，第 292 页。

⑦ 杨凤岩、左红、张厚森：《紫萍的营养成分及应用价值分析》，《农技服务》2011 年第 12 期，第 1739 页。为了引述方便，此表格式略有变化。

续表

名称	含量（取均值）	名称	含量（取均值）
组氨酸	2.09	精氨酸	7.10
蛋氨酸	2.99	必需氨基酸	40.99
异亮氨酸	4.99	非必需氨基酸	65.57
亮氨酸	9.76	药效氨基酸	72.12
酪氨酸	4.53	氨基酸/总氨基酸	0.385
色氨酸	0.62	氨基酸/非必需氨基酸	0.625
总氨基酸	106.6		

表 1-3 中氨基酸/总氨基酸与氨基酸/非必需氨基酸两项指标都符合世界卫生组织的理想模式，说明水萍所含蛋白质是质量较好的蛋白质。而"药理学试验表明，浮萍具有利尿、抗菌、解热和强心作用。浮萍的药理作用与紫萍含有较高的药效氨基酸密不可分。天门冬氨酸是离子载体，可促进尿素生成、降低血氨；谷氨酸能促进氨代谢、促进红细胞生成；精氨酸能促进尿素循环、治疗肝昏迷；胱氨酸具有增强造血机能、升高白细胞、促进皮肤损伤的修复及抗辐射作用；蛋氨酸可参与体内生物合成与代谢、调节中枢神经系统；异亮氨酸能促进蛋白质、激素合成，促进生长发育；亮氨酸可改善营养状态、维持脂肪正常代谢；色氨酸可改善脑神经功能，促进红细胞再生"[1]。这表明水萍具有很好的医疗保健开发价值和意义，它亦从一个侧面反映了《神农本草经》对水萍的认识客观、真实。

翘根，即木犀种植物连翘的根，又名连轺。为了避免在临床用药时将连翘果实与根混同，有学者考证说："《本经》载有'翘根'，《唐本草》列入有名未用，李时珍《本草纲目》则认为，翘根就是连翘的根，而并于连翘条下。据考，连轺与连翘同出一物，其药用部位不同，一为根，一为果实，故二者功用即不尽相同。今连轺已少用。凡古方中用连轺者，每以连翘代之。故《本经逢原》谓：'如无根以实代之'。现医生多从此。"[2]但需要明白，连翘的果实与根部入药，其功用并不相同。故《神农本草经》将"翘根"列为"中品药"，认为它"味甘，寒平。主下热气，益阴精，令人面说好，明目。久服，轻身耐老。生平泽"[3]。而"连翘"的果实则被列入"下品药"，云："味苦，平。主寒热、鼠瘘、瘰疬、痈肿、恶疮、瘿瘤、结热、蛊毒。一名异翘，一名兰花，一名折根，一名轵，一名三廉。生山谷。"[4]经对比后发现，两者确实不能等同，比如，生长环境有别，一为"平泽"，一为"山谷"；药物功用各异，前者"主下热气，益阴精"，后者"主寒热、鼠瘘、瘰疬"等；一者"久服，轻身耐老"，一者却没有这个功效。从化学成分看，有学者对连轺化学成分进行了最新研究，他们从乙醇提取物中分离得到三种结晶，经化学和波谱方法鉴定，它们分别是熊果酸、连翘甙和连翘脂素，这些化学成分都是首次从连轺中分离所

① 杨凤岩、左红、张厚森：《紫萍的营养成分及应用价值分析》，《农技服务》2011 年第 12 期，第 1738 页。
② 周祯祥、邹忠梅主编：《张仲景药物学》，北京：中国医药科技出版社，2005 年，第 146—147 页。
③ 陈振相、宋贵美：《中医十大经典全录》，第 293 页。
④ 陈振相、宋贵美：《中医十大经典全录》，第 301 页。

得。其中连翘贰具有较强的抗菌作用，并能够抑制 cAMP 磷酸二酯的活性，而连翘的主要化学成分含连翘酚、甾醇化合物。①由此看来，"翘根"更准确地说，应当是生长在平泽中的连翘根。

经临床观察，细胞内环磷酸腺苷升高可使子宫肌肉松弛②，而环磷酸腺苷升高又往往是尿毒症、急性心肌梗死、甲状腺功能亢进、肝炎、肝硬化、肝外胆汁淤积、脑出血、高钙血症、结核、脑囊虫病的表现。③所以，鉴于连轺在抑制 cAMP 磷酸二酯活性方面的特殊作用，它在临床上应用于对上述疾病治疗，且具有较好的效果和意义。尤其是环磷酸腺苷升高或减少后都会引起情绪改变，从而影响人的健康。从这个层面讲，连轺"久服，轻身耐老"，并不为过。

在属于"中品"的动物药中，具有"久服轻身（或增年）"的药物，主要有鹿茸、羧羊角、犀角、龟甲、樗鸡、伏翼等。下面以樗鸡和伏翼为例，略述如下：

樗鸡（图 1-4），为樗鸡科动物樗鸡的成虫，其鸣以时，故名，又名灰蝉、斑衣蜡蝉等，有毒。然而，对于这个特性，《神农本草经》没有明确说法，但见《神农本草经》列举了樗鸡的诸多良好功效，所以呈现给读者的印象是，它是一味上乘的养生药物。《神农本草经》云：樗鸡"味苦，平。主心腹邪气，阴痿，益精，强志，生子，好色，补中，轻身。生川谷。"④经实验分析，樗鸡含有育亨宾和阿马里新两种生物碱⑤，其中育亨宾是治疗男性性功能减退的良药。⑥此外，樗鸡还含有比较丰富的氨基酸，具体情况如表 1-4 统计：

图 1-4 樗鸡⑦

① 滕吉岭、贾相美、付桂英：《连轺连翘不应混用》，《山东中医杂志》1996 年第 12 期，第 558 页。
② 严仁英主编：《妇产科学辞典》，北京：北京科学技术出版社，2003 年，第 440 页。
③ 孙自镛主编：《实验诊断临床指南》，北京：科学出版社，2005 年，第 347 页；唐元升、张秀珍、韩殿存主编：《人体医学参数与概念》，济南：济南出版社，1995 年，第 548 页。
④ 陈振相、宋贵美：《中医十大经典全录》，第 296 页。
⑤ 薛公达、原思通、王智民：《樗鸡化学成分的研究》，《中国药学杂志》2000 年第 1 期，第 11—13 页。
⑥ 杜光等：《临床用药指南》，北京：科学出版社，2013 年，第 299 页。
⑦ 李建生、高益民、郝近大主编：《鲜药用动物图谱》，北京：化学工业出版社，2009 年，第 108 页。

表 1-4 樗鸡中氨基酸的含量①

名称	含量（%）	名称	含量（%）
天冬氨酸	13.45	精氨酸	112.24
苏氨酸	16.38	蛋氨酸	5.42
丝氨酸	12.62	异亮氨酸	7.40
谷氨酸	54.26	亮氨酸	10.50
甘氨酸	12.79	酪氨酸	5.02
丙氨酸	79.66	苯丙氨酸	1.74
缬氨酸	15.54	组氨酸	22.29
半胱氨酸	15.03	赖氨酸	25.76

有学者认为："由于樗鸡的俗名为红娘子，所以自清代以来，樗鸡和蝉科的红娘子发生了实物上的混淆；樗鸡科的樗鸡逐渐地被蝉科的红娘子所代替，现代中药著作中，称蝉科红娘子原名樗鸡，其性味、功能主治、用量、禁忌等多沿用古代关于樗鸡的记载。历代均供药用并被文献收载的樗鸡已从当代众多医药著作中消失，而且在实际上也基本不再提供为药用。"②现在的问题是：真正的樗鸡没有"毒性"，用药安全，而对蝉科的樗鸡许多医书记载其性味"有毒"③。那么，人们为什么会形成这么大的认识反差呢？最有可能的情形就是所取药物的品种不同，真正的樗鸡科樗鸡无毒，而蝉科的樗鸡则有毒。当然，对这个问题尚需进一步探讨。如陶弘景《名医别录》"中品"樗鸡条下云："有小毒。主治腰痛，下气，强阴多精，不可近目。生河内樗树上。七月采，暴干。"④这里，"不可近目"和"生河内樗树上"均为《神农本草经》所未载，所以日本学者森立之考证说："又有大而黄或斑者，谓之天蛾，乃凤仙、匾豆叶间大青黑虫所化是也。陶氏以来诸家本草所说似指此物。"⑤然而，"生樗树上，则樗鸡者即樗菌，菌与鸡一音之转，谓樗木耳也，木耳名鸡"⑥。至于如何理解和认识"樗鸡"这味药物，由于《神农本草经》没有形态学方面的描述，故后人出现这样或那样的认识分歧则是完全可以理解的。

伏翼，即蝙蝠，又名檐老鼠、家蝠（图1-5）。《神农本草经》云：伏翼"味咸，平。主目瞑、明目、夜视有精光。久服令人喜乐，媚好无忧。一名蝙蝠。生山谷。"⑦对于伏翼的形态特点，分布在新疆者是体形最小的蝙蝠，其"尾从股间膜后缘伸出约1—2毫米。毛色乌灰，体侧略浅，呈现浅棕灰而带灰白色，毛基乌黑。重5克，前臂长30毫米"⑧。

---

① 卢明、王抒、林非：《中药樗鸡的研究概况》，《吉林中医药》2002年第6期，第62页。
② 卢明、王抒、林非：《中药樗鸡的研究概况》，《吉林中医药》2002年第6期，第62页。
③ （唐）孙思邈：《千金翼方》卷4《本草下》，太原：山西科学技术出版社，2010年，第90页。
④ （南朝·梁）陶弘景撰、尚志钧辑校：《名医别录》卷2《中品》，北京：中国中医药出版社，2013年，第153页。
⑤ ［日］森立之撰、吉文辉等点校：《本草经考注》，上海：上海科学技术出版社，2005年，第485页。
⑥ ［日］森立之撰、吉文辉等点校：《本草经考注》，第486页。
⑦ 陈振相、宋贵美：《中医十大经典全录》，第296页。
⑧ 蒲开夫、朱一凡、李行力主编：《新疆百科知识辞典》，西安：陕西人民出版社，2008年，第288页。

而分布在华北地区的伏翼，则为较小型蝙蝠，体重 4.4 克，耳短，前臂长 32—35 毫米，体背毛灰褐色，腹毛灰白色，一般栖息在房屋屋檐下或隐匿在树洞中，黄昏和天亮前飞出捕食，嗜食蚊类，夏季繁殖，粪便入药名"夜明砂"①。由于伏翼种类较多，目前已知有 950 种左右，究竟何种伏翼入药最良？《神农本草经》说的应是普通伏翼，并未区分白、红、灰色。不过，因自然界中分布有大耳蝠、山蝠、长翼蝠、伊氏鼠耳蝠、大管鼻蝠、吸血蝙蝠等不同类型②，因它们各自的生态特点略有差异，故其药用价值可能互有不同。所以陶弘景说："伏翼目及胆，术家用为洞视法，自非白色倒悬者，亦不可服之也。"③这里，陶氏明确提出"非白色倒悬者不可服"的观点。之后，《李氏本草》（已佚）又进一步记载说：伏翼"一名仙鼠……仙鼠在山孔中，食诸乳石精汁，皆千岁，头上有冠，淳白，大如鸠、鹊。"④苏恭《新修本草》又云："伏翼之大者谓之肉芝，食之令人肥健长年，故久服能使人喜乐，媚好无忧。"⑤诚如《图经本草》所言："今蝙蝠多生古屋中，白而大者，盖稀有。"⑥在此背景下，对于普通蝙蝠的药性，唐甄权在《药性论》中说："伏翼，微热，有毒。"⑦既然有毒，就不便久服。例如，《日华子本草》云："久服解愁者，皆误后世之言，适足以增忧益愁而已，治病可也，服食不可也。"⑧可见，蝙蝠是否有毒，不能一概而论。据研究，生长在南方的大型食果蝠整日饱食，长得体大丰满，一经烘烤之后，肉味十分鲜美，所以我国南方的某些地区以及东南亚的居民都有吃大型食果蝠的习惯，然吸血蝙蝠身上携带有狂犬病毒，其肉就不可随便食用。

图 1-5　普通伏翼（家蝙蝠）

　　（3）下品药总计 125 种。对于"下品药"的特点，《神农本草经》描述说："主治病以应地。多毒，不可久服。欲除寒热邪气，破积聚，愈疾者，本下经。"⑨很显然，凡是"下

---

①　吴跃峰等：《河北动物志·两栖　爬行　哺乳动物类》，石家庄：河北科技出版社，2009 年，第 153 页；诸葛阳主编：《浙江动物志·兽类》，杭州：浙江科学技术出版社，1989 年，第 53 页。

②　《中国药用动物志》协作组：《中国药用动物志》第 1 册，天津：天津科学技术出版社，1979 年，第 254—258 页。

③　（宋）唐慎微：《证类本草》卷 18《兽部下品》，第 545 页。

④　（宋）唐慎微：《证类本草》卷 18《兽部下品》，第 545 页。

⑤　安徽省中医进修学校：《增图神农本草经通俗讲义》，合肥：安徽人民出版社，1959 年，第 362 页。

⑥　（宋）唐慎微：《证类本草》卷 18《兽部下品》，第 545 页。

⑦　（宋）唐慎微：《证类本草》卷 18《兽部下品》，第 545 页。

⑧　（明）李明珍著、陈贵廷等点校：《本草纲目》卷 48《禽部二》，北京：中医古籍出版社，1994 年，第 1094 页。

⑨　陈振相、宋贵美：《中医十大经典全录》，第 297 页。

品药"主要是用于治疗疾病,而不是"养生",所以"不可久服",但也有个别例外者。如铅丹、蜀茶等。

铅丹,又名黄丹、朱粉、铅华等,系纯铅在铁锅中经加热、炒动、石臼等工序制造而成的四氧化三铅,其中铅的含量高达 90.67,鲜或褐红色或黄色,有金属性辛味,能溶于硝酸,而不溶于水和酒精。所以《神农本草经》总结说:"(铅丹)味辛,微寒。主上(吐)逆胃反,惊痫癫疾,除热下气,炼化还成九光。久服通神明。生平泽。"[1]从现代铅丹的临床应用范围看,其内服功效主要是攻毒截疟、坠痰镇惊、惊痫癫狂和疟疾,与《神农本草经》的记载一致。至于"炼化还成九光",文中的"九"是多的意思,表明铅的炼化过程较为复杂。如众所知,在不同温度条件下,纯铅经过炼化,会生成多种不同颜色的氧化铅。例如,橘黄色的三氧化二铅、灰色的氧化亚铅、深棕色的二氧化铅、黄红色的一氧化铅或称密陀僧、红色的四氧化三铅等。[2]在炼丹实践中,人们制作铅丹具体过程是:先将纯铅熔化,接着再加入一块硫黄,加热后,铅与硫黄便溶解成硫化铅,呈黑色。然后,继续灼热,硫黄逐渐在加热过程中变成二氧化硫气体,剩下的硫化铅则变成二氧化铅,其颜色亦转变成了红黄色,即为铅丹。[3]

关于"久服通神明"的问题,学界认识比较一致。如有学者认为:"这不是滋养药。现在更没有用来久服的。"[4]还有学者根据临床实际主张:"铅丹有毒,故只宜小量而暂用之,若需久服者,后世多以生铁落或磁石代之,既稳妥,疗效亦佳。"[5]

蜀茶,又名巴椒、花椒、红椒、南椒、点椒等,经科学分析,花椒的化学成分主要有花椒精油,其精油里至少含有 75 种物质,如芳樟醇、柠檬烯、丙酸芳樟酯、花椒油素、茴香脑等;花椒蛋白,属无毒物质;花椒生物碱,主要有菌芋碱、青椒碱、香草柠等;花椒油树脂,包含乙酸芳樟酯等物质;花椒香豆素,主要有香柑内酯、脱肠草素等;花椒籽油主要成分有棕榈酸、油酸、亚油酸、;花椒总黄酮,它是一种非常好的抗氧化物质;花椒酰胺,多为链状不饱和脂肪酰胺;此外,花椒中还含有锰、铁、锌、铜、铅等微量元素。[6]所以《神农本草经》载:

> (蜀茶)味辛,温。主邪气咳逆,温中,逐骨节皮肤死肌,寒湿痹痛,下气。久服,头不白,轻身、增年。生川谷。[7]

据研究,蜀茶具有多方面的药理作用:在消化系统方面,蜀茶能抗溃疡,具有抗腹泻和保肝作用;在心血管系统方面,蜀茶籽油能有效降低高血脂血清中的胆固醇水平、甘油三酯和低密度脂蛋白胆固醇水平,并对动脉粥样硬化有抑制作用;在血液系统方面,蜀茶

① 陈振相、宋贵美:《中医十大经典全录》,第 298 页。
② 王根元、刘昭民、王昶:《中国古代矿物知识》,北京:化学工业出版社,2011 年,第 105 页。
③ 山东省中医研究所研究班:《本草经百五十味浅释》,1958 年,第 122 页。
④ 山东省中医研究所研究班:《本草经百五十味浅释》,第 122 页。
⑤ 李克绍:《中药讲习手记》修订本,北京:中国医药科技出版社,2012 年,第 252 页。
⑥ 赵秀玲:《花椒的化学成分、药理作用及其资源开发的研究进展》,《中国调味品》2012 年第 3 期,第 1—3 页。
⑦ 陈振相、宋贵美:《中医十大经典全录》,第 302 页。

油素对二磷酸腺苷、花生四烯酸和凝血酶诱导的血小板聚集有明显的抑制作用；在抗氧化方面，蜀荄油对羟基自由基有一定的清除作用，另外对油脂的过氧化亦有明显抑制作用；在抑菌方面，蜀荄挥发油渍不仅能抑制革兰阴性菌，而且也能抑制革兰氏阳性菌，同时对霉菌、真菌亦有抑制作用；在抗肿瘤方面，蜀荄挥发油对嗜铬细胞瘤细胞具有杀伤作用；此外，蜀荄还有抗炎镇痛、麻醉、驱虫、抗寒、耐缺氧等作用。[1]目前，生物医学界正在寻找导致人类衰老之谜。有资料显示，导致人类衰老的原因比较复杂，但多数学者认为游离基的破坏是其主要原因之一。美国 D. 哈曼博士在 1956 年首先提出游离基与衰老的关系，所谓游离基是指在最外层分子或原子轨道上含有单个不成对电子的基因，比如带电高能原子、原子团、分子或离子，它们的反应能力极强，我们知道，"一阴一阳谓之道"，这是《周易·系辞上》所概括出来的一条重要原理。所以游离基为了寻找自己的"伙伴"，它会不择手段从已经成对的电子中强制抢走一个电子与之配对，从而干扰正常细胞的功能，并损害膜蛋白、酶和基因，最终导致人体器官功能的丧失和死亡。有人根据氧化理论推测：生命周期较短的动物体内游离基含量较高，这一点已为实验室研究所证实。[2]可见，《神农本草经》称蜀荄"久服，头不白，轻身、增年"，似有一定的科学依据。

2. 中国传统药物理论的形成

在《神农本草经》之前，中国古代既已出现了以"本草"为专业的群体，所述见前。仅就《神农本草经》而言，它是对中国中医药的第一次系统总结，其"所构建的中药理论框架全面而富有层次，不仅为中药学科体系的建立奠定了坚实基础，同时也是中医药理论体系框架形成的重要标志"[3]。

（1）中药分类理论的构建。分类是人们认识客观事物普遍联系的一种基本方法，恩格斯曾经指出："每一门科学都是分析某一个别的运动形式或一系列彼此相属和相互转化的运动形式的，因此，科学分类就是这些运动形式本身依据其固有的次序的分类和排列，而科学分类的重要性也正是在这里。"[4]如众所知，我国古代对本草的认识起源很早，但从目前所见文献看，以《诗经》为最早。据初步统计，《诗经》所载药物约 100 余种，略晚于《诗经》的《山海经》所载药物与《诗经》相差不多，约为 120 多种，西汉初期的《五十二病方》则载药为 242 种，较《山海经》增加了一倍。到《神农本草经》时，药物更增至365 种。所以随着药物新品种不断涌现，如何认识和掌握各种药物的性能及其相互之间的内在联系，便成了一个非常迫切的理论问题。对于不断增多的药物，《神农本草经》采取三品分类法基本上解决了古代药物学知识零星分散和不成系统的问题。

对于已经载入医药学文献的 365 种药物，《神农本草经》全书采用"三三三分类法"（图 1-6）。首先按照性能将全部药物分为上、中、下三品。其次，每品之下，再分矿物药、植物药和动物药三类。最后，依据其药物在方剂中所起的作用，再分为无毒的"君"

---

① 赵秀玲：《花椒的化学成分、药理作用及其资源开发的研究进展》，《中国调味品》2012 年第 3 期，第 3—4 页。
② ［美］米奇欧·卡库：《远景》，黄光锋译，海口：海南出版社，2000 年，第 269 页。
③ 孙鑫、钱会南：《〈神农本草经〉中药理论体系框架研究（上）》，《中华中医药杂志》2015 年第 6 期，第 1871 页。
④ ［德］恩格斯：《自然辩证法》，北京：人民出版社，1984 年，第 149—150 页。

药、介于有毒与无毒之间的"臣"药和有毒的"佐使"药。这种分类法虽然在当时尚缺乏一定标准，但其文字简练古朴，遂成为中药理论精髓。

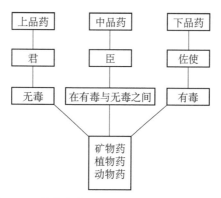

图 1-6　《神农本草经》"三三上分类法"示意图

由于战国以降，服食现象普遍存在，这就使得人们迫切需要认识和了解各种药物的"毒性"状况，因此，《神农本草经》把药物的毒性问题提高到养生的高度来看待，并按照"养生为上，"治病"次之的原则，对 365 种药物进行了新的组合与排序。

诚如《抱朴子·仙药篇》引《神农四经》的话说：

"上药令人身安命延，升为天神，遨游上下，使役万灵，体生毛羽，行厨立至。"又曰："五芝及饵丹砂、玉札、曾青、雄黄、雌黄、云母、太乙禹余粮，各可单服之，皆令人飞行长生。"又曰："中药养性。下药除病。能令毒虫不加，猛兽不犯，恶气不行，众妖并辟。"①

《图经衍义本草·陶弘景序》又云：

上品药性亦皆能遣疾，但其势力和厚，不为仓率之效，然而岁月常服，必获大益，病既愈矣，命亦兼申，天道仁育，故云应天……中品药性疗病之辞，渐深轻身之说，稍薄于服之者，祛患当速，而延龄为绥，人怀情性，故云应人。……下品药性专主攻击毒烈之气，倾损中和，不可常服，疾愈即止。地体收杀，故云应地。②

这两段话，可以说是对《神农本草经》三品分类法主旨的最好注释，同时，道家崇尚玉石类药物的深层原因，亦看得一清二楚。在这里，不论是刘向，还是狐刚子，也不论是《神农本草经》，抑或是《抱朴子》，养生之道，一以贯之。所以因受到道家服食观念的影响，《神农本草经》将"丹沙"推举到上品药的首要地位，并在一段相当长的历史时期内，使很多追求服食成仙的士人被其所误导，危害甚重。不过，每品之下按照药物的自然属性排序，"玉石等无机物第一，其次草木、虫兽、果菜，最后米食，有机物在后。这种

---

① （晋）葛洪：《抱朴子》卷 11《仙药》，《百子全书》第 5 册，第 4723 页。
② （宋）寇宗奭：《图经衍义本草》卷 1《序例》，《道藏》第 17 册，北京、上海、天津：文物出版社、上海书店、天津古籍出版社，1988 年，第 243 页。

分类方法，为后代许多本草著作所沿用"①。如陶弘景在《本草经集注》一书中所创立的按玉石、草木、虫兽、果、菜、米食及有名未用等七类划分法，即是对上述方法的继承和发展。

当然，也有学者从博物学的角度认为："三品分类法与金石、草木、鸟、兽、虫、鱼的自然分类法相比，是一个倒退。随着人们对药性的进一步深入了解，随着对药用动植物种类认识的扩大，三品分类法必定要被新分类法所替代。"②

（2）以四气五味为核心的药性理论。药性，亦即药物性能，是指药物本身所具有的多种性质和治疗作用。《神农本草经》载："药性有宜丸者，宜散者，宜水煮者，宜酒渍者，宜膏煎者，亦有一物兼宜者，亦有不可入汤酒者。并随药性，不得违越。"③这是"药性"一词首见于文献记载，此后，经过《吴普本草》的阐发，至唐代甄权时，始有《药性论》专著的问世。

在中药学界，人们对药性的认识和理解有广义与狭义之分。广义的药性包括四气、五味、归经、升降浮沉、补泻、润燥、有毒无毒、配伍、用药禁忌等；狭义的药性包括四气、五味、归经、升降浮沉、有毒无毒。其中四气和五味是中医药性理论体系的核心内容，当然也是中药学形成和发展的基础。④

《神农本草经》说："（药）有寒热温凉四气。"⑤就"四气"的性质而言，温与热属同一性质，寒与凉属同一性质，这样，四气实际上可归结为温与寒两种性质，倘若反映到人体的阴阳变化方面来，既可表现为温寒偏胜之性，同时又可表现为相对平和的性质。如上品药多为平性的药物，下品药多为温寒偏胜的药物。当然，在同一性质的药物中，还有程度上的差异，如寒性中有大寒、小寒及微寒的区别；温性中有大热与微温的差异。

五味是指药物自身所具有的酸、苦、甘、辛、咸五种味道，至于淡味则附于甘，涩味与苦味相近，故《神农本草经》云："药有酸、咸、甘、苦、辛五味。"⑥而有关《神农本草经》中四气五味的具体情况，如表 1-5 所示：

表 1-5 《神农本草经》各种药物之药性统计表

上品				中品				下品			
序号	名称	药性		序号	名称	药性		序号	名称	药性	
		气	味			气	味			气	味
1	丹沙	微寒	甘	1	雄黄	平寒	苦	1	孔公孽	温	辛
2	云母	平	甘	2	雌黄	平	辛	2	殷孽	温	辛
3	玉泉	平	甘	3	石硫黄	温	酸	3	铁精	平	
4	石钟乳	温	甘	4	水银	寒	辛	4	铁落	平	辛

① 汪子春、范楚玉：《中华文化通志·科学技术典》第 63 册《农学与生物学志》，第 277 页。
② 罗桂环、汪子春主编：《中国科学技术史·生物学卷》，北京：科学出版社，2005 年，第 113 页。
③ 陈振相、宋贵美：《中医十大经典全录》，第 305 页。
④ 肖小河主编：《中药药性寒热差异的生物学表征》，北京：科学出版社，2010 年，第 3—4 页。
⑤ 陈振相、宋贵美：《中医十大经典全录》，第 305 页。
⑥ 陈振相、宋贵美：《中医十大经典全录》，第 305 页。

续表

序号	名称 (上品)	气	味	序号	名称 (中品)	气	味	序号	名称 (下品)	气	味
5	涅石	寒	酸	5	石膏	微寒	辛	5	铁		
6	消石	寒	苦	6	慈石	寒	辛	6	铅丹	微寒	辛
7	朴消	寒	苦	7	石胆	寒	酸	7	粉锡	寒	辛
8	滑石	寒	甘	8	凝水石	寒	辛	8	锡镜鼻		
9	空青	寒	甘	9	阳起石	微温	咸	9	代赭	寒	苦
10	曾青	小寒	酸	10	理石	寒	辛	10	戎盐		
11	禹余粮	寒	甘	11	长石	寒	辛	11	大盐		
12	太乙余粮	平	甘	12	白青	平	甘	12	卤盐	寒	苦
13	白石英	微温	甘	13	扁青	平	甘	13	青琅玕	平	辛
14	紫石英	温	甘	14	肤青	平	辛	14	矾石	大热	辛
15	五色石脂	平	甘	15	干姜	温	辛	15	石灰	温	辛
16	昌蒲	温	辛	16	枲耳实	温	甘	16	白垩	温	苦
17	鞠华	平	苦	17	葛根	平	甘	17	冬灰	微温	辛
18	人参	微寒	甘	18	括楼根	寒	苦	18	附子	温	辛
19	天门冬	平	苦	19	苦参	寒	苦	19	乌头	温	辛
20	甘草	平	甘	20	茈胡	平	苦	20	天雄	温	辛
21	干地黄	寒	甘	21	芎䓖	温	辛	21	半夏	平	辛
22	术	温	苦	22	当归	温	甘	22	虎掌	温	苦
23	兔丝子	平	辛	23	麻黄	温	苦	23	鸢尾	平	苦
24	牛膝		苦酸	24	通草	平	辛	24	大黄	寒	苦
25	充蔚子	微温	辛	25	芍药	平	苦	25	亭历	寒	辛苦
26	女萎	平	甘	26	蠡实	平	甘	26	桔梗	微温	辛
27	防葵	寒	辛	27	瞿麦	寒	苦	27	莨荡子	寒	苦
28	麦门冬	平	甘	28	元参	微寒	苦	28	草蒿	寒	苦
29	独活	平	苦	29	秦艽	平	苦	29	旋复花	温	咸
30	车前子	寒	甘	30	百合	平	甘	30	藜芦	寒	辛
31	木香	（温）	辛	31	知母	寒	苦	31	钩吻	温	辛
32	署豫	温	甘	32	贝母	平	辛	32	射干	平	苦
33	薏苡仁	微寒	甘	33	白芷	温	辛	33	蛇含	微寒	苦
34	泽泻	寒	甘	34	淫羊藿	寒	辛	34	常山	寒	苦
35	远志	温	苦	35	黄芩	平	苦	35	蜀漆	平	辛
36	龙胆	寒	苦	36	石龙芮	平	苦	36	甘遂	寒	苦
37	细辛	温	辛	37	茅根	寒	甘	37	白敛	平	苦
38	石斛	平	甘	38	紫菀	温	苦	38	青箱子	微寒	苦
39	巴戟天	微温	辛	39	紫草	寒	苦	39	蘑菌	平	咸
40	白英	寒	甘	40	茜根	寒	苦	40	白芨	平	苦

续表

上 品				中 品				下 品			
序号	名称	药性		序号	名称	药性		序号	名称	药性	
		气	味			气	味			气	味
41	白蒿	平	甘	41	败酱	平	苦	41	大戟	寒	苦
42	赤箭	温	辛	42	白鲜皮	寒	苦	42	泽漆	微寒	苦
43	奄闾子	微寒	苦	43	酸浆	平	酸	43	茵芋	温	苦
44	析蓂子	微温	辛	44	紫参	寒	苦辛	44	贯众	微寒	苦
45	蓍实	平	苦	45	藁本	温	辛	45	荛花	平寒	苦
46	赤芝	平	苦	46	狗脊	平	苦	46	牙子	寒	苦
47	黑芝	平	咸	47	草薢	平	苦	47	羊踯躅	温	辛
48	青芝	平	酸	48	白兔藿	平	苦	48	商陆	平	辛
49	白芝	平	辛	49	营实	温	酸	49	羊蹄	寒	苦
50	黄芝	平	甘	50	白薇	平	苦	50	芫花	温	辛
51	紫芝	温	甘	51	薇衔	平	苦	51	姑活	温	甘
52	卷柏	温	辛	52	翘根	寒平	甘	52	别羁	微温	苦
53	蓝实	寒	苦	53	水萍	寒	辛	53	萹蓄	平	苦
54	蘼芜	温	辛	54	王瓜	寒	苦	54	狼毒	平	辛
55	黄连	寒	苦	55	地榆	微寒	苦	55	白头翁	温	苦
56	络石	温	苦	56	海藻	寒	苦	56	羊桃	寒	苦
57	蒺藜子	温	苦	57	泽兰	微温	苦	57	女青	平	辛
58	黄耆	微温	甘	58	防己	平	辛	58	连翘	平	苦
59	肉松容	微温	甘	59	牡丹	寒	辛	59	鬼臼	温	辛
60	防风	温	甘	60	款冬花	温	辛	60	石下长卿	平	咸
61	蒲黄	平	甘	61	石韦	平	苦	61	闾茹	寒	辛
62	香蒲	平	甘	62	马先蒿	平	苦	62	乌韭	寒	甘
63	续断	微温	苦	63	积雪草	寒	苦	63	鹿藿	平	苦
64	漏芦	咸寒	苦	64	女菀	温	辛	64	蚤休	微寒	苦
65	天名精	寒	甘	65	王孙	平	苦	65	石长生	微寒	咸
66	决明子	平	咸	66	蜀羊泉	微寒	苦	66	陆英	寒	苦
67	丹参	微寒	苦	67	爵床	寒	咸	67	荩草	平	苦
68	飞廉	平	苦	68	栀子	寒	苦	68	牛扁	微寒	苦
69	五味子	温	酸	69	竹叶	平	苦	69	夏枯草	寒	苦辛
70	旋华	温	甘	70	蘗木	寒	苦	70	屈草	微寒	苦
71	兰草	平	辛	71	吴茱萸	温	辛	71	巴豆	温	辛
72	蛇床子	平	苦	72	桑根白皮	寒	甘辛	72	蜀茶	温	辛
73	地肤子	寒	苦	73	芜荑	平	辛	73	皂荚	温	辛咸
74	景天	平	苦	74	枳实	寒	苦	74	柳花	寒	苦
75	因陈	平	苦	75	厚朴	温	苦	75	楝实	寒	苦
76	杜若	微温	辛	76	秦皮	微寒	苦	76	郁李仁	平	酸

续表

上品				中品				下品			
序号	名称	药性		序号	名称	药性		序号	名称	药性	
		气	味			气	味			气	味
77	沙参	微寒	苦	77	秦茉	温	辛	77	莽草	温	辛
78	徐长卿	温	辛	78	山茱萸	平	酸	78	雷丸	寒	苦
79	石龙刍	微寒	苦	79	紫崴	微寒	酸	79	梓白皮	寒	苦
80	云实	温	辛	80	猪苓	平	甘	80	桐叶	寒	苦
81	王不留行	平	苦	81	白棘	寒	辛	81	石南	平	辛苦
82	牧桂	温	辛	82	龙眼	平	甘	82	黄环	平	苦
83	菌桂	温	辛	83	木兰	寒	苦	83	溲疏	寒	辛
84	松脂	温	苦	84	五加皮	温	辛	84	鼠李		
85	槐实	寒	苦	85	卫矛	寒	苦	85	松萝	平	苦
86	枸杞	寒	苦	86	合欢	平	甘	86	药实根	温	辛
87	柏实	平	甘	87	彼子	温	甘	87	蔓椒	温	苦
88	茯苓	平	甘	88	梅实	平	酸	88	栾花	寒	苦
89	榆皮	平	甘	89	核桃仁	平	苦	89	淮木	平	苦
90	酸枣	平	酸	90	杏核仁	温	甘	90	大豆黄卷	平	甘
91	干漆	温	辛	91	蓼实	温	辛	91	腐婢	平	辛
92	蔓荆实	微寒	苦	92	葱实	温	辛	92	瓜蒂	寒	苦
93	辛夷	温	辛	93	薤	温	辛	93	苦瓠	寒	苦
94	桑上寄生	平	苦	94	假苏	温	辛	94	六畜毛蹄甲	平	咸
95	杜仲	平	辛	95	水苏	微温	辛	95	燕屎	平	辛
96	女贞实	平	苦	96	水蘄	平	甘	96	天鼠屎	寒	辛
97	蕤核	温	甘	97	发髲	温	苦	97	鼺鼠		
98	橘柚	温	辛	98	白马茎	平	咸	98	伏翼	平	咸
99	藕实茎	平	甘	99	鹿茸	温	甘	99	虾蟆	寒	辛
100	大枣	平	甘	100	牛角鰓			100	马刀	微寒	辛
101	葡萄	平	甘	101	牛黄	平	苦	101	蟹	寒	咸
102	蓬虆	平	酸	102	丹雄鸡	微温	甘	102	蛇蜕	平	咸
103	鸡头实	平	甘	103	羖羊角	温	咸	103	猬皮	平	苦
104	胡麻	平	甘	104	牡狗阴茎	平	咸	104	蠮螉	平	辛
105	麻蕡	平	辛	105	羚羊角	寒	咸	105	蜣螂	寒	咸
106	冬葵子	寒	甘	106	犀角	寒	苦	106	蛞蝓	寒	咸
107	苋实	寒	甘	107	豚卵	温	甘	107	白颈蚯蚓	寒	咸
108	白瓜子	平	甘	108	麋脂	温	辛	108	蛴螬	微温	咸
109	苦菜	寒	苦	109	雁肪	平	甘	109	石蚕	寒	咸
110	龙骨	平	甘	110	鳖甲	平	咸	110	雀瓮	平	甘
111	麝香	温	辛	111	鮀鱼甲	微温	辛	111	樗鸡	平	苦
112	熊脂	微寒	甘	112	蠡鱼	寒	甘	112	班苗	寒	辛

上　品			中　品			下　品		
序号	名称	药性	序号	名称	药性	序号	名称	药性
		气	味			气	味			气	味

序号	名称	气	味	序号	名称	气	味	序号	名称	气	味
113	白胶	平	甘	113	鲤鱼胆	寒	苦	113	蝼蛄	寒	咸
114	阿胶	平	甘	114	乌贼鱼骨	微温	咸	114	蜈蚣	温	辛
115	石蜜	平	甘	115	海蛤	平	苦	115	马陆	温	辛
116	蜂子	平	甘	116	文蛤			116	地胆	寒	辛
117	蜜蜡	微温	甘	117	石龙子	寒	咸	117	萤火	微温	辛
118	牡蛎	平	咸	118	露蜂房	平	苦	118	衣鱼	温	咸
119	龟甲	平	咸	119	柞蝉	寒	咸	119	鼠妇	温	酸
120	桑螵蛸	平	咸	120	白僵蚕	平	咸	120	水蛭	平	咸
								121	木虻	平	苦
								122	蜚虻	微寒	苦
								123	蜚蠊	寒	咸
								124	䗪虫	寒	咸
								125	贝子	平	咸

注：此表据《本草纲目·〈神农本草经〉目录》所制。由于黄奭辑本与《本草纲目》在对《神农本草经》上、中、下三品药的理解方面，略有差异，所以黄奭辑本视为"上品"的药物如雁肪、芎䓖、营实、木兰、五加皮等，《本草纲目》都归入"中品"药中去了。与黄奭辑本相比，《本草纲目·〈神农本草经〉目录》更能体现《神农本草经》的药性思想

由表 1-5 可见，上品药中属于平性的药物计有 51 种，约占其药物总数的 43；属于温性的药物计有 35 种，约占其药物总数的 29；属于寒性的药物计有 32 种，约占其药物总数的 27；还有 2 种药物阙载其药性。中品药中属于平性的药物计有 42 种，约占其药物总数的 35；属于温性的药物计有 33 种，约占其药物总数的 28；属于寒性的药物计有 41 种，约占其药物总数的 34；此外，还有 2 种"兼性"药物，2 种药物阙载其药性。下品药中属于平性的药物计有 36 种，约占其药物总数的 29；属于温性的药物计有 32 种，约占其药物总数的 26；属于寒性的药物计有 50 种，约占其药物总数的 40；此外，还有 1 种"兼性"药物，6 种药物阙载其药性。那么，这种统计有意义吗？为了叙述方便，我们特用图 1-7 来示意。

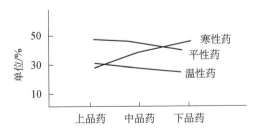

图 1-7　《神农本草经》所载三品药与四气之间关系变化曲线图

在图 1-7 中，有两条呈下降的曲线：一条是"平性药"线；另一条是"温性药"线。

此外，还有一条上升曲线，即“寒性药”线。由于《神农本草经》没有给出划分上、中、下三品药的标准和依据，这给我们的分析带来许多困难。但是，现象反映本质，仅从药性的角度看，寒性药被视为“上品药”的数量较少，而在被视为“上品药”的寒性药物中，“味甘”者有 13 种，约占总数的 41；“味苦”者有 15 种，约占总数的 47。按照《素问·宣明五气篇》的“五入”理论分析，既然“五味所入：酸入肝，辛入肺，苦入心，咸入肾，甘入脾”①，那么，上述的“甘味药”和“苦味药”应分别归脾和心，然而，在前述的 15 种苦味药中，归肝经者居多，计有龙胆、蓝实、奄闾子、黄连、丹参、槐实、枸杞、蔓荆实 8 种（含兼性药），归心经者计有消石、奄闾子、黄连、丹参、石龙刍、苦菜 6 种（含兼性药）。有学者甚至以凌一揆主编《中药学》为例，在其 63 种纯苦味药中，归肝经者计有 37 种，居第一；其次为归胃经者计有 29 种，居第二。②甘味药的归经情形亦复如此，如在前述 13 种甘味药中，归肝经者计有空青、干地黄、车前子、白英、天名精、苋实 6 种，居第一位；归胃与肺经者各有 4 味，并为第二。无论苦味药还是甘味药，都以归肝经的药物为主导，这绝不是偶然的现象。

我们知道，人的体质有“寒性”和“热性”之分，而对药性的认识则源自人体本身对各种药物的反应。中医讲“药食同源”，又讲“入腹则知其性”③。现在的问题是：汉朝士人的体质属于热性还是寒性？当然，任何问题都要辩证地看和一分为二地看。相对说来，根据《神农本草经》的药性理论和 365 种药物性味的归经分析，汉朝人的体质多偏热性。这可能与当时人们的嗜酒习惯有关。例如，满城西汉中山靖王刘胜墓发现酒缸十几个，以及大量的酒具，说明墓的主人生前嗜酒如命。《汉书·食货志》云：“酒者，天之美禄，帝王所以颐养天下，享祀祈福，扶衰养疾。百礼之会，非酒不行。”④难怪吴晗先生评论说：

> （汉朝人）喜食犬、牛故屠牛椎狗之事豪杰亦为之。嗜酒之风太甚，高祖初定天下，廷臣使酒争功，高祖颇厌之。武帝乃榷酒酤，非特用以防民食之不敷，亦以严费时佚事之禁也。然未几禁驰，群饮之风如故。此殆汉初军人，多来自民间，旧习未忘，遂播为风气欤！⑤

从临床医学的角度看，嗜酒不仅会损伤神经系统，加速脑的老化过程，而且还会引起胃炎、胃溃疡、脂肪炎、肝硬化等疾病。研究证明嗜酒造成肝硬化是演变为肝癌的重要原因之一，而肝硬化死亡率中，有许多由酒精中毒引起。⑥例如，在欧洲，酒类非常畅销的时期，有很多因为肝硬化而死亡的患者；由于经济不景气或战争原因，导致酒的消费量减低时，因为酒精而造成死亡的人数也大幅减少。在美国禁酒时期，肝硬化也开始减少。⑦有人测算过中国历代人的平均寿命：夏商时不超过 18 岁，西周、秦汉为 20 岁，东汉为

① 陈振相、宋贵美：《中医十大经典全录》，第 41 页。
② 孙大定：《苦味药的药性特征及其配伍作用初探》，《中国中药杂志》1996 年第 2 期，第 119 页。
③ 刘洋主编：《徐灵胎医学全书·神农本草经百种录》，北京：中国中医药出版社，1999 年，第 55 页。
④ 《汉书》卷 24 下《食货志》，第 1182 页。
⑤ 李华、杨钊、张习孔主编：《吴晗文集》第 1 卷《历史》，北京：北京出版社，1988 年，第 7 页。
⑥ 征榴：《男人瑰宝》，沈阳：白山出版社，2007 年，第 119 页。
⑦ 韩维编著：《自己的肝自己救——积极饮食疗法》，北京：北京科学技术出版社，2004 年，第 61 页。

22 岁，唐代为 27 岁，宋代为 30 岁，清代为 33 岁。[1]汉代人短寿的原因是什么？目前尚难以确知，但从《史记·仓公传》《足臂十一脉灸经》《阴阳十一脉灸经》《张家山脉书》等医学文献的有关记载看，汉代的热病比较猖獗，死亡率较高，具体内容参见曹东义等《〈素问〉之前热病探源》一文[2]，兹不赘述。

关于药物的毒性，《神农本草经》云："若用毒药疗病，先起如黍粟，病去即止，不去倍之，不去十之，取去为度，疗寒以热药，疗热以寒药，饮食不消以吐下药，鬼注蛊毒以毒药，痈肿创瘤以创药，风湿以风湿药，各随其所宜。"[3]在此，《神农本草经》所说的"毒药"与我们现在所讲的毒药还不完全等同，它所说的"毒药"主要是指用于治病的药物，而不包括那些适宜于养生的"上品药"。"毒药"不能久服，这是一个原则。在此基础上，《神农本草经》已经朦胧地意识到了"用药取度"问题，其"取去为度"[4]思想"无疑是自《尚书·说命篇》提出'药不瞑眩，厥疾弗瘳'的用药观之后，人们迈向科学用药的一次理论突破"[5]。特别是《神农本草经》已经关注妊娠禁忌药的问题，明确指出水银、牛膝、地胆、石蚕等药物具有"堕胎"作用，实际上，这是告诉人们妇女妊娠期间，某些药物具有滑胎、堕胎的流弊，孕妇绝对不能服用。

（3）组方配伍。如何处方用药，由于它直接关乎患者的生命安危和临床治病的效果，所以历来为医家所重。《神农本草经》说："药有阴阳，配合字母兄弟，根茎花实，草石骨肉，有单行者，有相须者，有相使者，有相畏者，有相恶者，有相反者，有相杀者。凡此七情，合和视之，当用相须相使者良，勿用相恶相反者。若有毒宜制，可用相畏相杀者，不尔，勿合用也。"[6]可见，所谓"七情"，实为临床药物配伍的 7 种方法。

"单行"药即单独使用的药物，《神农本草经》所载 365 种药物，均为单行药，或称单方。在临床上，单方多是"在对疾病无可奈何时，冒险得出的经验，是通过服用者多次中毒的教训而逐渐认识到的"[7]。仅此而言，《神农本草经》对 365 种药物临床主治和药物功能的认识，一定付出了巨大的代价。如丹参"主心腹邪气，肠鸣幽幽如走水，寒热积聚，破症，除瘕，止烦满，益气"[8]，通常条件下，丹毒使用丹参即能达到较好的补血活血、去瘀生新功效。因此，单方用之得当，力专效捷，确实能发挥其巨大的临床威力。

"相须"是指在单味药不能适应复杂病情的情况下，需要两种药性类似的药物相互配合，以增强疗效，这就叫作"兄弟药"，它是一种固定的组方单位。如当归与黄耆配伍以补气生血，黄芩与柴胡配伍以增强和解清热之功。有的时候，两药配合会产生新的疗效，如桂枝单用辛温解表，芍药单用酸苦敛阴，两者配合则能调和营卫，则出现了两药单用都

① 杨建红主编：《解剖生理学基础》，北京：科学出版社，2010 年，第 293 页。
② 曹东义等：《〈素问〉之前热病探源》，《湖北民族学院学报（医学版）》2008 年第 2 期，第 6—9 页。
③ 陈振相、宋贵美：《中医十大经典全录》，第 305 页。
④ 陈振相、宋贵美：《中医十大经典全录》，第 305 页。
⑤ 孙鑫、钱会南：《〈神农本草经〉中药理论体系框架研究（上）》，《中华中医药杂志》2015 年第 6 期，第 1873 页。
⑥ 陈振相、宋贵美：《中医十大经典全录》，第 305 页。
⑦ 刘俊主编：《当代中医大家临床用药经验实录》，沈阳：辽宁科学技术出版社，2013 年，第 53 页。
⑧ 陈振相、宋贵美：《中医十大经典全录》，第 283 页。

不曾具备的新用途。

"相使"是指两种具有共性，但功能不同的药物相互配合，通常以一药为主，另一药为辅，以期达到一种完美的治疗效果。如枳实与大黄配合，两者药味虽同，但功效各异，大黄能泻热通便，枳实则辛散苦泻，合用之后主泻阳明热结。可见，"相使"药是把不同功能的药物集合起来，互相配合，协同增效，适宜于治疗病情复杂和部位广泛的病患。

"相杀"是指两种药物中一种药物能够消解或克制另一种药物的毒性。如栀子与踯躅配伍，即是利用栀子能消解踯躅的毒性；葵根与蜀椒配伍，则葵根能消解蜀椒的毒性，等等。

"相畏"是指具有能相互减低毒性或副作用的两种药物，经配合使用之后，更适应于病情需要，从而使药效更加充分地发挥出来，以此提高临床用药的疗效。如半夏与干姜的配合，生姜能减弱半夏的毒性。有学者考察了临床上使用频率较高的相使药物，并绘图1-8。图1-8中与《神农本草经》所载药物相关者，主要有扁青与茵陈蒿，黄连与空青，空青与巴豆，空青与丹参，空青与黄连，空青与葱等。其规律为："就药物功能而言，相畏药物组合以矿物药、清热药、泻下药等为主，如空青、扁青、磁石等为矿物药，黄连、黄芩等为清热药，大黄、巴豆等为泻下药。就药物毒性而言，相畏药物组合中既有毒性药物，也有无毒药物，如巴豆、附子是有毒中药，茵陈、黄连等无毒。"[1]

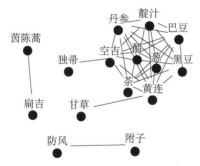

图 1-8　"相畏"药物之间的关联规则网络图[2]

"相恶"是指两种功能相反的药物配合之后相互牵制，从而减小或抵消原有药物的治疗效应。如生姜与黄芩配伍，临床应用时会相互抵消其功效，即在生姜降低黄芩寒性的同时，黄芩也会减弱生姜的温性。

"相反"是指两种功能相反的药物配合，能生成更大的毒性作用。如蜂蜜反大葱，甘草反甘遂等。故《神农本草经》主张"勿用相恶相反者"[3]。然而，目前医学界对"相反"及"相恶"药物进行了新的实验研究，人们发现"相反相成"的拮抗作用是自然界中的一种普遍现象。[4]下面是刘炳凡先生的两段精辟论述，不妨转引于兹以共享：

①　吴嘉瑞等：《基于关联规则和复杂系统熵聚类的中药相畏药物组合规律研究》，《中国中医药信息杂志》2013年第10期，第20页。

②　吴嘉瑞等：《基于关联规则和复杂系统熵聚类的中药相畏药物组合规律研究》，《中国中医药信息杂志》2013年第10期，第20页。

③　陈振相、宋贵美：《中医十大经典全录》，第305页。

④　刘光宪、刘英哲主编：《刘炳凡医论医案》，北京：科学出版社，2012年，第169页。

近人发现相反、相畏、相恶药间不仅普遍存在拮抗作用这一重要原理，而且利用这一原理组成方剂应用于临床，从应用结果看来，疗效卓著，特别是对于一些疑难病证，沉疴痼疾，因而在这一基础上探索新的抗癌药物，是值得重视的。……善用药者无拘良毒，如植物药之乌、附、马钱子，矿物药之砒石、水银，动物药之地胆、斑蝥，"必精炮制，慎佐使，量缓急，度病势，而用之百不失一者，上医也"①。

所以，"对待中药中的反、恶、畏，也要更新观点，既须着重历史经验，又不唯历史经验论，应在前人正反两方面经验的基础上，'有所发现，有所发明，有所创造，有所前进'，找出反而不反，不反而反，恶而不恶，不恶而恶，畏而不畏，不畏而畏的规律性东西，更要找出相得益彰，减毒增效的方药为正确地开展拮抗疗法，提供科学理论依据"②。

在相对合理的一个处方中，诸多药物构成了一个矛盾统一体，在这个矛盾统一体中，每味药物所起的作用是不同的，其中在处方中起主导作用、居于支配地位的药物，是处方组成的核心药物，故《神农本草经》将其称为"君药"，而处于被支配地位的药物便称之为臣药和佐使药。这样，君药与臣药和佐使药既相互制约又相互联系，共奏疗疾祛病之效。《神农本草经》云：

> 药有君臣佐使，以相宣摄合和，宜用一君二臣三佐五使，亦可一君三臣九佐使也。③

按照这样的原则处方用药，客观上能产生"整体大于部分之和"的系统效应，而中药处方久盛不衰的道理，亦正在于此。当然，依此处方模式，在临床上则无疑属于相互配伍已经超过 10 味药物的大处方了。例如，张仲景的著名"温经汤"共有 12 味药物，期方药组成是：

> 吴茱萸三两，当归、芎䓖、芍药、人参、桂枝、阿胶、牡丹皮（去心）、生姜、甘草各二两，半夏半升，麦门冬一升（去心）。④

方中君药是吴茱萸，它能温经散寒，可惜只能入气分，不能入血分，所以辅之以桂枝。桂枝能入血分，还可通利血脉。此外，为了增强吴茱萸的药效，加上了川芎和牡丹皮二味活血祛瘀药物，这样桂枝、川芎和牡丹皮便构成本方的臣药。方中加阿胶，并与当归、白芍配合，起养血、滋阴作用，麦门冬则养阴润燥。人参补气，半夏和胃气，加生姜以制半夏毒，最后用甘草调和诸药，为使药。整个处方温、清、消、补并举，刚柔相济，温而不燥，且又主次分明，轻重有度，把控有节，用之稳妥。因此，它已成妇科调经的常用效方。

从思想史的角度看，"君臣佐使"结构是方剂的本质特征之一。当然，它又是祖国医

---

① 刘光宪、刘英哲：《刘炳凡医论医案》，第 170 页。
② 刘光宪、刘英哲：《刘炳凡医论医案》，第 171 页。
③ 陈振相、宋贵美：《中医十大经典全录》，第 305 页。
④ 陈振相、宋贵美：《中医十大经典全录》，第 433 页。

学的一个重要发明。诚如有学者所言，我国先贤"借鉴中国古代社会的结构与功能的一些要素和特点，提炼出'君臣佐使'模型，用来构筑方剂的内部结构，把入方的药物分别作为'君药'、'臣药'、'佐药'、'使药'，使其各自处于特定地位，各自发挥特定功用，以'君臣佐使'的关系相互作用，协调统一，形成和发挥方剂的整体功效"①。

（4）药物制备。药物生长都需要一定的生态环境，由于在不同生态环境条件下，药物自身所具有的品质不尽相同，为了保证药物的纯正和药材质量，中药便有了地道药材之说。而"一个地道药材的形成，并不是某一个时期或某一个人给命名的，它是我国历代医家通过千百年来的临床验证总结出来的，并被全国中医药界所公认的。"②总而言之，地道药材离不开其特有的生态环境。《神农本草经》已经注意了中药材的这种特殊性，因此，它对365种药材（除少数几种不明生境外）大多都标明其"生山谷""生池泽""生平泽""生川谷""生川泽""生田野""生平谷""生平土""生堤阪"等。这些生态环境划定了药材生长的特定自然条件，但具体产地尚不明确，随着中药学体系的不断发展和完善，后来《吴普本草》就开始明确药材的产地了。

《神农本草经》载："（药有）阴干暴干，采造时月，生熟土地。"③这里讲到了药材的加工方法、采集时间及辨别药材的真伪等内容。

药材生用与炮制后药用的功效不同，如蜣螂，《神农本草经》云："火熬之良。"④而"火熬"的药物还有蝉蜕和露蜂房，经临床应用发现，通过这种炮制方法加工之后，蜣螂、蝉蜕和露蜂房中的部分有毒成分散失，可增加疗效。

又大豆黄卷，生用"涂痈肿，煮汁饮，杀鬼毒，止痛"⑤，在此，生用与煮用的药性和功能均发生了变化，以适应不同病情的临床需要。如《肘后方》载："卒风不语，大豆煮汁，煎稠如饴，含之，并饮汁。"⑥敦煌医书亦载有一首治疗失音不语方："煮大豆煎汁如汤含。"⑦

对于某些矿物药，由于毒性较大，《神农本草经》就采用"炼法"尽量减低其药物毒性，以保证用药安全。如雌黄"炼之久服"⑧，石胆"炼饵服之"⑨等。

至于采集时间及辨别药材的真伪等内容，有关著述已经讲得非常详细了，此处不再细说。

---

① 祝世讷：《中国智慧的奇葩——中医方剂》，深圳：海天出版社，2013年，第34—35页。
② 魏陵博：《养生治病那些事》，青岛：青岛出版社，2013年，第168页。
③ 陈振相、宋贵美：《中医十大经典全录》，第305页。
④ 陈振相、宋贵美：《中医十大经典全录》，第304页。
⑤ 陈振相、宋贵美：《中医十大经典全录》，第297页。
⑥ （明）李时珍著、陈贵廷等点校：《本草纲目》卷24《谷部三·大豆》引《肘后方》，北京：中医古籍出版社，1994年，第640页。
⑦ 李应存、史正刚：《敦煌佛儒道相关医书释要》，北京：民族出版社，2006年，第92页。
⑧ 陈振相、宋贵美：《中医十大经典全录》，第289页。
⑨ 陈振相、宋贵美：《中医十大经典全录》，第278页。

二、《神农本草经》的思想特色与历史地位

（一）《神农本草经》的思想特色

首先，《神农本草经》渗透着很深的道家养生思想。饥饿本来是一种正常的生理反应，但在特定条件下，它却变成了一种文化现象。我们知道，人类的饥饿中枢或食欲中枢位于双侧丘脑下部腹内侧核的外侧区，它是一个可发动摄食活动的神经结构。对于其运动原理，目前有三种假说：即脂肪调控说、肠肽调控说和糖利用率调控说。此外，胃部的作用也可刺激食欲中枢，当腹部感到空虚时，饥饿中枢就会产生饥饿感觉。反之，饱腹中枢就会产生食饱的感觉。所以，养生的过程必须要面对和处理饥饿感觉的问题，因为经常的饥饿感会产生对修炼者本身的持续性干扰。

《神农本草经》已经认识到服用下列药物会给饱腹中枢产生"不饥"之感：

（1）玉泉，味甘，平。……久服耐寒暑，不饥渴，不老神仙。[1]

（2）滑石，味甘，寒。……久服轻身耐饥，长年。[2]

（3）禹余粮，味甘，寒。……炼饵服之，不饥轻身延年。[3]

（4）太乙余粮，味甘，平。……久服耐寒暑，不饥，轻身，飞行千里，神仙。[4]

（5）五色石脂，……味甘，平。……久服补髓益气，肥健不饥，轻身延年。[5]

（6）术，味苦，温。……作煎饵，久服轻身延年，不饥。[6]

（7）麦门冬，味甘，平。……久服轻身，不老不饥。[7]

（8）署豫，味甘，温。……久服耳目聪明，轻身不饥延年。[8]

（9）泽泻，味甘，寒。……久服耳目聪明，不饥，延年，轻身，面生光，能行水上。[9]

（10）耆实，味苦，平。……久服，不饥、不老轻身。[10]

（11）旋华，味甘，温。……久服，不饥，轻身。[11]

（12）青蘘，味甘，寒。……久服，耳目聪明，不饥不老，增寿。[12]

（13）柏实，味甘，平。……久服，令人悦泽美色，耳目聪明，不饥不老，轻身

---

① 陈振相、宋贵美：《中医十大经典全录》，第278页。
② 陈振相、宋贵美：《中医十大经典全录》，第278页。
③ 陈振相、宋贵美：《中医十大经典全录》，第278页。
④ 陈振相、宋贵美：《中医十大经典全录》，第278页。
⑤ 陈振相、宋贵美：《中医十大经典全录》，第279页。
⑥ 陈振相、宋贵美：《中医十大经典全录》，第279页。
⑦ 陈振相、宋贵美：《中医十大经典全录》，第280页。
⑧ 陈振相、宋贵美：《中医十大经典全录》，第280页。
⑨ 陈振相、宋贵美：《中医十大经典全录》，第280页。
⑩ 陈振相、宋贵美：《中医十大经典全录》，第281页。
⑪ 陈振相、宋贵美：《中医十大经典全录》，第283页。
⑫ 陈振相、宋贵美：《中医十大经典全录》，第284页。

延年。①

（14）茯苓，味甘，平。……久服安魂，养神，不饥延年。②

（15）榆皮，味甘，平。……久服轻身不饥。其实尤良。③

（16）蕤核，味甘，温。……久服，轻身益气，不饥。④

（17）熊脂，味甘，微寒。……久服，强志、不饥、轻身。⑤

（18）雁肪，味甘，平。……久服，益气不饥，轻身耐老。⑥

（19）石蜜，味甘，平。……久服，强志轻身，不饥不老。⑦

（20）蜜蜡，味甘，微温。……益气，不饥耐老。⑧

（21）龟甲，味咸，平。……久服，轻身不饥。⑨

（22）藕实茎，味甘，平。……久服，轻身耐老，不饥延年。⑩

（23）鸡头实，味甘，平。……久服轻身不饥，耐老，神仙。⑪

（24）苋实，味甘，寒。……久服，益气力，不饥轻身。⑫

（25）瓜子，味甘，平。主令人悦泽，好颜色，益气，不饥。久服，轻身耐老。⑬

（26）凝水石，味辛，寒。……久服不饥。⑭

（27）长石，味辛，寒。……久服不饥。⑮

（28）五木耳名檽，益气补饥，轻身强志。⑯

（29）薤，味辛，温。……轻身不饥耐老。⑰

　　仅从上述药物看，可谓是道家养生者的主要食粮。应当说，这些食粮不是依靠种植所得，而是通过山野闲居者平时采集得来，因为它们得自自然，是《神农本草经》之"主养命以应天"理论的重要组成部分。中国的山野资源非常丰富，隐居山林的道士，经过长期的饮食实践，甚至冒着无数次中毒的生命危险，找出一些可以"久服不饥"的药物，这些药物以矿物药和植物药为主，体现了道家关爱动物的生命情怀。

① 陈振相、宋贵美：《中医十大经典全录》，第 285 页。
② 陈振相、宋贵美：《中医十大经典全录》，第 285 页。
③ 陈振相、宋贵美：《中医十大经典全录》，第 285 页。
④ 陈振相、宋贵美：《中医十大经典全录》，第 286 页。
⑤ 陈振相、宋贵美：《中医十大经典全录》，第 286 页。
⑥ 陈振相、宋贵美：《中医十大经典全录》，第 287 页。
⑦ 陈振相、宋贵美：《中医十大经典全录》，第 287 页。
⑧ 陈振相、宋贵美：《中医十大经典全录》，第 287 页。
⑨ 陈振相、宋贵美：《中医十大经典全录》，第 287 页。
⑩ 陈振相、宋贵美：《中医十大经典全录》，第 287 页。
⑪ 陈振相、宋贵美：《中医十大经典全录》，第 288 页。
⑫ 陈振相、宋贵美：《中医十大经典全录》，第 288 页。
⑬ 陈振相、宋贵美：《中医十大经典全录》，第 288 页。
⑭ 陈振相、宋贵美：《中医十大经典全录》，第 290 页。
⑮ 陈振相、宋贵美：《中医十大经典全录》，第 290 页。
⑯ 陈振相、宋贵美：《中医十大经典全录》，第 294 页。
⑰ 陈振相、宋贵美：《中医十大经典全录》，第 297 页。

　　刘向《列仙传》载有不少靠服食上古以来专以药物为生的仙者，这些活生生的人物史料或许是《神农本草经》上品药的重要来源之一。例如，"偓佺者，槐山采药父也。好食松实"[1]。"吕尚者……匿于南山……服泽芝、地髓。"[2] "仇生者……常食松脂，在尸乡北山上，自作石室。"[3] "彭祖者……常食桂芝，善导引行气。"[4] "邛疏者，周封史也，能行气练形，煮石髓而服之，谓之石钟乳。"[5] "陆通者，云楚狂接舆也。好养生，食橐卢木实及芜菁子。"[6] "桂父者……常服桂及葵，以龟脑和之。千丸十斤桂，累世见之。"[7] "任光者，上蔡人也，善饵丹，卖于都市里间。"[8] "修羊公者……略不食，时取黄精食之。"[9] "赤须子……好食松实、天门冬、石脂。"[10] "主柱者……为邑令章君明砂，三年得神砂飞雪，服之，五年能飞行。"[11] "昌容者……食蓬蔂根。"[12] "溪父者，南郡鄗人也，居山间，有仙人常止其家，从买瓜，教之练瓜子，与桂、附子、芷实共藏，而对分食之，二十余年，能飞走。"[13] "山图者……山中道人教令服地黄、当归、羌活、独活、苦参散。服之一岁，而不嗜食。"[14] "商丘子胥者……言但食术菖蒲根饮水，不饥不老如此。"[15] "赤斧者……能作水澒，炼丹，与硝石服之，三十年反如童子"[16]。"黄阮丘者……于山上种葱薤百余年。"[17] "陵阳子明者……遂上黄山，采五石脂，沸水而服之。"[18] 这些人物事迹虽然多有荒诞不经之处，但就其服食药物的情况看，颇与《神农本草经》的记载相符合。以"五色石脂"（图 1-9）为例，《神农本草经》载："青石、赤石、黄石、白石、黑石脂等，味甘，平。……久服补髓益气，肥健不饥，轻身延年。"[19] 据专家用现代检测技术对赤石脂等矿物药检测，得出结论说："赤石脂、白石脂、软滑石均为黏土矿物，经常是数种黏土矿物共生，形成多种矿物组合。赤石脂是（变）多水高岭石、高岭石、水云母、蒙脱石四种矿物组合，其组合情况各地不同。白石脂也是（变）多水高岭石。软石脂是高岭石、水云母、（变）多水高岭石 3 种黏土矿物的组合。赤石脂特别是黄色中有针

① （汉）刘向撰、钱卫语释：《列仙传》，北京：学苑出版社，1998 年，第 8 页。
② （汉）刘向撰、钱卫语释：《列仙传》，第 16 页。
③ （汉）刘向撰、钱卫语释：《列仙传》，第 23—24 页。
④ （汉）刘向撰、钱卫语释：《列仙传》，第 25 页。
⑤ （汉）刘向撰、钱卫语释：《列仙传》，第 26 页。
⑥ （汉）刘向撰、钱卫语释：《列仙传》，第 32 页。
⑦ （汉）刘向撰、钱卫语释：《列仙传》，第 46 页。
⑧ （汉）刘向撰、钱卫语释：《列仙传》，第 50 页。
⑨ （汉）刘向撰、钱卫语释：《列仙传》，第 56 页。
⑩ （汉）刘向撰、钱卫语释：《列仙传》，第 61 页。
⑪ （汉）刘向撰、钱卫语释：《列仙传》，第 69 页。
⑫ （汉）刘向撰、钱卫语释：《列仙传》，第 74 页。
⑬ （汉）刘向撰、钱卫语释：《列仙传》，第 75 页。
⑭ （汉）刘向撰、钱卫语释：《列仙传》，第 77 页。
⑮ （汉）刘向撰、钱卫语释：《列仙传》，第 88 页。
⑯ （汉）刘向撰、钱卫语释：《列仙传》，第 93 页。
⑰ （汉）刘向撰、钱卫语释：《列仙传》，第 100 页。
⑱ （汉）刘向撰、钱卫语释：《列仙传》，第 103 页。
⑲ 陈振相、宋贵美：《中医十大经典全录》，第 279 页。

铁矿，由于铁的氧化物存在，可使其染成红、黄、褐等色。红白部分矿物没有区别。用颜色来区分赤白石脂及软滑石似欠妥。"[1]又，晋代葛洪《神仙传》载："白石生者，中黄丈人弟子也……尝煮白石为粮。"[2]白石（图1-10）主含水花硅酸盐，为滑腻如脂的块状体，有研究者指出："白石脂由于其矿物成分与赤石脂同，故其药理机制也是吸附作用所引起的生化或生物物理效应。但从元素赋存特点看，白石脂在某种程度上比赤石脂应当更为优越，但是从历代本草及古籍中的临床试用情况的记载分析，赤石脂优于白石脂，其原因可能是由于白石脂中As（砷）的含量高。"[3]现在需要解释的问题是：白石脂能否久服？从理论上讲，这种可能性是存在的。现在流行一种保健药膳名为"白石脂粥"，（配方）白石脂15克，粳米50克，白糖适量。（制作）将白石脂研为粉末。粳米淘洗净加水适量煮粥，先用武火煮沸，改文火熬熟，加入白石脂粉末，继续熬至极烂。（服法）每日早、晚服食。（宜忌）有湿热积滞者忌服。[4]可见，不同个体对同一种药物的吸收和消化能力是有差异的。也就是说，适合于甲者服食的药物，不一定适合乙者，反过来，适合于乙者服食的药物，却不一定适合于甲者。从这个层面讲，《神农本草经》所列各种可以"久服"的药物，仅仅是为当时的不同服食者提供了一种可能性的选择。究竟能否行得通，尚需实践来证实。

图1-9　五色石（广州西汉南越王墓博物馆藏）　　　　图1-10　白石脂[5]

其次，丰富的临床医学思想。《神农本草经》从三个方面对用药与疾病的关系进行了可贵探索，并提出了许多临证治疗的原则和方法，初步奠定了中医各科临床组方用药的基本理论。

第一，强调"治病求本"的辩证观。这里，所谓的"本"是指决定疾病发展变化的病机、病症，在审证求因的前提下，将辨证与对症结合起来，以期达到药到病除的目的。故《神农本草经》云：

凡疗病先察其原，先候病机，五藏未虚，六腑未竭，血脉未乱，精神未散，服药

① 林瑞超主编：《矿物药检测技术与质量控制》，北京：科学出版社，2013年，第316—317页。
② （晋）葛洪：《神仙传今译》卷1《白石生》，邱鹤亭注译，北京：中国社会科学出版社，1996年，第224页。
③ 孙静均、李舜贤：《中国矿物药研究》，济南：山东科学技术出版社，1992年，第208页。
④ 北京中医药大学营养教研室：《现代家庭药膳》上，北京：新华出版社，2003年，第453页。
⑤ 郭长强主编：《中药饮片炮制彩色图谱》，北京：化学工业出版社，2011年，第353页。

必活，若病已成，可得半愈，病势已过，命将难全。①

对于这段经典经文，医学界给予了很高评价，如著名中医内科学专家、中国工程院院士王永炎先生认为："这段经文是中医诊断、治疗和预后判断的总纲，值得每一位中医学人牢记。"②在此，《神农本草经》明确了中医辨证的基本方法和步骤：由"五藏未虚，六腑未竭"推知，疾病尚在形成之中，还没有严重损伤脏腑的生理机能，用《素问·阴阳应象大论篇》的话说，就是"善治者治皮毛，其次治肌肤，其次治筋脉，其次治六府，其次治五脏。治五脏者，半死半生也"③。滑寿《读素问钞》解释说："治皮毛，止于始萌。其次治肌肤，救其已生。其次治筋脉，攻其已病。其次治六府，治其已甚。其次治五藏。……治其已成。"④所以治皮毛的目的就是阻断疾病的发展与传变。再结合"先候病机"看，《神农本草经》旨在告诉人们应善于观察并发现微小的变化，防微杜渐，未雨绸缪，仔细辨析病因病机，及时采取措施，进行有效的治疗，以防止疾病的形成。"若病已成，可得半愈"是指疾病已经由轻到重，此时用药，为时未晚，还有救治的希望。"病势已过，命将难全"，是指疾病由重到深，已经到了命悬一线的边缘，但并非难以挽回，无药可救。诚如何廉臣先生所说："虽脏气将绝之候，若囊不缩，面不青，息不高，喉颡不直，鼻不扇，耳不焦，不鱼目，不鸦口，尚有一线生机。大剂急救，频频灌服，药能下咽至胃者，犹可幸全十中之一。如目珠不轮，瞳神散大，舌色淡灰无神，遗尿自汗者，必死不治。"⑤总括起来讲，《神农本草经》的中心思想是在强调：一方面，识透病症、了解病源对于用药具有至关重要的作用；另一方面，药物并非万能，贵在可治之时尽早防治。

第二，提出正确服药的方法。中医辨证治疗，包含的内容比较广泛，本书难以详述。但作为辨证治疗的重要组成部分，就是服药的方法，因为服药方法正确与否，直接关系到用药的效果，甚至它对疾病的预后都会产生重要影响。所以《神农本草经》载：

病在胸膈以上，先食后服药；病在心腹以下者，先服药而后食；病在四肢血脉者，宜空腹而在旦；病在骨髓者，宜饱满而在夜。⑥

这里明确了不同病位病症的服药时间与饮食时间的关系原则，为后世医家所重视。如众所知，《素问》已经注意到服药时间与病情之间的相互关系了，其中《素问·腹中论篇》所载服药时间为"后饭"⑦，即"先服药而后食"之意。在此基础上，《神农本草经》进行了更加全面的总结，并明确了根据不同病情，服药应分为饭前、饭后及早晚等不同的时间段。有学者依据现代医学的服药时间，对比《神农本草经》的论述，发现两者竟不谋

① 陈振相、宋贵美：《中医十大经典全录》，第305页。
② 王永炎、王燕平、于智敏：《欲疗病，先察其原，先候病机》，《天津中医药》2013年第5期，第257页。
③ 陈振相、宋贵美：《中医十大经典全录》，第15页。
④ 李玉清、齐冬梅主编：《滑寿医学全书》，北京：中国中医药出版社，2006年，第52页。
⑤ （清）戴天章原著、何廉臣重订、张家玮点校：《重订广温热论》，福州：福建科学技术出版社，2005年，第197页。
⑥ 陈振相、宋贵美：《中医十大经典全录》，第305页。
⑦ 陈振相、宋贵美：《中医十大经典全录》，第62页。

而合，确实令人惊叹。其文云：

> 从现代医药原理看，治胃病的药需要饭前服用，补药是在早晨空腹服用，抗生素则是饭后服用……这和中国古代医学有着惊人的重合。可见，汉代对食养食疗的研究已经相当广泛而深入，并且达到了很高的水平。[①]

第三，提出"大病之主"思想。所谓"大病"是指那些常见的和多发的急重症疾病，《神农本草经》系统总结了先秦以来医家对各种疾病约170多种，而属于常见的和多发的急重症疾病却只举出40余种。《神农本草经》载：

> 夫大病之主，有中风伤寒，寒热温疟，中恶霍乱，大腹水肿，肠澼下利，大小便不通，贲肫上气，咳逆呕吐，黄疸消渴，留饮癖食，坚积症瘕，惊邪癫痫，鬼注喉痹，齿痛，耳聋目盲，金创踒折，痈肿恶创，痔瘘瘿瘤，男子五劳七伤、虚乏羸……女子带下崩中，血闭阴蚀，蛊蛇、虫毒所伤。此大略宗兆，其间变动枝叶，各宜依端绪以取之。[②]

按照今天的中医门类分，从"中风"到"温疟"，属中医伤寒类急重症疾病，《神农本草经》将这类病症放在首位，显示了此类疾病的危害程度比较严重。从"中恶"到"瘿瘤"，属中医内外科及五官科的急重症疾病。从"男子五劳七伤"到"阴蚀"，属于男科和女科急重症疾病。最后为中毒类急重症疾病。但从《神农本草经》的内在逻辑分析，从"大病之主"到"其间变动枝叶"，又有主干与枝叶之区分，换言之，疾病有根宗与派生之分别。仅此而言，所谓"大病之主"应当是指那些具有"根宗"特点的急重症疾病。因此，陶弘景解释说：

> 案今药之所主，各只说病之一名。假令中风，中风乃数十种，伤寒证候，亦廿余条，更复就中求其例类，大体归其始终，以本性为根宗，然后配合诸证，以命药耳。病生之变，不可一概言之。[③]

可见，"大病之主"即代表了一类疾病及其辨证的根宗。由于临床所见疾病比较复杂，如果没有"大病之主"的思维，临床上就很容易抓不住矛盾的主要方面，贻误疾病的诊断和治疗。从这个层面看，"大病之主"与"治病必求于本"的原则相一致。《神农本草经》认为，在疾病的传变过程中，应当注意"根宗"与"枝叶"之间的内在联系，其中"大略宗兆"是指疾病的根本，也是临床治疗的主要方面，而"变动枝叶"则是指疾病会随着病程的发展出现转变和诸多变证，所以组方用药既要治本病，同时还要防止疾病的衍变，不留后遗症。这里，《神农本草经》提出了一个组方用药的原则方法，那就是"选取药物需根

---

① 吕尔欣：《中西方饮食文化差异及翻译研究》，杭州：浙江大学出版社，2013 年，第 9 页。

② 陈振相、宋贵美：《中医十大经典全录》，第 305—306 页。

③ （南朝·梁）陶弘景：《本草经集注》，严世芸、李其忠主编：《三国两晋南北朝医学总集》，北京：人民出版社，2009 年，第 1013 页。

据疾病的根宗及变证综合考虑",它"反映了本草规范用药、为辨证组方服务的宗旨"①。

第四,论述了瘦身与健康的关系思想。"瘦身"已经成为现代人的一种健康理念,如美国医学界认为,肥胖者只要减去最初体重的一部分,即可改善痛风、高血压、关节痛、高血糖、脂肪肝等疾病。②至于如何"瘦身",人们提出了诸如用运动来瑜伽瘦身、食物瘦身(主要是低碳饮食)等许多方法。以"低碳饮食"为例,有学者介绍说:

> 低碳饮食方式并不是要急剧地降低卡路里热量,相反,低碳饮食方式确保输给人体生命所必不可少的营养素和维生素,以保持新陈代谢顺利运行。低碳饮食方式的营养构成:大量植物和动物蛋白质、富含纤维素和维生素的蔬菜、沙拉、核桃、豆类和奶制品以及少量低血糖负荷的碳水化合物。

> 饮食方式转为低碳饮食就能自动增加摄入纤维素物质和副植物素以及维生素、矿物质和微量元素,这无疑对瘦身和健康裨益匪浅。饮食方式转变开始时,可能产生不完全如食用大量的碳水化合物那样的适宜感,但在习惯低碳饮食方式和新陈代谢转变之后,人体就会重新恢复健康活力。由于血糖水平稳定和血糖水平波动减少,就不再容易受到饥饿袭击,从而有效控制体重。此外,低碳饮食方式还会提高我们的抗应激反应的能力和自身的修复能量。③

这些理念颇与《神农本草经》中的"轻身"概念相合。前面述及,"轻身"实际上就是瘦身,它与健康关系密切。在前举《神农本草经》所载系列"久服不饥"药物中,很多都具有"瘦身"作用,如龟甲、藕实茎、雁肪、柏实等。除此之外,具有"轻身"作用的药物还有很多,如干漆、蔓荆实、辛夷、桑上寄生、枸杞、杜仲、女贞实、阿胶、牧桂、徐长卿、石龙刍、王不留行、云实、兰草、蛇床子、地肤子、景天、茵陈、杜若、肉松容、蒲黄、漏芦、蓝实、白芝、黑芝、赤芝、黄芝、紫芝、独活等。

现代中医临床针对肥胖的类型,分为脾虚湿阻型(处方1)与胃热湿阻型(处方2)两类,并有相对安全④的用药处方。

(1)处方1。苍术,茯苓,泽泻,附子,白术,山药,白豆蔻。⑤依《神农本草经》所载,苍术及白术"久服轻身延年"⑥,泽泻"延年,轻身"⑦。因白豆蔻晚出,不论。即使茯苓和附子不直接产生"瘦身"作用,但茯苓"久服安魂,养神,不饥延年"⑧,附子"温中,破症坚、积聚、血瘕"⑨,整首方药以益气健脾、利水燥湿为主,既排除体内的湿气,同时又补益脾肾,以增强体内的阳气,可谓散敛结合,功效互补。

---

① 罗琼等:《"大病之主"源流考究》,《北京中医药》2011年第2期,第121页。
② 焦养平编著:《倩女美容瘦身技巧》,北京:大众文艺出版社,2006年,第48页。
③ 姚雪痕编著:《低碳生活》,上海:上海科学技术文献出版社,2013年,第42页。
④ 史大永等:《中药减肥的处方研究》,《青岛化工学院学报》2001年第2期,第163页。
⑤ 史大永等:《中药减肥的处方研究》,《青岛化工学院学报》2001年第2期,第162页。
⑥ 陈振相、宋贵美:《中医十大经典全录》,第279页。
⑦ 陈振相、宋贵美:《中医十大经典全录》,第280页。
⑧ 陈振相、宋贵美:《中医十大经典全录》,第285页。
⑨ 陈振相、宋贵美:《中医十大经典全录》,第299页。

（2）处方2。栀子，炒黄芩，茵陈，炮制大黄，泽泻，生地。依《神农本草经》所载，茵陈"久服轻身，益气耐老"①，泽泻"轻身"，至于大黄虽没明言"轻身"，但它的"瘦身"作用比较突出，如单味大黄精制而成的"大黄片"，即是一味"除痰湿而降脂减肥"②的药。另外，像"防风通圣散""小承气汤合保和丸加减""桃核承气汤"③等减肥药方中，均以大黄为主导药物。

综上所述，我们不难看出，《神农本草经》所载录的"轻身"（不是营养不良的瘦弱型）药物比较多，它反映了当时人们对健康体质的高度关注，因为考量体质健康的重要标准之一就是：身体形态不要发育肥胖，因为"肥胖会不同程度地缩短人的寿命"④，这应是经过一代又一代医者长期临床观察和生活实践得出的结论。所以《神农本草经》总是把"轻身"与"延年"联系在一起，从而鼓励人们多吃既"轻身"又"延年"的药物。比如苦菜、冬葵子、蓬蘽、葡萄、大枣、石蜜、薯蓣等。那么，如何更好地开发和利用这些"养生"食物，将是未来营养学家需要群策群力协同攻关的一项重要课题。

（二）《神农本草经》的历史地位

从"药食同源"的视角看，《神农本草经》呈现给我们不仅是365种药物的外在性质和各自的功能特点，而且更传递给我们一种内在的精神力量，一个为人类健康付出生命代价的无数的无名前贤。"神农尝百草，一日七十毒"，尽管也有像王履那样的质疑者，但有一个基本事实不可否认：那就是中药起源于人类先民的"口尝身试"的反复实践。因此，有学者指出："口尝是探寻药物的主要行为之一，这是对中药性能的认识方法，和中医学的'内证实验'的道理一样，先经感官，逐渐体味出药物的性能。这不仅仅是'神农尝草木而知百药'的中药起源问题，事实上，历代许多医家认识中药，大都从口尝开始，再体验于临床。"⑤一句话，"中药是我们的祖先用身体试验出来的"⑥。此等试验需要冒极大的生命风险，不管它是有意识还是无意识。正如鲁迅先生所说："本草家提起笔来，写道：砒霜，大毒。字不过四个，但他却确切知道了这东西曾经毒死过若干性命的了。"⑦他又说："大约古人一有病，最初只好这样尝一点，那样尝一点，吃了毒的就死，吃了不相干的就无效，有的竟吃到了对症的就好起来。于是知道这是对于某一种病痛的药。这样地累积下去，乃有草创的记录，后来渐成为庞大的书，如《本草纲目》就是。而且这书中的所记，又不独是中国的，还有阿拉伯人的经验，有印度人的经验，则先前所用的牺牲之大，更可想而知了。"⑧确实，《神农本草经》对后世本草著作的影响，不仅是药物本身，

---

① 陈振相、宋贵美：《中医十大经典全录》，第283页。
② 王富春主编：《图解针灸减肥》，沈阳：辽宁科学技术出版社，2008年，第236页。
③ 马其江、毕秀英、李红芹主编：《中医针灸减肥》，济南：济南出版社，2006年，第224、227页。
④ 琼·丹妮尔：《上班族快速减肥法》，赤峰：内蒙古科学技术出版社，2002年，第7页。
⑤ 牟重临：《中华传统本草今述》，深圳：海天出版社，2013年，第4页。
⑥ 万芳、钟赣生主编：《中医药理论技术发展的方法学思考》，北京：科学出版社，2011年，第57页。
⑦ 鲁迅先生纪念委员会：《鲁迅全集》第4卷，北京：人民文学出版社，1973年，第509页。
⑧ 鲁迅先生纪念委员会：《鲁迅全集》第5卷，第134页。

更重要的是每味药物所内含的那种具有深远意义的人文价值。从这个意义上说，神农不是指一个人，而是他代表着一个非常庞大的群体，一个为"历来的无名氏所逐渐的造成"[①]的那个医学神话。

在本草著作的编写体例方面，《神农本草经》将矿物药置于首要位置，重笔浓彩，这或许是按照宇宙演化的次序来展示药物的性质，从无机到有机，从自然到人工种植，以后《本草》著述基本上均不违反此体例，而且收载的矿物药越来越多，如宋代的《证类本草》收载矿物药 215 种，至明代的《本草纲目》，则收载的矿物药已经多达 267 种，从而把我国矿物药的利用和开发推向了一个新的历史高峰。

从临床处方的层面讲，上品药为君，中品药为臣，下品药为佐使的立方原则，对张仲景影响较大。例如，有学者统计，在《伤寒杂病论》所采用的 85 种药物中，若按照三品分类法归类分析，则上品药 27 种，下品药仅 14 种[②]。显然，张仲景遣方用药十分注重其临床的安全性，既保证疗效，又不能对身体造成严重的副作用，这与《神农本草经》"以人为本"的用药主旨一致。

前揭《神农本草经》提出的"大病之主"理论，不断为后世医家发扬光大，且内容也越来越广泛和深刻，并逐渐形成了"病症—药物"分类模式，影响深远。如以陶弘景为例，有学者分析说：

> 陶弘景将"大病之主"推广为"诸病通用药"，增加病证名，且创造性的以病证为纲，将典型药物列于所主病证下。《本草经集注》"诸病通用药"共有 83 个病证名，除了继承《本经》"大病之主"外，所增病证名是对药物病证的进一步细分总结，如大热、腹胀满、肠鸣、面皯疱等。陶氏对于"大病之主"的传承具有深远的意义，实现了质的飞跃，所创设"病证—药物"的分类模式继承了"大病之主"病证与药物结合的思想，弥补了自然属性分类不利于药物临床检索应用的缺陷，促使本草更好的为选药组方服务。从《集注》伊始至《证类本草》，主流本草"诸病通用药"就再无太多改变，只是《证类本草》增加了部分药物。延至《纲目》，时珍将其易名为'百病主治药'并十分重视，专列两卷重点论述，涉及外感、内科杂病、五官、外科、妇儿诸科共 113 个病证，并从辨证论治出发，在病证名之后又根据病因病机或者治则治法，做了更详细的分类，如诸风分为风寒风湿、风热湿热等型，吐痰、发散等治则，吹鼻、擦牙、吐痰等治法。"百病主治药"进一步总结提炼了药物所主病证，继承了"诸病通用药"证药结合的模式，服务于组方的精髓。[③]

在药物的功效研究方面，《神农本草经》首先肯定了鳞毛蕨属中主要药用植物为传统驱虫药，如贯众为鳞毛蕨科植物粗茎鳞毛蕨的根茎，"主腹中邪热气，诸毒，杀三虫"[④]，

① 鲁迅先生纪念委员会：《鲁迅全集》第 5 卷，第 133 页。
② 仝小林主编：《方药量效学》，北京：科学出版社，2013 年，第 37 页。
③ 罗琼等：《"大病之主"源流考究》，《北京中药药》2011 年第 2 期，第 121—122 页。
④ 陈振相、宋贵美：《中医十大经典全录》，第 300 页。

而在国外作为驱虫药使用则始于 1750 年。[①]麻黄"止咳逆上气"[②]，现代药理研究证实麻黄具有平喘的功效，而这一方法至今在国内外临床上依旧广为沿用。[③]恒山"主伤寒，寒热，热发温疟"[④]，而在欧洲直到 1663 年人们才发现用寒热树皮在利马浸水作饮料之余疟疾。[⑤]另据《自然》杂志介绍，国外科学家研究发现常山治疗温疟，"可能因为该中药中常山酮类化学物以同样方式干预疟原虫引起的发烧，杀死患者血液中的疟原虫而有助于治疗疟疾发烧"[⑥]。磁石"主周痹，风湿，肢节中痛不可持物，洗洗酸消，除大热烦满及耳聋"[⑦]。在欧洲，大约 1900 年前后才在贵族社会流行用磁石来治疗风湿病，而"实验表明，一定程度的磁场，能够促进生物的发育成长，增强生物体的抵抗能力，延长生命的时间"[⑧]。此外，像汞剂和砷剂的应用，也都是世界药物学史上的最早记录。如此等等，《神农本草经》还有许多这样的实例，恕不一一列举。

汉代的丹药炼制成就突出，对此，《神农本草经》从药物与养生实践的角度进行了比较系统的总结。不过，由于汉代民众体质和其他社会方面的原因，服食丹药几乎成为一种时尚，当时，追求长生的意念已经渗透社会生活的各个领域。不仅催生了汉代长生不死的女仙即西王母，而且"长生成仙成为上至皇族，下至百姓的一项乐此不疲的人生目标，留给现代人的就是汉代墓葬中大量出土的蕴含神仙思想的器物和纹饰"[⑨]，如汉墓出土的"长生无极"瓦当砚、延年益寿瓦脊（图 1-11）、"长生富贵"铜镜[⑩]等。此风所及，《神农本草经》难免对矾石、石钟乳等矿物药的功能夸大其词，或者无其效而言其功。例如，水银本来仅仅是杀虫止痒和攻毒疗疮之药物，但《神农本草经》却说它能"久服神仙不死"，显然是谬论。尽管如此，《神农本草经》仍是一部继往开来的药物学经典，而其中炼制矿物药的那部分内容便成为我国制药化学的滥觞。

图 1-11 汉代的延年益寿瓦脊（西安市文物研究所藏）

① 左丽、陈若云：《鳞毛蕨属植物化学成分和药理活性研究进展》，《中草药》2005 年第 9 期，第 1426 页。
② 陈振相、宋贵美：《中医十大经典全录》，第 291 页。
③ 尹慧主编：《一本书读懂过敏性疾病》，郑州：中原农民出版社，2013 年，第 117 页。
④ 陈振相、宋贵美：《中医十大经典全录》，第 300 页。
⑤ 重庆市第一中医院等：《疟疾》第 1 集，北京：人民卫生出版社，1958 年，第 46 页。
⑥ 王芋华、王海燕：《传统中药常山治疗疟疾的秘密——双头分子机制》，《生物科技快报》2013 年第 1 期，第 6 页。
⑦ 陈振相、宋贵美：《中医十大经典全录》，第 290 页。
⑧ 于今昌主编：《遇难者的救星》，北京：中国社会出版社，2006 年，第 106 页。
⑨ 周俊玲：《建筑明器美学初探》，北京：中国社会科学出版社，2012 年，第 181 页。
⑩ 许明纲：《旅大市营城子古墓清理》，《考古》1989 年第 6 期。

综上，需要说明的是，自后汉、三国之后，《神农本草经》的传本很多，名称各异，如《神农本草》《神农本经》《神农四经》《神农药经》《神农经》《本草经》《本经》《本草》等。①可惜，这些古本早已失传，流传至今的便唯有《神农本草经》了。

第二节　刘安的炼丹实践及其科技思想

刘安为汉高祖刘邦之孙，淮南（今都城在令安徽省寿县一带）厉王刘长之子，被汉文帝封为淮南王，他是中国古代最杰出的自然科学家之一，代表作主要有《淮南子》（即《淮南内书》）和《淮南完毕术》（即《淮南外书》）两部巨著。对其生平，学界多有考论，详细内容请参见漆子扬的博士论文《刘安与〈淮南子〉》。不过，了解一下刘安的人生简历还是有必要的，为此，我们特将《汉书·淮南王传》中的相关内容节录于兹，以备查考：

> （孝文）十六年，上怜淮南王废法不轨，自使失国早夭，乃徙淮南王喜复王故城阳，而立厉王三子王淮南故地，三分之：阜陵侯安为淮南王，安阳侯勃为衡山王，阳周侯赐为庐江王。东城侯良前薨，无后。
>
> 孝景三年，吴楚七国反，吴使者至淮南，王欲发兵应之。其相曰："王必欲应吴，臣愿为将。"王乃属之。相已将兵，因城守，不听王而为汉。汉亦使曲城侯将兵救淮南，淮南以故得完。吴使者至庐江，庐江王不应，而往来使越；至衡山，衡山王坚守无二心。孝景四年，吴楚已破，衡山王朝，上以为贞信，乃劳苦之曰："南方卑湿。"徙王王于济北以褒之。及薨，遂赐谥为贞王。庐江王以边越，数使使相交，徙为衡山王，王江北。
>
> 淮南王安为人好书，鼓琴，不喜弋猎狗马驰骋，亦欲以行阴德拊循百姓，流名誉。招致宾客方术之士数千人，作为《内书》二十一篇，《外书》甚众，又有《中篇》八卷，言神仙黄白之术，亦二十余万言。时武帝方好艺文，以安属为诸父，辩博善为文辞，甚尊重之。每为报书及赐，常召司马相如等视草乃遣。初，安入朝，献所作《内篇》，新出，上爱秘之。使为《离骚传》，旦受诏，日食时上。又献《颂德》及《长安都国颂》。每宴见，谈说得失及方技赋颂，昏莫然后罢。
>
> 安初入朝，雅善太尉武安侯，武安侯迎之霸上，与语曰："方今上无太子，王亲高皇帝孙，行仁义，天下莫不闻。宫车一日晏驾，非王尚谁立者！"淮南王大喜，厚遗武安侯宝赂。其群臣宾客，江淮间多轻薄，以厉王迁死感激安。建元六年，彗星见，淮南王心怪之。或说王曰："先吴军时，彗星出，长数尺，然尚流血千里。今彗星竟天，天下兵当大起。"王心以为上无太子，天下有变，诸侯并争，愈益治攻战具，积金钱赂遗郡国。游士妄作妖言阿谀王，王喜，多赐予之。……伍被自诣吏，具告与淮南王谋反。吏因捕太子、王后，围王宫，尽捕王宾客在国中者，索得反具

---

① 马继兴：《中医文献学》，上海：上海科学技术出版社，1990年，第249—250页。

以闻。上下公卿治，所连引与淮南王谋反列侯、二千石、豪桀数千人，皆以罪轻重受诛。①

先秦养士之风气盛行，至于其原因，《孔丛子·居卫》曾记录有子思论战国"人才流动"的一段话，析理透彻，见解深邃。子思说："周制虽毁，君臣固位，上下相持若一体然。夫欲行其道，不执礼以求之，则不能入也。今天下诸侯方欲力争，竞招英雄以自辅翼。此乃得士则昌，失士则亡之秋也。"②秦始皇虽然结束了春秋战国以来诸侯国长期割据争战的局面，但汉初实行郡国并行制，在此体制之下，那些诸侯王仍着承袭战国的养士遗风，竞相招致宾客游士，扈从左右。故苏轼在《论养士》一文中说：

> 春秋之末，至于战国，诸侯卿相皆争养士。自谋夫说客、谈天雕龙、坚白同异之流，下至击剑扛鼎、鸡鸣狗盗之徒，莫不宾礼。靡衣玉食以馆于上者，何可胜数。越王勾践有君子六千人；魏无忌，齐田文，赵胜、黄歇、吕不韦，皆有宾客三千人；而田文招致任侠奸人六万家于薛；齐稷下谈者亦千人。魏文侯、燕昭王、太子丹，皆致客无数。下至秦、汉之间，张耳，陈余号多士，宾客厮养皆天下豪俊，而田横亦有士五百人。其略见于传记者如此……始皇初欲逐客，用李斯之言而止。既并天下，则以客为无用，于是任法而不任人，谓民可以恃法而治，谓吏不必才取，能守吾法而已。故堕名城，杀豪杰，民之秀异者散而归田亩。向之食于四公子、吕不韦之徒者，皆安归哉？……楚、汉之祸，生民尽矣，豪杰宜无几，而代相陈豨从车千乘，萧、曹为政，莫之禁也。至文、景、武帝之世，法令至密，然吴王濞、淮南、梁王、魏其、武安之流，皆争致宾客，世主不问也。岂惩秦之祸，以为爵禄不能尽縻天下之士，故少宽之，使得或出于此也邪？③

在汉代，"养士"既是学术发展的需要，同时又是各种在野势力把控政治行舵的主要依靠。而对于那些才士，由于每个人的价值取向不同，志同道合者有之，志同道不合者也有之，在这种情形之下，集中力量干成一件大事确实不易，刘安干成了，因而名垂千古。所以，有学者分析说：先秦时期"由于养士者往往籍士力成为权相，士也由此入仕"，然而"汉以后的养士之风，仅足以成乱，并不能入仕，因为仕途已由政府控制；只有在郡国或地方，通过长官辟举方式，任为幕僚长吏"④。以刘安为例，既有像左吴那样明知刘安谋反，也参与其事者，又有像伍被这种一旦事情败露，便"诣吏自告"者。但不管怎样，毕竟《淮南子》（又称《淮南鸿烈》）是刘安及其门客苏飞、李尚、伍被等共同编纂的杂家著作。它以道家思想为主，糅合了儒、法、阴阳五行诸家思想。诚如高诱《淮南鸿烈解序》说：

> 天下方术之士多往归焉。于是遂与苏飞、李尚、左吴、田由、雷被、毛被、伍

---

① 《汉书》卷44《淮南王传》，第2144—2152页。
② （汉）孔鲋：《孔丛子》卷上《居位》，《百子全书》第1册，第255页。
③ （宋）苏轼撰、王松龄点校：《东坡志林》卷5，北京：中华书局，1981年，第110—111页。
④ 刘海藩、胡彬主编：《中国领导科学文库（理论卷·学科卷·古代卷）》，北京：中共中央党校出版社、警官教育出版社，1996年，第888页。

被、晋昌等八人，及诸儒大山、小山之徒，共讲论道德，总统仁义，而著此书。其旨近《老子》，淡泊无为，蹈虚守静，出入经道。言其大也，则焘天载地；说其细也，则沦于无垠，及古今治乱，存亡祸福，世间诡异瑰奇之事。其义也著，其文也富，物事之类无所不载。然其大较归之于道，号曰"鸿烈"。鸿，大也；烈，明也，以为大明道之言也。①

在学界，欧美学者大多将《淮南子》归于道家一派。吕思勉先生也说："《淮南》虽号杂家。然道家言实最多；其意亦主于道；故有谓此书实可称道家言者。"②我们认为《淮南子》思想的主要方面为道家，而矛盾的性质则是由矛盾的主要方面来决定。故此，把《淮南子》定性为道家著述更符合"矛盾性质由矛盾的主要方面决定原理"。

目前，学界对《淮南子》科学思想的研究已有较丰富的成果，而就其完整性和系统性来说，尤以王巧慧所著《淮南子的自然哲学思想》一书的学术分量最重。③

一、《淮南子》与《淮南万毕术》的科技思想述要

（一）《淮南子》中的科技思想述要

由于《淮南子》内容较多，为使篇幅不致过大，本书仅取《淮南子·天文训》和《淮南子·地形训》两篇内容，拟对《淮南子》中的科技思想，尝试管窥一二。

1. "天文训"与刘安的宇宙演化及其他天学思想

"天文训"一篇是《淮南子》研究宇宙起源与演化的专论，内容非常丰富，只是语言有些晦涩，给现代的解读者带来一定难度。刘安开篇即说：

> 天地未形，冯冯翼翼，洞洞灟灟，故曰太昭。道始于虚廓，虚廓生宇宙，宇宙生〔元〕气，〔元〕气有涯垠。清阳者薄靡而为天，重浊者凝滞而为地，清妙之合专易，重浊之凝竭难，故天先成而地后定。天地之袭精为阴阳，阴阳之专精为四时，四时之散精为万物。积阳之热气〔久者〕生火，火气之精者为日；积阴之寒气〔久者〕为水，水气之精者为月。日月之淫为精者为星辰。天受日月星辰，地受水潦尘埃。昔者共工与颛顼争为帝，怒而触不周之山，天柱折，地维绝。天倾西北，故日月星辰移焉；地不满东南，故水潦尘埃归焉。④

这段话应分三个层面看：第一个层面是宇宙的起源；第二个层面宇宙演化的动力；第三个层面是日月星辰运动变化的机制。

首先，分析宇宙的起源。宇宙的起源实际上涉及时空的起源问题，《淮南子·天文训》把宇宙看作是一个有限无边界的实体。为了理解这个宇宙模型，我们需要借助爱因斯

---

① （汉）高诱：《淮南鸿烈解序》，《百子全书》第 3 册，第 2807 页。

② 吕思勉：《经子解题》，上海：上海文艺出版社，1999 年，第 178 页。

③ 王巧慧：《淮南子的自然哲学思想》，北京：科学出版社，2009 年，第 245—430 页。

④ （汉）刘安著、高诱注：《淮南子》卷 3《天文训》，《百子全书》第 3 册，第 2826 页。

坦的广义相对论。广义相对论假设宇宙空间为非欧几何的弯曲空间，一个弯曲的三维空间完全有可能是既有限又无边界。有限指空间体积有限，无边界指这个三维空间已经包括宇宙的全部。用三维欧氏空间中的球面方程表示，则为

$$X_1^2 + X_2^2 + X_3^2 + X_4^2 = R^2$$

在上述方程里，有限是指他的面积有限（即总体积为 $2\pi^2 R^3$），无边界则是指球面没有边界，既找不到始点，又找不到终点。[1]关于时间的起源，学界争论已久。目前科学家的研究结果认为，时间起源于大爆炸，即宇宙起源于奇点，在奇点之前，没有时间也没有空间，大爆炸之后便有了时间与空间。[2]

科学家认为在 200 亿年以前，宇宙曾发生过一次大爆炸，同时认为宇宙的年龄为 200 亿年。而宇宙微波背景辐射是宇宙诞生之初大爆炸时期的原始残留物。根据大爆炸宇宙学的观点，大爆炸的整个过程是，在宇宙的早期，温度极高，在 100 亿摄氏度以上。物质密度也相当大，整个宇宙体系达到平衡。宇宙间只有中子、质子、电子、光子和中微子等一些基本粒子形态的物质。随着宇宙不断膨胀，温度不断下降。当温度降 10 亿度左右时，中子开始失去自由存在的条件，它要么发生衰变，要么与质子结合成重氢、氦等元素。宇宙间的物质主要是质子、电子、光子和一些比较轻的原子核。当温度降到几千度时，辐射减退，宇宙间主要是气态物质，气体逐渐凝聚成气云，再进一步形成各种各样的恒星体系，成为我们今天看到的宇宙。

用《淮南子·天文训》的概念解释，宇宙生成的过程为：

太昭 → 虚廓 → 宇宙 → 元气。

$$元气 \rightarrow \begin{bmatrix} 天(日月星辰) \\ 地(水潦尘埃) \end{bmatrix} \rightarrow \begin{bmatrix} 阳 \\ 阴 \end{bmatrix} \Rightarrow 四时 \Rightarrow 万物。$$

其次，分析宇宙演化的动力。《淮南子·天文训》明确提出了宇宙演化的动力是元气，元气在演变过程中，又具体分化为"积阳之热气""积阴之寒气"，以及"火气"和"水气"。

在此，"燃烧"的过程，与"积阳之热气"过程并无本质区别，两者的差别主要在于前者比较精确，后者则较为朴素，但朴素的思想中却包含着精确的科学道理。我们知道，太阳的确是一个炽热的球体。宇宙中"水"的存在形式比较复杂多样，有矿物水与结构水之分，如月球上没有"矿物水"，但有结构水，它们以、离子形式，与其他离子一起牢固地结合在矿物体的一定位置。[3]所谓"天受日月星辰，地受水潦尘埃"，实际上是将宇宙形体分为两类，有生命的星球与无生命的星球，地球是有生命的星球，而决定有无生命的基本条件就是有没有水的存在。"水潦尘埃"切实系地球生命存在的必要条件，而对于地球水的形成，学界有两种假说：一种是"自生说"；另一种是"外来说"。可惜，这两种假说都还不能圆满地解释地球上水的来源问题。"水潦"是指地球洪水之意，中国古代神话和印第安种族以及还有许多其他民族的神话传说都含有史前大洪水的"历史记忆"。例如，

① 吴平、许秋生、杨雁南：《近代物理与高新技术》，北京：国防工业出版社，2004 年，第 23 页。
② 李孝辉、窦忠编著：《时间的故事》，北京：人民邮电出版社，2012 年，第 210 页。
③ 王宇光：《宇宙之谜》，北京：经济科学出版社，1997 年，第 16 页。

《淮南子·览冥训》云："往古之时，四极废，九州裂；天不兼覆，地不周载；火爁焱而不灭，水浩洋而不息。"①这些"洪水"如何形成，史载不详，但地球水"外来说"或许为我们揭示史前大洪水的出现提供一种答案。有研究者指出，利内亚尔彗星（图1-12）是携带有大量冰的雪球，其含水量达33亿千克，且与地球水相似。②据研究者推测，每分钟大约有20颗由冰物质组成的大小不等的彗星闯入地球的大气层，其含水量约为1000钟，因此，人们担心果真如此的话，那么，地球岂不是终有一天会淹没在一片汪洋大海之中？③至少从世界上众多民族的历史记忆中，地球曾经变成过一个"水球"。于是，有人为我们描述了下面的"史前大洪水"情景：

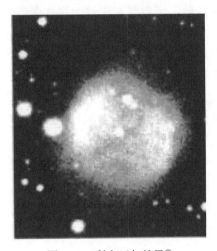

图1-12 利内亚尔彗星④

首先大洪水确实发生过，而大致的时间是公元前14 000年到公元前8000年之间；其次推测是一种巨大的能量的突然作用，导致了这次"史前大洪水"，或者更确切地说，是"史前全球性海浸事故"。而如此巨大的能量，人们猜测是来自于我们的星球之外。最后就是这次"史前大洪水"造成了一个史前文化断层，就像是在传说中消失的"亚特兰蒂斯"⑤。

关于地球尘埃与生命的关系，比利时生物学家克里斯蒂安·德迪夫已经在《活力之尘》（中译本名为《生机勃勃的尘埃——地球生命的起源和进化》）叙述得很详尽了，我们在此只想强调"有些人说地球是由宇宙尘埃积聚起来的"⑥，不管这种观点是否偏颇，但它与《淮南子》卷3《天文训》的认识比较一致。

最后，分析日月星辰运动变化的机制。《淮南子》卷3《天文训》认为宇宙日月星辰的

① （汉）刘安著、高诱注：《淮南子》卷6《览冥训》，《百子全书》第3册，第2854页。
② 姜文来、王建编著：《利水型社会》，北京：中国水利水电出版社，2012年，第3页。
③ 姜文来、王建编著：《利水型社会》，第3—4页。
④ 姜文来、王建编著：《利水型社会》，第3页。
⑤ 秋石主编：《地球的坏脾气》，北京：中国地图出版社，2013年，第99页。
⑥ 于今昌主编：《九星会聚》，长春：北方妇女儿童出版社，1998年，第3页。

运动是外力推动的结果，显然，这种说法是错误的。不过，它却提出了朴素的宇宙结构观点，像"天柱""地维"这些概念，拿着去解释大尺度的宇宙模型可能不好理解，然而，如果拿着去解释小尺度的物质元素，就比较直观和生动了，如分子的结构和粒子的结构等。其中"昔者共工与颛顼争为帝，怒而触不周之山，天柱折，地维绝。天倾西北，故日月星辰移焉；地不满东南，故水潦尘埃归焉"这则神话故事，可从多个角度进行诠释。就我们现在的论题而言，可以将其视为一种呈均衡分布的静态宇宙结构，当这种结构不打破宇宙演化过程就无法运行时，打破旧的宇宙结构，建立新的宇宙结构就成为一种历史的必然选择了。普利高津认为，宇宙的平衡结构并非铁板一块，在某些局部的、远离平衡态的非线性区域，系统参量的改变可能会引起系统状态出现相变，涌现出全新的秩序。[①]恒星不"恒"这已经成为现代天文学的常识，而恒星本身便是一个平衡与非平衡的统一过程，因此，有学者认为："包括热平衡在内的一切平衡都是可以自发破缺的；物质在由非平衡向平衡运动过程中发生的涨落，就是一种破缺、就是一种非平衡运动。一切平衡都可以转化为非平衡。"[②]

除此之外，《淮南子》卷3《天文训》还叙述了五星会合周期、二十四节气、太阴纪年等天学思想。

（1）《淮南子》卷3《天文训》记述五星相对于五宫二十八宿的运转周期。是书说：

> 太阴在四仲，则岁星行三宿；太阴在四钩，则岁星行二宿。二八十六，三四十二，故十二岁而行二十八宿。日行十二分度之一，岁行三十度十六分度之七，十二岁而周。……镇星（指土星）以甲寅元始建斗，岁镇行一宿，当居而弗居，其国亡土；未当居而居之，其国益地，岁熟；日行二十八分度之一，岁行十三度百一十二分度之五，一十八岁而周。太白（指金星）元始，以正月建寅，与荧惑（指火星）晨出东方。二百四十日而入，入百二十日而夕出西方；二百四十日而入，入三十五日而复出东方；出以辰戌，入以丑未；当出而不出，未当入而入，天下偃兵；当入而不入，当出而不出，天下兴兵。辰星（指水星）正四时，常以二月春分效奎、娄，以五月夏至效东井、舆鬼，以八月秋分效角、亢，以十一月冬至效斗、牵牛。出以辰戌，入以丑未；出二旬而入，晨候之东方，夕候之西方；一时不出，其时不和，四时不出，天下大饥。[③]

关于这段内容，陶磊先生有专论[④]，其分析之透彻，应当说是目前所见最有权威性的论著。当然，其他学者的研究也是匠心独运，各有精辟之处。下面我们综合学界已有的研究成果，简略陈述如下：

"太岁"或"太阴"为一假想星体，其运转方向与岁星（指木星）相反，自东向西运行，它跟十二辰的对应关系如图1-13所示。按："太阴在四仲（同中）"，是指卯、午、

① 邱成光主编：《前沿科技之谜》，延吉：延边人民出版社，2005年，第104—105页。
② 马东恩、温新新编著：《物质矛盾运动概论——兼谈宇宙历史中的若干问题》，北京：新时代出版社，2004年，第264页。
③ （汉）刘安著、高诱注：《淮南子》卷3《天文训》，《百子全书》第3册，第2827页。
④ 陶磊：《〈淮南子·天文〉研究——从数术史的角度》，济南：齐鲁书社，2003年，第73—91页。

酉、子 4 个辰位，它们恰好都位于四方的中央。"太阴在四钩"是指分别位于四方之东北、东南、西北、西南的 8 辰，即丑、寅、巳、辰、未、申、戌、亥。"岁星行三宿"共有 4 次，则"岁星行二宿"共有 8 次。这样，12 岁运行如下：

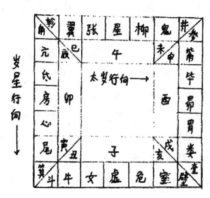

图 1-13　太岁与岁星位置关系示意图①

二十八宿一周。太岁运行一周为 365 度，故太阴每岁平均运行 12 度。

镇星，28 岁运行二十八宿一周。②

太白，《淮南子》卷 3《天文训》给出的汇合周期为 240 日，然而太白的精确运行周期为 224.7 日，可见，《淮南子》卷 3《天文训》所采用的数据十分粗疏。

辰星"正四时"，每日行度阙载。

荧惑运行周期，阙载。

（2）《淮南子》卷 3《天文训》系统和完整地记载了二十四节气，其文云：

> 两维之间，九十一度十六分度之五。而〔斗〕日行一度，十五日为一节，以生二十四时之变。斗指子则冬至，音比黄钟。加十五日指癸则小寒，音比应钟。加十五日指丑则大寒，音比无射。加十五日指报德之维，则越阴在地，故曰距日冬至四十六日而立春，阳气冻解，音比南吕。加十五日指寅则雨水，音比夷则。加十五日指甲则雷惊蛰，音比林钟。加十五日指卯，中绳，故曰春分则雷行，音比蕤宾。加十五日指乙则清明风至，音比仲吕。加十五日指辰则谷雨，音比姑洗。加十五日指常羊之维，则春分尽，故曰有四十六日而立夏，大风济，音比夹钟。加十五日指巳则小满，音比太簇。加十五日指丙则芒种，音比大吕。加十五日指午则阳气极，故曰有四十六日而夏至，音比黄钟。加十五指丁则小暑，音比大吕。加十五日指未则大暑，音比太簇。加十五日指背阳之维，则夏分尽，故曰有四十六日而立秋，凉风至，音比夹钟。加十五日指申则处暑，音比姑洗。加十五日指庚则白露降，音比仲吕。加十五日指酉，中绳，故曰秋分，雷〔藏〕蛰，虫北向，音比蕤宾。加十五日指辛则寒露，音比林钟。

① 楚文化研究会：《楚文化研究论集》第 6 集，武汉：湖北教育出版社，2005 年，第 523 页。注：其方图模拟安徽阜阳西汉汝阴侯墓出土的"六壬式盘"。

② 实际上镇星的精确运行周期为 29.46 年。

加十五日指戌则霜降，音比夷则。加十五日指蹄通之维，则秋分尽，故日有四十六日而立冬，草木毕死，音比南吕。加十五日指亥则小雪，音比无射。加十五日指壬则大雪，音比应钟。加十五日指子，故曰阳生于子，阴生于午。阳生于子，故十一月日冬至。①

文中所载二十四节气的排序与现今的二十四节气排序完全一致，与之相反，像《逸周书·时训解》《淮南子·时则训》的记载就与黄河中下游地区的实际气候变化不一致了。对此，席泽宗先生在《〈淮南子·天文训〉述略》一文中有详释，可以参考。至于为什么《逸周书·时训解》《淮南子·时则训》的记载会出现相互矛盾的现象？主要原因有二：一是两者出自不同的人；二是两者出自不同的文献系统。据日本学者天野元之助考证②，《淮南子·时则训》的文献来源如图 1-14 所示。在文中，刘向根据当时的实测经验，确定以北斗星的斗柄指向来定节气，并形成了经纬测度法，即南北向的子午连成一线为经，东西向的卯酉连成一线为纬，刘向把这两条连线称之为"二绳"。《淮南子·天文训》载："子午、卯酉为二绳，丑寅、辰巳、未申、戌亥为四钩。东北为报德之维也，西南为背阳之维，东南为常羊之维，西北为蹄通之维。"③这样，"二绳"将整个天球分作四个区域，东、南、西、北四正方之间位置称为"维"。以此为前提，《淮南子·天文训》还具体讲述了"二绳""四维"的气候意义，毫无疑问，"这些解释是建立在精密的天文定位的基础上的，它标志着中国古代人民对二十四节气的认识发展到了一个新的阶段"④。不仅如此，陈美东先生又指出："'两维之间'系指冬至—春分—夏至—秋分—冬至两两之间，91 5/16度正等于一周天 365.25 度的四分之一，即二分、二至正当黄道的四等分点上，而其他各节气则两两相距 15 度左右。应该说这是关于日行黄道概念的一种明确表述，而日行黄道是浑天思想的一个重要观念。"⑤

（3）太阴纪年。汉代主要有三种纪年法：甘石纪年法、《五星占》纪年法与太初历纪年法。先看，《淮南子·天文训》对太阴纪年的记载：

太阴在寅，岁名曰摄提格，其雄为岁星，舍斗、牵牛，以十一月与之，晨出东方，东井、舆鬼为对。太阴在卯，岁名曰单阏，岁星舍须女、虚、危。以十二月与之，晨出东方，柳、七星、张为对。大阴在辰，岁名曰执除，岁星舍营室、东壁，以正月与之，晨出东方，翼、轸为对。太阴在巳，岁名曰大荒落，岁星舍奎、娄。以二月与之，晨出东方，角、亢为对。太阴在午，岁名曰敦牂，岁星舍胃、昴、毕。以三月与之，晨出东方，氐、房、心为对。太阴在未，岁名曰协洽，岁星舍觜嶲、参，以四月与之，晨出东方，尾箕为对。太阴在申，岁名曰涒滩，岁星舍东井、舆鬼，以五月与之，晨出东方，斗、牵牛为对。太阴在酉，岁名曰作鄂，岁星舍柳、七星、张，

① （汉）刘安著、高诱注：《淮南子》卷 3《天文训》，《百子全书》第 1 册，第 2829 页。
② ［日］天野元之助：《中国古农书考》，彭世奖、林广信译，北京：农业出版社，1992 年，第 3 页。
③ （汉）刘安著、高诱注：《淮南子》卷 3《天文训》，《百子全书》第 1 册，第 2828 页。
④ 董恺忱、范楚玉主编：《中国科学技术史·农学卷》，北京：科学出版社，2000 年，第 246 页。
⑤ 陈美东：《中国科学技术史·天文学卷》，北京：科学出版社，2003 年，第 116 页。

以六月与之，晨出东方，须女、虚、危为对。太阴在戌，岁名曰阉茂，岁星舍翼、轸，以七月与之，晨出东方，营室、东壁为对。太阴在亥，岁名曰大渊献，岁垦舍角、亢，以八月与之，晨出东方，奎、娄为对。太阴在子，岁名曰困敦，岁星舍氐、房、心，以九月与之，晨出东方，胃、昂、毕为对。太阴在丑，岁名曰赤奋若，岁星舍尾、箕，以十月与之，晨出东方，觜巂、参为对。太阴在甲子，刑德合东方宫，常徙所不胜，合四岁而离，寓十六岁而复合。①

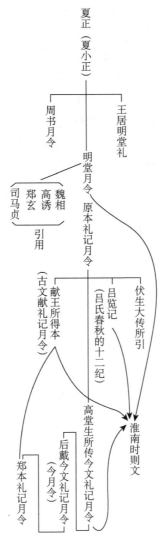

图 1-14 《淮南子·时则训》的文献来源②

为了清楚起见，我们将文中内容，转换成表格形式，则如表 1-6 所示：

---

① （汉）刘安著、高诱注：《淮南子》卷 3《天文训》，《百子全书》第 3 册，第 2832—2833 页。
② ［日］天野元之助：《中国古农书考》，彭世奖，林广信译，第 3 页。

表 1-6　《淮南子·天文训》之太阴纪年法①

岁名	太阴所在辰	岁星晨出月	岁星所在星宿
摄提格	寅	十一月	斗牛
单阏	卯	十二月	女虚危
执徐	辰	正月	室壁
大荒落	巳	二月	奎娄
敦	午	三月	胃昴毕
协洽	未	四月	觜参
滩	申	五月	井鬼
作鄂	酉	六月	柳星张
阉茂	戌	七月	翼轸
大渊献	亥	八月	角亢
困敦	子	九月	氐房心
赤奋若	丑	十月	尾箕

那么，《淮南子·天文训》的太阴纪年法与甘石纪年法有什么关系呢？经学者比对，《淮南子·天文训》的太阴纪年法本于甘石纪年，它们属于同一个纪年系统，具体理由如表 1-7 所示：

表 1-7　《淮南子·天文训》的太阴纪年法与甘石纪年法比较表②

岁名	太岁所在十二辰	甘石纪年法岁星所在十二次			太初历纪年法岁星所在十二次		
		地支名	专名	星宿名	地支名	专名	星宿名
摄提格	寅	丑	星纪	斗牛	亥	娵訾	室壁
单阏	卯	子	玄枵	女虚危	戌	降娄	奎娄
执徐	辰	亥	娵訾	室壁	酉	大梁	胃昴毕
大荒落	巳	戌	降娄	奎娄	申	实沈	觜参
敦牂	午	酉	大梁	胃昴毕	未	鹑首	井鬼
协洽	未	申	实沈	觜参	午	鹑火	柳星张
涒滩	申	未	鹑首	井鬼	巳	鹑尾	翼轸
作鄂	酉	午	鹑火	柳星张	辰	寿星	角亢
阉茂	戌	巳	鹑尾	翼轸	卯	大火	氐房心
大溯献	亥	辰	寿星	角亢	寅	析木	尾箕
困敦	子	卯	大火	氐房心	丑	星纪	斗牛
赤奋若	丑	寅	析木	尾箕	子	玄枵	女虚危

---

①　王胜利：《睡虎地〈日书〉"除"篇、"官"篇月星关系考》，楚文化研究会：《楚文化研究论集》第 6 集，武汉：湖北教育出版社，2005 年，第 521 页。

②　王胜利：《星岁纪年管见》，《中国天文学史文集》编辑组：《中国天文学史文集》第 5 集，北京：科学出版社，1989 年，第 85 页。

　　不过，无论是太阴纪年还是太岁纪年，两者都是为星占服务的。对于这个问题，学界已有不少研究成果，作了比较深入和全面的阐释①，笔者无须赘言。西汉人很重视星占预言，而"太岁"被选为纪年的重要参照系，应该主要是为了星占，因为引入太岁、太阴的目的"主要不是纪年，而是想轻易地掌握岁星的位置，以便星占"②。另外，它"纪的是岁星之年，而非地球之年，它不能反映地球公转的时间长度。因此，作为一种历法，《岁星历》是无用的"③。但是，我们不能因为这个缘故就否定太阴纪年的意义，实际上，太阴纪年有两点值得重视：第一，岁星纪年制作的原始意义与旱涝灾害有关；第二，岁星纪年的应用（星占功用）在一定的意义上反映了旱涝灾害的周期性变化。④例如，《淮南子·天文训》不仅提出了岁星"三岁而一饥，六岁而一衰，十二岁一康"⑤的旱涝周期变化，而且还详细叙述了以十二年为周期的旱涝情况。其文云：

> 摄提格之岁，岁早水晚旱，稻疾，蚕不登，菽、麦昌，民食四升。寅在甲曰阏蓬单阏之岁，岁和，稻、菽、麦、蚕昌，民食五升。卯在乙曰旃蒙执除之岁，岁早旱，晚水，小饥，蚕闭，麦熟，民食三升。辰在丙曰柔兆大荒落之岁，岁有小兵，蚕小登，麦昌，菽疾，民食二升。巳在丁曰强圉敦牂之岁，岁大旱，蚕登，稻疾，菽、麦昌，禾不为，民食二升。午在戊曰著雍协洽之岁，岁有小兵，蚕登，稻昌，菽、麦不为，民食三升。未在己曰屠维涒滩之岁，岁和，小雨行，蚕登，菽、麦昌，民食三升。申在庚曰上章作鄂之岁，岁有大兵，民疾，蚕不登，菽、麦不为，禾虫，民食五升。酉在辛曰重光掩茂之岁，岁小饥，有兵，蚕不登，麦不为，菽昌，民食七升。戌在壬曰玄黓大渊献之岁，岁有大兵，大饥，蚕开，菽、麦不为，禾虫，民食三升。困敦之岁，岁大雾起，大水出，蚕、稻、麦昌，民食三斗。子在癸曰昭阳赤奋若之岁，岁有小兵，早水，蚕不出，稻疾，菽不为，麦昌，民食一升。⑥

　　对此，席泽宗先生认为岁星的运动周期（11.86 年）应当是指太阳黑子的运动周期（11.4 年），因为两者的运动周期比较接近。⑦当然，这里的情形十分复杂，目前学界尚在研究和探讨之中。另外，这段记载的天文学意义还在于，它提供我国早期纪年法的历史演变轨迹。因为这里出现了十个岁阳与十二个岁名的配合，其十阳名是：阏蓬、旃蒙、柔兆、强圉、著雍、屠维、上章、重光、玄黓、昭阳。据此可推断，"我国纪年法的演变大

---

①　章鸿钊：《中国古历析疑》，北京：科学出版社，1958 年；陈元方：《历法与历法改革丛谈》，西安：陕西人民教育出版社，1992 年，第 49—50 页；胡火金：《中国古代岁星纪年与旱涝周期试探》，《中国农史》1999 年第 1 期；陈松长：《帛书史话》，北京：社会科学文献出版社，2012 年，第 151—152 页；卢央：《中国古代星占学》，北京：中国科学技术出版社，2013 年等。

②　陶磊：《〈淮南子·天文〉研究——从数术史的角度》，第 96 页。

③　陈元方：《历法与历法改革丛谈》，西安：陕西人民教育出版社，1992 年，第 50 页。

④　胡火金：《中国古代岁星纪年与旱涝周期试探》，《中国农史》1999 年第 1 期，第 78 页。

⑤　（汉）刘安著、高诱注：《淮南子》卷 3《天文训》，《百子全书》第 3 册，第 2834 页。

⑥　（汉）刘安著、高诱注：《淮南子》卷 3《天文训》，《百子全书》第 3 册，第 2835—2836 页。

⑦　席泽宗：《〈淮南子·天文〉述略》，席泽宗：《古新星新表与科学史探索》，西安：陕西师范大学出版社，2002 年，第 83 页。

概是：先用十二个岁名，然后再用岁阳和岁名相配，最后又用十干和十二支的相配代替了岁阳和岁名的相配"①。

（4）列出了二十八宿的赤道广度。赤道广度亦称距度或宿度，即各星宿标准星之间的距离，一般用赤道上的度数来表示。截至目前，《淮南子·天文训》是我国已知载有二十八宿赤道广度的最早文献。其文将"二十八宿赤道广度"称之为"星分度"，这里的"度"是指弧长的相对度量，而各度的具体数据如下：

> 角十二，亢九，氐十五，房五，心五，尾十八，箕十一四分一，斗二十六，牵牛八，须女十二，虚十，危十七，营室十六，东壁九，奎十六，娄十二，胃十四，昴十一，毕十六，觜嶲二，参九，东井三十三，舆鬼四，柳十五，星七，张、翼各十八，轸十七，凡二十八宿也。②

这些数据是如何获得的，学界有争议。如席泽宗先生认为是采用浑仪实际测量的结果，他认为从当时的测量仪器看，汉人只能从具有赤道环的浑仪上直接测量两距星间所张德角度，"因此，这又给我们提供了一条线索，证明在落下闳等人于元封七年（前104）进行改历以前就已经有了浑仪和对二十八宿的观测结果，他们不过只是总结了这些新的成就。而浑仪的发明在我国天文学的发展上具有极其重要的意义，有了它，许多测量工作才能进行，浑天说也应运而生"③。与此不同，日本天文学家薮内清提出，汉代出现的行度"是沿着赤道方向的，这种测定不一定非使用浑天仪不可。可以用所谓'周髀'的方法测定，就是用'表'或者'髀'同漏刻结合起来的方法"④测得。胡维佳先生则又提出了另一种可能，即由行星周天或由某宿至某宿所历的日数来推算其平均日行度。⑤我们知道，落下闳营造浑仪，有史料依据，无可否定。问题是，先秦的浑仪既无史料记载，又无实物可考，所以在这种条件下想要让史学界普遍认可，目前尚有难度。不过，西汉初年的《五星占》以及《淮南子·天文训》所获得的诸多行星的运动数据，确实又让人不能不相信先秦时代已经出现了类似汉代浑天仪的天文器械⑥。同样，有学者根据安徽阜阳西汉出土的一只标有二十八宿宿度值得漆器圆盘推断，"这些宿度值是在西汉以前测定的"⑦。至于用什么仪器来测定，我们倾向于浑仪。因为"西汉太初历制定期间，落下闳改进了浑仪"⑧，说明在他之前已经出现了浑仪，这有史料为证，如三国王藩在《浑天象说》一文中云：

---

① 席泽宗：《〈淮南子·天文训〉述略》，席泽宗：《古新星新表与科学史探索》，第82页。
② （汉）刘安著、高诱注：《淮南子》卷3《天文训》，《百子全书》第3册，第2833—2834页。
③ 席泽宗：《〈淮南子·天文训〉述略》，席泽宗：《古新星新表与科学史探索》，第83页。
④ ［日］薮内清：《〈石氏星经〉的观测年代》，《中国科技史杂志》1984年第3期，第17—18页。
⑤ 胡维佳：《浑仪考源》，刘钝等：《科史薪传——庆祝杜石然先生从事科学史研究40周年学术论文集》，沈阳：辽宁教育出版社，1997年，第262页。
⑥ 徐振韬：《从帛书〈五星占〉看先秦浑仪的创制》，《考古》1976年第2期，第89—95页。
⑦ 吴守贤、全和钧主编：《中国古代天体测量学及天文仪器》，北京：中国科学技术出版社，2013年，第49页。
⑧ 陈美东等：《简明中国科学技术史话》，北京：中国青年出版社，1990年，第149页。

浑天遭周秦之乱，师传断绝，而丧其文，唯浑仪尚在台，是以不废。[①]

根据权威专家研究，汉代用浑仪测定的二十八宿距星，以现代国际通用的名称来标示，则列表 1-8 如下：

表 1-8 汉代所用二十八宿距星表[②]

宿名	距星今用名	宿名	距星今用名	宿名	距星今用名	宿名	距星今用名
角	α Vir	斗	φ Sgr	奎	ζ And	东井	μ Gem
斗	κ Vir	牵牛	β Cqp	娄	β Ari	鬼	θ Cnc
氐	α Lib	婺女	ε Aqr	胃	35 Ari	柳	σ Hya
房	π Sco	虚	β Aqr	昴	17 Tau	七星	α Hya
心	σ Sco	危	α Aqr	毕	ε Tau	张	ν_1 Hya
尾	μ_1 Sco	营室	α Peg	觜	φ_1 Ori	翼	α Crt
箕	γ Sgr	壁	γ Peg	参	δ Ori	轸	γ Crv

我们从以下实例可以看出《淮南子·天文训》所载二十八宿距星度值对后代天文学发展的巨大影响，例如，《三统历》所采用的二十八宿距星度值与《淮南子·天文训》几乎相同，事实上，"后世历法（唐一行大衍历以前）的二十八宿赤道度值亦同此，只是均把尾数置于斗宿"[③]。且该数值绝对值平均误差约为 0.5 度[④]，然而，仅从距星度值的分布看，小者"二"度，大者"三十三"度，何以差别如此巨大？《淮南子·天文训》没有给出解释，其他天文家也没有给出解释。另据《开元占经》所录，略早于《淮南子·天文训》还有一套二十八宿距星度体系，各宿的具体数值如下：

　　角十二，亢（注：缺），氐十七，房七，心十二，尾九，箕十，南斗二十二，牵牛九，婺女十，虚十四，危九，营室二十，东壁十五，奎十二，娄十五，胃十一，昴十五，毕十五，觜巂六，参（注：缺），东井二十九，舆鬼五，柳十八，七星十三，张十三、翼十三，轸十六。[⑤]

不难看出，两套二十八宿距星度值的差别很大，若从渊源上着眼，两套距星度值之间是否有联系，有什么样的联系，则有待进一步考证。

（5）关于"正朝夕"的方法及其他。《淮南子·天文训》载"正朝夕"法云：

　　先树一表东方，操一表却去前表十步，以参望，日始出北廉，日直入。又树一表于东方，因西方之表以参望，日方入北廉，则定东方。两表之中，与西方之表，则东西之正也。日冬至，日出东南维，入西南维；至春秋分，日出东中，入西中；夏至，

① （唐）瞿昙悉达：《开元占经》卷 1《天体浑宗》，北京：九州出版社，2012 年，第 8 页。
② 张培瑜等：《中国古代历法》，北京：中国科学技术出版社，2013 年，第 290 页。
③ 陈美东：《中国科学技术史·天文学卷》，第 116 页。
④ 陈美东：《中国科学技术史·天文学卷》，第 116 页。
⑤ 转引自王胜利：《睿智光华——长江流域的古代科学技术》，武汉、北京：武汉出版社、中国言实出版社，2006 年，第 13 页。

出东北维，入西北维，至则正南。①

据考古工作者研究，早在良渚文化遗址中即已经出现了用灰土框来观测日出日落的方位以及日影的变化。②古代先民经过长期的土圭（在地上做出标记）测影实践，然后才发明了更为准确"表"法。因为"表的投影有两个作用，一个是可以观测太阳的方向，另一个是通过观测日影的长度同样可以知道时间季节的变化"③。至于"表"法是何时发明的，目前没有定论，但有学者认为商代已能立表测影。④还有学者提供商代已能立表测影的新佐证，那就是甲骨文中有表示一天之内不同时刻的字，"这些字都同日有关，如朝、暮、旦、明、昃、中日、昏等等，其中'中日'与'昃'二字更是明确表示日影的正和斜，是看日影所得出的结论。这一点同时也说明了表的一个用途，即利用表影方位的变化确定一天内的时间，这便是后代制成日晷的原理"⑤。《周礼·考工记》载："匠人建国，水地以县，置槷以县，视以景。为规识日出之景与日入之景，昼参诸日中之景，夜考之极星，以正朝夕。"⑥这里，讲到了立圭表的方法：为了保证测影的精度，制作圭面需要用水平地，立表时还需要悬垂线。之后观察日出日落时，标杆的投影，当两边投影与以标杆为圆心、杆长为半径所画的两交点连线，即是正东西方向（图1-15）。⑦

图 1-15 《考工记》"正朝夕"法示意图⑧

显然，《淮南子·天文训》所采用的正东西方向法与《周礼·考工记》的悬线法不同，《淮南子·天文训》的具体操作方法是：先在平地上立一根定杆 B，再拿一根标杆 A，在距离 B 标杆 10 步远的地方游动，当太阳从东北方向升起时，由标杆 A 朝定杆方向观察，并使定杆 B、游杆 A 与日冕中心相重合，此时把标杆 A 固定下来。同理，再拿一根标杆，在距离被固定的标杆 A 的东方 10 步远的地方，并用标杆 A 和日面中心，这样就把标杆固定了下来。于是，将 B 与连成一线，即指南北方向，而将 B 标杆 A 连成一线，则为正东西方向（图1-16）。可见，《淮南子·天文训》的定向精度要比《周礼·考工

---

① （汉）刘安著、高诱注：《淮南子》卷 3《天文训》，《百子全书》第 3 册，第 2836 页。
② 刘斌：《良渚文化的祭坛与观象测年》，《神巫的世界》，杭州：杭州出版社，2013 年，第 63 页。
③ 刘斌：《良渚文化的祭坛与观象测年》，《神巫的世界》，第 63 页。
④ 萧良琼：《卜辞中的"立中"与商代的圭表测景》，中国天文史整理研究小组：《科技史文集》第 10 辑，上海：上海科学技术出版社，1983 年，第 27—44 页。
⑤ 卢嘉锡·路甬祥主编：《中国古代科学史纲》，石家庄：河北科学技术出版社，1998 年，第 477 页。
⑥ 黄侃：《黄侃手批白文十三经·周礼》，第 129 页。
⑦ 胡孚琛主编：《中华道教大辞典》，北京：中国社会科学出版社，1995 年，第 859 页。
⑧ 邓可卉：《比较视野下的中国天文学史》，上海：上海人民出版社，2011 年，第 28 页。

记》高。①

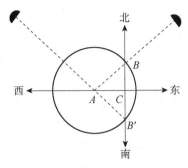

图 1-16 "正朝夕"方法示意图②

另外,"在《九章算术》勾股章中,有一题讲立四表测量近距离物体远的方法,与《淮南子》测东西之数的方法完全相同。这种方法在当时的工程测量中肯定已经被应用了"③。

此外,《淮南子》卷 3《天文训》还载有以盖天说为知识背景的大地测量方法。

如前所述,既然天地是一个有形的实体,有高、有广,那么,如何测量天之高和地之广呢?《淮南子·天文训》记载的方法是:

> 欲知东西南北广袤之数者:立四表以为方一里距。先春分若秋分十余日,从距北表参望日始出。及旦,以候相应,相应则此与日直也。辄以南表参望之,以入前表数为法。除举广,除立表袤,以知从此东西之数也。假使视日出,入前表中一寸,是寸得一里也。一里积万八千寸,得从此东万八千里。视日入,入前表半寸,则半寸得一里。半寸而除一里,积寸得三万六千里,除则从此西里数也。并之,东西里数也,则极径也。未春分而直,已秋分而不直,此处南也。未秋分而直,已春分而不直,此处北也。分至而直,此处南北中也。从中处欲知中南也。未秋分而不直,此处南北中也。从中处欲知南北极远近,从西南表参望日。日夏至始出,与北表参,则是东与东北表等也。正东万八千里,则从中北亦万八千里也。倍之,南北之里数也。其不从中之数也,以出入前表之数益损之,表入一寸,寸减日近一里;表出一寸,寸益远一里。④

为了理解上的方便,我们不妨先将陆思贤先生所绘制的"立杆测影"示意图(图 1-17)转引于兹。

这是一个宏观的立杆测影模型,它的意义是告诉人们无论怎样,天地是可以用模型法来认识的。但从细节来看,"天文训"测量大地的理论前提是错误的,所以它的结论也必然站不住脚。对此,周桂钿先生有详尽的分析。⑤在《淮南子·天文训》的语境里,先由

① 关增建:《计量史话》,北京:社会科学文献出版社,2012 年,第 125—126 页。
② 关增建:《计量史话》,第 126 页;陈美东:《中国科学技术史·天文学卷》,第 116 页。
③ 李迪主编:《中国数学史大系》第 1 卷《上古到西汉》,北京:北京师范大学出版社,1998 年,第 461 页。
④ (汉)刘安著、高诱注:《淮南子》卷 3《天文训》,《百子全书》第 3 册,第 2836 页。
⑤ 周桂钿:《天地奥秘的探索历程》,北京:中国社会科学出版社,1988 年,第 40—41 页。

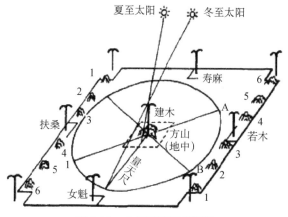

图 1-17　立杆测影示意图①

ABCD 四个标杆组成"方一里"的观测场所，其中 AB 连线指向东西，AD 连线指向南北，在二分前后的 10 余天内，从北边的 A、B 两个标杆测望太阳 P，并使 A、B 与 P 置于同一平面内，同理，从南边的标杆 C 测望太阳 P，其视线与前面两个标杆 A、D 的连线，相交于 E 点，当 E 点确定后，即可知道 DE 的数值。然后由《淮南子·天文训》文中所讲的方法知，求 BP，则从相似勾股形的比例关系原理不难求出其值，具体情况如图 1-18 所示：

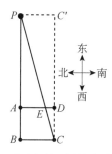

图 1-18　"天文训"测量大地示意图②

由于《淮南子》卷 3《天文训》给出的数据带有举例性质，并非实测所得，故其结论是不正确的。不过，正如冯立升先生所说："这里所得的结果是错误的，但测量计算依据的数学原理是正确的。"③周桂钿先生也指出："天文训"既然得出错误的结论，"我们介绍他的计算方法还有什么意义呢？我们以为至少有两个方面的意义。首先它表明了汉代数学所达到的水平；其次说明中国古人利用数学知识去追求真理，去探索天地的奥秘，表明在作者的心目中，宇宙是可以认识的，并不是神秘莫测的。错误并不可怕，只要敢于探索，不断地用已有的科学知识进行新的探索，就会逐渐揭开天地的奥秘，日益丰富人类

———————

①　陆思贤：《神话考古》，北京：文物出版社，1995 年，第 183 页。

②　冯立升：《中国古代测量学史》，呼和浩特：内蒙古大学出版社，1995 年，第 33 页；李迪主编：《中国数学史大系》第 1 卷《上古到西汉》，1998 年，第 460 页。

③　冯立升：《中国古代测量学史》，第 33 页。

的知识"①。

对于测算天高的方法，《淮南子》卷3《天文训》载：

> 欲知天之高：树表高一丈。正南北相去千里，同日度其阴。北表一尺，南表尺九寸，是南千里阴短寸。南二万里则无景，是直日下也。阴二尺而得高一丈者，南一而高五也。则置从此南至日下里数，因而五之，为十万里，则天高也。若使景与表等，则高与远等也。②

如图1-19所示，因先设"南北相去千里，日影相差1寸"，根据相似三角形的性质，故有：

$$天高=\frac{10尺}{2尺}\times 2万里=10万里$$

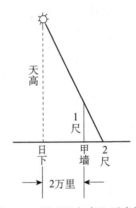

图1-19 测"天之高"示意图③

显然，这个结果与实测相差太大，纯属是作者的臆测，但下面的原理却颇有意义。在文中，《淮南子·天文训》说："若使景与表等，则高与远等也。"也就是说，利用物体的影长可以间接求出物体的高度，这个测量定理便是：要测量一个不可能到达的物体高度，可立一标杆。当标杆的影长和标杆本身的长度相等时，物体的影长与高也相等。④

如果从天的几何形状看，《淮南子·天文训》所理解的天应当是一个圆状的半球形。用李约瑟博士的话说，就是"太阳在中天时和地的距离较日出和日没时远五倍，其中至少包含一种椭圆形的外罩或外壳的想法"⑤。

2.《淮南子·地形训》与刘安的道家地理思想

《淮南子·地形训》是《淮南子》中的第4卷，为一部综合性的地理著作，内容丰

① 周桂钿：《天地奥秘的探索历程》，第43页。

② （汉）刘安著、高诱注：《淮南子》卷3《天文训》，《百子全书》第3册，第2836页。

③ 陈美东：《中国科学技术史·天文学卷》，第116页；李迪卷主编：《中国数学史大系》第1卷《上古到西汉》，第460页。

④ 冯立升：《中国古代测量学史》，第32页。

⑤ ［英］李约瑟：《中国科学技术史》第4卷《天学》第1分册，《中国科学技术史》翻译小组译，北京：科学出版社，1975年，第128页。

富，思想复杂，包括神话地理、天文地理、自然地理、人文地理、生态地理、历史地理等知识，它在总结先秦以来地理学成果的基础上，详细描述了汉代的区划地域、地人关系，以及自然界物质生成与转化过程等人们普遍关心的问题，因而成为我国古代最重要，同时也是最有价值的地理文献之一。

（1）以道家知识为背景的九州观。中国的地理范围究竟有多大？道家和阴阳家有一种大九州神话理论，历史影响十分深远。对此，《淮南子·地形训》有较详细的记述：

> 九州之大，纯方千里。九州之外，乃有八殥，亦方千里。自东北方曰大泽，曰无通；东方曰大渚，曰少海；东南方曰具区，曰元泽；南方曰大梦，曰浩泽；西南方曰渚资，曰丹泽；西方曰九区，曰泉泽；西北方曰大夏，曰海泽；北方曰大冥，曰寒泽。凡八殥。八泽之云，是雨九州。

> 八殥之外，而有八纮；亦方千里。自东北方曰和丘，曰荒土；东方曰棘林，曰桑野；东南方曰大穷，曰众女；南方曰都广，曰反户；西南方曰焦侥，曰炎土；西方曰金丘，曰沃野；西北方曰一目，曰沙所；北方曰积冰，曰委羽。凡八纮之气，是出寒暑，以合八正，必以风雨。

> 八纮之外，乃有八极。自东北方曰方土之山，曰苍门；东方曰东极之山，曰开明之门；东南方曰波母之山，曰阳门；南方曰南极之山，曰暑门；西南方曰编驹之山，曰白门；西方曰西极之山，曰阊阖之门；西北方曰不周之山，曰幽都之门；北方曰北极之山，曰寒门。凡八极之云，是雨天下；八门之风，是节寒暑；八纮八殥、八泽之云，以雨九州而和中土。[①]

"九州"概念首见于《尚书·禹贡》，由此奠定了中国古代区域地理的基础。其九州分别是：冀州、兖州、青州、徐州、扬州、荆州、豫州、梁州、雍州。以后如《周礼·职方》《尔雅·释地》《吕氏春秋·有始览》《诗经》《山海经》等文献，虽然对九州的认识，互有差异，但总体上与《禹贡》的说法一致，都属于《禹贡》体系。法国学者注意到《淮南子·地形训》与其他文献所描述之九州概念的明显不同[②]，章启群先生也发现《淮南子·地形训》的九州概念与《吕氏春秋·应同篇》几乎完全不同。[③]可见，《淮南子·地形训》的九州说来源于另外一个思想系统，而这个系统是否与邹衍的"大九州"说有关，尚待探讨。[④]《淮南子·地形训》云：

> 何谓九州？东南神州曰农土，正南次州曰沃土，西南戎州曰滔土，正西弇州曰并土，正中冀州曰中土，西北台州曰肥土，正北泲州曰成土，东北薄州曰隐土，正东阳

① （汉）刘安著、高诱注：《淮南子》卷4《地形训》，《百子全书》第3册，第2838页。
② ［法］维拉·德洛芙娃：《"九州"概念早期文献记载的比较研究》，华明觉主编：《中国科技典籍研究——第三届中国科技典籍国际会议论文集》，郑州：大象出版社，2006年，第1页。
③ 章启群：《〈淮南子〉与占星学——兼论〈吕氏春秋〉中的占星学思想》，杜丽燕主编：《中外人文精神研究》第5辑，北京：中国大百科全书出版社，2012年，第7页。
④ 顾颉刚先生认为神州一名"是钞自邹氏书"，参见顾颉刚：《古史辨自序》下册，北京：商务印书馆，2011年，第926页。

州曰申土。①

据考，这套名称当为史前传说的九州。②这个九州的中心是"冀州"，与《禹贡》的冀州偏于东北不同。因此，有学者从地形、地缘、山水、土贡、作物出发来考察，发现古邵州及其周边地区与《淮南子·地形训》之九州有全方位吻合之点。其理由如下：

"东南神州曰农土"，意谓"东南方的州叫作神州，那里适于农业种植"，此"神州"，大体指邵原东南方的伊河、洛河（黄河支流）两河流域，即所谓"河图洛书"之地，包括洛阳、偃师、巩义一带（后来"神州"词义扩大，泛指中原或中国）。"正南次州曰沃土"，邵原正南方是黄河南面的新安、渑池诸县，为仰韶文化最初发现地；"沃土"与"农土"实为一意。"西南戎州曰滔土"，"戎"为古部族名，故曰"戎州"，"滔土"指黄河两岸的肥饶之地；黄河从山西垣曲古城至河南孟州市，呈西北东南走向，从邵原看，故曰"西南"。西南方金有古垣县及商都亳村遗址。"正西弇州曰并土"，弇，山名，《穆天子传》三："升于弇山"，郭璞注："弇，弇兹山，日所入也。"从邵原看，太阳是从"西边天"（亦称弇兹山）落山，故名"正西弇州"，并、併古音近义通，"并土"即"併土"，指土质兼而有之，邵原往西跨过西邵河，地势逐渐抬升，高山、丘岭、塬峁、土梁交错呈出，故云。"西北台州曰肥土"，邵原西北，翻过"西边天"进入虞舜故里同善，越过舜制陶耕田之地历山便进入晋南黄土高原，故曰"台州"；"肥土"者，即"农土""沃土""滔土"之谓。"正北泲州曰成土"，《尔雅·释诂四》："成，重也。""成土"即重重叠叠之土。邵原北边峰峦叠嶂，峻岭绵延，重叠而上，由南而北有鳌背山、云蒙山、千峰岭、锁泉岭等，故如是说。"东北薄州曰隐土""丛木为林，单木交错为薄"，邵原东北是待落岭、析城山，草木丛茂，一直延伸至阳城杨柏桑林之地，故曰薄州；高诱注："气所隐藏，故曰隐土也"，《左传·昭公元年》："天有六气。"古人认为，"阴阳风雨晦明"之六气，皆隐藏于邵州之东北一带，故曰隐土也。"正东阳州曰申土"，《淮南子·地形训》："扶木在阳州，日之所曚。阳州，东方也。""扶木"即扶桑，是太阳升起的地方。太阳升起的地方，故曰阳州——即视觉中的太行、王屋以东；古沇水自王屋山东流为济，伸向平原，故曰"申土"。据此，邵原是四正四隅、八州环拱，自然为"正中冀州曰中土"了。高诱注："冀，大也，四方之主，故曰中土也。"这说明，当时的邵原正处于一个氏族社会部落联盟的中心地带。③

随着社会的进步和科学技术的发展，人们的地理视野越来越宽广，原来比较狭小的"九州"观已经不能适应历史发展的客观要求了。于是，以"九州"为中心，不断一层又一层的放大，从"九州"到"八殥"，再从"八殥"到"八纮"，最后从"八纮"到"八极"，形成了一个都城式结构的"九州"方形模式（图1-20）。

① （汉）刘安著、高诱注：《淮南子》卷4《地形训》，《百子全书》第3册，第2837页。
② 政协济源市委员会：《济源古代文化研究》，郑州：中州古籍出版社，2006年，第19页。
③ 政协济源市委员会：《济源古代文化研究》，第19—20页。

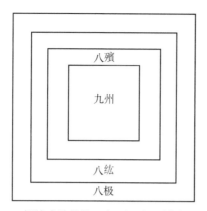

图 1-20 都城式结构的"九州"方形模式（自绘）

图 1-21 是《三礼图》中的周王城图。《考工记》载周朝的都城制度云："匠人营国，方九里，旁三门，国中九经九纬，经涂九轨，左祖右社，面朝后市。"[1]如果我们仔细比较，就会发现《淮南子·地形训》之九州模式与《三礼图》中的周王城图之间，具有内在一致性。这种一致性体现了"天人合一"的建筑理念，诚如有学者所言："'合礼'思想包括了'合天'与'合制'两方面，《考工记·匠人营国》中对城市的设计和规划，其关于'辨方正位'、'择中而立'的观点，正是这种思想的集中反映。虽然定位和取中是城市形制的地面文章，但同时又是'象天法地'所要求的和天取得对应的象征。这种象征性的上下对应，显然是远远高出人间地面规划的一种非常玄奥的整体性意境。"[2]

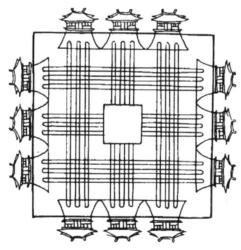

图 1-21 《三礼图》中的周王城图[3]

（2）以昆仑山为中心的神话地理。据考，昆仑山是最早有人类活动足迹的区域之一。有人说：

---

① 黄侃：《黄侃手批白文十三经·周礼》，第 129 页。
② 张越、张要登：《齐国艺术研究》，济南：齐鲁书社，2013 年，第 303 页。
③ 郭德维：《楚都纪南城复原研究》，北京：文物出版社，1999 年，第 86 页。

早在更新世初期，以昆仑山为中心的广大西部地区，就有了人类活动的足迹。在距今300万年左右，由于地壳运动，在东亚大陆的腹地形成了黄河和长江两大河流。于是，远古的先民们便从生态环境不断恶化的昆仑地区走出来，沿着黄河和长江，逐渐向两条大河的中下游地区作扇散形的递迁和拓展。①

又有人说：

中国疆域以昆仑山为中心不断向四周拓延，中国古代文明也随着疆域的拓延而延展。从女娲降生于昆仑山与兄伏羲造人补天创造了现代人类社会开始，便有了古昆仑国的雏形，后伏羲帝离开昆仑跨过黄河去了成纪。另一位人文始祖炎帝也离开昆仑山跨过黄河进入了长江流域，而另一位人文始祖黄帝也离开昆仑山顺黄河东下进入北方，建起了若干个部落联盟，当黄帝再次回到昆仑山求仙问道时，昆仑山区已形成了以西王母国为国主的昆仑山国。此后，就是各部落方国的出现。②

这样例子还有很多，我们无须一一列举。由于历史的变迁，复原远古人类的生活场景已变得越来越艰难。但是，有些文化信息可以口口相传，因为人类的书写历史比口述历史晚出。所以昆仑"虽为神话中地名，但也反映了古人一定的地理观念和上古史的传说，是古人朦胧记忆的实录"③。有学者在考察今文《尚书》的纪史方式时，发现有的篇首冠以"曰若稽古"，这是一种很遥远的依据传说中的口述历史资料的纪史方法，先商史用此方式记载。④例如，《山海经》是这种纪史方式的典型代表。毋庸置疑，《山海经》是一部神话地理书⑤，《淮南子·地形训》的史料有一部分明显源自《山海经》，但是有学者进一步向前追溯，结果发现《淮南子》中的神话故事与《山海经》文本"都是脱胎于那幅古老的天文图画"⑥，可惜那幅天文图画失传了，只留下"与那幅岁时古图同时流传并赋予后者以意义的口头传统"⑦。可以肯定，《淮南子·地形训》所保留的昆仑山神话地理，并不是其内容的全部，它"仅仅是漂浮于源远流长的口头传统之上的文化碎片"⑧，而在昆仑山神话地理以稀奇古怪的神话传说方式不断流传的无数话题中，可能只有极少数内容被后世学者付诸简策。这样，在那幅岁时古图和与之相关的口头知识身上，就发生了知识传统的断裂。所以《淮南子·地形训》中的那部分神话地理内容，即可视作是对这种知识断裂现象的一种历史记忆和反映，而我们目前之所以还不能完全读懂它的内在意义，其原因亦在于此。《淮南子·地形训》云：

---

① 管彦波：《民族地理学》，北京：社会科学文献出版社，2011年，第466—477页。
② 惠勇编著：《素珠链：一部揭示古老而又神奇山水的实物书信》，兰州：甘肃文化出版社，2011年，第27页。
③ 赵逵夫：《屈骚探幽》，成都：巴蜀书社，2004年，第364页。
④ 古风：《中国传统文论话语存活论》，北京：社会科学文献出版社，2013年，第226页。
⑤ 叶舒宪：《〈山海经〉与神话地理——以〈山海经〉"熊山"考释为例》，《中国社会科学报》2010年3月30日，第14版。
⑥ 刘宗迪：《失落的天书：〈山海经〉与古代华夏世界观》，北京：商务印书馆，2006年，第234页。
⑦ 刘宗迪：《失落的天书：〈山海经〉与古代华夏世界观》，第234页。
⑧ 刘宗迪：《失落的天书：〈山海经〉与古代华夏世界观》，第234页。

　　阖四海之内，东西二万八千里，南北二万六千里；水道八千里，通谷〔六〕，名川六百；陆径三千里。禹乃使太章步自东极，至于西极，二亿三万三千五百里七十五步；使竖亥步自北极，至于南极，二亿三万三千五百里七十五步。凡鸿水渊薮，自三仞以上，二亿三万三千五百五十里，有九渊。禹乃以息土填洪水，以为名山。掘昆仑虚以下地，中有增城九重，其高万一千里百一十四步二尺六寸，上有木禾，其修五寻。珠树、玉树、璇树、不死树在其西，沙棠、琅玕在其东，绛树在其南，碧树、瑶树在其北。有四百四十门，门间四里，里间九纯，纯丈五尺。旁有九井，玉横维其西北之隅，北门开以内不周之风。倾宫、旋室、悬圃、凉风、樊桐，在昆仑阊阖之中，是其疏圃。疏圃之池，浸之黄水，黄水三周复其原，是谓丹水，饮之不死。

　　河水出昆仑东北陬，贯渤海，入禹所导积石山。赤水出其东南陬，西南注南海丹泽之东。赤水之东，弱水出自穷石，至于合黎，余波入于流沙。绝流沙，南至南海。洋水出其西北陬，入于南海羽民之南。凡四水者，帝之神泉，以和百药，以润万物。

　　昆仑之丘，或上倍之，是谓凉风之山，登之而不死；或上倍之，是谓悬圃，登之乃灵，能使风雨；或上倍之，乃维上天，登之乃神，是谓太帝之居。

　　扶木在阳州，日之所晞。建木在都广，众帝所自上下，日中无景，呼而无响，盖天地之中也。若木在建木西，末有十日，其华照下地。①

　　对于这段文字，宋小克先生有详释。②具体归纳起来，主要由四部分内容构成：

　　一是帝宫气象的描述。与《山海经》比较，《淮南子·地形训》中的昆仑山，一方面是原始野性的成分越来越降低，另一方面是亭台楼阁的出现。从《淮南子·地形训》的所勾画的意境看，那是对人类生活的另一种遐想，不是生前而是死后生活美景的憧憬和向往，而这类图景经常在汉墓的壁画或棺木的彩画出现即是明证。在刘安的语境里，帝宫非常雄伟和高大，"增城九重"，神气彪炳。显而易见，此处的"增城"是指神仙居住的九重天，而九重天又分作三层："登上第一层——凉风之山，人摆脱死亡的限制；登上第二层——悬圃，人可以获得某种神性；第三层就是天庭，人登上去就能成为神灵，生命获得完全的自由。"因此，为了使神与人之间的界限，既可以逾越又不能让人觉得轻而易举，《淮南子·地形训》便尽量增加九重天的高度，在当时的历史条件下，"极限高度成为人类几乎无法逾越的障碍，而'增城九重'的机构设计赋予每层不同的生命意义，又为攀登昆仑铺下了道路。此时的昆仑，虽然高度与人拉开了空间距离，却拉近了与人的心理距离，留给人们更多的希望和幻想"③。

　　二是不死观念的物化。汉代人的平均寿命不足 30 岁，据有学者统计，两汉帝王的平均寿命才 31 岁。④帝王尚且如此，一般贵族和平民的平均寿命，就可想而知了。这种生命的客观现实迫使汉人对"长生不死"有一种很高的期望值，甚至在一定程度上已经被扭曲

---

①　刘安著、高诱注：《淮南子》卷 4《地形训》，《百子全书》第 3 册，第 2837—2838 页。
②　宋小克：《上古神话与文学》，广州：暨南大学出版社，2013 年，第 101 页。
③　宋小克：《上古神话与文学》，第 101 页。
④　周积明、宋德金：《中国社会史论》下卷，武汉：湖北教育出版社，2000 年，第 136 页。

为一种畸形的心理状态。例如,《淮南子·地形训》的昆仑山帝都生长着不死树,不死树以称作甘木,故《山海经·大荒南经》载:"有不死之国,阿姓,甘木是食。"晋郭璞注:"甘木即不死树,食之不老。"①此外,还生长着粗五围的薏米②,亦有人认为是稻谷③,以及四周布满玉树、珠树、璇树、绛树、沙棠、琅玕、碧树、瑶树等仙树。其中玉树,汉晋人亦谓槐树,如《三辅黄图·汉宫》云:"今案甘泉宫北岸有槐树,今谓玉树,根干盘峙,三二百年木也。"④珠树,一种能长出珍珠的仙树;璇树,传说中的赤玉树,郭璞注:"圣木,食之令人智圣也,曼兑,未详,一曰挺木牙交,《淮南子》作璇树。"⑤也有学者解释:"从其名称来看,其形状类似圭表或柜格之松,当有着某种天文巫术象征作用,可能具有沟通人与天的神力。"⑥这是我们从常人的视野里,对上述植物做出的解释。那么,如果我们从道教的角度来分析,就会出现另外一种景象。《太平经·为父母不易诀》载:"(青童君)服华丹、服黄水、服回水、食环刚、食凤脑、食松梨、食李枣。"⑦杨寄林先生释:

> 华丹:指琅玕华丹。道教谓此丹表层具有三十七种颜色,飞流映郁,紫霞玄涣。黄水:指黄水月华丹。道教称此丹在琅玕华丹基础上炼成。其精华仰于上釜,结幕,幕中有黄水,水有黄华,华似芙蓉,故称黄水月华。……松梨:仙药名。又称赤树白子。道教称此药由凤脑同黄水化合而成。入地三年则生赤树,树高五六尺,形状像松树。树果似梨,雪白如玉,故称松梨。李枣:仙药名。又称绛木青实。道教称此药由松梨同回水化合而成。三年出土,长成绛树。树形似李树,高六七尺。结青果,果如枣,色青如翠,故称李枣。⑧

当然,学界的解释还有很多种,如有人说:"不死松又名龙血树,因其茎干肤色灰青,斑驳栉比状如龙鳞,而且又可分泌出鲜红的汁液,故而得其美名。"⑨又有人说:"传说人吃了树上的果子,就可以长生不老,即使死去的人吃后也立即能够复活。"⑩于是,汉代的墓葬到处都有"不死观念"的填充物,如墓顶绘制升仙图,随葬器物做成昆仑山形状,还有大量的仙树、羽人等。他们这样做的目的,无非是想让死者登天成仙,以求永生。而《淮南子·地形训》将《山海经》的句段移植过来,绝不是简单的重复,而是别有用意,刘安喜好炼丹,他宣扬像珠树、璇树、琅玕之类与玉石有密切关系的东西,不会与炼丹无关。前揭《神农本草经》将玉石类药物视为上品,认为可以久服延年。而《太平

① (晋)郭璞注、(清)毕沅校:《山海经》卷15《大荒南经》,上海:上海古籍出版社,1989年,第108页。
② 余伟:《山海经真相》,武汉:华中师范大学出版社,2012年,第262页。
③ 石冉冉编著:《古代神话》,济南:泰山出版社,2012年,第89页。
④ 李国豪主编:《建苑拾英——中国古代土木建筑科技史料选编》,上海:同济大学出版社,1990年,第209页。
⑤ (晋)郭璞注、(清)毕沅校:《山海经》卷12《海内北经》,第94页。
⑥ 王红旗:《山海经鉴赏辞典》,上海:上海辞书出版社,2012年,第234页。
⑦ 杨寄林译注:《太平经》下,北京:中华书局,2013年,第2053页。
⑧ 杨寄林译注:《太平经》下,第2055页。
⑨ 余伟:《山海经真相》,武汉:华中师范大学出版社,2012年,第285页。
⑩ 王爱文、李胜军:《冥土安魂:中国古代墓葬吉祥文化研究》,郑州:中州古籍出版社,2011年,第226页。

经》所言之植物，又多与《淮南子·地形训》所言相符，可见，"地形训"言昆仑山有"黄水""丹水"等"不死"之药，应当肯定是汉代炼丹家炼制丹药的重要原料。

三是"九井"与黄泉。关于"旁有九井，玉横维其西北之隅"一段话，许地山先生最早注意到此话中寓含一种神仙的观念，他说：

> 木禾旁边有九口井，西北角悬着受不死药底玉横。玉横或是玉觿。这里可注意底，是不是古代传说里，人死后所到底九泉便是这九口井或井外底九条泉水？九泉是否生命泉也有研究底价值。九泉在什么地方，历来没人说过，但知其中或者有一条名为黄泉。依《庄子·秋水》"彼方跐黄泉而登大皇"底意义看来，黄泉是一个登天底阶级。前面说掘昆仑虚以下，得着这样的高丘，上头有九口井，还有黄水、丹水。《左传》隐公元年颍考叔教郑庄公掘地为黄泉以会母，也暗示这泉是在地中。或是从地中底水源流出，而诸水底总源是黄泉也不可知。《海内西经》未记黄水，只出赤水、河水、洋水、黑水、弱水、青水底名；《西山经》以四水注入四水，说河水注入无达，赤水注于氾天，洋水注于丑涂，黑水注于大杅。如将《西山经》底八水加入总源黄水，那便成为九泉了。黄水三周复其原为丹水，是黄水与丹水无别，具要掘地然后能见，其余八水之源或者也在地下。自然，所谓地下也是象征的，因为是从昆仑上掘下去，虽名为下，实在是上。扁鹊受长桑君底药，和以上池底水，上池是否即是黄水？黄水既又名丹水，后来道士底不死药名为"丹"，是否也从丹水而来？都是疑问。大概人死，精灵必到这泉或九泉住，到神仙思想发达，便从鬼乡变为仙乡，或帝乡，以致后人把在昆仑底九井黄泉忘掉。①

道教地理的特点，在许氏的上述讨论中已经表达的相当清楚了。像昆仑山的帝宫、仙树、圣水等，都不过是人们想象的产物，未必真实。当然，这些想象亦应当有其现实的原型，如玉树、珠树、碧树等，均与玉石有联系，它反映了昆仑山产玉的史实。故《拾遗记》云：在昆仑山之第6层，"有五色玉树，阴翳五百里，夜至水上，其光如烛"，第3层"有禾穟，一株满车。有瓜如桂，有奈冬生如碧色，以玉井水洗食之，骨轻柔能腾虚也"，第9层"山形渐小狭，下有芝田蕙圃，皆数百顷，群仙种耨焉。傍有瑶台十二，各广千步，皆五色玉为台基"②。考古资料证实：《禹贡》有关玉及美石产地的记载与玉器和美石器在各考古文化中的分布状况大体相符。从战国到秦汉，昆仑之玉与胡犬、代马已经成为当时统治者心目中的"三宝"。汉晋文献多有"昆仑产玉"的记载，尤其是相传当年周穆王在昆仑山见到西王母，盛赞昆仑山是"唯天下之良山也，宝玉之所在"③。

此外，昆仑山、流沙等早期西域地理概念，频频出现于《淮南子·地形训》，在一定程度上它反映了西汉与西域各国文化交流历史的源远流长。

① 许地山：《道教史》，北京：商务印书馆，2017年，第112—113页。
② （前秦）王嘉撰、（梁）萧绮录：《拾遗记》卷10《昆仑山》，《百子全书》第5册，第4146页。
③ （晋）郭璞：《穆天子传》卷2《古文》，《百子全书》第5册，第4078页。

四是河水的源流。《淮南子》卷4《地形训》云:"河水出昆仑东北陬,贯渤海,入禹所导积石山。"此处的"河水"是指黄河还是塔里木河,学界迄今尚未形成一致意见。我们认为,由于《淮南子·地形训》主要讲的是西域地理,故释"河水"为塔里木河则更接近古人所述客观对象的历史真实。有学者拿《汉书·西域传》与《淮南子·地形训》所述作比照,发现两者的符合度比较高。

《汉书·西域传》载:"(西域)在匈奴之西,乌孙之南。南北有大山,中央有河,东西六千余里,南北千余里。东则接汉,厄以玉门、阳关,西则限以葱岭。其南山,东出金城,与汉南山属焉。其河有两原:一出葱岭山,一出于阗。于阗在南山下,其河北流,与葱岭河合,东注蒲昌海。蒲昌海,一名盐泽者也,去玉门、阳关三百余里,广袤三百里。其水亭居,冬夏不增减,皆以为潜行地下,南出于积石,为中国河云。"①据考,蒲昌海系渤海之对音,而《汉书》所称"葱岭河"即今之塔里木河。结合郦道元《水经注》所说,河水"又东入塞,过敦煌、酒泉、张掖郡南……又东过陇西河关县北,洮河从东南来流注之"②。丁山先生认为,这实际上是对河水"潜行而出积石"一句话的解释,意谓河水潜行,发于疏勒河,再由疏勒河,流于积石矣。③于是,他得出结论说:"河出葱岭东北流为塔里木河,注于罗布淖尔(即蒲昌海,也即渤海)。罗布淖尔潜行地下,至哈拉湖为疏勒河。疏勒河东行,又东南行,为浩亹河。浩亹河东南流入湟,湟水至禹所导积石山,是为河水。"④

这样,"塔里木河——罗布泊湖成了黄河的上游,昆仑山则为塔里木河的源头。'禹导河积石',高诱称'河出昆仑,伏流地中万三千里,禹导而通之;出积石山'。《汉书·西域传》肯定了这种认识,认为蒲昌海水潜行地下,南出积石为河源。这样,河出西域就成为汉代以前的一种普遍观点"⑤。

(3)《淮南子·地形训》及其生态地理。《淮南子》的生态思想是近几十年来学界研究的热点问题之一,对此,单长涛先生已有专论⑥,笔者不再重复。下面仅以《淮南子·地形训》为例,对其中的生态地理思想略作阐释。《淮南子·地形训》有一段说:

> 凡地形,东西为纬,南北为经。山为积德,川为积刑。高者为生,下者为死,丘陵为牡,溪谷为牝。水圆折者有珠,方折者有玉。清水有黄金,龙渊有玉英。土地各以其类生……

> 故南方有不死之草,北方有不释之冰;东方有君子之国,西方有形残之尸。寝居直梦,人死为鬼;磁石上飞,云母来水;土龙致雨,燕雁代飞;蛤蟹珠龟,与月

① 《汉书》卷96上《西域传》,第3871页。
② (北魏)郦道元撰,谭属春、陈爱平校点:《水经注》卷1《河水》,长沙:岳麓书社,1995年,第20—22页。
③ 丁山:《古代神话与民族》,北京:商务印书馆,2015年,第499页。
④ 丁山:《古代神话与民族》,第499页。
⑤ 乔清举:《河流的文化生命》,郑州:黄河水利出版社,2007年,第308页。
⑥ 单长涛:《近三十年来国内外〈淮南子〉生态思想研究述评》,《鄱阳湖学刊》2015年第1期,第59—66页。

盛衰。

是故坚土人刚，弱土人肥；垆土人大，沙土人细；息土人美，耗土人丑。食水者善游能寒，食土者无心而慧，食木者多力而奰，食草者善走而愚，食叶者有丝而蛾，食肉者勇敢而悍，食气者神明而寿，食谷者知慧而夭，不食者不死而神。①

文中"土地各以其类生"是《淮南子·地形训》生态思想的一个重要命题，生物与环境之间有一个适应与选择的过程，达尔文自然选择学说认为，生物的多样性与适应性都是自然选择的结果，而生物进化的方向则是由环境的定向选择作用决定的。按照饮食习惯分类，有食水者、食土者、食木者、食草者、食叶者、食肉者、食气者、食谷者。

食土类动物主要有野猪、河马、鳄鱼、犀牛、泥鳅、大象、以及一些鸟类，这些动物之所以食土，是因为土壤中含有丰富的原生物群、放线菌类及真菌类，还含有促进动物体生长发育和防御疾病的多种金属盐类。

食水类动物主要有海绵、鱼等，据统计，海水里约有4500类不同的海绵，它们的身体由许多微小的细胞组成，正是依靠这些细胞，海绵把水吸入体内，与此同时，通过体壁吸食微小的食品，然后从顶部更大的洞将水喷出来。②

食木类动物主要有天牛、树蜂、吉丁虫、蟑螂、白蚁等。

食草类动物主要有羊、牛、马、骆驼等。

食叶类动物主要有猩猩、绿鬣蜥、小绿叶蝉、黄刺蛾、扁刺蛾等。

食肉类动物主要有虎、狮、狼、貂等。

食气类动物主要有肺鱼，肺鱼有很发达的肺部，部分种类即使没有水也能呼吸空气而生存。③

食谷类动物主要是人类。

现代学者更愿意用"生物群落结构"这个概念来表达《淮南子·地形训》中的"土地各以其类生"思想，所谓"生物群落结构"就是指群落内所有种类及其个体在空间中的配制状况，它系群落中相互作用的种群在协同进化中形成的，主要由一定的植物（生产者）、动物（消费者）和微生物（分解者）种群组成，其中生态适应与自然选择起了重要作用。④至于种内及种间的关系，如表1-9所示：

① （汉）刘安著、高诱注：《淮南子》卷4《地形训》，《百子全书》第3册，第2838—2839页。
② ［英］卡米拉·贝德耶尔等：《生物百科全书：动物、植物和人的奥秘世界》，张光明、武晓山、黎娜译，北京：中国华侨出版社，2013年，第122页。
③ 王红编著：《古生物王国》，北京：企业管理出版社，2013年，第65页。
④ 毕润成主编：《生态学》，北京：科学出版社，2012年，第145页。

表 1-9　生物种内及种间的相互关系表[①]

类型	数量坐标图	能量关系图	特点	举例
互利互生	个体数／时间	A↔B	相互依赖，彼此有利。如果彼此分开，则双方或者一方不能独立生存。数量上两种生物同时增加，同时减少，呈现"同生共死"的同步性变化	地衣中的藻类和真菌；大豆和根瘤菌；人和大肠杆菌；白蚁和鞭毛虫
寄生	略	A→B；A⟶B	对宿主有害，对寄生生物有利。如果分开，则寄生生物难以单独生存，而宿主会生活得更好	菟丝子和大豆；噬菌体和被侵染的细菌
竞争	个体数／时间	C→A；C→B	数量上呈现出"你死我活"的同步性变化	同一培养液中大小两种草履虫；牛和羊；水稻和稗草
捕食	个体数／时间 A B	A→B	一种生物以另一种生物为食，数量上呈现出"先增加先减少，后增加后减少"的不同步性变化	羊和草；狼和羊

实际上，我们可以把《淮南子·地形训》所说的食水者、食土者、食木者、食草者、食叶者、食肉者、食气者、食谷者看作是一个群落，在这个群落里，各个种群之间应当有一个相对稳定的数量比例，一旦这个数量比例被打破，整个生物群落的统一性就会解体，因而导致严重的生态灾难。

在不同生境里，生物分布的规律有其特殊性，会呈现"生物学结构的纬度对称"（图1-22）。《淮南子·地形训》虽然讲得比较抽象，谓"南方有不死之草，北方有不释之冰"，似缺乏精细的描述，但仔细分析却有一定道理。

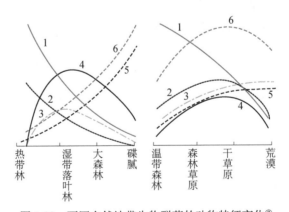

图 1-22　不同自然地带生物群落的动物特征变化[②]

注：1 指物种数目；2 是指夜出生活方式占的分量；3 指储存食物种类占的分量；4 是指冬眠种类占的分量；
5 是指迁移种类占的分量；6 是指数量易变性的程度

① 中公教育教师招聘考试研究院：《学科专业知识·中学生物》，北京：世界图书北京出版公司，2012年，第98页。

② ［苏联］Н. П. 纳乌莫夫：《动物生态学》，林昌善等译，北京：科学出版社，1958年，第415页。

对于不同自然地带生物群落的动物特征变化，《淮南子·地形训》这样描述说：

（寒带）北方幽晦不明，天之所闭也。寒（水）〔冰〕之所积也，蛰虫之所服也，其人翕形短颈。……其人愚蠢而寿，其地宜菽，多犬马。[1]

（温带）中央四达，风气之所通，雨露之所会也，其人大面短颐……其地宜禾，多牛羊及六畜[2]。

（热带）南方，阳气之所积，暑湿居之，其人修形兑上……其地宜稻，多兕象。[3]

这些论点正确吗？不完全正确，因为说生活在寒冷地区的人"愚蠢而寿"，有正确的一面，又有部正确的一面。说生活在寒冷地区的人"愚蠢"，显然是错误的，但说生活在寒冷地区的人"长寿"，却是有科学依据的。例如，我国百岁老人多集中在地势高气温寒冷的新疆、青海、西藏。苏联调查发现长寿与地平纬度有关，苏联相当多的百岁老人都生活在地平纬度 600—800 的克里米亚岛上。而靠近赤道及热带的非洲、印度人寿命较短。可以看出地势高气温低的地方可以使人的代谢减慢，从而延缓衰老，人多长寿。[4]

对于生物的多样性，《淮南子·地形训》提出了"万物之生而各异类"[5]的思想。其文云：

万物之生而各异类。蚕食而不饮，蝉饮而不食，蜉蝣不饮不食。介鳞者夏食而冬蛰，龁吞者八窍而卵生，嚼咽者九窍而胎生。四足者无羽翼，戴角者无上齿，无角者膏而无前，有角者指〔脂〕而无后。昼生者类父，夜生者似母。至阴生牝，至阳生牡。夫熊黑蛰藏，飞鸟时移。[6]

有学者认为，这段话"注意到各种生物物种习性、形态特征之不同，并试图以其不同的生殖方式来对这些现象进行解释"[7]。而我们觉得，《淮南子·地形训》对蚕、蝉、蜉蝣生活特性的记录，更像是对宇宙生命的礼赞。

"蜉蝣不饮不食，三日而死"，是寿命最短的昆虫，稚虫期数月到 1 年或 1 年以上，蜕皮 20—24 次，甚至有的可达 40 次。稚虫充分成长后，日落后即羽化为亚成虫，而亚成虫一般经 24 小时左右蜕皮成虫。所以这种在个体发育中出现成虫体态后继续蜕皮的现象，在有翅昆虫中为蜉蝣目所仅有。其成虫不食，仅活几小时至数天，故《本草纲目》有"朝生暮死"之说。诚如有学者所说："蜉蝣的生命虽然短暂，却格外的充实繁忙，在这短暂的时间里它们得完成飞行、婚飞、交配、产卵等一系列的工作。蜉蝣的幼虫在水中生活，它们行动迟缓，靠吃藻类和腐叶的碎片生活。而成虫的口腔与消化器官退化，丧失了进食

---

① （汉）刘安著、高诱注：《淮南子》卷 4《地形训》，《百子全书》第 3 册，第 2840 页。
② （汉）刘安著、高诱注：《淮南子》卷 4《地形训》，《百子全书》第 3 册，第 2840 页。
③ （汉）刘安著、高诱注：《淮南子》卷 4《地形训》，《百子全书》第 3 册，第 2839—2840 页。
④ 《中医药发展与人类健康》编委会：《中医药发展与人类健康》上册，北京：中医古籍出版社，2005 年，第 563 页。
⑤ （汉）刘安著、高诱注：《淮南子》卷 4《地形训》，《百子全书》第 3 册，第 2839 页。
⑥ （汉）刘安著、高诱注：《淮南子》卷 4《地形训》，《百子全书》第 3 册，第 2839 页。
⑦ 蒋朝君：《道教科技思想史料举要——以〈道藏〉为中心的考察》，北京：科学出版社，2012 年，第 401 页。

功能。蜉蝣从幼虫羽化为成虫，只是为了要繁衍后代，如此'短命'的昆虫却在这个世界上顽强的存在了 3 亿多年，蜉蝣凭借自身独特的生活方式在大自然的浪涛中奋力前行，无数庞大的生物都倒下了，而它们却仍然繁盛如初。"①

文人墨客咏蝉画蝉，涌现出了不少传世佳作，如李商隐的"蝉"诗，许地山的散文"蝉"，不过，它们笔下的蝉不免给人一种伤感之悲情，而清代蒋廷锡的"柳树双蝉"画则表现了夏蝉那种"短长声在绿杨林"的昂扬向上之风貌。蝉的一生非常神奇，因为它总是以质数年数来呈现自身的，如我国蝉的生存周期一般是 3—7 年，其中大多是 5 年，而北美则有生存达 17 年的蝉，近百年以来，科学家们一直都在试图解释这些蝉为什么会演化成质数年的生活史，可惜目前还没有令人满意的答案。②蝉的一生主要经历两个阶段：幼虫期与成虫期。前者的时间较长，且需要在地下黑暗中生活 4 年，然而蝉的成虫期却非常短暂，仅有 20—30 天的时间。故此，法国作家法布尔在《蝉——为自由而放生歌唱》一文中写道：

鱼形幼虫到小孔外后，立刻把皮蜕去，但蜕下的皮会形成一种线，幼虫依靠它附着在树枝上。它在未落地以前，就再这里进行日光浴……

不久，它就落到地上来。这个像跳蚤般大小的小动物，在它的绳索上摇荡着，以防在硬着陆时摔伤。等身体渐渐地在空气中变硬，它就可以投入到严肃的实际生活中去了。

此时，它仍有着千重危险：只要有一点儿风，就能把它吹到硬的岩石上，或车辙的污水中，或不毛之地的黄沙上，或黏土上，硬得让它不能钻下去。

这个弱小的动物如此迫切地需要藏身，所以必须立刻钻到地底下去寻觅藏身之所。天气冷起来了，迟缓些就有死亡的危险，它不得不四处寻找软土。毫无疑问，它们中有许多在没有找到合适之所前就死去了。

最后，它寻找到合适之所，使用前足的钩耙挖掘地面。……几分钟后，土穴完成，这个小生物钻下去，埋藏了自己，此后就再也看不见它了。

未长成的蝉的地下生活，至今还是未发现的秘密。我们所知道的，只是它未成长爬到地面上来以前，地下生活经过了许多时间而已——它的地下生活大概是四年。此后，阳光下的歌唱不到五个星期。

四年黑暗的苦工，一个月阳光下的享乐，这就是蝉的生活。我们不应该觉得在炎热的夏季，蝉的歌声听起来是那么叫人烦躁，因为它在黑暗中掘土四年，现在忽然穿起漂亮的衣服，长起可以与飞鸟媲美的翅膀，它有什么理由不为自己在温暖的阳光下放声歌唱呢？③

同蜉蝣、蝉一样，蚕亦是变态昆虫，它一生要经过卵、幼虫、蛹和成虫 4 个阶段。蚕在生长过程中，每到一定阶段，就蜕一次皮。蜕皮时不吃也不懂，叫作"眠"。它的一生

① 任东等：《中国东北中生代昆虫化石珍品》，北京：科学出版社，2011 年，第 69 页。
② 刘玉升、任洁、宋海超：《蚱蝉、豆虫高效养殖技术》，北京：化学工业出版社，2013 年，第 64 页。
③ 陈永林主编：《荒漠求生夜·绿色希望卷》，杭州：浙江少年儿童出版社，2013 年，第 169—170 页。

需要蜕 4 次皮，每蜕一次皮便长一龄，因为刚从卵中孵化出来的蚁蚕即为一龄，故蜕 4 次皮后，蚕就成为 5 龄，如图 1-23 所示：

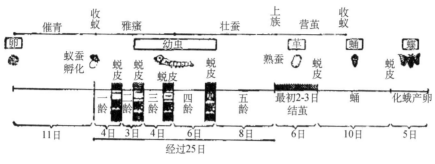

图 1-23　蚕的一生

有专家称：

蚕从幼虫变为成虫前，在个体演变中插进一个蛹期。蚕蛹也是蚕儿转变为蚕蛾的一个过渡时期。

蚕到五龄末期开始吐丝结茧，随着结茧的进程，蚕体逐渐缩小，最后腹部和尾部逐渐萎缩，体色变成乳白，身体向腹面弯曲，是一个典型的驼背，再过 2—3 天就蜕皮为蛹。……

别看蚕蛹不吃不动地躲在蚕茧内，它体内却在发生着极大的变化。蚕儿时期的绢丝腺、蜕皮腺、腹角、尾角、单眼等将消失，这种现象叫作"组织解离"；而在解离的同时，又要形成蚕蛾的器官，如口器、胸脚等，这种新组织的发生又称为"组织新生"。一般蚕蛹期约 15 天，由于蚕蛹不能取食，生活技能全赖蚕儿期所积累的物质来维持。特别是脂肪体中的贮蓄物，是蛹期能量的来源。……

蚕蛾是蚕的一生的最后阶段，它的使命就是传宗接代。蚕蛾既不生长也不发育，不需饮食，所有生命活动的消费，均靠蚕儿期所积贮的营养物质供应。[1]

回头来看，我们便产生了下面的疑问：《淮南子·地形训》为什么偏偏看好蚕、蝉、蜉蝣这 3 种变态昆虫的生命呢？道理其实很简单，因为神仙家有"羽化飞升"的观念，这种观念很可能源自对变态昆虫生活习性的细致观察，通过观察他们发现了变态昆虫，特别是蚕、蝉和蜉蝣的化生奇迹，尽管他们还不可能认识到它们化生的内在机制和生物学原理，但是他们想象人死就像蚕的蜕变一样，这一次的死是为了下一个阶段的生。并且汉代的炼丹家还试图解释生物化生的机理，应当承认，他们对生命本原的关注和探究，对现代生物科学的发展具有一定的参考价值和借鉴意义。为此，我们需要特别留意《淮南子·地形训》的下面这段话：

凡人民禽兽万物贞虫，各有以生，或奇或偶，或飞或走，莫知其情，惟知通道者能原本之。天一地二人三，三三而九，九九八十一，一主日，日数十，日主人，人故

----

[1]　舒惠国：《蚕的一生》，常珏等主编：《农业科普佳作选》，北京：农业出版社，1988 年，第 203—204 页。

十月而生。八九七十二，二主偶，偶以承奇，奇主辰，辰主月，月主马，马故十二月而生。七九六十三，三主斗，斗主犬，犬故三月而生。六九五十四，四主时，时主彘，彘故四月而生。五九四十五，五主音，音主猿，猿故五月而生。四九三十六，六主律，律主麋鹿，麋鹿故六月而生。三九二十七，七主星，星主虎，虎故七月而生。二九十八，八主风，风主虫，虫故八月而化。鸟鱼皆生于阴，阴属于阳，故鸟鱼皆卵生。鱼游于水，鸟飞于云，故立冬燕雀入海化为蛤。①

在《淮南子·天文训》里，刘安说："道始于一，一而不生，故分而为阴阳，阴阳合和而万物生。"②显然，刘安的思想观念是将"一"看作万物产生的根本。所以《淮南子·俶真训》云："今夫万物之疏跃枝举，百事之茎叶条蘖，皆本于一根而条循千万也。"③《淮南子·俶真训》又说："夫道有经纪条贯，得一之道，连千枝万叶。"④至于这个"一"究竟指的是什么？刘安没有明确说明，可是，在《淮南子·地形训》里他又说"鸟鱼皆生于阴，阴属于阳，故鸟鱼皆卵生。鱼游于水，鸟飞于云，故立冬燕雀入海化为蛤。"严格讲来，刘安的说法缺乏科学依据，不足为信。问题是他在这里所思所想的不单单是"燕雀入海化为蛤"，而是在这种看似荒谬的叙述中传达给人们的一种生物进化的信息，那就是生命的多样性源自海洋，这实际上就是生物学界所讲的"一"与"多"的关系问题。达尔文相信，地球上所有生物都由一种或几种原始形式转变而来。⑤科学家将不同物种的 Hox（即同源盒基因）基因进行比较，发现似乎所有种类的 Hox 基因都是从一个共同祖先的一个简单的由 7 个基因组成的基因演化而来的。⑥现代生物科学已经证明 DNA 是产生生物多样性的物质基础，所以人们正在一步步地揭示 DNA 如何产生出这种多样性，以及简单分子变化如何形成复杂的生物及其文化。刘安当然不知道 DNA 是什么物质，但是他却知道各种动物的生育之差异，用今天的知识解释，这些差异恰巧就是 DNA 变异的结果。因为"DNA 分子的随机变异引起生物性状改变，是生物不断变异的动力源泉……一些特定的 DNA 变化，会使生物形态和功能出现重大改变，从而进化出新物种，甚至新的人类文明"⑦。不过，由于《淮南子·地形训》重点讲环境对动物进化的影响，因此，我们在这里主要讲一下哺乳动物的辐射适应问题。

我们知道，动物的进化主要有线系进化、辐射进化、平行进化、趋同进化、停滞进化、趋异进化等多种形式（图 1-24），其中辐射进化是指原始物种在扩大生存范围和占领区域过程中，由于受到不同环境因素的影响会逐渐生成不同的适应器官，此即辐射适应（图 1-25）。⑧因此，上述《淮南子·地形训》引文中所说的人、犬、马、彘、猿、麋鹿、

① （汉）刘安著、高诱注：《淮南子》卷 4《地形训》，《百子全书》第 3 册，第 2839 页。
② （汉）刘安著、高诱注：《淮南子》卷 3《天文训》，《百子全书》第 3 册，第 2831 页。
③ （汉）刘安著、高诱注：《淮南子》卷 2《俶真训》，《百子全书》第 3 册，第 2820 页。
④ （汉）刘安著、高诱注：《淮南子》卷 2《俶真训》，《百子全书》第 3 册，第 2819 页。
⑤ ［美］戴维·金斯利：《证明达尔文》，赵瑾译，《环球科学》2009 年第 2 期，第 30 页。
⑥ 安利国主编：《发育生物学》，北京：科学出版社，2010 年，第 188 页。
⑦ ［美］戴维·金斯利：《证明达尔文》，赵瑾译，《环球科学》2009 年第 2 期，第 30 页。
⑧ 王宝青主编：《动物学》，北京：中国农业大学出版社，2009 年，第 317 页。

虎，都属于哺乳动物，目前全世界已知有 4180 种，他们有一个共同的祖源——爬行类动物。在哺乳动物的进化历程中，先是爬行动物类中的一支进化为恒温动物，然后恒温动物的一支进化为恐龙。接着，恐龙的一支进化为喙嘴恐龙，而喙嘴恐龙的一支又进化为羽龙，由羽龙再进化为鸟类。另，恒温动物的一支进化为卵生哺乳动物，之后，卵生哺乳动物分别向三个方向进化：一支进化为尖嘴兽，一支进化为两栖哺乳动物，而两栖哺乳动物的一支则进化为有喙两栖哺乳动物，一支进化为原始有袋类哺乳动物，原始有袋类的一支进化为有袋类哺乳动物，有袋类的多支退去育儿袋进化为胎盘类哺乳动物。此后，有胎盘类哺乳动物向多个方向进化：多支进化为有蹄类动物，其他的或进化为长鼻类，或进化为鳞甲类哺乳动物，或进化为水生哺乳动物，或进化为灵长类。

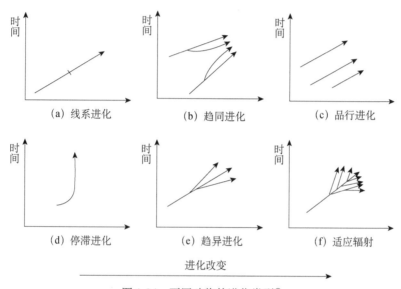

图 1-24 不同动物的进化类型①

　　刘安未必懂得"辐射适应"的道理，但他却无意识地触及了这个问题。甚至在一定程度上，《淮南子·地形训》从统一的和整体的思维方式，看到了"卵生动物"与"哺乳动物"之间的联系，也就是说，刘安看到了在整个进化系列中，不同动物种群之间的相关性。例如，《淮南子·地形训》说"燕雀入海化为蛤"，从生物进化的序列里，蛤较为原始，而燕雀较高级，由于进化具有不可逆规律，所以"燕雀入海化为蛤"是不可能的，然而生命从海洋到陆地，从无壳动物到有壳动物（无脊椎动物），再从无脊椎动物到脊椎动物（爬行动物）等，表明燕雀与蛤之间是有进化上的联系的。此外，《淮南子·地形训》又说"风主虫，虫故八月而化"，如果不是现代生物学提供了证据，我们真的难以相信"虫"与哺乳动物之间存在任何客观上的联系。然而，这种联系却是实实在在地存在。因为澳大利亚的单孔类哺乳动物即鸭嘴兽，就是一种介于爬虫类动物与哺乳类动物中间的一种动物。②

　　① 万冬梅主编：《环境与生物进化》，北京：化学工业出版社，2006 年，第 174 页。
　　② 林静：《与人类最密切的哺乳动物》，北京：中国社会出版社，2012 年，第 135 页。

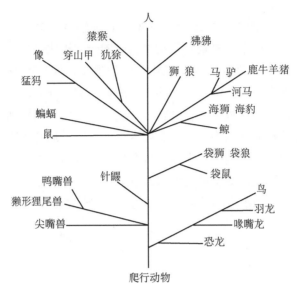

图 1-25 哺乳动物辐射适应进化简图①

尤其是《淮南子·地形训》按照动物的相同特点，并从进化的角度加以归类，确实符合现代生物学的物种统一性原理。《淮南子·地形训》对物种统一性原理的具体表述是："凡羽者生于庶鸟""凡毛者生于庶兽""凡鳞者生于庶鱼""凡介者生于庶龟。"②在有羽类动物种群里，刘安特别强调"飞龙"与"庶鸟"（可理解为"始祖鸟"）的关系，目前考古学界已经在侏罗纪中期（约 1.6 亿年前）地层中发现了鸟类的近亲，长满羽毛的恐龙——赫氏近鸟龙。③陆地上的哺乳动物都有皮毛，作为哺乳动物的始祖，"庶兽"应当属于原始爬行类动物。有鳞目爬行动物"生于庶鱼"，这个结论不误，因为鱼类是最古老的脊椎动物，它的出现可追溯到 4.5 亿年前寒武纪时期出现在地球上的圆嘴无颌的鱼。如前所述，鳞甲类哺乳动物由有胎盘类哺乳动物进化而来。介形类动物"生于庶龟"，不确。但从总体来看，《淮南子·地形训》给我们展现了一幅生动的物种进化图卷，是毫无疑义的。④

（4）地理环境对人体的影响及其他。《淮南子》卷 4《地形训》在讲述了各地区因生态环境不同而出现了各自的独特自然景观和矿物及动植物资源分布之后（引文略），重点描写了自然环境对人体健康的影响。《淮南子》卷 4《地形训》说：

> 是故山气多男，泽气多女，障气多喑，风气多聋；林气多癃，木气多伛；岸下气多肿，石气多力，险阻气多瘿；暑气多夭，寒气多寿；谷气多痹，丘气多狂；衍气多仁，陵气多贪；轻土多利，重土多迟；清水音小，浊水音大；湍水人轻，迟水人重。中土多圣人。皆象其气，皆应其类。⑤

① 刘平：《生物主动进化论》，济南：山东大学出版社，2009 年，第 199 页。
② （汉）刘安著、高诱注：《淮南子》卷 4《地形训》，《百子全书》第 3 册，第 2841 页。
③ 刘敏主编：《石头书》，南京：南京大学出版社，2013 年，第 61 页。
④ 苟萃华：《再谈〈淮南子〉书中的生物进化观》，《自然科学史研究》1983 年第 2 期，第 51—59 页。
⑤ （汉）刘安著、高诱注：《淮南子》卷 4《地形训》，《百子全书》第 3 册，第 2838—2839 页。

在一定条件下，地理环境、自然条件实质上也制约着物性、人性，这个思想合乎唯物认识论的基本原理。现代流行病学调查发现，许多疾病的发生确实与特定的地理环境存在比较密切的关联度，如地方性甲状腺与病区水土中缺碘、克山病与病区水土中缺硒等，又如森林脑炎仅见于森林地区、血吸虫病流行于长江两岸及以南地区等。有了这样的观念之后，人们可及时采取措施防止疾病的发生，譬如，适当的人口流动、尽量选择适宜于人类居住的环境、根据不同的地理环境采取必要手段，进行有效的药物干预等，从而防止或减少地理环境对人体所产生的负面影响。另外，从医学史的角度看，上述文献应是"中国最全面记录人形体、性格与地域关系的资料"①。

与此相连，《淮南子》卷4《地形训》还提出了"五行相治"思想。其文云：

> 是故炼土生木，炼木生火，炼火生云，炼云生水，炼水反土；炼甘生酸，炼酸生辛，炼辛生苦，炼苦生咸，炼咸反甘。变宫生徵，变徵生商，变商生羽，变羽生角，变角生宫。是故以水和土，以土和火，以火化金，以金治木，木复反土。五行相治，所以成器用。②

从"炼"与"治"的本义讲，都是指人类的生产实践，它是人类能动性的具体体现。在此基础上，《淮南子·本经训》不仅畅言"天地之大，可以矩表识也；星月之行，可以历推得也"③的世界可知论思想，而且更热情讴歌了夏禹开江导河的历史壮举，说："禹疏三江五湖，辟伊阙，导廛涧，平通沟陆，流注东海。"④当然，刘安同时也看到了问题的另一面，即人类对自然界的利用和改造，应在尊重生态平衡的前提下，适当地加以节制，绝不能肆意砍伐，让历史上演一幕幕生态悲剧。他说："今夫树木者，灌以瀿水，畴以肥壤，一人养之，十人拔之，则必无余蘖，又况与一国同伐之哉！"⑤这可谓醒世警言，直到今天，都不过时。

（二）《淮南万毕术》中的科技思想述要

《淮南万毕术》约成书于公元2世纪，明代方以智释："万毕，言万法毕于此也。"⑥想来它应当是一部巨著，故晋葛洪称："《万毕》三章，论变化之道。凡十万言。"⑦可惜，该书失传，后人从其他书籍的片言只语中辑得百余条、几千字，虽然它连原书的十分之一都不到，但是对于企盼已久的学人而言，只此便已经能收到半遮琵琶半露面之迷人效果了。由于书中的"变化"多是探求宇宙间各种物理和化学现象，而这也成为该书的显著特色，

① 石桥青编著：《中国古代环境文化百科1000问：风水图文百科》，西安：陕西师范大学出版社，2007年，第43页。
② （汉）刘安著、高诱注：《淮南子》卷4《地形训》，《百子全书》第3册，第2840页。
③ （汉）刘安著、高诱注：《淮南子》卷8《本经训》，《百子全书》第3册，第2864页。
④ （汉）刘安著、高诱注：《淮南子》卷8《本经训》，《百子全书》第3册，第2865页。
⑤ （汉）刘安著、高诱注：《淮南子》卷2《俶真训》，《百子全书》第3册，第2824页。
⑥ （明）方以智：《通雅》卷3，《景印文渊阁四库全书》第857册，台北：商务印书馆，1986年，第120页。
⑦ （晋）葛洪：《神仙传》，刘孝严主编：《中华百体文选》第7册《笔记》，北京：中国文史出版社，1998年，第12页。

所以下面我们就重点从这两个方面对其思想内容略作阐释。

1.《淮南万毕术》中的物理学思想及其成就

（1）冰透镜取火。自从远古人类学会钻木取火之后，新的取火技术不断被发明和创造出来。例如，打击取火、摩擦取火，以及阳燧取火等。《庄子·外物》载："木与木相摩则燃。"[1]摩擦取火技术后来改进为摩擦燧石取火法，并一直沿用至近代。所以恩格斯高度称赞摩擦取火技术说："就世界性的解放作用而言，摩擦生火还是超过了蒸汽机，因为摩擦生火第一次使人支配了一种自然力，从而最终把人同动物界分开。"[2]法国著名作家儒勒·凡尔纳在《哈特拉斯船长历险记》一书中曾描述了一个人们用冰块点燃了柴火的故事。实际上，早在刘安的《淮南万毕术》里就记载着冰透镜取火法。其法：

> 削冰令圆，举以向日，以艾承其影，则火生。[3]

苏联科普作家别莱利曼解释说："事实上，冰块也可用来制作透镜，只要冰块有足够的透明度，这块透镜也可用来取火。在折射光线时，冰块本身并不会被烧热融化。当然，它的折射率略低于水。"[4]因此，有些书籍将它称之为"水火相容原理"。而为了证实冰透镜取火的可靠性，从而消除人们的质疑，清朝光学家郑复光曾经做过一个实验，这个实验记载于《费隐与知录》一书中，其整个实验过程如下：

> 嘉庆己卯，余寓东陶，时冰甚厚，削而试之，甚难得圆，或凸而不光平，俱不能收光。因思得一法：取锡壶底微凹者——贮热水旋而熨之，遂光明如镜，火煤试之而验，但须日光盛，冰明莹形大而凸稍浅（径约三寸，限外须约二尺），又须靠稳不摇方得，且稍缓耳。盖火生于日之热，虽不系镜质，然冰有寒气能减日热，故须凸浅径大，使寒气远而力足焉。[5]

后来，王锦光先生于1983年10月在杭州又重复了郑复光的实验，证明冰透镜取火是可行的，他的实验体会是：第一，该实验的难度较大，且冰之明莹对实验成功起着关键作用；第二，须相当大（式中 D 指凸透镜的直径，f 指焦距），也就是说口径宜大，焦距宜短。[6]同样的实验，在欧洲直到17世纪才由英国科学家胡克做出来，但较刘安及其门客的实验已经晚了1800多年。[7]所以有学者评价说：这个实验"是严格意义上的第一面人造透镜，并第一次用透镜进行有目的的实验。"[8]目前，人类利用凹面镜聚焦太阳能的技术仍在

① （战国）庄周：《庄子南华真经·杂篇·外物》，《百子全书》第 5 册，第 4596 页。

② 中共中央马克思恩格斯列宁斯大林著作编译局：《反杜林论》，北京：人民出版社，2015 年，第 121 页。

③ （汉）刘安著、（清）茆泮林辑：《淮南万毕术（及其他四种）》，北京：中华书局，1985 年，第 2 页。

④ ［苏］别莱利曼：《趣味物理学》，张凤鸣译，上海：上海科学普及出版社，2013 年，第 164 页。

⑤ （清）郑复光：《费隐与知录》第 60 条"削冰取火凸镜同理"，上海：上海科学技术出版社，1985 年，第 33 页。

⑥ 王锦光：《郑复光〈费隐与知录〉中的光学知识》，杜石然主编：《第三届国际中国科学史讨论会论文集》，北京：科学出版社，1990 年，第 10 页。

⑦ 姜生、汤伟侠主编：《中国道教科学技术史·汉魏两晋卷》，北京：科学出版社，2002 年，第 725 页。

⑧ 楼荣训：《"冰透镜取火"实验思想溯源及其意义》，《浙江师大学报（自然科学版）》2001 年第 3 期，第 228 页。

广泛使用，如抛物柱面太阳能热水器、伞式太阳灶等。

（2）潜望镜原理。我们知道，潜望镜需要两个互相平行放置的镜子，且与水平方向成45角，光线经过两次反射，然后才进入观察者生物视野（图1-26），所以历代道士常常利用光线的这种反射原理，制造令人迷乱的所谓"分形"法术。

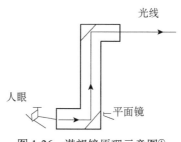

图1-26　潜望镜原理示意图①

从目前所见到的文献看，最早记载这种光线反射原理的是《淮南完毕术》，其文云：

> 取大镜高悬，置水盆于其下，则见四邻矣。②

在这里，"大镜"是一面平镜，"水盆"之水是另一面平镜，两个平镜组合成像，便形成了"则见四邻"的视觉效果。而后汉以降，那些道士常常利用这个光学成像原理，去修炼所谓的明镜"分形"之术。如《后汉书·左慈传》载：

> 后（曹）操出近郊，士大夫从者百许人，慈乃为赍酒一升，脯一斤，手自斟酌，百官莫不醉饱。操怪之，使寻其故，行视诸炉，悉亡其酒脯矣。操怀不喜，因坐上收欲杀之，慈乃却入壁中，霍然不知所在。或见于市者，又捕之，而市人皆变形与慈同，莫知谁是。③

《抱朴子内篇·地真篇》又云：

> 其镜道成，则能分形为数十人，衣服面貌皆如一也。④

《化书·道化·形影篇》则进一步解释说：

> 以一镜照形，以余镜照影。镜镜相照，影影相传，不变冠剑之状，不夺黼黻之色。是形也与影无殊，是影也与形无异；乃知形以非实，影以非虚，无实无虚，可与道俱。⑤

可见，从两面镜到多面镜，道士所谓的"分形术"，对外行人而言，玄乎其玄，其

---

① 廖红等：《探索科学的脚步》，天津：新蕾出版社，2015年，第3页。
② （清）卢文弨校补、（清）蒋光煦辑：《清人校勘史籍两种》下册，北京：北京图书馆出版社，2004年，第2030页。
③ 《后汉书》卷82下《左慈传》，北京：中华书局，1965年，第2747页。
④ （晋）葛洪：《抱朴子内篇》卷4《地真篇》，《百子全书》第5册，第4770页。
⑤ （五代）谭峭撰，丁祯彦、李似珍点校：《化书》卷1《道化·形影》，北京：中华书局，1996年，第5页。

实，它不过是利用了多个平面镜的组合，然后通过多次反射成像，而生成种种"不变冠剑之状，不夺黼黻之色"的虚像。

（3）磁的相吸与相斥现象。我国是最早认识到磁现象的国家之一，先民大概是在探寻矿石的物质性质时，偶然间发现了磁铁与铁相吸的性质。如《管子·地数》载："上有慈石者，其下有铜金。"[1]文中的"铜金"指的是一种铁矿或与铁矿共生的矿石，而慈石则是四氧化三铁一类的天然磁铁矿，两者具有相吸的物理特点。所以《吕氏春秋·季秋纪·精通》云："慈石召铁，或引之也。"[2]由于"慈石引铁"的特点太突出了，以至于高诱将磁石称为"铁之母"。他说："石，铁之母也。以有慈石，故能引其子，石之不慈者，亦不能引也。"[3]在此前提下，刘安及其宾客不仅看到了磁石具有相吸的一面，而且还发现了磁石具有相斥的一面。《淮南万毕术》载：

　　　　慈石提棋，磁石拒棋。[4]

人们不仅要追问，刘安及其宾客在当时究竟是如何认识到"磁石拒棋"这个特性的？《淮南万毕术》载有他们当时所做的两个实验，其具体方法是：其一，"取鸡磨针铁，以相和慈石，置棋头局上，自相投也"；其二，"取鸡血与针磨捣之，以和磁石，用涂棋头，曝干之，置局上则相拒不休"[5]。对于这两个实验中的后者，洪震寰先生曾做过重复试验，但没有成功。于是，他分析说："按理，因为鸡血在凝结过程中，磁石粉末都顺着地磁力线排列起来，可以显出极性，但是事实并不可能。我曾照着《万毕术》的记载做过试验，并采取增强磁场、减少阻力等措施，也没有成功。"[6]虽然试验没有成功，但洪先生还是对这个试验持比较谨慎的态度。在他看来，"也许'棋'是用天然磁石雕琢出来的棋子，有极性，所以能和另一块磁石排斥。究竟为何，还待讨论"[7]。如众所知，物质的磁性有顺磁与逆磁两类，其中逆磁的物质与磁铁相斥，按照这样的思路，"棋子"确实有使用逆磁物质为质料制作而成的可能。

魏晋南北朝时期，磁石开始大量应用于医药实践，如《雷公炮炙论》载："夫欲验者，一斤磁石，四面只吸铁一斤者，此名延年沙；四面只吸得铁八两者，号曰续采石；四面只吸得铁五两已来者，号曰慈石。"[8]葛洪曾用磁石取出某患者误入咽喉的铁针，《名医别录》载有用磁化水治疗不育症的医案，等等。

（4）"夏造冰"试验。从目前所收集到的文献材料看，可以说"夏造冰"是我国古代最有争议的物理学试验之一。厚宇德先生已经发表多篇文章，否定中国古代"夏造冰"的

---

① （春秋）管仲：《管子》卷23《地数》，《百子全书》第2册，第1430页。
② （战国）吕不韦：《吕氏春秋》卷9《季秋纪·精通》，《百子全书》第3册，第2678页。
③ （汉）高诱：《吕氏春秋》卷9《季秋纪·精通》，《诸子集成》第9册，石家庄：河北人民出版社，1986年，第92页。
④ （汉）刘安著、（清）茆泮林辑：《淮南万毕术（及其他四种）》，第5页。
⑤ （汉）刘安著、（清）茆泮林辑：《淮南万毕术（及其他四种）》，第5页。
⑥ 洪震寰：《淮南万毕术》及其物理知识，《中国科技史料》1983年第3期，第34页。
⑦ 洪震寰：《淮南万毕术》及其物理知识，《中国科技史料》1983年第3期，第34页。
⑧ （南朝·宋）雷敩：《雷公炮炙论》，严世芸、李其忠主编：《三国两晋南北朝医学总集》，第919页。

可能性①，与之相对，雷志华与其导师张功耀两位先生用试验证明了中国古代"夏造冰"的可行性。②对此，雷志华在其硕士学位论文的"摘要"中总结道：

> 我国古代典籍多次提到"夏造冰"，这些古籍中记载的"夏造冰"，一般被认为是中国古代原始的人工制冰技术。淮南学派著作《淮南子》有"以冬铄胶，以夏造冰"的记载，《淮南万毕术》则记录了具体操作方法："取沸汤置瓮中，密以新缣，沈（井）中三日成冰。"类似的记载历代都有。制冰需要低温，但淮南学派却偏要"以沸汤置瓮中"，用热水造冰，让人觉得不可思议。古人是否真的实现过"夏造冰"？或者说，如何才能"夏造冰"呢？洪震寰先生称这是"中国古代物理学史工作者十分关心而又长期未得到解决的问题"。不少学者对这个问题作了研究，提出了一些方案，如洪震寰提出"气压影响冰点"，李志超和赵虹君提出"'焦—汤'效应"，然而都没能圆满地解决这个问题，甚至还得出了否定的结论。

> 本文深入分析了《淮南万毕术》所载制冰方法和过程，创造性地提出低压下水快速蒸发吸热制冷是"夏造冰"的制冰原理，结冰的部位是在瓮口的缣上，而不是传统观点所认为的瓮底，并指出要实现"夏造冰"，需满足三个条件：相对湿度低（低于26%）、瓮的容积大（100升左右）、空气的温度适当（20℃左右）。结合定量理论计算和定性模拟实验，证实了"水快速蒸发吸热"造冰的可行性。

> 淮南学派的"夏造冰"是与实用无涉的纯粹物理实验。西方直到1775年才有爱丁堡的化学教授库仑（William Cullen）利用乙醚蒸发使水结冰，比淮南学派晚一千八百多年。淮南学派以他们的聪明才智，在热力学诞生之前很久，就实现了人工造冰，这不能不说是中国古代科技史上的一个奇迹。③

无论肯定还是否定，双方争论的焦点是《淮南万毕术》的试验是否能满足"夏造冰"的物理条件？《淮南万毕术》原文云：

> 取沸汤置瓮中，密以新缣，沈（井）中三日成冰。④

刘安所说的井，我们没有见过，井内的环境条件如何，我们也是一无所知，在这样的条件下，用现代物理学知识去考验"夏造冰"问题，未必确当。因为自然界存在许多现象，依靠目前的科学知识尚无法得到圆满解释。下面是发生在河北省兴隆县双林村一家农户的奇特现象，据中央电视台10频道地理中国栏目2011年8月20日"神奇八卦井（上）"报道，这家农户的主人用传统"碗扣黄豆"法寻找井源，结果在他家西北角的地方

---

① 厚宇德：《关于中国古代"夏造冰"是否成功之商榷》，《自然科学史研究》2004年第1期，第75—80页；厚宇德：《对中国古代"夏造冰"是否成功之剖判》，《溯本探源：中国古代科学与科学思想史专题研究》，北京：中国科学技术出版社，2006年，第269—280页；厚宇德：《对"夏造冰"问题的若干看法》，《广西民族大学学报（自然科学版）》2007年第4期，第348—354页等。

② 雷志华、张功耀：《中国古代"夏造冰"新探及其模拟验证》，《自然科学史研究》2007年第1期，第102—108页。

③ 雷志华：《〈淮南万毕术〉之"夏造冰"研究》，湘潭大学2007年硕士学位论文，第1页。

④ （清）卢文弨补、（清）蒋光煦辑：《清人校勘史籍两种》下册，第2030页。

发现扣在碗下的黄豆胀得很大，说明地下有浓重的潮气。于是，这户农家就顺着黄豆指示的地面向下挖掘，结果发现了一口奇怪的枯井。这口井深 8.4 米，夏天井外温度 30℃，而井底的温度却能下降至零度以下，若将液体矿泉水置于井下一宿，那么，矿泉水全部变成冰块，它无疑是一个天然的大冰箱。这里，"严冬，井内酷热如蒸；炎夏，井内凝寒结冰。此井融阴阳之变，容水火之功，同冰碳之异，冬则生暖，夏则凝寒，地脉灵泉，神妙莫测，故称太极八卦井"①。

刘安及其宾客很注意观察自然和利用自然，而他们所说的"夏造冰"正是利用了像神奇八卦井这样的特殊自然条件，在炎热的夏季造出了寒冷刺骨的冰块。

其他还有"首泽浮针""铜翁雷鸣""艾火令鸡子飞"等物理试验，限于篇幅，我们不再一一叙述了。

2.《淮南万毕术》中的化学思想及其成就

关于化学变化的试验，《淮南万毕术》亦载有数条，但以下面几项反应实验为要：

（1）置换反应实验与湿法炼铜。《淮南万毕术》载："白青得铁，即化为铜。"②文中的"白青"指的是水胆矾，其主要成分为蓝铜矿，这个实验实际上是一种氧化还原反应，即胆矾水与铁发生化学反应，水中的铜离子被铁置换而成为单质铜，并沉积下来。这种采用置换反应方法来冶铜的生产，始于唐代，北宋达到高潮，宋人称此法为"胆水浸铜法"。

（2）丹砂升炼水银。《淮南万毕术》载："朱沙为澒。"③"澒"为"汞"的异体字，《广雅》释："水银谓之鸿，丹灶家谓之澒。"④刘安及其宾客在长期的炼丹实践中发现了水银的制取法，而上述记载也就成为目前所知最早的"还丹"实验文献。《神农本草经》载有"用水银治疥疮、治虱（毒杀）"的临床经验，又说：水银能"杀金银铜铁锡毒，熔化还复为丹，久服神仙、不死。"⑤由于水银的化学性质十分活泼，变化无常，故在炼丹家看来，"丹之要者，水银是也"⑥。丹家之所以把"水银"的地位抬得那么高，主要就是因为它能使人不死和化升。对此，李申先生有一段论说，非常精彩，道出了丹家迷恋水银的深层原因。他说：

人工炼制的丹砂也被称为"灵砂"。人们能想到把金玉的性质加在自己身上，也自然会想到把水银不仅不朽，而且能够变化的性质加在自己身上。而且水银能杀金，一定比金具有更强的威力。丹砂是水银变的，并且也可变成水银，当然也具有水银的威力。特别是丹砂还具有升华的作用，产物，红色的硫化汞是由黑色硫化汞升华而产生的。吃了它，就不仅能长生，而且能变化，能飞升，能成仙，能返老还童。⑦

① 李麟主编：《游遍中国·河北卷》，西宁：青海人民出版社，2003 年，第 301 页。
② （汉）刘安著、（清）茆泮林辑：《淮南万毕术（及其他四种）》，第 5 页。
③ （汉）刘安著、（清）茆泮林辑：《淮南万毕术（及其他四种）》，第 5 页。
④ （清）厉荃原辑，关槐增纂，吴潇恒、张春龙点校：《事物异名录》，长沙：岳麓书社，1991 年，第 346 页。
⑤ 陈振相、宋贵美：《中医十大经典全录》，第 289 页。
⑥ 佚名：《黄帝九鼎神丹经诀》卷 11《明水银长生及调炼去毒之术》，李零主编：《中国方术概观·服食卷》，北京：人民中国出版社，1993 年，第 54 页。
⑦ 李申：《中国古代哲学和自然科学》，北京：中国社会科学出版社，1989 年，第 411 页。

（3）发酵技术与酿酒。汉代酒业非常发达，不仅酒的种类众多，而且酒的生产经营也形成了完备体系。与此相应，上至皇室贵族、士大夫官员，下到普通民众，饮酒之风甚盛。对此，学界已有专门探讨①，故不再赘述。可以想象，在这种社会风俗之下，刘安及其宾客不可能不被熏染而对汉代酿酒方法加以认真的总结与研究。所以《淮南万毕术》记载说：

> 凡冬月酿酒，中冷不发者，以瓦瓶盛热汤，坚塞口，又于釜汤中煮瓶令极热，引出著酒瓮中，须臾即发。②

因这段话，学界认识有分歧，我们在这里分两部分来分析："断蒲渍酒中，有顷出之，酒则厚矣"，同样内容既见之于《齐民要术》，又见之于《初学记》和《太平御览》，且均明确其文献引自《淮南万毕术》文。经闻人军等学者研究分析：

> 莞蒲，具外皮致密而内里多孔的结构，其主要成份即纤维素。据加拿大国家研究院索里拉金实验室的研究表明，用纤维素制成的半透膜对乙醇具有极高的分率效率，该膜只能选择透过水，而不让乙醇透过。他研究成功世界上第一张高通量的反渗透膜正是采用醋酸纤维素为原料制成的。莞蒲浸酒，使其变浓也是因为蒲草纤维素膜作用的结果。酒实质为乙醇的水溶液，对非蒸馏酿制的酒来说，乙醇的含量往往仅有20左右。③

如图 1-27 所示：

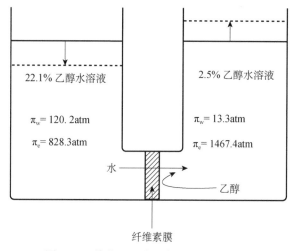

图 1-27　莞蒲对乙醇溶液的渗透示意图④

---

① 主要成果有余华青、张廷皓：《汉代酿酒业探讨》，《历史研究》1980 年第 5 期；彭卫：《汉代酒事杂识》，孙家洲、马利清主编：《酒史与酒文化研究》第 1 辑，北京：社会科学文献出版社，2012 年，第 106—119 页；任玉华：《汉代酒业的发展及其社会功效研究》，吉林大学 2012 年博士学位论文；王政军：《汉代饮酒风俗概述》，《酿酒科技》2015 年第 9 期，第 132—136 页等。

② 闵宗殿：《中国科技农业史年表（五）》，《农业考古》1986 年第 2 期，第 425 页。

③ 闻人军、李仲钦、陈益棠：《膜脱盐技术源流考》，《水处理技术》1989 年第 2 期，第 64 页。

④ 闻人军、李仲钦、陈益棠：《膜脱盐技术源流考》，《水处理技术》1989 年第 2 期，第 64 页。

（如果用莞蒲将两种不同浓度的九分开，结果会产生后面的渗透现象）因左侧水德渗透压大于右侧的 π_w，所以水便从左侧透过膜渗向右侧。而右侧乙醇的渗透压虽然大于左侧的 π_e，但是作为纤维素半透膜的特性是只选择和允许水透过而不让乙醇透过，结果便导致左侧乙醇浓度的增加而使酒变浓，而右侧不断地被稀释，直至渗透平衡。此乃我国古代膜法分离技术之萌芽中典型的一例。[1]

至于"凡冬月酿酒"到"须臾即发"一段，尽管这是我国一项早期酿酒过程中提高发酵温度的先进技术，但它是否属于《淮南万毕术》中所载，就不好论定了，在此姑且存疑，等待其他学者再有深入考证。

二、刘安科技思想的特点和历史地位

（一）刘安科技思想的特点

1. 道是其科技思想的始基

从《淮南子》的编撰体例看，首篇即"原道训"，表明"道"被刘安视为其整个思想的逻辑起点。《淮南子·原道训》云：

> 夫道者，覆天载地，廓四方，柝八极；高不可际，深不可测；包裹天地，禀授无形；源流泉浡，冲而徐盈；混混汩汩，浊而徐清。故植之而塞于天地，横之而弥于四海，施之无穷而无所朝夕；舒之幎于六合，卷之不盈于一握。约而能张，幽而能明；弱而能强，柔而能刚；横四维而含阴阳，纮宇宙而章三光；甚淖而滒，甚纤而微；山以之高，渊以之深；兽以之走，鸟以之飞；日月以之明，星历以之行；麟以之游，凤以之翔。[2]

这个"道"无形无影、无边无际，是宇宙万物运动变化的根源，它"可以弱，可以强；可以柔，可以刚；可以阴，可以阳；可以窈，可以明；可以包裹天地，可以应待无方"[3]。当然，"道"虽然有上述两个方面的变化，但它最根本的性质，还是以"和"为体。用刘安的话说，就是"圣人之道，宽而栗，严而温，柔而直，猛而仁。太刚则折，太柔则卷，圣人正在刚柔之间，乃得道之本。积阴则沉，积阳则飞，阴阳相接，乃得成和"[4]。正是在这个前提下，《淮南子·诠言训》提出了"科技之道"的主张，即"人有穷而道无不通，与道争则凶"[5]，道即和谐，与道争必然会打破阴阳平衡，而导致灾害发生，所以"三代之所道者，因也。故禹决江河，因水也；后稷播种树谷，因地也"[6]。仅以此而言，刘安所讲的"道"其实就是自然规律，只有尊重自然规律，天地之气才能和

---

[1] 闻人军、李仲钦、陈益棠：《膜脱盐技术源流考》，《水处理技术》1989 年第 2 期，第 64 页。
[2]（汉）刘安著、高诱注：《淮南子》卷 1《原道训》，《百子全书》第 3 册，第 2810 页。
[3]（汉）刘安著、高诱注：《淮南子》卷 12《道应训》，《百子全书》第 3 册，第 2902 页。
[4]（汉）刘安著、高诱注：《淮南子》卷 13《氾论训》，《百子全书》第 3 册，第 2917 页。
[5]（汉）刘安著、高诱注：《淮南子》卷 14《诠言训》，《百子全书》第 3 册，第 2928 页。
[6]（汉）刘安著、高诱注：《淮南子》卷 14《诠言训》，《百子全书》第 3 册，第 2931 页。

谐，人们才能减少挫折，减少伤害。在此，尊重自然规律就是科学。例如，人类在与自然相处的过程中，产生了无数的技术发明和创造。诚如刘安所言："（人们）见窾木浮而知为舟，见飞蓬转而知为车，见鸟迹而知著书，以类取之。"①他又说："夫地势水东流，人必事焉，然后水潦得谷行；禾稼春生，人必加功焉，故五谷得遂长。"②这里讲到了既要尊重自然规律，同时又要正确发挥人的主观能动性的问题，把两者有机地结合起来，"槁竹有火，弗钻不燃；土中有水，弗掘无泉"③。因此，"举事而顺于道"④，便是科学研究的任务。

2."从无形到有形"——科学发明的本质特征

刘安崇尚"无形"之道，而这个"无形"不是不可认识的"虚无"，而是包罗万象的"实有"。《淮南子·俶真训》明确主张"物莫不生于有也"⑤，此"有"又称"有有者"，具体言之，就是"万物掺落，根茎枝叶，青葱苓茏，萑蘦炫煌，蠉飞蠕动，蚑行哙息，可切循㪺把握而有数量"⑥。可见，"有有者"指的是事物的现象，它是有限的、可数的。与"有有者"相始终，还有"有无者"，具体言之，就是"视之不见其形，听之不闻其声，扪之不可得也，望之不可极也，储与扈冶，浩浩瀚瀚，不可隐仪揆度而通光耀者"⑦。显然，所谓"有无者"实际上指的就是事物的本质，它是不可见的，更是"不可隐仪揆度"的无限。在"说山训"开首，刘安说：

> 魄问于魂曰："道何以为体？"曰："以无有为体。"魂曰："无有有形乎？"魂曰："无有。"〔魄曰："无有〕何得而闻也？"魂曰："吾直有所遇之耳。视之无形，听之无声，谓之幽冥。幽冥者，所以喻道，而非道也。"魄曰："吾闻得之矣；乃内视而自反也。"魂曰："凡得道者，形不可得而见，名不可得而扬。今汝已有形名矣，何道之所能乎？"魄曰："言者独何为者？"〔魂曰：〕"吾将反吾宗矣。"魄反顾魂，忽然不见，反而自存，亦以沦于无形矣。⑧

显然，"道"是属于本质性的东西，它虽"无形"，但宇宙万物的现象都是其外在的表现。例如，九野、五星、八风、五官、六府等。科学是一种理性思维，它本身具有由外及内和由表及里的推理功能，所以刘安说："圣人从外知内，以见知隐也。"⑨

刘安又说："夫萍树根于水，木树根于土；鸟排虚而飞，兽蹠实而走；蛟龙水居，虎豹山处，天地之性也。两木相摩而然，金火相守而流；员者常转，窾者主浮，自然之势

① （汉）刘安著、高诱注：《淮南子》卷16《说山训》，《百子全书》第3册，第2950页。
② （汉）刘安著、高诱注：《淮南子》卷19《修务训》，《百子全书》第3册，第2981页。
③ （汉）刘安著、高诱注：《淮南子》卷17《说林训》，《百子全书》第3册，第2960页。
④ （汉）刘安著、高诱注：《淮南子》卷2《俶真训》，《百子全书》第3册，第2820页。
⑤ （汉）刘安著、高诱注：《淮南子》卷2《俶真训》，《百子全书》第3册，第2821页。
⑥ （汉）刘安著、高诱注：《淮南子》卷2《俶真训》，《百子全书》第3册，第2818页。
⑦ （汉）刘安著、高诱注：《淮南子》卷2《俶真训》，《百子全书》第3册，第2818页。
⑧ （汉）刘安著、高诱注：《淮南子》卷16《说山训》，《百子全书》第3册，第2946页。
⑨ （汉）刘安著、高诱注：《淮南子》卷16《说山训》，《百子全书》第3册，第2949页。

也。"①像"天地之性"及"自然之势"都是道的"无形"外现，只不过一般动植物只能安守这种现状，而不能改变它。人却不同，人类不仅能够认识自然，更重要的是还能驾驭自然和改造自然，从而为人类的目的服务。这样，便出现了以下两种趋势："牛歧蹄而戴角，马被髦而全足者，天也。络马之口，穿牛之鼻者，人也。"②为了驯服牛和马的野性或称天性，人类不得不发明衔（即马嚼子）、牛逼栓之类器具。诚然，像衔、牛逼栓之类器具都是马、牛天性中没有的东西，而人类为了驯服牛、马，在长期的生活实践中，发现了衔及牛逼栓的特殊作用，所以人类科学技术的重要功能之一就是为了满足人类生存的需要，可以借助一定手段，改变客观事物的"天性"，而表现出另外一种适合人类目的的发展趋势。所以刘安在"修务训"中说：

> 夫马之为草驹之时，跳跃扬蹄，翘尾而走，人不能制；龁咋足以嚼肌碎骨，蹴蹄足以破卢陷匈。及至圉人扰之，良御教之，掩以衡扼，连以辔衔，则虽历险超堑弗敢辞。故其形之为马，马不可化，其可驾御，教之所为也。③

自然界的现象千变万化，有一条规律则具有普遍性，那就是"有形出于无形"。刘安举例说："寒不能生寒，热不能生热，不寒不热，能生寒热。故有形出于无形，未有天地能生天地者也，至深微广大矣。"④科学技术的发明和创造便是人类一种"有形出于无形"的活动，当然，人类的科学研究应当尊重自然规律。正如刘安所说："今日稻生于水，而不能生于湍濑之流；紫芝生于山，而不能生于盘石之上；慈石能引铁，及其于铜，则不行也。"⑤刘安又说："方车而蹦越，乘桴而入胡，欲无穷，不可得也。"⑥再者，"因高而为台，就下而为池；各就其势，不敢更为"⑦。所以，人类的科学技术发展应以尊重自然规律为前提。此外，人类的科学创造还需要借助一定的条件，比如，"璧瑗成器，礛诸之功；镆邪断割，砥砺之力"⑧。可见，在科学创造过程中，不能忽略"条件"的重要性。

一方面，科学进步了，人们应当与时俱进，不能违背社会进步的历史趋势，向后退，对此，刘安态度非常明确。他说："欲弃学而循性，是谓犹释船儿欲蹀水也。"⑨另一方面，刘安限于当时科学技术的水平，还看不到科学技术本身具有将"自然之势"转变为"人力之势"的巨大作用。故刘安说："禹决江疏河，以为天下兴利，而不能使水西流；稷辟土垦草，以为百姓力农，然不能使禾冬生。岂其人事不至哉？其势不可也。"⑩用今天的眼光看，"使水西流"与"使禾冬生"，现代人类的科学技术已经都能做到了。尽管如此，

---

① （汉）刘安著、高诱注：《淮南子》卷1《原道训》，《百子全书》第3册，第2812页。
② （汉）刘安著、高诱注：《淮南子》卷1《原道训》，《百子全书》第3册，第2812页。
③ （汉）刘安著、高诱注：《淮南子》卷19《修务训》，《百子全书》第3册，第2982页。
④ （汉）刘安著、高诱注：《淮南子》卷16《说山训》，《百子全书》第3册，第2951页。
⑤ （汉）刘安著、高诱注：《淮南子》卷16《说山训》，《百子全书》第3册，第2948页。
⑥ （汉）刘安著、高诱注：《淮南子》卷16《说山训》，《百子全书》第3册，第2951页。
⑦ （汉）刘安著、高诱注：《淮南子》卷16《说山训》，《百子全书》第3册，第2951页。
⑧ （汉）刘安著、高诱注：《淮南子》卷17《说林训》，《百子全书》第3册，第2957页。
⑨ （汉）刘安著、高诱注：《淮南子》卷19《修务训》，《百子全书》第3册，第2983页。
⑩ （汉）刘安著、高诱注：《淮南子》卷9《主术训》，《百子全书》第3册，第2873页。

人类还是不能为所欲为，刘安警告人们说：

> 凡乱之所由生者，皆在流遁。流遁之所生者五。大构驾，兴宫室；延楼栈道，鸡栖井干；标株欂栌，以相支持；木巧之饰，盘纡刻俨；赢镂雕琢，诡文回波；尚游灇减，菱杼绤抱；芒繁乱泽，巧伪纷挐，以相摧错，此遁于木也。凿汗池之深，肆吟崖之远；来溪谷之流，饰曲崖之际；积牒旋石，以纯修碕；抑减怒濑，以扬激波；曲拂遭回，以像涡泻；益树莲菱，以食鳖鱼；鸿鹄鹔鹅，稻粱饶余；龙舟鹢首，浮吹以娱，此遁于水也。高筑城郭，设树险阻；崇台榭之隆，侈苑囿之大，以穷要妙之望；魏阙之高，上际青云；大厦曾加，拟于昆仑；修为墙垣，甬道相连；残高增下，积土为山；接径历远，直道夷险，终日驰骛而无（迹蹋）〔蹪陷〕之患，此遁于土也。大钟鼎，美重器，华虫疏镂，以相缪纱；寝兕伏虎，蟠龙连组；焜昱错眩，照耀辉煌；偓寒寥纠，曲成文章；雕琢之饰，锻锡文铙；乍晦乍明，抑微灭瑕；霜文沈居，若篆篆篆；缠锦经冗，似数而疏，此遁于金也。煎熬焚炙，调齐和之适，以穷荆吴甘酸之变；焚林而猎，烧燎大木；鼓囊吹埵，以销铜铁；靡流坚锻，无厌足目；山无峻干，林无柘梓；燎木以为炭，播草而为灰；野莽白素，不得其时；上掩天光，下殄地财，此遁于火也。此五者，一足以亡天下矣。[①]

仔细想想，刘安之言，不无道理。

3. 实验科学特色鲜明

在刘安的科学思维体系中，实验科学占有十分重要的地位。在专门讲求"变化之术"的"十万言"《外书》中，萃聚着刘安及其宾客的重要科学研究成果，而这些研究成果多是在反复实验的基础上加以总结和提炼出来的。由于《外书》已散佚，后人所辑《淮南万毕术》仅仅是原书中很少的一部分内容。前举若干实验证据表明，《淮南万毕术》中所记载的很多现象和事实都具有一定的科学道理。比如，"用麻子中人（仁），桐叶乳汁煮之，沐二十日，发长"[②]。这条记载的可靠性不必质疑，用麻子可以治疗脱发或者发少[③]，大麻子即火麻仁，是桑科植物大麻的种仁，有学者考证："（大麻子）性味甘平，含有丰富的油脂，内服可润燥滑肠，外用可润皮毛，《名医别录》谓其'沐发长润'。现代药理研究证明，其含脂肪油、蛋白质、蕈毒素、胆碱、挥发油及维生素 B_1 等，故能护发、润发。"[④] 还有学者认为，刘安的生发方是一种长发巫术，但从《本草纲目》颇推崇此方的客观效应分析，"可见西汉此长发巫术已经试验成功，以致被古代医学家所肯定"[⑤]。又如，"艾火令鸡子飞"，高诱注云："取鸡子壳然艾火，内空中，疾风高举，自飞去。"[⑥] 这项试验可以

---

① （汉）刘安著、高诱注：《淮南子》卷 8《本经训》，《百子全书》第 3 册，第 2866—2867 页。

② （汉）刘安著、（清）茆泮林辑：《淮南万毕术（及其他四种）》，第 4 页。

③ 王利华：《中国家庭史》第 1 卷《先秦至南北朝时期》，广州：广东人民出版社，2007 年，第 302 页。

④ 西子：《跟着皇妃学美容——10 大皇妃美人计》，西安：西安交通大学出版社，2012 年，第 52 页。

⑤ 高国藩：《中国民俗探微——敦煌巫术与巫术流变》，南京：河海大学出版社，1993 年，第 346 页。

⑥ （汉）刘安著、（清）茆泮林辑：《淮南万毕术（及其他四种）》，第 6 页。

认为是我国对于热气球原理及制作方法的最早实践。[①]用现代语言翻译，即"抽尽蛋内的液汁，又剥去其外表硬壳，只剩下壳内的软膜；然后将艾火置于抽汁的孔洞中。在大风下，蛋膜就飞扬升空了。……由于《淮南万毕术》一书亡佚，后人辑本或征引的文句又过于简略，因此或许还有一些技术细节使我们无从知晓，致使我们今天的复原猜测或实验感到为难。但有一点可以肯定，从'艾火令鸡子飞'的记载中表明汉代人知道热气球可以升空"[②]。

从《墨子》到《淮南万毕术》，我们看到了中国古代实验科学发现的历史轨迹。然而，在当时的历史环境下，实验科学的生命还比较脆弱，一旦遭遇封建政治的强风暴，它便会夭折。《淮南万毕术》的亡佚及《墨子》在唐代之后，无人问津，即是证明。尽管如此，我们毕竟也曾有过实验科学（包括物理实验、化学实验等）的辉煌历史，并且在历史的发展过程中，他们的实验精神被部分地继承了下来，有些还被发扬光大，所以沈括《梦溪笔谈》的出现绝不是偶然现象。可惜，正向许中才先生所说："由于受社会因素，历史因素，内部因素，外部因素等诸多方面的限制，我国古代'物理实验'的记载多为文字上定性的描述，而且记载的只有孤立的个别'实验'事例，不具有系统性，当然也就未形成'物理实验'学科，致使'实验'的'理论'和'手段'未得以应有的发展。"[③]

4. 到处闪烁着朴素辩证法的思想光辉

阴阳范畴是《淮南子》一书的核心思想，也是刘安用以解释宇宙万物发展变化的中心概念。[④]在《淮南子·天文训》里，刘安这样阐述《淮南子》一书的天文思想，他说：

> 道始于一，一而不生，故分而为阴阳，阴阳合和而万物生。[⑤]

阴阳是客观事物存在的两个方面，是客观事物矛盾性的典型体现，当然，也是客观事物运动变化的内在原因。刘安说："天地以设，分而为阴阳。阳生于阴，阴生于阳，阴阳相错，四维乃通，或死或生，万物乃成。"[⑥]例如，"粟得水（湿）而热，甑得火而液，水中有火，火中有水"。又说："疾雷破石，阴阳相薄，〔自然之势〕"[⑦]。可见，在自然界中，客观事物内部的矛盾双方既有统一性的一面，同时又有斗争性的一面。

在由阴阳所构成的矛盾统一体中，矛盾双方的地位和力量有所差异，因而促成了事物的矛盾运动。在《淮南子·说山训》里，刘安总结说："同不可相治，必待异而后成。"[⑧]而对于事物的量变和质变关系，刘安则举例道："先针而后缕，可以成帷；先缕而后针，

---

① 吴伟丽编著：《中外物理故事》，郑州：中州古籍出版社，2012年，第94页。
② 戴念祖、刘树勇：《中国物理学史·古代卷》，南宁：广西教育出版社，2006年，第152—153页。
③ 许中才：《中国古代"物理实验"初探》，《渝州大学学报（自然科学版）》1989年第4期，第35页。
④ 对《淮南子》的辩证法思想，陈远宁先生在《〈淮南子〉的辩证法思想》（《求索》1988年第6期，第25—31页）一文中论述较详，有兴趣的读者可以参考，本书略述其要点。
⑤ （汉）刘安著、高诱注：《淮南子》卷3《天文训》，《百子全书》第3册，第2831页。
⑥ （汉）刘安著、高诱注：《淮南子》卷3《天文训》，《百子全书》第3册，第2834页。
⑦ （汉）刘安著、高诱注：《淮南子》卷17《说林训》，《百子全书》第3册，第2963页。
⑧ （汉）刘安著、高诱注：《淮南子》卷16《说山训》，《百子全书》第3册，第2949页。

不可以成衣。针成幕，蒌成城。事之成败，必由小生，言有渐也。"①他又说："夫积爱成福，积怨成祸。若痈疽之必溃也，所浼者多矣。"②依此，在对待利与弊的关系问题上，刘安的态度是："亡羊而得牛，则莫不利失也。断指而免头，则莫不利为也。故人之情，于利之中则争取大焉，于害之中则争取小焉。"③

在一定条件下，矛盾双方会向自己相反的方面发展，此即物极必反的道理。刘安说："或贪生而反死，或轻死而得生，或徐行而反病。"④因此，在处理矛盾问题时，不要走极端，要学会把握"度"，要认识到事物的转化。例如，刘安说："是故圣人者，能阴能阳，能弱能强，随时而动静，因资而立功，物动而知其反，事萌而察其变。"⑤他又说："凡用人之道，若以燧取火，疏之则弗得，数之则弗中，正在疏、数之间。"⑥这句话的意思是说，用凹面镜对着太阳取火，而易燃物离镜子不宜太远或太近，而是应当置于远近适当的位置，即焦点上。⑦在《淮南子》一书中，刘安利用大量科学实验事实向广大民众传播了许多朴素辩证法的道理，这既是《淮南子》的显著思想特色，同时又是其充满无穷魅力之所在。

（二）刘安科技思想的历史地位

刘安在中国古代科技思想发展历史上，是一位承前启后的枢轴人物。例如，刘安及其宾客中有墨家后期的术士。据洪震寰先生研究，"墨家之徒，被（刘安）召集到门下并参加著书的不少。他们的科学知识和科学精神，对这派人总是要产生影响的。我们可以说，自《墨经》以来，《万毕术》中记载的物理知识，特别是类似于实验的记录，是比较丰富的，而且曾经产生过一定的影响"⑧。实际上，在《淮南子》一书中，刘安对先秦诸子思想都有不同程度的吸收和扬弃。

（1）刘安对墨家思想的吸收。在宇宙论方面，《墨经》提出了完整的时间和空间概念，这个概念为《淮南子》所继承。例如，《淮南子·齐俗训》云："朴至大者无形状，道至眇者无度量。故天之圆也不得规，地之方也不得矩。往古来今谓之宙，四方上下谓之宇，道在其间而莫知其所。"⑨在逻辑方面，"类"概念的提出和"推类法"的广泛应用是墨家科技思想的重要特征，汪奠基先生曾讲到："推类法"是一种将经验事实与理论推知相结合的方法，而"墨家所谓'类取类予'、'类以行之'，正是这一思想的逻辑原则"⑩。考《淮南子》一书，非常重视对"类"这个概念的运用和发展，并为《墨经》"类取类

---

① （汉）刘安著、高诱注：《淮南子》卷 16《说山训》，《百子全书》第 3 册，第 2949 页。
② （汉）刘安著、高诱注：《淮南子》卷 18《人间训》，《百子全书》第 3 册，第 2974 页。
③ （汉）刘安著、高诱注：《淮南子》卷 16《说山训》，《百子全书》第 3 册，第 2948 页。
④ （汉）刘安著、高诱注：《淮南子》卷 18《人间训》，《百子全书》第 3 册，第 2973 页。
⑤ （汉）刘安著、高诱注：《淮南子》卷 13《氾论训》，《百子全书》第 3 册，第 2921 页。
⑥ （汉）刘安著、高诱注：《淮南子》卷 17《说林训》，《百子全书》第 3 册，第 2965 页。
⑦ 谢清果：《先秦两汉道家科技思想研究》，北京：东方出版社，2007 年，第 159 页。
⑧ 洪震寰：《〈淮南万毕术〉及其物理知识》，《中国科技史料》1983 年第 3 期，第 34 页。
⑨ （汉）刘安著、高诱注：《淮南子》卷 11《齐俗训》，《百子全书》第 3 册，第 2897 页。
⑩ 汪奠基：《中国逻辑思想史》，武汉：武汉大学出版社，1979 年，第 40 页。

予"法的推广做出了积极贡献。例如,《淮南子·诠言训》开首即云:"洞同天地,浑沌为朴,未造而成物,谓之太一。同出于一,所为各异,有鸟有鱼有兽,谓之分物。方以类别,物以群分,性命不同,皆形于有。隔而不通,分而为万物……故动而谓之生,死而谓之穷。皆为物矣,非不物而物物者也,物物者亡乎万物之中。"①又,《淮南子·说山训》云:"见飞蓬转而知为车……以类取之。"②"貍头愈鼠,鸡头已瘘,虻散积血,斫木愈龋,此类之推者也。"③如此丰富的"推类法"资料,确实在汉代的文献中不多见。难怪有学者称:"墨子之后的二百年间,对这个问题进行认真研究并有所创新的,淮南王一人而已。"④

(2)刘安对儒家思想的吸收。尚贤是儒墨两家共有的思想特点,不过,墨家"尚贤"侧重于"才",而儒家"举贤"更看重"德"。因此,刘安高度评价儒家的礼仪思想说:

> 古者沟防不修,水为民害;禹凿龙门,辟伊阙,平治水土,使民得陆处。百姓不亲,五品不慎;契教以君臣之义、父子之亲、夫妻之辨、长幼之序。田野不修,民食不足;后稷乃教之辟地垦草,粪土种谷,令百姓家给人足。故三后之后,无不王者,有阴德也。周室衰,礼义废,孔子以三代之道,教导于世,其后继嗣至今不绝者,有隐行也。⑤

《荀子·劝学篇》认为"学不可以已",刘安举例说:"昔者苍颉作书,容成造历,胡曹为衣,后稷耕稼,仪狄作酒,奚仲为车。此六人者,皆有神明之道,圣智之迹,故人作一事而遗后世,非能一人而独兼有之。各悉其知,贵其所欲达,遂为天下备。今使六子者易事,而明弗能见者何?万物至众,而知不足以奄之。周室以后,无六子之贤,而皆修其业,当世之人,无一人之才,而知其六贤之道者何?教顺施续,而知能流通。由此观之,学不可已,明矣。"⑥这里,明确了科技知识传播的重要途径之一,那就是教育训导,代代相传。同时,刘安还驳斥了"学无益"的错误思想,他说:"夫纯(钩)〔钩〕鱼肠剑之始下型,击则不能断,刺则不能入,及加之砥砺,摩其锋鄂,则水断龙舟,陆剚犀甲。明镜之始下型,矇然未见形容……摩以白旃,鬓眉微豪,可得而察。夫学,亦人之砥锡也,而谓学无益者,所以论之过。"⑦在此基础之上,刘安进一步强调:"知人无务,不若愚而好学。自人君公卿至于庶人,不自强而功成者,天下未之有也。"⑧一个人才的成长,情况虽然可能千差万别,但有一条是共同的,那就是不断"砥砺",自强不息。刘安如此推崇学习科学知识,似与他关注自然万物的生成与变化过程有关,刘安及其宾客能够在当时的历史条件下,做出那么多的科技发明和创造,可以想象,如果没有自强不息的科学精神,那

---

① (汉)刘安著、高诱注:《淮南子》卷14《诠言训》,《百子全书》第3册,第2926页。
② (汉)刘安著、高诱注:《淮南子》卷16《说山训》,《百子全书》第3册,第2950页。
③ (汉)刘安著、高诱注:《淮南子》卷16《说山训》,《百子全书》第3册,第2953页。
④ 陈广忠:《〈淮南子〉与墨家》,《孔子研究》1995年第2期,第39页。
⑤ (汉)刘安著、高诱注:《淮南子》卷18《人间训》,《百子全书》第3册,第2968—2969页。
⑥ (汉)刘安著、高诱注:《淮南子》卷19《修务训》,《百子全书》第3册,第2983页。
⑦ (汉)刘安著、高诱注:《淮南子》卷19《修务训》,《百子全书》第3册,第2983页。
⑧ (汉)刘安著、高诱注:《淮南子》卷19《修务训》,《百子全书》第3册,第2984页。

么，他们无论如何都不可能成就这一番宏图伟业。

当然，刘安对儒、墨的思想也有批评和扬弃，如在《淮南子·俶真训》里，刘安说："百家异说，各有所出。若夫墨、杨、申、商之于治道，犹盖之一橑而轮之一辐，有之可以备数，无之未有害于用也。已以为独擅之，不通于天地之情也。"①这里揭示了学术与政治需要的关系，有学者指出："学术，探究学问，并不仅仅是出于对真理的追求，还因为它对国家有深远的影响，因而要受到政治的制约。绝对纯粹的研究只是一种理想，如果学者一定要摆脱价值判断，那么学问就有无人问津的危险。"②墨家的衰落当然原因很多，但它的主导思想不能满足统治者的客观需要却是不可忽视的原因之一。对此，刘安有比较清楚的认识。他说："孔、墨之弟子，皆以仁义之术教导于世，然而不免于僻，身犹不能行，又况所教乎？"③他又说："今夫儒者，不本其所以欲，而禁其所欲；不原其所以乐，而闭其所乐；是犹决江河之源，而障之以手也。"④这里的批评尽管有失偏颇，但从总体而言，其所言较为中肯。

由于《淮南子》和《淮南万毕术》所涉及的内容非常丰富，因此，刘安思想对后人的影响必然是多方面的。例如，对宋儒的影响，《淮南子·原道训》云："人生而静，天之性也；感而后动，性之害也；物至而神应，知之动也；知与物接，而好憎生焉。好憎成形，而知诱于外，不能反已，而天理灭矣。"⑤这种把"天理"与"人欲"对立起来的思想，为宋代理学所继承。或用熊铁基的观点讲，理学家们"存天理、灭人欲"思想的提出，"显然从黄老道家《淮南子》中得到启发"⑥。又比如，《淮南子·本经训》云："故圣人者，由近〔而〕知远，（而）〔以〕万殊为一。"⑦程颐讲"理一而分殊"，周敦颐亦讲"五殊为二，二本则一"等，从历史上看，这些思想之间显然具有特定的内在联系。在天地的形状方面，《淮南子·天文训》载："天之圆，不中规。地之方，不中矩。"⑧这句话尽管没有具体说明天地的形状究竟是什么样子，但是它毕竟否定了我国自古相传的"天圆地方"说，对后代天文学的发展产生了深远影响。⑨如吕子方先生评论说：

> 我认为这两句话，在后来的天文学史发展过程上，是起了大作用的。即是说，它是影响了后人对天地形状的看法的。何以见得？我们看张衡的《灵宪》说："八极之维，径二亿三万二千三百里，南北则减短千里，东西则增广千里。"又《晋书》和《隋书》的天文志引浑仪注曰："天如鸡子，地入鸡中黄。"又《隋书·天文志》云：

①　（汉）刘安著、高诱注：《淮南子》卷 2《俶真训》，《百子全书》第 3 册，第 2820 页。
②　张意忠：《学术与政治：和谐共融》，《复旦教育论坛》2008 年第 1 期，第 60 页。
③　（汉）刘安著、高诱注：《淮南子》卷 2《俶真训》，《百子全书》第 3 册，第 2823 页。
④　（汉）刘安著、高诱注：《淮南子》卷 7《精神训》，《百子全书》第 3 册，第 2862 页。
⑤　（汉）刘安著、高诱注：《淮南子》卷 1《原道训》，《百子全书》第 3 册，第 2811 页。
⑥　熊铁基：《从"存天理、灭人欲"看朱熹的道家思想》，《史学月刊》1999 年第 5 期，第 40 页。
⑦　（汉）刘安著、高诱注：《淮南子》卷 8《本经训》，《百子全书》第 3 册，第 2864 页。
⑧　（清）孔广森撰、王丰先点校：《大戴礼记补注（附校正孔氏大戴礼记补注）》卷 5《曾子天圆》引《淮南子》，北京：中华书局，2013 年，第 109 页。
⑨　胡炳生、郭怀中编著：《安徽科技简史》，合肥：安徽人民出版社，2008 年，第 30 页。

"陆绩造浑象，形如鸡卵。"照此看来，自东汉至三国时代的天文学家们，所谓东西长，南北短，及形如鸡蛋或雀蛋，总是说的是个椭球，不是正球体。而地形亦说如蛋黄。即是说，天地形状，是不中规、不中矩的。至于张衡所提出的那个数字，在《纬书》上，如《河图·括地象》、《诗含神雾》等都有。相传《纬书》起于哀、平之间，谁先谁后，无法确定。而《淮南子》则是一部可信的书，张衡、陆绩在它之后好多年，不能说不受影响。①

在科学原理方面，《淮南子》云："所以贵扁鹊者，飞贵其随病而调药，贵其釐息脉血，知病之所从生也。"②这实际上是一种"原其理"思想，北宋沈括《梦溪笔谈》反复强调科学理论的重要特性就是"原其理"。例如，他说："予观雁荡诸峰，皆峭拔险怪，上耸千尺，穹崖巨谷，不类他山，皆包在诸谷中，自岭外望之，都无所见，至谷中则森然干霄。原其理，当是为谷中大水冲激，沙土尽去，唯巨石岿然挺立耳。如大小龙湫、水帘、初月谷之类，皆是水凿之穴，自下望之则高岩峭壁，从上观之适与地平，以至诸峰之顶，亦低于山顶之地面。世间沟壑中，水凿之处皆有植土龛岩，亦此类耳。今成皋、陕西大涧中，立土动及百尺，迥然耸立，亦雁荡具体而微者。但此土彼石耳，既非挺出地上，则为深谷林莽所蔽，故古人未见。灵运所不至，理不足怪也。"③此处的"原其理"与"知病之所从生"，都是讲求探寻事物生长和变化的内在原因，两者的思想是相通的。

在文学艺术方面，《淮南子》的"原其本末"④主张，对刘勰的人物评骘有很大影响。⑤而《淮南子》的"度形而施宜"⑥思想，又与《文心雕龙》中的"圆"论和"折衷"论思想相近，所以有学者认为："就《文心雕龙》理论来讲，其远和近交错往还，虽然'圆'与'折衷'亦各有渊源，但与《淮南子》为求适宜的思想还是存在着一种吸取和借鉴关系的。"⑦此外，在形神关系学说方面，《淮南子》对现代绘画大师石鲁的绘画艺术亦产生了积极影响。⑧

最后，对于"天人相分"的问题。刘安的态度比较明确，他说：

凡学者能明于天人之分，通于治乱之本，澄心清意以存之，见其终始，可谓知略矣。天之所为，禽兽草木；人之所为，礼节制度，构而为宫室，制而为舟舆是也。治之所以为本者，仁义也；所以为末者，法度也。凡人之所以事生者，本也；其所以事死者，末也。本末一体也；其两爱之，一性也。先本后末，谓之君子；以末害本，谓

① 吕子方：《中国科学技术史论文集》，成都：四川人民出版社，1983年，第151页。
② （汉）刘安著、高诱注：《淮南子》卷20《泰族训》，《百子全书》第3册，第2992页。
③ （宋）沈括著、侯真平校点：《梦溪笔谈》卷24《杂志一》，长沙：岳麓书社，1998年，第199页。
④ （汉）刘安著、高诱注：《淮南子》卷20《泰族训》，《百子全书》第3册，第2997页。
⑤ 郭鹏：《〈文心雕龙〉的文学理论和历史渊源》，济南：齐鲁书社，2004年，第249页。
⑥ （汉）刘安著、高诱注：《淮南子》卷21《要略训》，《百子全书》第3册，第3003页。
⑦ 郭鹏：《〈文心雕龙〉的文学理论和历史渊源》，第251页。
⑧ 刘星：《传统艺术精神的守护与超越——石鲁"以神造型"绘画思想研究》，西安：陕西人民美术出版社，2008年，第180页。

之小人。①

同"天人合一"的观念一样，实际上，"天人相分"对中国古代科学技术思想的发展产生了深远影响，可惜，由于学界多把"天人合一"视为中国传统科学文化的核心，因而与其并存的"天人相分"思想被搁置起来了。现在看来，这种对中国传统科学思想的偏见，显然是不客观的，也是不确当的。因为从荀况经过刘安，到唐代的刘禹锡，再到宋代的沈括等，"天人相分"思想一脉相承，代有传人，始终没有中断。可以想象，如果没有"明于天人之分"思想的支撑，中国古代科学技术发展就难以成就其历史的辉煌。

当然，刘安思想中也有许多糟粕，我们今天用批判的眼光去分析《淮南子》及《淮南万毕术》中的史料，像"理发灶前，妇安夫家"②和"取门冬、赤黍、薏苡为丸，令妇人不妒"③等，都是毫无根据的臆说。但瑕不掩瑜，刘安思想体系中的科学因素是主要的方面，其迷信和糟粕等非科学因素则是次要的方面。诚如有学者所论："刘安思想的闪光处，至今还闪烁光华。如《淮南子·氾论训》中说：'只要利于百姓，不以师法古人，如果对办事有益，不必因循成规（苟利于民，不必法古，苟周于事，不必循旧）。'这种思想出自王侯贵族，无疑十分可贵，千古常新，足堪为训。"④

第三节　魏伯阳的丹药思想述要

魏伯阳名翱，号云崖子，会稽上虞（今浙江上虞市）人，生卒年不详，东汉著名炼丹学家。关于他的生平，葛洪《神仙传》有比较详细的记述。葛洪说：

> 魏伯阳者，吴人。本高门之子，而性好道术，不肯仕宦，闲居养性，时人莫知之。后与弟子三人入山作神丹，丹成，知弟子心不尽，乃试之曰："此丹今虽成，当先试之则不可服也。"……伯阳乃问弟子曰："作丹惟恐不成，丹既成，而犬食之即死，恐未合神明之意，服之恐复如犬，为之奈何？"弟子曰："先生当服之否？"伯阳曰："吾背违世俗，委家入山，不得仙道，亦不复归，死之与生，吾当服之耳。"伯阳乃服丹，丹入口即死。弟子顾相谓曰："作丹欲长生，而服之即死，当奈何？"独一弟子曰："吾师非凡人也，服丹而死，将无有意耶？"亦乃服丹，即复死。余二弟子乃相谓曰："所以作丹者，欲求长生，今服即死，焉用此为！若不服此，自可数十年在世间活也。"遂不服，乃共出山，欲为伯阳及死弟子求棺木。二人去后，伯阳即起，将所服丹内死弟子及白犬口中，皆起。弟子姓虞，遂皆仙去。因逢人入山伐木，乃作书与乡里，寄谢二弟子，弟子方乃懊恨。伯阳作《参同契》、《五行相类》，凡三

① （汉）刘安著、高诱注：《淮南子》卷20《泰族训》，《百子全书》第3册，第2996页。
② （汉）刘安著、（清）茆泮林辑：《淮南万毕术（及其他四种）》，第2页。
③ （汉）刘安著、（清）茆泮林辑：《淮南万毕术（及其他四种）》，第2页。
④ 风梧等主编：《成语故事（二）》修订本，乌鲁木齐：新疆青少年出版社，2005年，第147页。

卷，其说似《周易》，其实假借爻象以论作丹之意，而世之儒者不知神仙之事，仅作阴阳注之，殊失其大旨矣。①

诚然，文中有故弄玄虚之处，不必尽信，但《参同契五行相类》亦即《周易参同契》一书切实蕴藏着非常宝贵的科技思想资源，也是事实。据有学者考证，仅目前所见到的存世注本就有 13 种，从 1933 年到 2011 年发表的研究论文计有 168 篇，学位论文 7 篇，研究专著 22 部，英、日、韩文研究论著 27 部等。②现在，这个统计数字还在不断上升。那么，《周易参同契》为什么会具有如此巨大的思想魅力呢？考《隋书·经籍志》没有载录《周易参同契》一书，表明当时此书仅在少数"方外之人"内部传播，世俗之人则难得一见。至《旧唐书》出，其《经籍志下》才始见"《周易参同契》二卷和《周易五相类》一卷"③的名录。这说明原本三卷本的《参同契五行相类》在民间流传过程被一分为二了。唐末纷乱，深藏远遁的世俗之人逐渐增多，这就使《周易参同契》有可能为更多的人所目睹。如众所知，目前所见最早的注本是五代后蜀彭晓的《周易参同契通真义》，据彭氏讲，魏伯阳"不知师授谁氏，得《古文龙虎经》尽获妙旨。乃约《周易》，撰《参同契》三篇，演丹经之元奥，多以寓言借事，隐显异文，密示青州徐从事，徐仍隐名而注之。至后汉孝桓帝时，公复传授与同郡淳于叔通，遂行于世"④。也有一种说法，《周易参同契》是由三个人分别撰写而成的。例如，唐人刘知古在《日月玄枢篇》中引述玄光先生的话说："徐从事拟龙虎天文而作《参同契》上篇，以传魏君，魏君为作中篇，传于淳于叔通；叔通为制下篇，以表三才之道。《参同契》者，参考三才，取其符契者也。"⑤对这种说法，彭晓持反对意见，在他看来，"按诸道书，或以真契三篇，是魏公与徐从事、淳于叔通三人各述一篇，斯言甚误。且公于此再述《五相类》一篇云：'今更撰录，补塞遗脱'，则公一人所撰明矣。况唐蜀有真人刘知古者，因述《日月玄枢论》进于玄宗，亦备言之，则从事笺注淳于传授之说，更复奚疑。今以四篇统分三卷为九十章以应阳九之数也"⑥。宋代大儒朱熹依彭晓本作《周易参同契考异》，故彭晓本为《四库全书》所肯定。但是，明代学者杨慎却并不认同彭晓本。杨慎考辨道：

> 五代之时，蜀永康道士彭晓，分为九十章，以应火候之九转。余《鼎器歌》一篇，以应真铅之得一。其说穿凿，且非魏公之本意也。其书散乱衡决，后之读者，不知孰为经，孰为注，亦不知孰为魏，孰为徐与淳于，自彭始矣。朱子作考异及解，亦据彭本；元俞玉吾所注，又据朱本。玉吾欲分三言四言五言，各为一类，而未果。盖

① （晋）葛洪撰、胡守为校释：《神仙传校释》卷 2《魏伯阳》，北京：中华书局，2010 年，第 63—64 页。

② （东汉）魏伯阳等：《参同集注——万古丹经王〈周易参同契〉注解集成》第 4 册，北京：宗教文化出版社，2013 年，第 2086—2106 页。

③ 《旧唐书》卷 47《经籍志下》，北京：中华书局，1975 年，第 2041 页。

④ （东汉）魏伯阳撰、（清）仇兆鳌集注：《古本周易参同契集注》，上海：上海古籍出版社，1989 年，第 11 页。

⑤ （唐）刘知古：《日月玄枢篇》，王西平主编：《道家养生功法集要》，西安：陕西科学技术出版社，1989 年，第 359 页。

⑥ （五代）彭晓：《周易参同契分章通真义》卷下《先白后黄第八十三》，《道藏》第 20 册，北京、上海、天津：文物出版社、上海书店、天津古籍出版社，1988 年，第 155 页。

亦知其序之错乱，而非魏公之初文。然均之未有定据尔。余曾观张平叔《悟真篇》云：叔通受学魏伯阳，留为万古丹经王。予意平叔犹及见古文，访求多年，未之有获。近晤洪雅杨邛峡宪副云：南方有掘地得石函，中有古文《参同契》，魏伯阳所著，上中下三篇，叙一篇；徐景休笺注亦三篇，叙一篇；淳于叔通补遗三，相类上下二篇，后序一篇。合为十一篇。盖末经后人妄纂也。①

也就是说，杨慎以玄光先生的说法为是。因此，孰是孰非，几成一桩学术悬案。本书以阴长生注本为准。

一、魏伯阳的炼丹实践与《周易参同契》

（一）魏伯阳的炼丹实践

《周易参同契》既是两汉丹药炼制实践的经验总结，同时又是魏伯阳本人亲自试验的科学记录。从刘安《淮南子》的有关记述看，炼丹所需要的基本仪器和工具有：

（1）丹鼎。鼎炉在炼丹实践中应分为鼎和炉两部分，其中鼎又称匦，是原料反应装置，有铁鼎、铜鼎、土鼎、朱砂鼎、白虎匦、庸泉匦等。《周易参同契·鼎器歌》对鼎的形制描述是："长尺二，厚薄匀。腹齐三，坐垂温。阴在上，阳下奔。首尾武，中间文。"②此与《金丹大要》所描述的"悬胎鼎"相似，其"鼎周围一尺五寸，中虚五寸，长一尺二寸。状似蓬壶，亦如人身之形。分三层，应三才。鼎身腹通，直令上、中、下等，均匀入炉八寸，悬于灶中，不着地，悬胎是也"③。可见，这种"悬胎鼎"类似母腹之胎，是一种小鼎。

除鼎之外的其他反应器具，尚有匦（即合），也称"神室"，密闭性好，所以《周易参同契》有"环匦关闭，四通踟蹰，守御密固"④之说。孟乃昌先生认为："这种仪器比较复杂些、花俏些。当作一个升华器却还有附属的设备，很像后来的蒸馏器的雏形，或者就是一种蒸馏器的改装。"⑤与匦相似，釜和甑也是重要的反应器具，魏伯阳说："上弦兑数八，下弦艮亦八，两弦合其精，乾坤体乃成。"⑥这个上、下扣合的器具应是釜与甑的组合。例如，汉代的釜之所以做成敛口，且有高起的直领，主要就是为了方便与甑扣合，即让铜甑圈足套于釜口之外。这样，釜与甑的扣合更为严密，又因釜口居于内，甑足环于外，蒸汽不易外泄，有利于丹药的炼制。据考，满城1号汉墓出土的釜、甑之上有盖盆。其"釜自腹之中部分为上下两半：下半部似平沿盆，上半部似覆钵；两部分用铜钉铆合，

---

① 秦际明主编：《杨慎学案》，成都：四川人民出版社，2019年，第409页。
② （东汉）魏伯阳：《周易参同契》卷下《鼎器歌》，鄢良主编《中华养生经籍集成》，北京：中医古籍出版社，2012年，第116页。
③ （元）陈致虚：《上阳子金丹大要》，《道藏》第24册，北京、上海、天津：文物出版社、上海书店、天津古籍出版社，1988年，第72页。
④ （东汉）魏伯阳：《周易参同契》卷上，鄢良主编《中华养生经籍集成》，第110页。
⑤ 孟乃昌：《周易参同契考辩》，上海：上海古籍出版社，1993年，第186页。
⑥ （东汉）魏伯阳：《周易参同契》卷上，鄢良主编《中华养生经籍集成》，第111页。

必要时可以拆开，从而解决了以前由于釜口较小，不便清除腹内水垢的困难。"①

（2）丹炉。炉又称灶，亦称"丹灶"，是高温武火（指阳炉）或用小温文火（指阴炉）炼制丹药的器具，形式有多种，比如，有偃月炉、既济炉、八卦炉等。《周易参同契·鼎器歌》描写其形制是："圆三五，寸一分，口四八，两寸唇。"②魏伯阳又说："阴在上，阳下奔。"则可以推断，魏伯阳所说的"丹灶"应为"偃月炉"，意为坎为水，离为火，水火相交，水在火上。故张随注云："此名太一炉，法圆象天、方象地，状若蓬壶。亦如人之身形，三层象三丹田也。故三光、五行、四象、八卦，尽在其中矣。厚一寸一分。口偃开如金之锅釜，卧唇仰折，周围约三尺二寸，明心横有一尺。立唇环匝高二寸。"③此偃月炉中间开口，放置丹鼎，下边支架铁镣以通风。由于升炼汞，需要冷却器物，起初是在鼎的上部盖上一盆或者一碗冷水，当升华物受热从丹鼎的底部上升至顶部后，会遇冷凝结，成为结晶体。后来，既济炉就是按照这个原理设计的。

（3）其他辅助器具。除了上述基本器物之外，汉代的辅助炼丹器具究竟还有哪些？我国考古工作者在江苏仪征石碑村一座汉墓中出土了一批炼丹器具（图1-28）。④在这批炼丹器具中，有铜镜、铜过滤器、铁臼、铜蝶形器、铜量、铜刷、铁刀及铜尺等。据研究者考证，《抱朴子》《黄帝九鼎神丹经诀》等书都提到炼丹所用的"屋""坛""炉"等设备，均注明一定的尺寸标准，这里出土的铜尺应当与此有关；铜量也是炼丹的常用器具，主要用于计算丹药原料的分量；至于蝶形器可能是器盖，而铁臼与杵则是捣研药物的器具。⑤

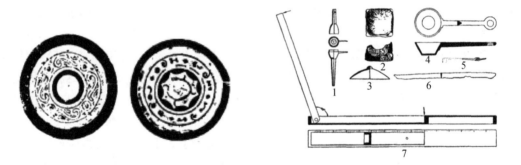

图1-28　炼丹器具

注：1. 铜过滤器　2. 铁臼　3. 铜碟形器　4. 铜量　5. 铜刷　6. 铁刀　7. 铜尺⑥

以上是魏伯阳炼丹所需要的器具，下面我们再来看看《周易参同契》所记载的两个炼丹实验。

第一个实验是铅汞还丹。《周易参同契》云：

①　孙机：《汉代物质文化资料图说》，北京：文物出版社，1991年，第332页。
②　（东汉）魏伯阳：《周易参同契》卷下《鼎器歌》，鄢良主编：《中华养生经籍集成》，第116页。
③　方春阳主编：《中国气功大成》，长春：吉林科学技术出版社，1999年，第463页。
④　南京博物馆：《江苏仪征石碑村汉代木椁墓》，《考古》1966年第1期，第14—20页。
⑤　南京博物馆：《江苏仪征石碑村汉代木椁墓》，《考古》1966年第1期，第20页。
⑥　南京博物馆：《江苏仪征石碑村汉代木椁墓》，《考古》1966年第1期，第18页。

以金为堤防，水入乃优游。金计有十五，水数亦如之。临炉定铢两，五分水有余。二者以为真，金重如本初。其三遂不入，火二与之俱。三物相含受，变化状若神。下有太阳气，伏蒸须臾间。先液而后凝，号曰黄舆焉。岁月将欲讫，毁性伤寿年。形体如灰土，状若明窗尘。捣治并合之，驰入赤色门。固塞其际会，务令致完坚。炎火张于下，昼夜声正勤。始文使可修，终竟武乃陈。候视加谨慎，审察调寒温。周旋十二节，节尽更始元。气索命将绝，休死亡魄魂。色转更为紫，赫然还成丹。粉提以一丸，刀圭最为神。[①]

这是一个按照比较严格的定量比例进行汞齐实验的例子，孟乃昌先生对此已有专论。

由于对文中的"金"与"水"，学界有两种认识：一种认为是"金即铅，水即水银"，另一种认为是"金即水银，水即硫黄"。实际上，硫黄和铅这两种物质与水银反应，均能产生文中所讲的效果。所以为了客观和公允起见，笔者特把两种观点罗列于兹，以资参考。

第一种观点以萧汉明等先生为代表，他们认为这一段话讲的是投药入炉及药物在高温鼎炉内发生化学变化的过程，并解释其文句的意思说：先把铅黄华放入鼎内四周，然后再将水银注入，铅黄华与水银的比例等同，"金计有十五"是说铅黄华用 15 两，与之相应，水银也用 15 两，两者铢两相等。这是一种失败的实验结果，因为此实验不能生成"黄舆"。而为了生成"黄舆"，魏伯阳把水银分成"五份"，先拿出二份与铅黄华合炼，"火二与之俱"，且"变化状若神"，结果生成了结晶的"黄舆"，实验成功。[②]所以有学者曾评论说：

> 据孟乃昌说，"临炉定铢两"是说临作实验时，才把汞称出，因若早了，恐汞挥发掉；并说把十五分水银分成五份（每份三分），加入二份就差不多了，另外三份不必加入。按汞的挥发性虽较强，但它的沸点还有 357 之高，因而并不是那么容易挥发掉。至于分为五份，只用二份，余下三份，也须经过反复实验才能知道，而不可能一开始就能那样做。因汞和铅熔液相和的混合液，只有在冷却后，才能知道能否凝为坚硬的固体，若水银过多则不能凝固。可以想象，魏伯阳在一开始时，是将各取 15 分的铅和汞都用了的。但结果发现水银多了，不能凝为固体。经过多次实验，才定出了铅汞的适当比例。我们认为，这就是"临炉定铢两"的意思。这说明魏伯阳对这一实验是下了功夫的。[③]

笔者认为，这个评价十分允当，无疑是符合历史实际的。

第二种观点以林中鹏先生为代表，他认为金十五、硫黄五分（水五分）的冶炼过程，一般可分为两个阶段：第一个阶段从三物相含受到状若明窗尘，水银同硫黄在加热过程中变化剧烈，先是硫黄浮在水银面，"阴在上，阳在下"，此时硫黄因受热而变成液体，若继续升温，则熔融的硫黄会变成暗棕色且黏滞，黏度达最高点近乎凝结，"先液而后凝"，即

---

① （东汉）魏伯阳：《周易参同契》卷上，鄢良主编：《中华养生经籍集成》，第 112 页。
② 萧汉明、郭东升：《〈周易参同契〉研究》，上海：上海文化出版社，2001 年，第 139—140 页。
③ 李俊甫：《论中国古代炼丹术〈参同契〉》，《新乡师范学院学报》1963 年第 1 期，第 30 页。

为半成品的"黄舆",这是硫黄有异于其他物质的明显特征。继之,便出现了十分壮观的化学反应场景:"岁日将欲讫"和"毁性伤寿年",应该说冶炼时间既充分,反应又完全,可得到的却是一种很难看的东西,"形体如灰土,状若明窗尘",其中灰黑如尘土,是水银同硫黄在一般条件下冶炼所得到的产物。林中鹏先生通过实验证实了这一点,这些"灰土"样的东西,其主要成分为黑色,并夹杂有也呈黑色的硫化汞,间或也杂有少许未氧化的硫黄。接着,将这些"灰土"般的成品作为丹料捣碎混匀,装炉进入下一个冶炼阶段,入炉后,"持入红色门",迅即把炉盖封死,密不透风,经过一定时间的烧制,最后得到红色无毒的硫化汞。[①]

综上所述,诚如有学者所言:"实验是人们根据研究目的,通过一定的仪器设备,人为地变革、控制自然过程,在有利的条件下研究自然现象并从中获取科学事实的方法。一个完整的实验系统必须具备三个基本要素,即实验者、实验手段和实验对象。从上述剖析中,我们可以看出,《周易参同契》中制备还丹的整个过程已具备实验的三大要素,是一个较为完整的炼丹实验操作系统。"[②]

第二个实验是硫汞还丹,这是一个在学界颇有争议的问题。《周易参同契》说:"河上姹女,灵而最神,得火则飞,不见垢尘。……将欲制之,黄芽为根。"[③]学界对这段隐语的解释,存在很大歧义。"河上姹女"指的是水银,对此,学界的认识比较统一,可是,对于"黄芽"这个隐语,学界的解释可就异彩纷呈了。主要观点有三:一是张子高先生的"黄芽即硫黄"说[④];二是孟乃昌先生的"黄芽即金属铅"说[⑤];三是赵匡华先生的"黄芽即铅丹"说[⑥]。就每种观点与现代化学实验的符合程度来说,都有道理。但是这里面却涉及汉代究竟有没有出现硫黄制汞工艺的问题?所以不能不严肃对待。赵匡华先生明确表示:"随着中国炼丹术的发展与进步,丹家逐步找到并掌握了以水银—硫黄升炼红色丹砂的工艺,发现以硫黄制汞并使之'还复为丹'较之用玄黄或铅黄华更为有效,当然它也就完全具备'芽'和'根'的作用。于是硫黄又开始被呼之为黄芽。这一称谓的最早记载出现于唐肃宗宝应年中问世之《丹房镜源》,谓:"石硫黄,可乾汞。语(诀)曰:此硫见五金而黑,得水银而赤。又曰黄芽。"[⑦]笔者认为,这个结论有待商榷。例如,《周易参同契》载:"世间多学士,高妙美良材,邂逅不遭遇,耗火亡货财。据按依文说,妄以意为之。端绪无因缘,度量何操持。捣治羌石胆,云母及矾磁。硫黄烧豫章,铅汞合和冶。鼓下五石铜,以之为辅枢。"[⑧]对于这段话,孟乃昌先生有一个比较符合实际的认识。他说:

① 鄢良主编:《中华养生经籍集成》,第107—108页。

② 赵畅主编:《上虞文史资料选粹》,北京:中国广播电视出版社,2008年,第91页。

③ (东汉)魏伯阳:《周易参同契》卷中,鄢良主编:《中华养生经籍集成》,第114页。

④ 张子高编著:《中国化学史稿(古代之部)》,北京:科学出版社,1964年,第72—73页;李穆南主编:《承前启后的近代化学》,北京:中国环境科学出版社,2006年,第173页。

⑤ 孟乃昌:《〈周易参同契〉的实验和理论》,《太原工学院学报》1983年第3期,第129—134页。

⑥ 赵匡华:《中国炼丹术中的"黄芽"辨析》,《自然科学史研究》1989年第4期,第350—360页。

⑦ 赵匡华:《中国炼丹术中的"黄芽"辨析》,《自然科学史研究》1989年第4期,第357页。

⑧ (东汉)魏伯阳:《周易参同契》卷上,鄢良主编:《中华养生经籍集成》,第111页。

这里请注意魏伯阳批评的"硫黄烧豫章，泥汞相炼冶"，据《后汉书》的《郡国志》注引《豫章记》："建城县有石炭"，是即东汉已用煤炭作燃料，书所批评的当然不会是它所掌握的主要技术，也就是说魏伯阳没有以"硫黄……泥汞相炼"合成 HgS。但这也提供了可贵的反证，那就是在他著作以前和同时，已经有人在把 S 和 Hg 一起烧炼了，所以才有可能受到他的批评。……另外"泥汞"也有指不纯之汞，含较多杂质的意思。魏伯阳所批评的，并不必都是错的，他以前和同时（代）确有人这样作了，因此合成硫化汞有了可能性。这里也还存在问题，魏伯阳既然批评硫汞相合而炼，那么他显然这项技术没有过关，于是，别人是否也没有过关呢？其原因又何在？从现有资料来推测，恐怕问题就发生在"烧豫章"上。劳动人民发现了烧炭，并且应用到冶铁技术以及生活方面，这是一个巨大的贡献。炼丹家也学到了使用这种新的燃料的方法，但并没有很好掌握使用方法。主要是煤炭的发热量大（一般可达 6000—7000 卡/克，燃烧时所升温度 600—700℃，用风箱时达 1000—1100℃，都不是很困难的），这本是一种优良的品性，但却不甚适于升华操作，火力过猛是使合成 HgS 并升华失败的重要原因之一。所以历代炼丹术都很注意火候，魏伯阳有先文后武的说法。①

当然，这段论述也不是没有逻辑上的矛盾，比如，"汞"和"泥汞"不是一回事，魏伯阳反对将"硫黄和泥汞"相合而炼，却并一定反对"硫黄与汞"相合而炼。还有，既然魏伯阳找到了别人将硫与泥汞合炼失败的原因，那就表明他已经掌握了正确的硫汞合成工艺，而不能说"魏伯阳既然批评硫汞相合而炼，那么他显然这项技术没有过关"。如众所知，丹砂是炼丹家最早使用的炼丹原材料之一，《淮南子·人间训》云："铅之与丹（即丹砂），异类殊色，而可以为丹者，得其数也。"②又《黄帝九鼎神丹经诀》卷 1 载：

> 玄黄法：取水银十斤，铅二十斤，纳铁器中，猛其下火。铅与水银吐其精华，华紫色或如黄金色，以铁匙接取，名曰玄黄，一名黄精，一名黄芽，一名黄轻。当纳药于竹筒中百蒸之，当以雄黄丹砂水和飞之。③

看来，真正的"黄芽"，不是简单的"铅与水银吐其精华"，而是还有"以雄黄丹砂水和飞"的程序，只有把这两个程序结合起来，才能称之为真正的"玄黄"，也即"黄芽"，而"雄黄丹砂水"实际上即是硫化汞液体。④

再有，葛洪《抱朴子·金丹篇》载："丹砂烧之成水银，积变又还成丹砂。……世人少所识，多所怪，或不知水银出于丹砂，告之终不肯信，云丹砂本赤物，从何得成此白物。"⑤从葛洪的言语中，不难体悟当时水银与丹砂的化学变化，在丹家看来已经是基本常

① 孟乃昌：《〈周易参同契〉的实验和理论》，《太原工学院学报》1983 年第 3 期，第 139 页。
② （汉）刘安著、高诱注：《淮南子·人间训》，《百子全书》第 3 册，第 2979 页。
③ 《黄帝九鼎神丹经诀》卷 1，李零主编：《中国方术概观·服食卷》，北京：人民中国出版社，1993 年，第 3 页。
④ 何堂坤：《中国古代手工业工程技术史》上，太原：山西教育出版社，2012 年，第 408 页。
⑤ （晋）葛洪：《抱朴子》卷 1《金丹篇》，《百子全书》第 5 册，第 4690 页。

识了。即将丹砂（红色硫化汞）煅烧，可使其中所含的硫变成二氧化硫气体释出，而分离出水银，然后，再将水银与硫黄化合，生成黑色硫化汞，在闭合管中经过加热升华，又可得到赤红色硫化汞结晶。[1]

《周易参同契》的时代恰好在《黄帝九鼎神丹经诀》与《抱朴子》两书的时代之间，因此，魏伯阳已经掌握硫汞还丹升华技术是非常有可能的。有例为证，如《周易参同契》云："丹砂水精，得金乃并。金水相比，水火为伍。"[2]文中的"丹砂水精"讲的就是硫化汞加热分解后生成水银，知道了这一反应过程，其可逆反应当然不会不知道。《周易参同契》又载："金以砂为主，禀和于水银。变化由其真，终始自相因。"[3]

此处的"砂"指丹砂，它本身是一种金属化合物，与水银一起炼制，能生成硫化汞，此即魏伯阳所说的"还丹"。有鉴于此，笔者认同张子高先生的看法。下面是《周易参同契》所载的硫汞还丹第二步实验的化学反应过程：

> 捣冶并合之，驰入赤色门。固塞其际会，务令致完坚。炎火张于下，昼夜声正勤。始文使可修，终竟武乃成。候视加谨慎，审察调寒温。周旋十二节，节尽更始元。气索命将绝，体死亡魂魄。色转更为紫，赫然成还丹。粉提以一丸，刀圭最为神。[4]

文中所讲的"紫色还丹"即是红色硫化汞。[5]对这个问题，杜石然等人编著的《中国科学技术史》有段评述，比较重要，故特引录于兹，以供参考。杜石然等人在书中说：

> 炼丹家在从丹砂中提取汞时，又发现了汞能与硫黄相化合而还成丹砂的事实。对此，魏伯阳在《周易参同契》中曾描述了水银容易挥发，容易和硫黄化合的特性，以及其在丹鼎中升华后"赫然还为丹"的过程。而葛洪则用更概括的语言说："丹砂烧之成水银，积变又还成丹砂。"丹砂即硫化汞，呈红色，经过煅烧，硫被氧化而成二氧化硫，分离出金属汞，再使汞与硫黄化合，生成黑色硫化汞，经升华即得红色硫化汞的结晶。这种人造的红色硫化汞可能是人类最早通过化学方法制成的产品之一。[6]

（二）《周易参同契》的主要炼丹成就

由于后世将《周易参同契》的性质一分为二：既讲外丹，同时又讲内丹。尽管对这种近乎割裂的划分，学界尚有不同意见，但我们结合东汉丹学发展的历史实际，并根据《周易参同契》的具体内容，拟从两个方面来讨论魏伯阳的炼丹成就。

① 李崇高：《道教与科学》，北京：宗教文化出版社，2008年，第87页。
② （东汉）魏伯阳：《周易参同契》卷中，鄢良主编《中华养生经籍集成》，第114页。
③ （东汉）魏伯阳：《周易参同契》卷上，鄢良主编《中华养生经籍集成》，第111页。
④ （东汉）魏伯阳：《周易参同契》卷上，鄢良主编《中华养生经籍集成》，第112页。
⑤ 张子高编著：《中国化学史稿（古代之部）》，北京：科学出版社，1964年，第72页；王根元、刘昭民、王昶：《中国古代矿物知识》，北京：化学工业出版社，2011年，第93页。
⑥ 杜石然等：《中国科学技术史稿》修订版，北京：北京大学出版社，2012年，第164页。

1. 主要的外丹成就

（1）汞齐，即汞与其他金属组成的合金。《周易参同契》说："太阳流珠，常欲去人。卒得金华，转而相因。化为白液，凝而至坚。金华先唱，食倾之间，解化为水。"①文中的"太阳流珠"是指水银，这句话的意思是说因为水银密度比较大，无法黏在容器表面，这样它就很容易溅出容器外，落到地上形成珠形。那么，如何制伏水银的这种特性呢？"金华"是指金属铅，当水银与金属铅在鼎中加热后，先变成白色的液体，然后"凝而至坚"，而当温度升高后，固体铅丹再次熔化成液体，继续加热，便被氧化成玄黄。又说："丹砂木精，得金乃并，金水相处。"也就是说，硫化汞加热分解后生成汞，而汞与金属化合生成汞齐。②可见，汞有一种特殊的化学性质，它能溶解金、银、铅等多种金属，溶解后即成为汞与这些金属的合金。这种合金的特点是：含汞少时呈固态，反之，含汞多时则呈液态。

（2）对黄金化学性质的认识。我国黄金的开采历史十分悠久，《尚书·禹贡》载："（扬州）惟金三品。"③此处的"金三品"是指金、银、铜，表明当时江浙一带已经开采黄金。20世纪70年代，人们在甘肃玉门火烧沟的一处奴隶社会早期遗址中，出土了金耳环。《韩非子·内储说上》载："荆南之地，丽水之中生金，人多窃采金。"④文中的"丽水"即今云南境内的金沙江，这里出产淘洗的沙金，它们是肉眼可见的自然金。春秋战国时期，黄金制作工艺有了长足发展，例如，湖北随县曾侯乙墓出土的金盏，是目前我国已知的先秦出土金器中最重的容器。而人们在内蒙古抗锦旗阿鲁柴登的一座匈奴墓葬中所出土的鹰形金冠饰，采用范铸、携镂、压印、抽丝、编累、镶嵌等一系列工艺制成。秦汉时期，黄金作为重要的货币媒介，其货币单位和重量单位制度确立。然而，人们发现东汉的黄金数量减少⑤，于是，伪金的炼制开始泛滥。所以《周易参同契》非常重视黄金及伪金的冶炼，恐怕与此联系密切。在反复的炼制黄金过程中，魏伯阳认识到黄金具有如下性质：第一，"金入于猛火，色不夺精光"⑥。即黄金的化学性质在强热条件下很稳定，不容易被氧化。第二，"金不失其重，日月形如常"⑦。即黄金在高温条件下，重量不会损失，故有"真金不怕火炼"之说。第三，"金性不败朽，故为万物宝"⑧。这就是说，黄金具有抗蚀性。第四，金汞齐若高温加热，则黄金又可恢复真身，用魏伯阳的话说，就是"金复其故性，威光鼎乃熺"⑨。

（3）对于铅化学的认识。《周易参同契》云："胡粉投火中，色坏还为铅。"⑩胡粉是一种碱性碳酸铅，白色粉末，亦称铅白。这种物质经过燃烧，会分解出水蒸气和二氧化碳，

①　（东汉）魏伯阳：《周易参同契》卷中，鄢良主编：《中华养生经籍集成》，第114页。
②　王星光主编：《中原文化大典·科学技术典 数学 物理学 化学》，郑州：中州古籍出版社，2008年，第245页。
③　黄侃：《黄侃手批白文十三经·尚书》，第10页。
④　（战国）韩非：《韩非子》卷9《内储说上》，《百子全书》第2册，第1709页。
⑤　石俊志：《中国货币法制史概论》，北京：中国金融出版社，2012年，第137—139页。
⑥　（东汉）魏伯阳：《周易参同契》卷上，鄢良主编：《中华养生经籍集成》，第111页。
⑦　（东汉）魏伯阳：《周易参同契》卷上，鄢良主编：《中华养生经籍集成》，第111页。
⑧　（东汉）魏伯阳：《周易参同契》卷上，鄢良主编：《中华养生经籍集成》，第111页。
⑨　（东汉）魏伯阳：《周易参同契》卷上，鄢良主编：《中华养生经籍集成》，第111页。
⑩　（东汉）魏伯阳：《周易参同契》卷上，鄢良主编：《中华养生经籍集成》，第111页。

比较重的黄色氧化铅沉积下来。剩余的氧化铅进一步与碳或一氧化碳化合，便生成金属铅。其实际上，魏伯阳已经注意到铅与胡粉之间化学反应的可逆变化了。

《周易参同契》又说："故铅外黑，内怀金华。"[1]这是说铅的外在颜色很容易被氧化，并失去其金属光泽，而"内含金华"则旨在说明铅与汞金属可形成合金。

（4）注意控制炼丹原料的种类与分量比例。《周易参同契》云："药物非种，名类不同，分剂参差，失其纪纲。虽黄帝临炉，太乙执火，八公捣炼，淮南调合，立宇崇坛，玉为阶陛，麟凤脯腊，茅藉长跪，祝祷神祇，请哀诸鬼，沐浴斋戒，冀有所望。亦犹如胶补釜，以碯涂疮，去冷加冰，除热用汤，飞龟舞蛇，终不可得。"[2]

这段话讲的是炼丹原料之间的配伍和恰当的数量关系问题，这个问题实在太重要了，以至于魏伯阳列举了许多活生生的惨痛史例，以警世人。可以说，这些例子基本上都是由于炼丹所用原料较多，而粗心的丹家又没有掌握好各种原料之间的分量比例，终至酿成大祸。其中"八公捣炼，淮南调合"有可能与火药的发明有关。下面是郭正谊先生的一段精彩考论，尽管是一家之言，但不能不引起我们的重视。他说：

> 火药是中国古代炼丹家在炼丹过程中发明的。但是，在探讨这一历史时，由于引述文献时出现张冠李戴的失误，以致长期以来不仅将唐代孙思邈误奉为火药的发明人，而且武断在唐代以前不会有火药及火药武器，从而使这一重大发明的历史研究徘徊不前。

> 火药的最主要成分是作为氧化剂的硝石。成书于秦汉之际的《神农本草经》中已把硝石列为上品药，即在此之前已经具备了发明火药的物质基础。秦汉之际也是炼丹术开始盛行之时，方士们为了炼制仙丹妙药，把各类药物彼此配合烧炼。五金、八石（各种矿物药）、三黄（硫黄、雄黄、雌黄）、汞和硝石都是炼丹的常用药物。其中汞与三黄合炼而得丹砂是炼丹家们的得意之作。但若用硝石与三黄共炼必将燃烧爆炸，导致火药的发明。虽然早期的炼丹家们必曾作过这种尝试，但在现存的寥寥无几的早期丹书中却找不到有关记载。

> 后汉魏伯阳研究了大量汉代火法炼丹的记录，把有关的经验归纳总结在《参同契》中。他用阴阳—雌雄、龙虎—龟蛇等隐语来论述化合的原理，并且排列出三大类情况：一是雌雄配偶，顺利化合；二是"二女同室"，永不化合；三是"若药物非种，名类不同，分剂参差，失其纪纲"，那就会"飞龟舞蛇，愈见乖张"，这是指发生了难以控制的激烈反应。显然，火药的发明不会迟于东汉时期，否则魏伯阳是不可能归纳出这一大类爆炸反应的。

> 《参同契》中强调指出，即使是"八公捣炼，淮南执火"也没法避免"飞龟舞蛇"的发生。八公是西汉淮南王召致的八位方士，现传下来的有八公（三十六水法）。在这部西汉时期的丹书中有五十八个丹方，其中有三十三个配方中用硝石，而

---

[1] （东汉）魏伯阳：《周易参同契》卷上，鄢良主编：《中华养生经籍集成》，第110页。
[2] （东汉）魏伯阳：《周易参同契》卷中，鄢良主编：《中华养生经籍集成》，第115页。

其中又有六个是硝石与三黄共炼。但这部是水法炼丹，不用火烧炼。是否由于硝石火炼后发生危险而又设计的水法呢？能否认为淮南王时期就已掌握了火药的秘密呢？这也有所传闻。

南北朝时，萧绮在录《拾遗记》时引述《淮南子》云："含雷吐火之术，出于万毕之家"（今本《淮南子》中此文已佚）。萧绮还论述了"方虆羽于洪炉，炎烟火于冰水"是"书籍之所未详"。这说明在淮南王时期，已有将火药用于幻术的传闻。可能在已失传的《淮南万毕术》中会有更详细的记述。

炼丹家们发明了火药，最初是用于戏术或恶作剧，后来才逐渐转用于军事。①

2. 主要的内丹成就

周士一先生在 1985 年提出《周易参同契》是一部练气功专著的观点②，胡孚琛先生更主张："《周易参同契》是第一部专门论述内丹法诀的仙学著作。"③这两种观点都有较大的影响，但也有争议，在反对者的意见中，有论者认为，胡先生的说法"是一种以流为源、以果为因的颠倒之见"④。因为内丹学是唐宋之后才出现的概念，汉代没有此名称。这里涉及中国古代的名实问题，我们有必要多说两句。实即客观存在，名即名称，从历史上看，先有实还是先有名，一直争论不休。老子主张："有名万物之母。"⑤这句话的本义是说只有名称出现之后，才有与其名称相对应的客观事物。任继愈先生在《中国哲学史》一书中曾介绍僧肇的名实思想说：

> 在名实关系的问题上，过去的唯心主义者，对待名实关系时，只是把名（概念）作为第一性的，实（概念所指的具体事物）作为第二性的。僧肇认为，如果区分第一性、第二性（名实的先后关系），仍然要承认有所谓被名所代表的实的客观存在（有当名之实），这种唯心主义还不够彻底，他要从根本上取消实和名，认为名和实都是空的。唯心主义更彻底了。⑥

实际上，不仅古代的名实关系如此，即使现在，名实关系仍然如此。例如，关于中国古代有没有科学的问题。否定派所持的观点就是"据名否实"，他们认为"科学"这个概念是近代以后才有的，所以中国古代无科学，而对客观事实置之不理。回到我们所讨论的问题上，也存在名实的关系问题，否定汉代有内丹学的论者，所持论点也是"内丹"这个概念是唐宋之后才有的，因此，汉代没有内丹学。然而，我们相信事实，唯有事实的存在与否，才是判断汉代有无内丹学的主要依据。依此，卿希泰先生将内丹学的形成与发展分为三个阶段：从《周易参同契》到唐末为第一个阶段，属于草创时期；从两宋至明中叶为

① 郭正谊：《科海求真》，南京：江苏教育出版社，1997 年，第 29—30 页。
② 钱学森：《人体科学与现代科技发展纵横观》，北京：人民出版社，1997 年，第 327—328 页。
③ 胡孚琛：《道学通论》修订版，北京：社会科学文献出版社，2018 年，第 525 页。
④ 戈国龙：《〈周易参同契〉与内丹学的形成》，《宗教学研究》2004 年第 2 期，第 25 页。
⑤ （三国·魏）王弼：《老子道德经》，《诸子集成》第 4 册，第 1 页。
⑥ 任继愈：《中国哲学史》第 2 册，北京：人民出版社，1963 年，第 253 页。

第二个阶段，属于繁荣时期；从明代至清代为地三个阶段，属于成熟时期。①

（1）"内以养己"说的提出。《周易参同契》的主旨是什么？魏伯阳在文中明确表示，《周易参同契》的最高目标就是通过炼丹而"吉人相乘，安隐长生"②，为了实现这个不可能变成现实的目标，魏伯阳双管齐下，一方面采取矿物炼丹，试图成就"安隐长生"的灵丹妙药，所以魏伯阳说："巨胜尚延年，还丹可入口。金性不败朽，故为万物宝，术士服食之，寿命得长久。"③另一方面倡导男女双修的阴阳派丹法。魏伯阳说：

> 内以养己，安静虚无。原本隐明，内照形躯。闭塞其兑，筑固灵株。三光陆沉，温养子珠，视之不见，近而易求。④

在魏伯阳看来，"炁"乃生命之本。他说："将欲养性，延命却期，审思始末，当虑其先，人所禀躯。元精云布，因气托初，阴阳为度，魂魄所居。"⑤在这句话里，包含了后世内丹学派的三个基本概念：精、气、神，而炁是根本。所以，无论是炼己，还是养性，最根本的就在于行气。先秦的行气术大致可分为两派：一派以"行气铭"为代表，称之为"周天行气法"，如"行气铭"说："行气，深则蓄，蓄则伸，伸则下，下则定，定则固，固则萌，萌则长，长则退，退则天。天机春在上，地机春在下。顺则生，逆则死。"⑥另一派以《庄子》为代表，主张以意守为要。显然，《周易参同契》综合了上述两派的思想特点，并加以改造，遂形成了汉代行气炼养术的主要理论模式。

（2）人体胚胎说。人类个体生命是一个在母腹中逐渐形成和发育的过程，对这个过程《周易参同契》描述说：从受精卵到胚胎的形成，"类如鸡子，白黑相扶。纵横一寸，以为始初。四肢五脏，筋骨乃俱。弥历十月，脱出其胞。骨弱可卷，肉滑若铅"⑦。尽管魏伯阳对胚胎发育的每个阶段，没有作进一步的细致考察，但从总体来说，他的说法是真实可信的。因为丹家对"类如鸡子，白黑相扶"的阴阳凝聚体，非常迷恋和向往，而他们累日积夜地修炼和梦寐以求的东西就是这个。《周易参同契》云："知白守黑，神明自来。白者金精，黑者水基。水者道枢，其数名一。阴阳之始，玄含黄芽。"⑧文中的"白"是指肾之元阳，"黑"是指肾之元阴。这样，魏伯阳就把生命的"本源"归结到肾脏之"元阳"和"元阴"两大物质系统。以此为前提，魏伯阳又说："方圆径寸，混而相扶。先天地生，巍巍尊高。"⑨这句话至少有两种解释：其一，形容"玄关之体用"⑩，"玄关一窍，有称为有无妙窍者，有称为上下釜者，有称为阴阳鼎者，有称为神气穴者，皆由此也，皆统于一

---

① 卿希泰主编：《中国道教史》第 4 卷，成都：四川人民出版社，1996 年，第 23 页。
② （东汉）魏伯阳：《周易参同契》卷下，鄢良主编：《中华养生经籍集成》，第 116 页。
③ （东汉）魏伯阳：《周易参同契》卷上，鄢良主编：《中华养生经籍集成》，第 111 页。
④ （东汉）魏伯阳：《周易参同契》卷上，鄢良主编：《中华养生经籍集成》，第 110 页。
⑤ （东汉）魏伯阳：《周易参同契》卷中，鄢良主编：《中华养生经籍集成》，第 113 页。
⑥ 鄢良主编：《中华养生经籍集成》，第 99 页。
⑦ （东汉）魏伯阳：《周易参同契》卷中，鄢良主编：《中华养生经籍集成》，第 113—114 页。
⑧ （东汉）魏伯阳：《周易参同契》卷上，鄢良主编：《中华养生经籍集成》，第 110 页。
⑨ （东汉）魏伯阳：《周易参同契》卷上，鄢良主编：《中华养生经籍集成》，第 110 页。
⑩ 陈毓照、张利民主编：《丹道养生道家西派集成》第 2 卷，北京：中国时代经济出版社，2010 年，第 799 页。

中而已矣"①。其二，"此段是对泥丸宫的拟议及形容。……泥丸一宫，方圆只有一寸，故《黄庭经》云：'泥丸九真皆有房，方圆一寸处此中。'""泥丸宫非但是人身元神所居之位，而且是万神汇集之地，它和人身的五脏六腑、七经八脉、百骸九窍关系密切，混而相应。故《周易参同契发挥》中说：'泥丸一穴，乃一身万窍之祖窍，此窍开则众窍开也。'"②

通过以上解释，"方圆径寸"主要指人体的肾堂宫和泥丸宫，这两个结构之间有通道相连，是"先天地之真一气"运转的枢纽，用人体生理学的术语讲，就是肾气与脑室之间由督脉和任脉相互贯通，此即内丹学中的小周天功。其功法的循环特点是：内气由下丹田或者肾堂宫开始，经过会阴和肛门，沿着脊椎内的督脉，贯穿尾闾、夹脊、玉枕三关，入头顶之泥丸宫；出泥丸宫，经过上丹田，向下行至舌尖，与任脉交接，然后沿着胸腹正中内的上、中、下三焦，穿过中丹田，返回到下丹田或者肾堂宫，行气一周犹如昼夜循环。

（3）三性会合。这是由炼气到炼神的一种修炼境界，用丹家的话说，就是大周天功法。《周易参同契》云："子午数合三，戊己号称五，三五既谐和，八石正纲纪。呼吸相贪欲，伫思为夫妇。黄土金之父，流珠水之母。水以土为鬼，土镇水不起。朱雀为火精，气平调胜负。水盛火消灭，俱死归厚土。三性已合会，本性共宗祖。"③

人体的血液循环有肺循环与体循环之分，而主要功能是完成体内的物质运输。虽然中医藏象学说的气血循环有自己的独特体系，但是人体气血循着经络传导，"终坤始复，如循连环"④，从而维持生命的正常运动，此与西医的认识并无本质区别。从大的经络背景看，魏伯阳讲的"子午数合三"，应系五行中的水、火、土，对此学界的认识基本一致，然而，如果把水、火、土与人体的具体生理结构相对应，那么，学者的看法就不一致了。至少有三种观点：第一，"子水一，为肾；午火二，为心。合之为三，戊己为脾，其数五"⑤。第二，"内视内气氤氲于泥丸、腹脐、尾闾之间。河图模型中，为北一、南二、戊己五一条直线"⑥。第三，"东木数三，南火数二，相加为五，即木火为侣，回到中土五；北水数一，西金数四，相加为五，即金水合处，回到中土五。亦即木火金水回到中央，与土混合，回归到混然一气。这自然是《周易参同契》要说的炼丹之义；但魏伯阳除了此义之外，尚有水火相克，借中土的调剂，而回归到中土去；和金木相克，借中土的调剂，也回归到中土去的奥义，这便是'子午数合三，戊己号称五'的说法了"⑦。从严格的意义上来讲，内气的运行应当与经络流注的规律相一致。如众所知，气血在十二经脉中循环贯注的次序，不是杂乱无章的，而是先后有序，出入有常。即以手太阴肺经为始端，依次出入流转的顺序是：手阳明大肠经、足阳明胃经、足太阴脾经、手少阴心经、手太阳小肠

① 陈毓照、张利民主编：《丹道养生道家西派集成》第2卷，第799页。
② 任法融：《周易参同契》，北京：东方出版社，2012年，第78页。
③ （东汉）魏伯阳：《周易参同契》卷上，鄢良主编：《中华养生经籍集成》，第111页。
④ （东汉）魏伯阳：《周易参同契》卷中，鄢良主编：《中华养生经籍集成》，第113页。
⑤ 吕光荣主编：《中国气功辞典》，北京：人民卫生出版社，1988年，第295页。
⑥ 萧汉明、郭东升：《〈周易参同契〉研究》，上海：上海文化出版社，2001年，第163页。
⑦ 黄汉立：《易学与气功》，上海：学林出版社，1999年，第314—315页。

经、足太阳膀胱经、足少阴肾经、手厥阴心包经、手少阳三焦经、足少阳胆经、足厥阴肝经，如图 1-29 所示。可见，五脏是十二经脉流注的中心环节，从肺脏开始，经过脾与心、心与肾、肾与肝、肝与肺的相互贯通，形成了一个全身统一的循环，这个循环"循据璇玑，升降上下"①，周流无碍，唯其如此，才能延年长寿。不论小周天法，还是大周天法，一切功法都是为这个中心目的服务的，而只要能保证全身气血周流无碍，疾病就无法侵害人体。为了实现这个目标，魏伯阳反复强调，炼丹一定要讲求规矩，不能随心随欲，更不能任性而为。

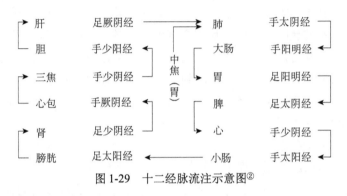

图 1-29　十二经脉流注示意图②

（4）"委志归虚无，无念以为常"。这是内丹功法的又一种境界，亦即炼神归虚。《周易参同契》云：

> 耳目己三宝，固塞勿发扬。真人潜深渊，浮游守规中。旋曲以视览，开阖皆合同。为己之轴辖，动静不竭穷。离气内营卫，坎亦不用聪，兑合不以谈，希言顺以鸿。三者既关键，缓体处空房。委志归虚无，无念以为常。证难以推移，心专不纵横。寝寐神相抱，觉寤候存亡。颜容浸以润，骨节益坚强。排却众阴邪，然后立正阳。修之不辍休，庶气云雨行。淫淫若春泽，液液象解冰。从头流达足，究竟复上升。往来洞无极，怫怫被容中。反者道之验，弱者德之柄。芸锄宿污秽，细微得调畅。浊者清之路，昏久则昭明。③

人体的外表有三大关隘：耳、目、口。这三大关隘如果把控不好，就会影响炼神归虚的效果，甚或前功尽弃。不仅于练功不利，而且还会严重危害人体健康。所以在练功时，不能为外界的纷乱景象所干扰，而应虚一而静，没有浮思杂念，专心致力于修炼，内视自身，外化万物，一身之气，出隙入孔，精血周流，滋筋润骨，魂安魄泰，荣卫敷畅。于是，"金砂入五内，雾散若风雨。熏蒸达四肢，颜色悦泽好。鬓发白变黑，更生易牙齿。老翁复丁壮，老妪成姹女。改形免世厄，号之曰真人"④。这就回到《周易参同契》的本质中去了，而所谓真人即是仙经中所说"真气氤氲而不息者"的化身，唯其如此，才能真

---

① （东汉）魏伯阳：《周易参同契》卷中，鄢良主编：《中华养生经籍集成》，第 113 页。
② 南京中医药大学编著：《中药学概论》，长沙：湖南科学技术出版社，2013 年，第 21 页。
③ （东汉）魏伯阳：《周易参同契》卷中，鄢良主编：《中华养生经籍集成》，第 114 页。
④ （东汉）魏伯阳：《周易参同契》卷上，鄢良主编：《中华养生经籍集成》，第 111 页。

正进入"若有若无，仿佛大渊，乍沉乍浮"①的至妙之境。

二、魏伯阳丹道学说的思想特点及其历史地位

（一）魏伯阳丹道学说的思想特点

1. 批判汉代丹道中的各种歪理邪术

由于炼丹的特殊诱惑力，各种歪理邪术乘机而起，这种混乱现象不仅严重阻碍了丹道的正常发展，而且会给人们的生命健康带来多种可怕后果，贻害无穷。所以魏伯阳在《周易参同契》一书中揭露了6种东汉社会较流行的炼丹邪术，魏伯阳说：

> 是非历藏法，内视有所思。履斗步斗宿，六甲以日辰。阴道厌九一，浊乱弄元胞。食气鸣肠胃，吐正吸外邪。昼夜不卧寐，肠鸣未尝休，身体既疲倦，恍惚状如痴。百脉鼎沸驰，不得清澄居。累土立坛宇，朝暮敬祭祀，鬼物见形象，梦寐感慨之。心欢意悦喜，自谓必延期，遽以夭命死，腐露其形骸。举措则有违，悖逆失枢机。诸术众甚多，千条有万条，前却违黄老，曲折戾九都。②

（1）"是非历藏法，内视有所思"，文中的"是非"即批判之意，而"历藏法"则是一种套用外丹以比附内丹的秘法，也称专修孤阴之术，或称咽津内视法。历史上，人们对它的评价是毁誉参半，而魏伯阳对它持否定态度。不过，学界对此法有两种评价：

第一种，"以五脏为五行，以肾为铅，以心为真汞，以肝为青龙，以肺为白虎，以脾为戊己土，以意为黄芽，以眼观鼻、鼻观心、心注于丹田，以神思闭息。这是误把'设象比喻'当真，不知'立象尽意，得意忘象，得意而忘言'之理"③。

第二种，"此法为每日清晨，依东南中西北之次审祝舌料，舐上齿表、下齿表、内唇、漱口满耳咽之。此法又称服五牙之气。行此法宜思入其脏，使其液宣通各依所主。为东方入肝，南方入心，中央入脾，西方入肺，北方入肾。此法虽不达于仙道，但于健康多有裨益，不可废"④。

王明先生据此认为魏伯阳的《周易参同契》"不特无内丹及房中之论，且斥二者为左道旁门，乖违自然之理"⑤。实际上，"内视有所思"仅仅是内丹功法中的一个阶段，它是需要循序渐进才能达到目的，不能盲目跳跃，否则就会误入歧途。对此，魏伯阳反复强调："动静有常，奉其绳墨。"⑥他又说："陶冶有法度。"⑦显然，这些道理都是针对那些不遵从丹道规则的人而说的。对此，魏伯阳还有一段详细论述，他说：

---

① （东汉）魏伯阳：《周易参同契》卷上，鄢良主编：《中华养生经籍集成》，第110页。
② （东汉）魏伯阳：《周易参同契》卷上，鄢良主编：《中华养生经籍集成》，第110页。
③ 徐光泽：《中国传统健身长寿术》，深圳：海天出版社，2004年，第239页。
④ （东汉）魏伯阳：《周易参同契》，萧汉明校译，长沙：岳麓书社，2012年，第167页。
⑤ 中国社会科学院科研局组织编选：《王明集》，北京：中国社会科学出版社，2007年，第32页。
⑥ （东汉）魏伯阳：《周易参同契》卷中，鄢良主编：《中华养生经籍集成》，第112页。
⑦ （东汉）魏伯阳：《周易参同契》卷上，鄢良主编：《中华养生经籍集成》，第112页。

惟昔圣贤，怀玄抱真，服食九鼎，化洽无形，含精养神，通德三元，精液腠理，筋骨致坚，众邪辟除，正气常存，累积长久，化形而仙。忧悯后生，好道之伦，随傍风采，指画古文，著为图籍，开示后昆，露见枝条，隐藏本根，托号诸名，覆谬众文。学者得之，韫匮终身，子继父业，孙踵祖先，传世迷惑，竟无见闻。使宦者不仕，农夫失耘，商人弃货，志士家贫。①

从前的圣贤之所以能够"化形而仙"，那是因为他们"累积长久"的结果，绝非一日之功。可是，世上有很多人不明白这个道理，一味迷信那些左道旁门，结果造成"宦者不仕，农夫失耘，商人弃货，志士家贫"的严重社会问题，从这个层面看，魏伯阳对片面的"内视有所思"修炼法，进行一定程度的批判并无不当。

（2）"履斗步罡宿，六甲以日辰"，这是一种典型的左道邪术，阴长生《周易参同契注》云："履行星，步北斗，服六甲之符，吞日月之气也。"②这种步罡踏斗的修炼法，并不能引导修炼者步入仙境，相反，会陷入走火入魔的困阱之中。《正一修真略仪》载其步法云：

先举左，一跬一步，一前一后，一阴一阳，初与终同步，置脚横直，互相承如丁字，所以亦象阴阳之会也。踵小虚相及，勿使步阔狭失规矩。当握固闭气，实于太渊宫……临目，叩齿，存神，使四灵卫巳，骑吏罗列，前后左右，五方五帝，兵马都本位，北斗覆头，斗杓在前指其方，常背建击破也。步九迹竟，闭气却退，复本迹，又进，是为三支。即左转身，都遣神气纲目，直如本意，攻患害，除遣众事，行用讫，却闭目存神，调气归息于大渊宫，当咽液九过。其禁敕符水等，请五方五帝真气，如常言。③

至于现在人们如何认识这种功法，姑且不论。就魏伯阳的时代而言，他能用"事约而不繁"④的标准，来审视包括步罡踏斗在内的那些程式烦琐的所谓"法术"，有其合理性。

（3）"阴道厌九一，浊乱弄元胞"，这是一种腐朽、荒唐的内功修炼术，兴盛于汉代，如《汉书·方技略》载有《容成阴道》《尧舜阴道》等书籍，此类功法是其房中术的变种。这种采阴补阳的"养生法"成为历代帝王淫乱后宫佳丽的主要理论依据，明代嘉靖皇帝对"采阴术"有这样一段议论："夫以恣淫贪色，害命之具。他每名曰修补，何曾分补而两失焉。"张鼎文按语云："肃皇帝志在长生，半为房中之术所误。"⑤可见，魏伯阳力斥滥用房中术之妄是正确的。诚如上阳子注云："或习房中之术，御女三峰；或行九一之

① （东汉）魏伯阳：《周易参同契》卷下，鄢良主编：《中华养生经籍集成》，第115页。
② （汉）阴长生：《周易参同契》卷上，《道藏》第20册，北京、上海、天津：文物出版社、上海书店、天津古籍出版社，1988年，第75页。
③ （唐）佚名：《正一修真略仪》，《道藏》第32册，北京、上海、天津：文物出版社、上海书店、天津古籍出版社，1988年，第180页。
④ （东汉）魏伯阳：《周易参同契》卷中，鄢良主编：《中华养生经籍集成》第114页。
⑤ 王家范：《明清史料感知录（七）》，《历史教学问题》2007年第5期，第45页。

道，剑法五事，对境接气，浊乱元胞——是皆秽行，乃傍门之最下者。"①可见，这种所谓的"三峰采战之术"确实是丹道中的"歪门邪径"。

（4）"食气鸣肠胃，吐正吸外邪"，这是指吐纳术，亦为辟谷食气之法。至于这种功法的具体内容，我们可以通过下面的实录，对其有一个大致的了解。天台白云子在《服气精义论》一书中说：

> 凡服气断谷者，一旬之时，精气弱微，颜色萎黄；二旬之时，动作瞑眩，肢节怅恨，大便苦难，小便赤黄，或时下痢，前刚后溏；三旬之时，身体消瘦，重难以行；四旬之时，颜色渐悦，心独安康；五旬之时，五脏调和，精气内养；六旬之时，体复如故，机关调畅；七旬之时，心恶喧烦，志愿高翔；八旬之时，恬淡寂寞，信明术方；九旬之时，荣华润泽，声音洪彰；十旬之时，正气皆至，其效极昌。修之不止，年命延长。三年之后，瘢痕灭除，颜色有光；六年髓填，肠化为筋，预知存亡；经历九年，役使鬼神，玉女侍傍，脑实胁胼，不可复伤，号曰真人也。②

不吃不喝不要说三年六年，能坚持到"二旬"者有几人？有报道说，正常人在饥饿状态下存活几天是没有问题的。"（因为）人体中的脂肪细胞犹如一个大油库，储存着大量的脂肪。当人遇险需要动用这些脂肪时，会像动物冬眠时的情景一样，依靠原先储存的脂肪作为能源供给，这样长时间不进食同样可以维持生命。"③当然，这是比较极端的例子，而像《史记·留侯世家》载：张良为了避祸远害，而"学辟谷，道引轻身"④。然而，张良到底坚持了多久，《史记》没有记载，但后面紧接着说："会高帝崩，吕后德留侯，乃强食之。"⑤道家"辟谷"与"三尸"观念有关，故唐代张读《宣室志》云："凡学仙者，当先绝其三尸。如是，则神仙可得。"⑥实际上，现代医学实验证明，辟谷对身体有严重的危害：

2004 年，国内曾有一位志愿者在媒体监督下做过禁食体验。记者找到了禁食过程中留下的检验结果，显示其在禁食期间最低血糖为 20 毫摩尔/升（正常值为 3.89—6.1 毫摩尔/升）。血钾为 2.14 毫摩尔/升（正常值为 3.6—5.4 毫摩尔/升）。肝功、肾功多项生理指标也出现异常。陈国伟教授指出，上述数据表明，禁食者机体已处于严重低血糖和低血钾状态。低血钾有可能诱发严重心律失常，如尖端扭转型室性心动过速。甚至心室颤动而突然死亡。而葡萄糖是大脑主要能量来源，严重低血糖对脑供能绝对不利。只要血糖低于 2.8 毫摩尔/升就可出现低血糖所致脑功能障碍症状，轻者可表现为精神不集中、头晕、视物不清、步态不稳和出汗，严重者可出现神志不清、血压下降、昏迷，若不及时补充葡萄糖

① （元）陈致虚：《参同契上阳子注》，吕光荣主编：《中国气功经典·先秦至南北朝部分》上，北京：人民体育出版社，1990 年，第 261 页。
② （宋）张君房纂辑、蒋力生等校注：《云笈七签》卷 57《诸家气法部》，北京：华夏出版社，1996 年，第 336 页。
③ 陈其福：《走出亚健康 500 个为什么》，上海：上海三联书店，2006 年，第 179 页。
④ 《史记》卷 55《留侯世家》，第 2048 页。
⑤ 《史记》卷 55《留侯世家》，第 2048 页。
⑥ （唐）张读撰、萧逸校点：《宣室志》卷 1，上海：上海古籍出版社，2012 年，第 13 页。

可导致死亡或遗留中枢神经永久性损伤。可见，长时期的忍饥食气，紧撮谷道，于身体有百害而无一利，绝不可取。

（5）"昼夜不卧寐，晦朔未尝休"，这是一种论年打坐法，也有学者称之为"炼魔法"，莫说昼夜运动，不仅不能养生，反而会招致病灾，即使一般的熬夜危害，也足以让人胆寒。其具体危害主要有增加乳腺癌风险，增加胃癌概率，易"伤心"，降低免疫力，易做噩梦，易发胖，易抑郁，对大脑伤害大，如有一项研究发现，整夜没有睡觉的受试者，其脑部的化学物质神经元特异性烯醇化酶与S—100B蛋白呈上升趋势，而它们都是损伤脑部的标记物。所以俞琰说得好："坐顽空，则苦自昼夜不眠；打勤劳，则不顾身体疲倦。或摇头撼脑，提拳努力，于是百脉沸驰，而变出痈疽者有之。"[1]这种长坐不卧的过度运动，由于把人体的筋骨肌肉都折腾到了无法招架的程度，致使其免疫力下降，"身体日疲倦，恍惚状若痴"，脏腑的生理机渐渐发生逆转，甚至走向其反面，结果只能是"遽以夭命死"，事与愿违。

（6）"累土立坛宇，朝暮敬祭祀"，这是一种"专以祭祀祷告，乃至修炼驱神役鬼等的旁门修法"[2]。这种在丹院内立坛、朝暮祭祀的修道法，旨在祈祷摄召，与汉武帝所提倡的祠祀活动有关。比如，李少君曾对汉武帝说："祠灶则致物，致物则丹沙可化为黄金，黄金成以为饮食器则益寿，益寿而海中蓬莱仙者乃可见，见之以封禅则不死，黄帝是也。"[3]这种"物"是指各种世间精灵，受此观念影响，汉代祠祀泛滥，劳民伤财，贻害子孙。因此，许多有识之士起而反对当时各种形式的淫祀。例如，《太平经》说："竭资财为送终之具，而盛于祭祀，而鬼神益盛，民多疾疫，鬼物为祟，不可止。"[4]魏伯阳对待淫祀的态度与《太平经》相同，这可能跟他的修道主旨有关系，因为他所讲的丹道以养性为根本，而淫祀结果则是戕害性命，故与魏伯阳的丹道主张格格不入，甚至背道而驰。所以有学者解释说："（这种淫祀）初时朝暮祭祀，妄冀鬼物救助，益算延年，不知反为鬼物所忌，流入阴魔邪术。既而或遭魔难，或遭奇疾。本欲长生，反夭厥命。腐露形骸，为世俗之所耻笑矣，求之身外者，其险验又如此。"[5]

当然，社会上盛行的此类邪术不止6种，"诸术甚众多，千条有万余"[6]。总归都是旁门左道，徒费曲折。

2. 用阴阳变化及五行生克原理来指导炼丹实践

《周易参同契》既包括外丹的内容，同时又包含内丹的思想，两者相互统一，一表一

---

[1]　（元）俞琰：《周易参同契发挥》卷9，（东汉）魏伯阳等：《参同集注——万古丹经王〈周易参同契〉注解集成》第1册，第363页。

[2]　南怀瑾：《南怀瑾著作珍藏本》第4卷，上海：复旦大学出版社，2000年，第200页。

[3]　《史记》卷28《封禅书》，第1385页。

[4]　王明：《太平经合校》卷36《丙部·事死不得过生法》，北京：中华书局，1960年，第52页。

[5]　陈毓照、张利民主编：《丹道养生道家西派集成》第1卷，第354页。

[6]　（东汉）魏伯阳：《周易参同契》卷上，鄢良主编：《中华养生经籍集成》，第110页。

里。对此，学界赞同者越来越多。①比如，姜生等学者明确主张，《周易参同契》"是一个内外丹综合的模式"②。

另由《周易参同契》的相关论述看，无论外丹，还是内丹，丹道实践的理论基础都是先秦以来逐渐兴盛起来的阴阳五行学说。如众所知，《左传》《尚书》《荀子》等先秦文献中，已经出现了阴阳五行的概念。《周易》将阴阳学说用以解释复杂多变的社会现象，而《黄帝内经素问》则把阴阳五行用以分析人体生理和病理的变化过程。董仲舒的《春秋繁露》更将阴阳五行学说加以理论化和系统化的总结，对东汉阴阳五行谶纬思想的发展产生了重要影响。如《春秋繁露·五行相生》云："天地之气，合而为一，分为阴阳，判为四时，列为五行。行者，行也。其行不同，故谓之五行。五行者，五官也。比相生而间相胜也，故为治。逆之则乱，顺之则治。"③而《周易参同契》不言"五行"，而言"五纬"，说"五纬错顺，应时感动"④，即表明它被打上了很深的谶纬思想烙印。

《周易参同契》认为，炼丹的根本大法是阴阳之道，《周易·说卦》云："立天之道曰阴与阳。"⑤结合丹道的具体实际，魏伯阳阐释《周易》"立天之道"的思想说："乾坤者，易之门户，众卦之父母。坎离匡廓，运毂正轴，牝牡四卦，以为橐籥，覆冒阴阳。"⑥意即乾坤坎离四卦包含一切阴阳之道。

阴阳四时，循环往复。魏伯阳用《周易》六十四卦说明一年四季运行的规律，也即由阳至阴，又由阴至阳的变化周期，自然规律既然如此，那么丹道的修炼过程须与之相合。一年有十二个月，对应于十二卦。从十二卦的爻变看，自十一月至次年四月，为阳气逐渐上升的阶段；自五月至十月，为阳气衰弱而阴气开始上升的阶段。然后，由阴转阳，再由阳转阴，于是，一年阴阳消息之造化，循环无穷，运转不已。所以事物的发展变化有利也有弊，"不能说阳剥蚀阴就一定好，也不能说阴剥取阳就一定坏"⑦。这里，魏伯阳显然吸取了孟喜卦气说的思想。孟喜卦气说的重要内容之一就是"十二辟卦"，而"孟喜以十二月卦符示涵摄一年十二个月的阴阳消息，是一种天才的创造。一年间阴阳变化的天道运行赋予十二月卦以不同的性质和卦德，而十二月卦的卦象、爻象则成为一年间天道运行、阴阳变化的绝妙象征"⑧。当然，魏伯阳将孟喜的十二辟卦用于说明丹道的炼化规律和不同阶段的变化情景，也是一种创造。

金、木、水、火、土五行运动，有一定的变化规律。魏伯阳认为："金化为水，水性

① 刘仲宇：《中国道教文化透视》，上海：学林出版社，1990年，第215页；孟乃昌：《周易参同契考辩》，上海：上海古籍出版社，1993年，第102—103页；李经纬等主编：《中医大辞典》，北京：人民卫生出版社，1995年，第963页；沈文华：《内丹生命哲学研究》，北京：东方出版社，2006年，第12页；张文江：《潘雨廷先生谈话录》，上海：复旦大学出版社，2012年，第292页等。
② 姜生、汤伟侠主编：《中国道教科学技术史·汉魏两晋卷》，第236页。
③ （汉）董仲舒：《春秋繁露》卷13《五行相生》，上海：上海古籍出版社，1989年，第76页。
④ （东汉）魏伯阳：《周易参同契》卷上，鄢良主编：《中华养生经籍集成》，第110页。
⑤ 黄侃：《黄侃手批白文十三经·周易》，第50页。
⑥ （东汉）魏伯阳：《周易参同契》卷上，鄢良主编：《中华养生经籍集成》，第108页。
⑦ 齐济：《周易正讲》，北京：线装书局，2013年，第242页。
⑧ 叶峻主编：《人天观研究》，北京：人民出版社，2013年，第283页。

周章，火化为土，土不得行。"①这里，涉及五行说中的两种关系：金生水，火生土，以及土克水。在学界，对"金生水"解释多以质论，如《白虎正义》云："金生水者，少阴之气，润泽流津，销金亦为水，所以山云而从润，故金生水。"②这种变化因为没有发生性质的改变，故常常遭到人们的质疑。③于是，黄元御先生在《四圣心源》一书中说："（五行）相生相克，皆以气而不以质也，成质则不能生克矣。"④这里，以气论五行，颇与魏伯阳一致。比如，魏伯阳说：

> 丹砂水精，得金乃并。金水相比，水火为伍。四者混沌，列为龙虎。龙阳数奇，虎阴数偶。肝青为父，肺白为母，肾黑为子，气为五行之始，三物一家，都归戊己。⑤

以上见阴长生注本，但彭晓注本却作"肝青为父，肺白为母，肾黑为子，心赤为女，脾黄为祖"⑥。对五行与五脏的关系，解释得更为清晰。按照魏伯阳的理解，五行的排列顺序为：水一，火二，木三，金四，土五。肾属水，色黑，若以气论五行，则五行之始始于肾气。奇数为阳，偶数为阴，一阴一阳，即成丹道。而炼丹的根本妙用就在于坎离水火，魏伯阳的重要贡献亦在于此。生我者父母，"木生火"，故肝青为父，"金生水"，故肺金为母。在五脏，心属火。这样就组成了父女（一阴一阳）与母子（一阴一阳）两组关系，即肝木与心火合而成虎，肺金与肾水合而成龙。当然，五行相克不是绝对的，因为相反相成是矛盾对立统一的重要体现。这里有两层意思：

一是"五行错王，相据以生，火性销金，金伐木荣"⑦。对这句话，不能用常规的"五行"思维来理解，因为常规的"五行"思维解释不通，它需要用"五行逆思维"来认识和把握。二是"五行相克，更为父母。母含滋液，父主禀与，凝精留形，金石不朽。审专不泄，得为成道"⑧。通常意义上五行，以相生为父母，然而，丹道中的五行，却以相克为父母。由此可见，丹道的修炼应为正常人体生理运动的逆过程。一生一克，两者妙合，成就一粒真丹，这便是魏伯阳丹道五行思想的根本主旨。

当然，如果从人体气血运行的角度来分析，那么，诚如王振山先生所言，内丹所练的逆运五行之法即是：

> 从肾位起，下入膀胱位，从膀胱位上行，到膻中穴内中丹田，再从中丹田向左下方运而入脾，这即是火生土，又是火入木，就是"木火为侣"。左青龙右白虎口诀是

---

① （东汉）魏伯阳：《周易参同契》卷中，鄢良主编：《中华养生经籍集成》，第114页。
② （隋）萧吉：《五行大义》卷2《论相生》，《续修四库全书》编纂委员会：《续修四库全书术数类丛书》第13册，上海：上海古籍出版社，2006年，第215页。
③ 温如杰：《论金生水德实质》，张俊庭主编：《中国中医药最新研创大全》，北京：中医古籍出版社，1996年，第164页。
④ （清）黄元御著、孙洽熙校注：《四圣心源》卷1《天人解·五行生克》，北京：中国中医药出版社，2009年，第3页。
⑤ （东汉）魏伯阳：《周易参同契》卷中，鄢良主编：《中华养生经籍集成》，第114页。
⑥ 吴枫、宋一夫主编：《中华道学通典》，海口：南海出版公司，1994年，第686页。
⑦ （东汉）魏伯阳：《周易参同契》卷中，鄢良主编：《中华养生经籍集成》，第114页。
⑧ （东汉）魏伯阳：《周易参同契》卷中，鄢良主编：《中华养生经籍集成》，第114页。

也。从脾位转到右侧肝部，这是金木交并口诀。最后返入中宫胃部，叫作"都归戊己"。从膀胱子位起，为一，到膻中为二，到脾部为三，到肝部为四，到胃部为五。金木自变化，水火互经营，四都相混杂，其有龙虎形，金生木，水生木，所以说金水木三精气首尾造化，俱归戊己土中。①

人体对食物的消化和吸收过程是：食物从口腔进入胃中，然后经胃液的消化，再依次进入十二指肠、小肠、大肠，最后将糟粕排出体外。其中小肠将葡萄糖、脂肪、蛋白质、维生素等营养物质吸收后，经肠系膜上静脉到肝脏门静脉，接着输入肝脏。之后，由肝脏→肝静脉→腔静脉→静脉血→动脉血。当然，魏伯阳不可能认识到人体血液循环，但五行循环的线路在当时则是比较确定的，即水（肾）→木（肝）→火（心）→土（脾、胃）→金（肺）。一般讲来，丹道逆运五行的线路是：肾→膀胱→中丹田→脾→肝→胃。仔细比较，魏伯阳的丹道逆运五行线路，与上面的人体血液循环，在原则上还是比较吻合的。

3. 大量运用隐喻来表述丹道的神秘过程

《周易参同契》隐喻古奥，神秘怪谲，甚至连朱熹都感到"奥雅难通"，所以"《参同契》为艰深之词，使人难晓。其中有'千周万遍'之说，欲人之熟读以得之也。大概其说以为欲明言之，恐泄天机，欲不说来，又却可惜"②。既然如此，书中文句引起学界的多种歧义，就是不可避免的。由于魏伯阳试图用来隐喻影射炼丹的每一个具体环节，解读实在不易，本书择要述之。

（1）用日月的运行轨迹来说明炼丹的过程。魏伯阳说：

三日出为爽，震庚受西方。八日兑受丁，上弦平如绳。十五乾体就，盛满甲东方。蟾蜍与兔影，日月两气双。蟾蜍视卦节，兔者吐生光。七八道已讫，屈伸低下降。

十六转受统，巽辛见平明。艮直于丙南，下弦二十三。坤乙三十日，东北丧其朋。节尽相禅与，继体复生龙。壬癸配甲乙，乾坤括始终。③

关于月球的运行轨迹，如图 1-30 所示。注意：《周易参同契》的四方观念取上南下北左西右东，恰与我们今天的方位观念相反。

用图 1-30 的月相变化图对照前引魏伯阳的隐喻表述，似乎有些费解。这是因为魏伯阳讲的是从本月三十日到下月十五日（息），又由本月十五日至三十日（消）的月相变化过程（图 1-31）。

一是月相盈亏变化规律。在每月初三近黄昏时（昧爽），看到月球出现于西方（庚），是为上弦月。这是，由于仅仅能看见一线月光，犹如震卦的爻象（一阳五阴）。月球运行到初八日，在近黄昏时会看见月球出现在南方（丁），其时上弦满，犹如兑卦（二阳四阴）。月球运行到十五日（望），在近黄昏时会看见月球出现在东方（甲），其时月圆而满，犹如乾卦（六阳）。物极必反，盈满而转亏。到十六日（或十七日），月球出现下弦

① 王振山：《〈周易参同契〉解读》，北京：宗教文化出版社，2013 年，第 151 页。
② （宋）黎靖德编、王星贤点校：《朱子语类》卷 125《参同契》，北京：中华书局，1986 年，第 3002 页。
③ （东汉）魏伯阳：《周易参同契》卷上，鄢良主编：《中华养生经籍集成》，第 109 页。

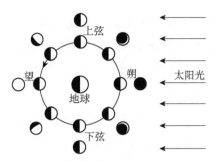

图 1-30　月相盈亏变化示意图①

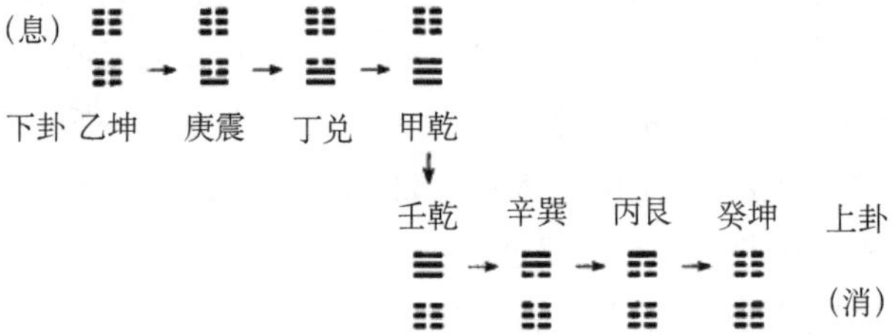

（息）

下卦 乙坤　庚震　丁兑　甲乾

壬乾　辛巽　丙艮　癸坤　上卦

（消）

图 1-31　月相消息示意图②

月，在平明看到月球运行于西方（辛），犹如巽卦（五阳一阴），至二十三日，其时下弦满，月球运行于南方（丙），犹如艮卦（四阳二阴），等到三十日，月球运行至东方（乙），隐而不见，犹如坤卦（六阴）。

二是隐喻的丹道原理。即运用月相盈亏与八卦卦体的阴阳消长变化，来形象地阐明炼丹过程中进符退火的火候。一种解释说：

> 月自三日生形，至于八成上弦，阳数得半，喻鼎中金水各半也。至十五日，圆满出于东方，蟾蜍与兔魄双明，喻鼎中金水圆满，得火候也。魏公托此卦象喻月生者，盖将半月三候陷于半日六辰内，进阳火抽添于鼎中，内受火符有此变化兆萌也。七八道已讫者，谓十五日乾体成就也。……十六日以后，阳火初退，阴符始生也。巽辛见平明者，亦如阳火初进之时与月生三日同也。下弦二十三日者，复如上弦同义，金水各半也。坤乙三十日，东北丧其朋者，阴符到此消尽阳火也。缘一月内阴阳各半，阴阳相禅，水火相须，一月既终，复又如初，再用复卦起首，故云继体复生龙也。③

又有一种解释说：

> 初一日发火，阳火阳爻，当得火气，汞一两变困，二日阴又起，汞又欲飞；三日阳爻又伏，汞又欲伏；十五日内，汞一飞一伏；至十五日外，汞半伏，状如月圆满，稍乾，未全伏火。既兑卦以明，其中兑是西方金，其卦一阴爻在上，二阳爻在下，以二阳爻，故月八日，月出于丁，丁者兑也。言汞得八日火气，金汞相入，成汁，而平

---

① 刘丰润：《再读黄帝内经：探寻生命科学》，上海：上海科学技术文献出版社，2020年，第16页。
② 王亭之：《周易象数例解》，上海：复旦大学出版社，2013年，第180页。
③ 王西平主编：《道家养生功法集要》，西安：陕西科学技术出版社，1989年，第59—60页。

未变化。既乾卦以明，其体至十五日火，变坤至乾，故金汞十五日稍乾，就刚卦，如半月圆满。又其日，日出东方，三阳交足，故云满。甲属乾也。蟾蜍是月精，铅是也；兔是日精，汞是也。言日月二精之气，故云双也。焕者，明也。言汞十五日虽乾，如水圆满明净，仍未矩火。若黄白，一月伏火。若作大丹，其汞三百五十日伏火矣，仍未成丹。喻月水之精不能自明，皆假日照。言汞虽零不得九转，铅精不能自伏，火化成丹。①

结合以上两种解释，我们对魏伯阳的隐喻之义会有一种较清晰的认识。

（2）以男女之间的亲和关系来隐喻丹道的内在变化过程。魏伯阳说：

> 坎男为月，离女为日。日潜遁而沉，月施德以舒光。月受日化，体不亏伤。阳失其契，阴侵以明。晦朔薄蚀，掩冒相倾。阳消其形，阴凌灾生。男女相须，含吐以滋。雌雄错杂，以类相求。金化为水，水性周章。火化为土，水不得行。故男动外施，女静内藏。过度淫节，为女所拘。魄以检魂，不得淫奢。不寒不暑，进退得时。各得其和，俱吐证符。②

如前所述，坎卦属阴，为元气，或称真铅；离卦属阳，为元神，或称真汞。对于修炼内丹者，只有元气与元神发生亲和关系，才能结成大丹。因此，欲使元气和元神一同归于鼎中，就必须先把它们从各自的所在之处提取出来。而提取元气和元神的最佳时机是在日月合朔之。有学者认为，魏伯阳这段话讲的是汉晋时期房中术的内容，因为"上述内容仅用外丹或内丹（清修）来解释显然难以贯通。但如考虑到汉晋房中术大倡的背景，便能疑问冰释"③。说魏伯阳借用男女亲和之关系来说明修炼丹道的秘术，是客观事实，但据此将魏伯阳的丹道归结为"房中术"，是不正确的。因为"修习丹术，讲求体内阴阳之气进行神交，并使人体生命的程序逆转，达到得道的目的。上述文字，借男女交媾，日月合璧等自然本性来阐明人体内的神精之交，并介绍神精交媾的具体方法，很具实用价值"④。在这里，我们也不同意将魏伯阳的内丹修炼分为"夫妻双修"和"独修"两派。例如，有学者认为："魏伯阳丹道学的本质就是阴阳的化合变化。他的内丹是以房中术中的炼精术及'还精补脑'等概念方法为基础，模仿象喻外丹炼制过程及理论而建立起来的。从汉晋炼养环境及内丹技术的特点来说，不能排除魏伯阳本人及《周易参同契》内丹是双修道。"⑤对此，魏伯阳自己对汉晋时期的"双修道"有比较深刻的检讨，他否定"双修道"的态度很坚决。下面一段话亦复如此，魏伯阳云：

> 关关雎鸠，在河之洲。雄不独处，雌不孤居。玄武龟蛇，蟠虬相扶。以明北牡，

---

① 孟乃昌、孟庆轩：《万古丹经王——〈周易参同契〉三十四家注释集萃》，北京：华夏出版社，1993年，第53—54页。

② （东汉）魏伯阳：《周易参同契》卷中，鄢良主编：《中华养生经籍集成》，第114页。

③ 郝勤：《阴阳·房事·双修——中国传统两性养生文化》，成都：四川人民出版社，1993年，第116页。

④ 过竹：《南方民族文化探幽》附卷A，南宁：广西人民出版社，1995年，第856页。

⑤ 郝勤：《龙虎丹道——道教内丹术》，成都：四川人民出版社，1994年，第248页。

竞当相须。①

实际上，无论是外丹还是内丹，唯有阴阳相资，雌雄交感，才能以坎添离，龙虎相吸，颠倒交错，结成丹胎。因此，呼吸含育，推情合性，便是内丹的根本。

4. 把"炉火、黄老、大易"三者融为一体

从思想来源看，魏伯阳的《周易参同契》是以《周易》卦象学说为其立论的基础。他说：

> 易者象也，悬象著明，莫大乎日月。穷神以知化，阳往则阴来。辐辏而轮转，出入更卷舒。易有三百八十四爻。据爻摘符，符谓六十四卦。②

日月更迭出入，运化无穷。丹道顺应日月之化，观卦立象，爻体交变，卷收舒放，隐显有时。所以无论日月变化得多么复杂和神化微妙，总归有规律可循。同理，就《周易》的卦象而言，亦复如此，无论卦爻变化得多么复杂和神化微妙，也总归有规律可循。这就告诉我们，整个丹道不出六十四卦的绳墨，因而不懂得六十四卦的爻变，就难以窥破丹道之天机。

魏伯阳又说：

> 毕昴之上，震出为证。阳气造端，初九潜龙。阳以三立，阴以八通，故三日震动，八日兑行。九二见龙，和平有明。三五德就，乾体乃成。九三夕惕，亏折神符。盛衰渐革，终还其初。巽继其统，固济操持，九四或跃，进退道危。艮主进止，不得逾时，二十三日，典守弦期，九五飞龙，天位加喜。六五坤承，结括终始，韫养众子，世为类母。阳数已讫，终则复始。推情合性，转而相与。③

毕昴，星宿名，夏历五六月时出于东方。震卦为火，为日，而庚月④，三日魄生，此时火气已入鼎中，于是，水得火气便出现震动之象。由此开始，魏伯阳以月为证验，并结合八卦的爻象，将阴阳二气在一个月内的变化状况，作了非常形象的描述。震卦渐次为离卦与兑卦，离卦为火，兑卦属金。坎卦为水，艮卦为山，水围绕着山转。

仰观日月，动静相养，万物以生。故张衡曰："天体于阳，故圆以动；地体于阴，故平以静。动以行施，静以合化。"⑤这种"动以行施，静以合化"的动静观也见于《周易参同契》一书，说明当时黄老思想的流布甚广，已经深入东汉士人的骨髓里了。

---

① （东汉）魏伯阳：《周易参同契》卷中，鄢良主编：《中华养生经籍集成》，第 115 页。

② （东汉）魏伯阳：《周易参同契》卷上，鄢良主编：《中华养生经籍集成》，第 109 页。

③ （东汉）魏伯阳：《周易参同契》卷中，鄢良主编：《中华养生经籍集成》，第 113 页。

④ 根据定寅首法则，丙辛庚上起，正月为庚月，二月辛月，三月壬月，四月癸月，五月甲月，六月乙月，七月丙月，八月丁月，九月戊月，十月己月，十一月庚月，十二月辛月。

⑤ （东汉）张衡：《灵宪》，《全上古三秦汉三国六朝文》第 2 册《后汉》，石家庄：河北教育出版社，1997 年，第 533 页。

（二）魏伯阳丹道学说的历史地位

《周易参同契》的主旨是讲求性命之道，魏伯阳说：

> 名者以定情，字者缘性言。金来归性初，乃得称还丹。①

对于这句话，释者的认识虽然大体一致，但由于视角略有不同，有的着眼于外丹，有的着眼于内丹，所以阐释的意境各有特色。

就着眼于外丹论，如五代后蜀人彭晓云："金者，情也；水者，性也。金既生水银，是情归性也。且金生于水，水为金母，水复生于金，金返为水母，故有还丹之号。"②就着眼于内丹论，如清人仇兆鳌引注云："人本同类，各禀阴阳，均自二五而来，根源实出一本。当其赋形之初，乾金完具，自知诱物化，以耳、目、口、鼻之欲，而交于声色臭味之投，日移月化，性体之丧失者多矣。修真之道，内定心神，外采丹药，取坎填离，以复其固有之元阳，此乃内外合一，归根复命之道，所以谓之还丹。"③

魏伯阳《周易参同契》之所以被后世称为"万古丹经王"，正在于它奠定了魏晋以降内外丹尤其是唐宋内丹学发展的理论基础。在魏伯阳看来，"将欲养性，延命却期"④。也就是说，"欲养其性，不可不先延命"⑤。如果将"命"理解为"气"，那么，炼丹的关键就是如何使后天的"气"归还到先天的"性"中去。从宇宙生成的模式看，物质世界由无形的能量和信息不断发展演变，逐渐由无序到有序，从混沌到分化，生成基本粒子，然后从基本粒子再进一步生成生物等。人既然是自然界的一部分，其体内就一定会携带着组成生命世界的基本元素，如碳、氮、氢、氧等。而这些物质运动都有自身的生灭盛衰规律，因此，"如不加以控制，人就会按合子中所带信息，自然完成其程序，走过生长老死的全部过程。如能利用其中的修复和返还机制，就可以返老还童，可以自有返无，还可以制出纯能量而无形质的信息能量共生体，或叫信息人，或叫阳神。信息人的制作过程，需要雌雄交合，坎是雌，离是雄，即神与精的交合"⑥。所以魏伯阳说："人所秉躯，元精流布，因气托出。"⑦在此前提下，"推情转性，转而相与"才有其坚固的物质基础。

在炼丹方法上，魏伯阳强调"同类相合"的主张。如《周易参同契》云："若山泽气相蒸兮，兴云为风雨。泥竭遂成尘兮，火灭化为土；若蘖染为黄兮，似蓝成绿祖。皮革煮成胶兮，曲蘖化为酒。同类易施功兮，非种难为巧。"⑧这里，出现了火、土、水三种物质，也作"三性"，它们具有与土地亲和的特性。

---

① （东汉）魏伯阳：《周易参同契》卷上，鄢良主编：《中华养生经籍集成》，第112页。

② （五代）彭晓：《周易参同契分章通真义》，（东汉）魏伯阳等：《参同集注——万古丹经王〈周易参同契〉注解集成》第1册，第124页。

③ （清）仇兆鳌：《古本周易参同契集注》，（东汉）魏伯阳：《参同集注——万古丹经王〈周易参同契〉注解集成》第3册，第1225页。

④ （东汉）魏伯阳：《周易参同契》卷中，鄢良主编：《中华养生经籍集成》，第113页。

⑤ 卢国龙主编：《儒道研究》第1辑，北京：社会科学文献出版社，2013年，第180页。

⑥ 韩金英：《易经中的生命密码》，北京：团结出版社，2007年，第139、141页。

⑦ （东汉）魏伯阳：《周易参同契》卷中，鄢良主编：《中华养生经籍集成》，第113页。

⑧ （东汉）魏伯阳：《周易参同契》卷下，鄢良主编：《中华养生经籍集成》，第116页。

　　"同类相合"对于"服食"的意义，魏伯阳亦有明确的认识。他说："植禾当以粟，覆鸡用其子，以类辅自然，物成易陶冶。类同者相成，事乖不成宝。是以燕雀不生凤，狐兔不乳马。水流不炎上，火熏不润下。"①此处的"类"是指性质相同的事物，在当时，对于性质相同事物的变化，佛教取名"近取因"。它是指能够生成与自身性质相同的事物之因，如种瓜得瓜，种豆得豆等。②毫无疑问，魏伯阳所讲的"类"不单是指概念上的分类，更重要的是指同类事物之间的相互转化。从《周易参同契》所枚举的实例看，像"植禾当以谷"和"燕雀不生凤"等，讲的都是事物变化的内在根据。在佛教的因果关系论里，有两个基本命题："不从他生"和"不共生"。前者是指任何事物都不是从与自己性质不同的事物中产生，而是从性质相同的事物生起。如石头根本不能孵化出小鸡，小鸡只能从鸡蛋中孵化而出；后者是指事物都不能从自己和其他这两种性质截然不相同的事物之中共同产生。如树木只能从树的种子种产生，而不能是树种与石头共同产生等。③这些思想与魏伯阳的"同类相合"论十分相近，恐怕两者之间存在有某种客观的历史联系。不过，我们目前还没有找到直接的史料证据。

　　在魏伯阳的视野里，"杂性不同类，安肯合体居"④，这是炼丹术的基本原则。这个原则要求，参与炼丹反应的物质之间必须有某种因缘或本质上的同类性。这个思想与18世纪欧洲化学家提出的亲和力学说近似。⑤

　　关于《周易参同契》与前代学说思想之间的承继关系，魏伯阳这样说："《火记》不虚作，演《易》以明之。"⑥其中对《周易》同《周易参同契》的关系，朱熹有一段论述。他说："按魏书，首言《乾》《坤》《坎》《离》四卦橐籥之外；其次即言《屯》《蒙》六十卦，以见一日用功之早晚，又次即言纳甲六卦，以见一月用功之进退；又次即言十二辟卦，以分纳甲六卦而两之。盖内以详理月节，而外以兼统岁功，其所取于《易》以为说者如是而已。初未尝及夫三百八十四爻也。今世所传火候之法，乃以三百八十四爻为一周天之数，以一爻直一日，而爻多日少，则不免去其四卦二十四爻，以候二十四气之至而渐加焉。"⑦据此，朱伯昆先生认为："《参同契》的易学，是为炼丹术服务的。但它创建了道教解易的系统。"⑧这里需要强调两点：第一，魏伯阳用阴阳变易法则来解释丹药的生成与变化；第二，魏伯阳把将汉易中的卦气说，发展为月体纳甲说，解释炼丹的火候。⑨此外，《火记》又名《龙虎经》，朱熹认为为伪书⑩，然五代后蜀彭晓在《周易参同契分章通真义·序》中说："（魏伯阳）不知师授谁氏，得《古文龙虎经》，尽获妙旨。乃约《周易》

① （东汉）魏伯阳：《周易参同契》卷上，鄢良主编：《中华养生经籍集成》，第111页。
② 刘俊哲：《藏传佛教哲学思想研究》上册，北京：民族出版社，2013年，第316页。
③ 刘俊哲：《藏传佛教哲学思想研究》上册，北京：民族出版社，2013年，第58页。
④ （东汉）魏伯阳：《周易参同契》卷上，鄢良主编：《中华养生经籍集成》，第111页。
⑤ 潘吉星：《中外科学技术交流史论》，北京：中国社会科学出版社，2012年，第223页。
⑥ （东汉）魏伯阳：《周易参同契》卷上，鄢良主编：《中华养生经籍集成》，第111页。
⑦ 《道藏》第20册，北京、上海、天津：文物出版社、上海书店、天津古籍出版社，1988年，第131页。
⑧ 朱伯昆：《易学哲学史》上册，北京：北京大学出版社，1986年，第235页。
⑨ 朱伯昆：《易学哲学史》上册，第216页。
⑩ 邓瑞全、王冠英主编：《中国伪书综考》，合肥：黄山书社，1998年，第873—874页。

撰《参同契》三篇。"①可以肯定,《周易参同契》的思想来源比较复杂,除了《火记》和《周易》,尚有《道德经》等。诚如明人张惟任所说:"《易》旨主于生生存存,洗心密藏;《符》旨主于生死互根,恩害相生;《老》旨主于专气致柔,虚极静笃,深根复命。其道皆以因为用逆为功,以相时早服而还合天,是魏师所契也。故著八卦三才,发机食时,阴阳相胜之自然。"②总之,魏伯阳总结和吸收了汉代以前诸子学说中积极的物质转化思想,并结合先秦以来的炼丹实践,撰著了《周易参同契》一书。对此,魏伯阳用一个生动实例作了很好的注释。他说:

> 若以野葛一寸,巴豆一两,入喉辄僵,不得俯仰。当此之时,周文谍著,孔父占象,扁鹊操针,巫咸扣鼓,安能令苏,复起驰走。③

由于野葛和巴豆被看作是剧毒药,所以两者混合服用就会立刻毙命。后者多是先秦的医药名家,它说明魏伯阳从当时流传的医学著作中学习了很多医药学知识。另外,黄钟及黄钟学说对《周易参同契》思想的形成也有一定影响。④

我们知道,《周易参同契》自诞生之后,就一直被丹家奉为至宝,它对魏晋尤其是唐宋以后丹学发展,产生了极其深远的影响。对此,王明先生指出:"自汉而唐而宋,论炼丹者,代不乏人,溯流寻源,大要如尔:魏伯阳导其源,钟吕衍其流,刘(海蟾)张(紫阳)薛(紫贤)陈(泥丸)扬其波。由外丹而内丹,流变滋多,《参同契》洵千古丹经之祖也。"⑤这个结论是符合历史实际的,也是公允而确当的。

本 章 小 结

秦汉时期道教兴起,修仙风气盛行,在此背景下,一方面,秦汉时期的道家养生理念不断向《神农本草经》渗透,从而使《神农本草经》带有浓厚的道教色彩;另一方面,《神农本草经》中的道家思想反过来又深刻影响到后世本草方剂学的发展。例如,《神农本草经》认为丹砂"能化为汞",这个有关炼丹术的启蒙记载极大地刺激了魏晋南北朝的丹药炼制。

《淮南子》是西汉淮南王刘安及其门客集体撰写的一部著作,今存《淮南子》21篇,大抵以道家思想为主,杂糅儒法阴阳诸家⑥。就其特点来说,"淮南子有见于老庄哲学,专

① (东汉)魏伯阳等:《参同集注——万古丹经王〈周易参同契〉注解集成》第2册,第543页。
② (明)张惟任:《周易参同契解·序》,(东汉)魏伯阳等:《参同集注——万古丹经王〈周易参同契〉注解集成》第2册,第766—767页。
③ (东汉)魏伯阳:《周易参同契》卷中,鄢良主编:《中华养生经籍集成》,第114页。
④ 谢爱国:《黄钟、黄钟学说及对〈周易参同契〉的影响》,《中国道教》2004年第1期,第42—45页。
⑤ 中国社会科学院科研局组织编选:《王明集》,北京:中国社会科学出版社,2007年,第54页。
⑥ 杨生枝:《走进哲学世界》,西安:陕西人民出版社,2015年,第114页。

论宇宙本体，而略于研究人性"①。因此，《淮南子》所论宇宙天地之现象几乎无所不包，从这个角度讲，"《淮南子》的科学思想以及成就是同时代的巅峰"②。

《周易参同契》早在20世纪30年代即被翻译成英文，特别是英国李约瑟博士在其皇皇巨著《中国科学技术史》第5卷《化学及相关技术》中专题探讨了《周易参同契》的科学思想。李约瑟博士评论说："道家思想从一开始就有长生不死的概念，而世界上其他国家没有这方面的例子，这种不死思想对科学具有难以估计的重要性。"③在科技手段不发达的古代社会，魏伯阳通过唯象思维来思考或体验人体生命的运动过程，在这个过程中，由于"象"的不确定性，因而妨碍了对生命本质的定量分析。对此，刘仲宇解释说："这一思维方式所要捕捉的对象是十分精微的。炼丹家也一再以'恍惚'、'杳冥'、'乍沉乍浮'、'若有若无'来形容它，至于它的运行机制更为奥秘。因此，他们强调领悟、灵感和体验，这在内丹术中尤其明显。"④当然，"从实际的影响而言，《周易参同契》的科学思想在道家科学思想中开了一大流派"⑤，似无可争议。

---

① 蔡元培：《蔡元培讲中国伦理学史》，北京：团结出版社，2019年，第62页。

② 姚尚书编著：《淮南历史漫步》，合肥：黄山书社，2016年，第96页。

③ 转引自詹石窗总主编：《百年道学精华集成》第5辑《道医养生》，成都：巴蜀书社，2014年。

④ 刘仲宇：《攀援集》，成都：巴蜀书社，2011年，第169页。

⑤ 李崇高：《道教与科学》，北京：宗教文化出版社，2008年，第331页。

第二章　西汉儒家科学思想研究

学界对儒家与科学的关系，目前逐渐趋于比较一致的认识，那就是儒家思想体系中包括自然科学的内容，因此，科学思想构成儒家学说体系的一个有机组成部分。李约瑟博士认为："（儒家）集中注意于人与社会，而忽视其他方面，使得他们只对'事'的研究而放弃一切对'物'的研究"[①]，这句话不能说没有道理，但不全面。实际上，自汉武帝独尊儒术之后，儒家对中国古代科学的贡献应当是占据着主导地位，涌现出了一大批像张衡、郦道元、贾思勰、祖冲之、刘焯、沈括、苏颂等杰出科学家，他们对中国古代科学发展做出了重大贡献。仅此而言，梁启超说："儒家与科学，不特两不相背，而且异常接近。"[②]

西汉是中国传统科学思想体系初步确立的重要时期，由于汉武帝推行"独尊儒术"的政策，儒家的实用理性思想逐渐成为主流文化，在这样的历史背景下，西汉的天文学、数学、农学和医学获得了空前发展，下面拟对《周髀算经》《九章算术》《氾胜之书》《灵宪》等几个典型个案，略作解析。

第一节　《周髀算经》及其几何思想述要

《周髀算经》原名《周髀》，作者不详。观其内容，主要由前后两部分组成：前半部分讲勾股定理；后半部分则主要讲盖天说。不过，学界普遍认为，《周髀算经》应是我国第一部提出由测量、计算表影把盖天说宇宙论定量化的书。[③]

由于年代久远，书中涉及许多至今仍争论不已的问题，如"天象盖笠，地发覆盘"与盖天说的宇宙模型，盖天说与古代印度宇宙理论的特殊关系，"北极璇玑"的真实内涵是什么，以及《周髀算经》中二十八宿与黄道系统的关系等。这些问题都比较复杂，加上学界观点纷呈，新成果不断涌现，从其发展趋势看，有望在不远的讲来即可形成一门新的交叉学科——周髀学。

---

①　［英］李约瑟：《中国古代科学思想史》，陈立夫等译，南昌：江西人民出版社，1999年，第14页。

②　梁启超：《梁启超儒家哲学　梁启超国学要籍研读法四种》，长春：吉林人民出版社，2013年，第14页。

③　吴守贤、全和钧主编：《中国古代天体测量学及天文仪器》，北京：中国科学技术出版社，2008年，第367页。

一、《周髀算经》的成书及其几何思想成就

（一）《周髀算经》的成书与几种观测仪器的考察

1.《周髀算经》的成书概述

关于《周髀算经》的成书，学界主要有一个阶段与多个阶段两种说法。一个阶段说以汉代为代表，持这派观点的学者居多数，然在这派学者中，对该书到底成书于汉代的什么时期，却有多种说法。如有的学者认为大约成书于"公元前 2 世纪"①，有的学者则认为成书于"汉哀平、新莽时期"②，还有的学者认为大约成书于"公元 1 世纪"③等。至于多个阶段说主要以章鸿钊先生的观点为代表。章鸿钊先生曾在《周髀算经上之勾股普遍定理："陈子定理"》一文中指出："（《周髀算经》）所述内容约可分为三个时期：首纪周公和商高之问答，是为第一期；次纪荣方和陈子之问答，为第二期；至最后纂成此书，为第三期。余曾据若干例证，论定此书必成于西汉人之手，而去汉太初时当不甚远。"④据此，陈方正先生说："《周髀》不但不是个人著作，甚至也未必是单一性质的著作，而可能是由多个在不同历史时期出现，相关、相类但并不相同的学说、理论，逐渐累积而成。因此，将《周髀》单纯视为表述盖天说的自洽体系，而忽视它的层积性质，是不甚恰当的。"⑤

一本编撰于西汉时期的著作，何以对西周时期的故事记述如此清晰？如果是得自于某种史传，为什么在其他先秦文献里不见商高和荣方的名字？于是，下面的质疑便不可避免了。如《中国伪书综考》有这样的考论：

> 陈振孙《直斋书录解题》曰："题赵君卿注，甄鸾重述，李淳风等注释。《周髀》者，盖天文书也。称周公受之商高，而以勾股为术，故曰《周髀》。《唐志》有赵婴、甄鸾注，多一卷，李淳风释二卷，今曰君卿者，岂婴之子耶？《中兴书目》又云：'君卿名爽。'盖本《崇文总目》，然皆莫详时代。甄鸾者，后周司隶也。"陈氏对《周髀算经》的作者、注者、释者都作了考证。姚际恒《古今伪书考》曰："《汉志》无，《隋志》始有。《周髀》之义未详，或称周公受之商高，故称《周髀》，则益诬矣。"断定《周髀》作者必伪无疑（旧题周姬旦撰——引者注）。《四库全书总目提要》曰："荣方问于陈子以下，徐光启谓为千古大愚。今详考其文，惟论南北影差以地为平远，复以平远测天，诚为臆说，然与本文已与本文绝不相类，疑后人传说而误入正文者。"⑥

---

① 盛文林主编：《人类在数学上的发现》，北京：北京工业大学出版社，2011 年，第 72 页。

② 安树芬、彭诗琅主编：《中华教育通史》第 3 卷，北京：京华出版社，2010 年，第 469 页。

③ 白寿彝、廖德清、施丁主编：《中国通史》第 4 卷《中古时代·秦汉时期》下册，上海：上海人民出版社，2004 年，第 628 页。

④ 章鸿钊：《周髀算经上之勾股普遍定理："陈子定理"》，《中国数学杂志》1951 年第 1 期，第 13 页。

⑤ 陈方正：《有关〈周髀算经〉源流的看法和设想——兼论圆方图和方圆图》，《站在美妙新世纪的门槛上》，沈阳：辽宁教育出版社，2002 年，第 587—589 页。

⑥ 邓瑞全、王冠英编著：《中国伪书综考》，合肥：黄山书社，1998 年，第 617—618 页。

这些看法未必正确，但它至少说明《周髀算经》的内容确实比较复杂，因其牵涉的因素较多，所以难以用某种固定的程式去解读和研究。从物到思想是马克思主义认识论的根本路线，准此，我们先从考察《周髀算经》的器具系统入手，从而较客观地观察和透视其几何思想发展演变的历史轨迹。

2. 对《周髀算经》中几种观测仪器的考察

（1）规矩。《周髀算经》云："圆出于方，方出于矩。"[1]又说："万物周事而圆方用焉，大匠造制而规矩设焉，或毁方而为圆，或破圆而为方。"[2]据考，规矩是一种非常古老的测量工具，但它们究竟起源于何时？目前尚难确定。经考古发现，我国新石器时代已出土了许多刻绘有"八角星纹"图案的陶质器物，如图2-1所示：

图2-1 大汶口文化（左）、小河沿文化（中）及大溪文化（右）遗址中出土的陶制器物

对于器物上所绘"八角星纹"的内涵，众说纷纭，莫衷一是。李学勤先生认为："商周文字的'巫'作✛形，像二'工'以直角重叠，《说文》'工'字云：'像人有规矩也。与'巫'同意。'巨'（矩）字云：'规矩也。从'工'，像手持之。'西周金文'矩'字确作人手持'工'之形。可以看出，'工'是一种工具的象形，应该就是原始的矩（和后来的曲尺的矩不同）。"[3]又如山东嘉祥武氏东汉墓群石刻中有一幅图画（图2-2），画面中女娲手持十字形的"规"，伏羲则手持呈L形的矩，它反映了规矩起源的古老性。

图2-2 东汉墓葬画像中的规矩[4]

而对于规矩的价值和意义，《周髀算经》云："知地者智，知天者圣。智出于勾，勾出于矩。夫矩之于数，其裁制万物，唯所为耳。"[5]能够掌握规矩的人，即被称为"智"者，可见规矩在远古人类心目中的崇高地位。对此，张光直先生解释说：

① （三国·吴）赵君卿：《周髀算经》卷上，郭书春、刘钝校点：《算经十书（一）》，沈阳：辽宁教育出版社，1998年，第1页。
② （三国·吴）赵君卿：《周髀算经》卷上，郭书春、刘钝校点：《算经十书（一）》，第4页。
③ 李学勤：《论含山凌家滩玉龟、玉版》，《中国文化》1992年第1期。
④ 骆承烈、朱锡禄：《嘉祥武氏墓群石刻》，《文物》1979年第7期。
⑤ （三国·吴）赵君卿：《周髀算经》卷上，郭书春、刘钝校点：《算经十书（一）》，第4页。

如果这几句话代表古代的数学思想，那么矩便是掌握天地的象征工具。矩可以用来画方，也可用来画圆，用这工具的人，便是知天知地的人。巫便是知天知地又是能通天通地的专家，所以用矩的专家正是巫师。矩的形状，已不得而知，但如果金文的巨字是个象形字，那么古代的矩便是工形，用工字形的矩适可以环之以为圆、合之以为方。（东汉墓葬中壁画有伏羲、女娲，有的一持规，一持矩，规作圆规形，画圆，矩作曲尺形，画方，这可能表示规矩在汉代以后的分化，而《周髀算经》时代圆方都是工字形的矩所画的）。如果这个解释能够成立，那么商周时代的巫便是数学家，也就是当时最重要的知识分子，能知天知地，是智者也是圣者。[1]

不过，学界通常认为，远古时期的矩即为直角尺，否则就无法实现高、深和远的测量用途。例如，《周髀算经》在总结矩的功用时说："平矩以正绳，偃矩以望高，覆矩以测深，卧矩以知远，环矩以为圆，合矩以为方。"[2]郭书春先生说："平矩以正绳"是确定水平线的方法，"偃矩以望高"是用矩测量物体高度的方法，"覆矩以测深"是指把矩倒过来测量深度的方法，"卧矩以知远"是指将矩平卧用来测量物体远近的方法，"环矩以为圆"是指以矩的顶点为圆心转动矩臂画圆形的方法，"合矩以为方"是指将两个矩尺合在一起来画方形的方法（图 2-3）。[3]

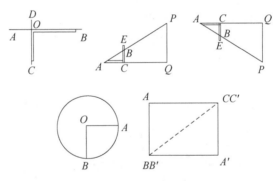

图 2-3　用矩之道[4]

（2）晷仪。《周髀算经》云："周髀长八尺，夏至之日晷一尺六寸，髀者，股也。正晷者，勾也。"[5]汉代之前的晷仪究竟是个什么形制？没有实物可证。但人们从石器时代的"圆丘"测影柱和金文的象形字中找到了表示晷仪的图形。于是，有学者解释说，距今7300 年前长沙大圹遗址出土陶器刻画的柱头图腾柱（图 2-4），并列三根，中柱略高，两边各列一柱，表示东、西晷影定位，并在方坛基座上刻以⊕，表示圆丘四方（四季）定位。[6]后来，晷仪不断演变，如《楚帛书》甲篇载："炎帝乃命祝融，以四神降。奠三天，

① 张光直：《中国青铜时代》二集，北京：生活·读书·新知三联书店，1990 年，第 43—44 页。

② （三国·吴）赵君卿：《周髀算经》卷上，郭书春、刘钝校点：《算经十书（一）》，第 4 页。

③ 郭书春：《中国传统数学史话》，北京：中国国际广播出版社，2012 年，第 13—14 页。

④ 程贞一、闻人军：《周髀算经译注》，上海：上海古籍出版社，2012 年，第 9 页。

⑤ （三国·吴）赵君卿：《周髀算经》卷上，郭书春、刘钝校点：《算经十书（一）》，第 6 页。

⑥ 杨青：《洞庭湖区的龙文化》，长沙：岳麓书社，2004 年，第 463 页。

□□思（保）。奠四极，曰非九天则大峡。则毋敢骰（冒）天灵。帝夋（俊）乃为日月之行。"①按：共工，甲骨文"共"字作 (甲1161)，上面 象柱，立于下面"□"为方丘，工字《说文》作"[图]"为度影的规尺。②至于金文中所出现的晷仪，其呈亚字形的观测台（图2-5），颇与"洛书"的核心结构一致。因此，有学者者认为，"洛书"（亦称"录图"）应是原始的晷仪（图2-6），因为所谓录是指在底板五方中所记的刻契数码等，假如我们在板的中央插上一根竹竿，它便成为原始的晷仪了。③汉代的晷仪由于有实物可证验，故人们对它的了解相对就多一些。今藏于中国历史博物馆的山西托克托城出土汉代"测景日晷"（图2-7），是目前所发现的最早日晷实物，它为一石板（约1尺见方），表面平整，中央凿有一个比较大且深的圆孔，圆孔之外有一半径近4寸的大圆。圆周上刻有69个浅孔，可能是因为只能在白天计时的缘故，所以此69个孔应当是最长的白天长度。孔与孔之间的距离均等，约占据了整个圆周三分之二的区域。从每个浅孔有一条直线引向中央的圆心深孔，浅孔边沿上标有数码，按顺时针方向排列，显然，这是一种赤道日晷。④此外，洛阳金村也出土有一件汉代的"晷仪"，今藏于加拿大安大略皇家博物馆，由于它与前面的托克托城"日晷"结构相同，故不再详述。

图2-4 长沙大圹遗址出土的柱头图腾柱

图2-5 竖立着双表的亚形观测台⑤

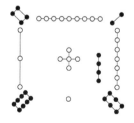

图2-6 洛书⑥

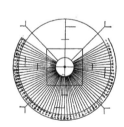

图2-7 汉代日晷⑦

晷仪的功能除了四方定位之外，主要还用于"测土深，正日景，以求地中"⑧。至于其具体的操作方法，详见后论。

① 高至喜：《湖南楚墓与楚文化》附"楚帛书释文甲篇"，长沙：岳麓书社，2012年，第322页。
② 杨青：《洞庭湖区的龙文化》，第462页。
③ 胡太玉：《众"神"之国三星堆》，北京：中国言实出版社，2002年，第251页。
④ 张春辉等：《中国机械工程发明史》第2编，北京：清华大学出版社，2004年，第391—392页。
⑤ 刘宗迪：《失落的天书：〈山海经〉与古代华夏世界观》，北京：商务印书馆，2006年，第491页。
⑥ 刘丰润：《再读黄帝内经：寻生命科学》，上海：上海科学技术文献出版社，2020年，第38页。
⑦ 潘鼐：《中国古天文图录》，上海：上海科技教育出版社，2009年，第9页。
⑧ 黄侃：《黄侃手批白文十三经·周礼》，上海：上海古籍出版社，1986年，第27页。

（3）璇玑。《周髀算经》多处讲到"璇玑"这种观测仪器，如卷下载："此北枢璇玑四游，正北极枢璇玑之中"①等。从文献记载看，"璇玑"最早见于《尚书·舜典》，其文云："璇玑玉横，以齐七政。"②对文中所出现的"璇玑玉横"一词，司马迁认为是"北斗星座中的四颗星"，故《史记·天官书》云："北斗七星，所谓'旋、玑、玉横以齐七政'。杓携龙角，衡殷南斗，魁枕参首。"③为此，冯时先生绘出了璇玑圆周轨迹，如图2-8所示。在冯先生看来，璇玑的范围恰好规画在天璇与天玑二星之内④。陈遵妫先生经过认真考证，也明确表示："《周髀》的北极璇玑四游是指北极中大星，即帝星，于夏至夜半见于北极的正上方，冬至夜半见于北极的正下方；冬至日加卯之时，见于北极的正东方，而日加酉之时，见于正西方。"⑤这是主张"璇玑"为星象一派的主要观点，与此不同，孔安国认为璇玑玉衡乃"正天之器，可运转者，正后世之浑仪也。璇玑者，以璇为玑也；玉横者，以玉为衡也。玑径八尺，圆周二丈五尺，象天，可以运转也。玉横，横箫也，长八尺，孔径一寸，下端望之以视星辰。盖悬玑以象天，而衡望之，转玑窥衡，以知星辰"⑥。这样，璇玑、玉、衡就变成了原始浑仪上的三个器件，如图2-9（a）、2-9（b）、2-9（c）所示。据此，李政道先生复原了一件古代的璇玑仪，如图2-9（d）所示。李政道先生介绍说："（它首先）需要一个直径约八尺、中心有孔洞的大圆盘，盘的边缘刻有三个近似方形的凹槽。圆盘借中心孔洞，套装在一个约十五尺长的直圆柱筒上端，柱筒截面中心有一个孔。当天文学家在柱筒的下端通过盘边的凹槽观测天空时，可以看到每个槽中都嵌有一颗亮星。……随着夜色的推移，这三颗星在天幕上转动。使每个凹槽继续跟踪同一颗星（方形凹槽对此最有利）。圆盘也需要作相应的转动。如果能精确地作这样的跟踪，就能从柱筒中心孔自动观测到天空中的固定点。"⑦从李政道先生的考论中，我们首先承认"璇玑"是观测仪器，由于此仪器紧紧跟踪天空中的三颗星，所以视"璇玑"为北斗星座中的四颗星，也能说得过去。例如，清人邹伯奇说："（《周髀算经》）言测北极及正南北之法，皆以北极中大星为准，而大星不正当不动处，四游绕枢，故古人设一小环，拟其绕极之迹，使大星常在环内，因名璇玑，亦名其星为璇玑，亦谓之极星。"⑧

秦建明先生经过仔细考证，确认玉衡是古代浑仪上的一个部件（图2-10），大致相当于今天的瞄准器，"用以瞄准观测天体，并测量其天文方位角度与运动"⑨。当然，在具体操作时，为了较准确地观测太阳运行的角度，就必须有一个角度标尺。"这一标尺一般都

① （三国·吴）赵君卿：《周髀算经》卷下，郭书春、刘钝校点：《算经十书（一）》，第19页。

② 黄侃：《黄侃手批白文十三经·尚书》，第2页。

③ 《史记》卷27《天官书》，北京：中华书局，1959年，第1291页。

④ 冯时：《中国天文考古学》，北京：中国社会科学出版社，2010年，第136页。

⑤ 陈遵妫：《中国天文学史》上册，上海：上海人民出版社，2006年，第119页。

⑥ （宋）林之奇：《尚书全解（一）》，济南：山东友谊出版社，1992年，第108页。

⑦ ［美］李政道：《李政道文录》，杭州：浙江文艺出版社，1999年，第160页。

⑧ 广东文征编印委员会：《广东文征》第6册卷26《邹伯奇·周初黄赤大距周天度里考》，香港：香港中文大学出版社，1979年，第91页。

⑨ 秦建明：《"七衡六间"新说》，周天游主编：《陕西历史博物馆馆刊》第10辑，西安：三秦出版社，2003年，第345页。

是刻在一个圆环上，如果圆环正南北立放，则为'子午环'。架于其圆心的衡可以上下旋转运动，瞄准天体，并在圆环上观看衡指向天体所处的角度"[1]。如果人们把在 7 个不同角度观测的结果记录下来，就称之为"七衡六间"，详细内容见后。

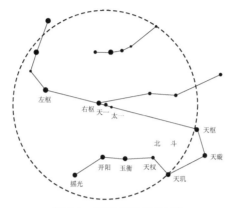

图 2-8 璇玑范围示意图[2]

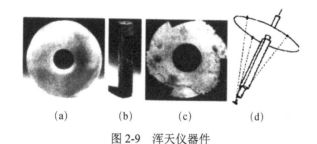

(a)　(b)　(c)　(d)

图 2-9 浑天仪器件

注：(a) 商代的玉璧；(b) 商代的玉琮；(c) 商代的璇玑；(d) 李政道设计复原的古代"璇玑仪"，其中含有璧、琮和璇玑等部件[3]

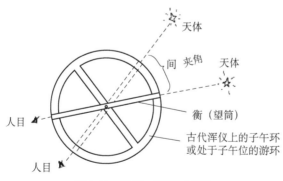

图 2-10 璇玑玉衡示意图[4]

清代学者王文清解释说："玑，机也。美珠谓之璇，以璇饰玑，以象天地之转运。

---

① 秦建明：《"七衡六间"新说》，周天游主编：《陕西历史博物馆馆刊》第 10 辑，第 345 页。
② 冯时：《中国天文考古学》，第 136 页。
③ ［美］李政道：《李政道文录》，杭州：浙江文艺出版社，1999 年，第 159 页。
④ 秦建明：《"七衡六间"新说》，周天游主编：《陕西历史博物馆馆刊》第 10 辑，第 345 页。

衡，横箫也，以玉为管，横而设之，所以窥玑，而齐七政之运行，犹今之浑天仪也。"①

（4）漏刻。漏刻是一种计时仪器，《周髀算经》明确指出："加此时者，皆以漏揆度之。此东、西、南、北之时。"赵君卿说："冬至日加卯、酉者，北极之正东、西，日不见矣。以漏度之者，一日一夜百刻。从夜半至日中，从日中至夜半，无冬夏，常各五十刻。中分之得二十五刻，加极卯、酉之时。"②陈遵妫先生曾用图解的方式阐释了上文的内容，如图 2-11 所示，此不赘述。

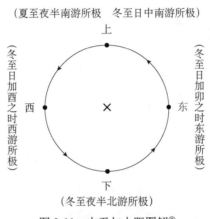

图 2-11　中天与大距图解③

我们想要考察的问题是：《周髀算经》所使用的漏刻是什么结构的？据《史记》载："穰苴先驰至军，立表下漏待贾。……穰苴则仆表决漏，入，行军勒兵，申明约束。"④《索隐》云："按：立表谓立木为表以视日景；下漏谓下漏水以知刻数也。"⑤由此可知，当时漏刻与圭表配合使用。我国考古工作者曾在内蒙古鄂尔多斯市杭锦旗出土了一件汉代单壶泄水型沉箭漏（图 2-12），该漏壶通高 47.9 厘米，壶内深 24.2 厘米，内径 18.7 厘米，流管口径 0.31 厘米，三足立，壶身圆筒形，在壶盖和双屋提梁（陕西兴平汉漏壶是单提梁）的当中有上、下对称的 3 个长方孔，而兴平汉漏壶（图 2-13）则是在壶盖和提梁的正中央各有一方形孔，其中盖上的方孔长 1.7 厘米，宽 0.6 厘米，提梁上的方孔长 1.6 厘米，宽 0.6 厘米，上下长宽相近，用以安插和扶直浮箭。而浮箭实际上就是一个刻上刻度的浮标，制作刻箭或称小托子的材质质轻结实，且在水中长期浸泡不变形，"根据液体浮力定律，漏壶在滴漏过程中，随着容器中水量的减少，浮标指示的刻度也会随之发生变化，从而显示时间。当器内液体不断减少时，流体对器壁的压力也会不断减少，漏壶滴水的速度将会逐渐减慢，所以刻箭上的刻度应是不均匀的，由下向上刻度应是逐渐变密的。

① （清）王文清撰、黄守红校点：《王文清集（二）》，长沙：岳麓书社，2013 年，第 530 页。
② （三国·吴）赵君卿：《周髀算经》卷下，郭书春、刘钝校点：《算经十书（一）》，第 19 页。
③ 陈遵妫：《中国天文学史》上册，第 119 页。
④ 《史记》卷 64《穰苴列传》，第 2157 页。
⑤ 《史记》卷 64《穰苴列传》，第 2159 页。

这也正是西汉时期经常使用日晷校正漏壶的原因"[1]。因此，有学者认为，前面所提到的托克托城"日晷"，"不能据表影随时直接读出时刻，它仅仅用于校漏"[2]。对于其具体的校正方法，《新论·离事》说："余前为郎，典刻漏，燥湿寒温辄异度，故有昏明昼夜。昼日参以晷景，夜分参以星宿，则得其正。"[3]

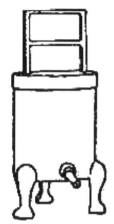

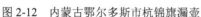

图 2-12　内蒙古鄂尔多斯市杭锦旗漏壶　　　　图 2-13　陕西兴平出土的汉漏壶

至于"一日一夜百刻"，该如何理解？一种解释认为："西汉时期将一昼夜分为 100 刻，与现在的 24 小时对应起来，汉代的一刻相当于现在的 0.24 小时，即现在的 14.4 分钟，或 14 分 24 秒，也就是说漏壶会在 14.4 分钟或数个 14.4 分钟内滴完容器中的水，这个结果现在已无法得到准确的验证。"[4]另一种解释说，每漏完一壶水时经一百刻，但潘鼐先生已证其非，因为"不但上述单壶泄水型沉箭漏不会是每漏完一壶水时经一百刻，就是后来的浮箭漏也不都是每漏满一壶水时经一百刻。其实，这本是很简明的事。就是今天，虽然一昼夜为二十四小时，但我们的钟表时针转一圈也只是十二小时"[5]。

（5）游仪。《周髀算经》云："于是圆定而正。则立表正南北之中央，以绳系颠，希望牵牛中央星之中，则复候须女之星先至者，如复以表绳希望（指仰望）须女先至，定中。即以一游仪希望牵牛中央星，出中正表西几何度。"赵君爽解释说："游仪，亦表也。游仪移望星为正，知星出中正之表西几何度，故曰游仪。"[6]具体操作方法如图 2-14 所示：

---

①　杨忙忙、张仲立、丁岩：《凤栖原漏壶的保护与研究》，中国化学会应用化学委员会等：《文物保护研究新论（三）》，北京：文物出版社，2012 年，第 65 页。

②　孙机：《汉代物质文化资料图说》，上海：上海古籍出版社，2011 年，第 337 页。

③　（汉）桓谭：《新论》卷下《离事》，上海：上海人民出版社，1977 年，第 44 页。

④　杨忙忙、张仲立、丁岩：《凤栖原漏壶的保护与研究》，中国化学会应用化学委员会等：《文物保护研究新论（三）》，第 65 页。

⑤　潘鼐主编：《彩图本中国古天文仪器史》，太原：山西教育出版社，2005 年，第 118 页。

⑥　（三国·吴）赵君卿：《周髀算经》卷下，郭书春、刘钝校点：《算经十书（一）》，第 21 页。

图 2-14　牵绳游仪示意图①

当然，对上述"游仪"的结构，学界还有多种说法：

第一种，"（此）游仪类似今日望远镜上的寻星镜，其构造可能为一活动的空心长管，装置在一个直立轴上，下有刻度表，利用仰角而定，书中言'牵牛八度'，指牵牛星的仰角八度"②。

第二种如下：

以观测者为圆心，以观测者至表的基部的长度为半径，在地上画一个大圆，把它的圆周等分为365 1/4度……置表于圆周正南方 S 的位置（图 2-15），人立于圆心，用根绳子系住表的上端，绳子的另一头也连到圆心。……牵牛中央星即牛宿一（摩羯座 β），它中天的时候，必然是星、表、绳三者在一直线上，也即赵爽注所谓"星、表、绳参相直也。"以后，"则复候须女之星先至者"。什么叫"须女之星先至者"？须女就是女宿，其中的女宿一（宝瓶座 ε），在女宿最西端，因此也最先到达中天。"如复以表、绳，希望须女先至定中"——也是用前一法子，以星、表、绳三者在一直线上的方法测定它的中天。但此时牵牛已到达西面，在牵牛到达的位置 T 上插一根竿子。……这样，看看 TS 两点间多少度，就是牛宿的"距度"有多少度。依这方法，牛宿的"距度"为八度。二十八宿距度都可以用这方法测得。

但是，这样测二十八宿距度，当然是不准确的。因为它实际上测得的是两星的平经差，而所谓的"距度"应是赤经差。但是无论如何，这是古人测量二十八宿距度的一个尝试。③

第三种，通过出土的汉代二十八宿圆盘分析，"圆盘上365个刻孔及二十八宿距度数字表明，它同测量角度有密切关系"，甚至"可以认为二十八宿圆盘下盘的各宿距度数就是上盘刻画应用的结果。测量方法很简便，只要将上盘安置在赤道面上，中心孔置一定标，在周围小孔上插置游标，通过定标和游标与天上某星成一直线，做下记号；再同法对准下一个星，甲、乙两星间的赤道距离就可在盘上数两游标间的分划可得（图 2-16）"④。

————————

① 邓可卉：《比较视野下的中国天文学史》，上海：上海人民出版社，2011 年，第 28 页。

② 刘邦凡：《中国古代数学及其逻辑推类思想》，北京：人民日报出版社，2006 年，第 30 页。

③ 郑文光：《中国天文学源流》，北京：科学出版社，1979 年，第 157—158 页。

④ 刘金沂：《从"圆"到"浑"——汉初二十八宿圆盘的启示》，《中国天文学史文集》编辑组：《中国天文学史文集》第 3 集，北京：科学出版社，1984 年，第 207 页。

除了月亮之外，"五星的运行是可以用圆盘来测量的，只要在一天的某一固定时刻确定下它们在恒星间的位置，连续的观测就能定下它们的行迹来"①。特备需要强调的是，用《周髀算经》上述方法测得的角度，"并不是二十八宿的赤道度数，而是下一宿中天时前一宿距星的地平方位角"②。

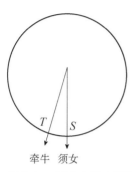

图 2-15　用土圭测中星③

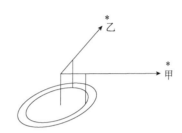

图 2-16　赤道面内侧角④

按照《周髀算经》的方法，所测得的结果或许比较粗疏，而且那些结果又未必是我们真正想要的结果。但是，徐振韬先生说得好："这里虽然把宿间的地平经度差误认为'距度'，但仅用一根'表'和'游仪'通过地球的周日旋转而能测量恒星间的角度差，这样作法却是极其巧妙的。在测角的浑仪发明以前，在这种方法中第一次引入了'角度'的概念，这是一个极大的'突破'。从此，在古代的天文测量中开拓了一个新的领域，二十八宿距度成为历代测天的基本任务之一，并进而发展成我国独特的天球赤道坐标之一，即'入宿度'。然而，用这种方法测量行星的运动则完全失效。这种局限性要求创造新的测角仪器以适应天文观测的不断进步。从这个意义上，《周髀算经》所反映的时代正是'角度'概念已经萌芽，新的测角仪器即将诞生的前夜。"⑤可以这样说，用原始的观测仪器对日月及五星运动进行观测，《周髀算经》已经达到了利用这些原始观测仪器所能达到的理论顶点，至于那些观测数据本身所具有的局限性和粗糙性，则表明后人想要突破《周髀算经》的固有认识，就必须对旧的观测手段不断进行革新。从此以后，对天文仪器的不断更新便成为历代统治者制定历法时不可缺少的一个环节。

（二）《周髀算经》中的几何思想成就

（1）商高与勾股定理。在一个直角三角形中，夹直角两边边长的平方和，等于直角的

---

① 刘金沂：《从"圆"到"浑"——汉初二十八宿圆盘的启示》，《中国天文学史文集》编辑组：《中国天文学史文集》第 3 集，第 208 页。

② 刘金沂：《从"圆"到"浑"——汉初二十八宿圆盘的启示》，《中国天文学史文集》编辑组：《中国天文学史文集》第 3 集，第 208 页。

③ 郑文光：《中国天文学源流》，第 158 页。

④ 刘金沂：《从"圆"到"浑"——汉初二十八宿圆盘的启示》，《中国天文学史文集》编辑组：《中国天文学史文集》第 3 集，第 207 页。

⑤ 徐振韬：《从帛书〈五星占〉看"先秦浑仪"的创制》，《中国天文学史文集》编辑组：《中国天文学史文集》，第 41—42 页。

平方，这就是著名的勾股定理，亦称商高定理，它是几何学中最重要的一条定理。《周髀算经》卷上载有这条定理的内容及其在观测天象中的应用，其文云：

　　昔者周公问于商高曰："窃闻乎大夫善数也，请问古者包牺立周天历度，夫天不可阶而升，地不可得尺寸而度，请问数安从出？"商高曰："数之法出于圆方，圆出于方，方出于矩，矩出于九九八十一。故折矩，以为句广三，股修四，径隅五。"①

在荣方与陈子的对话中，更明确了勾股定理的一般式。陈子说："若求邪至日者，以日下为勾，日高为股。勾、股各自乘，并而开方除之，得邪至日。"②

关于勾股定理得证明，《周髀算经》给出的方法是："既方之外，半其一矩。环而共盘，得成三、四、五。两矩共长二十有五，是谓积矩。"③对于这句话，学界争论已久。其争论的焦点是：商高究竟有没有证明勾股定理？吴文俊先生在深入研究了上述对话之后，认为："在《周髀》中有一段商高和周公关于勾股定理得对话，对话中提到了特殊的三元组（3，4，5），但正如我们前面已多次指出的那样，这只是一种示例。这段话中有几句话以前一直难于理解。幸好陈良佐，李国纬和李继闵教授在最近的研究中分析了这段话的意思，他们得出结论证实那几句话可以看成是一般勾股定理的证明，尽管不是太严格。"④李继闵先生以图2-17释文，他把"图"与"文"对应起来，使人对商高定理的图证一目了然。

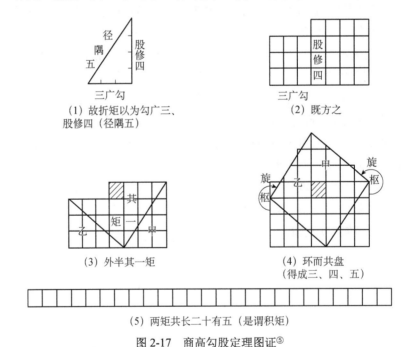

图 2-17　商高勾股定理图证⑤

① （三国·吴）赵君卿：《周髀算经》卷上，郭书春、刘钝校点：《算经十书（一）》，第1—2页。
② （三国·吴）赵君卿：《周髀算经》卷上，郭书春、刘钝校点：《算经十书（一）》，第6—7页。
③ （三国·吴）赵君卿：《周髀算经》卷上，郭书春、刘钝校点：《算经十书（一）》，第1—2页。
④ 蔡宗熹：《千古第一定理——勾股定理》，北京：高等教育出版社，2009年，第116页。
⑤ 李继闵：《算法的源流：东方古典数学的特征》，北京：科学出版社，2007年，第123页。

由图 2-18 知，如果将左下角和右下角的两个三角形面积分别移动到所示位置，就得到边长的正方形面积。这种证明不仅最省力，而且很巧妙。

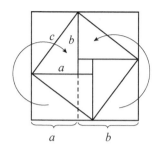

图 2-18 勾股定理证明之面积移补法[1]

（2）陈子测日法与重差术。《周髀算经》载有陈子测量日高的方法，其文云：

夏至南万六千里，冬至南十三万五千里，日中立竿测影。此一者天道之数。周髀长八尺，夏至之日晷一尺六寸。髀者，股也。正晷者，句也。正南千里，句一尺五寸。正北千里，句一尺七寸。日益表南，晷日益长。候句六尺，即取竹，空径一寸，长八尺，捕影而视之，空正掩日，而日应空之孔。由此观之，率八十寸而得径一寸。故以句为首，以髀为股。从髀至日下六万里而髀无影。从此以上至日则八万里。[2]

如图 2-19 所示：

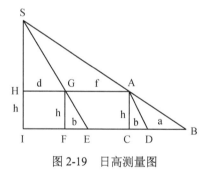

图 2-19 日高测量图

图 2-19 中 S 为太阳，I 为日下点，AC 与 GF 为两个标杆，亦即髀，长为 8 尺 80 寸。I、F、C 在同一条直线上，b 为髀在 F 处的影长，$b+a$ 为髀在 C 处的影长，$AG=1000$ 里。

设 $SH=x$ ，已知 $GF=h=80$ 寸， $FE=b=15$ 寸， $BC=16$ 寸， $AC=h=80$ 寸，$BD=a=2$ 寸， $CD=b=15$ 寸，已知，$BC=BD+CD=17$ 寸，且 $AD \parallel SE$ 。可见，△ABC∽△SAH，△ACD∽△SHG。

因此， $\dfrac{SI}{BI}=\dfrac{AC}{BC}$ ， $\dfrac{SI}{EI}=\dfrac{GF}{EF}$ ，即 $SI \cdot BC = BI \cdot AC$ $SI \cdot EF = EI \cdot GF$ ，

两式相减，得，

---

① 李文林主编：《从赵爽弦图谈起》，北京：高等教育出版社，2008 年，第 4 页。

② （三国·吴）赵君卿：《周髀算经》卷上，郭书春、刘钝校点：《算经十书（一）》，第 6 页。

$$BI(BC-EF)=AC(BI-EI)$$

$$BI-EI=BE=EC+CB=BC+FC-FE=CF+(BC-FE)\approx1000里$$

$$故\ BI=\frac{AC(BI-EI)}{BC-EF}=\frac{80寸\times1000里}{16寸-15寸}=80\,000里$$

日地之间的实际距离约为 1.5 亿公里，陈子所计算的结果与之相差悬殊。这是因为地球是个曲面体，而不是平面体，所以建立在平面几何上的三角形相似关系及勾股定理，均不能成立。然而，当人们将此方法应用于测算较近且又不易到达的目标时，却能得出正确的结果。这就是东汉以后天文学家和数学家所说的重差术，从这个意义上讲，陈子应是重差术的先驱。

（3）提出宇宙空间的几何模型——盖天说。关于《周髀算经》中的"盖天说"，学界已经讨论很多。钱宝琮先生在《盖天说源流考》一文中对盖天说产生的时代、主要内容以及思想特点都作了比较详细的考述，下面我们依据钱氏的研究成果，并结合其他学者的观点，拟对《周髀算经》一书中的盖天说思想，略加阐释。《周髀算经》卷下云：

> 日凡月运行四极之道。极下者，其地高人所居六万里，滂沲四隤而下。天之中央亦高四旁六万里。故日光外所照径八十一万里，周二百四十三万里。故日运行处极北，北方日中，南方夜半；日在极东，东方日中，西方夜半；日在极南，南方日中，北方夜半；日在极西，西方日中，东方夜半。凡此四方者，天地四极四和。昼夜易处，加时相反。然其阴阳所终，冬至所极，皆若一也。天象盖笠，地法覆盘。天离地八万里，冬至之日虽在外衡，常出极下地上二万里。故日兆月，月光乃出，故成明月，星辰乃得行列。是故秋分以往到冬至，三光之精微，以其道远，此天阴阳之性自然也。①

对这段话的解释，人们依据斗笠的结构特点，一致认为《周髀算经》所讲盖天说的核心思想是主张天体呈"拱形"。《国语》云："（箬帽）或大或小，皆顶隆而口圆，可芘雨蔽日，以为蓑之配也。"②当然，由于斗笠形状（图 2-20）在细节方面，各所不同。所以学界对上面一段话的解释就出现了差异。据考，学界对盖天说的认识，主要有以下几种：

图 2-20　斗笠形状图③

一是钱宝琮先生所绘《周髀算经》所言盖天图（图 2-21），就像图 2-20 中那个年轻妇

①　（三国·吴）赵君卿：《周髀算经》卷下，郭书春、刘钝校点：《算经十书（一）》，第 18—19 页。
②　（元）王祯：《农书》，北京：中华书局，1956 年，第 239 页。
③　王培君主编：《100 种水用具》，南京：河海大学出版社，2009 年，第 176 页。

女头上戴的斗笠一样。钱氏认为，从《周髀算经》所叙述的具体内容分析，"这是说天像一顶戴着的箬帽，地像一只伏倒的盆子"，然而，一方面，"前面计算太阳高出地面八万里是假定地面是平的，现在又说极下地面高于四旁地面六万里，两说显然有矛盾"①。

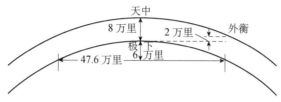

图 2-21 钱宝琮所绘《周髀算经》中的"盖天图"②

与此相类，英国科学史家查特莱（H.Chatley）在钱宝琮先生盖天图的基础上，进一步将《周髀算经》中的上述文字，用图 2-22 说明如下。用李约瑟博士的话说，就是"从内在的证据来看，盖天说是最古老的宇宙学说。天空被想象成一只倒扣在地上的碗，而大地本身也是另一只倒扣着的碗。……人类居住在大地的中央。雨水落到地上向低洼处流注，形成边缘的海洋；地是方的。天是圆的，带着太阳和月亮像车轮一样从右向左旋转，而日月有一种从左向右的运动，但比它们所附着的大圆顶的运动慢得多"③。

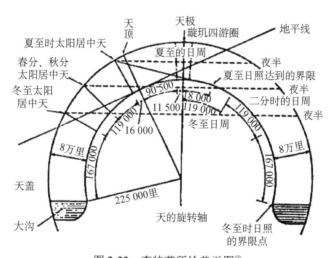

图 2-22 查特莱所绘盖天图④

二是反对半球式的圆顶盖天说，而主张平行的平面说。这派代表主要是古克礼、李志超和江晓原三位先生。其中李志超先生在 1993 年提出了下面的盖天模型（图 2-23），这个模型的特点是：天地形状是一对平行平面，在轴心的北极位置上有一个较大的凸起，亦称

---

① 中国科学院自然科学史研究所：《钱宝琮科学史论文选集》，北京：科学出版社，1983 年，第 381 页。
② 中国科学院自然科学史研究所：《钱宝琮科学史论文选集》，第 381 页。
③ ［英］李约瑟原著、［英］柯林·罗南改编：《中华科学文明史》第 2 卷，上海交通大学科学史系译，上海：上海人民出版社，2002 年，第 91 页。
④ ［日］桥本敬造：《中国占星术的世界》，王仲涛译，北京：商务印书馆，2012 年，第 22 页。

"璇玑"，对应的天也有一个向上的凹洞。①

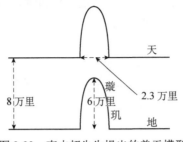

图 2-23　李志超先生提出的盖天模型

他在《〈周髀算经〉盖天宇宙结构》一文中提出了一种新的盖天模型，如图 2-24 所示。图 2-24 为《周髀算经》盖天宇宙模型的侧视剖面图，由于以北极为中心，图形是轴对称的，故只绘出了一半，图中左端即"璇玑"的侧视半剖面。在这个结构图中，由于天地为平行平面，故日与"日下"之地的距离即天与地的距离。然而，假如把盖天宇宙模型的天地理解为双重球冠形曲面，那么，上述推算就无法成立。

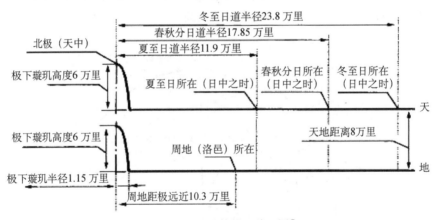

图 2-24　《周髀算经》盖天图②

对于这个模型的学术意义，有学者评价说："新的模型由于主体上采用了平行平面的结构，因此，在算法系统上与《周髀算经》本文没有矛盾，这一点解开了传统模型一个无法解开的死结。新模型的倡导者们还进一步暗示，《周髀算经》的盖天模型很可能来源于印度的天文学传统。这一切引起了人们对《周髀算经》盖天说之天地模型的广泛关注。"③当然，下面我们还会看到，中国的盖天说其实不仅来源于本土，而且还非常古老。

（3）古老的盖天图。距今 7800 年至 9000 年的河南贾湖遗址出土了一支骨笛，胡大军先生根据贾湖二孔骨笛及划纹盆特点组合并复原了一个完整的盖天模型，具体内容如图 2-25 所示：

① 李志超：《天人古义——中国科学史论纲》，郑州：大象出版社，1998 年，第 229 页。

② 江晓原：《〈周髀算经〉盖天宇宙结构》，《自然科学史研究》1996 年第 3 期，第 251 页。

③ 曲安京：《〈周髀算经〉新议》，西安：陕西人民出版社，2002 年，第 91 页。

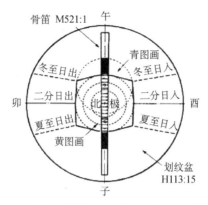

图 2-25　据贾湖骨笛复原的古老盖天图①

又据冯时先生考证，距今 6500 年前的河南濮阳西水坡 M45 号墓已经具备了《周髀算经》盖天图的雏形（图 2-26）。

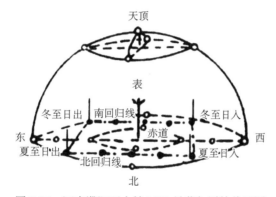

图 2-26　河南濮阳西水坡 M45 号墓与原始盖天图

再有，距今约 5000 年以前的河姆渡文化遗址出土的太阳鸟盖头陶器尽管已部分残损，但人们还是仍然能够从中读出蕴含在陶器之内的许多古老盖天信息，如图 2-27 所示，它表明当时"已经具有了地球围绕太阳进行旋转时的四季天象节气概念：内衡第一圈为夏至圈，次二衡为立秋圈，中衡第三圈为春分秋分圈，次四衡为立春圈，外衡第五圈为冬至圈。这与《周髀算经》中的'七衡图'也是相符合的"②。

此外，学界的相关著述中还附有许许多多大同小异的派生盖天图，恕不一一赘述。

平心而论，虽然这些复原的古老盖天图，客观上还存在着这样或那样的证据缺陷，有些或许还带有某种程度的主观成分，但是不可否认的事实是：红山文化牛梁河遗址第 2 地点（图 2-28）"三环石坛的外衡直径为内衡直径的二倍，也就是说外衡周同时也是内衡周的二倍，这说明冬至时太阳周视运动的路径和线速度应为夏至日速度的二倍，这一现象与《周髀》七衡图的记述颇为一致。"③

---

① 胡大军：《伏羲密码——九千年中华文明源头新探》，上海：上海社会科学院出版社，2013 年，第 232 页。
② 许钦彬：《易与古文明》，北京：社会科学文献出版社，2012 年，第 365 页。
③ 许钦彬：《易与古文明》，第 364 页。

图 2-27 河姆渡出土的太阳鸟盖头陶器

图 2-28 牛良河第 2 地点三环石坛图

（4）七衡六间图（图 2-29）。七衡六间图是盖天说的重要组成部分，因为日月在圆形的天盖上运行不已，为了清晰起见，《周髀算经》特将一个回归年内太阳或月球的 7 条视运行轨道划分成"七衡六间"。故《周髀算经》载：

> 凡为日月运行之圆周，七衡周而六间，以当六月节。六月为百八十二日、八分日之五。故日夏至在东井极内衡，日冬至在牵牛极外衡也。衡复更终冬至。故曰一岁三百六十五日、四分日之一，岁一内极，一外极。三十日、十六分日之七，月一外极，一内极。是故一衡之间万九千八百三十三里、三分里之一，即为百步。欲知次衡径，倍而增内衡之径。二之以增内衡径得三衡径。次衡放次。①

对这段话的理解，历来学者都很关注，而且人们根据自己的认识绘制了多种示意图。

（1）钱宝琮先生认为："七衡六间是盖天说说明每日绕地运行（实在是地球自转）的几何图形。"② "以当六月节"是指一年内的十二个中气，即雨水、春分、谷雨；小满、夏至、大暑、处暑、秋分、霜降、小雪、冬至、大寒。其中，内衡为夏至日道，外衡为冬至日道，介于内衡和外衡之间，均匀排列着另外十个中气的日道。这里，十二中气有阴阳升降之分。"冬至从南而北，夏至从北而南。案：从北而南为降，于十二宫为自午而未而申酉戌亥，于卦气为坤六爻，阴主退，所谓阴时六也。从南而北为升，于十二宫为自子而丑而寅卯辰巳，于卦气为乾六爻，阳主进，所谓阳时六也。"③ 钱氏发现，按照《周髀算经》的理解，"外衡周 1 428 000 里是内衡周 714 000 里的二倍，因而冬至日太阳绕地运行的速度也必须是夏至日的速度的二倍，这是难以理解的"④。在学界，钱氏的看法和认识属于主流观点。

（2）秦建明先生认为，这是先民在古周地（今登封或洛阳）用"璇玑玉衡"在 7 个不同角度观测太阳在一年内南北回归运动轨迹的客观记录，故名七衡六间图（图 2-30）。而"运用子午环上的'衡'测量太阳这种运动，太阳达到最高角度时所得为上衡，最低角度时所得为下衡，两者之中则为中衡"，因此，"七衡六间中的'七衡'就是古人在天球坐标系中用衡测量天空太阳的南北回归运动——日南至与日北至及其间的太阳高低变化中，所获得衡的七个不同位置的标志。这些标志，也可理解为子午环上经过圆心的七条不同方向

① （三国·吴）赵君卿：《周髀算经》卷上，郭书春、刘钝校点：《算经十书（一）》，第 14—15 页。
② 中国科学院自然科学史研究所：《钱宝琮科学史论文选集》，第 385 页。
③ （清）江标编校：《沅湘通艺录》卷 1，北京：中华书局，1985 年，第 29 页。
④ 中国科学院自然科学史研究所：《钱宝琮科学史论文选集》，第 385 页。

的射线",与之相应,"两条辐射线所夹之角度亦可称为一间。七衡六间之'间'即指七条不同角度的射线中的六个夹角"①。此外,用璇玑玉衡所观测的太阳在天空中的视运行轨迹应当是一个不间断的螺旋形,而为方便计算和便于理解,《周髀算经》特将其简化为 7 个互不相连的圆环,实际上,它也可看作是人们从北极之上的俯视平面图。因为"七个不同的高度,便产生七个环。古人在平面上绘立体图有一定的困难,常常将其绘于同一平面之上,这正是我们见到的古代七衡六间图,也是《周髀》所描述的'七衡图'。"②

图 2-29　七衡六间图③

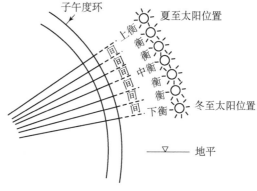

图 2-30　七衡六间示意图④

二、《周髀算经》在天文数学思想发展史上的地位

(一)《周髀算经》在天文学思想发展史上的地位

1. 七衡六间与二十四节气

《周髀算经》通过刻绘太阳在天空的南北回归视运动轨迹,把二至和二分及其他各节气的晷影变化进行了相对精确的测量,其测量结果如下:

> 凡八节二十四气,气损益九寸九分、六分分之一。……冬至晷长一丈三尺五寸,小寒丈二尺五寸,大寒丈一尺五寸一分,立春丈五寸二分,雨水九尺五寸二分,启蛰八尺五寸四分,春分七尺五寸五分,清明六尺五寸五分,谷雨五尺五寸六分,立夏四尺五寸七分,小满三尺五寸八分,芒种二尺五寸九分,夏至一尺六寸,小暑二尺五寸九分,大暑二尺五寸八分,立秋四尺五寸七分,处暑五尺五寸六分,白露六尺五寸五分,秋分七尺五寸五分,寒露八尺五寸四分,霜降九尺五寸三分,立冬丈五寸二分,小雪丈一尺五寸一分,大雪丈二尺五寸。⑤

有学者将前面的"七衡图"和二十四节气联系起来,绘图 2-31 如下:

---

① 秦建明:《"七衡六间"新说》,周天游主编:《陕西历史博物馆馆刊》第 10 辑,第 345 页。
② 秦建明:《"七衡六间"新说》,周天游主编:《陕西历史博物馆馆刊》第 10 辑,第 347 页。
③ 中国科学院自然科学史研究所:《钱宝琮科学史论文选集》,第 384 页。
④ 秦建明:《"七衡六间"新说》,周天游主编:《陕西历史博物馆馆刊》第 10 辑,第 346 页。
⑤ (三国·吴)赵君卿:《周髀算经》卷下,郭书春、刘钝校点:《算经十书(一)》,第 23—24 页。

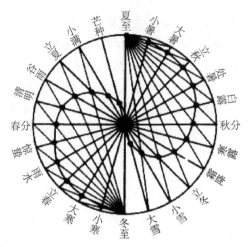

图 2-31　璇玑玉衡与二十四节气①

那么，《周髀算经》的这种联系究竟有何意义？如果我们把太阳在天空中南北回归视运动的运行轨迹，亦即七衡图移植到人体内，就会发现人体的气血循环也呈不间断的周期运动，因此，人体的整个脏腑组织和机能便在这种气血的循环运动构成一个统一的整体。于是，二十四节气与人体脊椎出现了对应关系，如图 2-32 所示：

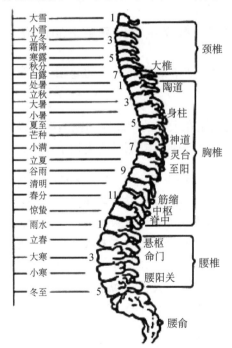

图 2-32　二十四节气与人体脊椎的对应关系②

此外，二十四节气又与人体二十四脉相对应，具体内容见李建民先生《生命史学——

① 许钦彬：《易与古文明》，第 252 页。
② 王圣钧：《中国人的文化密码》，北京：华夏出版社，2013 年，第 202 页。

从医疗看中国历史》一书第 8 章。在李建民先生看来，不论是《通卦验》，还是《内经素问·生气通天论》和《内经灵枢经·阴阳系日月》等，都可以用"天体八方二绳四钩图"（图 2-33）来诠释①，而这也是汉代学者的总体思维特点。

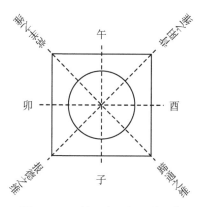

图 2-33　天体八方二绳四钩图②

依此，则人体脊椎恰好处于"天体八方二绳四钩图"的子午位置。由之，我们又联想到了贾湖骨笛的蕴意。胡大军先生将贾湖骨笛与七衡图及二十四节气联系起来，并绘制了两幅图（图 2-34、图 2-35），这两幅图的最重要价值就是它将二十四节气、七衡图及音律之间的内在关系非常直观地揭示出来了。

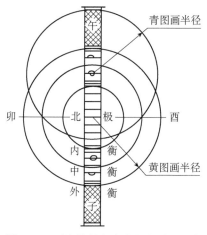

图 2-34　贾湖骨笛与七衡图的关系图③

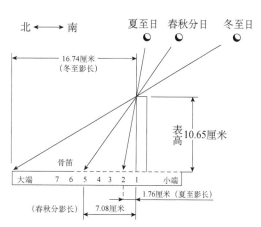

图 2-35　贾湖骨笛二分二至影长模拟测算示意图④

实际上，贾湖骨笛的意义还远不止此，如图 2-36 所示。据胡大军先生介绍，骨笛共分 5 组，其中第 2 组、第 3 组和第 4 组计有 25 条刻符，正中间为 7 条一段为 Y 形符号，

---

① 李建民：《生命史学——从医疗看中国历史》，上海：复旦大学出版社，2008 年，第 298—230 页。
② 李建民：《生命史学——从医疗看中国历史》，第 301 页。
③ 胡大军：《伏羲密码——九千年中华文明源头新探》，第 231 页。
④ 胡大军：《伏羲密码——九千年中华文明源头新探》，第 51 页。

其他刻符以这 7 条刻符为中心呈对称分布。诚然，这些刻符究竟蕴含着什么文化信息。人们的解释可能会存在分歧，不过，人体脊椎亦恰好有 25 条"刻线"，"刻线"之间是 24 节脊椎骨，与之相对照，贾湖骨笛的 25 条"刻符"是否也和人体脊椎一样，含有喻示二十四节气的文化意义呢？不能排除这种可能性。胡大军先生认为贾湖人以骨笛为圭尺来观测日影长度。①

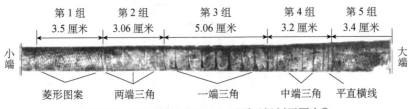

图 2-36　贾湖骨笛 M521：1 正面五组刻画图案②

　　如前所述，我国古人对二十四节气的确定尤以《周髀算经》所提供的方法最可靠。这个方法是先把一竿长八尺的圭表于中午时分立在地上，观测这个圭表于地面的投影长度，然后根据其投影长度来确定八节二十四气的具体位置。至于七衡六间与二十四气的对应关系，陈遵妫先生列图 2-37 中显示："七衡图相当于十二个月的中气，六间相当于十二个月的节气。"③在中国，两汉历法"已为后世历法的发展提供了楷模，已经形成了一个独特的体系"④。特别是《周髀算经》对治历观象以授人时观念的强化，至《汉书·律历志》时，即形成了比较系统的"顺其时气，以应天道"思想理论。

七 衡 六 间		二 十 四 气	
第 一 衡		夏 至	
第 一 间			
第 二 衡	芒 种	小 暑	
第 二 间	小 满	大 暑	
第 三 衡	立 夏	立 秋	
第 三 间	谷 雨	处 暑	
第 四 衡	清 明	白 露	
第 四 间	春 分	秋 分	
第 五 衡	惊 蛰	寒 露	
第 五 间	雨 水	霜 降	
第 六 衡	立 春	立 冬	
第 六 间	大 寒	小 雪	
第 七 衡	小 寒	大 雪	
		冬 至	

图 2-37　七衡六间与二十四气的关系图⑤

　　2. 七衡图与探索地球气候带分布规律的艰难和曲折
　　《周髀算经》有一段论述地球气候带的话，常为各种讨论中国古代天文气象学的著述

① 胡大军：《伏羲密码——九千年中华文明源头新探》，第 52 页。
② 胡大军：《伏羲密码——九千年中华文明源头新探》，第 230 页。
③ 陈遵妫：《中国天文学史》上册，第 90 页。
④ 杜石然等：《中国科学技术史稿》修订版，北京：北京大学出版社，2012 年，第 106 页。
⑤ 陈遵妫：《中国天文学史》上册，第 90 页。

所引用。其文云：

> 冬至之日去夏至十一万九千里，万物尽死；夏至之日去北极十一万九千里，是以知极下不生万物。北极左右，夏有不释之冰。春分、秋分，日在中衡。春分以往日益北，五万九千五百里而夏至；秋分以往日益南，五万九千五百里而冬至。中衡去周七万五千五百里，中衡左右，冬有不死之草，夏长之类。此阳彰阴微，故万物不死，五谷一岁再熟。凡北极之左右，物有朝生暮获，冬生之类。[①]

前面虽然已经引用了陈遵妫先生描述七衡六间与二十四气之间关系的图，但为了本论题的需要，我们需要对其图略作变换，故上面的引文就可直观地用图 2-38 来表示。

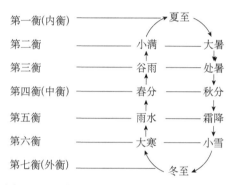

图 2-38　七衡图与地球气候带的关系示意图[②]

陈文熙先生解释说："春秋分的时候，日在中横，轨道直径为 357 000 里；但光行极限之二倍为 334 000 里，所以在这时候……春分以后太阳渐近北极，所以不久日光便到达北极，一直照耀着，直到秋分不久以前。北极如此，当然极下也是如此了，所以极下附近，差不多由春分至秋分的期间为太阳照耀着。这恰好是地球北极半年为昼的情形。秋分后太阳渐远北极，情形恰相反，所以极下自秋分至春分的期间为日光所不及，这又恰好是地球北极半年为夜的情形。"[③]

而"中衡左右，冬有不死之草，夏长之类"又相当于"地球赤道附近的情形了。'中衡'代表了赤道，那么'外衡'和'内衡'就是南北回归线，两'衡'间的地区便相当于热带。"[④]如果把周城所在地区的气候变化考虑进去，那么，"当太阳在内衡时，它离周城最近，而且每天照射的时间最久，所以夏季热；太阳在'外衡'时恰相反，所以冬季冷；太阳在'中衡'时折乎中，所以春秋不冷不热"[⑤]，这种四季分明的气候变化，属于温带

---

①　（三国·吴）赵君卿：《周髀算经》卷下，郭书春、刘钝校点：《算经十书（一）》，第 20 页。

②　李慕南主编：《古代天文历法》，开封：河南大学出版社，2005 年，第 299 页。

③　陈文熙：《一部记载中国最早的实验模型假设推理的科学史册——周髀算经》，《技术研究》1985 年第 8 期，第 6 页。

④　陈文熙：《一部记载中国最早的实验模型假设推理的科学史册——周髀算经》，《技术研究》1985 年第 8 期，第 6 页。

⑤　陈文熙：《一部记载中国最早的实验模型假设推理的科学史册——周髀算经》，《技术研究》1985 年第 8 期，第 6 页。

性质。《周髀算经》似乎已经在有意识地考察和探索太阳运行与地球气候变化之间的内在联系了。当然，学界对上述引文的理解还存在较大分歧。例如，薄树人先生明确"提出极下不生万物；北极左右的地方'夏有不释之冰'，中衡左右的地方'冬有不死之草'。这些话被清初的学者们认为提出了地球五带的概念，并以此作为西学中源说的一个重要佐证。《周髀》所提出的上述问题，在没有地球概念的浑天说中，也是提不出来的"。况且"冬至之日对于周都来说，固然可以说是万物尽死，但是对于夏至日下之地来说，却并没有万物尽死。可见，《周髀》的推理是很荒谬的。按照《周髀》的这个推论，夏至之日，外衡之下的地方也应'万物尽死'，因为外衡之下去夏至日下也是 119 000 里。但这个推论连给《周髀》作注的赵爽也都已看出，说是'或疑焉'。事实上，外衡之下乃是今日所谓的地球南回归线，它和内衡之下的北回归线一样，在隆冬时节也是没有万物皆死的情况的"①。

回过头来，我们再看周桂钿先生对《周髀算经》的相关解读，就丝毫不感到奇怪了。周桂钿先生说：

> 《周髀算经》还有一种说法颇值得注意。它认为天体以北极为中心，太阳沿着天体的边缘运行，也就是围绕着北极这个中心旋转。日到处，阳光照到，那里就是白天；日运行远了，距离超过十六万七千里，阳光照不到，那里就是黑夜。而在同一时刻，太阳光能照到的地方是白天，照不到的地方为黑夜。而大地各处也都处于这种昼夜更替之中，即所谓"昼夜易处"。……同一时刻，世界各地有的早晨、有的中午、有的傍晚、有的半夜。这就否定了黑夜是由于太阳进入地下的说法，否定了天下白昼都是白昼，黑夜都是黑夜的说法。盖天说的这一见解跟我们现在所了解的地球不同经度、不同时区的昼夜更替的情况是相符合的。这里讲日沿天边旋转，不入地下，是在北极观察春分到秋分六个月见日的情况以后才可能得出的结论。反过来也说明中国古人到过北极地区。②

即使退一步讲，诚如陈美东先生所说："如果将'北极左右'和'中衡左右'分别理解为今北极和赤道附近，它关于两处寒热和生物状况的描述无疑是合理的推测。《周髀算经》是以阴阳的消长之极作为上述推测的理论基础之一。"③可见，无论从理论方面还是从实践方面，《周髀算经》的上述思想都值得肯定。

不过，由于《周髀算经》的盖天说还不能圆满解决当时天文观察和探险实践所提出的问题，所以难免会给人造成一种"推理很荒谬"的感觉。所以李鉴澄先生曾在《论周髀算经》一文中说："我国以太阳在天球上一日视运动之距离为一度，遂分周天为三百六十五又四分度之一。此种尺度虽奇零不便计算，但无大妨碍，周髀著者似嫌度之单位抽象难记，不若长度单位具体易知，遂将长度表示弧角，致意义模棱，实成大错。作者认为周髀

① 薄树人：《薄树人文集》，合肥：中国科学技术大学出版社，2003 年，第 68 页。
② 周桂钿：《天地奥秘的探索历程》，北京：中国社会科学出版社，1988 年，第 225 页。
③ 陈美东：《中国古代天文学思想》，北京：中国科学技术出版社，2007 年，第 377 页。

算经著作时代之天文知识相当发达，惜同时期之算学程度稍嫌落后尚不足解决天文上困难之处，两者颇欠协调，亦为致误之由。"[1]

可见，要想真正圆满解决地球气候带分布及其他相关的天文学问题，尚需经历一个较为艰难的探索过程。

3.《周髀算经》与《内经》天文学及其他

《周髀算经》对太阳周年视运动的描述是：冬至昼极短，日出辰而入申。阳照三，不覆九，东西相当正南方。夏至昼极长，日出寅而入戌。阳照九，不覆三，东西相当正北方。日出左而入右，南北行。故冬至从坎，阳在子，日出巽而入坤，见日光少，故曰寒。夏至从离，阴在午，日出艮而入乾，见日光多，故曰暑。[2]

如前所述，因为盖天说将太阳的周年视运动范围于南北回归线之间，因此，按照田合禄等先生的解释，文中冬至日"出辰而入申"，说明辰申连线在南回归线；夏至日"出寅而入戌"，表明寅戌连线在北回归线，如图 2-39 所示：

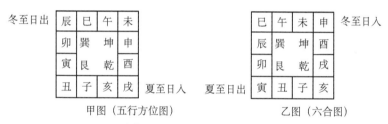

图 2-39　周年视运动方图[3]

若用圆图表示，就如 2-40 所示：

图 2-40　太阳周年视运行圆图[4]

将图 2-39 的"方图"和图 2-40 的"圆图"互相对照，即可看出："巽为冬至日出点，乾为夏至日入点。甲图中，辰戌为太阳，乙图中，巳亥为厥阴。古人以冬至为制定历法的始点，故《素问》六气有时以太阳为六气之始右旋，有时以厥阴为六气之始左旋。辰

①　北京天文馆：《李鉴澄先生百岁华诞志庆集》，北京：中国水利水电出版社，2005 年，第 32 页。
②　（三国·吴）赵君卿：《周髀算经》卷下，郭书春、刘钝校点：《算经十书（一）》，第 28—29 页。
③　田合禄、田蔚：《中医运气学解秘——医易宝典》，太原：山西科学技术出版社，2002 年，第 11 页。
④　田合禄、田蔚：《中医运气学解秘——医易宝典》，第 11 页。

与巳相差三十度，这正是天地之气相差的度数。"①在此，为了清楚起见，我们需要介绍一点儿相关知识。清代张志聪《侣山堂类辩》云："寒、暑、燥、湿、风、火，天之阴阳也，三阴三阳上奉之；木、火、土、金、水、火，地之阴阳也，生、长、化、收、藏下应之。三阴三阳者，子午为少阴君火，丑未为太阴湿土，寅申为少阳相火，卯酉为阳明燥金，辰戌为太阳寒水，巳亥为厥阴风木。是天之十干，化生地之五行，地之十二支，上承天之六气。"②与前面的"天体八方二绳四钩图"相对照，显然，"巽、坤、艮、乾"是指四维，"子午、酉卯"为二绳。如果我们把十二地支与十二气、节及十二卦联系起来，那么，一年中阴阳寒热的变化，如表 2-1 所示：

表 2-1　一年中阴阳消息变化表③

卦名	复	临	泰	大壮	夬	乾	姤	遁	否	观	剥	坤
节气	冬至	大寒	雨水	春分	谷雨	小满	夏至	大暑	处暑	秋分	霜降	小雪
	小寒	立春	惊蛰	清明	立夏	芒种	小暑	立秋	白露	寒露	立冬	大雪
月建	子	丑	寅	卯	辰	巳	午	未	申	酉	戌	亥
夏历月份	11	12	1	2	3	4	5	6	7	8	9	10

仅就寒热变化而言，"自子至巳，冬至到立春、春分到立夏，由寒而温而暑，温度呈上升趋势；自午至亥，夏至到立秋、秋分到立冬，由暑而凉而寒，温度呈下降趋势"④。

故此，"阳照三，不覆九"与"阳照九，不覆三"的内涵，就前面的"太阳周年视运行圆图"而言，夏至日的太阳运行至北回归线，日出寅而入戌，仅"丑、子、亥"不能被阳光照射，所以"夏至昼极长"，与之相反，冬至日的太阳运行到南回归线，日出于辰末而入于申初，仅有"巳、午、未"被阳光照射，所以"冬至昼极短"。用薄树人先生的话说，就是"冬至的太阳所经过的方位角范围是全圆周的 3/12，太阳不经过的地方则有9/12。夏至则相反，太阳经过的方位角范围为全圆周的 9/12，不经过的范围则为 3/12"⑤。曲安京先生甚至在《〈周髀算经〉新议》一书中还给出了"阳照三，不覆九"与"阳照九，不覆三"的几何证明。⑥

这样看来，《周髀算经》本来已经把问题讲得很清楚了，可是，赵君卿的注却引出了另外一个问题。赵氏注引《考灵曜》的话说："分周天为三十六头，头有十度、九十六分度之十四。长日分于寅，行二十四头，入于戌，行十二头。短日分于辰，行十二头，入于申，行二十四头。此之谓也。"⑦

① 田合禄、田蔚：《中医运气学解秘——医易宝典》，第 11—12 页。
② （清）张志聪著、王新华点注：《侣山堂类辩》卷上《十干化五行论》，南京：江苏科学技术出版社，1982年，第 70 页。
③ 张其成主编：《易经应用大百科》，南京：东南大学出版社，1994 年，第 333 页。
④ 张其成主编：《易经应用大百科》，第 333 页。
⑤ 薄树人：《薄树人文集》，第 66 页。
⑥ 曲安京：《〈周髀算经〉新议》，第 127—128 页。
⑦ （三国·吴）赵君卿：《周髀算经》卷下，郭书春、刘钝校点：《算经十书（一）》，第 29 页。

依据"太阳运行示意图"（图 2-41）中的第三层内容，我们来诠释纬书中"三十六头"的含义。在此，"头"系指把一周天划分为 36 个扇形区域，它将一年分为十二月及每月三节，这有可能是区别于二十四节气的又一种古老的历法系统，有学者认为它与"十月历"有关。①

图 2-41　太阳运行示意图②

注：第一层为后天图，第二层为十二辰图，第三层为三十六头图，第四层为二十四小时图，第五层为二十四节气图

综上所述，《周髀算经》历法思想明显有两个来源：一是西汉的太初历和三统历；二是《内经》天文学。例如，《周髀算经》说："阴阳之数，日月之法：十九岁为一章；四章为一蔀，七十六岁。二十蔀为一遂，遂千五百二十岁；三遂为一首，首四千五百六十岁；七首为一极，极三万一千九百二十岁。"③据《礼记·王制》孔颖达疏："按《律历志》云，十九岁为一章，四章为一部，二十部为一统，三统为一元。则一元有四千五百六十岁。"④

对此，竺可桢先生在 1944 年的《日记》中认为："太初历始见于司马迁，用四章七十六年法，全系抄袭 Callippus cycle。此说殆无疑，太初始于 105B.C.。"⑤《太初历》"四章七十六年法"早于《周髀算经》，它表明《周髀算经》的章蔀纪元历法源自《太初历》。此外，江晓原先生明确主张："《周髀算经》中上述关于寒暑五带的知识，其准确性是没有疑问的。然而这些知识却并不是以往两千年间中国传统天文学中的组成部分。"⑥"寒暑五带的知识"既然不是"中国传统天文学中的组成部分"，那么，它源自何处呢？江先生继续论证说："大地为球形、地理经纬度、寒暑五带等知识，早在古希腊天文学家那里就已经系统完备，一直沿用至今。五带之说在亚里士多德著作中已经发端，至'地理学之父'埃拉托色尼（Eratosthenes，275—195B.C.）的《地理学概论》中，已有完整的五带：南纬

①　江国樑：《周易原理与古代科技——八卦的剖析及其实际应用》，厦门：鹭江出版社，1990 年，第 149 页。
②　江国樑：《周易原理与古代科技——八卦的剖析及其实际应用》，第 146 页。
③　（三国·吴）赵君卿：《周髀算经》卷下，郭书春、刘钝校点：《算经十书（一）》，第 30—31 页。
④　倪文杰主编：《全唐文精华》，大连：大连出版社，1999 年，第 535 页。
⑤　竺可桢：《竺可桢全集》第 9 卷，上海：上海科技教育出版社，2006 年，第 58 页。
⑥　江晓原：《〈周髀算经〉与古代域外天学》，《自然科学史研究》1997 年第 3 期，第 209 页。

24°至北纬 24°之间为热带，两极处各 24°的区域为南、北寒带，南纬 24°至 66°和北纬 24°至 66°之间则为南、北温带。从年代上来说，古希腊天文学家确立这些知识早在《周髀算经》成书之前。《周髀算经》的作者有没有可能直接或间接地从古希腊人那里获得了这些知识呢？这确实是耐人寻味的问题。"①凡此种种，不仅人们的视线开始转向《周髀算经》的知识本身，而且《周髀算经》的天文学思想"西来说"也越来越受到学界的关注。这确实是一个重要的学术问题，不能不引起我们的高度重视。目前，《周髀算经》的著作年代特别是它的时间上限还不能确定②，况且，据杨向奎先生考证，《周髀算经》实际上是在回答战国时期黄缭所提出的问题。杨先生这样说道：黄缭问惠施"天地所以不坠不陷"的缘故，尽管"近代物理学家才有了明确的答案"，可是，"后来的《列子》、《淮南子》及《周髀算经》等著作中有关的科学理论都似乎是在回答黄缭的问题，他们是惠施科学理论的继承者，这的确是个优良的传统"③。我们知道，惠施生活于约前 370—前 310 年，与亚里士多德同时，而早于埃拉托色尼。所以日本学者大隈重信说："据《汉书》记载，存有许商所著的算术书 26 卷，甚至在周代就已经有了周髀算经的著作。可见数学的起源也很古，虽然和天文一样有外来说和自发说的分歧，但早就有一定程度的发达，并广泛应用于实际方面，乃是明显的事实。"④另外，《周髀算经》所说的"三十六头"与东汉《考灵曜》的说法相吻合，这表明：第一，纬书中的星历之学，"以十二地支在式盘上的方位，推一年周天运行之法，为战国至汉代数术家之法"⑤。即《周髀算经》具有战国阴阳学家的理论渊源。第二，二十四节气从战国、秦汉时起就一直是人们安排农事活动的主要依据，而较二十四节气更古老的"三十六头"则退出了历史舞台。至于"三十六头"的上限究竟可追溯到什么时候，目前尚难以确定。据陆思贤和李迪两位先生考证，江苏澄湖良渚文化遗址出土的黑陶鱼篓形罐一件，陶罐的正面刻绘有 4 个文字，如图 2-42 所示。陶面上左起第 1 个字和第 3 个字都是"五"字，如何理解这两个"五"字？

陆、李两位先生认为，应当从八角星纹图案出于立杆测影的角度去考虑，与《周髀算经》所说"冬至昼极短，日出辰而入申"等相联系，"在地平日晷上十二地支的排列中，辰在东南方，申在西南方；又寅在东北方，戌在西北方。据此，冬至日出东南隅（辰），立杆测影的晷影指向西北方（戌）；日落西南隅（申），晷影指向东北方（寅）。夏至日出东北隅（寅），立杆测影的晷影指向西南方（申）；日落西北隅（戌），晷影指向东南方（辰）。现以立杆所在地为中点，在地平日晷上作连线，可得如下图形"⑥。至于其平置的"五"字，从形式上看，可分为两个对顶三角形（图 2-43），"下面的三角形表示冬半年，

① 江晓原：《〈周髀算经〉与古代域外天学》，《自然科学史研究》1997 年第 3 期，第 210 页。

② 陈宏天、严华主编：《中国少年百科全书》，沈阳：辽宁教育出版社，1990 年，第 186 页。

③ 杨向奎：《惠施"历物之意"及相关诸问题》，朱东润主编：《中华文史论丛》第 8 辑，上海：上海古籍出版社，1978 年，第 225—226 页。

④ ［日］大隈重信：《东西方文明之调和》，卞立强、［日］依田憙家译，北京：中国国际广播出版社，1992 年，第 66 页。

⑤ 杨英：《祈望和谐·周秦两汉王朝祭礼的演进及其规律》，北京：商务印书馆，2009 年，第 412 页。

⑥ 陆思贤、李迪：《天文考古通论》，第 130 页。

上面的三角形表示夏半年……当日出、日落在同一条横线上时，便是春分与秋分"①。

图 2-42　良渚文化黑陶鱼篓形罐上的原始文字②

图 2-43　在立杆测影中"地数五"的取得示意图③

同理，当立杆测影中的太阳位于上中天之时，可按照《周髀算经》的方法，测望其位置并求出"天数五"，如图 2-44 所示：

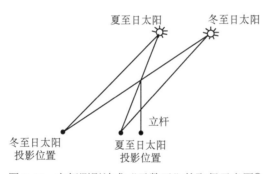

图 2-44　立杆测影法求"天数五"的取得示意图④

像这样的实例前面也讲过一些，这本来属于考古的内容，但由于它们对于解释《周髀算经》中盖天说的古老源起很有帮助，所以我们不厌其烦地多次引证，这样做无非是想证明《周髀算经》中的天文学知识不仅源于本土，而且还有着一个非常古老的历史传统。

（二）《周髀算经》在数学思想发展史上的地位

1.《周髀算经》中的数列思想

《周髀算经》在测算二十四节气的晷影长度时，用到了数列知识。其文云："凡八节二

①　陆思贤、李迪：《天文考古通论》，第 130—131 页。
②　陆思贤、李迪：《天文考古通论》，北京：紫禁城出版社，2000 年，第 130 页。
③　陆思贤、李迪：《天文考古通论》，第 131 页。
④　陆思贤、李迪：《天文考古通论》，第 131 页。

十四气，气损益九寸九分、六分分之一。冬至晷长一丈三尺五寸，夏至晷长一尺六寸。问次节损益寸数长短各几何？"[1]用数学公式计算，则

$$(135寸-16寸)\div 12=9.9\frac{1}{6}寸$$

此即相邻两个节气间的日影公差。这里，之所以将 1 分化为 6 小分，主要是因为在二至与二分之间为 6 个节气，方便分配小分。因此，结果如下：

> 冬至晷长丈三尺五寸，小寒丈二尺五寸，大寒丈一尺五寸一分，立春丈五寸二分，雨水九尺五寸三分，启蛰八尺五寸四分，春分七尺五寸五分，清明六尺五寸五分，谷雨五尺五寸六分，立夏四尺五寸七分，小满三尺五寸八分，芒种二尺五寸九分，夏至一尺六寸，小暑二尺五寸九分，大暑二尺五寸八分，立秋四尺五寸七分，处暑五尺五寸六分，白露六尺五寸五分，秋分七尺五寸五分，寒露八尺五寸四分，霜降九尺五寸三分，立冬丈五寸二分，小雪一尺五寸一分，大雪丈二尺五寸。[2]

设：从冬至到夏至，依次为 a_1、a_2、a_3、……a_{13}；

再设：从夏至到冬至，依次为 b_1、b_2、b_3、……b_{13}。

已知 $a_1=135$ 寸，$a_{13}=16$ 寸，公差 $d=9.9\frac{1}{6}$ 寸，根据等差数列求和公式，则有

$$a_n=a_1-(n-1)d，即 a_2(小寒)=135寸-9.9\frac{1}{6}寸=125\left(1-\frac{1}{6}\right)寸$$

同理，其他节气依次递减，得数分别为：

大寒晷影长 $115.1\left(1-\frac{2}{6}\right)=115.1\frac{4}{6}$ 寸；立春晷影长 $115.2\left(1-\frac{3}{6}\right)=115.2\frac{3}{6}$ 寸；

雨水晷影长 $95.3\left(1-\frac{4}{6}\right)=95.3\frac{2}{6}$ 寸；惊蛰晷影长 $85.4\left(1-\frac{5}{6}\right)=85.4\frac{1}{6}$ 寸；

春分晷影长 75.5 寸；清明晷影长 $65.5\left(\frac{12}{6}-\frac{7}{6}\right)=65.5\frac{5}{6}$ 寸；

谷雨晷影长 $55.6\left(\frac{12}{6}-\frac{8}{6}\right)=55.6\frac{4}{6}$ 寸；立夏晷影长 $45.7\left(\frac{12}{6}-\frac{9}{6}\right)=45.7\frac{3}{6}$ 寸；

小满晷影长 36 寸=35 寸 10 分，故 $35.8\left(\frac{12}{6}-\frac{10}{6}\right)=35.8\frac{2}{6}$ 寸；

芒种晷影长 $25.9\left(\frac{12}{6}-\frac{11}{6}\right)=25.9\frac{1}{6}$ 寸；夏至晷影长 16 寸。注：丈，尺，寸，分，均按十进制计算。

又，已知 $b_1=16$ 寸，$b_{13}=135$ 寸，公差 $d=9.9\frac{1}{6}$ 寸，根据等差数列求和公式，则有

---

① （三国·吴）赵君卿：《周髀算经》卷下，郭书春、刘钝校点：《算经十书（一）》，第 23 页。

② （三国·吴）赵君卿：《周髀算经》卷下，郭书春、刘钝校点：《算经十书（一）》，第 23—24 页。

$b_n = b_1 + (n-1)d$，即 $b_2(小暑) = 16$ 寸 $+9.9\frac{1}{6}$ 寸 $=25.9\frac{1}{6}$ 寸。

同理，其他节气依次递增，得数分别为：

大暑晷影长 35.8 寸，立秋晷影长 $45.7\frac{3}{6}$ 寸，处暑晷影长 $55.6\frac{4}{6}$ 寸，白露晷影长 $65.5\frac{5}{6}$ 寸，秋分晷影长 59.5 寸，寒露晷影长 $85.4\frac{1}{6}$ 寸，霜降晷影长 $95.3\frac{2}{6}$ 寸，立冬晷影长 $105.2\frac{3}{6}$ 寸，小雪晷影长 $115.1\frac{4}{6}$ 寸，大雪晷影长 $125\frac{5}{6}$ 寸，冬至晷影长 135 寸。

当然，也可将它视为等间距一次内插法，设 $f(a)$、$f(b)$ 分别代表夏至和冬至日影长，△为损益数，则有公式：

$f(n) = f(b) - n\triangle$，式中 $f(n)$ 是指求冬至到夏至第 n 个节气的影长，

$f(n) = f(a) - n\triangle$，式中 $f(n)$ 是指求夏至到冬至第 n 个节气的影长。其中

$\triangle = [f(b) - f(a)] \div 12$。

所以，《周髀算经》所载二十四节气日中晷影的长度无疑是利用一次内插公式计算出来的。后来，《乾象历》首次应用一次内插法来合朔时刻。而三国的杨伟、南北朝时期的何承天等则应用一次内插法来计算月行度数等。然而，"节气之间影长的损益不会是等值的。唐代李淳风指出这种方法'有所未通'。他比较了何承天的元嘉历影、司马彪的四分历影、祖冲之历、宋大明历影，指出这些二十四节气的影长'皆是量天之数。雠校三历，足验（赵）君卿所立率虚诞。'……这不能怨赵爽'注'得粗疏，而是《周髀》古老方法所具有的原始性，加上年代的差异"[1]。

另外，《周髀算经》在求解"七衡六间"的衡径时，亦应用了等差数列。对此，《周髀算经》载："欲知次衡径，倍而增内衡之径。二之以增内衡径得三衡径，次衡放此。"[2]用公式表示，则

设内一衡的直径为 D_1，次二衡的直径为 D_2，内一衡与次二衡之间的距离为 d，

故 $D_2 = 2d + D_1$，其一般式为 $D_n = 2d + D_{n-1}$，

已知内一径为 238 000 里，1 里等于 300 步，内一衡与次二衡之间的距离为 39666 里 200 步，根据上面的公式，即能求出其他"六衡"的直径，如求内二衡的直径，则有

内二衡 $D_2 = 39\,666$ 里 200 步 $+238\,000$ 里 $=277\,666$ 里 200 步；

内三衡 $D_3 = 39\,666$ 里 200 步 $+277\,666$ 里 200 步 $=317\,333$ 里 100 步；

内四衡 $D_4 = 39\,666$ 里 200 步 $+317\,333$ 里 100 步 $=357\,000$ 里；

内五衡 $D_5 = 39\,666$ 里 200 步 $+357\,000$ 里 $=396\,666$ 里 200 步；

内六衡 $D_6 = 39\,666$ 里 200 步 $+396\,666$ 里 200 步 $=436\,333$ 里 100 步；

内七衡 $D_7 = 39\,666$ 里 200 步 $+436\,333$ 里 100 步 $=476\,000$ 里。

又，《周髀算经》采取"周三径一"的圆周率值，既然已知内一衡的直径为 238 000

---

① 谢世俊：《中国古代气象史稿》，重庆：重庆出版社，1992 年，第 266 页。

② （三国·吴）赵君卿：《周髀算经》卷上，郭书春、刘钝校点：《算经十书（一）》，第 15 页。

里，那么，其周长 $=3 \times 238\,000$ 里 $=714\,000$ 里。设 D_n 为直径，L_n 为周长，故

$$L_n = \pi D_n = 2\pi d + \pi D_{n-1}$$

可见，周长也是一个等差数列。

2. 勾股定理的应用

《周髀算经》载："冬至之日，正东西方不见日。以算求之，日下至周二十一万四千五百五十七里半。"[1] 赵君卿注："术以冬至日道径四十七万六千里为弦，倍极去周十万三千里，得二十万六千里为勾，为之求股。勾自乘，减弦之自乘，其余开方除之，得四十二万九千一百一十五里有奇，半之各得东西数。"[2] 如图 2-45 所示：

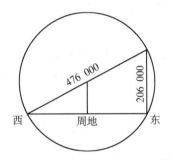

图 2-45 "冬至日下至周"示意图[3]

用勾股定理求，则

冬至在周城向东或西所望日照之数 $=\sqrt{476\,000^2 - 206\,000^2} \div 2 = 214\,557.5$ 里

《周髀算经》又载："夏至之日正东西望，直周东西日下至周五万九千五百九十八里半。"[4] 赵君卿注："术以夏至日道径二十三万八千里为弦，倍极去周十万三千里，得二十万六千里为股，为之求勾。以股自乘减弦自乘，其余开方除之，得勾一十一万九千一百九十七里有奇，半之各得东西数。"[5] 如图 2-46 所示：

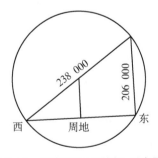

图 2-46 "夏至日下至周"示意图[6]

① （三国·吴）赵君卿：《周髀算经》卷上，郭书春、刘钝校点：《算经十书（一）》，第 12 页。
② （三国·吴）赵君卿：《周髀算经》卷上，郭书春、刘钝校点：《算经十书（一）》，第 12 页。
③ 李迪主编：《中国数学史大系》第 1 卷《上古到西汉》，北京：北京师范大学出版社，1998 年，第 404 页。
④ （三国·吴）赵君卿：《周髀算经》卷上，郭书春、刘钝校点：《算经十书（一）》，第 12 页。
⑤ （三国·吴）赵君卿：《周髀算经》卷上，郭书春、刘钝校点：《算经十书（一）》，第 12 页。
⑥ 李迪主编：《中国数学史大系》第 1 卷《上古到西汉》，第 404 页。

用勾股定理求，则

夏至在周城向东或西所望日照之数 $=\sqrt{238\,000^2-206\,000^2}\div 2=59\,598.5$ 里

这里有几个问题需要解释一下：第一，开方运算，我们现在借助电子计算器能在很短时间内，即可求出得数为 59 598.657 703 里。然而，在汉代以前，用算筹进行开方运算并不容易，这反映了当时人们的筹算水平比较高。第二，《周髀算经》采用了实测与推算相结合的方法，建立了影响深远的盖天宇宙模型。关于实测成就，前已述及，兹不赘论。不过，像上面应用勾股定理求出的冬至在周城向东或西所望日照之数和夏至在周城向东或西所望日照之数，里面涉及许多数据，比如，夏至日道径，极去周地的距离以及冬至日道径，等等。那么，这些数据都是如何推算出来的？赵君卿曾对《周髀算经》中很多数据的取得进行了仔细的探究，我们不妨将其成果引述如下：

> 陈子说之曰："夏至南万六千里，冬至南十三万五千里，日中立竿无影。此一者天道之数。周髀长八尺，夏至之日晷一尺六寸。髀者，股也；正晷者，勾也。正南千里，勾一尺五寸。"[1]

这段话里，包含着下面的数学关系，详细过程请参见席先生原文。

$$x_2-x_1=\left(\frac{\lambda_2-\lambda_1}{\lambda_0}\right)x_0=\frac{x_0}{\lambda_0}(\lambda_2-\lambda_1)$$

先注意文中的两个基本数据：一是夏至中午日影长度为零的地点与观测地点之间的距离为 16 000 里；二是当时观测地日影长 16 寸。由图 2-47 可知，陈子的观测地点在 Y，而不在北极下的 N，求两个观测地点之间的距离 NY。

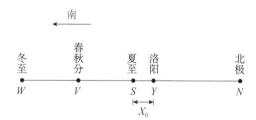

图 2-47　北极 N 与观测地洛阳 Y 观测夏至 S 和冬至 W 之间的距离关系示意图

已知"立表高八尺以望极，其勾一丈三寸"[2]，以及 x_0 和 λ_0 的数值，代入上式，则有

NY（极去周地）$=x_n-x_y=\left(\dfrac{103-0}{16}\right)x_0=6.4375\times 16\,000$ 里 $=103\,000$ 里 。

NS（夏至日道半径）$=SY+YN=103\,000+16\,000=119\,000$ 里 。

同理，　$YW=x_w-x_y=\left(\dfrac{135-0}{16}\right)x_0=8.4375\times 16\,000=13\,500$ 里 ；

NW（冬至日道半径）$=NY+YW=103\,000+135\,000=238\,000$ 里

① （三国·吴）赵君卿：《周髀算经》卷上，郭书春、刘钝校点：《算经十书（一）》，第 6 页。
② （三国·吴）赵君卿：《周髀算经》卷上，郭书春、刘钝校点：《算经十书（一）》，第 10 页。

$$NV（二分日道半径）=\frac{NS+NW}{2}=\frac{119\,000+238\,000}{2}=718\,500里。$$

那么，《周髀算经》的上述推理，究竟有何思想意义呢？对这个问题，萧汉明先生讲得比较公允，他说：

> 　　所谓"日之发敛"，谓太阳在黄道上的运行轨迹与天之中极的距离（即日道径）是一个周期性的变数，又观测点周城（即王城洛阳）在天之中极之南，由此引起的人目所望见的日照范围在东西南北向也表现为一个周期性的变数。由视运动看日道往还之所至，应当发现冬至前后日行缓，夏至前后日行速，并由此得出黄道是一椭圆形的结论。但在先秦，中国古代天文学尚未进到这一水平。因此，上述有关日照范围的种种烦琐计算，既不涉及日光直射与斜射对不同地区气温的影响，更谈不上对后世天文学的发展的直接作用。但该篇提出的秋分春分极下有光无光以及春分秋分昼夜之象的说法，视野开阔，具有极大的想象力，对后世哲学思想的发展有一定的促进作用。[1]

　　总之，《周髀算经》吸收并综合了汉代之前我国古人对日月运行的观测成果，尤其是它对先秦阴阳家思想的积极借鉴，更加丰富了我国古代宇宙观的思想内容。所以后来孙子的量竿术及刘徽的海岛术，可以说都是在《周髀算经》勾股法的基础上进一步发展而来。此外，像《尚书·考灵曜》的天地升降回游说，《孝经·援神契》的七衡六间论等，也都直接采用或发挥了《周髀算经》的观点。有鉴于《周髀算经》的特殊科学价值，日本学者礒村吉德于日本贞亨元年（1684）著《增补算法阙疑钞》，其卷3书眉上绘有下面两个勾股图（图2-48），与《周髀算经》中的"勾股圆方图"同，显然得自《周髀算经》。另川边信一于日本天明六年（1786）著《周髀算经图解》，书中也有勾三股四弦五的图式。其他如原善富著《周髀算经国字解》、和田宁著《周髀算经盖天图解》、细井广泽著《测量秘言》等，这些事例充分证明《周髀算经》对日本数学的发展产生了重要影响。

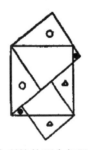

图 2-48　礒村吉德著作中所绘的两个勾股图[2]

　　在法国，俾俄（Edonard Biot）曾将《周髀算经》译成法文，这是中国科学典籍介绍到欧洲的开端。[3]当然，诚如前面所言，《周髀算经》亦确实存在测算粗疏的问题，甚至有

　　① 萧汉明：《〈周髀〉"周公与商高对话篇"、"荣方与陈子对话篇"与〈易·系辞〉》，刘大钧总主编：《〈周易〉与自然科学》第2册，上海：上海科学技术文献出版社，2010年，第732页。
　　② 李俨、钱宝琮：《李俨钱宝琮科学史全集》第6卷，沈阳：辽宁教育出版社，1998年，第76页。
　　③ 林剑鸣、吴永琪主编：《秦汉文化史大辞典》，上海：汉语大词典出版社，2002年，第475页。

的问题还比较严重。不过，这些问题毕竟是古人在探索日月运行规律过程所出现的失误，它们相较于《周髀算经》的科学贡献，无疑是次要的方面。

第二节　张苍的历算思想与《九章算术》

张苍，阳武（今河南省原阳县）人，秦汉之际著名的历算家，官至丞相。他亲身经历了秦朝的败亡，又曾为刘邦的阶下囚，差点儿丢了性命。幸得"少文任气"[1]的王陵"见而怪其美士，乃言沛公，赦勿斩"[2]。张苍"好书律历"[3]，在秦朝时任"柱下史"，那是一个位至"三公"的高官，据《汉书》本传颜师古注云："秦置柱下史，苍为御史，主其事。或曰主四方文书也。"[4]卫文选先生在《中国历代官职简表》一书中将御史列为"秦三公"之一，即"御史大夫，掌副丞相兼掌监察及文书图籍"[5]。由于"柱下史"这种职业的特殊性，张苍积累了丰富的计量学管理经验，这为他以后在西汉初主持郡国上计和定历法及度量衡程式等工作，奠定了坚实的理论基础。

先是，"沛公立为汉王，入汉中，还定三秦。陈余击走常山王张耳，耳归汉，汉乃以张苍为常山守。从淮阴侯击赵，苍得陈余。赵地已平，汉王以苍为代相，备边寇。已而徙为赵相，相赵王耳。耳卒，相赵王敖。复徙相代王。燕王臧荼反，高祖往击之。苍以代相从攻臧荼有功，以六年中封为北平侯，食邑千二百户。迁为计相，一月，更以列侯为主计四岁。是时萧何为相国，而张苍乃自秦时为柱下史，明习天下图书计籍。苍又善用算律历，故令苍以列侯居相府，领主郡国上计者。黥布反亡，汉立皇子长为淮南王，而张苍相之。十四年，迁为御史大夫"[6]。

继之，"自汉兴至孝文二十余年，会天下初定，将相公卿皆军吏。张苍为计相时，绪正律历。以高祖十月始至霸上，因故秦时本以十月为岁首，弗革。推五德之运，以为汉当水德之时，尚黑如故。吹律调乐，入之音声，及以比定律令。若百工，天下作程品。至于为丞相，卒就之，故汉家言律历者，本之张苍。苍本好书，无所不视，无所不通，而尤善律历"[7]。

最后，"苍为丞相十五岁而免。孝景前五年，苍卒，谥为文侯"。而"年百有余岁"[8]。在张苍的一生中，他的科技成就已经成为闪烁其政治生命的一道亮丽光环，特别是他删订

---

① 《汉书》卷 40《王陵传》，第 2047 页。
② 《史记》卷 96《张丞相列传》，第 2675 页。
③ 《史记》卷 96《张丞相列传》，第 2675 页。
④ 《汉书》卷 42《张苍传》，第 2093 页。
⑤ 卫文选：《中国历代官制简表》，太原：山西人民出版社，1987 年，第 11 页。
⑥ 《史记》卷 96《张丞相列传》，第 2675—2676 页。
⑦ 《史记》卷 96《张丞相列传》，第 2681 页。
⑧ 《史记》卷 96《张丞相列传》，第 2682 页。

《九章算术》基本上确立了中国古代数学与社会经济发展之间的历史联系，并在此基础上逐步形成了中国古代数学发展的"实用"特征。对此，刘徽在《九章算术注序》中说："往者暴秦焚书，经术散坏。自时厥后，汉北平侯张苍、大司农中丞耿寿昌皆以善算命世。苍等因旧文之遗残，各称删补。故校其目则与古或异，而所论者多近语也。"①在这里，究竟该如何理解"多近语"，有学者认为，在删订《九章算术》的过程中，刘徽"明确肯定了张苍将西汉的生产、赋税等情况编撰入题目。删补之功，功不可没"②。

一、张苍的科技成就与删订《九章算术》

（一）张苍的科技成就概述

张苍是汉初科技发展的一个关键人物，《汉书·律历志上》载："汉兴，方纲纪大基，庶事草创，袭秦正朔。以北平侯张苍言，用《颛顼历》，比于六历，疏阔中最为微近。然正朔服色，未睹其真，而朔晦月见，弦望满亏，多非是。"③对于汉初究竟有没有袭用秦《颛顼历》，学界有多种意见。

第一种意见认为："颛顼历从创行到汉武帝太初元年改历，始终以冬十月为岁首，只在秦武王二年一度改变。汉承秦制，用颛顼历。"④

第二种意见则认为：

> 汉初行用秦颛顼历是完全可信的，秦颛顼历以十月为岁首，闰在九月。秦史记事自十月始，终于九月，直至汉武帝太初改历前均同此例。这是汉初承袭秦颛顼历的铁证。问题在于，秦用颛顼历实为殷历甲殷元，只是岁首不同而已；而所谓乙卯颛顼历，虽于六历中有颛顼之名，实为殷历甲寅元的变种。这种好事者的历法游戏，乃模仿之作，从未真正行用过。前代历家每每惑于古六历之说，用假颛顼历（乙卯元）取代真颛顼历（甲寅历），以不曾行用过的乙卯元验证古历点，自然不合。包括陈垣先生在内，最后都倾向于汉初用殷历甲寅元。原来六历中颛顼并非秦用颛顼，绝不可强合为一。⑤

第三种意见认为："如张家山247号墓所出土的汉初十七年历谱，均使用同一术法推步，而此术乃衍生自古六历，则当时应最可能行用借499/940日进朔法的古颛顼历，此或即张苍在高祖称帝之初'绪正律历'的结果。至于其他五历，均无法经由任何合理的进朔法而与历谱上的朔闰完全符合。"⑥

第四种意见认为，《汉书》记载汉初用《颛顼历》不够确切：

---

① （三国·魏）刘徽：《九章算术注序》，郭书春、刘钝校点：《算经十书（一）》，第1页。
② 张林编著：《新乡历史名人》，北京：中国社会出版社，2003年，第27页。
③ 《汉书》卷21上《张苍传》，第974页。
④ 包和平、黄士吉：《文明曙光——红山诸文化纵横谈》，北京：民族出版社，2010年，第179页。
⑤ 张闻玉：《古代天文历法论集》，贵阳：贵州人民出版社，1995年，第219—220页。
⑥ 黄一农：《江陵张家山出土汉初历谱考》，《考古》2002年第1期，第66页。

因由汉武帝元光元年历日就可确认汉初历法并非汉传的《颛顼历》。此外，由张家山 247 号汉墓出土的汉初二十多年历日和汉武帝元光元年历日还可看出，很可能汉高祖到汉武帝时期历法发生过变化；而从周家台关沮秦简和湖南龙山里耶秦简历日更可知，秦和汉高祖高后时期的历法又有差别。就是说，秦、汉高祖高后惠帝和汉武帝时期的历法已不相同，且都与汉传的《颛顼历》有别。但它们之间又有共同之处，就是这三个时期的历日，皆可由《颛顼历》推步方法通过改动步朔小余值来得出。当然，这三个时期步朔小余值改动的数值是不相同的。所以，也可以这样说，"汉初承秦，历用《颛顼》"的记载并没有错，只是需作新的理解，即不同时期的历法用《颛顼历》来推步，需对步朔小余值分别进行不同的调整来得出。①

第五种意见认为："秦汉间行用的《颛顼历》是以寅正十月（亥月）为年首的《殷历》甲寅元，即《四分历》（《历术甲子篇》），而《颛顼历》乙卯元不过是断取《殷历》甲寅元的冒名模仿之伪作，历史上从未行用过。"②

综上所述，并结合《史记》《汉书》的相关史料记载，我们大致可以认为，汉初袭用秦《颛顼历》，系真有其事，但情况又比较复杂。故《史记》记述说："汉兴，高祖曰'北畤待我而起'，亦自以为获水德之瑞。虽明习历及张苍等，咸以为然。是时天下初定，方纲纪大基，高后女主，皆未遑，故袭秦正朔服色。至孝文时，鲁人公孙臣以终始五德上书，言'汉得土德，宜更元，改正朔，易服色。当有瑞，瑞黄龙见'。事下丞相张苍，张苍亦学律历，以为非是，罢之。其后黄龙见成纪，张苍自黜，所欲论著不成。"③这段记载说明，从汉初至汉文帝时，虽然历法的变革客观存在，但《颛顼历》的名称始终没有动摇。④

然而，经过张苍"绪正"的《颛顼历》，在当时是一部先进的历法吗？对此，学界也有不同看法。比如，有的学者评论说："《颛顼历》规定一年有 365 1/4 天，这是当时世界上最先进的历法。比罗马人在公元前 46 年颁行的同样天数计年的《儒略历》早 300 多年。《颛顼历》采用 19 年 7 闰法，以 10 月为一年的开始，闰月置于 9 月之后，因此有后 9 月之称。《颛顼历》与以往的《黄帝历》、《夏历》、《殷历》、《周历》、《鲁历》合称古六历，古六历都是以一回归年为 365 1/4 天为一年，所以又都称四分历。但是，《颛顼历》是古六历中，最精确的历法，当时秦国实行《颛顼历》。"⑤与之相反，有学者认为："汉初的历法原很混乱，有六种历法，但都很疏阔。六种历法中，《颛顼历》比较精密，汉初按张苍的说法，采用《颛顼历》。但《颛顼历》以十月为岁首，先冬后春，而且朔望有错，月满却朔，月望反亏，在生产、生活上造成许多不便。"⑥诚然，相较于《太初历》，《颛顼历》确实还存在着许多缺陷，但是张苍在当时"原很混乱"的历法局面下，果断采取继续

① 湖南省文物考古研究所：《里耶发掘报告》，长沙：岳麓书社，2007 年，第 743 页。
② 饶尚宽编著：《春秋战国秦汉朔闰表：公元前 722 年—公元 220 年》，北京：商务印书馆，2006 年，第 302 页。
③ 《史记》卷 26《历书》，第 1260 页。
④ 唐如川：《秦至汉初一直行用〈颛顼历〉——对〈中国先秦史历表·秦汉初朔闰表〉质疑》，《自然科学史研究》1990 年第 4 期，第 333 页。
⑤ 修朋月主编：《人类五千年大事典》，哈尔滨：北方文艺出版社，1999 年，第 83 页。
⑥ 罗义俊：《汉武帝评传》，上海：学林出版社，2008 年，第 65 页。

沿用秦朝的《颛顼历》，它对于汉初社会和经济稳定起到了一定的积极作用。另外，《太初历》的制定也吸收和保留了《颛顼历》的合理因素。正是从这个意义上，人们才将《颛顼历》称之为"历宗"①。例如，《史记·历书》载："巴落下闳运算转历，然后日辰之度与夏正同。"②其《索隐》引《益部耆旧传》云："闳字长公，明晓天文，隐于落下，武帝征待诏太史，于地中转浑天，改《颛顼历》为《太初历》，拜侍中不受。"③此处的"改"实际上就是一种扬弃，既有克服又有保留，所以《太初历》所取得的创新性成就与《颛顼历》的前期贡献分不开。

在度量衡方面，张苍的突出贡献是"定度量衡程式"，也即权衡丈尺斗斛之平法。如众所知，计量制度（主要包括计量单位、方法等）直接关乎国家赋税的征收和社会经济秩序的正常维持，尤其与民众的日常生活息息相关。因此，秦始皇统一六国后，积极推行"器械一量，同书文字"④政策，故湖北云梦县睡虎地秦律竹简《工律》载："为器同物者，其小大、短长、广亦必等。"意即对于制作某一品种器物，作为法律规范，则要求它们的生产标准必须相同。又说："县及工室听官为正衡石累、斗桶、升，毋过岁壹。有工者勿为正。假试即正。"⑤文中的"正"即校正，按照秦律，县级工室须每年校正一次衡器。"工室"是指秦朝县级官营手工业管理机构。同时，《效律》还规定了造成严重误差之后的具体惩罚措施："衡石不正，十六两以上，赀官啬夫一甲；不盈十六两到八两，赀一盾。桶不正，二升以上，赀一甲；不盈二升到一升，赀一盾。斗不正，半升以上，赀一甲；不盈半升到少半升，赀一盾。半石不正，八两以上；钧不正，四两以上；斤不正，三铢以上；半斗不正，少半升以上；叁不正，六分升一以上；升不正，廿分升一以上；黄金衡累不正，半铢以上，赀各一盾。"对于因衡器本身原因所造成的短斤缺两现象，对负责此项工作的责任人采取如此严厉的经济惩罚措施，史无前例，这充分体现了秦朝"以法为教"的治国理念，而张苍将这种法制理念通过国家政权深深地嵌入到汉初整个社会经济活动的治理过程之中，因而对中国古代度量衡的发展产生了重要影响。

湖北云梦县睡虎地秦律竹简《效律》又载："度者，分寸尺丈引也，所以度长短也。一黍为一分，十分为寸，十寸为尺，十尺为丈，十丈为引，而五度审矣。量者，龠合升斗斛也，所以量多少也。合龠为合，十合为升，十升为斗，十斗为斛，而五量嘉矣。衡所以任权，权者，铢两斤钧石也，所以知轻重也。二十四铢为两，十六两为斤，三十斤为钧，四钧为石。"⑥《汉书·律历志》所载与此同，可证汉代度量衡与秦朝度量衡之间存在着直接的继承关系。从政权的更替角度看，汉朝推翻秦朝的统治采取的是一种暴力手段，然而，从文化的连续性和传承性来看，张苍却在一定程度上看到了维系社会长期稳定发展的客观机理。因此，他不因为秦朝政权的覆灭，而将它所建立起来的某些合理和合乎科学发

---

① 张新斌、张顺朝主编：《颛顼帝喾与华夏文明》，郑州：河南人民出版社，2009 年，第 42 页。
② 《史记》卷 26《历书四》，第 1260 页。
③ 《史记》卷 26《历书四》，第 1261 页。
④ 《史记》卷 6《秦始皇本纪》，第 245 页。
⑤ （清）孙楷著、杨善群校补：《秦会要》，上海：上海古籍出版社，2004 年，第 452 页。
⑥ （清）孙楷著、杨善群校补：《秦会要》，第 192—193 页。

展规律的制度，一并废弃不用，而是非常人性地对待秦朝所制定的很多有利于国家民生的规章制度和律法，其意义深远。

下面是张苍主张废除肉刑的奏议，通过此奏议我们能多少看出凝结在张苍身上的那种具有儒家仁学特质的深厚科学素养。张苍说：

> 肉刑所以禁奸，所由来者久矣。陛下下明诏，怜万民之一有过被刑者终身不息，及罪人欲改行为善而道亡繇，至于盛德，臣等所不及也。臣谨议请定律曰：诸当完者，完为城旦舂；当黥者，髡钳为城旦舂；当劓者，笞三百；当斩左止者，笞五百；当斩右止，及杀人先自告，及吏坐受赇枉法，守县官财物而即盗之，已论命复有笞罪者，皆弃市。罪人狱已决，完为城旦舂，满三岁为鬼薪白粲。鬼薪白粲一岁，为隶臣妾。隶臣妾一岁，免为庶人。隶臣妾满二岁，为司寇。司寇一岁，及作如司寇二岁，皆免为庶人。其亡逃及有罪耐以上，不用此令。前令之刑城旦舂岁而非禁锢者，如完为城旦舂岁数以免。臣昧死请。①

为什么是丞相张苍首先提出来废除肉刑呢？这是一个比较复杂的问题，简言之，就是张苍亲眼看见了秦朝的严厉酷刑，甚至在秦时他也曾"有罪，亡归"②。尽管酷刑不是引发秦末农民暴动的根本原因，但却是一个重要的因素。张苍是一个很务实的人，入汉之后，面对复杂的政局变化，他能够比较理性的对待秦朝的各种政治制度，有的保留和沿袭，有的则废而不用，其评判的标准即是儒家的仁学思想。

当然，为了说服汉高祖沿袭秦朝的历法，张苍曾从邹衍五德终始说中寻找帝王之兴的理论根据。《吕氏春秋·应同篇》说："凡帝王之将兴也，天必先见祥乎下民。黄帝之时，天先见大螾大蝼。黄帝曰：'土气胜！'土气胜，故其色尚黄，其事则土。及禹之时，天先见草木秋冬不杀。禹曰：'木气胜！'木气胜，故其色尚青，其事则木。及汤之时，天先见金刃生于水。汤曰，'金气胜！'金气胜，故其色尚白，其事则金。及文王之时，天先见火，赤鸟衔丹书集于周社。文王曰：'火气胜！'火气胜，故其色尚赤，其事则火。代火者必将水，天且先见水气胜。水气胜，故其色尚黑，其事则水。"③这种朴素的历史循环思想深深根植于当时统治者的脑海中，所以张苍在《奏驳公孙臣汉应土德议》一文中说："汉乃水德之始。河决金堤，其符也，年始冬十月，色外黑内赤，与德相应。如公孙臣言，非也。"④按照事物发生的概率来说，像与水、火、土等相应的自然现象或突发事件，在一定时空内都有可能出现。于是，就出现了下面令张苍陷入十分尴尬境地的事件。据《史记》本传记载："苍为丞相十余年，鲁人公孙臣上书言汉土德时，其符有黄龙当见。诏下其议张苍，张苍以为非是，罢之。其后黄龙见成纪，于是文帝召公孙臣以为博士，草土德之历制度，更元年。张丞相由此自绌，谢病称老。"⑤文中所言"黄龙见成纪（今甘肃通渭东

---

① 《汉书》卷 23《刑法志》，第 1099 页。
② 《史记》卷 96《张丞相列传》，第 2675 页。
③ （战国）吕不韦著、杨坚点校：《吕氏春秋》卷 13《应同》，长沙：岳麓书社，2006 年，第 76 页。
④ （清）严可均：《全汉文》卷 14《张苍》，北京：商务印书馆，1999 年，第 142 页。
⑤ 《史记》卷 96《张丞相列传》，第 2681—2682 页。

北)"完全是一个偶然现象，但以土胜水符合五德终始的历史循环说，更重要的是它契合了汉文帝"奉天承运"的政治心理，所以当时贾谊上奏说："汉承秦之败俗，废礼仪，捐廉耻，今其甚者杀父兄，盗者取庙器，而大臣特以簿书不报期会为故，至于风俗流溢，恬而不怪，以为是适然耳。夫移风易俗，使天下回心而乡道，类非俗吏之所能为也。夫立君臣，等上下，使纲纪有序，六亲和睦，此非天之所为，人之所设也。人之所设，不为不立，不修则坏。汉兴至今二十余年，宜定制度，兴礼乐，然后诸侯轨道，百姓素朴，狱讼衰息。"①经过汉初二十多年的休养生息，社会渐趋稳定，汉代确实应当建立符合自己社会实际的礼仪制度，但是把汉初产生一切社会矛盾的社会原因都归结到秦朝身上，这显然是为了某种政治斗争的客观需要。现在的问题是，张苍主张保证秦汉制度尤其是经济制度在一定历史时期的连续性，顺乎民心，符合实际，故其思想的主流应当肯定。况且从根本上说，无论是张苍还是贾谊，他们的政治主张不管是左还是右，其本意都是围绕促进汉代经济发展这个中心目标。关于这一点，张苍在删订《九章算术》时体现得更加明显。

（二）张苍删订《九章算术》

我们先讨论《九章算术》的性质。前面讲过，张苍和贾谊都把发展经济放在其政治决策的核心地位，这是由他们的特殊关系所决定的。据汉刘向《别录》记载，左丘明《春秋》学的传承关系是："左丘明授曾申，申授吴起，起授其子期，期授楚人铎椒，铎椒作《抄撮》八卷，授虞卿，虞卿作《抄撮》九卷，授荀卿，荀卿授张苍。"②又张苍"传洛阳贾谊"③。贾谊的经济思想，内容比较丰富，但其最突出的特点是保护农民的利益。张苍亦复如此，考《九章算术》与张家山汉简《算数书》的重要区别之一就是《九章算术》将与农田有关的内容置于首位，而在《算数书》里却是置于末尾。又经专家分析，先秦数学发展有两条途径：一是《墨经》所建立的"演绎主义"数学体系；二是以岳麓书院秦简《数》书和北京大学秦简《算书》为代表的"典型的机械化算法体系"。前者讲"抽象"，后者重具体和实用。诚如有学者所言："《九章算术》所代表的主要是战国时代秦国基层官吏应该掌握的应用数学知识，并非是战国时期最高数学水平的全部。'典型的机械化算法体系'是秦国官吏所学应用数学的定型化，是秦皇焚书及楚汉战乱之后幸存的数学，并不代表我国战国时期数学的全貌。"④可见，《九章算术》是一部面向基层管理者的用书，另外，它还是一部属于经济应用数学性质的用书。所以明朝朱载堉在《律学新说·密率求圆幂第五》一文中评论说："张苍掇拾民间猥浅之法，用补《黄帝九章》，后世宗之，以为数学根本。"⑤朱氏的话很难听，而且对《九章算术》的评价也有失公允，但至少从朱氏的口

---

① 《汉书》卷 22《礼乐志》，第 1030 页。
② （清）严可均：《全汉文》卷 38《刘向》，第 391 页。
③ （清）姚振宗：《汉书艺文志条理》，二十五史刊行委员会：《二十五史补编》第 2 册，北京：中华书局，1955 年，第 1557 页。
④ 吴朝阳：《张家山汉简〈算数书〉校证及相关研究》，南京：江苏人民出版社，2014 年，第 3 页。
⑤ （明）朱载堉撰、冯文慈点注：《律学新说》卷 1《密率求圆幂第五》，北京：人民音乐出版社，1986 年，第 26 页。

气中，我们能够感受到《九章算术》是一部非常接地气的数学著作，它的内容大多直接来源于社会生产实践，尤其突出展现了中国古代农业发展的特色，方法便捷，易于学习和掌握，确实具有很强的实用性。

那么，古希腊的数学发展为什么会走向注重公理化和演绎推理的抽象思维道路呢？

答案有多种，比如古希腊人热爱理性，崇尚真理，习惯追求精神世界的完美等。不过，古希腊属于典型的海洋文明体系，其主要地理特征是：多山环海，地势崎岖，小块平原被关山阻隔；耕地不足，土地瘠薄，淡水匮乏，山区和丘陵地带适宜种植葡萄和橄榄，适宜于发展工商业；海岸线曲折，岛屿密布，多良港，海外贸易发达，在此地理环境中，城邦遂"成为若干家族和村落的共同体，追求完美的、自足的生活"①。因此，这种"公民德性"渗透到社会生活的方方面面，科学思想更是如此。"善即知识"，这是苏格拉底提出的命题，其弟子欧几里得则将"善即一"作为他追求理性知识的信念，认为只有普遍的共相（即一般）才是真实存在的，而这也就成为古希腊科学的显著特点。例如，学界公认："真正科学意义上的数学是在公元前 3 世纪随着欧几里得的《几何原本》而产生的。在《几何原本》中，他从几个简单的定义出发，成功地推导出一个相互联系的级数和向无穷大扩展的原理。"②仅此而言，中国先秦时期的墨家学派也具有古希腊科学的典型特征，可惜这种思维传统在秦汉之际被中断了。至于中断的原因比较复杂，并非一两句话能够说清楚，但是片面认为"墨家的工商学说及其本该发展为适用于科学技术的逻辑学说，皆被帝王之私利及为其服务的封建专制主义窒息而亡"③，未必符合历史实际。我们知道，墨子及其门徒始终都没有脱离手工业生产劳动，所以他们崇尚工商业劳动，主张"商人之四方，市贾倍徙，虽有关梁之难，盗贼之危，必为之"④，权且不论墨子的其他主张是否顺应了汉初社会政治发展的需要，单就这一主张而言，显然与汉初的"重农"政策格格不入。贾谊在《论积贮疏》一文中说："殴民而归之农，皆著于本，使天下各食其力，末技游食之民转而缘南亩，则畜积足而人乐其所矣。"⑤所以有学者指出："我国古代的重农思想，到西汉初年，已达到最高峰。后世的重农思想无不受到它的影响。汉代的重农思想，包括三个相互联系的内容：重农贵粟、抑商抑奢和孝悌力田论。"⑥张苍与贾谊同属重农一派，只不过两人的表现形式略有不同。贾谊更多的是政论，而张苍则多为实际应用。例如，《汉书·高帝纪》载："天下既定，（汉高祖）命萧何次律令，韩信申军法，张苍定章程，叔孙通制礼仪，陆贾造《新语》。"⑦至于张苍"定章程"，《汉书·高帝纪》引东汉如淳的解释说："章，历数之章术也。程者，权衡丈尺斗斛之平法也。"⑧或云："谓定百工用

①　[古希腊]亚里士多德：《政治学》，颜一、秦典华译，北京：中国人民大学出版社，2003 年，第 90 页。

②　[意]贝尔纳多·罗戈拉：《灿烂的古希腊文明》，安生译，济南：明天出版社，2009 年，第 110 页。

③　罗翊重：《东西方矛盾观的形式演算》第 3 卷《矛盾解悖反演概论》，昆明：云南科学技术出版社，1999 年，第 318 页。

④　（战国）墨翟撰、（清）毕沅校注：《墨子》卷 12《贵义》，《百子全书》第 3 册，第 2476 页。

⑤　《汉书》卷 24 上《食货志》，第 1130 页。

⑥　杨建宏：《农耕与中国传统文化》，长沙：湖南人民出版社，2003 年，第 81 页。

⑦　《汉书》卷 1 下《高帝纪》，第 81 页。

⑧　《汉书》卷 1 下《高帝纪》，第 81 页。

材多少之量及制度之程品，是课章程之事也。"①显而易见，张苍"定章程"旨在规范官民的日常经济行为，从而维护整个国家的社会生产和生活秩序，意义重大。由于农业经济的发展必然会涉及许多计量和筹算问题，特别是征收赋税，需要丈量田亩，这对于广大基层官吏而言，如果没有一定的算术知识，恐怕就难以胜任工作了。基于此，张苍将删订《九章算术》作为其"定章程"的有机组成部分，就是一件顺理成章的事情。例如，岳麓书院藏秦简《数》中发现不少有关"程"的算题。下面仅举三例，以佐证之。

0955 号简："取程，禾田五步一斗，今干之为九升，问几可（何）步一斗？曰：五步九分步五而一斗。"②

0537 号简："取程，八步一斗，今干之九升。述（术）曰：十田八步者，以为贫（实），以九升为法，如法一步，不盈步，以法命之。"③

2172 号简："大枭高五尺，枭程八步一束，今☑。"④

隋朝王孝通在《上缉古算经表》中说："昔周公制礼有九数之名。窃寻九数即《九章》是也。……汉代张苍删补残缺，校其条目，颇与古术不同。"⑤在此，张苍究竟删订了《九章算术》中的哪些内容，由于没有直接的文献史料可证，我们难以确知。不过，参照岳麓书院藏秦简《数》及张家山汉简《算数书》所见之算题，与《九章算术》相比对，大致能看出张苍删订《九章算术》的概貌。

第一，将秦朝的重农政策贯彻到《九章算术》的删订之中。秦朝在总的"耕战"思想指导下，推行"家不积粟"方略，从而使"重农"政策走向了"国富民穷"的极端。《商子·说民》云："王者国不蓄力，家不积粟。国不蓄力，下用也；家不积粟，上藏也。"⑥这样，为了尽可能让农民的产出收归国有，秦朝统治者就必须加强基层官吏的农田管理水平和必要的算数能力，所以秦朝《数》书正是在这样的历史背景下出现的。可惜，岳麓书院藏秦朝《数》仅仅是一部非经典型的实用算法式数学文献抄本，但即使如此，我们对《九章算术》的源流也能有一个较清晰的认识和了解。如上所述，由于秦朝的重农政策非常极端，因此，各地基层官吏对农田的收成格外关注。例如，《秦律十八种·田律》称："雨为澍，及秀粟，辄以书言澍稼·秀粟及（垦）田无稼者顷数。稼已生后而雨、亦辄言雨少多，所利顷数。旱及暴风雨、水潦、虫、群它物伤稼者，亦辄言其顷数。"⑦《秦律十八种·田律》又说："入顷刍稾，以其受田之数，无垦不垦，顷入刍三石、稾二石。"⑧征收饲草及量，不管耕种与否，一律依授田数严格执行。既然秦朝通过授田来直接对农民进

---

① （清）沈家本：《历代刑法考》下册，北京：商务印书馆，2011 年，第 76 页。
② 肖灿：《岳麓书院藏秦简〈数〉研究》，湖南大学 2010 年博士学位论文，第 19 页。注：此博士学位论文于 2015 年正式由中国社会科学出版社出版。
③ 肖灿：《岳麓书院藏秦简〈数〉研究》，湖南大学 2010 年博士学位论文，第 20 页。
④ 肖灿：《岳麓书院藏秦简〈数〉研究》，湖南大学 2010 年博士学位论文，第 32 页。
⑤ （唐）王孝通：《上缉古算经表》，郭书春、刘钝校点：《算经十书（二）》，第 1 页。
⑥ （战国）商鞅：《商子》卷 2《说民》，《百子全书》第 2 册，第 1557 页。
⑦ 李均明：《秦汉简牍文书分类辑解》，北京：文物出版社，2009 年，第 170 页。
⑧ 李均明：《秦汉简牍文书分类辑解》，第 171 页。

行剥削，那么，丈量各种类型的田亩就成了一项很烦琐的具体工作。故四川省青川县所发现的《秦更修田律木牍》载："田广一步，袤八则为畛。亩二畛，一百（陌）道。百亩为顷，一千（阡）道，道广三步。封，高四尺，大称其高。埒（埒），高尺，下厚二尺。以秋八月，修封埒（埒），正疆畔，及癹千（阡）百（陌）之大草。九月，大除道及除浍。十月为桥，修陂堤，利津□。鲜草，（虽）非除道之时，而有陷败不可行，相为之□□。"① 张家山汉简《田律》的内容基本上沿袭了秦朝的《田律》，而张苍删订《九章算术》即体现了秦朝《田律》的精神实质，将计量"顷数"作为一项重要的基础管理工作，优先进行统筹规划。比如，岳麓书院藏秦简《数》中有完整的"田方"类算题10道②，包括一般的矩形田面积、里田、箕田、周田（圆田），此外还有一道"宇方"算题。今传本《九章算术·方田》章计有38道算题，不仅内容较秦简《数》更加丰富，而且所有内容都紧紧围绕着"田方"这个中心，所以像"宇方"这类与"田方"无关的算题，张苍统统删掉了。此外，张家山汉简《算数书》"方田""里田"等算题都是单独出现的，但《九章算术》则全部归入"方田章"，此时"方田"不是指一道算题，而是指一类算题，即指各种形状地亩面积的计算及与之相关的分数运算。正如有学者所言："地亩面积的计算被列入数学著作，并列为第一章，足见秦汉时期对田地测量的重视。"③ 更准确地讲，这种编纂体例应是张苍重农思想的生动体现之一。

第二，从"粟米章"到"贵粟论"。有学者考证："'稷'与'粟'不仅异名同实，而且在先秦，粟的主要称名是'稷'（其次是'禾'），少数用'粟'。秦以后，才主要用'粟'，而'稷'作粟之称，从汉代起已不用。"④ 就岳麓书社藏秦简《数》中的算题，"禾"字出现的频率比较高，如0956号简、0955号简、0388号简、0887号简、0809号简、0817号简、0945号简等，都出现了"禾"字，且"禾"的含义主要是指粟。像0809号简云："今有禾，此一石舂之为米七斗，当益禾几可（何）？其得曰：益禾四斗有（又）七分。"⑤ 又，0388号简说："取禾程，三步一斗，今得粟四升半升，问几可（何）步一斗？得曰：十一步九分步一而一斗"⑥。文中的"禾"显然是指粟这种农作物，而张家山汉简《算数书》已不见"禾"字，凡是称"禾"的地方都改称"粟"。如第57题"旋粟"、第47题"粟米并"、第46题"米粟并"、第45题"米求粟"、第43题和第44题"粟求米"、第42题"粟为米"、第18题"舂粟"等。不过，有些见于岳麓书院藏秦简《数》中的算题，由于张家山汉简《算数书》是直接抄录下来，所以原题中的"禾"没有改动，如第16题"并租"、第34题"取程"、第36题"程禾"等，总体上看，"禾"字出现的概率大为降低。然而，在《九章算术·粟米》章里，"禾"字全都变成"粟"字，它

① 四川省博物馆、青川县文化馆：《青川县出土秦更修田律木牍——四川青川县战国墓发掘简报》，《文物》1982年第1期。
② 肖灿：《岳麓书院藏秦简〈数〉研究》，湖南大学2010年博士学位论文，第38页。
③ 《中国测绘史》编辑委员会：《中国测绘史》第1—2卷，北京：测绘出版社，2002年，第87页。
④ 黄金贵：《古代文化词义集类辨考》，上海：上海教育出版社，1995年，第820页。
⑤ 肖灿：《岳麓书院藏秦简〈数〉研究》，湖南大学2010年博士学位论文，第22页。
⑥ 肖灿：《岳麓书院藏秦简〈数〉研究》，湖南大学2010年博士学位论文，第20页。

反映了原题内容有删补的迹象。例如，《秦律十八种·仓律》称："禾黍一石为粟十六斗大半斗，舂之为粝米一石；粝米一石为糳米九斗；糳米九斗为毇米八斗。稻禾一石为粟廿斗，舂为毇米十斗；为粲米六斗大半斗。"①张家山汉简《算数书》第36题"程禾"与此同，文云："禾黍一石为粟十六斗泰半斗，舂之为粝=米=一石=，〔粝米一石〕为糳=米=九斗=，〔糳米九斗〕为毁（毇）米八斗。"②这种粮米比例到《九章算术》粟米章里就发生了变化，《九章算术·粟米》载："（粟米之法）粟率五十，粝米三十，粺米二十七，糳米二十四，御米二十一，小䵂十三半，大䵂五十四。"③仅从粮食加工的角度讲，《九章算术》增加了"御米"这个级别的加工，于是由原来的"粝米—糳米—毇米"三级增加到"粝米—粺米—糳米—御米"四级，它表明汉代的粮食加工更加精细了。有学者指出，《秦律十八种·仓律》给定了两种粮食系列的生产和加工标准："这个标准包含收割、脱粒、舂米的各个环节，有很强的可操作性，显示秦王朝对粮食严格、细致的管理。"④在此，斤是重量单位，斗是容积单位，按照上述换算标准，则秦代一斗约为7斤，可见，所谓"禾黍"应当是指"穗实"，即7斤穗实为一斗。"米一石"是指脱粒后的粟实，"粟米一石"加工成糳米则为9斗，去皮屑1斗。按照这样的比例继续加工，即成为毇米。这里涉及秦汉粮食加工过程中的"出米率"问题。若按容积单位讲，则"米十为粺九，为毁（毇）八"⑤；若按重量单位讲，则"粝米三十，粺米二十七，糳米二十四"。尽管计量的特点不同，但两者的比例却是一致的。所以，张苍的"删订"绝对是有章可循的，而不是随意为之。

在此，如何理解"禾黍一石为粟十六斗泰半斗，舂之为粝米一石"，学界争议颇大，具体内容请参见吴朝阳《张家山汉简〈算数书〉校证及相关研究》第3章"秦国的'石'、谷物堆密度与出米率"。按照吴先生的解释，上面一句话讲的是粟与粝米的比例关系，这个解释无疑是正确的，但我们想知道，这个比例究竟是怎么得来的。这里，我们应当考虑当时谷物的储藏方式，究竟是粒藏还是穗藏。

从目前的有关信息来分析，先秦人储藏谷物是不脱粒的，也即为穗藏。比如，人们在湖北江陵县楚纪南故城一座汉墓的陶仓内发现了四束完整的稻穗⑥，刘志一先生在《从侗族晾谷架看原始稻谷的储存方法》一文中介绍说："侗族人民秋收时用剪子剪下或用镰刀割下二尺长的谷穗，捆成一小把、一小把，称为'禾把'，用竹篓背回家门前晒场上，再将禾把搭上晾谷架晾晒。晾晒过一段时间后，就收起来晾在屋檐下的竹竿上，煮饭前再取下一、二把拿去石碓或木碓里舂出白米来，把谷糠留下喂鸡、鸭、猪、牛，或者把基本晾

① 彭浩：《睡虎地秦墓竹简〈仓律〉校读（一则）》，北京大学考古文博学院：《庆祝高明先生八十寿辰暨从事考古研究五十年论文集》，北京：科学出版社，2006年，第499页。

② 吴朝阳：《张家山汉简〈算数书〉校证及相关研究》，第85页。

③ （三国·魏）刘徽：《九章算术》卷2《粟米》，郭书春、刘钝校点：《算经十书（一）》，第14页。

④ 彭浩：《睡虎地秦墓竹简〈仓律〉校读（一则）》，北京大学考古文博学院：《庆祝高明先生八十寿辰暨从事考古研究五十年论文集》，第502页。

⑤ 吴朝阳：《张家山汉简〈算数书〉校证及相关研究》，第99页。

⑥ 阎孝玉：《保存最早的谷穗》，《中国粮食经济》2004年第12期，第50页。

晒干了的谷把收入门外专门建造的木板谷仓里储存。"[1]汉代储存谷物应系穗藏，这样就容易理解"禾黍一石为粟十六斗泰半斗"的内涵，即 120 斤"禾黍"约等于 16.67 斗粟。否则，无论怎样解释，与汉代的史料对照，总是既有符合的地方，同时又有不符合的地方。如果从穗藏的角度来解释"禾黍一石为粟十六斗泰半斗"，许多问题就迎刃而解了。

例如，岳麓书社藏秦简《数》0388 号算题云："取禾程，三步一斗，今得粟四升半升，问几可（何）步一斗？得曰：十一步九分步一而一斗。"[2]肖灿算得，禾程"三步一斗"与粟"十一步九分步一而一斗"的比值是：

$$\frac{禾}{步}:\frac{粟}{步}=\frac{1}{3}:\frac{1}{11\frac{1}{9}}=\frac{100}{27}$$

至于如何理解这个比值的意义，肖灿认为："或许是禾加工的耗损比率，就是说把初收割的禾去掉茎秆、晒干得到粟谷，这个过程前后的禾、粟比率。"[3]根据前面的考述，我们认为比值 100∶27 应当是指谷穗与粟的比例。当然，这个问题还可以进一步讨论。张苍在删补《九章算术》时，"取禾程"的算题已经被"粟米之法"替代，故对于"粟率五十，粝米三十"等比例似乎都习以为常了，因而就忽视了它们本身是如何产生的这个问题。

第三，关于谷物的"湿重"与"干重"问题。秦朝对粮食的干湿问题非常重视，岳麓书院藏秦简《数》0537 号算题云："取程，八步一斗，今干之九升。"[4]又 0887 号算题载："取禾程述（术）：以所已干为法，以生者乘田步为賈（实），如法一步。"[5]在地租的征收过程中，谷物的干与湿对国家粮食储备量的影响较大，所以秦朝统治者从谷物耗损的角度分析了谷物在湿和干不同状态下的具体重量。张家山汉简《算数书》也载有一道"耗租"算题，其算题说："耗租：产多干少，曰：取程七步四分步一斗，今干之七升少半升，欲求一斗步数。术曰：置十升以乘七斗（步）四分步一，如干成一数也。曰：九步卅四分步卅九而一斗。程它物如此。"[6]虽然《九章算术·衰分》章亦载有一道"耗损"的算题，其题云："今有生丝三十斤，干之，耗三斤十二两。今有干丝一十二斤，问生丝几何？"[7]但那毕竟不是关于谷物"干耗"或"干重"的问题。很奇怪，张苍为什么在《九章算术》里没有讲到谷物干耗的问题呢？我们知道，现代意义上的粮食产量通常是在给定水分含量下的产量，如澳大利亚为 10%，欧洲为 12%或 14%。[8]而在粮食存储实践中，"水分过高，重量加重，浪费运力和仓容，而且促使其生命活动旺盛，容易引起粮食霉变、生虫和其他生化反应，以至于使粮食变质；水分过低，会破坏其有机物质，损坏干物

---

① 刘志一：《从侗族晾谷架看原始稻谷的储存方法》，《农业考古》2008 年第 1 期，第 219 页。
② 肖灿：《岳麓书院藏秦简〈数〉研究》，湖南大学 2010 年博士学位论文，第 20 页。
③ 肖灿：《岳麓书院藏秦简〈数〉研究》，湖南大学 2010 年博士学位论文，第 21 页。
④ 肖灿：《岳麓书院藏秦简〈数〉研究》，湖南大学 2010 年博士学位论文，第 20 页。
⑤ 肖灿：《岳麓书院藏秦简〈数〉研究》，湖南大学 2010 年博士学位论文，第 21 页。
⑥ 吴朝阳：《张家山汉简〈算数书〉校证及相关研究》，第 84 页。
⑦ （三国·魏）刘徽：《九章算术》卷 3《衰分》，郭书春、刘钝校点：《算经十书（一）》，第 29—30 页。
⑧ ［英］雷诺兹等：《生理学在小麦育种中的应用》，景蕊莲等译，北京：科学出版社，2013 年，第 78 页。

质"①。例如，秦律对谷物在储藏过程中出现的霉变现象有比较严厉的惩罚措施："仓漏朽禾粟，及积禾粟而败之，其不可食者，不盈百石以下，谇官啬夫；百石以上到千石，赀官啬夫一甲；过千石以上，赀官啬夫二甲；令官啬夫、冗吏共赏（偿）败禾粟。禾粟虽败而尚可食也，程之，以其耗石数论负之。"②可是，究竟应该如何测定谷物中的含水量，确实是一个难题。汉代谷物征收尽管已经注意到了谷物干、湿状况对田租数量的影响，所以"谷物征收后，因干燥导致失重损耗，还要调整原有的程率"③，但是对于基层官吏而言，他们征收田租的复杂和艰难程度远远超出我们的想象。这可能就是《九章算术》为什么不载有关谷物干、湿耗损算题的主要原因。

第四，"误券"类算题及其他。岳麓书社藏秦简《数》及张家山汉简《算数书》都载有"误券"类算题。如秦简《数》0939 号算题云："租误券。田多若少，耤令田十亩，税田二百卌步，三步一斗，租八石。今误券多五斗，欲益田。其述（术）曰：以八石五斗为八百。"④这道算题不单是数学问题，它还牵涉秦汉时期的法律问题。张苍因其"明习天下图书计籍"，故"令苍以列侯居相府，领主郡国上计者"⑤。显然，"误券"属于上计的管理范畴。《秦律十八种·效律》对籍簿管理中出现的失误，有下面的处罚措施："计用律不审而赢、不备，以效赢、不备之律赀之，而勿令赏（偿）。"⑥因为秦律规定"计毋相谬"⑦，即会计工作的误差在法律上是不允许的。这样，秦朝"通过严刑峻法进行会计管理，保证了上计报告的可靠性"⑧。0945 号算题又说："禾兑（税）田卌步，五步一斗，租八斗，今误券九斗，问几可（何）步一斗？得曰：四步九分步四而一斗。"⑨此类算题也见于张家山汉简《算数书》，如第 27 题"税田"（亦即 068 号算题）载："税田廿四步，八步一斗，租三斗。今误券三斗一升，问几何步一斗？得曰：七步卅七〈一〉分步廿三而一斗。术曰：三斗一升者为法。"⑩当然，从法律上，汉律（主要指田租税律）对隐匿田税、漏纳田税和所交田租不符合规定者都有相应的处罚措施。这里面包含的问题十分复杂，在此，张苍是否有意回避"误券"问题，不敢妄言，但《九章算术》没有选录"误券"类算题，却是事实。因为无论从经济管理的角度，还是从数学的角度，"误券"类算题都很重要，所以只有当"误券"类算题有可能给汉代的上计管理带来一定负面影响时，才会被张苍从算题中删去，否则，我们实在想不出更好的理由，来解释为何《九章算术》不保留"误券"类算题的原因。

① 郭志恒：《粮食水分含量检验新方法研究》，《企业标准化》2008 年第 13 期，第 43 页。
② 睡虎地秦墓竹简整理小组：《睡虎地秦墓竹简》，北京：文物出版社，1978 年，第 118—119 页。
③ 郭浩：《汉代地方财政研究》，济南：山东大学出版社，2011 年，第 111 页。
④ 肖灿：《岳麓书院藏秦简〈数〉研究》，湖南大学 2010 年博士学位论文，第 24 页。
⑤ 《史记》卷 96〈张丞相列传〉，第 2676 页。
⑥ 睡虎地秦墓竹简整理小组：《睡虎地秦墓竹简》，第 123 页。
⑦ 睡虎地秦墓竹简整理小组：《睡虎地秦墓竹简》，第 58 页。
⑧ 李孝林等：《中外会计史比较研究》，北京：科学技术文献出版社，1996 年，第 151 页。
⑨ 肖灿：《岳麓书院藏秦简〈数〉研究》，湖南大学 2010 年博士学位论文，第 24 页。
⑩ 张家山二四七号汉墓竹简整理小组：《张家山汉墓竹简〔二四七号墓〕：释文修订本》，北京：文物出版社，2006 年，第 141 页。

此外，岳麓书社藏秦简《数》中还有"舆田"类算题，如 0900 号算题、1743 号算题、0835 号算题、0890 号算题、0411 号算题、0826 号算题、0475 号算题、0837 号算题等，都是关于"舆田"计算的内容，所谓"舆田"顾名思义即"授予的田地"，实际上是指登记在图、册上的土地，也即符合受田条件者得到的土地。①经肖灿先生统计，"舆田"在秦简《数》里出现了 9 次，而在张家山汉简《算数书》中则出现了 3 次。②说明授田现象在汉代仍然存在，如张家山汉简《田律》云："田不可田者，勿行，当受田者欲受，许之。""田不可垦而欲归，毋受偿者，许之。"③这里，于振波先生解释说："'不可田者'与'不可垦者'都是指不能进行耕作的土地，'勿行'即不授。第一条规定那些不能耕种的荒田不在官府授田之列，但如果有人因为没有得到足额的田地而愿意接受，官府也可以准许他们去开垦。第二条是说那些受自官府的土地，如果质量太差，即使投入劳力仍无法垦种的，也可以退给官府，但条件是不能要求从官府得到任何补偿。"④秦律《数》所载"舆田"算题，都跟种植"枲麻"有关。又《氾胜之书》讲了 13 种栽培作物，将麻专列一节，显见其重要性。因为大麻布曾作为军队的服装，同时大麻还可做造纸的原材料。但是，据《齐民要术》云："麻欲得良田，不用故墟。"⑤也就是说，种植枲麻需要占用大量良田。然而，西汉初期的土地资源未必能满足种植枲麻的客观需要，因为当时的基本情况是"丈夫从军旅，老弱转粮饷，作业剧而财匮"⑥，所以饥荒和贫困成为西汉初期的两大社会问题，故《汉书·食货志》云："汉兴，接秦之弊，诸侯并起，民失作业，而大饥馑，凡米石五千，人相食，死者过半"⑦，而为了解决这两大社会问题，汉高祖采取了一系列发展农业生产的措施，如"轻田租，什五而税一，量吏禄，度官用，以赋于民"⑧等。因此，开垦荒地是首要措施，而且必须先保证粮食生产，然后在此基础上逐渐稳定社会秩序。我们知道，秦朝大量种植枲麻主要是为了满足军队的需要，而汉初的工作重心则是恢复生产和凝聚民心。张苍删补《九章算术》不能不服务于这个政治大局，看来如何取舍《九章算术》中的算题，张苍是经过慎重考虑的，尤其是对于基层官吏而言，《九章算术》不单单是一部数学书，在一定意义上它还是一部经济管理教材和政治教科书⑨，而中国古代的科学教育往往服务于封建统治阶级的上层建筑，这是中国古代科学发展的一个显著特点。

① 肖灿：《岳麓书院藏秦简〈数〉研究》，湖南大学 2010 年博士学位论文，第 25 页。
② 肖灿：《从〈数〉的"舆（舆）田"、"税田"算题看秦田地租税制度》，《湖南大学学报（社会科学版）》2010 年第 4 期，第 11 页。
③ 张家山二四七号汉墓竹简整理小组：《张家山汉墓竹简〔二四七号墓〕：释文修订本》，第 41、42 页。
④ 于振波：《简牍与秦汉社会》，长沙：湖南大学出版社，2012 年，第 37 页。
⑤ 缪启愉、缪桂龙：《齐民要术译注》，上海：上海古籍出版社，2006 年，第 113 页。
⑥ 《史记》卷 30《平准书》，第 1417 页。
⑦ 《汉书》卷 24 上《食货志》，第 1127 页。
⑧ 《汉书》卷 24 上《食货志》，第 1127 页。
⑨ 有学者称："《九章算术》成书于西汉末年，长期被作为官方土地管理和税收工作的工具书，影响十分广泛。"参见刘兴林：《历史与考古：农史研究新视野》，北京：生活·读书·新知三联书店，2013 年，第 274 页。

综上所述，张苍删补《九章算术》肯定与汉初政治和经济发展的特殊需要有关。但是，这个问题较为复杂，难以用三言两语就能说清楚。我们在此所谈论的内容仅仅是其删补工作的一部分，因此，尚待研究、发掘和商榷的学术空间还有很多。最后，需要强调的是在张苍之后，西汉耿寿昌也曾对《九章算术》做过增补和整理，不过，究竟哪些是耿寿昌增补和整理的内容，我们今天实在是难以辨别了。但可以肯定，张苍对《九章算术》的删补最重要，所以刘徽《九章算术注序》重点谈论了张苍的"删补"工作，隋朝数学家刘焯的看法与刘徽的看法一样，这表明张苍对《九章算术》的删补工作已经得到后世数学家的一致认可和积极肯定。

最后，关于《许商算术》和《杜忠算术》与《九章算术》的关系问题，我们在此略陈己见。《汉书·艺文志》虽然载有《许商算术》（26卷）和《杜忠算术》（16卷）①两部算术，但班固将其归为"历谱"类，这种学科归类对于理解这两部算术为什么会失传或许不无启示意义。班固讲得很清楚："历谱者，序四时之位，正分至之节，会日月五星之辰，以考寒暑杀生之实。"②以往学者顾名思义，多将《许商算术》和《杜忠算术》视为两部与《九章算术》性质相同的算书，所以一种意见认为："公元前1世纪上半叶，许商撰写了《许商算术》26卷，后有《杜忠算术》，都是推演《九章算术》的著作。"③另一种意见则强调："班固根据刘歆《七略》写成的《汉书艺文志》中收录的数学书仅有《许商算术》、《杜忠算术》两种，并无《九章算术》，可见《九章算术》的出现要晚于《七略》。"④还有学者推断："《九章算术》可能就是在'九数'的基础上，吸收了先于它而出现的《许商算术》、《杜忠算术》的成果而成书的。"⑤然而，关于《许商算术》《杜忠算术》的内容，我们今天知之甚少，所以无法判断它们与《九章算术》之间的关系，况且班固《汉书·艺文志》不能包揽西汉之前的所有数学著作，这已为目前的考古发现所证实。在汉代，人们普遍接受《九章算术》，而非其他算术，亦有史可证。如东汉马续"字季则，七岁能通《论语》，十三明《尚书》，十六治《诗》，博览群籍，善《九章算术》"⑥，据此有人认为《九章算术》成书于东汉，史料并不充分，因为从马续的文化素养看，《九章算术》已经流传有很长的时间了。因此，《九章算术》与《算数书》《数》之间具有可靠的近亲关系，这一点是无法否认的。

二、《九章算术》的数学思想成就及其历史地位

（一）《九章算术》的数学思想成就

由于《九章算术》在中国古代数学史上的独特地位，国内外学者对它的研究论著很

---

① 《汉书》卷30《艺文志》，第1766页。
② 《汉书》卷30《艺文志》，第1767页。
③ 苏湛：《看得见的中国科技史》，北京：中华书局，2012年，第115页。
④ 樊小蒲、赵强、苏婕：《科学名著与科学精神》，北京：光明日报出版社，2013年，第46页。
⑤ 管成学、王兴文：《简明中国科学技术通史》，长春：吉林人民出版社，2004年，第78页。
⑥ 《后汉书》卷24《马续传》，北京：中华书局，1965年，第862页。

多，无法一一列举。就著名的数学史家而言，像李俨、钱宝琮、严敦杰、李继闵、沈康深、吴文俊、白尚恕、郭书春、郭熙汉等前辈对《九章算术》都有相当深入的研究，日本的三上义夫、藤原松三郎、小仓金之助等也都给予了高度评价，甚至小仓金之助博士认为《九章算术》是"中国的'欧几里得'"[①]。自 20 世纪 80 年代以来，随着经济史研究范围的不断拓展，中国古典数学中的经济问题开始受到学界越来越多的关注。以宋杰先生的《〈九章算术〉与汉代社会经济》[②]一书为代表，学界主要围绕张家山《算数书》和《九章算术》中的社会经济问题至少发表了 10 余篇论文。如果考虑到《九章算术》是一部面向基层官吏的数学教科书，因为算术是考核古代官员的重要内容，那么，我们把《九章算术》视为中国古代的一门经济应用数学，实在是最合适不过了。《九章算术》涉及大量的经济问题，而数学则成为人们解决许多经济问题的主要手段和方法，这对于提高广大基层官吏的经济管理水平，确实具有十分重要的现实指导价值和实践意义。

1. 关于《九章算术》与汉代的农业管理诸问题

对此，李中恢先生曾撰有《从〈九章算术〉看我国古代农业与农业生产的关系》[③]一文，他对《九章算术》所涉及的农业管理问题做了较为详细的阐述。从内容方面看，《九章算术》"方田"章主要讲土地测算的方法，唐朝李籍《九章算术音义》释："方田者，田之正也，诸田不等，以方为正，故曰方田。"[④]井田制破坏以后，随着大量荒地被开垦出来，丈量田地就成了基层官吏一项非常繁重的任务。商鞅治秦时，即把垦荒作为发展农业生产的首要举措。如《商君书·更法》云：秦孝公三年（前 359），在商鞅的力谏下，秦朝"遂出《垦草令》"[⑤]，也就是开垦荒地的命令。在商鞅看来，"为国之数，务在垦草"[⑥]，而"垦草令"采取多种有效方法激励民众垦荒种田，耕地面积不断扩大。汉代继续推行垦荒政策。根据汉简记载，至迟在太初年间敦煌便开始屯田了。[⑦]又据《汉书·食货志》载："初，置张掖、酒泉郡，而上郡、朔方、西河、河西开田官，斥塞卒六十万人戍田之。"[⑧]可以想象，当时被开垦出来的荒地多数呈不规则的几何形状，而《九章算术》共总结出 7 种"诸田不等"的计算方法，即圭田、邪田、箕田、圆田、宛田、弧田、环田。下面本书仅以圭田、邪田、箕田和圆田为例，简单叙述其算法及其思想史意义。

所谓"圭田"本义是指井田以外不成井的零散土地或边角地块，明代孙兰《舆地隅说》云："《九章》方田有圭田求广从法，有直田截圭田法，有圭田截小截大法，凡零星不成井田之田，一以圭法量之。圭者合二勾股之形，井田之外有圭田，明系零星不并者也。"[⑨]用几何学的知识讲，"圭田"是指等腰三角形的农田，而对圭田的测算，《九章算

①　[日]小仓金之助：《支那数学的社会性》，《数学史研究》第 1 辑，东京：岩波书店，1934 年，第 192 页。

②　宋杰：《〈九章算术〉与汉代社会经济》，北京：首都师范大学出版社，1994 年，第 1—151 页。

③　李中恢：《从〈九章算术〉看我国古代数学与农业生产的关系》，《农业考古》2009 年第 3 期，第 38—40 页。

④　（宋）李籍：《九章算术音义》，上海：上海古籍出版社，1990 年，第 99 页。

⑤　（战国）商鞅：《商子》卷 1《更法》，《百子全书》第 2 册，第 1550 页。

⑥　（战国）商鞅：《商子》卷 2《算地》，《百子全书》第 2 册，第 1557 页。

⑦　陈钰业编著：《文明的开拓与融合——公元 7 世纪以前的酒泉》，兰州：甘肃文化出版社，2009 年，第 160 页。

⑧　《汉书》卷 24 下《食货志》，第 1173 页。

⑨　（清）阮元等撰，冯立昇、邓亮、张俊峰校注：《畴人传合编校注》，郑州：中州古籍出版社，2012 年，第 667 页。

术》分别给出整数形式和分数形式两道算题，其分数算题云："有圭田广五步二分步之一，从八步三分步之二。问为田几何？答曰：二十三步六分步之五。术曰：半广以乘正从。"[1]这里，三角形的面积$=\frac{1}{2}\times 5\frac{1}{2}\times 8\frac{2}{3}=23\frac{5}{6}$（平方步）。

邪田是一腰垂直于底的梯形，亦称直角梯形，如图2-49所示。同圭田一样，《九章算术》也分别给出了整数形式和分数形式两道算题，其分数算题云："有邪田，正广六十五步，一畔从一百步，一畔从七十二步。问为田几何？答曰：二十三亩七十步。术曰：并两邪而半之，以乘正从若广。又可半正从若广，以乘并。亩法而一。"[2]即求直角梯形的面积如下：

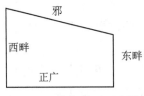

图 2-49 直角梯形示意图

$$S_{面积}=\frac{1}{2}两邪之和\times 正广=\frac{1}{2}(100+72)\times 65=5590\ 平方步=23\ 亩\ 70\ 平方步$$

注：秦朝每亩等于240步。上式中的"两邪（斜）"是指直角梯形平行的两边，"正广"也即梯形的高（将图形左旋90°）。

箕田是指呈簸箕状的等腰梯形，如图2-50所示。《九章算术》载其算法云："有箕田，舌广一百一十七步，踵广五十步，正从一百三十五步。问为田几何？答曰：四十六亩二百三十二步半。术曰：并踵舌而半之，以乘正从。亩法而一。"[3]依术文，则有箕田面积如下：

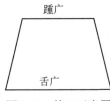

图 2-50 箕田示意图

$$S_{面积}=\frac{1}{2}（踵广+舌广）\times 正从=\frac{1}{2}(50+117)\times 135=11\ 272.5\ 平方步=46\ 亩\ 232\frac{1}{2}\ 平方步$$

方圆问题是秦汉时期应用最广泛的生活现象之一，同时也是最著名的几何问题。如《周髀算经》云："万物周事而圆方用焉，大匠造制而规矩设焉，或毁方而为圆，或破圆而

① （三国·魏）刘徽：《九章算术》卷1《方田》，郭书春、刘钝校点：《算经十书（一）》，第6页。
② （三国·魏）刘徽：《九章算术》卷1《方田》，郭书春、刘钝校点：《算经十书（一）》，第6页。
③ （三国·魏）刘徽：《九章算术》卷1《方田》，郭书春、刘钝校点：《算经十书（一）》，第6页。

为方。方中为圆谓之圆方，圆中为方者谓之方圆也。"[1]《九章算术·方田》载有 8 道与圆面积有关的算题，而求解圆面积的关键是如何确定圆周与其直径的比（即 π 值）。如上所述，《周髀算经》在处理圆方问题时，发现了"圆径一而周三"的比值，这也中国最早的圆周率。这是一个十分粗疏的数值，但直到西汉末年，刘歆才发现了此值的错误。他经过计算，得出"圆径一而周三有余"[2]的结论。据史载，刘歆曾为王莽制造"铜嘉量斛"（图 2-51），其斛铭曰："律嘉量斛，内方尺而圆其外，庣旁九厘五毫，幂一百六十二寸，深一尺，积一千六百二十寸，容十斗。"[3]李俨先生据此推算出圆周率 ≒ 3.1547[4]，故人们称它为"歆率"。尽管刘歆发现了"周三径一"的错误，但他在复古和存古思想指导下，并没有否定古人的成说，所以《九章算术》仍然取"周三径一"的圆周率。换言之，张苍是个革新派，而秦朝的度量衡则完全是商鞅变法的产物，在汉初，张苍主张袭用秦朝的度量衡制，它在客观上捍卫了商鞅变法的积极成果。由此可见，前揭班固根据刘歆《七略》写成的《汉书·艺文志》中阙失了《九章算术》，看来事情并不简单，很有可能是刘歆故意为之。

图 2-51 河南孟津出土王莽铜嘉量

关于求圆面积农田的方法，《九章算术》载："有圆田，周一百八十一步，径六十步三分步之一。问为田几何？答曰：十一亩九十步十二分步之一。术曰：半周半径相乘得积步。"[5]设圆的周长为 L，直径为 D，圆面积为 S，则依术文，有

$$S_{圆} = \frac{L}{2} \times \frac{D}{2} = \pi \left(\frac{D}{2}\right)^2 = \frac{180}{2} \times \frac{1}{2} \times 60\frac{1}{3} = \frac{32\,761}{12} = 2730\frac{1}{2} = 11亩90\frac{1}{12}平方步$$

这里，计算圆面积的公式是正确的，但它所给出的条件却是由"周三径一"而来，如"周一百八十一步"，$\frac{181}{3}$步 $= 60\frac{1}{3}$步，此" $60\frac{1}{3}$步"即为圆的直径，因此，计算的结果误差较大。对此，刘徽在注中明确指出，"合于周三径一"的周长不是圆的周长，而是圆内内接正六边形（觚）的周长。至于为何《九章算术》不用严格的圆周率来计算圆面积，而

① （三国·吴）赵君卿：《周髀算经》卷上，郭书春、刘钝校点：《算经十书（一）》，第 4 页。

② 钱宝琮先生述："圆周率起于圆之量法，圆径一而周三有余。所谓径一周三，殆举成数言之耳。其说当导源甚古，至汉代《周髀》、《九章》周径相取，仍皆以径一周三为率。……刘歆算术未传于后，且未必有发明新率之意。而制造审容，不复袭用旧率。开后世周率研究之先河，其功亦不可没也。"参见李俨、钱宝琮：《李俨钱宝琮科学史全集》第 1 卷《中国算学史》，沈阳：辽宁教育出版社，1998 年，第 212 页。

③ （三国·魏）刘徽：《九章算术》卷 1《方田》，郭书春、刘钝校点：《算经十书（一）》，第 9 页。

④ 李俨、钱宝琮：《李俨钱宝琮科学史全集》第 3 卷《中国数学大纲》，沈阳：辽宁教育出版社，1998 年，第 37 页。

⑤ （三国·魏）刘徽：《九章算术》卷 1《方田》，郭书春、刘钝校点：《算经十书（一）》，第 7 页。

是采用金丝的经验法则来进行运算。有学者总结的非常好：

> 这个公式是如何形成的，已不可考稽，但它无疑是从大量的生产、生活经验中提炼出来的，是一条经验性法则。这种经验性，一方面有利于扩大数量计算的涵盖面，另一方面又使整个数学难以上升为理论知识形态。

再看具体性。《九章算术》是在中国筹算的基础上发展起来的，不是一个抽象性很强的逻辑证明系统，而是一个以计算实际问题为中心的应用数学体系。在这里，一切数学问题可以说都是计算问题。这种计算不仅包括算术、代数的运算，而且包括几何的运算。对于几何图形，《九章算术》没有从空间关系上加以论证，而是将其转化成数量关系进行计算。而各种计算方法，最后都被归结为现实问题的解决和应用。应用，只有应用，才是计算的目的和意义。这就使得数学的理论和生产、生活的实际融成了一体，不仅表现出数学体系的具体性，而且也反映了数学思维的具体性。事实上，古代中国人也正是这样来看待《九章算术》的。对于《九章算术》所讲的数学，他们并不认为是一种抽象的学问，而总是作为一种实用的计算术。东汉时，管理全国农业、水利的中央机构——大司农，向全国宣布：度量衡计算以《九章算术》为准。《九章算术》在当时成为人们纳税、兑换、施工测量等活动的现实根据。①

生产定额管理是汉代农业生产的重要内容之一，据《九章算术·均输》载："今有程耕，一人一日发七亩，一人一日耕三亩，一人一日耰种五亩。今令一人一日自发、耕、耰种之，问治田几何？答曰：一亩一百一十四步七十一分步之六十六。"②此算题讲的是耕种标准，它是当时生产定额的具体反映。

关于汉代的亩产量问题，《九章算术·衰分》载：

> 今有田一亩，收粟六升太半升。今有田一顷二十六亩一百五十九步，问收粟几何？答曰：八斛四斗四升一十二分升之五。术曰：以亩二百四十步为法，以六升太半升乘今有田积步为实，实如法得粟数。③

汉代一亩240步（6尺为步），折合今市亩0.991亩。西汉1升合今0.3425公升。那么，汉代的容积升与重量斤如何换算呢？《汉书·律历志上》载："一龠容千二百黍，重十二铢，两之为两。二十四铢为两。十六两为斤。三十斤为钧。四钧为石。"④又载："合龠为合，十合为升，十升为斗，十斗为斛。"⑤已知 1 升=12 000 粟=5 两，1 斛=100×5 两=500 两≈31 斤。根据术文，1汉亩 $= 6\frac{2}{3}$ 升 $= \frac{30}{3} \times 5$ 两 $= 33.3$ 两 $= 2.8$ 斤，这 2.8 斤粟应是政府收的田租，学界认为："汉代田租制度虽有所变动，基本上是按土地所有者的收获量，三

---

① 何萍、李维武：《中国传统科学方法的嬗变》，杭州：浙江科学技术出版社，1994 年，第 252—253 页。
② （三国·魏）刘徽：《九章算术》卷 6《均输》，郭书春、刘钝校点：《算经十书（一）》，第 70 页。
③ （三国·魏）刘徽：《九章算术》卷 3《衰分》，郭书春、刘钝校点：《算经十书（一）》，第 30 页。
④ 《汉书》卷 21 上《律历志》，第 969 页。
⑤ 《汉书》卷 21 上《律历志》，第 967 页。

十取一。为了征收上的便利，后来演变成额税，后汉末年演变成户调。"[1]日本学者秋泽修二则认为："在汉代，租税是收获数量的十五分之一到三十分之一，而地租则和秦代同样的是十分之五。"[2]根据《汉书》的记载，西汉初年，"约法省禁，轻田租，什五而税一"[3]，汉文帝二年（前 178）九月，为了鼓励农民种田的积极性，诏"赐天下民今年田租之半"[4]，至汉景帝二年（前 155），汉朝统治者将"三十而税一"[5]作为额定税制，此政策一直执行到汉末。按照"三十而税一"计算，西汉 1 斤合今 258.24 克。在《九章算书》之前，张家山汉简《算数书》也有几道有关汉代亩产量的算题，其题云：

> 取程十步一斗，今干之八升。[6]
> 取程七步四分步一斗，今干之七升少半升，欲求一斗步数。[7]

前者按照大亩计算，亩产湿的为 2.4 石，干的为 1.92 石；后者折算为亩产，湿的约为 3.2 石，干的约为 2.4 石。"湿亩产从二点四石到十二点八石不等，这反映了不同等级田地的粮食亩产有差别，而且差别很大。据宁可先生在《有关汉代农业生产的几个数字》中，把汉代的粮食亩产分为三组，第一组是普通旱田或某些水浇地，平均每大亩[8]年产粮在大石二石到四石之间；第二组是水利田，最高产量为每大亩产粮十石；第三组是特殊耕作法，如采用代田法一大亩五到六石，区种法种田一大亩十三石。两者基本一致，可见，《算数书》所记载的亩产为汉代的产量，这些题目的原型可能出于汉代。"[9]

依《九章算术》"今有田一亩，收粟六升太半升"的田租推算，其亩产约为今 43.68 市斤。按：林甘泉先生认为，汉代 1 石=2 市斗，1 市斗=13.5 斤，1 石=27 市斤粟。[10]这样，1 大亩的产量约为 1.6 石，也基本符合汉代旱地粟的亩产量。

汉代农田水利建设成就显著，所以李根蟠先生评价说："秦朝国祚短暂，除统一黄河堤防和在进军岭南的过程中修建灵渠外，在农田水利建设方面没有大的建树。真正农田水利建设高潮的兴起，是在汉代，尤其是汉武帝时代。"[11]例如，西汉初年，羹颉侯刘信修筑"七门三堰"，据《重修七门堰记》载："舒城之水，源出于西山之峻岭，势若建瓴然。汉羹颉侯分封是邑，有见于此，乃创七门、乌羊、槽牍三堰分治为陂、为荡、为塘、为沟，

---

① 马大英：《汉代财政史》，北京：中国财政经济出版社，1983 年，第 12 页。
② ［日］秋泽修二：《东方哲学史——东方哲学特质的分析》，汪耀三、刘执之译，北京：生活・读书・新知三联书店出版社，2012 年，第 246 页。
③ 《汉书》卷 24 上《食货志》，第 1127 页。
④ 《汉书》卷 4《文帝纪》，第 118 页。
⑤ 《汉书》卷 24 上《食货志》，第 1135 页。
⑥ 吴朝阳：《张家山汉简〈算数书〉校证及相关研究》，第 80 页。
⑦ 张家山二四七号汉墓竹简整理小组：《张家山汉墓竹简（二四七号墓）：释文修订本》，第 143—144 页。
⑧ 小亩：宽 1 步，长百步，1 步为 6 尺；大亩：宽 1 步，长 240 步，1 步为 6 尺。
⑨ 李孝林等：《基于简牍的经济、管理史料比较研究——商业经济、兵物管理、赋税、统计、审计、会计方面》，北京：社会科学文献出版社，2012 年，第 77 页。
⑩ 林甘泉：《中国经济通史·秦汉经济卷》上卷，台北：经济日报出版社，1999 年，第 243 页。
⑪ 李根蟠：《中国农业史》，台北：文津出版社，1997 年，第 102 页。

凡二百余所，浇灌本邑之田至二千顷之上。"①这是一项比较有代表性的水利工程，它反映了汉初"水利兴修规模较大，自中央至地方，形成了一个兴修农田水利高潮"②。对此，《九章算术》也有生动体现，而为了适应汉代兴修水利工程的迫切需要，《九章算术》选取了筑堤、修渠、挖沟、凿堑等多道有关农田水利工程的算题。其中关于修渠的算题为："今有穿渠，上广一丈八尺，下广三尺六寸，深一丈八尺，袤五万一千八百二十四尺。问积几何？答曰：一千七万四千五百八十五尺六寸。秋程人功三百尺，问用徒几何？答曰：三万三千五百八十二人，功内少一十四尺四寸。"③此处的"功"是指修渠的工程量及规模，如何估算此类工程的规模和工程量，当时是一门专业性很强学问，要求也极严格。如《秦律·徭律》规定："度功必令司空与匠度之，毋独令匠。其不审，以律论度者，而以其实为徭徒计。"④由此题不难看出，"汉代的土木工程是徭役劳动的一项重要内容，规模小者发徭县乡，工程浩大者征发天下郡国，役者以万数计。如果没有工程量的准确预算，便不能确定发徭人数多少和施工时间的长短，工程是无法顺利进行的。因此，'商功'就成了一门专门的学问；政府的各级机构里都有一些具备此种知识和技能的专职人员"⑤。

粮食储备关乎军国大计，历来为各朝统治者所重视。如我国考古工作者在河北武安县磁山遗址发现了 346 个窖穴，是我国迄今发现最早的地下储粮设施。据专家考证，殷墟甲骨文中已经出现了"仓廪"二字，形为 🔲 🔲，正象仓廪之状，呈圆形的地窖。战国时期的粮仓除江西省新干县界埠乡湖田大队坑里袁家村发现一座大型战国粮仓遗址外，不少战国墓葬还出土了一些陶仓冥器，此类冥器在汉代甚为风行，请参见靳祖训《粮食储藏科学技术进展》附录十一"中国古代粮仓（冥器）图片荟萃"⑥。例如，河南偃师县山化乡汤泉村汉墓出土一件陶仓楼冥器，为三层八角四坡建筑，"下层有走廊和栅栏，二层正面开三窗，两侧各有一窗，三层正面为三个菱形窗，两侧有三角形窗和长方形窗各两个。建筑合理，通风良好，为古代粮仓建筑的研究提供了一件重要的实物标本"⑦。而《九章算术》载有两道有关汉代粮仓建筑的算题，它对我们全面认识和理解汉代的粮仓制度很有帮助。算题云："今有仓，广三丈，袤四丈五尺，容粟一万斛。问高几何？答曰：二丈。术曰：置粟一万斛积尺为实。广袤相乘为法。实如法而一，得高尺。"⑧即已知长方体谷仓的容积、底面的长和宽，且 1 斛粟= 2.7 立方尺，求谷仓的高。

设 V 为谷仓的容积，h 为谷仓的高，a 为谷仓底面的长，b 为谷仓底面的宽，则

① 光绪《续修舒城县志·重修七门堰记》，转引自李晖：《万古恩同万古流——论"七门三堰"及"三堰余泽"》，《合肥学院学报（社会科学版）》2007 年第 6 期，第 122 页。

② 刘继光：《中国历代屯垦经济研究》，北京：团结出版社，1991 年，第 52 页。

③ （三国·魏）刘徽：《九章算术》卷 5《商功》，郭书春、刘钝校点：《算经十书（一）》，第 45 页。

④ （清）孙楷著、杨善群校补：《秦会要》，第 456 页。

⑤ 宋杰：《〈九章算术〉记载的汉代徭役制度》，《北京师院学报（社会科学版）》1985 年第 2 期，第 79 页。

⑥ 靳祖训：《粮食储藏科学技术进展》，成都：四川科学技术出版社，2007 年，第 460—472 页。

⑦ 洛阳市地方史志编纂委员会：《洛阳市志》第 14 卷《文物志》，郑州：中州古籍出版社，1995 年，第 345 页。

⑧ （三国·魏）刘徽：《九章算术》卷 5《商功》，郭书春、刘钝校点：《算经十书（一）》，第 55 页。

$$V = abh, \quad H = \frac{V}{ab} = \frac{10\,000斛 \times 2.7立方尺}{30尺 \times 45尺} = \frac{27\,000}{1350} = 20尺 = 2丈$$

那么，这道算题有现实依据吗？答案是有的。例如，《秦律·仓律》规定：

> 入禾仓，万石一积而比黎为户。县啬夫若丞及仓、乡相杂以印之，而遗仓啬夫及离邑仓佐主廪者各一户以气〔饩〕，自封印，皆辄出，余之索而更为发户。啬夫免，效者发，见杂封者，以题效之，而复杂封之，勿度县，唯仓自封印者是度县。出禾，非入者是出之，令度之，度之当题，令出之。其不备，出者负之；其赢者，入之。杂出禾者勿更。入禾未盈万石而欲增积焉，其前入者是增积，可也；其他人是增积，积者必先度故积，当题，乃入焉。后节（即）不备，后入者独负之；而书入禾增积者之名事邑里于斋籍。万石之积及未盈万石而被（披）出者，毋敢增积。[①]

可见，以一万石为一积，是秦汉时期一般谷仓的容积标准，每积设一仓门，仓与仓之间用篱笆隔开。实际上，粮仓的管理是一个复杂的系统工程，既要防腐烂，又要防虫害和鼠患，责任重大。所以都仓啬夫、仓啬夫、廪人等粮仓的实际管理者，他们工作当十分繁重。

2. 关于《九章算术》与汉代的货币诸问题

秦朝的货币主要有黄金和半两铜钱（图 2-52），成为全国流通的货币形式。《汉书·食货志》载："秦兼天下，币为二等：黄金以溢为名，上币；铜钱质如周钱，文曰'半两'，重如其文。而珠玉龟贝银锡之属为器饰宝臧，不为币，然后随时而轻重无常。"[②]汉承秦制，黄金用"斤"来作计量单位，故《汉书·食货志》载："汉兴，以为秦钱重难用，更令民铸荚钱（即薄如榆荚的钱）。黄金一斤。……孝文五年，为钱益多而轻，乃更铸四铢钱，其文为'半两'。除盗铸钱令，使民放铸。"[③]

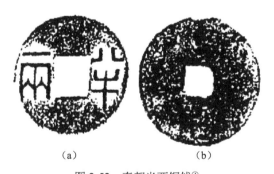

（a）　　　　　　　（b）

图 2-52　秦朝半两铜钱[④]

据考，西汉前期的铜钱曾一再变动，汉高祖时铸造三铢半两，吕后二年（前 186）铸造八铢半两及四铢半两，文帝五年（前 175）又铸造四铢半两。而从目前所发现的西汉前

---

① 睡虎地秦墓竹简整理小组：《睡虎地秦墓竹简》，北京：文物出版社，1990 年，第 25 页。

② 《汉书》卷 24 下《食货志》，第 1152 页。

③ 《汉书》卷 24 下《食货志》，第 1152—1153 页。

④ 青川县文物管理所：《青川木牍——可移动文物普查集萃》，成都：四川美术出版社，2017 年，第 14 页。

期货币看，主要以汉文帝铸造的四铢半两为多。①又河北满城汉墓出土金饼69枚，其中刘胜墓出土的金饼与227枚五铢钱一起装在漆盒内，反映了金币与铜钱都具有货币职能。②从历史上，西汉的黄金消费量很大，是中国历史上使用黄金最多的一个时期，不仅皇室和贵族大量使用，而且一般的平民也广为行用，这在《九章算术》里有比较充分的体现。例如，《九章算术·均输》有一道算题云："今有人持金十二斤出关。关税之，十分而取一。今关取金二斤，偿钱五千。问金一斤值钱几何？答曰：六千二百五十。术曰：以一十乘二斤，以十二斤减之，余为法。以一十乘五千，为实。实如法得一钱。"③设1斤黄金值钱 x，则依术文，有

$$12x \times \frac{1}{10} = 2x - 5000，解之，x = \frac{50000}{8} = 6250钱。$$

又，"今有人持金出五关，前关二而税一，次关三而税一，次关四而税一，次关五而税一，次关六而税一。并五关所税，适重一斤。问本持金几何？答曰：一斤三两四铢五分铢之四。术曰：置一斤，通所税者以乘之，为实。亦通其不税者，以减所通，余为法。实如法得一斤"④。

设本持金 x 斤，则依术文，有

第1关：税金 $\frac{1}{2}x$，余金 $\frac{1}{2}x$；第2关：$\frac{1}{3} \times \frac{1}{2}x$，余金 $\frac{1}{2}x - \left(\frac{1}{3} \times \frac{1}{2}x\right) = \frac{1}{3}x$

同理，求出第3关余金 $\frac{1}{4}x$，第4关余金 $\frac{1}{5}x$，第5关余金 $\frac{1}{6}x$，因此，

$$\left(\frac{1}{2} + \frac{1}{6} + \frac{1}{12} + \frac{1}{20} + \frac{1}{30}\right)x = 1斤。$$

解得 $\frac{5}{6}x = 1斤$，$x = \frac{6}{5} = 1.2斤 = 1斤3两4铢五分铢之四$。

注：1斤=16两，1两=24铢。

关于这两道算题与西汉黄金之间的关系，学界已经做了非常广泛的讨论。法律界人士认为，在秦汉，金、铜是禁止出关的，如张家山汉墓竹简《津关令》云："制诏御史，其令诸关，禁毋出私金器□。其以金器入者，关谨籍书，出复以阅，出之。籍器，饰及所服者不用此令。"⑤然而，《九章算术》却显示，只要缴纳一定税金，就可以携带少量黄金出关。所以"究竟如何，是否秦、汉初期相关法规有过一些变化，还需要进一步的考证"⑥。考《汉书·文帝纪》载，汉文帝十二年（前168）三月，"除关，无用传"⑦。唐代张晏释："传，信也，若今过所也。……两行书缯帛，分持其一，出入关，合之乃得过，谓之

① 冉万里：《汉唐考古学讲稿》，西安：三秦出版社，2008年，第95页。
② 高英民、王雪农：《古代货币》，北京：文物出版社，2008年，第89页。
③ （三国·魏）刘徽：《九章算术》卷6《均输》，郭书春、刘钝校点：《算经十书（一）》，第65—66页。
④ （三国·魏）刘徽：《九章算术》卷6《均输》，郭书春、刘钝校点：《算经十书（一）》，第72页。
⑤ 张家山二四七号汉墓竹简整理小组：《张家山汉墓竹简〔二四七号〕释文修订本》，第84页。
⑥ 石俊志：《中国货币法制史概论》，北京：中国金融出版社，2012年，第70页。
⑦ 《汉书》卷4《文帝纪》，第123页。

传也。"①从这个记载看，汉文帝"停止实行出入关中用'传'的法令，令民可以自由出入关中"②。据此，有学者提出以下观点：第一，汉代关税大概是十分取一；第二，携带什么征收什么；第三，每出入一关征税一次，重复征税现象比较严重。③

经济学界则十分关心西汉初期的税率问题，有学者认为，如果《九章算术》所给出的数据属实，那么"关税率就是10%左右。这个关税率应该是比较高的。如此高的关税率，人为地将市场商品流通限制在了一个个的区域范围内，对市场商品在全国范围的流通产生严重阻碍"④。秦晖先生分析说："这里讲的税率不必以为实，但以金纳税却应该是实际生活的反映。以金纳税，本属货币的支付手段职能之运用，但值得注意的是西汉正式的税制并无征金之科，因此这里的黄金显然是被当做与铜钱同具流通手段职能的货币来接受的。其中前一算题'关取金二斤，偿钱五千'的记载更说明当时以黄金作大数支付而以铜币作零钱找补是很正常的现象。朝廷除规定金铜比价外，无须另作具体规定。凡使用铜钱之处，原则上均可使用黄金。"⑤王刚先生则得出了以下几点认识：第一，西汉关税一般来说，高于东汉。这或许与西汉更注意防范诸侯势力有关，有军政考虑在内。第二，汉关税没有统一的标准。第三，关税苛重，而且每关必税，每个关卡的税加在一块，其数目更是惊人。第四，钱是征收的尺度。也就是说，一般在征税中要考察物品值多少钱。⑥其中黄金与铜钱的比价，没有法定的确切值，"显然不利于市场上的商品交换，也容易紊乱"⑦。

从正面理解，关税之重应当与西汉的重农政策有关。有学者指出：当时征收关税"不只是为了盘剥商人，也有安土重居，限制人口流动，保证民众务农、'地著'的作用。"⑧就《九章算术》而言，除前面讲过的两道算题之外，与黄金有关的算题还有多道，如《九章算术·均输》云："今有金箠，长五尺。斩本一尺，重四斤；斩末一尺，重二斤。问次一尺各重几何？答曰：末一尺，重二斤；次一尺，重二斤八两；次一尺，重三斤；次一尺，重三斤八两；次一尺，重四斤。术曰：令末重减本重，余，即差率也。又置本重，以四间乘之，为下第一衰。副置，以差率减之，每尺各自为衰。副置下第一衰，以为法，以本重四斤遍乘列衰，各自为实。实如法得一斤。"⑨这是一个等差数列问题，设等差数列的首项 $a_1=2$，

末项 $a_5 = 4$，$n = 5$，差率 $d = \dfrac{a_5 - a_1}{5-1} = \dfrac{1}{2}$，欲求其他各项，即 a_2，a_3，a_4，则有

$$a_n = a_1 + (n-1)d$$

① 《汉书》卷4《文帝纪》，第123页。
② 张景贤：《汉代法制研究》，哈尔滨：黑龙江教育出版社，1997年，第13页。
③ 蒲坚主编：《中国法制史》，北京：中央广播电视大学出版社，2003年，第145页。
④ 高维刚主编：《秦汉市场研究》，成都：四川大学出版社，2008年，第31页。
⑤ 秦晖：《市场的昨天与今天：商品经济·市场理性·社会公正》，北京：东方出版社，2012年，第19页。
⑥ 王刚：《汉代关税问题再探讨》，《南都学坛》2003年第1期，第19页。
⑦ 黄今言：《秦汉史丛考》，北京：经济日报出版社，2008年，第135页。
⑧ 亦捷：《汉代关税小议》，《北京师院学报（社会科学版）》1984年第4期，第92页。
⑨ （三国·魏）刘徽：《九章算术》卷6《均输》，郭书春、刘钝校点：《算经十书（一）》，第66—67页。

得 $a_2 = 2 + \dfrac{1}{2} = 2$斤8两; $a_3 = 2 + 1 = 3$斤; $a_4 = 2 + \dfrac{3}{2} = 3$斤8两。

若按原术文，则是采用比率的方式进行运算：

第一步，差率：本重－末重＝4－2＝2斤；

第二步，下第一衰：本重×四间＝4－2＝2斤；

第三步，以差率减之，每尺各自为衰：下第二衰为16－2＝14斤，下第三衰为14－2＝12斤，下第四衰为12－2＝10斤，末衰为10－2＝8斤；

第四步，副置下第一衰以为法……实如法得一斤：即末重8×4÷16＝2斤，次重10×4÷16＝$2\dfrac{1}{2}$斤，次重12×4÷16＝3斤，次重14×4÷16＝$3\dfrac{1}{2}$斤，本重16×4÷16＝4斤。

当然，诚如钱宝琮先生所说："这一题，《九章算术》原来的解法走了弯路。"[①]但是，这毕竟是古人在探索等差数列道路上所走的弯路，其进步意义应当肯定。有学者从统计学的理论分析，发现该算题还包含着完整的一元线性回归的理念：

该问可以看做是先认为金棰的重量变化符合一元线性回归方程 $y = a + bx$，然后找到两个实际观测点即"本"和"末"，将此二观测值分别代入，可得 $\begin{cases} 末重 = a + b \times 5 \\ 本重 = a + b \times 1 \end{cases}$，两式相减即可求得相应的系数 b＝（末重－本重）/4。这也就是"术"所说的"令末重减本重，余即差率也……"这个差率除以4即（末重－本重）/4，其实就是系数 b，此后每尺的计算就是以"末"为基础，代入回归方程即可获得。虽然该问的"术"并未明确提出回归模型的概念，但其思路完整地体现了该模型的思想，可以说是古代统计理论中线性回归分析的一个重要的体现。[②]

《九章算术·盈不足》章载："今有共买金，人出四百，盈三千四百；人出三百，盈一百。问人数、金价各几何？答曰：三十三人，金价九千八百。"[③]

同章又载："今有黄金九枚，白银十一枚，称之重，适等。交易其一，金轻十三两。问金、银一枚各重几何？答曰：金重二斤三两一十八铢，银重一斤一十三两六铢。"[④]

《九章算术·方程》章载："今有牛五、羊二，直金十两；牛二、羊五，直金八两。问牛、羊各直金几何？答曰：牛一直金一两二十一分两之一十三，羊一直金二十一分两之二十。术曰：如方程。"[⑤]

这些数学算题的解法，人们已经讲的很多了，此不赘述。但是，《九章算术》为什么会出现如此多有关黄金问题的算题，确实值得深思。同样是《算经十书》，除了《九章算术》之外，其他算术如《海岛算经》无，《孙子算经》仅见一道算题："今有黄金一斤，直

① 李俨、钱宝琮：《李俨钱宝琮科学史全集》第2卷《中国数学史话》，第620页。

② 邢莉：《〈九章算术〉中的统计学思想探究》，《统计研究》2008年第3期，第104页。

③ （三国·魏）刘徽：《九章算术》卷7《盈不足》，郭书春、刘钝校点：《算经十书（一）》，第74页。

④ （三国·魏）刘徽：《九章算术》卷7《盈不足》，郭书春、刘钝校点：《算经十书（一）》，第79—80页。

⑤ （三国·魏）刘徽：《九章算术》卷8《方程》，郭书春、刘钝校点：《算经十书（一）》，第88页。

钱一十万。问两直几何？答曰：六千二百五十钱。术曰：置钱一十万，以一十六两除之，即得。"①《张丘建算经》仅见一道算题："今有金方七，银方九，秤之适相当。交易其一，金轻七两。问金、银各重几何？答曰：金方重十五两十八铢，银方重十二两六铢。"②《五曹算经》仅见一道算题："今有金二斤，令九十六人分之。问人得几何？答曰：八铢。"③《五经算术》无，《缉古算经》无，《数术记遗》无，《夏侯阳算经》载有三道算题："今有黄金一斤，直绢一千二百匹。问每两直绢几何？答曰：一两直绢七十五匹。术曰：置绢数，以一十六两除之，即得。"④"今有金一斤，直钱一百贯。问一两几何？答曰：一两，六贯二百五十文。术曰：置钱数，以十六两除之，即得。"⑤"今有金一斤，令五十人分之。问人得几何？答曰：人得七铢六絫八黍。术曰：置金一斤，二而八之，为两；三而八之，为铢。以人数除之，即得。"⑥显而易见，《孙子算经》《张丘建算经》《五曹算经》《夏侯阳算经》所见有关黄金问题的算题，多是抄自《九章算术》，当然，"数学是某种起源于经验的东西，是来自外部世界的"⑦，一句话，"数学是现实的，是源于生活的"⑧，所以《九章算术》和其他算书中的数学算题一样，都是取材于现实生活的实际问题，都是对现实生活的客观反映。而《九章算术》中集中了那么多有关黄金问题的算题，无疑也反映了当时社会经济发展的实际状况。学界普遍承认，西汉是中国古代历史上储备黄金最多的历史时期，有学者分析说："西汉时期黄金储备总量约为 372 吨多，其中皇宫中的黄金储备约为 248 吨多；民间储藏黄金约为 124 吨多。汉代（西汉初年）皇宫中的黄金储备即相当于今日世界各国中央银行的黄金储备。而我国中央银行的黄金储备（国家黄金储备）在 2003 年为 600 吨，可见早在汉代我国的黄金储备即已经达到我国当前黄金储备的 41.3%。"⑨于是，人们发现了这样一种现象，"秦汉时期，中国的黄金库藏量十分丰富，黄金不仅是流通的主要货币，而且还经常作为赏赐、赠礼，动辄成千上万，如著名的《吕氏春秋》中所记的一字千金的故事。但西汉之后，黄金突然退出流通领域，赏金之事也很少发生"⑩。这就是西汉巨量黄金消失之谜⑪，而对于东汉以后黄金突然退出流通领域的问题，有学者归咎于被佛事消耗了，或者黄金被作为随葬品埋在地下，或者对外贸易的大量输出⑫等。本书不去探究西汉巨量黄金为何消失之谜，而是想说明《九章算术》成书与西汉社会经济发展的内在关系，仅就《九章算术》出现了那么集中的黄金算题来说，

①　（南北朝）佚名：《孙子算经》卷下，郭书春、刘钝校点：《算经十书（二）》，第 21 页。
②　（北魏）张丘建：《张丘建算经》卷上，郭书春、刘钝校点：《算经十书（二）》，第 13 页。
③　（北周）甄鸾：《五曹算经》卷 5《金曹》，郭书春、刘钝校点：《算经十书（二）》，第 15—16 页。
④　（唐）韩延：《夏侯阳算经》卷下《说诸分》，郭书春、刘钝校点：《算经十书（二）》，第 20 页。
⑤　（唐）韩延：《夏侯阳算经》卷下《说诸分》，郭书春、刘钝校点：《算经十书（二）》，第 20 页。
⑥　（唐）韩延：《夏侯阳算经》卷下《说诸分》，郭书春、刘钝校点：《算经十书（二）》，第 20—21 页。
⑦　李正银：《数学教学的德育功能》，贵阳：贵州教育出版社，1992 年，第 53 页。
⑧　张思明：《理解数学——中学建模课程的实践案例与探索》，福州：福建教育出版社，2012 年，第 226 页。
⑨　中国黄金协会：《中国黄金发展史》，北京：中国大地出版社，2006 年，第 85 页。
⑩　蒋丰编著：《人类未解之谜·中国卷》，北京：北京出版社，2007 年，第 90 页。
⑪　莫桑：《惊魂的谜团》，北京：中国华侨出版社，2013 年，第 239 页。
⑫　莫桑：《惊魂的谜团》，第 239—240 页。

可以肯定,《九章算术》成书于西汉,而且确实经过了张苍的删补,与张家山汉简《算数书》相比较,有关黄金问题的算题,虽然也有,例如,第 028 号算题和第 046 号算题,但内容相对简单一些,这表明《九章算术》的算题比较真实地体现了数学与社会现实之间的密切联系。

此外,关于铜钱的流通问题,《九章算术》也有大量反映。例如,《九章算术》载有多种牲畜的价格,其中"马价五千四百五十四钱一十一分钱之六,牛价一千八百一十八钱一十一分钱之二"[1],又"牛价一千二百"[2]及"牛价三千七百五十"[3]等。另据居延汉简所见资料分析,汉代西北地区马的价格案例自 4000 至 9500 枚铜钱不等[4],牛价亦存在地区之间的不等价。因此,《九章算术》所见马、牛的价格应当是有现实依据的。羊的价格,故有时"价一百五十"[5],有时"价五百"[6],有时"价一百七十七"[7]等。这些铜钱都是西汉初年流通的半两钱,是汉代货币的主体,因而也是最普遍使用的货币。所以对于《九章算术》所出现的黄金货币,我们可以作如下解释:"黄金在汉朝,是一种称量货币,贵重与稀少决定了它自身不可能成为市场流通货币的主体,因而作为货币它是广义上的;从狭义上讲货币其实就是指铜钱。而且,黄金一般需要在市场上转换为铜钱,《九章算术》绢七《盈不足》载:'今有人共买金,人出四百,盈三千四百。'即以铜钱买金之例。所以,汉时黄金有独特性,即既为物品,又是一种广义上的复杂的货币,而且在铜钱难于履行其职能时,它越能凸现出货币职能的这一面。"[8]

3. 关于《九章算术》与汉代的手工业诸问题

西汉初立,百废待兴。因此,汉朝统治者在奖励农耕的同时,采取积极措施推动手工业的发展。尤其是"开关梁,驰山泽之禁"[9]政策的实行,私营手工业空前发展,行业部门十分广泛在学界,日本学者小仓金之助早在 20 世纪 30 年代就专门探讨了《九章算术》中的"社会性"问题,如"田地,农作""土木工程""谷物与食物之交换""工艺""物价""军送,租税""关税""关于官僚贵族的插话"等,而对《九章算术》中的手工业问题没有重点考述。由于汉代手工业比较发达,且宋治民先生《汉代手工业》一书,对汉代的冶铁、铜器铸造、漆器制造、陶器、纺织、造纸、煮盐、车船、玉石及编织等手工业进行比较详尽的考论。故本书仅就《九章算术》所见之制盐、铸铜、酿酒、制陶、纺织、冶铁、木材加工、漆器等领域,略作阐述。

(1)煮盐。《九章算术·均输》载:"今有取佣,负盐二斛,行一百里,与钱四十。今

---

① (三国·魏)刘徽:《九章算术》卷 8《方程》,郭书春、刘钝校点:《算经十书(一)》,第 90 页。

② (三国·魏)刘徽:《九章算术》卷 8《方程》,郭书春、刘钝校点:《算经十书(一)》,第 88 页。

③ (三国·魏)刘徽:《九章算术》卷 7《盈不足》,郭书春、刘钝校点:《算经十书(一)》,第 74 页。

④ 石俊志编著:《半两钱制度研究》,北京:中国金融出版社,2009 年,第 262 页。

⑤ (三国·魏)刘徽:《九章算术》卷 7《盈不足》,郭书春、刘钝校点:《算经十书(一)》,第 75 页。

⑥ (三国·魏)刘徽:《九章算术》卷 8《方程》,郭书春、刘钝校点:《算经十书(一)》,第 88 页。

⑦ (三国·魏)刘徽:《九章算术》卷 8《方程》,郭书春、刘钝校点:《算经十书(一)》,第 92 页。

⑧ 王刚:《从西汉黄金问题看抑商》,《安徽史学》2000 年第 3 期,第 22 页。

⑨ 《史记》卷 129《货殖列传》,第 3261 页。

负盐一斛七斗三升少半升，行八十里。问与钱几何？答曰：二十七钱十五分钱之一十一。术曰：置盐二斛升数，以一百里乘之为法。以四十钱乘今负盐升数，又以八十里乘之，为实。实如法得一钱。"[1]由于汉文帝"纵民得铸钱，冶铁、煮盐"，故"吴王擅鄣海泽，邓通专西山"[2]，汉代以盐致富者不乏其人，例如，成都的罗裒"擅盐井之利，期年所得自倍，遂殖其货"[3]，又，"齐俗贱奴虏，而刀间独爱贵之。桀黠奴，人之所患，唯刀间收取，使之逐鱼盐商贾之利，或连车骑，交守相，然愈益任之。终得其力，起数千万"[4]。虽然罗裒、刀间都是西汉著名的盐商，但通过他们的致富途径能够反映出当时煮盐业的兴盛。还有"异时盐铁未笼，布衣有胸邪，人君有吴王，皆盐铁初议也，吴王专山泽之饶。"[5]文中的"异时盐铁未笼"是指汉武帝实行盐铁官营专卖政策之前，表明西汉初年"布衣胸邪"等人，不仅是私营煮盐发迹的豪强大家，而且还"专山泽之饶"，政府不加限制。所以《九章算术》出现的大量"佣工"现象，即是这种历史背景的产物。前面的算题说"今有取佣，负盐二斛，行一百里，与钱四十"，这是非常繁重的体力劳动，非一般人所能胜任。按汉代"二斛盐"约合今 39.5 公斤[6]，根据四川省叙永县对 1949 年以前永岸盐业运销概况记载，古代川盐入黔依靠人背马驮，成年男人"每人负盐约 80 斤至 100 斤，个别有负百多斤者"[7]。由此及彼，汉代的运盐工，其劳苦情形亦就可想而知了。

（2）纺织。西汉的纺织业非常发达，但各部门发展不平衡，如在丝织、麻织、毛织 3 种技术中，尤其以丝织业发展最盛。众所周知，汉代官府纺织业只有丝织业，其"织室，在未央宫，又有东西织室，织作文绣郊庙之服，有令史"[8]。专门从事豪华丝织品的织造，有"丧工费日"[9]之说。与之相应，汉代的私营丝织业生产也较普遍，尤以齐、蜀和江浙一带为著。而《九章算术》所出现的丝织品品种主要有缣和素，这两个品种比较大众化，用途亦广，反映了这些算题具有民间性的特色。

《九章算术·粟米》载："今有出钱七百二十，买缣一匹二丈一尺。欲丈率之，问丈几何？答曰：一丈，一百一十八钱六十一分钱之二。"[10]

《九章算术·衰分》又载："今有缣一丈，价值一百二十八。今有缣一匹九尺五寸，问得钱几何？答曰：六百三十三钱五分钱之三。术曰：以一丈寸数为法，以价钱数乘今有缣寸数为实。实如法得钱数。"[11]这里的"缣"是一种粗而致密厚重的双经双纬黄色绢，织造

① （三国·魏）刘徽：《九章算术》卷 6《均输》，郭书春、刘钝校点：《算经十书（一）》，第 62 页
② （汉）桓宽：《盐铁论》卷上《错币》，《百子全书》第 1 册，第 398 页。
③ 《汉书》卷 91《货殖传》，3690 页。
④ 《史记》卷 129《货殖列传》，第 3279 页。
⑤ （汉）桓宽：《盐铁论》卷上《禁耕》，《百子全书》第 1 册，第 399 页。
⑥ 宋杰：《〈九章算术〉与汉代社会经济》，第 84 页。
⑦ 中国人民政治协商会议四川省叙永县委员会文史资料研究委员会：《叙永县文史资料选辑》第 8 辑《建国前永岸盐业运销概况专辑》，1987 年，第 77 页。
⑧ 陈直：《三辅黄图校证》，西安：陕西人民出版社，1980 年，第 60 页。
⑨ 《三国志·魏书》卷 29《方技传》，北京：中华书局，1959 年，第 807 页。
⑩ （三国·魏）刘徽：《九章算术》卷 2《粟米》，郭书春、刘钝校点：《算经十书（一）》，第 20 页。
⑪ （三国·魏）刘徽：《九章算术》卷 3《衰分》，郭书春、刘钝校点：《算经十书（一）》，第 28—29 页。

工序较一般的绢要复杂和费时，属上乘的汉代丝织品，因此，汉代乐府《上山采蘼芜》云："新人工织缣，故人工织素，织缣日一匹，织素五丈余。"①至于缣的价格，考古发现与《九章算术》所载基本符合，例如，敦煌出土的任城国亢父云："任城国亢父缣一匹，幅广二尺二寸，长四丈，重廿五两，值钱六百一十八。"②另，江苏扬州胥浦 101 号汉墓有一枚竹简载："取缣二匹直钱千一百于与。"③即一匹缣值 550 钱，还有一则史料说：西汉时期"临淮有一人，持一匹缣，到市卖之"，结果引起纷争，当时太守丞相薛宣判云："缣直数百钱。"④看来，每匹缣值 550 钱左右应是西汉缣价的正常价格。通过以上实例，我们不难发现齐、江浙地区确实是西汉织缣的重要区域。

《九章算术·衰分》又载："今有素一匹一丈，价直六百二十五。今有钱五百，问得素几何？答曰：得素一匹。术曰：以价直为法，以一匹一丈尺数乘今有钱数为实。实如法得素数。"⑤

素是什么样的丝织品，日本学者岛崎昭典认为是白坯绸⑥，但史念海先生考证说："过去驰名于秦汉时期的素，明清时期陕西地区还继续纺织，不过，已经不称素而称缣了。……秦汉时期的素以洁白见称，这时像临潼所产的缣却有黄白两种。缣与素这时虽已同名，然黄色的缣应该不如洁白的本色更为珍贵。"⑦可见，汉代的缣与素主要以颜色区分，黄色的帛称为缣，白色的帛则称之为素。两者的价值相差无几，表明其织造工艺相近。不过，从新疆出土的汉代缣实物看，汉代缣的颜色较为复杂，有大红、分红、豆绿、墨绿、湖蓝、翠蓝、绛紫等多种色彩。而缣素则主要用作纸，故《后汉书》记载说："自古书契多编以竹简，其用缣帛者谓之为纸。缣贵而简重，并不便于人。伦乃造意，用树肤、麻头及敝布、鱼网以为纸。"⑧

在汉代，常见有丝缣交换现象。如下面的算题云：

> 今有与人丝一十四斤，约得缣一十斤。今与人丝四十五斤八两，问得缣几何？答曰：三十二斤八两。术曰：以一十四斤两数为法，以一十斤乘今有丝两数为实。实如法得缣数。⑨

用现代数学式表示，则为

$(45 \times 16 + 8)$ 两 $\times (16 \times 10) \div (16 \times 14) = 520$ 两 $\div 16 = 32$ 斤 8 两。

这样，汉代丝与缣的兑换比率为 14：10。换言之，"由生丝 14 斤制成缣 10 斤，故产

① 马世一编著：《古诗行旅·先秦汉魏晋南北朝卷》，北京：语文出版社，2014 年，第 127 页。

② 陈直：《两汉经济史料论丛》，西安：陕西人民出版社，1980 年，第 63 页。

③ 李均明、何双全：《散见简牍合辑》，北京：文物出版社，1990 年，第 107 页。

④ （汉）应劭：《风俗通》，《全上古三秦汉三国六朝文》第 2 册《后汉》，第 373 页。

⑤ （三国·魏）刘徽：《九章算术》卷 3《衰分》，郭书春、刘钝校点：《算经十书（一）》，第 29 页。

⑥ ［日］岛崎昭典：《从"九章算术"看汉代的生丝及丝织物价格》，王克作译，《国外丝绸》1988 年第 5 期，第 53 页。

⑦ 史念海：《史念海全集》第 3 卷，北京：人民出版社，2013 年，第 741 页。

⑧ 《后汉书》卷 78《蔡伦传》，第 2513 页。

⑨ （三国·魏）刘徽：《九章算术》卷 3《衰分》，郭书春、刘钝校点：《算经十书（一）》，第 29 页。

率为 71.4%"①。从生丝到织成缣的过程看，有几个环节往往会出现耗损现象。对此，《九章算术》有明确记载："今有生丝三十斤，干之，耗三斤十二两。今有干丝一十二斤，问生丝几何？答曰：一十三斤一十一两十铢七分铢之二。"②由题中所给出的数据计算，汉代每斤生丝干耗 0.125 两。又"今有络丝一斤为练丝十二两，练丝一斤为青丝一斤一十二铢。今有青丝一斤，问本络丝几何？答曰：一斤四两一十六铢三十三分铢之一十六。"③对题中的内容，日本学者岛崎昭典分析说："根据宋朝和清朝的'耕织图'，络丝是指为了做成经丝及纬丝，从丝绞上把生丝退绞到箷子等，或指经退绕后的丝，即使在今天也是意指再缫（复摇）。从文意上看，也有可能经过并丝或加弱捻处理而成。'青'色似指绿、蓝、绀、黑等色，青丝则泛指单色染的丝。据此，练丝后有 25%的重量减耗。由于练丝主要是除去了丝胶，因此当时的练减率同现在大体相同约为 25%左右。此外在染色时，丝会增加。其重量约在 396/384 至 3%之间。"④若按照《九章算术》的织造过程计算，则由络丝到练丝的耗损率为 25%，而由练丝到制成缣的耗损率为（75%−71.4%）=3.6%，这个耗损率比较低，显示了西汉织工对生丝的使用非常细致。

此外，《九章算术·衰分》有一道算题云："今有布一匹，价直一百二十五。今有布二丈七尺，问得钱几何？答曰：八十四钱八分钱之三。"⑤一匹=4 丈，故一丈布=31.25 钱。又《九章算术·粟米》载："今有出钱二千三百七十，买布九匹二丈七尺。欲匹率之，问匹几何？答曰：一匹，二百四十四钱一百二十九分钱之一百二十四。"⑥显然，此题所说的布比上面的布价钱贵了将近 2 倍。所以对于《九章算术》各题中所说的贵贱不同之"布"即麻布，宋杰先生分析说：

> 汉代麻布质量的粗细，通常以经络多少来计算。80 缕为一升，也叫"一稯"。最粗的布是三升（稯）布，即在宽二尺二寸的经面上有 240 缕经线。据《礼记·间传》所言，布有三升、四升、五升、依次至"十五升"。据说最细的布可达 30 升。在汉代，三升至六升布只用于丧服。七升（稯）布是粗布，常为刑徒和奴婢服用，见《史记·孝景本纪》："令徒隶衣七稯布。" 10 升（稯）布是最普通的布，供一般人服用。汉简中八稯布每匹 200 余钱，九稯布每匹 300 余钱，相当或略高于《粟米章》中的布价。《衰分章》的布价每匹为 125 钱，价钱很低，或许是指八升以下的粗疏麻布。⑦

（3）陶器。我国陶器的烧造至少从仰韶文化时期就开始了。⑧随着陶器的普遍使用，用于建筑的材料砖与瓦相继被开发出来，因为土坯一经火烧，其硬度大大提高。考古证明

---

① ［日］岛崎昭典：《从"九章算术"看汉代的生丝及丝织物价格》，王克作译，《国外丝绸》1988 年第 5 期，第 53 页。

② （三国·魏）刘徽：《九章算术》卷 3《衰分》，郭书春、刘钝校点：《算经十书（一）》，第 29—30 页。

③ （三国·魏）刘徽：《九章算术》卷 6《均输》，郭书春、刘钝校点：《算经十书（一）》，第 63 页。

④ ［日］岛崎昭典：《从"九章算术"看汉代的生丝及丝织物价格》，王克作译，《国外丝绸》1988 年第 5 期，第 53 页。

⑤ （三国·魏）刘徽：《九章算术》卷 3《衰分》，郭书春、刘钝校点：《算经十书（一）》，第 29 页。

⑥ （三国·魏）刘徽：《九章算术》卷 2《粟米》，郭书春、刘钝校点：《算经十书（一）》，第 20 页。

⑦ 宋杰：《〈九章算术〉与汉代社会经济》，第 82 页。

⑧ 中国考古学会：《中国考古学年鉴（2011）》，北京：文物出版社，2012 年，第 450 页。

远在距今约 5500 年的凌家滩文化遗址时期，人们就已经能烧纸"红陶块"，它被认为是"砖的雏形"①。如众所知，周原遗址出土了先周时期的空心砖、板砖和条砖。②根据考古资料，陕西周原凤雏遗址出土的半圆形瓦当是中国目前已知的最早瓦当实物。③但瓦当文化的鼎盛期却是在秦汉，秦朝的瓦当以云纹图案为主，汉代的瓦当则除了云纹瓦当外，多见文字瓦当。陈直先生在《秦汉瓦当概述》一文中对汉代瓦当的特点做了准确而细致的描述，可以参考，此不赘言④。《史记·孝文本纪》载，孝文帝提倡节俭，故"治霸陵皆以瓦器，不得以金银铜锡为饰，不治坟，欲为省，毋烦民"⑤。这对当时的汉瓦生产起了极大的推动作用，与此同时，它在一定程度上减少了皇室对金银的奢侈消费，这对汉代黄金的储备无疑具有重要意义。《九章算术·均输》章云："今有一人一日为牝瓦三十八枚，一人一日为牡瓦七十六枚。今令一人一日作瓦，牝、牡相半。问成瓦几何？答曰：二十五枚少半枚。术曰：并牝、牡为法，牝、牡相乘为实，实如法得一枚。"⑥此题中的"瓦"系指屋瓦，《汉书·郦食其传》载，郦食其曾向刘邦献灭秦之策，建议刘邦以陈留为立足之地，理由是"足下起瓦合之卒，收散乱之兵，不满万人，欲以径入强秦，此所谓探虎口者也"⑦。文中所言"瓦合"即上面《九章算术》所说牝瓦与牡瓦的"扣合"。经考证，"牝瓦稍小，仰置于两木椽之间，小头向下，大头向上，由下置上，直抵屋顶，形成瓦沟，所以又名仰瓦和沟瓦。牡瓦稍大，俯盖于两瓦沟之间，大头向下，小头向上，由下盖上，直抵屋顶，形成瓦脊，所以又名覆瓦和盖瓦"⑧。仰瓦、覆瓦（亦即筒瓦）相互叠合，形成密实的屋面。这种结构的房屋建筑对中国古代民居影响极大，直到今天我们在许多农村还可看到这种牝、牡瓦扣合式屋顶。

《九章算术·粟米》又云："今有出钱一百六十，买瓴甓十八枚。问枚几何？答曰：一枚，八钱九分钱之八。"⑨刘徽注："瓴甓，砖也。"⑩吴荣曾先生说："西汉时和战国一样，人们称砖为瓴甓，如司马相如《长门赋》，里面有'致错石之瓴甓兮'之句。"⑪西汉的砖有空心砖和小型实心砖两种类型，其中空心砖分长方形砖、柱形砖、三角形砖等多种形式，尺寸硕大，其基本长度约为150厘米、宽30厘米、厚14厘米左右，"这些大型的空心砖大部分做有榫卯，以便于紧密结合，地面砖做有企口缝"⑫，主要用于砌造墓室。与之不同，西汉前期发明的小型实心砖呈正方形或长方形，尺寸从20多厘米到30多厘米

① 中国文化遗产研究院：《文物保护科技专辑Ⅱ——岩土文物·岩画·彩画》，北京：文物出版社，2013 年，第 14 页。

② 王亦儒编著：《秦砖汉瓦》，合肥：黄山书社，2013 年，第 3 页。

③ 王亦儒编著：《秦砖汉瓦》，第 4 页。

④ 陈直：《秦汉瓦当概述》，《文物》1963 年第 11 期，第 19—37 页。

⑤ 《史记》卷 10《孝文本纪》，第 433 页。

⑥ （三国·魏）刘徽：《九章算术》卷 6《均输》，郭书春、刘钝校点：《算经十书（一）》，第 69 页。

⑦ 《汉书》卷 43《郦食其传》，第 2106—2107 页。

⑧ 流沙河：《晚窗偷读》，青岛：青岛出版社，2009 年，第 200 页。

⑨ （三国·魏）刘徽：《九章算术》卷 2《粟米》，郭书春、刘钝校点：《算经十书（一）》，第 19 页。

⑩ （三国·魏）刘徽：《九章算术》卷 2《粟米》，郭书春、刘钝校点：《算经十书（一）》，第 19 页。

⑪ 吴荣曾：《说瓴甓与墼》，北京大学中国传统文化研究中心：《北京大学百年国学文粹·考古卷》，北京：北京大学出版社，1998 年，第 214 页。

⑫ 刘书芳：《从西汉到元代的砖筑墓看中国砖作技术的发展》，《内江科技》2007 年第 8 期，第 62 页。

不等，正方形砖仅用于铺地，长方形砖则大量用于各种建筑物，如住房、粮仓、水井等。[①] 在此，"瓴甓"应当是指小型实心砖，所以《三国志·杜夔传》引傅玄序云："（马钧）尝试以车轮县瓴甓数十，飞之数百步矣。"[②] 此"瓴甓"与《九章算术》所说的"瓴甓"一样，都是指小型实心砖，而小型实心砖的出现对中国古代拱券式砖结构建筑的影响十分深远。

（4）铜铁器制造。汉代的铁器制造和使用量很大，几乎遍及社会生活的各个方面，主要包括各种农具、工具、兵器和生活用具。据《史记·货殖列传》和《汉书·货殖传》记载，西汉初期的制铁手工业主要被各诸侯王及富商所控制，直到汉武帝实行专卖制度后，制铁业才为国家所垄断。

前面讲过，汉代的铜钱虽然居多，但汉文帝时有的地区却已开始铸造铁钱，即半两钱，如在湖南、湖北等省的考古发掘中，不断有铁半两钱出土。[③] 此外，西汉铁农具在全国各地均有出土，这是保证西汉农业生产率高于战国的物质基础。甚至有考古资料证实，汉代已经开始用煤来冶铁。[④]

汉代铜器制造除兵器之外，量器及生活日用器皿也都在不断增多，铜器的制作和使用更为普遍。《九章算术·均输》载："今有一人一日矫矢五十，一人一日羽矢三十，一人一日筈矢十五。今令一人一日自矫、羽、筈，问成矢几何？答曰：八矢少半矢。术曰：矫矢五十，用徒一人；羽矢五十，用徒一人太半人。筈矢五十，用徒三人少半人。并之，得六人，以为法。以五十矢为实。实如法得一矢。"[⑤] 这道算题虽然讲的是制箭生产定额，但是它从制箭技术的难易程度，把箭分为三类：矫、羽、筈，三者之中以"筈"最为精良。居延甲渠侯官西汉遗址出土一支完整的汉箭，"全长六十七厘米，装三棱铜镞，竹竿，有三条尾羽，镞和羽均缠丝涂漆以与杆相固着"[⑥]。至于制箭技术的细节，张家山汉简《算数书》载：羽矢，程："一人一日为矢卅、羽矢廿。今欲令一人为矢且羽之，一日为几何？曰：为十二。"[⑦] 所谓"羽矢"是指在矢尾加上羽毛，这是一道专门的工序，其制作难度与技术要求都要比一般的矫矢更高一些。筈则是指箭发射前搭在弓弦上的部分，用铜制成。

此外，《九章算术》所出现的"斛""斗""升"等量器，亦多为铜制。如天津市博物馆藏有一件汉武帝时期或者稍后制造的铜制犁斛，器形呈椭圆状，口内径18.5厘米×9厘米，高6.5厘米，自铭"容三升少半升重二斤十五两"，用小米测得其容量为645毫升，约合今194毫升。另外，天津博物馆藏汉元帝时期的上林共府铜升（图2-53），圆形，平底，长柄，口径8.9厘米，底径7.1厘米，高4.5厘米，重322克。自铭"容一升"，今实测容水204毫升，也说实测容水208毫升。

---

① 王仲殊：《汉代考古学概说》，北京：中华书局，1984年，第80页。
② 《三国志·魏书》卷29《杜夔传》，第807页。
③ 傅举有：《中国历史暨文物考古研究》，长沙：岳麓书社，1999年，第176页。
④ 余明侠：《徐州煤矿史》，南京：江苏古籍出版社，1991年，第2页。
⑤ （三国·魏）刘徽：《九章算术》卷6《均输》，郭书春、刘钝校点：《算经十书（一）》，第70页。
⑥ 王凯旋：《秦汉社会生活四十讲》，北京：九州出版社，2008年，第270页。
⑦ 张家山汉墓竹简整理小组：《张家山汉墓竹简〔二四七号墓〕：释文修订本》，第149页。

图 2-53　上林共府铜升①

（5）木材加工。汉代的木作比较发达，安徽省天长市三角圩西汉墓出土了整套木工工具，主要有斧、刨刀、铲、凿、钻、锯、锉、磨石、木束腰六边形器等。②其中断木用的铁锯，体薄、齿小，当为细锯，据推测是专门用于开榫拉肩等细木作。③与之相对，截断大木材的框锯或许已出现。因为陕西武丁家机站出土的一件长 58 厘米的汉代铁据，锯条两端有穿孔，发掘者认为它带有锯架。④此外，《九章算术·勾股》有一道算题也可间接证明框锯的存在。其算题云："今有圆材径二尺五寸，欲为方版，令厚七寸。问广几何？答曰：二尺四寸。"⑤截断直径 2.5 尺的原木材，可能是用弓形大锯。我们知道，在金属大锯没有出现之前，先民"纵裂加工大型木材一直是靠楔具的，即使有了'胡铁大锯'之后，广大民间仍然沿用模具开裁木板和木枋。《战国策》记载苏秦说赵王，即以劈木材的铁钻（楔）比喻离间之人，可知当时用楔具加工板、枋的做法仍然很普遍"⑥。考《流沙坠简》有"前胡铁小锯廿八枚"⑦的记载，又，《汉晋西陲木简汇编》载："入胡铁大锯一枚。"⑧有学者推断，这种"胡铁大锯"是解割大木料的大铁锯。⑨但大锯的样式，待考。

《九章算术》又有一道算题云："今有圆材埋在壁中，不知大小。以锯锯之，深一寸，锯道长一尺。问径几何？答曰：材径二尺六寸。"⑩如图 2-54 所示：

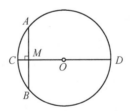

图 2-54　"圆材埋在壁中"题解示意图⑪

①　罗宏才：《从中亚到长安》，上海：上海大学出版社，2011 年，第 432 页。

②　周崇云：《天长三角圩汉代木工工具刍议》，安徽省文物考古研究所：《文物研究》第 11 辑，合肥：黄山书社，1998 年，第 50 页。

③　周崇云：《天长三角圩汉代木工工具刍议》，安徽省文物考古研究所：《文物研究》第 11 辑，第 52 页。

④　周崇云：《天长三角圩汉代木工工具刍议》，安徽省文物考古研究所：《文物研究》第 11 辑，第 52 页。

⑤　（三国·魏）刘徽：《九章算术》卷 9《勾股》，郭书春、刘钝校点：《算经十书（一）》，第 95 页。

⑥　杨鸿勋：《杨鸿勋建筑考古学论文集》增订版，北京：清华大学出版社，2008 年，第 593 页。

⑦　罗振玉、王国维：《流沙坠简·器物类》，1914 年，第 62 简。

⑧　张凤：《汉晋西陲木简汇编》二编，上海：有正书局，1931 年，第 50 页。

⑨　赵继柱：《简谈中国古代建筑施工工具》，《建筑史专辑》编辑委员会：《科技史文集》第 11 辑，上海：上海科学技术出版社，1984 年，第 160 页。

⑩　（三国·魏）刘徽：《九章算术》卷 9《勾股》，郭书春、刘钝校点：《算经十书（一）》，第 97 页。

⑪　数理化自然丛书编委会数学编写小组：《平面几何》第 2 册，上海：上海科学技术出版社，1964 年，第 149 页。

有学者认为："秦汉以前基本上用刀锯；汉代以后，锯条明显呈加长趋势，出现了弓形锯；而由弓形锯发展到框锯的时代，约在南北朝前后。"[1]

（6）酿酒。西汉初期，由于粮食生产尚在恢复之中，因而对饮酒有所限制，如《史记·孝文本纪》"集解"引文颖的话说："汉律三人已上无故群饮，罚金四两。"[2]但总体来看，汉代统治者提倡饮酒，认为"酒，百乐之长，嘉会之好"[3]，"百礼之会，非酒不行"[4]。因此对酒的需求量很大，当时家庭饮酒已经成为一种生活常态。如《史记·儒林列传》载："汉兴，然后诸儒始得修其经艺，讲习大射乡饮之礼。"[5]《汉纪》作"行乡饮酒礼"[6]，而"乡饮酒礼"则是中国酒文化的精髓。

据《九章算术》所载，西汉的酒一般可分为醇酒与行酒两种类型。其"盈不足"章有算题云："今有醇酒一斗，直钱五十；行酒一斗，直钱一十。今将钱三十，得酒二斗。问醇、行酒各得几何？答曰：醇酒二升半，行酒一斗七升半。"[7]对文中的"醇酒"，学界的理解略有差异。《史记·曹相国世家》载："（曹参）日夜饮醇酒。卿大夫已下吏及宾客见参不事事，来者皆欲有言。至者，参辄饮以醇酒，间之，欲有所言，复饮之，醉而后去，终莫得开说，以为常。"[8]一种解释认为："朝廷上酿的酒叫九酝，又叫醇酎，是皇帝跟大臣们共饮的酒。"[9]而"酎酒"则是重酿的醇酒，通常需要发酵三次，一般发酵一次，需几个月甚至一年，发酵三次则需两三年。故《礼记·月令》云：孟夏之月，"天子饮酎"[10]。可见，酎是最好的粮食酒，是专供皇亲国戚饮用的美酒。比酎酒次一等的酒是"醇酒"，仅发酵一次。即使如此，酒的品质和风味也足够厚重了，所以"酎酒工艺失传了，但厚酒工艺传到今，只要按传统工艺，用纯粮酿造，现在每个酒厂都能酿出古代的厚酒"[11]。从价钱上看，汉代的"行酒"应当是百姓饮用的浊酒，广宁汉墓曾出土一件陶制酒樽，直身圆筒状，樽底有3个短足，樽口直径22厘米，高26厘米。[12]据考，当时人们喝的酒是醪酒（即浊酒），这种酒是汁液与渣滓混合在一起的酒，每家可自行酿制。《汉书·文帝纪》云："为酒醪以靡谷者多。"[13]说明醪酒比较靡废粮食，所以这条诏令内含禁止酤酒的律条。汉代，人们饮酒时，"把盛酒的樽，放在席地而坐的进食者面前，用杓从樽里舀酒倒

① 李合群主编：《中国传统建筑构造》，北京：北京大学出版社，2010年，第227页。
② 《史记》卷10《孝文本纪》，第417页。
③ 《汉书》卷24下《食货志》，第1183页。
④ 《汉书》卷24下《食货志》，第1182页。
⑤ 《史记》卷121《儒林列传》，第3117页。
⑥ 陈成国：《秦汉礼制研究》，长沙：湖南教育出版社，1993年，第268页。
⑦ （三国·魏）刘徽：《九章算术》卷7《盈不足》，郭书春、刘钝校点：《算经十书（一）》，第77页。
⑧ 《史记》卷54《曹相国世家》，第2029页。
⑨ 桑楚：《中华典故》，北京：北京联合出版公司，2013年，第121—122页。
⑩ 黄侃：《黄侃手批白文十三经·礼记》，第56页。
⑪ 康平：《酎酒·厚酒·薄酒·苦酒》，《大河健康报》2014年8月19日，第1版。
⑫ 陈邵华：《醇酒佳酿何时有》，广宁县政协《广宁文史》编辑组：《广宁文史》第5辑，内部资料，1987年，第45页。
⑬ 《汉书》卷4《文帝纪》，第128页。

入杯中，这种用杓取酒入杯的动作，便叫作'斟酒'"①。

其他如汉代的漆业、粮食加工业、玉石加工业等状况，《九章算术》也都有反映，可惜，限于篇幅，本书不再一一陈述了。

（二）《九章算术》的历史地位

中国古代数学独树一帜的历史地位是由《九章算术》奠定的，如前所述，先秦数学有两条进路：抽象性和实用性。西方古希腊欧几里得的《几何原本》，将欧洲数学发展路径导入了一般化和公理化的轨道，而中国秦汉数学在张苍等先贤的努力下，没有循着墨子开辟的抽象路径继续走下去，而是将数学的发展与社会经济现实联系起来，突出了数学发展的实用性特色，从而真正实现了社会经济现实与数学的结合，这样，人们就将数学方法变成解决社会经济发展所遇到的各种实际问题的一种有效手段。在这种定势之下，《九章算术》"不仅记载着整数、分数以及正、负数的各种运算法则，而且对于开方不尽的数即一些无理数给予适当的描述。事实上，《九章》时代，已具备了整个实数系统的雏形"②。而在欧洲，一直到19世纪实数系统才开始建立。

于是，《九章算术》在损益术、开方术、方程术、正负术等算法方面，远远走在了世界的前列。如"损益术"被西方学界称为"契丹法"，"契丹"是阿拉伯国家对中国的称谓，所以苏联科学院院士尤什凯维契十分不解地说："但是到底经过怎样的途径从中国传到阿拉伯，至今是一个谜。"③

《九章算术》成书之后，后世数学家的著述基本上采取两种方式：或为之作注，或仿其体例著书。其中最著名的注释家有曹魏时期的刘徽及宋代的贾宪、杨辉，"刘徽全面证明了《九章算术》的公式、解法，建立了《九章算术》从而也是中国古代数学的理论体系。他在证明中所使用的极限思想之深刻，超过了古希腊数学中的同类思想。贾宪创造增乘开方法，进一步提高《九章算术》的抽象化程度，在算法理论上贡献尤为突出，推动了宋元数学高潮的到来"④。而"12世纪刘益撰《议古根源》，首先引入了负系数方程，突破了前此方程式系数必须为负的限制（常数项相当于在等号的右端）。不过，所涉及的问题局限于由田积引出开方即求方程的正根的问题。直到1247年，南宋秦九韶《数书九章》问世，才在数学方法及问题设问的深度和广度这两个方面全面超过了《九章算术》。"⑤

《九章算术》是一门典型的经济应用数学，以计算为特点，"所有的数学方法都是公式或解法，并必须有应用的题目，所有的题目都必须算出具体的数值"⑥，深刻影响了魏晋以后的数学发展。例如，《数书九章》仍沿袭《九章算术》的数学传统，它也从当时的实

① 陈邵华：《醇酒佳酿何时有》，广宁县政协《广宁文史》编辑组：《广宁文史》第5辑，内部资料，1987年，第46页。
② 唐赞功等：《中华文明史》第3卷《秦汉》，石家庄：河北教育出版社，1992年，第333页。
③ 转引自沈康身：《〈九章算术〉导读》，武汉：湖北教育出版社，1997年，第496页。
④ 王星光主编：《中原文化大典·科学技术典·数学 物理学 化学》，郑州：中州古籍出版社，2008年，第61页。
⑤ 郭书春：《古代世界数学泰斗刘徽》，济南：山东科学技术出版社，1992年，第108页。
⑥ 郭书春：《古代世界数学泰斗刘徽》，第110页。

际生产和社会生活实践中提出数学问题，并将 81 个经济应用算题按照性质分成 9 类，先给出若干例题，然后再列出解决这类算题的一般方法。这种数学思维适应了封建帝王统一政治的客观需要，所以唐代将《九章算术》列为十大算经之一，此后始终是历朝算学教育的教材，甚至日本和朝鲜也曾将它作为教科书。此外，《九章算术》里的有些题目还出现在印度人所撰写的数学著作中。越南的数学家在研读《九章算术》的基础上，写出不少冠以"九章"之名的数学专著。①特别是《九章算术》的某些内容如比例算法、盈不足术等经过阿拉伯国家，辗转传入欧洲，遂成为欧洲近代数学发展的一个重要组成部分。

当然，《九章算术》也有缺陷，例如，它采取的圆周率较粗疏，故其算出的数值存在较大误差。还有，在《九章算术》影响下，我国古代数学教育崇尚功利，不太注重逻辑体系，没有充分注意其逻辑性和高度的抽象性，所以其认识仍停留在经验感悟的层面上。因此，如何将西方数学的"形式训练"与中国传统数学的"实用功利"有机结合起来，应是现代数学教育实现跨越发展的一条重要思想基线。

第三节　董仲舒的"天人感应"思想

董仲舒，广川（今河北枣强县）人，西汉今文经学大师。少治《春秋》，孝景时为博士，"进退容止，非礼不行，学士皆师尊之"②。汉武帝时，召试天下贤良文学之士，董仲舒以"天人三策"相对，因而名垂史册。班固《汉书》本传全文载录了董仲舒的对策，其中心思想主张"天人感应"，他说："天之所大奉使之王者，必有非人力所能致而自至者，此受命之符也"③；"天使阳出布施于上而主岁功，使阴入伏于下而时出佐阳；阳不得阴之助，亦不能独成岁。终阳以成岁为名，此天意也。王者承天意以从事，故任德教而不任刑"④；"兴太学，置明师，以养天下之士，数考问以尽其材，则英俊宜可得矣"⑤；"天人之征，古今之道也"⑥；"人受命于天，固超然异于群生，入有父子兄弟之亲，出有君臣上下之谊，会聚相遇，则有耆老长幼之施"⑦；"邪辟之说灭息，然后统纪可一而法度可明，民知所从矣"⑧。以上所论都是儒家的治国理念，汉武帝采纳了董仲舒的建议，将儒学立为官方哲学，于是，儒学便成为中国封建社会一统政治的理论基础，影响极其深远。《汉书》本传称："自武帝初立，魏其、武安侯为相而隆儒矣。及仲舒对册，推明孔氏，抑

---

① 杜石然、孔国平主编：《世界数学史》，长春：吉林教育出版社，2009 年，第 108 页。
② 《汉书》卷 56《董仲舒传》，第 2495 页。
③ 《汉书》卷 56《董仲舒传》，第 2500 页。
④ 《汉书》卷 56《董仲舒传》，第 2502 页。
⑤ 《汉书》卷 56《董仲舒传》，第 2512 页。
⑥ 《汉书》卷 56《董仲舒传》，第 2515 页。
⑦ 《汉书》卷 56《董仲舒传》，第 2516 页。
⑧ 《汉书》卷 56《董仲舒传》，第 2523 页。

黜百家。立学校之官，州郡举茂材孝廉，皆自仲舒发之。"[①]又董仲舒所著"皆明经术之意，及上疏条教，凡百二十三篇。而说《春秋》事得失，《闻举》、《玉杯》、《蕃露》、《清明》、《竹木》之属，复数十篇，十余万言，皆传于后世"[②]。后来，人们辑录其遗文而成《春秋繁露》一书。

一、《春秋繁露》中的科技思想探讨

《春秋繁露》现传本17卷，计有82篇，与《汉书》本传所说"一百二十三篇"，相差40余篇，故学界对《春秋繁露》的真伪，曾有争论。对此，徐复观先生已有精当的考辨[③]，可资参考。由于《春秋繁露》的思想非常丰富，且前人的研究工作又臻于极致，我们既难以有较大突破，又不能面面俱到。因此，我们仅就其科技思想部分简略考述如下：

（一）阴阳五行与董仲舒的"天人一"思想

1. 阴阳观念与董仲舒的"天人一"思想

《春秋繁露》辑录了董仲舒论述阴阳思想的10余篇主体杂文，主要有"阳尊阴卑""阴阳位""阴阳终始""阴阳义""阴阳出入上下""天地阴阳""天辨在人""天道无二"、"暖燠孰多""基义""同类相动"等。董仲舒说："天地之常，一阴一阳。阳者，天之德也；阴者，天之刑也。"[④]关于阴阳观念的起源问题，李约瑟在《中国古代科学思想史》第6章"中国科学之基本观念"第5节里有详论[⑤]，不过，有一种观念说："阴阳的起源应很早，起源于人类对太阳最直接的感受。"[⑥]持此说的学者不在少数，如萧汉明先生[⑦]、王平辉先生[⑧]、张承烈先生[⑨]等。还有学者主张："阴阳是由人类本身男女的性经验的正负投影而来的，据考证，它在哲学上是作为基本的范畴使用，始于公元前3世纪的《易经》之中。"[⑩]又考古学家认为："山东泰安大汶口遗址出土的骨质梳子上面的图案证明当时已有了阴阳观念。此外，河姆渡遗址还出土了当时建筑物的木榫结构的实物，说明当时已有明确的阴阳观念。关于阴阳互补为用、相辅相成的意识和观念，在当时人们心中早已酝酿成熟，且可以驾轻就熟地将其原理运用于各种物质文化的创造过程之中。"[⑪]甚至有学者主张："太极产生于8000多年前，是最早的阴阳起源，它不仅是易学本始，也是道学之魂，更是五行之源。说太极是阴阳图谱，八卦是阴阳符号，道学是阴阳经脉，而五行就是阴阳

---

① 《汉书》卷56《董仲舒传》，第2525页。
② 《汉书》卷56《董仲舒传》，第2525—2526页。
③ 徐复观：《两汉思想史》第2册，北京：九州出版社，2014年，第286—290页。
④ （汉）董仲舒：《春秋繁露》卷12《阴阳义》，上海：上海古籍出版社，1989年，第71页。
⑤ [英]李约瑟：《中国古代科学思想史》，陈立夫等译，第343—349页。
⑥ 刘爱敏：《〈淮南子〉道论研究》，济南：山东人民出版社，2013年，第65页。
⑦ 萧汉明：《阴阳——大化与人生》，广州：广东人民出版社，1998年，第1页。
⑧ 王平辉编著：《北大公开课》，北京：中国民族摄影艺术出版社，2012年，第184页。
⑨ 张承烈主编：《钱塘医派》，上海：上海科学技术出版社，2006年，第190页。
⑩ 林可济：《哲学：智慧与境界》，北京：社会科学文献出版社，2013年，第175页。
⑪ 吴中杰主编：《中国古代审美文化论》第1卷《史论卷》，上海：上海古籍出版社，2003年，第37页。

载体。"①凡此种种，不胜枚举。虽然阴阳观念的起源目前尚难以定论，但有一点可以肯定，那就是阴阳观念经历了一个比较漫长的发展和演变过程。而战国时期阴阳学派的形成，则是这种观念长期发展和演变的必然结果。《史记·孟子荀卿列传》载："邹衍睹有国者益淫侈，不能尚德，若《大雅》整之于身，施及黎庶矣。乃深观阴阳消息而作怪迂之变，《终始》《大圣》之篇十余万言。其语闳大不经，必先验小物，推而大之，至于无垠。先序今以上至黄帝，学者所共术，大并世盛衰，因载其禨祥度制，推而远之，至天地未生，窈冥不可考而原也。先列中国名山大川，通谷禽兽，水土所殖，物类所珍，因而推之，及海外人之所不能睹。称引天地剖判以来，五德转移，治各有宜，而符应若兹。"②可惜，邹衍的著作今已散佚，我们仅能从《史记》《吕氏春秋》等典籍中窥知一二。在这里，董仲舒《春秋繁露》之"阴阳终始"在内容上是否与邹衍的"终始"相近，尚待考证，但就其主体思想而言，董仲舒的阴阳学说与邹衍的阴阳学说之间确实有直接关系，例如，邹衍将阴阳思想与先秦的伦理道德结合起来，即成为董仲舒视"阳"为"德"，视"阴"为"刑"思想的发端。阴阳是一种传统思维模式，而把这种思维模式政治伦理化为统治阶级的意识形态，应当是董仲舒阴阳思想的重要特点。

第一，地球围绕太阳运动生成四季，而四季的循环则构成阴阳的终始。董仲舒说："天之道，终而复始，故北方者，天之所终始也。阴阳之所合别也。"③可见，董仲舒的"天人一"伦理学说是以他的自然观为前提的，我们知道，现代科学认识自然的目的是为了揭示客观世界的状态、结构、性质和客观规律，进而利用自然和改造自然，同时寻求人类以及人类与周围环境之间和谐生存的方式。但是这种认识是在人与自然相互作用的历史过程中逐渐形成的，在汉代，人们还不可能有"征服自然"的思想意识。所以董仲舒的自然哲学原理的基础就在于"阴阳之所合别"，他解释说："春秋之中，阴阳之气俱相并也。"④这里讲的是"阴阳合"，又"春夏阳多而阴少，秋冬阳少而阴多，多少无常，未尝不分而相散也"⑤。这里讲的是"阴阳分"。阴阳的"分"与"合"，不是机械的分割与并接，而是相互渗透和相互包涵，用董仲舒的话说就是"以出入相损益，以多少相溉济"⑥。这条原理表明："春夏阳盛而不能无阴，秋冬阴盛而不能无阳，只有阴阳互济，此消彼长，方能成就天道的四时循环。"⑦所以董仲舒说："凡物必有合，合必有上，必有下，必有左，必有右……物莫无合，而合各有阴阳，阳兼于阴，阴兼于阳。"⑧此处的"兼"即相互包涵之义。

董仲舒在解释四季轮转的道理时，特别强调其"伦""经""权"的价值趋向。他说：

① 王经石：《太极图谱解析》，郑州：中州古籍出版社，2012年，第226页。
② 《史记》卷74《孟子荀卿列传》，第2344页。
③ （汉）董仲舒：《春秋繁露》卷12《阴阳终始》，第70页。
④ （汉）董仲舒：《春秋繁露》卷12《阴阳终始》，第70页。
⑤ （汉）董仲舒：《春秋繁露》卷12《阴阳终始》，第70页。
⑥ （汉）董仲舒：《春秋繁露》卷12《阴阳终始》，第70页。
⑦ 李存山、邝柏林、郑家栋：《中华文化通典·学术典》第53册《哲学志》，上海：上海人民出版社，2010年，第88页。
⑧ （汉）董仲舒：《春秋繁露》卷12《基义》，第73页。

"天之所起其气积，天之所废其气随。故至春少阳，东出就木，与之俱生。至夏太阳，南出就火，与之俱暖。此非各就其类而与之相起与？少阳就木，太阳就火，火木相称，各就其正。此非正其伦与？至于秋时，少阴兴而不得以秋从金，从金而伤火功，虽不得以从金，亦以秋出于东方，俯其处而适其事，以成岁功。此非权与？阴之行，固常居虚而不得居实。至于冬而止空虚，太阳乃得北就其类，而与水起寒。是故天之道，有伦、有经、有权。"[1]天是指自然界总的运动法则，"有伦"就是指秩序；"有经"是指规律和原则，是"常"，也就是指事物发展变化的必然性；"有权"则是指灵活和权变，是指事物发展变化的偶然性。由此可见，天的这种存在形式和发展状态，成为董仲舒分析人类社会运动变化内在机制的理论基点，

第二，阴阳与寒热的对应关系。寒热在一年四季的变化过程中，总是随着阴阳位置的移动而发生性质的变化。董仲舒说："阳气始出东北而南行，就其位也。西转而北入，藏其休也。阴气始出东南而北行，亦就其位也；西转而南入，屏其伏也。是故阳以南方为位，以北方为休；阴以北方为位，以南方为伏。阳至其位而大暑热。阴至其位而大寒冻。阳至其休而入化于地，阴至其伏而避德于下。是故夏出长于上、冬入化于下者，阳也；夏入守虚地于下，冬出守虚位于上者，阴也。阳出实入实，阴出空入空，天之任阳不任阴，好德不好刑，如是也。故阴阳终岁各一出。"[2]见图 2-55 所示：

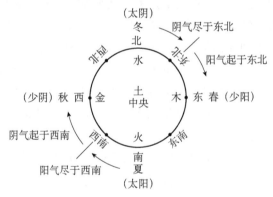

图 2-55　阴阳气运转示意图[3]

地球围绕太阳旋转一周，是为一岁。在此期间，阴阳之气经过寒热虚实的变化，从春到冬，万物由萌生再到种实成熟，年复一年，充满生机和活力。所以帛书《衷》篇云："（岁之义）始于东北，成于西南，君子见始弗逆，顺而保毅。《易》曰：'东北丧崩（朋），西南得崩（朋），吉。'"[4]文中的"始"与"成"反映的正是万物由萌芽到成熟的一个生长周期，当然也是对初六爻辞"履霜坚冰至"和"东北丧崩，西南得崩"义的解

① （汉）董仲舒：《春秋繁露》卷 12《阴阳终始》，第 70—71 页。
② （汉）董仲舒：《春秋繁露》卷 11《阴阳位》，第 70 页。
③ 汪裕雄：《意象探源》，北京：人民出版社，2013 年，第 203 页。
④ 湖南省博物馆：《马王堆汉墓帛书》，长沙：岳麓书社，2013 年，第 66 页。

释。①董仲舒说：

> 迹阴阳终岁之行，以观天之所亲而任。成天之功，犹谓之空，空者之实也。故清溧之于岁也，若酸碱之于味也，仅有而已矣。圣人之治，亦从而然。天之少阴用于功，太阴用于空。人之少阴用于严，而太阴用于丧。丧亦空，空亦丧也。是故天之道以三时成生，以一时丧死。死之者，谓百物枯落也；丧之者，谓阴气悲哀也。②

结合图 2-55 的"阴阳气运转示意图"及帛书《衷》篇的释文，我们不难看到董仲舒对八卦卦气说的巧妙应用。俞琰《周易集说》云："艮居东北丑寅之间，于时为冬春之交，一岁之气于此乎终又将于此乎始。始而终，终而始，终始循环而生生不息，此万物所以成终成始于艮也。艮，止也，不言止而言成，盖止则生意绝矣，成终而复成始，则生意周流，故曰成言乎艮。"③阴阳与空实的关系一样，既有主辅之分，又相辅相成。没有阴则无以成就"阳"之德，同理，没有空，也无以成"实"，更不会有"成天之功"。因此，对于"成天之功"，董仲舒还有一段精妙之论，他说：

> 天之道，出阳为暖以生之，出阴为清以成之。是故非薰也不能有育，非溧也不能有熟，岁之精也。知心而不省薰与溧孰多者，用之必与天戾。与天戾，虽劳不成。是自正月至于十月，而天之功毕。计其间，阴与阳各居几何，薰与溧其日孰多。距物之初生，至其毕成，露与霜其下孰倍。故从中春至于秋，气温柔和调。及季秋九月，阴乃始多于阳，天于是时出溧下霜。出溧下霜，而天降物固已皆成矣。故九月者，天之功大究于是月也，十月而悉毕。故案其迹，数其实，清溧之日少少耳。功已毕成之后，阴乃大出。天之成功也，少阴与而太阴不与，少阴在内而太阴在外。故霜加物，而雪加于空，空者地而已，不逮物也。④

在一岁之中，万物的生长亦即"薰"所占时间多于"溧"所占的时间，这是"成天之功"基本条件。实际上，这也是"出阳为暖以生之，出阴为清以成之"的意思。在这里，董仲舒的"成天之功"理论是以北温带的自然地理特点为根据的，而在北极地区，植物的生长特点与温带不同，甚至其生长特点与温带地区植物的生长特点正好相反，是"溧"所占时间多于"薰"所占的时间，也就是说寒冷的时间多于温暖的时间，所以这里的植物生长七很短，来不及按部就班地完成发芽、开花、结果、成熟这样一个复杂的周期，像蒲公英的花蕊，不经过授精即可发育成为种子。⑤可见，董仲舒的思想学说应当进行多角度的分析，除了运用生产力与生产关系这个基本规律来进行历史分析之外，还应考虑地理环境这个因素。比如，生活在北极地区的因纽特人，他们就无法理解董仲舒的"成天之功"，

---

① 杨继襄：《式盘与罗经：中国古代方位概念研究》，中国叶圣陶研究会：《中华传统文化研究与评论》第 1 辑，北京：人民教育出版社，2007 年，第 461 页。不过，学界对这句话的理解有争议。
② （汉）董仲舒：《春秋繁露》卷 12《阴阳义》，1991 年，第 71 页。
③ （宋）俞琰：《周易集说》卷 37，《景印文渊阁四库全书》第 21 册，台北：商务印书馆，1986 年，第 356 页。
④ （汉）董仲舒：《春秋繁露》卷 12《暖燠孰多》，第 72—73 页。
⑤ 刘忠山主编：《北极探秘》，延吉：延边人民出版社，2004 年，第 33 页。

因为在他们的生活世界中，是以"阴"为主的，而"阳"居于相对次要的地位，故"清溧之日"不是"少少耳"，而是"多多耳"。这样，董仲舒以温带地理环境为根据，将一年四季的寒热变化，进行区段剖析，从而得出了以阳为主导的结论，这是理解董仲舒"天人一"思想的关键所在。

第三，"阳尊阴卑"学说。将阴阳分尊卑，是董仲舒对"天之道"的一种解释，同时也是他的创造。由于这种学说适合了汉武帝专制统治的客观需要，"反对多元文化生态，制造一元文化生态"①，所以产生了重大影响。董仲舒认为："天之大数，毕于十旬，旬天地之间，十而毕举；旬生长之功，十而毕成。十者，天数之所止也。"②文中的"旬"，刘师培认为是衍文③，孔子从"尊天"走向了个体生命的"命定论"，与孔子的取向不同，董仲舒从"尊天"则走向了群体政治的"伦理规范"。孔子"尊天"思想有两个基本点：一是天操纵着自然界的四时变化与万物的生生息息，即"子曰：'天何言哉？四时行焉，百物生焉，天何言哉？'"④二是强调"以德配天"，重视人事，孔子说："咨！尔舜！天之历数在尔躬，允执其中。四海困穷，天禄永终。"⑤孔子生活的时代周天子日渐式微，诸侯纷争，礼坏乐崩，因此孔子的工作重心是"克己复礼"。与之不同，西汉经过几十年的恢复和发展，礼仪制度已逐步建立和完善起来，皇权政治开始成为西汉社会运转的轴心，诸如"建立中朝""设置刺史""《推恩令》与《附益法》""总一盐铁""独尊儒术"等措施，都是为维护皇权政治服务的。而董仲舒的"尊天"思想便是这种皇权政治的产物，不过，"天之大数，毕于十"却有着比较古老的历史渊源。关于十天干的起源，众说纷纭。郭沫若先生认为，"十天干"起源于鱼身之物和古代兵器的象形。⑥冯时先生说：《山海经·海外东经》"天有十日的神话实际上反映了天干的起源，十个太阳轮流出没，自甲日至癸日，周而复始，旬的概念便应运而生了。"⑦还有学者主张："天干的起源，与圭表测日影有关。上古将测日影的木棍，就称为天干。通过天干测日影，不但可以得知地理的方位，还可以得知节气变化而制定出十月太阳历法。"⑧因此，董仲舒说："圣人因天数之所止，以为数纪，十如更始，民世世传之。"⑨从"一"到"十"，这种记数方法究竟何时起源，这已经变成一个悬而未决的疑难问题了，在董仲舒看来，"天数"的意义不仅仅在于用它来记数，更重要的是"'十'之中所潜含的终始之意先天性地指示和规定着人类伦常生活的基本秩序"⑩。用董仲舒的话说，就是：

① 庄鸿雁、张碧波：《中国文化生态学史论》，北京：中国文史出版社，2013年，第172页。
② （汉）董仲舒：《春秋繁露》卷11《阳尊阴卑》，第66页。
③ 徐复观：《两汉思想史》第2册，第366页。
④ 黄侃：《黄侃手批白文十三经·论语》，第37页。
⑤ 黄侃：《黄侃手批白文十三经·论语》，第41页。
⑥ 郭沫若：《释支干》，《郭沫若全集·考古卷》第1卷，北京：科学出版社，1982年，第171页。
⑦ 冯时：《星汉流年——中国天文考古录》，成都：四川教育出版社，1996年，第57页。
⑧ 许颐平编著：《阴阳五行图百科1000问》，西安：陕西师范大学出版社，2010年，第111页。
⑨ （汉）董仲舒：《春秋繁露》卷11《阳尊阴卑》，第66页。
⑩ 余治平：《唯天为大——建基于信念本体的董仲舒哲学研究》，北京：商务印书馆，2003年，第366页。

知省其所起，则见天数之所始；见天数之所始，则知贵贱逆顺所在；知贵贱逆顺所在，则天地之情著，圣人之宝出矣。是故阳气以正月始出于地，生育长养于上。至其功必成也，而积十月。人亦十月而生，合于天数也。是故天道十月而成，人亦十月而成，合于天道也。故阳气出于东北，入于西北，发于孟春，毕于孟冬，而物莫不应是。阳始出，物亦始出；阳方盛，物亦方盛；阳初衰，物亦初衰。物随阳而出入，数随阳而终始，三王之正随阳而更起。以此见之，贵阳而贱阴也。①

在此前提下，董仲舒针对秦朝的严刑峻法，提出了"大德而小刑"的主张。如众所知，法家为秦朝的强盛和统一六国，做出了突出贡献，但随着历史的进程，人们发现有许多社会问题单单依靠严刑峻法是根本解决不了的，物极必反。因为法家本身的做法在许多方面都过于极端，例如，它"错认为靠法律与法条来统治，就等于靠严格的惩罚来统治。……他们的法律观念太过机械化与僵化，而且对于法律的弹性用法毫无体会"②等。当然，也有人将秦朝的灭亡归咎于秦始皇的"势制"，即确立了皇权大于法律的制度③，于是，在这种体制之下，便随时都有可能出现"天子之怒"，致使"伏尸百万，流血千里"的惨象。④董仲舒尽管不赞成严刑峻法，但他绝不是要废弃刑法，而是让"德"居于"刑"之上，以德治为主。他说："天之好仁而近，恶戾之变而远，大德而小刑之意也。先经而后权，贵阳而贱阴也。故阴，夏入居下，不得任岁事；冬出居上，置之空处也。养长之时伏于下，远去之，弗使得为阳也；无事之时起之空处，使之备次陈，守闭塞也。此见天之近阳而远阴，大德而小刑也。是故人主近天之所近，远天之所远；大天之所大，小天之所小。是故天数右阳而不右阴，务德而不务刑。刑之不可任以成世也，犹阴之不可任以成岁也。为政而任刑，谓之逆天，非王道也。"⑤实际上，这是汉文帝"轻刑"思想的进一步发挥和延续。

第四，"天道无二"与事物的对立统一思想。董仲舒考察了天道的运行规律："天之行也，阴与阳，相反之物也，故或出或入，或右或左，春俱南，秋俱北，夏交于前，冬交于后，并行而不同路，交会而各代理，此其文与天之道，有一出一入，一休一伏，其度一也，然而不同意。阳之出，常悬于前而任岁事；阴之出，常悬于后而守空虚。阳之休也，功已成于上而伏于下；阴之伏也，不得近义而远其处也。"⑥对于这段话的释义，周桂钿先生曾绘制了一个比较复杂的图来进行解说，说理非常深刻，惜读懂该图并不容易，故不便在此引用。⑦于是，我们特将冯友兰先生所绘制的简图（图2-56）引录于此，以资参考。

①（汉）董仲舒：《春秋繁露》卷11《阳尊阴卑》，第66页。
②（奥）田默迪：《东西方之间的法律哲学——吴经熊早期法律哲学思想之比较研究》，北京：中国政法大学出版社，2004年，第89页。
③ 周实：《刀俎》序一，长沙：湖南文艺出版社，2004年，第210页。
④（西汉）刘向：《战国策·魏策》，哈尔滨：北方文艺出版社，2013年，第457页。
⑤（汉）董仲舒、陈蒲清校注：《春秋繁露·天人三策》，长沙：岳麓书社，1997年，第190页。
⑥（汉）董仲舒：《春秋繁露》卷12《天道无二》，第72页。
⑦ 周桂钿：《董学探微》，北京：北京师范大学出版社，2008年，第56—57页。

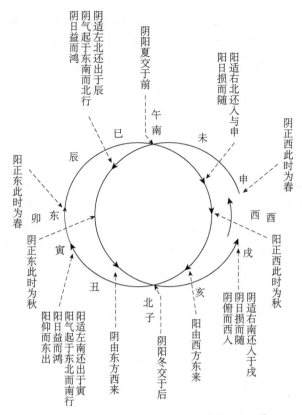

图 2-56　董仲舒"天之行"出入休伏示意图①

　　按照梁启超对《易经》《诗》《书》《仪礼》等先秦典籍中"阴阳"二字的解读,他认为当时"所谓阴阳者,不过自然界中一种粗浅微末之现象,绝不含何等深邃之意义"②。而把这种"绝不含何等深邃之意义"的"阴阳"观念,赋予政治伦理的内涵,并使之变成为汉代新儒学的理论基石,确实是董仲舒的独特贡献之一。他说:"天无常于物,而一于时。时之所宜,而一为之。故开一塞一,起一废一,至毕时而止,终有复始于一。一者,一也。是于天凡在阴位者,皆恶乱善,不得主名,天之道也。故常一而不灭,天之道。事无大小,物无难易。反天之道,无成者。"③因此,"患,人之中不一者也。不一者,故患之所由生也。是故君子贱二而贵一。"从矛盾运动的角度讲,董仲舒的"贵一"思想,只讲矛盾的统一性而忽视矛盾的对立性,属于一种形而上学的思维方式,但是从政治哲学的角度看,董仲舒强调"一"的重要性,完全与皇权专制统治的客观需要相适应,在当时的历史条件下,有其一定的合理性。此外,作为一种学习方法,它"符合现代心理学关于注意问题的基本规律"④。

　　第五,"同类相动"原理。董仲舒解释这个原理说:"今平地注水,去燥就湿,均薪施

①　冯友兰:《中国哲学史》下册,北京:生活·读书·新知三联书店,2009 年,第 19 页。
②　梁启超:《阴阳五行说之来历》,顾颉刚:《古史辨》第 5 册,上海:上海古籍出版社,1982 年,第 347 页。
③　(汉)董仲舒:《春秋繁露》卷 12《天道无二》,第 72 页。
④　王凌皓:《中国教育史论》,长春:吉林人民出版社,2000 年,第 140 页。

火，去湿就燥。百物其去所与异，而从其所与同。故气同则会，声比则应。……美事召美类；恶事召恶类，类之相应而起也。如马鸣则马应之、牛鸣则牛应之。帝王之将兴也，其美祥亦先见；其将亡也，妖孽亦先见。物故以类相召也。"[1]在董仲舒之前，《周易·乾卦》载："（子曰）同声相应，同气相求，水流湿，火就燥。云从龙，风从虎。"[2]显然，董仲舒的"同类相动"思想来源于《周易》，但又有新的发挥。例如，"天将阴雨，人之病，故为之先动，是阴相应而起也。天将欲阴雨，又使人欲睡卧者，阴气也。有忧亦使人卧者，是阴相求也；有喜者，使人不欲卧者，是阴相索也。水得夜益长数分，东风而酒湛溢，病者至夜而疾益甚，鸡至几明，皆鸣而相薄。其气益精，故阳益阳而阴益阴。阳阴之气，因可以类相益损也。天有阴阳，人亦有阴阳。天地之阴气起，而人之阴气应之而起，人之阴气起，而天地之阴气亦宜应之而起，其道一也"[3]。这一段话经常被研究健康医学的专家和学者所引用，气候的阴阳变化确实对人体健康产生积极或消极的影响，"天气的阴可能诱发人体内的阴气而使人致病，还会使病者症状加重。如果阴气盛极，甚至会致人死亡"[4]。又，"按照'阳益阳，阴益阴'的原则，食阳气可使人精神足，能长寿。因此，用来延命的神丹大药只能是属'阳'，而不能属'阴'"[5]。如众所知，董仲舒讲"以类相益损"，试图将天与人通过"损益"律而相互联系起来，即所谓"天有阴阳，人亦有阴阳"，二者相互感应，从原则上看，董仲舒的认识是错误的，但正如乔清举先生所说："如果把人作为自然的一个参数，把人类的活动作为自然规律发生作用的一个参数，并且把时间尺度放宽，那么自然规律也就转变为生态规律。生态及其规律都会因为人的不当活动而遭到破坏，这无疑是一个正确而又深刻的认识，它促使我们按照自然的本性对待自然。"[6]此外，在董仲舒的"以类相推"思维体系里，他的"类"包括多个层面，既有实物之间的推类，同时又有"虚拟物"之间的推类，其中董仲舒把"虚拟物"当作实有，很容易为封建迷信留下存活的空间。所以温公颐先生分析道：董仲舒所讲的"类"，情况比较复杂，"有的类是指客观的物类，如水就湿，火就燥，鼓宫宫应，鼓商商应，马鸣马应，牛鸣牛应之类。但有的类却是曲解客观的物类，如龙致雨，扇逐暑之类。还有的则是空类或神类，如国家将兴的美祥，国家将亡的妖孽之类。从这段推论中，很明显，他是想以真类和曲解的类，来推出空类的存在，用以证明天人相感的神学体系。……这样，仲舒的物类感召，表面上似为机械的，实质上却是灵感的，有目的的。在仲舒的神学体系中，所谓物类，不过是神灵驱使的筹码而已"[7]。

① （汉）董仲舒：《春秋繁露》卷 13《同类相动》，第 75—76 页。
② 黄侃：《黄侃手批白文十三经·周易》，第 2 页。
③ （汉）董仲舒：《春秋繁露》卷 13《同类相动》，第 76 页。
④ 张刚峰：《中国古代炼丹术中的丹砂与阴阳》，詹石窗总主编：《百年道学精华集成》第 5 辑《道医养生》卷 4，第 192 页。
⑤ 张刚峰：《中国古代炼丹术中的丹砂与阴阳》，詹石窗总主编：《百年道学精华集成》第 5 辑《道医养生》卷 4，第 192 页。
⑥ 乔清举：《儒家生态思想通论》，北京：北京大学出版社，2013 年，第 255—256 页。
⑦ 温公颐：《董仲舒神学逻辑的推演》，《南开学报（哲学社会科学版）》1984 年第 4 期，第 67—68 页。

2. 五行观念与董仲舒的"天人一"思想

《春秋繁露》直接议论"五行"的专篇，有"五行对""五行之义""五行相生""五行相胜""五行顺逆""治水五行""治乱五行""五行变救""五行五事"等。这些专论，比较系统地反映了董仲舒以"天人合一"为轴心的"五行"说，从内在的方面看，既有精华又有糟粕，下面我们拟从五个方面略加剖析：

第一，五行的基本内涵及其相互关系。何谓五行？董仲舒说：

> 天有五行，一曰木，二曰火，三曰土，四曰金，五曰水。木，五行之始也。水，五行之终也。土，五行之中也。此其天次之序也。木生火，火生土，土生金，金生水，水生木，此其父子也。木居左，金居右，火居前，水居后，土居中央，此其父子之序，相受而布。是故木受水，而火受木，土受火，金受土，水受金也。诸授之者，皆其父也；受之者，皆其子也。常因其父以使其子，天之道也。是故木已生而火养之，金已死而水藏之，火乐木而养以阳，水克金而丧以阴，土之事火竭其忠。故五行者，乃孝子忠臣之行也。[1]

同阴阳观念的起源一样，学界对五行观念的起源也莫衷一是。结合董仲舒的论述，五行至少有两个来源：一是天体；二是方位。黎子耀先生说："阴阳五行说起源于商代，这一结论是以甲骨文的材料作为依据的。如果只根据一般的中国天文史来谈这个问题，没有多大意义。我在甲骨文中发现了殷人已有阴阳五行思想，并且断定阴阳五行思想的产生，渊源于对日月五星的观测，从而可以解决学术史上的许多难题。"[2]庞朴先生又说："五行的最早形态是五方，或者说，五行起源于五方。五方就是东南西北中五个方位。每个人以自我为中心，确定出东西南北，再加上居于中心的自己，就形成了五方，这大概是最早的五行思想。"[3]五行是构成宇宙万物的基本元素，远古的人类对天上的星体运动充满敬畏之心，所以才有了许多关于日月星辰的神话。占星术由此而生，据冯时先生考证："占星术在天文学起源的同时便已萌芽了，并且始终与古代天文学的发展纠缠在一起，因此，早期的天文学如果与占星术等量齐观或许并不过分。占星术的发展显然有其自身的历史，中国古老的天人合一的思想可能使最早出现的占星术只是作为一种巫术。人们感到，一些天象可能给人带来吉祥，而另一些天象却使人蒙受灾难，尽管这些感觉有时还很朦胧，但却无例外地得到了古人极大的关注。"[4]如前所述，五行方位的确立，在一定意义上蕴含着占卜的因素，事实上，"'五行—八卦—阴阳'作为一种世界观、方法论体系，在具体应用上的体现就是'占筮'或'占卜'之方法，即预测"[5]。《管子·五行》非常直白地指出："（古人）作立五行以正天时，五官以正人位。人与天调，然后天地之美生。日至睹甲子木

① （汉）董仲舒：《春秋繁露》卷11《五行之义》，第65页。
② 黎子耀：《关于〈阴阳五行思想与周易〉的补充说明》，刘大钧总主编：《〈周易〉与自然科学》第2册，第621页。
③ 庞朴：《中国文化十一讲》，北京：中华书局，2008年，第48页。
④ 冯时：《中国天文考古学》，北京：中国社会科学出版社，2010年，第98页。
⑤ 胡骄平、刘伟：《中西哲学入门》，北京：国防工业出版社，2012年，第20页。

行御。……睹丙子火行御。"①这里"五行"与占卜之间确实存在着密切的联系，那种思维的原始性显而易见。具体讲来，人们对"五星"的认识不会晚于殷至周初，根据五星运行规律所得出的"五行"一词的问世，也应当就在这一历史时期。②实际上，五行观念的起源比"五行"一词的出现早得多。如图 2-57 所示，有学者将其解释为"阴阳五行"图，是安徽蒙城县尉迟寺遗址出土陶尊身上所刻的符号，距今 5000 多年。

图 2-57　远古时代的日月五行观念

后来，"五行"观念逐渐由一种占卜方法转变用来解释宇宙万物生成变化的理论学说，在此基础上，董仲舒为了满足其思想体系的需要，他把"五行"学说修饰的更加细腻和精致。例如，董仲舒在《春秋繁露·五行相生》中说："天地之气，合而为一，分为阴阳，判为四时，列为五行。行者，行也。其行不同，故谓之五行。"③可见，"五行"观念在董仲舒的思想体系里已经变成为一种具有普适性的解释工具了。

为了阐释方便，我们特将董仲舒的上述文字表述，绘图 2-58，看起来也更加直观。

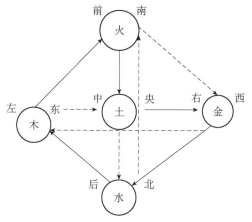

图 2-58　董仲舒视野中的五行图
注：实线表示相生，虚线表示相克

---

① （春秋）管仲：《管子》卷 14《五行》，《百子全书》第 2 册，第 1362 页。
② 刘起釪：《五行原始意义及其分歧蜕变大要》，艾兰、汪涛、范毓周主编：《中国古代思维模式与阴阳五行说探源》，南京：江苏古籍出版社，1998 年，第 140 页。
③ （汉）董仲舒：《春秋繁露》卷 13《五行相生》，第 76 页。

第二,"五行顺逆"与四时的关系。"天气变于上,人物应于下"①这是汉代思维的共同特征,只不过董仲舒更加强调其"相互感应"的一面而已。比如,《黄帝内经素问·阴阳应象大论》云:"天有四时五行,以生长收藏,以生寒暑燥湿风。"②这是一种比较客观的描述,与此不同,董仲舒在上述这种客观性的描述之外,又增加了许多主观性的联系。他说:

> 木者春,生之性,农之本也。劝农事,无夺民时,使民,岁不过三日,行什一之税,进经术之士。挺群禁,出轻击,去稽留,除桎梏,开门阖,通障塞。恩及草木,则树木华美,而朱草生;恩及鳞虫,则鱼大为鳣,鲸不见,群龙下如人君出入不时,走狗试马,驰骋不反宫室,好淫乐,饮酒沉湎,从恣,不顾政治,事多发役,以夺民时,作谋增税,以夺民财,民病疥搔,温体,足胻痛。咎及于木,则茂木枯槁,工匠之轮多伤败。毒水涫群,漉陂如渔,咎及鳞虫,则鱼不为,群龙深藏,鲸出见。③

这一段话的主体思想是讲顺应天时,所以揭去其牵强附会的成分,我们多少还能看到董仲舒思想的合理因素,那就是既确立了君主的至上权威,同时又设置了一个限制君权的机制,即君主施行政令会受到宇宙系统的约束,换言之,就是用天意来制约君权。④从这个角度讲,董仲舒的《春秋繁露》也是针对君主如何行使其至上权力的一个政治教本。比如,对于"木胜土"的内涵,董仲舒是这么解释的,他说:"木者,农也,农者,民也",而"土者,君之官也",如果为官者,"大为宫室,多为台榭,雕文刻镂,五色成光。赋敛无度,以夺民财;多发繇役,以夺民时",那么,百姓就会"罢弊而叛,及其身弑"。"夫土者,君之官也,君大奢侈,过度失礼,民叛矣。其民叛,其君穷矣。故曰木胜土。"⑤实际上,这段话的思想内涵十分复杂,仔细考察,里面既有"重农"的思想主张,又有阴阳家"法天而尚德"的理论旨趣,既有"对《夏小正》《礼记·月令》中以宗教礼制保护自然和社会生态思想的继承、发展"⑥,又有"墨子的天志"⑦那般借助超验力量来实施干预现实政治的目的和手段。所以对于董仲舒的上述议论,我们无论从那一个角度来认识和理解,都不会偏离其思想主旨。当然,侧重对现实政治的批判是董仲舒"五行顺逆"思想的内在精神力量,在此,他批判的政治对象主要是"臣僚"这个群体。因为这个群体上则"事"君,下则"使"民,君民关系能否融合,关键就在于"臣僚"的所作所为。所以董仲舒在"五行相胜"篇中明言:"木者,司农也""火者,司马也""土者,君之官也""金者,司徒也""水者,司寇也。"⑧诚然,董仲舒立论的实质是"屈民而伸君,屈君而伸

① (汉)王充著、陈蒲清点校:《论衡》卷15《变动篇》,长沙:岳麓书社,2006年,第193页。
② 陈振相、宋贵美:《中医十大经典全录》,北京:学苑出版社,1995年,第13页。
③ (汉)董仲舒:《春秋繁露》卷13《五行顺逆》,第78页。
④ 曾长秋、周含华编著:《中国思想通史纲要》,长沙:湖南人民出版社,2013年,第84页。
⑤ (汉)董仲舒:《春秋繁露》卷13《五行相胜》,第78页。
⑥ 尹伟伦、严耕主编:《中国林业与生态史研究》,北京:中国经济出版社,2012年,第262页。
⑦ 杨国荣:《善的历程——儒家价值体系研究》,上海:上海人民出版社,2006年,第128页。
⑧ (汉)董仲舒:《春秋繁露》卷13《五行相胜》,第77—78页。

天"①，不过，正如有学者所言："这个'民'，不纯是礼所不下的庶人，还包括刑所不上的诸侯、大夫。"②甚至周桂钿先生直说："这个'民'，主要不是指老百姓，而是指拥有地方势力的诸侯国君，理由很简单，老百姓没有权力，无法与封建统治势力对抗，只有那些地方诸侯国君有实力与中央政权相对抗。"③

在这里，董仲舒显然是对"诸侯、大夫"这个层面的官僚政治批判的多，而他对"君主"的爱护和对"百姓"的爱护具有同样重要的意义。"君权至上"并不一定与百姓的利益相冲突，这就要看君主对"官僚政治"体制下各级政府权力的运用和约束机制是否健全了。④

第三，"治乱五行""五行变救"等与汉代以后正史所立之"五行志"。如何认识自然灾害，这是董仲舒"五行"学说的重要内容之一。在汉人看来，《春秋》"有灾异，皆列终始，推得失，考天心，以言王道之安危。至秦乃不说，伤之以法，是以大道不通，至于灭亡"⑤。我们必须指出，汉人虽然对《春秋》与秦亡之间关系的理解是错误的，但是《春秋》对灾害与王权政治之间关系的认识应当承认有一定历史深度。自然灾害不完全是自然的原因，还有社会的原因以及政治的原因。因此，《春秋》把自然灾害与特定政治背景联系起来，无疑是"天人感应"思想的一种显著体现。⑥董仲舒继承了《春秋》的灾害思想，并加以系统化和理论化，于是就形成了具有深远历史影响的"天人感应"灾害理论。在《春秋繁露》一书中，董仲舒首先考察了五行在"相干"状态下的灾害发生现象。他说："火干木，蚩虫早出，蚿雷早行。土干木，胎夭卵孵，鸟虫多伤。金干木，有兵。水干木，春下霜。土干火，则多雷。金干火，草木夷。水干火，夏雹。木干火，则地动。金干土，则五谷伤，有殃。水干土，夏寒雨霜。木干土，倮虫不为；火干土，则大旱。水干金，则鱼不为；木干金，则草木再生；火干金，则草木秋荣。土干金，五谷不成。木干水，冬蚩不藏。土干水，则蚩虫冬出。火干水，则星坠。金干水，则冬大寒。"⑦文中的"干"即"犯"之义。这些内容都来自《淮南子·天文训》，可以肯定，它们与早期的星占术有关。对此，我们只要看看《左传》所载蔡墨的有关论述就明白了。例如，《左传·昭公三十一年》载："十二月辛亥，朔，日有食之。是夜也，赵简子梦童子裸而转以歌。旦，占诸史墨（即蔡墨）曰：'吾梦如是，今而日食何也？'对曰：'六年及此月也，吴其入郢乎？终亦弗克，入郢必以庚辰，日月在辰尾，庚午之日，日始有谪，火胜金，故弗克。'"⑧杜预注："谪，变气也。"《左传·哀公九年》又载："晋赵鞅卜救郑，遇水适火。……史墨曰：'盈，水名也；子，水位也。名位敌，不可干也。炎帝为火师，姜姓其

---

① （汉）董仲舒：《春秋繁露》卷1《玉杯》，第12页。
② 张佩：《中国"道统"与"法统"在近代的转型研究》，北京：中国政法大学出版社，2014年，第65页。
③ 周桂钿：《董仲舒天人感应论的真理性》，《河北学刊》2001年第3期，第11页。
④ 详细内容请参见李志安先生《中国古代官僚政治》一书。
⑤ 《汉书》卷75《翼奉传》，第3172页。
⑥ 陈业新：《灾害与两汉社会研究》，上海：上海人民出版社，2004年，第140—244页。
⑦ （汉）董仲舒：《春秋繁露》卷14《治乱五行》，第80页。
⑧ 黄侃：《黄侃手批白文十三经·春秋左传》，第424页。

后也。水胜火，伐姜则可。'"①当然，五行相干理论的形成可能还有更为复杂的源流，比如先秦日书的盛行，以及其他形式的预占等。

一旦发生了五行相干现象，统治者的当务之急就是如何去化解它。所以如何化解五行相干所出现之灾象，使问题转危为安，对于统治者来说尤其显得重要。为此，董仲舒提出了如下解救方案：

> 五行变至，当救之以德，施之天下。则咎除，不救以德，不出三年，天当雨石。木有变，春凋秋荣。秋木冰，春多雨。此繇役众，赋敛重，百姓贫穷叛去，道多饥人。救之者，省繇役，薄赋敛，出仓谷，振困穷矣。火有变，冬温夏寒。此王者不明，善者不赏，恶者不绌，不肖在位，贤者伏匿，则寒暑失序，而民疾疫。救之者，举贤良，赏有功，封有德。土有变，大风至，五谷伤。此不信仁贤，不敬父兄，淫泆无度，宫室荣。救之者，省宫室，去雕文，举孝悌，恤黎元。金有变，毕昴为回，三覆有武，多兵，多盗寇。此弃义贪财，轻民命，重货赂，百姓趣利，多奸轨。救之者，举廉洁，立正直，隐武行文，束甲械。水有变，冬湿多雾，春夏雨雹。此法令缓，刑罚不行。救之者，忧囹圄，案奸宄，诛有罪。②

以上的"五行变救"措施，明显带有"灾异谴告"的性质。然而，从事物的相关性来看，上天为什么能通过"灾变"这种方式而对君主的不当作为进行"谴告"呢？在董仲舒看来，这是因为两者具有内在的相关性，董仲舒明确指出："王者，天之所予也。"③即王者的权力是上天赐予的，所以王者须要对"上天"负责。换言之，上天对王者的所作所为握有直接的警告训诫权。他说："受命之君，天意之所予也。故号为天子者，宜视天如父，事天以孝道也。"④如果深度分析，我们不难发现，在这句话里，董仲舒既包含这对王权合理性的肯定，同时也包含着对王权不合理性的否定，因为王权的存在主要是看"上天"的态度。对此，董仲舒曾这样解释说："夏无道而殷伐之，殷无道周而伐之，周无道而秦伐之，秦无道而汉伐之。有道伐无道，此天理也。"⑤所以董仲舒的五行学说中不仅包含有灾害思想，更包含有在一定条件下，新王朝取代旧王朝的合理性思想。在这个层面上，董仲舒并不反对人们用暴力手段推翻旧的"无道"政权。他说："君也者，掌令者也。令行而禁止也，今桀纣令天下而不行，禁天下而不止，安在其能臣天下也！果不能臣天下，何谓汤武弑？"⑥他又说："天之生民，非为王也，而天立王以为民也。故其德足以安乐民者，天予之；其恶足以贼害民者，天夺之。"⑦当然，董仲舒之所以提出"五行变救"措施，是因为他想维护汉朝统治政权的长期延续，他说："道之大原出于天，天不

---

① 黄侃：《黄侃手批白文十三经·春秋左传》，第469页。
② （汉）董仲舒：《春秋繁露》卷14《五行变救》，第80页。
③ （汉）董仲舒：《春秋繁露》卷7《尧舜不擅移汤武不专杀》，第47页。
④ （汉）董仲舒：《春秋繁露》卷9《深察名号》，第59页。
⑤ （汉）董仲舒：《春秋繁露》卷7《尧舜不擅移汤武不专杀》，第47页。
⑥ （汉）董仲舒：《春秋繁露》卷7《尧舜不擅移汤武不专杀》，第47页。
⑦ （汉）董仲舒：《春秋繁露》卷7《尧舜不擅移汤武不专杀》，第46—47页。

变，道亦不变。"①此道即儒家的三纲五常，董仲舒"独尊儒术"的根本目的正在于此，而他宣扬"五行变救"的用意亦在于此。因此，班固在编撰《汉书》时，创立了"五行志"，深蕴《春秋》之精义。

从董仲舒《春秋繁露》之"治乱五行""五行变救"等到班固《汉书》之"五行志"，一以贯之，用班固的话说就是"孔子述《春秋》，则乾坤之阴阳，效《洪范》之咎征，天人之道粲然著矣"②。"汉兴，承秦灭学之后，景、武之世，董仲舒治《公羊春秋》，始推阴阳，为儒者宗。宣、元之后，刘向治《谷梁春秋》，数其祸福，传以《洪范》，与仲舒错。至向子歆治《左氏传》，其《春秋》意亦已乖矣；言《五行传》，又颇不同。是以揽仲舒，别向、歆，传载眭孟、夏侯胜、京房、谷永、李寻之徒所陈行事，讫于王莽，举十二世，以傅《春秋》，著于篇。"③汉代的春秋学说，不论人们在形式上有何错别，然其中心思想不外"咎征是举，告往知来"④八个字。钱穆先生曾评论说：

> 汉儒所以言灾异，亦自有故。方汉初兴，一切务于无为，斯无足言者。及其后，学术稍茁，一时奋笔挢舌之士，靡弗引秦为说。秦为胜国，二世而亡。所以警动其主而自张吾说者，主要惟在此。自武帝后，朝廷既一反秦之卑近，远规隆古；立言之士，亦遂不得不弃其讥秦嘲亡之故调，而转据经术。其大者则曰《春秋》与阴阳。盖一本人事，一借天意。借天意则尊，本人事则切。故汉之大儒，通经达用，必致力于斯二者。……仲舒、向、歆三人，最为汉大儒，而其为学，无弗以阴阳比附于《春秋》，斯即汉儒通经达用之大术也。然《春秋》褒贬虽严，孔子圣德虽尊，以之绳下则有余，以之裁上犹不足。故汉儒经术，探其致用之渊，必穷极深微于阴阳灾异之变也。⑤

可见，董仲舒"五行"思想顺应了那个时代的政治要求，是儒家纲常学说和汉朝大一统专制局面相互结构和相互融合的必然产物。

第四，"五行五事"与董仲舒的"事各得其宜"思想。如果将"五行"思想变成纯粹的形而上，那么，董仲舒的"五行"说就未必造成深远的历史影响。儒家讲求"实用"，不像阴阳家那样善抽象，所以董仲舒强化了儒家的实用理性精神，重"事理"而轻"思辨"，由此导致中国古代经验科学的畸形发展，这是后话。诚如李泽厚先生所言："天人不分的巫史传统，没有可能从独立科学基础上发展出高度抽象的'先验'观念和思维方法。这使得中国人的心智和语言长期沉溺在人事经验、现实成败的具体关系的思考和伦理上，不能创造出理论上的抽象的逻辑演绎系统和归纳方法。"⑥在此，我们指出儒家实用性思维的缺陷，绝不意味着否定其历史的进步性。在中国古代这样一个具有悠久农业传统的泱泱

---

① 《汉书》卷56《董仲舒传》，第2518—2519页。
② 《汉书》卷27上《五行志》，第1316页。
③ 《汉书》卷27上《五行志》，第1317页。
④ 《汉书》卷100下《叙传下》，第4243页。
⑤ 钱穆：《秦汉史》，钱宾四先生合集编辑委员会：《钱宾四先生全集》第26册，台北：联经出版事业公司，1995年，第241页。
⑥ 李泽厚：《实用理性与乐感文化》，北京：生活·读书·新知三联书店，2005年，第13页。

大国，如果我们的理论学说不能符合这个国情，它就不可能具有长久存在的必然性。而董仲舒的阴阳五行学说历经千年不衰，一定有其存在的合理性。以"五事"为例，董仲舒说：

> 五事：一曰貌，二曰言，三曰视，四曰听，五曰思。何谓也？夫五事者，人之所受命于天也，而王者所修而治民也。故王者为民，治则不可以不明，准绳不可以不正。王者貌曰恭，恭者敬也。言曰从，从者可从。视曰明，明者知贤不肖者，分明黑白也。听曰聪，聪者能闻事而审其意也。思曰容，容者言无不容。恭作肃，从作义，明作哲，聪作谋，容作圣。何谓也？恭作肃，言王者诚能内有恭敬之姿，而天下莫不肃矣。从作义，言王者言可从，明正从行，而天下治矣。明作哲，哲者知也，王者明则贤者进，不肖者退，天下知善而劝之，知恶而耻之矣。聪作谋，谋者谋事也，王者聪则闻事与臣下谋之，故事无失谋矣。容作圣，圣者，设也。王者心宽大无不容，则圣能施设，事各得其宜也。①

"五事"观始自《尚书·洪范》，它是箕子九畴之一，是对王者思想和行为的高标准要求。从认识论的角度讲，它揭示了人类从视听经验到心智思维的认识过程及其一般规律。董仲舒说："王者与臣无礼，貌不肃敬，则木不曲直，而夏多暴风。风者，木之气也，其音角也，故应之以暴风。王者言不从，则金不从革，而秋多霹雳。霹雳者，金气也，其音商也，故应之以霹雳。王者视不明，则火不炎上，而秋多电。电者，火气也，其音徵也，故应之以电。王者听不聪，则水不润下，而春夏多暴雨。雨者，水气也，其音羽也，故应之以暴雨。王者心不能容，则稼穑不成，而秋多雷。雷者，土气也，其音宫也。故应之以雷。"②这一段话可从两个方面观察和分析：首先，五行是指经验世界中的五种基本物质形态或元素，五事是人类五官对五行的认识和反映，也就是说人们的认识本身是在与五行相接触的过程中产生的。其次，人们对五行的认识过程有正确与谬误之分别，如果属于谬误性认识，那么，就会出现"王者与臣无礼，貌不肃敬"等违反客观规律的现象，其结果必然是"五行相干"，导致灾害的发生。尽管董仲舒所言多牵强附会，但有些说法未必没有道理。比如，对自然灾害的社会性认识，董仲舒明确肯定"所有一切灾异，都是源自国家之失，其实都是君主之失"③，对此，清人皮锡瑞有一段精彩之论。他说："古之王者恐己不能无失德，又恐子孙不能无过举也。常假天变以示儆惕……后世君尊臣卑，儒臣不敢正言匡君，于是亦假天道进谏。以为仁义之说，人君之所厌闻；而祥异之占，人君之所敬畏。陈言既效，遂成一代风气。故汉世有一种天人之学，而齐学尤盛。"④也许董仲舒并非有意识地讨论自然灾害的社会性问题，但他客观上已经涉及了这个颇具现代生态学意味的世界性难题。因此，人们在界定自然灾害的概念时，往往把社会因素看作一个非常重要的

---

① （汉）董仲舒：《春秋繁露》卷14《五行五事》，第81页。
② （汉）董仲舒：《春秋繁露》卷14《五行五事》，第81页。
③ 方潇：《天学与法律——天学视域下中国古代法律则"天"之本源路径及其意义探究》，北京：北京大学出版社，2014年，第330页。
④ （清）皮锡瑞：《经学通论·易经·论阴阳灾变为易之别传》，北京：中华书局，1954年，第18页。

影响因子，认为"人类改造自然的努力存在促使自然灾害增长的负效应。人类为了创造更适于自身生存和发展的环境，不断对自然条件加以改造。人类改造自然环境的种种努力除有利于减轻自然灾害外，同时在许多情况下也带来自然灾害增长的后果"①。例如，董仲舒前面所讲的君主"大为宫室，多为台榭"②现象，造成森林资源的大量减少，以至于水土流失，生态严重失衡，许多人类文明由此而消失。比如，有学者指出："蒂卡尔的灭亡可以看作是玛雅文明灭亡的一个代表。考古专家们考证发现，在蒂卡尔消亡的前夕，长期的大兴土木造成了对森林、水源的破坏，城邦间的战争消耗了蒂卡尔的实力，罕见的旱灾，以及火灾、地震、瘟疫等其他自然灾害接踵而来，盛极一时的蒂卡尔迅速走向衰亡的道路，最终覆灭在墨西哥武士的铁蹄下，成为历史的绝唱。"③再有，我国古代楼兰文明的消亡亦跟生态资源的破坏密切相关。据考古学家介绍，楼兰曾经是个河网遍布、生机勃勃的绿洲。然而声势浩大的"太阳墓葬"却为楼兰的毁亡埋下了隐患。"太阳墓"外表奇特而壮观，环绕墓穴的是七层或细或粗的原木构成，木桩自内向外，粗细有序，圈外又整齐地排放着呈放射状四面展开的列木，蔚为壮观。而"太阳墓"的盛行，大量树木被砍伐，使楼兰在不知不觉中埋葬了自己的家园。④可见，董仲舒所言在一定程度上确实反映了历史的真实。从这个角度看，我们不能把董仲舒的"天人感应"说简单地都视为"无稽之谈"。

　　当然，董仲舒同时又强调对于有德的君主，他的所作所为则会对自然环境产生积极的影响。他说："王者能敬则肃，肃则春气得，故肃者主春。春阳气微，万物柔易，移弱可化，于时阴气为贼，故王者钦。钦不以议阴事，然后万物遂生，而木可曲直也。春行秋政，则草木凋；行冬政，则雪；行夏政，则杀。"⑤这是《尚书·洪范》"庶征"之"休征"思想的具体化，《尚书·洪范》云："休征：曰肃，时雨若……曰圣，时风若。"⑥在董仲舒看来，君主的品行与四时相对应，故有"四时之政"的考量。"肃"是一种能够产生正效应的社会风尚，不独是君主个人的素质。在形式上，君主的"恭敬"表现主要有"郊祭"，《春秋繁露》有"郊祭"专篇。而对于"郊祭"，董仲舒主张应无条件地保证这种祭天仪式的不间断举行。他说："夫古之畏敬天而重天郊，如此甚也，今群臣学士不探察曰：'万民多贫，或颇饥寒，足郊乎！'是何言之误，天子父母事天，而子孙畜万民，民未遍饱，无用祭天者，是犹子孙未得食，无用食父母也，言莫逆于是，是其去礼远也。先贵而后贱，庸贵于天子，天子号天之子也，奈何受为天子之号，而无天子之礼，天子不可不祭天也。"⑦为了"郊祭"可以无视百姓的饥饱，它固然反映了董仲舒思想中有其落后性的一面，不过，董仲舒此举旨在警示君主应当以社稷为重，躬身劳作，以育"敬肃"之德。如《礼记·月令》云："立春之日，天子亲帅三公、九卿、诸侯、大夫，以迎春于东

①　尹功成等：《辽宁省农业自然灾害综合区划与减灾对策》，沈阳：东北大学出版社，1997年，第201页。
②　（汉）董仲舒：《春秋繁露》卷13《五行相胜》，第78页。
③　廖振良：《共有地的悲剧——环境与发展的故事》，上海：上海科学普及出版社，2013年，第32页。
④　韩欣主编：《国宝纪实档案》上卷，北京：东方出版社，2007年，第36页。
⑤　（汉）董仲舒：《春秋繁露》卷14《五行五事》，第81页。
⑥　黄侃：《黄侃手批白文十三经·尚书》，第35页。
⑦　（汉）董仲舒：《春秋繁露》卷15《郊祭》，第82—83页。

郊。……是月也，天子乃以元日祈谷于上帝。乃择元辰，天子亲载耒耜……帅三公、九卿、诸侯、大夫，躬耕帝藉。"①秦朝的郊祭，与周朝相比，发生了变化。董仲舒说："今秦与周俱得为天子，而所以事天者异于周，以郊为百神始始入岁首，必以正月上辛日先享天，乃敢于地，先贵之义也。"②"上辛日"即元月的第一个十天，举行祭天和祈谷礼。在这些仪式中，一方面可以通过君权神授的形式而更加强化专制君主的神圣权威，另一方面则通过"天子之教化"，而使民众意识到人类在自然界面前，只能顺从和尊重自然规律，而不是相反。所以从这个层面讲，"郊祭"本身还具有教化的功能。董仲舒说："天下和平，则灾害不生。今灾害生，见天下未和平也。天下所未和平者，天子之教化不行也。"③因为"教化不立而万民不正也。"④"教化"不单单是学校的责任，实际上它是一项非常复杂的系统工程。在董仲舒看来，"天令之谓命，命非圣人不行；质朴之谓性，性非教化不成；人欲之谓情，情非度制不节。是故王者上谨于承天意，以顺命也；下务明教化民，以成性也；正法度之宜，别上下之序，以防欲也；修此三者，而大本举矣"⑤。一句话，董仲舒讲"王者能敬则肃"，其主要目的还在于推行以德治国之策，从而使"事各得其宜"。

在此，我们需要特别说明的是，董仲舒讲"德治"并不意味着废弃刑法，相反，在推行"德治"的同时，必须辅之以刑法。他说："王者能治则义立，义立则秋气得，故义者主秋。秋气始杀，王者行小刑罚，民不犯则礼义成。于时阳气为贼，故王者辅以官牧之事，然后万物成熟，秋，草木不荣华，金从革也。秋行春政，则华；行夏政，则乔；行冬政，则落。秋失政，则春大风不解，雷不发声。"⑥按照唐代孔颖达《五经正义》的解释："义者，宜也，行之于事，各得其宜，谓之义也。"⑦又说："履即义，义即履。行事得宜，谓之义，是履的宗旨。……得宜，行之合道，方为履义宗趣。"⑧然而，对于"王者"来说，"履"的内容包括很多方面，其中"行小刑罚"是"履"的重要内容之一。如果说"德"是指内在的修养，那么，"礼义"就是指外在的制度。所以欲实现"事各得其宜"的社会理想状态，不仅要靠人们的自觉意识，还须依靠必要的制度约束（包括"行小刑罚"），而这也就是前面所说"情非度制不节"的本来意思。

第五，对"奇而可怪"之物的理解。在《春秋繁露·郊语》中，董仲舒讲了下面一段话，他说：

> 人之言：酟去烟，鸱羽去眯，慈石取铁，颈金取火，蚕珥丝于室，而弦绝于堂，禾实于野，而粟缺于仓，芜萎生于燕，橘枳死于荆，此十物者，皆奇而可怪，非人所意也。夫非人所意而然，既已有之矣，或者吉凶祸福、利不利之所从生，无有奇怪，

---

① 黄侃：《黄侃手批白文十三经·礼记》，第 52 页。
② （汉）董仲舒：《春秋繁露》卷 15《郊祭》，第 83 页。
③ （汉）董仲舒：《春秋繁露》卷 15《郊祭》，第 83 页。
④ 《汉书》卷 56《董仲舒传》，第 2503 页。
⑤ 《汉书》卷 56《董仲舒传》，第 2515—2516 页。
⑥ （汉）董仲舒：《春秋繁露》卷 14《五行五事》，第 81 页。
⑦ 冯克诚主编：《隋唐儒学教育思想与教育论著选读》上册，北京：人民武警出版社，2011 年，第 262 页。
⑧ 冯克诚主编：《隋唐儒学教育思想与教育论著选读》上册，第 262 页。

非人所意，如是者乎？此等可畏也。①

其中"酝去烟"取材于《墨子》一书，据《墨子·备穴》载："蓋持酝，客即熏，以救目。救目分方凿穴；以益（盆）盛酝置穴中，文（大）盆毋少四斗，即熏，以目临酝上。"②周策纵先生解释说："酝乃易于挥发之酒类，可用以御烟保目。……此'蓋'字实乃'榼'之异体，存蓋（盒）之原始意义。缘此段前半言，预先以有蓋之壶榼储酝，倘敌（客）用烟熏穴，可备救目之用。次乃言救目之法，须向各方开凿穴道通风，然后倾酝于盆，以目临酝上。"③

"鸥羽去眯"，此处的"眯"有两种解释：其一是眯眼睛，由于草末灰尘等进入眼睛而引起；其二是做噩梦，古人认为灵魂脱出身体出游，遇到鬼神邪恶便会做噩梦，受惊吓。④《山海经·中山经》载："有兽焉，其状如麂而有角，其音如号，名曰饕蚔，食之不眯。"⑤郝懿行笺疏："蚔，疑当为蛭。"又载："植楮，可以已癙，食之不眯。"⑥还有，《山海经·西山经》云："（翼望山）有鸟焉，其状如乌，三首六尾而善笑，名曰鹆鹆，服之使人不厌。"⑦《周书》曰："服者不眯。"⑧此外，《逸周书·王会》亦云："善芳者，头若雄鸡，佩之令人不眯。"⑨此"眯"，《容斋随笔》则作"眯"，而云梦睡虎地秦简《日书》甲种《诘咎》篇则有"一室中卧者眯也，不可以居，是口鬼居之，取桃柏（棓）橷（段）四隅中央，以牡棘刀刊其宫墙（墙），谑（呼）之曰：'复疾，趣（趋）出。今日不出，以牡刀皮而衣。'则毋（无）央（殃）矣"⑩。凡此种种，说明秦汉时期"眯（眯）"病之危害程度比较严重，然而人们又没有可靠的方法消除这种病患，于是巫术便有了可乘之机。显然，董仲舒所说的"鸥羽去眯"，亦是巫术之一种。

"慈石取铁"，其物理原理是：物质内部的原子，由原子核和电子构成，其中电子围绕原子核旋转。在这个过程中，电子往往会产生磁性。不过，由于很多物质内的电子运动方向，杂乱无章，因此，相互之间的磁效应都统统抵消了。但是，铁及镍等铁磁类物质的电子运动方向与之不同，它们可以在小范围内自动排列起来，从而使其磁性加强，所以磁化了的铁块与磁铁的不同极性间生成吸引力，这样"慈石"与铁就被牢牢地"黏"在一起了。⑪在董仲舒的时代，人们还不能解释"慈石取铁"的原因，故被视为"奇而可怪"的物理现象。

"颈金取火"，此处的"颈金"即"真金"，亦指阳燧，是古人用来取火的凹面铜镜，

① （汉）董仲舒：《春秋繁露》卷14《郊语》，第82页。
② （战国）墨翟撰、（清）毕沅校注：《墨子》卷14《备穴》，《百子全书》第3册，第2505页；注：个别字有校正。
③ 周策纵：《周策纵作品集》第2册《文史杂谈》，北京：世界图书北京出版公司，2014年，第8—9页。
④ 关立勋主编：《中国文化杂说》，北京：北京燕山出版社，1997年，第265页。
⑤ （晋）郭璞注、（清）毕沅校：《山海经》卷5《中山经》，上海：上海古籍出版社，1989年，第54页。
⑥ （晋）郭璞注、（清）毕沅校：《山海经》卷5《中山经》，第52页。
⑦ （晋）郭璞注、（清）毕沅校：《山海经》卷2《西山经》，第30页。
⑧ （晋）郭璞注、（清）毕沅校：《山海经》卷2《西山经》，第30页。
⑨ 佚名：《逸周书·王会》，李曰刚：《中华文汇·先秦文汇》下册，台北：中华丛书编审委员会，1963年，第1281页。
⑩ 吴小强：《秦简日书集释》，长沙：岳麓书社，2000年，第132页。
⑪ 黄少卿编著：《我的第一本趣味地理书》，北京：中国纺织出版社，2012年，第105页。

它是一种太阳能聚光器。其取火方法是：在较强的日光下，将铜镜对准太阳光，并使太阳光反射聚成焦点，焦点温度较高，用较短时间即可把艾叶点燃。对此，李东琬先生曾评价说："阳燧是我国古代人们利用太阳能的一种生活用具，它虽然仅仅是一面简单的凹面铜镜，然而，能够用它来从日中取火，这里面却包含了许多科学道理。譬如，能量转化原理；在同一物质中，光的直线传播原理；光线的反射规律；焦距与焦点问题，等等。因此，阳燧的发明创造是我国古代自然科学史上的杰出成就，为世界科学史写下了光辉的一页。"[1]

"蚕珥丝于室，而弦绝于堂"，《淮南子·览冥训》作"蚕咡丝而商弦绝"[2]，咡同珥。诚然，这种用感应观念来解释"蚕珥丝"现象肯定是不科学的。不过，就"蚕珥丝"与"商弦绝"之间本身的联系而言，一说："老蚕上下丝于口，故曰咡丝。新丝出，故丝脆，商于五音最细而急，故绝也。"或曰："蚕老时，丝在身中正黄，达见于外如珥也。商，西方金音也，蚕，午火也，火壮金困（囚），应尚而已。或有新故（旧）相感者也。"[3]可见，"蚕珥丝"是指蚕老丝成而弄丝于口，而"弦"则是指用黄丝作素琴的弦。谓"蚕吐丝时，商弦常断"[4]，确实没有必然联系，但商弦系用蚕丝所做，却符合实际。

"禾实于野，而粟缺于仓"，此处的"禾"系指庄稼，"实"是指粮食，田野有粮食，却不能"积粟于仓"，当老百姓需要救济的时候，国家却没有多余的粮食，这是造成社会不稳定的重要因素。所以，在"禾实于野"的同时，更应输粟于仓，以备岁歉。

"芜荑生于燕，橘枳死于荆"，文中的"芜荑"亦即无姑，榆的一种。郭璞注："无姑，姑榆也。生山中，叶圆而厚，剥取皮合渍之，其味辛香，所谓无夷。"[5]姑榆即今之山榆，它是适生于我国的东北及华北地区，是北方地区常见的树种。"橘枳"是两种外貌虽相似，实质却不同的植物，橘可食，枳则酸涩不可食。《晏子春秋》曾载有晏子回答楚王的一段话说："橘生淮南则为橘，生于淮北则为枳，叶徒相似，其实味不同。所以然者何？水土异也。"[6]在这里，董仲舒强调的是植物生长的环境因素，南方适合于橘枳的生长，而北方则适合于芜荑的生长，地理环境的差异造成了植物分布的不同。

以上这些所谓的"奇而可怪"现象，董仲舒认为是"非人所意也"，即它们是人类认识暂时无法理解的东西，但又确实不是虚构的，而是有其存在的内在原因和根据，用董仲舒的话说，就是"既已有之矣"。"既已有之矣"，人类的认识就一定会理解它们。董仲舒没有进一步明确这一点，所以在这个问题上暴露了他自身的学说尚存在一定缺陷。

（二）"人副天数"与董仲舒的"天人合一"思想

1. 董仲舒"人副天数"思想的主要内容

（1）"为人者天"及其与天的对应关系。董仲舒"天人合一"说的理论基础是"同类

---

[1] 李东琬：《阳燧小考》，《自然科学史研究》1996 年第 4 期，第 372 页。
[2] （汉）刘安著、高诱注：《淮南子》卷 6《览冥训》，《百子全书》第 3 册，第 2852 页。
[3] 陈志坚主编：《诸子集成》第 4 册《淮南子注》，北京：北京燕山出版社，2008 年，第 663 页。
[4] 刘贻群：《庞朴文集》第 4 卷《一分为三》，济南：山东大学出版社，2005 年，第 629 页。
[5] （晋）郭璞注、（宋）邢昺疏：《尔雅注疏》，济南：山东画报出版社，2004 年，第 228 页。
[6] （春秋）晏婴：《晏子春秋》，哈尔滨：北方文艺出版社，2013 年，第 173 页。

相动"，关于这个问题前面已有论述。董仲舒明确肯定："天有阴阳，人亦有阴阳。"①由此，则天人不仅可以"相动"，而且还可以对应。在董仲舒看来，人与一般生物不同。他说："为生不能为人，为人者天也，人之人本于天，天亦人之曾祖父也。此人之所以乃上类天也。"②关于这段话，我们不妨分做两部分来分析：先说"为生不能为人"，如果从生物进化论的角度看，这个论断是不正确的，因为没有"生"（即一般生物）就不会有人类的出现，如众所知，现代宇宙大爆炸学说认为，大约在 66 亿年前，银河系内曾发生过一次大爆炸，正是由于这次大爆炸，大约在 46 亿年前形成了太阳系。地球经过几亿年的演化，大约在 38 亿年前出现了原始地壳和原始海洋。随着原始大气的出现，并经过一定的化学反应过程，在原始大气层中生成的有机小分子物质聚集在原始海洋中，先后形成生物大分子物质及多分子体系，进而生成"原生体"和原始生命。有生命的"原生体"逐步演化为原核单细胞生物，然后从原核单细胞生物到真核单细胞生物，再从原始的有鞭毛的单细胞生物到单细胞绿藻和单细胞原生动物。而单细胞原生动物进一步演化为多细胞动物，接着又从水生动物到陆生动物，从无脊椎动物到脊椎动物，其中脊椎动物中的一支即哺乳动物分化出灵长类动物，又由灵长类动物分化出古猿和猿人，最后从类人猿中分化出原始人类。③再说"人之人本于天"，则表明人又是自然界的一部分。既不承认人与一般动物的关系，又承认人是自然界的一部分，在似乎矛盾的思想体系中包含着董仲舒的"同类相动"观念。在董仲舒的视域内，"天"的含义十分复杂，但归根到底是一种神学自然观，因为只有通过看不见的"神灵"或阴阳之气这个媒介，天与人之间才能够相互贯连和感应。所以董仲舒说："天高其位而下其施，藏其形而见其光。高其位，所以为尊也；下其施，所以为仁也；藏其形，所以为神；见其光，所以为明。故位尊而施仁，藏神而见光者，天之行也。故为人主者，法天之行，是故内深藏，所以为神，外博观，所以为明也。"④在"天下其施"的过程中，人类便"化天"而成。董仲舒说："人之形体，化天数而成；人之血气，化天志而仁；人之德行，化天理而义；人之好恶，化天之暖清；人之喜怒，化天之寒暑；人之受命，化天之四时。……天之副在乎人，人之情性，有由天者矣。"⑤可见，人在"化天"的过程，被赋予了天的一切秉质，对于董仲舒的这一套"天副"学说，学界议论颇多。例如，吴龙灿先生说："这一段，可谓天人感应论证的总纲。董仲舒把'为人者，天也'，作为天人感应的基本根据，又从人的形体、血气、德行、好恶、喜怒、受命等人本于天的不同层次的论据，来论证天人感应。"⑥

　　吕振羽先生又说："依照董仲舒，人的形体以及其精神上的各种表征，完全符合天自体；易言之，天依照其自己的构制而创制人类。他又认为具有这种创制人类万物之权能的'天'，也和人间一样，有'百神'在辅助它，而自为最高的权力者。故说：'天者，百神

① （汉）董仲舒：《春秋繁露》卷 13《同类相动》，第 76 页。
② （汉）董仲舒：《春秋繁露》卷 11《为人者天》，第 64 页。
③ 崔佳编著：《一本书读完生物进化的历史》，北京：中华工商联合出版社，2014 年，第 2—5 页。
④ （汉）董仲舒：《春秋繁露》卷 6《离合根》，第 36 页。
⑤ （汉）董仲舒：《春秋繁露》卷 11《为人者天》，第 64 页。
⑥ 吴龙灿：《天命、正义与伦理——董仲舒政治哲学研究》，北京：人民出版社，2013 年，第 142 页。

之君也，王者之所最尊也。'（《郊义》）'天者，百神之大君也；事天不备，虽百神犹无益也。'（《郊祭》）这完全是适应地主阶级专制主义的政治形态上反映着的思维的构制。不过在他，在其理论上把自己首尾倒置，而回绕于神学的幽灵下。"①

李石岑先生更把董仲舒的"天副"观与墨子的"天志"思想联系起来，并论证说："他的天人合一思想，就不能说和墨子的天志说没有关系。墨子说：'我有天志，譬若轮人之有规，匠人之有矩。'意思是说，人之有规矩，即以天之规矩为规矩。……不过墨子的思想，虽推重天志，却并不忽视人力，他所以提出非命，便是推重人力的表示。严格地说，墨子的思想已立了一个天人合一的基础。墨子说，认天有威权，祸福只由人自召，顺天之志，便可得福，逆天之志，便不免得福。董子之说，较墨子稍有不同，天固有威权，人亦有威权，人与天地可以相偶。"②

因此，由董仲舒构建的人与天之间的这种对应关系，带有一定的机械性和强制性。③故董仲舒云："由天之号也，为人主也，道莫明省身之天，如天出之也。使其出也，答天之出四时而必忠其受也"④。上天可以对人君发号施令，人君面对上天的"号令"，只能"忠其受"，否则，就会遭到天谴。同理，"天下受命于天子，一国则受命于君，君命顺则民有顺命，君命逆则民有逆命"，⑤即天子对民可以发号施令，而"民"对于天子的号令，只能"忠其受"，否则，也会遭到天谴，其实董仲舒整个思想理论的核心在此，而这无疑是董仲舒"天副"理论的实质。

（2）从"天端"到"贵人"：董仲舒"天副人数"说的神权政治。董仲舒说："天有十端，十端而止已。天为一端，地为一端，阴为一端，阳为一端，火为一端，金为一端，水为一端，土为一端，人为一端，凡十端而毕，天之数也。"⑥人为"十端"之一，与人相对的"物"，则被排挤到"十端"之外，所以董仲舒说："天、地、阴、阳、木、火、土、金、水、九与人而十者，天之数毕也，故数者至十而止，书者以十为终，皆取之此，圣人何其贵者，起于天至于人而毕，毕之外谓之物，物者投所贵之端，而不在其中，以此见人之超然万物之上，而最为天下贵也。"⑦前面讲过，董仲舒认为："天高其位，所以为尊"，而在此处又说："人之超然万物之上，而最为天下贵"，这两种说法是不是相互矛盾呢？当然不矛盾，因为在董仲舒看来，宇宙万物是由阴阳五行相互构造而成的，人却不是，人则是上天按照自己的意志创制出人类，用董仲舒的话说是"化天"而成。因此之故，人才会与天相类，这即"天副"概念的内在含义。当然，"上天"其实是

① 吕振羽：《吕振羽全集》第4卷《中国政治思想史》，北京：人民出版社，2014年，第264页。
② 李石岑：《中国哲学十讲》，北京：首都经济贸易大学出版社，2013年，第117—118页。
③ 对此，李泽厚先生指出："在董仲舒那里，人格的天（天志、天意）是依赖自然的天（阴阳、四时、五行）来呈现自己的。前者（人格的天）从宗教来，后者从科学（如天文学）来。前者具有神秘的主宰性、意志性、目的性，后者则是机械性或半机械性的。前者赖后者而呈现，意味着人对'天志''天意'的服从，即对阴阳、四时、五行的机械秩序的顺应。"参见李泽厚：《中国古代思想史论》，北京：生活·读书·新知三联书店，2008年，第150页。
④ （汉）董仲舒：《春秋繁露》卷11《为人者天》，第65页。
⑤ （汉）董仲舒：《春秋繁露》卷11《为人者天》，第65页。
⑥ （汉）董仲舒：《春秋繁露》卷7《官制象天》，第45页。
⑦ （汉）董仲舒：《春秋繁露》卷17《天地阴阳》，第98—99页。

董仲舒按照自己的理论需要而虚构出来的自然神，正如有学者所言："上天只不过是用来迷惑人民的幌子而已。天是虚构出来的，是地上的统治者按照自己的面貌塑造出来的一个影子，是地上的封建统治者的化身。"①

天是有意志的，这是董仲舒"天副人数"说的根基。董仲舒论证说："天有和有德，有平有威，有相受之意，有为政之理，不可不审也。春者，天之和也，夏者，天之德也，秋者，天之平也，冬者，天之威也。天之序，必先和然后发德，必先平然后发威，此可以见不和不可以发庆赏之德，不平不可以发刑罚之威，又可见德生于和，威生于平也，不和无德，不平无威，天之道也，达者以此见之矣。"②他又说："阴阳之气，在上天，亦在人。在人者为好恶喜怒，在天者为暖清寒暑，出入上下，左右前后，平行而不止，未尝有所稽留滞郁也，其在人者，亦宜行而无留，若四时之条条然也。夫喜怒哀乐之止动也，此天之所为人性命者，临其时而欲发，其应亦天应也，与暖清寒暑之至其时而欲发无异，若留德而待春夏，留刑而待秋冬也，此有顺四时之名，实逆于天地之经，在人者亦天也，奈何其久留天气，使之郁滞，不得以其正周行也，是故天行谷朽寅而秋生麦，告除秽而继乏也，所以成功继乏以赡人也。"③如此张扬"上天"的威德，其目的不外是想告白民众，作为"天子"的封建最高统治者也应效法上天的威德。董仲舒表示："为人君者其法取象于天，故贵爵而臣国，所以为仁也；深居隐处，不见其体，所以为神也；任贤使能，观听四方，所以为明也；量能授官，贤愚有差，所以相承也；引贤自近，以备股肱，所以为刚也；考实事功，次序殿最，所以成世也；有功者进，无功者退，所以赏罚也。是故天执其道为万物主，君执其常为一国主。"④

对于"威"与"德"的关系，董仲舒以"服制像"为例，他这样解释道："天地之生万物也以养人，故其可食者以养身体，其可威者以为容服，礼之所以兴也。剑之在左，青龙之象也；刀之在右，白虎之象也；韨之在前，赤鸟之象也；冠之在首，玄武之象也；四者，人之盛饰也。夫能通古今，别然不然，乃能服此也。盖玄武者，貌之最严有威者也，其像在后，其服反居首，武之至而不用矣。圣人之所以超然，虽欲从之，末由也已！夫执介胄而后能拒敌者，故非圣人之所贵也，君子显之于服，而勇武者消其志于貌也矣。故文德为贵，而威武为下，此天下之所以永全也。"⑤这一段话集中体现了董仲舒对"文德"与"威武"之间关系的理解，在汉武帝之前，"文德"尚未成为汉朝治理国家的主导文化，据《史记·陆贾列传》载："陆生时时前说称《诗》、《书》。高帝骂之曰：'乃公居马上而得之，安事《诗》、《书》！'陆生曰：'居马上得之，宁可以马上治之乎？'"⑥这是关乎汉朝治国策略的大问题，它表明自汉高祖立国伊始，就有儒生开始思考这个问题。在汉初所封

---

① 王杰、顾建军：《汉代神权政治的重新确立——董仲舒与儒学的神化》，《现代哲学》2012 年第 3 期，第 124 页。
② （汉）董仲舒：《春秋繁露》卷 17《威德所生》，第 96 页。
③ （汉）董仲舒：《春秋繁露》卷 17《如天之为》，第 97 页。
④ （汉）董仲舒：《春秋繁露》卷 17《天地之行》，第 96 页。
⑤ （汉）董仲舒：《春秋繁露》卷 6《服制像》，第 34 页。对这段话的美学解释，请参见蔡子谔：《中国服饰美学史》，石家庄：河北美术出版社，2001 年，第 411 页。
⑥ 《史记》卷 97《陆贾列传》，第 2699 页。

的"异姓王"中,"(韩)信惟饿隶,(英)布实黥徒,(彭)越亦狗盗,(吴)芮尹江湖。云起龙襄,化为侯王"①。《史记·叔孙通列传》又载:"叔孙通之降汉,从儒生弟子百余人,然通无所言进,专言诸故群盗壮士进之。"②在这种崇武抑文的历史背景下,各诸侯王大兴"养士"之风,结果引发"七国之乱"。有鉴于此,汉武帝采纳董仲舒"独尊儒术"的方策,推行文教兴国战略,"儒家之学遂成泱泱之壮观。中国的历史格局,从此就变成了另外一种风格,尚武任侠从此变成了地道的'重文轻武'"③。

在"天人"的对应关系中,董仲舒特别强调"官制象天",亦即人们应当按照上天统摄万物的运行机制来设官立府。他说:

> 王者制官,三公九卿二十七大夫,八十一元士,凡百二十人,而列臣备矣。吾闻圣王所取仪,金天之大经,三起而成,四转而终,官制亦然者,此其仪与?三人而为一选,仪于三月而为一时也。四选而止,仪于四时而终也。三公者,王之所以自持也。天以三成之,王以三自持。立成数以为植而四重之,其可以无失矣。备天数以参事,治谨于道之意也。此百二十臣者,皆先王之所与直道而行也。是故天子自参以三公,三公自参以九卿,九卿自参以三大夫,三大夫自参以三士。三人为选者四重,自三之道以治天下,若天之四重,自三之时以终始岁也。一阳而三春,非自三之时与?而天四重之,其数同矣。天有四时,时三月;王有四选,选三臣。是故有孟、有仲、有季,一时之情也;有上、有下、有中,一选之情也。三臣而为一选,四选而止,人情尽矣。④

在文中,董仲舒牢牢把握住"三生万物"这个宇宙定律,以"三"来推演"王者制官"。故《史记·律书》说:"数始于一,终于十,成于三。"所以"生黄钟术曰:以下生者,倍其实,三其法。以上生者,四其实,三其法。"⑤朱熹总结《周易》卦爻的变化规律云:"《易》,方、州、部、家,皆自三数推之。玄为之首,一以生三为三方,三生九为九州,九生二十七为二十七部,九九乘之,斯为八十一家。首之以八十一,所以准六十四卦;赞之以七百二十有九,所以准三百八十四爻,无非以三数推之。"⑥司马迁和扬雄均为西汉人,却晚于董仲舒,而他们又都喜欢"以三数推之"。可见,董仲舒上述思想影响颇巨。在董仲舒看来,"王者制官"是按照"三"及其倍数来设置,这不是那个人随意而为之,而是上天早已立下的"规矩",是为"惟天之法"。即"上天的常规是三月一季,四季一年,效法月、季、年的变化规律,君王制定官制,设置三公、九卿、二十七大夫、八十一元士,总计一百二十人就使群臣具备了。"⑦周谷城先生指出:"把设官分职之数与天

① 《汉书》卷100下《叙传》,第4246页。
② 《史记》卷99《叔孙通列传》,第2721页。
③ 方国清:《中国文化与武化论弈》,《体育学刊》2007年第1期,第77页。
④ (汉)董仲舒:《春秋繁露》卷7《官制象天》,第44—45页。
⑤ 《史记》卷25《律书》,第1251页。
⑥ (宋)黎靖德编、王星贤点校:《朱子语类》卷100《邵子之书》,北京:中华书局,1986年,第2545—2546页。
⑦ 何永军:《中国古代法制的思想世界》,北京:中国法制出版社,2013年,第89页。

道变化之数这样配合起来，无异于替王者制造出一施政之天然根据，其作用等于宪法。大抵统一帝国成，这种天然根据，总有一次要被人制造出来；董氏的学说，恰好完成了这个任务。"①

回到人本身，董仲舒认为人体的生理结构也与天相符。他说："天地之精所以生物者，莫贵于人。人受命乎天也，故超然有以倚。物疾疾莫能为仁义，唯人独能为仁义；物疾疾莫能偶天地，唯人独能偶天地。人有三百六十节，偶天之数也；形体骨肉，偶地之厚也。上有耳目聪明，日月之象也；体有空穿理脉，川谷之象也；心有哀乐喜怒，神气之类也。观人之体一，何高物之甚，而类于天也。"②他又说：

> 人之身，首坌而员，象天容也；发，象星辰也；耳目戾戾，象日月也；鼻口呼吸，象风气也；胸中达知，象神明也，腹胞实虚，象百物也。百物者最近地，故要以下，地也。天地之象，以要为带。颈以上者，精神尊严，明天类之状也；颈而下者，丰厚卑辱，土壤之比也。足布而方，地形之象也。是故礼，带置绅必直其颈，以别心也。带而上者尽为阳，带而下者尽为阴，各其分。阳，天气也；阴，地气也。故阴阳之动，使人足病，喉痹起，则地气上为云雨，而象亦应之也。天地之符，阴阳之副，常设于身，身犹天也，数与之相参，故命与之相连也。天以终岁之数，成人之身，故小节三百六十六，副日数也；大节十二分，副月数也；内有五藏，副五行数也；外有四肢，副四时数也；乍视乍暝，副昼夜也；乍刚乍柔，副冬夏也；乍哀乍乐，副阴阳也；心有计虑，副度数也；行有伦理，副天地也。此皆暗肤著身，与人俱生，比而偶之弇合。于其可数也，副数；不可数者，副类。皆当同而副天，一也。是故陈其有形以著其无形者，拘其可数以著其不可数者。以此言道之，亦宜以类相应，犹其形也，以数相中也。③

在这一段"比类"话语中，董仲舒将人类的疾病与环境因素联系起来，确实有其合理的因素。不过，诚如有学者所言："董仲舒讨论的天人关系虽多以自然现象比类，但这里讨论的'天'是人格神的'天'，而'人'则为社会属性的人，董仲舒所重视的是天有刑罚之威，强调'天'对'人'的德威并用，以此来提高王权，因此，在设计上将天人关系人格化与伦理化。"④所以，还有学者把董仲舒看作是中国风水术的理论推手，认为："在古代风水理论中，常常有将大地、山川等自然环境与人体相比拟的观念，这显然与董仲舒的'人副天数'说一脉相承。"⑤

至于董仲舒为何将他的"天人关系"引向神学政治，崔涛先生从思维的角度阐释说："天、人之间的这种对应的相似性，以今天的理性思维看，既不可能为它找到可靠的理论基础，也完全无法将之加以验证，但在董氏哲学那里，天、人之间这种相互关系的确知唯

①　周谷城：《中国通史》上册，上海：上海人民出版社，1957年，第230页。
②　（汉）董仲舒：《春秋繁露》卷13《人副天数》，第75页。
③　（汉）董仲舒：《春秋繁露》卷13《人副天数》，第75页。
④　潘毅：《寻回中医失落的元神1：易之篇·道之篇》，广州：广东科技出版社，2013年，第235页。
⑤　傅洪光：《中国风水史：一个文化现象的历史研究》，北京：九州出版社，2013年，第61页。

一遵循的思路，不是任何自然可观的理据，而是一种特殊的'散漫联想'。它是我们中国古人特有的生存论体验方式，也是董氏生存论图景视域的思维基础。这种'散漫联想'拒绝逻辑思维的禁锢，可以追逐于事物任何层面的相似性而将之归结为一个统摄类别，显示出日常理解力的某种奇特的适应性与穿透力。"①而"其所以'散漫'到如此不负责任，则是因为它所顾及的本就不是有关现实世界的客观知识，它将一个体验到'图景世界'展示给我们，目的在于让我们把捉景象背后隐藏的意义。"②也就是说，董仲舒并不是简单的为了"比类"而"比类"，实际上，"董氏政治哲学话语中包含着强烈的现实政治企图，即通过进一步强化'天人感应'，引出其政治哲学的一个重要命题：以'天'为实存本体的神圣政治伦常的树立"③。

2. 关于人的能动性问题

如前所述，董仲舒"天人感应"思想最终归宿导向了神学政治，于是，我们常常批评其阴阳五行学说里面缺乏科学的意义，而多神秘的成分。对此，汪高鑫先生这样评论道："董仲舒的'人副天数'说，其基本素材有些已经散见于前人或同时代人的著述之中。董仲舒正是在这些论说的基础上，构建起了一套系统的'人副天数'理论，并用这套理论对天人何以能相互感应做出了自己的解说。在他看来，既然天与人形体、性情、道德及政时皆属同类，天也就是放大了的人，而人则是缩小了的天。而这，正是天与人相互感应、天授命于人的原因所在。"④"最后，董仲舒提出了'天人谴告'说，宣扬有意志的天通过布祥降灾，来对人间的政治得失做出回应。"⑤很明显，这已经属于神秘主义的思想范畴了。

但是，董仲舒的思想体系本身具有多元性和复杂性，所以我们在深入考察董仲舒的"天人感应"思想时，还需要站在历史的角度，对其具体问题具体分析。比如，徐复观先生曾说："周以前，人的祸福完全是由帝、天的人格神所决定，而人完全处于被决定的地位。即使由周初开始，帝、天的人格神对人的祸福，退居于监督的地位，把决定权让给各人自己的行为；但人类行为的好坏，只由人类自身领受应有的结果，断不能影响到人格神的自身。凡是宗教中的最高人格神，他只能影响人，绝不可受人影响，否则便会由神座上倒了下来。但董氏的天，是与人互相影响的，天人居于平等的地位。"⑥

在这种平等的天人关系中，董仲舒比较重视人相对于"天"的能动作用，仅此而言，董仲舒的"天人感应"学说中，确实还有许多内容需要我们用历史唯物主义的观点，重新进行审视和解读。

第一，"王教在性外"与人性的变化。儒家谈"性"，以《尚书》为最早。《尚书·汤诰》云："惟皇上帝降衷于下民，若有恒性。"⑦此处的"衷"，唐朝孔颖达解释云："天生

---

① 崔涛：《董仲舒的儒家政治哲学》，北京：光明日报出版社，2013 年，第 132 页。
② 崔涛：《董仲舒的儒家政治哲学》，第 132 页。
③ 崔涛：《董仲舒的儒家政治哲学》，第 136 页。
④ 汪高鑫：《董仲舒与汉代历史思想研究》，北京：商务印书馆，2012 年，第 52 页。
⑤ 汪高鑫：《董仲舒与汉代历史思想研究》，第 52 页。
⑥ 徐复观：《两汉思想史》第 2 册，第 370 页。
⑦ 黄侃：《黄侃手批白文十三经·尚书》，第 16 页。

烝民，与之五常之性，使有仁义礼智信，是天降善于下民也。天既与善于民，君当顺之。"①这就是说，"'性'得自于天，是人天生就有，且有'善'的内涵"②。从这则史料反映的内容看，孟子的性善说有着比较古老的历史渊源。当然，孟子已经非常肯定人之善是与生俱来的，是先验的。他说："仁义礼智，非由外铄我也，我固有之也，弗思耳矣。"③对于孟子的性善论，董仲舒提出了不同看法。他说："孔子曰：名不正则言不顺。今谓性已善，不几于无教。而如其自然，又不顺于为政之道矣，且名者性之实，实者性之质，质无教之时，何遽能善？"④显然，董仲舒认为人性不通过教育是无法为善的。因此，他强调教育可使人为善。故董仲舒说："今按圣人言中，本无性善名，而有善人吾不得见之矣。使万民之性皆已能善，善人者何为不见也？观孔子言此之意，以为善难当甚。而孟子以为万民性皆能当之，过矣。"⑤这样，董仲舒把"性"与"善"分为两个部分，其中"性"就像一张白纸，什么颜色都没有，所以董仲舒强调说："性者，天质之朴也；善者，王教之化也。无其质，则王教不能化；无其王教，则质朴不能善。质而不以善性，其名不正，故不受也。"⑥在此，"王教"是体现人类能动性的重要表现形式。

第二，"仁义法"与人我之分。天有仁义，人也有仁义，但是人的仁义有特定法则。对此，董仲舒论述说："春秋之所治，人与我也。所以治人与我者，仁与义也。以仁安人，以义正我。"⑦这里讲的是如何能动处理人与己的关系问题，这是做人的前提。因为"为人只有先摆正自我，才能爱人，达到人的境界，自己位置不摆正，那就处理不好人己的关系"。所以董仲舒说："仁之与人，义之于我者，不可不察也。众人不察，乃反以仁自裕，而以义设人。诡其处而逆其理，鲜不乱矣。是故人莫欲乱，而大抵常乱。凡以暗于人我之分，而不省仁义之所在也。是故《春秋》为仁义法。仁之法在爱人，不在爱我。义之法在正我，不在正人。我不自正，虽能正人，弗予为义。人不被其爱，虽厚自爱，不予为仁。"⑧文中的"正我"实际上就是一种自我改造的过程，在董仲舒的头脑里，正己是爱人的前提，自己不正何以爱人？于是，董仲舒对春秋以来儒家所讲的"仁义"观进行了重新审视和检讨，并阐明了他自己的认识。

《礼记·中庸》载："为政在人，取人以身，修身以道，修道以仁，仁者人也，亲亲为大。义者宜也，尊贤为大。……故君子不可以不修身，思修身不可以不事亲，思事亲不可以不知人，思知人不可以不知天。"⑨这一段话总的价值准则是先己后人，而"亲亲为大"之原则，又远离了"仁"道的本质。所以董仲舒说："仁谓往，义谓来，仁大远，义大

---

① （汉）孔安国传、（唐）孔颖达等正义：《尚书正义》卷 8《商书·汤诰》，（清）阮元：《十三经注疏》上册，北京：中华书局，1980 年，第 162 页。

② 杨燕：《四书概论》，北京：宗教文化出版社，2014 年，第 110 页。

③ 杨伯峻：《孟子译注》，北京：中华书局，1960 年，第 163 页。

④ （汉）董仲舒：《春秋繁露》卷 10《实性》，第 62 页。

⑤ （汉）董仲舒：《春秋繁露》卷 10《实性》，第 63 页。

⑥ （汉）董仲舒：《春秋繁露》卷 10《实性》，第 63 页。

⑦ （汉）董仲舒：《春秋繁露》卷 8《仁义法》，第 51 页。

⑧ （汉）董仲舒：《春秋繁露》卷 8《仁义法》，第 51 页。

⑨ 黄侃：《黄侃手批白文十三经·礼记》，第 200 页。

近。爱在人，谓之仁，义在我，谓之义。仁主人，义主我也。故曰：仁者人也，义者我也，此之谓也。君子求仁义之别，以纪人我之间，然后辨乎内外之分，而着于顺逆之处也。是故内治反理以正身，据礼以劝福。外治推恩以广施，宽制以容众。"①那么，如何做到"仁者人也，义者我也"呢？董仲舒提出了"情""贼""厚""薄""明""惑"等概念，实则亦是讲修炼仁义的方法。其中，"自称其恶谓之情，称人之恶谓之贼，求诸己谓之厚，求诸人谓之薄。自责以备谓之明，择人以备谓之惑。是故以自治之节治人，是居上不宽也。以治人之度自治，是为礼不敬也。为礼不敬则伤行，而民弗尊；居上不宽则伤厚，而民弗亲，弗亲则弗信"②。这是败政亡国的前兆，不可不加以重视。诚如徐复观先生所说，这种分别之所以重要，一方面是"若以修己的标准去治人，如朱元晦们认为民宁可饿死而不可失信，其势将演变……成为思想杀人的悲剧"；另一方面，"若以治人的标准来律己，于是将误认儒家精神，乃停顿于自然生命之上，而将儒家修己以'立人极'的工夫完全抹煞"③。

第三，"十指"与"仁往义来"之理。董仲舒总结《春秋左传》的要旨，共归纳为十个方面，亦即"十指"。他说："举事变见有重焉，一指也；见事变之所至者，一指也；因其所以至者而治之，一指也；强干弱枝，大本小末，一指也；别嫌疑，异同类，一指也；论贤才之义，别所长之能，一指也；亲近来远，同民所欲，一指也；承周文而反之质，一指也；本生火，火为夏，天之端，一指也；切刺讥之所罚，考变异之所加，天之端，一指也。"④可见，文中所讲"十指"，主题都没有离开人的能动性。所以梁启超先生解释说："董仲舒说《春秋》有十指，前三指最为握要。……事变之所至是结果，所以至者是原因，既知原因，想方法对治他，以求免于恶结果，便是作《春秋》的本意。"⑤此外，胡适、冯友兰、徐复观等人对董仲舒的"十指"说都有颇深的阐发，恕不一一详述。董仲舒以"十指"为纲领，统揽《春秋》之要义，使人们从不同角度去感悟能动意识和积极进取对于社会政治活动的意义，尤其对于君主而言，更系如此。从上述"十指"论中，我们能够深刻感受到董仲舒敢于"作为"和有所作为的推力。汉武帝雄韬武略，能够大力改革中枢体制、建立侍卫军、改革财政等，使得汉朝的政治、经济、军事和外交变得更为强大，实在得益于董仲舒的"春秋"学说。例如，"十指"中"举事变见有重"，主要是指"弑君"与"亡国"，董仲舒用两个篇章来考察春秋所说的"灭国"问题，显示了这个问题之重要。董仲舒说："王者民之所往，君者不失其群者也。故能使万民往之，而得天下之群者，无敌于天下。弑君三十六，亡国五十二，小国德薄不朝聘，大国不与诸侯会聚，孤特不相守，独居不同群，遭难莫之救，所以亡也。"⑥在董仲舒看来，"孤特不相守，独居不同群"是"亡国"的主要原因。因此，采取积极主动的外交策略，通西域，和越族，派遣

---

① （汉）董仲舒：《春秋繁露》卷8《仁义法》，第52页。
② （汉）董仲舒：《春秋繁露》卷8《仁义法》，第53页。
③ 李维武：《徐复观文集》第2卷《儒家思想与人文世界》，武汉：湖北人民出版社，2002年，第77页。
④ （汉）董仲舒：《春秋繁露》卷5《十指》，第33页。
⑤ 梁启超：《国学小史》，北京：商务印书馆，2014年，第160页。
⑥ （汉）董仲舒：《春秋繁露》卷5《灭国上》，第30页。

张骞出使西域，开辟了丝绸之路，当时中朝、中日外交比以前更活跃，官府间的外交活动也更加频繁，可以说汉武帝时期基本上奠定了中国古代与外国的基本外交格局。由此可见，"十指"的后果是积极的，当然，也是卓有成效的。董仲舒总结说："举事变见有重焉，则百姓安矣。见事变之所至者，则得失审矣。因其所以至而治之，则事之本正矣。强干弱枝，大本小末，则君臣之分明矣。别嫌疑，异同类，则是非著矣。论贤才之义，别所长之能，则百官序矣。承周文而反之质，则化所务立矣。亲近来远，同民所欲，则仁恩达矣。木生火，火为夏，则阴阳四时之理相受而次矣。切刺讥之所罚，考变异之所加，则天所欲为行矣。统此而举之，仁往而义来，德泽广大，衍溢于四海，阴阳和调，万物靡不得其理矣。"①说一千道一万，欲实现"德泽广大"的政治理想，其治乱的根本就在于"绝细恶"，实际上也是防微杜渐的意思，因为"细恶"是最危险的"天下之患"。董仲舒反复强调说："盖圣人者贵除天下之患……天下者无患，然后性可善；性可善，然后清廉之化流；清廉之化流，然后王道举。礼乐兴，其心在此矣。《传》曰：诸侯相聚而盟。君子修国曰：此将率为也哉。是以君子以天下为忧也，患乃至于弑君三十六，亡国五十二，细恶不绝之所致也。"②在此基础上，董仲舒提出了"善无小而不举，无恶小而不去，以纯其美"③的主张，这确实是提高全民道德素质的重要举措，同时它又是考验人们自觉能动性的重要标尺。因为没有自觉的能动性，要想从"渐以致之"④到"纯其美"的道德境界，是极其艰难的。

第四，"与天地流通而往来相应"。在董仲舒所讲的"天人关系"中，人有积极向善的能动性，故董仲舒说："天生民性，有善质而未能善，于是为之立王以善之。"⑤虽然"民有善质"，但这种能动的"善质"却需要外在的力量使之逐渐表现出来。对此，董仲舒有一段论述。他说："书邦家之过，兼灾异之变，以此见人之所为，其美恶之极，乃与天地流通而往来相应，此亦言天之一端也。古者修教训之官，务以德善化民，民已大化之后，天下常亡一人之狱矣。"⑥通过布德施仁而"以德善化民"，最终实现"天下常亡一人之狱"的司法境界。当然，以德去刑只能是董仲舒的一种美好幻想，在封建专制政治的体制下，封建统治者从来都是采取不断强化而不是弱化其暴力手段来维护他们的统治地位。在"俞序"一篇里，董仲舒阐述了"《春秋》之法"的内在要义，

（1）《春秋》之道。董仲舒说："圣人之德，莫美于恕。故予先言：'《春秋》详己而略人，因其国而容天下。'《春秋》之道，大得之则以王，小得之则以霸。故曾子、子石盛美齐侯，安诸侯，尊天子，霸王之道，皆本于仁，仁，天心，故次之以天心。"⑦诚如前述，董仲舒对"己"与"人"这两个范畴有严格的规范，其基本内涵是"仁以爱人，义以正

① （汉）董仲舒：《春秋繁露》卷5《十指》，第33页。
② （汉）董仲舒：《春秋繁露》卷5《盟会要》，第32页。
③ （汉）董仲舒：《春秋繁露》卷5《盟会要》，第32页。
④ 《汉书》卷56《董仲舒传》，第2517页。
⑤ （汉）董仲舒：《春秋繁露》卷10《深察名号》，第61页。
⑥ 《汉书》卷56《董仲舒传》，第2515页。
⑦ （汉）董仲舒：《春秋繁露》卷6《俞序》，第36页。

己"，在此前提下，"仁"就是《春秋》之道。为了践行"仁道"，董仲舒提出了仁智统一观。他说："仁者，恻怛爱人，谨翕不争，好恶敦伦，无伤恶之心，无隐忌之志，无嫉妒之气，无感愁之欲，无险诐之事，无辟违之行。故其心舒，其志平，其气和，其欲节，其事易，其行道，故能平易和理而无争也。如此者谓之仁。"①尽管仁具有这么多的优点，但是究竟如何才能实现"仁"的道德境界呢？董仲舒认为只有通过"智"的途径，才能成就"仁"道。他说："智者见祸福远，其知利害蚤，物动而知其化，事兴而知其归，见始而知其终，言之而无敢哗，立之而不可废，取之而不可舍，前后不相悖，终始有类，思之而有复，及之而不可厌。其言寡而足，约而喻，简而达，省而具，少而不可益，多而不可损。其动中伦，其言当务。如是者谓之智。"②因此，董仲舒提出了"仁者所以爱人类也，智者所以除其害也"③的命题。至于怎样利用"智"来防患于未然，董仲舒有一套见解。他说：

> 《春秋》之道，以元之深正天之端，以天之端正王之政，以王之政正诸侯之即位，以诸侯之即位正竟内之治，五者俱正而化大行。故书日蚀、星陨、有蜮、地震、夏大雨水、冬大雨雹、陨霜不杀草、自正月不雨至于秋七月、有鸜鹆来巢，《春秋》异之，以此见悖乱之征。是小者不得大，微者不得著，虽甚末，亦一端。孔子以此效之，吾所以贵微重始是也。因恶夫推灾异之象于前，然后图安危祸乱于后者，非《春秋》之所甚贵也。然而《春秋》举之以为一端者，亦欲其省天谴而畏天威，内动于心志，外见于事情，修身审己，明善心以反道者也，岂非贵微重、始慎终推效者哉！④

这段话的主要意思是说：灾异上天呈现出来的一种微小状态，本身尚无善恶之分，所以圣人应当具有"览求微细于无端之处，诚知小之将为大也，微之将为著"⑤的智力，从而防止灾异由微变著，导致严重的恶果。用董仲舒的话说，就是"凡灾异之本，尽生于国家之失。国家之失乃始萌芽，而天出灾害以谴告之；谴告之而不知变，乃见怪异以惊骇之，惊骇之尚不知畏恐，其殃咎乃至"⑥。故有学者评论认为，董仲舒以灾异为天谴的实质"是儒家另一种方式的道德教化，是对荀子'制天命而用之'的继承与发展"⑦。

（2）"思患而豫防"。人类意识能动性的突出表现是认识和把握事物运动的发展演变趋势，从而尽可能多的获得改造自然的主动权，使天地万物更好地为人类的现实生活服务。所以董仲舒说："天地之生万物也，以养人，故其可食者以养身体，其可威者以为容服。"⑧毫无疑问，无论是吃的还是穿的，人类都必须依靠自己的能动性，积极主动地从自然界中获取，因为天上不会掉馅饼，一分耕耘一分收获。不过，我们必须强调："人直接地是自然存在物。人作为自然存在物，而且作为有生命的自然存在物，一方面具有自然力、生命

---

① （汉）董仲舒：《春秋繁露》卷8《必仁且知》，第53页。
② （汉）董仲舒：《春秋繁露》卷8《必仁且知》，第53页。
③ （汉）董仲舒：《春秋繁露》卷8《必仁且知》，第53页。
④ （汉）董仲舒：《春秋繁露》卷6《二端》，第35页。
⑤ （汉）董仲舒：《春秋繁露》卷6《二端》，第35页。
⑥ （汉）董仲舒：《春秋繁露》卷8《必仁且知》，第54页。
⑦ 余亚斐：《荀学与西汉儒学之趋向》，芜湖：安徽师范大学出版社，2012年，第297页。
⑧ （汉）董仲舒：《春秋繁露》卷6《服制像》，第34页。

力，是能动的自然存在物；这些力量作为天赋和才能、作为欲望存在于人身上；另一方面，人作为自然的、肉体的、感性的、对象性的存在物，和动植物一样，是受动的、受制约的和受限制的存在物。"①在明白了这些基本概念之后，我们回头再讲董仲舒的"思患而豫防"思想。董仲舒说："爱人之大者，莫大于思患而豫防之，故蔡得意于吴，鲁得意于齐，而春秋皆不告。故次以言：怨人不可迩，敌国不可狎，攘窃之国不可使久亲，皆防患、为民除患之意也。不爱民之渐，乃至于死亡，故言楚灵王、晋厉公生弑于位，不仁之所致也。故善宋襄公不厄人，不由其道而胜，不如由其道而败，春秋贵之，将以变习俗，而成王化也。"②从源流上看，"思患而豫防"已见于《周易·既济·传》。其文云："水在火上，既济；君子以思患而豫防之。"③清人焦循释："小畜变通于豫，以其能早辨也，故名以豫。"④水在火上，寓意有火被熄灭的危险，它提示人们"凡事在开始时，就要考虑到可能降临的灾患，而事先加以预防"⑤。这里，除了前面所讲的"贵微重始"外，还有一些内容需要做进一步的阐释。

其一，使民有所好恶。董仲舒强调：对于治道者而言，"务致民令有所好，有所好，然后可得而劝也，故设赏以劝之；有所好，必有所恶，有所恶，然后可得而畏也，故设罚以畏之；既有所劝，又有所畏，然后可得而制"⑥。仅从这段论述中，董仲舒确实有内儒外法的思想特色。不过，对于民众来说，"设赏以劝"是国家统治的主导方向。为此，董仲舒提出了朴素的"物质刺激"论。他说："设官府爵禄，利五味，盛五色，调五声，以诱其耳目。"⑦在董仲舒看来，必要的物质刺激有利于国家治理，只不过要注意处理好有欲和无欲的关系，即"使之有欲，不得过节；使之敦朴，不得无欲，无欲有欲，各得以足"⑧。道德不是空头支票，不能饿着肚子践行"王者之道"，这是董仲舒哲学区别于程朱理学的最突出之处。当然，为了"致民令有所好"，董仲舒认为尊卑贵贱是天经地义的事情，况且也有抑制各种纷争的有效手段。比如，荀子曾说："人生而有欲，欲而不得，则不能无求；求而无度量分界，则不能不争。"对"度量分界"，荀子自己的解释云："制礼义以分之，以养人之欲，给人之求。使欲必不穷乎物，物必不屈于欲"，从而使"贵贱有等，长幼有差，贫富轻重皆有称者也。"⑨显然，董仲舒的"无欲有欲，各得以足"思想导源于荀子，并且在荀子《礼论》的基础上，又有所发挥。如董仲舒说："礼者，继天地，体阴阳，而慎主客，序尊卑贵贱大小之位，而差外内远近新故之级者也。"⑩他又说："夫礼，

---

① 中共中央马克思恩格斯列宁斯大林著作编译局：《1844 年经济学哲学手稿》，北京：人民出版社，2014 年，第 105 页。
② （汉）董仲舒：《春秋繁露》卷 6《俞序》，第 36 页。
③ 黄侃：《黄侃手批白文十三经·周易》，第 37 页。
④ （清）焦循撰、李一忻点校：《易学三书》上册《易通释》，北京：九州出版社，2003 年，第 508 页。
⑤ 刘庭华：《老子与孔子》，南昌：江西人民出版社，2014 年，第 122 页。
⑥ （汉）董仲舒：《春秋繁露》卷 6《保位权》，第 39 页。
⑦ （汉）董仲舒：《春秋繁露》卷 6《保位权》，第 38—39 页。
⑧ （汉）董仲舒：《春秋繁露》卷 6《保位权》，第 39 页。
⑨ （战国）荀况：《荀子·礼论》，《百子全书》第 1 册，第 196 页。
⑩ （汉）董仲舒：《春秋繁露》卷 9《奉本》，第 58 页。

体情而防乱者也。"①在董仲舒看来，等级制是维护国家统治的基本法则，他认为："未有贵贱无差，能全其位者也。"②以史为鉴，政治上的等级制，会引发社会动乱，故应废除，但是经济上的等差，则另当别论，需要客观分析。李泽厚先生曾说："彻底的实质平等如经济平等，很难做到。个人的天赋、体质、才能、品格、气质、经历、教育、遭遇都不可能平等一致，从而经济上收入和开支的完全平等既不可能，也无必要。不能用某种抽象的正义观念、道德义务来对待这些问题，大千世界本就是一个千差万别而并不平等的多样性的组合体。这里关键仍在于'度'。"③此"度"亦即董仲舒的"使之有欲，不得过节"，两者义同。

其二，"得一而应万"。对于董仲舒的这个论题，于治平先生有专论④，可资参考。董仲舒说："天道施，地道化，人道义。……（圣人）得一而应万，类之治也。"⑤为什么有道之人能产生"得一而应万"的规律性认识呢？董仲舒认为主要是由于"天道各以其类动"⑥，"一类"即分类，目前已经成为一门科学。尽管董仲舒对分类的意义还没有提高到科学的认识水平，但是他的基本思路符合事物本身的发展规律，尤其对复杂事物的认识，更需要"分类学"的方法。于治平先生评论道：

> "类"是人眼里一切世界存在之间的可通约性，通过"类"，物与物之间才能够进行交流与汇通。……物与物之间，因为"气同则会"、"声比则应"，便"去所异"、"从所同"，所以才能够达到"以类相召"，双向感应。于是，找到了"类"，也就抓住了天、地、人之间的"一"，从而就有可能与万事万物相感应和沟通，进而通达万事万物自身。类是人类思维发展到一定程度之后的必然结果。有类，道德学、知识论的成立才有可能；无类，我们则不能开拓视野，接触和了解更多的外在事物。实际上，类的一个最大效果就是获得某种先天必然的认识，直接通达一切存在者之为存在者的本性，高屋建瓴，上达而下学，无须事事亲历，不用物物见证，超越经验而能够举一反三、一通百通，这就叫作"得一而应万"。⑦

其三，"见端知本"，这是理性思维的重要特征。尽管董仲舒所讲的"本末"和"始终"，还不能等同于一般认识论的"本末"和"始终"，但是就其方法论本身而言，同样具有科学意义。在一定程度上，我们也可以把"端"和"本"理解为现象与本质的关系，比如，董仲舒说："致雨非神也，而疑于神者，其理微妙也。"⑧抛去其神秘的成分，董仲舒将事物的内在必然性或本质，称之为"其理微妙"，而这种"微妙"的"理"不是依靠感

---

① （汉）董仲舒：《春秋繁露》卷17《天道施》，第99页。
② （汉）董仲舒：《春秋繁露》卷5《王道》，第30页。
③ 李泽厚：《回应桑德尔及其他》，北京：生活·读书·新知三联书店，2014年，第41页。
④ 余治平：《忠恕而仁——儒家尽己推己、将心比心的态度、观念与实践》，上海：上海人民出版社，2012年，第386页。
⑤ （汉）董仲舒：《春秋繁露》卷17《天道施》，第99页。
⑥ （汉）董仲舒：《春秋繁露》卷7《三代改制质文》，第44页。
⑦ 余治平：《忠恕而仁——儒家尽己推己、将心比心的态度、观念与实践》，第386页。
⑧ （汉）董仲舒：《春秋繁露》卷13《同类相动》，第76页。

性经验所能把握的，所以董仲舒说："圣人见端而知本，精之至也。……动其本者，不知静其末，受其始者，不能辞其终，利者，盗之本也，妄者，乱之始也，夫受乱之始，动盗之本，而欲民之静，不可得也。"①有学者分析说："圣人发现始端能够认识根本，最为精辟。把握一般应付众多，是同类事物的治理方法。动摇根本的人不知道停止它的末端，开始接受的人最终不能辞而不受。追逐私利的人，是盗窃的根本；荒谬诞妄的人，是作乱的开始。凡是接受荒谬诞妄、鼓惑私利，而且想要民众安静，是办不到的事。"②掌握了事物的内在必然性，就能由此及彼，推见至隐，由特殊上升到一般。董仲舒举例说：

> 古之人有言曰：不知来，视诸往。今《春秋》之为学也，道往而明来者也，然而其辞体天之微，故难知也，弗能察，寂若无；能察之，无物不在。是故为《春秋》者，得一端而多连之，见一空而博贯之，则天下尽矣。鲁僖公以乱即位，而知亲任季子，季子无恙之时，内无臣下之乱，外无诸侯之患，行之二十年，国家安宁；季子卒之后，鲁不支邻国之患，直乞师楚耳；僖公之情，非辄不肖，而国衰益危者，何也？以无季子也。以鲁人之若是也，亦知他国之皆若是也，以他国之皆若是，亦知天下之皆若是也，此之谓连而贯之，故天下虽大，古今虽久，以是定矣。以所任贤，谓之主尊国安；所任非其人，谓之主卑国危。万世必然，无所疑也。③

在此，为了认识和理解事物的内在规律，人们的思维就要不能保守，要善于发散和联想，这是创造性思维的必要条件。同时，观察事物和研究学问，察终原始，都需要有一种"多连之"和"博贯之"的思维方法，其中"从思维形式上讲，多连即类比归纳，博贯即演绎推理"④。比如，"任贤"对于国家的安宁，至关重要，没有贤者辅佐，就会出现"主卑国危"的危局，在董仲舒看来，这是具有普遍意义的客观规律。事实上，古往今来的历史证明，没有贤才的国家没有不败亡的道理。《墨子·尚贤》载："得意，贤士不可不举；不得意，贤士不可不举。尚欲祖述尧舜禹汤之道，将不可以不尚贤。夫尚贤者，政之本也。"⑤所以，董仲舒深谙此道，他运用"博贯"法，借史明理，十分透彻地讲解了崇德尚贤与国家昌盛的密切关系。他说："任非其人，而国家不倾者，自古至今，未尝闻也。故吾按春秋而观成败，乃切悁悁于前世之兴亡也，任贤臣者，国家之兴也。夫知不足以知贤，无可奈何矣；知之不能任，大者以死亡，小者以乱危，其若是何邪？"⑥

其四，反对"求备于人"。人非圣贤，孰能无过？著名作家雨果在《悲惨世界》一书中曾经写道："尽可能少犯错误，这是做人的准则；不犯错误是天使的梦想。尘世上的一切人都是免不了犯错误的，错误就如一种地心吸力。"⑦科学研究更是如此，因为科学研究

① （汉）董仲舒：《春秋繁露》卷 17《天道施》，第 99 页。
② 吴乃恭：《船山理论范畴》，长春：吉林人民出版社，2002 年，第 183 页。
③ （汉）董仲舒：《春秋繁露》卷 3《精华》，第 24 页。
④ 龚裕德：《简明中国学习思想史》，北京：中国文联出版社，2011 年，第 76 页。
⑤ （战国）墨翟撰、（清）毕沅校注：《墨子》卷 2《尚贤上》，《百子全书》第 3 册，第 2375 页。
⑥ （汉）董仲舒：《春秋繁露》卷 3《精华》，第 24 页。
⑦ 郭东斌主编：《格言大辞典》，沈阳：辽宁人民出版社，1990 年，第 311 页。

的目的在于认识世界，而在探索未知世界的过程中，各种矛盾现象错综复杂，因此，出现错误的认识是不可避免的。即使在平时的社会活动中，人们偶尔犯错误也很正常。问题是，不同的人对待错误的态度截然有别，或者苛求与人，或者谅解和包容，然而它们最终所产生的社会效应大不相同。董仲舒举例说："子夏言：'春秋重人，诸讥皆本此，或奢侈使人愤怨，或暴虐贼害人，终皆祸及身。'故子池言：'鲁庄筑台，丹楹刻桷；晋厉之刑刻意者；皆不得以寿终。'上奢侈，刑又急，皆不内恕，求备于人。故次以春秋，缘人情，赦小过，而传明之曰：君子辞也。孔子明得失，见成败，疾时世之不仁，失王道之体，故缘人情，赦小过，传又明之曰：君子辞也。孔子曰：'吾因行事，加吾王心焉，假其位号，以正人伦，因其成败，以明顺逆。'故其所善，则桓文行之而遂，其所恶，则乱国行之终以败。故始言大恶，杀君亡国，终言赦小过，是亦始于粗粗，终于精微，教化流行，德泽大洽，天下之人，人有士君子之行，而少过矣，亦讥二名之意也。"①前面讲过，"圣人之德，莫美于恕"，"恕心"是一种美德，因为"恕心"本身是一种感人的心，它是一种凝聚人心的力量。如果没有一颗"恕心"，处处求全责备，那么，他就很难去感动人和团结人，更遑论"教化流行，德泽大洽"。所以，董仲舒鉴于鲁庄公和晋厉公的历史教训，针对某些可以谅解的失误或过错，提出"缘人情，赦小过"的"内恕"主张，显然，他是对孔子"躬自厚而薄责于人"②和小人"其使人也，求备焉"③思想的进一步继承和发展。

说来说去，再回到前面所讲的"仁者人也，义者我也"话题上来。其中"仁者人也"自不待言，尤以"义者我也"，颇费周折，这是因为"自我"对"义"有一个逐渐认识和能动接受的过程。在董仲舒的视野里，人的自觉能动性主要表现在三个方面：第一，"救害而先知之"；第二，"外治推恩以广施，宽制以容众"；第三，"先饮食而后教诲，谓治人也"④，即先满足吃饭问题，然后才能对民众实施道德教化，这是一个比较唯物的哲学命题。"民"虽然性有"善质"，但不能自发地产生出"义"来，因为"义"对于民众而言，它有一个从不自觉到自觉的过程。对此，董仲舒认为："夫人有义者，虽贫能自乐也。而大无义者，虽富莫能自存。吾以此实义之养生人，大于利而厚于财也。民不能知而常反之，皆忘义而殉利，去理而走邪，以贼其身而祸其家。此非其自为计不忠也，则其知之所不能明也。"⑤那么，如何使人们明白"养莫重于义，义之养生人大于利"⑥的道理呢？董仲舒指出："先王显德以示民，民乐而歌之以为诗，说而化之以为欲。故不令而自行，不禁而自止，从上之意，不待使之，若自然矣。"否则，"不示显德行，民暗于义，不能炤；迷于道不能解，因欲大严以必正之，直残贼天民而薄主德耳，其势不行。"⑦当然，从道德实践的层面看，"显德以示民"与"大严以必正之"并不能偏废，两者必须相辅相成。以

① （汉）董仲舒：《春秋繁露》卷6《俞序》，第36页。
② 黄侃：《黄侃手批白文十三经·论语》，第31页。
③ 黄侃：《黄侃手批白文十三经·论语》，第26页。
④ （汉）董仲舒：《春秋繁露》卷8《仁义法》，第52页。
⑤ （汉）董仲舒：《春秋繁露》卷9《身之养重于义》，第55页。
⑥ （汉）董仲舒：《春秋繁露》卷9《身之养重于义》，第54页。
⑦ （汉）董仲舒：《春秋繁露》卷9《身之养重于义》，第55页。

赵盾为例，孔子认为，赵盾"不讨贼为弑君也"，但"名为弑君而罪不诛"，这是因为"矫者不过其正弗能直"，所以"《春秋》之道，视人所惑，为立说以大明之。今赵盾贤而不遂于理，皆见其善，莫知其罪，故因其所贤而加之大恶，击之重责，使人湛思而自省悟以反道"①。不过，也不能将"击之重责"扩大化，这是因为问题还有另外一方面，"宽制以容众"，也即"缘人情、赦小过"，例如，"秋气始杀，王者行小刑罚，民不犯则礼义成"②。只有这样，才能真正通过君子的教化和示范，达到使广大民众"自省悟以反道"，从而自觉地和能动地实现"不令而自行"的"大治之道"③。

二、董仲舒儒学科技思想的特点和地位

（一）董仲舒儒学科技思想的特点

1. 对"天"的阐释显示了多元性的特点

董仲舒在《春秋繁露》一书中，反复强调"天"这个核心概念，然而，在不同的语境里，董仲舒所理解的天，具有不尽相同的内容，相互之间的差异比较明显。

（1）自然之天。董仲舒的自然之天，分广义的天和狭义的天。其广义的天泛指宇宙万物，他说天有十端，包括天、地、阴、阳、火、金、木、水、土及人，概括起来就是天地阴阳五行和人。可见，这个"天"包罗万象，内涵丰富，囊括了自然界和人类社会两大领域。而从董仲舒的整个思想逻辑体系来看，"天"是一个基础概念，它的所指内涵世界的统一性问题。我们知道，哲学的基本问题是思维（精神）和存在（物质）的关系问题。其中包含两个方面：一是物质与意识的先后问题；二是意识能不能反映客观物质的存在状态问题。诚如前述，董仲舒承认自然之天的先在性，比如，在天的"十端"中，人是自然界长期演化的产物，用董仲舒的话说就是"化天"而成。不仅如此，在董仲舒的"天论"里，天是世界上繁多事物的本原，也即世界统一于天，这实际上是承认了世界客观存在着一个统一的本原。当然，这种统一性不是由单一元素所构成，而是由多元素所构成，就其存在形态来讲，既有生命界，同时又有非生命界。在这个统一世界里，所有元素都遵循着一个共同的规律，而这个规律是客观的和不以人的意志为转移的，综合来分析，董仲舒不是否认客观规律的存在，而是把这个规律绝对化了，在他看来，人类相对于自然界主要的是处于被动、压抑和服从的地位。在此前提下，董仲舒也部分承认人类意识的自觉能动性。

狭义的天是指与地相对应的天，包括日月星辰、四季运行等。在"五行相生""阴阳终始"等篇中，董仲舒反复论述了天与四时五行的关系。他说："天地之气，合而为一，分为阴阳，判为四时，列为五行。"④他又说："天之道，终而复始，故北方者，天之所终

---

① （汉）董仲舒：《春秋繁露》卷1《玉杯》，第14页。
② （汉）董仲舒：《春秋繁露》卷14《五行五事》，第81页。
③ （汉）董仲舒：《春秋繁露》卷9《身之养重于义》第55页。
④ （汉）董仲舒：《春秋繁露》卷13《五行相生》，第76页。

始也，阴阳之所合别也。冬至之后，阴俯而西入，阳仰而东出，出入之处，常相反也，多少调和之适，常相顺也，有多而无溢，有少而无绝，春夏、阳多而阴少，秋冬、阳少而阴多，多少无常，未尝不分而相散也，以出入相损益，以多少相溉济也，多胜少者倍入，入者损一，而出者益二。天所起，一动而再倍，常乘反衡再登之势，以就同类，与之相报，故其气相侠，而以变化相输也。"①对这段话，学界议论颇多，不必一一转述。王永祥先生认为："阴阳的运行，与一年四季的变化是完全联系在一起的。确切说，由于阴阳的不断运行，其阴阳所处位置便会不断移易，从而也就逐渐衍生出了一年四季的变化。这种变化，其实也就是阴阳在一年四季不同时段所表现出的不同特点。"②

（2）神灵之天。董仲舒认为，天是有意志的神秘存在物，是有意志、知觉，能主宰人世命运的人格神，是整个宇宙间至高无上的神灵，它本身具有主宰万物的能力，是神上之神。董仲舒明确指出："天者，百神之君也，王者之所最尊也。"③他又说："天者，万物之祖。万物非天不生。"④这里，"百神"既包括各种自然神灵，如山神、水神等，又包括人类神灵，如祖先神等等。因此，"天高其位而下其施，藏其形而见其光，序列星而近至精，考阴阳而降霜露"⑤。天神没有确定的形貌特征，因为它把自己的形象隐藏起来了，故"藏其形所以为神也"⑥。有学者认为："'天'作为一个终极信仰对象，本身存在着一定的缺陷，从而为其他宗教渗透到政治中留下了空隙。"⑦狭义的天本来与人类一样，都属于广义天的一端，也就是属于一个更加广大的"天"的有机组成部分。既然同属一个有机体内的组成部分，就有相互沟通和相互作用的可能。而为了确立天人之间的感应关系，董仲舒煞费苦心地构造了基于血缘伦理关系的"人副天数"说。

（3）道德之天。为了塑造本身具有赏罚能力的人类尊神，董仲舒认为天是有仁德的客观存在，它独立于人类社会之外，但又能够监督和控制人类的社会行为，尤其是君主的所作所为。董仲舒说："仁之美者在于天，天，仁也。"⑧天是道德的本原，人类的道德源自于天。用董仲舒的话来说，就是"天覆育万物，既化而生之，有养而成之，事功无已，终而复始，凡举归之以奉人。察于天之意，无穷极之仁也。人之受命于天，取仁于天而仁也"⑨。然而，天之人并不能直接为一般民众所受用，中间有一个重要环节，即王者，王者是人间的统治者，是上天的代言人。所以董仲舒说："古之造文者，三画而连其中，谓之王。三画者，天、地与人也。而连其中者，通其道也。取天、地与人之中以为贯而参通之，非王者孰能当是。故王者唯天之施，施其时而成之，法其命而循之诸人。"⑩于是，王

---

① （汉）董仲舒：《春秋繁露》卷 12《阴阳终始》，第 70 页。
② 王永祥：《研究汉代大儒的新视角——董仲舒自然观》，深圳：海天出版社，2014 年，第 90 页。
③ （汉）董仲舒：《春秋繁露》卷 15《郊义》，第 82 页。
④ （汉）董仲舒：《春秋繁露》卷 15《顺命》，第 85 页。
⑤ （汉）董仲舒：《春秋繁露》卷 17《天地之行》，第 96 页。
⑥ （汉）董仲舒：《春秋繁露》卷 17《天地之行》，第 96 页。
⑦ 张荣明：《中国的国教——从上古到东汉》，北京：中国社会科学出版社，2001 年，第 183 页。
⑧ （汉）董仲舒：《春秋繁露》卷 11《王道通三》，第 67 页。
⑨ （汉）董仲舒：《春秋繁露》卷 11《王道通三》，第 67 页。
⑩ （汉）董仲舒：《春秋繁露》卷 11《王道通三》，第 67 页。

者便以天使的身份出现了，然而，天使是不是都能"唯天之施，施其时而成之，法其命而循之诸人"呢？不一定。如果王者不能"唯天之施"，相反逆天而动，就必然会招致灾害，引起世乱之象。此时，上天会通过雷暴、霜雪等灾异来谴告王者，令其旷然觉悟。故董仲舒说："国家将有失道之败，而天乃出灾害以谴告之，不知自省，又出怪异以警惧之，尚不知变，而伤败乃至。"[1]具体地讲，则"王者言不从，则金不从革，而秋多霹雳……王者听不聪，则水不润下，而春夏多暴雨"[2]。凡此种种，董仲舒所说的"天"实际上是用自然之天来承载道德之天，并使道德之天成为人间大法的制定者和仲裁者。

2. 为了论证"天人合一"说而提出了诸如"一元"、"正贯"、"分予"等自然哲学概念

对于董仲舒提出的"元"，有时亦称"一元"概念，是目前学界争论的热点问题之一，如金春峰先生的《汉代思想史》[3]、周桂钿先生的《董学探微》[4]、王永祥先生的《董仲舒评传》[5]等都对董仲舒的"元"概念，做出了自己的解释，其他如刘红卫的《董仲舒"元"概念新解》[6]、黄开国先生的《董仲舒"贵元重始说"新解》[7]则是考论董仲舒"元"概念的专文，读者可以参考。

董仲舒说："《春秋》谓一元之意，一者万物之所从始也，元者辞之所谓大也。谓一为元者，视大始而欲正本也。"[8]他又说："谓一元者，大始也。"[9]他还说："唯圣人能属万物于一而系之元也。终不及本所从来而承之，不能遂其功，是以《春秋》变一谓之元，元，犹原也，其义以随天地终始也。"[10]

学界通常把"一"与"元"混淆起来，多舍"一"而谈"元"。所以周桂钿先生等认为："'元'是宇宙的终极本原"[11]，于首奎先生则认为："元是指事物的开始"[12]，又黄开国先生提出："元为王道之始"的观点，并认为董仲舒所说的"元"不是哲学概念，而是一个政治学概念[13]。人们之所以对"元"概念产生如此分歧，在很大程度是没有辨析"一"与"元"的关系。"一"是指宇宙的本原，这是毫无意义的，既然"元"脱胎于"一"这个概念，它就必然被打上了"一"的思想烙印，不承认这一点，就等于否定了董仲舒自己的解释，他说得十分清楚"一者万物之所从始"，此"所从始"不就是指宇宙万物的本原吗！董仲舒又说："元者，为万物之本。而人之元在焉。安在乎，乃在乎天地之

① 《汉书》卷56《董仲舒传》，第2498页。
② （汉）董仲舒：《春秋繁露》卷14《五行五事》，第81页。
③ 金春峰：《汉代思想史》，北京：中国社会科学出版社，2006年，第22页。
④ 周桂钿：《董学探微》，北京：北京师范大学出版社，1989年，第37页。
⑤ 王永祥：《董仲舒评传》，南京：南京大学出版社，1995年，第90页。
⑥ 刘红卫：《董仲舒"元"概念新解》，《管子学刊》2005年第3期，第98—104页。
⑦ 黄开国：《董仲舒"贵元重始"说新解》，《哲学研究》2012年第4期，第43—48页。
⑧ 《汉书》卷56《董仲舒传》，北京：中华书局，1962年，第2502页。
⑨ （汉）董仲舒：《春秋繁露》卷3《玉英》，第19页。
⑩ （汉）董仲舒：《春秋繁露》卷5《重政》，第33页。
⑪ 周桂钿：《董学探微》，第37页。
⑫ 于首奎：《两汉哲学新探》，成都：四川人民出版社，1988年，第161页。
⑬ 黄开国：《董仲舒"贵元重始"说新解》，《哲学研究》2012年第4期，第43页。

前，故人虽生天气及奉天气者，不得与天元，本天元命，而共违其所为也。"①因此，从这个角度理解，徐复观、周桂钿。金春峰等先生释"元"为元气（原初之气），即宇宙万物的本源，并没有错，也是切题之论。从这个层面讲，董仲舒开辟了以元气为万物本原的思路。②当然，仅仅把"元"的意义局限在"宇宙的终极本原"这一点，也不全面，因为董仲舒特别指出，"元"从"一"转变而来，它除了与"一"具有相同的意义外，还有自身的特殊内容，那就是"一为元者，视大始而欲正本也"。在此"正本"的"本"是指王道之始，它是"元"的另一层意思，甚至是更重要的意思。因为董仲舒"天人感应"说的最终目的就在于正人伦，以期维护儒家纲常名教的合法性和永恒性。

"正贯"的"贯"是指《春秋》之道，一以贯之，可以应变无穷。董仲舒说："《春秋》，大义之所本耶？六者之科，六者之指之谓也。然后援天端，布流物，而贯通其理，则事变散其辞矣；故志得失之所从生，而后差贵贱之所始矣；论罪源深浅，定法诛，然后绝属之分别矣。"③文中的"六科"，唐人徐彦解释说："《春秋》设三科九旨。"其"三科"是指存三统、张三世、异内外。不过，董仲舒对"公羊三世"的解说与后世注疏家的解说，略有不同，其内涵前后变化较大。

对于"贯"的内质，董仲舒解释说："为《春秋》者，得一端而多连之，见一空而博贯之。"④再进一步，董仲舒云："论《春秋》者，合而通之，缘而求之，伍其比，偶其类，览其绪，屠其赘。……故能以比贯类以辨付赘者，大得之矣。"⑤其中"伍比偶类"和"览绪屠赘"的方法实质上就是一种"博贯"法，它们强调"用类比的方法从一端一孔出发，举一反三，进行无限制的推演"⑥，从而获得天下古今的知识。

"分予"，是董仲舒政治学说的重要概念之一，它基于天道均衡的原则，认为君主及其官僚不能什么利益都想占有，最终导致天下财富被少数豪强占有，社会分配严重不均，从而引发两极分化，甚至官逼民反。所以董仲舒说："夫天亦有所分予，予之齿者去其角，傅其翼者两其足，是所受大者不得取小也，古之所予禄者，不食于力，不动于末，是亦受大者不得取小，与天同意者也。夫已受大，又取小，天不能足，而况人乎！此民之所以嚣嚣苦不足也。身宠而载高位，家温而食厚禄，因乘富贵之资力，以与民争利于下，民安能如之哉！……民日削月朘，浸以大穷。富者奢侈羡溢，贫者穷急愁苦……民不乐生，尚不避死，安能避罪！此刑罚之所以蕃而奸邪不可胜者也。"⑦这段话中的"分予"观是说造化创物对给予是存在差异的，但这种差异的前提是利可均布，而不是将差异扩大为两极分化，引发严重的社会矛盾。因此，董仲舒"分予"思想的目的是想禁止大官僚贵族在俸禄以外的兼并和侵夺，其进步意义是显而易见的。

---

① （汉）董仲舒：《春秋繁露》卷5《重政》，第33页。
② 郭文韬：《中国耕作制度史研究》，南京：河海大学出版社，1994年，第11页。
③ （汉）董仲舒：《春秋繁露》卷5《正贯》，第32页。
④ （汉）董仲舒：《春秋繁露》卷3《精华》，第24页。
⑤ （汉）董仲舒：《春秋繁露》卷1《玉杯》，第12页。
⑥ 丁煌主编：《科学方法辞典》，延吉：延边大学出版社，1992年，第143页。
⑦ 《汉书》卷56《董仲舒传》，第2520—2521页。

"识几"，此处的"几"是指事物的苗头刚刚露出的时候，故"识几"就是察微知著。从文献上看，"几"这个概念始见于《周易·系辞》。其"系辞上"云："夫《易》，圣人之所以极深而研几也，唯深也，故能通天下之志，唯几也，故能成天下之务。"[1]"系辞下"又说："几者，动之微，吉之先见者也。"[2]在此基础上，董仲舒进一步解释说："其形兆未见，其萌芽未生，昭然独见存亡之机。"[3]这里，"几"尚含有事物转化的契机之意义。后来，西汉经学家刘向继承董说，他亦认为："萌芽未动，形兆未见，昭然独见存亡之几。"[4]"极"同"几"，其义，用北宋理学家周敦颐的话说，就是"动而未形、有无之间者，几也"[5]。不过，除了"几"指事物的细微征兆和事物转化的契机外，在董仲舒的文本里，"几"还有"规律"的意思。比如，董仲舒说："名者，大理之首章也。录其首章之意，以窥其中之事，则是非可知，逆顺自著，其几通于天地矣。"[6]此能"通于天地"的"几"便是指内在的必然性和事物发展的客观规律。

其他如"中和""合""化""养""辨大""积久""规矩"等概念，也很有特色，然先于篇幅，这里不载一一阐释了，有兴趣的读者可以参见王传林先生的《略论董仲舒的可知论及几个基本范畴》一文。[7]

3. "天人感应"说的两面性与人择原理

"天人感应"是董仲舒思想的显著特征，前面重点讲述了天对于人的操纵、主宰一面，好像人类始终处于被上天压抑着的消极和被动地位。然而，如果仔细研读董仲舒的言论，其中不乏表述人类能动性的思想光辉，论述见前。在此，我们还想站在科学哲学的角度，谈谈董仲舒天人关系中的另外一个内容——人择原理。

对于这个问题，郭绍华先生在《人择原理与天人合一》一文中曾有评述。他说：

> 1961年，美国科学家迪克提出了天文学的"人择原理"。认为，宇宙之所以是现在我们看到的这个样子，是因为如果它不是现在这个样子，我们就不可能在这里这样地观察它。这是目前科学界普遍接受的也是一个备受争议的理论。

> 人择原理的合理性不仅仅在于凭据结果去推断原因，还在于其中隐含着这样一些预设：

> 作为对世界具有认知能力的生物物种——人，是宇宙发展史的一种具体的互补形式。人身上更多地记录和具备了世界从最初开始直到人本身出现这个全过程的元间；自然界通过人这种自然物实现了自己对于自己的意识。于是，人的看法、人对自然的看法是自然现象，而且，这种看法也接近了自然过程本身。[8]

---

① 黄侃：《黄侃手批白文十三经·周易》，第42页。
② 黄侃：《黄侃手批白文十三经·周易》，第47页。
③ （汉）董仲舒：《春秋繁露》卷13《五行相生》，第76—77页。
④ 刘向：《说苑》卷2《臣术》，《百子全书》第1册，第554页。
⑤ （宋）周敦颐著，尹红、谭松林整理：《周敦颐集》，长沙：岳麓书社，2002年，第21页。
⑥ （汉）董仲舒：《春秋繁露》卷9《深察名号》，第59页。
⑦ 王传林：《略论董仲舒的可知论及几个基本范畴》，《衡水学院学报》2010年第6期，第22—25页。
⑧ 郭绍华：《逻辑起源》，北京：知识产权出版社，2014年，第146页。

诚如前述，这些思想与董仲舒的"天人感应"及"人副天数"说的思想主旨，何其相似，简直如出一辙。

董仲舒说："天之副在乎人，人之情性有由天者矣。故曰：受。由天之号也，为人主也，道莫明省身之天，如天出之也。使其出也，答天之出四时而必忠其受也。"①

在董仲舒看来，"数"是认识和理解天道的密码，他说："心有计虑，副度数也。行有伦理，副天地也。此皆暗肤著身，与人俱生，比而偶之弇合。于其可数也，副数；不可数者，副类。皆当同而副天，一也。是故陈其有形以著其无形者，拘其可数以著其不可数者。以此言道之，亦宜以类相应，犹其形也，以数相中也。"②可见，董仲舒认为，人之所以能够认识自然界，关键就在于自然界为人类意识提供了"副数"这个坚实的客观基础，而用"人择原理"来理解，这个"副数"实际上就是"元间"。郭绍华先生认为："我们面临三种主要的元间对象：①自然本身的元间以物质与元间对立统一的方式具体地存在着。②先天元间以与大自然互补的方式获得，以遗传物质的方式具体存在着，并通过人的身体、心理以及后天行为表现出来，通过人的自我意识体会到。③后天元间是人通过具体的生活从自然中转移、摄取以及以自我意识的方式'发现或生成'这两种方式获得，以个体的、群体的大脑以及物质媒体这样三种方式记忆。所谓'天人合一'，其完整的意义应当是指上述三种元间的同一，显然，这三者之间也只能是某程度上的同一，是某种条件下的同一。"③

董仲舒说："天地之间，有阴阳之气，常渐人者，若水常渐鱼也。所以异于水者，可见与不可见耳。其澹澹也，然则人之居天地之间，其犹鱼之离水，一也。"④

过去，我们对董仲舒的上述议论总是理解不到位，他为什么用"水常渐鱼"之喻，来解释"天地之间，有阴阳之气，常渐人者"。现在用人择原理来理解，就完全弄明白了。这是因为我们所生存的宇宙是适合于人类生存的宇宙，所以可以称之为"人的宇宙"。有学者这样解释说："意识人类及一切生命体只能在'人的宇宙'中生存和进化，在'人的宇宙'产生之前或消亡之后，一切生物将不复存在。由于意识人类不可能生存于'人的宇宙'之前或之后的宇宙状态中，因此，意识人类只可能认识'人的宇宙'，绝对不可能认识'人的宇宙'之外的'非特定常数值'的宇宙。也就是说，'人的宇宙'的界限也就是意识人类的认识能力的界限。"⑤

据考，人择原理的最初表达形式是："宇宙的大小不是随意的，而是由生物因素制约的。"⑥而"弱人择原理认为，在某种意义上，宇宙对其如何从大爆炸中浮现出来做了'选择'。它在大爆炸伊始，就选择了适当的引力强度、膨胀速率、核力大小、暗物质密度等等。正因有了这样选择，恒星才有足够长时间产生重元素，原子在生命有机会孕育前不至

---

① （汉）董仲舒：《春秋繁露》卷 11《为人者天》，第 64—65 页。
② （汉）董仲舒：《春秋繁露》卷 13《人副天数》，第 75 页。
③ 郭绍华：《逻辑起源》，北京：知识产权出版社，2014 年，第 147—148 页。
④ （汉）董仲舒：《春秋繁露》卷 17《如天之为》，第 98 页。
⑤ 何跃：《广义超元论与人类的世界》，重庆：重庆大学出版社，2012 年，第 137 页。
⑥ 裘伟廷编著：《另类科学传奇·怪诞理论卷》，西安：西安交通大学出版社，2011 年，第 3 页。

衰变得太快，才有我们这样的观察者。这个事实意味者，宇宙的很多数值已被施加了大量严格限制条件，使宇宙只能是今天这个样子。强人择原理则更进一步认为，宇宙对如何从大爆炸中浮现出来根本就是无法选择的，在某种意义上是为人类'定做的'。"①我们回头再看董仲舒的论说："为生不能为人，为人者天也，人之人本于天。"②这个天即是"人的宇宙"，换言之，"大自然的常数（董仲舒称为'天数'）是专门为产生生物和智慧生命而设定的"③。当然，这并不意味着我们试图掩饰董仲舒理论体系中的神秘主义思想基质。

（二）董仲舒儒学科技思想的历史地位

董仲舒儒学科技思想的成分比较复杂，既有精华又有糟粕。就值得肯定的方面而言，董仲舒从文献学的视角，考察了阴阳五行的历史渊源。承前所述，《周髀算经》载有"七衡六间"图，有学者认为"七衡图"是汉代阴阳五行说的重要理论来源。更有学者还绘制了一幅"董仲舒根据盖天说理论构建的金字塔天人观"④。例如，董仲舒说："深察王号的大意，其中有五科：皇科、方科、匡科、黄科、往科；合此五科以一言，谓之王。王者，皇也，王者，方也，王者，匡也，王者，黄也，王者，往也。是故王意不普大而皇，则道不能正直而方；道不能正直而方，则德不能匡运周遍；德不能匡运周遍，则美不能黄；美不能黄，则四方不能往；四方不能往，则不全于王。故曰：天覆无外，地载兼爱，风行令而一其威，雨布施而均其德，王术之谓也。……循三纲五纪，通八端之理，忠信而博爱，敦厚而好礼，乃可谓善，此圣人之善也。"⑤

由"七衡图"，董仲舒又推出了许多历法现象，如"阴阳出入上下"篇云：

天道大数，相反之物也，不得俱出，阴阳是也。春出阳而入阴，秋出阴而入阳，夏右阳而左阴，冬右阴而左阳：阴出则阳入，阳出则阴入，阴右则阳左，阴左则阳右，是故春俱南，秋俱北，而不同道；夏交于前，冬交于后，而不同理；并行而不相乱，浇滑而各持分，此之谓天之意。而何以从事？天之道，初薄大冬，阴阳各从一方来，而移于后，阴由东方来西，阳由西方来东，至于中冬之月，相遇北方，合而为一，谓之曰至；别而相去，阴适右，阳适左，适左者，其道顺，适右者，其道逆，逆气左上，顺气右下，故下暖而上寒，以此见天之冬右阴而左阳也，上所右而下所左也。各月尽，而阴阳俱南还，阳南还，出于寅，阴南还，入于戌，此阴阳所始出地入地之见处也。至于中春之月，阳在正东，阴在正西，谓之春分，春分者，阴阳相半也，故昼夜均而寒暑平，阴日损而随阳，阳日益而鸿，故为暖热，初得大夏之月，相遇南方，合而为一，谓之曰至；别而相去，阳适右，阴适左，适左由下，适右由上，上暑而下寒，以此见天之夏右阳而左阴也，上其所右，下其所左。夏月尽，而阴阳俱

① 裘伟廷编著：《另类科学传奇·怪诞理论卷》，第3页。
② （汉）董仲舒：《春秋繁露》卷11《为人者天》，第64页。
③ ［美］加来道雄：《平行宇宙》，伍义生、包新周译，重庆：重庆出版社，2014年，第279页。
④ 钱军：《西汉故事研究》下册，成都：四川民族出版社，2012年。
⑤ （汉）董仲舒：《春秋繁露》卷10《深察名号》，第60—62页。

北还，阳北还而入于申，阴北还而出于辰，此阴阳之所始出地入地之见处也。至于中秋之月，阳在正西，阴在正东，谓之秋分，秋分者，阴阳相半也，故昼夜均而寒暑平，阳日损而随阴，阴日益而鸿，故至于季秋而始霜，至于孟冬而始寒，小雪而物咸成，大寒而物毕藏，天地之功终矣。①

这一大段话，理解起来颇费周折。前面在讲这个问题时，因省却了周桂钿先生的示意图，恐怕读者不便，故此有必要对图 2-59 补述于下。

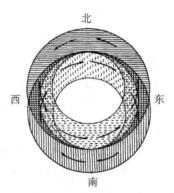

图 2-59　周桂钿先生所绘"阴阳出入上下"示意图②

周桂钿先生解释说：

（图 2-59）竖线部分代表阳气运行的路线，横线部分代表阴气运行的路线。中间的圆周代表地面；阴阳运行于地下的路线都用虚线表示。阳气作顺时针旋转，从冬至之后，阴阳分别，阴向西，逐渐进入地下；阳向东，逐渐升出地面。正北方向和冬至时刻，是阴阳会合的时候。从冬至到夏至这一时期，阳从右边经过东方到达南方，也是从地下逐渐升出地面的过程。阴从右边经过西方到达南方，是从地面上逐渐进入地下的过程。到夏季，"右阳而左阴"，夏至时刻，阴阳在正南方会合。接着马上又分开，阳从左边经过西方向北去，又是逐渐进入地下的过程。相反，阴从右边经过东方向北去，又是逐渐升出地面的过程。然后在北方相遇，合而为一，那就是冬至时节。以后，"阴阳俱南还"，只是走的不是一条路。③

有学者认为，董仲舒的上述论述，"表达了他对阴阳二气在一年中运行情况的看法，与（京房）十二消息卦说亦有相通之处。特别是董子所说的冬至、夏至、寅月、申月之阴阳入伏之情况，可以用十二消息之卦象形象地符示出来"④。如果将阴阳五行视为一个整体，并用以解释与中央万物的生成和变化，似以董仲舒为最早。⑤所以"董仲舒是阴阳之

①　（汉）董仲舒：《春秋繁露》卷 11《阴阳出入上下》，第 71—72 页。

②　（汉）周桂钿：《董学探微》，北京：北京师范大学出版社，2008 年，第 57 页。

③　（汉）周桂钿：《董学探微》，第 56 页。

④　张文智：《孟、焦、京易学新探》，济南：齐鲁书社，2013 年，第 390 页。

⑤　张岱年：《中国哲学大纲·中国哲学问题史》，北京：中国社会科学出版社，1982 年，第 32 页。

道的真正确立者。在董子以前，'阴阳'不是矛盾现象的唯一名称，自董子以后，矛盾现象几乎没有不同提法。（直到宋儒有意颠倒汉儒时才有些变化，但阴阳之道的提法已然约定俗成，无法易移。）董仲舒既总结了阴阳之道，又规范了阴阳之道，其'阳尊阴卑'的观念对后世影响极深。"[1]尽管有学者认为董仲舒的上述言论，"纯出于理智的兴趣，丝毫没有宗教迷信的色彩"[2]，但是，不可否认的事实是，在董仲舒阴阳五行理论创立之后，"不仅使风水理论进入理论化阶段，对风水的推广也起到了积极的作用"[3]。而"在古代风水理论中，常常有将大地、山川等自然环境与人体相比拟的观念，这显然与董仲舒的'人副天数'说一脉相承"[4]。

因此，董仲舒阴阳五行理论与"七衡图"及"太乙"、"堪舆'等风水术的关系，如图 2-60 所示：

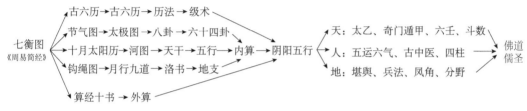

图 2-60　盖天说之阴阳五行大系统[5]

此外，在科学的学习方法方面，除了前揭的数种方法外，尚有"博节相宜"法、"虚静专一"法等。董仲舒论"博"与"节"的关系说："大节则知暗，大博则业厌。二者异失同贬，其伤必至，不可不察也。"[6]这段话取材于贾谊的《新书》，说明学习如何才能得法的问题上二人达成了共识。一般而言，"博节适宜"效果最好，因为"太博"和"太节"两个极端，对学习都是错误的方法，不能提倡。学习一要注意系统性和全面性，不能太偏和太专，不能孤立第学习知识，那样容易造成一叶遮秋的偏见。当然，学习也不能面面俱到，没有重点，贪多嚼不烂，不易消化吸收，更不能深入和透彻。所以董仲舒主张以"六艺"为学习的基础，"简六艺以赡养之，《诗》、《书》序其志，《礼》、《乐》纯其美，《易》、《春秋》明其知，六学皆大，而各有所长"[7]。由于时代不同，人们对基础知识的学习要求亦不同，但有一点是肯定的，那就是通过基础知识的学习，能使人"兼得其所长"[8]。此外，学习还要注意感性认识与理性认识的结合，如果仅仅停留在感性认识的层面，"传于众辞"[9]，就无法深入，更不可能掌握事物发展变化的规律，即不能"博而明，切而深

① 马中：《人与和：重新认识中国哲学》，西安：陕西人民出版社，2007 年，第 184 页。
② 韦政通：《董仲舒》，台北：东大图书公司，1986 年，第 81 页。
③ 傅洪光：《中国风水史：一个文化现象的历史研究》，北京：九州出版社，2013 年，第 59 页。
④ 傅洪光：《中国风水史：一个文化现象的历史研究》，第 61 页。
⑤ 路辉：《无极之镜》，北京：九州出版社，2014 年，第 54 页。
⑥ （汉）董仲舒：《春秋繁露》卷 1《玉杯》，第 13 页。
⑦ （汉）董仲舒：《春秋繁露》卷 1《玉杯》，第 13 页。
⑧ （汉）董仲舒：《春秋繁露》卷 1《玉杯》，第 13 页。
⑨ （汉）董仲舒：《春秋繁露》卷 5《重政》，第 33 页。

矣"①。因此，董仲舒说："能说鸟兽之类者，非圣人所欲说也。圣人所欲说，在于说仁义而理之。知其分科条别，贯所附……是乃圣人之所贵而已矣。"②对于文中的"说仁义而理之"，我们可以从广义的视角去理解，事物之"仁义"体现了其内在的和谐，而"和谐"是宇宙之本，比如，天文学家哥白尼认为："第一，宇宙的结构是对称的；第二，宇宙的运动是和谐的；第三，地球自身具有运动的能力。"③而董仲舒说："仁之美者在于天，天，仁也。天覆育万物，既化而生之，有养而成之，事功无己，终而复始，凡举归之以奉人，察于天之意，无穷极之仁也。"④他又说："物之所生也，诚择其和者，以为大得天地之奉也。天地之道，虽有不和者，必归之于和，而所为有功，虽有不中者，必止之于中，而所为不失。"因此，"中者，天之用也；和者，天之功也"⑤。可见，此"仁"与"和""中"既是社会科学研究的对象，同时又是自然科学探究的终极目标，比如前面所说的"人择原理"就是一个例子。从科学创造的思维特质来讲，"博而明，切而深"确实是我们孜孜以求的一种科学研究境界。

对于"虚静专一"的学习方法，董仲舒认为："形静志虚者，精气之所趣也。"⑥具体来说，如何才能做到"形静志虚"呢？董仲舒主张排除杂念，面对外界的各种诱惑，要有定力，而他自己就有"三年不窥园"⑦的历练。从荀子的"虚一而静"，经过董仲舒的"形静志虚"，再到程朱理学的"主静穷理"，其间董仲舒这个环节对于儒学的创造性的诠释作用不可低估。他强调阐释经典文本，应"见其指者，不任其辞。不任其辞，然后可与适道矣"⑧。此处的"不任其辞"是指不能收敛的、机械的和僵硬的理解书本知识，而应采取开放的心态，发散地联想，约节反精，多连博贯，唯其如此，才能创造性发现问题和解决问题，才能"将普通、一般、个别的规律思维加工成为新的了不起的理论，完成点石成金的使命"⑨。

最后，我们还须看到董仲舒思想中的消极因素，比如，他只注重"六经"的学习，却忽视了实践对于知识的重要性。仅此而言，有学者从理论根源上指出了董仲舒学说的软肋，有其合理之处。如众所知，董仲舒的今文经学派起源于齐学的孟子学派，齐学的根据是《公羊春秋》，它相信孔子神性和人天之间的目的论关系的存在，故这一派学说富于理想和神秘性，与之相反，以刘歆为代表的古文经学派则来自鲁学的荀子学派，这个学派的根据是《谷梁春秋》，它认为孔子仅仅是一个历史人物，因而否认人天之间有任何目的论的关系，故此，这个学派更倾向于现实的自然主义。⑩尽管这种说法本身尚有一定瑕疵，

---

① （汉）董仲舒：《春秋繁露》卷5《重政》，第34页。
② （汉）董仲舒：《春秋繁露》卷5《重政》，第33页。
③ 谢帮同等：《世界物理学思想简史》，大连：大连出版社，1992年，第138页。
④ （汉）董仲舒：《春秋繁露》卷11《王道通三》，第67页。
⑤ （汉）董仲舒：《春秋繁露》卷16《循天之道》，第92页。
⑥ （汉）董仲舒：《春秋繁露》卷7《通国身》，第41页。
⑦ 《汉书》卷56《董仲舒传》第2495页。
⑧ （汉）董仲舒：《春秋繁露》卷2《竹林》，第16页。
⑨ 本书编写组：《创造性思维原理与方法》，北京：经济管理出版社，1999年，第132页。
⑩ （韩）黄秉泰：《儒学与现代化——中韩日儒学比较研究》，刘李胜、李民、孙尚扬译，第69页。

但总体而言，他还是抓住了董仲舒思想体系中的那个致命死结。即他夸大了灾害的社会性和道德性，认为"仁义制度之数，尽取之天"①。实际上，社会运动规律有其不同于自然规律的特殊性，因为"在社会历史领域内进行活动的，是具有意识的、经过思虑或凭激情行动的、追求某种目的的人；任何事情的发生都不是没有自觉的意图，没有预期的目的的"②。一句话，社会规律是直接由于人类的实践活动所致，并贯穿于人类社会生活领域，支配人们社会活动的规律，是"人们自己的社会行动的规律"③。由于董仲舒看不到人类社会实践的巨大意义，所以他便不得不祈求上天的护佑和恩赐，考《春秋繁露》一书花费了大量笔墨来讨论"郊义""郊祭""四祭""郊祀""顺命""郊事""求雨""止雨""祭义"等神灵问题，即显示了此学说的神道设教性质。而从这个角度，学界称董仲舒是"第一个尝试建立儒教神学体系"④的公羊学家，他给后来儒学发展历史带来了一定的消极影响，诚如王友三先生所言："继董仲舒之后，到西汉末年及东汉初，在统治阶级的支持下，又盛行一种谶纬神学。东汉章帝时，又以《白虎通义》的神学世界观作为思想统治的工具。谶纬神学与《白虎通义》的神学世界观，都是董仲舒神学世界观的变种和继续。"⑤

第四节　京房的象数易学思想

京房，本姓李，字君明，东郡顿丘（今河南清丰西南）人，西汉著名易学家和音律学家。据《汉书》本传载："（京房）治《易》，事梁人焦延寿。……（延寿）常曰：'得我道以亡身者，必京生也。'其说长于灾变，分六十四卦，更直日用事，以风雨寒温为候，各有占验。房用之尤精。好钟律，知音声。初元四年以孝廉为郎。"⑥当时，"中书令石显颛权，显友人五鹿充宗为尚书令，与房同经，论议相非。二人用事，房尝宴见"⑦，然"石显、五鹿充宗皆疾房，欲远之，建言宜试以房为郡守。元帝于是以房为魏郡太守，秩八百石，居得以考功法治郡"⑧。可是，汉代朝政昏暗，石显当道，奸臣作恶，而对京房，石显绝对不会就此罢手，反而愈益加害于他。于是，基于汉元帝与淮阳宪王之间因争太子位所留下的罅隙，京房的岳父张博又有谋反之嫌，并连累到京房，正应了其师的预言："得

① （汉）董仲舒：《春秋繁露》卷13《基义》，第74页。
② 中共中央马克思恩格斯列宁斯大林著作编译局：《马克思恩格斯选集》第4卷，北京：人民出版社，1995年，第247页。
③ 中共中央马克思恩格斯列宁斯大林著作编译局：《马克思恩格斯选集》第3卷，第634页。
④ 钟国发：《神圣的突破——从世界文明视野看儒佛道三元一体格局的由来》，成都：四川人民出版社，2003年，第395页。
⑤ 王友三编著：《中国无神论史纲》，上海：上海人民出版社，1982年，第39页。
⑥ 《汉书》卷75《京房传》，第3160页。
⑦ 《汉书》卷75《京房传》，第3161页。
⑧ 《汉书》卷75《京房传》，第3163页。

我道以亡身者，必京生也。"故《汉书》记其事云："博具从房记诸所说灾异事，因令房为淮阳王作求朝奏草，皆持秦与淮阳王。石显微司具知之，以房亲近，未敢言。及房出守郡，显告房与张博通谋，非谤政治，归恶天子，诖误诸侯王"，结果，"房、博皆弃市，弘坐免为庶人"①。京房被杀之后，他的《易》学不仅没有因此而被冷落，反而对后世象数易学的发展产生了深远影响，并成为汉代易学的大支。

目前，学界研究京房《易》学思想的主要代表著作有卢央先生的《京房评传》及《京氏易传解读》②，徐芹庭先生的《两汉京氏陆氏易学研究》③等。

一、京房的象数思维与《京氏易传》

（一）京房的象数思维及其特点

1. 京房的象数思维

董仲舒在《春秋繁露》里，反复讲到象数的问题，只是没有进一步展开而已。例如，董仲舒说："以德多为象，万物以广博众多历年久者为象，其在天而象天者莫大日月。"④他又说："试调琴瑟而错之，鼓其宫则他宫应之；鼓其商，而他商应之。五音比而自鸣，非有神，其数然也。"⑤从这两段引文看，董仲舒可不谓不重视"象"和"数"，然而，在他之后，"数"没有与现实的生产实践相结合，把《九章算术》的实用性提高到抽象性的层面，而是被焦延寿、京房等发展为一套推算卦气运转的数学方法。学界将这种数学方法称之为"数运"，而与真正的科学数学区别开来。因为"数运观念中包含了大量的感应成分，数运观念把可见的现象和现象背后的数区分开来，不过，现象和数还是同构的，现象与数一一对应。数运中的数充满了象征，即数与现象的直接联系，而数学中的数却洗净了象征意义"⑥。与之不同，"真正的数学和科学所要求的却不是这种现象上的相似，也不是数的结构和现象的直接对应。科学的数学不依赖现象来说明自身，不受现象的束缚，从而获得完全的自治，可以安然地按照逻辑来发展"⑦。

京房"好钟律，知音声"，是对中国古代音乐史上颇有建树的一位大家。对于律声，《后汉书·律历志》载有京房的声律学成就，其文云：

> 汉兴，北平侯张苍首治律历。孝武正乐，置协律之官。至元始中，博征通知钟律者，考其意义。羲和刘歆典领条奏；前史班固取以为志。而元帝时，郎中京房（房字君明），知五声之音，六律之数。上使太子太傅（韦）玄成（字少翁）、谏议大夫章，

---

① 《汉书》卷 75《京房传》，第 3167 页。
② 卢央：《京房评传》，南京：南京大学出版社，1998 年，第 90—451 页；卢央：《京氏易传解读》，北京：九州出版社，2004 年，第 1—429 页。
③ 徐芹庭：《两汉京氏陆氏易学研究》，北京：中国书店，2011 年，第 1—111 页。
④ （汉）董仲舒：《春秋繁露》卷 9《奉本》，第 58 页。
⑤ （汉）董仲舒：《春秋繁露》卷 13《同类相动》，第 75 页。
⑥ 陈嘉映：《无法还原的象》，北京：华夏出版社，2005 年，第 103 页。
⑦ 陈嘉映：《无法还原的象》，第 104 页。

杂试问房于乐府。房对："受学故小黄令焦延寿。六十律相生之法：以上生下，皆三生二；以下生上，皆三生四。阳下生阴，阴上生阳，终于中吕，而十二律毕矣。中吕上生执始，执始下生去灭，上下相生，终于南事，六十律毕矣。夫十二律之变至于六十，犹八卦之变至于六十四也。宓羲作《易》，纪阳气之初，以为律法。建日冬至之声，以黄钟为宫，太蔟为商，姑洗为角，林钟为徵，南吕为羽，应钟为变宫，蕤宾为变徵。此声气之元，五音之正也。故各统一日。其余以次运行，当日者各自为宫，而商、徵以类从焉。《礼运篇》曰'五声、六律、十二管还相为宫'，此之谓也。以六十律分期之日，黄钟自冬至始，及冬至而复，阴阳寒燠风雨之占生焉。于以检摄群音，考其高下，苟非草木之声，则无不有所合。《虞书》曰'律和声'，此之谓也。"房又曰："竹声不可以度调，故作准以定数。准之状如瑟，长丈而十三弦，隐间九尺，以应黄钟之律九寸；中央一弦，下有画分寸，以为六十律清浊之节。"房言律详于歆所奏，其术施行于史官，候部用之。[1]

京房所发明的"六十律相生之法"，用数学式表示，则为："以上生下，皆三生二"：即 $1-\dfrac{1}{3}$；"以下生上，皆三生四"，即 $1+\dfrac{1}{3}$；"阳下生阴，阴上生阳，终于中吕，而十二律毕矣"。可见，京房的"六十律"是以"三分损益法"为前提的。三分损益法是周朝确立的生律方法，它最早见载于《管子》一书。《管子·地员》云："凡将起五音凡首，先主一而三之，四开以合九九，以是生黄钟小素之首，以成宫。三分而益之以一，为百有八，为徵。不无有三分而去其乘，适足，以是生商。有三分，而复于其所，以是生羽。有三分，去其乘，适足，以是生角。"[2]在《管子》之后，《吕氏春秋》讲述了"生十二律"的规律："黄钟生林钟，林钟生太蔟，太蔟生南吕，南吕生姑洗，姑洗生应钟，应钟生蕤宾，蕤宾生大吕，大吕生夷则，夷则生夹钟，夹钟生无射，无射生仲吕。三分所生，益之一分以上生；三分所生，去其一分以下生。黄钟、大吕、太蔟、夹钟、姑洗、仲吕、蕤宾为上，林钟、夷则、南吕、无射、应钟为下。大圣至理之世，天地之气，合而生风，日至则月钟其风，以生十二律。"[3]对于文中的"黄钟生林钟"，究竟是"上生"还是"下生"，学界有争议。一种观点认为《吕氏春秋》的生律法与《管子》不同，前者是"先损后益"，而后者则是"先益后损"[4]；另一种观点与之相反，认为《吕氏春秋》的生律法与《管子》相同，都是"先益后损"[5]。为了直观起见，陈先生还特意绘制了《吕氏春秋》十二律相生图（图 2-61），图 2-61 非常清楚地表达了"上生"和"下生"的具体内涵。

《淮南子》糅合儒、道、阴阳、墨、法诸家思想，奠定了董仲舒"天人感应"和"人副天数"的理论基础。作为"天人感应"学说的重要组成部分，乐律在《淮南子》一书占

---

[1] 《后汉书·律历志》，北京：中华书局，1965 年，第 3000—3001 页。
[2] （春秋）管仲：《管子》卷 19《地员》，《百子全书》第 2 册，第 1390 页。
[3] （春秋）管仲：《管子》卷 6《季夏纪·音律》，《百子全书》第 3 册，第 2661 页。
[4] 杨荫浏：《中国音乐史纲》，上海：万叶书店，1953 年。
[5] 陈应时：《〈管子〉〈吕氏春秋〉的生律法及其它》，《黄钟（武汉音乐学院学报）》2000 年第 3 期，第 65 页。

有至关重要的地位，如《淮南子·氾论训》云："禹之时以五音听治，悬钟鼓磬铎置鞀，以待四方之士。"[①]宇宙天地都是有节律的，而支配万物运动节律的原因是"天数"。《淮南子》说："律历之数，天地之道也。下生者倍，以三除之；上生者四，以三除之。"[②]又说："以三参物，三三如九，故黄钟之律九寸而宫音调。因而九之，九九八十一，故黄钟之数立焉。……律之数六，分为雌雄，故曰十二钟，以副十二月。十二各以三成，故置一而十一，三之，为积分十七万七千一百四十七，黄钟大数立焉。"[③]关于《淮南子》的律数及其来源问题，学界尚在讨论之中。[④]不过，学界普遍认为："《淮南子》律学与京房六十律体现了律学研究发展的两个不同方向，一个是向着简的方向发展，使十二律之间呈不复杂整数的自然化局面，这种调整已经超出了三分损益法的规则；另一个是继续严格遵循三分损益法向着繁的方向发展，即多律的研究，这就是京房的六十律→钱乐之三百六十律。"[⑤]

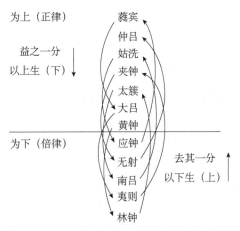

图 2-61　《吕氏春秋》十二律相生关系示意图[⑥]

那么，京房为什么不继续沿着《淮南子》的简约之路走下去，却反其道而行之，将先秦以来的律学发展引向烦琐之途呢？

究其原因，可能比较复杂。但正如京房自己所说："以六十律分期之日，黄钟自冬至始，及冬至而复"，也就是说，天道运转是一个周而复始的循环过程，日月的运行如此，一年四季的运行亦复如此，依此，十二律的循环更应如此。但是按照传统的生律法则，律吕之数却往而不返，即十二律的最后一律无法还生第一律。为了解决这个问题，京房巧

① （汉）刘安著、高诱注：《淮南子》卷 13《氾论训》，《百子全书》第 3 册，第 2918 页。
② （汉）刘安著、高诱注：《淮南子》卷 3《天文训》，《百子全书》第 3 册，第 2832 页。
③ （汉）刘安著、高诱注：《淮南子》卷 3《天文训》，《百子全书》第 3 册，第 2831 页。
④ 戴念祖：《试析秦简〈律书〉中乐律与占卜》，《中国音乐学》2001 年第 2 期，第 5—7 页；樊嘉禄、张秉伦：《汉代音律学文献资料中的两个问题》，《安徽史学》2004 年第 5 期，第 23—24 页；王红：《论〈淮南子〉的律历、律数和旋宫》，中国艺术研究院 2004 年硕士学位论文；李玫：《东西方乐律学研究及发展历程》，北京：中央音乐学院出版社，2007 年，第 52—58 页；陈长林：《陈长林琴学文集》，北京：文化艺术出版社，2012 年，第 64—94 页等。
⑤ 李玫：《东西方乐律学研究及发展历程》，第 59 页。
⑥ 陈应时：《〈管子〉〈吕氏春秋〉的生律法及其它》，《黄钟（武汉音乐学院学报）》2000 年第 3 期，第 65 页。

妙地引入了《易》学的卦气说:"卦以地六,候以天五。五六相乘,消息一变,十有二变而岁复初。"①于是,它基本上解决了"十二管还相为宫"的问题。据《后汉书》载,京房六十律所依据的"卦气说"原理如下:

> 阳以圆为形,其性动;阴以方为节,其性静。动者数三,静者数二。以阳生阴,倍之;以阴生阳,四之:皆三而一。阳生阴曰下生,阴生阳曰上生。上生不得过黄钟之浊,下生不得及黄钟之清。皆参天两地,圆盖方覆,六耦承奇之道也。黄钟,律吕之首,而生十一律者也。其相生也,皆三分而损益之。是故十二律之,得十七万七千一百四十七,是为黄钟之实。又以二乘而三约之,是为下生林钟之实。又以四乘而三约之,是为上生太蔟之实。推此上下,以定六十律之实。以九三之,得万九千六百八十三为法。于律为寸,于准为尺。不盈者十之,所得为分。又不盈十之,所得为小分。以其余正其强弱。②

可见,六十律的计算方法是:六十律的每一律都有三个数字,分别称为"京房音差"、"京房律"和"京房准"。而为了求出第一个数,京房以黄钟之实(或黄钟大数)即$3^{11}=177\,147$为准,减去第二个律吕的实数,即"色育,十七万六千七百七十六",其他各律的"京房音差"均放此。求第二个数,则用黄钟实数除以"九三之数万九千六百八十三"。求第三个数,也是用律的第一个实数除以"九三之数万九千六百八十三"。如,

> 黄钟,十七万七千一百四十七。
> > 下生林钟。黄钟为宫,太蔟商,林钟徵。
> > 一日。律,九寸。准,九尺。
> > 色育,十七万六千七百七十六。
> > 下生谦待。色育为宫,未知商,谦待徵。
> > 六日。律,八寸九分小分八微强。准,八尺九寸万五千九百七十三。
> > 执始,十七万四千七百六十二。
> > 下生去灭。执始为宫,时息商,去灭徵。
> > 六日。律,八寸八分小分七大强。准,八尺八寸万五千五百一十六。
> > 丙盛,十七万二千四百一十。
> > 下生安度。丙盛为宫,屈齐商,安度徵。
> > 六日。律,八寸七分小分六微弱。准,八尺七寸万一千六百七十九。
> > 分动,十七万八十九。
> > 下生归嘉。分动为宫,随期商,归嘉徵。
> > 六日。律,八寸六分小分四强。准,八尺六寸八千一百五十二。
> > 质末,十六万七千八百。

① 《新唐书》卷27上《历志三》引汉孟喜语,第599页。
② 《后汉书·律历志》,第3001——3002页。

下生否与。质末为宫,形晋商,否与徵。

六日。律,八寸五分小分二半强。准,八尺五寸四千九百四十五。

大吕,十六万五千八百八十八。

下生夷则。大吕为宫,夹钟商,夷则徵。

八日。律,八寸四分小分三弱。准,八尺四寸五千五百八。

分否,十六万三千六百五十四。

下生解形。分否为宫,开时商,解形徵。

八日。律,八寸三分小分一强。准,八尺三寸二千八百五十一。

凌阴,十六万一千四百五十二。

下生去南。凌阴为宫,族嘉商,去南徵。

八日。律,八寸二分小分一弱。准,八尺二寸五百一十四。

少出,十五万九千二百八十。

下生分积。少出为宫,争南商,分积徵。

六日。律,八寸小分九强。准,八尺万八千一百六十。

太蔟,十五万七千四百六十四。[①]

上文中的"律"系指律管,"准"则是指一切弦乐器的正律器,而求各律的三个数,分别为:

（1）黄钟。求"京房律",则以

$$1 \times 3 \times 3 \times 3 \times 3 \times 3 \times 3 \times 3 \times 3 \times 3 \times 3 = 3^{11} = 177\,147$$

为被除数；以 $1 \times 3 \times 3 \times 3 \times 3 \times 3 \times 3 \times 3 \times 3 = 3^9 = 19\,683$ 为被除数,两数相除,得 $3^{11} \div 3^9 = 3^{11-9} = 9$,即得"京房律"；求"京房准",即 $10 \times 9 \text{寸} = 90 \text{寸} = 9 \text{尺}$；"一日"是指黄钟律与色育律之间相差一个"京房音差",求"京房音差",先求古代音差,用现代数学方法计算则为

$$3986.3137 \times \log\left[\left(\frac{3}{2}\right)^5 \left(\frac{3}{4}\right)^7\right] = 23.46 \text{（音分）}$$

若用京房算法,如图 2-62 所示,已知"大半音"的音分值为 113.6852 分,"小半音"的音分值为 90.2251 分,所以十二律音差的音分值为

$$113.6852 - 90.2251 = 23.4601$$

图 2-62 京房六十律音分值示意图

---

① 《后汉书·律历志》,第 3002—3004 页。

当然，十二律音差的音分值也可视为生律十二次得到的第十三律执始律，而生律四十一次得到的第四十二律迟时律为 19.845，所以生律五十三次即生律十二次后再生律四十一次，共计五十三次，用算式表达，则为

$$23.46 - 19.845 = 3.615音分$$

此音分就是"京房音差"。如图 2-63 所示：

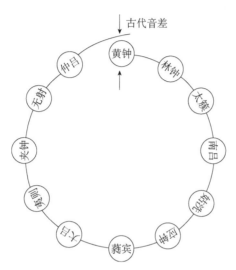

图 2-63　三分损益五度圈与古代音差[1]

（2）色育。求"京房律"，其算法是以"色育"实数除以 19 683，即 $\frac{176\,776}{19\,683} = 8.981$；求"京房准"，其算法为 $10 \times 8.981151247269217寸 = 89.811512472\,69217 = 89\frac{15\,973}{19\,683}$寸，所谓"小分"系指分数的分子，下同；色育"六日"是指色育与次律执始之间相差约 20 音分，即

$$23.4666 - 3.615 = 19.8516 \approx 20音分$$

大致合 6 个"京房音差"[2]。

（3）执始。求"京房律"，其算法是以"执始"实数除以 19 683，即 $\frac{174\,762}{19\,683} = 8.878$，此即"执始"管长；求"京房准"，其算法为

$$10 \times 8.878829446730681寸 = 88.78829446730681 = 88\frac{15\,516}{19\,683}$$寸，此即"执始"准长；"执始六日"是指"执始"与次律"丙盛"之间相差约 23 音分，即

$$丙盛的音分值 - 执始的音分值 = 46.9243 - 23.4666 = 23.4577分$$

因此，$23.4577 \div 3.615 = 6.48$分。

① 郭书春、李家明主编：《中国科学技术史·辞典卷》，北京：科学出版社，2011 年，第 117 页。
② 卢央：《京房评传》，南京：南京大学出版社，1998 年，第 365—366 页。

（4）丙盛。求"京房律"，其算法是以"丙盛"实数除以 19 683，即 $\dfrac{172\,410}{19\,683}=8.759$，

此即"丙盛"管长；求"京房准"，其算法为 $10\times8.759\,335\,467\,154\,397$ 寸 $=87\dfrac{11\,679}{19\,683}$ 寸，

此即"丙盛"准长；"丙盛六日"是指"丙盛"与次律"分动"之间相差约 23 音分，即
$$分动的音分值 - 丙盛的音分值 = 70.3886 - 46.9243 = 23.4643 分$$

因此，$23.4643\div3.615=6.49$ 分。

（5）分动。求"京房律"，其算法是以"分动"实数除以 19 683，即 $\dfrac{170\,089}{19\,683}=8.641$，

此即"分动"管长；求"京房准"，其算法为 $10\times8.641\,416\,450\,744\,297$ 寸 $=86\dfrac{8152}{19\,683}$ 寸，

此即"分动"准长；"分动六日"是指"分动"与次律"质末"之间相差约 23 音分，即
$$质末的音分值 - 分动的音分值 = 93.8452 - 70.3886 = 23.4566 音分$$

因此，$23.4566\div3.615=6.48$ 分。

（6）质末。求"京房律"，其算法是以"质末"实数除以 19 683，即 $\dfrac{167\,800}{19\,683}=8.525$，

此即"质末"管长；求"京房准"，其算法为 $10\times8.525\,123\,202\,763\,806$ 寸 $=85\dfrac{4945}{19\,683}$ 寸，

此即"分动"准长；"质末六日"是指"质末"与次律"大吕"之间相差约 20 音分，即
$$大吕的音分值 - 质末的音分值 = 113.6850 - 93.8452 = 19.8398 音分$$

因此，$19.8398\div3.615=5.49$ 分。

（7）大吕。求"京房律"，其算法是以"大吕"实数除以 19 683，即 $\dfrac{165\,888}{19\,683}=8.428$，

此即"大吕"管长；求"京房准"，其算法为 $10\times8.427\,983\,539\,094\,65$ 寸 $=84\dfrac{5508}{19\,683}$ 寸，此

即"大吕"准长；"大吕八日"是指"大吕"与次律"分否"之间相差约 23 音分，即
$$分否的音分值 - 大吕的音分值 = 137.1578 - 113.6850 = 23.4728 音分$$

因此，$23.4728\div3.615=6.49$ 分。

（8）分否。求"京房律"，其算法是以"分否"实数除以 19 683，即 $\dfrac{163\,654}{19\,683}=8.314$，

此即"分否"管长；求"京房准"，其算法为 $10\times8.314\,484\,580\,602\,55$ 寸 $=83\dfrac{2851}{19\,683}$ 寸，此

即"分否"准长；"分否八日"是指"分否"与次律"凌阴"之间相差约 23 音分，即
$$凌阴的音分值 - 分否的音分值 = 160.6100 - 137.1578 = 23.4522 音分$$

因此，$23.4522\div3.615=6.49$ 分。

（9）凌阴。求"京房律"，其算法是以"凌阴"实数除以 19 683，即 $\dfrac{161\,452}{19\,683}=8.203$，

此即"凌阴"管长；求"京房准"，其算法为 $10 \times 8.202\,611\,390\,540\,06$ 寸 $= 82\dfrac{514}{19\,683}$ 寸，此

即"凌阴"准长；"凌阴八日"是指"凌阴"与次律"少出"之间相差约 23 音分，即

$$少出的音分值 - 凌阴的音分值 = 184.0583 - 160.6100 = 23.4483\ 音分$$

因此，$23.4483 \div 3.615 = 6.49$ 分。

（10）少出。求"京房律"，其算法是以"少出"实数除以 $19\,683$，即 $\dfrac{159\,280}{19\,683} = 8.092$，

此即"少出"管长；求"京房准"，其算法为 $10 \times 8.092\,262\,358\,380\,328$ 寸 $= 80\dfrac{18\,160}{19\,683}$ 寸，

此即"少出"准长；"少出六日"是指"少出"与次律"太簇"之间相差约 20 音分，即

$$太簇的音分值 - 少出的音分值 = 203.9103 - 184.0583 = 19.852\ 音分$$

因此，$19.852 \div 3.615 = 5.491$ 分。

以上仅仅是京房六十律中的一部分，其全部内容见载于《后汉书·律历志上》，此不详述。至于对京房六十律的考证，音乐史界的老前辈如卢央先生[1]、缪天瑞先生[2]、罗筑瑞先生[3]、陈应时先生[4]等，都有精深的研究成果，可资参考，笔者无须赘辞。

2. 京房律学象数思维的特点

（1）京房六十律凸显了汉代卦气说的文化渗透力。一谈到汉代科学思想的特点，我们就不能不提到带有神秘色彩的数术和卦气。可惜，在一元化的文化环境里，人们还不可能正确认识和评价京房六十律的历史地位。比如，杨荫浏先生就曾断言："就效果而言，从六十律出现之日起，它在中国历代的音乐生活中，从来没有起过什么积极作用。"[5]事实并非如此，从历史上看，诚如李玫先生所说："京房六十律自身的逻辑结构与音乐艺术日常习用的音律规定性有着数理的内在联系，这种逻辑是客观存在的，它能被音律科学的理性思维所发现，这是历史的必然，而这发现早在公元前 1 世纪至公元 5 世纪完成，在世界文化史上也属遥遥领先。这个发现所激起的'理性思维的反弹力,也曾推动何承天、朱载堉等对均匀律制的顽强不息、精益求精的探索，成为中华文化能以赢得十二平均律首创权的隐伏驱动力之一'。"[6]所以，对于京房六十律，我们只有将其置于一种更加宏阔的多元文化视野下，才能不断揭示出它的深刻内涵及其与卦气说的内在联系。

何谓卦气说？李存山先生总结说："汉代的易学主要是象数之学，象数的概念符号表征的是阴阳二气在宇宙间的屈伸消息，即一年四季气候寒暖、月令时节的变化，这被称为

————————
[1]　卢央：《京房评传》，南京：南京大学出版社，1998 年，第 354—372 页。
[2]　天津音乐学院、中国艺术研究院音乐研究所：《缪天瑞音乐文存》第 2 卷，北京：人民音乐出版社，2007 年，第 359—366 页。
[3]　罗筑瑞：《对〈后汉书〉所载"律准"的相关解读》，刘蓝：《二十五史音乐志》第 1 卷，昆明：云南大学出版社，2009 年，第 142—153 页。
[4]　陈应时："京房六十律"三辩》，《黄钟（武汉音乐学院学报）》2010 年第 2 期，第 113—119 页。
[5]　杨荫浏：《中国古代音乐史稿》上册，上海：人民音乐出版社，1981 年，第 131 页。
[6]　李玫：《东西方乐律学研究及发展历程》，第 60 页。

汉代的卦气说。"①然而，诚如熊十力先生所言："《易》自孔子赞修后，卦气纳甲诸说，自不得不黜为外道。然由《易》之历史言之，则纳甲卦气等法，当远肇羲皇，而为八卦之所自出，决非术数家所依托也。"②卦气说之所以在汉代之盛行，主要是因为人们把它作为发表政治见解的一种工具，是历史发展的必然。对此，刘玉建先生在《汉易卦气说研究》一书中有专论，可资参考，而京房的不测人生或许与此有关。

此外，从事物的相互作用原理看，既然卦气说可以作用发表政见的手段和工具，那么，一方面，汉代的社会政治走向会对卦气说的发展产生直接影响；另一方面，随着汉代社会政治网布传导的各种路径，卦气说也必然会向当时社会生活的方方面面渗透。从这个层面看，京房六十律可以看作是卦气说在音律学领域中的具体应用和渗透。就此，黄黎星先生已经撰写了多篇论文③，对这个问题做了多角度的考察和论辩，许多观点言之有理，自成一家之说，当然也有不同意见，请参见陈应时先生的《"京房六十律"三辩》一文。黄黎星先生认为："'卦气'说之有'六十卦'名目，绝无疑问。古籍中论及'卦气'说，言'六十四卦'者，以所用之全体卦数论；言'六十卦'者，以'主六日七分，合周天之数'论，二者并非自相矛盾，语境不同而已，不能仅以字面之异简单推论。"④又"汉代《易》学最显著的特征，就是象数学大昌。汉《易》象数学自汉宣帝以后大为盛行，始于孟喜倡'卦气'之说，紧接着又兴起了焦延寿、京房诸家，以当时流行的灾异、术数之学，与《易》学融合创立新说，由卦象的排列与五行、干支、历律等数的配合，创造出一种'术'，用此术来占验灾异，此风延及东汉，至魏王弼'扫象阐理'，方受到冲击而衰落"⑤。关于这个问题，待后再议。

京房六十律中提出了"律值日"的问题，这是一个比较重要的学术课题，也正因如此，郭树群先生撰写的《京房六十律"律值日"理论律学思维阐微》一文⑥，才越来越彰显出它的价值和意义，从学术演变的过程讲，郭文应是目前考论"律值日"问题最为全面和深刻的研究成果。郭先生指出："检验《律数》设计所值日数之列，则可见其六十律与其所设卦气理论的联系。……可以说，六十律每律所值日数与每卦所值日数具有相似性。"⑦

如表 2-2 所示，为了满足律与历的对应关系，京房将一年 366 天分配到六十律之中，于是就出现了它们之间的对应关系：

---

① 李存山：《莱布尼茨的二进制与〈易经〉》，刘大钧总主编：《〈周易〉与自然科学》第 1 册，第 194 页。

② 萧萐父主编：《熊十力全集》第 3 卷《读经示要》，武汉：湖北教育出版社，2001 年，第 914 页。

③ 黄黎星、孙晓辉：《京房援〈易〉立律学说探微》，《黄钟（武汉音乐学院学报）》2008 年第 4 期，第 175—181 页；黄黎星：《再论京房"六十律"与卦气说》，《黄钟（武汉音乐学院学报）》2010 年第 2 期，第 121—127 页；黄黎星：《关于易学与古代乐律学的研究》，《福建艺术》2011 年第 2 期，第 23—26 页等。

④ 黄黎星：《再论京房"六十律"与卦气说》，《黄钟（武汉音乐学院学报）》2010 年第 2 期，第 123 页。

⑤ 黄黎星：《再论京房"六十律"与卦气说》，《黄钟（武汉音乐学院学报）》2010 年第 2 期，第 123 页。

⑥ 郭树群：《京房六十律"律值日"理论律学思维阐微》，《音乐研究》2013 年第 4 期，第 42—61 页。

⑦ 郭树群：《京房六十律"律值日"理论律学思维阐微》，《音乐研究》2013 年第 4 期，第 44 页。

表 2-2　京房六十律与"所值日"的关系表

律名	黄钟	色育	执始	丙盛	分动	质末	大吕	分否	凌阴	少出	总计
所值日数	1日	6日	6日	6日	6日	6日	8日	8日	8日	6日	61
律名	太簇	未知	时息	屈齐	随期	形晋	夹钟	开时	族嘉	争南	
所值日数	1日	6日	6日	6日	6日	6日	8日	8日	8日	8日	61
律名	姑洗	南授	变虞	路时	形始	依行	中吕	南中	内负	物应	
所值日数	1日	6日	6日	5日	7日	8日	7日	8日	7日	7日	61
律名	蕤宾	南事	盛变	离宫	制时	林钟	谦待	去灭	安度	归嘉	
所值日数	6日	7日	7日	7日	8日	1日	5日	7日	7日	6日	55
律名	否与	夷则	解形	去南	分积	南吕	白吕	结躬	归期	未卯	
所值日数	5日	8日	8日	8日	7日	1日	5日	6日	6日	6日	60
律名	夷汗	无射	闭掩	邻齐	期保	应钟	分乌	迟内	未育	迟时	
所值日数	7日	8日	8日	7日	8日	1日	7日	8日	8日	6日	68

　　相邻两律之间的"京房音差"与表 2-2 中所出现的"律值日",并不是呈对等布置。如前所述,十二律即黄钟—大吕—太簇—夹钟—姑洗—中吕—蕤宾—林钟—夷则—南吕—无射—应钟,欲从其中推衍出六十律,京房便针对各律之间的大小关系,分别插入 1、5、6、7、8 五个日数的方法,从而使十二个律间出现了 30 日与 31 日之分别,具体讲来,就是从黄钟到质末为 31 日;从大吕到少出为 30 日;从太簇到形晋为 31 日;从夹钟到争南为 30 日;从姑洗到依行为 31 日;从中吕到物应为 30 日;从蕤宾到制时为 30 日;从林钟到否与为 30 日;从夷则到分积为 31 日;从南吕到夷汗为 31 日;从无射到期保为 31 日。从应钟到迟时为 30 日。这种 30 日与 31 日之分,大体符合我们今天所说的小半音与大半音。[1]故有学者评论说:"京房之所以如此推演,他以为应像由八卦推得六十四卦那样,从十二律推至六十律。再如同用卦爻配日那样,也将声律来配一年的日子。但声律配日不是平均分配,而是黄钟等七律各配一日,共七日;形始、谦待等四律各配五日,共二十日;色育、执始等二十一律各配六日,共一百二十六日;依行、南中等十一律各配七日,共七十七日;大吕、分否等十七律各配八日,共一百三十六日。以上六十律共配三百六十日,自黄钟开始,再至黄钟,提出了一种声律与日周期相应的原则。"[2]理论上如此,实际上的情况详见下文:

　　　　从统计情况看,除两律相差一个"京房音差"的少数几个律外,其余两律间相距或者 23.45 音分,或者 19.88(或 19.89)音分,所以两律间至多安排六日半,至少得安排五日半,绝难安排到八日。京房为了将六十律与一年的总日数相配合,将这六十律安排了 366 日。又按十二辰,将此六十律分配到十二月中去,使与月份对应起来,并称此十二辰为十二宫。如果按每宫一月 30 天或 31 天的安排,就得放弃坚持"一

① 天津音乐学院、中国艺术研究院音乐研究所:《缪天瑞音乐文存》第 2 卷《律学》,第 360 页。
② 陈久金主编:《中国古代天文学家》,北京:中国科学技术出版社,2008 年,第 43 页。

日"表示一个"京房音差"的原则。京房碰到的这个困难很大，需要从一个更广阔的视野或一个全新的角度加以考察。由于他还没有想到一个有效解决这一困难的方法，所以当时人们就对他的六十律采取了否定的态度，这导致在《汉书·律历志》上对于京房的律学根本没有提及。①

（2）构建了一套用于占验的形式化符号系统。如前所述，单纯就转调旋宫而言，当京房推算到五十四律仓育时，其声律已经非常接近黄钟了，可是，京房为什么置此不顾，非要继续推算至六十律呢？这里自然会产生一个问题：京房六十律的功能，究竟是仅仅局限于声律，还是在声律之外还有更加重要的社会政治功能？南朝天文学家何承天曾批评京房六十律说："上下相生，三分损益其一，盖是古人简易之法。犹如古历周天三百六十五分度四分之一，后人改制，皆不同焉。而京房不悟，谬为六十。"②然而，梁武帝却比较客观地评价了京房六十律的艺术成就，他在《钟律纬》一文中说："案京房六十，准依法推，乃自无差。但律吕所得，或五或六，此一不例也。而分焉上生，乃复迟内上生盛变，盛变仍复上盛分居，此二不例也。房妙尽阴阳，其当有以，若非深理难求，便是传者不习。"③这样看来，我们只有将阴阳灾变理论与京房六十律联系起来统筹考虑，才有可能求得其中"深理"。其实，僧一行早就明确了京房六十律本身所具有的占验功能，他在《大衍历·卦议》中指出："京氏又以卦爻配期之日，坎、离、震、兑，其用事自分、至之首，皆得八十分日之七十三。颐、晋、井、大畜，皆五日十四分，余皆六日七分，止于占灾眚与吉凶善败之事。"④从这个层面讲，"其实京房是为了推占灾变而谬为六十的"⑤。

经郭树群先生考证，京房六十律每律所值日数与孟喜六十卦每卦所值日数之间具有同构性。他说："京房'卦值日'的理论为占验之手段，而占验所对应事物的存在与发展规律则根本上要由'卦气'来决定。'卦值日'所排定的值日基本单位是一个节气 15 日之中的'初候'5 天，'中候'5 天，'末候'5 天。60 卦，每卦值 1 候，这样产生的对应关系是 60 卦要对应二十四节气的 72 候。在孟喜的'卦气'说中，60 卦被分为称作'辟'、'候'、'大夫'、'卿'、'公'五类，它将其中属于'候卦'一类的 12 卦分为各值 3 日的'内'、'外'卦。这样就刚好能够对应于一年 71 候的日数。"⑥依此为参考，京房为了实现律历合一于"天之大数不过十二"⑦的先验理论，他以十二律与十二地支的对应关系为基础构建了一套用于占验的形式化符号系统。对于这个占验系统，我们可分成三个层面来分析：

第一个层面是理论根据。《国语·周语下》载伶州鸠对十二律的神学阐释说：

---

① 中宣部、教育部、科技部组编：《中国古代 100 位科学家故事》，北京：人民教育出版社，2006 年，第 228 页。
② 《隋书》卷 16《律历志》，第 389 页。
③ 《隋书》卷 16《律历志》，第 390 页。
④ 《新唐书》卷 27 上《历志三》，第 598—599 页。
⑤ 陈久金主编：《中国古代天文学家》，第 44 页。
⑥ 郭树群：《京房六十律"律值日"理论律学思维阐微》，《音乐研究》2013 年第 4 期，第 44—45 页。
⑦ 徐元诰撰，王树民、沈长云点校：《国语·周语下》，北京：中华书局，2002 年，第 113 页。

律所以立均出度也。古之神瞽，考中声而量之以制，度律均钟，百官轨仪，纪之以三，平之以六，成于十二，天之道也。夫六，中之色也，故名之曰黄钟，所以宣养六气九德也。由是第之。二曰太蔟，所以金奏赞阳出滞也。三曰姑洗，所以修洁百物，考神纳宾也。四曰蕤宾，所以安靖神人，献酬交酢也。五曰夷则，所以咏歌九则，平民无二也。六曰无射，所以宣布哲人之令德，示民轨仪也。为之六间，以扬沈伏，而黜散越也。元间大吕，助宣物也。二间夹钟，出四隙之细也。三间仲吕，宣中气也。四间林钟，和展百事，俾莫不任肃纯恪也。五间南吕，赞阳秀物也。六间应钟，均利器用，俾应复也。①

伶州鸠坚信神秘的数可以沟通人类与神灵之间的信息联系，他说："凡人神以数合之，以声昭之，数合神和，然后可同也。"②京房所做的声律工作，其前提即在于此，而京房六十律的占验特性亦由此而来。

第二个层面是候气说。京房是律管候气说的首创者，史料见于《后汉书·律历志》。汉代学者扬雄坦言："泠竹为管，室灰为候，以揆百度；百度既设，济民不误，玄术莹之。"③这是指律管候气说的原始形态而言，其言辞十分隐晦。后来，东汉蔡邕则直言不讳律管候气说，他在《月令章句》中这样表述京房的候气思想："上古圣人本阴阳，别风声，审清浊，而不可以文载口传也，于是始铸金作钟，以正十二月之声，然后以效升降之气，钟难分别，乃截竹为管，谓之律。律者，清浊之率法也。声之清浊，以律管长短定之……以法为室三重，户闭，涂衅必周，密布缇缦。室中以木为案，每律各一，按内庳外高，从其方位，加律其上，以葭灰实其端，其月气至，则灰飞而管通。"④关于"候气说"究竟是科学还是"伪科学"之争，由来已久，至今未息，但这是后话，在此暂且不论。

第三个层面是律历对应，对这个问题陈久金先生也有详论。不过，综合《吕氏春秋》、《淮南子》《史记》等律历文献，我们不难看出，汉代非常盛行律历合一说。这个学说的主要内容如图 2-64 所示：

黄钟	大吕	太簇	夹钟	姑洗	中吕	蕤宾	林钟	夷则	南吕	无射	应钟	←十二律吕
子	丑	寅	卯	辰	巳	午	未	申	酉	戌	亥	←斗柄所指
十一月	十二月	正月	二月	三月	四月	五月	六月	七月	八月	九月	十月	←月份

图 2-64 律历合一示意图

当然，京房的图说更为复杂，好在陈久金先生曾绘制了"京房六十律与十二支对应图"，它有助于我们直观地认识和理解京房占验思想的实质，如图 2-65 所示：

---

① 徐元诰撰，王树民、沈长云点校：《国语·周语下》，第 113—121 页。
② 徐元诰撰，王树民、沈长云点校：《国语·周语下》，第 126 页。
③ （汉）扬雄：《太玄》卷 7《玄莹》，《百子全书》第 3 册，第 2099 页。
④ （汉）蔡邕撰、（清）蔡云辑：《蔡氏月令》卷上《章句》，四川大学古籍整理研究所、中华诸子宝藏编纂委员会：《诸子集成补编》第 3 册，成都：四川人民出版社，1997 年，第 331—332 页。

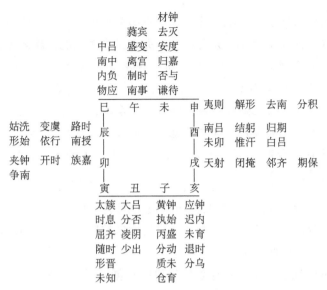

图 2-65　京房六十律与十二支对应图解①

　　陈先生绘制图 2-65 的依据是前引《后汉书·律历志》所载京房推演六十律的那段话，即"建日冬至之声……故各统一日，其余以次运行"②。由于那段话文辞比较简略，一般读者难以理解其中的蕴意。所以陈先生解释说：

　　　　因为京房按三分损益原则，以隔八相生之法，自黄钟开始上下相生至于中吕，是将子丑寅卯等十二支辰与十二律相配，到了巳位中吕之后，又应上生黄钟（子位），可是不能达到黄钟律九寸，只得八寸七分有奇，不成黄钟正声。京房就由中吕生执始等，推演四十八律。当推到依行在辰上时，下生仓育应到亥位，实际上仓育已不能准确地列于亥位，而应列于子位，因由仓育生谦待，谦待实际上已到未位，则仓育"应编于黄钟之次"（子位）。这里事实上不再是隔八相生，而是隔九相生。……

　　　　这样一来，与十二支辰对应的各律不再是均齐的，黄钟、林钟、太簇、南吕、姑洗每律统五律，即所谓一子统五子，一未统五未，一寅统五寅，一酉统五酉，一辰统五辰，各统四十八律中的五律。蕤宾、应钟每律统四律，一午统四午，一亥统四亥。大吕、夹钟、中吕、夷则、无射每律统三律，即一丑统三丑，一卯统三卯，等等。由此加上已规定的黄钟等七律为声气之元各统一日的原则，而定出各律所管日数。京房做了这项工作之后，使声律与八卦、干支、日时等建立了一种关系，他想从这套关系探索出一种推演灾异的方法，也想从这种关系中找出灾异变化的规律。③

　　无论怎样，灾害预测都是一门非常高深、复杂的学问，它需要多学科的知识综合和交叉。仅此而言，京房的律历占验学确实有待进一步的系统考察和研究。

①　陈久金主编：《中国古代天文学家》，第 45 页。
②　《后汉书·律历志》，第 3000 页。
③　陈久金主编：《中国古代天文学家》，第 44 页。

（3）将卦气说与声律实验相结合。京房的卦气说没有仅仅停留在理论层面，而是十分注意与声律实验相结合。如《后汉书·律历志》载京房的话说："竹声不可以度调，故作准以定数。准之状如瑟，长丈而十三弦，隐间九尺，以应黄钟之律九寸；中央一弦，下有画分寸，以为六十律清浊之节。"[1]我们知道，音律的准确与否关乎人神之间的信息能否通畅，故甚为历代音律学家所关注。京房在音乐实践过程中发现，秦代之前用竹子来充当音律标准器，存在先天性缺陷，因为限于竹制律管的材质，不仅其声较微，而且也很难审音，因为它无法通过三分损益法的计算来确定其长度，况且管口校正也十分困难。于是，他发明了一种由 13 根弦组成的"准"，这种名为"准"的定律器，其结构类似于瑟，共有 13 根弦。众所周知，瑟的一弦一柱，其清浊全凭移动柱子来调整，而"准"的原理与之相同，其各弦的振动频率也是通过移动柱子来调整和实现。京房用合于黄钟管音的中弦作为其他十二弦的准则，由于各弦的粗细相同，张力相等，因此我们通常就可以用它们的弦长来审音。[2]这里牵涉两个问题：第一，"竹声不可以度调"是京房自己从实验中得出来的结果还是借鉴了古希腊七弦琴而得出来的结果。这个问题，学界尚有争议，如王光祈先生云："直至西汉末叶京房发现竹声不可以度调，乃作准以定律，于是吾国乐制遂与古代希腊乐制完全相同。京房之有此举，或系受了七弦琴的影响。因为在琴上用三分损益法以定律，其所得之音势必与管上所得之音相异，凡听觉稍为敏捷之人未有不能察出者也。既察出此种差异之后，于是用弦定律之议亦由此发生。……吾国定律之法自京房以后，理论与实用既已相符。于是吾国乐制基础从此完全确立。但京房之准，在其死后百年即已失传，故管上定律一事始终为吾国乐制中心问题。"[3]但多数学者认为，"竹声不可以度调"是京房的一项独立发现。例如，有学者强调说："京房发觉以长度算律时，管律不如弦律准确。其原因是管律的长度需要进行管口校正。这个重要的现象，是京房第一个发现的。"[4]缪天瑞先生进一步指出："京房曾发现用管定律与用弦定律的不同，首次明确提出'竹声不可以度调'。他创用一种用弦的定律器，称为'准'，形状如瑟，长一丈，'隐间'（即弦的振动部分）九尺，准上张着十三条弦，中央一弦下画有京房六十律的标记。京房准开创了用弦律器作律学实验的先例，对后世的律学研究产生了深远的影响。"[5]所以京房经过长期的音律实践，独立发现了"竹声不可以度调"问题，应系确当之论；第二，京房的"准"器是否具有实用价值。有否定者，如有学者断言："京房为使律数与历数相结合，就凑成六十整数，他把六十律中的每一律，代表一天至八天，六十律正合一年三百六十六天，这当然是牵强附会，何况这种定律法无论在演奏实践或乐器制造方面都遇到了困难，因而无实用价值。但是这种定律在理论上却提供了通过一种微小的音差来变换音律的可能性。"[6]还有学者否定的更彻底，如杨荫浏先生就认为："京房对于弦律，虽然也许曾经做

① 《后汉书·律历志》，第 3001 页。
② 蔡宾牟、袁运开主编：《物理学史讲义——中国古代部分》，北京：高等教育出版社，1985 年，第 128—129 页。
③ 王光祈：《中国音乐史》，北京：中国和平出版社，2014 年，第 43 页。
④ 张志庄编著：《朱载堉密率方法数据探微》，北京：中国戏剧出版社，2010 年，第 116 页。
⑤ 缪天瑞：《律学》，上海：人民音乐出版社，1996 年，第 122 页。
⑥ 蔡宾牟、袁运开主编：《物理学史讲义——中国古代部分》，第 129 页。

过精密的实验，但他对于管律，则除了他所取作和弦标准的黄钟一管以外，其余的五十九管，他非但没有将它们的音来与弦律比较过，甚至他连这样的管子都没有实际做过。他不过武断地误以为管律长度的相对比例，当然是与弦律长度相当，而凭空取六十弦律的长度的十分之一，写出来许多管律的长度罢了。"①

但多数学者根据《后汉书·律历志》所载"其术施行于史官，候部用之"，肯定京房准在一定范围内曾经流行过，而且还造成了较大影响。例如，北魏的陈仲儒曾奏准采用京房准来调校乐器。又如，杨泉《物理论》载："以弦定律，以管定音。"②有一种解释认为，它是指先用弦作定律的实践，获得成果之后，再移至管上。③因此，日本音乐史学家林谦三先生考述说："汉代卓越的音律学家京房，为了证实其六十律的理论，设计出一种十三弦的乐器，叫作准。一直到后世，屡屡被引为音律测定工具的模范。例如后魏陈仲儒的准，五代后周王朴的律准，都是以京房准为模范的十三弦乐器；这是历史上显明的事实。便是明朱载堉的均准，虽则十二弦，然其全部构造，无疑地还是取法于京房准的。"④当然，京房准的主要用途似乎不是定律，而是占候。对此，学者的认识比较一致。如罗艺峰先生说："候部，即是候钟律之部，与占候有直接关系。汉代有灵台侍诏之官四十二人，其中七人候钟律。许多古代文献记述了占候术士受到京房的影响，从另一个侧面证明这位律学家的本象颇涉占候。"⑤王铁先生直言："京房的六十律占候法，汉代曾被史官所实际应用。"⑥由此，我们还需要介绍一下京房的"候气说"。《后汉书·律历志》载：

> 夫五音生于阴阳，分为十二律，转生六十，皆所以纪斗气，效物类也。天效以景，地效以响，即律也。阴阳和则景至，律气应则灰除。是故天子常以日冬夏至御前殿，合八能之士，陈八音，听乐均，度晷景，候钟律，权土炭，效阴阳。冬至阳气应，则乐均清，景长极，黄钟通，土炭轻而衡仰。夏至阴气应，则乐均浊，景短极，蕤宾通，土炭重而衡低。进退于先后五日之中，八能各以候状闻，太史封上。郊则和，否则占。候气之法，为室三重，户闭，涂衅必周，密布缇缦。室中以木为案，每律各一，内庳外高，从其方位，加律其上，以葭莩灰抑其内端，案历而候之。气至者灰动。其为气所动者其灰散，人及风所动者其灰聚。殿中候，用玉律十二。惟二至乃候灵台，用竹律六十。候日如其历。⑦

这就是科学史上著名的"候气法"，然而，"候气说"是否一种声律实验？学界却聚讼纷纭，几成千年谜案。由于《后汉书·律历志》所记载的京房"候气"法，与《隋书·律历志》所记载的"候气"法，差异比较大。学界多通过否定《隋书·律历志》所记载的

① 中国艺术研究院音乐研究所：《杨荫浏全集》第1卷《中国音乐史纲》，南京：江苏文艺出版社，2009年，第123页。
② 中国艺术研究院音乐研究所：《黄翔鹏文存》下册，济南：山东文艺出版社，2007年，第697页。
③ 缪天瑞：《律学》，第100页。
④ [日]林谦三著、曾维德、张思睿校注：《东亚乐器考》，钱稻孙译，上海：上海书店出版社，2013年，第155页。
⑤ 罗艺峰：《中国音乐思想史五讲》，上海：上海音乐学院出版社，2013年，第124页。
⑥ 王铁：《汉代学术史》，上海：华东师范大学出版社，1995年，第67页。
⑦ 《后汉书·律历志》，第3016页。

"候气"法，连同京房"候气"法一起被否定了，如李约瑟博士在其《中国之科学与文明》一书中断言："在这里，实在说，我们所处理者（候气说），不是科学本身，而是原始科学，或甚至是伪科学。"①我们反复强调，中国古代科学思想具有复杂性和曲折性的特点，有些看似"荒谬"的思想背后却隐藏着更深的科学道理。例如，刘道远先生在《中国古代十二律释名及其与天文历法的对应关系》一文中，运用现代物理学知识和天文学理论，分析了"候气说"并非毫无科学依据的牵强附会之谬说。他认为："中国古代的所谓'律'，是一个通过'候气'来验证过的综合的标准。它既是用于天文观测计算方面（候时定历、阴阳消息），又是音高和度、量、衡的标准，与中国古代社会中的哲学与科技有着密切的渊源关系。它是中华民族在人类洪荒时代征服和了解自然的过程中的一个原始的工具。犹如几何中的圆规与直尺，用作于几何学中的计算和证明一样。"②不过，此文一出，冯洁轩先生马上撰文批评其观点，冯先生认为："候气的理论和方法，既不是求历日，也不是求律高（因为历日是推定好了的，律管也是现成做好，因而音高业已规定了的），而是由臆想的律历相通的理论指导下来验看阴阳之气的和合与否，进而由此知道吉凶祸福。要而言之，候气乃是一种占验吉凶的理论和方法，充满了神秘和迷信，丝毫谈不上科学性，也不能证明历律果真相通。"③彼此相论。各有一理。这是因为欲考察"候气说"的历史价值，必先将其置于当时的特定文化背景下去认识和理解。例如亚里士多德的自由落体学说，认为物体自高处自由落下的速度和重量成正比，也即在相同的高度，重的物体比轻的物体先落地，可是，伽利略却在比萨斜塔上做实验证明亚里士多德的自由落体学说是错误的。然而，此时距离亚里士多德已经1千多年了。"候气说"也是如此，可是，对于这种的科学史现象，我们应当从历史的角度认真分析产生这种错误思想的文化根源及其由此所形成的某种相对固化的思维范式何以能够长期延续的问题。仅此而言，我们认为董英哲先生的分析值得重视。董英哲先生说：

> "候气说"或"埋管飞灰"是作为验证"历律融通"理论的一个实验设计出现的。文献称其为"古法"，但始于何时已难以考证。……
>
> 对于候气说有信者有疑者。宋代著名学者朱熹（1130—1200）、蔡元定（1135—1198）都未加否定。现代被作为科学家看待的沈括（1031—1095）在其《梦溪笔谈》卷七"象数一"中也谈到候气说，并对埋管飞灰提出一种解释……
>
> 沈括的这种"理论解释"显然是轻信"飞灰"有验为其前提的。事实上，并未有可靠的实验验证。明代以来，对此持怀疑的人越来越多。王廷相（1474—1544）、邢云璐、朱载堉（1536—1610）、汪永（1681—1762）都对此有所批判。其中朱载堉著《候气辨疑》专门批判候气说的谬误。《律吕正义后编》有康熙帝亲自作候气实验不验

---

① ［英］李约瑟：《中国之科学与文明》第7册《物理学》，陈立夫主译，台北：商务印书馆，1980年，第307页。

② 刘道远：《中国古代十二律释名及其与天文历法的对应关系》，《音乐艺术（上海音乐学院学报）》1988年第3期，第9页。

③ 冯洁轩：《对于中国古代音乐与古代天文相关的两种新说的初步考察》，中国艺术研究院音乐研究所：《音乐学文集》，济南：山东友谊出版社，1994年，第65页。

的记载，得出"不足以为据"的结论。"候气说"的最终被否证说明它是一个错误的科学假说。可是它却长期为不少人作为"历律融通"的理论根据而信奉。它在汉代之兴起与象数易学的"卦气"说有关。西汉邓平以黄钟自乘之数起律为日法造《太初历》，易学吸收天文历法的成果提出卦气说并试图以此为基础建立历法的理论模式。经学家扬雄（53BC—18）将其仿《周易》撰著的《太玄》用以表示历法，并认为它既"与泰初历相应，亦有颛顼之历焉"。经学家刘歆（？—23）把《太初历》改造成中国第一部完整的历法《三统历》功不可没，但他以易数附会历法亦流毒匪浅。汉以后的许多历书引卦气说解释历法，如东汉末年的《乾象历》、北魏的《正光历》、唐代的《大衍历》。一些著名的天文历算家，如东汉张衡（78—139）对卦气说多有肯定，对扬雄极为推崇，认为《太玄》之学二百年后必兴；再如唐代僧一行（683—727）是引易卦说历法的代表人物，他把自己创制的历法定名为"大衍历"。自班固（32—92）著《汉书》将律历合为一帙而名《律历志》并阐发刘歆的"律历融通"思想后，《后汉书》《晋书》《魏书》《隋书》《宋书》《宋史》皆因循之，直至《旧唐书》才改依《史记》分述律、历。但"律历融通"思想并为中断，明代朱载堉著《律历融通》，明清之际的王夫之（1619—1692）不赞成象数易学却肯定"易可衍历"，直到清代康熙帝亲自主持的实验否定了"候气说"，"律历融通"也还未"寿终正寝"。其实卦气说作为历法表示系统的尝试并不成功，"候气说"也从未为实验所证实，一个错误的理论如此长命的原因故多，但基于崇古思想而对它的前景预测的失误亦为其一。[1]

（二）《京房易》的主要内容及其影响

京房是汉代易学的重要代表，据《后汉书·儒林列传》载，东汉时"《易》有施、孟、梁丘、京氏"[2]。且上述"四家皆立博士"[3]。当时，习京氏易的学者有戴凭、魏满、孙期等。然"建武中，范升传《孟氏易》，以授杨政，而陈元、郑众皆传《费氏易》，其后马融亦为其传。融授郑玄，玄作《易注》，荀爽又作《易传》，自是《费氏（易）》兴。"[4]考京房的易学著述，非常丰富，仅见于《隋书·经籍志》者就有25种，可惜唐宋之后《隋书》所载录的京房易学著作几乎全部散佚。但《宋史·艺文志》又别处"京房《易传算法》一卷，《易传》三卷"[5]，这两部书被归于"蓍龟类"，而不是"易类"或"儒学类"，看来元史修撰者，对京房的易学思想抱有偏见。也正因如此，学者才对《宋史》所出现的京房易学著作也即现传本的京房易学著作产生了怀疑态度。详细内容请参见刘玉建《两汉象数易学研究》关于《京房易传》的真伪问题考述[6]，此不赘语。今传王保训辑本《京氏易》8卷，内容较全面，故此，我们下面依据王保训辑本，拟对京房的易学思想

① 董光璧：《二十一世纪科学与中国》，武汉：湖北教育出版社，2004年，第2—5页。
② 《后汉书》卷79上《儒林列传》，第2545页。
③ 《后汉书》卷79上《儒林列传》，第2549页。
④ 《后汉书》卷79上《儒林列传》，第2554页。
⑤ 《宋史》卷206《艺文志五》，第5265页。
⑥ 刘玉建：《两汉象数易学研究》上册，南宁：广西教育出版社，1996年，第194—198页。

略做阐释。

（1）卷1《周易章句》。《周易》"乾卦"九二爻云："见龙在田，利见大人。"京房注："《易》有君人五号。帝，天称一也。王，美称二也。天子，爵号三也。大君，兴盛行异四也。大人者，圣人德备五也。"[①]此以礼注易的传统，始于孟喜，倡于京房，而变异于东汉的谶纬说。又，《周易》"否卦"九五爻云："系于苞桑。"京房注："桑有衣食人之功，圣人亦有天覆地载之德，故以喻。"[②]由于"天子"位高权尊，与天相感应，所以京房在注释《周易》各卦的象爻时，无不被打上董仲舒天人感应思想的烙印。

如京方释"大畜象'利涉大川应乎天'"云："谓二变五体坎，故利涉大川。五，天位，故曰应乎天。"[③]我们知道，《京氏易》的主要内容是讲述灾异之学，而他的灾异思想又是建立在其卦气说的基础之上。比如，对于《周易》"大衍之数"的解释，京房可谓别出心裁。他说："五十者，谓十日、十二辰、二十八宿也。凡五十，其一不用者，天之生气，将欲以虚来实，故用四十九焉。"[④]文中的"十日、十二辰"显然源自《淮南子·天文训》，刘安在解释音律与天上日辰之间的内在关系时说："音自倍而为日，律自倍而为辰。"[⑤]前面讲过，人与天地互通为一，因此可以相感相应。而京房对"大衍之数"的注释实际上就隐含着人与天地互通为一的思想。

（2）卷2《易传》。京房一开首便道出了汉代灾异学本身所具有的那种政治张力，这可能是他招来杀身之祸的思想根源。京房说："凡灾异所生，各以其政变之则除，消之亦除。"[⑥]自然界的灾异现象，本来是一种反常的物质运动和变化过程，并非人类干预的结果。然而，京房却将灾异现象全部归之于"政变"，确实有令人毛骨悚然之感。比如，他说："地动，阴有余。天裂，阳不足。此臣下盛强害君上之变也。"[⑦]他又说："景帝三年，天东北有赤气，广长十余丈，或曰天裂，其后七国兵起。"[⑧]诸如此类，一事一应，一事一占。诚如苏德昌先生所说："《京房易传》占条设立所采象数《易》与卦气说多数带公式性、图式化的机械论色彩，无可避免开启西汉灾异说往'预占化'之倾斜。其原理操作常省略感应论所强调自然灾异与人类行事间的因果连系，直接赋予自然灾异以预示人事祸咎

---

① （汉）京房撰、（三国·吴）陆绩注、（清）王保训辑：《京氏易》卷1《周易章句》，杨世文、李勇先、吴雨时：《易学集成（二）》，成都：四川大学出版社，1998年，第1895页。

② （汉）京房撰、（三国·吴）陆绩注、（清）王保训辑：《京氏易》卷1《周易章句》，杨世文、李勇先、吴雨时：《易学集成（二）》，第1895页。

③ （汉）京房撰、（三国·吴）陆绩注、（清）王保训辑：《京氏易》卷1《周易章句》，杨世文、李勇先、吴雨时：《易学集成（二）》，第1895页。

④ （汉）京房撰、（三国·吴）陆绩注、（清）王保训辑：《京氏易》卷1《周易章句》，杨世文、李勇先、吴雨时：《易学集成（二）》，第1896页。

⑤ （汉）刘安著、高诱注：《淮南子·天文训》，《百子全书》第3册，第2829页。

⑥ （汉）京房撰、（三国·吴）陆绩注、（清）王保训辑：《京氏易》卷2《易传》，杨世文、李勇先、吴雨时：《易学集成（二）》，第1897页。

⑦ （汉）京房撰、（三国·吴）陆绩注、（清）王保训辑：《京氏易》卷2《易传》，杨世文、李勇先、吴雨时：《易学集成（二）》，第1897页。

⑧ （汉）京房撰、（三国·吴）陆绩注、（清）王保训辑：《京氏易》卷2《易传》，杨世文、李勇先、吴雨时：《易学集成（二）》，第1897页。

或下一个自然灾异的'前兆'功能。"[1]在各种程式化的"预占"中，其"日占"内容尤为学界关注。[2]固然，京房的日占牵强附会者多，如他说："日者，阳之精，人君之象，骄溢专明，为阴所侵，则有日食之灾，不救则必有篡臣之萌；其救也，君怀谦虚下贤，受谏任德，日食之灾为消也。"[3]可以想象，在当时的君主专制体制下，臣民面对至高无上的人间君主，一切法律手段既无可奈何，他们所能利用的手段就唯有"天谴"了。所以利用灾异现象警醒君主，使之"谦虚下贤，受谏任德"，又何尝不是一件幸事呢！况且京房是以太阳的客观形态作为预占基础，所以在此过程中，京房必然会自觉或不自觉地观测到一些真实的太阳异变现象。如"日晕有赤云如车轮，曲向日为内提"[4]，"背气在晕中青外赤"[5]，"日晕上下有两背"[6]等。我们知道，"日晕"是一种比较罕见的光学现象，它的出现往往与天气的变化有关。所以"日晕在一定程度上可以成为天气变化的一种前兆，出现日晕天气有可能转阴或下雨。但说这种现象可以预兆今年气候的旱涝是没有科学依据的。"[7]

（3）卷3《易占上》。与前面卷2的《易传》相比，卷3《易占上》更少原理之解释，而是将异常天象直接被纳入其预设的符号系统里，对人事吉凶进行占测。而通常人们所理解的《周易》占筮则属于"数占"，即"根据某种算法的计算结果对人事的吉凶进行占测，因而在这种独特的算法中蕴含了一些古代的数学信息"[8]。京房的易占注重从以往的历史文献中寻找实证资料，试图将历史的偶然性转变为一种历史的必然性，这样便形成了京房的神秘主义历史观。如京房说："日蚀从下起，失民，人君疑于贤者为不肖，不用其政教，故天见亡民之象也。以人君尊天，将亡君必先丧其民。"[9]抛去其神秘的思想外壳，其所述"民"与"君主"的关系，具有一定合理性，失民心者失天下，这是历史留给我们的宝贵经验教训。故孟子说："桀纣之失天下也，失其民也；失其民者，失其心也。得天下有道，得其民，斯得天下矣；得其民有道，得其心，斯得民矣。"[10]从本质上讲，京房与孟子的思想是一致的。为了预占，必须仔细观察天象的变化，京房熟谙此理，这在他的灾异实践中已有较好地体现。例如，他观察"日珥"现象说："日以甲乙有四珥而蚀，有白

① 苏德昌：《〈汉书·五行志〉研究》，台北：台湾大学出版中心，2013年，第602页。
② 主要代表成果有陈久金主编：《中国古代天文学家》，第45~48页等。
③ （汉）京房撰、（三国·吴）陆绩注、（清）王保训辑：《京氏易》卷2《易传》，杨世文、李勇先、吴雨时：《易学集成（二）》，第1899页。
④ （汉）京房撰、（三国·吴）陆绩注、（清）王保训辑：《京氏易》卷2《易传》，杨世文、李勇先、吴雨时：《易学集成（二）》，第1899页。
⑤ （汉）京房撰、（三国·吴）陆绩注、（清）王保训辑：《京氏易》卷2《易传》，杨世文、李勇先、吴雨时：《易学集成（二）》，第1899页。
⑥ （汉）京房撰、（三国·吴）陆绩注、（清）王保训辑：《京氏易》卷2《易传》，杨世文、李勇先、吴雨时：《易学集成（二）》，第1899页。
⑦ 杨华编著：《天气》，北京：现代出版社，2013年，第134页。
⑧ 张图云：《周易中的数学——揲扐算法研究》前言，贵阳：贵州科技出版社，2008年，第1页。
⑨ （汉）京房撰、（三国·吴）陆绩注、（清）王保训辑：《京氏易》卷3《易占上》，杨世文、李勇先、吴雨时：《易学集成（二）》，第1914页。
⑩ 黄侃：《黄侃手批白文十三经·孟子》，第41页。

云冲出四角……行日以庚辛有二珥而蚀，从上始有赤云出西方。"[1]这一段天文史料常被学者引用，随着现代光谱分析技术的进步，日珥已经成为天体物理学研究的重要课题之一。一般而言，宁静日珥的电子温度约为6500K，活动日珥的电子温度约为7000—20 000K。[2]从太阳边缘处所看到明亮突出物，往往腾空而起，像一个个鲜红的火舌，形状各异，故有"二珥"和"四珥"之分。据辨析"有白云冲出四角"，所指应是辐射状的日冕，而在欧洲一直到1860年7月18日的日全食时，人们才观测到"冲出四角"的日冕。[3]京房对日珥的描述，内容比较丰富。既有"日晕戴抱珥"者[4]，又有"日有三珥"者[5]，还有"日晕有四珥，各四背珥"（如图2-66）者等。有学者解释说：京房所看到的"有四个日珥同时出现，并且相背，似乎呈圆弧状。而今所见之爆发日珥有一种就呈圆弧形，爆发时整个圆弧膨胀，弧峰上升，物质沿着弧的两翼向下流动，京房观测到的四背珥与此极为相似"[6]。

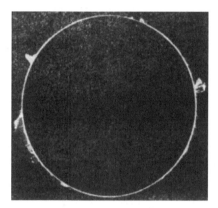

图2-66　日珥图[7]

京房云："察天不顺，厥异日赤，其中有黑。"[8]文中的"黑"是指太阳黑子，而观察太阳黑子的适宜条件之一是在日薄时，所谓"薄"即"日月赤黄"，也就是由于云气浓重，太阳呈现出赤或黄的颜色变化，这时往往可以用肉眼来观察日面现象。京房不仅观察到了"日中有黑子"[9]，而且他还观察到了太阳黑子的分裂现象。其文云："日中有黑云，

① （汉）京房撰、（三国·吴）陆绩注、（清）王保训辑：《京氏易》卷3《易占上》，杨世文、李勇先、吴雨时：《易学集成（二）》，第1914页。

② 《现代科技综述大辞典》编委会：《现代科技综述大辞典》，北京：北京出版社，1998年，第496页。

③ 王思潮主编：《天文爱好者基础知识》，南京：南京出版社，2014年，第25页。

④ （汉）京房撰、（三国·吴）陆绩注、（清）王保训辑：《京氏易》卷3《易占上》，杨世文、李勇先、吴雨时：《易学集成（二）》，第1913页。

⑤ （汉）京房撰、（三国·吴）陆绩注、（清）王保训辑：《京氏易》卷3《易占上》，杨世文、李勇先、吴雨时：《易学集成（二）》，第1912页。

⑥ 陈久金：《中国古代天文学家》，北京：中国科学技术出版社，2013年，第47页。

⑦ 陈久金：《帝王的星占——中国星占揭秘》，北京：群言出版社，2007年，第96页。

⑧ （汉）京房撰、（三国·吴）陆绩注、（清）王保训辑：《京氏易》卷3《易占上》，杨世文、李勇先、吴雨时：《易学集成（二）》，第1910页。

⑨ （汉）京房撰、（三国·吴）陆绩注、（清）王保训辑：《京氏易》卷3《易占上》，杨世文、李勇先、吴雨时：《易学集成（二）》，第1910页。

若赤，若青，若黄，乍五，乍十。"①

对于"月与日相冲"现象，京房说："月与日相冲，分天下之半，循黄道。乌兔相冲，光盛威重，数盈理极，危亡之灾一时顿尽，遂使太阳夺其光华，暗虚亏其体质。小潜则小亏，大骄则大灭，此理数之常然也。"②月食发生的必要条件是"月与日相冲"和"循黄道"，这是京房很有价值的科学观察和发现之一。尽管这些正确思想被他的预占迷雾所笼罩，但其思想的光芒还毕竟是从其预占迷雾中喷射而出，给汉代天文学的发展又增添了一道绚烂的色彩。陈美东先生解释说，所谓"月与日相冲"就是日、月所处位置的经度必须正好相距180°，同时，日、月还必须分别处于黄白交点附近，这也是京房所言"循黄道"的意思。此外，京房又提出了暗虚的概念，并且"认为正是这黑暗的暗虚遮掩在月体上，遂有月食的发生"③。与此相关，京房在讨论日食现象时，提出了下面的见解，他说："诸侯逆叛，更立法度，则蚀失光，晻晻月形见也。"④这种把日食的发生归因于暗黑的月体遮蔽了日光，使太阳失去了光辉，无疑是我国古代最早见的和十分重要的关于日食成因的科学理念。⑤

"日旁有赤云如冠珥，不有大风，必有大雨。"⑥文中"赤云如冠珥"是指太阳周围有日晕存在，而日晕主雨。因为日晕是日光射至卷云或卷积云层时，因冰晶的折射或反射作用所形成，而卷云或卷积云的出现常常是锋面系统的前奏，它预示着风雨即将来临。

"凡雷者阴阳合和，震动万物，使各戴其元而起，故雷以动闻百里，或闻七十里，或闻五十里，或闻二十里，各应其德而起，以应人君行之动静。"⑦京房试图从物质的层面来解释雷形成的原因，体现了他占候思想的进步性一面。他又说："或雨且雷，和气令雷声，或殷殷辚辚，风雨微，皆阴阳和，利稼之雨。"⑧在汉代人看来，雷具有"开发萌芽，辟阴除害"⑨的作用，因此，"春不雷而霜，树木以风落，皆为人疾病"⑩。我们知道，阴阳和则随着气温的上升，暖湿空气逐渐加强，并被冷空气抬升起来，在这个过程中就会发出雷声，同时那些丰富的水汽也就转变成了殷殷辚辚的雨水。可见，京房的雷占也是他长

① （汉）京房撰、（三国·吴）陆绩注、（清）王保训辑：《京氏易》卷3《易占上》，杨世文、李勇先、吴雨时：《易学集成（二）》，第1911页。
② （汉）京房撰、（三国·吴）陆绩注、（清）王保训辑：《京氏易》卷3《易占上》，杨世文、李勇先、吴雨时：《易学集成（二）》，第1916—1917页。
③ 陈美东：《中国科学技术史·天文学卷》，第153页。
④ （汉）京房撰、（三国·吴）陆绩注、（清）王保训辑：《京氏易》卷2《易传》，杨世文、李勇先、吴雨时：《易学集成（二）》，第1900页。
⑤ 陈美东：《中国科学技术史·天文学卷》，第153页。
⑥ （汉）京房撰、（三国·吴）陆绩注、（清）王保训辑：《京氏易》卷3《易占上》，杨世文、李勇先、吴雨时：《易学集成（二）》，第1918页。
⑦ （汉）京房撰、（三国·吴）陆绩注、（清）王保训辑：《京氏易》卷3《易占上》，杨世文、李勇先、吴雨时：《易学集成（二）》，第1921页。
⑧ （汉）京房撰、（三国·吴）陆绩注、（清）王保训辑：《京氏易》卷3《易占上》，杨世文、李勇先、吴雨时：《易学集成（二）》，第1921页。
⑨ 《后汉书》卷30下《郎顗传》，第1072页。
⑩ （汉）京房撰、（三国·吴）陆绩注、（清）王保训辑：《京氏易》卷3《易占上》，杨世文、李勇先、吴雨时：《易学集成（二）》，第1921页。

期生活经验的总结。

（4）卷4《易占下》。在这部分的卜占内容里，京房主要议论的对象是生物界各种异常现象。例如，对人类性别的变异，京房这样描述说："丈夫化为妇人，兹谓柔胜强，阴胜阳，邦必亡。……女子化为男子，兹谓阴昌，贱人为政，其邦必亡。"①这些奇异的人类变性现象，尽管少之又少，然而古今中外仍不乏其例。可是，京房将这些异常的变形现象，进行不适当的巫式联想，则是毫无根据的臆说。京房歪曲理解人类形体畸变现象，错误地认为是这些畸变现象引发了"天下饥"和"天下乱兵作"等这些灾害性的社会问题，实际上，应当反过来看，而是一旦社会发生了严重的兵乱、饥荒等天灾人祸之后，往往会由于营养不良、惊恐等原因导致某些胎儿不能进行正常的形体分化，造成先天性五官不全的生理后果。

（5）卷5《易妖占》。这部分内容是对天地万物所出现的各种灾异现象，如山崩地裂等进行比较系统的占测，其结果有蛊惑人心之嫌。当然，有些占测似有进一步研究的必要。如"天冬雷，地必震。"②有人认为它在地震与电磁异常间建立了紧密的联系，因为在地震发生前，往往会出现磁铁失去磁力的现象。对此，有专家通过实验证实："地震前后大气静电异常的表现形式是多种多样的，低层大气静电场是可以相当强烈的"，这样，"电场对铁器的吸引力大过了磁石对铁器的引力"，所以"大气静电异常是重要的临震征兆表现形式之一，对这一问题进行深入研究并使这一知识为广大群众掌握必会对地震监测预防起到十分有益的作用"③。京房又说："地生毛，百姓劳苦。"④对"地生毛"现象，宋正海等先生有专门研究。他们认为"地生毛"的成因主要有"①地震前出现的天雨毛、地生毛现象；②地震后出现的地生毛现象；③干旱时出现的地生毛现象；④大水前后出现的天雨毛、地生毛现象；⑤伴随瘟疫出现的地生毛现象；⑥伴随大风出现的天雨毛、佛生须现象；⑦伴随其他现象出现的天雨毛、佛生须、地生毛现象……⑧伴生现象不明显的天雨毛、佛生须、地生毛现象。从这8个方面看，地生毛现象的出现并非孤立，而是反映整个大环境整体性的异常，其中包括地象、水象、生物象、人体象等方面。这些伴生异常现象中虽未提到天象异常，但我们完全可以推想，这种大范围、多领域的地球异常现象，可能与地球的天文环境本身异常有关。在各种伴生异常现象中，地生毛与地震的关系是最为突出的。"⑤在当时的历史背景下，一旦灾害发生，老百姓必然会陷于各种"劳苦"之中。仅此而言，京房的占测并无不当。京房占候的理论根据主要是五行的生克关系，如他说：

---

① （汉）京房撰、（三国·吴）陆绩注、（清）王保训辑：《京氏易》卷4《易占下》，杨世文、李勇先、吴雨时：《易学集成（二）》，第1924页。

② （汉）京房撰、（三国·吴）陆绩注、（清）王保训辑：《京氏易》卷5《易妖占》，杨世文、李勇先、吴雨时：《易学集成（二）》，第1936页。

③ 徐好民：《地象资料·征兆地质学·地震预报》，北京：北京图书馆出版社，1998年，第229页。

④ （汉）京房撰、（三国·吴）陆绩注、（清）王保训辑：《京氏易》卷5《易妖占》，杨世文、李勇先、吴雨时：《易学集成（二）》，第1937页。

⑤ 宋正海等：《中国古代自然灾异动态分析》，合肥：安徽教育出版社，2002年，第96—97页。

"月变色，青为饥与忧，赤为争与兵，黄为德与喜，白为旱与丧，黑为水，民多死。"①在五行体系中，"月"属阴水，黑色亦属水，二水相合则水多为灾；赤色属火，与阴水相克，故为战乱之兆；白色属金，为寒，主杀，所以为旱为丧；青色属木，但月水不能正常滋润万物，故为饥为忧。②对于各种动物所出现的异常行为现象，京房都非常关注，他说："鱼去水飞入道路者，兵且作。"③对于"鱼去水"的问题，应分作两个层面看：第一个层面是非正常状态下的"离水"；第二个层面是正常状态下的"离水"，大多数鱼类一旦离开水就无法存活，但生活在加勒比海地区的红树林鳉鱼，却可以在脱离水体的情况下存活长达 66 天。除此之外，由于地质及海水温度等方面的异常变化，有些深水鱼类会反常性地游上海岸。不过，这些鱼类的反常行为与"兵且作"没有任何关系，京房的占测是靠不住的。

（6）卷 6《别对灾异》。这部分内容共由 4 部分组成："别对灾异""易说""五星占""风角要占"。在"别对灾异"里，京房主要讲述了造成灾异的政治原因，以之谴告君主，任德尚贤，施仁布泽，由此彰显了汉代灾异说的特殊政治功能。例如，京房说："人君好用佞邪，朝无忠臣，则月失其行。天有三门，房星其准也，其中央曰天街，南二星间，而阳环其南星之下，曰太阳道；北二星间，而阴环其北星之上，曰太阴道；月行由天街，则天下和平；行太阳道，则为兵；行太阴道，则为水。"④清人俞正燮释："房者，黄道赤道之交，房四星、日月五星之所出入。"⑤文中的"阳道"是指月亮与五颗肉眼可见的大行星运行在黄道以南的某一轨道上运行，而"阴道"则是指月亮与五颗肉眼可见的大行星运行在黄道以北的某一轨道上运行。⑥具体而言，"角二星之间为天门，其内为日月五星所行之中道，左角南三度为太阳道，右角北三度为太阴道"⑦。在星占术上，此为"月犯角"现象，属于行星运行的正常规律，与人间的祸福没有什么因果对应关系。他又说："久旱何？人君无施泽惠于下人，则旱。不救，蝗虫害杀人，君亢阳暴虐，兴师动众，下人悲怨，阳气盛，阴气沉，故旱，万物枯死，数有火灾，此金失其性。若夏大旱则雩，祠之以素车白马，布衣以身为牲。或云诛谗佞之臣于市，则三日之内，雨降于天矣。"⑧古代的旱灾和蝗灾常常相伴生，旱、蝗并发是一种自然现象。因为蝗虫的习性是喜欢温暖干燥的气候环境，通常"蝗虫将虫卵产在土壤中，土壤比较坚实，含水量在 20%—30% 时，最适宜

① （汉）京房撰、（三国·吴）陆绩注、（清）王保训辑：《京氏易》卷 5《易妖占》，杨世文、李勇先、吴雨时：《易学集成（二）》，第 1937—1938 页。
② 张家国：《神秘的占候——古代物候学研究》，南宁：广西人民出版社，2004 年，第 35 页。
③ （汉）京房撰、（三国·吴）陆绩注、（清）王保训辑：《京氏易》卷 5《易妖占》，杨世文、李勇先、吴雨时：《易学集成（二）》，第 1940 页。
④ （汉）京房撰、（三国·吴）陆绩注、（清）王保训辑：《京氏易》卷 6《别对灾异》，杨世文、李勇先、吴雨时：《易学集成（二）》，第 1945 页。
⑤ （清）俞正燮：《癸巳存稿》，沈阳：辽宁教育出版社，2003 年，第 339 页。
⑥ 徐振韬主编：《中国古代天文学词典》，北京：中国科学技术出版社，2013 年，第 304 页。
⑦ 卢央：《中国古代星占学》，北京：中国科学技术出版社，2013 年，第 257 页。
⑧ （汉）京房撰、（三国·吴）陆绩注、（清）王保训辑：《京氏易》卷 6《别对灾异》，杨世文、李勇先、吴雨时：《易学集成（二）》，第 1946 页。

蝗虫产卵。干旱则会使蝗虫大量繁殖，迅速生长，酿成灾害"①。可见，旱灾和蝗灾的发生并不是"君亢阳暴虐"的结果，因此，"若夏大旱则雩"，或"诛谗佞之臣于市"，都于事无补。

"易说"主要讲述了日月及二分二至的气候变化与人事之间的关系，当然，这些关系都是京房出于某种政治目的所进行的巫式联想，因为两者之间本来就没有因果联系。比如，京房说："下侵上则日蚀。"②显然为谬说，但是，如果是劝勉君主尊重自然规律，顺应一年四季的气候变化，讲求在什么季节做什么事情，象"立冬，乾王不周风用事，人君当与边兵治城郭、行刑断狱、缮宫殿"及"冬至，缮宫殿、封仓库"③等，似乎就有合理之处了。京房又说："月与星至阴也，有形无光，日照之乃有光，喻如镜照日即有影见。月初，光见西方；望已后，光见东，皆日所照也。"④在此，他认为星月"有形无光"，且"日照之乃有光"，是一个正确见解。这里，京房不仅对月受日光说做了更明确的阐释，而且还看到了月亮的光明一面总是朝着太阳这个特点，实际上，它已经涉及月相变化同日月相对位置变化有关的重要思想。⑤

"五星占"是京房在观察五星运行轨道的基础上，对其非正常运行状态的一种占测，里面充满了迷信成分，不可取。

"风角要占"是指通过观测风的各种状况所逐渐形成的一种系统式占，它与星占和历占存在着深刻的内在联系。具体内容略。

（7）卷7《外传》。这部分内容以日月星辰的异常变化为主，多为政治性占测。例如，"日出有外黄雾帐天，抵暮不解者，人主失柄，亦曰国失政。天阴连日不解，无云，日赤光，是谓昼昏。占与日薄、日蚀同。亦曰皇之不极，厥罚将阴，故日昼昏。占曰有篡弑之谋"⑥。象"日出有外黄雾帐天"应属于大的沙尘暴天气，用现代大气物理知识解释，"黄雾帐天"应与地面上的沙尘暴及逆温现象的出现有关。通常在低层大气，大气温度随着高度增加而下降，因而大气能上下对流，所以不易形成"黄雾帐天"现象。但在某些天气条件下，地面上空的大气结构会出现气温随高度增加而升高的反常现象，这就叫"逆温"，发生逆温现象的大气层即为逆温层。逆温层就像是一层厚厚的被子罩住天空，使上下层空气不能流动，故此那些地面上扬起的黄沙积聚在逆温层中，便形成了"黄雾帐天"的气象"景观"。可见，"黄雾帐天"与"国失政"之间不存在因果关系。京房又举例

① 吕娟：《水多水少话祸福——认识洪涝与干旱灾害》，北京：科学普及出版社，2012年，第94页。
② （汉）京房撰、（三国·吴）陆绩注、（清）王保训辑：《京氏易》卷6《别对灾异》，杨世文、李勇先、吴雨时：《易学集成（二）》，第1947页。
③ （汉）京房撰、（三国·吴）陆绩注、（清）王保训辑：《京氏易》卷6《别对灾异》，杨世文、李勇先、吴雨时：《易学集成（二）》，第1947页。
④ （汉）京房撰、（三国·吴）陆绩注、（清）王保训辑：《京氏易》卷6《别对灾异》，杨世文、李勇先、吴雨时：《易学集成（二）》，第1947页。
⑤ 陈美东：《中国科学技术史·天文学卷》，第153页。
⑥ （汉）京房撰、（三国·吴）陆绩注、（清）王保训辑：《京氏易》卷7《外传》，杨世文、李勇先、吴雨时：《易学集成》（二），第1950页。

说："星孛入谷，则国用匮乏。"①"孛星出张宿，其野有盗贼起，亦曰内有兵变。"②对于文中的"孛星"与"星孛"，权威的解释是，"孛星"为彗星的别称，"星孛"乃彗星出现时光芒四射的现象。所谓"星孛入谷"是指彗星进入八谷宿中的一颗星，通常这仅仅是彗星运行过程中的一个环节。比如，《新唐书·天文志》曾记述了一次彗星从出现到逐渐消失的完整过程，其文云："（大历）五年四月己未夜，有彗星于五车，光芒蓬勃，长三丈。五月己卯，彗星见于北方，色白，癸未东行近八谷中星；六月癸卯近三公，己未不见。"③彗星是太阳系中最小的天体，主要由冰和尘埃构成，它的运行轨道非常复杂，有周期彗星和非周期之分。其中周期彗星的运行轨道呈椭圆形，非周期彗星的运行轨道则呈抛物线性，如图2-67所示。当彗星运行到接近太阳时，彗核中的冰便会形成气体，并在太阳的照射和太阳风的吹袭下，形成彗发与彗尾。至于彗星的光芒从何而来？科学家通过光谱分析，认为彗星发光可能有两个原因：一是受太阳风冲击而产生的荧光现象；二是受太阳照射而反光。这样，当彗星距离太阳越近时，她所呈现的光度就越强，反之，广度就越弱。因此，彗星无论是"入谷"，还是"出张宿"，甚至"入太微垣，干犯三公"④等，都是彗星正常的运行现象，它不可能影响人事的成败和吉凶。

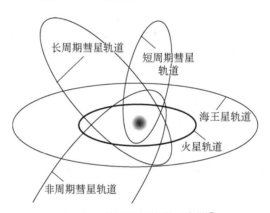

图2-67　彗星运行轨道示意图⑤

（8）卷8《灾异后序》。此卷共有四部分内容构成："灾异后序""周易集林""易逆刺""律术"，其中"律术"主要讲"六十律相生之法"，见前所述。"易逆刺"仅两条："天雨谷，岁大熟"和"天雨釜，岁大熟"⑥。对"天雨谷"这类奇异现象，王充解释说：

---

① （汉）京房撰、（三国·吴）陆绩注、（清）王保训辑：《京氏易》卷7《外传》，杨世文、李勇先、吴雨时：《易学集成（二）》，第1950页。

② （汉）京房撰、（三国·吴）陆绩注、（清）王保训辑：《京氏易》卷7《外传》，杨世文、李勇先、吴雨时：《易学集成（二）》，第1953页。

③ 《新唐书》卷32《天文志二》，第838页。

④ （汉）京房撰、（三国·吴）陆绩注、（清）王保训辑：《京氏易》卷7《外传》，杨世文、李勇先、吴雨时：《易学集成（二）》，第1950页。

⑤ 龚勋主编：《宇宙太空百科全书》，南昌：江西教育出版社，2014年，第87页。

⑥ （汉）京房撰、（三国·吴）陆绩注、（清）王保训辑：《京氏易》卷8《灾异后序》，杨世文、李勇先、吴雨时：《易学集成（二）》，第1958页。

"夫谷之雨，犹复云布之亦从地起，因与疾风俱飘，参于天，集于地。人见其从天落也，则谓之天雨谷。"①用现代气象知识分析，其"疾风"应指龙卷风，此为强烈的对流天气现象，其中心的破坏力很强，它会将地面的建筑物推到，甚至把人畜以及其他物品像釜、树木等卷向空中，带至远处抛落，故有"天雨釜""天雨梳"等自然异象。然而，这些自然异象是否预示着"岁大熟"，尚待进一步考证。《周易集林》辑有三条材料，其中一条云："蚁封穴户，大雨将至。"②把蚂蚁的生活习性用来预报天气的变化，是有道理的。因为蚂蚁的穴处"辇土为塚，以避湿。将欲阴雨，水泉上润，故穴处者先知之"③。至于"灾异后序"所辑诸条，基本上都是重复前面占测的内容，故此不再赘述。

二、"卦气说"对后世历法的影响

《四库全书》收载了《京氏易传》3 卷，然学界对《京氏易传》的真伪，尚有不同的认识。对此，郭彧先生有一段评论，他说：

> 有版本学家言：凡历史上没有记载，突然于某时得见于民间者，十有八九是伪书。今《京氏易传》，的确是历史上没有任何记载，而是于北宋元丰壬戌年间（1082），晁说之偶然得于民间之书。是书"文字颠倒舛讹，不可训知"，经晁氏"服习既久，渐有所窥"，三十有四年之后"乃能以其象数辨证文字之谬"。如此，依照版本学家所言，是书"十有八九是伪书"。

> 今见《易纬》诸书，亦没有涉及"纳甲"内容，东汉魏伯阳《周易参同契》则大谈"纳甲"，三国虞翻亦用"纳甲"解《易》。然而，清人所辑《京氏易》，有大谈灾异内容，却没有涉及"纳甲"的任何内容。

> 今见《京氏易传》，则有大谈"纳甲法"的内容。《汉上易传表》："臣闻商瞿学于夫子，自丁宽而下，其流为孟喜、京房，喜书见于唐人者犹可考也。一行所集房之《易传》。论卦气、纳甲、五行之类。"可知，唐一行和尚编辑的京房《易传》里面有"纳甲"内容。

> ……所以，笔者现在还不敢肯定《京氏易传》一定是伪书。④

我们认为，郭彧先生的说法是有道理的。例如，王充曾说："《易》京氏布六十四卦于一岁中，六日七分，一卦用事。卦有阴阳，气有升降。阳升则温，阴升则寒。由此言之，寒温随卦而至，不应政治也。"⑤而今本《京氏易传》卷下确实有论纳甲和八卦卦气的内容（图 2-68）。京房论卦气云：

---

① （汉）王充：《论衡》卷 5《感虚》，《百子全书》第 4 册，第 3262 页。
② （汉）京房撰、（三国·吴）陆绩注、（清）王保训辑：《京氏易》卷 8《灾异后序》，杨世文、李勇先、吴雨时：《易学集成（二）》，第 1958 页。
③ 唐觉等：《中国经济昆虫志》第 47 册，北京：科学出版社，1995 年，第 2 页。
④ 郭彧：《易文献辨诂》，北京：北京大学出版社，2013 年，第 9—10 页。
⑤ （汉）王充：《论衡》卷 14《寒温》，《百子全书》第 4 册，第 3358 页。

初为阳,二为阴;三为阳,四为阴;五为阳,六为阴。一三五七九,阳之数;二四六八十,阴之数。阴从午,阳从子,子午分行。子左行,午右行。左右凶吉,吉凶之道,子午分时。立春正月节在寅,坎卦初六,立秋同用;雨水正月中在丑,巽卦初六,处暑同用;惊蛰二月节在子,震卦初九,白露同用;春分二月中在亥,兑卦九四,春分同用;清明三月节在戌,艮卦六四,寒露同用;谷雨三月中在酉,离卦九四,霜降同用;立夏四月节在申,坎卦六四,立冬同用;小满四月中在未,巽卦六四,小雪同用;芒种五月节在午,乾宫九四,大雪同用;夏至五月中在巳,兑宫初九,冬至同用;小暑六月节在辰,艮宫初六,小寒同用;大暑六月中在卯,离宫初九,大寒同用。

孔子《易》云有四易:一世、二世为地易;三世、四世为人易;五世、六世为天易;游魂、归魂为鬼易。八卦,鬼为系爻,财为制爻,天地为义爻(天地即父母也),福德为宝爻(福德即子孙也),同气为专爻(兄弟爻也)。龙德十一月在子,在坎卦,左行;虎刑五月在午,在离卦,右行。甲乙、庚辛天官,申酉地官;丙丁、壬癸天官,亥子地官;戊己、甲乙天官,寅卯地官;壬癸、戊己天官,辰戌地官,静为悔,发为贞,贞为本,悔为末。初爻上,二爻中,三爻下,三月之数,以成一月,初爻三日,二爻三日,三爻三日,名九日,余有一日,名曰闰余。初爻十日为上旬,二爻十日为中旬,三爻十日为下旬。三旬三十,积旬成月,积月成年,八八六十四卦,分六十四卦,配三百八十四爻,成万一千五百二十策,定气候二十四。考五行于运命,人事天道、日月星辰局于指掌。①

图 2-68　京房卦气示意图②

由于京房为汉代易学发展开辟了一条新的核心路径,吸引了大批汉易学者,学习者甚众,如东海殷嘉、河东姚平、河南乘弘等,遂成为官方易学的主流。因此,余敦康先生

---

① (汉)京房、(五代)麻衣道人、(明)刘基原著:《京氏易精粹》第 1 册,北京:华龄出版社,2010 年,第 64—65 页。

② (汉)京房原著、唐颐著:《图解京氏易传》,西安:陕西师范大学出版社,2009 年,第 483 页。

说："孟喜、京房在宣元之际把阴阳术数引入易学，建立了一种具有汉代历史特色的以卦气说为核心的象数之学，在易学史上引起了一场革命性的变革。"①依照朱伯昆先生的看法，京房"象数之学"的特点主要有三：第一，"以奇偶之数和八卦所象征的物象解说《周易》经传文"；第二，"以卦气说解释《周易》原理"；第三，"利用《周易》，讲阴阳灾变"②。这些特点与前述《京氏易传》所讲的卦气内容非常一致，其中"卦气说解释《周易》原理"也可称为八宫易学，是京氏易学的立论基础。京氏易学被称为纳甲筮法的缔造者，其影响深远，如《火珠林》即"是其遗说"③。不过，其详细内容请参见沈炜民著《周易与应用》一书的相关论述，兹不详述。④当然，京房"利用《周易》，讲阴阳灾变"多牵强附会之说，我们需要用历史的眼光进行科学的分析与批判。

第五节　氾胜之的北方旱作农学思想

　　氾胜之，生卒年不详，但据《汉书·艺文志》班固注，知氾胜之"成帝时为议郎"⑤，又颜师古引刘向《别录》的话说：汉成帝使氾胜之"教田三辅，有好田者师之，徙为御史。"⑥汉成帝于公元前32年至前7年在位，所以氾胜之应为西汉末期人，是一位杰出的农学家。《晋书·食货志》曾记载他所取得的农业成就说："昔汉遣轻车使者氾胜之督三辅种麦，而关中遂穰。"⑦在汉代，"议郎"究竟具有何种地位？梁启超曾在《古议院考》一文中，认为汉代的"议郎"，其实为议员，可分三类：谏大夫，博士，议郎。⑧然而，有学者称："汉代的议郎不过是皇帝宫中中下级的属官，系一种低档次的顾问与咨询侍卫，有时也参加御前会议、宰辅会议和百官会议，他们在相权尚十分嚣张的汉代，实际上是作为皇帝的帮闲来出席会议的，在会上只能为皇帝帮腔起哄，作用与地位都非常低微。相对来说博士作为太常（九卿之一）的属官，位列清要，在上述会议上倒是乐于也敢于发言，因而参政议政的分量要大得多。"⑨与之不同，也有学者认为："汉代的议郎与博士在性质上颇为相近，因而对汉代学术文化的发展产生相当的影响。"⑩且"汉代的郎官乃皇帝的近侍护卫"，"所以，尽管未能像博士那样赋予议郎以学官的名号，但它在实际上却发挥着与博

①　余敦康：《内圣外王的贯通——北宋易学的现代阐释》，上海：学林出版社，1997年，第455页。
②　朱伯昆：《易学哲学史》第1卷，北京：昆仑出版社，2009年，第128页。
③　（宋）朱熹：《朱子全书》第13册《周易参同契考异》，上海、合肥：上海古籍出版社、安徽教育出版社，2002年，第530页。
④　沈炜民：《周易与应用》，上海：上海辞书出版社，2014年，第204—229页。
⑤　《汉书》卷30《艺文志》，1743页。
⑥　《汉书》卷30《艺文志》，1743页。
⑦　《晋书》卷26《食货志》，第791页。
⑧　张鸣：《梦醒与嬗变》下册，北京：北京燕山出版社，2007年，第290页。
⑨　张鸣：《梦醒与嬗变》下册，第290—291页。
⑩　葛志毅、张惟明：《先秦两汉的制度与文化》，哈尔滨：黑龙江教育出版社，1998年，第421页。

士相近的某种类似学官的职能"①。据考，汉代郎署诸郎负有教学讲习之责，"不仅郎署诸郎之中盛行讲习教授之事，而且颇得皇帝乃至郎署长官的支持。郎署诸郎的教学讲习之事应与议郎之职有联系"②。在任议郎期间，氾胜之"教田三辅"，即是一种技术讲习活动。"三辅"是指京兆尹、左冯翊、右扶风，它是关中平原的核心地区，其农业经济发达，水利灌溉工程众多，故《史记·货殖列传》称："关中之地，于天下三分之一，而人众不过什三；然量其富，什居其六。"③我们知道，汉代小麦分"宿麦（冬小麦）"和"旋麦"（春小麦），中原地区主要种植冬小麦。④据《汉书·食货志》载，董仲舒向汉武帝奏言："今关中俗不好种麦，是岁失《春秋》之所重，而损生民之具也。愿陛下幸诏大司农，使关中民益种宿麦，令毋后时。"⑤而氾胜之在关中推广种植宿麦，对冬小麦在汉代的大面积种植，无疑起到了引领和示范作用。当时，氾胜之把他在生产实践中获得的种植经验写成《氾胜之书》，它是"我国现存个人专著农书中最早的一种"⑥。可惜，此书在宋末元初，已经散佚。而在众多的辑本中，相比较而言，以石声汉先生的《氾胜之书今释（初稿）》为最佳，本书即以石本为准。

一、氾胜之的农业实践与《氾胜之书》

（一）氾胜之的农业实践

前揭氾胜之"教田三辅"应当是指区种法，它是在小面积土地上以精耕细作的方法提高产量，对于缺乏耕牛或在发生牛疫的时期，收效尤为显著，因而它是适合一般自耕农的高产耕作法。氾胜之说："区田，以粪气为美；非必须良田也。诸山，陵，近邑高危，倾坂，及丘城上，皆可为区田。"⑦与西汉前期的井田制和代田法相比，这确实是一种新的田制。如众所知，春秋时期，诸侯势力逐渐强盛，与此相应，土地国有制开始遭到破坏。故《汉书·食货志》载："周室既衰，暴君污吏慢其经界，徭役横作，政令不信，上下相诈，公田不治。故鲁宣公'初税亩'，《春秋》讥焉。"⑧"初税亩"的出现实际上是承认了私有土地的合法化，后来，晋国又出现了"爰田"。据《左氏会笺》载："作爰田者，开其阡陌，以换井田之法也。故《汉书》云：'秦孝公用商君，制辕田'，贾《国语》注云：'易疆界'，盖亦谓开阡陌也。晋既以田赏公，公田不足，故开阡陌以益之。名之为爰田

---

① 葛志毅、张惟明：《先秦两汉的制度与文化》，第 434 页。
② 葛志毅、张惟明：《先秦两汉的制度与文化》，第 431 页。
③ 《史记》卷 129《货殖列传》，第 3262 页。
④ 王利华：《中国农业通史·魏晋南北朝卷》，北京：中国农业出版社，2009 年，第 296 页。
⑤ 《汉书》卷 24 上《食货志》，第 1137 页。
⑥ 石声汉：《氾胜之书今释（初稿）》，北京：科学出版社，1956 年，第 53 页。
⑦ 石声汉：《氾胜之书今释（初稿）》，第 38 页。
⑧ 《汉书》卷 24 上《食货志》，第 1124 页。

耳。"①秦国在商鞅变法之后，土地私有即"使黔首自实田"②已经成为一种不可阻挡的历史发展趋势。当然，一定范围内的土地私有并不能取代秦代仍以"授田制"为主的土地国家占有形式。西汉初期，土地兼并现象比较严重，"富者田连阡陌，贫者亡立锥之地"③，加剧了社会矛盾。于是，董仲舒建议"限田"，其主要内容是："古井田法虽难卒行，宜少近古，限民名田，以澹不足，塞并兼之路。"④同时，汉武帝在鼓励民众开垦荒地的前提下，"以赵过为搜粟都尉"在关中平原及河西走廊等边地推行"代田法"，收到了显著成效。据《汉书·食货志》载：

> 过能为代田，一亩三甽。岁代处，故曰代田，古法也。后稷始甽田，以二耜为耦，广尺深尺曰甽，长终亩。一亩三甽，一夫三百甽，而播种于甽中。苗生叶以上，稍耨陇草，因隤其土以附苗根。故其《诗》曰："或芸（耘）或芋（籽），黍稷儗儗。"芸，除草也。芋，附根也。言苗稍壮，每耨辄附根，比盛暑，陇（垄）尽而根深，能（耐）风与旱，故儗儗而盛也。其耕耘下种田器，皆有便巧。率十二夫为田一井一屋，故亩五顷，用耦犁，二牛三人，一岁之收常过缦田亩一斛以上，善者倍之。过使教田太常、三辅，大农置工巧奴与从事，为作田器。二千石遣令长、三老、力田及里父老善田者受田器。学耕重养苗状。民或苦少牛，亡以趋泽（深耕），故平都令光教过以人挽犁。过奏光以为丞，教民相与庸挽犁。率多人者田日三十亩，少者十三亩，以故田多垦辟。过试以离宫卒田其宫壖地，课得谷皆多其旁田亩一斛以上。令命家田三辅公田，又教边郡及居延城。是后边城、河东、弘农、三辅、太常民皆便代田，用力少而得谷多。⑤

从这段记载来看，赵过"代田法"的核心是着眼于生产资料的变革，例如，耕牛与铁犁的推广，耕作方式是"二牛三人"。同时，为了保墒和恢复地力，赵过采用"甽"与"垄"轮作制，即通过"甽"与"垄"互换其位的方式，提高粮食产量。与"缦田"相比，"一岁之收常过缦田亩一斛以上，善者倍之"。所以，有学者称："代田与缦田的产量不同，不是因为土质不同，而是因为耕作方法不同，而实际上是在同一块土地上投入的劳动与技术不同。相对于缦田的经营方式而言，代田的经营方式是属于集约型的。在汉代，将用新的或先进方法耕作之田称为代田，将代田之外的田，即用传统的或一般的方法耕作之田称为缦田，这大概是中国经济史上第一次使用的与'粗放'与'集约'相对应的概念吧！"⑥可见，代田法的主要通过深耕来保证土壤自身的肥力。从物质构成的角度分析，土壤主要由固体、液体、气体三相物质构成，如图 2-69 所示。其中，固相部分主要是原生

---

① 转引自孙赫男：《〈左氏会笺〉研究》，北京：光明日报出版社，2011 年，第 157 页。
② 对此，李大生在《"使黔首自实田"辨析》一文中认为此条史料不可靠，而赵理平《"使黔首自实田"新解》一文亦持同论。不过，《史记·秦始皇本纪》引《集解》徐广语曰"使黔首自实田"，也是客观存在的事实。
③ 《汉书》卷 24 上《食货志》，第 1137 页。
④ 《汉书》卷 24 上《食货志》，第 1137 页。
⑤ 《汉书》卷 24 上《食货志》，第 1138—1139 页。
⑥ 杨明洪：《农业增长方式转换机制论》，成都：西南财经大学出版社，2003 年，第 78 页。

和次生矿物、有机物和有机质等，约占总体积的 50%，其他两项即空气和水各占 25%。如果说代田法的技术重点是整治土壤，那么，区田法的技术重点则是处理肥和水的关系，后者对于提高单位面积的粮食产量至为关键。

图 2-69　土壤物质组成示意图

　　按照《氾胜之书》的解释，区田法是汉代集约化农业向更广阔空间发展所采取的一种技术措施。代田法适宜于平原地区的"良田"，因此，《氾胜之书》特别强调"区田"不一定"必须良田"，在不考虑粪肥的条件下，代田法确实难以在"诸山，陵，近邑高危，倾坂，及丘城上"推广，尤其是种植冬小麦更是如此。那么，汉代农业为什么需要从平原良田向山间的劣等土地发展呢？当然是单纯依靠平原良田已经不能满足人们对粮食本身的消费需要了。据考，西汉前期的人口约为 1300 多万，从高帝五年（前 202）到文景之际人口已达 2500 万；景武之际人口约增长到 3000 万；至汉武帝前期大概已经突破 3400 万的人口数量。不过，汉武帝中后期，由于连年战争，西汉人口出现了大量减少现象。此是赵国推行"代田法"的主要历史背景。汉昭帝以后，西汉人口又有增长，至宣帝末年人口约为 4300 万。故《汉书·食货志》载，汉哀帝时，"百姓訾富虽不及文景，然天下户口最盛矣"[1]。对于这条史料，学界多有疑问，但汉成帝时人口逐渐超过汉武帝中后期的人口数量，应当是没有疑问的。又据文献记载，西汉末全国的垦田数为 82 753.6 万亩，与之相较，学者普遍认为："西汉末年的耕地数量，相对于西汉初年而言，其增加率非常低。"[2]也就是说，至少到汉成帝时，西汉社会的人口增长速率远远超过其耕地的增长速率，甚至两者之间出现了严重的不平衡现象。正是在这样的历史条件下，氾胜之才在三辅地区积极推行区田法，尽可能使自耕农继续保持自己的小块土地。有一种观点认为："（区田法）是一种园田化的耕作技术，这种方法可以不择地段，不拘作物，通过深耕、足肥、勤灌和精心管理就可以在较小面积上获得高产。这种方法由于'工力烦费'，未能大力推广，但反映了西汉时期农业的发展水平。"[3]实际上，区田法还具有更深远的历史意义，尽管《汉

　　① 《汉书》卷 24 上《食货志》，第 1143 页。
　　② 李开元：《汉帝国的建立与刘邦集团——军功受益阶层研究》，北京：生活·读书·新知三联书店，2000 年，第 54 页。
　　③ 章人英主编：《中华文明荟萃》上册，上海：上海人民出版社，2013 年，第 151—152 页。

书·食货志》没有记述区田法，但《齐民要术》却比较完整地记述了区田法的具体步骤和技术措施，它体现了历史学家眼中的区田法和农学家眼中的区田法，多少还是有所差异的，而农学家看到了区种法在耕种劣等土地方面所具有的显著优越性，因为这对于开发山区农业作用重大。至于说区田法"工力烦费"，那是明清人的看法。比如，明末清初的"江南大儒"陆世仪说："今人不种区田者，一则不知其法，一则常田冬间必种春花，春花至夏至方收，区田在谷雨前后，已经播种，其犁地分畦，皆在冬春毕工，是因稻而废春花。区田所以不行也。……早稻早花之获，不及区田，农人犹舍彼就此，况区田乎？故我以为农人能分早稻早花之田，以种区田，亦未尝不胜于彼也。或以工力烦废，人不乐为，然当生齿日繁，人穷财尽之时，苟能躬耕数亩，即可为一家数口温饱计，此莫大之乐。"[1] 清人范梁又说："区田本先圣遗规，分地少，用功多，其获利不啻倍蓰。元时尝以其法下之民间，而民不应，陆桴亭以为工力多而人不耐烦耳。然当荒歉之余，苟能躬耕数亩，即可为一家数口之养，又何工力费烦之足忧？"[2] 这样看来，区田法的价值不能狭隘地去理解。诚如有学者所说："区田法的特点是深耕密植，把水与肥集中于某一区域内，这样便于节水节肥。与代田法相比较，它在同一块土地上投入的劳动、肥料和水量就多，而且与代田法用于一般性土地不同，区田法主要用于劣等土地。"换言之，"汉代区田法的出现，在于优、中等地生产的农产品不能满足需要，被迫利用劣等地"[3]。氾胜之通过实践，科学地总结出了用区种法开发荒地的许多具体经验。

第一，"凡区种，不先治地；便荒地为之"[4]。即随便在一块荒地上种植农作物，不必像一般地块那样在种植之前先进行整地，因地制宜，量力而行，这"相当于'鱼鳞坑'的种植方法"[5]，它确实有利于保持水土，"既保护了山地的水土，又可防止山地土壤的侵蚀"[6]。又有学者评价这种区田法说："不需要全面开荒，可以直接在荒地上作区田，不致破坏植被，避免水土流失。这是最早的林粮间作或粮草间作的记载。"[7]

第二，"区田，不耕旁地，庶尽地力"[8]。当种植区田时，旁边的地块就不能再种植作物了。这样，"便于把人力、物力集中于所耕的方区内，能充分发挥小区内土地的生产力，以保证作物的生长良好，获得丰产"[9]。

第三，"区种，天旱常溉之；一亩常收百斛"[10]。水与肥是实行区种法并发挥其增产效益的两个必要条件，因此，区田法需要解决灌溉水源问题，这就需要相应的水利设施。这可能

① 胡锡文主编：《中国农学遗产选集》甲类第二种《麦》上编，北京：中华书局，1958 年，第 224 页。
② 王毓瑚：《区种十种·范梁区种五种序》，北京：财政经济出版社，1955 年，第 160 页。
③ 杨明洪：《农业增长方式转换机制论》，第 79 页。
④ 石声汉：《氾胜之书今释（初稿）》，第 38 页。
⑤ 王道龙主编：《中国重点生态建设地带农业资源可持续利用研究》，北京：气象出版社，2004 年，第 135 页。
⑥ 陈业新：《儒家生态意识与中国古代环境保护研究》，上海：上海交通大学出版社，2012 年，第 392 页。
⑦ 陈世正等：《水土保持农学》，北京：中国水利水电出版社，2002 年，第 7 页。
⑧ 石声汉：《氾胜之书今释（初稿）》，第 38 页。
⑨ 汪子春、范楚玉：《中华文化通志·科学技术典》第 63 册《农学与生物学志》，上海：上海人民出版社，2010 年，第 75 页。
⑩ 石声汉：《氾胜之书今释（初稿）》，第 42 页。

就是历史上为什么人们会对区田法产生"工力费烦"之感的主要原因。若从效果来看，"一亩常收百斛"，虽有夸大之嫌，但"据历史文献记载和后世农书作者和农者实践，区田法的抗旱增产效果是不容置疑的，后世应用区田法也确实创造了不少抗旱高产的实例"①。

第四，"区中草生，芟之。区间草，以刬划以划之，若以锄锄。苗长，不能耘之者，以刬镰比地，刈其草矣"②。杂草是农作物生长的大敌，它通常会与农作物争肥料、阳光和空气，所以除草是获得高产的重要措施。在这里，除草主要有"芟""划""锄""刈"四种方式，其中"芟"是指连根拔掉；"划"，是象铲一类的农具，用"划"除去杂草；"锄"，也是一种除草农具，即用锄除草；"刈"，即用镰刀贴着地面割去杂草。

第五，区田的两种方式：一是沟状区田法，亦称"宽幅区种法"③，如图 2-70 所示，它的基本布局是："以亩为率，令一亩之地，长十八丈，广四丈八尺，当横分十八丈作十五町；町间分十四道，以通人行。道，广一尺五寸；町，皆广一丈五尺，长四丈八尺。尺直横凿町作沟，沟（广）一尺，深亦一尺。（积壤于沟间，相去亦一尺。尝悉以一尺地积壤，不相受，令弘作二尺地以积壤）。"④

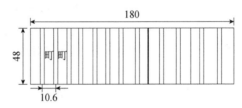

图 2-70　沟状区种法的田间布置⑤

显然，"这种宽幅点播区种法，是代田法的引申和发展，适合于平原地区"⑥。

二是窝状区田法，亦称"小方形区种法"，如图 2-71 所示，他的基本布局是："上农夫：区，方深各六寸，间相去九寸。一亩三千七百区。一日作千区。区：种粟二十粒；美粪一升，合土和之。亩，用种二升。秋收，区别三升粟；亩收百斛。丁男长女治十亩；十亩收千石。岁食三十六石，支二十六年。中农夫：区，方七寸，深六寸，相去二尺。一亩千二十七区。用种一升，收粟五十一石。一日作三百区。下农夫：区，方九寸，深六寸，相去三尺，一亩五百六十七区。用种六升，收二十八石。一日作二百区。"⑦很明显，这种"小方形区种法"适合在山岭坡间的小块田地上实行。对于"窝状区种法"而言，不论是"上农夫区"或"中夫农区"，还是"下夫农区"，都需要深挖作区，巧施粪肥，精耕细作，适时除草，集中灌水，获得高产。

① 周肇基：《中国植物生理学史》，广州：广东高等教育出版社，1998 年，第 366 页。
② 石声汉：《氾胜之书今释（初稿）》，第 42 页。
③ 黄金贵主编：《中国古代文化会要》上册，杭州：西泠印社出版社，2007 年，第 106 页。
④ 石声汉：《氾胜之书今释（初稿）》，第 40 页。
⑤ 董恺忱、范楚玉主编：《中国科学技术史·农学卷》，北京：科学出版社，2000 年，第 300 页。
⑥ 黄金贵主编：《中国古代文化会要》上册，第 107 页。
⑦ 石声汉：《氾胜之书今释（初稿）》，第 43—44 页。

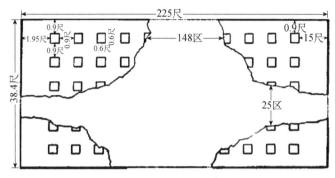

图 2-71　窝状区田法中"上农夫区"的田间布置①

由上面的描述不难看出，氾胜之区田法客观再现了北方传统农业的旱作景观形式，以垄作为核心，以防旱保墒为目的，非常具有典型性。其中町（即长条形地块）、道和沟（即在町上开壕）是宽幅点播区种法的三个组成部分，把农作物种在沟里，因此，它本质上仍属于一种沟洫农业。在农作物的推广种植方面，氾胜之的重要贡献就是"督三辅种麦"，而"关中遂穰"②。《晋书·食货志》的这条史料，应当言之有据，是可信的。至于在汉成帝时期，人们为什么急切地希望掌握冬小麦的种植技术，恐怕跟汉代用石磨加工小麦成面粉食用有直接关系。例如，有学者直言："按中国的文献记载，中国大面积种植小麦开始于汉代。汉武帝要求全国多种冬小麦，而汉成帝则在十几次下达种植粮食的诏书中，有 9 次提到小麦。在石磨发明以前，小麦被整粒地煮熟了当作主食，麦饭是当时下层农民的食物，味道当然差强人意。石磨出现之后人们就可以将小麦磨成面粉，从粒食改变为面食，这是人类饮食史上的一大进步。汉代是中国石磨普及推广时期，也是小麦由粗实到细食的转变时期。中国学者们认为烧饼、面条、馄饨、水饺、馒头、包子都是在这一时期出现的，于是小麦就成了深受人们欢迎的粮食。"为此，氾胜之特别重视冬小麦的种植实践，经过认真观察和总结，《氾胜之书》记述了分区种植冬小麦的方法。对于"沟状区田"，氾胜之建议："凡区种麦，令相去二寸一行。一沟容五十二株；一亩凡四万五千五百五十株。麦上土，令厚二寸。"③由于氾胜之的身份比较特殊，他所撰的《农书》在当时是具有法律性质的，而这种对点种密度和覆土镇压的规定，源于他亲身的耕种实践，符合汉代平原地区种植冬小麦的实际，因而具有较强的指导性。与之相比，在窝状区田里点种冬小麦的情况就稍微复杂一些了。氾胜之说："区麦种：区大小如'中农区'，禾收，区种。凡种一亩，用子二升。复土，厚二寸；以足践之，令种土相亲。麦生根成，锄区间秋草，缘以棘柴律土壅麦根。秋旱，则以桑落时浇之；秋，雨泽适，勿浇之！麦冻解，棘柴律之，突绝其枯叶。区间草生，锄之。大男大女治十亩。至五月，收；区一亩得百石以上，十亩得千石以上。"④文中讲到了禾（即谷子）与麦的轮作，西汉刘安曾论述禾麦轮作的理

———————————

①　中国农业科学院中国农业遗产研究室、南京农学院中国农业遗产研究室：《中国农学史（初稿）》上册，北京：科学出版社，1959 年，第 179 页。

②　《晋书》卷 26《食货志》，第 791 页。

③　石声汉：《氾胜之书今释（初稿）》，北京：科学出版社，1956 年，第 46 页。

④　石声汉：《氾胜之书今释（初稿）》，第 47 页。

论依据说:"木胜土,土胜水,水胜火,火胜金,金胜木,故禾春生秋死,菽夏生冬死,麦秋生夏死,荠冬生中夏死。"①把五行的生克机制与农作物的生长规律结合起来,用以指导禾麦轮作实践,在当时是不失为一种有价值的农学理论。"棘柴"是指酸枣柴,今天北方有些山区种麦仍使用"棘柴律土壅麦根"法。有专家评论氾胜之所述对冬小麦的早期管理经验说:"秋季中耕锄草,消灭杂草的同时,也会锄断一些麦苗的表层根系,再用棘柴律土,把锄松的土壤壅到麦根上,既可促进小麦根系向纵深发展,为翌年幼苗健壮打好基础,壅土又有保护麦根免受冻害的作用,确为保护麦苗安全越冬之举。距今2000年前的'麦生根成'之说言之有理。老农至今十分重视此项劳作。"②对于干旱情况的麦田浇灌,氾胜之强调"以桑落时浇之",这有利于冬小麦安全越冬。当然,对于一般土地的冬小麦种植管理,待后再述。

(二)《氾胜之书》的主要内容

今辑本《氾胜之书》(石声汉本),共分七部分内容:一是耕作,二是选择播种日期,三是处理谷物种子,四是个别作物栽培技术,五是收获,六是留种与贮藏,七是区种法。

第一部分内容是"耕作",共辑录有8条,都是先民长期耕种实践的经验总结。总的耕地原则是:"在于趣时,和土,务粪泽,早锄早获。"③文中的"趣时"指的是气温的阴阳升降变化,当"和气"之时,为耕地的最佳时机。氾胜之反复强调说:"春冻解,地气始通,土一和解。夏至,天气始暑,阴气始盛,土复解。夏至后九十日,昼夜分,天地气和。以此时耕田,一而当五,名曰'膏泽',皆得时功。"④他又说:"春候地气始通:椓橛木,长尺二寸;埋尺见其二寸。立春后,土块散,上没橛,陈根可拔。此时二十日以后,和气去,即土刚。以时耕,一而当四。和气去,耕,四不当一。"⑤故对氾胜之所讲"得时"与"失时"对于耕地的影响,曾雄生先生分析说:掌握"得时"有两种基本方法,一是借助于天文、历法及物候的观察,二是依靠土壤测量法。前者多以"至日"为起算点,而之所以不直接说"秋分",是因为"至日"(冬至与夏至,日影测量时最长和最短的那日)在二十四节气中具有坐标的作用;后者则将耕地"得时"建立在相对科学的基础之上,它比仅仅利用天文、物候,又多了一种更为积极主动的方法,而这也恰恰是"趣时"的具体表现。⑥

"和土"实际上就是通过适时耕地来不断改善土壤的生态,以利于农作物的生长。在这个过程中,耕和摩是两个非常重要的环节。故氾胜之记述道:"春地气通,可耕坚硬强地黑垆土。轺平摩其块以生草;草生,复耕之。天有小雨,复耕。和之,勿令有块,以待

---

① (汉)刘安著、高诱注:《淮南子·地形训》,《百子全书》第3册,第2840页。
② 周肇基:《中国植物生理学史》,广州:广东高等教育出版社,1998年,第245—246页。
③ 石声汉:《氾胜之书今释(初稿)》,第3页。
④ 石声汉:《氾胜之书今释(初稿)》,第3页。
⑤ 石声汉:《氾胜之书今释(初稿)》,第4页。
⑥ 曾雄生:《中国农学史》修订本,福州:福建人民出版社,2012年,第184—185页。

时。所谓'强土而弱之'也。"①此处的"黑垆土"系发育于黄土母质上的具有残积黏化层的黑钙土型土壤，主要分布在我国陕西北部、宁夏南部、甘肃东部和山西西部，这类土壤的有机质含量不高。因此，为了保持土壤中的水分，在用犁耕翻过之后，应及时进行摩地即将土壤压实，很有必要，因为大土块容易跑墒。至于"平摩其块以生草；草生，复耕之"的主要目的是为了增加土壤的有机质，培肥地力。另外，为改善土壤的墒情计，氾胜之主张"天有小雨，复耕"。与犁耕"强土"的情形不同，针对"轻土弱土"，《氾胜之书》所载的耕地方法则是："杏始华荣，辄耕轻土弱土。望杏花落，复耕。耕辄蔺之。草生，有雨泽，耕重蔺之。土甚轻者，以牛羊践之。如此则土强。此谓'弱土而强之'也。"②文中的"蔺"同"摩"，也就是说对于比较松散的轻土、弱土须在犁耕后及时镇压，因为这种土壤缺乏良好的水分传导途径，如果在土壤被耕翻之后，不及时镇压，就无法保证种子发芽和禾苗生长所需要的水分与营养。③

"务粪泽"是提高土壤肥力的重要举措，而当时积肥（沤粪）与造肥的方式比较多，仅《氾胜之书》所见，便有耕翻压青，利用野生杂草作绿肥来改良土壤，增强肥力以及施用肥料，种肥等方法。④如《氾胜之书》载："春气未通，则土历适不保泽，终岁不宜稼，非粪不解。慎无旱耕！须草生，至可种时，有雨，即种土相亲，苗独生，草秽烂，皆成良田。此一耕而当五也。"⑤有学者指出，这种养草肥田的方式，近于现代的生草轮作⑥，因而它也成了我国古代绿肥栽培的前奏曲。至于粪肥对于改土的作用，氾胜之不单已经具有了非常清新的认识，而且还提出了许多造肥的方法。具体讲来，可以归纳为以下几个方面：第一，作为粪肥施的原料逐渐增多，如"以蚕矢粪之……无蚕矢，以溷中熟粪粪之亦善"⑦。在此，"溷中熟粪"是指腐熟的人畜粪便，是比较高效的有机肥。因为过去厕所与猪圈不分，而"圈厕结合为积肥提供了方便"，它"不但是使用厩肥的最早明确记载，而且表明人们已经懂得生粪要经过沤制腐熟后才能在农田中施用。我们可以对此理解成有机废弃物沤肥的初步实践探索成果"⑧。其他还有"若无骨，煮缲蛹汁和溲"⑨，"锉马骨、牛、羊、猪、麋、鹿骨一斗，以雪汁三斗，煮之三沸。取汁，以煮附子""捣麋、鹿、羊矢，等分，置汁中，熟挠，和之"⑩等。在长期的农业生产实践中，人们发现"兽骨煮出的骨胶，不但起黏合作用，而且它含有丰富的磷和其他元素，黏附在种子外面，也不易流失，特别是磷被土壤中的铁和铝固定；蚕粪、羊粪等都是优质有机肥，包裹在种子周围有

---

① 石声汉：《氾胜之书今释（初稿）》，第 4 页。
② 石声汉：《氾胜之书今释（初稿）》，第 5 页。
③ 郭文韬等：《中国农业科技发展史略》，北京：中国科学技术出版社，1988 年，第 153 页。
④ 郭文韬等：《中国农业科技发展史略》，第 156—157 页。
⑤ 石声汉：《氾胜之书今释（初稿）》，第 6 页。
⑥ 陈业新：《儒家生态意识与中国古代环境保护研究》，第 393 页。
⑦ 石声汉：《氾胜之书今释（初稿）》，第 26 页。
⑧ 方海兰等：《城市土壤生态功能与有机废弃物循环利用》，上海：上海科学技术出版社，2014 年，第 58 页。
⑨ 石声汉：《氾胜之书今释（初稿）》，第 13 页。
⑩ 石声汉：《氾胜之书今释（初稿）》，第 13 页。

利于幼苗对肥料的吸收"①。对于具体的施肥方法，氾胜之主要讲到了"漫撒法"和"穴施法"。如"种枲：春冻解，耕治其土。春草生，布粪田，复耕，平摩之"②。此处的"布粪田"即是一种漫撒法，这种方法的关键是解决如何施肥不均匀的问题。又"区种瓠法：收种子须大者。若先受一斗者，得收一石；受一石者，得收十石。先掘地作坑，方圆、深各三尺。用蚕沙与土相和，令中半；著坑中，足摄令坚。以水沃之。候水尽，即下瓠子十颗，复以前粪覆之"③。另"区种大豆法：坎方深各六寸，相去二尺，一亩得千六百八十株。其坎成，取美粪一升，合坎中土搅和，以内坎中"④。可见，"穴施法"主要用于区种的各种农作物。

《氾胜之书》大量用到种肥，所谓"种肥"是指在播种或定植时，把粪肥施于种子附近，为作物的胚芽创造良好的环境条件，尤其是能满足芽苗养分临界期对营养的需要。⑤《氾胜之书》在描述"种肥"时说："薄田不能粪者，以原蚕矢杂禾种种之，则禾不虫。"⑥又说："取雪汁，渍原蚕矢。五六日，待释，手挼之；和谷（如麦饭状）种之，能御旱。"⑦这种"种肥"形式，有的地方亦叫"大粪耩"，并一直沿用至20世纪80年代。⑧当然，上述两段史料，记录了两种不同的"种肥"技术，一种是用生粪拌种，即"以原蚕矢杂禾种之"，其中"原蚕矢"属于生粪；另一种是熟粪拌种，即"渍原蚕矢，五六日，待释"，这种用雪水浸过，并使蚕粪涨开，再经过一段时间的发酵后，将蚕粪挼碎拌种，显然较前面的用生粪拌种有效多了。⑨此外，还有一种专用于冬小麦的种肥，制作技术要相对复杂一些。氾胜之说："当种麦，若天旱无雨泽，则薄渍麦种以酢浆并蚕矢，夜半渍，向晨速投之，令与白露俱下。酢浆令麦耐旱，蚕矢令麦忍寒。"⑩文中的"酢浆"，有两种解释：一说是"米醋"；另一说是酢浆草。⑪一般在农村，有用有酸味的浆汁拌种的习惯。有学者认为："酢浆是一种似酒的饮料，酢即古时的醋，浆是一种酿糟，因味微酸似醋，故名酢浆。这种浸种方法，可能是利用酢浆的酸性使蚕矢起水解作用，释放出有效成分，随着种子下种。因种子已预先浸过雪水或酢浆，吸足了水分，播在干燥的土里，有利于提早萌发，蚕矢本身也有很多微生物，能利用蚕矢中的有机物质开始繁殖活动，从而增加了种子附近土壤中的养分。这些对苗期生长都有促进作用，有利于麦苗的耐旱和耐寒。"⑫

① 方海兰等：《城市土壤生态功能与有机废弃物循环利用》，第58页。
② 石声汉：《氾胜之书今释（初稿）》，第27页。
③ 石声汉：《氾胜之书今释（初稿）》，第50—51页。
④ 石声汉：《氾胜之书今释（初稿）》，第48—49页。
⑤ 褚天铎等：《简明施肥技术手册》，北京：金盾出版社，2014年，第17页。
⑥ 石声汉：《氾胜之书今释（初稿）》，第16页。
⑦ 石声汉：《氾胜之书今释（初稿）》，第11页。
⑧ 胡国庆：《寿光农业对〈齐民要术〉的传承与发展》，徐莹、李昌武主编：《贾思勰与〈齐民要术〉研究论文集》，济南：山东人民出版社，2013年，第191页。
⑨ 中国农业科学院中国农业遗产研究室、南京农学院中国农业遗产研究室：《中国农学史（初稿）》上册，第171页。
⑩ （西汉）氾胜之、（东汉）崔寔：《两汉农书选读（氾胜之书和四民月令）》，北京：农业出版社，1979年，第17页。
⑪ 中国农业科学院中国农业遗产研究室、南京农学院中国农业遗产研究室：《中国农学史（初稿）》上册，第171页。
⑫ 游修龄编著：《农史研究文集》，北京：中国农业出版社，1999年，第133页。

　　"追肥"是指在农作物生长期间施用的肥料，其目的是满足作物生长过程中对所需养分的要求，从而达到增产的效果。与前面的施肥方式不同，"追肥"在汉代似乎尚不普遍。在现辑本《氾胜之书》中仅见一例，其文曰："麻生，布叶，锄之。率：九尺一树。树高一尺，以蚕矢粪之；树三升。无蚕矢，以溷中熟粪粪之亦善，树一升。"①此处的"树高一尺，以蚕矢粪之"，显然是在施追肥，因而这也是我国古代有关"追肥"的最早记载。

　　第二部分是"选择播种日期"，在不同的年景里，究竟选择哪种农作物播种收获最多？氾胜之根据汉代农民播种的实践经验，提出了判断来年所宜作物的感性方法。他说："欲知岁所宜，以布囊盛粟等诸物种，平量之，埋阴地。冬至后五十日，发取，量之。息最多者，岁所宜也。"②以至日为准来预测农作物的丰与歉，像稻、麦、禾、粟等农作物须提前将其种子按照相同数量装入布袋，埋在一处背阴的地下，到冬至后 50 天的时候，将埋在地下的种子全部取出来，一一称量，分量增加或者说容积增长最多的一种即为今年所适宜播种的作物，那么，这种预测方法是否可靠？可以肯定，这种方法由于缺乏严格的科学推理，所以没有必然性。现在的问题是，对于氾胜之这种带有"天人感应"烙印的农业预测经验，我们究竟应当怎么去评价它。有一种观点说："董仲舒利用阴阳五行学的理论框架，建立了一套天人感应的神学体系。由于汉武帝的推崇，宫廷、官府和民间到处浸润着对神秘主义的迷信，西汉末期尤甚。生活在这样时代的氾胜之，在朝廷附近作了'教民三辅'的亲民官，不受神秘主义的影响是不可能的。……（而）这种'占卜岁宜'的方法没有科学依据，是一种迷信。"③与之不同，刘长林先生认为，氾胜之的"占卜岁宜"法是否真实可靠，可以通过实验观察进行验证，退一步讲，"即使它们不能成立，亦不可如某些现代著作那样称其为'迷信'。'迷信'是指不加思考和研究，无条件地盲目信从。迷信的东西是错误的，不同农作物所要求的生活环境有不同，那么，在普遍联系的世界里，有差异就有选择，所以寻找哪个年份最适宜种哪种作物的思考是合理的，可贵的，是古代顺应自然以获取最大成果的传统精神的表现。而且，这种探索超出了年周期的范围，表现出向更高层次的时间农学迈进的意向。可惜的是，中国传统农学没有建立起能够与中医运气学说相比的那样一套系统的理论，而只是一些零散的论述"④。我们认为，科学的发展具有曲折性，氾胜之利用他那个时代所提供的理论资源，对作物的气候适宜条件进行有限的探索，这无疑是一种科学精神，所以其农学思想的主导方面值得肯定。

　　第三部分是"处理谷物种子"，这部分内容是氾胜之最为出彩的地方，因为他所讲的"溲种法"是汉代农业技术的一项重要创造。氾胜之所说的"溲种法"实际上就是在种子外面包上一层蚕矢、羊矢等为主要原材料的粪壳，类似现代的"种子肥料义"技术。⑤如对于附子种的处理，氾胜之记载说："取马骨，锉；一石以水三石煮之。三沸，漉去滓，

---

①　石声汉：《氾胜之书今释（初稿）》，第 25—26 页。
②　石声汉：《氾胜之书今释（初稿）》，第 10 页。
③　李绍强主编：《儒家学派研究》，北京：中华书局，2003 年，第 308—309 页。
④　刘长林：《中国系统思维——文化基因探视》修订本，北京：社会科学文献出版社，2008 年，第 348 页。
⑤　郭文韬等：《中国农业科技发展史略》，第 157 页。

以汁渍附子五枚。三四日，去附子，以汁和蚕矢、羊矢等分，挠，令洞洞如稠粥。先种二十日时，以溲种，如麦饭状。常天旱燥时溲之，立干。薄布，数挠，令易干。明日，复溲。天阴雨，则勿溲。六七溲而止。辄曝。谨藏，勿令复湿。至可种时，以余汁溲而种之，则禾稼不蝗虫。无马骨，亦可，用雪汁，雪汁者，五谷之精也，使稼耐旱。常以冬藏雪汁，器盛，埋于地中。……治种如此，则收常倍。"[①]对"溲种法"的效果，张履鹏等曾进行了实验研究，其实验结果如下：

> 种子处理方法是参照上述记载和具体情况进行的。实验的小区面积 0.16 亩（重复两次）。所用猪、牛骨四斤，砸碎后，加水 12 斤，煮成骨汤，在煮沸中水量显然不足，后又加水一部。滤去骨滓后，尚有骨汤 1950 克。骨汤很稠，其中混入碾碎的羊粪 655 克，成为粥状。但粘合力差，不能很好的和种子粘合。为了增加粘合又加上 700 克。折合每亩用量，即离骨每亩 25 斤煮成 24.4 斤骨汁，加羊粪 8.19 斤、土 8.75 斤。于 10 月 12 日开始拌种，共拌三次，每拌后晒干。种子外表形成一层外壳，于 10 月 22 日播种。播种时种子已呈萌动状态。

> 实验地前茬为玉米，每亩只施 2000 斤草粪，土壤较瘠薄，小区面积 0.08 亩。行长 60 尺，18 行区（收中间 16 行）。行距 0.5 尺，重复二次。以不处理种子者为对照。品种"碧玛一号"小麦。次年春季 3 月 6 日，追硫酸铵 15 斤。于 6 月 2 日收获。试验结果溲种者表现增产：每亩对照干草增产 36.66 斤（14.2%），种子增产 17.6 斤。[②]

从播种后的生长状况来看，溲种者因为在种子周围的拌种材料中含水份较多，种子呈现萌动状态，对播种后种子萌发和幼苗生长有利。表现出土快，溲种者出土只 7 日，对照出土要 9 日，出土早 2 日。这样早出土对生长有利，特别是试验播种较晚，出土早更为有利。又因为种子周围增加了一层有机质营养成份，对幼苗生长有利。显然对幼苗周围的微生物活动也是有利的。处理种子者，表现分蘖增加，幼苗生长良好，打下生长良好基础。因此株高、穗长、全重、穗重、支穗数和粒重等增产因子都有增加。但千粒重因为溲种者分蘖多，则小粒比较多，千粒重并不高。

第四部分是"个别作物栽培技术"，这部分内容最为丰富，它基本上反映了西北地区农作物种植的真实状况。根据《氾胜之书》的记载，当时的主要粮食作物有禾、黍、宿麦、旋麦、稻、稗等；主要经济作物则有大豆、小豆、麻、枲、芋、桑、瓠等。下面择要试述《氾胜之书》所载西汉农作物的栽培技术。

1. 冬小麦的种植技术

小麦分宿麦和旋麦，前面介绍了区种法条件下的冬小麦种植与管理，这里则叙述一般土地的冬小麦种植技术。一是关于宿麦（即冬小麦）的播种日期，氾胜之主张："凡田有六道，麦为首种。种麦得时，无不善。夏至后七十日，可种宿麦。早种，则虫而有节；晚

---

① 石声汉：《氾胜之书今释（初稿）》，第 11 页。
② 张履鹏：《农业经济史研究》，北京：中央文献出版社，2002 年，第 104—105 页。

种，则穗小而少实。"①文中"夏至后七十日"即相当于阳历 8 月 30 日左右。经学者考证，西汉时期冬小麦的播种时间比现在西安地区冬小麦的播种至少提前 10 天，它表明西汉中后期的气候较现在略微寒冷。二是对冬小麦容易产生的病害，氾胜之强调说："麦生黄色，伤于太稠。稠者，锄而稀之。"②这里，"麦生黄色"是指麦类条锈病，它是病菌孢子侵染麦苗后产生的孢子堆。但从氾胜之所说的前后关系看，"麦生黄色"不像是条锈病，更像是冬小麦营养不良的表现。所以周肇基先生这样推论说："西汉《氾胜之书》首载'麦生黄色，伤于太稠'。即找出了麦苗发黄的原因是由于种植太稠，营养不够分配的缘故。采取的对策是'稠者，锄而稀之'。"③此处的"锄而稀之"实际上就是匀苗，因此，这条记载体现了人们在日常的麦苗管理过程中需善于观察和分析，及时发现问题，及时处理，所以学者习惯上把它看作是一种比较直观的看苗诊断法。三是锄麦，是冬小麦中耕管理的关键环节，一遍又一遍地锄，虽然劳动强度比较大，但可以获得成番论倍的增产效果。故氾胜之说："秋锄以棘柴耧之，以壅麦根。故谚曰：'子欲富，黄金覆。''黄金覆'者，谓秋锄麦，曳柴壅麦根也。……至春冻解，棘柴曳之，突绝其干叶。须麦生，复锄之。到榆荚时，注雨止，候土白背，复锄。如此则收必倍。"④文中的"耧"，意为田间松土。秋天锄麦后，应及时用棘柴（即酸枣树条）耙耧，并将松土壅到麦根上，使之起到保墒和保暖作用，为冬小麦的安全越冬创造条件。显而易见，"氾胜之已经看到了中耕的松土、保墒、除草、培壅和匀苗等作用，意识到中耕在农作物增产中的地位，所以他才说：'如此则收必倍'"⑤。另据专家考证，上面讲到的这种护根栽培法及其应用，比日本早 2000 多年。四是在北方春旱少雨的气候条件下，冬小麦的积雪保墒非常重要，所以氾胜之说："冬雨雪止，以物辄蔺麦上，掩其雪，勿令从风飞去。后雪复如此。则麦耐旱、多实。"⑥这种保护冬雪不被风吹走的方法，简便实用，而用东西在麦地上镇压的过程，能使雪水慢慢浸入土中，以利于保持土壤水分，从而达到耐旱高产的收效。

2. 水稻的种植技术

水稻源于南方，但北方水稻由于文字记载的种植历史至少可以追溯到殷商时期，卜辞中有"受稻年"之说。而在考古资料中，从河南渑池的仰韶文化遗址开始，一直到洛阳的汉墓中，多次发现过稻谷的遗迹。因此，至汉代，黄河流域地区兴修了许多水利灌溉工程，如漕渠、六辅渠、白渠等，从此北方的水田面积迅速扩大，这就为北方水稻的种植奠定了坚实的物质基础。所以从这个层面看，当时北方水稻的种植技术反而比南方还要先进，这完全能够从《氾胜之书》有关水稻的一系列种植制度记述中反映出来。一是关于稻田的修整和地块大小，氾胜之总结道："种稻，春冻解，耕反其土。种稻区不欲大，大则

---

① 石声汉：《氾胜之书今释（初稿）》，第 19 页。
② 石声汉：《氾胜之书今释（初稿）》，第 19 页。
③ 周肇基：《中国植物生理学史》，广州：广东高等教育出版社，1998 年，第 91 页。
④ 石声汉：《氾胜之书今释（初稿）》，第 20 页。
⑤ 吴存浩：《中国农业史》，北京：警官教育出版社，1996 年，第 391 页。
⑥ 石声汉：《氾胜之书今释（初稿）》，第 20 页。

水深浅不适。"①也就是说，春天解冻后应当及时耕翻稻田，而为了水深均匀，划分的稻田不宜过大。二是关于播种日期，氾胜之主张："冬至后一百一十日，可种稻。"②按照节令计算，当时种稻的适宜气候是在清明后 5 天。再具体一点，则"三月种粳稻，四月种糯稻"③。依前面的时令，冬至为每年的阳历 12 月 21、22 日，110 天后，即到次年阳历 4 月 10 日左右，亦即阴历三月。由此可知，"两汉时关中种植的当为粳稻"，因为"'三月种粳稻'与冬至后一百一十日基本一致，大体上反映了西汉后期及其前的关中水稻种植时间"④。三是关于水温对水稻生长的影响，氾胜之说："始种，稻欲温。温者，缺其塍令水道相直。夏至后，太热；令水道错。"⑤有论者分析说：

> 水稻刚种下的时候需要较高的水温，用水温较低的外水灌溉时，使田埂上所开的进水口和出水口位于稻田的一头，并相互对直，以保持稻田原有的水温，此即"水道相直"的串灌法。盛夏时节，使进水口和出水口相互错开，这样灌溉水从田中斜穿而过，稻田原来温度较高的水就会很快被温度较低的新水所代替，从而降低稻田水温，以免水温过高影响水稻生长发育，此即"水道相错"的漫灌法。这种巧妙的稻田灌溉法，反映了我国稻作技术的发展。虽然这种串灌和漫灌方式，还存在容易造成肥料流失的缺点，但就其调节稻田水温的作用来说，仍不失为稻田灌溉上的一项创举。⑥

有关"水道相直"与"水道相错"的直观认识，如图 2-72 所示：

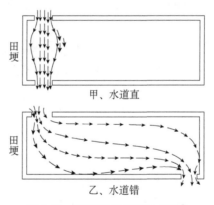

图 2-72　稻田调节水温示意图⑦

① 石声汉：《氾胜之书今释（初稿）》，第 21 页。
② 石声汉：《氾胜之书今释（初稿）》，第 21 页。
③ 石声汉：《氾胜之书今释（初稿）》，第 21 页。
④ 陈业新：《儒家生态意识与中国古代环境保护研究》，第 249 页。
⑤ 石声汉：《氾胜之书今释（初稿）》，第 22 页。
⑥ 张波、樊志民主编：《中国农业通史·战国秦汉卷》，北京：中国农业出版社，2007 年，第 176 页。
⑦ 梁永勉主编：《中国农业科学技术史稿》，北京：农业出版社，1989 年，第 205 页。

3. 稗的种植技术

稗为野禾，是汉代大田作物之外颇为人们所珍贵的粮食品种之一。它的产量虽然不高，但不论旱涝却都有保障，因而是防备饥荒的重要粮食作物。所以氾胜之强调说："稗既，堪水旱，种无不熟之时。又特滋茂盛，易生。芜秽良田，亩得二三十斛。宜种之以备凶年。"[1]为什么氾胜之会以牺牲粮食总产量为代价，在当时要极力推广种植这种"亩得二三十斛"的低产作物呢？这是因为：第一，汉代的旱灾发生频率比较高，对此，有学者分析说："西汉发生大旱 25 次，东汉 19 次。西汉大旱比率高达 69.4%，东汉比率为 24.7%，则虽然东汉时旱灾偏多，但多为小灾；西汉虽然旱灾次数少，但大灾偏多，影响更大。"[2]第二，在救荒本草作物中，稗谷具有"种无不熟之时"的优点，因而能够满足人们在饥荒条件下对谷物的生理需求，而氾胜之"宜种之（指野禾）备凶年"这种理念，若从大处立言，则诚如有学者所言："中国封建社会的农民在天灾人祸频仍、泛滥之时，仍能以惊人的毅力渡过难关，保证了中国封建文化在世界中世纪范围内少有的连续性发展，显示出异常弹性。导致这种现象出现的因素是多方面的，但与利用本草类野生植物作为粮食代用品暂时维系生命的苟延，并在适当时期修复元气的作法是断难分开的。"[3]第三，食物结构的多元化，不仅能够备荒，而且从营养学的角度看，更利于体内各种元素的平衡。首先，"食物构成的多元化，意味着当时的人并不依赖单一作物，尽管有时某种作物的亩产量很高，但如果过分依赖这种作物，发生饥荒的风险是很大的"[4]；其次，氾胜之说："稗中有米，熟时，捣取米炊食之，不减粱米；又可酿作酒。"[5]据专家研究，稗子的营养价值比较高，其中粗蛋白质含量为 6.282%—9.419%，粗脂肪含量为 1.921%—2.45%。另，江陵凤凰山 167 号汉墓遣策有"稻稗米"等字样，它表明"稗米"是汉代民众较普遍食用的粮食之一，同时也说明稗米主要生长在稻田。

4. 大豆的种植技术

大豆，亦称"黍豆"，先秦又称作菽，是汉代民众的主要食物之一。《吕氏春秋·审时篇》云："大菽则圆，小菽则抟以芳。"[6]清代学者王念孙释："大豆小豆皆名菽也。但小豆别名荅，而大豆仍名为菽，故菽之称专在大豆矣。"[7]又《战国策·韩策》载："韩地险恶，山居五谷所生，非麦而豆，民之所食，大抵豆饭藿羹。"豆饭吃多了不易消化，还常常使人肚胀，所以多为庶民的食物。有专家认为，从《战国策·韩策》的记载看，可以推知大豆多是在不宜种麦的山区才种植的，因此，"想见大豆经过人们长期的培育，已经成为耐干旱的作物，才能够在华北的山区种植"[8]。汉代的大豆种植，同前面的稗米一样，

---

① 石声汉：《氾胜之书今释（初稿）》，第 30 页。
② 段伟：《禳灾与减灾：秦汉社会自然灾害应对制度的形成》，上海：复旦大学出版社，2008 年，第 32—33 页。
③ 牛建强：《〈救荒本草〉三题》，《南都学刊》1995 年第 5 期，第 51 页。
④ 李文涛：《中古黄河中下游环境、经济与社会变动》，郑州：河南大学出版社，2012 年，第 55 页。
⑤ 石声汉：《氾胜之书今释（初稿）》，第 30 页。
⑥ （战国）吕不韦：《吕氏春秋》卷 26《士容论·审时》，《百子全书》第 3 册，第 2803 页。
⑦ （清）王念孙著、钟宇讯点校：《广雅疏证》卷 10《释草》，北京：中华书局，1983 年，第 323 页。
⑧ 许进雄：《中国古代社会——文字与人类学的透视》，北京：中国人民大学出版社，2008 年，第 129 页。

也是一种救荒之食物，当然，豆腐发明之后，大豆用来制作豆腐，也是汉代大量种植大豆的原因之一。氾胜之明确表示："大豆保岁易为，宜古之所以备凶年也。谨计家口数，种大豆，率人五亩。此田之本也。"[①]文中所说的"古"，是指先秦时期，那时以"八口之家"或"五口之家"计算，通常一家有地百亩，若按照每人种豆 5 亩（这是家庭生活的基本田）计，则大豆种植占总耕地数额的 40%或 25%，证明大豆种植已经普遍化。在营养价值方面，大豆作为食物的口感尽管尚不尽如人意，但它是所有粮食作物中蛋白质和脂肪含量最多的一种作物，比小麦和稻米高好几倍。此外，赖氨酸和色氨酸是人体自身无法合成的，必须由食物供给，而大豆蛋白质中赖氨酸和色氨酸的含量较高。在种植方面，大豆较黍的需水量多，但其中耕管理环节较少，故一般农家都乐意种植它。其具体的种植原则和方法是：一是"大豆须均而稀。"[②]二是"三月榆荚时，有雨，高田可种大豆。土和，无块，亩五升；土不和，则益之。种大豆，夏至后二十日尚可种。大豆戴甲而生，不用深耕。种之上，土不可厚，才令蔽豆耳。厚则折项，不能上达，屈于土中则死。"[③]大豆的种植密度要求"均而稀"，而在区种大豆时，要求更加严格："坎，方深各六寸，相去二尺，一亩得千二百八十株。其坎成，取美粪一升，合坎中土搅和，以内坎中。临种沃之，坎三升水。坎内豆三粒；复上土。勿厚，以掌抑之，令种与土相亲。一亩田种一升，用粪十六石八斗。"[④]这些种植大豆的经验今天未必实用，因为"在单位面积种植密度相同的情况下，植株分布是均匀好，还是不均匀好？在作物植株分布上绝对的均匀（行株距完全相等，如同棋盘一样），是不现实的，也是没有必要的"[⑤]。大豆的种植日期，氾胜之认为高田最好在"三月榆荚时"，不过，需接雨播种，而这种将物候、气象与月令结合起来，用于确定大豆的种植日期，当然较单纯的月令更加客观，因而在农业实践方面也更有操作性和现实指导性。由于汉代农家喜欢采摘豆叶作菜吃的习惯，而当过度采摘之后，人们发现被采摘的大豆植株会出现枯黄的现象，于是，经过长期的观察，人们终于发现了大豆的下列生理特性："豆花憎见日，见日则黄烂而根焦也。"[⑥]这是因为"豆花是紧贴着豆茎生的，四围有叶子荫蔽着，在这种生活条件下形成喜阴的特性，一旦受到阳光的强烈照射，就会黄烂枯萎"[⑦]。

5. 小豆的种植技术

与大豆是"备凶年"的重要粮食作物不同，小豆对环境的适应能力相对要苛刻一些，产量低且不稳定，因此，氾胜之说："小豆不保岁，难得。"[⑧]小豆，又称米豆，由于其营养价值较高，低脂肪、高蛋白，食口性好，并具药用价值，因而在我国已有 2000 多年的

---

① 石声汉：《氾胜之书今释（初稿）》，第 22 页。
② 石声汉：《氾胜之书今释（初稿）》，第 24 页。
③ 石声汉：《氾胜之书今释（初稿）》，第 22—23 页。
④ 石声汉：《氾胜之书今释（初稿）》，第 48—49 页。
⑤ 董钻：《大豆产量生理》，北京：中国农业出版社，2000 年，第 152 页。
⑥ 石声汉：《氾胜之书今释（初稿）》，第 24 页。
⑦ 董恺忱、范楚玉主编：《中国科学技术史·农学卷》，第 323 页。
⑧ 石声汉：《氾胜之书今释（初稿）》，第 24 页。

利用历史，它既是我国古老的栽培作物之一，同时又是我国传统的药食兼用的食用豆类作物之一。专家指出，小豆对土壤要求不严格，从沙土到黏壤土都能种植。但小豆为喜温作物，温度对小豆一生的生长发育影响很大。从这个层面看，小豆的抗逆和抗灾能力不强，无法保证每年都有好收成。不过，小豆的播种适应期较长，既可春播又可夏种。故氾胜之说：小豆"宜椹黑时注雨种。亩五升。"①也就是说宜在桑葚变黑时，随着大雨播种。在淮河以北地区，桑葚一般在 5 月 16 日至 31 日变黑，此时播种较为适宜。对于小豆的中锄管理，氾胜之总结说："豆生布叶，锄之；生五六叶，又锄之。"②即只锄两次，不可多锄，这是因为"豆生布叶，豆有膏，尽治之，则伤膏，伤则不成。而民尽治之，故其收耗折也"③。文中的"豆有膏"是指小豆的根瘤菌，因为小豆的根瘤菌在适宜的条件下固氮能力较强，能满足小豆所需要氮素总量的 40%，而中锄次数过多，就会损伤小豆的根瘤菌，所以氾胜之才提出了锄早和锄少的要求。

6. 枲的种植技术

枲，一般是指不结籽的麻，如《玉篇》云："麻，有子曰苴，无子曰枲。"清人吴其濬认为是"无实之牡麻"，并解释说："牡麻俗呼花麻，夏至开花，所谓荣而不实谓之英者。花落既拔而沤之，剥取其皮，是谓夏麻，夏麻之色白。苴麻俗呼子麻，夏至不作花而放勃，勃即麻实，所谓不荣而实谓之秀者。八、九月间，子熟则落，摇而取之。子尽乃刈，沤其皮而剥之，是谓秋麻，色青而黯，不洁白。"④枲主要是利用其纤维来纺绩织布，故在棉花传入之前，它具有十分重要的生活价值和意义。枲田整治分初耕与复耕两个阶段，氾胜之说："春冻解，耕治其土。春草生，布粪田，复耕，平摩之。"⑤为了增加枲田的肥力，氾胜之主张在复耕前先在枲田上"撒粪"，即将早已送在枲田里的农家土杂肥，用手或铁锹均匀撒开，然后与春草等有机废弃物一块儿耕翻到地里，用以肥田。在黄河流域春天解冻的日期，一般在阴历二、三月间，氾胜之特别强调说："种枲太早，则刚坚，厚皮多节；晚，则不坚。宁失于早，不失于晚。"⑥枲（雄麻）的生长期为 90—120 天，故氾胜之说："夏至后二十日沤枲，枲和如丝。"⑦夏至的日期不确定，或 6 月 20 日，或 6 月21 日，或 6 月 22 日，后推 20 天，即到 7 月中旬，由于沤麻的关键在于水中微生物的数量，因此，"夏至后二十日"气温较高，天气炎热，水温通常在 23℃左右，此时细菌繁殖快，脱胶利爽，剥得的麻皮杂质少，加工出的麻纤维十分柔软，类似蚕丝。虽然氾胜之说"枲和如丝"有些夸张，但高温沤麻的质量确实比低温沤麻的质量要好，这是可以肯定的。

---

① 石声汉：《氾胜之书今释（初稿）》，第 24 页。
② 石声汉：《氾胜之书今释（初稿）》，第 24 页。
③ 石声汉：《氾胜之书今释（初稿）》，第 24 页。
④ （清）吴其濬：《植物名实图考长编》卷 1《麻》，北京：中华书局，1963 年，第 14 页。
⑤ 石声汉：《氾胜之书今释（初稿）》，第 27 页。
⑥ 石声汉：《氾胜之书今释（初稿）》，第 27 页。
⑦ 石声汉：《氾胜之书今释（初稿）》，第 33 页。

7. 瓠瓜的种植技术

瓠，亦称瓠瓜、夜开花、扁蒲、长瓜等，原产印度和非洲，故喜温喜光，不耐低温，为葫芦属一年生攀缘性草本植物，形如丝瓜，其果实形状变异较多，生长和结果期的适宜温度为 20—25℃。据研究，瓠瓜含有一种干扰素的诱生剂，它能够刺激机体产生干扰素，提高机体的免疫能力，因而它具有抗病毒的功效。在我国，瓠瓜的栽种历史比较悠久，据考，我国浙江余姚河姆渡新石器时代遗址即发现有瓠瓜子；另湖北江陵阴湘城的大溪文化遗址也出土过葫芦等。《诗经·小雅·瓠叶》云："幡幡瓠叶，采之烹之。"①《诗经·豳风·七月》又云："七月食瓜，八月断壶。"②文中的"壶"为"瓠"，它是本有其字的假借，故《毛传》说："壶，瓠也。"③瓠瓜与一般民众的生活联系非常密切，以至于《管子》一书称："六畜育于家，瓜瓠荤菜百果备具，国家之富也。"④从《氾胜之书》的相关记载看，栽种瓠瓜的适宜土壤为黏质壤土和保水、保肥力强及排水性好的土壤。所以氾胜之说："种瓠法：以三月，耕良田十亩，作区，方深一尺；以杵筑之，令可居泽；相去一步。区种四实；蚕矢一斗，与土粪合。浇之，水二升；所干处，复浇之。"⑤这里特别强调选地与施基肥的作用，栽种瓠瓜不仅要求好田，而且还要将田做成一尺见方的区。每区点播 4 粒瓠种，并用 1 斗蚕矢和上土粪，一起作底肥。之后，还要大量浇水，可见，瓠瓜的耗水量比较大。瓠瓜的分枝性比较强，且多为侧蔓结瓜，所以"著三实，以马箠殺其心，勿令蔓延。多实，实细。……无令亲土，多疮瘢。"⑥也就是说，当每株瓠瓜结有 3 个瓜实时，需用鞭子从上向下打掉秧蔓的心，此即"摘心"。为了使瓜实的生长有较充足的光照和通风，氾胜之主张用稿秆将瓜实垫起来，以免让瓜实着地而长出瘢痕。从植物病理学的角度看，瓠瓜上长瘢痕主要由炭疽病引起，所以"（让）瓜实不与土壤直接接触，或由垫草造成良好通风状态，对于减少病害的侵染是能起一定作用的"⑦。等观察瓜实长到可以作瓢的时候，则"以手摩其实，从蒂至底，去其毛，不复长，且厚。八月微霜下，收取"⑧。据周肇基先生考证，在氾胜之所描述的许多经验里，包含了很多科学道理。他说：

摘心控制结实数，以便营养集中运往果实，使果实长得大。特别值得一说的是，摘心不用手直接接触秧蔓而是用马鞭来抽打断蔓心，十分科学。等果实长大至可以作瓢的时候，专门用手全面摩擦去掉果皮上的毛，目的在于阻止果长大，促使它长厚、坚实。这种方法很灵验，自古以来都这样做，现今依然如此。什么道理？笔者认为与手指皮肤汗腺分泌物的化学刺激有关，也与手指运动产生的生物电流刺激有关。从古

---

① 黄侃：《黄侃手批白文十三经·毛诗》，第 105 页。
② 黄侃：《黄侃手批白文十三经·毛诗》，第 62 页。
③ （汉）郑玄笺、（唐）孔颖达疏：《毛诗正义》卷 8，台北：广文书局，1971 年，第 127 页。
④ （春秋）管仲：《管子》卷 1《立政》，《百子全书》第 2 册，第 1265 页。
⑤ 石声汉：《氾胜之书今释（初稿）》，第 27 页。
⑥ 石声汉：《氾胜之书今释（初稿）》，第 28 页。
⑦ 裘维蕃：《农园植病谈丛 1950—1990》，北京：中国科学技术出版社，1991 年，第 8 页。
⑧ 石声汉：《氾胜之书今释（初稿）》，第 28 页。

至今农家切忌用手触摸瓜果的道理正在于此。至于用手摩擦除去果实表皮毛，造成果皮轻度的机械损伤，现代植物生理学研究证明，植物受到伤害时（包括机械损伤）其组织产生的应激乙烯释放量剧增，乙烯能促使器官成熟、衰老。这是果实停止长大，转而长厚、坚实、成熟的原因。现今种西瓜，为使瓜形周正，色泽、品质均匀一致，提倡"翻瓜"，且在瓜下垫草，以免着地的一面长出疤痕。而且翻瓜时切忌用手摸瓜，而是带手套或手下衬纸或草将瓜蔓提起移动瓜的方向和位置。现今的这种常规操作技术，当是源于西汉时代种瓠、种瓜法的演进。①

当然，氾胜之在种植瓠瓜的生产实践中，发现了培育"瓠子王"的嫁接技术。氾胜之介绍说："下瓠子十颗，复以前粪覆之。既生，长二尺余，便总聚十茎一处，以布缠之五寸许，复用泥泥之。不过数日，缠处便合为一茎。留强者，余悉掐去。引蔓结子。子外之条，亦掐去之，勿令蔓延。"②学界一致认为，这是我国园艺史上最早的嫁接技术，它是同种植物间的靠接法。其基本原理就是将 10 株根系上的营养，集中到一条蔓上，以保证此蔓上的瓠实能长得特别大。

8. 芋的种植技术

芋，亦称蹲鸱或莒，《史记·货殖列传》载蜀卓氏的话说："吾闻汶山之下，沃野，下有蹲鸱，至死不饥。"③唐张守节《正义》云："蹲鸱，芋也。言邛州临邛县其地肥又沃，平野有大芋等也。"④这表明四川地区早在先秦就已经开始较大规模种芋了。另《说文》云："齐谓芋为莒。"⑤此条史料证明，黄河下游流域的齐国也普遍种芋。汉代芋的种植区域不断扩大，如湖南长沙、广西贵县等地汉墓中都发现了芋。⑥此外，氾胜之认为黄河中上游流域地区土壤疏松，比较适宜种芋。他说："种芋法，宜择肥缓土，近水处。和柔，粪之。二月注雨，可种芋。率：二尺下一本。"⑦文中的"缓土"，是指土性中和不强不弱，且又疏松的土壤。"和柔，粪之"指的是基肥，"基肥是作物播种或移植前施用的肥料，具有既能供给作物养分，又能改良土壤的作用"⑧。而氾胜之认为，为了使芋株之间收到良好的通风效果，故芋的行距应宽，在氾胜之看来，种芋的标准株距为 2 尺。对于芋的田间管理，氾胜之强调："芋生，根欲深。斸其旁，以缓其土。旱则浇之。有草锄之，不厌数多。治芋如此，其收常倍。"⑨芋根扎得比较深，为了使其结实粗壮，就必须及时翻地使土壤疏松化，进而改善芋的生长环境。在文中，"斸其旁"的"斸"系指镢，因为

①　周肇基：《中国植物生理学史》，第 265 页。
②　石声汉：《氾胜之书今释（初稿）》，第 51 页。
③　《史记》卷 129《货殖列传》，第 3277 页。
④　《史记》卷 129《货殖列传》，第 3278 页。
⑤　（汉）许慎：《说文解字》，北京：中华书局，1963 年，第 16 页。
⑥　梁永勉主编：《中国农业科学技术史稿》，第 191 页。
⑦　石声汉：《氾胜之书今释（初稿）》，第 29—30 页。
⑧　吴存浩：《中国农业史》，第 386 页。
⑨　石声汉：《氾胜之书今释（初稿）》，第 30 页。

"在需要耕地而又不能用犁的地方，镢可以代替犁耕翻土地"①。除草"不厌数多"是北方旱地农业对中耕所提出的要求，而对芋的管理更是如此。不过，正如有专家所分析的那样，"不厌数多"不等于说锄地可以不择时间，也不等于越多越好：一方面，"杂草与作物争夺水分和养分，妨碍庄稼生长，从这个意义上说，中耕锄地也是保水、保肥的一种措施"；另一方面，"中耕锄地也要选择合适的时间，尤其是土壤水分过大时，不宜锄地"，根据农民的锄地经验，"锄地，一般锄到四遍为止，先由浅入深，再出深转浅"②。

第五部分是"收获"，因农作物的生物特性和成熟性状各不相同，故其收获方式会有所差异。例如，一是"获豆之法：荚黑而茎苍，辄收无疑；其实将落，反失之。故曰：豆熟于场。于场获豆，即青荚在上，黑荚在下"③。这段话的中心意思是说，大豆成熟后应抓紧时间收获，以免因炸荚落籽而遭受损失，通常情况下，大豆的生长习性是自下而上的结荚成熟，且有成熟后裂荚的特性。二是"获禾之法，熟过半，断之。"④或"芒张叶黄，捷获之无疑。"⑤即当禾实成熟过半及禾叶变黄并张开时，应赶紧收割。三是"获不可不速，常以急疾为务。"⑥这是氾胜之"早获"原则的具体化实践，同时，也说明农作物收获是一项时效性很强的农耕作业。从上述记述中，我们还可以大致对当时的谷物收获方式有所了解和有所认识：第一，"熟过半，断之"的"断"，应当是用铚刀掐穗。第二，氾胜之说："黍熟……因以利镰，摩地刈之。"⑦据考，汉代的铁铚刀或称"掐刀"，一般呈长方形或半月形，扁平板状，靠近背部有一孔或两孔。而北方地区使用的铁制镰刀则多为扁平长条形，柄端向一侧卷曲成栏。⑧与一般农作物的收获方式不同，汉代的"获麻之法"是："穗勃，勃如灰，拔之"⑨，又"霜下实成，速斫之；其树大者，以锯锯之"⑩。首先，收获麻的时机是开花盛期呈"放灰"状，以此为准，早收或晚收都会降低麻纤维的品质。至于收获麻的方式主要有"拔"、"斫"和"锯"，其中对"以锯锯之"的情形，宋湛庆先生分析说："这是指稀植而收麻子的情况而言。强调种子成熟就要收，反之要落粒减产。因种得稀，故有些植株长得特别粗大，成为'树'而需用锯来锯了。"⑪

第六部分是"留种与贮藏"，氾胜之针对不同农作物，讲了很多留种的经验和方法。例如，留瓠瓜子法："初生二、三子不佳，去之；取第四、五、六子，区留三子即足。"⑫为了使瓠瓜繁育下一代的性状更加优良，氾胜之认为，应当把早生的3个果实掐去，从而

---

① 周昕：《中国农具通史》，济南：山东科学技术出版社，2010年，第405页。
② 王潮生：《农业文明寻迹》，北京：中国农业出版社，2011年，第7页。
③ 万国鼎：《氾胜之书辑释》，北京：中华书局，1957年，第130页。
④ 石声汉：《氾胜之书今释（初稿）》，第32页。
⑤ 石声汉：《氾胜之书今释（初稿）》，第32页。
⑥ 石声汉：《氾胜之书今释（初稿）》，第32页。
⑦ 石声汉：《氾胜之书今释（初稿）》，第31页。
⑧ 刘庆柱、白云翔主编：《中国考古学·秦汉卷》，北京：中国社会科学出版社，2010年，第581页。
⑨ 石声汉：《氾胜之书今释（初稿）》，第33页。
⑩ 石声汉：《氾胜之书今释（初稿）》，第33页。
⑪ 宋湛庆：《我国古代的大麻生产》，《中国农史》1982年第2期，第55页。
⑫ 石声汉：《氾胜之书今释（初稿）》，第51页。

使茎蔓继续伸展，这样有利于瓠瓜制造更多的营养有机物质，并贮存在留下来的第4、5、6这3个果实里。实践证明，通过采取这种技术措施，瓠瓜的果实往往硕大丰满，而种子的质量自然也就大大地提高了。又如，"取麦种：候熟可获，择穗大强者，斩，束立场中之高燥处。曝使极燥"①。此为"穗选法"的最早记载，这种选种方法是借助生物自然变异，选用一个具有优良性状的单穗或单株，连续加以繁殖②，其主要目的是通过人工选择来培育优良品种。氾胜之总结"取禾种"的经验说："择高大者，斩一节下，把，悬高燥处。苗则不败。"③这条记载同"取麦种"一样，也是一种穗选技术。所以有专家综合上述两条记载，认为：第一，所谓"择穗大强者""择高大者"，即是选择籽粒饱满的大穗作种，可见当时已经有了明确的选种标准。第二，所谓"斩束立场中""把悬"等，指的是成束收藏，这是古人保藏作物种子的主要经验。有专家分析说："麦子是穗小粒大，所以晒干后脱粒贮藏。禾粟是穗大粒小，宜于收穗子扎成把，悬挂在高燥处即可。"④第三，所谓"曝使极燥""悬高燥处"，即是防潮，以免种子变质。所以"从这些记载中看，当时选用的穗选方法，很象今日常用的混合选种法，说明汉代的选种技术已相当进步了"⑤。

第七部分是"区种法"，主要内容已见前述，兹不更赘。

二、《氾胜之书》的农学思想特点及其历史地位

（一）《氾胜之书》的农学思想特点

《氾胜之书》的思想内容比较丰富，其中既有农业生产实践的经验总结，同时又有阴阳学家以及董仲舒"天人感应"的思维烙印。

（1）提出了"趣时、和土、务粪泽、早锄、早获"的耕作原则，从而构建了一个多环节相互统一的农业生产思想体系。中国是一个具有悠久历史传统的农业大国，氾胜之说："汤有旱灾，伊尹作为'区田'，教民粪种，负水浇稼。"⑥这条史料表明，殷商时期已经开始在"区田"中施用粪肥了。此外，《世本》又说："汤旱，伊尹教民田头凿井灌田。"⑦尽管这条史料晚出，但它的真实性应当没有问题。因为我国考古工作者迄今已经发现了许多口新石器时代的水井⑧，其中河北省邯郸涧沟发现了两口属于龙山文化遗址的水井，内有沟渠与井口相通，它证明当时已经用水井灌溉。⑨商代的水井也发现不少⑩，特别是河南

① 石声汉：《氾胜之书今释（初稿）》，第34页。
② 惠富平：《中国传统农业生态文化》，北京：中国农业科学技术出版社，2014年，第291页。
③ 石声汉：《氾胜之书今释（初稿）》，第34页。
④ 胡廷积主编：《河南农业发展史》，北京：中国农业出版社，2005年，第74页。
⑤ 闵宗殿、董凯忱、陈文华：《中国农业技术发展简史》，北京：农业出版社，1983年，第56页。
⑥ 石声汉：《氾胜之书今释（初稿）》，第38页。
⑦ （元）王祯撰，缪启愉、缪桂龙译注：《农书译注》下册，济南：齐鲁书社，2009年，第659页。
⑧ 彭邦炯：《甲骨文农业资料考辨与研究》，长春：吉林文史出版社，1997年，第561页。
⑨ 北京大学邯郸考古发掘队、河北省文化局邯郸考古发掘队：《1957年邯郸发掘简报》，《考古》1959年第10期，第29—34页。
⑩ 陈文华：《中国农业通史·夏商西周春秋卷》，北京：中国农业出版社，2007年，第100页。

省孟州市涧溪的商代遗址中已发现有用于农田灌溉的水沟。[①]如前所述，区种有利于蓄水保墒，是北方旱地农业的重要技术创新。可惜，殷商时期的"区田"，究竟是个什么样子，我们已经无从知晓了。不过，到西汉中后期，人们对农业生产的主要元素已经有了系统而深刻的认识。例如，种稻"春冻解，耕反其土"[②]，又"夏至后九十日……以此时耕，一而当五。名曰'膏泽'，皆得时功"[③]。这里的"膏泽"，即是经过深耕、改良之后的土壤。对于粪肥，氾胜之说："（种麻）春草生，布粪田，复耕，平摩之。"[④]又附子"复加之骨汁粪汁种种"[⑤]等，文中的"粪田""粪汁"是人们为了提高土壤肥力而创造的积肥和造肥方法。对于"用水"，氾胜之根据西汉的农业生产实际，提出了很多积极措施，防旱保墒，丰产增收。例如，"取雪汁，渍原蚕矢，五六日，待释，手挼之；和谷（如麦饭状）种之，能御旱。故谓雪为五谷精也"[⑥]。又"三月榆荚时，雨，高地强土可种禾"[⑦]。还有，麻"天旱，以流水浇之；树五升。无流水，曝井水杀其寒气以浇之"[⑧]。由于《氾胜之书》佚文比较多，原书中是否有专门论及兴修水利的内容，不得而知，但上述所讲的耕种措施，确实都是从生产实践中总结出来的合理用水经验。对于"种子"，氾胜之说："取麦种：候熟可获，择穗大强者。"[⑨]又留瓠种法："初生二、三子，不佳，去之；取第四、五、六。区留三子即足。"[⑩]如前所述，这些"正是株选、穗选的最早记录。年年如此留选，从而逐步选育出品性优良、符合人们需要的种子"[⑪]。对于防治病虫害和作物保护，氾胜之讲述的经验和方法更多，例如，氾胜之说："取麦种……曝使极燥。无令有白鱼！有，辄扬治之。"[⑫]这是用扇扬[⑬]或簸扬等风选麦种方法，以人工防除白鱼（即衣鱼）的最早记载。[⑭]当然，也有学者认为，"白鱼"是指麦穗尖上的一对秕粒，现东北、山东地区仍这样称呼。[⑮]综合来看，我们认为将"白鱼"解释为秕粒，比较符合实际。

此外，储存麦种讲究"取干艾杂藏之：麦一石，艾一把。藏以瓦器竹器。顺时种之，则收常倍"[⑯]。当时，这是十分切实可行的储种防虫方法。在这里，如果说前面是指物理防虫法的话，那么，后者则是指使用植物保护剂的防虫方法。所以有学者认为，我国先民

① 杨升南、马季凡：《商代经济与科技》，北京：中国社会科学出版社，2010 年，第 159 页。
② 石声汉：《氾胜之书今释（初稿）》，第 21 页。
③ 石声汉：《氾胜之书今释（初稿）》，第 3 页。
④ 石声汉：《氾胜之书今释（初稿）》，第 27 页。
⑤ 石声汉：《氾胜之书今释（初稿）》，第 13 页。
⑥ 石声汉：《氾胜之书今释（初稿）》，第 11 页。
⑦ 石声汉：《氾胜之书今释（初稿）》，第 16 页。
⑧ 石声汉：《氾胜之书今释（初稿）》，第 26 页。
⑨ 石声汉：《氾胜之书今释（初稿）》，第 34 页。
⑩ 石声汉：《氾胜之书今释（初稿）》，第 51 页。
⑪ 王红谊、惠富平、王思明：《中国西部农业开发史研究》，北京：中国农业科学技术出版社，2003 年，第 59 页。
⑫ 石声汉：《氾胜之书今释（初稿）》，第 34 页。
⑬ 卜风贤：《周秦汉晋时期农业灾害和农业减灾方略研究》，北京：中国社会科学出版社，2006 年，第 133 页。
⑭ 《中国古代农业科技》编纂组：《中国古代农业科技》，北京：农业出版社，1980 年，第 198 页；倪根金主编：《梁家勉农史文集》，北京：中国农业出版社，2002 年，第 292 页。
⑮ 陈文华：《论农业考古》，南昌：江西教育出版社，1990 年，第 185 页。
⑯ 石声汉：《氾胜之书今释（初稿）》，第 34 页。

在"几千年前对于害虫防治已能应用植物性防护剂，是值得注意的"①。又"薄田不能粪者，以原蚕矢杂禾种种之，则禾不虫。"②以及附子"至可种时，以余汁溲而种之，则禾稼不蝗虫。"③这些也都属于用植物性防护剂来灭杀虫害的范畴，而有的学者将其称为"利用药物除虫"，并介绍说："药物防除，亦即化学防除。这是渊源较早、应用较广，而且越来越广的方法。……前人所利用的药物范围颇广。有植物性的，如嘉草、莽草、牡藕、艾、艾蒿、角黄、苍耳、芫花、百部、茶叶、浮萍、烟茎、松毛、苦参根、马蓼、巴豆、桐油、脂麻渣、草木灰等；有动物性的，如蜃灰、原蚕矢、驼粪、鳗鲡鱼骨、鱼腥水等；也有无机物质，如石灰、食盐……等；种类繁多，难以缕述。这些药物的施用方法也多种多样，有些是混杂种子收藏，如艾、蒿、苍耳等；有些用作拌种，如原蚕矢……等。"④在《氾胜之书》里，氾胜之记载着一种防治禾种虫害的方法。他说："牵马，令就谷堆食数口；以马践过。为种，无好蚄等虫也。"⑤文中的"好蚄"即黏虫。⑥这种方法是否科学？李绍强先生很肯定地说："这实质上是一种迷信的'厌胜之术'。"⑦当然，这个问题还可以争论。对于树木，氾胜之还提到一种通过修剪树木防治林木蛀虫的方法："于叶零落时，其树之冗繁及散逸，大者斧铲，小者刀剪尽去。宜截痕向下，不受渍，自免心腐。若树无巅顶者，取直生向上枝留之。枯摧朽拉，须尽残伐，不引蛀蠹，以防盛枝。"⑧对于合理密植，氾胜之非常重视。当然，在农作物耕种实践中，其种植密度往往因品种、地力和气候条件的不同而有所差异，但总体原则是将密度控制在高产、稳产的限度之内，而密度则是指在单位面积上的种植株数。例如，氾胜之主张："大豆须均而稀。"⑨他又说："凡种黍……欲疏于禾。"⑩在区种法里，氾胜之对各种农作物的种植密度都提出了具体要求，种芋"率：二尺下一本"⑪，"种禾黍：于沟间，夹沟为两行。去沟边各二寸半。中央，相去五寸；旁行，亦相去五寸。一沟容四十四株；一百合万五千七百五十株。种禾黍，令上有一寸土，不可令过一寸，亦不可令减一寸"⑫。又，"凡区种麦，令相去二寸一行。一沟容五十二株。一亩凡四万五千五百五十株。麦上土，令厚二寸"⑬。综合分析，诚如有关专家所言：

> 按着密植程度来说，虽不及现时高额丰产的多，但是宽幅区种粟比之解放初期一

① 靳祖训：《中国古代粮食贮藏的设施与技术》，北京：农业出版社，1984 年，第 94 页。
② 石声汉：《氾胜之书今释（初稿）》，第 16 页。
③ 石声汉：《氾胜之书今释（初稿）》，第 11 页。
④ 《中国古代农业科技》编纂组：《中国古代农业科技》，北京：农业出版社，1980 年，第 216 页。
⑤ 石声汉：《氾胜之书今释（初稿）》，第 34 页。
⑥ 石声汉：《氾胜之书今释（初稿）》，第 38 页。
⑦ 李绍强主编：《儒家学派研究》，北京：中华书局，2003 年，第 309 页。
⑧ 转引自陈植编著：《造林学原论》，南京：国立编译馆，1949 年，第 18 页。
⑨ 石声汉：《氾胜之书今释（初稿）》，第 24 页。
⑩ 石声汉：《氾胜之书今释（初稿）》，第 18 页。
⑪ 石声汉：《氾胜之书今释（初稿）》，第 30 页。
⑫ 石声汉：《氾胜之书今释（初稿）》，第 41—42 页。
⑬ 石声汉：《氾胜之书今释（初稿）》，第 46 页。

般地已高达一倍以上。方形区种，比之更高达十倍之多。

按密植的道理来说，宽幅点播区种和方形点播区种皆高产达百石以上，而两者之间的株数，麦相差不到一倍，粟则相差四倍还多，《氾胜之书》虽未加以说明，但是从区距和株行距里看来，已经显示了前者着重于分蘖，后者着重于单株高产的区分。像这样很科学地密植，重视通风透光，便于田间管理工作，从而确定其不同的区距，行距、株距，在二千年前的前汉时期，就具有这样的技术水平，实在是难能可贵的。①

可见，氾胜之是用系统和整体的观点来研究北方旱作农业的，在《氾胜之书》中，他不仅对农作物与地形、土壤、肥料、种子、水分、季节以及气候诸因素的辩证关系，都做了比较深刻的阐释，而且还把北方农业生产过程中的诸多环节有机地统一起来，因而比较正确地反映了北方旱地农业从耕种到收获整个过程的内在规律。

（2）把汉代的阴阳五行思想引入北方旱作农业的生产过程之中，提出了"播种忌日"等农时观。我们知道，汉代成书的《九章算术》没有涉及阴阳五行思想的内容，与此相反，《氾胜之书》却被打上了汉代阴阳五行的思想烙印。对此，学界颇有微词。不过，农业生产与阴阳的关系却具有客观性，席泽宗先生曾就这个问题谈了下面的看法。他说："农事必须根据四季代换，而古人又把四季代换说成是阴阳、五行之气的代换，这样，阴阳五行说应是农业和农学天然应当遵守的原则。"②当然，由于汉代的阴阳五行思想与天人感应相结合，并衍生出风水术数、谶纬迷信等许多观念和学说，它们充塞到当时社会生活的各个领域，造成的负面影响比较颇大，这也是不可否认的事实。从这个角度看，氾胜之所讲的"播种忌日"确实"不一定合于科学"，但"古代农学家探索农作的发育与天文因素的关系，这一思路是可取的"③。下面略作阐释。

第一，氾胜之说："小豆，忌卯；稻、麻，忌辰；禾，忌丙；黍，忌丑；秫，忌寅、未；小麦，忌戌；大麦，忌子；大豆，忌申，卯。凡九谷有忌日；种之不避其忌，则多伤败。此非虚语也！"④在解释这段话之前，先需要对汉代的干支记日法有所了解。据考，殷商已出现系统的干支记日⑤，此前人们最初是用十天干（即 10 个太阳）来记日，后来又改用十二地支（即 12 个月亮）。殷商的巫史们还嫌不够用，就将 10 个太阳与 12 个月亮组合起来记日，这种阴阳的结合即是六十甲子的来源，如表 2-3 所示。可以肯定，"十干与十二支相配成六十甲子，扩大了记日的周期，在上古尚无系统历法的情况下，是十分宝贵的"⑥。

① 中国农业科学院中国农业遗产研究室、南京农学院中国农业遗产研究室：《中国农学史（初稿）》上册，第182页。
② 席泽宗主编：《中国科学技术史·科学思想卷》，北京：科学出版社，2001年，第181页。
③ 赵敏：《中国古代农学思想考论》，北京：中国农业科学技术出版社，2013年，第305页。
④ 石声汉：《氾胜之书今释（初稿）》，第9页。
⑤ 张丽君：《干支记日趣谈》，《文史知识》1996年第9期，第35页。
⑥ 张丽君：《干支记日趣谈》，《文史知识》1996年第9期，第35页。

表 2-3 六十甲子表①

序号	干支记日	序号	干支记日	序号	干支记日	序号	干支记日	序号	干支记日	序号	干支记日
1	甲子	11	甲戌	21	甲申	31	甲午	41	甲辰	51	甲寅
2	乙丑	12	乙亥	22	乙酉	32	乙未	42	乙巳	52	乙卯
3	丙寅	13	丙子	23	丙戌	33	丙申	43	丙午	53	丙辰
4	丁卯	14	丁丑	24	丁亥	34	丁酉	44	丁未	54	丁巳
5	戊辰	15	戊寅	25	戊子	35	戊戌	45	戊申	55	戊午
6	己巳	16	己卯	26	己丑	36	己亥	46	己酉	56	己未
7	庚午	17	庚辰	27	庚寅	37	庚子	47	庚戌	57	庚申
8	辛未	18	辛巳	28	辛卯	38	辛丑	48	辛亥	58	辛酉
9	壬申	19	壬午	29	壬辰	39	壬寅	49	壬子	59	壬戌
10	癸酉	20	癸未	30	癸巳	40	癸卯	50	癸丑	60	癸亥

第二，由六十甲子表不难看出，"卯"日有 4 天，即癸卯、辛卯、己卯和乙卯；"辰"日有 5 天，即甲辰、丙辰、戊辰、庚辰和壬辰；"丙"日有 6 天，即丙寅、丙子、丙戌、丙申、丙午和丙辰；"丑"日有 5 天，即乙丑、丁丑、己丑、辛丑和癸丑；"未"日有 5 天，即乙未、丁未、己未、辛未和癸未；"戌"日有 4 日，即甲戌、丙戌、庚戌和壬戌；"子"日有 5 天，即甲子、丙子、戊子、庚子和壬子；"申"日有 5 天，即甲申、丙申、戊申、庚申和壬申。经考证，先秦的"择日之术"较为发达，并形成了系统的理论，如湖北云梦睡虎地出土的秦简《日书》有甲、乙两种；甘肃天水放马滩出土的秦简《日书》甲种、乙种，等，它们对每日的禁忌讲的都很细。其中甘肃天水放马滩出土的秦简《日书》甲种"五种忌"日云："丙及寅禾，甲及子麦，乙巳丑及黍，辰麻，卯及戌叔（菽），亥稻，不可以始种及获赏（偿），其岁或弗食。"②又同书《日书》乙种"五种忌"日云："子麦，丑黍，寅稷，卯菽，辰□，巳□，未秫，亥稻。不可种，种，获及赏。"③对于《日书》中的"五种忌"问题，学界同仁已经有比较广泛和深入的研究，代表成果有吴荣曾先生的《稷粟辨疑》④，金良年先生的《"五种忌"研究——以云梦秦简〈日书〉为中心》⑤等。其中金先生认为："'五种忌'的种植时令宜忌，显然不是从农业科技的角度提出来的，那么，'五种忌'的忌辰究竟是根据什么原理来确定的"⑥，在金先生看来，至少有两条线索可寻。

第一，见载于《齐民要术》中的作物"生、壮、长、老、死、恶、忌"观念，具体内容如表 2-4 所示：

---

① 阳晴：《一百五十年新编阴阳历书》，北京：气象出版社，1990 年，第 9 页。
② 睡虎地秦墓竹简整理小组《睡虎地秦墓竹简》，北京：文物出版社，1990 年，第 227 页。
③ 何双全：《天水放马滩秦简综述》，《文物》1989 年第 2 期，第 26 页。
④ 吴荣曾：《稷粟辨疑》，北京大学历史学系：《北大史学》第 2 辑，北京：北京大学出版社，1994 年，第 1—10 页。
⑤ 金良年：《"五种忌"研究——以云梦秦简〈日书〉为中心》，《史林》1999 年第 2 期，第 51—57 页。
⑥ 金良年：《"五种忌"研究——以云梦秦简〈日书〉为中心》，《史林》1999 年第 2 期，第 55 页。

表 2-4 《齐民要术》所载主要农作物的"生、壮、长、老、死、恶、忌"表

作物	时令所忌类别						
	生	壮	长	老	死	恶	忌
禾	巳	酉	戌	亥	丑	丙丁	寅卯
黍	寅	午	未	申	戌	壬癸	乙丑
菽	申	子	丑	寅	辰	甲乙	卯午丙丁
麦	亥	卯	辰	巳	午	戊己	子丑

第二，见载于《黄帝内经素问·五常政大论》中五行与五谷的配合关系，具体内容如表 2-5 所示：

表 2-5 《礼记·月令》、《黄帝内经素问·五常政大论》等典籍中五行与五谷的配合关系表

五行	木	火	土	金	水
五谷	麦	黍	稷	麻	菽
	麦	稻	禾	黍	菽
	麻	麦	稷	稻	菽

至于表 2-4 与表 2-5 之间的内在联系，我们不妨举例以明之。据《开元占经》载："黍生于寅，疾于午，长于丙丁，老于戌，死于申，恶于壬，忌于丑。"[1]对此，金良年先生分析说："黍'生'于寅，属火。所'恶'之壬癸属水，所'忌'支辰中的丑亦属水，按五行生克说，水能克火。"[2]《开元占经》又载："麦生于酉，疾于卯，长于辰，老于午，死于巳，恶于戌，忌于子。"[3]金良年先生分析说："麦，'生'于亥，属木。所'恶'之戊己属土，所'忌'之子丑属水，木与土相克，子丑成忌的道理较为费解，但也并非无理。据'五行寄生十二宫'（表 2-6），'长生'之后的二辰依次为'沐浴'、'冠带'，所属之行如婴儿初生，尚处于较为柔弱的状态，此处之子、丑恰当'生'后之二辰，将之列为忌辰，恐怕就是出于此理。"[4]在干支体系中，寅、甲、卯、乙属木，巳、丙、午、丁属火，申、庚、酉、辛属金，辰、戌、丑、未属土，亥、壬、子、癸属水。依此，我们来阐释《开元占经》中的"五种忌"。

表 2-6 五行寄生十二宫表

十二宫	五阳干顺行					五阴干逆行				
	甲木	丙火	戊土	庚金	壬水	乙木	丁火	己土	辛金	癸水
长生	亥	寅	寅	巳	申	午	酉	酉	子	卯
沐浴	子	卯	卯	午	酉	巳	申	申	亥	寅
冠带	丑	辰	辰	未	戌	辰	未	未	戌	丑
临官	寅	巳	巳	申	亥	卯	午	午	酉	子

① （唐）瞿昙悉达撰、常秉义点校：《开元占经》卷110《八谷占》，北京：中央编译出版社，2006年，第765页。
② 金良年：《"五种忌"研究——以云梦秦简〈日书〉为中心》，《史林》1999年第2期，第57页。
③ （唐）瞿昙悉达撰、常秉义点校：《开元占经》卷110《八谷占》，北京：中央编译出版社，2006年，第765页。
④ 金良年：《"五种忌"研究——以云梦秦简〈日书〉为中心》，《史林》1999年第2期，第57页。

续表

十二宫	五阳干顺行					五阴干逆行				
	甲木	丙火	戊土	庚金	壬水	乙木	丁火	己土	辛金	癸水
帝旺	卯	午	午	酉	子	寅	巳	巳	申	亥
衰	辰	未	未	戌	丑	丑	辰	辰	未	戌
病	巳	申	申	亥	寅	子	卯	卯	午	酉
死	巳	申	申	亥	寅	子	卯	卯	午	酉
墓	未	戌	戌	丑	辰	戌	丑	丑	辰	未
绝	申	亥	亥	寅	巳	酉	子	子	卯	午
胎	酉	子	子	卯	午	申	亥	亥	寅	巳
养	戌	丑	丑	辰	未	未	戌	戌	丑	辰

《开元占经》引《神农书》的话说：

> 禾生于枣，出于上党羊头之山右谷中，生七十日秀，六十日熟，凡一百三十日
> 成，忌于寅卯。黍生于榆，出于大梁之山左谷中，生六十日秀，四十日熟，凡一百日
> 成，忌于丑。大豆生于槐，出于沮石之山谷中，九十日毕，六十日熟，凡一百五十日
> 成，忌于卯。小豆生于李，出于农石之山谷中，生六十日，华五十日熟，凡一百一十
> 日成，忌于卯。秫生于杨，出于农石之山谷中，七十日秀，六十日熟，凡一百三十日
> 成，忌于午。荞麦生于杏，出于长石之山谷中，生二十四日秀，五十日熟，凡七十五
> 日成，忌于子。麻生于荆，出于农石之山谷中，生七十日秀，六十日熟，凡一百三十
> 日成，忌于未午辰亥日。小麦生于桃，出于须石之山谷中，生三百日秀，三十日熟，
> 三百三十日成，忌于子。[1]

文中将"五木"与"五谷"对应起来，其意义有二：第一，从物候学的角度看，将树
木的发芽期作为某种农作物播种的时令，也即"人们能根据植物生死荣枯的季节性规律来
安排农事活动，这在当时是很进步的"[2]。第二，苏轼曾就"五木"与"五谷"对应关
系，谈了下面的看法："欲知来年五谷丰登，先视今年五木，茂盛者种之。"[3]显然，这已
经属于农候占验的内容和范畴了。按前揭干支以及五谷与五行的关系，则水稻类均属木，
麦类均属火，豆类均属水，粟米类均属土，高粱（即秫）[4]属木，则小麦、荞麦等"忌于
子"，在五行生克关系中，水与火相克；另，禾"忌于寅卯"，寅卯属木[5]，在五行生克关
系中，木与土相克。诚如金良年先生所言："'五种忌'系统的栽种忌辰基本上是依据与该
作物所属五行相冲克的支辰来排比的。至于其中某些不合五行冲克的忌辰，有的可能出于
传抄讹误，有的也可能出于目前我们尚不明了的其他原因，但'五种忌'中的五行说与五

① （唐）瞿昙悉达撰、常秉义点校：《开元占经》卷110《八谷占》，北京：中央编译出版社，2006年，第764页。
② 彭林等：《中华文明史》第2卷《先秦》，石家庄：河北教育出版社，1992年，第254页。
③ 李之亮笺注：《苏轼文集编年笺注·诗词附》12，成都：巴蜀书社，2011年，第528页。
④ 胡锡文：《古之粱秫即今之高粱》，《中国农史》1981年创刊号，第83—90页。
⑤ 寅、甲、卯、乙属木，巳、丙、午、丁属火，申、庚、酉、辛属金，辰、戌、丑、未属土，亥、壬、子、癸
属水。

行生克色彩是可以基本论定的"。他又说："以今天的科学知识来看，当然可以将'五种忌'这种根植于阴阳五行的种植宜忌视为迷信，但自当时的知识水准而言（阴阳五行是当时通行的自然观），它还有其必然和合理的一面。从总的指导思想而言，以'五种忌'为代表的栽种宜忌所强调的是，作物的栽种和生长、发育与时令因素有密切的关联，这一点无疑是正确的。"[1]

（3）在对农作物种植讲求规范化的基础上，氾胜之特别强调农作物整个耕种及生长过程中的量化关系。考《氾胜之书》的突出特点就是讲求农作物种植的规范化，例如，他说："种芋：区方深皆三尺。取豆其内区中，足践之，厚尺五寸。取区上湿土，与粪和之，内区中其上，令厚尺二寸。以水浇之，足践，令保泽。取五芋子，置四角及中央，足践之。旱，数浇之。其烂，芋生，皆长三尺。一区收三石。"[2]关于事物的质量关系，人们普遍认为："在没有对事物进行定量研究，弄清数量关系，找到决定事物质的数量界限之前，人们对事物的认识还是初步的、粗略的，因而难以对实践进行准确、具体的指导。"[3]而《氾胜之书》之所以具有很强的操作性和实践性，正是因为它本身在一定程度上已经"找到了事物质的数量界限"。为此，我们试以区田法为例，拟对氾胜之的量化农业思想略述如下。

一是"以亩为率：令一亩之地，长十八丈，广四丈八尺。当横分十八丈作十五町；町间分十四道，以通人行，道广一尺五寸；町，皆广一丈五尺，长四丈八尺。尺直横凿町作沟。沟一尺，深亦一尺。积壤于沟间，相去亦一尺。（尝悉以一尺地积壤，不相受，令弘作二尺地以积壤。）"[4]

由《九章算术·方田》可知，汉代亩法"广十五步，从十六步"[5]，当时 1 步等于 6 尺，则（15 步×6 尺）×（16 步×6 尺）=8640 平方尺。而氾胜之"令一亩之地，长十八丈，广四丈八尺"，经换算，则有 18 丈×10 尺=180 尺÷6 尺=30 步，同理，4.8 丈×10 尺=48 尺÷6 尺=8 步。所以 30 步×8 步=240 步，与《九章算术》的亩法相同。当然，"1 亩地长 18 丈，广 4.8 丈，是为了便于设计区田的布置而假设的，不是每块田地都是这样形状的"[6]。

氾胜之在实践中总结摸索出一套区田的量化标准，以 1 亩为基数，其具体操作规范是：将长 18 丈的田地，横断为 15 町，每町宽 10.5 尺，町与町之间相隔 1.5 尺的人行道，共有 14 条人行道。故 15 町×10.5 尺+1.5 尺×14 道=178. 尺，这样，180 尺-178.5 尺=1.5 尺，即还剩余 1.5 尺的空地。另在宽 48 尺的町上，每隔 1 尺开掘出宽 1 尺、深 1 尺的沟，沟长与町长相等。因此，每町可开沟 24 条，1 亩区田能开 360 条沟。

具体到各种农作物的种植密度，情况也不一样。

①　金良年：《"五种忌"研究——以云梦秦简〈日书〉为中心》，《史林》1999 年第 2 期，第 57 页。
②　石声汉：《氾胜之书今释（初稿）》，第 52 页。
③　肖明主编：《哲学》，北京：经济科学出版社，1991 年，第 180 页。
④　石声汉：《氾胜之书今释（初稿）》，第 40 页。
⑤　（三国·魏）刘徽：《九章算术》卷 1《方田》，郭书春、刘钝校点：《算经十书（一）》，第 1 页。
⑥　王思明、陈少华主编：《万国鼎文集》，北京：中国农业科学技术出版社，2005 年，第 114 页。

二是"种禾黍：于沟间，夹沟为两行。去沟边各二寸半。中央，相去五寸；旁行，亦相去五寸。一沟容四十四株；一亩合万五千七百五十株"①。

石声汉先生在解释这段话之前，先讲析了区种的主要原理。他说："区种法底主要原理，是使作物科丛托根处所，在地平面以下（因此才称为'区'），来'保泽'（保墒）与利用'粪气'。'区'在地平面以下，水分的向上蒸发量可以稍微降低一些，侧渗的漏出与蒸发，则减低得很多；同时，营养物质底侧渗流失，大部分也可以避免。因此，'于沟间，夹沟为两行'，我们必须了解为种'于沟底循沟为两行'；如将'沟间'解释为两沟之间的地面上，便不合于区种原理，不能称为区种了。"②对于石先生的解释，万国鼎先生则提出了不同意见。③万先生认为："株行距是按照各个植株中心计算距离的，因此这里沟长1.05丈，沟宽1尺，一沟可容44株。区间距离是按照区边与区边之间的距离计算的。"④于是，万先生对这段话做了如下阐释："把谷子或黍种在沟里，每沟44株，分为两行，行间距离5寸，行旁距离沟边2.5寸，合共1尺，和沟阔1尺相符。行中株距也是5寸；每行22株，应当长1.05丈，和町阔1.05丈相符；若有1.06丈，则两头的植株可以有比较宽展的余地。照此计算，则1亩共15 840株（15町×24沟×44株=15 840株），比原文所说多出90株，大概是准备田边田角或因其他原因可能有缺株扣去的。"⑤

不过，我们是否就由此而否认了石先生的解释呢？不能，因为有在边远农村生活经历的人都可能看到过农民培育红薯秧苗的情形。例如，在20世纪六七十年代的太行山区，有许多山村都在村边挖好长约10米、宽约1.5米、深约1米的十几条漕沟，那是专门为培育红薯秧苗用的。其整个操作过程同《氾胜之书》中的区种芋法，而红薯的生长环境确实都"在地平面以下"。所以，万国鼎先生的解释固然正确，但是世界上的事物十分复杂，尤其是在农业生产的实际过程中，因农作物的种类不同，区种的方式往往会有差异，这也是很正常的农业现象。

三是"凡区种大豆，令相去一尺二寸。一沟容九株；一亩凡六千四百八十株。"⑥这段话的意思比较复杂，学界的认识也有分歧。石声汉先生解释说："一沟容9株，株距12寸；9株8间，96寸；町宽106寸，还剩10寸。因此，9字应当是10；10株9间，108寸，短两寸。现在的沟，如果仍是1尺阔，种一行；则每町24沟，23间。一亩360沟，每沟10株，共3600株。如果沟是2尺阔，种两行，则每町16沟15间。一亩240沟，每沟20株，共4800株。这两个数字，都和原来的6480相差颇大。"⑦那么，是《氾胜之书》本身错了吗？还是转录者抄错了呢？这两种可能性都有，但概率比较小。既然如此，就很可能是我们的理解有问题。如前所述，1亩区田有360条沟，如果机械地套用原文，

① 石声汉：《氾胜之书今释（初稿）》，第41页。
② 石声汉：《氾胜之书今释（初稿）》，第42页。
③ 万国鼎：《氾胜之书的整理和分析兼和石声汉先生商榷》，《南京农学院学报》1957年第2期，第164页。
④ 万国鼎：《氾胜之书的整理和分析兼和石声汉先生商榷》，《南京农学院学报》1957年第2期，第164页。
⑤ 王思明、陈少华主编：《万国鼎文集》，第114页。
⑥ 石声汉：《氾胜之书今释（初稿）》，第48页。
⑦ 石声汉：《氾胜之书今释（初稿）》，第48页。

则"一沟容九株"×360 沟=3240 株，正好为"六千四百八十株"的一半。所以问题就出在"一沟容九株"这个环节。石声汉先生认为，如果按每沟 18 株算，就不合区种法的原则和原理了。[1]但是我们没有办法否定氾胜之的结论，假如氾胜之的结论不错，那么，我们就只好重新认识"区种大豆"的实际布置情形了。万国鼎先生说："区种大豆，町和沟的划分也和上面所说的（指种禾黍——引者注）一样，每沟种豆 2 行，每行 9 株，行内株距 1.2 尺。这里没有说明沟内 2 行的行间距离，但是根据沟宽 1 尺说，我们可以推想也许是行间距离 6 寸，行旁距离沟边 2 寸。"[2]此说或许有道理，因为"夹沟为两行"系区种法的主要原理之一，故学界多从之，如《中国科学技术史·农学卷》[3]、《中国农业科学技术史稿》等[4]，甚至梁永勉先生直接将"一沟容九株"改为"一行容九株"，其具体布置情形如图 2-73 所示：

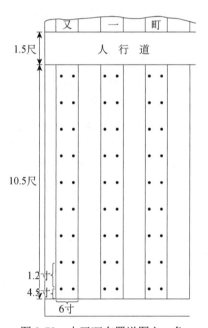

图 2-73　大豆町布置详图之一角

四是"种芋：区方深皆三尺。取豆其内区中，足践之，厚尺五寸。取区上湿土，与粪和之，内区中其上，令厚尺二寸，以水浇之，足践，令保泽。取五芋子，置四角及中央。足践之。旱，数浇之。其烂，芋生，皆长三尺。一区收三石。"[5]

文中的"豆其"指大豆的茎秆，明人祁彪佳在《救荒全书》中说："当心出苗者为芋头，四边附芋头而生者为芋子。八九月已后可食。至时掘出，置十数日，却以好土匀埋，

① 石声汉：《氾胜之书今释（初稿）》，第 48 页。
② 王思明、陈少华主编：《万国鼎文集》，第 115 页。
③ 董恺忱、范楚玉主编：《中国科学技术史·农学卷》，北京：科学出版社，2000 年。
④ 梁永勉主编：《中国农业科学技术史稿》，第 209 页。
⑤ 石声汉：《氾胜之书今释（初稿）》，第 52 页。

至春犹好。……有旱芋，七月熟，芋大而不美。"①虽然"芋大而不美"，但其产量高，"当亩收百斛"②。这里，除明确了深耕的标准外，"取豆其内区中"具有较强的保湿作用，这与芋喜温喜湿的生长环境有关。故有专家称："豆其日渐腐烂，吸水功能却日益增强，以此来保持区内的湿度。"③同时，"利用豆蔓腐烂发热以提高地温，故要'旱数浇之'，和现代温床栽培很相似"④。总之，"这既是用豆茎蓄墒抗旱的方法，又是秸秆还田，肥田改土的措施，采用这种方法种植块根或块茎类作物，能保证其生长发育良好，获得高产"⑤。刘长林先生从系统思维的层面认为："此种设计不可谓不精细。"⑥正因如此，所以早在汉武帝时期，就曾有在关中推广种芋的打算，例如，汉武帝向东方朔询问关中的物产状况时，东方朔认为："（关中地区）土宜姜芋。"⑦至于为什么要采取"取五芋子，置四角及中央"栽种法，一方面这是生产实践的结果；另一方面也与董仲舒的"五行"观念有关，比如，"木居东方而主春气，火居南方而主夏气，金居西方而主秋气，水居北方而主冬气……土居中央，为之天润"⑧。

在精耕细作的基础上，对农作物的种植进行量化管理，以一定的数量指标为基准，精心设计，合理密植，从而获得高产。所以有学者评价说："《氾胜之书》的区种法俨然是一个数字化控制盘。这些数字则是实践经验的结晶，是作物生理需求和环境条件相结合的影子。"⑨氾胜之根据关中地区农业生产的具体实践，经过长期的不断探索和经验积累，创造性地把量化管理应用于当时农业生产的实际过程之中，它充分体现了汉代农业生产技术的先进性和科学性，即使今天，也仍然具有重要的参考价值和借鉴意义。

（二）《氾胜之书》的历史地位

在一定的地理空间内，利用植物之间的协同生长关系，进行作物之间的间作，是我国先民的宝贵生产经验之一。对此，氾胜之做了认真的总结。他说：在区种瓜的同时，"又，种薤十根，令周回瓮，居瓜子外。至五月，瓜熟，薤可拔卖之，与瓜相避。又，可种小豆于瓜中；亩四五升，其藿可卖。此法，宜平地。瓜收，亩万钱"⑩。此处为瓜与薤及小豆间作，其目的是利用豆类作物的共生性固氮作用来改善农作物的营养条件。他又

① （明）祁彪佳：《救荒全书》卷17《宏济章》，李文海、夏明方、朱浒主编：《中国荒政书集成》第2册，天津：天津古籍出版社，2010年，第899页。
② （明）祁彪佳：《救荒全书》卷17《宏济章》，李文海、夏明方、朱浒主编：《中国荒政书集成》第2册，第899页。
③ 中共上海市委宣传部理论处：《西部开发与中国的现代化》，上海：上海人民出版社，2002年，第382页。
④ 樊志民：《问稼轩农史文集》，杨凌：西北农林科技大学出版社，2006年，第95页。
⑤ 中国农业科学院中国农业遗产研究室、南京农业大学中国农业遗产研究室编著：《北方旱地农业》，北京：中国农业科技出版社，1986年，第109页。
⑥ 刘长林：《中国系统思维——文化基因探视》修订本，北京：社会科学文献出版社，2008年，第393页。
⑦ 《汉书》卷56《东方朔传》，第2849页。
⑧ （汉）董仲舒：《春秋繁露》卷11《五行之义》，第65—66页。
⑨ 胡国庆：《寿光农业对〈齐民要术〉的传承与发展》，徐莹、李昌武主编：《贾思勰与〈齐民要术〉研究论文集》，第194页。
⑩ 石声汉：《氾胜之书今释（初稿）》，第50页。

说:"每亩以黍、椹子各三升,合种之。黍、桑当俱生,锄之;桑令稀疏调适。黍熟,获之。桑生正与黍高平,因以利镰,摩地刈之,曝令燥。"①这是混作和间作的较早记载,而这种桑、黍混播方式,"不仅多收一季黍子,而且用黍防止桑树幼苗杂草的侵害。黍与桑在此形成了协调的生物复合系统,起了相互促进的作用"②。同时,"黍、桑混播充分地利用空闲土地,提高光能利用率,收黍后又以利刃齐地割去桑幼苗,日曝使干,火烧之,既施灰肥又能刺激桑根,在开春时长出更多更壮的枝条,萌生出肥嫩桑叶以供扩大养蚕之需。显然这是人工破除顶端优势,控制桑树株形,使植株低矮的好办法"③。

前已述及,氾胜之从系统和整体的角度考察和研究汉代农业的经营方式,例如,《氾胜之书》云:"凡田有六道,麦为首种。"④此处的"六道"是指农田通常可以连种禾、麦、菽、黍、稻、麻六种作物,换言之,就是指六种作物的循环种植之方法。⑤游修龄先生认为:"'田有六道'就是人们在地里进行的种植活动,按一年的天时,共经历6次的收获和种植的交替(即收3次,种3次)。"⑥显然,这是先秦以来传统"圜道观"的具体体现,也是根据作物生长的不同时序,综合经营土地。⑦而对"麦为首种"的农学意义,郭文韬先生评价说:"'麦为首种'也就是在作物轮作中,要把小麦放在首要地位。在作物循环中,把小麦放在首要地位,就为中国的轮作复种奠定了坚定的基础。"⑧

如何提高农业生产的效率、增加单位面积产量,从而解决西汉中后期所出现的人多地狭矛盾,便成为包括氾胜之在内的所有汉代农学家最为关心的问题,而区种法的创造则无疑是当时抗旱高产的一种较先进的栽培技术方法,其特点是"系统运用深耕保墒、集中使用水肥、集约使用土地等技术,保证充分供应作物生长必需的条件,使作物充分发挥最大生产力,取得单位面积的高额丰产"⑨。因此,它也被称为"我国耕作园田化的开端"⑩。

氾胜之说:"凡耕之本,在于趣时,和土,务粪泽,早锄早获。"⑪这句话是《氾胜之书》的总纲,也是指导汉代北方旱作农业的根本原则。上述内容的核心思想是在追求天时、地利与人力三者有机统一的前提下,力求实现"得时之和,适地之宜,田虽薄恶,亩收可十石"⑫的高效丰产目标。《吕氏春秋·审时》载:"夫稼,为之者人也,生之者地也,养之者天也。"⑬实际上,氾胜之是把《吕氏春秋》的天、地、人协调思想具体化为北方农业生产的技术操作规范和栽培管理要领,而这些生产技术的显著特点就在于从整地、

---

① 石声汉:《氾胜之书今释(初稿)》,第31页。
② 赵敏:《中国古代农学思想考论》,北京:中国农业科学技术出版社,2013年,第120页。
③ 周肇基:《中国植物生理学史》,第236—237页。
④ 石声汉:《氾胜之书今释(初稿)》,第19页。
⑤ 曾雄生:《中国农学史》修订本,第328页。
⑥ 游修龄编著:《农史研究文集》,第407页。
⑦ 刘云柏:《中国管理思想通史》第1卷,上海:上海人民出版社,2010年,第605页。
⑧ 郭文韬:《中国传统农业思想研究》,北京:中国农业科技出版社,2001年,第160页。
⑨ 刘云柏:《中国管理思想通史》第1卷,第605页。
⑩ 董粉和:《新编中国科技史》上册《中国秦汉科技史》,北京:人民出版社,1995年,第77页。
⑪ 石声汉:《氾胜之书今释(初稿)》,第3页。
⑫ 石声汉:《氾胜之书今释(初稿)》,第3页。
⑬ (战国)吕不韦:《吕氏春秋》卷26《士容论·审时》,《百子全书》第3册,第2802页。

选种、播种、田间管理，直到收获，"所有的具体技术都被置于保证农作物苗壮成长以期达到丰产丰收的总目标内加以考虑"①。在此，学界对"亩收可十石"以及上农夫田"（种粟）亩收百斛"②的说法是有质疑的。例如，有学者认为："氾胜之估计的产量，实际上不可能做到，即使采用现代最新农业技术耕种也不可能创造出每亩百石的产量；薄恶之田亩收 10 石亦很困难，氾胜之这样的具备高超农业技术的专家或许能够达到。"③高敏先生也认为，区田法确实使农业产量出现了大幅度增加，但因土壤质量的不同，不同地亩之间的产量差异很大。他分析说：

> 　　上田亩产百石，中田 51 石，下田 28 石。这个单位面积产量数字可能误差很大，因为《北堂书钞》卷 39《兴利》所引氾胜之奏称商汤时伊尹创区种法，"教民粪种，负水浇稼，收至亩百石"；可是，"胜之试为之，收至亩四十石"，显然比亩收百石便少 60%。贾思勰也在所著书中引《氾胜之书》后自注曰："昔兖州刺史刘仁之，老成懿德，谓予言曰：'昔在洛阳，于宅田以七十步之地域为区种，收粟三十六石'。然则一亩之收，有过百石矣，少地之家，所宜遵用也。"也就是说，区种一般大概亩收 40 石，可是"少地之家"全力以赴，也有收至百石的可能。不过，氾胜之说区种法中，"丁男长女治十亩"，则大致共收四百石，如此高的产量，看来是很特殊的，大概可能性并不大。④

区种法是汉代农业发展所取得的重要成就之一，其中氾胜之对工时和经济效益的计算非常精细。在此基础上，《氾胜之书》强调说："（瓠）一本三实，一区十二实；一亩得二千八百八十实。十亩，凡得五万七千六百瓠。瓠直十钱，并直五十七万六千文。用蚕矢二百石，牛耕、功力，直二万六千文。余有五十五万。肥猪、明烛，利在其外。"⑤有学者认为，这应是我国历史上最早的初步生产成本核算概念。⑥当然，氾胜之生产成本核算的项目比起现代农业成本核算来还是很不完全的，其"最大的缺陷在于没有把地租和自己家庭成员投入耕作的劳动力费用列入成本开支项目；此外还有种子及种苗费用的支出，农具折旧费用也未考虑进去。在收入方面，虽然已经注意到副产品的利用价值，却未予计价，同时项目也不全。在计算方面，支出费用未能分项标出，所以也嫌笼统，数字的精确性也有问题"⑦。不过，氾胜之"以单项作物亩产量及其货币收入和投入的工料成本来计算投

---

① 刘云柏：《中国管理思想通史》第 1 卷，第 605 页。

② 石声汉：《氾胜之书今释（初稿）》，第 43 页。

③ 唐赞功等：《中华文明史》第 3 卷《秦汉》，石家庄：河北教育出版社，1992 年，第 202 页。

④ 高敏主编：《中国经济通史·魏晋南北朝》下册，北京：经济日报出版社，2007 年，第 664 页。此外，《氾胜之书》云："上农夫：区，方深各六寸，间相去九寸。一亩三千七百区。一日作千区，区：种粟二十粒；美粪一升，合土和之，亩，用种二升。秋收，区别三升；粟亩收百斛。丁男长女治十亩；十亩收千石。岁食三十六石，支二十六年。中农夫：区，方七寸，深六寸，相去二尺。一亩千二十七区。用种一升，收粟五十一石。一日作三百区。下农夫：区，方九寸，深六寸，相去三尺，一亩五百六十七区。用种六升，收二十八石。一日作二百区。"参加石声汉：《氾胜之书今释（初稿）》，第 43—44 页。

⑤ 石声汉：《氾胜之书今释（初稿）》，第 28 页。

⑥ 刘云柏：《中国古代管理思想史》，第 771 页。

⑦ 刘云柏：《中国古代管理思想史》，第 771 页。

入和产出的盈亏，应该是初步具备了"，因此，"肯定它的生产成本核算的萌芽，是不过分的"①。

诚如前文所述，氾胜之生活在阴阳五行学说盛行的时代，他的学术思想不可能不受到那个时代学术风气的熏染。所以像"小麦，忌戌；大麦，忌子；除日不中种"②等思想和观念，确实包含着不科学的因素。但是，这并不影响《氾胜之书》在我国古代农业发展史的历史地位。比如，氾胜之提出的"穗选法"，按照实证成功的经验表明，"选择的标准是籽粒饱满，每穗粒数多，植株健壮；选择方法上要求同一时期在田间选取，以求得成熟期一致。由于年年要进行这样的田间穗选，使种子一年比一年纯，性状越来越整齐，品质也越来越好。氾胜之提出的选种方法，在我国选种史上占有很重要的地位"③。所以氾胜之不仅以他独特的农业思想体系而使《氾胜之书》成为一部价值极高的农业科学经典，而且在现代生态农业的召唤下，他的农学思想越发充满了生机和活力，诸如溲种法、区种法以及系统管理思想等，都值得我们认真地去研究。尤其是关于农业生产的有机系统思想，"已经接近近代农业系统管理概念，表明我们的先人对于农业以及农业发展采取的措施，早在1000多年前就已达到相当的认识高度"④。

本 章 小 结

儒家科学思想在学界存在肯定派与否定派之分，如李约瑟博士对儒家科学思想就持否定态度，如众所知，在《周礼》的教学体制下，儒家本身需要具备较高的科学素养。所以儒家群体中不乏科学家和思想家。例如，《周髀算经》和《九章算术》可谓中国数学星空中的两颗最耀眼"双星"，引人注目。从学理上讲，无论是《周髀算经》还是《九章算术》，都源自汉代《周礼》的发现以及"礼乐文化系统的确立"⑤，这是由那个时代的思想文化特点所决定的，如《周礼》的"地中""九数"概念恰好就是《周髀算经》和《九章算术》讨论的核心问题。

董仲舒"天人感应"说对汉代乃至整个中国古代科学思想发展的影响，历来是学界争论的话题。一般的观点认为，"天人合一"的思想影响了中国古代科学技术的发展方式和方向。⑥一方面，天人合一的思想阻碍了近代科学技术在中国的发展，另一方面，它却有助于解决当代的生态伦理困境。⑦因此，董仲舒的《春秋繁露》具有两面性，如何正确发扬其中积极的科学因素，始终是学界不懈努力的目标。《春秋繁路》固然是一部政治哲学

① 刘云柏：《中国古代管理思想史》，第771页。
② 石声汉：《氾胜之书今释（初稿）》，第10页。
③ 西北农学院古农学研究室编著：《中国古代农业科学家小传》，西安：陕西科学技术出版社，1984年，第43页。
④ 刘云柏：《中国管理思想通史》第1卷，第605页。
⑤ 周武忠主编：《设计学研究——20位教授论设计》，上海：上海交通大学出版社，2015年，第258页。
⑥ 曲秀全：《从"天人合一"透视中国古代科学技术》，《科学技术哲学研究》2010年第4期，第94页。
⑦ 曲秀全：《从"天人合一"透视中国古代科学技术》，《科学技术哲学研究》2010年第4期，第94页。

著作，但其中也包含着一定的科学思想因素，可惜，目前学界对《春秋繁露》与中国古代科学发展之间的关系问题，尚缺乏系统性的反思和考辨。

关于《周易》的科学价值，尽管人们的认识尚未统一，但基本倾向是趋于肯定。在这样的思想背景下，仔细探讨和挖掘《京房易学》中的科学思想内容是非常有必要的。象数学是汉代易学发展的主要特点，而京房无疑是一个标志。如众所知，《氾胜之书》是一部农书，但与后来的《齐民要术》不同，《氾胜之书》由于"受当时流行的阴阳五行说的影响，书中夹杂着一些迷信和不科学的成分"①，然而，瑕不掩瑜，《氾胜之书》所闪烁的农学思想光芒，将永远璀璨史册。

---

① 高滨、杜威主编：《中华传统文化主题故事读本·顺天应时》，杭州：浙江古籍出版社，2018年，第52页。

第三章　东汉儒家科学思想研究

东汉儒家学说"再一次被提高到政治层面认真对待，儒家思想中的人生伦理、社会理念等对新生的东汉政权的统治依然具有强大的辅佐力"[①]，与之相适应，中国传统科学思想体系在经过西汉一代科学家初创，到东汉基本上已经确立，其中张衡、张仲景和华佗是这个时期的杰出代表，他们的科学思想成果已经构成中国优秀传统文化的重要元素，是矗立在人类历史长河中的一座座丰碑，更重要的是他们都是践行儒家"以人为本"和"达则兼济天下"的士人[②]，为儒家科学的发展做出了突出贡献。当然，针对东汉出现的谶纬入经现象，张衡、王充等儒士进行了坚决的抵制，体现了其不畏皇权的科学斗争精神。

第一节　张衡的"浑天"科技思想

张衡字平子，籍贯南阳郡西鄂（今河南省南阳市区北 50 里的石桥镇）人，东汉杰出的天文历算家和韵文家。据《后汉书》本传载："衡少善属文，游于三辅，因入京师，观太学，遂通《五经》，贯六艺"[③]，成人后"善机巧，尤致思于天文、阴阳、历算。……安帝雅闻衡善术学，公车特征拜郎中，再迁为太史令。遂乃研核阴阳，妙尽璇玑之正，作浑天仪，著《灵宪》、《算罔论》，言甚详明"[④]。在文献史料的编纂方面，张衡"著《周官训诂》，崔援以为不能有异于诸儒也。又欲继孔子《易》说《彖》、《象》残缺者，竟不能就。所著诗、赋、铭、七言、《灵宪》、《应闲》、《七辩》、《巡诰》、《悬图》凡三十二篇。永初中，谒者仆射刘珍、校书郎刘骎䮈等著作东观，撰集《汉记》，因定汉家礼仪，上言请衡参论其事，会并卒，而衡常叹息，欲终成之。及为侍中，上疏请得专事东观，收捡遗文，毕力补缀。又条上司马迁、班固所叙与典籍不合者十余事"[⑤]。张衡不仅治学严谨，而且为官廉明刚直，泛险而行，不畏权恶。如"永和初，出为河间相。时国王骄奢，不遵典宪；又多豪右，共为不轨。衡下车，治威严，整法度，阴知奸党名姓，一时收禽，上下肃

[①]　杨钢：《从南阳画像石看东汉人的幸福观》，《装饰》杂志编辑部：《装饰文丛·教学研究卷》第 2 册，沈阳：辽宁美术出版社，2017 年，第 261 页。

[②]　这方面的成果比较多，如王健：《一代医圣　济世良才——评东汉名医华佗》，杨绪敏等：《徐州历代名人评传》，徐州：中国矿业大学出版社，2000 年；赵雪波：《东汉儒者恢复儒学原旨的努力》，《才智》2016 年第 1 期；苗森森、刘世恩：《张仲景与南阳儒文化》，《国医论坛》2017 年第 2 期等。

[③]　《后汉书》卷 59《张衡传》，北京：中华书局，1965 年，第 1897 页。

[④]　《后汉书》卷 59《张衡传》，第 1897—1898 页。

[⑤]　《后汉书》卷 59《张衡传》，第 1939—1940 页。

然，称为政理"①。这从一个侧面体现了张衡的政治担当和科学精神，至今都令人景仰。

一、张衡的科技实践与科学理论成就

（一）张衡的科技实践及其成就

"善机巧"是《汉书》本传对张衡一生科技实践的概括和总结，非常实事求是。据各种文献记载，张衡在天文仪器、气象仪器、飞行器等技术实践方面，都做出了突出贡献。

（1）制作浑天仪。张衡制作浑天仪的具体年代，无考②，而有关浑天仪的制作原理和结构特点，张衡曾有撰文记述，可惜原文久佚。目前已知有刘昭在注《后汉书·律历志》时引《张衡浑仪》节选，《晋书·天文志》《隋书·天文志》《开元占经》《初学记》里保留着张衡所撰《浑仪》的部分内容。如《晋书·天文志》载："暨汉太初，落下闳、鲜于妄人、耿寿昌等造员仪以考历度。后至和帝时，贾逵造系作，又加黄道。至顺帝时，张衡又制浑象，具内外规、南北极、黄赤道，列二十四气、二十八宿中外星官及日月五纬，以漏水转之于殿上室内，星中出没与天相应。因其关戾，又转瑞轮蓂荚于阶下，随月虚盈，依历开落。"③文中的"员仪"（即赤道仪）表明浑仪是一个圆球，可见，早在张衡之前，人们就已经用"天赤道"（即赤道仪）来观测日月的运行规律，但效果不太理想。因此，西汉的贾逵说："今史官一以赤道为度，不与日月行同，其斗、牵牛、〔东井〕、舆鬼，赤道得十五，而黄道得十三度半；行东壁、奎、娄、轸、角、亢，赤道〔十〕〔七〕度，黄道八度；或月行多而日月相去反少，谓之日却。案黄道值牵牛，出赤道南二十五度，其直东井、舆鬼，出赤道北〔二十〕五度。赤道者为中天，去极俱九十度，非日月道，而以遥准度日月，失其实行故也。"④于是，贾逵试制了一架"黄道仪"（图 3-1）。据李志超考证，贾逵"黄道仪"的经环（框架）上设转轴（北极、南极），内设黄道环，上装二十八宿和七曜模型。⑤至于张衡与贾逵"黄道仪"之间的关系，目前尚不能确知。《后汉书·律历志中》云："夫日月之术，日循黄道，月从九道，以赤道仪，日冬至去极俱一百一十五度。其入宿也，赤道在斗二十一，而黄道在斗十九。两仪相参，日月之行，曲直有差，以生进退。"⑥此处的"两仪"是指赤道仪和黄道仪，但贾逵所制作的黄道仪，并没有成功，故《后汉书·律历志》载："仪，黄道与度转运，难以候，是以少循其事。"⑦显然，贾逵没有能够解决"黄道与度转运"的技术问题。而张衡浑仪的主要贡献就在于他解决了贾逵所没有能解决的难题，因此，《晋书·天文志》载："张平子既作铜浑天仪于密室中以漏水

---

① 《后汉书》卷 59《张衡传》，第 1939 页。
② 陆侃如：《陆侃如冯沅君合集》第 10 卷《中古文学系年》上册，合肥：安徽教育出版社，2011 年，第 129 页。
③ 《晋书》卷 11《天文志》，北京：中华书局，1974 年，第 284—285 页。
④ 《后汉书·律历志》，第 3029 页。
⑤ 李志超：《水运仪象志——中国古代天文钟的历史（附〈新仪象法要〉译解）》，合肥：中国科学技术大学出版社，1997 年，第 33 页。
⑥ 《后汉书·律历志》，第 3041 页。
⑦ 《后汉书·律历志》，第 3030 页。

转之，令伺之者闭户而唱之。其伺之者以告灵台之观天者曰：'璇玑所加，某星始见，某星已中，某星今没'，皆如合符也。崔子玉为其碑铭曰：'数术穷天地，制作侔造化，高才伟艺，与神合契。' 盖由于平子浑仪及地动仪之有验故也。"①

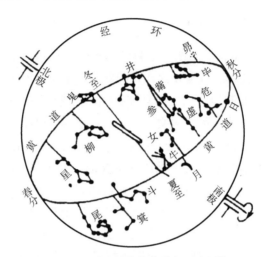

图 3-1 贾逵制作的黄道仪示意图②

（2）创制地动仪。东汉中后期是我国历史上一个地震高发期③，而为了准确预报地震，尽可能减少地震灾害给广大民众所带来的生命和财产损失，张衡在阳嘉元年（132）创制了世界上第一架地震仪，因而成为历史上研究地震科学的第一人。④关于地动仪的结构特点，《后汉书》本传载：

阳嘉元年，（张衡）复造候风地动仪，以精铜铸成，员径八尺，合盖隆起，形似酒尊，饰以篆文山龟鸟兽之形。中有都柱，傍行八道，施关发机。外有八龙，首衔铜丸，下有蟾蜍，张口承之。其牙机巧制，皆隐在尊中，覆盖周密无际。如有地动，尊则振龙机发吐丸，而蟾蜍衔之。振声激扬，伺者因此觉知。虽一龙发机，而七首不动，寻其方面，乃知震之所在。验之以事，合契若神。自书典所记，未之有也。尝一龙机发而地不觉动，京师学者咸怪其无征。后数日驿至，果地震陇西，于是皆服其妙。自此以后，乃令史官记地动所从方起。⑤

这段文献是研究和复原张衡候风地动仪的唯一资料，然而，学界对"中有都柱"这个感应元件存在不同解释。⑥如王振铎最初认为"都柱"是一种悬挂摆，后来又修改为倒立摆，如图 3-2 所示：

① 《晋书》卷 11《天文志》，第 281—282 页。
② 李志超：《水运仪象志——中国古代天文钟的历史（附〈新仪象法要〉译解）》，第 33 页。
③ 许结：《张衡评传》，南京：南京大学出版社，1999 年，第 270—273 页。
④ 许结：《张衡评传》，南京：第 269 页。
⑤ 《后汉书》卷 59《张衡传》，第 1909 页。
⑥ 古代学者如江少虞、周密等人，近现代学者如日本的萩原尊礼、关野雄等，以及中国学者王振铎、刘昭民、冯锐等人，都提出了不同的复原设计方案。

图 3-2　张衡地动仪复原设计图①

又有学者提出了"都柱"为一"锤摆"的观点，认为："地震波扰动摆锤，使得摆锤上方倾倒至周围八个通道之一。每个通道各有一个通向龙口的滑块，当摆锤上方倾倒进入通道并推动滑块时，滑块则推出龙口中的球。"②

由于地震仪是利用"地震产生推力或拉力使地面物体发生位移"原理所制成的仪器，因此，张衡的设计必然会使仪器的外体在地震时与都柱之间产生相对运动，从而非常灵敏地触发仪器内的机关，发生地震预报。就目前所复原张衡地动仪的验证结果看，"倒立摆"比较符合张衡地动仪的工作原理。不过，"倒立摆"究竟是直立杆式（王振铎），还是柱状体式（刘钊）？学界尚未形成一致意见。刘钊等人提出的都柱复原结构是一种具有低固有频率的稳定倒立摆都柱结构，它的特点是以较小尺寸来实现低固有频率的地震位移感应部件。这种都柱结构与简单直立杆的区别在于："柱状体底部与底座上表面之间不再是平面—平面的接触，而是采用了球面—平面，或球面—球面的接触形式。这种都柱利用'不倒翁'原理，在柱状体微幅摆动时其重心会有略微提高，使其自动恢复至平衡位置，从而形成稳定倒立摆结构，只有当摆柱摆动超过其与底座间有效球面接触区时，摆柱才会失稳倾倒。"③

（3）制造自飞木雕。我国是世界上最早发明齿轮原理的国家之一，如山西侯马东周晋国铸铜遗址就出土了迄今所知最早的齿轮铸件，而张衡所制作的自飞木雕就利用了齿轮装置。据《后汉书》引张衡《应间》篇的记载云："参轮可使自转，木雕犹能独飞，已垂翅而还故栖，盍亦调其机而铦诸？"④又，《太平御览》卷 752 说："张衡尝作木鸟，假以羽翮，腹中施机，能飞数里。"⑤文中"假以羽翮"说明"木鸟"装有模仿鸟类飞行的双翼，而"腹中施机"则说明内部装有驱动设备。类似的木鸟还见载于唐代苏鹗所撰《杜阳杂编》一书里。其文云："飞龙卫士韩志和，本倭国人也。善雕木作鸾鹤鸦鹊之状，饮啄动静，与真无异。以关戾置于腹内，发之则凌云奋飞，可高三尺，至一二百步外方

①　颜鸿森：《古中国失传机械的复原设计》，萧国鸿、张柏春译，郑州：大象出版社，2016 年，第 104 页。
②　颜鸿森：《古中国失传机械的复原设计》，萧国鸿、张柏春译，第 105 页。
③　刘钊等：《机械振动》，上海：同济大学出版社，2016 年，第 56 页。
④　《后汉书》卷 59《张衡传》，第 1899 页。
⑤　（宋）李昉等：《太平御览》卷 752《工艺部》，北京：中华书局，1960 年，第 3337 页。

始却下。"①

因此，有学者解析说："张衡设计的自飞木雕犹如大鸟一样，能展开庞大的身躯和翅膀，自由地在空中飞行。它的内部机械动力采用齿轮转动，利用弹性物体积蓄能量，加以控制，使其能有规律地逐步释放。自飞木雕有节奏地拍动羽翼向上飞行，待能量消耗后再借上升气流慢慢滑翔下来，一次能飞数里。"②

（4）制造记里鼓车及其他。关于张衡制造记里鼓车，史书上没有系统而明确的记载。但前面所引"参轮可使自转"一语，有释者认为可以自转的"三轮"应是指有关记里鼓车和指南车的主要装置。③又《宋书·礼志》载："指南车，其始周公所作，以送荒外远使。……至于秦、汉，其制无闻。后汉张衡始复创造。汉末丧乱，其器不存。魏高堂隆、秦朗，皆博闻之士，争论于朝，云无指南车，记者虚说。明帝青龙中，令博士马钧更造之而车成。晋乱而亡。"④然而，晋人崔豹《古今舆服注》在记述指南车的历史时，却没有提到张衡的名字。原文云：

> 大驾指南车，起黄帝与蚩尤战于涿鹿之野。蚩尤作大雾，兵士皆迷，于是作指南车，以示四方，遂擒蚩尤，而即帝位。故后常建焉。旧说周公所作也。周公治致太平，越裳氏重译来贡白雉一，黑雉二，象牙一，使者迷其归路，周公锡以文锦二匹，辂车五乘，皆为司南之制，使越裳氏载之以南。缘扶南林邑海际，期年而至其国。使大夫宴将送至国而还，亦乘司南而背其所指，亦期年而还至。始制车辖辖皆以铁，还至，铁亦销尽，以属巾车氏收而载之，常为先导，示服远人而正四方。车法具在《尚方故事》。汉末丧乱，其法中绝，马先生绍而作焉。今指南车，马先生之遗法也。⑤

由于崔豹在前，沈约在后，故不少学者质疑张衡制造指南车的真实性。好在宋人章如愚《山堂考索·仪卫门》亦如是说："指南车……汉张衡，魏马钧继作，其器无传。"⑥《宋史·舆服志》从之，表明宋人肯定张衡制作指南车的史实。

张衡《东京赋》有"土圭测景，不缩不盈。总风雨之所交，然后以建王城"⑦之句，张衡在任太史令期间，制作了多种天文仪器，其中"土圭"也在其内。如《义熙起居注》谓："（东晋安帝义熙）十四年，相国表云：'间者平长安，获张衡所制浑仪、土圭。'"⑧对于张衡制作"土圭"一事，尽管正史没有记载，但其可能性很大。诚如有学者所分析的那

---

① （唐）苏鹗撰、阳羡生校点：《杜阳杂编》卷中，（五代）王仁裕等撰、丁如明等校点：《开元天宝遗事（外七种）》，上海：上海古籍出版社，2012年，第122页。

② 朱洁：《设计之美——张衡设计美学思想研究》，武汉：武汉大学出版社，2014年，第82页。

③ 赖家度：《张衡》，上海：上海人民出版社，1956年，第31页；刘永平主编：《张衡研究》，北京：西苑出版社，1999年，第132页。

④ 《宋书》卷18《礼志》，北京：中华书局，1974年，第496页。

⑤ （晋）崔豹：《古今注》卷上《舆服》，（晋）张华等撰、王根林等校点：《博物志（外七种）》，上海：上海古籍出版社，2012年，第119页。

⑥ （宋）章如愚：《山堂考索·仪卫门》，北京：中华书局，1992年，第268页。

⑦ （南朝·梁）萧统编、（唐）李善注：《文选》卷3，上海：上海古籍出版社，1986年，第99页。

⑧ （宋）李昉编纂、夏剑钦校点：《太平御览》卷2，石家庄：河北教育出版社，1994年，第20页。

样，土圭的重要用途之一"是根据土圭测得的日影长度变化来计算黄、赤道的夹角度数，即太阳运行的轨迹位置。张衡在《浑天仪》中提到'夏历暑景之法'，就是指在夏至日用标杆、土圭或日晷等工具测量日影，并就此推算出黄道与赤道关系和各数字的方法。张衡将'夏历暑景之法'结合'小浑'模拟天球一起计算测量，可见土圭是张衡必定要用到的天文测量仪器，也很可能亲自设计过"①。

（二）张衡的科学理论成就

1.《灵宪》及其主要思想成就

《灵宪》的原文已佚，今存张溥《汉魏六朝百三名家集》、马国翰《玉函山房佚书》及严可均《全后汉文》辑本，尤以严可均的辑本为善。张衡《灵宪》的思想主要由以下三个部分构成：

第一，宇宙的演化。张衡宇宙观受道家的影响颇深，他将宇宙的演化以"太素"为基准分成"溟涬""庞鸿""天元"三个阶段。其文云：

> 太素之前，幽清玄静。寂寞冥默，不可为象。厥中惟虚，厥外惟无，如是者永久焉。斯为之溟（涬）〔涬〕，盖乃道之根也。道根既建，自无生有。太素始萌，萌而未兆，并气同色，混沌不分。故《道德》之言云："有物混成，先天地生。"其气体固未可得而形，其迟速固未可得而纪也。如是者又永久焉，斯谓庞鸿，盖乃道之干也。道干既育，万物成体。于是元气剖判，刚柔始分，清浊异位。天成于外，地定于内。天体于阳，故圆以动；地体于阴，故平以静。动以行施，静以化合，埤郁构精，时育庶类，斯为太元，盖乃道之实也。②

《列子》比较系统地阐释了道家的宇宙生成观，《列子·天瑞》云："昔者圣人因阴阳以统天地。夫有形者生于无形，则天地安从生？故曰有太易，有太初，有太始，有太素。太易者，未见气也。太初者，气之始也。太始者，形之始也。太素者，质之始也。气形质具而未相离，故曰浑沦。"③依此，《道法会元》进一步解释说："太素者，太始变而成形，形而有质，而未成体，是曰太素。太素，质之始而未成体者也。"④对于"太素"之前的宇宙状态，张衡没有作分段论，而是用"厥中惟虚，厥外惟无"八个字综括了它的存在特点。不过，"内虚外无"（应当相当于现在的暗能量）比较模糊地表达了宇宙最初的矛盾运动，构成其内在运动的源泉。对此，有学者解释说：

> 宇宙空间满态状的暗能量具有收缩、聚集的属性，它是对天体的供给，是正能态（＝自然外力＝太素外力）；天体辐射出的能量具有排斥、膨胀的属性，它是天体的损

---

① 朱洁：《设计之美——张衡设计美学思想研究》，第80—81页。

② （汉）张衡：《灵宪》，《全上古三代秦汉三国六朝文》第2册《后汉》，石家庄：河北教育出版社，1997年，第533页。

③ （战国）列御寇：《列子》卷上《天瑞》，《百子全书》第5册，长沙：岳麓书社，1993年，第4633页。

④ （元）张善渊：《道法会元》卷67《万法通论》，李零主编，李申、杨素香校点：《中国方术概观·杂术卷》，北京：人民中国出版社，1993年，第201页。

失，是负能态（＝自然斥力=太素斥力）。太素外力的收缩、聚集形成太素斥力的排斥、膨胀；宇宙中所有太素斥力的叠加，形成整体的太素外力。太素外力与太素斥力是对立统一的矛盾双方，是同一宇宙物质力的两个分支力的循环，强力是太素外力在微观物质领域的表现形式，弱力是太素斥力在微观物质领域的表现形式。[1]

宇宙形成"从无生有"就进入了"庞鸿"阶段，这个阶段的特点是"并气同色，混沌不分"，我们可以用"暗物质"来表示之。有研究者称：

> 据说宇宙的年龄达 150 亿年。通过观测了解，在距今 140 亿年前的宇宙中，就已经有称为"类星体"（Quasar）的天体和原星系（Protogalaxy）存在。也就是说，星系诞生于宇宙年龄 30 万年至 10 亿年之间。这段时间是完全没有被观测到的"失环"（Missing link）的时代。解开此失环之谜的关键，就是暗物质（dark matter）。[2]

从宇宙演化的过程看，此时正是由"高能气态物质"向"明物质天体"的转化期。其一：

> 构成宇宙最小体积的巨大中子星爆炸分裂过程中产生了大量高能气态物质。高能气态物质继续膨胀，能量密度降低。随着高能气态物质的膨胀，在高能气态物质能量密度较低的区域，高能气态物质冷却凝结为暗物质粒子。……当构成宇宙最小体积的中子星的质量状态物质大部分转化为能量状态物质时，宇宙的体积扩大了数亿倍。这时候，宇宙变成了由许多小的中子星碎片残骸、高能气态物质和暗物质及少量自由中子、质子、电子等共同构成的宇宙。宇宙中能量状态物质的量达到了最大，质量状态物质的量降到了最小。能量状态物质主要以高能气态物质的形式存在。质量状态物质主要以中子星碎片残骸的形式存在。此时，暗物质的量与高能气态物质的量相比还很少。宇宙变成了以高能气态物质为主的宇宙。[3]

其二：

> 宇宙中的高能气态物质膨胀分解为高能气团之后，不停地向外辐射高能气态物质。辐射出的高能气态物质在暗物质空间中冷却凝结为暗物质。暗物质在宇宙中的量迅速增大。暗物质数量增加，并不能使暗物质密度有大的改变，而是使暗物质总体积增大。暗物质总体积增大，也就是暗物质支撑起来的宇宙空间增大。宇宙中暗物质的质能密度维持在 $1.11kg/m^3$ 基本不变。
>
> 宇宙膨胀过程中，在暗物质密度较低的区域，物质的能量密度较低，温度较低。暗物质粒子在运动、旋转、碰撞中结团形成质子、中子、电子等明物质粒子。这些明物质粒子，又会结合为原子、分子等。原子、分子又会相互吸引形成明物质宇宙碎

① 罗正大：《用宇宙自然力解读古今物理学中的术语》，成都：四川科学技术出版社，2015 年，第 106 页。
② 邸成光主编：《星际探秘——宇宙探索》，延吉：延边人民出版社，2006 年，第 47 页。
③ 李洪卫：《宇宙新视角——一个关于暗物质的设想可以帮助我们解释宇宙的奥秘》，武汉：湖北科学技术出版社，2013 年，第 10 页。

片。明物质宇宙碎片相互吸引形成明物质天体。①

张衡当然不可能有现代的宇宙学知识，但他所说的"并气同色，混沌不分"宇宙演化阶段，则完全可以用现代宇宙学知识加以解释。"天成于外，地定于内"的"太元"阶段比较容易理解，不赘。

第二，提出了以"阳城"为中心的天地结构说。其主要内容为：

> 在天成象，在地成形。天有九位，地有九域；天有三辰，地有三形；有象可效，有形可度。情性万殊，旁通感薄，自然相生，莫之能纪。于是人之精者作圣，实始纪纲而经纬之。昆仑东南，有赤县之州，风雨有时，寒暑有节。苟非此土，南则多暑，北则多寒，东则多风，西则多阴，故圣王不处焉。中州含灵，外制八辅。八极之维，径二亿三万二千三百里，南北则短减千里，东西则广增千里。自地至天，半于八极，则地之深亦如之，通而度之，则是浑已。将覆其数，用重钩股，悬天之景，薄地之义，皆移千里而差一寸得之。②

这段话表明张衡的"浑天说"实际上是改进后的"盖天说"而已，对此，学界先辈作了比较深入的阐释。如有的学者强调："历来制造浑天仪的浑天学家有 30 余人，都是按照球形天壳包裹着大地的模式来设计制造的。他们共同的地形观是，地体只在下半个天球壳之内。认为天球球心以上没有地体，而且地面是平坦的。即半个蛋黄，切面在上。"③又有学者指出："浑天革盖天的命，所改变的只有一点，即天不是与地平行的在上的平面，而是一个球。浑天说的地仍然是平的，是上下分明的。"④其中，"八极是地平面与天相接的八个等分点，维本指绑绳，这里指虚拟的对极相连的几何线。'自地至天'是从地中（也是天球的中心）到天顶，'半于八极'就是地面直径的一半（116150 里）'深亦如之'。景是指日光，薄是迫近，'义'通'仪'，即表杆。日光落到地面上，使八尺之表成影。南北地差千里，午影增减一寸。这完全是盖天古法"⑤。

第三，明确提出了宇宙无限的思想。在宇宙是否无限的问题上，张衡作了肯定的回答。他说："未之或知者，宇宙之谓也。宇之表无极，宙之端无穷。"⑥所谓"未之或知者"是指前面讲述的天地结构，在张衡看来，浑天说仅仅是无限宇宙的一个组成部分。与扬雄"阖天谓之宇，辟宇谓之宙"⑦的有限宇宙观相比，张衡认为宇宙的空间和时间不仅是统一的，而且还是无限的，所以有人把张衡的这个论述看作是"典型的天地有限、宇宙无限的理论"⑧。这里张衡实际上隐约地触及到了宇宙有限性和无限性的关系问题。如众

① 李洪卫：《宇宙新视角——一个关于暗物质的设想可以帮助我们解释宇宙的奥秘》，第 11 页。
② （汉）张衡：《灵宪》，《全上古三代秦汉三国六朝文》第 2 册《后汉》，第 533 页。
③ 吴守贤、全和钧主编：《中国古代天体测量学及天文仪器》，北京：中国科学技术出版社，2013 年，第 257 页。
④ 李志超：《天人古义——中国科学史论纲》，郑州：大象出版社，1998 年，第 312 页。
⑤ 李志超：《天人古义——中国科学史论纲》，第 312—313 页。
⑥ （汉）张衡：《灵宪》，《全上古三代秦汉三国六朝文》第 2 册《后汉》，第 533 页。
⑦ （汉）扬雄撰、（宋）司马光集注、刘韶军点校：《太玄集注》，北京：中华书局，1998 年，第 185 页。
⑧ 周桂钿：《王充哲学思想新探》，福州：福建教育出版社，2015 年，第 47 页。

所知，"无限只有通过有限而显现它的存在。无限的宇宙只有通过无穷无尽的有限的具体系统才得以展现出来。一个具体的系统无论它多么巨大，都仍然只能是有限的"①。

第四，正确地解释了日月光体的性质和运行规律。在科学尚不发达的先秦，人们还不能正确认识到日月光体的性质和运行规律，如《列子·天瑞》云："日月星宿，亦积气中之有光耀者。"②把日月看作是相同的发光"积气"，显然是不科学的。因此，张衡根据他的长期观测实践，正确地认识到："夫日譬犹火，月譬犹水，火则外光，水则含景。……夫月，端其形而洁其质。向日禀光，月光生于日之所照，魄生于日之所蔽。当日则光盈，就日则光尽也。众星被耀，因水转光。当日之冲，光常不合者，蔽于地也。是谓暗虚。在星则星微，遇月则月食。日之薄地，暗其明也。由暗视明，明无所屈。是以望之若大方。其中天，天地同明。由明瞻暗，暗还自夺，故望之若小火。当夜而扬光，在昼则不明也。"③这段话主要表达了如下见解：

其一，"视日、月之食是有规律的自然现象，这是张衡论点的科学基础"；其二，"张衡提出太阳如'火球'、因'火'而生'光'的思想，在当时尚属卓越的见解"；其三，"由太阳因火生光派生出月本无光，'向日禀光'的观念"；其四，"基于对日月运行及其关系的认识"，张衡对"交食"问题做出了科学解释，即"暗虚"说，在张衡看来，"月体经过'地'影产生月食，月体经过太阳轨道时因'月'影出现日食"。④因此，张衡成为历史上第一个正确解释月食成因的科学家。

第五，在周密观测的基础上，张衡正确解释了行星的运动规律。张衡说：

悬象着明，莫大乎日月。其径当天，周七百三十六分之一，地广二百四十二分之一。

中外之官，常明者百有二十四，可名者三百二十，为星二千五百，而海人之占未存焉。微星之数，盖万一千五百二十。⑤

夫三光同形，有似珠玉，神守精存，丽其质而宣其明；及其衰，神歇精斁，于是乎有陨星。然则奔星之所坠，至地则石矣。凡文曜丽乎天，其动者七：日、月、五星是也。周旋右回。天道者贵顺也。近天则迟，远天则速，行则屈，屈则留回，留回则逆，逆则迟，迫于天也。⑥

---

① 袁绪兴：《思维技术》第 2 卷，西安：西安交通大学出版社，2015 年，第 201 页。

② （战国）列御寇：《列子》卷上《天瑞》，《百子全书》第 5 册，第 4636 页。

③ （汉）张衡：《灵宪》，《全上古三代秦汉三国六朝文》第 2 册《后汉》，第 534 页。

④ 许结：《张衡评传》，南京：南京大学出版社，1999 年，第 228—229 页。有学者认为张衡的"暗虚"说与"交食"现象没有关系，因而反对以"暗虚"为地影的见解。参见关增建：《中国科学史研究中的历史误读举隅》，江晓原、刘晓荣主编：《文化视野中的科学史——〈上海交通大学学报〉（哲学社会科学版）科学文化栏目十年精选文集》上卷，上海：上海交通大学出版社，2013 年，第 40 页。其实，张衡所说的"当日之冲"已经明确了"只有当望发生在黄白交点或其附近时，才发生日食"的观点，而且"只有在'日之冲'时，地才能遮蔽在月亮上的日光，亦即月体才能与暗虚相遇，使自身不发光的月体发生亏蚀现象"。参见陆宜新、赵茜编著：《南阳科技文化》，开封：河南大学出版社，2003 年，第 21 页。

⑤ （汉）张衡：《灵宪》，《全上古三代秦汉三国六朝文》第 2 册《后汉》，第 533、534 页。

⑥ （汉）张衡：《灵宪》，《全上古三代秦汉三国六朝文》第 2 册《后汉》，第 534 页。

上述史料的科学价值比较突出，其一，张衡算出了圆周率的近似值为 3.1466①，又张衡所测日、月视直径与现代所测日、月平均视直径值比较接近。其二，张衡经过观测得到444 星官，而在中原地区能用肉眼观测到 2500 颗恒星。有学者评论说："张衡对恒星区分、命名的数量不仅超过前人，亦胜于后人。"②此外，现代天文学家认为人们在同一个地区用肉眼只能看到 2500 颗至 3000 颗六等星，而张衡当时就能看到 2500 颗，"可见张衡的观测是比较精确的"③。其三，张衡在前人研究成果的基础上，推衍出日、月、五行运动规律，尽管采用该理论来解释五星的顺、留、逆现象不可取，但他尝试用"近天则迟，远天则速"所引起的月亮迟速不均去改正平朔法④，却是一个非常有价值的思想。尤其是"迫于天"之解释，体现了张衡试图从力学根源上寻找行星运动之所以有顺逆迟速现象的积极探索和努力。正如有学者所评价得那样："行星和它们的卫星（月亮是地球的卫星，地球是一颗行星）的运动，的确都是受到万有引力定律所支配的。因此，追究这些天体运动中的力学原因无疑是一个正确的方向。在西方，对于这种力学原因的探讨在张衡之后的1000 多年里仍然是没有的。许多伟大的希腊天文学家都只有对日、月、五星的运动作精细的运动学描述，而从未想到过解释其力学原因。力学原因的探讨要直到 16 世纪科学革命开始之后才被提出来。"⑤

2.《浑仪注》及其主要思想成就

张衡《浑仪注》原文已佚，今有张溥、洪颐煊、马国翰、严可均等人的辑本。对此，孙文青考证说：

> 图佚失，辑本注有残缺，《范传》仅云衡作《浑天仪》，不云其有图注，按浑仪为器，器外当有图并注，《隋志》有《浑天图》一卷，《浑天图记》一卷，不著撰人姓名，其图疑即衡之《浑天图》，其图记疑即衡之《浑仪图注》，张记亦有《浑天》《宣夜图》各一，均未著撰人，其《浑天图》不知是否亦出于衡，《开元占经》引作《浑仪图注》，甚是，今从之。《新旧唐志》《御览》《通志》，著录均作《浑天仪》一卷，张衡撰。疑并因器名而讹。足见两宋间此书犹存，名为《浑天仪》。但《玉海》《宋志》已不著录，自后即佚，是此书亡于宋元之间也，明张溥，清洪颐煊，马国翰，严可均各有辑本；以洪严二家为最佳。⑥

然而，学界对《浑天仪注》究竟是否张衡所作，尚有争议。其中陈久金在《〈浑天仪注〉非张衡所作考》一文中否定了张衡曾作《浑天仪注》，针对这个观点，陈美东发表《张衡〈浑天仪注〉新探》，用较翔实的考证充分肯定了张衡作《浑天仪注》的事实和成

① 钱宝琮：《张衡〈灵宪〉中的圆周率问题》，李俨、钱宝琮：《李俨钱宝琮科学史全集》第 9 卷，第 427 页。
② 陆宜新、赵茜编著：《南阳科技文化》，第 23 页。
③ 张连平主编：《科技人才成长规律探索》，徐州：中国矿业大学出版社，1991 年，第 51 页。
④ 陆宜新、赵茜编著：《南阳科技文化》，第 21 页。
⑤ 刘干才编著：《神奇空间科学美图大观》，合肥：安徽人民出版社，2013 年，第 21 页。
⑥ 孙文青：《张衡著述年表》，陈尚平等：《中国近代地震文献编要（1900—1949）》，北京：地震出版社，1995 年，第 69 页。

就。我们认为，张衡《浑仪注》在流传的过程中，某些文字或名称可能会发生改变，但不管怎么改变，它的主要内容却始终没有实质性的变化。由前揭孙文青《张衡著述年表》可知，张衡的《浑仪图注》完成于汉安帝元初四年（117），而《灵宪》则完成于元初五年（118）。但陈美东认为，《灵宪》在前，作于汉安帝元初四年（117），而《浑仪图注》在后，约作于元初六年（119）之后，本书从陈说。在短短几年的时间里，张衡的宇宙观发生了巨大变化，即他从一个典型的浑盖混合论者转变为比较彻底的浑天论者。

（1）张衡浑天论的观点。其主要观点如下：

> 浑天如鸡子，天体圆如弹丸。地如鸡中黄，孤居于内，天大而地小。天表里有水，天之包地，犹壳之裹黄。天地各乘气而立，载水而浮。周天三百六十五度四分度之一。又中分之，则一百八十二度八分之五覆地上，一百八十二度八分度之五绕地下。故二十八宿半见半隐，其两端谓之南北极。北极乃天之中也，在正北出地上三十六度。然则北极上规，经七十二度，常见不隐。南极天之中也，在正南入地三十六度。南极下规七十二度，常伏不见。两极相去一百八十二度半强。天转如毂之运也，周旋无端，其形浑浑，故曰浑天也。[1]

"鸡子"是一个椭圆球形，也就是说天有一个坚硬的外壳。大地是个扁圆性，在大地与天的外壳之间充盈着像蛋清一样的水（即海洋），它能将大地漂浮起来，其地体半入水中，半露在外。太阳围绕天球运转，当太阳升出水平面后，大地就是白昼；当太阳没入水平面以下后，地上就是黑夜。而盖天说否认日月进入地下的说法，其他行星的运动规律也复如此。在气的作用下，整个天球像车轮一样周旋不已，其旋转轴的两端分别称为南极和北极。作为"天中"的北极高出大地平面 36 度，由于东汉的都城在洛阳，故经专家考证洛阳地区的北极仰角为 36 度，此即洛阳地区的地理纬度。[2]众所周知，一个地区的地理纬度，相等于该地区北极星出地的高度，洛阳地区（东汉的灵台所在地）的地理纬度恰巧为 36 度，所以张衡认为北极高出大地平面 36 度当是实测的结果。此外，以北极为中心，在直径 72 度的圆周内，所有恒星肉眼均能看到。与之相对的南极，情况正好相反。如图 3-3 所示：

在《灵宪》一文中，张衡肯定属于浑盖混一论者。诚如有学者所言："从张衡《灵宪》中所反映的浑天思想，还处在浑天学说发展的早期阶段，它不是把大地看作球形，而认为是平直的。出现这一现象一点也不奇怪，正好说明它符合历史发展的进程。浑天说是为了适应天体视运动的观测事实而产生的，但它又从盖天说脱胎而来……正因为如此，它把盖天说的南北'皆移千里而差一寸'的思想也接受过来了。"[3]甚至还有学者主张，张衡的"地如鸡中黄，孤居于内"思想，"只是出于表述天与地的关系这一简单的目的，而大地的形状却是平直的，这同盖天家的大地观没有多少区别，实际上早期浑天家所使用的测

---

① （汉）张衡：《浑天仪图注》，刘永平主编：《科圣张衡》，郑州：河南人民出版社，1996 年，第 289 页。

② 朱洁：《设计之美——张衡设计美学思想研究》，第 48 页。

③ 刘永平主编：《科圣张衡》，第 49—50 页。

量方法完全是从盖天家那里继承下来的事实也足以说明这一点。这个观点显然有它合理的地方，因为无论盖天或浑天，其实都是以对天体的认识为主要对象，而对大地形状的描述始终都退居次要的地位，这使得最初的浑天家直接接受了盖天家所持有的大地观念，从而使这种认识成为浑天说产生之初的一种不谐调的形式"①。

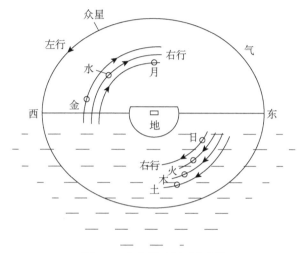

图 3-3 张衡浑天说示意图②

但从《浑仪注》的主体内容看，"地如鸡中黄"是否就是指大地是个圆球体，在没有出现新的否定性证据之前，我们赞同陈美东的意见，不宜断然予以否认。③张衡认为全天恒星都分布在一个"天球"上，日、月、星辰则附于"天球"上运转，此与现代天文学的天球概念十分接近。张衡主张采用球面坐标系来测量天体位置，计量天体的运动，颇类似现代的球面天文学。④仅此而言，我们说："浑天说较盖天说进步之处，乃在其所想象之天球已几乎与今世球面天文学的天球完全相同，经纬两方都可用弧度来做单位。"⑤

（2）关于浑天的结构和观测数值。《后汉书·律历志》中的《张衡浑仪》载：

> 赤道横带浑天之腹，去极九十一度十〔六〕分之五。黄道斜带其腹，出赤道表里各二十四度。故夏至去极六十七度而强，冬至去极百一十五度亦强也。然则黄道斜截赤道者，则春分、秋分之去极也。今此春分去极九十少，秋分去极九十一少者，就夏历景去极之法以为率也。上头横行第一行者，黄道进退之数也。本当以铜仪日月度之，则可知也。以仪一岁乃竟，而中间又有阴雨，难卒成也。是以作小浑，尽赤道黄道，乃各调赋三百六十五度四分之一，从冬至所在始起，今之相当值也。取北极及衡各（诚）〔针〕揉之为轴，取薄竹篾，穿其两端，令两穿中间与浑半等，以贯之，令

---

① 冯时：《中国古代物质文化史·天文历法》，北京：开明出版社，2013 年，第 310 页。
② 陈美东：《中国古代天文学思想》，第 214 页。
③ 陈美东：《中国古代天文学思想》，第 132 页。
④ 常健民：《地球翻转——地球最大的非稳态运动现象探索》，成都：西南交通大学出版社，2015 年，第 2 页。
⑤ 高平子：《学历散论》，台北："中央研究院"数学研究所，1969 年，第 38 页。

察之与浑相切摩也。乃从减半起，以为（百）八十二度八分之五，尽衡减之半焉。又中分其箴，拗去其半，令其半之际正直，与两端减半相直，令箴半之际从冬至起，一度一移之，视箴之半际（夕）多〔少〕黄赤道几也。其所多少，则进退之数也。从（此）〔北〕极数之，则（无）〔去〕极之度也。各分赤道黄道为二十四气，一气相去十五度十六（应为三十二，引者注）分之七，每一气者，黄道进退一度焉。所以然者，黄道直时，去南北极近，其处地小，而横行与赤道且等，故以箴度之，于赤道多也。设一气令十六日者，皆常率四日差少半也。令一气十五日不能半耳，故使中道三日之中（若）〔差〕少半也。三气一节，故四十六日而差今三度也。至于差三之时，而五日同率者一，其实节之间不能四十六日也。今残日居其策，故五日同率也。其率虽同，先之皆强，后之皆弱，不可胜计。取至于三而复有进退者，黄道稍斜，于横行不得度故也。春分、秋分所以退者，黄道始起更斜矣，于横行不得度故也。亦每一气一度焉，三气一节，亦差三度也。至三气之后，稍远而直，故横行得度而稍进也。立春、立秋横行稍退，而度犹云进者，以其所退减其所进，犹有盈余，未尽故也。立夏、立冬横行稍进矣，而度犹〔云〕退者，以其所进，增其所退，犹有不足，未毕故也。以此论之，日行非有进退，而以赤道（重广）〔量度〕黄道使之然也。本二十八宿相去度数，以赤道为（强）〔距〕耳，故于黄道亦（有）进退者，冬至在斗二十一度少半，最远时也，而此历斗二十度，俱百一十五度，强矣，冬至宜与之同率焉。夏至在井二十一度半强，最近时也，而此历井二十三度，俱六十七度，强矣，夏至宜与之同率焉。①

由于浑象是个圆球，它主要用来演示天体在天球上视运动及测量黄、赤道坐标差，所以上文中所给出的数值都是张衡亲自进行精确天文观测的结果。

（1）浑仪的基本结构。浑仪为一直径约为 4—5 尺的空心铜球，其球心沿地球自转方向贯穿着一根铁制的极轴，并与球面相交于南极和北极。球面上刻着二十八宿、当时已知的中外星官，以及二十四节气、黄道圈、赤道圈、子午环、地平环等，其中中外星官的排列顺序和位置与天空上的星辰分布相同。它的功能既能演示，又能通过窥管测定昏、旦及天体的赤道坐标等。为了使浑仪自动运转，张衡巧妙地用漏壶（计时仪）滴出的水作为动力，而通过齿轮把浑象和漏壶连接起来。其工作原理是利用漏壶匀速水流的动力启动齿轮，使铜球缓缓转动，让它的运转速度与地球自转的速度保持一致。二十四节气变化直接关乎广大民众社会生产和生活的方方面面，如何直观地显示节气的变化？张衡在浑仪上特别设计了"瑞轮蓂荚"这个器件，它从每月初一开始，每天转出（或生出）一片木叶，到第 15 天为止；接着，从第 16 天开始则转入（或落下）一片木叶，到月落为止。如此月月循环往复，用以显示阴历的日期和月亮的盈亏变化规律。因此，史学家将其成为世界上最早的机械日历。这样，观测者只要坐在浑仪里，就能清楚地观察到日月星辰在黄道上的运行路线和位置变化，它在当时确实是一项卓越的技术成果。

---

① 《后汉书·律历志》，第 3076—3077 页。

（2）浑仪的主要观测方法和数据。对此，陈美东在《张衡〈浑天仪注〉新探》一文中有较详细的论证①，有兴趣的读者可以自己去阅读原著，我们这里仅作简要介绍。

第一，"上头横行第一行者，黄道进退之数也"，即黄、赤道宿度的度量方法。上述引文中从"是以作小浑"（图3-4）到"则进退之数也"一段话，具体讲解了如何利用薄竹篾在小浑象上量度黄、赤道宿度进退变化的步骤与方法。其具体方法是：先作一个小于浑天仪的木质小球，并在木质圆球上绘出一个大圆谓之赤道，然后再绘一个大圆黄道，黄、赤交角成24度。接着，将黄赤道均分为365.25刻度，两者的起点都在冬至点。在赤道北极和南极，分别用针椓一个小孔，此即木质圆球旋转轴的两端。取一两头各穿一孔的长条竹篾，让长条竹篾的两孔距离与木质圆球半个大圆弧的长度相等，并使长条竹篾的两孔和南北两极重合，由于长条竹篾已经纵贯木质圆球，所以木质竹篾两孔之间的连线必然与木质圆球相切合。而沿着木质竹篾的中分线将其削掉一半，以期使中分线恰好是长条竹篾两端中心的连线。于是，从冬至点开始，使长条竹篾的中分线顺次沿赤道每隔一度移动一次，每一次都需要读出它与黄道相交处的度数，这样就能得知赤道度每增加一度时黄道度或多或少于一度的数值。②

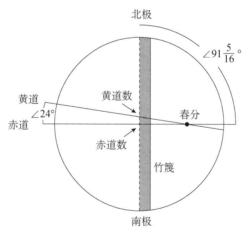

图3-4　小浑示意图③

第二，关于黄道和赤道宿度值的计算方法。从"各分赤道黄道为二十四气"到"犹有不足，未毕故也"为止，这段话的内容非常丰富。如图3-5所示，ε 为黄赤交角＝24度，l 为极黄经（即黄道经度），α 为赤经（即赤道经度）。所谓黄道度是指沿赤经圈在黄道上量取的度值，可称之为极黄经，与现代的黄经概念不同。④而张衡给出了从春分点开始赤道宿度每隔四度时，黄道宿度变化情况的统一计算法，因而近似地解决了历法中黄赤道宿

① 刘永平主编：《张衡研究》，第203—211页。
② 刘永平主编：《张衡研究》，第204—205页。
③ 朱洁：《设计之美——张衡设计美学思想研究》，第53页。
④ 张培瑜等：《中国古代历法》，北京：中国科学技术出版社，2008年，第86页。

度相互换算的难题。[①]

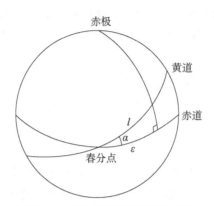

图 3-5　黄赤道宿度变换示意图[②]

由于当时还没有发现二次内插法，张衡得到的数值基本上是依靠观测和经验方法。例如，张衡采用"平气"将一年平均分为二十四节气。结果发现，零刻度自冬至点开始，黄道与赤道相交的两个点分别位于春分点和秋分点上。它的变化表现为"三气一节差三度"规律，如表 3-1 所示：

表 3-1　黄、赤道宿度与进退值情况表[③]

节气	黄道度		赤道度		进退		距极	
	°	′	°	′	°	′	°	′
冬至	0	0	0	0	0	0	113	40
小寒	15	0	16	18	+1	18	112	49
大寒	30	0	32	14	+2	14	110	21
立春	45	0	47	31	+2	31	116	29
雨水	60	0	62	8	+2	8	101	35
惊蛰	75	0	76	13	+1	13	95	58
春分	90	0	90	0	0	0	90	0
清明	105	0	103	47	−1	13	84	2
谷雨	120	0	117	52	−2	8	78	25
立夏	135	0	132	29	−2	31	73	31
小满	150	0	147	46	−2	14	69	39
芒种	165	0	163	42	−1	18	67	11
夏至	180	0	180	0	0	0	66	20
小暑	195	0	196	18	+1	18	67	11
大暑	210	0	212	14	+2	14	69	39

① 杨文衡等：《中国科技史话》上，北京：中国科学技术出版社，1988 年，第 134 页。
② 《法国汉学》丛书编辑委员会：《法国汉学》第 6 辑，北京：中华书局，2002 年，第 136 页。
③ 高平子：《学历散论》，第 43 页。

续表

节气	黄道度		赤道度		进退		距极	
	°	′	°	′	°	′	°	′
立秋	225	0	227	31	+2	31	73	31
处暑	240	0	242	8	+2	8	78	25
白露	255	0	256	13	+1	13	84	2
秋分	270	0	270	0	0	0	90	0
寒露	285	0	283	47	−1	13	95	58
霜降	300	0	297	52	−2	8	111	35
立冬	315	0	312	29	−2	31	106	29
小雪	330	0	327	46	−2	14	110	21
大雪	345	0	343	42	−1	18	112	49
冬至	360	0	360	0	0	0	113	40

二、张衡的创新思维及其历史启示

（一）张衡的创新思维及其批判精神

1. 张衡的创新思维

创新思维的基础是对前人研究成果的借鉴，张衡生活在东汉中后期，当时科学技术经过两汉二百多年的发展，已经积累了比较高的基础。

天文学方面，"至武帝元封七年，汉兴百二岁矣，大中大夫公孙卿、壶遂、太史令司马迁等言'历纪坏废，宜改正朔'。……遂诏卿、遂、迁与侍郎尊、大典星射姓等议造《汉历》。乃定东西，立晷仪，下漏刻，以追二十八宿相距于四方，举终以定朔晦分至，躔离弦望。……姓等奏不能为算，愿募治历者，更造密度，各自增减，以造汉《太初历》。乃选治历邓平及长乐司马可、酒泉候宜君、侍郎尊及与民间治历者，凡二十余人，方士唐都、巴郡落下闳与焉"[①]。如众所知，《太初历》确立了我国古历的基本框架，是我国古代历史上第一次破天荒的历法大改革，而在制定《太初历》的具体实践过程中，汉代历家把制定历法必先造仪器和把是否符合天象作为验历的两个重要原则。依此为准，在《太初历》施行一百多年后，历家运用其算法所预推的日月合朔往往会出现早于实际发生一日的现象，这不仅损害了皇权的神圣性，而且还严重影响了农历历法的制定。于是，《后汉书·律历志》载："昔《太初历》之兴也，发谋于元封，启定于元凤，积（百）三十年，是非乃审。及用《四分》，亦于建武，施于元和，迄于永元，七十余年，然后仪式备立，司候有准。"[②]文中的"司候有准"是指天文观测仪器，其中以浑仪为当时天文观测的核心仪器。故《晋书·天文志》载："暨汉太初，落下闳、鲜于妄人、耿寿昌等造员仪以考历

① 《汉书》卷21上《律历志》，第974—975页。
② 《后汉书·律历志》，第3033页。

度。后至和帝时，贾逵系作，又加黄道。至顺帝时，张衡又制浑象。"①

在数学方面，据有学者考证，张衡是较早对《九章算术》进行研究的人，从刘徽给《九章算术》作的注来看，张衡研究了《九章算术》，并对《九章算术》卷四"少广"第24题中已知球的体积求球的直径公式的不精确性试图修改。可惜，他没有彻底解决这一问题，然而张衡的工作却为后人解决球的体积与直径的关系开辟了道路。②

在气象学方面，张衡发明的相风铜鸟，也是建立在前人成就的基础之上。据考，甲骨卜辞里有表示风向的"兒"字，《淮南子·齐俗训》解释说："兒之见风也，无须臾之间定矣！"③高诱注："兒，候风者也，世所谓五两。"④考《后汉书·百官志》："灵台掌候日月星气，皆属太史。"⑤又，注引《汉官》云："灵台待诏四十二人，其十四人候星，二人候日，三人候风，十二人候气，三人候晷景，七人候钟律。一人舍人。"⑥可见，候风仪是汉代灵台的必备仪器。那么，汉代灵台上安置的候风仪究竟是个什么式样呢？据《三辅黄图》卷5引郭延生《述征记》中的材料云："长安宫南有灵台，高十五仞，上有浑仪，张衡所制。又有相风铜乌，过风乃动。"⑦注释又云："长安灵台上有相风铜乌，有千里风则动。"⑧联想到张衡《西京赋》对相风仪器的描述："凤骞翥于甍标（指铜凤凰装置于宫殿的屋脊之上），咸溯风而欲翔。"⑨表明西汉已经出现了"相风铜乌"。又山西闻喜桐城的邱家庄村战国墓葬出土了一辆厢式六轮车，其车盖上立着4只可以灵活转动的小鸟，是为中国相风乌（候风仪）的祖型。⑩唐朝李淳风在《乙巳占》里记述候风仪的结构云："可竿首做盘，作三足乌于盘上，两足连上而外立，一足系下而内转，风来则乌转，回首向之乌口衔花，花旋则占之。"⑪无疑，这段记述符合风标的科学原理，而同样的仪器，在欧洲直到12世纪才见于史籍记载。

当然，对于前人的成果，张衡不是沿袭，而是不断创新和突破，使之形成自己超迈前贤的独特风格。张衡的主要发明创造，参见表3-2统计。

表3-2　张衡主要发明创造成果统计简表⑫

器物名称	功用	制作时间
浑天仪	演示天象	安帝元初四年（117）

① 《晋书》卷11《天文志上》，第284页。
② 辛玉忠：《关于〈九章算术〉在古代数学发展史中的地位和作用》，《潍坊学院学报》2004年第4期，第45—46页。
③ （汉）刘安著、高诱注：《淮南子注》卷11《齐俗训》，《诸子集成》第10册，石家庄：河北教育出版社，1986年，第181页。
④ （汉）刘安著、高诱注：《淮南子注》卷11《齐俗训》，《诸子集成》第10册，第181页。
⑤ 《后汉书·百官志》，第3572页。
⑥ 《后汉书·百官志》，第3572页。
⑦ 何清谷：《三辅黄图校注》卷5《台榭》，西安：三秦出版社，1995年，第267页。
⑧ 何清谷：《三辅黄图校注》卷5《台榭》，第268页。
⑨ 《南朝·梁》萧统：《昭明文选》第1册，北京：华夏出版社，2000年，第40页。
⑩ 中国地理百科丛书编委会：《运城盆地》，北京：世界图书出版广东有限公司，2014年，第116页。
⑪ （唐）瞿昙悉达编、李克和校点：《开元占经》卷91《风占》，长沙：岳麓书社，1994年，第983页。
⑫ 朱洁：《设计之美——张衡设计美学思想研究》，第165页。

续表

器物名称	功用	制作时间
瑞轮蓂荚	自动演示日期	安帝元初四年（117）
指南车	指示方向	安帝建光元年（121）
记里鼓车	记录里程	安帝建光元年（121）
独飞木雕	飞行器	安帝建光元年（121）
地动仪	测地震方位与时间	顺帝阳嘉元年（132）
候风仪	测风的方向	顺帝阳嘉元年（132）

至于张衡上述创新成果的科学价值和历史意义，学界评论甚多。例如，有学者在评价张衡发明独飞木雕的意义时说：张衡的机械飞行技术，"不仅在我国是最早的，在世界上也是最早的。俄国人莫洛诺索夫 1754 年发明的用钟表发条带动螺旋桨推进器的试验，是国外有机械飞行器实验最早的记录，而且仅是在天平盘中作了简单的演示。而张衡的'独飞木雕'技术的创新，开启了人类遨游蓝天，征服宇宙的梦想"[1]。而对于张衡创制独飞木雕的过程，有学者总结说：

> 早些年的人们根据历年考古界在各地发现的做工精细的铜铁齿轮和轴承、弓弩等机械部件，长沙马王堆出土精妙的丝织品，《西京杂记》记载巧工丁缓制作的九层博山炉、被中香炉、七轮宝扇，霍光妻遗淳于衍的一百二十摄提花机，东汉南阳太守制作水排用以鼓铸用力少而功多，辽宁东汉墓葬壁画中的风车图，以及其他文献资料证明，两汉时期人们对于斜面、杠杆、齿轮、轴承、弹性和弹性物体、流体和流体力学的技术开发已经达到了广泛使用和高度的技术水平。据徐俊雄著《从风筝到飞机》和姜长英《中国航空史话》都认为在张衡以前的西汉时期，我国就已开创了竹蜻蜓的历史。1985 年安徽宿县三国曹操宗族墓中所出土的鎏金铜螺旋桨证明了徐、姜两同志的推断（但我认为这个历史可能更早，见后文），那么张衡利用弹性物体积蓄能量推动螺旋桨向前飞行或者使用多个能量贮蓄器，使螺旋桨得到多次接力，一直送到高空之后，再以滑翔的方法飞到更远的地方，就可能达到"能飞数里"了。[2]

这段话的中心思想就是表明张衡创新思维不是从天上掉下来的，他一方面继承了前人的成果；另一方面又突破了前人的成果，正是这种既有继承又有突破的创新实践，才使张衡成为一代"科圣"[3]。

2. 张衡的批判精神

张衡的创新思维与他的批判精神是紧密联系在一起的。张衡生活的时代，谶纬迷信盛行。在这种学术氛围里，要想使科学绽放光彩，就必须批判谶纬迷信。据《后汉书》本

---

[1]　周新献主编：《石上春秋——南阳汉画与汉文化》，北京：中国文联出版社，2003 年，第 211 页。

[2]　曹景祥：《张衡"木雕犹能独飞"新探——兼论飞机的发明》，中国人民政治协商会议南阳市宛城区委员会学习文史资料委员会：《宛城文史资料》第 2 辑《宛城胜迹专辑》，内部资料，2002 年，第 153—154 页。

[3]　覃仕勇：《大东汉》，北京：中国纺织出版社，2014 年，第 264 页。

传载：

> 初，光武善谶，及显宗、肃宗因祖述焉。自中兴之后，儒者争学图纬，兼复附以妖言。衡以图纬虚妄，非圣人之法，乃上疏曰："臣闻圣人明审律历以定吉凶，重之以卜筮，杂之以九宫，经天验道，本尽于此。或观星辰逆顺，寒燠所由，或察龟策之占，巫觋之言，其所因者，非一术也。立言于前，有征于后，故智者贵焉，谓之谶书。谶书始出，盖知之者寡。自汉取秦，用兵力战，功成业遂，可谓大事，当此之时，莫或称谶。若夏侯胜、眭孟之徒，以道术立名，其所述著，无谶一言。刘向父子领校秘书，阅定九流，亦无谶录。成、哀之后，乃始闻之。《尚书》尧使鲧理洪水，九载绩用不成，鲧则殛死，禹乃嗣兴。而《春秋谶》云'共工理水'。凡谶皆云黄帝伐蚩尤，而《诗谶》独以为'蚩尤败，然后尧受命'。《春秋元命包》中有公输班与墨翟，事见战国，非春秋时也。又言'别有益州'。益州之置，在于汉世。其名三辅诸陵，世数可知。至于图中讫于成帝。一卷之书，互异数事，圣人之言，势无若是，殆必虚伪之徒，以要世取资。往者侍中贾逵摘谶互异三十余事，诸言谶者皆不能说。至于王莽篡位，汉世大祸，八十篇何为不戒？则知图谶成于哀平之际也。且《河洛》、《六艺》，篇录已定，后人皮傅，无所容篡。永元中，清河宋景遂以历纪推言水灾，而伪称洞视玉版。或者至于弃家业，入山林。后皆无效，而复采前世成事，以为证验。至于永建复统，则不能知。此皆欺世罔俗，以昧势位，情伪较然，莫之纠禁。且律历、封候、九宫、风角，数有征效，世莫肯学，而竞称不占之书。譬犹画工，恶图犬马而好作鬼魅，诚以实事难形，而虚伪不穷也。宜收藏图谶，一禁绝之，则朱紫无所眩，典籍无瑕玷矣。"[①]

这段话分四个层次：第一个层次是陈述谶书产生的历史背景及其正面价值，对此，张衡基本上持肯定态度，认为"智者贵焉"。第二个层次是阐释谶纬产生的时代特点和本质，从谶纬盛行的"自汉取秦"和"王莽篡位"这两个节点看，谶纬为适应改朝换代的政治需要，它把自身的"神学"思想转变成了为新政权取代旧政权张目的特殊工具。第三个层次是说明经学与谶纬之学的关系，今文学家如夏侯胜、眭孟、刘向等皆以阴阳谶纬附会儒家经典，从而使儒学宗教神学化。故有学者分析说："灾异说和祥瑞说早在先秦时期便产生，到了汉代，变得更为盛行。西汉大儒多善说灾异，如董仲舒、京房、李寻、刘向等。谶纬内容博杂，而'其核心则是以阴阳五行为骨架，天人感应为主体的神秘思想'。在谶纬中，天人感应得到了更为广泛的运用，'比附更加细致，也极其烦琐'，形式也更为多样，如日占、月占、星占、云占等。谶纬将灾异、祥瑞、符命、经说等融于一体，因此比单纯的灾异说和祥瑞说具有更强的可接受度和社会影响力。"[②]第四个层次表明张衡反对谶纬迷信的坚强决心，主张"收藏图谶，一禁绝之"，历史的发展最终如张衡所愿，"到了南朝，官府开始禁止谶纬之学。后来隋炀帝在全国范围内搜查谶纬之书，一律焚毁，并且

制重罪惩戒私藏者，经此劫数，谶纬遂成绝学"①。

用天人感应的神秘主义思想来解释诸如日食、月食、陨石、地震等自然现象，是汉代经学发展的一个重要特点。如《后汉书·五行志》载：

> （安帝永初）五年正月庚辰朔，日有蚀之，在虚八度。正月，王者统事之正日也。虚，空名也。是时邓太后摄政，安帝不得行事，俱不得其正，若王者位虚，故于正月阳不克，示象也。于是阴预乘阳，故夷狄并为寇害，西边诸郡皆至虚空。②

> 建光元年九月己丑，郡国三十五地震，或地坼裂，坏城郭室屋，压杀人。是时安帝不能明察，信宫人及阿母圣等谮言，破坏邓太后家，于是专听信圣及宦者，中常侍江京、樊丰等皆得用权。③

> 殇帝延平元年九月乙亥，陨石陈留四。《春秋》僖公十六年，陨石于宋五，传曰："陨星也。"董仲舒以为从高反下之象。或以为庶人惟星，陨，民困之象也。④

天象与人事本来毫不相关，当人们还不能认识像日食、地震等这些自然现象发生的内在原因时，天人感应的神秘主义思想就会乘虚而入。张衡经过长期的观察和研究，逐步形成了对日食、地震、陨石等自然现象的正确认识。在《灵宪》一文中，张衡解释日月食的形成原因说："当日之冲……遇月则月食。"⑤这段话的内涵前面已有分析，它的重要意义就在于张衡在历史上首次正确解释了月食是由月球进入地影（即暗虚）而产生的科学道理。张衡认为："地有山岳，以宣其气，精种为星。"⑥文中的"气"是生成宇宙万物的根本动力，而地震的发生也是阴阳二气"旁通感薄"⑦的结果。所以有专家认为，浑天仪的设计"外有八龙在上，象征阳气；下有蟾蜍，象征阴气，其铜丸吐、承之运动，恰恰说明了张衡认为地震源于阴阳二气相激相荡之理论。"⑧对于陨石的成因，张衡明确指出："奔星之所坠，至地则石矣。"⑨可见，像日月食、地震、陨石等现象，都是自然界运动变化的结果，并非是天地神灵干预人间事务的兆示。

张衡的批判精神还表现在不迷信权威，而是依据科学观察，求真务实，并在独立思考的基础上提出自己的见解。据《后汉书·律历志》载：

> 安帝延光二年，中谒者亹诵言当用甲寅元，河南梁丰言当复用《太初》。尚书郎张衡、周兴皆能历，数难诵、丰，或不对，或言失误。衡、兴参案仪注，考往校今，以为《九道法》最密。诏书下公卿详议。……尚书令忠上奏："诸从《太初》者，皆

---

① 鸿雁主编：《中国人必知的文化常识》上，北京：中国华侨出版社，2012年，第196页。
② 《后汉书·五行志》，第3363页。
③ 《后汉书·五行志》，第3329页。
④ 《后汉书·天文志》，第3262页。
⑤ （汉）张衡：《灵宪》，《全上古三代秦汉三国六朝文》第2册《后汉》，第534页。
⑥ （汉）张衡：《灵宪》，《全上古三代秦汉三国六朝文》第2册《后汉》，第533页。
⑦ （汉）张衡：《灵宪》，《全上古三代秦汉三国六朝文》第2册《后汉》，第533页。
⑧ 许结：《张衡评传》，第275页。
⑨ （汉）张衡：《灵宪》，《全上古三代秦汉三国六朝文》第2册《后汉》，第534页。

无他效验，徒以世宗攘夷廓境，享国久长为辞。或云孝章改《四分》，灾异卒甚，未有善应。臣伏惟圣王兴起，各异正朔，以通三统。汉祖受命，因秦之纪，十月为年首，闰常在岁后。不稽先代，违于帝典。太宗遵修，三阶以平，黄龙以至，刑狂以错，五是以备。哀、平之际，同承《太初》，而妖孽累仍，痼祸非一。议者不以成数相参，考真求实，而泛采妄说，归福《太初》，致咎《四分》。《太初历》众贤所立，是非已定，永平不审，复革其弦望。《四分》有谬，不可施行。元和凤鸟不当应历而翔集。远嘉前造，则丧其休；近讥后改，则隐其福。漏见曲论，未可为是。臣辄复重难衡、兴，以为《五纪论》推步行度，当时比诸术为近，然犹未稽于古。及向子歆，欲以合《春秋》，横断年数，损夏益周，考之表纪，差谬数百。两历相课，六千一百五十六岁，而《太初》多一日。冬至日直斗，而云在牵牛。迂阔不可复用，昭然如此。史官所共见，非独衡、兴。前以为《九道》密近，今议者以为有阙，及甲寅元复多违失，皆未可取正。昔仲尼顺假马之名，以崇君之义。况天之历数，不可任疑从虚，以非易是。"上纳其言，遂寝改历事。[1]

这段话清楚地记述了当年张衡主张采用《九道术》的历史过程。由上述史料知，无论主张采用甲寅元的人，还是主张采用《太初历》或东汉《四分历》的人，他们共同的思想特点就是附会图谶神谕，而张衡反对宣诵、梁丰辈，"或不对，或言失误"。一则是反对他们用图谶治历的错误思想；二则是让修历真正回到科学的观测和精密的计算之中。张衡在《浑天仪注》一文中提出了"月行九道"的历法思想，他说："黄道斜带其腹，出赤道表里各二十四度。日之所行也，日与五行黄道元亏盈。月行九道，春行东方青道二，夏行南方赤道二，秋行西方白道二，冬行北方黑道二，四季还行黄道。故月行有亏盈，东西南北随八节也。"[2]从中不难看出，张衡已经非常清楚地认识到了月行迟疾不均匀现象。然而，由于当时《九道术》还不精密，所以才出现了"前以为《九道》密近，今议者以为有阙"的问题和缺陷。诚如有学者所言："当东汉末期，刘洪的月行理论问世之后，近点月，交点月、黄白交角等术数已包含其中。因此，贾逵等人所提的九道法也就自然被取代了。月行研究完成了一个阶段。"[3]

（二）张衡科学创新成就的历史启示

张衡是一位杰出的科学家和文学家，又是一位值得重视的经学家。以张衡的特色经学为例，有人已经作了专门研究。[4]其中有两个比较重要的结论，不妨转引于兹，以飨读者。

第一个结论："重道轻技的思想自古有之，而在汉代经学盛行之时，这种思想变得更加牢固。而到了东汉时期，经学的'道'逐渐失去了神性，而东汉的经学也开始向'谶

---

① 《后汉书·律历志》，第3034—3035页。
② （汉）张衡：《浑天仪》，《全上古三代秦汉三国六朝文》第2册《后汉》，第535页。
③ 周靖：《月行九道考》，《科学技术与辩证法》1997年第1期，第50页。
④ 康延：《张衡特色经学研究》，山东师范大学2014年硕士学位论文。

纬'之学发展。面对谶纬学说虚伪的神性，必定会有人站起来提出新的治学之法，技术则可能成为其扭转这一扭曲的学说的武器。而举起这个武器的人，正是张衡，他用另一套崭新的治学方法，为经学的发展道路开创了新的可能。"①

第二个结论："张衡经学的进步并不仅仅在观测和分类上，更表现在摆脱谶纬影响，运用数学运算改进历法上"，例如，在《算罔论》里，张衡"给立方体定名为'质'，给球体定名为'浑'。他研究过球的外切立方体积和内接立方体积，研究过球的体积，其中还定圆周率值为 10 的开方，这个值比较粗略，但却是我国第一个理论求得 π 的值"②。

经学有没有科学价值？③事实上，张衡的案例已经很好地回答了这个问题。所以梁启超说：中国经学思维"二百余年之训练，成为一种遗传，我国学子之头脑，渐趋于冷静缜密。此种性质，实为科学成立之根本要素"④，因此，梁氏预言："今后欧美科学，日日输入；我国民用其遗传上极优粹之科学的头脑，凭藉此等丰富之资料，瘁精研究，将来必可成为全世界第一等之'科学国民'。"⑤此言不谬，而且越来越变成现实。我们同意如下观点："经学思维的模式是科学的，是值得我们引以为自豪的，我们应该丢弃民族自卑情绪与民族虚无主义。"⑥

张衡的科学成就，也是多学科相互交叉和渗透的结果。《后汉书》本传云："（张衡）三才理通，人灵多蔽。近推形算，远抽深滞。不有玄虑，孰能昭晢。"⑦具体言之，则是"通《五经》，贯六艺"⑧。又，"衡善机巧，尤致思于天文、阴阳、历算。常耽好《玄经》"⑨。有学者认为，张衡的"玄学"思维既不同于当时俗儒的"玄儒"人生，又区别于宗教神学思维，而是一种"形而上的自然哲学思想"⑩。张衡的博学远不止此，例如，唐代张彦远在《历代名画记》一书中称："（张衡）高才过人，性巧，明天象，善画。"⑪于是，有专家在分析张衡为什么富于科学创造的原因时说："张衡哲学的主根是《老子》，文学的主根是'楚辞'，他的哲学、文学，都是楚文化的新创造、新发展。这与他的故乡南阳西鄂（今河南召县南）本是先秦楚地相应。他的科学，受哲学启示，借文学想象，在前人基础上，亲自观察、测量、描绘、试验，殚思极虑，大胆假设，小心求证，成就辉煌，遂为旷代宗师。"⑫

关于文学、哲学与科学之间的相互关系问题，学界已经讨论得比较深入了，不赘。这

① 康延：《张衡特色经学研究》，山东师范大学 2014 年硕士学位论文，第 39—40 页。
② 康延：《张衡特色经学研究》，山东师范大学 2014 年硕士学位论文，第 42 页。
③ 张平仁：《民国时期关于经学价值的争论及启示》，《中州学刊》2013 年第 2 期，第 123—127 页。
④ 梁启超：《清代学术概论》，长沙：岳麓书社，2010 年，第 104 页。
⑤ 梁启超：《清代学术概论》，第 104 页。
⑥ 季桂保：《思想的声音：文汇每周讲演精粹》，上海：上海书店出版社，2006 年，第 199 页。
⑦ 《后汉书》卷 59《张衡传》，第 1941 页。
⑧ 《后汉书》卷 59《张衡传》，第 1897 页。
⑨ 《后汉书》卷 59《张衡传》，第 1897 页。
⑩ 许结：《张衡评传》，第 154 页。
⑪ （唐）张彦远：《历代名画记》卷 4《后汉》，北京：京华出版社，2000 年，第 43 页。
⑫ 涂又光：《中国高等教育史论》，武汉：华中科技大学出版社，2014 年，第 95 页。

里，我们仅以张衡为例，略谈两点看法。

第一，科学创造需要文学家的想象力。张衡的赋融情感与想象于一体，并通过七言诗赋的形式，"为赋文学的发展开辟了一片新天地"①。而从创新思维的角度讲，"一定程度上，想象力决定创造力，没有想象就没有创造。在科学攀登的征途中，科学家要充分发挥创造性思维的独创作用，就应当着眼于培养和提高想象力。经验证明，加强文学阅读，增添文学修养，是丰富情感、提高想象、促进科学创造的一个有效途径"②。

第二，哲学与科学的结合成为汉代科学发展的重要途径。不独张衡的《灵宪》如此，像扬雄的《太玄经》、桓谭的《新论》、王充的《论衡》等，亦都是如此。在古代，科学与哲学并没有严格的界线。因为"人类的知识从起源来说，它首先是哲学的，然后才是'科学的'，此后才又被分为高度专门化的分支，分别处理世界的某一个方面"③。用美国学者的话说："科学和哲学之间的密切联系持续了2200年，一直延续到17世纪的牛顿革命。只有在牛顿之后，科学才纯粹是揭示自然界中所发生的事物，而不再去推测这些事物的目的。"④因此，张衡的案例表明科学创造不能脱离哲学思维的激发，正是从这层意义上，海德格尔认为，科学（主要指现代科学）本性是不思。⑤因此，"科学与哲学的分离实质上是两种思维方式即演算思维与思考思维的分野，这种分野使科学与哲学各自为政，科学成为非哲学的科学，哲学成为非科学的哲学，这种分离使'技术'（应用知识）与'道德—实践'（实践知识）完全分离，或者使人与自然的关系与人与人之间的关系完全割裂开来，是'人的科学'与'自然科学'分道扬镳。最终科学与哲学的分离成为整个西方文化的崩溃的先声"⑥。未来科学与哲学的发展当然不是继续分离，而是走向新的融合。例如，科学哲学即是这种融合的产物，诚如有专家所言："在一定的历史条件下，科学与哲学会在某些观念上达成共识、共建和共享，从而形成科学—哲学统一体；但由于科学革命不断出现必然导致原有科学—哲学统一体的断裂，也就是新科学与旧哲学的冲突；新的科学理论往往需要新的哲学观念与之相配，如此形成新的科学—哲学统一体。"⑦

同任何其他的科学家一样，每个科学家都不可能完全彻底脱离他所生活的那个时代的局限，然而，一个科学家之所以是杰出的，是因为他不囿于成见，甚至在某些方面已经自觉地和实质性地突破了他所生活的那个时代的窠臼，并且创造性地应用新方法或新手段去开拓新的研究方向和专业领域。如前所述，张衡推得圆周率为$\sqrt{10}=3.1622$，对此，刘徽评论说："衡亦以周三径一之率为非，是故更著此法。然增周太多，过其实矣。"⑧他又

① 张良毅：《张衡赋创新思考》，《南京理工大学学报（社会科学版）》2004年第3期，第38页。
② 侯纯明编著：《艺术与科学》，北京：中国石化出版社，2007年，第114页。
③ 唐少莲：《生活的哲学与哲学的生活》，哈尔滨：黑龙江人民出版社，2015年，第42页。
④ ［美］马修斯、［美］普拉特、［美］诺布尔：《人文通识课Ⅰ：古典时代》，卢明华、计秋枫、郑安光译，北京：世界图书北京出版公司，2013年，第67页。
⑤ 曾誉铭：《哲学与政治之间：卢梭政治哲学研究》，上海：上海社会科学院出版社，2012年，第40页。
⑥ 曾誉铭：《哲学与政治之间：卢梭政治哲学研究》，第40—41页。
⑦ 安维复：《科学哲学：基本范畴的历史考察》，北京：北京师范大学出版社，2015年，第53—54页。
⑧ （三国·魏）刘徽：《九章算术》卷4《少广》，郭书春、刘钝校点：《算经十书（一）》，第42页。

说:"衡说之自然,欲协其阴阳奇耦之说而不顾疏密矣。"①文中"欲协其阴阳奇耦之说"表现了张衡"不可能脱离他所生活的那个时代的局限",而"以周三径一之率为非,是故更著此法"则显示了张衡试图突破他所生活的那个时代的局限,精神可嘉。难怪茅以升这样称赞张衡的研究工作说:"张衡认为周三径一这种圆周率不对,所以改用新法,命圆周率为$\sqrt{10}$,虽然这样计算圆周率大了,但算起来最容易,直至文化发达之今世还常用它。可见中国圆周率,足可与世界各种圆周率争光,这是一个明证。"②

第二节 华佗"其验若神"的外科术及其医学思想

华佗字元化,沛国谯(今安徽亳县)人,我国古代著名外科家,有"神医"之称。按《三国志》本传记载:华佗曾"游学徐土,兼通数经。沛相陈珪举孝廉,太尉黄琬辟,皆不就。晓养生之术,时人以为年且百岁而貌有壮容。"③对文中所言"年且百岁"之说,沈寿先生有专文进行考证。他说:"遍阅古籍,唯一记有华佗享寿几何的是《中藏经·邓处中序》说:'先生未六旬,果为魏所戮。'先生,指华佗。未六旬,年不满六十岁。魏,指魏武帝曹操。以此说与《三国志》有关各传记对照考察研究,足以证实这一传说是正确的。"④至于华佗的医术,《三国志》虽有夸张,但总体来看,应是符合实际的。陈寿述:

> (华佗)又精方药,其疗疾,合汤不过数种,心解分剂,不复称量,煮熟便饮,语其节度,舍去辄愈。若当灸,不过一两处,每处不过七八壮,病亦应除。若当针,亦不过一两处,下针言:"当引某许,若至,语人。"病者言"已到",应便拔针,病亦行差。若病结积在内,针药所不能及,当须刳割者,便饮其麻沸散,须臾便如醉死无所知,因破取。病若在肠中,便断肠湔洗,缝腹膏摩,四五日差不痛,人亦不自寤,一月之间,即平复矣。⑤

可惜,华佗不阿权贵的个性,偏偏与权贵的特殊需要发生了利害冲突。结果,曹操为了一己之私而杀害了身怀"绝技"的一代名医华佗,无不令后人扼腕长叹,且留下千古之憾。《三国志》记述当时的历史过程说:

> 太祖闻而召佗,佗常在左右。太祖苦头风,每发,心乱目眩,佗针鬲,随手而差。……然(华佗)本作士人,以医见业,意常自悔,后太祖亲理,得病笃重,使佗专视。佗曰:"此近难济,恒事攻治,可延岁月。"佗久远家思归,因曰:"当得家书,方欲暂还耳。"到家,辞以妻病,数乞期不反。太祖累书呼,又敕郡县发遣。佗

① (三国·魏)刘徽:《九章算术》卷4《少广》,郭书春、刘钝校点:《算经十书(一)》,第41页。
② 北京茅以升科技教育基金会主编:《茅以升全集》第5卷《科普工作》,天津:天津教育出版社,2015年,第5页。
③ 《三国志》卷29《魏书·华佗传》,北京:中华书局,1959年,第799页。
④ 沈寿:《华佗是百岁老人吗?——考证华佗的生卒年月》,《体育文史》1983年第2期,第33页。
⑤ 《三国志》卷29《魏书·华佗传》,第799页。

恃能厌食事，犹不上道。太祖大怒，使人往检。若妻信病，赐小豆四十斛，宽假限日；若其虚诈，便收送之。于是传付许狱，考验首服。荀彧请曰："佗术实工，人命所县，宜含宥之。"太祖曰："不忧，天下当无此鼠辈耶？"遂考竟佗。佗临死，出一卷书与狱吏，曰："此可以活人。"吏畏法不受，佗亦不强，索火烧之。佗死后，太祖头风未除。太祖曰："佗能愈此。小人养吾病，欲以自重，然吾不杀此子，亦终当不为我断此根原耳。"①

华佗之死，牵涉许多值得我们进一步深思的历史课题。例如，在"官本位"异常盛行的中国古代政治生态里，众多技艺之士如何求得生存？"官本位"是否已经构成对中国古代科学技术发展的严重阻力和剧烈冲击？实际上，陈寿在为华佗立传的过程中，也在深思这些问题，只不过，他说的话非常隐晦和含蓄。像上面引文所说的那样，陈寿说华佗"本作士人，以医见业，意常自悔"，按理说，华佗以医术济世救民，不当"自悔"，那么，华佗后悔和纠结什么呢？是否与他没有进入仕途有关，令人生疑。又曹操对人说：华佗"能愈此"，然而"小人（指华佗）养吾病，欲以自重"，这话是否真实？《后汉书》称："（华佗）为人性恶难得意，且耻以医见业。"②这话是否对华佗的恶意中伤？因此，学界对华佗之死就出现了各种猜测，除正史之说外，还有"试药误亡""官迷心窍""开脑惹祸"等说法。③当然，本书不拟对这些问题一一回应。不过，我们始终认为，在政治清明的朝代，作为封建统治者应当尊重才学之士的个性发展，尤其是能容忍人才的不完美。所以《墨子·亲士》说："良弓难张，然可以及高入深；良马难乘，然可以任重致远；良才难令，然可以致君见尊。"④而对于华佗与曹操的关系，有必要置于这样的历史大背景下去进一步认识和考量。

华佗没有原著流传下来，但经后人整理或托名的医学著作不少，经考证，现存《中藏经》乃宋人所作，《华佗内照图》约成书于晋及南北朝时期，《华佗授广陵吴普太上老君养生诀》和孙思邈编集的《华佗神医秘传》则处于是与疑似之间。而尚启东先生经过几十年的研究和考证，目前已经考辑出华佗《观形察色并三部脉经》1卷、华佗《枕中灸刺经》卷、《华佗药方》2卷等。下面我们依据《三国两晋南北朝医学总集》所收录的华佗遗书，择其相对可靠的几部著作，试对华佗的医学思想略作考述。

一、华佗对医疗风险的认识及其经验总结

（一）华佗对医疗风险的认识

1.《三国志》所载病例与华佗的医疗风险意识

《三国志》本传载有华佗治疗曹操头风病的病案。从医患双方的利害关系看，华佗

---

① 《三国志》卷29《魏书·华佗传》，第802—803页。
② 《后汉书》卷82下《华佗传》，第2739页。
③ 孙尧编著：《中医外科与华佗》，长春：吉林文史出版社，2010年，第116、113、111页。
④ （战国）墨子著，蒋重母、邓海霞译注：《墨子·亲士》，长沙：岳麓书社，2014年，第5页。

和曹操应当都没有过错，因为这里面存在着一种是人力所难以控制的"医疗风险"。

"医疗风险"是一个现代医学概念，它是指使患者或医方遭受伤害的可能，其本身具有不可避免性、突发性、危害严重性和类型复杂的特点。[1]如众所知，医学科学系一门永远都是正在发展和完善中的"缺陷学科"，所以每个的医学领域都存在着各种各样未知性和不确定性。特别是"医学水平、诊断水平、医疗设备的发展永远滞后于疾病的发展，医疗手段自身的局限性以及人类认识的局限性等因素都是造成医疗风险发生的客观因素，然而，这些因素同时都是我们难以完全控制和驾驭的"[2]。为了叙述方便，我们先看几则病例。据《三国志》本传记载：

> 县吏尹世苦四支烦，口中干，不欲闻人声，小便不利。佗曰："试作热食，得汗则愈；不汗，后三日死。"即作热食，而不汗出，佗曰："藏气已绝于内，当啼泣而绝。"果如佗言。[3]

> 盐渎严昕与数人共候佗，适至，佗谓昕曰："君身中佳否？"昕曰："自如常。"佗曰："君有急病见于面，莫多饮酒。"坐毕归，行数里，昕卒头眩堕车，人扶将还，载归家，中宿死。[4]

> 故督邮顿子献得病已差，诣佗视脉，曰："尚虚，未得复，勿为劳事，御内即死。临死，当吐舌数寸。"其妻闻其病除，从百余里来省之，止宿交接，中间三日发病，一如佗言。[5]

> 督邮徐毅得病，佗往省之。毅谓佗曰："昨使医曹吏刘租针胃管讫，便苦咳嗽，欲卧不安。"佗曰："刺不得胃管，误中肝也，食当日减，五日不救。"遂如佗言。[6]

> 军吏梅平得病，除名还家，家居广陵，未至二百里，止亲人舍。有顷。佗偶至主人许，主人令佗视平，佗谓平曰："君早见我，可不至此。今疾已结，促去可得与家相见，五日卒。"应时归，如佗所刻。[7]

> 又有一士大夫不快。佗云："君病深。当破腹取。然君寿亦不过十年，病不能杀君，忍病十岁，寿惧当尽，不足故自割裂。"士大夫不耐痛痒，必欲除之。佗遂下手，所患寻差，十年竟死。[8]

> 初，军吏李成苦咳嗽，昼夜不寐，时吐脓血，以问佗。佗言："君病肠臃，欬之所吐，非从肺来也。与君散两钱，当吐二升余脓血讫，快自养，一月可小起，好自将爱，一年便健。十八岁当一小发，服此散，亦行复差。若不得此药，故当死。"复与两钱散，成得药去。五六岁，亲中人有病如成者，谓成曰："卿今强健，我欲死，何

① 张有成主编：《医学生实习前培训教程》，兰州：甘肃科学技术出版社，2013年，第94页。
② 赵敏主编：《医疗法律风险预防与处理》，杭州：浙江工商大学出版社，2012年，第5页。
③ 《三国志》卷29《魏书·华佗传》，第800页。
④ 《三国志》卷29《魏书·华佗传》，第800页。
⑤ 《三国志》卷29《魏书·华佗传》，第800页。
⑥ 《三国志》卷29《魏书·华佗传》，第800页。
⑦ 《三国志》卷29《魏书·华佗传》，第800—801页。
⑧ 《三国志》卷29《魏书·华佗传》，第801页。

忍无急去药，以待不祥？先持贷我，我差，为卿从华佗更索。"成与之。已故到谯，适值佗见收，匆匆不忍从求。后十八岁，成病竟发，无药可服，以至于死。①

仅从各病例所体现出来的症状看，第一个病例为"四支烦"②，清人魏之琇则推断为"脏气伤燥之病"③。第二个病例，属于"色诊"，为"头眩"病。④第三个病例，为"病后虚弱"病。⑤第四个病例，为"胃病误针"⑥。第五个病例，为"不治之症"⑦。第六个病例，清代名医俞震推断为"气冲"，并加按语说："震读此益概然于术之疏也。设华公遇此陆生，即早知其十年后以气冲证寿当尽矣，何药之能为？"⑧第七个病例，清人魏之琇推断为"肠痈"⑨。仔细分析上述七个病例，虽然情况比较复杂，但似乎都可以用"医疗风险"来概括。就第一个病例而言，华佗在施治的过程中，并无充分把握，所以他交待患者的家人说"试作热食"，既然说是"试"，那就必然有两种可能：或者有效，或者无效，在两者之间客观上存在着很大的医疗风险。仅从这个病例看，华佗确实具有极强的风险意识，他能规避很多不必要的医疗纠纷。第二个病例应当是由高血压引发的脑血管意外或脑中风，因为高血压的典型外在特征就是面部红亮。但这里有一个问题：华佗既然看出了严氏的病症，那么，他为什么不能用药物去预防和控制其严重后果的发生呢？也可能是华佗对严氏的病症无能为力，在这种情况下，医疗风险是客观存在的，也是无法避免的。因此，华佗不是去积极救治，而是提出警告，让患者自警，若不自警，则自己承担相应的后果。第三个病例同第二个病例相似，在被告知生命将遭遇威胁的情况下，像严氏和顿氏之辈为什么还拿自己的生命当儿戏呢？不听医者的忠告，自行其是，结果为了一时的痛快而白白葬送了性命，教训十分惨痛。第四个病例是典型的医疗风险案例，庸医刘租在施针的过程中，误将肝脏当作胃脏，遂造成延误病机，贻害患者的惨痛后果。可以肯定，像刘租这样的庸医，绝不是个别现象，这无疑与当时缺少必要的人体解剖知识有关。而从华佗对病情的透彻分析和他对人体脏腑所处部位的熟悉程度看，华佗具有丰富的人体解剖经验，这是他能够进行各种高难外科手术的基本前提。因此，预防和减少医疗风险的重要措施之一，就是不断提高医者的医学理论知识水平和临床实践能力。而华佗生前之所以撰写了大量具有很强临床指导价值的医学著作，其主要用意恐怕正在于此。第六个病例比较特殊，

---

① 《三国志》卷 29《魏书·华佗传》，第 803 页。

② 陈邦贤：《二十六史医学史料汇编》，北京：中医研究院中国医史文献研究所，1982 年，第 71 页。

③ （明）江瓘、（清）魏之琇编著，潘桂娟、侯亚芬校注：《名医类案（正续编）》卷 15《汗》，北京：中国中医药出版社，1996 年，第 537 页。

④ 陈邦贤：《二十六史医学史料汇编》，第 70 页。

⑤ 陈邦贤：《二十六史医学史料汇编》，第 71 页。

⑥ 陈邦贤：《二十六史医学史料汇编》，第 71 页。

⑦ 陈邦贤：《二十六史医学史料汇编》，第 71 页。

⑧ （清）俞震著、袁久林校注：《古今医案按》，北京：中国医药科技出版社，2014 年，第 73 页。文中所言"陆生"是指下面一则病例："惟一陆姓书生，形瘦，饮食如常，别无他病，而气自脐下上冲，始仅抵胸，后渐至喉，又渐达巅顶，又渐从脑后由督脉及夹脊两傍而下，又至腿踝足心，仍入少腹，再复上冲，其冲甚慢，约一年而上下周到，谷食递减，肌肉愈削，共两年半而其人方死。"

⑨ （明）江瓘、（清）魏之琇编著，潘桂娟、侯亚芬校注：《名医类案（正续编）》卷 53《肠痈》，第 773 页。

华佗为患者成功施行了"破腹"手术，可是，像破腹那样较复杂的外科手术，不独是麻醉的问题，还有输血和预防感染的问题，所以对华佗而言，他未必能保证自己的手术都万无一失。可惜，史书上没有留下他手术失败的病例，故无法进行统计分析。第七个病例有实有虚，像"十八岁当一小发"，不知医理何在？不要说华佗的时代，即使在今天，也没有哪种医疗手段能准确预测 18 年后患者发病的具体情况。因为在此期间，有很多影响人体健康的主客观因素都在不断发生变化，要想准确捕捉到"未来"影响人体健康的个体变化因素，那将是一件多么困难的事情。

2. 华佗的医疗风险意识与他的手术"神话"

在今天，面对各种各样的医疗活动，毫无疑问，临床手术的风险最大。然而，从目前所见到的史料中，华佗的手术还未见失败的病例，这似乎不符合当时临床医学发展的历史实际。据《三国志》本传载："若病结积在内，针药所不能及，当须刳割者，便饮其麻沸散，须臾便如醉死无所知，因破取。病若在肠中，便断肠湔洗，缝腹膏摩，四五日差，不痛，人亦不自寤，一月之间，即平复矣。"①例如，像前面所引证的第六个病例，更增添了华佗手术的"神话"色彩。于是，陈寅恪先生猜测华佗跟佛教故事有关。宋人叶梦得在《玉涧杂书·医不能起死人》中辨析说：

> 此决无之理。人之所以为人者以行，而行之所以生者以气也。佗之药能使人醉无所觉，可以受其刳割，与能玩养，使毁者复合，则吾所不能知。然腹背肠胃既以破裂断坏，则气何由含，安有如是而复生者乎？审佗能此，则凡受支解之刑者，皆可使生，王者亦无所复施矣。太史公扁鹊传记虢庶子之论，以为治病不以汤液醴酒，镵石挢引，而割皮解肌，抉脉结筋，湔浣肠胃，漱涤五脏者，言古俞跗有是术耳，非谓扁鹊能之也，而世遂以附会于佗。凡人寿夭死生，岂一医工所能增损？不幸疾未必死，而为庸医所杀者，或有之矣。未有不可为之疾而医可活也。②

尽管叶氏之说未必正确，但他看到了医疗风险的客观存在，却是他的慧眼之处。有基于此，陈先生遂将叶氏的推论从国内引向了国外。他说："夫华佗之为历史上真实人物，自不容不信。然断肠破腹，数日即差，揆以学术进化之史迹，当时恐难臻此。其有神话色彩，似无可疑。"他又说：

> 考后汉安世高译捺女耆域诸奇术，如治拘睒弥长者子病，取利刀破肠，披肠结处。治迦罗越家女病，以金刀披破其头，悉出诸虫，封著瓮中，以三种神膏涂疮，七日便愈，乃出虫示之，女见，大惊布。乃治迦罗越家男儿肝反戾向后病，以金刀破腹，还肝向前，以三种神膏涂之，三日便愈。耆断肠破腹，固与元化事不异，而元化壁县病者所吐之蛇以十数，乃治陈登疾，令吐出赤头虫三升许，亦与耆域之治迦罗越家女病事不无类似之处。（可参裴注引佗别传中，佗治刘勋女膝疮事。）至元化为魏武

① 《三国志》卷 29《魏书·华佗传》，第 799 页。

② （清）陈梦雷等：《古今图书集成医部全录》第 12 册《总论及其他》，北京：人民卫生出版社，1991 年，第 23 页。

疗疾致死，耆域亦以医暴君病，几为所杀，赖佛成神，仅而得勉。则其遭际符合，尤不能令人无因袭之疑。（敦煌本勾道与搜神记载华佗事有："汉末开肠，洗五脏，劈脑出虫，乃为魏武帝所杀"之语，与捺女耆域因缘经所记之尤相似。）然此尚为外来之神话，附益于本国之史实也。①

陈先生此说为一家之言，但他认为华佗的医术有神话成分，却很有道理。因为在当时的历史条件下，非神话不能令民众相信手术对于治病的重要作用，你想就连曹操那样的有识之士都怀疑华佗手术成功的可能性，更何况一般的平民百姓呢？当然，华佗能够成功地进行内外科手术，确实需要很多的主客观条件，其中"麻沸散"是最关键的硬件。

不过，"麻沸散"是不是华佗所发明？尚待考证。因为《五十二病方》已经载有人们在临床上施用麻醉药的史例。其"令金伤毋痛"方云："取荠熟干实，熬令焦黑，治一；术根去皮，治二，凡二物并和，取三指撮到节一，醇酒盈一衷杯，入药中，挠饮。不者，酒半杯。已饮，有顷不痛。复痛，饮药如数。不痛，毋饮药。"②很显然，这里已经出现了止痛的麻醉药物。《列子·汤问》载："鲁公扈、赵齐婴二人有疾……扁鹊遂饮二人毒酒，迷死三日，剖胸探心，易而置之，投以神药，既悟如初。"③可见，早在华佗之前，扁鹊即成功地将药物麻醉法应用于外科手术。可遗憾的是，无论扁鹊也好，还是华佗也罢，史书都没有记载他们使用麻醉药的具体组方和主要药物构成。于是，后人便出现了多种猜测。如后人托名的《华佗神方》云"华佗麻沸散神方"：

> 专治病人腹中症结，或成龟蛇鸟兽之类，各药不效，必须割破小腹，将前物取出。或脑内生虫，必须劈开头脑，将虫取出，则头风自去。服此能令人麻醉，忽忽不知人事，任人劈破，不知痛痒。方如下：
>
> 羊踯躅三钱，茉莉花根一钱，当归一两，菖蒲三分。水煎服一碗。④

经考证，羊踯躅为杜鹃花科植物，羊踯躅的主根确实有止痛和麻醉作用，而茉莉花始产于印度，其根亦有止痛作用。⑤故《孟子·滕文公》说："若药不瞑眩，厥疾不瘳。"⑥此处的"瞑眩"就是指用药后人体所产生的昏迷晕眩反应，实际上也是麻醉致幻所引起的一种生理状态。但经专家验证，羊踯躅尽管可以用于手术麻醉，但有局限性，"对脊背、四肢、会阴等部手术效果较差。"此外，其麻醉方法也不是用酒口服。这与《后汉书·华佗传》所讲的"乃令先以酒服麻沸散"颇相出入。⑦因此，宋代周密《癸辛杂识续集·押不芦》目下载："回回国之西数千里，地产一物极毒，全类人形，若人参之状。其名押不芦。生于地中，深数丈。或从伤其皮则燀毒之气，著人必死。取之法，则先开大坑，令

① 陈寅恪：《陈寅恪史学论文选集》，上海：上海古籍出版社，1992年，第38—39页。
② 魏启鹏、胡翔骅：《马王堆汉墓医书校释（一）》，成都：成都出版社，1992年，第53页。
③ （战国）列御寇：《列子》卷下《汤问》，《百子全书》第5册，第4656页。
④ 阚再忠、孙承禄主编：《中医骨伤科古医籍选》，北京：人民卫生出版社，1992年，第81页。
⑤ 李俊伟：《中医经典国学名篇选编》，北京：中国中医药出版社，2011年，第29页。
⑥ （清）焦循：《孟子正义》卷5《滕文公章句上》，《诸子集成》第2册，第189页。
⑦ 林梅村：《汉唐西域与中国文明》，北京：文物出版社，1998年，第324页。

四旁可容人……经岁然后取出曝乾，别用他药制之，每以少许磨酒饮人，则通身麻痹而死，虽加以刀斧亦不知也。至三日后，别以少药投之即活。盖古华陀能刳肠涤胃以治疾者，必用此药也。"①明代李时珍认同周密之说，主张华佗的麻沸散即以押不芦为主药。"押不芦"即阿拉伯语 Yabruh 或 abruh 的译音，英文写作 mandragpra or mandrake，日本学者译为"蔓陀罗华"②。另据美国学者劳费尔考证，中世纪阿拉伯波斯人阿布·曼苏尔所撰的《药物原理》一书中已经出现了"押不芦"，之后宋代僧人法云编写的《翻译名义集》卷 8 中也提到了"曼陀罗"③。而宋代窦材的《扁鹊心书》里则载有麻醉处方"睡圣散"，其药物组成为："山茄花、火麻花共为末，每服三钱，小儿只一钱，茶酒任下，一服后即昏睡。"又说："人难忍艾火灸痛，服此即昏睡不知痛，亦不伤人，山茄花八月收，火麻花七月收。"④目前学界多认同华佗"麻沸散"的主药为洋金花，亦即曼陀罗花，其麻醉作用来自于植株内的莨菪碱。但现在的问题是：华佗时代的曼陀罗是否已经引种中国？这个问题尚待考证，曼陀罗原产于印度，《法华经》说："佛说法时，天雨曼陀罗花。"⑤曼陀罗花确实是一种极芬芳美丽的花，但冯承钧先生认为："（曼陀罗）在印度并为若干不同植物之称。"⑥不过，也有学者认为："曼陀罗花在我国古代用于麻醉的历史是很久远的，它是自唐代从印度传进我国。"⑦

在北宋，司马光《涑水记闻》载："杜杞，字伟长，为湖南转运副使。五溪蛮反（指分布在今湘西及黔、渝、鄂三省市交界地区沅水上游若干少数民族的总称），杞以金帛、官爵诱出之，因为设宴，饮以曼陀罗酒，昏醉，尽杀之。"⑧孔平仲《谈苑》又载，熙宁七年（1074），"涓井蛮本诱之降，降者百余人，本授计主簿程之元兵官玉宣令毒之，本犹虑其变也。舣舟三十里外待之，密约云：若事谐，走马相报。元之等以曼陀罗花醉降者，稍稍就擒"⑨。从"饮以曼陀罗酒，昏醉"的案例看，它与《汉书》本传所载"乃令先以酒服麻沸散，既醉无所觉"⑩何其相似，简直如出一辙，而《三国志》本传则仅言："便饮麻沸散"，没有说明是否"酒服"。我们知道，陈寿是魏晋间史学家，范晔为南朝宋著名史学家，也就是说至少到南北朝时"曼陀罗酒"作为"蒙汗药"已经在许多少数民族地区被广泛应用了。从这个角度看，华佗麻沸散的主要药物极有可能就是曼陀罗花。

---

① 四库全书存目丛书编纂委员会：《四库全书存目丛书·子部》第 101 册《杂家类》，济南：齐鲁书社，1995年，第 377 页。

② 张星烺编注：《中西交通史料汇编》，北京：中华书局，1977 年，第 169 页。

③ 林梅村：《汉唐西域与中国文明》，第 325 页。

④ （清）孙震元撰、崔扫尘等点校：《疡科会粹》引《心书》，北京：人民卫生出版社，1987 年，第 228 页。

⑤ （明）李时珍：《本草纲目》卷 17《草部》，哈尔滨：黑龙江科学技术出版社，2011 年，第 440 页。

⑥ 冯承钧：《西域南海史地考证译丛五编》，北京：中华书局，1956 年，第 109 页。

⑦ 陈重明、黄胜白等编著：《本草学》，南京：东南大学出版社，2005 年，第 233 页。

⑧ （宋）司马光撰、王根林校点：《涑水记闻》卷 3，上海：上海古籍出版社，2012 年，第 41 页。

⑨ （宋）孔平仲：《孔氏谈苑》卷 1，（宋）欧阳修等撰、韩谷等校点：《归田录（外五种）》上海：上海古籍出版社，2012 年，第 138 页。

⑩ 《后汉书》卷 82 下《华佗传》，第 2736 页。

（二）华佗医著中的医疗风险意识及其临床诊治经验

1.《内照法》与华佗的医疗风险意识

前已述及，《内照法》成书于晋或南北朝，应当不是华佗的原著，所以王叔和《脉经》在引用《内照法》的内容时，不言出自华佗，但从《内照法》对脏腑病症的熟悉程度以及对其医疗风险的深刻认识看，似与华佗的医学思想有密切关系，故本书参照《三国两晋南北朝医学总集》所录华佗的医学文献，将《内照法》视为华佗的遗著之一。此外，彭静善先生所编《华佗先生内照图浅解》，也是较好的参考书。

（1）"脏腑成败"与华佗对危重病的诊断。危重病的医疗风险最高，与华佗时代对待危重病的态度不同，现代已经出现了危重病学，它是专门为危重病患者提供生命支持与脏器功能支持的临床医学学科，患者通常需要采取稳定血流动力措施、气道和呼吸支持、肾脏功能支持等，或患者需要加强或有创监测手段。①可见，现代危重病学采取一切先进的医疗手段，积极为患者的生命提供支持，使其转危为安。相较之下，华佗时代尚缺乏必要的支持手段和抢救条件，只能任其死亡。因此，在危重病患者面前，华佗显得有些消极和被动（见《三国志》本传所载华佗对诸多危重病例的处理），当然，在一定意义上，他也是为了让医者更好地规避医疗风险。比如，对于肝病引起的危重病，华佗云："肝绝八日死，何以知之？面青，但伏视而不见，泣出如水不止。"②《脉经》卷4载"肝绝"的临床表现为："面青，但欲伏眠，目视而不见人，汗出如水不止。"③不管是"泣出"，还是"汗出"，都会使津液大量外泄亡失，气随津脱，导致元气衰败，心、肝、肾等脏器功能耗竭，故有上述生命垂危之象。又"肉绝六日死，何以知之？舌肿，溺血，大便赤涩也。"④一般在临床上，舌肿可由胃热壅盛，循经上炎；风热外袭，七情郁结；阴血耗伤，舌体失养等原因引起。"溺血"，西医亦称尿血，是湿热之邪流注下焦所引起的病，主要有湿热伤肾及热结膀胱等证。"大便赤涩"，其发病原因是"阴络伤则血内溢，血内溢则后血"⑤。简言之，就是火热太过伤及阴络，遂致"大便赤涩"。综括地讲，华佗所说的"肉绝"其实指的是现代医学中一些较严重的原发性或继发性出血性疾病。⑥在"五证死"目下，华佗所讲到的"面肿苍黑""声散鼻张""唇骞齿露""气喘语迟""眼枯陷"等，都是"脏腑衰败之危候、重症，多见于肝硬化腹水，肺性脑病，心肾功能和肝功能衰竭等"⑦。

华佗能预断生死，但由于当时的医疗条件所限，他还没有办法"起死回生"，当然有些危重疾病，即使到今天，人们也依然无能为力。不过，在华佗的时代，医生通常一看到

① 于学忠、徐腾达主编：《急诊科主治医生899问》，北京：中国协和医科大学出版社，2013年，第7—8页。

② （汉）华佗：《内照法》，严世芸、李其忠主编：《三国两晋南北朝医学总集》，北京：人民卫生出版社，2009年，第15页。

③ 陈振相、宋贵美：《中医十大经典全录》，第553页。

④ （汉）华佗：《内照法》，严世芸、李其忠主编：《三国两晋南北朝医学总集》，第15页。

⑤ 陈振相、宋贵美：《中医十大经典全录》，第249页。

⑥ 丁超、周继成：《华佗〈中藏经〉、〈内照法〉论色脉辨证预后》，钱超尘、温长路主编：《华佗研究集成》，北京：中医古籍出版社，2007年，第1146页。

⑦ 丁超、周继成：《华佗〈中藏经〉、〈内照法〉论色脉辨证预后》，钱超尘、温长路主编：《华佗研究集成》，第1146页。

患者已无回生的可能，便不再进行"毫无意义"的治疗了。与之不同，现代医学却对医生提出了更高的道德要求：尤其是对于危重患者，"应当迅速无误，全力救护，哪怕是有百分之一的希望，也要做出百分之百的努力。在医务活动，医疗差错和医疗事故是难以完全避免的。如果一旦出现了这些问题，医务人员必须正确对待，认真总结经验，吸取教训，开展批评与自我批评，切不可篡改病历，毁灭证据，欺上瞒下，互相包庇或者乘人之危幸灾乐祸，冷嘲热讽，甚至落井下石"①。一句话，对于生命垂危的病人，现代医生"应全力以赴，不畏艰苦，敢于承担风险"②。

2.《华佗针灸经》与华佗向"死神"的积极挑战

《隋书·经籍志》载有《华佗枕中灸刺经》1卷③，可惜，此书已佚，后人有《华佗针灸经》辑佚本。此本内容有"取背俞法""针灸忌日""人神所在""灸刺禁忌""孔穴主治""治病诸方"等五个部分组成，其中"治病诸方"辑有四首救死处方。

第一，"救卒死方"。其法："灸两足大指爪甲聚毛中，七壮。此华佗法。一云三七壮。"④"卒死"亦即突然休克，又"尸厥死方"，其法："灸两足大指甲后丛毛内七壮。华佗云：二七壮。"⑤从临床思维的层面看，华佗为了体现"灸以补阳"的治则，多采取阳数定壮法，以七为准，用倍数加壮，如二七、三七等。在古代，"七"被视为"阳之正"⑥，如《列子·天瑞》云："一变而为七，七变而为九，九者穷也，乃复变为一。"⑦《史记·律书》云："阳数成于七。"⑧仅从这个案例来看，华佗医学思想深受阴阳学派的影响，而灸治的病症也多以阴寒偏盛、气机逆乱为主，尤适宜于阴寒内盛的厥阴病，它可起到复阳气、挽危象之效。

第二，"治霍乱方"。其法："捧病人腹卧之，伸臂对以绳度两头，肘尖头依绳下夹背脊大骨穴中，去脊各一寸，灸之百壮。不治者，可灸肘椎，已试数百人，皆灸毕即起坐。佗以此术传子孙，代代皆秘之。"⑨霍乱以"上吐下泻，病情急剧"⑩为临床特征，故《黄帝内经灵枢经·五乱篇》云："清气在阴，浊气在阳，营气顺脉，卫气逆行，清浊相干……乱于肠胃，则为霍乱。"⑪如众所知，霍乱是一种急骤凶险的疾病，但它不同于近代的传染性霍乱。对此，英国医学家德贞先生说："在我所查看的文献记录中，没有任何人提到霍乱的传染性。而在印度的记录中，欧洲1817年以来的所有报告中，传染性却是这

---

① 常敏毅：《医事与法》，北京：中国医药科技出版社，2011年，第170—171页。
② 常敏毅：《医事与法》，第169页。
③ 《隋书》卷34《经籍志》，北京：中华书局，1973年，第1047页。
④ （汉）华佗：《华佗针灸经》，严世芸、李其忠主编：《三国两晋南北朝医学总集》，第18页。
⑤ （汉）华佗：《华佗针灸经》，严世芸、李其忠主编：《三国两晋南北朝医学总集》，第18页。
⑥ （汉）许慎：《说文解字》，北京：中华书局，1963年，第307页。
⑦ （战国）列御寇：《列子》卷上《天瑞》，《百子全书》第5册，第4633页。
⑧ 《史记》卷25《律书》，北京：中华书局，1959年，第1246页。
⑨ （汉）华佗：《华佗针灸经》，严世芸、李其忠主编：《三国两晋南北朝医学总集》，第18页。
⑩ 王爱荣、张彩凤主编：《仲景护理与临床》，北京：中国中医药出版社，1994年，第122页。
⑪ 陈振相、宋贵美：《中医十大经典全录》，第214页。

种天灾最为突出的特点。"①所以他主张应当把中医文献中的霍乱与现代医学所说的传染病霍乱区别开来，罗尔纲先生亦力主此说。不过，邓铁铸先生却认为："《黄帝内经》中所说的霍乱，与现代传染病学中的霍乱并不同义。但前者的概念可以包括后者在内，因为二者不但症状相似，而且《黄帝内经》也指出霍乱为一种时令的流行病，至于从病原学上看，当时是否已有真性霍乱存在？如果有，是本土所致还是外界传入？这些都已无从考证。"②邓氏的见解应当引起重视，特别是华佗曾用针灸救治因霍乱所致"假死"的患者，收到良好效果，而在近代传染性霍乱施虐之际，有人扔用针灸救治霍乱患者，同样收到良好效果。这种看似巧合的现象，一定存在着内在的必然联系。

对于因霍乱所致的"假死"现象，《华佗针灸经》云："华佗治霍乱已死，上屋唤魂，又以诸治皆至，而犹不差者。"③"上屋唤魂"实则是患者正处于"假死"状态，故用针灸刺激特定穴位，能使患者慢慢苏醒。

第三，"鬼魇方"，其治法："魇，灸两足大趾丛毛中各二七壮。（《肘后方》云华佗法，又救卒死中恶。）"④所谓"鬼魇"即睡中为"鬼"所魇，实际上，就是因感遇惊险离奇之事所致夜做噩梦，常突然惊觉，或梦中感觉有重物压住身体，欲动不能，欲呼不出，挣扎良久，一惊而醒的睡眠障碍性疾病。如葛洪说："魇，卧寐不寤者，皆魂魄外游，为邪所执录，欲还未得所。忌火照，火照遂不复入。"⑤用今天的话说，魇是由"正气虚弱，神魂不安，心神混乱所致，或因心阳不足，痰浊阻胸，或因心阴不足，心失所养，神不守舍。或因肝火内炽，心经蕴热，复因睡时体位不当或手压胸所致"⑥，根本不存在什么"神鬼"，但这种疾病确实也很危险，故《医宗金鉴》有"鬼魇暴绝最伤人"⑦之说。又《东医宝鉴》载："其精神弱者则久不得寤，乃至气绝"，"如不醒乃鬼魇也，不急救则死"⑧。可见，一旦遇到鬼魇则必须及时救治。灸治法："当灸奇穴，在足两大趾内，去爪甲如韭叶许，名鬼眼穴。灸之则鬼邪自去，而病可愈也。"⑨

仅从上述病例可以看出，相较于《内照法》，《华佗针灸经》显示了华佗敢于积极承担风险的一面，看来《三国志》本传所言"若当灸，不过一两处，每处七八壮"是可信的。

3.《华佗药方》与华佗对"伤寒病"的预后风险意识及其他

《隋书·经籍志》和《旧唐书·经籍志》都载有"《华佗方》十卷"，为吴普所集，惜

① 高晞：《德贞传：一个英国传教士与晚清医学近代化》，上海：复旦大学出版社，2009年，第388页。
② 邓铁涛主编：《中国防疫史》，南宁：广西科学技术出版社，2006年，第17—18页。
③ （汉）华佗：《华佗针灸经》，严世芸、李其忠主编：《三国两晋南北朝医学总集》，第18页。
④ （汉）华佗：《华佗针灸经》，严世芸、李其忠主编：《三国两晋南北朝医学总集》，第18页。
⑤ （晋）葛洪原著、（梁）陶弘景增补、尚志钧辑校：《补辑肘后方》上卷《治卒魇寐不寤方》，合肥：安徽科学技术出版社，1983年，第14页。
⑥ 张伯臾主编：《中医内科学》，上海：上海科学技术出版社，1985年，第198—199页。
⑦ （清）吴谦著、刘国正校注：《医宗金鉴》卷86《刺灸心法要诀》，北京：中医古籍出版社，1995年，第1010页。
⑧ （朝）许浚原著，高光震等校释：《东医宝鉴校释·杂病篇》卷9《鬼魇》，北京：人民卫生出版社，2001年，第810页。
⑨ （清）吴谦著、刘国正校注：《医宗金鉴》卷86《刺灸心法要诀》，第1010页。

自从明末以降，此书即散佚不存。而今辑佚本中有"论伤寒时病治法"一篇，它是研究华佗伤寒论治思想的重要历史文献。在此，为考述方便，我们不妨先将原文引证如下：

> 夫伤寒始得，一日在皮，当摩膏火灸之即愈。若不解，二日在肤，可依法针，服解肌散发汗，汗出即愈。若不解，至三日在肌，复一发汗即愈。若不解者，止勿复发汗也。至四日在胸，宜服藜芦丸，微吐之则愈；若病困，藜芦丸；不能吐者，服小豆瓜蒂散，吐之则愈也。视病尚未醒，醒者，复一法针之。五日在腹，六日入胃，入胃乃可下也。若热毒在外，未入于胃，而先下之者，其热乘虚入胃，即烂胃也。然热入胃，要须下去之，不可留于胃中也。胃若实热为病，三死一生，皆不愈；胃虚热入，烂胃也，其热微微者赤斑出，此候五死一生；剧者黑斑出者，此候十死一生。①

从华佗的临床思维特征看，其与扁鹊的表里辨证论治方法很相似。如《史记·扁鹊仓公列传》载：

> 扁鹊过齐，齐桓侯客之。入朝见，曰："君有疾在腠理，不治将深。"桓侯曰："寡人无疾。"扁鹊出，桓侯谓左右曰："医之好利也，欲以不疾者为功。"后五日，扁鹊复见，曰："君有疾在血脉，不治恐深。"桓侯曰："寡人无疾。"扁鹊出，桓侯不悦。后五日，扁鹊复见，曰："君有疾在肠胃闲，不治将深。"桓侯不应。扁鹊出，桓侯不悦。后五日，扁鹊复见，望见桓侯而退走。桓侯使人问其故。扁鹊曰："疾之居腠理也，汤熨之所及也；在血脉，针石之所及也；其在肠胃，酒醪之所及也；其在骨髓，虽司命无奈之何！今在骨髓，臣是以无请也。"后五日，桓侯体病，使人召扁鹊，扁鹊已逃去，桓侯遂死。"②

显然，华佗继承了扁鹊"表里辨证论治伤寒理论体系"的医学思维传统，并结合汉代医学发展的临床实际，提出了一套有别于张仲景诊治伤寒病的经验和方法，亦即"表里辨证论治伤寒理论体系"。我们知道，张仲景在《伤寒论》中首创六经（指太阳、阳明、少阳、太阳、少阴、厥阴）辨证论治的医疗体系，此体系渊源于《素问·热论篇》，"热论"所言皆属于伤寒一类的外感热病。《素问·热论篇》云：

> 伤寒一日，巨阳受之，故头项痛腰脊强。二日，阳明受之。阳明主肉，其脉侠鼻络于目，故身热目痛而鼻干，不得卧也。三日，少阳受之，少阳主胆，其脉循胁络于耳，故胸胁痛而耳聋。三阳经络，皆受其病，而未入于脏者，故可汗而已。四日，太阴受之，太阴脉布胃中，络于嗌，故腹满而嗌干。五日，少阴受之，少阴脉贯肾，络于肺，系舌本，故口燥舌干而渴。六日，厥阴受之。厥阴脉循阴器而络于肝，故烦满而囊缩。三阴三阳，五脏六腑皆受病，荣卫不行，五脏不通，则死矣。其不两感于寒者，七日，巨阳病衰，头痛少愈；八日，阳明病衰，身热少愈；九日，少阳病衰，耳

---

① （三国·魏）吴普：《华佗药方》，严世芸、李其忠主编：《三国两晋南北朝医学总集》，第20页。
② 《史记》卷105《扁鹊仓公列传》，第2793页。

*韦微闻；十日，太阴病衰，腹减如故，则思饮食，十一日，少阴病衰，渴止不满，舌干已而嚏，十二日，厥阴病衰，囊纵，少腹微下，大气皆去，病日已矣。*①

不过，张仲景并不认同计日传经说。例如，《伤寒论·辨少阳病脉证并治》云："伤寒三日，三阳为尽，三阴当受邪，其人反能食而不呕，此为三阴不受邪也。"②所以清代医家柯琴指出："旧说日传一经，六日至厥阴，七日再太阳，谓之再经。自此说行，而仲景之堂，无门可入矣。夫仲景未尝有日传一经之说，亦未有传至三阴而尚头痛者。"③如此看来，张仲景的"六经辨证"与华佗的"脏腑辨证"确实存在较大差异。有学者评论华佗的伤寒辨证方法说："华佗论伤寒不用《素问·热论篇》中六经传变之理论思维模式，他或继承扁鹊学派对伤寒病的理论概括思想，或经自己临床实践经验之总结，或来自前人与传染病、流行病发生发展中大量证候之共性、个性经验总结，归纳出一个认识伤寒、诊断伤寒、治疗伤寒与判断伤寒预后的'表里辨证论治伤寒理论体系'，其纲领与张仲景'六经辨证论治伤寒理论体系'明显不同。"④尽管华佗"对伤寒之理论概括，较张仲景对伤寒之理论概括，显然要简要得多，是其优点所在；若与《伤寒论》的397法相比，又显然不够全面系统了，是华佗之不足，这也许正是由于华佗所论之佚失散乱所造成的结果。"⑤

"五疰"是指飞尸、遁尸、风尸、沉尸、尸疰，有学者认为古籍中所记载的疰病"与结核性脑膜炎相似"⑥，也有的学者认为疰病就是指慢性传染病，主要指痨瘵。⑦按：汉代刘熙《释名·释疾病》载："注病，一人死，一人复得，气相灌注也。"⑧可见，"疰"同"注"，原义是由呼吸道传染的肺病。通俗地讲，是指肺痨患者，生前（痨疰）或死后（尸疰、传尸），其痨虫传染给别人（虫注、毒疰）而致病。⑨由于"疰病"本身的神秘性与复杂性，且传染之毒物又难有行迹可寻，故研究者自然会把它与道教信仰联系起来，于是，就有了"鬼""飞"之说。⑩如华佗《中藏经·传尸篇》说："人之血气衰弱，脏腑虚羸，中于鬼气，因感其邪，遂成其疾也。……或因酒食而遇，或因风雨而来，或问病吊丧而得，或朝走暮游而逢，或因气聚，或因血行，或露卧于田野，或偶会于园林。钟此病死之气，染而为疾。"⑪在这里，华佗已经认识到与"传尸"者直接接触是造成患病的重要条

① 陈振相、宋贵美：《中医十大经典全录》，第50页。
② 陈振相、宋贵美：《中医十大经典全录》，第365页。
③ （清）柯琴撰，王晨、张黎临、赵小梅校注：《伤寒来苏集》，北京：中国中医药出版社，1998年，第9页。
④ 李经纬、张志斌主编：《中医学思想史》，长沙：湖南教育出版社，2006年，第187—188页。
⑤ 李经纬、张志斌主编：《中医学思想史》，第188页。
⑥ 田成庆："尸"、"疰"病如何治疗，《全国首届中医学术会议论文摘要选编》编辑组：《全国首届中医学术会议论文摘要选编》，内部资料，1979年，第205页。
⑦ 朱文锋主编：《实用中医词典》，西安：陕西科学技术出版社，1992年，第555页。
⑧ 任继昉：《释名汇校》，济南：齐鲁书社，2006年，第453页。
⑨ 张伯臾主编：《中医内科学》，北京：人民卫生出版社，1988年，第132页。
⑩ 陈昊：《汉唐间墓葬文书中的注（疰）病书写》，荣新江主编：《唐研究》第12卷，北京：北京大学出版社，2006年，第267—304页。
⑪ 陈振相、宋贵美：《中医十大经典全录》，第461—462页。

件。至于治疗方法，《华佗药方》载有"五疰丸方"，其药物组成是："丹砂（研）、雄黄（研）、附子（炮，各一两）、甘遂（半两，熬）、豉（六十枚，熬）、巴豆（六十枚，去心皮，熬令变色。）右六味，捣下筛，巴豆别研令如脂，乃更合捣取调，白蜜和之，藏以密器。"[①]对其疗效，华佗很自信地讲："疗中恶、五疰、五尸入腹，胸胁急痛，鬼击客忤，停尸垂死者，入喉即愈。若已噤，将物强发开。若不可发，扣齿折以灌下药汤，酒随进之，即效方。"[②]我们现在最关心的问题是，医者在施救"疰病"患者的时候，如何自我保护？要知道，在当时的历史条件下，医者被传染的风险极高，以至于我们目前无法知道在历史上究竟有多少医者被染病而死？由此，我们不禁为那些敢于同疰病作斗争的无名医者的牺牲精神所感动。

此外，尚有"华佗狸骨散、龙牙散、羊脂丸诸大药等，并在大方中，及成帝所受淮南丸，并疗疰易灭门"[③]。又有"中忤中恶鬼气，其证或暮夜登厕，或出郊外，蓦然倒地，厥冷握拳，口鼻出清血，须臾不救，似乎尸厥，但腹不鸣，心腹暖尔。勿移动，令人围绕，烧火打鼓，或烧苏合香、安息香、麝香之类，候醒乃移动。用犀角五钱，麝香、朱砂各二钱五分，为末。每水调二钱服，即效。"[④]文中的"中忤中恶鬼气"是指忤犯浊恶之气，所致心腹暴痛，闷乱如死之证，如现代的冠心病、急性心肌梗死、心力衰竭等，都可能引起"似乎尸厥"一类的临床危急症状。

二、华佗医学思想的主要特点和学术地位

（一）华佗医学思想的主要特点

（1）带有一定"巫术"色彩的外科手术，既有真实的内容又有传说的成分，因而使华佗的整个临床医学体系呈现出复杂性与超验性的特点。

华佗被称为"外科手术之祖"，他是世界上第一个采用全身麻醉实施剖腹手术的人，较西方早约 1600 年。[⑤]对于华佗的外科手术本身，学界尚有不同的认识，具体讨论见前。这里，我们还探讨一下华佗手术与汉代盛行的"巫术"问题。学者郑曙斌说：

> 汉代信巫鬼，重淫祀。"天人感应"和谶纬神学以及五行相生相克的神秘系统正式建立并盛行起来，巫术的内容和形式有所变化，除沿袭旧的巫术击鼓、歌舞、降神给人祈福禳灾外，还行祝由、占星、卜筮、望风及风角之术，出现了符箓、禁咒、蛊惑和幻术，并衍生出神仙方术。巫师是神之附体，能沟通鬼神，掌握天机，预知吉凶。他们一般以祈祷、禁咒、方药来行事，沟通人与鬼神，以求祈福禳灾。自春秋战国以来，专司通神之职的巫祝社会地位下降，逐渐从官府散向民间。但汉代从帝王将

---

① （三国·魏）吴普：《华佗药方》，严世芸、李其忠主编：《三国两晋南北朝医学总集》，第 21 页。
② （三国·魏）吴普：《华佗药方》，严世芸、李其忠主编：《三国两晋南北朝医学总集》，第 21 页。
③ （三国·魏）吴普：《华佗药方》，严世芸、李其忠主编：《三国两晋南北朝医学总集》，第 23 页。
④ （三国·魏）吴普：《华佗药方》，严世芸、李其忠主编：《三国两晋南北朝医学总集》，第 23 页。
⑤ 王绍铿：《平民的追求·二十余位平民精英》，银川：阳光出版社，2012 年，第 116 页。

相到庶民百姓无不迷信巫术。①

在这样的历史大背景下,华佗想要超越这个特定的历史阶段,恐怕非常困难,尽管《三国志》的作者陈寿把华佗描述成一位技艺高超的医者,但是他在具体阐释每个案例的过程中,还是自觉或不自觉地流露出一定的"巫术"情结。例如,"佗行道,见一人病咽塞,嗜食而不得下,家人车载欲往就医。佗闻其呻吟,驻车往视。语之曰:'向来道边有卖饼家蒜齑大酢,从取三升饮之,病自当去。'即如佗言,立吐蛇一枚,县车边,欲造佗。佗尚未还,小儿戏门前。逆见,自相谓曰:'似逢我公,车边病是也。'疾者前入坐,见佗北壁县此蛇辈约以十数"②。在此,何谓"蒜齑大酢",有人解释为"醋制酸菜汁"③,也有人认为是"蒜泥与醋调和的药物"④,还有学者认为是"一种用酒或酒糟发酵制成的酸味调料"⑤,或云是"用蒜头、腌菜和醋制成的佐料"⑥等。不管哪一种解释,事实上,让患者一次"取三升饮之",都是不现实的。因为患者本来就"病咽塞者,嗜食而不得下",如何饮下三升"蒜齑大酢",不能不令人生疑。如果说《三国志》的记载还比较尊重临床实际的话,那么,《华佗别传》所载诸案例就更显得离奇和让人匪夷所思了。比如:

> 琅琊刘勋为河内太守,有女年几二十,苦脚左膝有疮,痒而不痛,疮愈数十日复发,如此七八年。迎佗使视。佗曰:"是易治之。当得稻糠,黄色犬一头,好马二匹。"以绳系犬颈,使走马牵犬,马极,辄易,计马走三十余里,犬不能行,复令步人拖曳,计向五十里,乃以药饮女。女即安卧不知人,因取大刀断犬腹,近后脚之前,以所断之处向疮口,令二三寸,停之须臾,有若蛇者,从疮中出。便以铁椎横贯蛇头,蛇在皮中动摇良久,须臾,不动,乃牵出,长三尺许,纯是蛇,但有眼处而无童子,又逆鳞耳。以膏散着疮中,七日愈。⑦

魏晋时期的文人多把它看作是神话故事,或者是志怪小说,如干宝的《搜神记》就是如此。所以有学者认为:"从《三国志》裴注中保存的《华佗别传》看,其所传记皆为此类奇事,将一代名医完全方士化了。这种使人物生平事迹的叙述趋于虚幻化,小说化的倾向,显然有悖于传记文学创作所应遵循的历史真实性的原则。"⑧若从道教医学的角度看,则华佗的上述病案,应当与道教的"三尸九虫"信仰有关。如《云笈七签》载:"夫人身并有三尸九虫。人之生也,皆寄形于父母胞胎五谷精气,是以人腹中尽有尸虫,为人之大

① 郑曙斌:《汉代的巫术》,熊传薪主编:《汉朝·汉族·汉文化》,台北:艺术家出版社,1999 年,第 151 页。
② 《三国志》卷 29《华佗传》,第 801 页。
③ 《医者人心》编委会:《医者仁心》,南昌:江西高校出版社,2011 年,第 8 页。
④ 舒忠民主编:《实用非药物疗法大全》,北京:中医古籍出版社,1999 年,第 383 页。
⑤ 张振德、诸灵修主编:《古代汉语自学辅导》,成都:四川省社会科学院,1985 年,第 175 页。
⑥ 张宏:《千古传世美文·魏晋南北朝卷》,北京:九洲图书出版社,1999 年,第 135 页。
⑦ 《三国志》卷 29《华佗传》注引《佗别传》,第 803 页。
⑧ 李祥年:《汉魏六朝传记文学史稿》,上海:复旦大学出版社,1995 年,第 194 页。

害其中。"①故道士医生经常利用各种巫术手段来驱除"尸虫",尽管华佗的治疗手段不能等同于一般的巫术,因为它毕竟具有一定的技术,但就其实质来说,仍然不可避免地带有汉代巫术的烙印和色彩。仅此而言,李国荣先生所说:"当时被曹操召至魏国的除甘始、左慈、郄俭外,还有王真、封君达、鲁女生、华佗、东郭延年……等十多人,都是北方著名的方士。"②至于曹操为何将这些"方士"笼络左右,曹植披露事情的真相云:"世有方士,吾王(指曹操)悉所招致,甘陵有甘始、庐江有左慈、阳城有郄俭。(甘)始能行气导引,(左)慈晓房中之术,(郄)俭善辟谷,悉号三百岁。本所以集之于魏国者,诚恐斯人之徒接奸诡以惑众,行妖慝以惑人,故聚而禁之。"③看来,华佗所具有的那种魔幻般的医术,确实体现了汉代方士的典型特征。当然,神话也是由现实依据的。比如,对于上述华佗为琅琊刘勋之女所做的手术,骨伤科史家认为:"从所描述症状及所取之物形态看,此例实乃手术治疗慢性骨髓炎取出死骨之案例。"④这种有虚有实的案例,需要我们用历史的态度去伪存真,既不以虚否实,也不以实掩虚。

(2)以脏腑辨证为理论框架,综合运用针灸、方药和手术疗法,对症治疗,方法灵活。《中藏经》是否华佗的著作,学界至今争论不休。但就其所反映的医学思想特色看,《中藏经》确实包含着华佗医学理论的成分和内容。清代名医徐大椿先生曾在《难经经释序》中说:"自古言医者,皆祖《内经》,而《内经》之学至汉而分。仓公氏以诊胜,仲景氏以方胜,华佗氏以针灸杂法胜。虽皆不离乎《内经》,而师承各别。"⑤至于华佗的师承,谢观先生述云:"吾国医学之兴,遐哉尚矣。《曲》、《礼》:医不三世,不服其药。《孔疏》引旧说云:三世者,一曰黄帝针灸,二曰神农本草,三曰素女脉诀,又云天子脉决,此盖中国医学最古之派别也。其书之传于后世者,若《灵枢经》则黄帝针灸一派也,若《本经》则神农本草一派也,若《难经》则素女脉诀一派也。……派别可推见者,华元化为《黄帝针灸》一派。"⑥还有学者经过考证后,发现"扁鹊—淳于意—华佗在医学思想和医疗技术上有相通或有共性之处,其师承授受之脉络亦应存在不可分割之关系",且"《文苑英华》载:唐·王勃在撰写《黄帝八十一难经·序》中说:'秦越人始定章句,历九师以授华佗。'推演年代,秦越人为齐桓公治病,系公元前375年之事,距华佗已500余年,'历九师以授华佗'之说,尤可征信。"⑦在理论上,如果《中藏经》和《内照法》确系华佗或华佗一派的著作,那么,华佗的医学精髓就不仅"与《灵枢》、《素问》、《难经》相为表里",而且"在《素问》、《灵枢》的基础上,使脏腑辩证的理论系统化,并大大的

① (宋)张君房纂辑、蒋力生等校注:《云笈七签》卷83《紫薇宫降太上去三尸法》,北京:华夏出版社,1996年,第518页。
② 李国荣:《帝王与炼丹》,北京:中央民族大学出版社,1994年,第88页。
③ (三国·魏)曹植:《辩道论》,吴玉贵、华飞主编:《四库全书精品文存》第7卷《广弘明集》,北京:团结出版社,1997年,第281页。
④ 胡兴山、葛国梁主编:《中医骨伤科发展史》,北京:人民卫生出版社,1991年,第22页。
⑤ 刘洋主编:《徐灵胎医学全书·难经经释》,北京:中国中医药出版社,1999年,第3页。
⑥ 谢观著、余永燕点校:《中国医学源流论》,福州:福建科学技术出版社,2003年,第12页。
⑦ 牛正波等:《华佗研究》,合肥:黄山书社,1991年,第81页。

提高了一步"①。甚至有学者认为："《中藏经》一书开中医学脏腑辨证之先河。"②

在《中藏经》里，华佗的脏腑辩证思想可以概括为以下几点：

第一，以脏腑为辨证中心，《中藏经·论五脏六腑虚实寒热生死逆顺之法》云："夫人有五脏六腑，虚、实、寒、热、生、死、逆、顺，皆见于形证脉气，若非诊察，无由识也。"③在此，"虚、实、寒、热、生、死、逆、顺"八纲被公认为辨证方法的基本纲领，仔细考察，则华佗脏腑辨证"八纲"渊源于《素问》，但又有自身的特色："辨病机定性为寒、热、虚、实；辨病势预后为顺、逆、生、死。"④

第二，以形证脉气为辨证依据，病变在内，如何客观和相对准确地判断疾病发生的原因、部位和传变呢？华佗主张外则"形证脉气"，即通过"诊察"形证脉气而推知疾病之所在，以便于对症治疗。《中藏经·脉要论》云："脉者，乃气血之先也。"其中"短、涩、沉、迟、伏皆属阴；数、滑、长、浮、紧皆属阳。阴得阴者从，阳得阳者顺；违之者逆。"⑤例如，"脾病，面黄，体重，失便，目直视，唇反张，手足爪甲青，四肢逆，吐食，百节疼痛不能举，其脉当浮大而缓，今反弦急，其色当黄，而反青，此十死不治也"⑥。所以有学者认为，《中藏经》是以形证脉气为依据来辨识脏腑病症之最早的医学著作，"纵览医籍，凡虚实寒热之辨者，汗牛充栋；而决生死逆顺者，凤毛麟角。《中藏经》则将决生死逆顺列为辨证之纲，明断其病证'不治''死''几日死''十死不治'或断'可治''不妨''不治自愈'，辞确言明"⑦。

第三，脏腑辨证的关键是"寒热虚实"，《中藏经·论五脏六腑虚实寒热生死逆顺之法》云："虚则补之，实则泻之，寒则温之，热则凉之，不虚不实，以经调之，此乃良医之大法也。"⑧为此，华佗在"寒热论"篇及"虚实大要论"篇，对脏腑辨证的重点即"寒热虚实"做了详细的阐释，至今都有可以借鉴的临床实用价值。因此，从这个层面讲，"《中藏经》把五脏辨证施法更系统化，确定了按脏腑虚实寒热辨证施治的雏形"⑨。

第四，独特的疾病传变观，华佗对病变过程的认识，主要体现在"上下不宁"的变化。他说："脾病者，上下不宁，何谓也？脾上有心之母，下有肺之子。心者，血也，属阴；肺者，气也，属阳。脾病则上母不宁，母不宁则为阴不足也，阴不足，则发热。又脾病则下子不宁，子不宁则为阳不足也，阳不足，则发寒。脾病则血气俱不宁，血气不宁，则寒热往来，无有休息，故脾如虐也。……他脏上下，皆法于此也。"⑩可见，这里所讲的

① 任应秋主编：《中医各家学说》，上海：上海科学技术出版社，1980年，第23页。
② 林毅：《〈中藏经〉脏腑辨证考》，钱超尘、温长路主编：《华佗研究集成》，第730页。
③ 陈振相、宋贵美：《中医十大经典全录》，第462页。
④ 孙光荣：《〈中藏经〉在脏腑辨证理论发展中之三大贡献》，钱超尘、温长路主编：《华佗研究集成》，第1128页。
⑤ 陈振相、宋贵美：《中医十大经典全录》，北京：学苑出版社，1995年，第462页。
⑥ 陈振相、宋贵美：《中医十大经典全录》，第466页。
⑦ 孙光荣主编：《孙光荣释译〈中藏经〉》，北京：中国中医药出版社，2014年，第223页。
⑧ 陈振相、宋贵美：《中医十大经典全录》，第462页。
⑨ 沈舒文：《中医内科病证治法》，北京：人民卫生出版社，1993年，第3—4页。
⑩ 陈振相、宋贵美：《中医十大经典全录》，第456—457页。

"上下不宁"具有普遍的指导意义，它反映了华佗《中藏经》诸病证候的传变观。

而对脏腑病的治疗，华佗在遵循"汗、吐、下"的治疗总则下，因病施治，不拘一格，方法灵活多样。当然，华佗在具体施治的过程中，是冒着极大医疗风险的。例如，"有一郡守病，佗以为其人盛怒则差，乃多受其货而不加治。无何弃去，留书骂之。郡守果大怒，令人追捉杀佗。郡守子知之，嘱使勿逐。守瞋恚既甚，吐墨血数升而愈"①。假如没有郡守之子的阻拦，后果就很难预料。不过，随着医疗技术的进步，像华佗所遭遇到上述的施治风险完全可以避免，但利用情绪调节来治病的理念却值得借鉴。故张从正《儒门事亲》载："悲可以治怒，以怆恻苦楚之言感之；喜可以治悲，以谑浪亵狎之言娱之。恐可以治喜，以恐惧死亡之言怖之。怒可以治思，以污辱欺诈之言触之。思可以治恐，以虑彼志此之言夺之。凡此五者，必诡诈谲怪，无所不至，然后可以动人耳目，易人听视。"②华佗正是利用"怒可以治思"的心理疗法，治愈了郡守因思虑过度所导致的淤血内积病，这是由于怒气中生，血管收缩，血循环加快，从而使内积淤血随呕喷出。于是，脾胃的运化功能逐渐恢复，疾病随之而愈。又如："有妇人长病经年，世谓寒热注病者。冬十一月中，佗令坐石槽中，平旦用寒水汲灌，云当满百。始七八灌，会战欲死，灌者惧，欲止。佗令满数。将至八十灌，热气乃蒸出，嚣嚣高二三尺。满百灌，佗乃使然火温床，厚覆，良久汗洽出，著粉，汗燥便愈。"③这是华佗利用水疗法治愈"寒热注病"之一例，其治病原理是寒极生热，内热随汗发散。不过，对于此案例的临床意义，有论者分析说：

> 第一，经年之病，一战而愈，既可见医者深厚的功底，超常的胆识，又可见奇法愈奇病，关键在于施治中的。第二，该例获效之法在于取其"战汗"。战汗乃正邪剧急的表现，邪郁深者，正气起而抗邪，战而汗出，若正胜邪祛则病可向愈，此为医者所熟知，而该例施治之妙在于诱发战汗的方法不同寻常。取冷水汲灌，促使卫气奋起抗邪，此犹如破釜沉舟，背水一战，以使卫气奋起抗邪也。热气蒸出之后以"燃火温床厚覆"以助之，因势利导，而使汗出。整个施治过程完全依靠物理疗法而深合中医医理，耐人寻味。第三，战而汗出，但过汗则伤正，故诱其战汗之后又以扑粉法敛汗，以防正气大伤。乍看开始治法，似乎鲁莽，实则胆大心细之举也。第四，此法当用于体壮正气足之人，吾辈当师其理而勿泥其法，以免胶柱鼓瑟。④

再如，"有人病腹中半切痛，十余日中，鬓眉堕落。佗曰：'是脾半腐，可刳腹养治也。'使饮药令卧，破腹就视，脾果半腐坏。以刀断之，刮去恶肉，以膏傅疮，饮之以药，百日平复"⑤。文中"脾半腐"即组织坏死的病理解剖学改变，华佗以此作为手术切

---

①　《三国志·魏书》卷 29《华佗传》，第 801 页。

②　（金）张从正著、王雅丽校注：《儒门事亲》卷 3《九气感疾更相为治衍》，北京：中国医药科技出版社，2011 年，第 75 页。

③　《三国志·魏书》卷 29《华佗传》，第 804 页。

④　刘亚娴等：《怪病妙治选析》，北京：中医古籍出版社，1989 年，第 30 页。

⑤　《三国志·魏书》卷 29《华佗传》，第 804 页。

除的指标。①从脾半腐的切除手术看，"麻醉—开腹—手术操作—术毕缝合—敷以'神膏'。(预防感染)，与现代手术程序相同，只是现代无菌技术操作的水平提高了预防感染多使用抗菌药而已。据近年医药部门对'神膏'的研究，发现它具有良好的抗感染作用，甚至对绿脓捍菌也能杀灭。说明古代医家对于金疮伤的诊疗是卓有成效的"②。当然，如此超时代的手术奇迹，也不排除里面包含着"想象发挥"的成分，而在临床实践中未必真有其事。对此，廖育群先生评述说：

> （文中）明言脾脏腐坏，以刀断之，则肯定是腹腔内手术，但如此更能说明华佗神技的病例却未被陈寿引述，说明《华佗别传》中难免已经包含了相像发挥的成分。复杂的内脏切除手术，不仅仅需要一定的麻醉技术，而且还必须具有相当水平的解剖知识、止血技术、灭菌措施、输血与抗休克保证、手术器械等条件。所有这些，似乎不是由某一个杰出人物在短短的一生中就能够实现的，而是需要在相当长的手术疗法实践中逐步积累才可能达到的。就整个中国古代医学的发展历史及其特点看，这些要素恰恰是最薄弱的部分。③

无论如何，华佗"脾半腐"切除手术的过程被历史文献记载下来了，而且与现代手术的过程或程序非常吻合，这本身就是一项了不起的医学成就。

总之，华佗对脏腑的形态、功能，已经形成了一套比较成熟的理论，这与他自身具有深厚的解剖学知识有密切联系，而他能够发《黄帝内经素问》和《难经》所未发，也与此有关。关于这个问题，我们将在后面详议。

（3）在道家养生理念的引导下，创立了"五禽戏"，流传甚广，遂成为我国古代最著名的体育健身功法之一。顾名思义，"五禽戏"就是模仿五种动物的动作，强身健体。据《三国志》本传记载："（吴普）依准佗治，多所全济。佗语普曰：'人体欲得劳动，但不当使极尔。动摇则谷气得消，血脉流通，病不得生，譬犹户枢不朽是也。是以古之仙者为导引之事，熊颈鸱顾，引挽腰体，动诸关节，以求难老。吾有一术，名五禽之戏：一曰虎，二曰鹿，三曰熊，四曰猿，五曰鸟。亦以除疾，并利蹄足，以当导引。体中不快，起作一禽之戏，沾濡汗出，因上著粉，身体轻便，腹中欲食。'普施行之，年九十余，耳目聪明，齿牙完坚。"④从这段记载看，"五禽戏"的功法可以长期练习，也可以在发现"体中不快"之后，根据每个人自身的条件，选择"一禽之戏"，练习到"沾濡汗出"为度，这样能起到"身体轻便，腹中欲食"之效，也即此功法的主要目的是增加血流量，促进胃肠功能的运动。根据马王堆三号汉墓出土的"导引图"分析，华佗的"五禽戏"并非一时一地所成，而是有一个比较古老的文化传统，所以周世荣先生考证说："我国古代结合气功锻炼的运动叫作内功，它包括动功、静功和呼吸锻炼三个方面，马王堆导引图则属于动

---

① 匡调元：《中医病理研究》，上海：上海科学技术出版社，1980年，第388页。
② 凌国枢：《创立中国新医学》，北京：中医古籍出版社，2009年，第216页。
③ 廖育群、傅芳、郑金生：《中国科学技术史·医学卷》，北京：科学出版社，1998年，第156页。
④ 《三国志·魏书》卷29《华佗传》，第804页。

功，其中模仿动物形象的则类似'五禽戏'。'五禽戏'是后汉时期名医华佗模仿五种禽兽的动作，结合民间有关保健运动整理而成。马王堆《导引图》中除了虎式与鹿式运动因文字残缺不能确认外，其他三种都有，而且不止一种动作。如鸟式就有'信'、'鹞'、'谣北'（鹞背）、'鹤口'四种，熊式有'熊经'，猿式有'笺（猿）墟'。可见华佗的'五禽戏'与马王堆导引图有一定的历史渊源关系。"①为论述方便，我们不妨将题有动物形象的《导引图》之相关内容与专家考证结果转引如下：

一是题"鹤口"。画面中人物着兰色长服，束腰，赤襟，头向侧上方微仰，两臂平展，似模仿仙鹤展翼之状。

二是题"熊经"。画面中人物着棕灰色长服，束服，半侧身作转体运动状，两臂微屈向前。《庄子·刻意》所云"熊经鸟伸"中的"熊经"，指的应当就是这种动作。

三是题"蛮（龙）登"，也有释为"蚩登"者。画面中人物戴巾帻状，着棕色长服，束腰，直立，双臂向外上方高举，呈振翅欲飞状。

四是题"信"。对此字，学者尚有争议。周世荣先生认为："'信'，与'呻'通，带有叫的意思。"②与此不同，有学者则认为："信"同"伸"，"'伸'字上当缺'鸟'字，即'鸟伸'之式。从图像上看，俯地弯腰，状若鸟之伸躯。这种命名为'鸟伸'的导引图为时最古。"③不过，唐兰先生考证云："《庄子》说'熊经鸟申'，司马彪注说'若鸟之颐呻也'，颐呻也是痛苦声。画中的人物是两足垂直，身前俯，两手据地，是兽形，不是鸟形。"④我们认为将"信"释为"鸟伸"，与《古本华佗五禽戏》中所载之"鸟伸"（即鸟之伸躯）比较一致，应当是可信的。

五是题"鹞"，画面中人物裸上体，兰赏，赤足，弓步，作展双臂前扑状，其一臂高举，一臂下扬，像鹰鹞侧翼迅疾下飞的形态。

六是题"笺（猿）墟"。画面中人物着蓝色长服，束腰，右手向上斜伸，左手向外下斜展，呈啸呼状，是一种仿生功法。

在华佗之前，有《导引图》呈现于世，比较直观地展示了汉代导引疗法的简朴性特色，即模仿动物的单纯动作。而在华佗之后，见载于陶弘景所辑的《养性延命录》中的"五禽戏"，动作幅度则发生了巨大变化。其文云："虎戏者，四肢距地，前三掷，却二掷，长引腰，乍却，仰天，即返距行，前、却各七过也。鹿戏者，四肢距地，引项反顾，左三右二，左右伸脚，伸缩亦三亦二也。熊戏者，正仰，以两手抱膝下，举头，左僻地七，右亦七，蹲地，以手左右托地。猿戏者，攀物自悬，伸缩身体，上下一七。以脚拘物自悬，左右七。手钩却立，按颈，各七。鸟戏者，双立手，翘一足，伸两臂，扬眉鼓力，

①　周世荣：《从马王堆三号汉墓出土的导引图看五禽戏》，《五禽戏》编写小组：《五禽戏》，北京：人民体育出版社，1978年，第75页。注：引文中的导引图序号，已删去。

②　周世荣：《从马王堆三号汉墓出土的导引图看五禽戏》，《五禽戏》编写小组：《五禽戏》，第74页。

③　湖南省博物馆、中医研究院医史文献研究室：《马王堆三号汉墓帛画导引图的初步研究》，马王堆汉墓帛书整理小组：《导引图论文集》，北京：文物出版社，1979年，第21页。

④　唐兰：《试论马王堆三号汉墓出土导引图》，马王堆汉墓帛书整理小组：《导引图论文集》，第9页。

右二七。坐伸脚，手挽足距各七，缩伸二臂各七也。"①如图 3-6 所示，尽管陶弘景所辑未必是华佗原著，但出入不会太大。因为陶弘景所言"夫五禽戏法，任力为之，以汗出为度，有汗以粉涂身"②，与《三国志》本传所载"起作一禽之戏，沾濡汗出"，基本符合。不过，对于腿脚不利的老年人，"五禽戏"就不中用了。

图1 虎戏

图2 鹿戏　　　　　图3 熊戏

图4 猿戏

图5 鸟戏

图 3-6　吴志超等所绘"华佗五禽戏"示意图

有学者从源流上考证出，华佗"五禽戏"是直接继承西汉的"六禽戏"而来。③因为《淮南子·精神训》载："若吹呴呼吸，吐故纳新，熊经、鸟伸，凫浴、猿跃，鸱视、虎顾，是养形之人也。"④至于华佗是如何将"六禽戏"改变为"五禽戏"的？其中究竟包含着何种中医藏象原理？有学者解释说："六禽戏计三禽、三兽，与五脏、一腑相合，与《内经》应用的五行归类法差别就在于'胆'。华佗依据《内经》归类法削其一式，即属于胆功的'凫浴'，并改'鸱视'为'鹿戏'。而梁代陶弘景本《五禽戏法》的鹿戏之一，恰恰是'鹿视'。同时华佗把术式的次序改按心（虎）、鹿、熊、猿、鸟等五禽相合。'心为君主之官'，虎为百禽之王，因此五禽以虎为首是可以理解的。而且这五个导引术式，是可以根据其作用于形体和内脏的功别，对照《内经》医理和通过锻炼实践，来加以验证

① （南朝·梁）陶弘景：《养性延命录》，严世芸、李其忠主编：《三国两晋南北朝医学总集》，第 1140 页。
② （南朝·梁）陶弘景：《养性延命录》，严世芸、李其忠主编：《三国两晋南北朝医学总集》，第 1140 页。
③ 沈寿：《试论东汉华佗及其所创五禽戏的历史渊源》，钱超尘、温长路主编：《华佗研究集成》，第 773 页。
④ （汉）刘安著、高诱注：《淮南子》卷 7《精神训》，《百子全书》第 3 册，第 2859—2860 页。

的。"①至于"五禽戏"的具体功能，可分两个层面：对于纯粹的保健和养生来说，最好是以完成整套功法，最为适宜。然而，对于那些感到身体有"不适"的患者来讲，应当有针对性地选择其中一种功法，比较安全有效，因为华佗精心编排的"五禽戏"，不仅用来养生，防患于未然，更重要的是它还能治病，也就是说"五禽之戏是各有所主的，即有其各自与相适应的病症范围，说明采用一导引疗法同样存在'对症下药'的问题"②。尤其是对于强化身体四肢以及增强全身组织器官的免疫功能，"五禽戏"具有十分重要的作用，所以备受后世养生家所推崇，一直流传至今。

（二）华佗医学思想的学术地位

华佗精通内、外、妇、儿、五官、针灸等科，并以脏腑辨证为特色，形成了独具一格的医治杂病医学思想体系。当然，华佗在构建其杂病医学理论和学术思想体系时，既有继承又有创新。

《中藏经·人法于天地论》云："人之动止，本乎天地。知人者有验于天，知天者必有验于人。天合于人，人法于天。见天地逆从，则知人衰盛。人有百病，病有百候，候有百变，皆天地阴阳逆从而生，苟能穷究乎此，如其神耳！"③"人法天地"是道家思想的根本，在道家看来，人只要顺从自然，而顺从自然的前提则是人们必须研究自然，明白天地四时的变化规律，因为"生气通天"，如《素问·生气通天论篇》说："天地之间，六合之内，其气九州九窍、五脏、十二节，皆通乎天气。其生五，其气三，数犯此者，则邪气伤人，此寿命之本也。"④华佗与一般的医家不同，他不仅注重疾病发展过程中"从"与"盛"之间的关系，而且尤其重视疾病发展过程中"逆"与"衰"之间的关系。在此前提下，华佗进一步将"天地逆从"与"阴阳盛衰"联系起来。他说："阴阳运动，得时而行，阳虚则暮乱，阴虚则朝争，朝暮交错，其气厥横。死生致理，阴阳中明。阴气下而不上曰断络，阳气上而不下曰绝经。阴中之邪曰浊，阳中之邪曰清。火来坎户，水到离扃，阴阳相应，方乃和平。"⑤因此，天地分阴阳五行和寒暑冷热，而人体五脏六腑则与天地的阴阳五行和寒暑冷热相互对应，于是，华佗依据这种客观的对应关系，在继承先秦以来"天人相应"观点的基础上，构建了其独特的按脏腑虚实寒热辨证施治的医学理论体系。在此，我们需要特别说明的是，华佗在祖国医学发展的历史长河里，首倡"阴常宜损，阳常宜盈"⑥的思想，主张顾护阳气，调理脾胃，为扶阳抑阴的易水学派奠定了基础。⑦

① 沈寿：《试论东汉华佗及其所创五禽戏的历史渊源》，钱超尘、温长路主编：《华佗研究集成》，第 773 页。
② 沈寿：《试论东汉华佗及其所创五禽戏的历史渊源》，钱超尘、温长路主编：《华佗研究集成》，第 774 页。
③ 陈振相、宋贵美：《中医十大经典全录》，第 452 页。
④ 陈振相、宋贵美：《中医十大经典全录》，第 10 页。
⑤ 陈振相、宋贵美：《中医十大经典全录》，第 453 页。
⑥ 陈振相、宋贵美：《中医十大经典全录》，第 453 页。
⑦ 张亚洲：《初探华佗学术特点》，钱超尘、温长路主编：《华佗研究集成》，第 1246 页。有学者直言："易水学派对阴阳关系的论述，完全继承了华佗'阴常宜损，阳常宜盈'的观点，并在此基础上加以发挥，从而形成了易水学派独特的'贵阳贱阴'学说。这一学说是以重视阳气、多用温补、少用寒凉攻伐药物的扶阳抑阴思想为其基本内涵。"参见周宜轩、丁昱东：《浅谈华佗"阳常宜盈"学说》，钱超尘、温长路主编：《华佗研究集成》，第 1293 页。

考《中藏经》所载医论，总计 49 篇，以论内科杂证为主，它体现了华佗医学理论的突出特点。东汉后期，战乱不断，内伤杂病复杂多变，且又临床风险大，尤其是传统的医学理论已经不能很好地解决新出现的医学问题。对此，华佗不是墨守成规，而是大胆创新。比如，"《内经》和《难经》二书中，记述诊断疾病的方法很多，而华佗《观形察色并三部脉经》中，诊断疾病的方法亦很多，多有出乎《内经》和《难经》二书之外者。那么，这出乎《内经》和《难经》二书之外者，当然是华佗的创新，尤其是确定了：寸、关、尺三部，每部各占一寸，至今诊脉者无不宗之"①。不过，后世医家最为推崇的还是华佗的外科手术，诚如《三国志》所言："若病结积在内，针药所不能及，当须刳割者，便饮其麻沸散，须臾便如醉死无所知，因破取。"②虽然，对于华佗的"刳割"和"破取"本身，尚有质疑者，但是华佗曾经施行过高难度的外科手术，无可否认。现在的问题是：华佗能够成功施行外科手术的基本条件是什么？除了用于全身麻醉的"麻佛散"之外，还应当具备相当专业的人体解剖学知识。我国台湾学者李树猷先生这样评价说：

> 我们对华佗的解剖手术，虽方书上没有记载他的消毒，缝合，以及生肌神膏的秘法，而对他在我国一千七百多年前，即有如此优良的解剖技术，确为我国医学史上写下灿烂的一页，因此后世怀疑华佗不是中国人，且说华佗的解剖医术，传自印度，我们对华佗的考证，容再专文研讨，这里我再引述晋鱼豢《三国典略》的一段记载，足可证明除华佗之外，在当时三国时代，我国的解剖医术，决不是神话奇传；《三国典略》云："有人患足痛，诸医咸莫能识，徐之才视之曰：'蛤精疾也，得疾时，尝乘船入海，垂脚入水中呼？'疾者曰：'实曾如此。'之才为剖之，得蛤子二，大如榆荚。"这种人体局部解剖，取出寄生动物，可以说比较切近事实，也可旁证华佗的解剖医术，决非史书上的扩大宣传，纵使华佗的医术，是从外国习得，他对我们中国医学的开辟新纪元，仍功不可没，可惜他的医术与秘方，早已失传，这真是中国医学上的莫大损失。③

汉代科学技术确实取得了巨大成就，但也有缺憾，其中最大的缺憾就是：在理论方法上，缺失了墨学的逻辑传统；在医疗技术上，则缺失了华佗的医学传统。关于这个问题，我们将在结语中探讨，这里不再赘述。由前面的考论知，华佗的综合素质很高，他不仅"兼通数经"，而且"又精方药"④，而这些知识储备为他以后的医学创新奠定了坚实基础。如众所知，华佗所取得的创新性医学成就表现在许多方面，像前面反复讲到的"麻沸散""五禽戏""开腹术""脏腑辨证""华佗脉法"等成果，都是空前伟大的科学创新，影响巨大。正如钱超尘先生所说："华佗对后世的影响，早已超出医学的围城，对华佗的崇拜，已经成为一种社会现象。在医学界，他是医德高尚、医术高超大家的化

---

① 尚启东撰辑、尚煦整理：《华佗考》，合肥：安徽科学技术出版社，2005 年，第 23 页。
② 《三国志》卷 29《华佗传》，第 799 页。
③ 李树猷：《濂园医集》，台北：启业书局，1968 年，第 56 页。
④ 《三国志》卷 29《华佗传》，第 799 页。

身，更是人们对造就理想道德和高超医术医家们的渴求和期盼。……华佗人格魅力、奉献精神、学术精华所铸成的光环，足以使这位历史故人达到了被后人迷信的程度。"①但是，另一方面，我们也不否认华佗医学思想中还不可避免地存在这样或那样的时代局限。举例来说：

> 华佗诊断疾病，是形、色、声、脉互参，确定了寸、关、尺三部，每部各占一寸，这是儒家的尺寸，不同于《难经》一书所规定的寸、关、尺三部，合一寸九分。前者一直是后世医家所遵循的尺寸。但古代的尺诊扪法，在华佗的诊断书中，并没有提到，这并不是华佗的尺诊扪法不精，而是我国自东汉以来，儒礼更重，男女界限已严所致，非医士本人可以用尺诊扪法来诊断妇人的身体。观《华佗传》称："故甘陵相夫人，有娠六月，腹痛不安，佗视脉曰：胎已死矣。使人手摸知所在，在左则男，在右则女。人云：在左。"这里的"使人手摸知所在"和人云"在左"，指的是其他妇人，不是华佗本人。则我国东汉华佗时的尺诊扪法，已为礼节所限制而不用，故在华佗《观形察色并三部脉经》中，无尺诊扪法焉。②

又如《三国志》本传云：华佗"疗疾，合汤不过数种，心解分剂，不复称量，煮熟便饮"③，通常人们将此视为神医华佗的"绝技"之一，倍加称羡和钦敬，然而，仔细琢磨，却很难让我们认同这是一种优良的医术传统。因为一方面，为了最大限度地提取出中药材中的有效成分，就需要对中药的煎煮及火候等，做出严格的量化规定；另一方面，凡药皆有毒，如果没有相对精确的剂量，那么，用药安全就会出现问题。人们常说"中医不传之秘在于量也"④，由此可见，中医处方用药剂量之比例在辨证施治过程中起着多么重要的作用。而随着中医现代化的历史进程不断加快，"中医处方药物剂量必须规划化"⑤的呼声也越来越高。

第三节 张仲景及其"伤寒学派"医学思想

张仲景，名机，东汉南阳郡涅阳（今河南省邓州市穰东镇张寨村）人，史称其为"医方学之祖"。惜《后汉书》没有为张仲景立传，湮没无闻，一直到北宋时，张仲景之名才为世人熟知。林亿等在校正《伤寒论》序言中说：

> 张仲景，《汉书》无传，见《名医录》云：南阳人，名机，仲景乃其字也。举孝廉，官至长沙太守，始受术于同郡张伯祖，时人言，识用精微，过其师，所著论，其

---

① 钱超尘、温长路主编：《华佗研究集成》，第 1432 页。
② 尚启东撰辑、尚煦整理：《华佗考》，第 22 页。
③ 《三国志》卷 29《华佗传》，第 799 页。
④ 田维君、魏桂芝编著：《中医虚证全书》，南昌：江西科学技术出版社，1997 年，第 409 页。
⑤ 李永军：《中医处方药物剂量必须规范化》，《江苏中医》1997 年第 6 期。

言精而奥，其法简而详，非浅闻寡见者所能及。自仲景于今八百余年，惟王叔和能学之，其间如葛洪、陶景、胡洽、徐之才、孙思邈辈，非不才也，但各自名家，而不能修明之。开宝中，节度使高继冲曾编录进上，其文理舛错，未尝考正。历代虽藏之书府，亦缺于雠校。是使治病之流，举天下无或知者。国家诏儒臣校正医书，臣奇续被其选。以为百病之急，无急于伤寒，今先校正张仲景《伤寒论》十卷，总二十二篇，证外合三百九十七法，除复重，定有一百一十二方，今请颁行。①

据《医说》称："张仲景《方序论》云：'张伯祖，南阳人，性志沉简，笃好方术，诊处精审，疗皆十全，为当时所重。同郡张仲景异而师之，因有大誉。"②由于史书上记载张伯祖的资料非常少，他的具体医学活动及其学术成就不详，所以张仲景如何"异而师之"，便成了一个难解的谜团。但知张仲景年轻时，"与同郡何颙客游洛阳。颙探知其学，谓人曰：'仲景之术精于伯祖，起病之验，虽鬼神莫能知之，真一世之神医也。"③何颙所言不虚，《后汉书》曾载："（颙）少游学洛阳"，后又"常私入洛阳，从绍计议"④。再结合《太平御览》引《何颙别传》所载："同郡张仲景，总角（指少年）造颙，谓曰：'君用思精而韵不高，后将为良医。'卒如其言，颙先识独觉，言无虚发。"⑤我们不难推论，在经学比较发达的东汉，官员、学者和文豪三位或两位一体的现象突出⑥，少年张仲景显然不能摆脱这个人生模式，他在设计人生目标时，首先想到的是自己如何成为一名经学名士，所以他就去造访当时的社会名流何颙，可是，何颙告诉张仲景，他"虽有才能而无官相"⑦。不过，在何颙看来，张仲景将来一定能成为一名"良医"。也许正因为这个缘故，学界对张仲景是否做过"长沙太守"的问题，才一直争论不休。⑧梁华龙先生经过认真考证，得出结论说："张仲景少时学医，中、老年时代行医授徒，并未举过孝廉，也未当过长沙太守。"⑨那么，"长沙太守"与"良医"之间究竟有何关系呢？鲁哀公向孔子询问用人之道，子曰："举直错诸枉，则民服；举枉错诸直，则民不服。"⑩也就是说只要把那些正直有德之人提拔上来管理国家，老百姓就拥护。故《礼记·乐记》有"德成而上，艺成而下"⑪之训，对此，南宋心学家陆九渊在《赠曾友文》一文中解释说："德成而上，艺成而下。生占辞论理，称道经史，未见牴牾，乃独业相人之术艺。艺虽精，下矣！生书又能

---

① （宋）高保衡等：《〈伤寒论〉序》，路振平主编：《中华医书集成》第 2 册《伤寒类》，北京：中医古籍出版社，1999 年，第 3 页。

② （宋）张杲撰，王旭光、张宏校注：《医说》，北京：中国中医药出版社，2009 年，第 14 页。

③ 李书田编著：《古代医家列传释译》，沈阳：辽宁大学出版社，2003 年，第 48 页。

④ 《后汉书》卷 67《何颙传》，第 2217 页。

⑤ （宋）李昉等：《太平御览》卷 722《方术部·医二》，北京：中华书局，1960 年，第 3179 页。

⑥ 谭平：《秦汉治官得失论纲》，《成都大学学报（社会科学版）》2008 年第 5 期，第 24 页。

⑦ 丁素珍：《张仲景其人其事其成就》，钱超尘、温长路主编：《张仲景研究集成》上册，北京：中医古籍出版社，2004 年，第 396 页。

⑧ 刘道清：《张仲景"长沙太守"考》，钱超尘、温长路主编：《张仲景研究集成》下册，第 1937—1941 页。

⑨ 梁华龙编著：《伤寒论研究》，北京：科学出版社，2005 年，第 12 页。

⑩ 黄侃：《黄侃首批白文十三经·论语》，第 3 页。

⑪ 黄侃：《黄侃首批白文十三经·礼记》，第 138 页。

自悼畴昔之颠顿，称引孟子'无以小害大，无以贱害贵'之言，年又尚少，则舍其旧而新是图，此其时也。生其勉之！"①自汉代以降，"学而优则仕""读书做官"遂成为中国古代士人追求的最高人生目标，这就是为什么唐代以后的士人非常强调张仲景"官至长沙太守"的真正原因。如《名医录》是唐朝甘伯宗的著作，他虽说张仲景曾为长沙太守，但却不知其依据所在。张仲景自述云：

> 余宗族素多，向余二百。建安纪年以来，犹未十稔，其死亡者三分有二，伤寒十居其七。感往昔之沦丧，伤横夭之莫救，乃勤求古训，博采众方，撰用《素问》《九卷》《八十一难》《阴阳大论》《胎胪》《药录》并平脉辨证，为《伤寒杂病论》合十六卷，虽未能尽愈诸病，庶可以见病知源，若能寻余所集，思过半矣。②

按照宋代林亿等人的理解，张仲景《伤寒杂病论》由两部分内容所构成：《伤寒论》与《杂病论》。故林亿等在《〈金匮要略方论〉序》中说："张仲景为《伤寒卒病论》③，合十六卷。今世但传《伤寒论》十卷，杂病未见其书。或于诸家方中载其一二矣。翰林学士王洙在馆阁日，于蠹简中得仲景《金匮玉函要略方》三卷：上则辩伤寒，中则论杂病，下则载其方，并疗妇人。乃录而传之士流，才数家耳。它以对方证对者，施之于人，其效若神。然而或有证而无方，或有方而无证，救急治病其有未备。国家诏儒臣校正医书，臣奇先核定《伤寒论》，次校定《金匮玉函经》，今又校成此书，仍以逐方次于征候之下，使仓卒之际，便于检用也。"④下面本节拟结合学界的研究成果，分别对张仲景《伤寒论》及《金匮要略方论》的医学思想略作阐释。

一、张仲景与《伤寒杂病论》

（一）《伤寒论》及其六经辨证

《伤寒杂病论》成书之后，适逢战乱不断，故原书散佚民间。幸赖西晋的王叔和将《伤寒》部分辑佚成册，名《伤寒论》。惜此辑佚本很快又流散于民间，以至于孙思邈感慨道："江南诸师秘仲景书而不传，然则隋志云亡者，其实非亡也。"⑤后来，孙思邈寻得《伤寒论》的全部内容，并将其收入到《千金翼方》卷9、卷10之中。入宋后，林亿等校正刊行《伤寒论》，此为明刻《伤寒论》的祖本，也是目前国内流行较广的版本之一。

伤寒的内涵有二：从广义讲，伤寒是指外感热病；从狭义说，伤寒则是指外感风寒，感而即发的病证。张仲景的《伤寒论》主要是讲外感病与部分杂病辨治的规律，他说："凡伤寒之病，多从风寒得之，始表中风寒，入里则不消矣。未有温覆而当不消散者。不在证治，拟欲攻之，犹当先解表，乃可下之。若表已解而内不消，非大满，犹生寒热，则

---

① （宋）陆九渊：《象山先生全集》，上海：商务印书馆，1935年，第241页。
② 路振平主编：《中华医书集成》第2册《伤寒类》，第2页。
③ "'卒'乃杂之讹。"参见［日］冈西为人：《宋以前医籍考》，北京：人民卫生出版社，1958年，第543页。
④ （宋）高保衡等：《〈金匮要略方论〉序》，路振平主编：《中华医书集成》第2册《伤寒类》，第2页。
⑤ ［日］冈西为人：《宋以前医籍考》，第543页。

病不除。若表已解，而内不消，大满大实，坚有燥屎，自可除下之。虽四五日，不能为祸也。若不宜下，而便攻之，内虚热入，协热遂利，烦躁诸变，不可胜数，轻者困笃，重者必死矣。"①外感风寒在辨证施治的过程中，需把握由表及里的传变路径，采取截流堵漏的方法，防止发生变证。

1. 六经病辨症思想与论治

所谓"六经病"是指太阳病、阳明病、少阳病、太阳病、少阴病、厥阴病，由于六经总领十二经及其所属脏腑，其辨证论治必然体现中医经络与脏腑相互协调配合的整体观与系统观。因此，刘渡舟先生总结说："古人把六经分证的方法概括为两句话。其一，'经者，径也'。六经就像道路一样，是邪气进退的出路，在辨证时必须据经来认识……其二，'经者，界也'。六经病各有其界限和范围，包括发病脏腑、邪正关系、发病情况等等，所以在临床辨证的时候才能据经以认证。六经辨证的重大临床意义正在于此，反映了每一经病的客观规律和整个脏腑经络的病变。"②考张仲景《伤寒杂病论》的临床辨证思维，先辨其病属某经，再辨其为病中某证，最后分辨"兼证""变证""传变"，尤其在此基础上，综合"八纲"（表、里、阴、阳、虚、实、寒、热）及"八法"（汗、吐、下、和、温、清、消、补），形成了一套完整的六经辨证论治体系。

（1）太阳病。以太阳经（手太阳小肠经和足太阳膀胱经）所循行部位所表现出外感风寒症状为特点的病证。由于太阳经位于"三阳经"的最表部位，为六经之藩篱，故人体一旦感受外邪，从表而入，此经一般先发病，因此，太阳病属于外感病的早期阶段。其主要临床特点是："脉浮，头项强痛而恶寒。"③根据有汗出与汗不出的病证特点，又可分为中风和伤寒两大类型。张仲景说："太阳病，发热汗出，恶风，脉缓者，名为中风。"④至于伤寒，则"或已发热，或未发热，必恶寒体痛，呕逆，脉阴阳俱紧者"⑤。当然，也有学者认为："太阳病有经证、腑证之分，太阳经脉，分布在项背而统摄营卫；太阳之腑，就是膀胱。所以邪犯体表所出现的表证，即属太阳经证。如经证不解，邪热内传膀胱，乃成太阳腑证。"⑥那么，如何辨别太阳病是否传变呢？张仲景指出："伤寒一日，太阳受之。脉若静者，为不传；颇欲吐，若燥烦，脉数急者，为传也。伤寒二三日，阳明少阳证不见者，为不传也。"⑦实际上，伤寒进入体内的过程比较复杂，很难一概而论。如陈士铎先生

---

① （汉）张机：《伤寒论》卷2《伤寒例》，路振平主编：《中华医书集成》第2册《伤寒类》，第10—11页。
② 刘渡舟：《刘渡舟伤寒论讲稿》，北京，人民卫生出版社，2008年，第10页。
③ （汉）张机：《伤寒论》卷2《辨太阳病脉证并治上》，路振平主编：《中华医书集成》第2册《伤寒类》，第13页。
④ （汉）张机：《伤寒论》卷2《辨太阳病脉证并治上》，路振平主编：《中华医书集成》第2册《伤寒类》，第13页。
⑤ （汉）张机：《伤寒论》卷2《辨太阳病脉证并治上》，路振平主编：《中华医书集成》第2册《伤寒类》，第13页。
⑥ 邵余三编著：《伤寒萃要》，西宁：青海省科学技术协会，1981年，第25页。
⑦ （汉）张机：《伤寒论》卷2《辨太阳病脉证并治上》，路振平主编：《中华医书集成》第2册《伤寒类》，第13页。

认为，伤寒在经脉之间的传变，大致可分顺经传、过经传、隔经传、两感传四种情况。[1]
在临床上，鉴于伤寒病机演变在空间上的多向性与复杂性，张仲景遂提出了"观其脉证，
知犯何逆，随证治之"[2]的随机辨症思维。

《素问·热论篇》说："伤寒一日，巨阳受之，故头项痛，腰脊强。二日，阳明受之。
阳明主肉，其脉侠鼻络于目，故身热目痛而鼻干，不得卧也。三日，少阳受之，少阳主
胆，其脉循胁络于耳，故胸胁痛而耳聋。三阳经络，皆受其病，而未入于脏者，故可汗而
已。四日，太阴受之，太阴脉布胃中，络于嗌，故腹满而嗌干。五日，少阴受之，少阴脉
贯肾，络于肺，系舌本，故口燥舌干而渴。六日，厥阴受之。厥阴脉循阴器而络于肝，故
烦满而囊缩。三阴三阳，五脏六腑皆受病，荣卫不行，五脏不通，则死矣。"[3]这就是人们
所说的"伤寒日传一经"的文献来源，为了不拘此说，张仲景根据临床实际，注意到了伤
寒病的多变性与复杂性，所以他才提出了"传"与"不传"的问题。在张仲景看来，伤寒
病绝不会机械地依日程传经，这就要求医者对患者感邪轻重、体质强弱及治疗是否适当等
因素进行综合分析判断。例如，张仲景说："太阳病，头痛至七日以上自愈者，以行其经
尽故也；若欲坐再经者，针足阳明，使经不传则愈。"[4]用图3-7表示如下[5]：

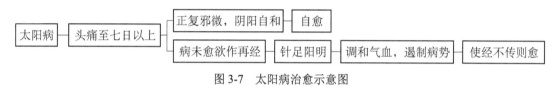

图 3-7 太阳病治愈示意图

按照人自身免疫力的强弱程度，太阳病在不经治疗的情况下，一般需要7天左右的时
间，此即太阳一经行尽之期，也是正气来复之时，故病证易解。但有时7天以后，患者
依靠自身免疫力不能迫使外邪屈服，那转变的可能性就会出现。而为了防止伤寒病从太阳
经传向阳明经，张仲景建议先针刺足阳明，先强固尚未受邪之经络，阻断其转变的路径，
使其不传。

（2）阳明病。当太阳之邪不解，由表入里，转为阳热亢盛之候，是谓阳明病。张仲景
说："本太阳，初得病时，发其汗，汗先出不彻，因转属阳明也。伤寒发热无汗，呕不能
食，而反汗出濈濈然者，是转属阳明也。"[6]可见，此病主要表现为病邪和抵抗力两者都呈
极盛态势的症候，因手足阳明经的所属脏器为大肠和胃，且又与太阴经的所属脏器脾和肺
相表里，所以病变的重心在于胃热亢盛与肠府实结。其中胃热亢盛常常呈现大热、烦渴、

---

① 樊新荣编著：《伤寒论证素辨析》，北京：中国中医药出版社，2014年，第35页。

② （汉）张机：《伤寒论》卷2《辨太阳病脉证并治上》，路振平主编：《中华医书集成》第2册《伤寒类》，第
14页。

③ 陈振相、宋贵美：《中医十大经典全录》，第50页。

④ （汉）张机：《伤寒论》卷2《辨太阳病脉证并治上》，路振平主编：《中华医书集成》第2册《伤寒类》，第
13页。

⑤ 雷根平主编：《伤寒论笔记图解》，北京：化学工业出版社，2009年，第11页。

⑥ （汉）张机：《伤寒论》卷5《辨阳明病脉证并治》，路振平主编：《中华医书集成》第2册《伤寒类》，第36页。

汗出等热盛于外的证象，故《伤寒论》云："身热，汗自出，不恶寒，反恶热也"①，是为阳明经证；而肠府实结则往往呈现大便燥结、潮热等热实于内的证象，故《伤寒论》云："不更衣，内实，大便难者"②，是为阳明府证。在《伤寒论》里，张仲景根据阳明病的临床实际，把阳明病分为"太阳阳明""正阳阳明""少阳阳明"三类，所谓"太阳阳明"，顾名思义就是由太阳病传来的病候，属于继发的阳明病，其主要特征为"脾约证"③，即脾阴不足，不能为胃行其津液，症见"不更衣（即不大便）十余日亦无所苦"④，治以润法。同理，所谓"少阳阳明"就是指由少阳病传来的病候，即少阳之邪乘胃家燥热传入阳明，也属于继发的阳明病，症见因津液被耗而"胃中燥烦实，大便难是也"⑤，治以导法。至于"正阳阳明"实属本经自病，亦即原发的阳明病，其原因是阳气旺盛，且邪乘胃中宿食与燥热互结，故有"胃家实"⑥之说。在此，"胃家实"是指邪热结于胃与大肠，阻滞腑气通降，故而引起实热之病变，治以下法。《素问·血气形志篇》云："夫人之常数，太阳常多血少气，少阳常少血多气，阳明常多气多血，少阴常少血多气，厥阴常多血少气，太阴常多气少血。此天之常数。"⑦文中所见六经唯"阳明多气多血"，而气血多少不同，则对疾病的影响也不同，显然，阳明病是阳热有余所导致的病理结果。例如，清代名医顾世澄论瘰疬一证说："瘰疬者，手足少阳蕴热结滞而致也。二经多气少血，所以结核坚而不溃，延蔓串通。若阳明经则气血多而溃矣，即俗名烂疬。"⑧回到张仲景的论治，则张山雷先生所言："脾约之与胃家实、及胃中燥烦实大便难三者之现状，本是无甚等差"⑨，甚有道理，依此，则易明张仲景对阳明病的辨证要领：

第一，"阳明之为病，胃家实是也"⑩。

第二，"阳明居中，主土也，万物所归，无所复传，始虽恶寒，二日自止，此为阳明病也"⑪。

第三，"阳明病，脉迟，虽汗出不恶寒者，其身必重，短气，腹满而喘，有潮热者，此外欲解，可攻里也。手足濈然汗出者，此大便已硬也，大承气汤主之"⑫。

第四，"汗出谵语者，以有燥屎在胃中，此为风也"⑬。

① （汉）张机：《伤寒论》卷5《辨阳明病脉证并治》，路振平主编：《中华医书集成》第2册《伤寒类》，第36页。
② （汉）张机：《伤寒论》卷5《辨阳明病脉证并治》，路振平主编：《中华医书集成》第2册《伤寒类》，第36页。
③ （汉）张机：《伤寒论》卷5《辨阳明病脉证并治》，路振平主编：《中华医书集成》第2册《伤寒类》，第36页。
④ 姜建国、李树沛编著：《伤寒析疑》，北京：科学技术文献出版社，1999年，第287页。
⑤ （汉）张机：《伤寒论》卷5《辨阳明病脉证并治》，路振平主编：《中华医书集成》第2册《伤寒类》，第36页。
⑥ （汉）张机：《伤寒论》卷5《辨阳明病脉证并治》，路振平主编：《中华医书集成》第2册《伤寒类》，第36页。
⑦ 陈振相、宋贵美：《中医十大经典全录》，第42页。
⑧ （清）顾世澄编著，叶川、夏之秋校注：《疡医大全》卷18《颈项部》，北京：中国中医药出版社，1994年，第363页。
⑨ 中华全国中医学会浙江分会、浙江省中医药研究所：《医林荟萃——浙江省名老中医学术经验选编》第5辑，内部资料，1981年，第122页
⑩ （汉）张机：《伤寒论》卷5《辨阳明病脉证并治》，路振平主编：《中华医书集成》第2册《伤寒类》，第36页。
⑪ （汉）张机：《伤寒论》卷5《辨阳明病脉证并治》，路振平主编：《中华医书集成》第2册《伤寒类》，第36页。
⑫ （汉）张机：《伤寒论》卷5《辨阳明病脉证并治》，路振平主编：《中华医书集成》第2册《伤寒类》，第38页。
⑬ （汉）张机：《伤寒论》卷5《辨阳明病脉证并治》，路振平主编：《中华医书集成》第2册《伤寒类》，第39页。

第五，"阳明病，无汗，小便不利，心中懊憹者，身必发黄"①。

这里有几点需要注意：一是如何认识阳明病的核心证"胃家实"？二是如何理解阳明病"无所复传"？三是如何明辨阳明病与身体发黄的关系？

首先，张仲景所说的胃，系指胃以下的消化管道，实际上，《灵枢经·本输》云："大肠小肠皆属于胃，是足阳明经也。"②从解剖学角度看，横结肠与胃相邻近，都位于腹部，一前一后，由于古代医者在触诊时凭借经验，误以为停留在横结肠里的"燥屎"，是在"胃中"，所以便出现了"燥屎在胃中"的说法。在临床上，所谓"有燥屎在胃中"多指位置在降结肠里的"燥屎"，"阳明病，多为肠伤寒病人，发热病程较长，热盛逐渐加重，则燥屎延及横结肠，到达肚脐部则表现为腹痛。"而"中医讲腹诊，是顺着结肠的升、横、降不同部位而触，大肠内如有燥屎，从乙状结肠开始沿着降结肠、横结肠顺序而触，大便燥结的部位越高，腹痛则愈明显。"③因此，一般医家都认为，"胃家实"应有两种含义："一是指高热，因古人认为高热属胃的缘故；一是指肠胃内有积滞。它包括了热性病的高热阶段和有形的物质屯积消化道两方面的意义。"④

其次，从形式上，万物所归，脾胃主土，居中位，在里，是机体内生成聚合阳气的最大源头，由于这里阳气充盛，抵抗邪气的力量较强，所以各经疾病只要传入阳明，就可以不再传变⑤，也即大部分热病都能在阳明阶段治愈。当然，"无所复传"不能机械地理解，事实上，"病至阳明，虽可清下而解，但清下太过，损伤阳气，亦可传陷三阴，并非一律不再传。不传言其常规，但亦有异常情况"⑥。再次，如前所述，脾胃乃人体的后天之本，胃属燥，脾属湿，而胃喜润恶燥，脾则喜燥恶湿，在正常生理状态下，两脏只有燥湿相济，阴阳相合，纳运相得，才能够完成饮食物的转化过程。⑦然而，如果进入阳明的热邪，不能从阳明燥化，而是从太阴湿化，湿热相合，就会出现阳明湿热发黄的症候。张仲景在临床实践中发现，"无汗，小便不利"是形成阳明病发黄的根本原因，这是因为阳明病的特点系燥热伤津，若患者无汗，内热不得外越，小便不利，则湿邪不得下泄，这样，湿热郁蒸，阻滞胆汁不循常道，外溢肌肤而身目发黄。一旦湿热郁蒸于内，心里常难受之极，于是就出现了"心中懊憹"之病兆。

（3）少阳病。太阳与阳明，一表一里，病势向内传变，而在表里之间还有一个环节，即处于半表半里的少阳。手足少阳经，属胆与三焦，其循行途径主要在人体的两侧，少阳之气以胆为主导，并辅之以三焦。所以"少阳之为病，口苦、咽干、目眩也。"⑧翟慕东先生释："口、咽、目为人体之上部，为火炎易祸及之地。口苦为相火寄于肝胆，挟胆液上

① （汉）张机：《伤寒论》卷5《辨阳明病脉证并治》，路振平主编：《中华医书集成》第2册《伤寒类》，第37页。
② 陈振相、宋贵美：《中医十大经典全录》，第165页。
③ 苏庆民、李浩主编：《三部六病医学讲稿》，北京：科学技术文献出版社，2009年，第103页。
④ 俞长荣编著：《伤寒论汇要分析》，福州：福建人民出版社，1964年，第105页。
⑤ 沈济苍编著：《伤寒论析疑——疑难解答百题》，上海：上海科学技术出版社，1990年，第123页。
⑥ 翟慕东主编：《伤寒论学用提要》，北京：中国中医药出版社，2006年，第139页。
⑦ 印会河主编：《中医基础理论》，上海：上海科学技术出版社，1984年，第52页。
⑧ （汉）张机：《伤寒论》卷5《辨少阳病脉证并治》，路振平主编：《中华医书集成》第2册《伤寒类》，第43页。

溢之故。……咽干为相火上炎，消灼津液，咽干失润。目眩为胆火上炎，中央风木之气相助，风火上干清空，则见头晕目眩。"①虽然少阳病不分经证与腑证，在《伤寒论》所占比重也较小，但这并等于说少阳病就不重要了，恰恰相反，从临床观察看，少阳病最常见，发病也最多②，他不仅是六病中的重点病，而且更是伤寒病进退的关键，故有"隙地"和"游地"之称。具体而言，由于半表半里以气血为主，"其见证则有偏于表和偏于里的差别；病势的发展有向表和向里的不同转归。正胜邪却者，病邪向表预后佳良，即由重转轻；邪盛正衰，病邪向深入里，是由轻变重。因此称少阳病为'枢'，枢即出入进退的转折点"③。张仲景强调："口苦、咽干、目眩"虽说是少阳病的提纲证，具有统领全局的作用，但是，临床上不可拘泥，须随证辨证，因证施治。例如，张仲景云："伤寒脉弦细，头痛发热者，属少阳。少阳不可发汗，发汗则谵语，此属胃。胃和则愈；胃不和，则烦而悸。"④"头痛发热"如果辨证不细，就很容易误诊为"太阳病"，所以张仲景从脉象上加以区别，认为"脉浮"者为太阳伤寒，而"脉弦细"者则为少阳伤寒。对于少阳伤寒，不能施用汗法，因为"少阳表气不实，发汗则易导致汗大出。本身津液又不足，则可见津伤更甚，津伤胃燥，大便则硬，'便硬为谵语之根'。此属胃，胃和则愈，说明少阳邪气，若误汗之则可并于阳明胃腑"⑤。因此，"少阳病忌发汗、忌吐、忌下，'少'者皆虚，虚不受攻也，故攻其表，攻其里皆非所宜"⑥。张仲景又说："本太阳病，不解，转入少阳者，胁下硬满，干呕不能食，往来寒热，尚未吐下，脉沉紧者，与小柴胡汤。"⑦上面所述太阳伤寒的脉象特点是浮脉，而由浮脉转为沉脉，则表示邪入少阳，肝病始发，具体病理过程如图 3-8 所示。当然，少阳病的"小柴胡证"的诊断不必诸症悉俱，而是"但见一证便是"⑧。而对于这句话的理解，梁华龙先生有专论，请参见其著《伤寒论研究》一书⑨，此不赘述。

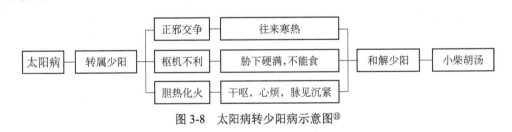

图 3-8 太阳病转少阳病示意图⑩

① 翟慕东主编：《伤寒论学用指要》，第 184 页。
② 刘剑波、刘东红主编：《刘绍武》，北京：中国中医药出版社，2008 年，第 32 页。
③ 冯若水：《中医基础理论知识》，贵阳：贵州人民出版社，1978 年，第 172 页。
④ （汉）张机：《伤寒论》卷 5《辨少阳病脉证并治》，路振平主编：《中华医书集成》第 2 册《伤寒类》，第 43 页。
⑤ 翟慕东主编：《伤寒论学用指要》，第 185 页。
⑥ 刘宝义：《明于阴阳——中医的概念与逻辑》，济南：山东大学出版社，2007 年，第 67 页。
⑦ （汉）张机：《伤寒论》卷 5《辨少阳病脉证并治》，路振平主编：《中华医书集成》第 2 册《伤寒类》，第 43 页。
⑧ （汉）张仲景原著、重庆市中医学会编注：《新辑宋本伤寒论》，重庆：重庆人民出版社，1955 年，第 32 页。
小柴胡证的主证有三：（1）胸胁证；（2）标准热型证；（3）胃肠证。
⑨ 梁华龙编著：《伤寒论研究》，第 227—231 页。
⑩ 雷根平主编：《伤寒论笔记图解》，第 112 页。

（4）太阴病。手足太阴经分属肺与脾，《黄帝内经灵枢经·经脉》载："是动则病，舌本强，食则呕，胃脘痛，腹胀善噫，得后与气，则快然如衰，身体皆重。是主脾所生病者，舌本痛，体不能动摇，食不下，烦心，心下急痛，溏，瘕泄，水闭，黄疸，不能卧，强立股膝内肿、厥，足大指不用。"①又，"脾之大络，名曰大包，出渊腋下三寸，布胸胁。实则身尽痛，虚则百节皆纵"②。在此基础上，张仲景进一步强调："太阴之为病，腹满而吐，食不下，自利益甚，时腹自痛。若下之，必胸下结硬。"③仅从太阴病的临床表现看，它与少阳病的个别证候确有相同之处，但其腹部反应却更为强烈，兆示其病机由阳转阴，且以虚寒为主证，是为病邪入阴的早期阶段，故病情相对轻浅。在临床上，通常有"传经"与"直中"两种发病途径，不过，无论哪一种途径致病，"凡内伤外感失治，而致营养系统元气之湿不化者，皆为太阴病。随其脏腑阴阳之偏，而有虚实寒热之分。湿之质即水也。肺为水之上源，湿郁于里则化而为痰，太阴之为病，腹满而吐"④。那么，如何根据病情的发展来判断太阴病的转归呢？第一，患者太阴脾阳素弱，中焦虚寒，感受外邪，遂出现四肢烦疼证。如张仲景说："太阴中风，四肢烦疼，阳微阴涩而长者，为欲愈。"⑤此处的"中风"是指正气恢复，而非感受风邪，至于"四肢烦疼"，是指"风寒直中太阴，脾主四肢，风寒邪气淫四末"，故有"四肢温而有不适感或痛感之意"⑥。此外，"阳微阴涩而长者"中的"阳"与"阴"，是指切脉的轻重所感脉象，其中"轻切（即浮取）为阳"，"重按（即沉取）为阴"。所以"阳微阴涩"的意思就是说"轻按时觉脉象搏动无力，重按时则来势怠缓而不流利"，句中的"长"则是指脉之来势充沛有力。⑦第二，太阴病因湿气内郁，熏蒸肌肤而发黄。张仲景说："伤寒脉浮而缓，手足自温者，系在太阴；太阴当发身黄，若小便自利者，不能发黄。"⑧自《内经》以降，直至唐宋，历代医家都认为"发黄"的病机在于脾胃失运。如《素问·玉机真脏论篇》云："肝传之脾，病名曰脾风，发瘅，腹中热，烦心出黄。"⑨以此为前提，张仲景根据大量的临床经验，做了更加具体的论述，如《金匮要略方论》云："寸口脉浮而缓，浮则为风，缓则为痹，痹非中风。四肢苦烦，脾色必黄，瘀热以行。"⑩第三，太阴转出阳明，症见"胸下结鞕"，且"时腹自痛"（引文见前），这跟患者服用过量的热药有关。因为"太阴脾和阳明胃同居中州，络脉相属，脏腑相通，互为表里。如太阴病使用热药过多或过久，以致阳复太过，寒

---

① 陈振相、宋贵美：《中医十大经典全录》，第 183 页。
② 陈振相、宋贵美：《中医十大经典全录》，第 189 页。
③ （汉）张机：《伤寒论》卷 6《辨太阴病脉证并治》，路振平主编：《中华医书集成》第 2 册《伤寒类》，第 44 页。
④ 刘文澄编著：《民间师承中医学》，北京：中医古籍出版社，2008 年，第 51 页。
⑤ （汉）张机：《伤寒论》卷 5《辨少阴病脉证并治》，路振平主编：《中华医书集成》第 2 册《伤寒类》，第 44 页。
⑥ 张横柳、吴政栓、许国敏主编：《〈伤寒论〉解读与临床运用》，上海：上海中医药大学出版社，2006 年，第 260 页。
⑦ 张横柳、吴政栓、许国敏主编：《〈伤寒论〉解读与临床运用》，第 260 页。
⑧ （汉）张机：《伤寒论》卷 5《辨少阴病脉证并治》，路振平主编：《中华医书集成》第 2 册《伤寒类》，第 44 页。
⑨ 陈振相、宋贵美：《中医十大经典全录》，第 34 页。
⑩ （汉）张机：《金匮要略方论》卷中《黄疸病脉证并治》，路振平主编：《中华医书集成》第 2 册《伤寒类》，第 34 页。

从热化，湿从燥化，出现大便硬或腹满痛等症，这是太阴转出阳明。"①

（5）少阴病。少阴病是伤寒转入危重阶段的重要病证，如图 3-9 所示。因为少阴经系着心与肾，而心肾为水火之脏，是人身气血运行的根本。所以随着全身免疫力的下降，心肾功能日渐虚弱，阳气不足，身疲不支，心神失养，故少阴病的提纲是一脉一证，即"脉微细，但欲寐也"②。此病以"心动悸"为常见和多见，所以临床上有"少阴诊心"③之说。由于心属火，肾属水，因此，当全身机能已频于衰惫状态的状况下，少阴病容易向两个方向转变：一是挟水而动，从阴化寒；二是挟火而动，从阳化热。前者为寒化证，系少阴病的正局，较常见；后者则为热化证，系少阴病的变局，比较少见。

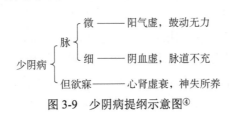

图 3-9　少阴病提纲示意图④

对于少阴寒化证的辨证要点，张仲景总结说："少阴病，欲吐不吐，心烦，但欲寐，五六日，自利而渴者，属少阴也，虚故引水自救；若小便色白者，少阴病形悉具，小便白者，以下焦虚有寒，不能制水，故令色白也。"从文中所述诸症看，此病容易误诊，乍一看，"欲吐不吐，心烦，但欲寐"，颇似少阴阴虚热化之状，可是，如果出现了"小便色白"之症状，那么，就表明肾阳虚不能温化水液，是为少阴阳虚寒化证的客观判据。

对于少阴热化证的诊治，张仲景又分为两种类型：阴虚火旺证，如"少阴病，得之二三日以上，心中烦，不得卧，黄连阿胶汤主之"⑤。此证为心肾不交的典型证候，一方面，肾阴亏损，不能上承；另一方面，心火独亢，失于下降。于是，就形成由造成心肾水火既济失调所致的上热下寒临床后果。

阴虚水热互结证，即水气内停，与邪热互结不化，所以体内停水是其主要特征。究其原因，是由肾阴不足所引起的水液病变。张仲景举例说："少阴病，下利六七日，咳而呕渴，心烦不得眠者，猪苓汤主之。"⑥也就是说，在水热互搏相结的过程中，若水热互结逆于胃，则呕；若水热互结逆于肺，则咳；若气不化津，则阴虚内热而口渴；若内热上扰心神，则心烦不得卧。针对此证，张仲景首创猪苓汤方，为后世开启了滋阴利水治法的先河。⑦

（6）厥阴病。手足厥阴经分属心包与肝脏，是主宰全体知觉运动的机关，也是六经传变中的最后一经，为阴尽阳复的关键环节，故厥阴病多呈现寒热错杂的症候。《黄帝内经

① 杨医亚主编：《中医学问答》上册，北京：人民卫生出版社，1985 年，第 248 页。
② （汉）张机：《伤寒论》卷 5《辨少阴病脉证并治》，路振平主编：《中华医书集成》第 2 册《伤寒类》，北京：中医古籍出版社，1999 年，第 45 页。
③ 刘剑波、刘东红主编：《刘绍武》，第 46 页。
④ 肖相如：《肖相如论伤寒》，北京：中国中医药出版社，2009 年，第 304 页。
⑤ （汉）张机：《伤寒论》卷 5《辨少阴病脉证并治》，路振平主编：《中华医书集成》第 2 册《伤寒类》，第 46 页。
⑥ （汉）张机：《伤寒论》卷 5《辨少阴病脉证并治》，路振平主编：《中华医书集成》第 2 册《伤寒类》，第 48 页。
⑦ 陈明：《刘渡舟运用猪苓汤的经验》，钱超尘、温长路主编：《张仲景研究集成》下册，第 1816 页。

灵枢经·经脉篇》云：手厥阴之脉，"动则病手心热，臂肘挛急，腋肿，甚则胸胁支满，心中澹澹大动，面赤目黄，喜笑不休。是主脉所生病者，烦心心痛，掌中热。"[1]肝足厥阴之脉，"动则病腰痛不可以俯仰，丈夫㿉疝，妇人少腹肿，甚则嗌干，面尘脱色。是主肝所生病者，胸满呕逆飧泄，狐疝遗溺闭癃。"[2]据此，张仲景依足厥阴肝病为重心，提出了厥阴病的提纲证，如图3-10所示。他说："厥阴之为病，消渴，气上撞心，心中疼热，饥而不欲食，食则吐蛔。下之利不止。"[3]专家解释说："厥阴肝脏，内寄相火，功主疏泄。厥阴为病，相火内炽，疏泄失常，气机逆乱。肝气横逆上冲，则气上撞心；肝火横逆犯胃，则心中疼热；肝火炽盛，消灼阴液，则见消渴。火盛消谷则易饥，木不疏土则虽饥而不欲食。肝热上炎，火失敷布，则脾虚肠寒，蛔虫喜温恶寒，不安躁动而上窜恶随气逆而吐出，可知'吐蛔'提示下寒。"[4]

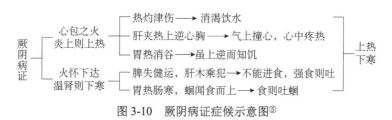

图3-10　厥阴病证症候示意图[5]

除此之外，厥阴病证还有：其一，以肝热下注为特点的厥阴热利证，或称厥阴热迫大肠证。例如，张仲景说："热利下重者，白头翁汤主之。"[6]"下重"即魄门里急后重，有涩滞而难出和重坠不爽的感觉，"热利"是指湿热蕴结，灼伤血络，引起直肠充血，而成"肠澼便血"[7]。其二，以呕吐涎沫头痛为特征的厥阴寒呕证，亦称寒邪犯胃浊阴上逆证。如张仲景说："干呕吐涎沫，头痛者，吴茱萸汤主之。"[8]此证的病机为肝寒犯胃，而致其纳运失常，浊气上逆，所以该病本于肝。又因足厥阴肝经上行出额部，并与督脉交会于巅顶，故阴寒之气循经上犯，遂引起巅顶部头痛。其三，厥阴厥逆证，张仲景说："凡厥者，阴阳气不相顺接，便为厥。厥者，手足逆冷者是也。"[9]阴阳二气的周流环布，升降无碍，是维持生命正常生理功能的基本条件，一旦阴阳二气不能相互顺接，人体的微循环就会出现"厥证"。当然，"厥"只是一个症状，在临床上，它常常会与其他伴随症状一起出现。例如，"大汗，若大下利而厥冷者，四逆汤主之"[10]。这是典型的寒厥证候，如果治疗不当，使寒厥继续发展，就会转入阴盛格阳证，最后会导致脏厥而死亡。又如，"伤寒一

① 陈振相、宋贵美：《中医十大经典全录》，第185页。
② 陈振相、宋贵美：《中医十大经典全录》，第186页。
③ （汉）张机：《伤寒论》卷5《辨厥阴病脉证并治》，路振平主编：《中华医书集成》第2册《伤寒类》，第46页。
④ 张桂珍主编：《伤寒论讲义》，济南：山东大学出版社，1996年，第210页。
⑤ 陈家旭：《中医诊断学图表解》，北京：人民卫生出版社，2004年，第239页。
⑥ （汉）张机：《伤寒论》卷5《辨厥阴病脉证并治》，路振平主编：《中华医书集成》第2册《伤寒类》，第52页。
⑦ 陈振相、宋贵美：《中医十大经典全录》，第72页。
⑧ （汉）张机：《伤寒论》卷5《辨厥阴病脉证并治》，路振平主编：《中华医书集成》第2册《伤寒类》，第53页。
⑨ （汉）张机：《伤寒论》卷5《辨厥阴病脉证并治》，路振平主编：《中华医书集成》第2册《伤寒类》，第50页。
⑩ （汉）张机：《伤寒论》卷5《辨厥阴病脉证并治》，路振平主编：《中华医书集成》第2册《伤寒类》，第51页。

二日至四五日厥者，必发热；前热者，后必厥，厥深者热亦深，厥微者热亦微"①。西医将其定性为感染性发热，临床特征是四肢皮肤缺血发寒与高热交替反复出现，可见，热厥证的病机是由阳气内陷于里，郁结不得发越所致。

为了清除和直观起见，我们特将《伤寒论》所述之六经辨证，列表3-3如下：

表3-3　六经辨证简表

六经病	证名		病因病机	主要症状
太阳病证	太阳经证	太阳伤寒证	风寒之邪（寒为主）侵犯太阳经，卫阳被遏，营阴郁滞	恶寒，发热，头项强痛，身体疼痛，无汗，脉浮紧，或见气喘
		太阳中风症	风寒之邪（风为主）侵犯太阳经，卫强营弱	发热，恶风，头痛，汗出，脉浮缓，或见鼻鸣，干呕
	太阳腑证	太阳蓄水证	太阳经证不解而内传膀胱腑，邪与水结，膀胱气化不利，水液停蓄	发热，恶寒，小便不利，小腹胀满，渴欲饮水，或水入即吐，脉浮或浮数
		太阳蓄血证	太阳经证失治，邪热内传，与血相结于手太阳小肠腑	少腹急结或硬满，神乱如狂，小便自利，大便色黑如漆，脉沉涩或沉结
阳明病证	阳明经证		邪热亢盛，充斥于阳明之经，弥漫于全身，而肠中尚无燥屎内结	身大热，不恶寒，反恶热，汗大出，大渴引饮，或心烦躁扰，气粗似喘，面赤，苔黄燥，脉洪大
	阳明腑证		邪热内盛于里，邪热与肠中糟粕相搏，燥屎内结，阻滞肠道	日晡潮热，手足濈然汗出，脐腹胀满，疼痛拒按，大便秘结不通，甚则神昏谵语、狂躁、不得眠，舌苔黄厚干燥，或起芒刺，甚至苔焦黑燥裂，脉沉实，或滑数
少阳病证	邪犯少阳胆腑，枢机不利，经气不畅			寒热往来，口苦，咽干，目眩，胸胁苦满，默默不欲饮食，心烦喜呕，脉弦
太阴病证	脾阳虚衰，寒湿内生			腹满而吐，食不下，口不渴，自利，时腹自痛，四肢欠温，脉沉缓而弱
少阴病证	少阴寒化证		病邪深入少阴，心肾阳气衰惫，从阴化寒，阴寒独盛	无热恶寒，脉微细，但欲寐，四肢厥冷，下利清谷，小便清长，或呕吐不食，或口渴喜热饮、饮而不多
	少阴热化证		病邪深入少阴，从阳化热，阴虚阳亢	心中烦热，夜不得眠，口燥咽干，或咽痛，舌红少苔，脉细而数
厥阴病证	阴阳对峙，寒热错杂，厥热胜复			消渴，气上撞心，心中疼热，饥而不欲食，食则吐蛔

由表3-3不难看出，六经辨证确实是《伤寒论》的辨证纲要与论治准则，张仲景系统总结了外感病错综复杂的症候及其演变规律，它不仅在是中医临床辨证之首创，而且为后

---

① （汉）张机：《伤寒论》卷5《辨厥阴病脉证并治》，路振平主编：《中华医书集成》第2册《伤寒类》，第50页。

世各种辨证方法奠定了基础，如孙思邈《千金要方》的脏腑辨证以及清代医家吴鞠通所倡导的三焦上下辨证等，都是对六经辨证的进一步继承和发展。因此，陆渊雷先生评论说："六经是病理上的一个分野，它的里面，包括若干病证，如太阳病，则包括太阳经证，太阳腑证，太阳变证；阳明病，则包括阳明经证、阳明腑证；少阳病，则包括少阳经证、少阳腑证；太阴病，则包括太阴纯阴证、太阴纯阳证；少阴病，则包括少阴协火证、少阴协水证；厥阴病，则包括厥多热少证、厥少热多证。每证之下又分为若干细目。这样有条不紊，纲举目张的理论，在发扬祖国医学之今日，实占重要地位。"①

2."八法"论治与"汗、吐、下"三法辨证

在对外感热病的论治过程中，张仲景系统总结了扶正与祛邪两法在临床上的实际应用经验，精辨病机，据证立法，创造性地提出了汗、下、吐、温、和、补、消、清等八法的治疗原则及其适用范围，从而形成了比较完备的治疗手段。

（1）汗法。《素问·阴阳应象大论篇》云："其有邪者，渍形以为汗；其在皮者，汗而发之。"②王冰注："邪谓风邪之气，风中于表，则汗而发之。"③可见，用汗法解表，是《内经》所倡导的一种祛风大法。故张仲景在《伤寒论》中用《辨不可发汗病脉证并治》、《辨可发汗病脉证并治》及《辨发汗后病脉并治》3篇来论述"汗法"的运用，尤其是对"不可汗"与"可汗"的情形做了非常细致的考察，显示了他对此法的高度重视。例如，对"不可汗"，张仲景列举了至少31种情形。在"不可汗"的情形中，临床上容易误治的比较复杂。像"诸脉得数动微弱者，不可发汗；发汗则大便难，腹中干，胃躁而烦。其形想像，根本异源。"④清代名医吴谦解释说："凡诸病得动数动脉者，有余诊也，可发汗。若按之微弱者，是外假实而内真虚也，不可发汗。若误发其汗，伤其津液，则腹中干，大便难，胃燥而烦，其形似胃实热结之阳明，究其根本，实由发虚家汗，致成津枯虚燥之阳明也。"⑤又如，"脉濡而弱，弱反在关，濡反在巅，弦反在上，微反在下。弦为阳运，微为阴寒。上实下虚，意欲得温。微弦为虚，不可发汗，发汗则寒栗，不能自还"⑥从脉象辨，则为"寸弦、关弱、尺微，而濡上鱼际之义"，据此，刘世祯和刘瑞瀜两位先生解释说：

> 脉濡而弱，乃阴阳俱虚之候，弱在关而濡在巅者，胃阳虚而宗气上溢也。弦在寸而微在尺者，血凝气而上实下虚也。关既弱矣，不当气溢于巅。尺既微矣，不当血实于上，故统谓之反。以寸弦知肝阳之上越，以尺微知肾气之下寒。肝邪乘心，上干于脑，必为目运，故曰：弦为阳运（即肝阳上越而目运之义）。肾气下寒，阴邪自盛，故曰：微为阴寒。肝阳上实，肾气下虚（此言成上实下虚之因），即外见身热虚烦，

---

① （清）俞根初原著、连建伟订校：《三订通俗伤寒论》，北京：中医古籍出版社，2002年，第41—42页。
② 陈振相、宋贵美：《中医十大经典全录》，第16页。
③ （唐）王冰著、范登脉校注：《重广补注黄帝内经素问》卷2《阴阳应象大论篇》，北京：科学技术文献出版社，2011年，第55页。
④ （汉）张机：《伤寒论》卷7《辨不可发汗病脉证并治》，路振平主编：《中华医书集成》第2册《伤寒类》，第57页。
⑤ （清）吴谦等：《医宗金鉴》第1分册《订正仲景全书》，北京：人民卫生出版社，1963年，第342页。
⑥ （清）吴谦等：《医宗金鉴》第1分册《订正仲景全书》，第342页。

必病人意欲得温，喜近衣被，此虽名上实下虚，究竟一弦一微，均为虚象，皆在禁汗之例。故曰微弦为虚，不可发汗。尺微即为寸弦之因，下虚乃成上实之变，发汗则阴阳两伤，气随液散，故令身为寒栗，不能自还。①

表证如果治疗不当，就会导致十分严重的后果，甚至"命将难全"，所以张仲景一再告诫医者说："诸逆发汗，病微者难差，剧者言乱、目眩者死，命将难全。"②对此，清人邵成平无不感慨万千，他说："厥逆者，已入阴分矣，而更发其汗，则言乱为少阴，目眩为厥阴，是谁之咎？"③本来伤寒头眩诸证，并非不治之症，只要治疗及时，方法正确，一般都会慢慢告愈。但是，一旦委命于庸医之手，后果未卜，轻微之病就很有可能转变为积重难返之疾。那么，如何正确地将"汗法"运用于临床实际呢？张仲景根据长期的实践经验，寻察端由，把发汗解表法分为两种情况：第一，表寒虚证运用缓法，如"太阳病，头痛发热，汗出恶风寒者，属桂枝汤……太阳中风，阳浮而阴弱，阳浮者热自发，阴弱者汗自出，啬啬恶寒，淅淅恶风，翕翕发热，鼻鸣干呕者，属桂枝汤"④。太阳中风是风邪伤于卫，症见发热，恶寒，或头痛，身疼等，脉浮，方用桂枝汤。此方滋阴和阳，调和营卫，具有发汗以止汗及发汗而不伤正的特点，既治伤寒，又治杂病，所以张仲景将其列为《伤寒论》第一处方，并被柯韵伯先生称为群方之冠。第二，表寒实证运用峻法。如"太阳病，头痛发热，身疼腰痛，骨节疼痛，恶风无汗而喘者，属麻黄汤。"⑤又如，"脉浮而紧，浮则为风，紧则为寒，风则伤卫，寒则伤荣，荣卫俱病，骨节烦疼，可发其汗，宜麻黄汤"⑥。紧脉主寒主痛，而"骨节疼痛"则由寒邪入络，经气失宣所致。至于"恶风无汗而喘"之外感病，临床上非麻黄汤不能达其开玄府、行卫气之功效，因为"身疼、腰痛、骨节疼痛皆因皮肤紧密而无汗，水毒迫于筋肉关节所致，水毒既不能放散于皮肤，转侵入呼吸器官而作喘。凡身疼、腰痛、骨节疼痛、无汗而喘之类证，表实之所独见也"⑦。此外，微汗法，适用于既不属于桂枝汤证，又不属于麻黄汤证，但须发汗解表之证。如张仲景说："太阳病，得之八九日，如疟状，发热恶寒，热多寒少，其人不呕，清便欲自可，一日二三度发。脉微缓者，为欲愈也；脉微而恶寒者，此阴阳俱虚，不可更发汗、更下、更吐也；面色反有热色者，未欲解也，以其不能得小汗出，身必痒，宜桂枝麻黄各半汤。"⑧

（2）下法。同汗法一样，《伤寒论》用 3 篇内容来谈论下法，即《辨不可下病脉证并治》、《辨可下病脉证并治》以及《辨发汗吐下后病脉证并治》，可见，张仲景对"下法"

---

① 朱克俭主编：《湖湘名医典籍精华·伤寒金匮卷》上册，长沙：湖南科学技术出版社，1999 年，第 445 页。
② （汉）张机：《伤寒论》卷 7《辨不可发汗病脉证并治》，路振平主编《中华医书集成》第 2 册《伤寒类》，第 57 页。
③ （清）邵成平著，李德杏、王惠君、王玉兴校注：《伤寒正医录》，北京：中医古籍出版社，2012 年，第 106 页。
④ （汉）张机：《伤寒论》卷 7《辨不可发汗病脉证并治》，路振平主编《中华医书集成》第 2 册《伤寒类》，第 60 页。
⑤ （汉）张机：《伤寒论》卷 7《辨不可发汗病脉证并治》，路振平主编《中华医书集成》第 2 册《伤寒类》，第 61 页。
⑥ （汉）张机：《伤寒论》卷 7《辨不可发汗病脉证并治》，路振平主编《中华医书集成》第 2 册《伤寒类》，第 59 页。
⑦ 陈慎吾：《陈慎吾伤寒论讲义》，北京：中国中医药出版社，2008 年，第 54 页。
⑧ （汉）张机：《伤寒论》卷 10《辨发汗吐下后病脉证并治》，路振平主编《中华医书集成》第 2 册《伤寒类》，第 78 页。

的重视程度。下法适用于实寒在里证，然而，在临床上真正把下法应用好，其实并不容易，这是由实寒里证本身的复杂性所决定的。于是，在《伤寒论·辨不可下病脉证并治》篇中，张仲景举出了很多医者误用下法的病例。例如，"脉濡而紧，濡则卫气微，紧则荣中寒，阳微卫中风，发热而恶寒；荣紧胃气冷，微呕心内烦。医谓有大热，解肌而发汗，亡阳虚烦躁，心下苦痞坚，表里俱虚竭，卒起而头眩，客热在皮肤，怅怏不得眠。不知胃气冷，紧寒在关元，技巧无所施，汲水灌其身，客热因时罢，栗栗而战寒，重被而覆之，汗出而冒巅，体惕而又振，小便为微难，寒气因水发，清谷不容间，呕变反肠出，颠倒不得安，手足为微逆，身冷而内烦。迟欲从后救，安可复追还！"①尽管对此五言韵语，有学者认为似出自王叔和之手②，但文中所指医者对下法的误用，确实体现了张仲景"不可下"思想的辨证精髓。至于如何正确运用下法，张仲景结合临床经验，重点论述了峻下、导下、缓下、和下及润下五法的临床适应证及首选方剂。

第一，峻下法的临床适应证及首选方剂。张仲景说："阳明病脉迟，虽汗出不恶寒者，其身必重，短气，腹满而喘，有潮热者，此外欲解，可攻里也。手足濈然汗出者，此大便已鞕也，大承气汤主之。"③"少阴病，六七日，腹满不大便者，急下之，宜大承气汤。"④"下利，三部脉皆平，按之心下鞕者，急下之，宜大承气汤。"⑤"阳明少阳合病，必下利。其脉不负者，为顺也，负者，失也，互相克贼，名为负。脉滑而数者，有宿食也，当下之，宜大承气汤。"⑥

可见，寒下法适用于痞、满、燥、实证，不过，对体质虚弱或表邪未解者慎用。大承气汤由大黄、厚朴、枳实、芒硝4味药物组成，其中大黄与芒硝相配伍，攻润相济，峻下热结，而厚朴温中燥湿，枳实则苦泄沉降。因此，柯琴分析大承气汤的方义说：

夫诸病皆因于气，秽物之不去，由于气之不顺，故攻积之剂，必用行气之药以主之。亢则害，承乃制，此承气之所由；又病去而元气不伤，此承气之义也。夫方分大小，有二义焉：厚朴倍大黄，是气药为君，名大承气；大黄倍厚朴，是气药为臣，名小承气。味多性猛，制大其服，欲令泄下也，因名曰大；味少性缓，制小其服，欲微和胃气也，故名曰小。二方煎法不同，更有妙义。大承气用水一斗，先煮枳、朴，煮取五升内大黄，煮取三升内硝者，以药之为性，生者气锐而先行，熟者气纯而和缓，仲景欲使芒硝先化燥屎，大黄继通地道，而后枳、朴除其痞满。缓于制剂者，正以急于攻下也。若小承气则三物同煎，不分次第，而服只四合，此求地道之通，故不用芒硝之峻，且远于大黄之锐矣，故称为微和之剂。⑦

① （汉）张机：《伤寒论》卷9《辨不可下病脉证并治》，路振平主编：《中华医书集成》第2册《伤寒类》，第69页。
② （清）魏荔彤著、赛西娅等点校：《伤寒论本义》，北京：中医古籍出版社，1997年，第493页。
③ （汉）张机：《伤寒论》卷9《辨可下病脉证并治》，路振平主编：《中华医书集成》第2册《伤寒类》，第75页。
④ （汉）张机：《伤寒论》卷9《辨可下病脉证并治》，路振平主编：《中华医书集成》第2册《伤寒类》，第72页。
⑤ （汉）张机：《伤寒论》卷9《辨可下病脉证并治》，路振平主编：《中华医书集成》第2册《伤寒类》，第72页。
⑥ （汉）张机：《伤寒论》卷9《辨可下病脉证并治》，路振平主编：《中华医书集成》第2册《伤寒类》，第72页。
⑦ （清）柯琴撰，王晨、张黎临、赵小梅校注：《伤寒来苏集》，第290页。

第二，导下法的临床适应证及首选方剂。张仲景说："阳明病，自汗出，若发汗，小便自利者，此为津液内竭，虽鞭不可攻之。须自欲大便，宜蜜煎导而通之。若土瓜根及猪胆汁，皆可为导。"①

对于热病后期所出现的津伤便硬的少阳阳明证患者，因肠中津液不足，不能盲目运用承气汤攻下，张仲景首创导便和灌谷道法，遂成为世界医学史上应用直肠给药及灌肠疗法的先驱。其法如下：

食蜜七合

上一味，于铜器内微火煎，当须凝如饴状，搅之，勿令焦著，欲可丸，并手捻作挺，令头锐，大如脂，长二寸许，当热时急作，冷则硬。以内谷道中．以手急抱，欲大便时，乃去之。又大猪胆一枚，泻汁，和少许法醋，以灌谷道内。如一食顷，当大便出宿食恶物，甚效。②

由此可见，制蜜煎及猪胆汁通导法仅仅是为了增加或者刺激直肠增加津液，这种外导法与现代临床上所用的开塞露有异曲同工之处。不过，张仲景所讲的"津液内竭"是指肠道内某些一过性津液干枯而造成的大便难者，故当患者自欲大便，却不得解出时，适用导下法。

第三，缓下法的临床适应证及首选方剂。张仲景说：

太阳病，过经十余日，心下温温欲吐而胸中痛，大便反溏，腹微满，郁郁微烦。先此时自极吐下者，与调胃承气汤；若不尔者，不可与；但欲呕、胸中痛、微溏者，此非柴胡汤证，以呕故知极吐下也。③

调胃承气汤：大黄四两（酒洗） 甘草二两（炙） 芒硝半升。"④他还说："伤寒十三日，过经谵语者，以有热也，当以汤下之。若小便利者，大便当鞭，而反下利，脉调和者，知医以丸药下之，非其治也。若自下利者，脉当微厥，今反和者，此为内实也，调胃承气汤主之。⑤

阳明病，不吐不下，心烦者，属调胃承气汤。⑥

伤寒吐后，腹胀满者，属调胃承气汤。⑦

---

① （汉）张机：《伤寒论》卷9《辨不可下病脉证并治》，路振平主编：《中华医书集成》第2册《伤寒类》，第72页。
② （汉）张机：《伤寒论》卷9《辨不可下病脉证并治》，路振平主编：《中华医书集成》第2册《伤寒类》，第72页。
③ （汉）张机：《伤寒论》卷10《辨发汗吐下后病脉证并治》，路振平主编：《中华医书集成》第2册《伤寒类》，第79页。
④ （汉）张机：《伤寒论》卷10《辨发汗吐下后病脉证并治》，路振平主编：《中华医书集成》第2册《伤寒类》，第79页。
⑤ （汉）张机：《伤寒论》卷10《辨发汗吐下后病脉证并治》，路振平主编：《中华医书集成》第2册《伤寒类》，第83页。
⑥ （汉）张机：《伤寒论》卷9《辨不可下病脉证并治》，路振平主编：《中华医书集成》第2册《伤寒类》，第75页。
⑦ （汉）张机：《伤寒论》卷10《辨发汗吐下后病脉证并治》，路振平主编：《中华医书集成》第2册《伤寒类》，第85页。

文中的"过经"即离开太阳经而转入阳明经，表明病势已经开始向里陷，出现阳明腑实证候，或肠中燥热，胃气上逆，或腹部胀满，肠中干燥，不大便，或热结旁流，心烦谵语等。临床上以大便秘，腹胀满为其辨证要点，至于病机则见胃腑热实而下满。所以调胃承气汤将甘草、芒硝和大黄三药同用，不仅能增强泻热和胃之效，而且甘草还可缓解大黄和芒硝攻破之性，缓急开结，使药力缓缓下行，故为泻下的缓剂。

第四，和下法的临床适应证及首选方剂。张仲景说：

下利谵语者，有燥屎也，属小承气汤。大黄四两　厚朴二两（炙，去皮）枳实三枚（炙）。①

阳明病，其人多汗，以津液外出，胃中燥，大便必鞕，鞕则谵语，属小承气汤。②

若不大便六七日，恐有燥屎，欲知之法，少与小承气汤。汤入腹中，转失气者，此有燥屎也，乃可攻之；若不转失气者，此但初头硬，后必溏，不可攻之，攻之必胀满不能食也。欲饮水者，与水则哕。其后发热者，大便必复硬而少也，宜以小承气汤和之。不转失气者，慎不可攻也。③

太阳病，若吐，若下，若发汗后，微烦，小便数，大便因鞕者，与小承气汤和之愈。④

从文中所述之证候看，和下法适宜于燥屎与大热，大便硬但未至于大实之患者，若与大承气汤的适应证相比较，则小承气汤在燥、痞、满、实方面，都较大承气汤证为轻，不过，相对而言，小承气汤更适用于阳明腑实证中气滞痞满较重而燥坚不甚者，或者说大便虽硬，却并非大实，证见腹部胀满，心烦、谵语等。该方轻下热结，其药力发挥较大承气汤为和缓，正如清代医家钱潢所分析得那样："小承气者，即大承气而小其制也。大邪大热之实于胃者，以大承气汤下之，邪热轻者，及无大热，但胃中干燥而大便难者，以小承气汤微利之，以和其胃气，胃和则止，非大攻大下之骏剂也。此无大坚实，故于大承气中，去芒硝，又以邪气未大结满，故减厚朴枳实也。创法立方，唯量其缓急轻重而增损之，使无太过不及，适中病情耳。若不量虚实，不揆轻重，不及则不能祛除邪气，太过则大伤元气矣，临证审之。"⑤

第五，润下法的临床适应证及首选方剂。张仲景说：

趺阳脉浮而涩，浮则胃气强，涩则小便数，浮涩相搏，大便则硬，其脾为约，麻

① （汉）张机：《伤寒论》卷9《辨不可下病脉证并治》，路振平主编：《中华医书集成》第2册《伤寒类》，第74页。
② （汉）张机：《伤寒论》卷9《辨不可下病脉证并治》，路振平主编：《中华医书集成》第2册《伤寒类》，第75页。
③ （汉）张机：《伤寒论》卷9《辨不可下病脉证并治》，路振平主编：《中华医书集成》第2册《伤寒类》，第76页。
④ （汉）张机：《伤寒论》卷10《辨发汗吐下后病脉证并治》，路振平主编：《中华医书集成》第2册《伤寒类》，第81页。
⑤ （清）钱潢：《重编张仲景伤寒论证发明溯源集》卷6《阳明上篇》，虞舜、王旭光、张玉才主编：《修续四库全书伤寒类医著集成》第3册，南京：江苏科学技术出版社，2010年，第2189页。

子仁丸主之。

　　麻子仁二升　芍药半斤　枳实半斤　大黄一斤　厚朴一尺　杏仁一升。

　　上六味，蜜和丸，如桐子大，饮服十丸，日三服，渐加，以知为度。①

　　在临床上，麻子仁方是脾约证（即为阳明胃热所约束）的首选方，一般认为，此方是由小承气汤加减而来，不过，有研究者认为，小承气汤适宜于阳明腑实证，而麻子仁方则主要适用于胃热津伤并存，但病势缓，大便虽干结却无明显痛苦的情形。②

　　（3）吐法。病位有上、中、下之分，因而针对不同部位的病患，治法也有别。《素问·阴阳应象大论篇》说："其高者，因而越之。"③此处的"高"即病位较高，一般指邪在胸膈以上，应采取"因势利导"的方法，将有形之邪物如痰涎、宿食、毒物等从口中吐出，所以秦伯未先生说："吐者，清上焦也，胸次之间，咽喉之地，或有痰食痈脓，法当吐之。"④考张仲景《伤寒论》对"吐法"论述不多，且具体用法也仅见一例：

　　病如桂枝证，头不痛，项部强，寸脉微浮，胸中痞鞕，气上咽喉，不得息者，此为胸有寒也，当吐之，宜瓜蒂散。

　　瓜蒂一分（熬黄）　赤小豆一分

　　右二味，各别捣筛，为散已，合治之。取一钱匙，以香豉一合，用热汤七合，煮作稀糜，去滓，取汁和散，温顿服之。不吐者，少少加；得快吐乃止。诸亡血虚家，不可与瓜蒂散。⑤

　　从"不吐者，少少加；得快吐乃止"的医嘱看，张仲景临证适用吐法较为慎重，这反过来证明吐法的重要性，因此，《伤寒论》有"大法，春宜吐"⑥之说。可见，运用吐法既要得其时，又要得其机。故胡希恕先生说："寸脉微浮，胸中痞硬，气上冲喉咽不得息，正是欲吐而不得吐出的症候反应，此时与瓜蒂散以吐之，即所谓顺势利导的治法，但我谓是顺应机体机制的原因疗法也。"⑦

　　（4）和法。"和合"与"中和"概念，体现了祖国传统医学区别于西方医学的独有特征，也是中国传统文化的核心思想与共同支点。《素问·生气通天论篇》说："凡阴阳之要，阳密乃固，两者不和，若春无秋，若冬无夏，因而和之，是谓圣度。"⑧可见，阴阳失和是造成疾病产生的重要根源，正是从这样的辨症思维出发，张仲景创制了许多通过调和人体脏腑组织和结构功能来达到祛除病邪之目的的方剂，如桂枝汤、半夏泻心汤、小柴胡

---

① （汉）张机：《伤寒论》卷5《辨阳明病脉证并治》，路振平主编：《中华医书集成》第2册《伤寒类》，第42页。
② 肖相如：《肖相如论伤寒》，第35页。
③ 陈振相、宋贵美：《中医十大经典全录》，第16页。
④ 秦伯未：《秦伯未实用中医学》，北京：中国医药科技出版社，2014年，第138页。
⑤ （汉）张机：《伤寒论》卷4《辨太阳病脉证并治》，路振平主编：《中华医书集成》第2册《伤寒类》，第34页。
⑥ 张机：《伤寒论》卷8《辨可吐》，路振平主编：《中华医书集成》第2册《伤寒类》，第68页。
⑦ 胡希恕注按、冯世纶解读：《经方医学：六经八纲读懂〈伤寒论〉》，北京：中国中医药出版社，2014年，第140页。
⑧ 陈振相、宋贵美：《中医十大经典全录》，第11页。

汤、四逆散等。例如，张仲景说："太阳病，头痛发热，汗出恶风，桂枝汤主之。"[①]对于桂枝汤的性质与功用，清代名医徐彬评价说："桂枝汤，外证得之，解肌和营卫；内证得之，化气调阴阳。"[②]正确指出了桂枝汤具有内外兼治和阴阳双调的双向作用，既内振气机，滋阴和阳，又外调营卫，解肌发汗。因此，它才被中医学界誉为"和方"之首。又比如，张仲景说："伤寒五六日，中风，往来寒热，胸胁苦满，嘿嘿不欲饮食，心烦喜呕，或胸中烦而不呕，或渴，或腹中痛，或胁下痞硬，或心下悸、小便不利，或不渴、身有微热，或咳者，小柴胡汤主之。"[③]可见，小柴胡汤是和解少阳的首选方，该方以柴胡和黄芩为君药，一散一清，相须为用，外透内清，胆胃兼调，其"柴胡透泄少阳之邪，并能疏泄气机郁积，使半表半里之邪从外而解；黄芩清泄少阳半表半里之热，两药合用，是和解少阳的基本结构"[④]。因此之故，小柴胡汤也被称作是"和解表里之总方"[⑤]。

（5）温法。顾名思义，就是以《素问·至真要大论篇》所言"寒者热之"为原则，用热性药物扶助阳气、祛除寒邪的一种临床治病方法。据学者考证，张仲景以"扶阳气"为指导思想，在《伤寒论》中不仅讨论了 75 条临床上所经常遇到的误治伤阳情形，更重要的是，他还给出了救误的具体方法，如回阳救逆法、温补心阳法、温中祛寒法、温肺化饮法、温肝祛寒法、温阳和营法、温阳利水法、温阳解表法、温阳固涩法、温经散寒法等，因而前人有"伤寒法在救阳"之说。例如，张仲景论心阳不足证说："发汗过多，其人又手自冒心，心下悸，欲得按者，桂枝甘草汤主之。"[⑥]他又说："末持脉时，病人手叉自冒心。师因教试令咳，而不咳者，此必两耳聋无闻也。所以然者，以重发汗，虚故如此。"[⑦]汗为心之液，"发汗过多"则阳虚失固，必然会损伤心阳，证见心悸不安，胸闷，短气，乏力以及常用双手按其心胸等，所以治法以扶阳为主。而桂枝甘草汤中用桂枝平阳亢，用甘草补营气，是为理虚护阳之剂。因此，清代名医柯琴评论说："桂枝本营分药，得麻黄生姜，则令营气外发而为汗，从辛也。得芍药，则收敛营气而止汗，从酸也。得甘草，则内补营气而养血，从甘也。"[⑧]

（6）补法。从狭义讲，所谓补法即是以补益之品补充机体之不足，达到祛除病邪、恢复正气之目的。当然，从广义讲，凡是能够纠正人体气血阴阳、脏腑经络偏损偏衰，寒热虚实，甚至阴阳亡绝等证的医疗方法，都属于"补"法之列。通观考察，《伤寒论》的精髓不外"扶正"与"祛邪"两个方面的相互作用和相互配合，由于人体气血运行是一个由多环节和多脏腑相互联系、相互影响和相互协调的系统整体，它既需要先天禀赋充盛、后天饮食营养丰富，同时又需要肺、脾（胃）、肝、肾等脏腑机能的正常发挥，然而，人体

① （汉）张机：《伤寒论》卷 2《辨太阳病脉证并治上》，路振平主编：《中华医书集成》第 2 册《伤寒类》，第 14 页。
② （汉）张机撰、（清）徐彬注：《金匮要略论注》卷上，《景印文渊阁四库全书》第 734 册，台北：商务印书馆，1986 年。
③ （汉）张机：《伤寒论》卷 3《辨太阳病脉证并治中》，路振平主编：《中华医书集成》第 2 册《伤寒类》，第 24 页。
④ 何革主编：《生活中的中医药》，杭州：浙江科学技术出版社，2014 年，第 188 页。
⑤ 邓铁涛主编：《中医学新编》，上海：上海科学技术出版社，1971 年，第 138 页。
⑥ （汉）张机：《伤寒论》卷 3《辨太阳病脉证并治中》，路振平主编：《中华医书集成》第 2 册《伤寒类》，第 21 页。
⑦ （汉）张机：《伤寒论》卷 3《辨太阳病脉证并治中》，路振平主编：《中华医书集成》第 2 册《伤寒类》，第 22 页。
⑧ （清）柯琴撰，王晨、张黎临、赵小梅校注：《伤寒来苏集》，北京：中国中医药出版社，2006 年，第 246 页。

在内部环境和外部环境的交互作用下，其生理系统功能极易失去平衡，并导致正虚邪乘之后果。因此，"补法的作用，除扶助人体气血不足和协调阴阳的偏胜，使之归于平衡外，对正虚邪乘或正气虚弱不能清除余邪的情况下，使用补法，不仅能使正气恢复，而且还有利于肃清余邪，收到间接祛邪的效果"①。可见，补法的实质就是补偏救弊，调和阴阳，恢复脏腑正常功能。用《素问·至真要大论篇》的话就是"有余折之，不足补之，得其平矣"②。经王绪前先生考证，张仲景在《伤寒论》中运用补法比较灵活，因病施方，善于变化，粗略统计有：峻补法，代表方剂是四逆加人参汤；滋补法，代表方剂是炙甘草汤；平补法，代表方剂是小建中汤；清补法，代表方剂是黄连阿胶汤；温补法，代表方剂是附子汤。例如，张仲景说："少阴病，得之二三日以上，心中烦，不得卧，黄连阿胶汤主之。"③少阴经交通心肾，在正常生理情况下，心火下温肾水，肾水上济心火，二者上下交融，水火互济，因而阴平阳秘，相互资助，呈现出心清肾温的状态。但是，一旦肾水不足，无力上济心火，就必然会导致心火亢盛、虚热内扰之局面。于是，张仲景创制的"黄连阿胶汤"，妙取黄连和黄芩清火之效，又借助芍药、阿胶滋阴之功，"补中寓泻，泻中有补，为后世灵活运用补法首开先河"④。

（7）消法。所谓消法是指运用有消导或散结作用的方药，对气、血、痰、食、水、热、寒、虫等所结成的有形之病邪，使其渐消缓散的治疗方法。而《伤寒论》应用消法于临床实践，创制了众多名方，切中肯綮，如"消散水气之五苓散、猪苓散和牡蛎泽泻散，或化气利水，或滋阴利水，或软件散结，利尿逐水，为水气病的治疗开创了临床应用之先河。还记载了消痰开结之小陷胸汤，适用于痰热互结心下，按之则痛的小结胸证。五泻心汤、旋复代赭汤，也均为后世消痞泻满的名方。这些都是中医消法临床应用的开始"⑤。例如，"若脉浮，小便不利，微热，消渴者，属五苓散"⑥。李延先生释："表邪循经入腑，水热结于下焦，膀胱气化不利则见脉浮，小便不利；水热互结，津不上布则见微热消渴。"因此，上述诸症"关键在于膀胱气化不利，故以五苓散化气利小便。"⑦不过，"消法用药多俱有克伐之性，它虽不比下法峻猛，但用之不当，亦能伤人正气"⑧。比如，"大病差后，从腰以下有水气者，牡蛎泽泻散主之"⑨。方中的药物蜀漆、海藻等都有毒性，故蜀漆需要"暖水洗去腥"，海藻需要"洗去咸"⑩，从而降低或减弱药物的毒性。由于是大

---

① 周石卿：《对〈伤寒论〉中补法的一些体会》，《福建中医药》1963年第3期，第33页。

② 陈振相、宋贵美：《中医十大经典全录》，第134页。

③ （汉）张机：《伤寒论》卷6《辨少阴病脉证并治中》，路振平主编：《中华医书集成》第2册《伤寒类》，第46页。

④ 王绪前：《〈伤寒论〉补法研讨》，《中医药学报》1983年第3期，第6页。

⑤ 梁媛：《中医消法源流考》，《辽宁中医药大学学报》2012年第5期，第89—90页。

⑥ （汉）张机：《伤寒论》卷8《辨发汗后病脉证并治中》，路振平主编：《中华医书集成》第2册《伤寒类》，第66页。

⑦ 吴限主编：《李延学术经验集》，北京：中国中医药出版社，2014年，第307页。

⑧ 周阿高主编：《中医学》，上海：上海科学技术出版社，2006年，第128页。

⑨ （汉）张机：《伤寒论》卷7《辨阴阳易差后劳复病脉证并治中》，路振平主编：《中华医书集成》第2册《伤寒类》，第56页。

⑩ （汉）张机：《伤寒论》卷7《辨阴阳易差后劳复病脉证并治中》，路振平主编：《中华医书集成》第2册《伤寒类》，第56页。

病之后，患者的脾胃尚虚弱，如果对此水气滞留证处方不正确，就会给患者带来严重后果。所以秦伯未先生指出："心肝脾肺肾，分布五方，胃、大肠、小肠、膀胱、三焦、胆与膻中，皆附立有所常所，而皮毛、肌肉、筋骨各有浅深，凡用汤药膏散，必须按其部分，而君臣佐使驾驭有方，使不得移，则病处当之，不得诛伐无过矣，此医门第一义也，而于消法为尤要，不明乎此，而妄行克制，则病未消而元气已消，其害可胜言哉？"①

（8）清法。《素问·至真要大论篇》说："热者寒之，温者清之。"②可见，"清"是指清除热邪，亦即使用寒凉或滋阴性质的方药，通过泻火、解毒、凉血等作用，以达到邪热外泄、降火保津目的的一种治疗方法。当然，在临床实践中，如果遇到表邪已解而里热炽盛的情况，就可考虑使用清法。如张仲景说："太阳病，重发汗而复下之，不大便五六日，舌上燥而渴，日晡所小有潮热，从心下至少腹鞕满而痛，不可近者，大陷胸汤主之。"③从症见"日晡所小有潮热"加上"从心下至少腹鞕满而痛"可断，病在"一腹之中，上下邪气俱甚"④。用胡希恕先生的话说，就是"外邪入里，热与水结于胸，呈阳明里实热证"⑤，然肠道并无实滞，即它不是热与燥屎结在肠内的阳明证，治当清热逐水破结。在大陷胸汤的组方里，"甘遂苦寒，为下水峻药，使结于上的水喝热从大小便而去。芒硝泄热软坚，大黄泄热破结，二味协甘遂泄热和消除心腹硬满痛。甘遂攻水峻猛，与硝、黄为伍则攻下更猛，但热实结胸者，又非此不治"⑥。此外，《伤寒论》中阐释的清法尚有清宣胸膈郁热法，适用于热扰胸膈证；清热宣肺法，适用于邪热壅肺证；清泄阳明胃热法，适用于阳明热证；清肠止利法，适用于肠热下利证；清膀胱腑热法，适用于阴伤水热互结于膀胱；清热化痰散结法，适用于小结胸证；清热利湿法，适用于湿热发黄证；清热消痞法，适用于热痞证；清热利咽法，适用于少阴病客热咽痛证等。详细内容请参见童心怡的《〈伤寒论〉清法研究》一文⑦，此不赘述。

（二）《金匮要略方论》及其"多因杂至"的疾病观

1.《金匮要略方论》的主要内容和体例

《金匮要略方论》是《伤寒杂病论》的"杂病"部分，仅就目前所见传本看，张仲景采用"以病分篇""分条叙证""分证出方"的编纂体例，纲目条贯，分类详备，辨病分型，因证施方。据学者分析，《金匮要略方论》"除自组方思路之外，还有方证相对思路、成方加减思路、阶段选方思路、辨病分型思路、制剂与炮制辨证思路、辨病选方思路，等等"⑧。所以《金匮要略方论》被誉为"众方之祖"，如李东垣曾引用张元素的话说："仲

① 秦伯未：《秦伯未实用中医学》，第138页。
② 陈振相、宋贵美：《中医十大经典全录》，第133页。
③ （汉）张机：《伤寒论》卷4《辨太阳病脉证并治下》，路振平主编：《中华医书集成》第2册《伤寒类》，第29页。
④ （金）成无己著，田思胜、马梅青校注：《注解伤寒论》，北京：中国医药科技出版社，2010年，第87页。
⑤ 冯世纶主编：《胡希恕经方用药心得十讲——经方用药初探》，北京：中国医药科技出版社，2011年，第50页。
⑥ 冯世纶主编：《胡希恕经方用药心得十讲——经方用药初探》，第50页。
⑦ 童心怡：《〈伤寒论〉清法研究》，福建中医药大学2011年硕士学位论文。
⑧ 王永福、吴秀惠：《中医处方门径与技巧》，北京：中国中医药出版社，2006年，第85页。

景药为万世法，号群方之祖，治杂病若神。后之医者，宗《内经》法，学仲景心，可以为师矣。"①

经后人整理而成的《金匮要略方论》，全书共 3 卷 25 篇，其中前 22 篇，约计 398 条，若单以篇名而论，有 40 多种疾病。载处方 205 首，用药约 155 种。其整个篇章格局是：首篇为总论，第 2 篇至第 17 篇专述内科病，第 18 篇为外科病，第 19 篇专论 5 种不便归类的杂病（如跌蹶、手指臂肿、转筋、阴狐疝、蛔虫等），第 20 至 22 篇专论妇产科病证，第 23 至 25 篇为杂疗方和食物禁忌（多作为附录）。而从体例的结构处着眼，则《金匮要略方论》的内容又可分述如下：

（1）以病分篇。如前 22 篇约载有 40 多种疾病的辨证治疗，张仲景为了比较科学地建立起各种疾病之间的内在联系，他采取"合论"与"专论"相结合的原则，将临床上经常遇到的内、外、妇及疑难杂病进行系统地总结，并形成了独特的中医辩证思维体系。

先讲"合论"，就是指把病因、病机、病性、病位以及证候等诸多具有相似或相近之处的几种病证归在一篇之内，以便于整体把握，临证辨析用药，做到有的放矢。它又具体分为五种形式：一是病因相似，如"痉、湿、暍"篇，论者谓："痉湿暍三病，同源异流，都是由湿引起。故痉曰'寒湿相得'，湿曰'此名中湿'，暍曰'伤于冷水'。"②二是病位相同，如"肺痿、肺痈、咳嗽"篇，尽管三者的发病机制不同，证候也有别，但它们都与肺脏发病有关，故合在一篇内论述。又如"呕吐、哕、下利"篇，"三者的发病主因和发病机制虽有所不同，但也都属于胃肠病变，故有合并论述的必要"③；三是病机相同，如"胸痹、心痛、短气"篇，"因为胸痹心痛两者皆由于胸阳或胃阳不振，水饮或痰涎停滞于胸中或胃中所致，两者病机与病位都相近，故合为一篇目"④。又如，"中风、历节"篇，"因为中风有半身不遂，历节有疼痛，遍历关节等症状，两者病势发展善行数变，故古人用'风'字来形容，其病机相仿，故合为一篇"⑤。四是病性相近，如"百合、狐惑、阴阳毒"篇，"三者的病机，或由热病转归，或由感染病毒，由于性质相近，故合为一篇"⑥。五是证候相似，如"腹满、寒疝、宿食"篇，从临床上看，腹满、寒疝、宿食的病因虽然不同，但因发病部位都与胃肠有关，且皆有腹满或疼痛的症状，故合并论述。⑦综上所述，不难看出，通过对疾病归类，既便于明晰疾病发生与发展的客观趋势和演变规律，同时又利于辨病求因，分证论治，知常达变，对症用药。因此，陈修园先生在评价《金匮要略方论》的体例价值和医学意义时说："凡合篇各证，其证可以互参，其方亦或可以互用。须知以六经钤百病，为不易之定法；以此病例彼病，为启悟之

---

① （金）李东垣：《李东垣医学全书》，太原：山西科学技术出版社，2012 年，第 49 页。
② 吴考槃：《医学求真》，北京：中国医药科技出版社，1990 年，第 65 页。
③ 柳河中、柳东杨编著：《领悟中医经典名著》，内部资料，2012 年，第 177 页。
④ 柳河中、柳东杨编著：《领悟中医经典名著》，第 177 页。
⑤ 柳河中、柳东杨编著：《领悟中医经典名著》，第 176 页。
⑥ 柳河中、柳东杨编著：《领悟中医经典名著》，第 176 页。
⑦ 柳河中、柳东杨编著：《领悟中医经典名著》，第 177 页。

捷法。"①

至于对那些不易归类但在临床上又常见的疾病，张仲景也做了"合篇"处理。例如，"趺蹶、手指臂肿、转筋、阴狐疝、蛔虫"篇，显然，它们从发病部位、性质、病机等方面都有自己的特点，相互独立，其中有四肢的病变，有肠道的病变，有阴囊的病变，所以"上述五证之间并无关联，因不便归纳，又不能单独成篇，故在论述内外科杂病之后将其合为一篇讨论"②。

次言"专论"，所谓"专论"是指针对某些性独立性较强，内容比较完整，或者说理法方药比较清晰，比较系统，或者临床表现特性比较鲜明的个别疾病进行分篇论述。例如，"疟病"篇、"水气病"篇、"黄疸病"篇、"奔豚气"篇等。以水汽病为例，从张仲景对水气病的论述看，水气病一般是指体内水液潴留而呈现肌肤水肿症状的疾病，其发病的原因与脾、肺及肾的功能失调有关，对此，张景岳阐释其病机说："凡水肿等证，乃肺、脾、肾相干之病。盖水为至阴，故其本在肾；水化于气，故其标在肺；水惟畏土，故其制在脾。今肺虚不化精而化水，脾虚土不治水而反克，肾虚水无所主而妄行，以致肌肉浮肿，气息喘急，病标上及脾、肺，病本皆归于肾。盖肾为胃之关，关不利，故聚水而不能出也。"③

张仲景根据临床特征，将"水气病"分为5种证型：风水，皮水，正水，石水，黄汗。如从证候辨病，则"太阳病，脉浮而紧，法当骨节疼痛，反不疼，身体反重而酸，其人不渴，汗出即愈，此为风水。恶寒者，此为极虚，发汗得之。渴而不恶寒者，此为皮水。身肿而冷，状如周痹，胸中窒，不能食，反聚痛，暮躁不得眠，此为黄汗。痛在骨节，咳而喘，不渴者，此为脾胀，其状如肿，发汗即愈。然诸病此者，渴而下利，小便数者，皆不可发汗"④。从水气病的临床表现看，风水和皮水的病位较浅，病情相对也较轻，而正水和石水的病位则较深，病情也相对较深。据此，张仲景提出了治疗水气病的总原则："诸有水者，腰以下肿，当利其小便；腰以上肿，当发其汗乃愈。"⑤除发汗和利小便之外，还有"下法"。如《金匮要略方论》云："夫水病人，目下有卧蚕，面目鲜泽，脉伏，其人消渴。病水腹大，小便不利，其脉沉绝者，有水，可下之。"⑥具体治法，则需要分证立方。例如，风水证可分六种情况：第一，"风水，脉浮身重，汗出恶风者，防己黄

---

① （清）陈修园：《陈修园医学全书》，太原：山西科学技术出版社，2011年，第158页。
② 李金华主编：《中医四大经典学习指导》，北京：人民卫生出版社，1999年，第405页。
③ 郝恩恩等主编：《三朝名医方论》卷4《济生肾气丸》，北京：中医古籍出版社，2001年，第344页。
④ （汉）张机：《金匮要略方论》卷中《水气病脉并治》，路振平主编：《中华医书集成》第2册《伤寒类》，第31页。
⑤ （汉）张机：《金匮要略方论》卷中《水气病脉证并治》，路振平主编：《中华医书集成》第2册《伤寒类》，第32页。
⑥ （汉）张机：《金匮要略方论》卷中《水气病脉证并治》，路振平主编：《中华医书集成》第2册《伤寒类》，第32页。

耆汤主之"①；第二，若出现"腹痛"一证，则在防己黄耆汤方中加上"芍药"一味药物②；第三，"风水恶风，一身悉肿，脉浮不渴，续自汗出，无大热，越婢汤主之"③；第四，在风水病"发汗"后，若出现"脉沉"现象，则宜服用麻黄附子汤；第五，同样在风水病"发汗"后，若出现"脉浮"现象，则宜服用杏子汤。④皮水证可分两种情况：第一，"皮水为病，四肢肿，水气在皮肤中，四肢聂聂动者，防己茯苓汤主之"⑤；第二，"厥而皮水者，蒲灰散主之"⑥。正水证，证见面目四肢浮肿，气促不安，虽然在《金匮要略方论》里，张仲景没有直接为此证立方，但用于治疗肺痈的"葶苈大枣泻肺汤"，却给人们治疗轻度的正水证提供了立方用药的指南，故后世医家将"葶苈大枣泻肺汤"改制为丸剂或散剂而用之。石水证，证见腹满不喘，方用麻黄附子汤等。

（2）"分条叙证"和"分证出方"。张仲景《伤寒杂病论》采用"病脉证治"的编写原则，始终贯穿病与脉证合参的指导思想。以"妇人妊娠病脉并治"为例，其结构体例是：

第一条，"妇人得平脉，阴脉小弱，其人渴（亦作呕），不能食，无寒热，此为妊娠，桂枝汤主之。于法六十日当有此证；设有医治逆者，却一月；加吐下者，则绝之"⑦。这段话可分两层意思：第一层意思是说正常妊娠状态下所出现的暂时性妊娠反应，其临床特点是，"身有病而无邪脉"⑧。因为妊娠2、3月间，经血归胞养胎，冲脉之气较盛，胃失和降，因而会给孕妇造成一时的阴阳失调，临床上常常会出现恶心呕吐，全身乏力，恶闻食臭。桂枝汤（桂枝、芍药、甘草、生姜、大枣）化气和阴阳，适宜于本证。所以唐宗海先生方解云："今妊娠初得，上下本无病，因子室有碍，气溢上下，故但以芍药一味股其阴气，使不得上溢，以桂甘姜枣，扶上焦之阳，而和其胃气，但令上之阳气充，能御相侵之阴气足矣。未尝治病，正所以治病也。"⑨第二层意思是如何理解"于法六十日当有此证……则绝之"的内涵。对此，历代医家解释互异，尚无一致看法，如唐宗海先生释："六十日当有此证者，谓妊娠两月，正当恶祖之时，设不知而妄治，则病气反增，正气反损，而呕泻有加矣。绝之，谓禁绝其医药也。"⑩又如张家礼先生释："因妊娠反应多出现

① （汉）张机：《金匮要略方论》卷中《水气病脉证并治》，路振平主编：《中华医书集成》第2册《伤寒类》，第32页。

② （汉）张机：《金匮要略方论》卷中《水气病脉证并治》，路振平主编：《中华医书集成》第2册《伤寒类》，第32页。

③ （汉）张机：《金匮要略方论》卷中《水气病脉证并治》，路振平主编：《中华医书集成》第2册《伤寒类》，第32页。

④ （汉）张机：《金匮要略方论》卷中《水气病脉证并治》，路振平主编：《中华医书集成》第2册《伤寒类》，第33页。

⑤ （汉）张机：《金匮要略方论》卷中《水气病脉证并治》，路振平主编：《中华医书集成》第2册《伤寒类》，第33页。

⑥ （汉）张机：《金匮要略方论》卷中《水气病脉证并治》，路振平主编：《中华医书集成》第2册《伤寒类》，第33页。

⑦ （汉）张机：《金匮要略方论》卷下《妇人妊娠病脉证并治》，路振平主编：《中华医书集成》第2册《伤寒类》，第45页。

⑧ 陈振相、宋贵美：《中医十大经典全录》，第63页。

⑨ （清）唐宗海著、翁良点校：《金匮要略浅注补正》，天津：天津科学技术出版社，2010年，第329页。

⑩ （清）唐宗海著、翁良点校：《金匮要略浅注补正》，第329页。

在怀孕 6—10 周之间，故原文说：'于法六十日当有此证。'在此期间给予恰当的治疗和调护，反应便可逐渐消失。如果诊疗失误，在妊娠三月时，妄施吐、下法者，应暂停服药，以饮食调养为主；或随证治之，以绝其病根；若误治损伤了胎元，则可能导致胎动，甚至堕胎。故曰'则绝之'。[1]再有，李克绍先生解释说："'则绝之'若指为尺脉绝，就更觉辞理通顺。盖因正常孕脉，应当是'阴搏阳别'，即尺脉搏指有力，与寸脉迥别。上文'阴脉小弱'，已经容易误诊，如果又加吐下——不管是病人自吐自下，或由误药致成吐下，都可能使小弱的阴脉渐至绝而不见，这样就更容易误诊。因此，'则绝之'三字，应与上文'阴脉小弱'联系起来看，是孕脉的特殊情况，也是提示临床者加以注意。"[2]妇女断经的原因比较复杂，用现代医学的语言来说，如疾病、生殖道下段闭锁、结核性子宫内膜炎、脑垂体或下丘脑功能不正常等，均可引起妇女的断经现象。所以，"却一月"的断经在没有先进的妇科检查仪器条件下，确实很容易误诊和误治，我们认为，从正常妊娠反应的角度看，用饮食调养可能更有益于胎儿的安全，"可见病不重或愈治愈重的，均不宜用药医治，以免引起其他变化"[3]。

第二条，"妇人宿有癥病，经断未及三月，而得漏下不止，胎动在脐上者，为癥痼害。妊娠六月动者，前三月经水利时，胎也。下血者，后断三月衃也，所以血不止者，其癥不去故也。当下其癥，桂枝茯苓丸主之"[4]。这里讲妊娠与癥病的鉴别诊断，从下血之证看，妊娠下血与癥病下血既有共同点，又有各自的特点。如两者都有出血不止、腹中跳动和停经史，但对于妊娠下血者而言，她在停经前的月经比较有规律，且无瘀血见证，与之相反，"癥痼"所致下血证的情况就不同了，不仅月经前后无定期，更见瘀血结块；此外，在正常情况下，孕妇须停经 6 个月，脐部才会有胎动感，而癥病患者多在停经 3 个月时，就有可能出现脐上跳动现象。因此，治疗癥病宜用桂枝茯苓丸（桂枝、茯苓、牡丹、桃仁、芍药各等分）。李培生先生说："桂枝茯苓丸方首列于妊娠病篇。当是妇人素有癥病，而又受孕。故其主治重在'癥痼害'。"所以"方用桃仁、芍药、丹皮以活血化瘀，桂枝通阳，茯苓导下。用桂枝于活血药中，最能增强消瘀解凝的作用，所谓'气行则血行'之说，当从此类药物的协同作用而深刻地体会出来。桂枝茯苓并用，又有通阳利水的效果。作丸频服，缓消其癥。"[5]

第三条，"妇人怀娠六七月，脉弦发热，其胎愈胀，腹痛恶寒者，少腹如扇，所以然者，子脏开故也，当以附子汤温其脏"[6]。这是由下焦虚寒所致的妊娠腹痛证，陈元犀先生释："太阳主表，少阴主里。脉弦发热者，寒伤太阳之表也；腹痛恶寒者，寒侵少阴之

① 张家礼主编：《金匮要略》，北京：中国中医药出版社，2004 年，第 414 页。
② 李克绍：《医论医话》修订本，北京：中国医药科技出版社，2012 年，第 176 页。
③ 卓雨农：《卓雨农中医妇科治疗秘诀》，成都：四川科学技术出版社，2010 年，第 122 页。
④ （汉）张机：《金匮要略方论》卷下《妇人妊娠病脉证并治》，路振平主编：《中华医书集成》第 2 册《伤寒类》，第 45 页。
⑤ 湖北中医学院主编：《李培生医学文集》，北京：中国医药科技出版社，2003 年，第 215 页。
⑥ （汉）张机：《金匮要略方论》卷下《妇人妊娠病脉证并治》，路振平主编：《中华医书集成》第 2 册《伤寒类》，第 45 页。

里也。夫胎居脐下，与太少相连，寒侵太少，气并胞宫，追动其胎，故胎愈胀也。腹痛恶寒，少腹如扇者，阴邪盛于内，寒气彻于外，故现出阵阵如扇之状也。然胎得暖则安，寒则动，寒气内胜，必致坠胎，故曰：'所以然者，子脏开故也'。附子汤温其脏，使子脏温而胎固，自无陨坠之虞矣。附子汤方未见，疑是《伤寒》附子汤（附子、茯苓、人参、白术、芍药）。"①

第四条，"妇人有漏下者，有半产后因续下血都不绝者，有妊娠下血者，假令妊娠腹中痛，为胞阻，胶艾汤主之"②。赵以德云："经水与结胎，皆冲任也。冲任乃肾用事者也。肾属坎，坎者时与离会，则血满经水行，犹月之禀日光为盈亏也。精有所施，心神内应，血即是从，故丁壬合而坎离交，二气凝结，变化㱊胎矣。然持守其阴阳交合，长养成胎者，皆坤土资之也。阴阳抱负则坤土堤防，故不漏。若宿有瘀浊客于冲任，则阴自结而不得与阳交合，故有半产漏下不绝也。若妊娠胞阻者，为阳精内成胎，阴血外养胞，胞以养其胎，今阴血自结，与胎阻隔，不与阳和，独阴在内，作腹中痛、下血，皆是阴阳失于抱负，坤土失其堤防。"③宜用芎归胶艾汤方（芎䓖、阿胶、甘草、艾叶、当归、芍药、干地黄）治之，方中"芎、归辛温，宣通其阳血；芍药味酸寒，宣通其阴血"，又"此方用阿胶安胎补血，塞其漏泄宜矣；甘草和阴阳，通血脉，缓中解急；艾叶其气内入，开利阴血之结而通于阳；地黄犹是补肾血之君药也。调经止崩，安胎养血，妙理无出此方"④。

第五条，"妇人怀娠，腹中疞痛，当归芍药散主之"⑤。仅就"妇人妊娠病脉证并治"而言，妊娠腹痛凡"3见"，即上文第3条、第4条和第5条。其中第3条属"阳虚寒盛型"腹痛，第4条属"冲任虚寒型"腹痛，第5条为"肝脾不和型"或"脾肾两虚"型腹痛。如被清人称为"国初第一流人物"的明朝遗民傅山先生曾辨析此证说："妊娠小腹作疼，胎动不安，如有下堕之状。人只知带脉无力也，谁知是脾肾之亏乎。夫胞胎虽系于带脉，而带脉实关于脾肾。脾肾亏损，则带脉无力，胞胎即无以胜任矣。"⑥治以当归芍药散（当归、芍药、茯苓、白术、泽泻、芎䓖），"方中三味血药（芎、归、芍），三味水药（苓、术、泽泻）共奏养血疏肝，健脾利湿之功，肝脾调和，腹痛自消"⑦。

第六条，"妊娠呕吐不止，干姜人参半夏丸主之"⑧。对此证，清人徐忠可先生释："诸呕吐酸，皆属于火。此言胃气不清，暂作呕吐者也。若妊娠呕吐不止，则因寒而吐，

① （清）陈修圆著，董正华、杨轶释解：《金匮方歌括释解（附长沙方歌括）》，西安：三秦出版社，1998年，第334页。

② （汉）张机：《金匮要略方论》卷下《妇人妊娠病脉证并治》，路振平主编：《中华医书集成》第2册《伤寒类》，第45页。

③ （元）赵以德著，刘恩顺、王玉兴、王洪武校注：《金匮方论衍义》，北京：中医古籍出版社，2012年，第215页。

④ （元）赵以德著，刘恩顺、王玉兴、王洪武校注：《金匮方论衍义》，第215页。

⑤ （汉）张机：《金匮要略方论》卷下《妇人妊娠病脉证并治》，路振平主编：《中华医书集成》第2册《伤寒类》，第46页。

⑥ （清）傅山：《傅山女科：仿古点校本》，太原：山西科学技术出版社，2013年，第114页。

⑦ 天津中医学院：《中医学解题——金匮分册》，天津：天津科学技术出版社，1985年，第104页。

⑧ （汉）张机：《金匮要略方论》卷下《妇人妊娠病脉证并治》，路振平主编：《中华医书集成》第2册《伤寒类》，第46页。

上出为呕，不止则虚矣。故以半夏治呕，干姜治寒，人参补虚，而以生姜汁协半夏，以下其所逆之饮。"①

第七条，"妊娠，小便难，饮食如故，当归贝母苦参丸主之"②。此为血虚热郁证小便难，治以当归贝母苦参丸。赵以德云："小便难者，膀胱热郁，气结成燥，病在下焦，不在中焦，所以饮食如故。用当归和血润燥；《本草》：贝母治热淋。以仲景陷胸汤观之，乃治肺金燥郁之剂，肺是肾水之母，水之燥郁，由母气不化也。贝母非治热，郁解则热散，非淡渗而能利水也，其结通则水行。苦参长于治热利窍逐水，佐贝母入行膀胱，以除热结也。"③

第八条，"妊娠有水气，身重，小便不利，洒淅恶寒，起即头眩，葵子茯苓散主之"④。此为脾肾水饮变证，亦称子肿，由正气偏虚、水气停滞所致。故清人徐忠可辨析说："有水气者，虽未大肿胀，经脉中之水道，已不利，而卫气挟水，不能调畅如平人也。水道不利，则周身之气为水滞，故重。水以通调而顺行，逆则小便不利矣。洒淅恶寒，卫气不行也。起即头眩，内有水气，不动则微阳尚留于目而视明，起则厥阳之火逆阴气而上蒙，则所见皆玄。药用葵子、茯苓者，葵滑其窍，而苓利其水也，下窍利则上自不壅，况葵子淡滑属阳，亦能通上之经络气脉乎。然葵能滑胎而不忌，有病则病当之也。"⑤

第九条，"妇人妊娠，宜常服当归散主之"⑥。当归散方由当归、黄芩、芍药、芎䓖、白术五味药组成，所谓"常服"不是针对每一位无病孕妇而言，实际上，既然是通过药物来安胎养胎，那就说明孕者禀体薄弱，诸如屡为半产漏下者、已见胎动不安而漏红者等，皆因妊娠而肝脾虚弱，故需要积极治疗。本条属肝血不足，脾失健运证，而当归散则尤宜于那些为湿热内阻所致的胎动不安患者。诚如赵以德先生所言："故调之者，先和阴阳，利其气血，常服养胎之药，非惟安胎易产，且免产后诸病。芎、归、芍药之安胎补血"，又说："白术之用有三：一者益胃，致胃气以养胎；二者胎系于肾，肾恶湿，能燥湿而生津；三者可致中焦所之新血，去腰脐间之陈瘀；至若胎外之血，因寒湿滞者，皆解之。黄芩减壮火而反于少火，则可以生气于脾土。湿热未伤及，开血之瘀闭，故为常服之剂。然当以脉之迟数虚实加减之，有病可服，否则不必也。"⑦

第十条，"妊娠养胎，白术散主之"⑧。经临床验证，白术散仅仅适用于脾虚而寒湿中

① （清）徐忠可著，邓明仲、张家礼点校：《金匮要略论注》，北京：人民卫生出版社，1993年，第301页。
② （汉）张机：《金匮要略方论》卷下《妇人妊娠病脉证并治》，路振平主编：《中华医书集成》第2册《伤寒类》，第46页。
③ （元）赵以德著，刘恩顺、王玉兴、王洪武校注：《金匮方论衍义》，第217页。
④ （汉）张机：《金匮要略方论》卷下《妇人妊娠病脉证并治》，路振平主编：《中华医书集成》第2册《伤寒类》，第46页。
⑤ （清）徐忠可著，邓明仲、张家礼点校：《金匮要略论注》，第302—303页。
⑥ （汉）张机：《金匮要略方论》卷下《妇人妊娠病脉证并治》，路振平主编：《中华医书集成》第2册《伤寒类》，第46页。
⑦ （元）赵以德著，刘恩顺、王玉兴、王洪武校注：《金匮方论衍义》，第218页。
⑧ （汉）张机：《金匮要略方论》卷下《妇人妊娠病脉证并治》，路振平主编：《中华医书集成》第2册《伤寒类》，第46页。

阻症，无病则无需服用。可见，文中所言"妊娠养胎"也有特定含义。因此，尤怡先生释："妊娠伤胎，有因湿热者，亦有因湿寒者，随人脏气之阴阳而各异也。当归散，正治湿热之剂，白术散，白术、牡蛎燥湿，川芎温血，蜀椒去寒，则正治湿寒之剂也。仲景并列于此，其所以诏示后人者深矣。"①汪近垣先生又说："妊娠养胎，谓胎不长，当服药以养生长之机，非无故服药也。养胎之要，首重肝脾，肝为生血之源，土为万物之母，主以白术散者，川芎利肝，白术培土，蜀椒以助肝阳，牡蛎以和肝阴，肝脾阴阳调和，则生气勃然矣。"②可谓一言中的，切中要害。

第十一条，"妇人伤胎，怀身腹满，不得小便，从腰以下重，如有水气状。怀身七月，太阴当养不养，此心气实，当刺泻劳宫及关元，小便微利则愈"③。此为妊娠伤胎的论治，该病一般出现在妊娠七月前后，症见腹满、腰以下沉重（即下重）。所以"怀身七月"恰好是手太阴肺经养胎的时机，后来人们据此建立了逐月分经养胎之学说，即本于此。从病因病机上来分析，"伤胎"至少是三焦俱病所致的一种症候，因此，徐忠可先生解释说：

> 伤胎者，胎气失养，实有所伤，而病流下焦，非偶感之客邪，在中上焦比矣。怀周固宜腹大，然大者自大，软者自软，因伤而腹满，则微有不同耳。不得小便，心火不下降也，因而从腰以下，气滞则重也。如有水气状，非水气也，然腹满、小便不利、腰以下重，皆水病中所有，何以别之？若脉沉、按之不起，洒淅头眩，则为真水矣。今皆不然，乃七月，手太阴当养胎，因心气有邪，则火盛烁金，金不得安其清肃，而气不化，则小便不利。上焦气馁，则下焦气滞，故重。总由心火上烁而不下降，故刺劳宫，心之穴也，并刺关元，利其所交之肾，则气不复再实矣。小便微利，则心火自降，而肺得其平，胎不失养，故愈。论曰：按仲景《妊娠篇》凡十方，而丸散居七，汤居三。盖汤者，荡也，妊娠当以安胎为主，则攻补皆不宜骤，故缓以图之耳。若药品无大寒热，亦不取泥膈之药，盖安胎以养阴调气为急也。④

综上所述，证与方的统一，方随证变的统一，是张仲景《金匮要略方论》的显著特色。例如，对白术散方的运用，注重随证加减，"但苦痛，加芍药；心下毒痛，倍加芎䓖；心烦吐痛，不能食饮，加细辛一两，半夏大者二十枚，服之后，更以醋浆水服之；若呕，以醋浆水服之；复不解者，小麦汁服之；已后渴者，大麦粥服之"⑤。这就为后世医家临床处方用药提供了辨症思维的逻辑范式，当然，这种逻辑范式与现代的弗协调逻辑非常吻合。

---

① （清）尤怡撰、高春媛点校：《金匮要略心典》，沈阳：辽宁科学技术出版社，1997 年，第 50—51 页。
② （清）汪近垣：《金匮要略阐义》，北京：中医古籍出版社，2021 年。
③ （汉）张机：《金匮要略方论》卷下《妇人妊娠病脉证并治》，路振平主编：《中华医书集成》第 2 册《伤寒类》，第 46 页。
④ （清）徐忠可著，邓明仲、张家礼点校：《金匮要略论注》，第 305—306 页。
⑤ （汉）张机：《金匮要略方论》卷下《妇人妊娠病脉证并治》，路振平主编：《中华医书集成》第 2 册《伤寒类》，第 46 页。

二、"伤寒学派"的医学成就及其历史地位

（一）"伤寒学派"的医学成就

（一）在"理"的方面，张仲景提出了"千般疢难，不越三条"的病因学理论。张仲景在《金匮要略方论·脏腑经络先后病脉证篇》中说：

> 夫人禀五常，因风气而生长。风气虽能生万物，亦能害万物，如水能浮舟，亦能覆舟。若五脏元真通畅，人即安和，客气邪风，中人多死，千般疢难，不越三条：一者，经络受邪，入脏腑，为内所因也；二者，四肢九窍，血脉相传，壅塞不通，为外皮肤所中也；三者，房室、金刃、虫兽所伤。以此详之，病由都尽。①

一般而言，人类感病的原因比较多，张仲景从整体思维出发，经过总括分析，并根据脏腑经络受客气邪风中伤先后的实际情况，将病因分为三类：内所因，即指人体脏腑受客气邪风中伤而发病的经过。根据张仲景对《脏腑经络先后病》的论述，我们不难发现，"脏腑受邪而发病的经过，是客气邪风先自经络侵入人体，而后由经络传入脏腑，便使脏腑患病"②。而先经络后脏腑的发病经过，昭示着疾病的预后好坏，"由络而经，由腑而脏"③，其疾病的吉凶变化是，"病在外者可治，入里者即死"④。如《水气病脉证并治》篇所言水气病的五种类型风水、皮水、正水、石水和黄汗，就其发病过程而言，实际上是指人体脏腑受客气邪风中伤而从经络传入脏腑的发病经过，即邪气由表及里，先中经络，而后入脏腑。外所因，即"为外皮肤所中"的疾病，如《痉湿暍病脉证治》篇云："病者身热足寒，颈项强急，恶寒，时头热，面赤目赤，独头动摇，卒口噤，背反张者，痉病也。"⑤还有"阳病"，如"头痛，项、腰、脊、臂、脚掣痛"⑥等，都是皮肤外感邪气，由外而入，使经络壅塞不通，影响血液通畅，遂致四肢九窍、皮毛肌表发生病变。当然，从根本上讲，无论是"内所伤"，还是"为外皮肤所中"，都与"五脏元真"不足有密切关系。"为意外所伤"，包括刀箭、虫毒、房事、棍棒等对人体所造成的伤害，不易区分"脏腑经络先后"，如"蛇虫猛兽啃咬，可引起全身过敏、中毒或创伤，不论皮毛肌表，抑或五脏六腑，均可同时受害"⑦，故单独列为一条。如众所知，在张仲景之前，《黄帝内经素问·经脉别论》已经提出了下面的观点："春秋冬夏，四时阴阳，生病起于过用，此为常

---

① （汉）张机：《金匮要略方论》卷上《脏腑经络先后病脉证》，路振平主编：《中华医书集成》第2册《伤寒类》，第1页。

② 王雪玲：《"千般疢难，不越三条"试探》，《中医杂志》1988年第1期，第68页。

③ 王雪玲：《"千般疢难，不越三条"试探》，《中医杂志》1988年第1期，第68页。

④ （汉）张机：《金匮要略方论》卷上《脏腑经络先后病脉证》，路振平主编：《中华医书集成》第2册《伤寒类》，第2页。

⑤ （汉）张机：《金匮要略方论》卷上《痉湿暍病脉证治》，路振平主编：《中华医书集成》第2册《伤寒类》，第3页。

⑥ （汉）张机：《金匮要略方论》卷上《脏腑经络先后病脉证》，路振平主编：《中华医书集成》第2册《伤寒类》，第2页。

⑦ 王雪玲：《"千般疢难，不越三条"试探》，《中医杂志》1988年第1期，第68页。

也。"①联系到生活实际，如"六气"，若是太过，就会变成外在的致病因素，即"六淫"。此外，象饮食、七情、房事等，超过一定限度也都会对人的精气形神构成内在之伤害。正是在此基础上，张仲景提出了影响深远的致病三因说。

致病因素作用于不同的人体，所产生的机体反应是不同的，有的人会感病，有的人则无恙。这就涉及了正气与邪气相互作用的关系，邪盛正弱，是生病的总根源。于是，张仲景提出了"若五脏元真通畅，人即安和"的医学命题。其中"元真通"即人体气血运行正常，诚如《内经知要》所言："大抵营卫脏腑之间，得热则行，遇冷则凝，故痛皆因于寒也。……故曰通则不痛，痛则不通。"②可见，从"通"与"不通"两个角度来考察人体气血的运行状态，对于直观认识疾病的产生与发展具有重要的临床指导价值。所以张玉苹先生在其博士论文《张仲景"以通为和"学术思想对〈内经〉的继承与发扬》中，分三个部分讨论了张氏"以通为和"的医学思想，其结论是："仲景认为人的健康前提是'通'，'和'是人体的最高目标，是人体和谐的生理状态。针对疾病导致的机体'不通'的病理因素，以'通'治之。"③

首先，张仲景提出了"治未病"的具体方法和步骤。第一，未病先防。他说："不遗形体有衰，病则无由入其腠理。腠者，是三焦通会元真之处，为血气所注；理者，是皮肤脏腑之文理也。"④他又说："君子春夏养阳，秋冬养阴，顺天地之刚柔也。"⑤第二，已病防传。张仲景继承了《内经》的治未病思想，并进一步阐释说："夫治未病者，见肝之病，知肝传脾，当先实脾，四季脾旺不受邪，即勿补之；中工不晓其传，见肝之病，不解实脾，惟治肝也。"⑥他又说：太阳病"若欲作再经者，针足阳明，使经不传则愈。"⑦第三，初愈防复。张仲景说："凡病，若发汗，若吐，若下，若亡血，亡津液，阴阳自和者，必自愈。"⑧在《伤寒论·辨阴阳易差后劳复病脉证并治》篇中，张仲景还专门讨论了病愈防复的问题，并且提出了不少防复的方法。第四早发现早治疗，把疾病控制在初发阶段。张仲景指出："若人能养慎，不令邪风干忤经络，适中经络，未经流传脏腑，即医治之，四肢才觉重滞，即导引、吐纳、针灸膏摩，勿令九窍闭塞。"⑨看来，治未病的关键就

---

① 陈振相、宋贵美：《中医十大经典全录》，第38页。

② （明）李中梓：《内经知要》卷下《病能》，北京：中国中医药出版社，2019年。

③ 张玉苹：《张仲景"以通为和"学术思想对〈内经〉的继承与发扬》，北京中医药大学 2010 年博士学位论文，第2页。

④ （汉）张机：《金匮要略方论》卷上《脏腑经络先后病脉证》，路振平主编：《中华医书集成》第2册《伤寒类》，第1页。

⑤ （汉）张机：《伤寒论》卷2《伤寒例》，路振平主编：《中华医书集成》第2册《伤寒类》，第9页。

⑥ （汉）张机：《金匮要略方论》卷上《脏腑经络先后病脉证》，路振平主编：《中华医书集成》第2册《伤寒类》，第1页。

⑦ （汉）张机：《伤寒论》卷3《辨太阳病脉证并治上》，路振平主编：《中华医书集成》第2册《伤寒类》，第13页。

⑧ （汉）张机：《伤寒论》卷2《辨太阳病脉证并治中》，路振平主编：《中华医书集成》第2册《伤寒类》，第20页。

⑨ （汉）张机：《金匮要略方论》卷上《脏腑经络先后病脉证》，路振平主编：《中华医书集成》第2册《伤寒类》，第1页。

在于"勿令九窍闭塞",即设法使其维持"九窍通畅"的状态。

其次,如何辨析"不通"与疾病的关系,张仲景强调"四诊合参"和八纲辨证的有机统一。我们知道,正确地诊断是临床治病的重要前提和基础,那么,如何正确地诊断呢?《素问·阴阳应象大论篇》说:"善诊者,察色按脉,先别阴阳;审清浊,而知部分;视喘息,听声音,而知所苦;观权衡规矩,而知病所主。按尺寸,观浮沉滑涩,而知病所生以治;无过以诊,则不失矣。"①尽管《黄帝内经》并没有明确提出"四诊"的概念,但重视"察色""按脉""听声音""审清浊",实际上蕴含了"四诊合参"的内容。据《史记·扁鹊仓公列传》载:"越人(即扁鹊)之为方也,不待切脉,望色,听声,写形,言病之所在。"②于是,中医望、闻、问、切四诊法正式创立。从此以后,四诊法不断丰富和发展,到东汉中后期,四诊法愈益成熟,如《难经》的出现,道教医学的发展等。在此背景下,张仲景结合自己的临床经验,应用四诊法辨证施治,辨别疾病的寒、热、虚、实、阴、阳、表、里,从而奠定了中医辨证论治的理论基础。以《伤寒论》为例,据学者研究,张仲景的四诊特色如下:第一,在诊脉方面,其特色有:脉证一体,如"提纲证常作为六经诊断标准,或以脉症为依据,或以病机、病证特点为参考";脉脉叠见,"即复合脉得使用,尤具特点",在临床实践中,张仲景发现,"复合脉既代表真实脉象,又反映病机特点";舌脉并举,《伤寒论》中,舌诊虽然仅有4处,但张氏"推出舌脉并举,实为临床垂范";重视腹诊,按性质划分,腹诊有虚实之别,而按部位划分,则腹诊又有胁下、心下、大腹、小腹、少腹之异;第二,问诊关注过程,如《伤寒论》中记述了很多由于失治、误治而成"坏病"的案例,它从一个侧面体现了张仲景对治疗过程的关注。第三,突出个症,如寒热、汗、渴、饮食、呕哕、二便、肢温等,如"小便色黄为热,色白为寒;小便不利,为膀胱气化不及,或湿热阻滞;小便过利,为肾气不固,或津液失调,偏渗膀胱"③。所以有学者认为:"《伤寒论》一书最重大的意义和贡献,就在于它建立了一个辨证施治的临床诊疗系统。"④我们认为,此言有理。

(2)在"法"的方面。元代医家王履说:"读仲景之书当求其所以立法之意。苟得其所以立法之意,则知其书足以为万世法,而后人莫能加、莫能外矣。苟不得其所以立法之意,则疑信相杂,未免通此而得彼也。呜呼!自仲景以来,发明其书者不可以数计,然其所以立法之意,竟未闻有表章而示人者。"⑤张仲景《伤寒论》立有397法,其"立法"紧密环绕三阴三阳的"开、合、枢"这三个辨证要点,阐幽发微,创为独得之见。《黄帝内经素问·阴阳离合论》载:"是故三阳之离合也,太阳为开,阳明为合,少阳为枢。三经者不得相失也,搏而勿浮命曰一阳。"又"是故三阴之离合也,太阴为开,厥阴为合,少阴为枢。三经者不得相失也,搏而勿浮命曰一阳。"⑥人体的阴阳变化犹如自然界的四季

---

① 陈振相、宋贵美:《中医十大经典全录》,第 15 页。

② 《史记》卷 105《扁鹊仓公列传》,第 2788 页。

③ 李赛美:《〈伤寒论〉四诊特色述略》,《广州中医药大学学报》2011 年第 6 期,第 570—574 页。

④ 李伯聪:《扁鹊和扁鹊学派研究》,西安:陕西科学技术出版社,1990 年,第 362 页。

⑤ (元)王履编著、左言富点注:《医经溯洄集》,南京:江苏科学技术出版社,1985 年,第 15 页。

⑥ 陈振相、宋贵美:《中医十大经典全录》,第 16—17 页。

交替，开、合、枢蕴含着一定的位序。张仲景的六经辨证，虽然没有明确提出"开、合、枢"思想，但在具体阐述六经病变的过程中，多少还是运用了《内经》开合枢的作用机理。以"三阳"为例，有学者解释说：

> "开"针对于外，有释放之意，"阖"针对于里，有收藏之意，"枢"则握其要，为表里阴阳之枢纽。"太阳为开"，说明太阳阳气的生理特点是浮现于外，有卫外之功效，也易于发散。太阳气化在表，其气开泄应天，风寒暑湿燥火上受之，故太阳病既有中风、伤寒之分，更有湿病、暍病、痉病之别。"阳明为阖"，是说阳明的阳气宜蓄于内的生理特性。阳明气化应里，其气入于阴而主阖，阳气不阖则见大热、大汗、大渴、脉大等热证之象。阖之太过则见不更衣、脾约、大便难等燥实之象。"少阳为枢"，是说少阳之气握表里阳气之述要，且有枢转表里阳气之功。气不足则"阳去入阴"（269 条），"三阴当受邪"（270 条）；枢机不利则阳出生热，阳入生寒，表现为寒热交争之象。①

至于"开、合、枢"思想与张仲景《伤寒论》治法的关系，有学者做了比较细致的考察，并举例解释说：

> 太阳主一身之表，为开，故篇中用麻、桂解表，以示发汗各法，乃助其开。阳明为表中之里，主阖，故篇中用硝、黄、枳实，以示攻下各法，是顺其阖。少阳为半表半里，主枢，故用大小柴胡、泻心等，以示和解之法，借转其枢。太阴为里中之表，主开，故篇中用四逆辈温补，以干姜从上而开，或用桂枝汤加芍药、大黄，以辛甘温与苦泄从上下而开。……少阴为里中之半表里，上火下水为枢，故篇中或用大黄，或用附子、干姜和济阴阳，以转其枢。厥阴为里中之里，主阖，故篇中首用乌梅丸以阖之。②

可见，"六经病变的发生，乃是开阖枢作用失调的结果"③。以此为纲要，回头再看《金匮要略方论》中的那些治病原则和方法，就不难发现，阴与阳及正与邪两种力量的此消彼长影响着三阴三阳开阖枢功能能否正常实现。于是，《金匮要略方论》的整个治病方法都始终围绕着扶正祛邪和扶阳抑阴的原则进行"立法制方"，全面而精细，实用而有效，既有原则性又有灵活性。有学者统计，在《金匮要略方论》中，属于扶正以祛邪的方剂约占四分之一左右④，其中又以温补脾肾为要。此外，对于邪实的疾病，应用祛邪以扶证法，如治疗"疟母"的鳖甲煎丸、治疗"干血劳"的黄蟅虫丸等；对于阴阳两虚的寒热证候，张仲景采用建立中气，平调阴阳的方法以制方，如小建中汤、大建中汤、黄芪建中汤等。对于"血痹"病，轻者宜针，重者用黄芪桂枝五物汤；治妊娠腹中痛，宜用当归芍

① 岳小强、杨学：《三阴三阳的位序与〈伤寒论〉六经"开、阖、枢"》，《中西医结合学报》2008 年第 12 期，第 1295 页。
② 郑宗洛：《读〈伤寒论〉的一些体会》，钱超尘、温长路主编：《张仲景研究集成》上册，第 512 页。
③ 危北海、郁仁存：《对开阖枢问题的商榷》，《上海中医药杂志》1963 年 5 月号，第 24 页。
④ 李克光、张家礼：《〈金匮〉治疗学中的辩证法思想》，《成都中医学院学报》1982 年第 3 期，第 12 页。

药散；治痰饮病，宜用苓桂术甘汤，通调津液；区别疾病的轻重缓急，灵活运用急则治标，缓则治本的方法，如《脏腑经络先后病》篇说："病，医下之，续得下利清谷不止，身体疼痛者，急当救里；后身体疼痛，清便自调者，急当救表也。"①当然，张仲景的医学方法体系，内容非常丰富，这里不再一一列举，详见李克光和张家礼先生的《〈金匮〉治疗学中的辩证法思想》一文。

（3）在"方"的方面。学界的研究成果比较多，主要有郑全雄的《〈伤寒论〉方族的文献及组方规律研究》②、傅延龄等的《论〈伤寒论〉方族及其研究》③、惠秋莎的《〈金匮要略〉组方及药物研究探讨》④等。据统计，《伤寒论》所载方113首，而《金匮要略方论》原书则载方262首，药物213味。⑤两书互用方68首，其中相同方39首，略有不同方29首。尽管在组方的数量上，与后来的方书相比，并不占优，但其方却被冠以"经方"，惶惶然垂千古之律，后世医家不仅难以超越，而且莫不守之以为法度。一般来说，张仲景的组方非常巧妙，总体来看，主要有以下特点：一是升降互配，调整脏腑。如理中汤"寓降于升"，治疗阳明中寒证"小便不利"证，而五苓散则"寓升于降"，用于治疗因膀胱气化失职所形成的水停证，症见咽干口燥，渴欲饮水。二是制短扬长，因病用量。如治疗胸痹不得卧的栝楼薤白半夏汤，因栝楼涤除胸膈痰湿之效，远在它药之上，但其短处是性寒润，所以仲景利用薤白、半夏和白酒三味辛温药，合力监制栝楼的寒性；又如牡蛎与龙骨二味药，经常相配伍，但仲景特别注重二者的剂量变化应用，这在治疗心神不宁的柴胡加龙骨牡蛎汤、治疗心阳内伤的桂枝甘草龙骨牡蛎汤、治疗惊狂卧起不安的桂枝去芍药加蜀漆龙骨牡蛎救逆汤及治疗失精梦交的桂枝龙骨牡蛎汤等方剂中，都有很好的体现。三是选药精效，配伍严谨。有研究者指出：张仲景在具体的临床实践中，"针对基本病机设立基本方，进而随着病机之间的演变，衍化出以基本方为基础的类方，使方剂的治疗与具体病机相适应，形成以一方加减多变，变方顺应证候，加减遵循法因证设，方因法立，以法统方，证变法亦变的方药化裁规律。这不仅体现了仲景'观其脉证，知犯何逆，随证治之'的辨证论治原则，也体现了'方—证要素对应'组方原则"⑥。如治疗太阳病的桂枝汤和麻黄汤，均以桂枝、麻黄为主药，其中以桂枝汤加减的方剂计22首，以麻黄汤加减的计14首。另外，在上述两个基础方中，用桂枝与甘草相配伍的计11首，桂枝与芍药相配伍的计11首等。不过，"变化虽多，但既得切证合拍之妙，又绝无拉杂拼凑之嫌"⑦。四是阴阳双补，动静结合。如张仲景在《伤寒杂病论》中，共创制了约30首治瘀方，其中有9首处方是用桂枝辛温以通阳行血，像炙甘草汤、温经汤、当归四逆汤等，另有6首

① （汉）张机《金匮要略方论》卷上《脏腑经络先后病》，路振平主编：《中华医书集成》第2册《伤寒类》，第2页。
② 郑全雄：《〈伤寒论〉方族的文献及组方规律研究》，北京中医药大学2002年博士学位论文。
③ 傅延龄、丁晓刚、郑全雄：《论〈伤寒论〉方族及其研究》，《北京中医药大学学报》2007年第2期。
④ 惠秋莎：《〈金匮要略〉组方及药物研究探讨》，《内蒙古中医药》2011年第13期。
⑤ 惠秋莎：《〈金匮要略〉组方及药物研究探讨》，《内蒙古中医药》2011年第13期，第83页。
⑥ 刘燕红：《〈伤寒论〉"方—证要素对应"研究》，北京中医药大学2015年硕士学位论文，第2页。
⑦ 李鸿翔：《〈伤寒论〉方药运用规则探讨》，《北京中医》1986年第2期，第24页。

处方用当归甘辛苦温以活血补血，像当归四逆汤、赤豆当归散等。其中炙甘草汤，"原方炙甘草、麦冬、大枣、生地、阿胶等，多属益阴之品，用量较重；而人参、生姜、桂枝、酒均为阳药，用量较轻。实则一组阴药，益阴补血；一组阳药，益气通阳。"而这种组方的意义在于，"阴药多静，阳药多动，阴药需要阳药的推动才能充分发挥其滋养作用"①。五是寒温并用，攻补兼施。前者专门为寒热夹杂之病症而设，代表方主要有大青龙汤、麻杏石膏汤、半夏泻心汤等；后者专门为虚实夹杂之病症而设，代表方主要有白虎加人参汤、附子汤、麻黄附子甘草汤等。有论者分析提出，此方法的应用原则是"散寒而不助热，清热而不伤阴，攻邪而不伤正，扶正而不敛邪，达表里疏通，营卫畅行，寒热分解，邪去正复。该法从广义拓展循求，则法中有方，方中有法，循其源探其流，则万变万应，其妙无穷。如十枣汤之甘遂、芫花、大戟峻下逐水，而加大枣缓中补虚，则为典型之峻缓相配，泻实补虚之法"②。六是寒热同治，权衡调控。人体的寒热变化情形比较复杂，证候所见更是错综交纠，所以张仲景分别应用表寒里热，解表清里；上热下寒，清上温下；寒热杂中，和中消痞；寒热相使，去性存用；寒热反佐，补救偏弊等原则组方，使之在具体的临床运用过程中，"清则热去而不过寒，温则寒却而不过燥"③。例如，针对表寒里热的证候，方用大青龙汤，"方中既用麻黄、桂枝等辛温之品发在表之风寒，又借石膏寒凉之性，清泄在里之郁热，以使'寒得麻、桂之热外出，热得石膏之甘寒而内解，龙升雨降，郁热顿除'"④。七是药变则性变，大病用大药。对此，岳中美先生有非常独到的分析。他说："仲景方剂，更换一味药，其治疗的疾病可迥然不同。如麻杏石甘汤、麻杏苡苷汤、麻黄汤三方。麻杏石甘汤为治疗汗出而喘之良方，若石膏易苡仁，则治风寒湿痹；石膏易桂枝，为治伤寒无汗之重症。一药变，全方作用随之亦变，仲景用心可谓良苦。"⑤他又说："仲景姜附多与甘草配，如中寒阳微不能外达之四逆汤、中外俱寒阳气虚甚之附子汤、阴盛于内格阳于外之通脉四逆汤等证皆是"，而需要强调的是"四逆辈均为治病之大药，为医者，不可因其性猛而置之不用。若亡阳四逆之证见，便可大胆投之，无须多顾忌，纵然尚有残留余热，不妨略加反佐，因一旦阳虚证见，则有急转直下之可能，故回阳救逆刻不容缓，应用回阳剂后，时有口干，小剂生脉，即可化为乌有。若阳复太过，数剂清凉就可收功"⑥。总之，张仲景紧紧抓住辨病机而施治这个基本点，其立方"不拘病之命名，惟求症之切当，知其机，得其情"⑦。又，"仲景立方，只有表、里、寒、热、虚、实之不同，并无伤寒、杂病、中风之分别。且风寒有两汤迭用之妙，表里有二方更换之奇，或以全方取胜，或以加减奏功。世人论方不论证，故反以仲景方为难用耳！"⑧因此，

① 王国三：《岳美中论仲景组方配伍规律》，《上海中医药杂志》1983 年第 3 期，第 12 页。

② 吴美翠：《寒温并用攻补兼施的组方思路及临床应用》，《中医药通报》2015 年第 5 期，第 15 页。

③ 韩捷：《〈伤寒论〉组方机制初探》，《甘肃中医》2000 年第 4 期，第 1 页。

④ 韩捷：《〈伤寒论〉组方机制初探》，《甘肃中医》2000 年第 4 期，第 1 页。

⑤ 王国三：《岳美中论仲景组方配伍规律》，《上海中医药杂志》1983 年第 3 期，第 12 页。

⑥ 王国三：《岳美中论仲景组方配伍规律》，《上海中医药杂志》1983 年第 3 期，第 13 页。

⑦ （清）柯琴：《制方大法论》，王新华编著：《中医历代医论选》，南京：江苏科学技术出版社，1983 年，第 724 页。

⑧ （清）柯琴：《制方大法论》，王新华编著：《中医历代医论选》，第 724 页。

欲真正理解张仲景的"方",便绝不能割弃其"法",孤立用方。正如清代名医张睿所说:"汉仲景立方定法,又开今古之医门,始于八味地黄丸,用治消渴,遂有一百十三方,三百九十七法,变化无穷。但方法精奥,务要体认,若知方而不知法,用亦无济。故仲景用方惟在用法,乃法在方之先,方又在法之后,而方法相合,如鼓之应桴也。"[①]所以,《伤寒杂病论》有以下特点:

> 大多数方剂,体现了"八法"的具体应用。例如,桂枝汤为汗法;瓜蒂散为吐法;承气汤为下法;小柴胡汤为和法;大乌头煎、通脉四逆汤为温法;白虎加人参汤、白头翁汤为清法;鳖甲煎丸、枳术丸为消法;当归生姜羊肉汤、肾气丸等为补法。除上述八法之外,如《金匮》方剂所体现的治法再进一步区分,还有表里双解法,如厚朴七物汤、大柴胡汤、越婢汤、大、小青龙汤、射干麻黄汤、乌头桂枝汤等。固涩法,如桂枝加龙骨牡蛎汤、桃花汤等。止血法,如黄土汤、柏叶汤、胶艾汤等。润燥法,如麦门冬汤。除湿法,如五苓散、茵陈五苓散、猪苓散、苓桂术甘汤等。又如同属消法一类方剂,其用途也各有不同。如枳术丸重在调治气分;鳖甲煎丸体现活血消瘀。还有除湿利水的防己茯苓汤、化痰散饮的小半夏汤等,均可在消法一类方剂中加以区分,故前人有"八法之中,百法备焉"的说法。[②]

(4)在"药"的方面。处方之效关键在于如何发挥药物本身的作用,使其达到祛邪扶正的治疗目的,从前面的论述中,我们不难发现张仲景确实深谙此理。一方面,仲景非常重视自然界中各种单味药物的独特作用,如心下悸主用桂枝,腹痛可用较大剂量的芍药,无汗而肿首选麻黄,脉沉微与痛证主用附子,腹中剧痛首选乌头,恶心呕吐主用生姜,往来寒热而胸胁苦满主用柴胡,小便不利首选猪苓,下肢浮肿主用防己,渴而不呕首选栝楼根,治黄疸首选茵陈,疟病主用蜀漆等,"皆含有一病常有专药之意"[③];另一方面,注重药物与药物之间相互配伍之后所产生的协同作用和系统效应。如众所知,系统不是要素的简单相加和偶然堆砌,而是将各相关要素按一定结构形式组织成一个具有新质和相应功能的有机整体。譬如溢饮证症见身痛烦躁者,可用大青龙汤治疗,然而,仅从大青龙汤的组成药味看,"凡麻、桂、杏、草、姜、枣、石膏等七味,无一药是专门起止痛作用的。故从单味药物原有作用上看,是难以理解该方功效的。而事实上这些药味组成大青龙汤后,确能收到去水、止痛、除烦之效。因此,仲景用药重在发挥药物配伍后的综合作用,这正是经方可贵之处,亦是《金匮》用药得特色"[④]。据现代药理实验分析,单味药在经方中所起到的治疗作用,与离开经方后独立使用的单味药,其药效的释放能量差别很大。如单味附子尽管有一定强心升压作用,可是作用不如四逆汤,甚至还有可能导致异位心律失常,单味甘草不能增强心脏收缩幅度,但有升压效应,单味干姜未显示任何意义的生理作

---

① (清)张睿:《制方定法论》,王新华编著:《中医历代医论选》,第725页。
② 李克光主编:《金匮要略译释》,上海:上海科学技术出版社,1993年,第15页。
③ 李克光主编:《金匮要略译释》,第16页。
④ 李克光主编:《金匮要略译释》,第16页。

用，然而，四逆汤强心升压效应优于各单味药物，并且能减慢窦性心率，同时还能避免单味附子所产生的异位心律失常。从这个角度讲，"仲景不仅继承了《本经》的药用理论，而且实现了单味药向方剂的过渡，实现了中医治疗的增效减毒目的，如白术、桔梗、滑石"①等。

（二）"伤寒学派"的历史地位

自《伤寒杂病论》问世之后，研读者代不乏人，他们以研究和阐发《伤寒杂病论》辨证论治和理、法、方、药为指归，并从不同角度进行钻研，有所发挥，不断创新，从而形成了我国医学史上影响最大的伤寒学派。如前所述，这部奠基性、高峰性的著作，不仅确立了辨证论治的原则，为临床医学的发展奠定了基础，而且还成就了张仲景的医圣地位。

现在流传的《伤寒杂病论》最先由晋朝太医令王叔和收集整理和重新编次，分《伤寒杂病轮》为《伤寒论》和《金匮要略方论》两本著作，以六经辨证论治伤寒，以脏腑辨证论治杂病，遂成为后世临床医学之典范。王叔和曾谈其编次《伤寒论》的背景与方法说："伤寒之病，逐日浅深，以施方治。今世人伤寒，或始不早治，或治不对病，或日数久淹，困乃告医，医人又不依次第而治之，则不中病。皆宜临时消息制方，无不效也。今搜采仲景旧论，录其证候、诊脉、声色，对病真方，有神验者，拟防世急也。"②在重新编次《伤寒论》的过程中，王叔和根据新的研究成果，在原著基础上，增补了《辨脉法》《平脉法》《伤寒例》，以及卷 7《辨不可发汗病脉证并治》以下 8 篇。所以，金代成无己称赞说："昔人以仲景方一部为众方之祖，盖能继述先圣之所作，迄今千有余年，不堕于地者，又得王氏阐明之力也。"③之后，孙思邈在晚年才见到《伤寒论》，时已 80 多岁。他按照太阳病、阳明病、少阳病、太阴病、少阴病、厥阴病分类条文，将其原文收录在《千金翼方》卷 9、卷 10 之中，不作一字注释。此外，他采用"方证同条，比类相附"的研究方法，突出主方，以方类证，明代医家许宏，以及清代医家徐大椿、柯琴等，循此方法创立了注解《伤寒论》的"方证"派。在孙思邈看来，"寻方大意，不过三种：一则桂枝，二则麻黄，三则青龙，凡疗伤寒，此之三方，不出之也"④。此论则成为明代方有执、喻嘉言等主张"三钢鼎立"说的先导。

尤其是金代成无己所注《伤寒论》，不仅保存了《伤寒论》10 卷本之经文，而且还倡导以经注论，经论结合，遂成为明清之际最常用的范本。诚如《四库全书总目》所说："张孝忠跋亦称，无己此二集，自北而南，先以绍兴庚戌得《伤寒论注》十卷于医士王光廷家，后守荆门，又于襄阳访得《明理论》四卷，因为刊版于郴山，则在当时，固已深重

---

① 金钟斗：《仲景对〈神农本草经〉药物学理论的继承和发展研究》，北京中医药大学 2008 年博士学位论文。
② （汉）张机：《伤寒论》卷 1《伤寒例》，路振平主编：《中华医书集成》第 2 册《伤寒类》，第 46 页。
③ （宋）严器之：《〈注解伤寒论〉序》，路振平主编：《中华医书集成》第 2 册《伤寒类》，第 4 页。
④ （汉）张仲景著、张新勇点校：《仲景全书之伤寒论·金匮要略方论》，北京：中医古籍出版社，2010 年，第 124 页。

其书矣。"①不但如此，成注本还对日本医学发展产生了积极影响，如1863年江户医学馆制定的《医庠诸生局学规》称："王太仆于《素问》、吕、杨二家于《难经》、成聊摄于《伤寒论》，均阐发古义，学者当精究熟研，以此为学医之根柢，再辅以诸家之学说，此不可不备。"②

与此同时，宋代许叔微撰《伤寒百证隔》，从症状层面解读《伤寒论》，着重发挥阴阳表里寒热虚实八纲辨证，颇有新意，自成一派，代代相传，至今不绝。另外一位宋代医家郭雍撰《仲景伤寒补亡论》，采收《素问》《难经》《备急千金要方》《外台秘要》，以及朱肱、庞安时、常器之诸论，以补苴张仲景罅漏。又宋代医家庞安时则从寒温立论，撰《伤寒总病论》，重病因发病，倡"寒毒、疫气"之说，推动了外感热病的发展。所以，李寅称"至宋一代，《伤寒论》定为千古一尊"③确为不易之论。

从中医学的发展历史看，可谓流派纷呈，论争起伏，然而，无论哪一位医家，或哪一个流派，他们或许观点歧出，风格迥异，却都不反对或否定《伤寒论》，此即说明了《伤寒论》本身所具有的"诚医门之圣书"的历史价值和"启万世之法程"④的临床意义。

本 章 小 结

张衡、华佗和张仲景是汉代杰出的实证科学家。张衡在汉朝官至尚书，著《灵宪》，作浑天仪，创造发明的科技成果较多。从思想根源上讲，张衡的科学技术思想源于易学⑤。当然，张衡科学思想的显著特征是反对谶纬迷信，他在《请禁绝图谶疏》一文中，高举实事求是的科学大旗，认为言谶者"皆欺世罔俗，以昧势位"⑥。但是，张衡却认为："律历、卦候、九宫、风角，数有征效，世莫肯学，而竟称不占之书"⑦，学界往往不解张衡为什么不禁绝"卦候、九宫、风角"之类占卜之学，实际上，中国古代科学的内涵与近代科学的内涵差别很大。何丙郁曾这样分析说：

> 中国传统数学，其实是包含两类，一类是"内数"，即秦九韶所说可以通神明、顺性命的数；一类是"外数"，也就是秦氏所指可以经事物、类万物的数。"内数"普指"术数"，以前是被认为比"外数"更为重要，更为深奥。现在被公认的古代中国著名数学家，不少兼通"内数"和"外数"。例如唐代的李淳风和僧一行、宋代的秦九韶等。可是现在的数学，实在是相当于以前的"外数"，科学史家们的兴趣，往

---

① 刘时觉编注：《四库及续修四库医书总目》，北京：中国中医药出版社，2005年，第195页。
② 潘桂娟、樊正伦编著：《日本汉方医学》，北京：中国中医药出版社，1994年，第177页。
③ 马有煜：《伤寒要旨——御气行运话伤寒》，北京：中国中医药出版社，2014年，第1页。
④ （清）吴谦等：《医宗金鉴》卷1《订正仲景全书》，第9页。
⑤ 朱洁：《设计之美——张衡设计美学思想研究》，第31页。
⑥ 《后汉书》卷59《张衡传》，第1912页。
⑦ 《后汉书》卷59《张衡传》，第1912页。

往只落在"外数"方面，而"内数"就被冷落了。[①]

张衡的角色亦如李淳风和僧一行，兼通"内数"和"外数"。

华佗和张仲景都生活于东汉后期，前者被后人看作是中国外科医家的杰出代表，后者则被后人视为内科医家的代表，他们对中国古代医学的应用和发展都产生了深远影响。当时，朝政腐败，灾荒频繁，疫情肆虐，面对人民所遭受的痛苦，华佗和张仲景决心"以医济民"，精研医术，攻难克艰，勇于创新，为中医学的发展做出了历史性的巨大贡献。

---

① ［澳］何丙郁：《中国传统数学的含义》，任继愈主编：《国际汉学》第 6 辑，郑州：大象出版社，2000 年，第 250 页。

第四章　杂糅儒道的科学家及其思想

两汉儒道的交融，从思想史的角度讲始自陆贾，对此，徐复观先生认为："陆贾所把握的是活的《五经》《六艺》，而其目的是在解决现实上的问题，所以他把儒家的仁义与道家无为之教，结合在一起，开两汉儒道并行互用的学风。"①学界公认，《黄帝内经》汲取并融汇了中国优秀文化的元素，包括儒家、道家、法家、佛家等的思想，形成自己独特的理论体系②。由于佛教传入中国的时间当在西汉末年至东汉初年，所以由这个事实可证：《黄帝内经》一书是由许多医家和学者写成于不同时期，而并非由一个作者同时完成于一个短时间内。有学者强调："扬雄思想的基本特点是因陈儒教，摄取《周易》与老子的天道观为儒教辩护并作补充，同时用儒教纠正老子学说中的'异端'，在此基础上，他将儒教和《周易》与老子的理论揉合，建立起他的'玄儒'理论。"②至于王充则"远承先秦诸子之学，近接两汉儒道两大思潮，通过选择、融合、创造，形成一个综合性的独立的思想体系。"③

第一节　《黄帝内经》与中医理论体系的建立

《黄帝内经》被称为"医家之宗"，因为中医学基本上是在《黄帝内经》理论体系的基础上逐渐发展起来的。前已述及，《黄帝内经》的成书时间，学界尚未形成一致意见，但多数学者倾向于西汉，本文即采用此说。《黄帝内经》包括《素问》和《灵枢经》两部分内容，但其名称却有一个变化过程。比如，张仲景云："撰用《素问》、《九卷》、《八十一难》、《阴阳大论》、《胎胪》、《药录》，并平脉辩证，为《伤寒杂病论》合十六卷。"④可见，东汉之前，《灵枢》名《九卷》，到西晋时，皇甫谧撰《黄帝三部针灸甲乙经序》则云："《黄帝内经》十八卷，今有《针经》九卷，《素问》九卷，二九十八卷即《内经》也。"⑤至唐代王冰撰《次注黄帝素问》，他在自序中正式将《黄帝内经》的两部分内容定名为《素问》和《灵枢经》，相沿至今。

---

① 李维武：《徐复观文集》卷 5《两汉思想史（选录）》，武汉：湖北人民出版社，2009 年，第 151 页。
② 刘晓东：《试论揉和儒道的思想家——扬雄》，《江西社会科学》1987 年第 4 期，第 69 页。
③ 任继愈主编：《中国哲学发展史（秦汉）》，北京：人民出版社，1985 年，第 513—514 页。
④ 路振平主编：《中华医书集成》第 2 册《伤寒类》，北京：中医古籍出版社，1999 年，第 2 页。
⑤ （晋）皇甫谧：《黄帝三部针灸甲乙经序》，鲁兆麟等点校：《中国医学名著珍品全书》上卷，沈阳：辽宁科学技术出版社，1995 年，第 489 页。

一、《素问》的医学思想及其成就

（一）以天人合一为思想背景的中医学基础理论构架体系

天人合一思想溯源于道家，《老子》"人法地，地法天，天法道，道法自然"①之说应是"天人合一"这个概念的最初表达方式。《庄子·齐物论》云："天地与我并生……则万物与我为一。"②到了西汉，董仲舒则明确提出"天人合一"的概念，他在《春秋繁露》一书中说："天人之际，合而为一。"③可见，在汉代之前，人们早就形成了"天人合一"观念，这种观念事实上已经渗透到社会生活的各个方面，也正是在这样的文化环境中，司马迁的《史记》，刘安的《淮南子》，司马相如的《天子游猎赋》，京房的《易传》，以及各种谶纬之说，无不被打上"天人合一"思想的烙印。当然，"天"的内涵比较复杂，既有自然之天，同时又有精神人格之天。而就《黄帝内经》的思想体系来讲，其所说的"天"是指自然之天，这显示了《黄帝内经》本身所固有的自然科学唯物主义立场。

1. "气"是宇宙万物运动的本原

《素问》论述"气"的地方比较多，内涵也有变化。

（1）"气化"及其宇宙万物的运动变化。《素问·气交变大论篇》云："善言天者，必应于人……善言气者，必彰于物；善言应者，同天地之化；善言化、言变者，通神明之理。"④在此，明确了万物由气而产生的观点。换言之，就是无形的气通过有形的物质来体现。所以《素问·宝命全形论篇》云："天地合气，别为九野，分为四时，月有大小，日有短长，万物并至，不可胜量。"⑤那么，"气"如何运动呢？《素问》吸收了阴阳家思想的精髓，阐发"日月阴阳"之奥义。如《素问·阴阳离合论篇》云："天为阳，地为阴，日为阳，月为阴。"⑥《素问·阴阳应象大论篇》又说："天有精，地有形，天有八纪，地有五里，故能为万物之父母。清阳上天，浊阴归地，是故天地之动静，神明为之纲纪，故能以生长收藏，终而复始。"⑦文中的"精"是指精气，即阴阳之合气，它运行不止，推动着宇宙万物的生成和变化。因此，《道德经》说："窈兮冥兮，其中有精。其精甚真，其中有信。"⑧又说："万物负阴而抱阳，冲气以为和。"⑨《吕氏春秋》讲得更具体："精气

① 马恒君编著：《老子正宗》第二十五章，北京：华夏出版社，2014 年，第 83 页。

② （清）王先谦：《庄子集解》卷 1《齐物论》，《诸子集成》第 5 册，石家庄：河北人民出版社，1986 年，第 13 页。

③ （汉）董仲舒：《春秋繁露》卷 10《深察名号》，上海：上海古籍出版社，1989 年，第 60 页。

④ （唐）王冰编次，（宋）高保衡、林亿校正，吴润秋整理：《素问》卷 20《气交变大论篇》，吴润秋主编：《中华医书集成》第 1 册《医经类》，第 77 页。

⑤ （唐）王冰编次，（宋）高保衡、林亿校正，吴润秋整理：《素问》卷 8《宝命全形论篇》，吴润秋主编：《中华医书集成》第 1 册《医经类》，第 28 页。

⑥ （唐）王冰编次，（宋）高保衡、林亿校正，吴润秋整理：《素问》卷 2《阴阳离合论篇》，吴润秋主编：《中华医书集成》第 1 册《医经类》，第 8 页。

⑦ （唐）王冰编次，（宋）高保衡、林亿校正，吴润秋整理：《素问》卷 2《阴阳应象大论篇》，吴润秋主编：《中华医书集成》第 1 册《医经类》，第 7 页。

⑧ （三国·魏）王弼：《老子道德经》上篇《二十一章》，《诸子集成》第 4 册，第 12 页。

⑨ （三国·魏）王弼：《老子道德经》下篇《四十二章》，《诸子集成》第 4 册，第 26—27 页。

一上一下，圜周复集，无所稽留，故曰天道圜。"①综合以上思想，《素问·六微旨大论篇》引岐伯的话说："气之升降，天地之更用也。"而"升已而降，降者谓天；降已而升，升者谓地。天气下降，气流于地；地气上升，气腾于天。故高下相召，升降相因，而变作矣。"②在此，"相召"与"相引"即指矛盾的两个相互对立的方面，两者相互作用便产生了宇宙万物的运动变化。如果再进一步表述，则"在天为气，在地成形，形气相感而化生万物矣"，又"气有多少，形有盛衰，上下相召而损益彰矣"③。

（2）五运及其阴阳之气的损益规律。五运六气思想为王冰次注《素问》时所补入，由于对王冰所补入的运气七篇，目前学界尚有不同意见④，加上《素问》对这个问题的阐释又相当繁杂晦涩，所以我们在这里仅作简单陈述。

第一，五行化五气。《素问·天元纪大论篇》云："天有五行，御五位，以生寒暑燥湿风。"且"太虚廖廓，肇基化元，万物资始，五运终天，布气真灵，总统坤元，九星悬朗，七曜周旋，曰阴曰阳，曰柔曰刚，幽显既位，寒暑驰张，生生化化，品物咸章。"⑤把五行（水木金火土）与五气（寒暑燥湿风）统一到"太虚廖廓"的宇宙之中，就生成了"九星悬朗，七曜周旋"的世界图景。在此图景之中，"五行之气上升到天上终而复始运行着，布敷着真灵之气，统摄天地万物"⑥。

第二，五运及其六步漏时。所谓"五运"实际上就是"五行"与"五气"之间的相互联系和相互作用，用王冰的话说即"五行之气，应天之运而主化者也"⑦。因为"天道圜……日夜一周，圜道也。月躔二十八宿，轸与角属，圜道也。精行四时，一上一下各与遇，圜道也"⑧。所以《黄帝内经》也遵循着这种传统的"圜道"思维，构建了一个十分精细的运气理论体系。首先，运气60年循环一周。《素问·天元纪大论篇》云："天以六为节，地以五为制。周天气者，六期为一备；终地纪者，五岁为一周。君火以明，相火以位。五六相合，而七百二十一气为一纪，凡三十岁；千四百四十气，凡六十岁而为一周。"⑨这段话的意思是说，天干十，地支十二，天干位在上，地支位在下，一一对应相合，恰好六十年为一周期。而在六十年的周期里，天干需要往复轮周六次（10×6=60），地支则需要往复轮周五次（12×5=60）。如果换算成节气，那么，六十年内有1440个"节

① （战国）吕不韦：《吕氏春秋》卷3《圜道》，《百子全书》第3册，长沙：岳麓书社，1993年，第2648页。
② （唐）王冰编次，（宋）高保衡、林亿校正，吴润秋整理：《素问》卷19《六微旨大论篇》，吴润秋主编：《中华医书集成》第1册《医经类》，第73页。
③ （唐）王冰编次，（宋）高保衡、林亿校正，吴润秋整理：《素问》卷19《天元纪大论篇》，吴润秋主编：《中华医书集成》第1册《医经类》，第68页。
④ 请参见王琦等：《运气学说的研究与考察》第三篇第二章，北京：知识出版社，1989年，第204—228页。
⑤ （唐）王冰编次，（宋）高保衡、林亿校正，吴润秋整理：《素问》卷19《天元纪大论篇》，吴润秋主编：《中华医书集成》第1册《医经类》，第68页。
⑥ 卢央：《〈黄帝内经〉中的天文历法问题》，中国天文学史整理研究小组：《科技史文集》第10辑，上海：上海科学技术出版社，1983年，第138页。
⑦ 钱超尘主编：《中华经典医书》第1集《医经》，北京：中国医药科技出版社，2002年，第36页。
⑧ （战国）吕不韦：《吕氏春秋》卷3《圜道》，《百子全书》第3册，第2648页。
⑨ （唐）王冰编次，（宋）高保衡、林亿校正，吴润秋整理：《素问》卷19《天元纪大论篇》，吴润秋主编：《中华医书集成》第1册《医经类》，第68—69页。

气"，前三十年内有 720 个"节气"。可见，六十甲子是五运六气的理论基础。[1]其次，"一纪"与岁气会同。《素问·六微旨大论篇》云："日行一周，天气始于一刻，日行再周，天气始于二十六刻，日行三周，天气始于五十一刻，日行四周，天气始于七十六刻，日行五周，天气复始于一刻，所谓一纪也。"[2]按："日行"是指太阳的视运动，而"始于一刻"则是讲每日气数，即用每天的时刻（百刻制）来推算六气的步数。其方法是："1 日=12 时辰=100 刻=6000 分；1 时辰=8 刻 20 分=500 分；1 年有 6 步 24 气。每气得 15 日 2 时 5 刻 12.5 分=91 312.5 分；积 4 气而成步，则每步得 60 日 10 时 4 刻 10 分=365 250 分（每步之定数）；积 6 步而成岁，则每岁得 365 日 25 刻=2 191 500 分（每岁之定数）；积 24 步盈百刻而成日。所以，甲子之岁，初之气始于水下一刻，乙丑岁初之气始于水下二十六刻，丙寅岁初之气始于水下五十一刻，丁卯岁初之气始于水下七十六刻，戊辰岁初之气复始于水下一刻。如此四年循环一次，积盈百刻以成一日。"[3]把临床医学辨症精细到漏刻的层面，它折射出祖国医学不仅重视质，更重视量。从这个层面看，运气学说[4]实际上就是一种微观的量化医学。正如有学者所言："所有时间与位置不是用语言而是用具体的数来表示的。中医学中的数，看似简单，其实非常复杂，迄今尚不能尽悉其中之奥秘。"[5]因此，前文所讲的"一纪"是指周期四年。至于"岁气会同"，如表 4-1 所示：

表 4-1　甲子六十年岁气会同表

水下刻数	水下一刻	二十六刻	五十一刻	七十六刻
一大组	1.甲子 5.戊辰 9.壬申	2.乙丑 6.己巳 10.癸酉	3.丙寅 7.庚午 11.甲戌	4.丁卯 8.辛未 12.乙亥
二大组	13.丙子 17.庚辰 21.甲申	14.丁丑 18.辛巳 22.乙酉	15.戊寅 19.壬午 23.丙戌	16.己卯 20.癸未 24.丁亥
三大组	25.戊子 29.壬辰 33.丙申	26.己丑 30.癸巳 34.丁酉	27.庚寅 31.甲午 35.戊戌	28.辛卯 32.乙未 36.己亥
四大组	37.庚子 41.甲辰 45.戊申	38.辛丑 42.乙巳 46.己酉	39.壬寅 43.丙午 47.庚戌	40.癸卯 44.丁未 48.辛亥
二五组	49.壬子 53.丙辰 57.庚申	50.癸丑 54.丁巳 58.辛酉	51.甲寅 55.戊午 59.壬戌	52.乙卯 56.己未 60.癸亥
三合局	水局	金局	火局	木局

"岁气会同"，卢央先生亦称"谐调周期"。由表 4-1 可知，头四年（即甲子岁、乙丑

① 田合禄：《中医太极三部六经体系——针灸真原》，太原：山西科学技术出版社，2011 年，第 92 页。
② （唐）王冰编次，（宋）高保衡、林亿校正，吴润秋整理：《素问》卷 19《六微旨大论篇》，吴润秋主编：《中华医书集成》第 1 册《医经类》，第 73 页。
③ 常秉义：《周易与中医》，北京：中央编译出版社，2009 年，第 140 页。
④ 田合禄、田峰：《周易真原——中国最古老的天学科学体系》，太原：山西科学技术出版社，2004 年，第 135 页。
⑤ 匡调元：《中医病理学的哲学思考》，上海：上海科学普及出版社，1997 年，第 141 页。

岁、丙寅岁、丁卯岁）一纪的时刻循环规则，假如只看各岁的地支名称，则子、辰、申的年份初气均始于水下一刻，因此，同样起始点的三个年份便可称之为"岁气会同"。其他如丑、巳、酉，寅、午、戌，卯、未、亥，也复如此。至于每岁六步与漏时的关系，如表4-2所示：

表 4-2　漏刻计六气早宴时刻表

岁运	天数	节气	刻始于水下	终于水数下
甲子	初六	初	1 刻	87 刻半
		二	87 刻 6 分	35 刻半
		三	76 刻	5 刻半
		四	62 刻 6 分	50 刻半
		五	51 刻	37 刻半
		六	37 刻 6 分	25 刻半
乙丑	六二	初	26 刻	12 刻半
		二	12 刻 6 分	100 刻半
		三	1 刻	87 刻半
		四	87 刻 6 分	75 刻半
		五	76 刻	62 刻半
		六	62 刻 6 分	50 刻半
丙寅	六三	初	51 刻	37 刻半
		二	37 刻分 6	25 刻半
		三	26 刻	12 刻半
		四	12 刻 6 分	100 刻半
		五	1 刻	87 刻半
		六	87 刻 6 分	75 刻半
丁卯	六四	初	76 刻	62 刻半
		二	62 刻 6 分	50 刻半
		三	51 刻	37 刻半
		四	37 刻 6 分	25 刻半
		五	26 刻	12 刻半
		六	12 刻 6 分	100 刻半

注：一天周=$365\frac{1}{4}$度，用 6 步平分得 $360\div6+5\frac{14}{14}=60+5\frac{1}{4}$，其中 $5\frac{1}{4}$ 用漏刻换算，则为：1 度=100 刻，$5\frac{1}{4}$度=525 刻，525 刻÷6=87.5 刻

（3）各种自然之气与其顺逆应对。第一，天气。《素问·四气调神大论篇》云："天气，清净光明者也，藏德不止，故不下也。天明则日月不明，邪害空窍，阳气者闭塞，地

气者冒明，云雾不精，则上应白露不下。交通不表，万物命故不施，不施则名木多死。恶气不发，风雨不节，白露不下，则菀槁不荣。贼风数至，暴雨数起，天地四时不相保，与道相失，则未央绝灭。"①这里讲到了"天气，清净光明者也，藏德不止"，实际上就是指天气升降不息的运动变化规律，一旦规律失常，其后果是导致"未央绝灭"。

第二，"司气"与"间气"。《素问·至真要大论篇》云："厥阴司天为风化，在泉为酸化，司气为苍化，间气为动化。少阴司天为热化，在泉为苦化，不司气化，居气为灼化。太阴司天为湿化，在泉为甘化，司气为黅化，间气为柔化。少阳司天为火化，在泉为苦化，司气为丹化，间气为明化。阳明司天为燥化，在泉为辛化，司气为素化，间气为清化。太阳司天为寒化，在泉为咸化，司气为玄化，间气为藏化。"②这段话讲的是五运六气的内容，当然，从更大的范围看，又可与"气化"概念相联系。我们知道，"司天"与"在泉"是运气学说中的两个特有概念，一般地讲，司天在上，属天，主司上半年的气候；在泉在下，属地，主司下半年的气候。故《素问·天元纪大论篇》载："子午之岁，上见少阴；丑未之岁，上见太阴；寅申之岁，上见少阳；卯酉之岁，上见阳明；辰戌之岁，上见太阳；巳亥之岁，上见厥阴。少阴所谓标也，厥阴所谓终也。"③由文中"年支"与其司天的对应关系不难看出，司天之气由当年年支来确定。即年支为子或午之年，司天之气位在少阴。年支为丑或未之年，司天之气位在太阴。其他依此类推。《素问·六元正纪大论篇》记述各纪"司天"的气候特点说：

辰戌之纪，太阳司天，"气化运行先天，天气肃，地气静，寒临太虚，阳气不令，水土合德，上应辰星、镇星。其谷玄黅，其政肃，其令徐。寒政大举，泽无阳焰，则火发待时。少阳中治，时雨乃涯，止极雨散，还于太阴，云朝北极，湿化乃布，泽流万物，寒敷于上，雷动于下，寒湿之气，持于气交"④。文中"天气肃"是指太阳寒水司天，而"地气静"则是指太阴湿土在泉。其气候特点是："一片清肃，气候寒冷，大地上生长现象相对安静而不活跃。"⑤"初之气，地气迁，气乃大温，草乃早荣"⑥，即从大寒以后至惊蛰之前的这段时间，因上年客之终气为少阴君火，此年客之初气则为少阳相火，二火交炽，大温天气，气候当然比较热，所以植物的萌芽生长期提前。其中"初之气"是指每年客气六步中第一步之气，下同。"二之气，大凉反至，民乃惨，草乃遇寒，火气遂抑。"⑦即从

① （唐）王冰编次，（宋）高保衡、林亿校正，吴润秋整理：《素问》卷1《四气调神大论篇》，吴润秋主编：《中华医书集成》第1册《医经类》，第2页。
② （唐）王冰编次，（宋）高保衡、林亿校正，吴润秋整理：《素问》卷22《至真要大论篇》，吴润秋主编：《中华医书集成》第1册《医经类》，第97页。
③ （唐）王冰编次，（宋）高保衡、林亿校正，吴润秋整理：《素问》卷19《天元纪大论篇》，吴润秋主编：《中华医书集成》第1册《医经类》，第69页。
④ （唐）王冰编次，（宋）高保衡、林亿校正，吴润秋整理：《素问》卷21《六元正纪大论篇》，吴润秋主编：《中华医书集成》第1册《医经类》，第84页。
⑤ 陈友芝：《陈友芝医案》，杭州：浙江人民出版社，2003年，第222页。
⑥ （唐）王冰编次，（宋）高保衡、林亿校正，吴润秋整理：《素问》卷21《六元正纪大论篇》，吴润秋主编：《中华医书集成》第1册《医经类》，第84页。
⑦ （唐）王冰编次，（宋）高保衡、林亿校正，吴润秋整理：《素问》卷21《六元正纪大论篇》，吴润秋主编：《中华医书集成》第1册《医经类》，第84页。

春分以后至小满之前的这段时间，气候反而偏凉，草木的生长过程遭到抑制。"三之气，天政布，寒气行，雨乃降"①，即从小满以后至大暑之前这段时间，为司天之气的本位，气候相对寒冷，雨水渐多。以上是天气主司的上半年气候状况，总体趋势是偏冷。"四之气，风湿交争，风化为雨，乃长乃化乃成"②，即从大暑之后至秋分之前的这段时间，"风"为厥阴之客气，位在上；"湿"为太阴之主气，位在下。于是，太阴湿土之上加临厥阴风木，气候偏温，客胜其主，为顺，又风能化湿，木得土化，从而使湿气转化为雨水，滋润植物生长成熟。"五之气，阳复化，草乃长、乃化、乃成，民乃舒。"③即从秋分之后至小雪之前这段时间，少阴君火用事，为客气加临之"间气"。何谓"间气"？《素问》解释说："随气所在，期于左右。"④"随气"之"气"是指岁气，也即间隔于司天之气与在泉之气的客气，如图 4-1 所示。因在泉之气太阴的"间气"是少阴君火，少阴君火加临阳明燥金，气候偏热，故植物生长又逐渐趋于活跃。"终之气，地气正，湿令行，阴凝太虚，埃昏郊野，民乃惨凄，寒风以至，反者孕乃死。"⑤即从小雪以后至大寒以前的这段时间，太阴湿土在泉，湿气偏胜。因此，地气主司的下半年气候状况，总体趋势是偏湿。

图 4-1　太阳寒水司天之年客气六步主时图⑥

卯酉之纪，阳明司天，"气化运行后天，天气急，地气明，阳专其令，炎暑大行，物燥以坚，淳风乃治，风燥横运，流于气交，多阳少阴，云趋雨府，湿化乃敷"⑦。由于卯酉

---

①（唐）王冰编次，（宋）高保衡、林亿校正，吴润秋整理：《素问》卷 21《六元正纪大论篇》，吴润秋主编：《中华医书集成》第 1 册《医经类》，第 84 页。

②（唐）王冰编次，（宋）高保衡、林亿校正，吴润秋整理：《素问》卷 21《六元正纪大论篇》，吴润秋主编：《中华医书集成》第 1 册《医经类》，第 84 页。

③（唐）王冰编次，（宋）高保衡、林亿校正，吴润秋整理：《素问》卷 21《六元正纪大论篇》，吴润秋主编：《中华医书集成》第 1 册《医经类》，第 84 页。

④（唐）王冰编次，（宋）高保衡、林亿校正，吴润秋整理：《素问》卷 19《五运行大论篇》，吴润秋主编：《中华医书集成》第 1 册《医经类》，北第 70 页。

⑤（唐）王冰编次，（宋）高保衡、林亿校正，吴润秋整理：《素问》卷 21《六元正纪大论篇》，吴润秋主编：《中华医书集成》第 1 册《医经类》，第 84 页。

⑥　方药中、许家松：《黄帝内经素问运气七篇讲解》，北京：人民卫生出版社，2007 年，第 398 页。

⑦（唐）王冰编次，（宋）高保衡、林亿校正，吴润秋整理：《素问》卷 21《六元正纪大论篇》，吴润秋主编：《中华医书集成》第 1 册《医经类》，第 84—85 页。

配阴干，凡阴年均为不及，于是，就造成了"气化运行后天"的现象，也就是气候与时令之间出现了差异，一般相差15日有余，即气令推迟15日有余。阳明燥金司天、主运，少阴君火在泉、客运，故"气化运行后天"为金气不足所致，当此之际，君火乘而专其令，炎暑大盛，风燥横运。"初之气，地气迁，阴始凝，气始肃，水乃冰，寒雨化。"①主气同前"太阳司天"，不再重复。初之气为太阴，太阴主湿，天气寒凉，潮湿，雨水较多。"二之气，阳乃布，民乃舒，物乃生荣。"②如图4-2所示，主气是少阴君火，客气为少阳相火，相火加临君火之上，臣临君位，因为相火本来当为三之气，属盛夏之火，如今加临于春夏之交，二火交炽，气候偏热，然"人们从前一段阴雨绵绵、湿气偏胜的气候中转入温热的气候中感到舒服。植物也因为气候转热而生长旺盛"③。气候炎热，容易引发瘟疫，所以此时人们应当做好防止"厉大至"的工作。"三之气，天政布，凉乃行，燥热交合，燥极而泽"④，由于阳明燥金加临在主气少阳相火之上，为本年的司天之气，夏行秋令，金气偏多，燥热交合，气候严重反常。"以阳盛之时，行金凉之气，故民病寒热。"⑤"四之气，寒雨降"⑥，主气的四之气为太阴湿土，四之加临客气却是太阳寒水，故太阳用事于太阴湿土，客胜者寒，遂致雨水增多，气候偏冷，所以清代名医李之和分析说："后半年在泉君火所主，而太阳寒水临之，水火相犯，故有心肾二经之病。"⑦"五之气，春令反行，草乃生荣，民气和。"⑧厥阴风木加临于五之气，即燥金之上，秋行春令，气候偏温。"终之气，阳气布，候反温，蛰虫来见，流水不冰"⑨，少阴在泉之气，加临在太阳寒水之上，冬行夏令，火反侮水，应注意防治冬温病。

寅申之纪，少阳司天，"气化运行先天，天气正，地气扰，风乃暴举，木偃沙飞，炎火乃流，阴行阳化，雨乃时应，火木同德，上应荧惑岁星"⑩。少阳火气司天，其所在位置，恰为主气少阳之正位，即三之气，这样，主气、客气均为少阳相火用事。在泉厥阴风木在下扰动不宁，土不及则风胜之，因而风沙突起，炎火流行，寒热往复，气候变化比较

① （唐）王冰编次，（宋）高保衡、林亿校正，吴润秋整理：《素问》卷21《六元正纪大论篇》，吴润秋主编：《中华医书集成》第1册《医经类》，第85页。
② （唐）王冰编次，（宋）高保衡、林亿校正，吴润秋整理：《素问》卷21《六元正纪大论篇》，吴润秋主编：《中华医书集成》第1册《医经类》，第85页。
③ 方药中、许家松：《黄帝内经素问运气七篇讲解》，第426页。
④ （唐）王冰编次，（宋）高保衡、林亿校正，吴润秋整理：《素问》卷21《六元正纪大论篇》，吴润秋主编：《中华医书集成》第1册《医经类》，第85页。
⑤ （清）李之和编著：《漱芳六述》，内部资料，1987年，第30页。
⑥ （唐）王冰编次，（宋）高保衡、林亿校正，吴润秋整理：《素问》卷21《六元正纪大论篇》，吴润秋主编：《中华医书集成》第1册《医经类》，第85页。
⑦ （清）李之和编著：《漱芳六述》，第30页。
⑧ （唐）王冰编次，（宋）高保衡、林亿校正，吴润秋整理：《素问》卷21《六元正纪大论篇》，吴润秋主编：《中华医书集成》第1册《医经类》，第85页。
⑨ （唐）王冰编次，（宋）高保衡、林亿校正，吴润秋整理：《素问》卷21《六元正纪大论篇》，吴润秋主编：《中华医书集成》第1册《医经类》，第85页。
⑩ （唐）王冰编次，（宋）高保衡、林亿校正，吴润秋整理：《素问》卷21《六元正纪大论篇》，吴润秋主编：《中华医书集成》第1册《医经类》，第85页。

图 4-2 阳明燥金司天之年客气六步主时图①

剧烈。可见，少阳司天之年，上半年气候偏热，下半年气温也比较高，但也须警惕，火盛则寒水来复，故"寒乃时至"。"初之气，地气迁，风胜乃摇，寒乃去，候乃大温，草木早荣。"②如图 4-3 所示，初之主气为厥阴风木，而初之客气却是少阴君火，少阴君火加临于厥阴风木之上，火势必旺，而司天之气又为少阳相火，二火交炽，气候非常炎热。"二之气，火反郁，白埃四起，云趋雨府，风不胜湿，雨乃零，民乃康。"③主气二之气为少阴相火，然客气太阴湿土加临其上，火热之气受到湿土之气的郁遏，气候反常，雨湿流行，故云风火气盛得阴湿以和之。"三之气，天政布，炎暑至，少阳临上，雨乃涯。"④主气三之气的位置是少阳相火，而客气三之气的位置本来是太阴湿土，今则少阳相火加临，火土相生，故"雨乃涯"。"四之气，凉乃至，炎暑间化，白露降，民气和平。"⑤主之四气为太阴湿土，客之四气原本为少阳相火，今则阳明燥金加临，土金相生，气候偏凉。又在泉之气为厥阴风木，加上少阳相火司天，木能生火，所以"炎暑间化"，气候错综。"五之气，阳乃去，寒乃来，雨乃降，气门乃闭，刚木早雕。"⑥主气五之气的位置是阳明燥金，与客气五之气的位置同，但今则太阳寒水加临，阳热之气去而阴寒之气来，故气候偏寒，树木早凋，行闭藏之冬令。"终之气，地气正，风乃至，万物反生，霜雾以行。"⑦主之五气为太阳寒水，而客之五气本来是太阳寒水，今则厥阴风木在泉，故地得其正，而厥阴从中见，得少阳之化，冬行春令，气候偏温，故"万物反生"。

———————————
① 方药中、许家松：《黄帝内经素问运气七篇讲解》，第 425 页。
② （唐）王冰编次，（宋）高保衡、林亿校正，吴润秋整理：《素问》卷 21《六元正纪大论篇》，吴润秋主编：《中华医书集成》第 1 册《医经类》，第 86 页。
③ （唐）王冰编次，（宋）高保衡、林亿校正，吴润秋整理：《素问》卷 21《六元正纪大论篇》，吴润秋主编：《中华医书集成》第 1 册《医经类》，第 86 页。
④ （唐）王冰编次，（宋）高保衡、林亿校正，吴润秋整理：《素问》卷 21《六元正纪大论篇》，吴润秋主编：《中华医书集成》第 1 册《医经类》，第 86 页。
⑤ （唐）王冰编次，（宋）高保衡、林亿校正，吴润秋整理：《素问》卷 21《六元正纪大论篇》，吴润秋主编：《中华医书集成》第 1 册《医经类》，第 86 页。
⑥ （唐）王冰编次，（宋）高保衡、林亿校正，吴润秋整理：《素问》卷 21《六元正纪大论篇》，吴润秋主编：《中华医书集成》第 1 册《医经类》，第 86 页。
⑦ （唐）王冰编次，（宋）高保衡、林亿校正，吴润秋整理：《素问》卷 21《六元正纪大论篇》，吴润秋主编：《中华医书集成》第 1 册《医经类》，第 86 页。

图 4-3　少阳相火司天之年客气六步主时图①

丑未之纪，太阴司天，"气化运行后天，阴专其政，阳气退辟，大风时起，天气下降，地气上腾，原野昏霿，白埃四起，云奔南极，寒雨数至，物成于差夏"②。太阴湿土司天，太阳寒水在泉，本年气候偏寒偏湿，"土令不及，风反胜之天，地之寒湿气交，是以原野昏霿，寒雨数至也"③。"初之气，地气迁，寒乃去，春气正，风乃来，生布万物以荣，民气条舒，风湿相薄，雨乃后。"④如图 4-4 所示，主、客之气的"初之气"位置均为厥阴风木，又恰值太阴湿土司天，故春生风布，鸣条律畅，但因司天之气与在泉之气相薄，所以风胜湿，雨水偏少。"二之气，大火正，物承化"⑤。主、客之气的"二之气"位置均为少阴君火，与太阴湿土合德，火生其土，气候偏热，故万物呈现欣欣向荣之气象。"三之气，天政布，湿气降，地气腾，雨乃时降，寒乃随之。"⑥主气三之气的位置是少阳相火，客气三之气与司天之气相合，湿土布政，又太阳寒水在泉，故湿降气腾而雨降，气候则寒热互见。"四之气，畏火临，溽蒸化，地气腾，天气否隔，寒风晓暮，蒸热相薄，草木凝烟，湿化不流，则白露阴布，以成秋令。"⑦主气"四之气"的位置为太阴湿土，客气"四之气"的位置则是少阳相火，相火主时，故气候炎热可畏，但"客以相火，主以湿土，火土合气，溽蒸上腾，故天气否隔。然太阳在泉，故寒风随发于朝暮。以湿遇火，故湿化不流，惟白露阴布，以成秋令也"⑧。"五之气，惨令已行，寒露下，霜乃早降，草木

① 方药中、许家松：《黄帝内经素问运气七篇讲解》，第 442 页。

② （唐）王冰编次，（宋）高保衡、林亿校正，吴润秋整理：《素问》卷 21《六元正纪大论篇》，吴润秋主编：《中华医书集成》第 1 册《医经类》，第 86 页。

③ （清）张隐庵：《黄帝内经素问集注》，太原：山西科学技术出版社，2012 年，第 442 页。

④ （唐）王冰编次，（宋）高保衡、林亿校正，吴润秋整理：《素问》卷 21《六元正纪大论篇》，吴润秋主编：《中华医书集成》第 1 册《医经类》，第 87 页。

⑤ （唐）王冰编次，（宋）高保衡、林亿校正，吴润秋整理：《素问》卷 21《六元正纪大论篇》，吴润秋主编：《中华医书集成》第 1 册《医经类》，第 87 页。

⑥ （唐）王冰编次，（宋）高保衡、林亿校正，吴润秋整理：《素问》卷 21《六元正纪大论篇》，吴润秋主编：《中华医书集成》第 1 册《医经类》，第 87 页。

⑦ （唐）王冰编次，（宋）高保衡、林亿校正，吴润秋整理：《素问》卷 21《六元正纪大论篇》，吴润秋主编：《中华医书集成》第 1 册《医经类》，第 87 页。

⑧ （明）张介宾编著，郭洪耀、吴少祯校注：《类经》，北京：中国中医药出版社，1997 年，第 415 页。

黄落"①，主气、客气均为阳明燥金，金气肃杀，故气候偏凉，草木凋谢。"终之气，寒大举，湿大化，霜乃积，阴乃凝，水坚冰，阳光不治。"②主气、客气均为太阳寒水，寒水太过，与太阴湿土司天相交，故寒湿之气化为水，遇大寒则凝结。

图 4-4　太阴司天之年客气六步主时图③

子午之纪，少阴司天，"气化运行先天，地气肃，天气明，寒交暑，热加燥，云驰雨府，湿化乃行，时雨乃降"④。少阴君火司天，阳明燥金在泉，上火下金，二者相互作用，故燥热相临，雨湿偏胜。"初之气，地气迁，燥将去，寒乃始，蛰复藏，水乃冰，霜复降，风乃至，阳气郁"⑤，主气"初之气"的位置原为厥阴风木，今则阳明燥金加临，而初之客气为太阳寒水，如图 4-5 所示。阳明燥金在泉，从阳明燥金迁于太阳寒水，即岁前的燥热将去，太阳之寒始至，气候寒凉。"二之气，阳气布，风乃行，春气以正，万物应荣，寒气时至，民乃和"⑥，主气、客气"二之气"的位置均是少阴君火，今则二之客气为厥阴风木加临，再加少阴君火司天，气候温热，阳气布而风乃行，春气以正，然天气犹寒，甚或暴冷，寒热气交，故民乃和。"三之气，天政布，大火行，庶类蕃鲜，寒气时至。"⑦三之主气为少阳相火，三之客气为少阴君火，二火相交，天气炽热，庶类得长气而蕃鲜，然热极生寒，在下之寒气时至。"四之气，溽暑至，大雨时行，寒热互至"⑧，四之

①　（唐）王冰编次，（宋）高保衡、林亿校正，吴润秋整理：《素问》卷 21《六元正纪大论篇》，吴润秋主编：《中华医书集成》第 1 册《医经类》，第 87 页。

②　（唐）王冰编次，（宋）高保衡、林亿校正，吴润秋整理：《素问》卷 21《六元正纪大论篇》，吴润秋主编：《中华医书集成》第 1 册《医经类》，第 87 页。

③　方药中、许家松：《黄帝内经素问运气七篇讲解》，第 465 页。

④　（唐）王冰编次，（宋）高保衡、林亿校正，吴润秋整理：《素问》卷 21《六元正纪大论篇》，吴润秋主编：《中华医书集成》第 1 册《医经类》，第 88 页。

⑤　（唐）王冰编次，（宋）高保衡、林亿校正，吴润秋整理：《素问》卷 21《六元正纪大论篇》，吴润秋主编：《中华医书集成》第 1 册《医经类》，第 88 页。

⑥　（唐）王冰编次，（宋）高保衡、林亿校正，吴润秋整理：《素问》卷 21《六元正纪大论篇》，吴润秋主编：《中华医书集成》第 1 册《医经类》，第 88 页。

⑦　（唐）王冰编次，（宋）高保衡、林亿校正，吴润秋整理：《素问》卷 21《六元正纪大论篇》，吴润秋主编：《中华医书集成》第 1 册《医经类》，第 88 页。

⑧　（唐）王冰编次，（宋）高保衡、林亿校正，吴润秋整理：《素问》卷 21《六元正纪大论篇》，吴润秋主编：《中华医书集成》第 1 册《医经类》，第 88 页。

主气、客气均为太阴湿土，少阴君火司天，湿热气交，雨水较多，故气候偏湿偏热。不过，由于阳明燥金在泉，其与司天之气相互作用，遂有寒热互至的气候现象。"五之气，畏火临，暑反至，阳乃化，万物乃生、乃长荣"①，五之主气为阳明燥金，五之客气为少阳相火，加临于阳明燥金之上，故气候本应偏凉，现在反而炎热，秋行夏令，万物生长茂盛。"终之气，燥令行，余火内格。"②终之主气为太阳寒水，终之客气为阳明燥金，故气候偏凉、偏燥，但有时也会因为"五之气"的火热上未完全消退，而出现"余火内格"的热象。

图 4-5　少阴司天之年客气六步主时图③

己亥之纪，厥阴司天，"气化运行后天，诸同正岁，气化运行同天，天气扰，地气正，风生高远，炎热从之，云趋雨府，湿化乃行，风火同德，上应岁星、荧惑"④。厥阴风木司天，为岁运不及之年，气候变化不能与季节相对应，然太过有制，不及得助，是为正岁。"盖厥阴少阳，标本相合，而厥阴又从少阳之气化也。"又"风性动摇，故天气扰。少阳之气运行于中，故地气正。风气在天，故风生高远。少阳之气上与厥阴相合，故炎热从之，云趋雨府，湿化乃行者，从风火之胜制也。"⑤"风甚则燥胜，燥胜则热复"⑥，所以厥阴风木司天与少阳相火在泉之年的气候特点是"风燥火热"。"初之气，寒始肃，杀气方至"⑦，初之主气为厥阴风木，初之客气为阳明燥金，故春行秋令，气候偏凉，自然界呈现一片寒肃景象，毫无生机，如图4-6所示。"二之气，寒不去，华雪水冰，杀气施

①　（唐）王冰编次，（宋）高保衡、林亿校正，吴润秋整理：《素问》卷21《六元正纪大论篇》，吴润秋主编：《中华医书集成》第1册《医经类》，第88页。

②　（唐）王冰编次，（宋）高保衡、林亿校正，吴润秋整理：《素问》卷21《六元正纪大论篇》，吴润秋主编：《中华医书集成》第1册《医经类》，第88页。

③　方药中、许家松：《黄帝内经素问运气七篇讲解》，第488页。

④　（唐）王冰编次，（宋）高保衡、林亿校正，吴润秋整理：《素问》卷21《六元正纪大论篇》，吴润秋主编：《中华医书集成》第1册《医经类》，第89页。

⑤　（清）张隐庵：《黄帝内经素问集注》，第447页。

⑥　（清）李之和编著：《漱芳六述》，第36页。

⑦　（唐）王冰编次，（宋）高保衡、林亿校正，吴润秋整理：《素问》卷21《六元正纪大论篇》，吴润秋主编：《中华医书集成》第1册《医经类》，第89页。

化，霜乃降，名草上焦，寒雨数至，阳复化"①，二之主气为少阴君火，二之客气太阳寒水加临，春行冬令，气候寒冷，但因主气君火的影响，偶尔也杂见炎热的变化。所以有注家说："二之间气，乃太阳寒水，是以寒不去而霜乃降。二之主气乃少阴君火，而寒水加临于上，是以名草上焦而阳复化于下也。"②"三之气，天政布，风乃时举"③，三之主气为少阳相火，而三之客气则为厥阴风木，气合司天，风气偏胜，故气候温热。"四之气，溽暑湿热相薄，争于左之上"④，四之主气为太阴湿土，而四之客气加临则为少阴君火，又值少阳相火在泉，故湿热相薄，气候偏湿偏热。"五之气，燥湿更胜，沉阴乃布，寒气及体，风雨乃行"⑤，五之主气为阳明燥金，而五之客气加临为太阴湿土，故气候偏凉、偏湿，又少阳相火在泉，所以容易出现凉燥与湿热交替的气候现象。

图 4-6　厥阴风木司天之年客气六步主时图⑥

以上对一年四季气候变化的模型分析，确实具有极强的临床指导价值。如众所知，气候变化与疾病之间的关系非常密切，对此，黄吉棠先生在《中医运气学说》一文中有专论⑦，毛小妹先生等著《医易时空医学》一书，对甲子周期年的气象运动变化规律，及其对人体生理和发病影响做了比较细致的阐述。⑧此外，汤巧玲先生的博士论文《干支运气与中医证型的关联性研究》，通过对北京中医药大学东直门医院 2000—2011 年 12 年间所有内科住院病历的证型分析，得出结论认为："从六气、五脏各相关证型的分布来看，受

① （唐）王冰编次，（宋）高保衡、林亿校正，吴润秋整理：《素问》卷 21《六元正纪大论篇》，吴润秋主编：《中华医书集成》第 1 册《医经类》，第 89 页。
② （清）陈梦雷等：《古今图书集成医部全录》卷 38《黄帝素问·六元正纪大论篇》，北京：人民卫生出版社，1959 年，第 1 页。
③ （唐）王冰编次，（宋）高保衡、林亿校正，吴润秋整理：《素问》卷 21《六元正纪大论篇》，吴润秋主编：《中华医书集成》第 1 册《医经类》，第 89 页。
④ （唐）王冰编次，（宋）高保衡、林亿校正，吴润秋整理：《素问》卷 21《六元正纪大论篇》，吴润秋主编：《中华医书集成》第 1 册《医经类》，第 89 页。
⑤ （唐）王冰编次，（宋）高保衡、林亿校正，吴润秋整理：《素问》卷 21《六元正纪大论篇》，吴润秋主编：《中华医书集成》第 1 册《医经类》，第 89 页。
⑥ 方药中、许家松：《黄帝内经素问运气七篇讲解》，第 509 页。
⑦ 刘汝琛等主编：《中医学辩证法专辑》，广州：广东人民出版社，1986 年，第 100—106 页。
⑧ 毛小妹、白贵敦：《医易时空医学》，太原：山西科学技术出版社，2007 年，第 1—84 页。

上半年影响大的有'寒'、'暑'、'燥'、'火'、'心'、'脾'、'肾'相关的证型；证型在主气的分布，'暑'证发病主要集中在四之气、'心'证发病主要集中在初之气，其他证型主要集中在五之气，与相同性质的主气未表现出一一对应的关系。"①据此，有人提出了"中医时间医学"这门新的交叉学科，而以节律变化为特征的五运六气学说则是中医时间医学的理论基础，从这个层面看，中医时间医学的理论渊源一定会追溯到《素问》，目前学界已经有人开始专门研究《黄帝内经》中的时间节律问题了，如金春玉先生的《〈内经〉时间医学理论——有关月节律的研究》，许盈等：《天地观对〈黄帝内经〉理论建构的影响初探》等。②随着人类对疾病本质的认识越来越深入，而《素问》中的运气思想也将会对未来生物医学的发展产生越来越重要的影响。

2."气交"与人体的生理结构体系

何谓"气交"？《素问·六微旨大论篇》云："天枢之上，天气主之；天枢之下，地气主之；气交之分，人气主之。万物由之，此之谓也。"③如前所述，宇宙万物（包括天、地、人）都归于一气，但一气的不同分布又外现为天、地、人三种存在形态，其中"上下之位，气交之中，人之居也"④。也就是说，如果将天、地、人三者的关系映射到人体之中，那么，以天枢穴（肚脐两旁）为界，上半身为天，属阳，下半身为地，属阴，而中间为人，系阴阳转换的枢纽。故《素问·宝命全形论篇》说："夫人生于地，悬命于天，天地合气，命之曰人。……天有阴阳，人有十二节；天有寒暑，人有虚实。"⑤由于阴阳概念对于理解人体科学至关重要，所以我们在此略作阐释。阴阳家在观天过程中发现了阴阳的哲学意义，如《汉书·艺文志》载："阴阳家者流，盖出于羲和之官，敬顺昊天，历象日月星辰，敬授民时，此其所长也。"⑥显而易见，"阴阳"的本义是观象授时，后来逐渐演变出阴阳五行及吉凶卜术，因而人多畏惧。对此，司马谈曾很客观地分析说："尝窃观阴阳之术，大祥而众忌多，使人拘而多畏。然其序四时之大顺，不可失也。"又说："夫阴阳四时、八位、十二度、二十四节各有教令，顺之者昌，逆之者不死则亡，未必然也。故曰：'使人拘而多畏。'夫春生夏长，秋收冬藏，此天道之大经也。弗顺则无为天下纪纲，故曰：'四时之大顺，不可失也。'"⑦阴阳学家的著作因全部佚失，故我们目前尚不能对其学说的精义有更细致的认识和理解，不过，《素问》将阴阳概念引入医学之中，并赋予阴阳概念以新的思想内涵和科学方法意义，从而使阴阳概念成为中医学的基本范

---

① 汤巧玲：《干支运气与疾病中医证型的关联性研究》，北京中医药大学 2014 年博士学位论文，第 2 页。

② 黄攀攀等：《〈内经〉昼夜节律理论及其与睡眠的关系》，《湖北中医药大学的学报》2015 年第 1 期，第 60—61 页；许盈、黄政德：《天地观对〈黄帝内经〉理论建构的影响初探》，《湖南中医药大学学报》2015 年第 2 期，第 3—5 页等。

③ （唐）王冰编次，（宋）高保衡、林亿校正，吴润秋整理：《素问》卷 19《六微旨大论篇》，吴润秋主编：《中华医书集成》第 1 册《医经类》，第 73 页。

④ （唐）王冰编次，（宋）高保衡、林亿校正，吴润秋整理：《素问》卷 19《六微旨大论篇》，吴润秋主编：《中华医书集成》第 1 册《医经类》，第 73 页。

⑤ （唐）王冰编次，（宋）高保衡、林亿校正，吴润秋整理：《素问》卷 8《宝命全形论篇》，吴润秋主编：《中华医书集成》第 1 册《医经类》，第 28 页。

⑥ 《汉书》卷 30《艺文志》，北京：中华书局，1962 年，第 1734 页。

⑦ 《史记》卷 130《太史公自序》，北京：中华书局，1959 年，第 3290 页。

畴之一。

（1）阴阳概念的基本内涵。从一般的意义上讲，阴阳是指宇宙万物相互对立的两个方面，如"天为阳、地为阴，日为阳、月为阴……阴阳者，数之可十，推之可百，数之可千，推之可万，万之大不可胜数，然其要一也"①。文中的"要一"是指气本身所具有的阴阳对立统一属性，所以《类经·阴阳类》说："阴阳者，一分为二也。"②如果将阴阳运用到人体的结构之中，那么，"言人之阴阳，则外为阳，内为阴；言人身之阴阳，则背为阳，腹为阴；言人身之藏府中阴阳，则藏者为阴，府者为阳。肝、心、脾、肺、肾五藏皆为阴，胆、胃、大肠、小肠、膀胱、三焦六府皆为阳"③。当然，人体的阴阳属性绝非简单地两面分割，而是还存在着更为复杂的情形。所以，面对复杂的人体机能系统，《素问·金匮真言论篇》进一步解释说："阴中有阴，阳中有阳……背为阳，阳中之阳，心也；背为阳，阳中之阴，肺也；腹为阴，阴中之阴，肾也；腹为阴，阴中之阳，肝也；腹为阴，阴中之至阴，脾也。"④

（2）三阴三阳。按照"一分为二"及"二分为四"的原则，阴阳各分太少，即"心者，生之本，神之变也。其华在面，其充在血脉，为阳中之太阳，通于夏气。肺者，气之本，魄之处也；其华在毛，其充在皮，为阳中之太阴，通于秋气。肾者，主蛰，封藏之本，精之处也；其华在发，其充在骨，为阴中之少阴，通于冬气。肝者，罢极之本，魂之居也；其华在爪，其充在筋，以生血气，其味酸，其色苍，此为阳中之少阳，通于春气"⑤。然而，太阳、少阳、太阴、少阴之划分，尚不足以解释整个人体脏腑的盛衰消长，于是，《素问·至真要大论篇》又提出了"两阳合明"（即阳明）与"两阴交尽"（即厥阴）的概念。通过"三阳三阴"而人体经脉互相勾连贯通，组成一个循环流转、功能复杂的网络系统。故《素问·阴阳离合论篇》载：

> 圣人南面而立，前曰广明，后曰太冲，太冲之地，名曰少阴，少阴之上，名曰太阳，太阳根起于至阴，结于命门，名曰阴中之阳。中身而上，名曰广明，广明之下，名曰太阴，太阴之前，名曰阳明，阳明根起于厉兑，名曰阴中之阳。厥阴之表，名曰少阳，少阳根起于窍阴，名曰阴中之少阳。是故三之离合也，太阳为开，阳明为阖，少阳为枢。三经者，不得相失也，搏而勿浮，命曰一阳。

> 外者为阳，内者为阴，然则中为阴，其冲在下，名曰太阴，太阴根起于隐白，名曰阴中之阴。太阴之后，名曰少阴，少阴根起于涌泉，名曰阴中之少阴。少阴之前，

① （唐）王冰编次，（宋）高保衡、林亿校正，吴润秋整理：《素问》卷3《阴阳离合论篇》，吴润平主编：《中华医书集成》第1册《医经类》，第8页。

② （明）张介宾：《类经》卷2《阴阳类》，《景印文渊阁四库全书》第776册，台北：商务印书馆，1986年。

③ （唐）王冰编次，（宋）高保衡、林亿校正，吴润秋整理：《素问》卷2《金匮真言论篇》，吴润秋主编：《中华医书集成》第1册《医经类》，第4页。

④ （唐）王冰编次，（宋）高保衡、林亿校正，吴润秋整理：《素问》卷2《金匮真言论篇》，吴润秋主编：《中华医书集成》第1册《医经类》，第4页。

⑤ （唐）王冰编次，（宋）高保衡、林亿校正，吴润秋整理：《素问》卷3《六节藏象论篇》，吴润秋主编：《中华医书集成》第1册《医经类》，第10页。

名曰厥阴，厥阴根起于大敦，阴之绝阳，名曰阴之绝阴。是故三阴之离合也，太阴为开，厥阴为阖，少阴为枢。三经者，不得相失也，搏而勿沉，名曰一阴。①

在一定意义上说，三阴三阳学说是《黄帝内经》用以说明或解释人体生理、病理发展变化趋势的理论基石，其体系相对独立、完整，因而被《黄帝内经》的编纂者广泛运用于命名十二经脉、十二脏腑、外感热病的症候类型，以及标识风、燥、寒、暑、火、湿六气等医学专业领域，例如，《素问·六节藏象论篇》及《素问·太阳阳明论篇》等不仅将三阴三阳学说与脏腑、经络结合，而且还赋予了三阴三阳以脏腑、经络、脉象等"形"的概念。此外，《素问·热论篇》云："外感热病的三阴三阳理论，以感邪发病时日，与脏腑经络，三阴三阳结合起来，既运用了原有的位、时、量的认识论概念，又与人体的脏腑形质结合，且指出热病的转变顺序，隐含病势恒动的思想，是三阴三阳理论'形'、'名'结合的典范。"②以此为前提，张仲景更建立了完善而系统的六纲框架，尤其是他"将功能活动的概念赋予了三阴三阳，从而使三阴三阳成为一个形、名、用相互渗透、相互结合的综合概念"③，对中医学基础理论的发展产生了深远影响。

（3）阴阳变化的总纲与法则。《素问·阴阳应象大论篇》说："积阳为天，积阴为地。阴静阳躁。阳生阴长，阳杀阴藏。阳化气，阴成形。寒极生热，热极生寒。寒气生浊，热气生清。"④又说："天地者，万物之上下也；阴阳者，血气之男女也；左右者，阴阳之道路也；水火者，阴阳之征兆也；阴阳者，万物之能始也。"⑤在上述两段话中，主要包含了这样两层意思：第一，阴阳双方各以对方为自己存在的前提，如燥与静、藏杀与生长、成形与化气、火与水等，用矛盾的观点看，即阴阳双方相互依存、相互作用，两者共同构成一个矛盾统一体；第二，在一定条件下，阴阳双方相互转化，如"热极生寒"，"重阳必阴"等。当然，有学者通过分析，认为在《黄帝内经》一书里，阴阳转化的含义比较丰富，至少包括以下四个方面的内容：一是表示一年四季寒暑的变化及一昼夜的冷热变化；二是指特定的发病条件，可以用"同气相求"来概括，如冬季感受寒邪，或寒邪伤人阴气等；三是指人身阴阳达到极点，其表里征象不对应，内寒外热，火内热外寒，于是就出现了"真寒假热，真热假寒"的所谓"假象律"现象；四是指阴阳的突变现象，如人的阳气一旦亡越即刻转为寒象，热证在特殊情况下会突然转化为阴证等。第三，是正确处理阴阳变化发展过程中所出现的渐变与突变现象，尤以突变为重。有学者以脱阳证为例，分析说："从气的角度看，由高热突然转为阴寒，称为'脱阳'，是阳气耗损殆尽的结果。高热伤津，在呕吐、大汗的情况下，津液大量损失。气随津亡，阳气耗尽而脱阳，出现突变现

① （唐）王冰编次，（宋）高保衡、林亿校正，吴润秋整理：《素问》卷3《阴阳离合论篇》，吴润秋主编：《中华医书集成》第1册《医经类》，第8页。

② 梁华龙编著：《伤寒论研究》，北京：科学出版社，2005年，第268页。

③ 梁华龙编著：《伤寒论研究》，第269页。

④ （唐）王冰编次，（宋）高保衡、林亿校正，吴润秋整理：《素问》卷2《阴阳应象大论篇》，吴润秋主编：《中华医书集成》第1册《医经类》，第5页。

⑤ （唐）王冰编次，（宋）高保衡、林亿校正，吴润秋整理：《素问》卷2《阴阳应象大论篇》，吴润秋主编：《中华医书集成》第1册《医经类》，第6—7页。

象。从变量观点看，高热意味着阳取高值，高热中脱阳是阳由高值突然跌至低值，并趋向于零，故反而呈现寒象（其数学形式略）。"①当然，"阴阳的变化不是无规律可循的，阴阳连续变化的过程是主要的，但是也有突然变化的几率，而且都是有规律的，这是人体生命现象规律性的反映"②。

下面我们再回到《素问》对人体生理结构体系的认识。

第一，人体生理系统的中枢——五脏六腑。《素问》将"五脏六腑"归之于"藏象"系统，其言曰：

> 心者，生之本，神之变也。其华在面，其充在血脉，为阳中之太阳，通于夏气。肺者，气之本，魄之处也，其华在毛；其充在皮，为阳中之太阴，通于秋气。肾者，主蛰封藏之本，精之处也；其华在发，其充在骨，为阴中之少阴，通于冬气。肝者，罢极之本，魂之居也；其华在爪，其充在筋，以生血气，其味酸，其色苍，此为阳中之少阳，通于春气。脾、胃、大肠、小肠、三焦、膀胱者，仓廪之本，营之居也，名曰器，能化糟粕，转味而入出者也；其华在唇四白，其充在肌，其味甘，其色黄，此至阴之类，通于土气。凡十一藏取决于胆也。③

中医讲"整体观"，而藏象学说的本质就是在天人合一理念的指导下，把人体的各种组织器官与其功能表现联系起来进行综合考察，以期对人体的生理和病理有一个动态的、直观的认识和把握，从而有效地指导临床实践。从学理上看，"藏"指的是人体的内脏器官，如图 4-7 所示，"象"是指内脏器官表现于外的各种生理、病理现象。把二者有机地统一起来，就构成了中医藏象学说的内容。按其生理功能特点划分，可分为五脏（包括心、肝、肺、脾肾）、六腑（包括大肠、小肠、胃、膀胱、胆、三焦）、奇恒之腑（包括脑、髓、脉、骨、胆、女子胞）三种类型。当然，这种划分与西医解剖学中的内脏器官一一对应，中医藏象学说中所说的脏器，较西医解剖学意义上的脏器，涵盖范围要宽泛得多。所以多数学者认为藏象学说中的"五脏六腑"，"在中医学体系中始终是一种功能化的概念，而不等同于实实在在的器官"④。譬如，对《素问·阴阳离合论篇》所提出的"命门"概念，后世医家对其部位所在颇有争议。这可能跟《黄帝内经》前后所言或隐或显，含义尚不确切有关。如《素问·阴阳离合论篇》云："太阳根起于至阴，结于命门，名曰阴中之阳。"⑤又《灵枢经·根结》补充说："命门者，目也。"⑥然而，《难经·三十六难》却云："肾两者，非皆肾也，其左者为肾，右者为命门。命门者，诸神精之所舍，原

---

① 杨学鹏：《阴阳——气与变量》，北京：科学出版社，1993 年，第 206 页。

② 杨学鹏：《解构传统医学》，北京：军事医学科学出版社，2008 年，第 210—211 页。

③ （唐）王冰编次，（宋）高保衡、林亿校正，吴润秋整理：《素问》卷 3《六节藏象论篇》，吴润秋主编：《中华医书集成》第 1 册《医经类》，第 11 页。

④ 刘里鹏主编：《漫谈医学史》，武汉：华中科技大学出版社，2011 年，第 120 页。

⑤ （唐）王冰编次，（宋）高保衡、林亿校正，吴润秋整理：《素问》卷 3《阴阳离合论篇》，吴润秋主编：《中华医书集成》第 1 册《医经类》，第 8 页。

⑥ （宋）史崧重编，胡郁坤、刘志龙整理：《灵枢经》卷 2《根结》，吴润秋主编：《中华医书集成》第 1 册《医经类》，第 10 页。

气之所系也。男子以藏精，女子以系胞，故知肾有一也。"①在此，医家对"命门"的具体位置，不妨有各种说法，可是人们对命门"男子以藏精，女子以系胞"的功能却是一致的。这个实例反正了中医藏象学说的实质是以功能为主的。

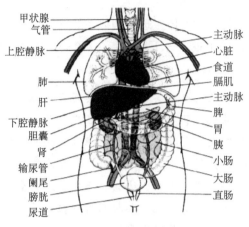

图 4-7　人体内脏示意图

　　第二，经络系统。经络包括经脉和络脉两个组成部分，其中经脉有十二条，主要与脏腑相络属，贯通上下内外，是经络系统中的主干。络脉有三百六十五条②，是经脉的分枝，比经脉细小，交错纵横，遍布全身。在《黄帝内经》里，经络系统主要包括十二正经、十五别络、十二经筋、奇经八脉及十二皮部等内容。下面如图 4-8 简要述之：

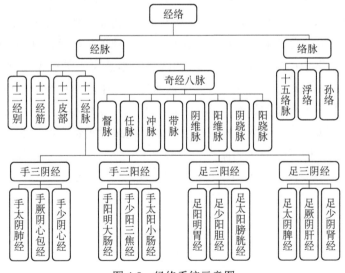

图 4-8　经络系统示意图

---

　　① （元）滑寿著、吴润秋整理：《难经本义》卷下《三十六难》，吴润秋主编：《中华医书集成》第 1 册《医经类》，第 23—24 页。

　　② （唐）王冰编次，（宋）高保衡、林亿校正，吴润秋整理：《素问》卷 23《征四失论篇》，吴润秋主编：《中华医书集成》第 1 册《医经类》，第 107 页。

十二正经，由六阳经（即手阳明经、手太阳经、手少阳经、足阳明经、足太阳经、足少阳经）和六阴经（即手太阴经、手少阴经、手厥阴经、足太阴经、足少阴经、足厥阴经）组成，对其循行规律，《素问·太阴阳明经篇》载："阴气从足上行至头，而下行循臂至指端；阳气从手上行至头，而下行至足。"①文中的"阴气"是指六阴经，"阳气"是指六阳经，每经的具体起止循行，详见《灵枢经·经脉》。

正经之外，尚有十二经别、十二经筋与十二皮部，具体内容详见《灵枢经·经别》《灵枢经·经筋》《素问·皮部论篇》，于兹略而不载。

络脉，包括十五别络、浮络和孙络三部分内容。《素问·调经论篇》说："风雨之伤人也，先客于皮肤，传入于孙脉，孙脉满则传入于络脉，络脉满则输于大经脉。"②实际上，这里从外到内把孙络、浮络及别络的位置讲得很清楚了，孙络为极小的络脉分支，故《素问·气穴论篇》云："孙络之脉别经者，其血盛而当写者，亦三百六十五脉，并注于络，传注十二络脉。"③注释说："夫经脉之支别曰络脉，络脉之支别曰孙络。"④按照"皮脉肉筋骨"的解剖层次划分，所谓浮络即位于体表的浅层络脉，位浅如浮，加上细小的孙络，遍布全身，难以胜数。这样，通过络脉的相互贯通和勾连，就把人体的所有脏腑、器官、孔窍，以及皮肉筋骨等组织网络为一个既相互区别又相互联系和相互作用的有机整体。

当然，人体是一个非常复杂的巨系统，其中有些经脉不循常规路径分布和流转，他们虽然对气血具有一定的调节作用，却也不与脏腑相络属，且彼此之间更无阴阳表里相互配合的关系。所以，《黄帝内经》就把这些经脉独立为一个经脉系统，名为"奇经"。对此，《十四经发挥·奇经八脉篇》云："脉有奇常，十二经者，常脉也。奇经八脉，则不拘于常，故谓之奇经。盖以人之气血常行于十二经脉，其诸经满溢，则流入奇经焉。"⑤所谓奇经八脉是指督脉、任脉、冲脉、带脉、阴蹻脉、阳蹻脉、阴维脉及阳维脉，它们是在十二经脉之外"别道而行"的八条经脉，或称八条气化之路，其分布规律与十二经脉纵横交错，一方面，它沟通了十二经脉之间的联系；另一方面，则对十二经脉气血还有着蓄积和渗灌的调节作用。

（二）以气化阴阳五行学说为理论内核的中医临床辨证体系

1.病因病机与审因论治

（1）"病机十九条"及其意义。审察病机是医者临床的首要任务，"不辨病机，见症治

① （唐）王冰编次，（宋）高保衡、林亿校正，吴润秋整理：《素问》卷8《太阴阳明论篇》，吴润秋主编：《中华医书集成》第1册《医经类》，第32—33页。
② （唐）王冰编次，（宋）高保衡、林亿校正，吴润秋整理：《素问》卷17《调经论篇》，吴润秋主编：《中华医书集成》第1册《医经类》，第63页。
③ （唐）王冰编次，（宋）高保衡、林亿校正，吴润秋整理：《素问》卷16《气穴论篇》，吴润秋主编：《中华医书集成》第1册《医经类》，第58页。
④ （清）张隐庵：《黄帝内经素问集注》，第308页。
⑤ （元）滑寿：《滑寿医学全书》，太原：山西科学技术出版社，2013年，第286页。

症，乃医家大忌"①。清代名医徐灵胎甚至提出了"深入病机，天下无难治之症"②的主张。实际上，早在《素问》里，"病机"问题就已经引起高度重视了。《素问·至真要大论篇》载有黄帝和岐伯的一段对话，其内容如下：

> 帝曰：善，夫百病之生也，皆生于风寒暑湿燥火，以之化之变也。经言盛者泻之，虚者补之。余锡以方士，而方士用之，尚未能十全，余欲令要道必行，桴鼓相应，犹拔刺雪污，工巧神圣，可得闻乎？岐伯曰：审察病机，无失气宜，此之谓也。帝曰：愿闻病机何如？岐伯曰：诸风掉眩，皆属于肝。诸寒收引，皆属于肾。诸气愤郁，皆属于肺。诸湿肿满，皆属于脾。诸热瞀瘛，皆属于火。诸痛痒疮，皆属于心。诸厥固泄，皆属于下。诸痿喘呕，皆属于上。诸禁鼓栗，如丧神守，皆属于火。诸痉项强，皆属于湿。诸逆冲上，皆属于火。诸胀腹大，皆属于热。诸躁狂越，皆属于火。诸暴强直，皆属于风。诸病有声，鼓之如鼓，皆属于热。诸病胕肿，疼酸惊骇，皆属于火。诸转反戾，水液浑浊，皆属于热。诸病水液，澄澈清冷，皆属于寒。诸呕吐酸，暴注下迫，皆属于热。故《大要》曰：谨守病机，各司其属，有者求之，无者求之，盛者责之，虚者责之，必先五胜，疏其血气，令其调达，而致和平，此之谓也。③

医学界习惯将上述内容称之为"病机十九条"，虽仅176字，然历代注释和研究者甚多，不乏像杨上善、王冰、张景岳、汪昂、任应秋、秦伯未这样的医界名家。何谓"病机"？按照《黄帝内经》的说法，是指病因对于人体所引起的"之化之变"证候，因为证候信息反映着内部脏腑阴阳气血的病理变化，而这个变化无疑是疾病的本质和关键，也即病机之所在。病机是比较复杂的病理现象，《素问》经过系统的总结，总共归纳为提纲挈领的十九条原则，并成为中医临床辨证论治的理论基础。下面根据前辈的研究成果，初步分为五脏病机、上下病机、六淫病机三部分，试对《黄帝内经》的病机思想略作阐释。

第一，五脏病机。五脏是人体生理活动及其功能的中心，其气血、阴阳构成全身气血、阴阳的重要物质基础。因此，五脏气血、阴阳的失衡，必然会导致五脏生理活动及其功能失常，并表现出各种病理性症状。例如，肝脏阴阳失调，若肝阴亏虚则头晕目眩，若肝血不足则手足颤动，若肝郁化火则头痛目赤，若热极生风则手足抽搐。肾为水火之宅，为元阴元阳所蕴系之处，其中水胜则寒，若外寒则营卫凝滞，血气不疏，痹阻经络，遂引起形体拘挛；与之相对，内寒则阳虚火衰，血不通于里，筋骨失养而致关节屈伸不利。肺主一身之气和呼吸之气，若气虚则腠理不固，肺的"宣发"与"肃降"功能便无法正常实现，症见咳嗽喘逆；若气实则肺的升降出入功能失常，症见痰多气壅，胸痞头眩。脾为胃行其津液，主运化水液，主升清，若脾的运化水液功能受阻或停滞，外则寒湿内生，脾阳

---

① （清）王孟英原著、张景捷类编：《王孟英温热医案类编》，郑州：河南科学技术出版社，1985年，第16页。

② 刘洋主编：《徐灵胎医学全书》，北京：中国中医药出版社，1999年，第132页。

③ （唐）王冰编次、（宋）高保衡、林亿校正，吴润秋整理：《素问》卷22《至真要大论篇》，吴润秋主编：《中华医书集成》第1册《医经类》，第103—104页。

受困，症见下肢浮肿，颜面微浮；内则脾阳不足，寒饮留中，症见小腹冷痛，中焦胀满。心属火，主血脉，若心火亢，则邪热内盛，易致皮肤疮疡。其中实热症见局部痛重且胀，虚热则症见局部痒而不痛。

第二，上下病机。《灵枢经》从纵向对人体部位做了划分，与此相应，还创造性地提出"三焦"之说。其中"上焦出于胃上口，并咽以上"，包括脏腑之心肺；"中焦亦并胃中，出上焦之后"，包括脏腑之脾胃和肝胆①；"下焦者，别回肠，注于膀胱而渗入焉"，包括脏腑之肾、膀胱、大小肠。②因此，"病机十九条"中所说的"上"大致对应于"中焦"和"上焦"，"下"则对应于"下焦"。故"病机十九条"云"诸厥固泄，皆属于下。诸痿喘呕，皆属于上。"文中的"厥"、"固"及"泄"，为临床上常见的三种病证，均与肾脏的功能有关。如《灵枢经·本神》说："肾藏精，精舍至肾气虚则厥，实则胀。"③又《素问·厥论篇》云："阳气衰于下，则为寒厥；阴气衰于下，则为热厥。"④只要将上述两处文献放在一起考察，肾与厥证的内在联系就一目了然了。"固"是指肾开窍于二阴，为封藏之本，肾气固则膀胱开合有度，肛门收放自如，反之，如果肾中阴阳亏虚，那么，临床上就会出现阳虚寒结、阴虚便秘、小便癃闭不利等病证。"泄"为二便失约不固所出现的症状，如小便失禁、夜尿多、五更泄泻等。至于"诸痿喘呕"，应指中上病，故《素问·痿论篇》说："肺热叶焦，则皮毛虚弱急薄，著则生痿躄也；心气热，则下脉厥而上，上则下脉虚，虚则生脉痿，枢折挈，胫纵而不任地也；肝气热，则胆泄口苦筋膜干，筋膜干则筋急而挛，发为筋痿；脾气热，则胃干而渴，肌肉不仁，发为肉痿；肾气热，则腰脊不举，骨枯而髓减，发为骨痿。"⑤可见，从广义的视角看，阴虚内热是导致痿证的主要原因。当然，在五种痿病之中，又以肺痿为首要。这是因为肺朝百脉，为五脏之长，为心之盖。故"五脏因肺热叶焦，发为痿躄"⑥。呕吐并发应从中焦来审因，诚如《圣济总录·呕吐门》所言："盖脾胃气弱，风冷干劲，使留饮停积，饮食不化，肾气虚胀，心下澹澹，其气上逆，故令呕吐也。"⑦从现代生理学的层面看，胃和肺都是由迷走神经所支配，肺部疾患可引发反射性呕吐。⑧喘病与肾、肺及心的关系比较密切，其中"肺主气，

---

① 学界也有把"肝胆"归于下焦者。

② （宋）史崧重编，胡郁坤、刘志龙整理：《灵枢经》卷4《营卫生会篇》，吴润秋主编：《中华医书集成》第1册《医经类》，第32页。

③ （宋）史崧重编，胡郁坤、刘志龙整理：《灵枢经》卷2《本神篇》，吴润秋主编：《中华医书集成》第1册《医经类》，第15页。

④ （唐）王冰编次，（宋）高保衡、林亿校正，吴润秋整理：《素问》卷12《厥论篇》，吴润秋主编：《中华医书集成》第1册《医经类》，第48页。

⑤ （唐）王冰编次，（宋）高保衡、林亿校正，吴润秋整理：《素问》卷12《痿论篇》，吴润秋主编：《中华医书集成》第1册《医经类》，第47页。

⑥ （唐）王冰编次，（宋）高保衡、林亿校正，吴润秋整理：《素问》卷12《痿论篇》，吴润秋主编：《中华医书集成》第1册《医经类》，第47页。

⑦ （宋）赵佶敕撰、（清）程林纂辑、余瀛鳌等选：《圣济总录精华本·呕吐门》，北京：科学出版社，1998年，第89页。

⑧ 黄全华：《西学中感悟录》，北京：北京大学医学出版社，2006年，第213页。

邪乘于肺则肺胀，胀则肺营不利，不利则气道涩，故气上喘逆鸣息不通"①。所谓"上气鸣息"类似于西医的支气管哮喘，多因气管不能畅通而作喘。

第三，六淫病机。从外邪（指火、燥、风、寒、暑、湿）致病来对病机进行系统分析，进而总结出临床辨证的内在规律，用于指导医学实践，是《黄帝内经》病机学的重要内容之一，当然，也是伤寒家和温病家十分推崇的辨证方法。据统计，在病机十九条中，仅论火邪和热邪的内容就占了9条，显见火邪在外感病中地位之重要。在临床上，火邪致病的显著特征就是发热，如"诸禁鼓栗，如丧神守，皆属于火""诸病胕肿，疼酸惊骇，皆属于火"等。也即临床上所见口噤不开，恶寒战栗，惶恐不安等证，多属火邪内攻，抑郁化火所致。在这里，我们应注意区分"外因之火"和"五志之火"的不同："症状由高热而引起，则属'六淫'之火；如症状的发生由于功能亢奋，或由内蕴痰热而引起的，则属内在的'五志'之火。"②换言之，"一般地讲，凡是由外邪引起的多发烧（体温高），由内伤五志化火所致则不发烧"③。而从性质来看，"病机十九条"所讲的"火"属"外因之火"。对于"病机十九条"中的"燥"，有两种观点：一种观点认为"病机十九条中没有燥。刘完素以五运六气为指导，研究《内经》病机，增加了'诸涩枯涸，干劲皴揭，皆属于燥'一条。"④与此相对，有学者认为："病机十九条中'燥'气病机本有，乃因一'热'字之讹而误……（即）十九条中'诸转反戾，水液浑浊，皆属于热'之'热'字，当是'燥'字之讹。"⑤清代名医程杏轩解释说："病机十九条燥证独无，若诸痉项强，皆属于湿，愚窃疑之。今本论有痉湿之分，又曰：太阳病，发汗太多，因致痉。则痉之属燥无疑也。"⑥秦伯未亦说："《内经》既以六气为主，燥之病证，确有补充之必要。惟必泥于秋金之气化，而不能从燥之生成立论，未免太拘，能知此理，则诸痉项强，诸暴强直，以及诸转反戾，无不含有燥字之意义也。"⑦即"病机十九条"虽然没有把"燥"的致病因素单独抽取出来，予以重点强调，但它其实已经蕴藏在风、湿、热诸邪之中了。由于《黄帝内经》推崇"阴阳五行"之说，六气中风、热、暑邪为阳，湿寒之邪属阴，惟燥邪难分阴阳，这或许是"病机十九条"不单列"燥邪致病"的原因之一。我们知道，火、热之邪是引发伤寒和瘟病的罪魁祸首，而《黄帝内经》之所以高度重视火气和热气，正是因为它客观反映了历史上流行伤寒和瘟病的严重程度。因此，在六淫中火、热之邪占位较多，比例亦重，其他如风邪、湿邪、寒邪仅各占一条。如"诸暴强直，皆属于风"，对此处的"暴"字，秦伯未强调："盖圣人避风如避矢石，以风邪之来，急切甚于他邪，其来急则其发暴，故曰属风也。今人不能注意暴字，而曲引强直之属风，更认此风为内风，失经旨远

① 南京中医学院：《诸病源候论校释》上册，北京：人民卫生出版社，1980年，第422页。
② 孟景春编著：《孟景春医集》，长沙：湖南科学技术出版社，2012年，第40页。
③ 孙曾祺主编：《实用中医辨证论治学》，北京：中国中医药出版社，2006年，第105页。
④ 孙曾祺主编：《实用中医辨证论治学》，第111页。
⑤ 柏德新：《病机十九条燥气病机新探》，《中医杂志》1989年第12期，第54页。
⑥ （清）程杏轩：《医述》卷12《杂证汇参》，合肥：安徽科学技术出版社，1983年，第769页。
⑦ 秦伯未：《内经病机十九条之研究》，陆拯主编：《近代中医珍本集·医经分册》，杭州：浙江科学技术出版社，1990年，第844—845页。

矣。"①至于"诸痉项强，皆属于湿"，学者的理解多有歧义，一般在临床上将湿分为湿热、寒湿和风湿三种类型，有医家认为："中湿即痉者少，盖因湿性柔而下行，不似风性刚而上升也。其间有兼风之痉。"②又有医家认为："痉（痓）之湿，乃即汗之余气，博寒为病也。"③或云：此条湿证的病机，可称为伤湿发痉，"这种湿一般是指直接感受外来的湿邪，故称伤湿。湿性滞着，留于筋肉之间，阻碍病患者局部的气血运行，故表现为局限性（外周性）的肌肉强直、疼痛、屈伸不利等症，多见于项背部的神经根炎、落枕、肌肉风湿等病，这种痉与全身性（中枢性）的抽搐、眩晕、昏仆的风证当予鉴别"④。看来，"病机十九条"所言，并非失当。在学界，医家对"诸病水液，澄澈清冷，皆属于寒"这一条的理解比较一致，鉴别"水液"的性状，对于判断病寒还是病热非常有价值。如清朝名医顾靖远解释说："水液者，上下所出皆是也。澄澈清冷者，皆得寒水之化，如秋冬寒冷，水必澄清也。"⑤例如，如何治疗晚期肿瘤患者的恶行积液，是目前临床医学的一大难题，而黄金昶先生从此条辨证，"想到胸腹水多为淡黄色，澄澈透亮，原来属寒属阴，应从寒从阴论治"⑥，所以他深有感触地说："其实许多肿瘤引起的恶性积液多为清凉透明的，除非淋巴管受损引起乳糜胸腹水。必须认识到'水不是水，是寒'，这是突破性思维，在治疗恶性积液时主要看水是混浊还是清亮，不必重点考虑患者恶性积液局部是寒还是热。"⑦凡此种种，表明"病机十九条"对中医内科学的发展有着十分重要的临床指导价值和意义。

2. 疾病系统辨证的萌芽

系统辨证是中医学的重要特点，目前学界推出了不少有关"系统辨证"的研究成果，如苏庆民、李浩主编的《三部六病医学流派》⑧，雷顺群先生的《中医系统辨证学》⑨，孙喜灵先生的《中医学人体结构理论研究》⑩，彭伟、齐向华先生主编的《系统辨证脉学》⑪等。与此相关，邹伟俊先生更提出了"疾病系统辨证"这个概念。⑫郭振球先生则根据他多年研读《黄帝内经》的临床体会，又提出了微观辨证学的理论与方法。郭氏认为，微观辨证学的崛起，经历了经典辨证学、系统辨证学和微观辨证学 3 个主要阶段，其中经典辨证学就是指以四诊、八纲为主要内容的传统辨证理论和方法，系统辨证学则是指辨证思维与计算机技术相结合的辨证思维方法，而把传统宏观辨证与实验室微量、超微结

---

① 秦伯未：《内经病机十九条之研究》，陆拯主编：《近代中医珍本集·医经分册》，第 842 页。
② （清）吴瑭著、宋咏梅校注：《温病条辨》，北京：中国盲文出版社，2013 年，第 286 页。
③ （清）徐忠可著、邓明仲等点校：《金匮要略论注》，北京：人民卫生出版社，1993 年，第 30 页。
④ 黎敬波主编：《内经临床运用》，北京：科学出版社，2010 年，第 169 页。
⑤ （清）顾靖远著、袁久林校注：《顾松园医镜》，北京：中国医药科技出版社，2014 年，第 68 页。
⑥ 黄金昶、田帧：《黄金昶中医肿瘤外治心悟》，北京：中国中医药出版社，2014 年，第 173 页。
⑦ 黄金昶、田帧：《黄金昶中医肿瘤外治心悟》，第 68 页。
⑧ 苏庆民、李浩主编：《三部六病医学流派》，北京：科学技术文献出版社，2009 年，第 193—195 页。
⑨ 雷顺群：《中医系统辨证学》，石家庄：河北科学技术出版社，1987 年，第 1—365 页。
⑩ 孙喜灵：《中医学人体结构理论研究》，北京：中医古籍出版社，2003 年，第 51—222 页。
⑪ 彭伟、齐向华主编：《系统辨证脉学——中医脑病学临证荟萃》，济南：山东科学技术出版社，2014 年，第 1—254 页。
⑫ 邹伟俊：《唯象中医学概论》，内部资料，1988 年，第 111 页。

构等微观研究相结合,就形成了微观辩证法的理论内容。[1]可见,究竟如何理解"系统辨证"这个概念,人们的认识迄今尚未统一。不过,更多的学者还是倾向于下面的观点:所谓系统辨证就是指以《伤寒论》理、法、方、药相互统一为基础所形成的"比较系统的辨证论治体系。"[2]依此为标志向前追溯,则《黄帝内经》的"系统辨证"才仅仅处于萌芽阶段。以《素问·热论篇》和《素问·至真要大论篇》为例,有学者认为:"《素问·热论》中已有外感病六经辨证的雏形,只是没有结合方药治疗临床经验加以发挥。而东汉张仲景却从中受到启发,并结合它自己的临床经验进行了天才的发挥,从而开创了系统辨证的疾病观。"而"病机十九条是载于《素问·至真要大论篇》中的著名疾病观。其特点是对疾病症状(肿、满、掉眩、膹郁、瞀瘈、痒疮、厥、固泄、痿、喘、呕、痉、项强等)的抽象化,作其共性概括。这显然又是经验辨病向系统辨证过渡阶段的疾病观的体现"[3]。具体来讲,《素问》对疾病系统辨证的主要贡献有以下三点:

第一,按三部定证来指导临床实践。"三部"即根据人体的不同生理特征,可分为表部、里部及半表半里部,尽管《素问》没有提出明确的三部概念,但它对人体病位的重视,实际上已经开启了《伤寒论》三部辨证的先河。如对表部,《素问·六节脏象论篇》论述说:"肺者,气之本,魄之处也。其华在毛,其充在皮。"[4]皮毛直接与外界环境相接触,是外感病的多发部位。同篇又说:"脾、胃、大肠、小肠、三焦、膀胱者,仓廪之本,营之居也,名曰器,能化糟粕,转味而入出者也。"[5]人体的消化系统位居腹腔内,是内科疾病的多发部位。至于对半表半里的认识,《灵枢经·营卫生会》云:"人受气于谷,谷入于胃,以传与肺,五藏六府,皆以受气。其清者为营,浊者为卫,营在脉中,卫在脉外,营周不休,五十而复大会。"[6]这里的"营、卫"是人体气血的循环系统,位于表、里二部之间。[7]如果说以上论述还稍嫌有点儿勉强,那么,下面的一段话就相对客观和切题多了。《素问·阴阳离合论》说:

> 是故三阳之离合也,太阳为开(关),阳明为合,少阳为枢。……是故三阴之离合也,太阴为开,厥阴为合,少阴为枢。[8]

对这段话,梁华龙先生解释说:"太阳为表,太阴为里中之表,俱属于开。两阳合明为阳明,两阴交尽为厥阴,俱属于阖;开阖关键在于枢,枢又有阳枢、阴枢之分,少阳位

---

① 刘英锋等主编:《当代名老中医成才之路(续集)》,上海:上海科学技术出版社,2014年,第437页。

② 吕志杰:《仲景医学心悟八十论》,北京:中国医药科技出版社,2013年,第40页。

③ 邹伟俊:《唯象中医学概论》,第109页。

④ (唐)王冰编次,(宋)高保衡、林亿校正,吴润秋整理:《素问》卷3《六节藏象论篇》,吴润秋主编:《中华医书集成》第1册《医经类》,第11页。

⑤ (唐)王冰编次,(宋)高保衡、林亿校正,吴润秋整理:《素问》卷3《六节藏象论篇》,吴润秋主编:《中华医书集成》第1册《医经类》,第11页。

⑥ (宋)史崧重编,胡郁坤、刘志龙整理:《灵枢经》卷4《营卫生会篇》,吴润秋主编:《中华医书集成》第1册《医经类》,第31页。

⑦ 参见苏庆民、李浩主编:《三部六病医学辑要》,第257—263页。

⑧ (唐)王冰编次,(宋)高保衡、林亿校正,吴润秋整理:《素问》卷3《阴阳离合论篇》,吴润秋主编:《中华医书集成》第1册《医经类》,第8页。

于太阳，阳明之间，为阳中之半表半里。"①当然，从疾病系统辨证的层面看，"太阳为三阳之开，主一身之表，为病邪出入门户，外邪袭人，始自太阳。太阳统营卫，一方面主司汗孔的开合，另一方面抗御外邪，防止入侵，其太阳经通行营卫，其腑膀胱又主司气化。因此太阳的作用为上行外达，故称太阳为开"②。凡是与"开"相关的疾病，均应以表证为主，症见发热恶寒、头身痛、鼻塞流涕等。"阳明位于三阳之里，主腐化传导，阳气蓄内而生精排浊，其特点'内行下达'。故称阳明为三阳之阖"③。凡是与"阖"相关的疾病，均以里证为主，症见壮热、口渴、烦躁、腹痛、便秘等。"少阳位于半表半里，具有宣通、开发、疏调的作用，故称之为'枢'"④。凡是与"枢"相关的疾病，均以半表半里证为主，症见胸胁苦满、寒热往来、心烦喜呕等。三阴的"定证"亦复如此，故略而不议。

　　第二，倡导系统辨证的诊疗方法。《黄帝内经》所倡导的"系统辨证"是指对症状、病证先辨其五脏系统的归属以定其位，接着再辨其与五脏系统的相互关系以定其机的诊病方法。一般分单系统辨症法和多系统辨症法，其中前者是指将单一病证或症状置于整个"五脏系统"中的本系统中去辨析，从而探明其病机，如"病机十九条"对五脏病症的辨证，即是一例；后者则是指将单一病证或症状置于整个"五脏系统"中的多系统中去辨析，从而探明其病机，如"经脉别论"根据临床症状的复杂性和多变性，名"喘证"为"五脏喘"；同理，"咳论"名把咳证名之为"五脏咳"；"风论"将风证名之为"五脏风"等。所以"多系统辨症法在辨证上注重五脏系统之间的病理影响，全面地辨明病症的病机，为临床提供了全新的辨证思路，时至今日仍具有很高的实用价值。"⑤

　　第三，建立了比较系统的"治则学说"。医学的本质就是治病救人，并通过有效的防治手段使人们都生活在一个没有疾患痛苦的健康世界里。为此，《黄帝内经》非常细致和有针对性地研究了中医治疗的一系列基本法则，其要点如下：

　　（1）强调未病先防和已病防变。《素问·上古天真论篇》云："食饮有节，起居有常，不妄作劳，故能形与神俱，而尽终其天年，度百岁乃去。"⑥文中"形与神俱"是《黄帝内经》所崇尚的最高健康理念，而这种健康理念的实质即"养形"与"养神"的统一，所谓"养形"即"食饮有节，起居有常，不妄作劳"，所谓"养神"则是指"恬淡虚无"，以致"精神内守"⑦。一旦生病，医治方法应当遵循以下原则："故邪风之至，疾如风雨，故善治者治皮毛，其次治肌肤，其次治筋脉，其次治六腑，其次治五脏。治五脏者，半死半生

① 梁华龙：《六经开、阖、枢学说的渊源及应用》，《河南中医》1998年第2期，第5页。
② 梁华龙：《六经开、阖、枢学说的渊源及应用》，《河南中医》1998年第2期，第5页。
③ 梁华龙：《六经开、阖、枢学说的渊源及应用》，《河南中医》1998年第2期，第6页。
④ 梁华龙：《六经开、阖、枢学说的渊源及应用》，《河南中医》1998年第2期，第6页。
⑤ 邱幸凡：《〈内经〉辨治思想探讨》，《中华中医药学会第九届内经学术研讨会论文集》，2008年，内部交流，第281页。
⑥ （唐）王冰编次，（宋）高保衡、林亿校正，吴润秋整理：《素问》卷1《上古天真论篇》，吴润秋主编：《中华医书集成》第1册《医经类》，第1页。
⑦ （唐）王冰编次，（宋）高保衡、林亿校正，吴润秋整理：《素问》卷1《上古天真论篇》，吴润秋主编：《中华医书集成》第1册《医经类》，第1页。

也。"① 显然，这段话强调的核心治病思想就是早发现早治疗。以此为前提，《素问·汤液醪醴论篇》说："夫病之始也，极微极精，必先入结于皮肤。"② 疾病的发生总是由浅入深，由轻到重，而临床医学的有效治疗原则应是早治防其传变。

（2）顺应四时之寒热变化，因地和因人施治。地理环境与疾病的关系比较密切，这是研究地方病学的主要物质基础。如《素问·异法方宜论篇》载：

> 东方之域，天地之所始生也。鱼盐之地，海滨傍水，其民食鱼而嗜咸，皆安其处，美其食。鱼者使人热中，盐者胜血，故其民皆黑色疏理。其病皆为痈疡，其治宜砭石。故砭石者，亦从东方来。西方者，金玉之域，沙石之处，天地之所收引也。其民陵居而多风，水土刚强，其民不衣而褐荐，其民华食而脂肥，故邪不能伤其形体，其病生于内，其治宜毒药。故毒药者，亦从西方来。北方者，天地所闭藏之域也。其地高陵居，风寒冰冽，其民乐野处而乳食，脏寒生满病，其治宜灸焫。故灸焫者，亦从北方来。南方者，天地所长养，阳之所盛处也。其地下，水土弱，雾露之所聚也。其民嗜酸而食胕，故其民皆致理而赤色，其病挛痹，其治宜微针。故九针者，亦从南方来。中央者，其地平以湿，天地所以生万物也众。其民食杂而不劳，故其病多痿厥寒热。其治宜导引按𫏋，故导引按𫏋者，亦从中央出也。③

（3）掌握标本先后施治的大法。疾病的生成往往是由多种因素综合作用的结果，所以在诊治过程中，就需要分清主次，确立标本先后。其治疗原则是："先病而后逆者治其本，先逆而后病者治其本。先寒而后生病者治其本；先病而后生寒者治其本。先热而后生病者治其本；先热而后生中满者治其标。先疾而后泄者治其本；先泄而后生他病者治其本，必且调之，乃治其他病。先病而后生中满者治其标；先中满而后烦心者治其本。人有客气，有同气。大小不利治其标；小大利治其本。病发而有余，本而标之，先治其本，后治其标；病发而不足，标而本之，先治其标，后治其本。谨察间甚，以意调之，间者并行，甚者独行。先小大不利而后生病者治其本。"④ 文中的主要思想有四：一是先治本病，因为"治病必求于本"⑤，即标根于本，本病去则标症除；二是急则治其标，针对危急病情的处置，应当先救命后治病，如"小大不利"属肾脾功能衰竭败的危象，须先救命；三是标本兼治，即临床上若遇到了"间者并行"的情况，虚实夹杂，新旧同病，就应采取标本同步施治法，如临床上常见的慢性病，多采用此法治疗；四是标本先后，即"病发而有

---

① （唐）王冰编次，（宋）高保衡、林亿校正，吴润秋整理：《素问》卷2《阴阳应象大论篇》，吴润秋主编：《中华医书集成》第1册《医经类》，第7页。
② （唐）王冰编次，（宋）高保衡、林亿校正，吴润秋整理：《素问》卷4《汤液醪醴论篇》，吴润秋主编：《中华医书集成》第1册《医经类》，第15页。
③ （唐）王冰编次，（宋）高保衡、林亿校正，吴润秋整理：《素问》卷4《异法方宜论篇》，吴润秋主编：《中华医书集成》第1册《医经类》，第13—14页。
④ （唐）王冰编次，（宋）高保衡、林亿校正，吴润秋整理：《素问》卷18《标本病传论篇》，吴润秋主编：《中华医书集成》第1册《医经类》，第67页。
⑤ （唐）王冰编次，（宋）高保衡、林亿校正，吴润秋整理：《素问》卷2《阴阳应象大论篇》，吴润秋主编：《中华医书集成》第1册《医经类》，第5页。

余"先治本，反之，"病发而不足"则先治标。

（4）因势利导，即以"治病求本"为基础，根据临床实际，机动灵活地加以权变，因病设方，用《素问·阴阳应象大论篇》的话说，就是"因其轻而扬之，因其重而减之，因其衰而彰之"①。

（5）协调阴阳平衡，如众所知，人体的阴阳平衡一旦遭到破坏，气血运行就会出现偏盛偏衰的现象，从而引起疾病的发生。所以《素问·至真要大论篇》说："察阴阳所在而调之，以平为期，正者正治，反者反治。"②褟国维先生通过长期的临床实践，积累了丰富的皮肤科疑难病症治疗经验，他总结自己的临证体会说："阴阳学说正是控制调节人体黑箱平衡的方法，可运用在诊断、辨证及治疗用药上，平调阴阳，是治病之宗。"③

（6）正治反治，所谓正治是指逆其证象而治的方法，反治则是指从其证象而治的方法，故《素问·至真要大论篇》云："逆者正治，从者反治，从少从多，观其事也。"④可见，正治与反治实际上就是指"所用治法的性质与病证现象之间表现出逆从关系的两种治则"⑤。一般而言，凡出现了本质与表象相一致的病证，适宜于用"正治"，或云"寒者热之，热者寒之"⑥等；凡出现了本质与表象不相一致的病证，适宜于用"反治"，或云"热因热用，寒因寒用"⑦等。

（7）适事为度，凡药均有一定毒性，因此，不论祛邪还是扶正，过量服用某些药物，易引起偏胜致病。所谓"久而增气，物化之常也。气增而久，夭之由也"⑧，讲得就是这种现象。且不说服用药物，应当适可而止，即使食补，也不能过多过滥。《素问·五常政大论篇》云："大毒治病，十去其六；常毒治病，十去其七；小毒治病，十去其八；无毒治病，十去其九。谷肉果菜，食养尽之，无使过之，伤其正也。"⑨

（8）制方遣药，方、药作为疾病辨证系统的重要组成部分，确实不是《素问》所关注的中心议题，但这并不等于说《素问》就无故隐去方、药的内容了。事实上，《素问·至真要大论篇》中提出了不少关于制方遣药的基本法则。如用药原则为："近者奇之，远者

① （唐）王冰编次，（宋）高保衡、林亿校正，吴润秋整理：《素问》卷2《阴阳应象大论篇》，吴润秋主编：《中华医书集成》第1册《医经类》，第7页。

② （唐）王冰编次，（宋）高保衡、林亿校正，吴润秋整理：《素问》卷22《至真要大论篇》，吴润秋主编：《中华医书集成》第1册《医经类》，第97页。

③ 刘英锋等主编：《当代名老中医成才之路（续集）》，第297页。

④ （唐）王冰编次，（宋）高保衡、林亿校正，吴润秋整理：《素问》卷22《至真要大论篇》，吴润秋主编：《中华医书集成》第1册《医经类》，第104页。

⑤ 张登本编著：《中医学基础》，西安：西安交通大学出版社，2011年，第174页。

⑥ （唐）王冰编次，（宋）高保衡、林亿校正，吴润秋整理：《素问》卷22《至真要大论篇》，吴润秋主编：《中华医书集成》第1册《医经类》，第104页。

⑦ （唐）王冰编次，（宋）高保衡、林亿校正，吴润秋整理：《素问》卷22《至真要大论篇》，吴润秋主编：《中华医书集成》第1册《医经类》，第104页。

⑧ （唐）王冰编次，（宋）高保衡、林亿校正，吴润秋整理：《素问》卷22《至真要大论篇》，吴润秋主编：《中华医书集成》第1册《医经类》，第105页。

⑨ （唐）王冰编次，（宋）高保衡、林亿校正，吴润秋整理：《素问》卷20《五常政大论篇》，吴润秋主编：《中华医书集成》第1册《医经类》，第82页。

偶之，汗者不以奇，补上治上制以缓，补下治下制以急，急则气味厚，缓则气味薄，适其至所，此之谓也。"①这里不仅明确了临床上运用急方和缓方的原则，而且还规范了奇方与偶方的临床操作和运用。对此，任应秋先生说："从临床用药来分析，奇方多为轻而缓的一类方子，偶方多为重而急的一类方子。病在上属新病者，病在阳分，可以用轻而缓的方药来处理；病在里属久病者，病在阴分，可以用重而急的方药来处理，故曰：'近者奇之，远者偶之'。"②

二、《灵枢经》的针灸理论与方法

（一）独具特色的经络学说及其意义

1. 经络的起源

经络的形成经历了漫长的演变过程，而神经传导是远古人类感知人体刺激反应的重要生理基础。有一种观点认为经络与神经无关，有学者这样说：

> 中医没有组织胚胎学这门功课，只在《内经》中说"两精相博谓之神"，男女合欢，生成生命，生命有神则长，无神则亡。现代医学精确地说出：成熟的精子与卵子在输卵管壶腹部结合成受精卵，并徐徐移向子宫，边移动边分裂，先成为实体细胞团，后产生空隙，成为囊胚，囊胚植入后，继续发育。胚胎在体节时期中，三个胚层都发生变化。外胚层在背部中线凹陷成沟，叫神经沟，沟的两岸叫神经嵴，神经嵴逐渐接近，愈合，致使神经沟演变为纵贯胚体的神经管，神经管和神经嵴将来演化为全部神经系统。我们难以把神经系统的生成和经络系统的产生联系到一起。中医没有神经系统的概念，经络系统的内容中一部分包涵有神经系统的东西，更多的是异于神经系统的东西，经络决非是沿着穴位行走的一条线，神经则是实质存在的，经络实质是人体气的运动方式，运动态势，运动能量的体现。③

与此相反，多数学者承认经络与人体神经系统的内在联系。例如，焦顺发先生"总结并分析了经典医著中对经络系统和针刺治病的若干论述，将经络系统理论与现代医学中的人体神经系统相比较，发现两者在人体中都有重要地位，且在与脊髓的关系以及全身分布网络性、躯体两侧的对称性、支配运动的节段性等诸多方面又极其相似，因而推测中国古代医家所发现的经络系统即指现代医学之神经系统，针灸治病即是针刺躯体神经"④。有实验证据显示：在 324 个腧穴 0.5 厘米直径区域内，有脑和脊神经分布者计 323 个穴位（占总数的 99.6%），其中与浅层皮神经有关者 304 个穴位（占 93.8%），与深部神经有关者 155 个穴位（占 47.8%），与深浅神经有关者 137 个穴位（占 42.3%）。可见，经络与神

---

① （唐）王冰编次，（宋）高保衡、林亿校正，吴润秋整理：《素问》卷 22《至真要大论篇》，吴润秋主编：《中华医书集成》第 1 册《医经类》，第 102 页。

② 任廷革主编：《任应秋讲〈黄帝内经〉素问》下册，北京：中国中医药出版社，2014 年，第 639—640 页。

③ 郭海涛：《感受中医——一个青年中医的思索》，太原：山西科学技术出版社，2008 年，第 148—149 页。

④ 毛兵主编：《针灸学》，成都：四川大学出版社，2013 年，第 33 页。

经系统确实存在着不可分割的关系。此言有理。

古人对"经络"的认识，总有一定的客观物质基础，比如，《山海经·东山经》载："高氏之山，其山多玉，其下多箴石。"郭璞注"箴石"云："可以为砭石治癰肿者。"毕沅又补注说："旧本作可以为砥针，《南史·王僧孺传》引此作'可以为砭针'。"[①]关于砭石的起源，目前还没有定论。从考古的角度看，我国最早的砭石出土于内蒙古多伦旗头道洼的新石器时代遗址，其形状为四棱锥形，有刃口，针长 4.6 厘米，一头呈尖状，一头呈扁平的半圆状。此外，人们又在山东日照的一处新石器时代晚期遗址中出土了两块砭石，尖端呈三棱锥形和圆锥形，分别长约 8.3 厘米和 9.1 厘米。此发现与前面《素问·异法方宜论篇》所载"东方之域……其病皆为癰疡，其治宜砭石。故砭石者，亦从东方来"相吻合。一般从生活经验来说，在原始生产条件下，先民的磕碰和流血现象十分普遍，在这个过程中，尽管肌肤疼痛不可避免，但当疼痛消失之后，有的人会突然发现原来身体中的某些毛病也减轻或消失了。久而久之，先民们就把出血或砭刺部位与某些病症联系起来，这可视为经络观念的最初萌芽。所以有学者议论说："伏羲氏观河图、悟阴阳、画先天八卦，开创原始文明；观河图之为观泗、沂二河，又'伏羲氏尝百草、制九砭、疗民疾'；'三皇五帝'均源于泰泗山区古'雷泽之地'。"[②]考伏羲氏生活于公元前 4478，距今已有 600 多年的历史，看来，远古传说并非空穴来风，而是有一定的客观依据。至于远古先民是如何建立起砭石与经络之间的内在联系，目前还不能完全解释清楚。但是，"古人说的经络既有传递信息的'神经'作用，还有运输营养的'血管'作用"[③]。恐怕不是没有道理，因为远古先民在狩猎过程过程中会对动物的神经和血管有更多直观的认识，而那些巫医用来比附人类的生理结构应当是一件自然而然的事情。在此前提下，"人们为了治疗某些病痛，便有意识地用砭石（带尖的石头）或骨针刺伤某处，于是发现了腧穴。在针刺腧穴时，人们又发现针感会沿着一定的线路传导，有人将这些线路描记出来，于是产生了经脉。开始人们发现的经脉比较少，很不完整，如湖南长沙马王堆三号汉墓出土的《足臂十一脉灸经》和《阴阳十一脉灸经》中，只有十一条经脉，无手厥阴脉，更没有络脉和奇经八脉；循行路线比较简单，多分布在肢体表面，很少与内脏相联系；也没有阴阳表里的配合"[④]。

2. 经络的结构与功能

从《黄帝内经》的记载来看，经络不仅形成了完整的体系，而且还受到阴阳五行观念的深刻影响。例如，《素问·经络论篇》云：经之常色，"心赤，肺白，肝青，脾黄，肾黑，皆亦应其经脉之色也。"[⑤]又说络之阴阳，"阴络之色应其经，阳络之色变无常，随四

① （晋）郭璞注、（清）毕沅校：《山海经》卷 4《东山经》，上海：上海古籍出版社，1989 年，第 47 页。
② 孙玉红、杨恒海：《中华文明起源初探：伏羲文化》，北京：光明日报出版社，2012 年，第 213 页。
③ 刁文鲳：《你的脊椎还好吗》，北京：中国轻工业出版社，2012 年，第 16 页。
④ 田代华：《传统中医学理论》，海口：南海出版公司，1991 年，第 81 页。
⑤ （唐）王冰编次，（宋）高保衡、林亿校正，吴润秋整理：《素问》卷 15《经络论篇》，吴润秋主编：《中华医书集成》第 1 册《医经类》，第 57 页。

时而行也"①。可见，络脉分阴络和阳络两大类，其中阳络多分布及循行于体表，其主要生理功能是温煦肌肤，防御外邪；阴络则分布及循行在较深层的组织器官之间，其主要生理功能是濡润和滋养各组织器官。所以《黄帝内经》的突出特点之一便是运用阴阳理论来阐释人体经络的运动规律，具体讲来，就是"阴阳之间总是消长进退，循环运转，阴极阳生，阳极阴生，由阴出阳，由阳入阴。因此，三阴三阳的运转总是按一阴（厥阴）→二阴（少阴）→三阴（太阴）→一阳（少阳）→二阳（阳明）→三阳（太阳）这样的次序进行，周而复始"②。用《灵枢经》的话说，即"阴之与阳也，异名同类，上下相会，经络之相贯，如环无端"③。当然，经络系统的结构比较复杂，难以尽说，故我们下面择要述之。

（1）五输穴，人体特定穴之一，亦称五行腧，是指十二经脉在肘、膝关节以下各有井、荥、输、经、合五个腧穴，它们系脏腑经络之气输注出入经过的重要部位。《灵枢经》云："五藏五腧，五五二十五腧。六府六腧，六六三十六腧。经脉十二，络脉十五。凡二十七气，以上下。所出为井，所溜为荥，所注为腧，所行为经，所入为合，二十七气所行，皆在五腧也。"④以手少阴心经为例，《灵枢经》云："心出于中冲。中冲，手中指之端也，为井木，溜于劳宫。劳宫，掌中中指本节之内间也，为荥，注于大陵。大陵，掌后两骨之间方下者也，为腧，行于间使。间使之道，两筋之间，三寸之中也。有过则至，无过则止，为经，入于曲泽。曲泽，肘内廉下陷者之中也，屈而得之，为合，手少阴也。"⑤我们知道，四肢末端血液循环，是维持人体气血动态平衡的重要环节，而四肢末梢神经比较丰富，是痛觉、温度觉及粗略触觉相对敏感的浅感觉传导通路的关键部位，如图 4-9 所示。古人虽然没有"神经传导"的概念，但是在漫长的医疗实践中人们逐渐发现了用砭针刺激指端的某个部位会引起体内相应脏腑的生理性应激反应，这种联系就成为古人建立腧穴概念的物质基础。当然，中国传统的思维方式是阴阳五行，腧穴自然也以五行为一个系统单元。诚如有学者所说："井、荥、俞、经、合的关系，也可以用木、火、土、金、水的五行去代表手足各阴经各阳经刚柔不同的性质。"⑥现代医学研究表明："经脉循行线不仅是一条高度敏感的线，而且也是一条可以传导声波和发出特异声频谱的功能线；同时，经脉线还是一条低阻抗、高电位、高发光的特异线。"此外，"近年的研究表明，大多数腧穴都靠近神经主干，或在腧穴周围有较大神经干、神经支通过；腧穴在表皮、真皮、皮下、筋膜、肌层以及血管的组织中都存在丰富而多样的神经末梢、神经束和神经丛。因

① （唐）王冰编次，（宋）高保衡、林亿校正，吴润秋整理：《素问》卷 15《经络论篇》，吴润秋主编：《中华医书集成》第 1 册《医经类》，第 57 页。

② 杨道文主编：《图解人体经络实用手册》，北京：九州出版社，2010 年，第 19 页。

③ （宋）史崧重编，胡郁坤、刘志龙整理：《灵枢经》卷 1《邪气藏府病形》，吴润秋主编：《中华医书集成》第 1 册《医经类》，第 7 页。

④ （宋）史崧重编，胡郁坤、刘志龙整理：《灵枢经》卷 1《九针十二原》，吴润秋主编：《中华医书集成》第 1 册《医经类》，第 2 页。

⑤ （宋）史崧重编，胡郁坤、刘志龙整理：《灵枢经》卷 1《本输》，吴润秋主编：《中华医书集成》第 1 册《医经类》，第 3 页。

⑥ 承淡安、陈璧琉、徐惜年：《子午流注针法》，南京：江苏人民出版社，1957 年，第 29 页。

此，可以认为腧穴与神经关系极为密切。通过观察腧穴与结缔组织的形态学关系发现，经络和腧穴与结缔组织结构密切相关，结缔组织可能具有传输能量和信息的功能，在经络传导过程中起重要作用"①。

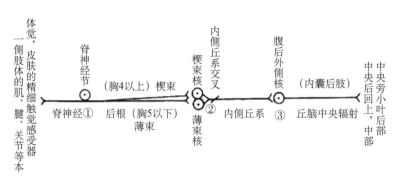

图 4-9　四肢浅感觉神经传导示意图②

（2）原穴，亦称"十二原"，人体特定穴之一，系指脏腑原气在腕、踝关节附近经过和留止的部位，具有调整脏腑气血的功能。《灵枢经》云："五藏有六府，六府有十二原，十二原出于四关③，四关主治五脏。五脏有疾，当取之十二原。十二原者，五脏之所以禀三百六十五节气味也。五脏有疾也，应出十二原。十二原各有所出。明知其原，睹其应，而知五脏之害矣。"④文中的"十二原穴"有特指，即"阳中之少阴，肺也，其原出于太渊，太渊二。阳中之太阳，心也，其原出于大陵，大陵二。阴中之少阳，肝也，其原出于太冲，太冲二。阴中之至阴，脾也，其原出于太白，太白二。阴中之太阴，肾也，其原出于太溪，太溪二。膏之原，出于鸠尾，鸠尾一。肓之原，出于脖胦，脖胦一。凡此十二原者，主治五脏六腑之有疾者也"⑤。显然，此"十二原"为太渊二、大陵二、太冲二、太白二、太溪二、鸠尾一、脖胦一，与今天的"十二原"概念不同。但《灵枢经·本输》又说："膀胱出于至阴，……京骨，足外侧大骨之下，为原""胆出于窍阴……丘墟，外踝之前下陷者中也，为原""胃出于厉兑……冲阳，足跗上五寸陷者中也，为原""三焦者，上合手少阳，出于关冲……过于阳池。阳池，在腕上陷者之中也，为原""手太阳小肠者，上合于太阳，出于少泽。……过于腕骨。腕骨，在手外侧腕骨之前，为原""大肠，上合手阳明，出于商阳。……过于合谷。合谷，在大指岐骨之间，为原。"⑥这样，前面的手足三阴经原穴与腧穴同，而手足三阳经的原穴则分别是：合谷（大肠）、阳池（三焦）、腕骨

———————

①　张志雄主编：《生理学》，北京：中国中医药出版社，2009 年，第 344 页。

②　李福耀等主编：《人体解剖学》，北京：人民卫生出版社，1994 年，第 407 页。

③　所谓"四关"是指人体两肘和两膝的部位。

④　（宋）史崧重编，胡郁坤、刘志龙整理：《灵枢经》卷 1《九针十二原》，吴润秋主编：《中华医书集成》第 1 册《医经类》，第 2 页。

⑤　（宋）史崧重编，胡郁坤、刘志龙整理：《灵枢经》卷 1《九针十二原》，吴润秋主编：《中华医书集成》第 1 册《医经类》，第 2—3 页。

⑥　（宋）史崧重编，胡郁坤、刘志龙整理：《灵枢经》卷 1《本输》，吴润秋主编：《中华医书集成》第 1 册《医经类》，第 4—5 页。

（小肠）、冲阳（胃）、丘墟（胆）及京骨（膀胱）。在临床上，"原穴的生物电活动强烈，对诊断脏腑虚实和治疗疾病，有重要作用。中谷义雄发明的电导诊断法，就是测定原穴的电导"①。

（3）腧穴，亦称"节""骨空""会""气府"等，它们是人体脏腑经络之气输注于人体体表的特殊部位，因具有输注脏腑经络气血和沟通体表与体内脏腑的生理功能，故也是疾病的反应点和针灸治疗的刺激点。所以《素问·气穴论篇》云："肉之大会为谷，肉之小会为溪，肉分之间，溪谷之会，以行荣卫，以会大气。"②可见，形成腧穴需要一定的条件，即是居于"肌肉溪谷"之间的"气穴"，也就是出现"气至"的部位。用现代神经解剖学的知识来年观察，则所谓"肌肉溪谷"之间的"气穴"基本上都分布着神经干或分支。据今人统计，《黄帝内经》载有约 160 个腧穴，总穴数为 295 个。③与《素问·气府论篇》所言"凡三百六十五穴"④相差较多，那么，如何理解这种现象呢？赵京生先生解释说："'三百六十五'是天数，在人副天数的观念影响下，古人对腧穴的数目也赋之以三百六十五，与'三百六十五络'、'三百六十五脉'术语的理解取向相似，'三百六十五穴'也是全身腧穴的代称。不同的是，腧穴在针灸理论体系中是具有极高实践意义的概念之一，腧穴的名称、部位、分类都关系到临床应用与学术传承，所以，对腧穴名称、部位与分类的理论阐述自《内经》就开始了，腧穴就有了具体的数目，虽然不完全合于'三百六十五'这一天数，但相差不多。需要指出，无论是在理论传承还是时实践应用上，我们均不应固守于腧穴数目的三百六十五。"⑤至于腧穴的生理功能，可概括为两点：第一，《灵枢经》云："节之交，三百六十五会"，而"所言节者，神气之所游行出入也。非皮肉筋骨也。"⑥这里的"神气"及前面所说的"大气"，与现代医学中神经系统的感知（冲动）传入和运动（冲动）传出有一致性，"它证明了中国古代医学家，早在 2500 年以前，即发现了人的周围神经，能自由地传入和传出冲动，并称这种功能为'神气'"⑦。第二，《灵枢经·小针解》云："节之交三百六十五会者，络脉之渗灌诸节者也。"⑧也就是说，络脉具联络经脉，温煦四肢，濡养百骸，渗灌血液的功能。

（4）募穴，募通假膜，《类经图翼·经络七》诸云："募，音暮，《举痛论》作膜。盖

① 任公越、汪湘、谢新才：《经络信息诊疗法——基于经络状态测定的诊断和针灸疗法》，北京：中医古籍出版社，2014 年，第 128 页。
② （唐）王冰编次，（宋）高保衡、林亿校正，吴润秋整理：《素问》卷 16《气穴论篇》，吴润秋主编：《中华医书集成》第 1 册《医经类》，第 58 页。
③ 任公越、汪湘、谢新才：《经络信息诊疗法——基于经络状态测定的诊断和针灸疗法》，第 137 页。
④ （唐）王冰编次，（宋）高保衡、林亿校正，吴润秋整理：《素问》卷 16《气府论篇》，吴润秋主编：《中华医书集成》第 1 册《医经类》，第 59 页。
⑤ 赵京生：《针灸关键概念术语考论》，北京：人民卫生出版社，2012 年，第 197 页。
⑥ （宋）史崧重编，胡郁坤、刘志龙整理：《灵枢经》卷 1《九针十二原》，吴润秋主编：《中华医书集成》第 1 册《医经类》，第 2 页。
⑦ 焦顺发：《针灸原理与临床实践》，北京：人民卫生出版社，2000 年，第 508 页。
⑧ （宋）史崧重编，胡郁坤、刘志龙整理：《灵枢经》卷 1《小针解》，吴润秋主编：《中华医书集成》第 1 册《医经类》，第 6 页。

以肉间膜系为脏气结聚之所，故曰募。"①它的位置在胸腹部，与脏腑相对应，为脏腑之气汇聚于胸腹部的腧穴。《素问·奇病论篇》说："数谋虑不决，故胆虚气上溢而口为之苦，治之以胆募俞，治在《阴阳十二官相使》中。"②《阴阳十二官相使》即指《素问·灵兰秘典论篇》，胆募俞为一组合穴，由足少阳经的日月和足太阳经的胆俞二穴组成。③《素问·通评虚实论篇》又说："腹暴满，按之不下，取手太阳经络者，胃之募也。"④可惜原文没有明确此穴的具体部位，但从《灵枢经·经脉》所述手太阳经脉"起于小指之端"，"下膈，抵胃属小肠"⑤的特点不难判断，"胃之募"当为中脘穴，因为中脘穴是胃经与小肠经的交会之处。依此，人们在胸腹部的范围内，逐渐确定了十二经的募穴，如手少阴心经的募穴为巨阙，系胸腹交关之处，在胸骨剑突大凹陷的下方。手太阴肺经的募穴位为中府，系中气汇聚之处，在位于锁骨外端下部，举起手臂时深陷的部位向下2至3厘米处，主要功能是募集其他脏腑传来的气血物质再灌送给肺经。

（5）经脉，它系人体气血运行的主要通道，主要由正经、奇经和经别三类构成，在整个人体的生命活动中，经脉起着联络脏腑肢节与沟通上下内外的作用。

正经，又称十二经脉，它与脏腑有直接属络关系，且各经的起止、循行部位、顺序，及在肢体的分布和走向，都有一定规律。

手太阴肺经，如图4-10所示。"起中焦，下络大肠，还循胃口，上膈属肺，从肺系横出腋下，下循内，行少阴、心主之前，下肘中，循臂内上骨下廉，入寸口，上鱼，循鱼际，出大指之端。其支者，从腕后直出次指内廉，出其端。"⑥

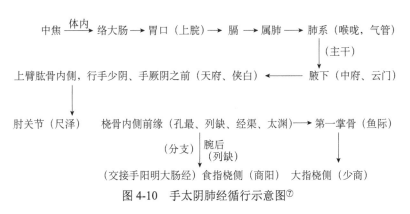

图 4-10　手太阴肺经循行示意图⑦

① （明）张介宾编著，郭洪耀、吴少祯校注：《类经》，北京：中国中医药出版社，1997年，第638页。

② （唐）王冰编次，（宋）高保衡、林亿校正，吴润秋整理：《素问》卷13《奇病论篇》，吴润秋主编：《中华医书集成》第1册《医经类》，第50页。

③ 徐宗、吕菊梅编著：《针灸组合穴》，广州：暨南大学出版社，1995年，第217页。

④ （唐）王冰编次，（宋）高保衡、林亿校正，吴润秋整理：《素问》卷8《通评虚实论篇》，吴润秋主编：《中华医书集成》第1册《医经类》，第32页。

⑤ （宋）史崧重编，胡郁坤、刘志龙整理：《灵枢经》卷3《经脉》，吴润秋主编：《中华医书集成》第1册《医经类》，第20页。

⑥ （宋）史崧重编，胡郁坤、刘志龙整理：《灵枢经》卷3《经脉》，吴润秋主编：《中华医书集成》第1册《医经类》，第18页。

⑦ 郭义主编：《针灸学》，北京：中国医药科技出版社，2012年，第25页。

手阳明大肠经，如图 4-11 所示。"起于大指次指之端，循指上廉，出合谷两骨之间，上入两筋之中，循臂上廉，入肘外廉，上臑外前廉，上肩，出髃骨之前廉，上出于柱骨之会上、下入缺盆，络肺，下膈，属大肠。其支者，从缺盆上颈，贯颊，入下齿中，还出挟口，交人中，左之右，右之左，上挟鼻孔。"①

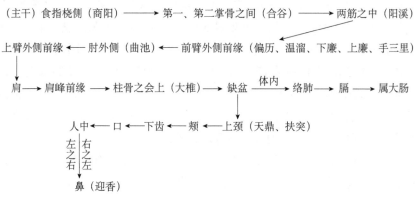

图 4-11　手阳明大肠经示意图②

足阳明胃经，如图 4-12 所示。"起于鼻之交頞中，旁纳太阳之脉，下循鼻外，入上齿中，还出挟口环唇，下交承浆，却循颐后下廉，出大迎，循颊车，上耳前，过客主人，循发际，至额颅。其支者：从大迎前，下人迎，循喉咙，入缺盆，下膈，属胃，络脾；其直者，从缺盆下乳内廉，下挟脐，入气街中；其支者，起于胃口，下循腹里，下至气街中而合，以下髀关，抵伏兔，下膝髌中，下循胫外廉，下足跗，入中趾内间；其支者，下廉三寸而别，下入中趾外间；其支者，别跗上，入大趾间，出其端。"③文中的"太阳之脉"是指手太阳小肠经，《说文》释："頞，鼻茎也。从页，安声。"④此"鼻茎"即鼻梁，故"鼻之交頞中"应指鼻旁的迎香穴，在此与手阳明大肠经相交，沿着鼻根部上行，在目内眦睛明穴，与足太阳膀胱经相交接。然后，再循鼻外侧经眼下方正中下行。如下图所示，足阳明胃经为五脏六腑之海，有两条主线和四条分支，经脉线的循行路线最长，分支亦多，系一条多气多血之经脉。

足太阴脾经，如图 4-13 所示。"起于大指之端，循指内侧白肉际，过核骨后，上内踝前廉，上踹内，循胫骨后，交出厥阴之前，上膝股内前廉，人腹属脾络胃，上膈，挟咽，连舌本，散舌下。其支者，复从胃，别上膈，注心中。"⑤

---

① （宋）史崧重编，胡郁坤、刘志龙整理：《灵枢经》卷 3《经脉》，吴润秋主编：《中华医书集成》第 1 册《医经类》，第 19 页。
② 郭义主编：《针灸学》，第 27 页。
③ （宋）史崧重编，胡郁坤、刘志龙整理：《灵枢经》卷 3《经脉》，吴润秋主编：《中华医书集成》第 1 册《医经类》，第 19 页。
④ （汉）许慎：《说文解字》，北京：中华书局，1963 年，第 181 页。
⑤ （宋）史崧重编，胡郁坤、刘志龙整理：《灵枢经》卷 3《经脉》，吴润秋主编：《中华医书集成》第 1 册《医经类》，第 19 页。

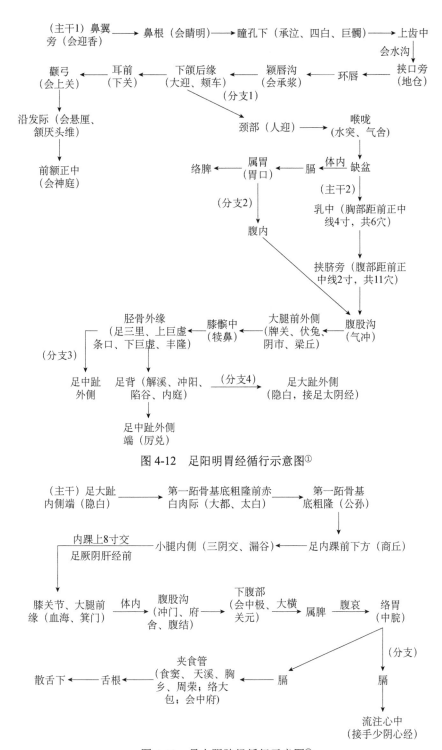

图 4-12　足阳明胃经循行示意图①

图 4-13　足太阴脾经循行示意图②

---

① 郭义主编：《针灸学》，第 30 页。
② 郭义主编：《针灸学》，第 33 页。

手少阴心经，如图 4-14 所示。“起于心中，出属心系，下膈络小肠。其支者，从心系上挟咽，系目系。其直者，复从心系却上肺，下出腋下，下循臑内后廉，行太阴心主之后，下肘内，循臂内后廉，抵掌后锐骨之端，入掌内后廉，循小指之内出其端。”①

咽 目系
（分支）
（主干）心中 体内 属心系 膈 络小肠
肺 腋下（极泉） 上臂肱骨内侧后缘，行手太阴、手厥阴之后（青灵）
腕后豌豆骨部（神门） 前臂内侧后缘（灵道、通里、阴郄） 肘关节（少海）
掌心后缘（少府） 小指桡侧（少冲）

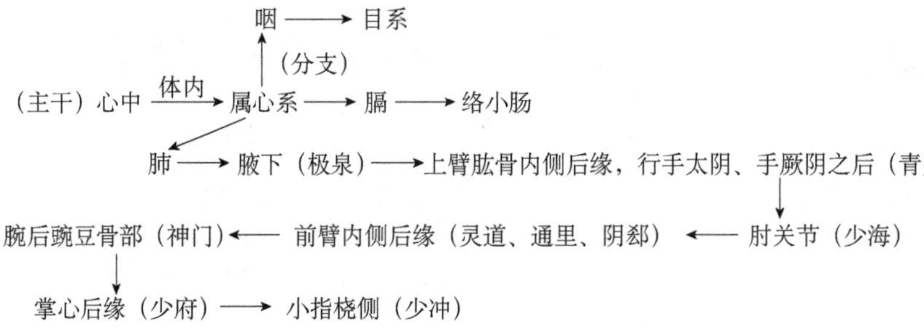

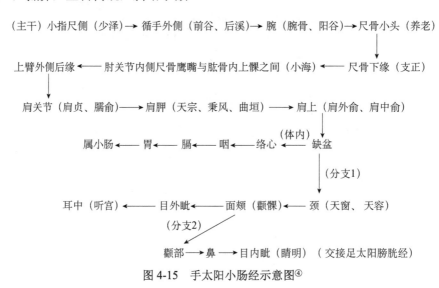

图 4-14　手少阴心经示意图②

手太阳小肠经，如图 4-15 所示。“起于小指之端，循手外侧上腕，出踝中，直上循臂骨下廉，出肘内侧两骨之间，上循臑外后廉，出肩解，绕肩胛，交肩上，入缺盆，络心，循咽下膈，抵胃，属小肠。其支者，从缺盆循颈，上颊，至目锐眦，却入耳中；其支者，别颊上　，抵鼻，至目内眦，斜络于颧。”③

（主干）小指尺侧（少泽） 循手外侧（前谷、后溪） 腕（腕骨、阳谷） 尺骨小头（养老）
上臂外侧后缘 肘关节内侧尺骨鹰嘴与肱骨内上髁之间（小海） 尺骨下缘（支正）
肩关节（肩贞、臑俞） 肩胛（天宗、秉风、曲垣） 肩上（肩外俞、肩中俞）
属小肠 胃 膈 咽 络心 （体内） 缺盆
（分支1）
耳中（听宫） 目外眦 面颊（颧髎） 颈（天窗、天容）
（分支2）
颧部 鼻 目内眦（睛明）（交接足太阳膀胱经）

图 4-15　手太阳小肠经示意图④

足太阳膀胱经，如图 4-16 所示。“起于目内眦，上额，交巅。其支者，从巅至耳上角。其直者，从巅入络脑，还出别下项，循肩膊内，挟脊抵腰中，入循膂，络肾，属膀胱。其

① （宋）史崧重编，胡郁坤、刘志龙整理：《灵枢经》卷 3《经脉》，吴润秋主编：《中华医书集成》第 1 册《医经类》，第 20 页。

② 郭义主编：《针灸学》，第 35 页。

③ （宋）史崧重编，胡郁坤、刘志龙整理：《灵枢经》卷 3《经脉》，吴润秋主编：《中华医书集成》第 1 册《医经类》，第 20 页。

④ 郭义主编：《针灸学》，第 36 页。

支者，从腰中，下挟脊，贯臀，入腘中。其支者，从髆内左右别下贯胛，挟脊内，过髀枢，循髀外，从后廉，下合腘中，以下贯腨内，出外踝之后，循京骨，至小指外侧。"①

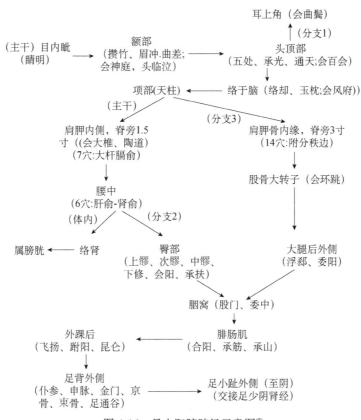

图 4-16　足太阳膀胱经示意图②

　　足少阴肾经，如图 4-17 所示。"起于小指之下，邪走足心，出于然谷之下，循内踝之后，别入跟中，以上腨内，出腘内廉，上股内后廉，贯脊，属肾络膀胱。其直者，从肾上贯肝膈，入肺中，循喉咙，挟舌本；其支者，从肺出络心，注胸中。"③

　　手厥阴心包经，如图 4-18 所示。"起于胸中，出属心包，下膈，历络三焦。其支者，循胸出胁，下腋三寸，上抵腋下，循臑内，行太阴、少阴之间，入肘中，下臂，行两筋之间，入掌中，循中指，出其端。其支者，别掌中，循小指次指出其端。"④

　　手少阳三焦经，如图 4-19 所示。"起于小指次指之端，上出两指之间，循手表腕，出臂外两骨之间，上贯肘，循臑外，上肩，而交出足少阳之后，入缺盆，布膻中，散络心

　　① （宋）史崧重编，胡郁坤、刘志龙整理：《灵枢经》卷3《经脉》，吴润秋主编：《中华医书集成》第1册《医经类》，第20页。
　　② 郭义主编：《针灸学》，第38—39页。
　　③ （宋）史崧重编，胡郁坤、刘志龙整理：《灵枢经》卷3《经脉》，吴润秋主编：《中华医书集成》第1册《医经类》，第20页。
　　④ （宋）史崧重编，胡郁坤、刘志龙整理：《灵枢经》卷3《经脉》，吴润秋主编：《中华医书集成》第1册《医经类》，第21页。

包，下膈，循属三焦。其支者，从膻中上出缺盆，上项，系耳后直上，出耳上角，以屈下颊至䪼。其支者，从耳后入耳中，出走耳前，过客主人前，交颊，至目锐眦。"①

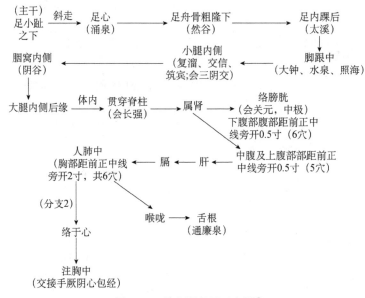

图 4-17　足少阴肾经示意图②

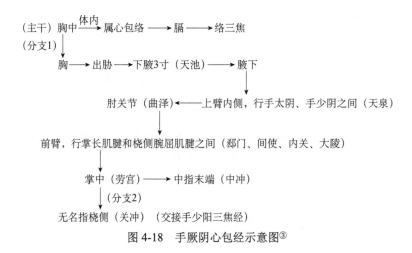

图 4-18　手厥阴心包经示意图③

足少阳胆经，如图 4-20 所示。"起于目锐眦，上抵头角，下耳后，循颈，行手少阳之前，至肩上，却交出手少阳之后，入缺盆。其支者，从耳后入耳中，出走耳前，至目锐眦后。其支者，别锐眦，下大迎，合于手少阳，抵于（出页），下加颊车，下颈，合缺盆。以下胸中，贯膈，络肝、属胆，循胁里，出气街，绕毛际，横入髀厌中。其直者，从缺盆

① （宋）史崧重编，胡郁坤、刘志龙整理：《灵枢经》卷 3《经脉》，吴润秋主编：《中华医书集成》第 1 册《医经类》，第 21 页。

② 郭义主编：《针灸学》，第 42 页。

③ 郭义主编：《针灸学》，第 44 页。

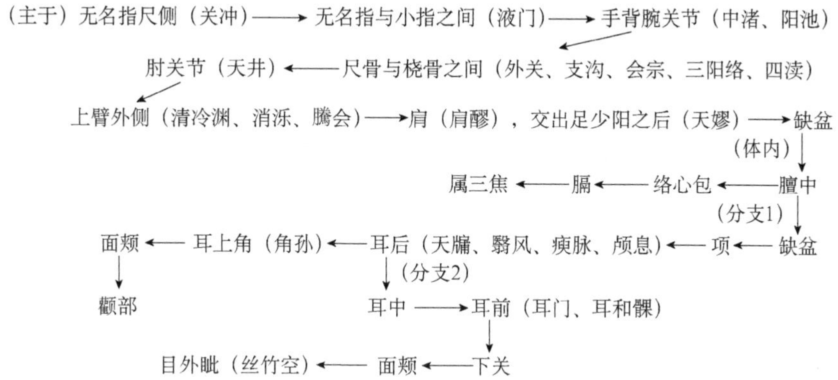

（主干）无名指尺侧（关冲）——→ 无名指与小指之间（液门）——→ 手背腕关节（中渚、阳池）

肘关节（天井）←—— 尺骨与桡骨之间（外关、支沟、会宗、三阳络、四渎）

上臂外侧（清冷渊、消泺、臑会）——→ 肩（肩髎），交出足少阳之后（天髎）——→ 缺盆
（体内）

属三焦 ←—— 膈 ←—— 络心包 ←—— 膻中

（分支1）

面颊 ←—— 耳上角（角孙）←—— 耳后（天牖、翳风、瘈脉、颅息）←—— 项 ←—— 缺盆

（分支2）

颧部　　　　　　　　　耳中 ——→ 耳前（耳门、耳和髎）

目外眦（丝竹空）←—— 面颊 ←—— 下关

图 4-19　手少阳三焦经示意图[1]

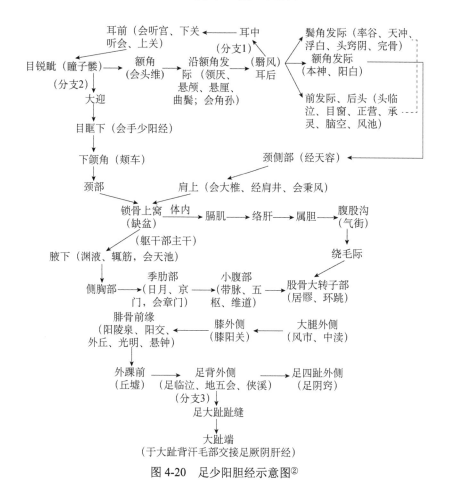

图 4-20　足少阳胆经示意图[2]

①　郭义主编：《针灸学》，第 46 页。
②　郭义主编：《针灸学》，第 48 页。

下腋，循胸，过季胁，下合髀厌中。以下循髀阳，出膝外廉，下外辅骨之前，直下抵绝骨之端，下出外踝之前，循足跗上，入小指次指之间。其支者，别跗上，入大指之间，循大指歧骨内，出其端；还贯爪甲，出三毛。"①

足厥阴肝经，如图 4-21 所示。"起于大指丛毛之际，上循足跗上廉，去内踝一寸，上踝八寸，交出太阴之后，上腘内廉，循股阴，入毛中，环阴器，抵小腹，挟胃，属肝络胆，上贯膈，布胁肋，循喉咙之后，上入颃颡，连目系，上出额，与督脉会于巅。其支者，从目系下颊里，环唇内；其支者，复从肝别，贯膈，上注肺。"②

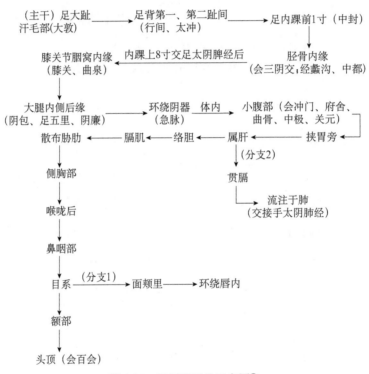

图 4-21 足厥阴肝经示意图③

奇经，即"奇经八脉"④的简称，与正经的循行方向不同，既有纵向，又有横向。所以李时珍解释说："奇经凡八脉，不拘制于十二正经，无表里配合，故谓之奇。"⑤考《黄帝内经》中有"八脉"的名称，但尚未出现"奇经"之说，这反映了当时人们对"奇经八脉"的认识还不太系统、全面和深刻。与正经不同，"奇经八脉"没有专篇，而是散见于各篇大论之中。

① （宋）史崧重编，胡郁坤、刘志龙整理：《灵枢经》卷 3《经脉》，吴润秋主编：《中华医书集成》第 1 册《医经类》，第 21 页。
② （宋）史崧重编，胡郁坤、刘志龙整理：《灵枢经》卷 3《经脉》，吴润秋主编：《中华医书集成》第 1 册《医经类》，第 22 页。
③ 郭义主编：《针灸学》，第 51 页。
④ 八脉是指冲脉、任脉、督脉、带脉、阴脉、阳脉、阴跷脉、阳跷脉。
⑤ （明）李时珍编著、夏魁周校注：《李时珍医学全书》，北京：中国中医药出版社，1996 年，第 1256 页。

　　督脉，是阳脉的都纲，主要循行于人体头正中线以及后正中线上。《素问·骨空论篇》云："督脉者，起于少腹以下骨中央，女子入系廷孔。其孔，溺孔之端也。其络循阴器合篡间，绕篡后，别绕臀，至少阴与巨阳中络者合。少阴上股内后廉，贯脊属肾，与太阳起于目内眦，上额交巅上，入络脑，还出别下项，循肩膊内，侠脊抵腰中，入循膂络肾；其男子循茎下至篡，与女子等。其少腹直上者，贯齐中央，上贯心入喉，上颐环唇，上系两目之下中央。"①由文中可知，督脉有主干，也有分支。其主干起于少腹（胞中），"上额循巅，下项中，循脊入骶"②。这是营气的主要通道，督脉自上而下，任脉则自下而上，两者构成全身营气的循环运行。其分支在少腹之内分出两支，"一从后而贯脊属肾，一从前而循腹，贯齐直上，系两目之下，而交于太阳之命门，是督脉环绕前后上下一周，犹天道之包乎地外也"③。

　　任脉，为"阴脉之海"，起于小腹内胞宫，行于胸腹正中，上行至龈交穴，与督脉相接，具有协调人体诸阴经经气的作用。对其循行路线，《素问·骨空论篇》载："起于中极之下，以上毛际，循腹里，至关元，至咽喉，上颐循面入目。"④《灵枢经·五音五味》又说："冲脉、任脉，皆起于胞中，上循背里，为经络之海。其浮而外者，循腹右上行，会于咽喉，别而络唇口。"⑤用图 4-22 表达如下：

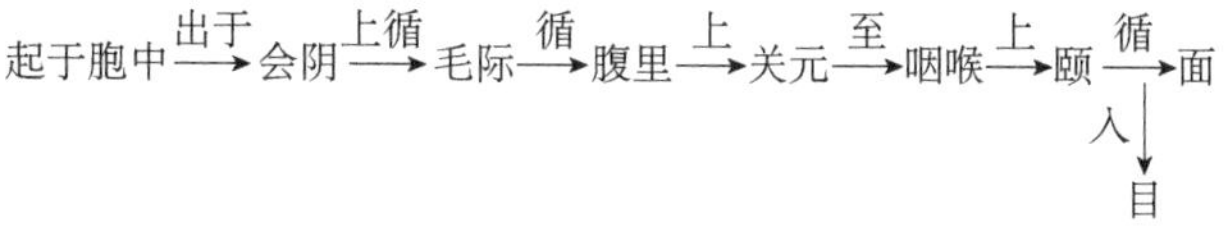

$$\text{起于胞中} \xrightarrow{\text{出于}} \text{会阴} \xrightarrow{\text{上循}} \text{毛际} \xrightarrow{\text{循}} \text{腹里} \xrightarrow{\text{上}} \text{关元} \xrightarrow{\text{至}} \text{咽喉} \xrightarrow{\text{上}} \text{颐} \xrightarrow{\text{循}} \text{面}$$
$$\downarrow \text{入}$$
$$\text{目}$$

图 4-22　任脉循行示意图⑥

　　冲脉，亦起于胞中，故医籍上有"一源三岐"，即冲脉、任脉和督脉均起于胞中，其中冲脉贯穿周身，上下，总领诸经气血，灌注五脏六腑，故被称为经络之海。《灵枢经·逆顺肥瘦》说："夫冲脉者，五脏六腑之海也，五脏六腑皆禀焉。其上者，出于颃颡，渗诸阳，灌诸精；其下者，注少阴之大络，出于气街，循阴股内廉，入腘中，伏行骨内，下至内踝之后属而别。其下者，并于少阴之经，渗三阴。其前者，伏行出跗属，下循跗，入大趾间，渗诸络而温肌肉。"⑦依据此段记载，我们大致可以把冲脉分成以下几个部分：第一部分为"五脏六腑皆禀"，即冲脉从小腹部浅出位于在腹股沟稍上方的气冲

---

　　① （宋）史崧重编，胡郁坤、刘志龙整理：《灵枢经》卷 16《骨空论》，吴润秋主编：《中华医书集成》第 1 册《医经类》，第 59 页。
　　② （宋）史崧重编，胡郁坤、刘志龙整理：《灵枢经》卷 4《营气》，吴润秋主编：《中华医书集成》第 1 册《医经类》，第 30 页。
　　③ （清）张志聪、高世栻：《侣山堂类辩医学真传》，北京：人民卫生出版社，1983 年，第 6 页。
　　④ （宋）史崧重编，胡郁坤、刘志龙整理：《灵枢经》卷 16《骨空论》，吴润秋主编：《中华医书集成》第 1 册《医经类》，第 59 页。
　　⑤ （宋）史崧重编，胡郁坤、刘志龙整理：《灵枢经》卷 10《五音五味》，吴润秋主编：《中华医书集成》第 1 册《医经类》，第 73 页。
　　⑥ 李瑞主编：《经络腧穴学》，第 244 页。
　　⑦ （宋）史崧重编，胡郁坤、刘志龙整理：《灵枢经》卷 6《逆顺肥瘦》，吴润秋主编：《中华医书集成》第 1 册《医经类》，第 49 页。

（亦称气街），与足少阴经并行，上过脐旁至胸中，灌输五脏六腑；第二部分从胸中散布之后，继续上行，至鼻之骨窍"颃颡"（指咽上上腭与鼻相通的部位）；第三部分来自肾下，出于气街，循阴股内廉，入膝中，"循胫骨内廉，并少阴之经，下入内踝之后，入足下"①；第四部分从胫骨内廉"邪（斜）入踝，出属跗上"②，循行于足大指；第五部分自小腹分出，向内贯脊，循行于背部。③

带脉，能"总束诸脉"④，亦即具有约束全身纵行各条经脉的功能，它起于季胁，环腰一周。所以《灵枢经·经别》云："足少阴之正，至腘中，别走太阳而合，上至肾，当十四（椎），出属带脉。"⑤

阴维脉，顾名思义，它是维系全身阴经的枢纽，如图4-23所示。《素问·刺腰痛篇》云："刺飞阳之脉，在内踝上五寸，少阴之前，与阴维之会。"⑥"在内踝上五寸"为人体解毒的大穴——筑宾穴，有学者认为"与阴维之会"中的"阴维"是指腧穴，而非"阴维之脉"⑦。但多数学者认为，此处的"阴维之会"是指与阴维脉相会处。不过，原文没有提到"阴维脉"的起止。而较详细叙述阴维脉循行路线的著作是《十四经发挥》，其文云："其脉气所发者，阴维之郄，名曰筑宾，与足太阴会于腹哀，大横，又与足太阴，厥阴会于府舍，期门，与任脉会于天突，廉泉，凡十二穴。"⑧

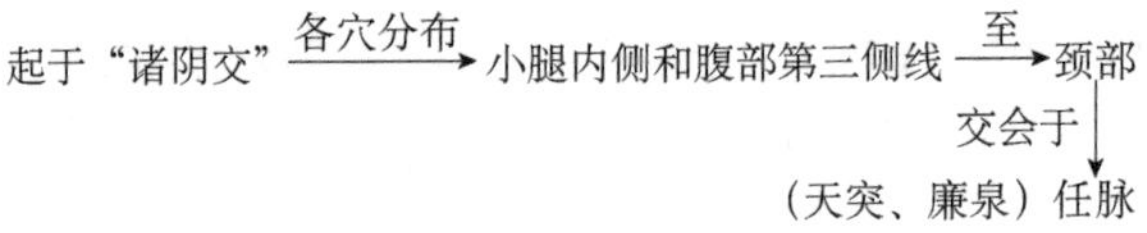

起于"诸阴交" —各穴分布→ 小腿内侧和腹部第三侧线 —至→ 颈部
交会于 ↓
（天突、廉泉）任脉

图4-23 阴维脉循行示意图⑨

阳维脉，即维系全身阳经之意，溢畜环流，起于诸阳之会，如图4-24所示。《素问·刺腰痛篇》云："阳维之脉，脉与太阳合腨下间，去地一尺所。"⑩所谓"下间"，学界有多种说法，如有学者认为阳维脉起于距离地面一尺左右的郄穴阳交，还有学者则认为是承山穴。此外，更有学者认为是金门穴。当然，我们认为"郄穴阳交"比较符合原意，故从之。

阴跷脉，主一身左右之阴，起于足跟部，寓意轻健跷捷，如图4-25所示。《灵枢

---

① （宋）史崧重编，胡郁坤、刘志龙整理：《灵枢经》卷9《动输》，吴润秋主编《中华医书集成》第1册《医经类》，第69页。

② （宋）史崧重编，胡郁坤、刘志龙整理：《灵枢经》卷9《动输》，吴润秋主编《中华医书集成》第1册《医经类》，第69页。

③ 北京按摩医院主编：《实用按摩手册》，北京：华夏出版社，2013年，第128页。

④ 廖润鸿编撰、赵小明校注：《勉学堂针灸集成》，北京：中国中医药出版社，1998年，第44页。

⑤ （宋）史崧重编，胡郁坤、刘志龙整理：《灵枢经》卷3《经别》，吴润秋主编《中华医书集成》第1册《医经类》，第24页。

⑥ （唐）王冰编次，（宋）高保衡、林亿校正，吴润秋整理：《素问》卷11《刺腰痛》，吴润秋主编《中华医书集成》第1册《医经类》，第44页。

⑦ 赵京生：《针灸关键概念术语考论》，北京：人民卫生出版社，2012年，第94页。

⑧ （元）滑寿：《滑寿医学全书》，第288页。

⑨ 李瑞主编：《经络腧穴学》，第262页。

⑩ （宋）史崧重编，胡郁坤、刘志龙整理：《素问》卷11《刺腰痛》，吴润秋主编《中华医书集成》第1册《医经类》，北京：中医古籍出版社，1999年，第44页。

经·脉度》载："（阴）跷脉者，少阴之别，起于然骨之后，上内踝之上，直上循阴股入阴，上循胸里，入缺盆，上出人迎之前，入頄，属目内眦，合于太阳、阳跷而上行，气并相还，则为濡目，气不荣，则目不合。"[①]

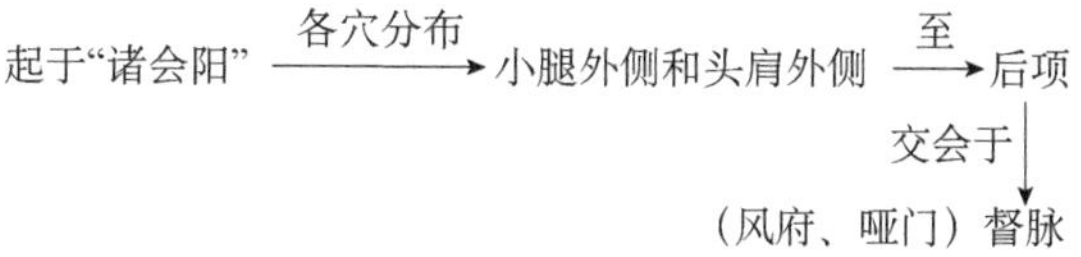

起于"诸会阳" ——各穴分布→ 小腿外侧和头肩外侧 ——至→ 后项
交会于↓
（风府、哑门）督脉

图 4-24　阳维脉循行示意图[②]

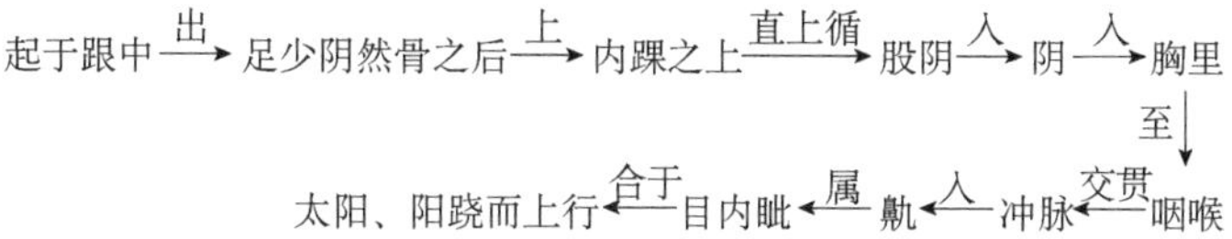

起于跟中 ——出→ 足少阴然骨之后 ——上→ 内踝之上 ——直上循→ 股阴 ——入→ 阴 ——入→ 胸里
至↓
太阳、阳跷而上行 ←合于— 目内眦 ←属— 頄 ←入— 冲脉 ←交贯— 咽喉

图 4-25　阴跷脉循行示意图[③]

阳跷脉，起于足跟外侧，主一身左右之阳，尤其是卫气主要通过跷脉而散布周身，它与阴跷脉相会于目内眦穴，具有调节肢体运动和濡养眼目的功能（图 4-26）。故《灵枢经·寒热病》云："足太阳有通项入于脑者，正属目本，名曰眼系，头目苦痛取之，在项中两筋间。入脑乃别阴跷、阳跷，阴阳相交，阳入阴，阴出阳，交于目锐眦。"[④]

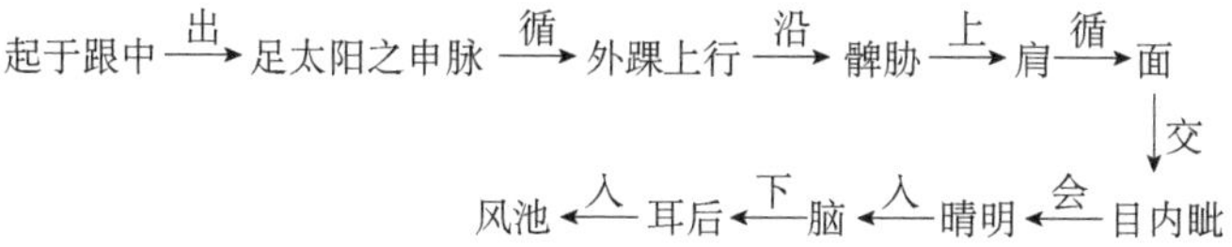

起于跟中 ——出→ 足太阳之申脉 ——循→ 外踝上行 ——沿→ 髀胁 ——上→ 肩 ——循→ 面
交↓
风池 ←入— 耳后 ←下— 脑 ←入— 睛明 ←会— 目内眦

图 4-26　阳跷脉循行示意图[⑤]

十二经别，又称"别行之正经"，是指十二经脉别行的部分，呈向心性分布于胸腹与头部，进一步密切了阴阳两经互为表里的配合关系，因而成为强化脏腑联系网络性通路，有离、入、出、合的规律。《灵枢经·经别》云："足太阳之正，别入于腘中，其一道下尻五寸，别入于肛，属于膀胱，散之肾，循膂，当心入散；直者，从膂上出于项，复属于太阳，此为一经也。……足少阴之正，至腘中，别走太阳而合，上至肾，当十四椎，出属带脉。直者，系舌本，复出于项，合于太阳，此为一合。成以诸阴之别，皆为正也。"[⑥]可见，足太阳与足少阴相表里，或称相合，如图 4-27 所示：

---

① （宋）史崧重编，胡郁坤、刘志龙整理：《灵枢经》卷 4《脉度》，吴润秋主编：《中华医书集成》第 1 册《医经类》，第 31 页。
② 李瑞主编：《经络腧穴学》，第 261 页。
③ 李瑞主编：《经络腧穴学》，第 260 页。
④ （宋）史崧重编，胡郁坤、刘志龙整理：《灵枢经》卷 5《寒热病》，吴润秋主编：《中华医书集成》第 1 册《医经类》，第 34 页。
⑤ 李瑞主编：《经络腧穴学》，第 259 页。
⑥ （宋）史崧重编，胡郁坤、刘志龙整理：《灵枢经》卷 3《经别》，吴润秋主编：《中华医书集成》第 1 册《医经类》，第 24 页。

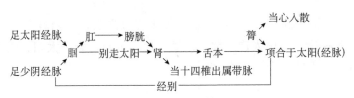

图 4-27　足太阳经与足少阴经相合示意图①

按照一组为一合，则十二经别共有 6 合。其他如下所示：

第二合：足少阳经脉与足厥阴经脉相表里，如图 4-28 所示。《灵枢经·经别》云："足少阳之正，绕髀入毛际，合于厥阴。别者，入季胁之间，循胸里，属胆，散之上肝贯心，以上挟咽，出颐颔中，散于面，系目系，合少阳于外眦也。足厥阴之正，别跗上，上至毛际，合于少阳，与别俱行，此为二合也。"②

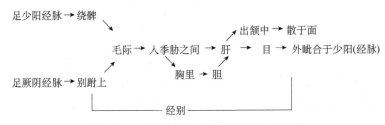

图 4-28　足少阳经与足厥阴经相合示意图

第三合，足阳明经脉与足太阴经脉相表里，如图 4-29 所示。《灵枢经·经别》云："足阳明之正，上至髀，入于腹里，属胃，散之脾，上通于心，上循咽出于口，上颐颏，还系目系，合于阳明也。足太阴之正，上至髀，合于阳明，与别俱行，上结于咽，贯舌中。此为三合也。"③

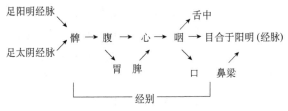

图 4-29　足阳明经脉与足太阴经脉相合示意图

第四合，手太阳经脉与手少阴经脉相表里，如图 4-30 所示。《灵枢经·经别》云："手太阳之正，指地，别于肩解，入腋，走心，系小肠也。手少阴之正，别入于渊腋两筋

①　南京中医药大学编著：《中医学概论》，长沙：湖南科学技术出版社，2013 年，第 120 页。
②　（宋）史崧重编，胡郁坤、刘志龙整理：《灵枢经》卷 3《经别》，吴润秋主编：《中华医书集成》第 1 册《医经类》，第 25 页。
③　（宋）史崧重编，胡郁坤、刘志龙整理：《灵枢经》卷 3《经别》，吴润秋主编：《中华医书集成》第 1 册《医经类》，第 25 页。

之间，属于心，上走喉咙，出于面，合目内眦，此为四合也。"①

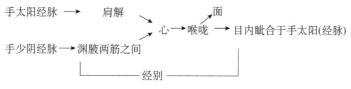

图 4-30 手太阳经脉与手少阴经脉相合示意图

第五合，手少阳经脉与手厥阴经脉相表里，如图 4-31 所示。《灵枢经·经别》云："手少阳之正，指天，别于巅，入缺盆，下走三焦，散于胸中也。手心主之正，别下渊腋三寸，入胸中，别属三焦，出循喉咙，出耳后，合少阳完骨之下，此为五合也。"②

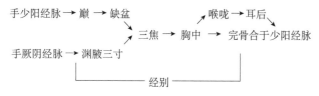

图 4-31 手少阳经脉与手厥阴经脉相合示意图

第六合，手阳明经脉与手太阴经脉相表里，如图 4-32 所示。《灵枢经·经别》云："手阳明之正，从手循膺乳，别于肩髃，入柱骨下，走大肠，属于肺。上循喉咙，出缺盆，合于阳明也。手太阴之正，别入渊腋少阴之前，入走肺，散之大肠，上出缺盆，循喉咙，复合阳明，此六合也。"③

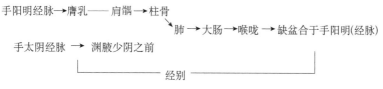

图 4-32 手阳明经脉与手太阴经脉相合示意图

综上所述，十二经别的循行特点是由浅入深，再由深入浅；最后浅出体表头项等部位。因此，我们可以用四个字来概括，即离入出合。其中经别的"离"大都是从四肢、肘、膝关节以上的正经别出，"入"是指经别向心性地深入体腔纵行，"出"是指经别通过联络脏腑而在头面部浅出体表，"合"则是指经别上行至头颈部后，阳经经脉合于本经经脉，阴经经脉合于与其相表里的阳经经脉，然后再分别注入手足三阳经。可见，头面部是经气汇聚的关键部位。故《灵枢经·邪气藏府病形》云："十二经脉，三百六十五络，其

---

① （宋）史崧重编，胡郁坤、刘志龙整理：《灵枢经》卷 3《经别》，吴润秋主编：《中华医书集成》第 1 册《医经类》，第 25 页。

② （宋）史崧重编，胡郁坤、刘志龙整理：《灵枢经》卷 3《经别》，吴润秋主编：《中华医书集成》第 1 册《医经类》，第 25 页。

③ （宋）史崧重编，胡郁坤、刘志龙整理：《灵枢经》卷 3《经别》，吴润秋主编：《中华医书集成》第 1 册《医经类》，第 25 页。

血气皆上于面而走空窍。其精阳气上走于目而为睛，其别气走于耳而为听，其宗气上出于鼻而为臭，其浊气出于胃，走唇舌而为味。"①因此，十二经别不仅加强了人体内外沟通、表里贯穿及经脉与心、头部之间的功能联系，而且使经脉对肢体和脏腑各部分之间的内在联系更趋周密。特别是经别能通达某些正经未循行到的官窍与形体部位，这样，既补充了十二经脉在体内外循行的不足，同时又拓展了手足三阴经的腧穴主治范围，对针灸实践提供了重要的理论依据。

（6）络脉。《灵枢经·脉度》说："经脉为里，支而横者为络，络之别者为孙。"②对于络脉的性质和特点，《灵枢经·经脉》载："诸络脉皆不能经大节之间，必行绝道而出，入复合于皮中，其会皆见于外。"③按《灵枢经·经脉》所载，络有"十五络"，包括十二经之络，任脉和督脉之络，以及脾之大络，是为络脉中的主体部分，具有网络周身，联络脏腑、肢节、筋肉、皮肤，渗灌营卫，以及沟通人体阴阳、上下、内外、表里的作用（图 4-33）。

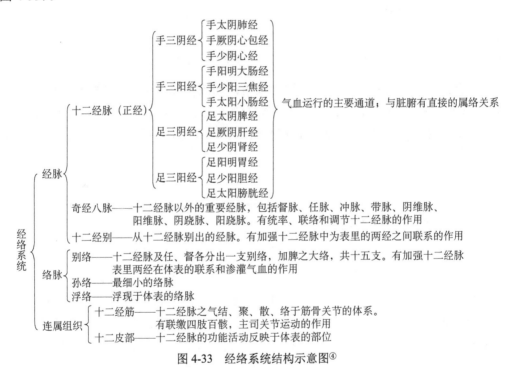

图 4-33　经络系统结构示意图④

由络脉别出的细小分支称之为孙络（包括浮络），系人体血气敷布的细小隧道，位置

① （宋）史崧重编，胡郁坤、刘志龙整理：《灵枢经》卷 1《邪气藏府病形》，吴润秋主编：《中华医书集成》第 1 册《医经类》，第 7—8 页。

② （宋）史崧重编，胡郁坤、刘志龙整理：《灵枢经》卷 4《脉度》，吴润秋主编：《中华医书集成》第 1 册《医经类》，第 30 页。

③ （宋）史崧重编，胡郁坤、刘志龙整理：《灵枢经》卷 3《经脉》，吴润秋主编：《中华医书集成》第 1 册《医经类》，第 23 页。

④ 郭霞珍主编：《中医基础理论》，上海：上海科学技术出版社，2012 年，第 97 页。

不仅居外，而且又较浮浅，故《灵枢经·经脉》说："诸脉之浮而常见者，皆络脉也。"①
所以孙络是人体抵御外邪的第一道防线。在人体，孙络分布极广，难以计数。如《素问·气穴论》载："孙络三百六十五穴会，亦以应一岁，以溢奇邪，以通荣卫。"②此处所言孙络之数，当然是个约数，不过，它至少可以表明孙络的数量确实很大，在此我们不做细述。

经络是中医学的特色，它有实也有虚（主要指功能，如穴气的气），其中属于"实"的部分，可以证实，"虚"的部分虽然暂时无法证实，但它客观存在，至于经络循经传感现象的本质是什么，学界尚在争论之中，故此存略。

（二）脉学与针灸

1. 脉学的主要内容简述

脉诊是中医临床的显著特色，《素问·脉要精微论篇》云："夫脉者，血之府也，长则气治，短则气病，数则烦心，大则病进，上盛则气高，下盛则气胀，代则气衰，细则气少，涩则心痛，浑浑革至如涌泉，病进而色弊，绵绵其去如弦绝，死。"③这里提出了脉诊的三种脉象问题：一是平脉，如"长则气治"，即脉象长表明人体的气血平和正常；二是病脉，如"代则气衰，细则气少，涩则心痛"等，像代、细、涩这类脉象，在一定程度上都能反映证候的病理特点；三是死脉，如"绵绵其去如弦绝"，意即"脉象细小，似有似无，犹如琴弦断绝，提示阴阳离决，预后差"④。当然，诊脉是一门比较复杂的技艺，非一蹴而就之事。《素问·脉要精微论篇》云：

> 阴阳有时，与脉为期，期而相失，知脉所分，分之有期，故知死时。微妙在脉，不可不察，察之有纪，从阴阳始，始之有经，从五行生，生之有度，四时为宜，补泻勿失，与天地如一，得一之情，以知死生。⑤

中医思维的突出特点是天人合一，在这种思维模式下，自然规律具有不可抗性，因此，人体只有顺从自然界的阴阳变化，才能生存，才能成为"平人"。《素问·平人气象论篇》从脉象的层面定义"平人"的概念说："人一呼脉再动，一吸脉亦再动，呼吸定息脉五动，闰以太息，命曰平人。"⑥

那么，"平人"在脉象方面最典型的性质特点是什么呢？《素问·平人气象论篇》

① （宋）史崧重编，胡郁坤、刘志龙整理：《灵枢经》卷3《经脉》，吴润秋主编：《中华医书集成》第1册《医经类》，第22页。
② （唐）王冰编次，（宋）高保衡、林亿校正，吴润秋整理：《素问》卷15《气穴论篇》，吴润秋主编：《中华医书集成》第1册《医经类》，第57—58页。
③ （唐）王冰编次，（宋）高保衡、林亿校正，吴润秋整理：《素问》卷5《脉要精微论篇》，吴润秋主编：《中华医书集成》第1册《医经类》，第17页。
④ 杨杰：《中医脉学：历代医籍脉诊理论研究集成》，北京：北京科学技术出版社，2013年，第65页。
⑤ （唐）王冰编次，（宋）高保衡、林亿校正，吴润秋整理：《素问》卷5《脉要精微论篇》，吴润秋主编：《中华医书集成》第1册《医经类》，第17页。
⑥ （唐）王冰编次，（宋）高保衡、林亿校正，吴润秋整理：《素问》卷5《平人气象论篇》，吴润秋主编：《中华医书集成》第1册《医经类》，第18—19页。

云:"平人之常气禀于胃,胃者平人之常气也,人无胃气曰逆,逆者死。"[1]

在此,"常气"是指人体的脉气,由于"人以水谷为本"[2],又"五藏者,皆禀气于胃,胃者五藏之本也"[3]。所以脉象在一定程度上能够反映人体内部气血变化的状况,而所谓"胃"就是指"胃气",若从脉象来看,则是说切脉的指端有一种从容和缓的感觉。当然,在临床上,脉体非常复杂,不过,无论是钩,抑或毛、弦及弹石,只要呈从容和缓之状态,都不能视为病脉,而仅仅是其性格特点的一种反映。[4]诚如有学者所言:不管何种脉象,都是触觉的意象[5],故此,《黄帝内经》在解释这些脉象时,往往借助事物的形象来表述。

下面我们试将《黄帝内经》中有关非典型脉象的论述胪列于兹,仅供读者参考,至于典型的脉名,从略。

(1)浮合脉,或称釜沸脉。《素问·大奇论篇》载:"脉至浮合,浮合如数,一息十至以上,是经气予不足也。"[6]即浮合脉的指感如釜沸之合,来去无根。吴承玉先生解释说:"脉在皮肤,浮数之极,至数不清,如釜中沸水,浮泛无根。为三阳热极,阴液枯竭之候,多为临死前的脉象。"[7]

(2)如火薪然脉,《素问·大奇论篇》载:"脉至如火薪然,是心精之予夺也,草干而死。"[8]这种脉呈火焰浮盛而无根之状,其形不定,应为心脏精气脱失之象。

(3)散叶脉,《素问·大奇论篇》载:"脉至如散叶,是肝气予虚也,木叶落而死。"[9]此脉轻虚无力,如风吹叶散,为无根之脉。

(4)泥丸脉,《素问·大奇论篇》载:"脉至如丸泥,是谓精予不足也,榆荚落而死。"[10]脉如泥弹之状,坚强短涩,为胃津已竭之脉象。

(5)横格脉,《素问·大奇论篇》载:"脉至如横格,是胆气予不足也,禾熟而死。"[11]

① (唐)王冰编次,(宋)高保衡、林亿校正,吴润秋整理:《素问》卷5《平人气象论篇》,吴润秋主编:《中华医书集成》第1册《医经类》,第19页。

② (唐)王冰编次,(宋)高保衡、林亿校正,吴润秋整理:《素问》卷5《平人气象论篇》,吴润秋主编:《中华医书集成》第1册《医经类》,第19页。

③ (唐)王冰编次,(宋)高保衡、林亿校正,吴润秋整理:《素问》卷6《玉机真藏论篇》,吴润秋主编:《中华医书集成》第1册《医经类》,第22页。

④ 王伟:《拨开迷雾学中医——重归中医经典思维》,北京:中国中医药出版社,2014年,第74页。

⑤ 朱建军:《意象对话心理学与中医》,合肥:安徽人民出版社,2012年,第48页。

⑥ (唐)王冰编次,(宋)高保衡、林亿校正,吴润秋整理:《素问》卷13《大奇论篇》,吴润秋主编:《中华医书集成》第1册《医经类》,第51页。

⑦ 吴承玉主编:《中医诊断学》,上海:上海科学技术出版社,2006年,第80页。

⑧ (唐)王冰编次,(宋)高保衡、林亿校正,吴润秋整理:《素问》卷13《大奇论篇》,吴润秋主编:《中华医书集成》第1册《医经类》,第51页。

⑨ (唐)王冰编次,(宋)高保衡、林亿校正,吴润秋整理:《素问》卷13《大奇论篇》,吴润秋主编:《中华医书集成》第1册《医经类》,第51页。

⑩ (唐)王冰编次,(宋)高保衡、林亿校正,吴润秋整理:《素问》卷13《大奇论篇》,吴润秋主编:《中华医书集成》第1册《医经类》,第51页。

⑪ (唐)王冰编次,(宋)高保衡、林亿校正,吴润秋整理:《素问》卷13《大奇论篇》,吴润秋主编:《中华医书集成》第1册《医经类》,第51页。

文中所言脉状长且坚硬，犹如长木条横于指下，这是胆中精气虚损之象。

（6）弦缕脉，《素问·大奇论篇》载："脉至如弦缕，是胞精予不足也，病善言，下霜而死。"①脉呈牵引丝缕之状，坚急而强，是为真元亏损之象。

（7）交漆脉，《素问·大奇论篇》载："脉至如交漆，交漆者左右傍至也，微见，三十日死。"②注家云：此言"指下艰涩不前，重按则不由正道而出，或前大后细，与绵绵如泻漆之绝互发。"③犹如绞滤漆汁，到处流散无根，"有降而无升，有出而无入，大小不匀，前盛后虚"④，是为脏腑俱虚之象。

（8）涌泉脉，《素问·大奇论篇》载："脉至如涌泉，浮鼓肌中，太阳气予不足也，少气味，韭英而死。"⑤文中所言脉状如泉之涌出，来盛而不返，外脱而无根，是为太阳气衰之象。

（9）颓土脉，《素问·大奇论篇》载："脉至如颓土之状，按之不得，是肌气予不足也，五色先见黑，白垒发死。"⑥可见，颓土脉的脉状虚大无力，无来去上下，按之全无，是为脾气（亦即肌气）亏虚之象。

（10）悬雍脉，《素问·大奇论篇》载："脉至如悬雍，悬雍者浮揣切之益大，是十二俞之予不足也，水凝而死。"⑦即其悬雍脉浮取切之虚大，轻按则小，重按则无，呈有上无下状，是为十二经腧穴之气全部衰弱之象。

（11）偃刀脉，《素问·大奇论篇》载："脉至如偃刀，偃刀者浮之小急，按之坚大急，五藏菀熟，寒热独并于肾也，如此其人不得坐，立春而死。"⑧文中所见，其脉如剡刀状，坚急有力，是为五脏久郁邪气而致心律严重失常之象。

（12）丸滑脉，《素问·大奇论篇》载："脉至如丸滑不直手，不直手者，按之不可得也，是大肠气予不足也，枣叶生而死。"⑨即丸滑脉的脉体滑小无根，脉络空虚，正气散而不胜指按。在正常情况下，"大肠之脉轻虚以浮，当与肺同，今大肠精气不足，传道失职，脉如丸滑，全非轻虚以浮之体矣"⑩。是为津液竭尽之象。

---

① （唐）王冰编次，（宋）高保衡、林亿校正，吴润秋整理：《素问》卷13《大奇论篇》，吴润秋主编：《中华医书集成》第1册《医经类》，第51页。

② （唐）王冰编次，（宋）高保衡、林亿校正，吴润秋整理：《素问》卷13《大奇论篇》，吴润秋主编：《中华医书集成》第1册《医经类》，第51页。

③ （清）张登：《诊宗三昧》，上海：上海卫生出版社，1958年，第46页。

④ （明）马莳撰、田代华主校：《黄帝内经素问注证发微》，北京：人民卫生出版社，1998年，第313页。

⑤ （唐）王冰编次，（宋）高保衡、林亿校正，吴润秋整理：《素问》卷13《大奇论篇》，吴润秋主编：《中华医书集成》第1册《医经类》，第51页。

⑥ （唐）王冰编次，（宋）高保衡、林亿校正，吴润秋整理：《素问》卷13《大奇论篇》，吴润秋主编：《中华医书集成》第1册《医经类》，第51页。

⑦ （唐）王冰编次，（宋）高保衡、林亿校正，吴润秋整理：《素问》卷13《大奇论篇》，吴润秋主编：《中华医书集成》第1册《医经类》，第51页。

⑧ （唐）王冰编次，（宋）高保衡、林亿校正，吴润秋整理：《素问》卷13《大奇论篇》，吴润秋主编：《中华医书集成》第1册《医经类》，第51页。

⑨ （唐）王冰编次，（宋）高保衡、林亿校正，吴润秋整理：《素问》卷13《大奇论篇》，吴润秋主编：《中华医书集成》第1册《医经类》，第51页。

⑩ （明）马莳撰、田代华主校：《黄帝内经素问注证发微》，第314页。

（13）如华脉，《素问·大奇论篇》载："脉至如华者，令人善恐，不欲坐卧，行立常听，是小肠气予不足也，季秋而死。"①在此，脉见轻浮软弱，按之无本，是为大小肠精气衰败之象。

（14）平心脉，《素问·平人气象论篇》载："夫平心脉来，累累如连珠，如循琅玕，曰心平，夏以胃气为本。"②此为正常心脏的脉象，其脉体滑利如珠，连绵相贯。

（15）心病脉与带钩脉，《素问·平人气象论篇》载："病心脉来，喘喘连属，其中微曲，曰心病。死心脉来，前曲后居，如操带钩，曰心死。"③其病脉呈疾数而搏指状，急促不滑，犹如用手指摸衣服上的扣子，是为缺少胃气之征。至于"微曲"之义，滑寿解释说："数至之中而有一至似低陷不应指也。"④

（16）平肺脉，《素问·平人气象论篇》载："平肺脉来，厌厌聂聂，如落榆荚，曰肺平。秋以胃气为本。"⑤这是有胃气的正常脉象，其脉体浮薄而轻虚，柔软而和缓。

（17）肺病脉与鸡羽脉，《素问·平人气象论篇》载："病肺脉来，不上不下，如循鸡羽，曰肺病。死肺脉来，如物之浮，如风吹毛，曰肺死。"⑥其脉往来涩滞，轻虚无根，如风吹毛，散乱无绪，是为肺气不宣之象。所以《素问·玉机真藏论篇》云："（肺脉）其气来，轻虚以浮，来急去散，故曰浮，反此者病"⑦，而所谓"反此者"，即"其气来，毛而中央坚，两傍虚，此谓太过，病在外；其气来，毛而微，此谓不及，病在中"⑧。

（18）平肝脉，《素问·平人气象论篇》载："平肝脉来，软弱招招，如揭长竿末梢，曰肝平。春以胃气为本。"⑨这里所见，其脉体长直而有弹性，且软弱轻虚以滑，或言"春有胃气乃长软如竿末梢矣"⑩，是为正常肝脏的脉象。

（19）病肝脉与长竿脉，《素问·平人气象论篇》载："病肝脉来，盈实而滑，如循长竿，曰肝病。死肝脉来，急益劲，如新张弓弦，曰肝死。"⑪这里所说，其脉体长直而坚

① （唐）王冰编次、（宋）高保衡、林亿校正，吴润秋整理：《素问》卷13《大奇论篇》，吴润秋主编：《中华医书集成》第1册《医经类》，第51页。
② （唐）王冰编次、（宋）高保衡、林亿校正，吴润秋整理：《素问》卷5《平人气象论篇》，吴润秋主编：《中华医书集成》第1册《医经类》，第20页。
③ （唐）王冰编次、（宋）高保衡、林亿校正，吴润秋整理：《素问》卷5《平人气象论篇》，吴润秋主编：《中华医书集成》第1册《医经类》，第20页。
④ （元）滑寿：《滑寿医学全书》，第23页。
⑤ （唐）王冰编次、（宋）高保衡、林亿校正，吴润秋整理：《素问》卷5《平人气象论篇》，吴润秋主编：《中华医书集成》第1册《医经类》，第20页。
⑥ （唐）王冰编次、（宋）高保衡、林亿校正，吴润秋整理：《素问》卷5《平人气象论篇》，吴润秋主编：《中华医书集成》第1册《医经类》，第20页。
⑦ （唐）王冰编次、（宋）高保衡、林亿校正，吴润秋整理：《素问》卷6《玉机真藏论篇》，吴润秋主编：《中华医书集成》第1册《医经类》，第20页。
⑧ （唐）王冰编次、（宋）高保衡、林亿校正，吴润秋整理：《素问》卷6《玉机真藏论篇》，吴润秋主编：《中华医书集成》第1册《医经类》，第20—21页。
⑨ （唐）王冰编次、（宋）高保衡、林亿校正，吴润秋整理：《素问》卷5《平人气象论篇》，吴润秋主编：《中华医书集成》第1册《医经类》，第20页。
⑩ 张汤敏、孙仁平编著：《脉法指要》，北京：化学工业出版社，2007年，第57页。
⑪ （唐）王冰编次、（宋）高保衡、林亿校正，吴润秋整理：《素问》卷5《平人气象论篇》，吴润秋主编：《中华医书集成》第1册《医经类》，第20页。

挺，已乏竿梢之和缓状，盛实长劲，若劲急不移，则提示预后不良，属于死脉。

（20）平脾脉，《素问·平人气象论篇》载："平脾脉来，和柔相离，如鸡践地，曰脾平。长夏以胃气为本。"①这是正常脾脏的脉象，其脉体轻而缓，如鸡不惊而徐行，从容不迫，至数匀净分明。

（21）病脾病与举足脉，《素问·平人气象论篇》载："病脾病来，实而盈数，如鸡举足，曰脾病。死脾脉来，锐坚如鸟之喙，如鸟之距，如屋之漏，如水之流，曰脾死。"②按文中所言，其脉体实而数，如鸡惊慌而走，散乱不定，或状锐坚而无和柔之气，或状如漏屋之水，缓慢而无规律，或状如水流，去而不返③，皆属脾病之危象。

（22）平肾脉，《素问·平人气象论篇》载："平肾脉来，喘喘累累如钩，按之而坚，曰肾平。冬以胃气为本。"④对文中的"喘"、"钩"两字，有学者提出了质疑，因为"喘字在内经中除用来形容、描写呼吸，也用来形容、描写脉率，说明脉率快。平人脉率一息五至，而用喘描写的脉率，则是超过这一标准速率。内经中凡言脉喘者，皆为病脉"，又"钩，用来描述平肾脉是最明显的错误"，"查'钧'、'钩'二字形近，疑'钩'为'钧'字之误。钧，规伦切音均真韵。钧，陶人模，下圆转者，《汉书·邹阳传》'独化于陶钧之上'。钧，是陶器模具底部的突出的圆脐，表面圆而光滑。'如钧'正可用来说明脉揣揣之象，前后呼应，文义连贯"⑤。由此可见，平肾脉的脉体圆滑连贯而有冲和之感，按之沉稳而给力，这是有胃气的正常肾藏之脉象。

（23）病肾脉与引葛脉，《素问·平人气象论篇》载："病肾脉来，如引葛，按之益坚，曰肾病。死肾脉来，发如夺索，辟辟如弹石，曰肾死。"⑥据考，"肾病"一词，首见于此。其肾脏病理脉象的典型指感是散漫无本，如循葛藤，或按之沉实太过，或按之沉而坚真，乏鼓午升发之象。⑦

（24）真肝脉，《素问·玉机真藏论篇》载："真肝脉至，中外急，如循刀刃责责然，如按琴瑟弦，色青白不泽，毛折，乃死。"⑧这种脉的指感弦劲不柔，坚利可畏，为胃气已败之象，属危重脉。

（25）真心脉，《素问·玉机真藏论篇》载："真心脉至，坚而搏，如循薏苡子累累

①　（唐）王冰编次，（宋）高保衡、林亿校正，吴润秋整理：《素问》卷5《平人气象论篇》，吴润秋主编：《中华医书集成》第1册《医经类》，第20页。

②　（唐）王冰编次，（宋）高保衡、林亿校正，吴润秋整理：《素问》卷5《平人气象论篇》，吴润秋主编：《中华医书集成》第1册《医经类》，第20页。

③　吕志杰：《伤寒杂病论研究大成》，北京：中国医药科技出版社，2010年，第640页。

④　（唐）王冰编次，（宋）高保衡、林亿校正，吴润秋整理：《素问》卷5《平人气象论篇》，吴润秋主编：《中华医书集成》第1册《医经类》，第20页。

⑤　杨旭：《〈内经〉平肾脉刍议》，《中医药学报》1986年第4期，第50页。

⑥　（唐）王冰编次，（宋）高保衡、林亿校正，吴润秋整理：《素问》卷5《平人气象论篇》，吴润秋主编：《中华医书集成》第1册《医经类》，第20页。

⑦　欧阳锜主编：《中医经典温课》，长沙：湖南科学技术出版社，1982年，第218页。

⑧　（唐）王冰编次，（宋）高保衡、林亿校正，吴润秋整理：《素问》卷6《玉机真藏论篇》，吴润秋主编：《中华医书集成》第1册《医经类》，第22页。

然，色赤黑不泽，毛折，乃死。"①文中所见真心脉，搏急刚劲，短实坚强，无细柔和缓状，是为胃气已败之象。

（26）真脾脉，《素问·玉机真藏论篇》载："真脾脉至，弱而乍数乍疏，色黄青不泽，毛折，乃死。"②按文中所言，其脉节律不匀，快慢无定，且软弱无力，是比较严重的无胃气之象。

（27）真肺脉，《素问·玉机真藏论篇》载："真肺脉至，大而虚，如以毛羽中人肤，色白赤不泽，毛折，乃死。"③可见，真肺脉浮大空软且又无力，呈柔靡不及、似有似无之状，兆示元气全脱，为肺脉真气败露之象。

（28）真肾脉，《素问·玉机真藏论篇》载："真肾脉至，搏而绝，如指弹石辟辟然，色黑黄不泽，毛折，乃死。"④由文中所述知，真肾脉弦硬鼓指，坚搏沉实，呈急促而失和缓之象，是为肾中精气衰竭之征。

（29）浑脉，《素问·脉要精微论篇》云："浑浑革至如涌泉，病进而色弊，绵绵其去如弦绝，死。"⑤在这里，浑脉的特点比较明显，"频率、次数之间，不甚分明，或呈连绵之象，如泥水之流，浑而不断"⑥。喻示病势将继续发展，若是出现了脉乱而不畅或飘忽不定之象，则表明其人阴阳离决，胃气绝而见真脏脉，预后差。

（30）钩脉，《素问·玉机真藏论篇》载："其气来盛去亦盛，此谓太过，病在外；其气来不盛去反盛，此谓不及，病在中。"⑦这种脉象的主病特点是："太过则令人身热而肤痛，为浸淫；其不及则令人烦心，上见咳唾，下为气泄。"⑧

（31）弦脉，《素问·玉机真藏论篇》载："其气来实而强，此谓太过，病在外；其气来不实而微，此谓不及，病在中。"⑨这种脉象的主病特点是："太过则令人善忘，忽忽眩冒而巅疾；其不及则令人胸痛引背，下则两胁胠满。"⑩

---

① （唐）王冰编次，（宋）高保衡、林亿校正，吴润秋整理：《素问》卷6《玉机真藏论篇》，吴润秋主编：《中华医书集成》第1册《医经类》，第22页。

② （唐）王冰编次，（宋）高保衡、林亿校正，吴润秋整理：《素问》卷6《玉机真藏论篇》，吴润秋主编：《中华医书集成》第1册《医经类》，第22页。

③ （唐）王冰编次，（宋）高保衡、林亿校正，吴润秋整理：《素问》卷6《玉机真藏论篇》，吴润秋主编：《中华医书集成》第1册《医经类》，第22页。

④ （唐）王冰编次，（宋）高保衡、林亿校正，吴润秋整理：《素问》卷6《玉机真藏论篇》，吴润秋主编：《中华医书集成》第1册《医经类》，第22页。

⑤ （唐）王冰编次，（宋）高保衡、林亿校正，吴润秋整理：《素问》卷5《脉要精微论篇》，吴润秋主编：《中华医书集成》第1册《医经类》，第17页。

⑥ 张德英主编：《痰证论》，北京：中国中医药出版社，2014年，第102页。

⑦ （唐）王冰编次，（宋）高保衡、林亿校正，吴润秋整理：《素问》卷6《玉机真藏论篇》，吴润秋主编：《中华医书集成》第1册《医经类》，第20页。

⑧ （唐）王冰编次，（宋）高保衡、林亿校正，吴润秋整理：《素问》卷6《玉机真藏论篇》，吴润秋主编：《中华医书集成》第1册《医经类》，第20页。

⑨ （唐）王冰编次，（宋）高保衡、林亿校正，吴润秋整理：《素问》卷6《玉机真藏论篇》，吴润秋主编：《中华医书集成》第1册《医经类》，第20页。

⑩ （唐）王冰编次，（宋）高保衡、林亿校正，吴润秋整理：《素问》卷6《玉机真藏论篇》，吴润秋主编：《中华医书集成》第1册《医经类》，第20页。

（32）浮脉，《素问·玉机真藏论篇》载："其气来，毛而中央坚，两傍虚，此谓太过，病在外；其气来，毛而微，此谓不及，病在中。"①这种脉象的主病特点是："太过则令人逆气而背痛，愠愠然；其不及则令人喘，呼吸少气而咳，上气见血，下闻病音。"②

（33）营脉，《素问·玉机真藏论篇》载："其气来如弹石者，此谓太过，病在外；其去如数者，此谓不及，病在中。"③这种脉象的主病特点是："太过则令人解㑊，脊脉痛而少气不欲言；其不及则令人心悬如病机，眇中清，脊中痛，少腹满，小便变。"④

（34）肝脉，《素问·五藏生成篇》载："青，脉之至也，长而左右弹，有积气在心下支胠，名曰肝痹。"⑤从病理的角度看，"积气在心下，升降出入不能，而左右攻冲，故而脉显'左右弹'"⑥。

（35）心脉，《素问·五藏生成篇》载："赤，脉之至也，喘而坚，诊曰有积气在中，时害于食，名曰心痹，得之外疾，思虑而心虚，故邪从之。"⑦张山雷先生释："《素问》脉喘之'喘'字，当亦即为搏字之讹。此节之所谓喘而坚，仍是搏击有力，而按之坚强，与《脉要精微论》之所谓搏坚同意。惟其指下搏击，而又坚实，是为窒塞不通之应。"⑧至于生成这种"心痹"的原因，当与饮食不当有关。

（36）肺脉，《素问·五藏生成篇》载："白，脉之至也，喘而浮，上虚下实，惊，有积气在胸中，喘而虚，名曰肺痹，寒热，得之醉而使内也。"⑨张山雷先生释："喘而浮，皆以脉言，喘字当为搏字之误……上虚下实，当依脉解篇作'上实下虚'。惟其上实，以所气壅于肺，故曰积在胸中。且脉则搏指而浮，证则肺痹而胸中积气，其为上实明矣。"⑩而肺痹的形成与房事过度有关，因为"房事过度之后，一方面伤肾气，一方面损肺气，此即引起劳损之根源"⑪。

（37）脾脉，《素问·五藏生成篇》载："黄，脉之至也，大而虚，有积气在腹中，有

① （唐）王冰编次，（宋）高保衡、林亿校正，吴润秋整理：《素问》卷6《玉机真藏论篇》，吴润秋主编：《中华医书集成》第1册《医经类》，第20—21页。
② （唐）王冰编次，（宋）高保衡、林亿校正，吴润秋整理：《素问》卷6《玉机真藏论篇》，吴润秋主编：《中华医书集成》第1册《医经类》，第21页。
③ （唐）王冰编次，（宋）高保衡、林亿校正，吴润秋整理：《素问》卷6《玉机真藏论篇》，吴润秋主编：《中华医书集成》第1册《医经类》，第21页。
④ （唐）王冰编次，（宋）高保衡、林亿校正，吴润秋整理：《素问》卷6《玉机真藏论篇》，吴润秋主编：《中华医书集成》第1册《医经类》，第21页。
⑤ （唐）王冰编次，（宋）高保衡、林亿校正，吴润秋整理：《素问》卷3《五藏生成篇》，吴润秋主编：《中华医书集成》第1册《医经类》，第12页。
⑥ 张润杰、甄秀彦、朱雅卿：《岐轩脉法》，北京：中国中医药出版社，2008年，第87页。
⑦ （唐）王冰编次，（宋）高保衡、林亿校正，吴润秋整理：《素问》卷3《五藏生成篇》，吴润秋主编：《中华医书集成》第1册《医经类》，第12页。
⑧ 张山雷：《脉学正义》，太原：山西科学技术出版社，2013年，第401页。
⑨ （唐）王冰编次，（宋）高保衡、林亿校正，吴润秋整理：《素问》卷3《五藏生成篇》，吴润秋主编：《中华医书集成》第1册《医经类》，第12页。
⑩ 张山雷：《脉学正义》，第235页。
⑪ 江苏省西医学习中医讲师团、南京中医学院内经教研组：《内经纲要》，北京：人民卫生出版社，1959年，第91页。

厥气，名曰厥疝，女子同法，得之疾使四支汗出当风。"①文中"大而虚"之"大"是指邪气甚，"虚"是指中气虚。而"厥疝"则是指腹中攻冲作痛，亦即腹中之疝。张志聪先生解释说："腹中乃脾土之郛郭，脾属四支，土灌四末，四支汗出当风，则风湿内乘于脾而为积气。"②

（38）肾脉，《素问·五藏生成篇》载："黑，脉之至也，上坚而大，有积气在小腹与阴，名曰肾痹，得之沐浴清水而卧。"③脉坚实而大，是病邪积聚在小腹及前阴的具体脉象。④至于引起"肾痹"的原因，与经常在凉水中沐浴或湿地中睡卧关系比较密切。

凡此种种，据统计《黄帝内经》中所出现的脉象名词已达50种之多⑤，而各种名词之间的交叉、重复现象确实较为普遍，这种情况"反映了两汉时期脉学派别之争，学术界的混乱及脉象学中术语的规范化等都存在问题"⑥。尽管如此，《黄帝内经》对脉学的贡献还是应当肯定的。例如，仅就典型的脉名而言，有学者评论说："单字名脉的方法和内容是出于《内经》的，经过后人的整理（主要是淘汰其重复）和补充（主要是补充其脉形的说解）而固定下来，其中虽然有失掉古人原意而有不足之憾处，但原则上还是发展了《内经》的，《内经》的价值应当肯定，后人的发展原则上亦应当肯定。"⑦此乃公允之论。

《黄帝内经》的脉诊方法为三部九候遍诊法，这是秦汉时期比较流行的一种诊脉方法，《素问·三部九候论篇》云：何谓三部？岐伯曰："有下部，有中部，有上部。部各有三候，三候者，有天有地有人也，必指而导之，乃以为真。上部天，两额之动脉；上部地，两颊之动脉；上部人，耳前之动脉。中部天，手太阴也；中部地，手阳明也；中部人，手少阴也。下部天，足厥阴也；下部地，足少阴也；下部人，足太阴也。故下部之天以候肝，地以候肾，人以候脾胃之气。"⑧按天、地、人三部划分，每部再细分为三候，共九候。即天部三候是：额两旁的动脉搏动处（太阳穴），候头部喝颞部病变；鼻孔下两旁或两颊动脉搏动处（巨髎穴），候口齿病变；两耳前凹陷中动脉搏动处（耳门穴），候耳目病变。地部三候是手太阴肺经动脉搏动处（经渠穴），候肺藏经气盛衰；手阳明大肠经动脉搏动处（合谷穴），候胸中气血旺衰；手少阴心经动脉搏动处（神门穴），候心脏经气盛衰。人部三候是：足厥阴肝经动脉搏动处（五里穴或太冲穴），候肝脏经气盛衰；足少阴肾经动脉搏动处（太溪穴），候肾脏经气盛衰；足太阴脾经动脉搏动处（箕门穴），候脾胃

① （唐）王冰编次，（宋）高保衡、林亿校正，吴润秋整理：《素问》卷3《五藏生成篇》，吴润秋主编：《中华医书集成》第1册《医经类》，第12页。

② 《中华大典》工作委员会、《中华大典》编纂委员会纂：《中华大典·医药卫生典·医学分典　基础理论总部（二）》，成都：巴蜀书社，1999年，第784页。

③ （唐）王冰编次，（宋）高保衡、林亿校正，吴润秋整理：《素问》卷3《五藏生成篇》，吴润秋主编：《中华医书集成》第1册《医经类》，第12页。

④ 李国清、王非、王敏：《内经疑难解读》，北京：人民卫生出版社，2000年，第117页。

⑤ 严健民：《经脉学说起源·演绎三千五百年探讨》，北京：中医古籍出版社，2010年，第226页。

⑥ 严健民：《经脉学说起源·演绎三千五百年探讨》，第226页。

⑦ 赵恩俭主编：《中医脉诊学》，天津：天津科学技术出版社，2001年，第30页。

⑧ （唐）王冰编次，（宋）高保衡、林亿校正，吴润秋整理：《素问》卷6《三部九候论篇》，吴润秋主编：《中华医书集成》第1册《医经类》，第23页。

经气的盛衰。与《难经·十八难》"三部者，寸关尺也。九候者，浮中沉也"①相比，《黄帝内经》所讲的三部九法诊脉法，显得十分原始和繁难，后来医家舍而不用，也是历史的必然。但是，《黄帝内经》中有两种脏腑学说：即以五行生克为源头的脏器系统和以阴阳法象为源头的藏象系统。②这里涉及前面所讲到的中医经络系统的虚实问题。例如，有人认为中医经络所讲的心是实体脏器，也有人认为心是一个象，有实也有虚，因为所有具有与火相似的象都是心。与此相连，上面讲到的三部九候遍诊法就属于以五行生克为源头的脏器系统。有学者这样评论说：

> 脏器理论，其诊法是用三部九候的遍身诊法判断人体五行各能量的盛衰，如果"九候若一"，即九部脉大、小、缓、急、齐等，说明五行能量在人体分布均匀，人不病。如果有一部或几部脉与其他脉搏动不相应，便说明这部脉所反映的脏器能量过多或过少，则这一脏病。在治疗上，如果只有轻微一部脉与其他脉搏动不相应，则可在病变经络施行补泻，如果已经传变累及多个经脉，或一部脉与其他脉差异过大，则需补母泻子等方法治疗，用药亦同理。③

与三部九候遍诊法不同，《灵枢经·终始》云："终始者，经脉为纪，持其脉口、人迎，以知阴阳有余不足，平与不平，天道毕矣。所谓平人者不病。不病者，脉口、人迎应四时也，上下相应而俱往来也，六经之脉不结动也，本末之寒温之相守司也。形肉血气必相称也，是谓平人。少气者，脉口、人迎俱少而不称尺寸也。如是者，则阴阳俱不足，补阳则阴竭，泻阴则阳脱。如是者，可将以甘药，不可饮以至剂，如此者弗灸。"④这是最早记载人迎寸口诊法的医史文献，文中所言"脉口"即是指寸口，它是桡动脉搏动处，能比较客观地反映人体五脏的生理和病理变化状况。人迎脉是指当胸锁乳突肌的前缘的颈总动脉搏动处，它能比较客观地反映人体六腑的生理和病理变化状况。那么，古人为什么要取人迎与寸口两个穴位呢？战国秦汉阴阳家推崇天地阴阳之学，故《庄子·天下篇》云："《易》以道阴阳。"《易经》甚至还提出了"一阴一阳为之道"的哲学命题，《黄帝内经》把《易经》的阴阳原理应用到人体气血的运行过程之中，认为"阴者主藏，阳者主府"⑤。依此，则知人迎脉主阳，寸口脉主阴。阴阳平衡是人体处于健康水平的一种生理状态，然而，由于各种因素的干扰，在通常情况下，往往会导致人体阴阳两个方面的偏盛或偏衰，从而引发机体的阴阳失衡，产生疾病。那么，如何判断人体阴阳失衡的病位所在，正确指导临床治疗呢？《灵枢经·终始》主张用阴阳盛衰原理，比较人迎脉和寸口脉的气血盛衰状况，以示疾病之所在。《灵枢经·终始》云：

---

① （元）滑寿著、吴润秋整理：《难经本义》卷上《十八难》，吴润秋主编：《中华医书集成》第1册《医经类》，第13页。

② 王伟：《拨开迷雾学中医——重归中医经典思维》，第38页。

③ 王伟：《拨开迷雾学中医——重归中医经典思维》，第40页。

④ （宋）史崧重编，胡郁坤、刘志龙整理：《灵枢经》卷2《终始》，吴润秋主编：《中华医书集成》第1册《医经类》，第16页。

⑤ （宋）史崧重编，胡郁坤、刘志龙整理：《灵枢经》卷2《终始》，吴润秋主编：《中华医书集成》第1册《医经类》，第16页。

人迎一盛，病在足少阳。一盛而躁，病在手少阳。人迎二盛，病在足太阳，二盛而躁，病在手太阳。人迎三盛，病在足阳明，三盛而躁，病在手阳明。人迎四盛，且大且数，名曰溢阳。溢阳为外格。脉口一盛，病在足厥阴；厥阴一盛而躁，在手心主。脉口二盛，病在足少阴；二盛而躁，在手少阴。脉口三盛，病在足太阴；三盛而躁，在手太阴。脉口四盛，且大且数者，名曰溢阴。溢阴为内关，内关不通死不治。人迎与脉口俱盛四倍以上，名曰关格。关格者，与之短期。①

同样内容，《灵枢经·禁服》讲的更直白："人迎大一倍于寸口，病在足少阳，一倍而躁，在手少阳。人迎二倍，病在足太阳，二倍而躁，病在手太阳。人迎三倍，病在足阳明，三倍而躁，病在手阳明。……寸口大于人迎一倍，病在足厥阴，一倍而躁，在手心主。寸口二倍，病在足少阴，二倍而躁，在手少阴。寸口三倍，病在足太阴，三倍而躁，在手太阴。"②

以上是人迎脉大于寸口脉的病变所在，至于寸口脉大于人迎脉的病变所在，《灵枢经·禁服》这样说："寸口大于人迎一倍，病在足厥阴，一倍而躁，在手心主。寸口二倍，病在足少阴，二倍而躁，在手少阴。寸口三倍，病在足太阴，三倍而躁，在手太阴。盛则胀满、寒中、食不化。虚则热中、出糜、少气、溺色变。紧则痛痹，代则乍痛乍止。"③

面对人体气血所出现的上述阴阳失衡状态，《灵枢经·终始》给出了调平人迎寸口脉的具体方法，其方法是："人迎一盛，泻足少阳，而补足厥阴，二泻一补，日一取之，必切而验之，疏取之上，气和乃止。人迎二盛，泻足太阳，补足少阴，二泻一补，二日一取之，必切而验之，疏取之上，气和乃止。人迎三盛，泻足阳明而补足太阴，二泻一补，日二取之，必切而验之，疏取之上，气和乃止。脉口一盛，泻足厥阴而补足少阳，二补一泻，日一取之，必切而验之，疏取之上，气和乃止。脉口二盛，泻足少阴而补足太阳，二补一泻，二日一取之，必切而验之，疏取之上，气和乃止。脉口三盛，泻足太阴而补足阳明，二补一泻，日二取之，必切而验之，疏取之上，气和乃止。"④在此，"气和"就是指阴阳平衡，就是指人体由气血阴阳的偏盛偏衰状态，通过适当的补泻调养方法，逐渐恢复到气血阴阳平衡与协调的健康状态。

2. 针灸学的主要内容简述

（1）九针及其用途。《灵枢经·九针十二原》介绍说：

九针之名，各不同形：一曰镵针，长一寸六分。二曰员针，长一寸六分。三曰锃

① （宋）史崧重编，胡郁坤、刘志龙整理：《灵枢经》卷2《终始》，吴润秋主编：《中华医书集成》第1册《医经类》，第16页。

② （宋）史崧重编，胡郁坤、刘志龙整理：《灵枢经》卷8《禁服》，吴润秋主编：《中华医书集成》第1册《医经类》，第58页。

③ （宋）史崧重编，胡郁坤、刘志龙整理：《灵枢经》卷8《禁服》，吴润秋主编：《中华医书集成》第1册《医经类》，第58—59页。

④ （宋）史崧重编，胡郁坤、刘志龙整理：《灵枢经》卷2《终始》，吴润秋主编：《中华医书集成》第1册《医经类》，第16页。

针，长三寸半。四曰锋针，长一寸六分。五曰铍针，长四寸，广二分半。六曰员利针，长一寸六分。七曰毫针，长三寸六分。八曰长针，长七寸。九曰大针，长四寸。镵针者，头大末锐，去泻阳气。员针者，针如卵形，揩摩分间，不得伤肌肉者，以泻分气。鍉针者，锋如黍粟之锐，主按脉勿陷，以致其气。锋针者，刃三隅，以发痼疾。铍针者，末如剑锋，以取大脓。员利针者，大如牦，且员且锐，中身微大，以取暴气。毫针者，尖如蚊虻喙，静以徐往，微以久留之而养，以取痛痹。长针者，锋利身薄，可以取远痹；大针者，尖如梃，其锋微员，以泻机关之水也。[①]

九针的起源十分古老，石器时代的砭石（锐利的细石片）就具有特定的割治作用，由割治到刺治，一定经历了一个比较漫长的历史过程。从《山海经·东山经》所载"高氏之山多箴石"，到《黄帝内经灵枢经·玉版篇》所云"其已成脓血者，其唯砭石铍锋之所取"[②]，如图 4-34 所示，我们多少能感受到针具形制的变化。例如，湖南长沙接驾岭西南出土的新石器时代的一口石刀，长约 6 厘米，宽约 3.2 厘米，可用来切开皮肉。[③]而"头大末锐"的镵针，很多医籍都将其绘成刀针状，如《类经图翼》及《针灸摘英集》中所绘的镵针，皆为小刀状。这表明九针的祖型是从石刀演变而来，或云"砭石是当今金属刀针的前身"，由石刀而石针，所以隋全元起释"砭石"说："砭石者，是古外治之法，有三名：一针石，二砭石，三镵石，其实一也。古来未能铸铁，故用石为针，故名之针石。言工必砥砺锋利，制其大小之形，与病相当。"[④]扁鹊时代仍然是"厉针砥石"[⑤]，也即针石并用。

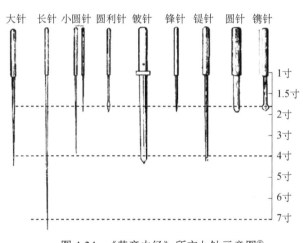

图 4-34　《黄帝内经》所言九针示意图[⑥]

---

①　（宋）史崧重编，胡郁坤、刘志龙整理：《灵枢经》卷 1《九针十二原》，吴润秋主编：《中华医书集成》第 1 册《医经类》，第 1—2 页。

②　（宋）史崧重编，胡郁坤、刘志龙整理：《灵枢经》卷 9《玉版》，吴润秋主编：《中华医书集成》第 1 册《医经类》，第 67 页。

③　欧阳八四：《针灸溯源——九针的起源、运用和发展》，《针灸临床杂志》2005 年第 7 期，第 47 页。

④　段逸山：《〈素问〉全元起本研究与辑复》，上海：上海科学技术出版社，2001 年，第 155 页。

⑤　《史记》卷 105《扁鹊仓公列传》，第 2792 页。

⑥　刘国柱、刘姝倩主编：《实用全科医师小手术图谱》，北京：金盾出版社，2013 年，第 139 页。

（2）针灸的基本原则和手法。关于针灸的基本原则，《黄帝内经》多篇都有论述，下面择要述之。

第一，治神。《素问·宝命全形论篇》云："凡刺之真，必先治神，五藏已定，九候已备，后乃存针，众脉不见，众凶弗闻，外内相得，无以形先，可玩往来，乃施于人。人有虚实，五虚勿近，五实勿远，至其当发，间不容瞚。手动若务，针耀而匀，静意视义，观适之变，是谓冥冥，莫知其形，见其乌乌，见其稷稷，从见其飞，不知其谁，伏如横弩，起如发机。"①何谓神？其实，这里既然讲"宝命全形"论，此"全"是指整个人体的生命活动而言，因此，"凡一个血气健康调和，荣卫之气通达，五脏功能旺盛，神魂气魄毕具的人，所体现出来的生机蓬勃的生命活动便是神"②。以此为标准，针灸的功用就能比较充分地体现出来。当然，"治神"需要医患双方相互配合，即患者的针感与医者的手感相应。尤其对医者要求更加严格：《灵枢经·邪客》云："持针之道，欲端以正，安以静。"③对医者来说，"治神"先要情绪稳定；《灵枢经·终始》又载："专意一神，精气之分，毋闻人声，以收其精，必一其神。"④这里的"专意一神"主要是要求医者要有高度的责任感，集中全力，关注患者的情绪变化和用针效果，尤其是留意针刺是否得气，亦即"见其乌乌，见其稷稷，从见其飞"。文中的"乌之集，稷之繁"都是形容穴位受针后的气至之象，由于每个人对"得气"的感受不同，所以对于医者来说，只有丰富的想象力才能理解空中飞鸟之往来，忽而积聚，拍打着翅膀的"得气"感觉。⑤

第二，气调。《灵枢经·终始》说："凡刺之道，气调而止。补阴泻阳，音气益彰，耳目聪明，反此者，血气不行。"⑥此"气"指经络之气，所谓"气调"实际上就是阴阳平衡。这里，"气调"以"补阴泻阳，音气益彰"为前提，换言之，通过针灸的"补阴泻阳"手段，不断改变体内经络之气的流布，使之宗气、谷气及元气运行正常，也即"真气得安，邪气乃亡"⑦。

第三，气定。《素问·八正神明论篇》云："凡刺之法，必候日月星辰，四时八正之气，气定乃刺之。"⑧针灸讲求顺应天时，所谓"八正之气"是指立春、立夏、立秋、立冬、春分、秋分、夏至及冬至，这些日子都是施行针灸的最佳时机。有资料证实，"四季

---

① （唐）王冰编次，（宋）高保衡、林亿校正，吴润秋整理：《素问》卷8《宝命全形论篇》，吴润秋主编：《中华医书集成》第1册《医经类》，第28—29页。

② 项长生、汪幼一：《〈内经〉中有关"神"的论述》，《浙江中医学院学报》1981年第1期，第8页。

③ （宋）史崧重编，胡郁坤、刘志龙整理：《灵枢经》卷10《邪客》，吴润秋主编：《中华医书集成》第1册《医经类》，第78页。

④ （宋）史崧重编，胡郁坤、刘志龙整理：《灵枢经》卷2《终始》，吴润秋主编：《中华医书集成》第1册《医经类》，第18页。

⑤ 方雅靖：《浅谈针灸之得气、针下感和候气》，《中国民间疗法》2015年第3期，第7页。

⑥ （宋）史崧重编，胡郁坤、刘志龙整理：《灵枢经》卷2《终始》，吴润秋主编：《中华医书集成》第1册《医经类》，第16页。

⑦ （唐）王冰编次，（宋）高保衡、林亿校正，吴润秋整理：《素问》卷10《疟论篇》，吴润秋主编：《中华医书集成》第1册《医经类》，第39页。

⑧ （唐）王冰编次，（宋）高保衡、林亿校正，吴润秋整理：《素问》卷8《八正神明论篇》，吴润秋主编：《中华医书集成》第1册《医经类》，第29页。

光照度，气温的差异，以及月亮的亏盈变化，对人体内分泌的变化、痛阈的高低等都有一定影响"①。所以《灵枢经·终始》说："春气在毛，夏气在皮肤，秋气在分肉，冬气在筋骨。刺此病者，各以其时为齐。故刺肥人者，以秋冬之齐，刺瘦人者，以春夏之齐。"②根据人的体质与四时之间的关系，《黄帝内经》确立了对于瘦型体质的人，在春夏季节针刺宜浅；对于偏胖型体质的人，在秋冬季节针刺宜深，否则会减低疗效。

第四，知机。《灵枢经·九针十二原》载："刺之微，在速迟。粗守关，上守机。机之动，不离其空。空中之机，清静以微。其来不可逢，其往不可追。知机之道者，不可挂以发；不知机道，叩之不发。"③这段话讲的既是针灸的原则，同时也是针灸的操作方法。文中的"速"亦作"数"④，可见，针刺与及时掌握脉象的变化直接相关。如有学者所言，疾病有虚实之分，与之相应，针砭有徐疾之法。⑤故《灵枢经·九针十二原》云："凡用针者，虚则实之，满则泄之。"⑥《素问·针解篇》又云："徐而疾则实者，徐出针而疾按之。疾而徐则虚者，疾出针而徐按之。"⑦然而，针刺不仅仅是找准穴位，而且更要把握针刺的"时机"。因此，焦顺发先生诠释说：

> "粗守关，上守机"，即是说低劣的医生只知死守穴位治病，而高明的医生则知道在穴位中刺"机"治病。"机之动，不离其空"，即是说"机"本身（内部）能活动，但活动范围不离开它的空间。这样破解说明"机"特指一种物体（或称组织），绝对不是气。"空"不是指穴位。因"机"之动，不离其空。"其"当然应指"机"本身。所以，不离其空，就是不离开它的空间（范围）。"空中之机，清净而微"，即是说"机"在其空间，从表面上看非常清静……"知机之道者，不可挂以发"，即是说，知道机的要意，就能毫发不差地刺中它。"不知机道，叩之不发"，即是说，不知道机的要害，就是叩了扳机，也等于没有发。也就是说，不懂机的要意，乱刺是刺不中的。⑧

具体治法，因病而异。例如，"阴盛而阳虚，先补其阳，后泻其阴而和之。阴虚而阳盛，先补其阴，后泻其阳而和之。三脉动于足大指之间，必审其实虚，虚而泻之，是谓重虚，重虚病益甚。凡刺此者，以指按之，脉动而实且疾者，疾泻之，虚而徐者则补之。反此者病益甚。其动也，阳明在上，厥阴在中，少阴在下。膺腧中膺，背腧中背，肩膊虚

---

① 马华、吴炳宇编著：《针灸百问》，北京：中国中医药出版社，1996年，第43页。

② （宋）史崧重编，胡郁坤、刘志龙整理：《灵枢经》卷2《终始》，吴润秋主编：《中华医书集成》第1册《医经类》，第17页。

③ （宋）史崧重编，胡郁坤、刘志龙整理：《灵枢经》卷1《九针十二原》，吴润秋主编：《中华医书集成》第1册《医经类》，第1页。

④ （宋）史崧重编，胡郁坤、刘志龙整理：《灵枢经》卷1《小针解》，吴润秋主编：《中华医书集成》第1册《医经类》，第6页。

⑤ 张登部等主编：《内经针灸知要浅解》，海口：南海出版公司，2006年，第101页。

⑥ （宋）史崧重编，胡郁坤、刘志龙整理：《灵枢经》卷1《九针十二原》，吴润秋主编：《中华医书集成》第1册《医经类》，第1页。

⑦ （唐）王冰编次，（宋）高保衡、林亿校正，吴润秋整理：《素问》卷14《针解篇》，吴润秋主编：《中华医书集成》第1册《医经类》，第54页。

⑧ 焦顺发：《针经》，北京：金盾出版社，2013年，第283页。

者，取之上。重舌，刺舌柱以铍针也。手屈而不伸者，其病在筋，伸而不屈者，其病在骨。在骨守骨，在筋守筋"①。文中的"阴盛"是指寸口脉大于人迎脉，即阴经的邪气盛，而"阳虚"则是指阳经的正气虚。"阴虚而阳盛"，与前述情形刚好相反。而用针灸治疗时，宜先补其虚，后泻其实，这个顺序和步骤不能随意改变。"足大指"为人体元气汇聚之处，也是脉诊的重要部位，如跌阳脉（足阳明经的脉口）、太冲脉（足厥阴经的脉口）、冲脉（足少阴经的脉口）。"三脉"指盛、虚、和，即通过审察足部脉动的盛虚状况来确定针灸施用补泻的客观依据。其治疗原则是：实证不能用补法，虚证不能用泻法，若补泻相反则病情会愈加严重。人体分阴阳，如前为阴，后为阳。"膺腧"指胸膺之腧穴，如手太阴肺经的中府、云门，手厥阴心包经的天池等腧穴，这些腧穴可治疗胸部属阴虚的病证；"背腧"指背部之腧穴，如手少阳三焦经的肩髎、天髎，手太阳小肠经的天宗、曲垣、肩外等腧穴，这些腧穴可治疗背部属阴虚的病证。所谓"重舌"是指舌下生肿物，临床上多见于舌下腺囊肿或称痰包及肿瘤等病症患者，但就针刺治疗的效果而言，这里的"重舌"应当是指过大的舌下囊肿，或舌下血脉胀起，对此症临床上一般只做症状性治疗，即用铍针刺舌系带处的舌柱穴，使血液外流，让症状得以缓解。

对于针灸取穴的原则和方法，《灵枢经·终始》说："补须一方实，深取之，稀按其痏，以极出其邪气。一方虚，浅刺之，以养其脉，疾按其痏，无使邪气得入。邪气来也紧而疾，谷气来也徐而和。脉实者，深刺之，以泄其气；脉虚者，浅刺之，使精气无得出，以养其脉，独出其邪气。刺诸痛者，其脉皆实。故曰：从腰以上者，手太阴、阳明皆主之；从腰以下者，足太阴、阳明皆主之。病在上者，下取之；病在下者，高取之；病在头者，取之足；病在腰者，取之腘。病生于头者，头重；生于手者，臂重；生于足者，足重。治病者，先刺其病所从生者也。"②深浅刺法是临床上常用的手法，根据一般的实践经验，象寒证、阴证、实证、里证等，宜用深刺；反之，象热证、阳证、虚证、表证等，则宜用浅刺。至于取穴的原则，一般以循经取穴为要，即按照经络循行的路线，并结合经脉根结、标本等基本理论，可以循经远取，如头部有病可在足部选取腧穴，下部疾病可在上部选取腧穴。这是中医整体观在针灸取穴上的具体应用，若据《灵枢经·本输》记载，四肢肘膝以下的某些穴位，名之为"本"，而位于头面部和背部的一些腧穴，则名之为"标"，相对于脏腑，"本"属于远距离的联系，"标"属于近距离的联系。③

具体到九针的实际应用，《黄帝内经》给出了许多经典案例，下面引述几则，以飨读者。

第一，镵针的应用。《灵枢经·热病》载："热病先肤痛，窒鼻，充面，取之皮，以第一针，五十九。苛轸鼻索皮于肺，不得索之火。火者，心也。热病先身涩，倚而热，烦

① （宋）史崧重编，胡郁坤、刘志龙整理：《灵枢经》卷 2《终始》，吴润秋主编：《中华医书集成》第 1 册《医经类》，第 17 页。

② （宋）史崧重编，胡郁坤、刘志龙整理：《灵枢经》卷 2《终始》，吴润秋主编：《中华医书集成》第 1 册《医经类》，第 17 页。

③ 杭州市萧山区第一人民医院：《陈佩永中医辨治精华》，北京：中国中医药出版社，2014 年，第 169 页。

悗，干唇口嗌，取之皮，以第一针，五十九。"①文中的"第一针"即镵针，《黄帝内经灵素问·刺疟论篇》又说："风疟，疟发则汗出恶风，刺三阳经背俞之血者。骺酸痛甚，按之不可，名曰胕髓病，以镵针针绝骨出血，立已。"②

第二，员针的应用。《灵枢经·官针》载："病在分肉间，取以员针于病所。"③《素问·针解篇》亦云："一针皮，二针肉，三针脉。"④

第三，针的应用。《灵枢经·热病》载："热病头痛，颞颥，目瘈脉痛，善衄，厥热病也，取之以第三针，视有余不足，寒热痔。"⑤

第四，锋针的应用。《灵枢经·官针》载："热病面青，脑痛，手足躁，取之筋间，以第四针，于四逆；筋躄目浸，索筋于肝，不得索之金，金者，肺也。热病数惊，瘈疭而狂，取之脉，以第四针，急泻有余者，癫疾毛发去，索血于心，不得索之水，水者，肾也。热病身重骨痛，耳聋而好瞑，取之骨，以第四针，五十九刺。"⑥

第五，铍针的应用。《灵枢经·四时气》云："徒㽷，先取环谷下三寸，以铍针针之，已刺而筩之，而内之，入而复之，以尽其㽷，必坚。来缓则烦悗，来急则安静，间日一刺之，㽷尽乃止。"⑦

第六，员利针的应用。《灵枢经·厥病》云："足髀不可举，侧而取之，在枢合中，以员利针，大针不可刺。"⑧《灵枢经·热病》又载："热病嗌干多饮，善惊，卧不能起，取之肤肉，以第六针，五十九。目眦青，索肉于脾，不得索之木，木者，肝也。"⑨

第七，毫针的应用。《灵枢经·卫气》云："气在胫者，止之于气街，与承山踝上以下。取此者用毫针，必先按而在久应于手，乃刺而予之。"⑩毫针易于深刺，但在针刺之前需要先用手按压，寻找到所刺之反应物。因此，有学者认为，这种临床经验，"不是短时间能形成的，可能是在几千年以前就开始积累、演变而逐步形成。它可能就是从最原始的

① （宋）史崧重编，胡郁坤、刘志龙整理：《灵枢经》卷5《热病》，吴润秋主编：《中华医书集成》第1册《医经类》，第36页。

② （唐）王冰编次，（宋）高保衡、林亿校正，吴润秋整理：《素问》卷10《刺疟篇》，吴润秋主编：《中华医书集成》第1册《医经类》，第40页。

③ （宋）史崧重编，胡郁坤、刘志龙整理：《灵枢经》卷2《官针》，吴润秋主编：《中华医书集成》第1册《医经类》，第13页。

④ （唐）王冰编次，（宋）高保衡、林亿校正，吴润秋整理：《素问》卷14《针解篇》，吴润秋主编：《中华医书集成》第1册《医经类》，第55页。

⑤ （宋）史崧重编，胡郁坤、刘志龙整理：《灵枢经》卷5《热病》，吴润秋主编：《中华医书集成》第1册《医经类》，第36页。

⑥ （宋）史崧重编，胡郁坤、刘志龙整理：《灵枢经》卷5《热病》，吴润秋主编：《中华医书集成》第1册《医经类》，第36页。

⑦ （宋）史崧重编，胡郁坤、刘志龙整理：《灵枢经》卷5《四时气》，吴润秋主编：《中华医书集成》第1册《医经类》，第33页。

⑧ （宋）史崧重编，胡郁坤、刘志龙整理：《灵枢经》卷5《厥病》，吴润秋主编：《中华医书集成》第1册《医经类》，第38页。

⑨ （宋）史崧重编，胡郁坤、刘志龙整理：《灵枢经》卷5《热病》，吴润秋主编：《中华医书集成》第1册《医经类》，第36页。

⑩ （宋）史崧重编，胡郁坤、刘志龙整理：《灵枢经》卷8《卫气》，吴润秋主编：《中华医书集成》第1册《医经类》，第62页。

按压治病中发展演变而来的，先有按压，以后才发展成针刺"①。

第八，长针的应用。《灵枢经·癫狂》云："内闭不得溲，刺足少阴、太阳与骶上以长针，气逆则取其太阴、阳明、厥阴，甚取少阴、阳明动者之经也。"②

第九，大针的应用。《灵枢经·厥病》云："心肠痛，侬作痛，肿聚，往来上下行，痛有休止，腹热喜渴涎出者，是蛟蛔也。以手聚按而坚持之，无令得移，以大针刺之，久持之，虫不动，乃出针也。"③

综上所述，《黄帝内经》的阴阳五行学说、经络学说、藏象学说、病因病机学说、运气学说等构成了中医学体系的理论基础，无论中医学在后来的发展过程中，衍生出了多少学派，但百脉一宗，皆以《黄帝内经》为其学术渊源。在理论思维方面，《黄帝内经》系统总结了先秦以来的哲学思想成果，运用整体思维、直觉思维和意象思维，或称同源性和联系性思维，将中医学凝练为一门与西医学并立而颇具中国特色的传统医学。在"天地——阴阳——形神"的整体医学模式之下，天人合一形成这个整体医学模式的核心，而以人的健康为本则成为指导整个医疗实践的根本主旨，由于导致疾病的原因，具有杂合型，因而治疗也宜多级多路调控，如按摩、导引、方药、针灸、熨治等，故《黄帝内经·异法方宜论篇》提出"杂合以治，各得其所宜"④的医学主张，至今都闪耀着启人心智的不休光辉。特别是"《内经》对医学问题深奥精辟的阐述，揭示了许多现代科学正试图证实的与将要证实的成就。《内经》不仅受到中国历代医家的普遍推崇，也为世界医学的发展做出了巨大贡献，从而成为一部影响世界的医学巨著。"⑤

第二节　扬雄的演绎逻辑思想

扬雄字子云，蜀郡成都人，西汉末著名的思想家和文学家，当然，也是一位极有个性的科学思想家。关于扬雄的家庭背景，《汉书》本传载："扬在河、汾之间，周衰而扬氏或称侯，号曰扬侯。会晋六卿争权，韩、魏、赵兴而范、中行、知伯弊。当是时，逼扬侯，扬侯逃于楚巫山，因家焉。楚汉之兴也，扬氏溯江上，处巴江州。而扬季官至庐江太守。汉元鼎间避仇复溯江上，处岷山之阳曰郫，有田一廛，有宅一区，世世以农桑为业。"⑥总体上看，扬雄的家庭正在走向没落，而这样的家庭背景究竟给扬雄带来怎样的人生影响

---

① 焦顺发：《针经》，第 62 页。

② （宋）史崧重编，胡郁坤、刘志龙整理：《灵枢经》卷 5《癫狂》，吴润秋主编：《中华医书集成》第 1 册《医经类》，第 36 页。

③ （宋）史崧重编，胡郁坤、刘志龙整理：《灵枢经》卷 5《厥病》，吴润秋主编：《中华医书集成》第 1 册《医经类》，第 38 页。

④ （唐）王冰编次，（宋）高保衡、林亿校正，吴润秋整理：《素问》卷 4《宜法方宜论篇》，吴润秋主编：《中华医书集成》第 1 册《医经类》，第 14 页。

⑤ 迟华基主编：《内经选读》，北京：高等教育出版社，2008 年，第 30 页。

⑥ 《汉书》卷 87 上《扬雄传上》，第 3513 页。

呢？在《汉书》本传有下面的记载："雄少而好学，不为章句，训诂通而已，博览无所不见。为人简易佚荡，口吃不能剧谈，默而好深湛之思，清静亡为，少耆欲，不汲汲于富贵，不戚戚于贫贱，不修廉隅以徼名当世。家产不过十金，乏无儋石之储，晏如也。自有大度，非圣哲之书不好也；非其意，虽富贵不事也。顾尝好辞赋。"①扬雄口吃是否是家族遗传，不得而知，但是口吃对扬雄性格的潜在影响是客观存在的。有学者分析说，口吃患者会出现以下性格缺陷：一是口吃者大都很自卑；二是口吃者的交际范围很窄；三是口吃者常常会郁郁寡欢，闷闷不乐；四是口吃者普遍比较优柔寡断；五是口吃者会产生两种人格。《汉书》本传载："屈原文过相如，至不容，作《离骚》，自投江而死，悲其文，读之未尝不流涕也。以为君子得时则大行，不得时则龙蛇，遇不遇命也，何必湛身哉！乃作书，往往摭《离骚》文而反之，自岷山投诸江流以吊屈原，名曰《反离骚》。"②可见，年轻时的扬雄并不赞同屈原投江而死这种行为。可是，到扬雄晚年，他也曾因"刘棻案"而"从阁上自投下"，差点送了命。《汉书》本传载："莽诛丰父子，投棻四裔，辞所连及，便收不请。时雄校书天禄阁上，治狱使者来，欲收雄，雄恐不能自免，乃从阁上自投下，几死。莽闻之曰：'雄素不与事，何故在此？'间请问其故，乃刘棻尝从雄学作奇字，雄不知情。有诏勿问。然京师为之语曰：'惟寂寞，自投阁；清静，作符命。'"③我们把扬雄青年和晚年的两种人格加以比较，不难发现扬雄自身的生理缺陷确实对他的人生轨迹留下了一种抹不去的深层而恒久的心理阴影。

不过，虽然扬雄的左半脑功能受到局限，可是他的右半脑功能，如知觉、空间几何、想象、综合等能力方面，却是超常的发达。据《汉书》本传记载：

> 初，雄年四十余，自蜀来至游京师，大司马车骑将军王音奇其文雅，召以为门下史，荐雄待诏，岁余，奏《羽猎赋》，除为郎，给事黄门，与王莽、刘歆并。哀帝之初，又与董贤同官。当成、哀、平间，莽、贤皆为三公，权倾人主，所荐莫不拔擢，而雄三世不徙官。及莽篡位，谈说之士用符命称功德获封爵者甚众，雄复不侯，以耆老久次转为大夫，恬于势利乃如是。实好古而乐道，其意欲求文章成名于后世，以为经莫大于《易》，故作《太玄》；传莫大于《论语》，作《法言》；史篇莫善于《仓颉》，作《训纂》；箴莫善于《虞箴》，作《州箴》；赋莫深于《离骚》，反而广之；辞莫丽于相如，作四赋；皆斟酌其本，相与放依而驰骋云。用心于内，不求于外，于时人皆曶之；唯刘歆及范逡敬焉，而桓谭以为绝伦。④

可惜，因论题所限，本文只讨论《太玄》的思想。考《太玄》一书，系扬雄多年潜心构想和积累的学术结晶，也是其模仿《周易》来揭示宇宙、天地、人生深层次奥秘的精思之作。这部书立意高远，文义奥涩，汉代的时候就有"观之者难知，学之者难成"⑤之诘

① 《汉书》卷87上《扬雄传上》，第3514页。
② 《汉书》卷87上《扬雄传上》，第3515页。
③ 《汉书》卷87下《扬雄传下》，第3584页。
④ 《汉书》卷87下《扬雄传下》，第3583页。
⑤ 《汉书》卷87下《扬雄传下》，第3575页。

难，但经过两千多年的历史考验，《太玄》不仅在复杂的历史演变过程中流传了下来，而且"越来越受到学人的重视，爱好者与研究者相继不绝"①，"据刘韶军、谢贵安《太玄大戴礼记研究》一书所统计，注释本已读者 64，刻本钞本 46，旧校 14，注本 26"②，甚至在今天，"《太玄》研究完全可以独立成为一门学问"③，所以"倘若扬子云泉下有知，一定会感到无比欣慰"④。那么，扬雄是如何构造他的《太玄》思想体系的？《汉书》本传这样记述说：

> （扬雄）大潭思浑天，参摹而四分之，极于八十一。旁则三摹九据，极之七百二十九赞，亦自然之道也。故观《易》者，见其卦而名之；观《玄》者，数其画而定之。《玄》首四重者，非卦也，数也。其用自天元推一昼一夜阴阳数度律历之纪，九九大运，与天终始。故《玄》三方、九州、二十七部、八十一家、二百四十三表、七百二十九赞，分为三卷，曰一二三，与《泰初历》相应，亦有颛顼之历焉。筮之以三策，关之以休咎，絣之以象类，播之以人事，文之以五行，拟之以道德仁义礼知。无主无名，要合《五经》，苟非其事，文不虚生。为其泰曼滤而不可知，故有《首》《冲》《错》《测》《摛》《莹》《数》《文》《掜》《图》《告》十一篇，皆以解剥《玄》体，离散其文，章句尚不存焉。《玄》文多，故不著，观之者难知，学之者难成。⑤

文中的"方""州""部""家"，既是《太玄》结构体系的思想元素，同时又是整个话语体系的基本单位。因此，"方""州""部""家"的组合，不仅仅是形式的和符号的，而且更是观念的和逻辑的，是具有深刻内涵和意义的物质实在。

一、扬雄与《太玄》中的宇宙演化观念

（一）"四分法"与宇宙万物的物质实在

1.《太玄》的天文学基础及其四分法

《太玄》究竟是一部什么性质的书，郑万耕先生说："《太玄》是一部模仿《周易》而作的卜筮之书。"⑥刘文英先生则认为："扬雄依据《周易》，总结了汉代哲学发展的各种思想观念，对天道观进行了独立、系统的思考，他以'玄'为其哲学体系的最高范畴，将宇宙、社会、人生等统一起来进行研究，将玄作为这个统一世界的本原和大道。"⑦詹石窗先生则折中学界的认识，认为："扬雄《太玄》既是一部占卜书，也是一部哲学书。说它是占卜书，是因为该书的确可以进行占卜运作，后世为之作注者也多从占卜角度进行解读；

---

① 郑万耕：《扬雄及其太玄》，成都：巴蜀书社，2018 年，第 263 页。

② 问永宁：《〈太玄〉研究综述》，张善文、黄高宪主编：《中国易学：2002 年黄寿祺教授诞辰九十周年、2005 年黄寿祺教授逝世十五周年纪念文集合编》，福州：福建教育出版社，2010 年，第 111 页。

③ 金生杨：《论〈太玄〉研究的历史变迁》，《西华师范大学学报（哲学社会科学版）》2008 年第 2 期，第 3 页。

④ 郑万耕：《扬雄及其太玄》，第 263 页。

⑤ 《汉书》卷 87 下《扬雄传下》，第 3575 页。

⑥ 郑万耕：《扬雄及其太玄》，第 6 页。

⑦ 刘文英主编：《中国哲学史》上卷，天津：南开大学出版社，2012 年，第 276 页。

但从其'释辞'来看，该书又包含丰富的哲理"①。这个观点无疑能被多数学者所接受，故本文以此为准，但不过，论述过程中难免侧重于对扬雄《太玄》哲学思想的分析。

作为一代哲学思想的集大成之作，不管扬雄有着怎样的隐形动机，它在《太玄》一书中的思想表达，其实并不晦涩，至于扬雄喜欢使用"奇字古语"，也不是他个别独有的现象，而是当时整个汉赋的共同特点，所以在《太玄》一书里，不是扬雄本人故意用生僻的语言来刁难读者，自作高深，而是在当时险恶的文化环境之下，扬雄需要采取这种语言表达方式来保护自己，同时还要将其对社会现实的种种诉求，甚至批判，比较委婉地展示给读者。诚如清代学者陈本礼所言，考《太玄》之文，"有与首辞相发明者，有阐发《太玄》义例者，有准拟《周易》者，但'其中实多寓讽之辞'"②。字里行间投射出《春秋》笔法的光芒，因此，我们不能消极地去看待《太玄》的思想价值，实际上，我们从《太玄》的"七百二十九赞"中确实能倾听到那个时代的学术强音，难怪张岱年先生肯定"《太玄》是一部含有深刻内容的学术著作"③。而刘君辉等先生更进一步明确主张："扬雄在他的哲学著作《太玄》和《法言》中宣扬了无神论思想，第一个站出来对宗教神学和谶纬迷信进行了理论性批判。"④哲学的发展离不开自然科学的推动，《太玄》的时代，天文学发展甚速，且不说西汉历法的改革，首创置润法，影响深远，仅言天者便有《周髀》、《宣夜》、《浑天》三家。当时，无论何人想要建构一般的宇宙演化模型，都会自觉和不自觉地以三家学说为其立论的学术背景和思想依据。扬雄也不能例外，下面是桓谭《新书·天文》和《隋书·天文志》所记载的两则史料，它们对我们正确和客观理解《太玄》一书中的自然科学哲学思想，颇有帮助。桓谭《新书·天文》载有扬雄与桓谭关于盖天说与浑天说的一场辩论，内容十分有趣。其文云：

> 通人扬子云因众儒之说天，以为盖，常左旋，日月星辰随而东西。乃图画形体、行度，参以四时、历数、昏明、昼夜，欲为世人立纪律，以垂法后嗣。余（指桓谭）难之曰："春秋昼夜欲等平，旦，日出于卯，正东方；暮，日入于酉，正西方。今以天下人占视之，此乃人之卯酉，非天卯酉。天之卯酉，当北斗极。北斗极，天枢。枢，天轴也。犹盖有保斗矣。盖虽转而保斗不移，天亦转周匝。斗极常在，知为天之中也。仰视之，又在北，不正在人上。而春秋分时，日出入乃在斗南，如盖转，则北道远，南道近，彼昼夜数，何从等平？"子云无以解也。后与子云奏事，坐白虎殿廊庑下。以寒故，背日曝背。有顷，日光去，背不复曝焉。因以示子云曰："天即盖转而日西行，其光影当照此廊下而稍东耳。无乃是，反应浑天家法焉！"子云立坏其所作。则儒家以天为左转，非也。⑤

---

① 詹石窗主编：《新编中国哲学史》，北京：中国书店，2002 年，第 221 页。
② 金生杨：《论〈太玄〉研究的历史变迁》，《西华师范大学学报（哲学社会科学版）》2008 年第 2 期，第 3 页。
③ 张岱年：《〈太玄校释〉序》，（汉）扬雄原著、郑万耕校释：《太玄校释》，北京：北京师范大学出版社，1989 年，第 1 页。
④ 刘君惠：《扬雄方言研究》，成都：巴蜀书社，1992 年，第 5 页。
⑤ （汉）桓谭：《桓谭〈新论〉》卷 1《天文》，北京：社会科学文献出版社，2014 年，第 1 页。

从桓谭的叙事中，不难看出扬雄原本是一位盖天论者，但是在与桓谭的论辩中，他不是强词夺理，而是尊重天文观测的事实，相信日月运行的客观规律，所以尽管浑天说视地球为宇宙的中心，未免失真，但在当时的历史条件下，浑天说较盖天说能较好地解释昼夜更替和四季运转的自然规律。当然，我们还需要注意早在《太初历》制定的先后，西汉就曾经发生了盖天说与浑天说的一场大论战。对此，李志超先生在《司马光与太初历》一文中已经做了详论①，有兴趣的读者可以参考。而那场大论战的结果是落下闳、邓平等所代表的浑天说赢得了胜利，如前所述，既然扬雄将《太玄》"分为三卷，曰一二三，与《泰初历》（即《太初历》）相应"，那么，参与制定《泰初历》的落下闳、邓平等，他们的浑天说思想就不可能对扬雄的天文观念不产生积极影响。当扬雄发现浑天说在理论上更加优于盖天说的时候，他针对盖天说所存在的各种缺陷，不是有意识地遮掩和回避，而是大胆地进行揭露与驳难，扬雄的这种批判精神非常难能可贵。其文云：

> 汉末，扬子云难盖天八事，以通浑天。其一云："日之东行，循黄道。昼夜中规，牵牛距北极南百一十度，东井距北极南七十度，并百八十度。周三径一，二十八宿周天当五百四十度，今三百六十度，何也？"其二曰："春秋分之日正出在卯，入在酉，而昼漏五十刻。即天盖转，夜当倍昼。今夜亦五十刻，何也？"其三曰："日入而星见，日出而不见，即斗下见日六月，不见日六月。北斗亦当见六月，不见六月。今夜常见，何也？"其四曰："以盖图视天河，起斗而东入狼弧间，曲如轮。今视天河直如绳，何也？"其五曰："周天二十八宿，以盖图视天，星见者当少，不见者当多。今见与不见等，何出入无冬夏，而两宿十四星当见，不以日长短故见有多少，何也？"其六曰："天至高也，地至卑也。日托天而旋，可谓至高矣。纵人目可夺，水与影不可夺也。今从高山上，以水望日，日出水下，影上行，何也？"其七曰："视物，近则大，远则小。今日与北斗，近我而小，远我而大，何也？"其八曰："视盖橑与车辐间，近杠毂即密，益远益疏。今北极为天杠毂，二十八宿为天橑辐。以星度度天，南方次地星间当数倍。今交密，何也？"其后桓谭、郑玄、蔡邕、陆绩，各陈《周髀》考验天状，多有所违。②

扬雄《太玄》一书的自然科学基础，由此可见一斑。"天"在《太玄》一书中是个十分玄妙的概念，其《玄首序》云："驯乎玄，浑行无穷正象天。阴阳批参，以一阳乘一统，万物资形。"③这里的"玄"，可以理解为"气"。所以司马光注："扬子叹玄道之顺，浑沦而行，终则复始，如天之运动无穷也。"④郑万耕先生强调：扬雄的这种主张"无疑是吸取'浑天说'关于天周而复始无穷旋转的思想而来。他以'玄'的内容为浑沌的元气，

① 李志超：《天人古义——中国科学史论纲》，郑州：大象出版社，2014年，第248—258页。
② 《隋书》卷19《天文志》，北京：中华书局，1973年，第341—342页。
③ （汉）扬雄撰、（宋）司马光集注、刘韶军点校：《太玄集注》卷1《玄首序》，北京：中华书局，1998年，第1—2页。
④ （汉）扬雄撰、（宋）司马光集注、刘韶军点校：《太玄集注》卷1《玄首序》，第1页。

很可能也是受了'浑天说'关于'天地各乘气而立'说法的启发。扬雄自己毫不掩饰这一点。他自述说:'大潭思浑天,参摹而四分之,极于八十一。旁则三摹九据,极之七百二十九赞,亦自然之道也。'参摹,指分为天、地、人三玄。四分,指方、州、部、家四层。"[1]《老子道德经·四十二章》云:"道生一,一生二,二生三,三生万物。"[2]即老子讲求"三分法",庞朴先生的专著《浅说一分为三》,对客观世界的"三分法"进行了比较系统而全面的阐释。庞朴先生认为:"在一分为二之后,还要合二而一。这个合成的一,已是新一,变原来混沌的一而成的明晰的一。在儒家,叫作'执两用中';在道家,叫作'一生二,二生三',或者叫'得其环中,以应无穷'。"[3]然而,扬雄却将"四分法"纳入到他的《太玄》之中。在古希腊的恩培多克勒那里,"四"(即土、水、火、气)是构成物质世界的基本元素。被尊为医学之父的希波克拉底认为人体由四种体液(即血液、黏液、黄胆汁和黑胆汁)组成,以对应于前面的四元素说。古印度也主张四元素(即地、水、火、风)说,或称四大,认为人体也由"四大"构成。有学者用图 4-35 示意物质世界的"四元论",也称"四面体定理",认为"四个元素(木、火、水、土)可以概括全体"[4]。现在四元说已经被广泛应用于自然科学、社会科学和人类思维各个领域,例如,智能控制的四元论(自动控制、人工智能、运筹学、信息论)结构,宇宙构成要素四元论(物质、物质能、信息、信息能),或称物质、能量、信息、智能,语义梯形四元论(符号、词义、概念、事物),生产要素四元论(土地、劳动、资本、企业家才能),等等。回到扬雄的《太玄》结构,与《周易》由六爻组成一个卦体不同,扬雄给出的"玄"体则仅由四个部分构成。如图 4-36 所示:

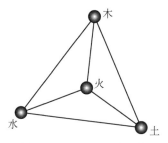

图 4-35 四元论示意图[5]

在图 4-36 这个图示中,有三个特点非常鲜明:第一,玄体的变化,遵循"一生二,而生三"的规律,用扬雄的话说,就是"玄有二道:一以三起,一以三生"[6],即一分为三是宇宙万物发展变化的规则。第二,玄体的演变是一个无限的循环往复运动,如"罔直

① 郑万耕:《扬雄及其太玄》,第 25 页。
② (春秋)李耳撰、(三国·魏)王弼注:《老子道德经·四十二章》,《百子全书》第 5 册,第 4438 页。
③ 庞朴:《浅说一分为三》,北京:新华出版社,2004 年,第 4 页。
④ 许诚:《四面体定理、四元论和四元医学模式(上)》,《医学与哲学(人文社会医学版)》2007 年第 11 期,第 79 页。
⑤ 许诚:《四面体定理、四元论和四元医学模式》,《医学与哲学(人文社会医学版)》2007 年第 11 期,第 79 页。
⑥ (汉)扬雄撰、(宋)司马光集注、刘韶军点校:《太玄集注》卷 10《玄图》,第 212 页。

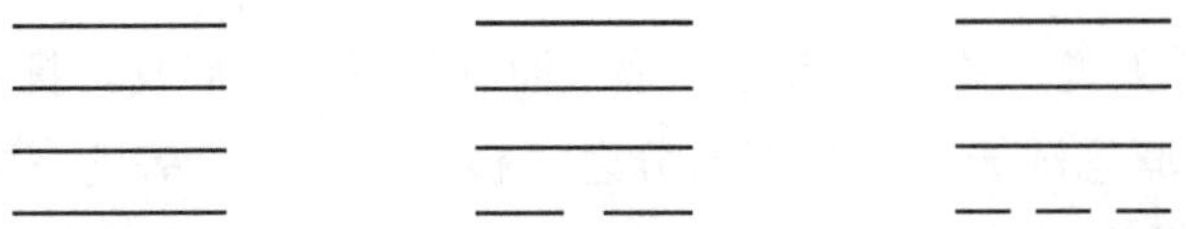

　　(1) 中之玄体①　　　　(2) 周之玄体②　　　　(3) 礥之玄体③

图 4-36　玄体变化图（一）

蒙酋冥"与方位、四时相配构成一个循环的发展过程。扬雄说："以三生者，参分阳气以为三重，极为九营。是为同本离末，天地之经也。旁通上下，万物并也。九营周流，终始贞也。"④这便是《太玄》所主张的循环法则。⑤第三，时空转换，纵横交错。为了清楚起见，我们不妨再多做几个示例，如图 4-37 所示：

　　(4) 闲之玄体⑥　　　　(5) 少之玄体⑦　　　　(6) 戾之玄体⑧

　　(7) 上之玄体⑨　　　　(8) 干之玄体⑩　　　　(9) 狩之玄体⑪

　　(10) 羡之玄体⑫　　　(11) 差之玄体⑬　　　(12) 童之玄体⑭

图 4-37　玄体变化图（二）

---

①　（汉）扬雄撰、（宋）司马光集注、刘韶军点校：《太玄集注》卷 1《玄首序》，第 4 页。
②　（汉）扬雄撰、（宋）司马光集注、刘韶军点校：《太玄集注》卷 1《玄首序》，第 8 页。
③　（汉）扬雄撰、（宋）司马光集注、刘韶军点校：《太玄集注》卷 1《玄首序》，第 9 页。
④　（汉）扬雄撰、（宋）司马光集注、刘韶军点校：《太玄集注》卷 10《玄图》，第 212—213 页。
⑤　有学者解释说："从整个《太玄》来说，81 首的'九天'体现了一年的周期，是大的循环圈；每首的'九赞'则体现了小范围内的波动，是小的循环圈。如'中首'，其首辞是'阳气潜萌于黄宫，信无不在乎中'，整个'中首'表示一年之始，阳气潜生于地下，万物生长的种子已包含在里面。但'中首'本身又是一个小的发展过程：'初一'为浑沌初始，'次二'为阴阳分立，'次三'始见造物之功，'次四'物性不能大受，'次五'像日正于天，'次六'像月而亏，'次七'像秋而物成，'次八'像秋而将败，'上九'像生之终。由此完成一个小的循环。"参见王青：《扬雄评传》，南京：南京大学出版社，2000 年，第 167—168 页。
⑥　（汉）扬雄撰、（宋）司马光集注、刘韶军点校：《太玄集注》卷 1《玄首序》，第 12 页。
⑦　（汉）扬雄撰、（宋）司马光集注、刘韶军点校：《太玄集注》卷 1《玄首序》，第 13 页。
⑧　（汉）扬雄撰、（宋）司马光集注、刘韶军点校：《太玄集注》卷 1《玄首序》，第 15 页。
⑨　（汉）扬雄撰、（宋）司马光集注、刘韶军点校：《太玄集注》卷 1《玄首序》，第 17 页。
⑩　（汉）扬雄撰、（宋）司马光集注、刘韶军点校：《太玄集注》卷 1《玄首序》，第 19 页。
⑪　（汉）扬雄撰、（宋）司马光集注、刘韶军点校：《太玄集注》卷 1《玄首序》，第 22 页。
⑫　（汉）扬雄撰、（宋）司马光集注、刘韶军点校：《太玄集注》卷 1《玄首序》，第 24 页。
⑬　（汉）扬雄撰、（宋）司马光集注、刘韶军点校：《太玄集注》卷 1《玄首序》，第 26 页。
⑭　（汉）扬雄撰、（宋）司马光集注、刘韶军点校：《太玄集注》卷 1《玄首序》，第 27 页。

（13）增之玄体①　　　（14）锐之玄体②　　　（15）达之玄体③

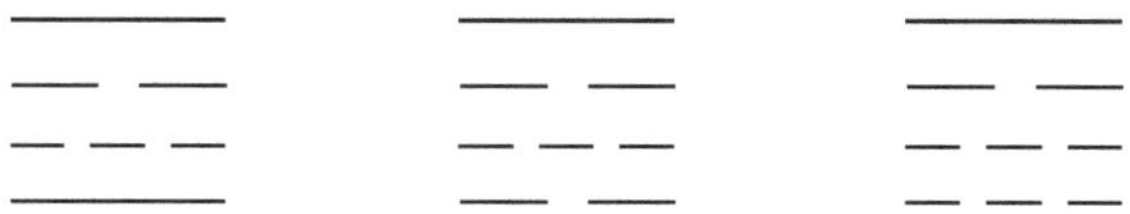

（16）交之玄体④　　　（17）奘之玄体⑤　　　（18）偊之玄体⑥

图 4-37（续）

在图 4-37 中，从"中"到"礥"，是横向的变化；而从"交"到"偊"则是纵横交错的变化，显示了时空转换的多元维度。

2."地三据而成形"与宇宙万物的物质实在

前面已经讲过，《太玄》的思想体系以浑天说为依据，其文云：

> 天浑而撣，故其运不已。地隤而静，故其生不迟。人驯乎天地，故其施行不穷。天地相对，日月相刬，山川相流，轻重相浮，阴阳相缲，尊卑不相黩。是故地坎而天严，月遄而日湛。五行迭王，四时不俱壮。日以昱乎昼，月以昱乎夜；昴则登乎冬，火则登乎夏。南北定位，东西通气，万物错离乎其中。⑦

天地万物是由有形的客观物质及其运动规律所构成，诸如山、川、日、月、星、辰，都是可见的和辩证运动的。那么，如何认识和刻画世界万物的运动形态呢？扬雄首先确定了万物各自所处的位置和方向。他说："一与六共宗，二与七共朋，三与八成友，四与九同道，五与五相守。玄有一规一矩、一绳一准，以从（纵）横天地之道，驯阴阳之数。拟诸其神明，阐诸其幽昏，则八方平正之道可得而察也。"⑧据有学者研究，这段话是对《洛书》本身的一种诠释，可有两种结构形式：如果把"五与五相守"理解为 5+5，就用（1）式表达；若将"五与五相守"理解为一个 5 自身相守的话，则用（2）式表达⑨，如图 4-38 所示：

---

① （汉）扬雄撰、（宋）司马光集注、刘韶军点校：《太玄集注》卷 1《玄首序》，第 29 页。
② （汉）扬雄撰、（宋）司马光集注、刘韶军点校：《太玄集注》卷 2《锐》，第 33 页。
③ （汉）扬雄撰、（宋）司马光集注、刘韶军点校：《太玄集注》卷 2《达》，第 35 页。
④ （汉）扬雄撰、（宋）司马光集注、刘韶军点校：《太玄集注》卷 2《交》，第 37 页。
⑤ （汉）扬雄撰、（宋）司马光集注、刘韶军点校：《太玄集注》卷 2《奘》，第 39 页。
⑥ （汉）扬雄撰、（宋）司马光集注、刘韶军点校：《太玄集注》卷 2《偊》，第 40 页。
⑦ （汉）扬雄撰、（宋）司马光集注、刘韶军点校：《太玄集注》卷 10《玄告》，第 216 页。
⑧ （汉）扬雄撰、（宋）司马光集注、刘韶军点校：《太玄集注》卷 10《玄图》，第 214 页。
⑨ 邓球柏：《周易的智慧》，上海：上海辞书出版社，2009 年，第 17 页。

4	9	2
3	10	7
8	1	6

4	9	2
3	5	7
8	1	6

图 4-38 "五与五相守"的两种图示

从扬雄对"九数"的描述看,"由《原始河图洛书图》分化出来的九数《洛书》标志了中国组合数学的产生,继而由《洛书》发展为'九宫算'"[1]。当然,我们更关心《九宫图》与客观事物之间的联系。俄罗斯学者 P. D. 邬斯宾斯基坚信:"九宫图是宇宙的象征;所有的知识都包含在其中,通过九宫图的帮助也得以被诠释。以这个关连来看,一个人能放进九宫图什么事物,他才能真正知道(也就是了解)那些事物;他不能放进九宫图的事物也就不能真正被了解。"[2]不过,讨论《九宫图》的形制和术数思想,以及它在西汉的流传及其占卜意义,将是一项比较艰难的任务,我们在这里不加详述。有兴趣的读者可以参见我国学者饶宗颐先生和日本吉备国际大学孙基然先生的相关研究成果。[3]扬雄说:"玄生神象二,神象二生规,规生三摹,三摹生九据。玄一摹而得乎天,故谓之九天。再摹而得乎地,故谓之九地,三摹而得乎人,故谓之九人。天三据而乃成,故谓之始中终。地三据而乃形,故谓之下中上。人三据而乃著,故谓之思福祸。下欲上欲出入九虚。小索大索,周行九度。"[4]这段可以从不同的角度去解释,例如,有学者认为,与易相比较,"由此规定的宇宙生成模式也不同:易是'分而为二'式,玄则是'裂而为三'式。也表现出玄对易的改进和发展创新"[5]。还有学者提出,文中的"规"即法之意,故"玄生神象二,即玄生阴阳。阴阳分立,生出变化之法。摹,摹索。玄显示形象,具体化出天、地、人;从天、地、人方面说,则为摹拟。总之,是说'玄'按照法则产生出天、地、人。天道运动有始、中、终,地形区别有下、中、上,人事遭际有思、福、祸。这就是所谓'九据'。欲,合;索,摹。'出入九虚'即所谓'旁通上下',是说在空间上无所不在。'周行九度'即所谓'九营周流',是说在时间上贯彻始终。这就是说,'玄'充塞于时间和空间之中,天、地、人的一切情况都是'玄'的具体表现。而在这种变化中,不管从空间说还是时间说,都必须遵循九段循环的规则"[6]。除此之外,我们认为,扬雄所讲的"地三据而乃形",还可以从空间几何的视角去理解。如众所知,空间有一维、二维、三维之分。有学者很通俗地讲:

直线上有无数个点,实际上就是一维空间。一维空间里如果有"人",那他们

---

[1] 邓球柏:《周易的智慧》,第 18 页。

[2] [俄] P.D.邬斯宾斯基:《寻找奇迹:无名教学的片段》,黄承晃等译,乌鲁木齐:新疆人民出版社,2004年,第 305 页。

[3] 饶宗颐:《马王堆〈刑德〉乙本九宫图诸神释——兼论出土文献中的颛顼与摄提》,《江汉考古》1993 年第 1 期。

[4] (汉)扬雄撰、(宋)司马光集注、刘韶军点校:《太玄集注》卷 10《玄告》,第 215 页。

[5] 叶福翔:《易玄虚研究》,上海:上海古籍出版社,2005 年,第 215 页。

[6] 刘大钧总主编:《百年易学菁华集成·易学史》第 2 册,上海:上海科学技术文献出版社,2010 年,第 533 页。

的形象就是直线上方的一个点。其实，点也是一维空间，不过这个一维空间是无限小的。

植物是典型的一维空间生物，它的枝叶的成长是延伸的，也是延伸式的成长，也就可以下个定论，植物一般都是一维空间中的生物！

蚂蚁是典型的适应二维空间的生命形式。它们的认知能力只对前后（长）、左右（宽）所确立的面性空间有感应，不知有上下（高）。尽管它们的身体具有一定的高度，那也只是对三维空间的横截面式的关联。……

我们人类是生存在三维空间里的生命形式，我们的认知极限是空间只可能由长、宽、高确立，并占据一个时间点（现在）。人类社会的万千事物都只存在于长、宽、高确立的空间和与时间的接触点"现在"所构成的生存模式中。①

一句话，所谓"地三据而乃形，故谓之下中上"，就是说人类的成长可以分为"三个阶段"②，所以，"'地'乃是空间的方位"③。而在这种立体空间形式之下，宇宙万物开始了自己的生长和发展，《太玄》总结说：

> 罔、直、蒙、酋、冥。罔，北方也，冬也，未有形也。直，东方也，春也，质而未有文也。蒙，南方也，夏也，物之修长也，皆可得而戴也。酋，西方也，秋也，物皆成象而就也。有形则复于无形，故曰冥。故万物罔乎北，直乎东，蒙乎南，酋乎西，冥乎北。故罔者有之舍也，直者文之素也，蒙者亡之主也，酋者生之府也，冥者明之藏也。罔舍其气，直触其类，蒙极其修，酋考其就，冥反其奥。罔蒙相极，直酋相敕。出冥入冥，新故更代。阴阳迭循，清浊相废。将来者进，成功者退。已用则贱，当时则贵。天文地质，不易厥位。④

这段话的含义并不难理解，诚如有学者所说："这显然是一个新的时空间架理论。'罔直蒙酋冥'分别指代事物由无到有，由幼而壮，壮而衰亡的不同阶段。"⑤我们知道，"罔直蒙酋冥"系模拟《周易》"元亨利贞"而来，但其意义却从伦理层面转向了自然哲学层面。这一转向赋予了事物发展的不可逆性，也即一维时间性。对此，李达先生分析说："时间和空间不同，它只有一维。时间的一维性表现在：它只按照由过去到现在、由现在到将来的方向前进，而不能按照别的方向前进。时间是一去不复返的，这种不可复返性是由事物的发展过程的不会绝对重复所决定的。事物的发展永不停息，作为事物发展过程的持续性的时间也永远向前流逝。时间不能多于一维，也不能少于一维。现实的时间必然是一维的。"⑥只有树立了一维时间的观念，才能有力地拒绝一切违背一维时间运动规律的邪

---

① 姜玉亮主编：《宇宙的浩瀚》，延吉：延边人民出版社，2009 年，第 171—172 页。

② 张岱年：《张岱年文集》第 5 卷，北京：清华大学出版社，1994 年，第 221 页。

③ 顾文炳：《易道新论》，上海：上海社会科学院出版社，1996 年，第 144 页。

④ （汉）扬雄撰、（宋）司马光集注、刘韶军点校：《太玄集注》卷 9《玄文》，第 205 页。

⑤ 郭君铭：《易学阴阳观研究》，上海：上海科学技术文献出版社，2013 年，第 68 页。

⑥ 李达主编：《唯物辩证法大纲》，北京：人民出版社，2014 年，第 183 页。

说或臆说。比如，神仙不死的观念就违背了一维时间的特性，所以它就不是客观事物的现实特征。扬雄在《法言·君子》篇中说："有生者必有死，有始者必有终，自然之道也。"① 也就是说，在扬雄看来，世界上根本不存在长生不死的生命，只要是产生出来的现实事物，都终究会走向消亡。《法言·君子》说："或问：龙、龟、鸿鹄，不亦寿乎？曰：寿。曰：人可寿乎？曰：物以其性，人以其仁。或问：人言仙者有诸乎？吁！吾闻伏羲、神农没，黄帝、尧、舜殂落而死，文王毕，孔子鲁城之北，独子爱其死乎？非人之所及也。仙亦无益子之汇矣。"②神仙既然不存在，也是人力所不能及的事情，那么，为什么还有恁多人孜孜汲汲，以求长生不死呢？《法言·学行》说："或曰：世无仙，则焉得斯语？曰：语乎者，非嚣嚣也欤？惟嚣嚣，为能使无为有。"③文中的"嚣嚣"惟妙惟肖地描绘了世俗神仙观念形成的社会原因，当然，人类为什么会造神，这是一个非常复杂的社会问题。尽管扬雄还不可能站在被压迫阶级的立场来反对汉代的谶纬迷信和神仙观念，但是，他毕竟看到了人的命运不由外在的神力而是由人自己来决定这个客观事实。《法言·重黎》载："或问楚败垓下，方死，曰，天也。谅乎？曰：汉屈群策，群策屈群力；楚傲群策而自屈其力，屈人者克，自屈者负。天曷故焉？"④又载："或问赵世多神，何也？曰：神怪茫茫，若存若亡，圣人曼云。"⑤针对上述荒诞怪异之论，扬雄采取证否的态度来表明自己不承认鬼神的立场，因为神怪不能明确证验，所以圣人不谈论神怪，实际上是对鬼神的否定。我国台湾著名学者韦政通先生评论说："这与'子不语怪力乱神'，完全是同一个态度，在这个态度下，他对迷信或仙道思想，也展开批评。"⑥文选德先生又解释说：在扬雄的视野里，"神怪有还是没有，是没有经过明确验证的，所以凡是圣人都不谈论神怪"⑦。这样，我们又回到了原初的论题：扬雄以宇宙万物的物质实在为基础，反复申述他的朴素唯物论和辩证法思想。

《法言·问神》云："或问：圣人之作事，不能昭若日月乎？何后世之訾訾也！曰：瞽旷能默，瞽旷不能齐不齐之耳；狄牙能喊，狄牙不能齐不齐之口。君子之言，幽必有验乎明，远必有验乎近，大必有验乎小，微必有验乎著。无验而言之谓妄。君子妄乎？不妄。"⑧这里讲到了主观与客观相一致的问题，扬雄以鼓旷和狄牙为例，说明主观现象的复杂性和多元性，对同样一个客观存在，不同的人会产生不同的主观反映，但扬雄认为，客观存在是真实的，然而，人们对它的主观反映则不一定都真实。所以扬雄强调通过检验来证实其主观反映的正确与否，换言之，扬雄主张"各种理论都需要有事实的验证"⑨。以

① （汉）扬雄著、（晋）李轨注：《法言》卷 12《君子》，《诸子集成》第 10 册，第 39 页。
② （汉）扬雄著、（晋）李轨注：《法言》卷 12《君子》，《诸子集成》第 10 册，第 39 页。
③ （汉）扬雄著、（晋）李轨注：《法言》卷 12《君子》，《诸子集成》第 10 册，第 39 页。
④ （汉）扬雄著、（晋）李轨注：《法言》卷 10《重黎》，《诸子集成》第 10 册，第 29 页。
⑤ （汉）扬雄著，（晋）李轨注：《法言》卷 10《重黎》，《诸子集成》第 10 册，第 28 页。
⑥ 韦政通：《中国思想史》上册，上海：上海书店出版社，2003 年，第 343 页。
⑦ 文选德：《中国辩证法笔录》，长沙：湖南人民出版社，2011 年，第 192 页。
⑧ （汉）扬雄著、（晋）李轨注：《法言》卷 5《问神》，《诸子集成》第 10 册，第 14 页。
⑨ 高亮之：《浅谈中国哲学》，武汉：武汉大学出版社，2014 年，第 79 页。

此观之，"君子不妄"，也就是说，"君子之言"都是经过事实验证的，是符合物质世界的客观存在状态的。物质的运动状态是客观的和真实的，因而"君子"的认识能够比较正确地反映客观世界的运动状态，明白了这一点很重要。因为只有明白了这一点，我们才能真正理解《太玄》一书的思想实质。

《太玄·玄图》说："天甸其道，地杝其绪，阴阳杂厕，有男有女。天道成规，地道成矩。规动周营，矩静安物。周营故能神明，安物故能类聚。类聚故能富，神明故至贵。夫玄也者、天道也，地道也，人道也，兼三道而天名之。"[①]天地—阴阳—男女这是《周易》理解自然界和人类社会的基本范式，《太玄》亦复如此。在这段话里，有两点需要注意：第一，天地是先于人类产生的，即"天甸其道，地杝其绪"，意思是说"天挺立其道于上，地则施大其业于下，阴阳错杂，以生万物也"[②]；第二，人类对于自然界具有能动性，此即"天道成规，地道成矩。规动周营，矩静安物"之意。众所周知，"规"与"矩"是人类认识自然和改造自然的重要工具，由于盖天说和浑天说在西汉非常盛行，其中盖天说曾经占主流地位，规能画圆，矩能画方，天圆地方，规矩可成。于是，规矩（图4-39）这两种工具被迅速凝练和提升为某种具有神学意义的观念形式。也就是说，规与矩既是实有的，是一种实实在在的物质存在，同时又是象征的，是一种观念形态的"创世"模式。因此，有学者说："从汉画像中大量出现的伏羲、女娲执规、矩的情形来看，规和矩成为始创人类的伏羲、女娲经常执持的附属物，应该有其特殊的象征意义，其或代表着两汉时期人们相信崇奉他们二者画定方圆、创造万物的开辟性功绩。"[③]

图4-39　山东嘉祥县武梁祠西壁伏羲女娲复原图[④]

①　（汉）扬雄撰、（宋）司马光集注、刘韶军点校：《太玄集注》卷10《玄图》，第212页。
②　张宏儒、罗素主编：《中华传世奇书》第8卷《中华术数十大奇书》第2部，北京：团结出版社，1999年，第82页。
③　刘惠萍：《伏羲神话传说与信仰研究》，西安：陕西师范大学出版总社有限公司，2013年，第232页。
④　龙红：《古老心灵的发掘——中国古代造物设计与神话传说研究》，重庆：重庆大学出版社，2014年，第61页。

（二）工具意识下的物质运动规则

扬雄具有比较强烈的工具意识，除了前面所讲到的"道成规，地道成矩。规动周营，矩静安物"之外，《太玄·玄挽》又云："棘木为杼，削木为轴，杼柚既施，民得以燠，挽拟之经纬。劂割匏、竹、革、木、土、金，击石弹丝，以和天下，捏拟之八风。"[①]还有，《太玄·玄莹》亦说："植表施景，榆漏率刻，昏明考中，作者以戒，玄术莹之。泠竹为管，室灰为候，以揆百度；百度既设，济民不误，玄术莹之。东西为纬，南北为经；经纬交错，邪正以分，吉凶以形，玄术莹之。凿井澶水，钻火难木，流金陶土，以和五美；五美之资，以资百体，玄术莹之。"[②]这两段引文，包含的内容十分丰富，我们在此不一一辨析。不过，古人是如何认识和理解天地万物的运动规则的，扬雄在上面的论说中已经给出了答案。《国语·楚语下》载："及少皞之衰也，九黎乱德，民神杂糅，不可方物。夫人作享，家为巫史，无有要质。民匮于祀，而不知其福。烝享无度，民神同位。民渎齐盟，无有严威。神狎民则，不蠲其为。嘉生不降，无物以享。祸灾荐臻，莫尽其气。颛顼受之，乃命南正重司天以属神，命火正黎司地以属民，使复旧常，无相侵渎，是谓绝地天通。"[③]在上古，"绝地天通"绝对是一个重大的历史事件，而实现这个目标的手段就是工具的发明和应用。仅从考古的视角看，人们已经开始注意把出土文物与"绝地天通"联系起来，以三星堆出土玉石器文物为例，有学者对出土的 1000 多件玉石礼器进行分类研究，初步得出结论说：这些玉石礼器可分为三类："（1）璋、戈、矛、剑可归为一类，主要是从武器演变成的礼器，在三星堆玉石礼器中占有主体地位，可能是由武力权势的象征发展成的通神祭天的工具。（2）列璧，琮、瑗、环、戚形器以及珠管可划为一类，在礼器中也具有重要的分量，可能是由装饰和生活用具逐渐被神化而成的象征天地、财富的礼器。（3）斧、锛、圭、凿、刀、撕等为第三类，是由生产工具加以规范化和礼仪化而成为的祭祀用具。"[④]虽然作者对三星堆人所用"绝地天通"的工具还不十分地肯定，但是他们已经产生了对工具的崇拜，这一点则是毫无疑问的。又有学者推论说："红山文化出土的马蹄形玉箍和陶制筒形器，有可能是作为神灵通天工具——天梯、天柱，而创造出来的。"[⑤]此外，音乐页是通天的工具，所以有学者对贾湖骨笛的发现极为关注，认为这些骨笛是贾湖人"实现'音律通天'梦想的重要法宝"，而"自从贾湖人迈出第一步之后，历代的圣人和帝王们，纷纷加入了实现'音律通天'梦想的行列：他们法天而治，纷纷以此为秘密武器，创制了管、弦、钟、磬、鼓等许多乐器，作为'音律通天'的工具；他们发明了庄严肃穆的音乐，作为'音律通天'的象征"[⑥]又"九鼎不但是通天权力的象征，而且是制作通天工具的原料与技术的独立的象征。"[⑦]由此可见，《帝王世纪·世本作篇》把工具的

---

① （汉）扬雄撰、（宋）司马光集注、刘韶军点校：《太玄集注》卷9《玄挽》，第209页。
② （汉）扬雄撰、（宋）司马光集注、刘韶军点校：《太玄集注》卷7《玄莹》，第189页。
③ （春秋）左丘明撰、鲍思陶点校：《国语》卷18《楚语下》，济南：齐鲁书社，2005年，第275页。
④ 赵殿增：《三星堆文化与巴蜀文明》，南京：江苏教育出版社，2005年，第290页。
⑤ 李恭笃、高美璇：《寻觅与探索——中国东北原始文化考古论文集》，北京：文物出版社，2014年，第98页。
⑥ 胡大军：《伏羲密码——九千年中华文明源头新探》，上海：上海社会科学院出版社，2013年，第102页。
⑦ 赵逵夫：《先秦文学编年史》上，北京：商务印书馆，2010年，第27页。

发明与制作都归属于某个帝王，看来还应有更深层的内涵，也即工具背后隐藏着古人一种非常神圣的"通天"观念。从这个层面看，扬雄强调"通天"工具的重要性，自有其深刻的历史背景，因为汉代人很痴迷于天人感应说。按照上面的分类，我们可以把扬雄所讲的"规"、"矩"、表、漏以及龙、龟等通天工具视为第一类，把"匏、竹、革、木、土、金，击石弹丝"等与音乐有关的器具视为第二类，把"棘木为杵，削木为轴"、"凿井澹水，钻火难木，流金陶土"等生产和生活工具视为第三类。这个工具系统对于扬雄的思想构建具有十分重要的意义，举例来说，《太玄》诸篇都有对通天工具的描述。

《太玄·玄测序·中》载：初一，"昆仑旁薄，幽。"①关于昆仑的通天性质，唐晓峰先生说："虽然古代昆仑山的位置很难确指，但它的性质十分清楚，即与上天有关系，是沟通天帝的第一神山。"②次三，"龙出于中，首尾信，可以为庸"③。龙的隐义比较复杂，据学者考察，"龙是作为人与天地沟通的神奇助手而出现的，因此，充当帝王或者亡魂的通天工具是龙最重要的工作职能"④。又有学者说："上古时期，人们把天梯作为通天的工具。天梯主要有两种：一种是山，一种是树。作为天梯通天的山，最著名的是昆仑山。"⑤

《太玄·玄测序·周》载：次二，"植中枢，周无隅"⑥。有学者释："'中枢'，以门户绕枢而转。喻太阳（天道）绕'中'而转，是以'中'与'枢'义同。其句意谓：立了中与枢，可使万物无所不同，以度知万物之变。"⑦又"'中'的许多常用义，从中间义申发，而中间义正是从日中测影而来。盖测影在中午，时值一日之中；方位也是正南，是东西之中。'日中，出南也。'此是《墨子·经上》的一个著名命题。此外，'中'还有一些为今诸辞书未载的引申义。"如"由测日仪引申为天道、日道，再引申为掌握道的人——君王、帝王，代称帝王。"⑧当然，从工具的角度看，"植中枢"应当是指浑天仪。《论语·尧曰》载尧对舜言："天之历数在尔躬，允执其中。"⑨这里不谈此语所包含的儒学思想意思，仅就其所谈论的"历数"问题讲，我们将其翻译成白话文，就是对舜而言，尧的意思是说："认真地掌握你的测日之表，天道的变化规律就在你的身上。"⑩现在虽然由表发展到浑天仪，技术更先进了，但是"允执其中"的功能没有变。次四，"带其钩鞶，锤以玉环"⑪。诠释者云："故其服饰之盛，而有钩鞶玉环之美也"⑫，又说："腰中之金，

① （汉）扬雄撰、（宋）司马光集注、刘韶军点校：《太玄集注》卷1《玄测序》，第4页。
② 唐晓峰：《从混沌到秩序：中国上古地理思想史述论》，北京：中华书局，2010年，第111页。
③ （汉）扬雄撰、（宋）司马光集注、刘韶军点校：《太玄集注》卷1《玄测序》，第5页。
④ 施爱东：《16—20世纪的龙政治与中国形象》，北京：生活·读书·新知三联书店，2014年，第35页。
⑤ 中国国家博物馆：《文物史前史（彩色图文本）》，北京：中华书局，2009年，第172页。
⑥ （汉）扬雄撰、（宋）司马光集注、刘韶军点校：《太玄集注》卷1《玄测序》，第8页。
⑦ 黄金贵：《古代文化词义集类辨考》，上海：上海教育出版社，1995年，第307页。
⑧ 黄金贵：《古代文化词义集类辨考》，第307页。
⑨ 邹憬：《论语通解》，南京：译林出版社，2014年，第292页。
⑩ 黄金贵：《古代文化词义集类辨考》，第307页。
⑪ （汉）扬雄撰、（宋）司马光集注、刘韶军点校：《太玄集注》卷1《玄测序》，第8页。
⑫ 张杰总点校：《四库全书·术数类全编》第3卷《太玄经》，西宁：青海人民出版社，1999年，第1723页。

故谓之钩。钩无带不立，带无钩不著，相须成体，以自申束。"①在这些意义之外，我们应当注意这些器物的另一层隐义，例如，有学者解释说，西汉玉带钩出土数量较多，形体变化多端，其钩首以龙首和禽首为主②，如图 4-40 所示。玉带钩早在新石器时代的良渚文化中就有出土，而兽首或禽首玉带钩的文化内涵与巫术有一定关联。从考古的角度看，"陕西咸阳任家嘴出土春秋晚期 5 件铜带钩（衣襟钩），或置于人体侧，或与礼器、生活用具置于一处，带钩这样放置的意义何在，值得进一步研究。此外在咸阳黄家沟发现战国中晚期至秦统一的铜带钩 25 件，形式多样，钩作鸭嘴形，身有琵琶形、竹节形、蜜蜂形、蜻蜓形和勺形，有的身饰绞丝纹和云纹。有的出于棺内死者头与棺壁之间，有的出于死者腰部，有的出于死者右臂外侧，有的用布帛裹数层置于死者右肘上部（与铜镜并放）。带钩与铜镜并放，可解释为是钩挂铜镜之外，或许还有另外的意义"③。这另外的意义当然是古人"通天"观念的一种反映，而玉带钩和玉环也可视为古代的"通天"器物。

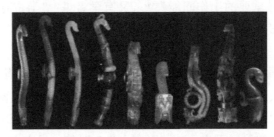

图 4-40　西汉出土的龙首和禽首棒形和异形玉带钩④

《太玄·玄测序·礵》载：次五，"拔车山渊，宜于大人"⑤。有注家解释说："五"是指中禄之人，其力已强，故"车行山渊，是礵难之义，唯五之大人可以力拔。范望注：'若周公东征、禹道九河，是其力也。'"⑥车的发明，是改变人类历史的重大事件之一，"可以不夸张地说，车（及轮）的发明，在人类进步史上的意义，不亚于印刷术、指南针、火药，甚至不亚于火"⑦。因此，扬雄对车这种交通工具的推崇，显然与车本身所承载的历史重负有关。清人陶保廉考证说："杜佑《通典》曰：黄帝作车，少昊始驾牛，及陶唐氏制彤车，乘白马。夫以马驾车，起于尧、禹，又可悟黄帝之车，用人力推挽。陶唐以前，所谓服牛乘马者，大率单骑，而骑实先于车矣。"⑧最初的车确实是人力车，而非畜力车，所以《太玄·玄测序·礵》又说：次七，"出险登丘，或牵之牛"⑨。牛是世界各国普遍崇拜的一种图腾，在我国的农耕信仰中，牛具有神秘的通天力量，所以经常用作祭祀

①　陈国勇：《太玄经（一）》，广州：广州出版社，2003 年，第 10 页。
②　王仁湘：《善自约束——古代带钩与带扣》，上海：上海古籍出版社，2012 年，第 184 页。
③　山西博物馆：《春华集——纪念山西博物馆十周年学术文集》，太原：山西人民出版社，2009 年，第 96 页。
④　王仁湘：《善自约束——古代带钩与带扣》，第 185 页。
⑤　（汉）扬雄撰、（宋）司马光集注、刘韶军点校：《太玄集注》卷 1《玄测序》，第 10 页。
⑥　（汉）扬雄撰、刘韶军校注：《太玄校注》，武汉：华中师范大学出版社，1996 年，第 10 页。
⑦　黄振波主编：《小博士文库》，西宁：青海人民出版社，2004 年，第 152—153 页。
⑧　（清）陶保廉著、刘满点校：《辛卯侍行记》，兰州：甘肃人民出版社，2000 年，第 184 页。
⑨　（汉）扬雄撰、（宋）司马光集注、刘韶军点校：《太玄集注》卷 1《玄测序》，第 10 页。

的牺牲。①而牛与车又是如何被历史地组合在一起的？这个问题或许带有一定的偶然性，正像扬雄所说：当车行进在山丘之上（即登丘山）时，依靠人力来拉车，就非常吃力了，唯有靠牛力拉车，才能安稳地登上丘山，离开危险之地。再有，"上九，崇崇高山，下有川波其，人有辑航，可与过其"②。文中的"辑（同楫）航"是指舟楫，《诗·卫风·竹竿》云："淇水滺滺，桧楫松舟。"③《毛传》云："楫，所以棹舟。舟楫相配，得水而行。"④

如前所述，人类发明工具的主要用途之一就是观察和认识天道、地道与人道，在《太玄》一书里，扬雄重点表述了以下几个有关物质世界运动的规则及其思想。

第一，物质世界的差异性规则。扬雄说："阴阳相错，男女不相射，人人物物，各由厥汇，捏拟之虚赢。日月相斛，星辰不相触，音律差列，奇耦异气，父子殊面，兄弟不孪，帝王莫同，捏拟之岁。"⑤世界万物各有自己存在的特殊性，扬雄坚信宇宙万物本身是一个以类的差异为前提的客观存在。而"人人物物各由厥类"这个命题，"不仅看到了万物的差异性，而且看到了类的不同，是其差异性的基础。这种对事物差异性的认识是科学而又深刻的"⑥。

第二，宇宙万物的因革规则。扬雄说："夫道有因有循，有革有化。因而循之，与道神之。革而化之，与时宜之。故因而能革，天道乃得。革而能因，天道乃驯。夫物不因不生，不革不成。故知因而不知革，物失其则。知革而不知因，物失其均。革之匪时，物失其基。因之匪理，物丧其纪。"⑦这里，实际上是探讨继承与改革以及遗传和变异的关系问题。对继承与改革的关系问题，扬雄讨论得比较深刻。其"因循革化"既是一个自然哲学命题，同时更是一个社会政治问题。因为社会发展需要继承，如果没有继承，人类历史就失去了发展的连续性。当然，仅有继承而没有突破和更新，人类历史就失去了发展的多样性和丰富性。在生物界，遗传和变异是普遍现象。子代在性状上保留着亲代的一些相似特点，是谓遗传。它的实质"是生物按照亲代的发育途径和方式，从环境中获取物质，产生和亲代相似的复本"⑧。而变异则是指"同一起源的个体间的性状差异。环境相同而遗传不同时，会出现变异，遗传相同而环境不同时，也会产生变异。前者称遗传变异，后者称非遗传变异或环境变异；日常看到的变异多属两者之一，或者两者的总和。"⑨变革不是随时都能够发生的，它本身需要一定的客观条件，当客观条件不具备时，变革成功的概率非常小，这就是"革之非时，物失其基"的内涵。从这个角度看，扬雄的观点确实是"一种

① 林轩、毕晓光编著：《邮票图说中国故事与传说》，北京：科学普及出版社，2014年，第163页。
② （汉）扬雄撰，（宋）司马光集注，刘韶军点校：《太玄集注》卷1《玄测序》，第11页。
③ 刘文秀、孙燕、孙兰：《诗经新解》，北京：世界图书出版广东有限公司，2012年，第59页。
④ 迟文浚主编：《诗经百科辞典》中册，沈阳：辽宁人民出版社，1998年，第1413页。
⑤ （汉）扬雄撰、（宋）司马光集注、刘韶军点校：《太玄集注》卷9《玄掜》，第209页。
⑥ 黄开国：《一位玄静的儒学伦理大师——扬雄思想初探》，成都：巴蜀书社，1989年，第116页。
⑦ （汉）扬雄撰、（宋）司马光集注、刘韶军点校：《太玄集注》卷7《玄莹》，第190—191页。
⑧ 曹金洪：《图说生命遗传奥秘》，长春：吉林出版集团有限责任公司，2012年，第59页。
⑨ 夏征农：《辞海·生物学分册》，上海：上海辞书出版社，1987年，第79页。

朴素的历史唯物主义观点"①。

第三,事物发展的阶段性规则。前面讲到的"罔直蒙酋冥",包含着事物发展的阶段论思想,只可惜扬雄没有看到事物的发展是螺旋式上升的过程,而不是向出发点的回归和机械循环,他认为"冥"结束之后,不是向更高阶段发展,而是返回到初始的"罔",即"罔直蒙酋冥五字表示一个循环过程",这一点与《周易》中所说"元亨利贞"的含义不同,因为"元亨利贞四字的意义是并列的"②。尚秉和先生解释说:按《太玄》阐发"元亨利贞"四字之理,"至矣尽矣。除《象传》外,无此深奥明晰之解释也。其所谓直蒙酋,即震春离夏兑秋,即元亨利也。所谓罔、冥,即坎冬,即贞也。必以二字拟贞者,盖以子复为界。子复者冬至也,故犹亥坤至子复为冥,由子复至泰寅为罔。罔,不直也。冬至以后,万物虽枉屈,不能见形于外,然阳气已生,与冬至前之冥然罔觉者异矣,故曰'罔舍其气'。舍者,蓄也,养也。即《象传》所谓'保合太和'也"③。

第四,事物发展的对称与平衡规则。扬雄在《太玄·玄冲》篇中,列举了八十一首的对称布局,也是事物运动发展的模式。

对上述的宇宙对称与平衡关系,扬雄在《太玄》一书中有比较清晰的意识,他说:"玄者,以衡量者也。高者下之,卑者举之,饶者取之,罄者与之,明者定之,疑者提之。规之者思也,立之者事也,说之者辩也,成之者信也。"④文中的"平衡"思想源自《老子》,如河上公《老子章句·天道》篇说:"天之道,其犹张弓与!高者抑之,下者举之;有余者损之,不足者补之。天之道,损有余而补不足。人之道则不然,损不足以奉有余。孰能有余以奉天下,唯有道者。"⑤有的学者将这条原理称之为"动态均衡论"⑥,自然的规律是损有余而补不足,从而取得均衡,但人类社会的发展情形正好与此相反,是"损不足以奉有余",造成两极分化,遂引发社会的不稳定性动荡。很显然,"在老子看来,人之道是造成天下贫富不均和权利不平等的根源。而天之道则是为了追求平等,所以它能长久,能够使人心安宁,防止动乱的发生"⑦。确实,在自然界中,我们看到了阴阳协调运动和对称布局,这是实现阴阳平衡的前提。所以扬雄说:"日月往来,一寒一暑。律则成物,历则编时。律历交道,圣人以谋。昼以好之,夜以丑之。一昼一夜,阴阳分索。夜道极阴,昼道极阳。牝牡群贞,以摛吉凶。则君臣、父子、夫妇之道辩矣。是故日动而东,天动而西,天日错行,阴阳更巡。死生相樛,万物乃缠。故玄聘取天下之合而连之者也。缀之以其类,占之以其觚,晓天下之瞆瞆,莹天下之晦晦者,其唯玄乎!"⑧这一段话内容十分丰富而复杂,我们仅从宇宙对称与平衡关系的视角,强调两点:第一,自然

① 束景南:《也谈孟子哲学的评价问题——与严北溟先生商榷》,王兴业:《孟子研究论文集》,济南:山东大学出版社,1984年,第267页。
② 洛启坤主编:《中华绝学——中国历代方术大观》,西宁:青海人民出版社,1998年,第322页。
③ 尚秉和撰、周易工作室点校:《周易尚氏学》卷1《上经·乾卦》,北京:九州出版社,2005年,第30页。
④ (汉)扬雄撰、(宋)司马光集注、刘韶军点校:《太玄集注》卷7《玄摛》,第187页。
⑤ (春秋)老子:《道德经精解·第七十七章》,北京:海潮出版社,2012年,第346页。
⑥ 林坚:《文化学研究引论》,北京:中国文史出版社,2014年,第173页。
⑦ (春秋)老子:《道德经图解详析》,任思源注译,北京:中国华侨出版社,2013年,第402页。
⑧ (汉)扬雄撰、(宋)司马光集注、刘韶军点校:《太玄集注》卷7《玄摛》,第185页。

界包含着形形色色的客观存在，每个存在个体都有其特殊性，以及与其他个体相区别的差异性。第二，事物发展存在着对称与均衡，然而这种对称与均衡内涵着必要的牺牲，"死生相樛，万物乃缠"，也即不能光欣喜于生机和活力，还需关注衰落与凋落，这才是真正的和谐。因此，扬雄说："天日回行，刚柔接矣。还复其所，终始定矣。一生一死，性命莹矣。"①生是顺，死是逆，按照自然规律，人死是合乎天道的事情，可是，人们又为什么非要逆这个自然过程而使自己不走向死亡呢？这便涉及了人的欲望问题。对这个问题讨论起来比较复杂，我们在此仅引述宋君波先生的一个观点如下：

> 人，包括其他生物，凡有意志欲望者，实质都有反自然的倾向，比如，建筑，水利工程，长生不老，飞行，等等，都是自然之道不能产生而人类勉为其难创造出来的文明，是人造的。这是把人类纳入到与其他事物同一地位考察所发现的区别。但是，假如换个方向考察，人类也是自然的产物之一，也是合道而来的，他之所以表现出意志与欲望的诉求，表现出"逆自然"（比如，水往高处流，水载铁舰）的需求与行为，这是自然的表现形式之一，是物假借人的智慧和人力实现的一种运动，也是通的一种形式，是道德的一种运动方式，是合道德者。②

此外，还有一种理解，即旧的对称和平衡被打破了，事物又会在更高的层面上建立新的对称和平衡系统。当然，也有可能出现相反的情形。魏及淇先生说：

> 宇宙间万事万物每时每刻都在运动、变化、发展，阳极生阴，阴极生阳，如果把事物的这种运行轨迹用点标记出来，再用线连起来，我们就会发现，事物发展呈现出来的轨迹不是简单的离心运动，而是一种螺旋式的曲线，表现出一种蛹动变化的趋势，这便是事物发展呈现出来的蛹动螺旋规律。当然，事物发展过程中的这种变化既可能是蛹动前进的，也可能是蛹动后退的；既可能是螺旋上升的，也可能是螺旋下降的，其关键就在于，当发展到临界点的时候，事物本身是吸收、开放、发展的，还是保守、封闭、凝滞的。③

平衡是扬雄非常关注的一个话题，然而，他谈论更多的是自然法则，而且多有对社会现实的不满。比如，扬雄一面说："故玄卓然示人远矣，旷然廓人大矣，渊然引人深矣，渺然绝人眇矣。嘿而该之者玄也；撺而散之者人也。稽其门，辟其户，叩其键，然后乃应。况其否者乎！人之所好而不足者，善也；人之所丑而有余者，恶也。君子日强其所不足，而拂其所有余，则玄之道几矣。"④另一面又说："盖胥靡为宰，寂寞为尸；大味必淡，大音必希；大语叫叫，大道低回；是以声之眇者不可同于众人之耳。形之美者不可混于世俗之目。辞之衍者不可齐于庸人之听。今夫弦者，高张急徽，追趋逐耆，则坐者不期而附矣。试为之施《咸池》，揄《六茎》，发《箫韶》，咏《九成》，则莫有和也。是故钟期

---

① （汉）扬雄撰、（宋）司马光集注、刘韶军点校：《太玄集注》卷7《玄摛》，第184页。
② 宋君波：《从集约到发散——文明发展的一种新思想》，武汉：武汉大学出版社，2014年，第150—151页。
③ 魏及淇：《从平衡到共赢：国学中的平衡管理哲学》，北京：中国言实出版社，2014年，第69页。
④ （汉）扬雄撰、（宋）司马光集注、刘韶军点校：《太玄集注》卷7《玄摛》，第185—186页。

死，伯牙绝弦破琴而不肯与众鼓；獶人亡，则匠石辍斤而不敢妄斫。师旷之调钟，俟知音者之在后也；孔子作《春秋》，几君子之前睹也。老聃有遗言，贵知我者希，此非其操与！"[1]这种对人事的逆反思维，使扬雄形成了"乱世显人才，治世遭埋没"[2]的观点。具体来说，就是："《玄》是客体现象；默默以守吾《太玄》是主体能力，也就是它的选择性。二者是二律背反的。从《玄》来说，夏是盛，冬是衰；但对于人事来说，则往往是颠倒的，乱世人尽其才，盛世才无所用。认识了这个二律背反，就可以明白'大道低回'、'默默者存'，是这个二律背反的主导方面。扬雄思想体系之可宝贵正在于此"[3]。可见，扬雄讲人与自然之间的平衡，是一种逆反平衡，这种平衡观具有一定的社会批判性。至于我们为什么会将阴阳、出入、正负等自然存在的现象作为对称与平衡关系来认识？有学者正确地回答说："它们是共同存在的，并且是相互关联的，如无阴就无阳、有阴就有阳的共同关系。并且它们之间是缺一不可的，缺了就失去平衡。但是它们之间并不是相等和相同，而是共同存在的对称与平衡关系。"[4]因此，对待扬雄的对称与平衡思想，亦需作如是观。

（三）《太玄历》的学术成就概要

关于《太玄历》的特点，吴讷先生解释说："《太玄历》者，汉扬雄所作也，与《太初历》相应。《太初》以八十一为日法者，九九也。《太玄》以七十二为日法者，八九也。《太初》以三十二为秒法者，八四也。《太玄》以三十六为秒法者，九四也。以《玄》比《初》，分于九而减一秒，于九而加一，同得二千五百九十二秒，始虽异而终则同。"[5]《太玄历》一般不为史家所重，正史及一般天文史书籍都不讲扬雄的《太玄历》，或许是因为它的实证性较弱，而多推理之故。实际上，扬雄的《太玄历》也是间接实证的经验总结，其思想亦有不少合理之处。所以邵雍称赞说："落下闳但知历法，扬雄知历法又知历理。"[6]

（1）推算岁日。《太玄·玄图》篇云："泰积之要，始于十有八策，终于五十有四，并始终策数，半之为泰中。泰中之数三十有六策，以律七百二十九赞，凡二万六千二百四十四策为太积。七十二策为一日，凡三百六十四日有半，踦满焉以合岁之日而律历行。故自子至辰、自辰至申、自申至子，冠之以甲，而章、会、统、元与月蚀俱没，玄之道也。"[7]文中的"章、会、统、元"是《太初历》（亦即《三统历》）[8]的历法计量单位，其中 1 年等于 $365\frac{385}{1539}$ 天。1 章即冬至与合朔相会在同一时刻的周期，时间为 19 年。1 会等于 27 章，即 513 年。1 统等于 3 会，即 81 章，共 1539 年。1 元等于 3 统，即 4617 年。因此，又名八十一分律。在《太初历》的历法体系内，以朔旦、冬至恰好是甲子日的夜半为历

---

① 《汉书》卷 87 上《扬雄传》，第 3577—3578 页。
② 陆复初、程志方：《中国人精神世界的历史反思》第 1 册，昆明：云南人民出版社，2001 年，第 518 页。
③ 陆复初、程志方：《中国人精神世界的历史反思》第 1 册，第 518—519 页。
④ 邹光宇：《宇宙概论》，北京：九州出版社，2013 年，第 151 页。
⑤ （宋）邵雍撰，李一忻点校：《梅花易数》，北京：九州出版社，2003 年，第 217 页。
⑥ （宋）邵雍：《皇极经世书》卷 13《观物外篇上》，北京：九州出版社，2012 年，第 502 页。
⑦ （汉）扬雄撰、（宋）司马光集注、刘韶军点校：《太玄集注》卷 10《玄图》，第 214 页。
⑧ 章鸿剑：《中国古历析疑》，北京：科学出版社，1958 年，第 81 页。

元，亦系历法推算的始点，如果第 1 统的从甲子日开始，经过三会之后，朔旦、冬至又在同一天的夜半子时，无余分。则第 2 统一定会自甲辰开始，第 3 统一定会从甲申开始。3 统之后，又重新返回到以甲子日开始，3 统周而复始。① 按：《太玄》81 首计有 729 赞，司马光注"二赞为一日"②，故"每赞统 0.5 日，合 364.5 日，若琦赞统 0.5 日，赢赞 0.25 日，则共计 365.25 日，与现行公历《格里历》365.2425 和回归年 365.242 20 已非常接近，精度在当时应该说尚可"③。

（2）求星之法。《太玄·玄数》说："从牵牛始，除算尽，则是其日也。"④ 司马光注："冬至日起牵牛一度，日运一度而成一日。故除星度尽，则得其日之所在何度也。"⑤ 对于这句话，学者至少揭示其意义有二：第一，"一周天并非一周岁，此有岁差之理。《吕氏春秋·有始览》有言：'极星与天俱游，而天极不移。'今人陈奇猷认为当时已认识岁差，殊可取。"⑥ 第二，"《太玄》虽然没有明确标明二十四节气，但实际上，其中却暗含着一年二十四气，及其交节时的日躔宿度"⑦。具体说来，则"《太玄》八十一首、七百二十九赞用以表示一年四季的变化，也吸收了关于二十四节气的说法。它以第一首（中首）的初一赞为冬至气应，日在牵牛初度。这与《三统历》完全一致。根据《三统历》的法则，可以求出每一节气所应的《玄》首及其赞次，以及每首所在星宿度数"⑧。如图 4-41 所示，《太玄·太玄历》载求星算法云："置其宿度数，倍之以首去之，所余算外，即日所躔宿之赞。又倍次宿度数以益之，去如前法。"⑨ 扬雄时代冬至点在牛宿，故夏至应在南方的星宿、张宿之间。

二、"儒道互补"与扬雄"易"科学思想的特点

（一）"儒道互补"与扬雄杂糅《易》、《老》的思想方法

扬雄在《太玄赋》中开篇第一句话就是："观大易致损益兮，览老氏之倚伏。"⑩ 而在《法言》一书中，扬雄更是儒道兼宗，既讲"学行"和"修身"，又言"问神"和"问道"，在这样的思想背景下，他阐释了对自然、社会和人事的一些看法。诚如有学者所言："扬雄论'玄'兼具伏羲的'易'，老子的'道'，孔子的'元'三义，表现出他建构宇宙本体论的思想路径。"⑪

---

① 周立升：《两汉易学与道家思想》，上海：上海文化出版社，2001 年，第 129 页。
② （汉）扬雄撰、（宋）司马光集注、刘韶军点校：《太玄集注》卷 8《玄数》，第 204 页。
③ 叶福翔：《易玄虚研究》，上海：上海古籍出版社，2005 年，第 229 页。
④ （汉）扬雄撰、（宋）司马光集注、刘韶军点校：《太玄集注》卷 8《玄数》，第 204 页。
⑤ （汉）扬雄撰、（宋）司马光集注、刘韶军点校：《太玄集注》卷 8《玄数》，第 204 页。
⑥ 潘雨廷：《论邵雍与〈皇极经世〉的思想结构》，刘大钧总主编：《百年易学菁华集成·易学史》第 4 册，第 1424 页。
⑦ 郑万耕：《扬雄及其太玄》，第 30 页。
⑧ 郑万耕：《扬雄及其太玄》，第 29—30 页。
⑨ （汉）扬雄撰、（宋）司马光集注、刘韶军点校：《太玄集注》卷 10《太玄历》，第 220 页。
⑩ 费振刚、仇仲谦、刘南平校注：《全汉赋校注》上册，广州：广东教育出版社，2005 年，第 285 页。
⑪ 闫利春：《从玄、气、心看扬雄的性善恶混论》，《周易研究》2012 年第 4 期，第 81 页。

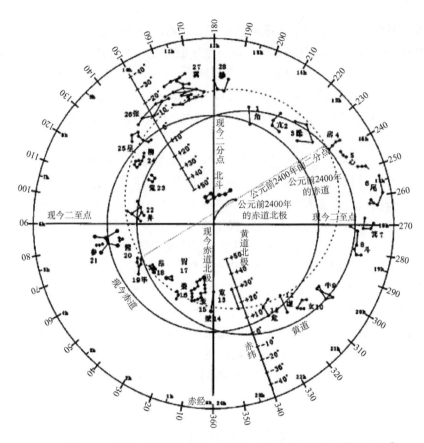

图 4-41 中国二十八宿图（上南下北，以圆圈表示各宿的距星）①

1. 尊崇孔子

汉初学者尊经，故经术比较发达，相比之下，孔子尚未受到汉代学者的特别推崇。扬雄则一改汉初的经术之学风，对孔子表现得尤为尊崇，《法言》首篇即为《学行》，其主旨就是以孔子为楷模，为学治己，批判当时的博士之学。扬雄说："学，行之上也；言之，次也；教人，又其次也。"②汉代五经博士是垄断当时整个学术传授的知识群体，而五经教育的核心思想是治人，而非治己。在扬雄看来，治学是修身的根本。因为"人之性也，善恶混"③，所以为了趋善避恶，就需要"强学而力行"④，又说"治己以仲尼"⑤，以及"或问，齐得夷吾而霸，仲尼曰：小器。请问大器？曰：大器，其犹规矩准绳乎！先自治而后治人之谓大器"⑥。文中的"自治"当然是指孔子的"修己以敬"，由此便规范了君子之"学"的内容，其要点是："导之以仁，则下不相贼；莅之以廉，则下不相盗；临之以

---

① 陈遵妫：《中国天文学史》上册，上海：上海人民出版社，2006年，第216页。

② （汉）扬雄撰、（晋）李轨注：《扬子法言》卷1《学行》，《诸子集成》第10册，第1页。

③ （汉）扬雄撰、（晋）李轨注：《扬子法言》卷3《修身》，《诸子集成》第10册，第6—7页。

④ （汉）扬雄撰、（晋）李轨注：《扬子法言》卷3《修身》，《诸子集成》第10册，第7页。

⑤ （汉）扬雄撰、（晋）李轨注：《扬子法言》卷3《修身》，《诸子集成》第10册，第7页。

⑥ （汉）扬雄撰、（晋）李轨注：《扬子法言》卷10《先知》，《诸子集成》第10册，第26页。

正，则下不相诈。修之以礼义，则下多德让，此君子所当学也。"①正是在这一点上，扬雄批评了老子"绝灭礼学"的消极思想。他说："老子之言道德，吾有取焉耳。及捶提仁义，绝灭礼学，吾无取焉耳。"②可见，扬雄对老学采取了扬弃的态度。

在知识观方面，扬雄主张："智也者，知也。夫智用不用，益不益，则不赘亏矣。深知器械舟车宫室之为，则礼由己。"③这里，扬雄强调知识的功能重在"用"，此点最为学者赞赏，如徐复观先生云："扬雄承述儒家仁义礼智信之通义，然其真正有得者乃在'智'的这一方面，因为他一生的努力，都可以说是智性的活动。"④燕良轼先生亦说："中国古代思想家不仅将知识的运用看成衡量智力的标准，而且强调，真正智慧之人还要善于将无用的东西变成有用的东西，变无用为有用，化腐朽为神奇。汉代思想家扬雄就是这一思想的倡导者。"⑤还有学者认为："扬雄把智力和知识联在一起，甚至还有把智力看作是运用知识、获得知识的条件的意味。我们认为，他的这一观点是弥足珍惜的。"⑥首先，扬雄承认感性认识的作用，如《太玄·玄摛》云："见而知之者，智也。"⑦《法言·吾子》又说："虽有耳目，焉得而正诸，多闻则守之以约，多见则守之以卓，寡闻则无约也，寡见则无卓也。"⑧见闻之知诚然是知识的基础，但是见闻之知容易形成偏见，因此，他主张取用孔子的学说以正人们的"见闻之知"。扬雄说："孔子之道，其较且易也。或曰：童而习之，白纷如也。何其较且易？曰：谓其不奸奸，不诈诈也。"⑨其次，提倡圣人意识。圣人意识是一种理性认识，有人统计，《法言》一书讲述"圣人"的地方，多达75处，显示了扬雄头脑中具有十分强固的圣人意识。例如，《法言·五百》云："圣人之材，天地也；次，山陵川泉也；次，鸟兽草木也。"⑩这里，扬雄把自然科学知识分为三个层次：第一个层次是天地之学，第二个层次是地理之学，第三个层次是动植物学。此分类虽然粗浅，但他的意义在于把"鸟兽草木"也纳入"圣人之学"的范畴，这是很有远见的思想。孔子言"上智下愚"，扬雄则由"上智"进一步发展到"独智"，他说："天下有三门：由于情欲，入自禽门；由于礼义，入自人门；由于独智，入自圣门。"⑪对此"三门"说，有学者评论说：扬雄此论颇有创见，"①他将智力作为至圣最重要的，甚至是唯一因素，把智力提到一个前所未有的高度，认识到智力在人类或个体进化中有重大作用。②他将人与禽兽作为一个连续体进行考察，突出了智力的重要价值。但他将情欲仅看成是禽兽之所有，这显然

① （汉）扬雄撰、（晋）李轨注：《扬子法言》卷3《修身》，《诸子集成》第10册，第26页。
② （汉）扬雄撰、（晋）李轨注：《扬子法言》卷4《问道》，《诸子集成》第10册，第10页。
③ （汉）扬雄撰、（晋）李轨注：《扬子法言》卷3《修身》，《诸子集成》第10册，第11页。
④ 徐复观：《两汉思想史》第2册，北京：九州出版社，2014年，第478页。
⑤ 燕良轼：《生命之智——中国传统智力观的现代诠释》，济南：山东教育出版社，2012年，第195页。
⑥ 燕国材：《汉魏六朝心理思想研究》，长沙：湖南人民出版社，1984年，第85页。
⑦ （汉）扬雄撰、（宋）司马光集注、刘韶军点校：《太玄集注》卷7《玄摛》，第186页。
⑧ （汉）扬雄撰、（晋）李轨注：《扬子法言》卷2《吾子》，《诸子集成》第10册，第6页。
⑨ （汉）扬雄撰、（晋）李轨注：《扬子法言》卷2《吾子》，《诸子集成》第10册，第6页。
⑩ （汉）扬雄撰、（晋）李轨注：《扬子法言》卷8《五百》，《诸子集成》第10册，第24页。
⑪ （汉）扬雄撰、（晋）李轨注：《扬子法言》卷3《修身》，《诸子集成》第10册，第9页。

是站不住脚的"①。更不符合"否定之否定"的进化论原理。

2. 主张儒道两家的"用中"思想

《法言·先知》云:"中乎!圣人之道,譬如日之中矣!不及则未,过则昃。"②我们知道,《礼记》有一篇"中庸",后来被朱熹推崇为四书之一。对于"中庸"的内涵,孔子有一段论述,他说:"舜其大知也与!舜好问而好察迩言,隐恶而扬善,执其两端,用其中于民,其斯以为舜乎!"③也就是说,舜因"执中"而成圣,所以"中"在儒家的思想观念里,具有至上的"宝训"意义。故《论语》载:"尧曰:'咨尔舜!天之历数在尔躬。允执其中。四海困穷,天禄永终。'舜亦以命禹。"④扬雄对"中"道体悟极深,《太玄》的开首即言"中"。其经文说:"阳气潜萌于黄宫,信无不在乎中。"⑤对于这句经辞,有学者解释说:

> 在《太玄》的宇宙模式中,宇宙是有限的,天地绕着通过南北二极与地中的轴旋转。这个轴与地面的交点即经线与纬线的交汇点,这一点是土居中央的本意。土于五常配信,信即伸,二字古通用,信又为诚,诚有内者,必形于外。土,《汉书·五行志》:"土,中央生万物者也。"《说文》:"土,地之土生万物也。二象地之下、地之中物出形也。"土有吐意与信有伸意同,均有上升于天的意味。《太玄中》"阳气潜萌于黄宫,信无不在乎中",正以阳气属地,从中伸展吐生万物。地中阳气上通于天,《太玄周》次六"信周其诚,上亨于天",正是阳气上通天穹。《太玄中》初一"还于天心"则指气从天中还于地中。故土在《太玄》的宇宙架构中,实际上和其他四行不同,它不是平面的直线,而是一竖向的斜线,由水火、木金四行组成的平面,加上土行这一支柱,就将《太玄》所本的宇宙模式支撑起来了。⑥

在自然观上,扬雄的"中道"思想更多的是借鉴了道家的"中"思想。据专家研究,道家所讲的"中"思想至少有四层含义:第一,从事物的规律上着眼,"中"即是"正",即正道,为自然中正必行之路,属于"道"之用;第二,从事物的变化上着眼,"中"即是"度",应知止知足,行为有节制和限度;第三,从空间上着眼,"中"即是"虚","道"以"虚无"为用,"虚无"中孕含生机;第四,从时间上着眼,"中"即是"机",要"动善时","不得已"而为之。⑦扬雄《法言·渊骞》云:"非正不视,非正不听,非正不言,非正不行。夫能正其视、听、言、行者,昔我先师之所畏也。如视不视,听不听,言不言,行不行,虽有育、贲,其犹侮诸!"⑧在此,扬雄将孔子的"非礼勿"诠释为"非正

---

① 燕国材主编:《中国心理学思想史》,长沙:湖南教育出版社,2004年,第278页。

② (汉)扬雄撰、(晋)李轨注:《扬子法言》卷9《先知》,《诸子集成》第10册,第27页。

③ 黄侃:《黄侃首批白文十三经·礼记》,第197页。

④ 黄侃:《黄侃首批白文十三经·论语》,第41页。

⑤ (汉)扬雄撰、(宋)司马光集注、刘韶军点校:《太玄集注》卷1《中首》,第4页。

⑥ 问永宁:《从〈太玄〉看扬雄的人性论思想》,刘大钧主编:《大易集说》,成都:巴蜀书社,2003年,第255—256页。

⑦ 张立波:《论"中"》,《湖北大学学报(哲学社会科学版)》2006年第6期,第691页。

⑧ (汉)扬雄撰、(晋)李轨注:《扬子法言》卷11《渊骞》,《诸子集成》第10册,第37页。

不"，显然受到道家"中"思想的影响，所以这个"正"实际上即是"中"①。诚如扬雄自己所言："芒芒天道，昔在圣考，过则失中，不及则不至，不可奸罔，撰《问道》。"②在经济上，面对汉代的贫富对立，扬雄主张实行什一税制（即按照十分之一的税率抽税）和井田制，他在《法言·先知》中引《公羊传》的话说："什一，天下之正也，多则桀，寡则貉。"③在扬雄看来，"立政鼓众，动化天下，莫上于中和。中和之发，在于哲民情"④。在这种"哲民情"思想的引导之下，扬雄提出了用"井田制"的土地制度来均贫富，行"思"政（即"老人老，孤人孤，病者养，死者葬，即而去"斁"政（即"污人老，屈人孤，病者独，死者逋，田亩荒，杼轴空"）。⑤他说："井田之田，田也，肉刑之刑，刑也。田也者，与众田之；刑也者，与众弃之。"⑥在人事上，扬雄主张"要中"，他说："夫一一所以摹始而测深也，三三所以尽终而极崇也，二二所以参事而要中也。"⑦对此，日本学者辛贤解释说，扬雄所说的"一一"、"二二"及"三三"是和"始"、"中"、"终"的时间范畴相互对应的。⑧司马光释："一一，初也。三三，上也。二二，中也。此自然不可损益之约也，象策数焉。"⑨实际上，这就是认识和分析客观事物的"三分法"，具体内容如表4-3所示：

表4-3　九天、九地、九人的对应关系表⑩

一二三	九赞	九天	九地	九人
（3，3）	次九	（终、终）	（上、上）	（祸、祸）
（3，2）	次八	（终、中）	（上、中）	（祸、福）
（3，1）	次七	（终、始）	（上、下）	（祸、思）
（2，3）	次六	（中、终）	（中、上）	（福、祸）
（2，2）	次五	（中、中）	（中、中）	（福、福）
（2，1）	次四	（中、始）	（中、下）	（福、思）
（1，3）	次三	（始、终）	（下、上）	（思、祸）
（1，2）	次二	（始、中）	（下、中）	（思、福）
（1，3）	初一	（始、始）	（下、下）	（思、思）

① 韩玉涛：《写意论——九方皋相马法疏证》，北京：人民美术出版社，2009年，第499页。
② 《汉书》卷87下《扬雄传下》，第3581页。
③ （汉）扬雄撰、（晋）李轨注：《扬子法言》卷10《先知》，《诸子集成》第10册，第27页。
④ 《汉书》卷87下《扬雄传下》，第3582页。
⑤ （汉）扬雄撰、（晋）李轨注：《扬子法言》卷10《先知》，《诸子集成》第10册，第25页。
⑥ （汉）扬雄撰、（晋）李轨注：《扬子法言》卷10《先知》，《诸子集成》第10册，第27页。
⑦ （汉）扬雄撰、（宋）司马光集注、刘韶军点校：《太玄集注》卷7《玄莹》，第190页。
⑧ ［日］辛贤：《〈太玄〉的"首"与"赞"》，［日］铃木喜一等：《日本学者论中国哲学史》，方旭东译，上海：华东师范大学出版社，2010年，第272页。
⑨ （汉）扬雄撰、（宋）司马光集注、刘韶军点校：《太玄集注》卷7《玄莹》，第190页。
⑩ ［日］辛贤：《〈太玄〉的"首"与"赞"》，［日］铃木喜一等：《日本学者论中国哲学史》，第273页。

（二）扬雄"易"科学思想的特点

（1）三分思维法。《周易》主要是二分思维，如阴阳、上下、强弱等概念都是二分思维的产物。而三分思维则是在《周易》二分思维基础上的进一步细化，扬雄说："逢有下中上。下，思也。中，福也。上，祸也。思福祸各有下中上，以昼夜别其休咎焉。"①这里，有的学者将"思福祸"理解为"事物发展的三个阶段"②。但更多的学者却把它看作是一种辨析事物客观存在状态的思维方法，也就是说，在二分的基础上，应增加一个"中间状态"，这个中间状态是混合性质的。例如，有学者以阴阳为例，阐述了下面的观点：

> 阴阳学说以"一分为二"的观点和方法来说明宇宙万物中相对事物或一个事物的两个方面存在着相互对立、制约、互根、互用、互藏、交感、消长、转化、自和、平衡等十大运动的规律和形式。同时，阴阳学说还表明两个对立统一的两方面中还在各自内部、隐含着不得显露之对方成分，因而具有三面性：事物或现象的阴阳属性是依据其含属阴与属阳成分的比例大小而决定的。阳中含阴，是说属阳的事物或现象也含有属阴的成分，而该事物或现象的整体属性仍为阳性；阴中含阳，是指属阴的事物或现象也含有属阳的成分，而该事物或现象的整体属性仍为阴性。……因此，阴阳互藏是阴阳双方交感合和的动力根源之认识，是极其重要，并显其多面性多重性的表现。③

在《太玄》一书中，三分法是根本大法，也是玄学的立论基础。如《太玄·玄告》云："天三据而乃成，故谓之始中终。地三据而乃行，故谓之下中上。人三据而乃著，故谓之思、福、祸。"④《太玄·玄摛》又云："天他莫位，神明通气，有一、有二、有三。"⑤按照扬雄的逻辑，一、二、三的关系应当是包含关系，即二包含着一，三包含着二。于是，"三分思维对二分思维首先是继承和吸收，然后在此基础上把二分思维涵盖、融合了进来，如阴阳、终始、祸福、上下、强弱、刚柔、君臣等等都是二分思维中的重要概念，而在三分思维中就把这些原属于二分思维的概念都有意地加以吸收，再在三分思维的形式中主动地加以重新定位和认识，于是就把二分思维巧妙地融合和涵盖在三分思维之中，而二分思维则没有涵盖三分思维的主观意识和客观效果"⑥。如果说这段阐释还不甚直截了当的话，那么，我们不妨再举一例。扬雄主张人性"善恶混"，他说："人之性也，善恶混。修其善则为善人，修其恶则为恶人。"⑦对这种"善恶混"的人性论，学界多有评说⑧，

---

① （汉）扬雄撰、（宋）司马光集注、刘韶军点校：《太玄集注》卷8《玄数》，第194页。
② 温公颐：《中国中古逻辑史》，上海：上海人民出版社，1989年，第119页。
③ 张导华：《创新论》，香港：中国科学艺术出版社，2008年，第67—68页。
④ （汉）扬雄撰、（宋）司马光集注、刘韶军点校：《太玄集注》卷10《玄告》，第215页。
⑤ （汉）扬雄撰、（宋）司马光集注、刘韶军点校：《太玄集注》卷7《玄摛》，第187页。
⑥ 刘韶军：《二分与三分：〈周易〉与〈太玄〉的形式之差及其思想内涵》，张涛主编：《周易文化研究》第4辑，北京：社会科学文献出版社，2012年，第290页。
⑦ （汉）扬雄撰、（晋）李轨注：《扬子法言》卷3《修身》，《诸子集成》第10册，第6—7页。
⑧ 方立天：《中国古代哲学问题发展史》上册，北京：中华书局，1990年，第340—341页；闫利春《从玄、气、心看扬雄的性善恶混论》，《周易研究》2012年第4期，第75—81页等。

不赘。范静先生解释说："人性中原有善恶二原子，气则为原子之震动，或动而适于善，或动而适于恶，皆性中所本有。即善恶两要素同时存于性中。"①当然，"三分思维的三分，不是一次性的三分，而是多次性的三分，从一分为三，再把三之中的每分作为一个一而再次进行三分，于是三就三分为九，这样多次三分，就构成了一玄三方九州二十七部八十一家的三分结构，而基于三分思维的许多思想内容，也就被安置在这样一个多层三分的结构之中了。这样的三分思维，就使重视过程的思想更加细致缜密，而避免了粗疏简略"②。

（2）以"九三之法"为范式的玄象说。论者谓扬雄《太玄》经的特点道："《玄》准历准《易》也，非惟准历也，又准律，《律志》曰：'太极元气，函三为一。中也，元始也，行于十二辰，始动于子，参之于丑得三，参之于寅得九，又参之于卯得二十七，又参之于辰得八十一。'是为九三之法，《玄》之所聘取也。"③关于"九三之法"，前面已经做过介绍。至于玄象的特点，有学者阐释说，《太玄》对玄象的认识特别强调三点：第一，玄是物质世界运动变化的动因和根源，玄虽然无形可见，但一切有形可见的存在物都是它的客观外现；第二，每一玄象都是阴阳二气运动状态的象征；第三，玄象相当于卦象，而"音律、卦象和玄象，只不过是描述阴阳二气消长运动的不同符号系统而已"，反过来讲，"阴阳二气的消长运动，是律气、卦气、太玄的共同根据和本质"④。下面我们根据清代学者吴汝纶的解说，特把《周易》卦象与《太玄》玄象之爻（首）辞一一对照并列表 4-4 于兹。⑤

表 4-4　《周易》卦象与《太玄》玄象之爻（首）辞对照表

序号	周易		太玄		二十四节气	二十八宿或十二星次
	卦象	卦辞	玄象	首辞		
1	中孚	柔在内而刚得中，说而巽	中	阳气潜萌于黄宫，信无不在乎中	冬至	日舍牵牛初度
2	复		周	阳气周神而反乎始，物继其汇		日舍婺女
3	屯	刚柔始交而难生	礥	阳气微动，动而礥礥，物生之难也		日次玄枵（十二星次之一），配女、虚、危三宿
			闲	阳气闲于阴，礥然，物咸见闲	小寒	
4	谦	天道下济而光明，地道卑而上行	少	阳气潜然施于渊，物谦然能自载		虚
5	睽	火动而上，泽动而下，二女同居，其志不同行	戾	阳气孚微，物各乖离而触其类		
6	升	柔以时升	上	阳气育物于下，咸射地而登乎上	大寒	危
			干	阳扶物如钻乎坚，铪然有穿		

① 引自江恒源：《中国先哲人性论》，上海：商务印书馆，1926 年，第 74 页。
② 刘韶军：《二分与三分：〈周易〉与〈太玄〉的形式之差及其思想内涵》，张涛主编：《周易文化研究》第 4 辑，第 290 页。
③ 解丽霞：《扬雄与汉代经学》附录，广州：广东人民出版社，2011 年，第 375 页。
④ 李申：《万法归宗——气范畴通论》，北京：华艺出版社，1993 年，第 79 页。
⑤ （清）吴汝纶撰，施培毅、徐寿凯校点：《吴汝纶全集》第 2 册，合肥：黄山书社，2002 年，第 34—40 页。

序号	周易		太玄		二十四节气	二十八宿或十二星次
	卦象	卦辞	玄象	首辞		
7	临	刚浸而长，说而顺，刚中而应	狩	阳气强内而弱外，物咸扶狩而进乎大		
			羡	阳气赞幽推包，羡爽未得正行		
8	小过		差	阳气蠢辟于东，帝由群雍，物差其容	立春	营室
9	蒙	山下有险，险而止，蒙	童	阳气始窥，物僮然咸未有知		
10	益	损上益下，民说无疆，自上下下，其道大光	增	阳气蕃息，物则增益，日宣而殖		
11	渐	止而巽，动不穷也	锐	阳气岑以锐，物之生也，咸专一而不二	惊蛰	
12	泰	天地交而万物通	交	阳交于阴，阴交于阳，物登明堂，乔乔皇皇		
			达	阳气枝枝条条出，物无不达		东壁，亦即壁宿
13	需	须也，险在前也	㪷	阳气能刚能柔，能作能休，见难而缩	雨水	降娄（十二星次之一）
			侯	阳气有侯，可以进而进，物咸得其愿		
14	随	刚来而下柔，动而说，随	从	阳跃于渊、于泽、于田、于岳，物企其足		
15	晋	明出地上，顺而丽乎大明	进	阳引而进，物出溱溱，开明而前		日舍娄
16	解	险以动，动而免乎险，解	释	阳气和震圜煦，释物咸税其枯，而解其甲	春分	
17	大壮	刚以动，故壮	格	阳气内壮，能格乎群阴，攘而郄之		
			夷	阳气伤㚁，阴无救瘗，物则平易		胄
18	豫	刚应而志行，顺以动，豫	乐	阳始出奥舒，叠得以和淖，物咸喜乐	谷雨	大梁（十二星次之一）
19	讼	上刚下险，险而健，讼	争	阳气氾施，不偏不颇，物与争讼，各遵其仪		
20	蛊	刚上柔下，巽而止，蛊	务	阳气勉务，物咸若其心而总其事		昴
			事	阳气大冒昭职，物则信信，各致其力		
21	革	水火相息，二女同居，其志不相得曰革	更	阳气既飞，变势易形，物改其灵	清明	毕
22	夬	刚决柔也，健而说，决而和	断	阳气强内而刚外，动而能有断决		
			毅	阳气方良，毅然敢行，物信其志		
23	旅	柔得中乎外，而顺乎刚，止而丽乎明	装	阳气虽大用事，微阴据下，装而欲去	立夏	实沈（十二星次之一）

续表

序号	周易		太玄		二十四节气	二十八宿或十二星次
	卦象	卦辞	玄象	首辞		
24	师	刚中而应，行险而顺	众	阳气信高怀齐，万物宣明，嫭大众多		参
25	比	辅也，下顺从也	亲	阳方仁爱，全真敦笃，物咸亲睦	小满	井
			密	阳气亲天，万物丸兰，咸密无间		
26	小畜	柔得位而上下应之，曰小畜	敛	阳气大满于外，微阴小敛于内		
27	乾	大哉乾元，万物资始，乃统天	檤	阳气纯刚乾乾，万物莫不檤梁		
			晬	阳气袀晬清明，物咸重光，保厥昭阳		
28	大有	柔得尊位大中，而上下应之，曰大有	盛	阳气隆盛充塞，物寊然尽满厥意	芒种	鹑首（十二星次之一）
29	家人	女正乎内，男正乎外	居	阳方躆肤赫赫，为物城郭，万物咸度		
30	井	巽乎水而上水，井，井养而不穷也	法	阳气高悬厥法，物仰其墨，莫不彼则		
31	离	重明以丽乎正	应	阳气极于上，阴信萌乎下，上下相应		
32	咸	柔上而刚下，二气感应以相与	迎	阴气成形乎下，物咸遡而迎之	夏至	
33	姤	柔遇刚也	遇	阴气始来，阳气始往，往来相逢		柳
34	鼎	鼎，象也。以木巽火，烹饪也	灶	阴虽沃而洒之，阳犹执而和之	小暑	鹑火
35	丰	大也。明以动，故丰	大	阴虚其内，阳蓬其外，物与盘盖		
			廓	阴瘰而愈之，阳气恢而廓之		星
36	涣	刚来而不穷，柔得位乎外而上同	文	阴敛其质，阳散其文，文质班班，万物灿然		张
37	履	柔履刚也	礼	阴在下而阳在上，上下正体，物与有礼	大暑	
38	遁	刚当位而应，与时行也	逃	阴气章强，阳气潜退，万物将亡		
			唐	阴气滋来，阳气滋往，物且荡荡		
39	恒	刚上而柔下，雷风相与，巽而动，刚柔皆应，恒	常	阴以知臣，阳以知辟，君臣之道，万世不易	立秋	翼鹑尾（十二星次之一）
			永	阴以武取，阳以文与，道可长久		
40	节	刚柔分而刚得中	度	阴气曰躁，阳气曰舍，躁躁舍舍，各得其度		
41	同人	柔得位得中，而应乎乾，曰同人	昆	阴将离之，阳尚昆之，昆道尚同		

序号	周易		太玄		二十四节气	二十八宿或十二星次
	卦象	卦辞	玄象	首辞		
42	损	损上益下，其道上行	减	阴气息，阳气消，阴盛阳衰，万物以微	处暑	轸
43	否	天地不交而万物不通	唫	阴不之化，阳不之施，万物各唫		
			守	阴守户，阳守门，物莫相干		
44	巽	重巽以申命	翕	阴来逆变，阳往顺化，物退降集	白露	寿星（十二星次之一）
45	萃	顺以说，刚中而应，故聚也	聚	阴气收聚，阳不禁御，物自崇聚		角
46	大畜	刚健笃实，辉光日新其德	积	阴将大闭，阳尚小开，山川薮泽，万物攸归		
47	贲	柔来而文刚	饰	阴白阳黑，分行厥职，出入有饰	秋分	
48	震		疑	阴阳相磓，物相凋离，若是若非		亢
49	观	大观在上，顺而巽，中正以观天下	视	阴成魄，阳成妣，物之形貌咸可视		
50	兑	刚中而柔外	沈	阴怀于阳，阳怀于阴，志在玄宫		氐
51	归妹	说以动，所以归妹也	内	阴去其内而在乎外，阳去其外而在乎内，万物之既	寒露	大火（十二星次之一）
52	无妄	刚自外来而为主于内，动而健	去	阳去其阴，阴去其阳，物咸偶倡		
53	明夷	明入地中，明夷	晦	阴登于阳，阳降于阴，物咸丧明		房
			瞢	阴征南，阳征北，物失明贞，莫不瞢瞢	霜降	心
54	困	刚掩也	穷	阴气塞宇，阳亡其所，万物穷遽		尾
55	剥	柔变刚也	割	阴气割物，阳形悬杀，七日几绝		
56	艮	止也。时止则止，时行则行，动静不失其时，其道光明	止	阴大止于物上，阳亦止物于下，下上俱止		
			坚	阴形胼冒，阳丧其绪，物竞坚强	立冬	析木（十二星次之一）
57	既济		成	阴气方清，阳藏于灵，物济成形		箕
58	噬嗑	颐中有物，曰噬嗑	闲	阴阳交跌，相阖成一，其祸泣万物		
59	大过		剧	阴穷大泣于，阳无介俦，离之剧		斗
			失	阴大作贼，阳不能得，物陷不测	小雪	
60	坤	至哉坤元，万物资生，乃顺承天	驯	阴气大顺，浑沌无端，莫见其根		
61	未济		将	阴气济物乎上，阳信将复始之乎下	大雪	星纪（十二星次之一）

续表

序号	周易		太玄		二十四节气	二十八宿或十二星次
	卦象	卦辞	玄象	首辞		
62	蹇	险在前也，见险而能止，知矣哉	难	阴气方难，水凝地坼，阳弱于渊		
63	习坎	水流而不盈，行险而不知其信	勤	阴冻沍，戁创于外，微阳邸冥，膂力于内		
64	颐		养	阴弸于野，阳蓲万物，赤之于下		

在《太玄》一书里，扬雄通过"玄图""玄数""玄莹"等篇章构建了一个以三为变数的玄象图式，上表所列只是其中的一部分内容。《太玄·玄告》讲述了其构造玄象图式的一般原理，扬雄说："玄生神象二，神象二生规，规生三摹，三摹生九据。玄一摹而得乎天，故谓之九天，再摹而得乎地，故谓之九地，三摹而得乎人，故谓之九人。"[1]具体地讲，"九天：一为中天，二为羡天，三为从天，四为更天，五为睟天，六为廓天，七为减天，八为沈天，九为成天。九地：一为沙泥，二为泽地，三为沚崖，四为下田，五为中田，六为上田，七为下山，八为中山，九为上山。九人：一为下人，二为平人，三为进入，四为下禄，五为中禄，六为上禄，七为失志，八为疾瘵，九为极"[2]。那么，我们应当如何辩证地去理解扬雄上述"三九"思想的内涵呢？以"九天"为例，实际上，扬雄是将《太玄》八十一首分为九段，第一阶段从"中首"到"狩首"，此为"中天"；第二个阶段从"羡首"到"徯首"，是为"羡天"；第三个阶段从"从首"到"事首"，是为"从天"；第四个阶段从"进首"到"更首"，是为"更天"；第五个阶段从"断首"到"睟首"，是为"睟天"；第六个阶段从"盛首"到"廓首"，是为"廓天"；第七个阶段从"文首"到"减首"，是为"减天"；第八个阶段从"唫首"到"沈首"，是为"沈天"；第九个阶段从"内首"到"成首"，是为"成天"。可见，这"九天"代表日行一年的运动周期，与此相应，万物也经历一个从萌芽到成熟的生长过程。为清楚起见，扬雄又以"九天"中的"三天"为一个考量单元，进一步把"九天"凝练成"三大阶段"。对此，《太玄·玄图》解释说："图象玄形，赞载成功。"文中的"图象"即指浑天仪，因为浑天仪上标明了天地、阴阳、日月、四时、五行、六甲、六合及二十八宿等内容，所以通过观察浑天仪的运动特点就能推知天时循行的位置、日舍所在等，从而把握气候变化的规律。在"九天"之中，"始哉《中羡从》，百卉权舆，乃讯感天，雷椎欧窜，舆物旁震，寅赞柔微，拔根于元，东动青龙，光离于渊，摧上万物，天地舆新"[3]。这个阶段是万物生长的早期，生机勃发，万象更新。"中哉《更睟廓》，象天重明，雷风炫焕，与物时行，阴酋西北，阳尚东南，内虽有应，外舣亢贞，龙干于天，长类无疆，南征不利，遇崩光。"[4]这个阶段是万物生长的

① （汉）扬雄撰、（宋）司马光集注、刘韶军点校：《太玄集注》卷10《玄告》，第215页。
② （汉）扬雄撰、（宋）司马光集注、刘韶军点校：《太玄集注》卷8《玄数》，第202页。
③ （汉）扬雄撰、（宋）司马光集注、刘韶军点校：《太玄集注》卷10《玄图》，第211页。
④ （汉）扬雄撰、（宋）司马光集注、刘韶军点校：《太玄集注》卷10《玄图》，第211—212页。

中期，枝叶繁茂，赤日灼风，青实摇曳，生蕃渐旺。"终哉《减沈成》，天根还向，成气收精，阅入庶物，咸首蘱鸣，深含黄纯，广含群生，泰柄云行，时监地营，邪谟高吸，乃训神灵，旁该终始，天地人功咸酋贞。"①这个阶段对应于从处暑到冬至前的时令，此期万物的生长逐渐结束，亦即草木果实成熟。这样，"天玄三天"用天文星象、风雨物候及节气变动来说明四时季节、月令的交替与变换，而"地玄三天"和"人玄三天"的道理也复如此，三者具有内在的一致性，此为当时的"天人合一"思维模式所决定。诚如有学者所说："扬雄以《太玄》八十一首、七百二十九赞表示一年三百六十五天的运行变化，不仅包含了上述天文、历法的内容，实质上构成了一个特殊的历法。而且，他大概隐约看到了，其中所包含的世界万物相互联系的思想内容，从而把天文、历法上升为一个囊括天道、地道、人道的宇宙间架，构成了一个包罗万象的世界图式。"②

（3）"得福而亡祸"的筮道观。《太玄》的用途，对于人事而言，便是千方百计引导世人积极"有循而体自然"③，最后实现趋利避害或趋乐避苦的人生目的。扬雄说："往来熏熏，得亡之门。夫何得何亡？得福而亡祸也。天地福顺而祸逆，山川福库而祸高，人道福正而祸邪。故君子内正而外驯，每以下人。是以动得福而亡祸也。福不丑不能生祸，祸不好不能成福，丑好乎丑好，君子所以亶表也。"④这段话讲祸福的转化及其辩证关系，"福不丑不能生祸，祸不好不能成福"，即得了福，只要不作恶，就不会招惹祸患；相反，遭遇了灾祸，如果不修善，就不可能把"祸"转化为"福"。然而，"修善"的途径很多，扬雄则建议人们利用筮占来指导和规范自己的种种社会行为，从而使自己的种种社会行为与筮相合，不是相悖。当然，汉代筮占的方法很多，《太玄》则推崇"数象"，而且另辟蹊径。比如，扬雄说："一从二从三从，是谓大休。一从二从三违，始中休，终咎。一从二违三违，始休，中终咎。……一违二违三违，是谓大咎。占有四：或星、或时、或数、或辞。"⑤与《周易》的筮占相比，《太玄》的筮占过程非常机械和呆板，故不必细究。因为"《太玄》并不是以断占为长的筮书，它的价值在于它以一个完整的体系试图揭示宇宙社会的规律。"⑥不过，这个问题还可以争论。我们需要说明的是，扬雄主张："凡筮有道：不精不筮，不疑不筮，不轨不筮，不以其占不若不筮。"⑦这里，扬雄特别强调"法则"的意义。一句话，没有"法则"就没有筮占，而此"法则"归根到底就是"太玄之道"。仅从这层意义上讲，扬雄的《太玄》确实是"借用占筮的形式来表现他的哲学思想"⑧。

然而，扬雄是一个颇有争议的历史人物，或可说："扬雄的一生，都是在不被人理解中度过的。"⑨宋明理学尤其贬低扬雄的思想，攻讦之声甚嚣尘上。诚然，扬雄固有其人性

---

① （汉）扬雄撰、（宋）司马光集注、刘韶军点校：《太玄集注》卷10《玄图》，第212页。
② 郑万耕编著：《扬雄及其太玄》，北京：北京师范大学出版社，2009年，第29页。
③ （汉）扬雄撰、（宋）司马光集注、刘韶军点校：《太玄集注》卷7《玄莹》，第190页。
④ （汉）扬雄撰、（宋）司马光集注、刘韶军点校：《太玄集注》卷7《玄莹》，第191页。
⑤ （汉）扬雄撰、（宋）司马光集注、刘韶军点校：《太玄集注》卷8《玄数》，第194页。
⑥ 王青：《扬雄评传》，南京：南京大学出版社，2000年，第129页。
⑦ （汉）扬雄撰、（宋）司马光集注、刘韶军点校：《太玄集注》卷8《玄数》，第193页。
⑧ 黄开国：《一位玄静的儒学伦理大师——扬雄思想初探》，成都：巴蜀书社，1989年，第68页。
⑨ 纪国泰：《管蠡斋文丛》，成都：巴蜀书社，2010年，第245页。

之弱点，但他与王莽之间的政治关系，绝不能简单化地套用"对"和"错"的价值判断。其实，扬雄是一个很有政治抱负的思想家，可惜他生不逢时，这是形成他矛盾性格的一个主要因素，正如有学者所言，在西汉末年复杂多变的时代背景与社会环境中，扬雄无疑"有其不得不然耳的苦衷"①。

第三节　王充的批判精神及其科学思想

对于王充的学术地位，蔡元培先生有一段评论，他说："汉代自董、扬以外，著书立言，若刘向之《说苑》《新序》，桓谭之《新论》，荀悦之《申鉴》，以至徐幹之《中论》，皆不愧为儒家言，而无甚创见。其抱革新之思想，而敢与普通社会奋斗者，王充也。"②不止蔡元培先生心目中的王充是一位革新家，学界的大多数同仁又何尝不钦佩王充那种崇尚"犹是之语"③而"不与俗协"④的叛逆精神。据此，有学者称赞王充是一位"不妥协的现实批判者"⑤。

王充字仲任，会稽上虞（今浙江上虞）人。《后汉书》本传所载王充的事迹不足 300字，而王充《论衡·自纪篇》却写了约有 6000 字，"自纪篇"相当于一篇自传，这在古代的论著中极为少见。王充自称："充既疾俗情，作《讥俗》之书，又闵人君之政徒欲治人，不得其宜，不晓其务，愁精苦思，不睹所趋，故作《政务》之书。又伤伪书俗文，多不实诚，故为《论衡》之书。"⑥由此可以窥见，王充对他所生活时代的社会俗情、政治事务以及流行思想是持批判态度的，而非苟合。他做人的原则是"行苟离俗，必与之友"⑦，"在乡里慕蘧伯玉之节，在朝廷贪史子鱼之行。见污伤不肯自明，位不进亦不怀恨。贫无一亩庇身，志佚于王公；贱无斗石之秩，意若食万钟。得官不欣，失位不恨。处逸乐而欲不放，居贫苦而志不倦"⑧。其为文"违诡于俗"⑨，正是由于这个原因，王充的《论衡》屡遭那些已经习惯于"循旧守雅"和模拟因袭者的非议，如有人公然质疑《论衡》的思想价值，并诘难说："实事委琐，文给甘酸，谐于经不验，集于传不合，稽之子长不当，内之子云不入。文不与前相似，安得名佳好、称工巧？"⑩从这种崇古而抑今的批评声中，我们反而更加深刻地领悟到了《论衡》的鲜明个性特征。不但如此，他们还在政治

---

① 陈福滨：《扬雄》，台北：东大图书公司，1993 年，第 19 页。
② 蔡元培：《中国伦理学史》，北京：北京联合出版公司，2014 年，第 55 页。
③ （汉）王充：《论衡》卷 30《自纪篇》，《百子全书》第 4 册，第 3506 页。
④ （汉）王充：《论衡》卷 30《自纪篇》，《百子全书》第 4 册，第 3508 页。
⑤ 大鸟：《中国大儒·风华绝代》，贵阳：贵州人民出版社，2013 年，第 118 页。
⑥ （汉）王充：《论衡》卷 30《自纪篇》，《百子全书》第 4 册，第 3505 页。
⑦ （汉）王充：《论衡》卷 30《自纪篇》，《百子全书》第 4 册，第 3504 页。
⑧ （汉）王充：《论衡》卷 30《自纪篇》，《百子全书》第 4 册，第 3503 页。
⑨ （汉）王充：《论衡》卷 30《自纪篇》，《百子全书》第 4 册，第 3506 页。
⑩ （汉）王充：《论衡》卷 30《自纪篇》，《百子全书》第 4 册，第 3507 页。

上多次陷害王充，甚至拿它跟王充说事："今吾子涉世落魄，仕数黜斥，材未练于事，力未尽于职，故徒幽思属文，著纪美言，何补于身？"①从世俗的眼光看，只有仕途腾达，才能显示你的才学高人一等，否则，读书有何用处。然而，王充却十分自信，他说："高士所贵，不与俗均"，至于那些"官大而德细，于彼为荣，于我为累。偶合容说，身尊体佚，百载之后，与物俱殁。名不流于一嗣，文不遗于一札，官虽倾仓，文德不丰，非吾所臧。"②首先肯定，这种"荣累观"至今都有非常重要的现实意义。如果我们再上升一个高度看，那么，王充对"以位论德"的彻底否定，充分体现了作为"细族孤门"的他"不满豪强、愤懑时弊的鸿志高节"③。这是问题的一个方面，另一方面，我们也看到，在当时的特定历史环境中，王充"又无可奈何地承认了行善遭祸、为恶得福的不合理的现实，对贫贱地位采取了'浩然恬忽，无所怨尤'（《自纪》）的消极态度。这是宿命论的题中应有之义，也就是说，在王充思想中，宿命论的观点正压抑了对时俗的批判精神"④。按照王充《自纪》记载，他的《讥俗》《政务》等著述，早已散佚，而《论衡》也是在沉寂了百年之后，才被蔡邕和王朗发现和受用，并得以传世。对《论衡》当时命运的这种转变，有学者分析说："东汉末年的现实，使《论衡》所表达的观念获得了适宜的传播条件；而《论衡》的传播，也使天道自然观念成为流行的观念。在这样的思想基础上，才有后来'名教'与'自然'的争论，有'任其自然'的人生哲学。《论衡》的传播，是汉代主流意识向魏晋南北朝时期社会主流意识转换的枢纽。"⑤

一、王充的元气自然论与《论衡》

（一）"元气说"与宇宙万物的运动

汉代的天学比较发达，各种论天的学说都以"气"为其立言的基础。例如，浑天论者云："太素始萌，萌而未兆，并气同色，浑沌不分。"⑥盖天论者说："天道曰圆，地道曰方。"《淮南子·天文训》释："方者主幽，圆者主明。明者吐气者也，是故火曰外景；幽者含气者也，是故水曰内景。吐气者施，含气者化，是故阳施阴化。天之偏气，怒者为风；地者含气，和者为雨。"⑦此外，《管子·内业》又说："凡物之精，此则为生。下生五谷，上为列星。流于天地之间，谓之鬼神；藏于胸中，谓之圣人。是故民气，杲乎如登于天，杳乎如入于渊，淖乎如在于海，卒乎如在于己。"⑧可见，从天、地、人及万物，无不与气紧密相连，王充积极吸取了先秦以来的"气本体"思想成果，主张"天地，含气之自

① （汉）王充：《论衡》卷30《自纪篇》，《百子全书》第4册，第3507页。
② （汉）王充：《论衡》卷30《自纪篇》，《百子全书》第4册，第3508页。
③ 朱贻庭主编：《中国传统伦理思想史》增订本，上海：华东师范大学出版社，2003年，第233页。
④ 朱贻庭主编：《中国传统伦理思想史》增订本，第233页。
⑤ 李申：《中国哲学史文献学》，郑州：河南大学出版社，2012年，第188—189页。
⑥ （清）阮元等撰，冯立昇、邓亮、张俊峰校注：《畴人传合编校注》引《灵宪》，郑州：中州古籍出版社，2012年，第52页。
⑦ （汉）刘安：《淮南子》卷3《天文训》，哈尔滨：北方文艺出版社，2013年，第43页。
⑧ （春秋）管仲：《管子·内业》，哈尔滨：北方文艺出版社，2013年，第277页。

然也"①。

把宇宙万物的形成与"元气"联系起来，强调宇宙的产生、发展和演变过程，而非把宇宙看作是静止不变的"虚幻物"，这是王充自然哲学思想的显著特点。

（1）元气与宇宙的初始状态。宇宙的初始状态是什么？王充解释说："说《易》者曰：'元气未分，浑沌为一。'儒书又言：'溟涬蒙澒，气未分之类也。及其分离，清者为天，浊者为地。'如说《易》之家、儒书之言，天地始分，形体尚小，相去近也。近则或枕于不周之山，共工得折之，女娲得补之也。含气之类，无有不长。天地，含气之自然也；从始立以来，年岁甚多，则天地相去，广狭远近，不可复计。儒书之言，殆有所见。然其言触不周山而折天柱，绝地维，消炼五石补苍天，断鳌之足以立四极，犹为虚也。"②在宇宙的原初形态方面，德国自然哲学家康德曾经提出了"星云假说"（图4-42），这一假说认为，我们的宇宙包括太阳及太阳系内的行星、卫星等天体，都是由一个原始星云团不断演变而来。本来这个星云团中的物质都在作无规则的运动，然而，随着各种物质之间的相互碰撞和相互吸引，较小物质在运动过程中逐渐被吸引到较大物质的周围，成为一个质量比较巨大的团块，其中中心部引力最强，这里吸引的物质相对较稠密，这样原始的太阳便形成了。之后，在太阳的引力作用下，外周的小团块物质或称微粒在向中心体下落的过程中，由于相互之间的碰撞与斥力作用，造成向中心体下落的小团块物质或称微粒的运动方向发生偏离，即"使垂直的下落运动变成围绕降落中心的周围运动，并逐渐形成一个围绕太阳转动的薄盘云状物。云状物又逐渐形成几个引力中心，这些引力中心最后便凝聚成行星"。这是现代宇宙学视野中的天地构造论，王充的时代当然不可能具有现代宇宙学的视野。但就汉代的宇宙观而论，王充的"元气说"也包含着比较丰富的宇宙学内容或思想素材。第一，"元气未分，浑沌为一"，表明宇宙万物有一个共同的起源，这个起源是运动着的物质，尽管这个物质尚处于原始的朴素形态。第二，"清者为天，浊者为地"，从元气的浑沌状态分化为天和地两种星体，王充借用《淮南子·天文训》及《列子·天瑞》的观点，认为元气内部存在两种相互作用的气或称为力，一种是清气，另一种是浊气。用现代天体物理学的概念来讲，清气是一种向外膨胀的力，即斥力；浊气则是一种向中心区域收缩的力，即引力。其中"引力的作用，使气态恒星体物质系统无限制地向中心部位收缩；而斥力的作用，使气态恒星体物质系统向周围空间扩散或膨胀。当引力与斥力相互作用的对立统一关系打破了，便是恒星天体系统的终结，而转化为其他形态的物质系统，形成新的吸引和排斥的对立统一关系。"③中国古代所理解的"天"，不确定，一般是指宇宙、太空，也有人认为是指靠近地球的月球。④高怀民先生总结说：

> "天"字的含义，从历史时代上看，凡历三个时代，即"天道思想时代"、"神道思想时代"与"人道思想时代"。所谓四重含义，乃依循着上三个思想时代而产生：

① （汉）王充：《论衡》卷11《谈天篇》，《百子全书》第4册，第3320页。
② （汉）王充：《论衡》卷11《谈天篇》，《百子全书》第4册，第3320页。
③ 栾玉广：《系统自然观》，北京：科学出版社，2003年，第528页。
④ 陈功富主编：《宇宙之谜与探解》，哈尔滨：哈尔滨工业大学出版社，1996年，第257页。

"天道思想时代"的"天",是大自然的天,头顶上苍苍茫茫的浑然大象,八卦中的
"三为天"与《说文解字》中的"从一大",均此时的"天"义,"神道思想时代"的
"天",则假想天为有意志者,能降人吉凶祸福,祭祀中与卜筮中作为祈求祷告之时象
的"天"属之。"人道思想时代"的"天",则因人智进步之故,分作二义:一是外而
言,"天"为宇宙运行的法则,《周易》十翼中的"天"字,大多属之、如"天行健,
君子以自强不息"是。另一是内而言,"天"由心性体悟而得,这是由于乾道变化生
性命,故性命与宇宙法则为一,内体性命之理,即得宇宙之法则,由是外在的
"天",一转而为内在于心性。①

图 4-42　康德的星云假说②

显然,王充所理解的"天"是指大自然的天,或指宇宙。而这个宇宙是实体的,而非
虚幻的存在。王充说:"且夫天者,气邪?体也?如气乎,云烟无异,安得柱而折之?女
娲以石补之,是体也。如审然,天乃玉石之类也。"③现代天体物理学已经证实,太阳系中
的土星是一颗气体巨星,它的核由岩石组成,核的外层是 5000 千米厚的冰带及金属氢构
成的地幔,最外面环以由氢、核、甲烷等组成的大气层。④而海王星则主要由各类冰状物
和含有氢、氦的岩石构成⑤,等等。宇宙含有无数星体,这些星体的构成千差万别,但无
论是"气体星",还是"固体星",都离不开岩石,从这层意义讲,王充所说"天乃玉石之
类",符合现代天体物理学的观测实际。当然,还有另外一种可能,宇宙中确实存在"气
体云天柱"。"如气乎,云烟无异,安得柱而折之",确实真有其事,"气得柱而折(即缩
小)"是客观存在的天体现象,这是王充所没有预见到的。第三,王充说:"天地始分,形
体尚小,相去近也。"⑥过去由于观察资料所限,我们对前面这句话的理解有一定难度,然
而,下面的"鹰状星云"中的气体与星蛋,似乎为我们演示了王充那天才的推测。诚如加

① 吴进安:《孔子之仁与墨子兼爱比较研究》,台北:文史哲出版社,1993 年,第 123—124 页。
② [德]康德:《康德的批判哲学》,唐译编译,长春:吉林出版集团有限责任公司,2013 年,第 129 页。
③ (汉)王充:《论衡》卷 11《谈天篇》,《百子全书》第 4 册,第 3319 页。
④ 龚勋主编:《宇宙太空百科全书》,南昌:江西教育出版社,2014 年,第 78 页。
⑤ 龚勋主编:《宇宙太空百科全书》,第 82 页。
⑥ (汉)王充:《论衡》卷 11《谈天篇》,《百子全书》第 4 册,第 3320 页。

拿大学者戴尔所说："在鹰状星云中我们可以看到大量由厚重气体形成的星蛋从云柱中逃逸出来。这些星蛋保护着内部正在形成的恒星。或许我们的太阳和行星也都是经过类似的过程形成的。"[1]第四，星体的"广狭远近"变化，王充说："（星体）近则或枕于不周之山，共工得折之，女娲得补之也。含气之类，无有不长。天地，含气之自然也；从始立以来，年岁甚多，则天地相去，广狭远近，不可复计。"[2]这里，虽然讲的是神话，但它所折射出来的思想火花，却具有一定的科学道理。由下面的"鹰状星云"（图4-43）中所示的气体云柱可知，"折"（云柱缩小）与"补"（云柱膨大）是"创星柱"形成和发展演变的两个过程，而从总体的演变过程看，宇宙的星体将会无限增多，用王充的话说，就是"天地相去，广狭远近，不可复计"。换言之，宇宙从量的规定性而言，是无限的和不可穷尽的，这实际上等于否定了宇宙毁灭论和神创说。

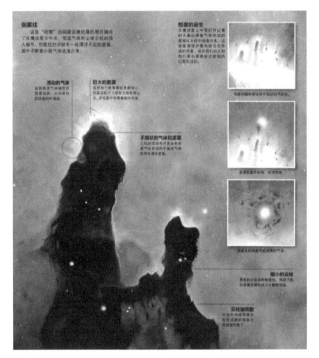

图 4-43 "鹰状星云"中的气体云柱景象图[3]

（2）太阳的运动与王充的实验思维。宇宙万物都处于永恒地运动之中，对于古人的视野和经验来说，太阳的循环运动最为直观。所以王充在《论衡》一书专门有"说日篇"，非常详尽地辨析了经验思维对于人们正确认识和掌握客观真理的局限。王充分析说：

> 儒者或以旦暮日出入为近，日中为远。或以日中为近，日出入为远。其以日出入为近、日中为远者，见日出入时大，日中时小也。察物近则大，远则小，故日出入为

---

① （加）戴尔编著：《太空探秘》，姜超译，昆明：晨光出版社，2012年，第53页。
② （汉）王充：《论衡》卷11《谈天篇》，《百子全书》第4册，第3320页。
③ （加）戴尔编著：《太空探秘》，姜超译，第53页。

近，日中为远也。其以日出入为远，日中时为近者，见日中时温，日出入时寒也。夫火光近人则温，远人则寒，故以日中为近，日出入为远也。二论各有所见，故是非曲直未有所定。如实论之，日中近而日出入远，何以验之？以植竿于屋下，夫屋高三丈，竿于屋栋之下，正而树之，上扣栋，下抵地，是以屋栋去地三丈。如旁邪倚之，则竿末旁跌，不得扣栋，是为去地过三丈也。日中时，日正在天上，犹竿之正树，去地三丈也。日出入，邪在人旁，犹竿之旁跌，去地过三丈也。夫如是，日中为近，出入为远，可知明矣。试复以屋中堂而坐一人，一人行于屋上，其行中屋之时，正在坐人之上，是为屋上之人，与屋下坐人，相去三丈矣。如屋上人在东危若西危上，其与屋下坐人，相去过三丈矣。日中时犹人正在屋上矣，其始出与入，犹人在东危与西危也。日中去人近故温，日出入远故寒。然则日中时日小，其出入时大者，日中光明故小，其出入时光暗故大，犹昼日察火光小，夜察之火光大也。既以火为效，又以星为验，昼日星不见者，光耀灭之也，夜无光耀，星乃见。夫日月，星之类也。平旦日入光销，故视大也。[1]

在这段话里，儒者的认识属于经验性的观察，亦即视觉映像，是否与实际相符合，用经验思维难以判断，因此，《列子·汤问》中载有两小儿辩日，结果却难道了孔子。此即"孔子之惑"，解决"孔子之惑"的正确方法唯有用实验思维，而不能用经验思维。用今天的标准来衡量，王充用以证明"日出入为远，日中时为近"的两个实验，很难说正确，但他解决问题的思路却是可取的。对此，燕国材先生评论说："王充所用的这两个实验设计基本上一样，都是向以自然科学的材料来说明感知心理方面的问题。但是，把它们作为'日中为近，日出入远'的论据是缺乏说服力的。因为'植竿屋下'或'人行屋上'，与日地关系只是表面上的相似，实质上是根本不同的，即前者不是等距，后者则为等距（所谓日远日近，并非日离地真的有远有近，而是由于某种原因产生了错觉，把日看得有远有近了）。由于王充受当时科学水平的局限，不了解日地关系的性质，自然就不可能提出更为科学的实验设计，以论证自己看法的正确性了。"[2]又，汪凤炎先生分析道："现代科学证明，王充的'日中为近，日出入为远'的结论是正确的，但二者相差的距离甚小，人眼几乎觉察不到，所以，在人眼中，早晨的太阳和中午的太阳离我们几乎是一样远。但是，早晨的阳光贴着地球表面照射到观察者的位置，与中午的阳光相比，其在大气层中穿行的距离较大，光线发生折射而造成了太阳较大的网膜像，而且由于空气吸收光线的成分更多，早晨的太阳显得'苍苍凉凉'。按照视觉原理，同一物体，当其网膜像越大时就显得越近；网膜像越小时就显得越远。"[3]有学者已经注意到，"王充有关太阳错觉的'效验'更具有心理实验法的性质"[4]，而"近代的许尔（E. Schur）对月亮错觉的实验则肯定了王充的'日中为近，日出入为远'的错觉。可见在1800年前王充就用效验的方法研究错觉，

① （汉）王充：《论衡》卷11《说日篇》，《百子全书》第4册，第3324页。
② 燕国材：《汉魏六朝心理思想研究》，第107页。
③ 汪凤炎：《中国心理学思想史》，上海：上海教育出版社，2008年，第201—201页。
④ 杨鑫辉：《杨鑫辉心理学文集》第1卷，济南：山东教育出版社，2014年，第111页。

确实难能可贵"①。

此外，王充在《论衡·说日篇》中举例说："日以远为入，泽以远为属，其实一也。泽际有陆，人望而不见。陆在，察之若望；日亦在，视之若入，皆远之故也。太山之高，参天入云，去之百里，不见埵块。夫去百里，不见太山，况日去人以万里数乎？太山之验，则既明矣。试使一人把大炬火夜行于道，平易无险，去人不一里，火光灭矣，非灭也，远也。"②这是关于距离错觉的心理感知实验，第一，王充认为一旦目标物与观察者的距离过大，会造成观察者的感知与目标物的实际状况不相符合；第二，在王充的意识中，目标物与观察者之间，如果超过一定距离阈限，就会产生错觉；第三，王充试图以实验方式证明这种水平距离错觉的存在。不过，从对实验过程的描述看，"王充本人似乎并未实际做此实验。因为夜晚中的'大炬火'其阈限并非在一里之内，所以王充的实验只能称为一种理想实验。当然仅这种理想实验在当时已十分难能而可贵"③。

建立在感性认识基础上的"平天说"，是王充宇宙理论的重要组成部分。对此，沈仲达等学者在《王充的宇宙理论》一文中，已有比较翔实的论述④，此处不赘。但为了了解王充"平天说"的思想要点，我们略述如下：

（1）"天正平与地无异"⑤。天、地平行说是王充用来解释太阳运动的一种假说，在他看来，盖天说不能正确解释太阳每天东升西落的运行现象。《论衡·说日篇》载：

> 或曰："天高南方，下北方，日出高故见，入下故不见。天之居，若倚盖矣，故极在人之北，是其效也。极其天下之中，今在人北，其若倚盖，明矣。"（日）〔曰〕：（明）既以倚盖喻，当若盖之形也；极星在上之北，若盖之葆矣；其下之南，有若盖之茎者，正何所乎？夫取盖倚于地不能运，立而树之然后能转。今天运转，其北际不著地者，触碍何以能行？由此言之，天不若倚盖之状，日之出入不随天高下，明矣。⑥

盖天说不能解释太阳每天东升西落的运行规律，尤其是天与地之间的衔接，毅然成了盖天说的一个理论瓶颈，所以"平田说"比较明智地绕过了这个难题。盖天说如此，那么，浑天说就能解释太阳每天东升西落的运行规律了吗？王充认为，也不能。例如，《隋书·天文志》载："旧说浑天者，以日月星辰，不问春秋冬夏，昼夜晨昏，上下去地中皆同，无远近。"⑦前面讲过，王充主张"日出入为近，日中为远"的观点，尽管这是一种错觉，但王充认为它比较符合人们的日常观测经验。所以《论衡·说日篇》云："儒者论日旦出扶桑，暮入细柳。扶桑，东方地；细柳，西方野也。桑、柳，天地之际，日月常所出

---

① 杨鑫辉：《杨鑫辉心理学文集》第 1 卷，第 112 页。
② （汉）王充：《论衡》卷 11《说日篇》，《百子全书》第 4 册，第 3323 页。
③ 燕国材主编：《中国心理学思想史》，第 232 页。
④ 沈仲达、翁建平、周志平：《王充的宇宙理论》，《绍兴师专学报》1992 年第 1 期，第 95—98 页。
⑤ （汉）王充：《论衡》卷 11《说日篇》，《百子全书》第 4 册，第 3323 页。
⑥ （汉）王充：《论衡》卷 11《说日篇》，《百子全书》第 4 册，第 3323 页。
⑦ 《隋书》卷 19《天文志上》，第 512 页。

入之处。问曰：岁二月、八月时，日出正东，日入正西，可谓日出于扶桑，入于细柳。今夏日长之时，日出于东北，入于西北；冬日短之时，日出东南，入于西南。冬与夏日之出入，在于四隅，扶桑、细柳正在何所乎？所论之言，犹谓春秋，不谓冬与夏也。如实论之，日不出于扶桑，入于细柳。何以验之？随天而转，近则见，远则不见。当在扶桑、细柳之时，从扶桑、细柳之民，谓之日中。之时，从扶桑、细柳察之，或时为日出入。若以其上者为中，旁则为旦夕，安得出于扶桑入细柳？"①文中说"冬与夏，日之出入，在于四隅"，这是浑天说所无法解释的问题。

（2）"平天说"的结构与不足。《论衡·谈天篇》云：

邹衍曰："方今天下，在地东南，名赤县神州。"天极为天中，如方今天下在地东南，视极当在西北。今正在北方，今天下在极南也。以极言之，不在东南，邹衍之言非也。如在东南，近日所出，日如出时，其光宜大。今从东海上察日，及从流沙之地视日，小大同也。相去万里，小大不变，方今天下得地之广少矣。……今从洛地察日之去远近，非与极同也，极为远也。今欲北行三万里，未能至极下也。假令之至，是则名为距极下也。以至日南五万里，极北亦五万里也。极北亦五万里，极东、西亦皆五万里焉。东西十万，南北十万相承百万里。邹衍之言："天地之间，有若天下者九。"案周时九州，东西五千里，南北亦五千里。五五二十五，一州者二万五千里。天下若此九之，乘二万五千里，二十二万五千里。如邹衍之书，若谓之多，计度验实，反为少焉。②

沈仲达等先生据此，绘制了一副"平天说"天地结构示意图，如图4-44所示：

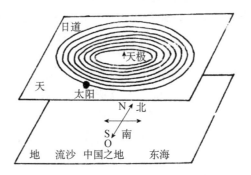

图4-44 王充"平天说"宇宙结构示意图③

这个"平天说"有三个比较关键的思想要素：一是把天极视为宇宙的中心，二是确定方位坐标：即以处于中国观察者所见的天极方向为北，中国之地为南，并以中国所见日出处为东，日落处为西的空间固定坐标。④三是王充从"极平面"出发推出了正确的结论，

---

① （汉）王充：《论衡》卷11《说日篇》，《百子全书》第4册，第3324页。
② （汉）王充：《论衡》卷11《谈天篇》，《百子全书》第4册，第3321页。
③ 沈仲达、翁建平、周志平：《王充的宇宙理论》，《绍兴师专学报》1992年第1期，第96页。
④ 沈仲达、翁建平、周志平：《王充的宇宙理论》，《绍兴师专学报》1992年第1期，第96页。

在他看来，"世界是一个有极平面"，在这个"有极平面"里，"极周围各地在这个世界上的地位都是一样的"，而"从太阳视运动角度来说，世界上各处的人们都将看到太阳每天从其右边升起，从其左边落下"①。沈先生认为，即使用球面来替代这个平面，结果也一样。他说：

> 王充的平面世界，它的极，中央的四周，方位、尺度等都是带有平面的特性的，但是在他引入了天体和太阳绕极旋转运动以后，就给平面加上了旋转对称的特性，而这个特性的一个直接推论便是极周围各处地位的等价性。而我们无法从一个普通的平面中找到这种特性，这样的特性只有在带极的球上才能找到。所以，引入运动和几何双重中心的极以后，王充的平面大地开始接近球面的概念，或成为它的一个次级概念，王充的理论事实上也是一个球面宇宙及天体运动理论的次级理论。王充利用方位估测地面间距的错误正是导源于平面与球面之间的差别，发现这个差别，并通过实验校正，本可使这种平面理论自然地进化为球面理论。这样的实验并非不能，实际上唐时的一行就做过，可惜当时没有受到应有的理论指导。②

（3）推类思维与王充的理性科学认识。徐复观先生曾经对王充的思维方法做过下面的评论，他说："我们可以承认王充的结论是正确的；但这是没有方法作基础的结论，是由事实直感而来的结论。他所运用的方法，反而没有他的论敌的健全。论敌的感应说的不可信，乃是大前提中的实质问题，而不是大前提下的推演问题。凡不由正确方法所得的结论，结论虽对，只是偶然性的对，不能称之为出于科学。"③徐先生说这些话虽然有他自己的判断依据，但客观地讲，却有失偏颇。因为它不符合王充本身的思维现实，王充明确表示：人们的正确知识不是靠想象臆造出来的，而是学习得来的，其中最重要的方法之一便是"类推"。他说："先知之见，方来之事，无达视洞听之聪明，皆案兆察迹，推原事类。"④在此，所谓"达视洞听"就是指直感思维，也称直觉思维，它不需要逻辑推理，而是"由事实直感而来的结论"。现在看来，直觉思维也是获得知识的一种方法，但王充反对直觉思维，他认为一切可靠的知识都源自"案兆察迹，推原事类"，即从感性知识到理性知识。先有感觉经验，"如无闻见，则无所状"⑤，然而，感觉经验仅仅是认识事物的开始，欲获得对客观事物的正确而全面的认识，还需要通过理性思维将感觉知识加以升华，使之形成正确而全面的认识。于是，逻辑推理在科学知识中的重要地位就凸显出来了。王充肯定："凡圣人见祸福也，亦揆端推类，原始见终，从闾巷论朝堂，由昭昭察冥冥。"⑥可见，前举王充的"效验"说，绝"不限于感性的直观，而常常凭借于理性的推论，在理

---

① 沈仲达、翁建平、周志平：《王充的宇宙理论》，《绍兴师专学报》1992年第1期，第97页。
② 沈仲达、翁建平、周志平：《王充的宇宙理论》，《绍兴师专学报》1992年第1期，第97页。
③ 徐复观：《两汉思想史》第2册，第551页。
④ （汉）王充：《论衡》卷26《知实篇》，《百子全书》第4册，第3472页。
⑤ （汉）王充：《论衡》卷26《知实篇》，《百子全书》第4册，第3472页。
⑥ （汉）王充：《论衡》卷26《知实篇》，《百子全书》第4册，第3472页。

性判断里来辩证感性效验的是非"①。所以王充评论感性认识和理性认识的作用说："实者，圣贤不能知性，须任耳目以定情实。其任耳目也，可知之事，思之辄决；不可知之事，待问乃解。天下之事，世间之物，可思而知。"②实际上，这里肯定了理性认识能够把握客观事物发展变化的本质，在此基础上，王充承认了世界的可知性。那么，如何通过推类来认识事物的本质呢？

第一，获得丰富的感觉经验。王充说："圣人据象兆，原物类，意而得之。其见变名物，博学而识之。巧商而善意，广见而多记，由微见较。"③文中的"博学""巧商""广见"应是"推类"的前提条件，页就是说，"推类思维"需要比较丰富的感性材料，缺少了这个条件，推类就成了无本之木和无源之水。

第二，须区分"同类"与"异类"。推类应当是同类性质的事物之间的由此及彼，而不是异类事物之间的非此即彼。王充说："夫比不应事，未可谓喻。"④此即异类不能相比的原则⑤，王充举例说："性敏才茂，独思无所据，不睹兆象，不见类验，却念百世之后，有马生牛，牛生驴，桃生李，李生梅，圣人能知之乎？"⑥异类不可比，也不能相生，这是自然规律，也是基本的逻辑规则。例如，王充反驳雷为天怒之谬说，就采用了"类推"法。将天怒与人怒相类比，结果王充发现："人为雷所杀，询其身体，若燔灼之状也。如天用口怒，口怒生火乎？且口着乎体，口之动与体俱。当击折之时，声着于地；其衰也，声着于天。夫如是。声着地之时，口至地，体亦宜然。当雷迅疾之时，仰视天，不见天之下。不见天之下，则夫隆隆之声者，非天怒也。天之怒与人无异。人怒，身近人则声疾，远人则声微。今天声近，其体远，非怒之实也。"⑦这里用浅显的道理，否定了"雷为天怒说"。一句话，天与人不同类，天是没有感情的。有学者据此批评王充说："以如此的类例及其推论方式，即使其所欲'疾'的'虚妄'果真是虚妄的，但因为其推论的方式太可笑，太违离科学了，能否服人而达到其'疾'的效果呢？如其果有'效果'，我们亦敢说，决不是由于他的推论而至的。"⑧在"雷"的有神论与无神论的矛盾斗争中，王充生活在一个神学昌盛的时代，当时，他只能用直白的实例来有力回击各种有神论，这种斗争方式直接、大胆、有理、有力，符合逻辑规律，是科学的推论方式之一。因此，陈叔良先生评论道：尽管王充的立论仍显得幼稚可笑，但是"在当时，却是无可如何之事。何况有时这种'推类''比况'的方法，亦极有效；尤其在王充多方配合，灵活运用之下，往往显得十分成功"⑨。

当然，否定了雷的神学性质，绝不等于说就解决了问题。那么，雷到底是怎么发生的

---

① 李匡武主编：《中国逻辑史（现代卷）》，兰州：甘肃人民出版社，1989年，第306页。
② （汉）王充：《论衡》卷26《知实篇》，《百子全书》第4册，第3475页。
③ （汉）王充：《论衡》卷26《知实篇》，《百子全书》第4册，第3478页。
④ （汉）王充：《论衡》卷3《物势篇》，《百子全书》第4册，第3239页。
⑤ 杨百顺：《比较逻辑史》，成都：四川人民出版社，1989年，第192页。
⑥ （汉）王充：《论衡》卷26《知实篇》，《百子全书》第4册，第3473页。
⑦ （汉）王充：《论衡》卷6《雷虚篇》，《百子全书》第4册，第3273页。
⑧ 郑力为：《儒学方向与人的尊严》，台北：文津出版社，1982年，第358页。
⑨ 陈叔良：《王充思想体系》，台北：商务印书馆，1982年，第149—150页。

呢？王充认为雷的发生是一种自然现象，是阴阳二气相激的结果。他说："雷者太阳之激气也。何以明之？正月阳动，故正月始雷，五月阳盛，故五月雷迅。秋冬阳里，故秋冬雷潜。盛夏之时，太阳用事，阴气乘之。阴阳分（事）〔争〕，则相校轸。校轸则激射。激射为毒，中人辄死，中木木折，中屋屋坏。"[①]现代科学实验已经证实，雷电是由于雷暴云中带有正电与负电，当两种电荷区（云层的上部为正电，下部为负电）之间的电位差达到一定程度时，就会发生猛烈的放电现象。此时，放电会释放巨量热能，因而使空气温度骤然飘升，水滴迅即被汽化，空气的体积突然膨胀并发生爆炸声。于是，就出现了电闪和雷鸣。因此，王充"推类"说："试以一斗水灌冶铸之火，气激襞裂，若雷之音矣。或近之，必灼人体。天地为炉，大矣；阳气为火，猛矣；云雨为水，多矣；分争激射，安得不迅？"[②]平心而论，王充的论述是符合雷电发生原理的，只不过是他所使用的概念较为原始和朴素罢了。另外，从现代气象原理分析，王充所讲的从"正月阳动"至"秋冬雷潜"，即对雷与水汽之间季节变化过程的描述也是比较科学的。

第三，把"推类"与"效验"结合起来。推类的结果对不对，王充认为不能靠理论来验证，只能靠"效验"。他说："凡论事者，违实不引效验，则虽甘义繁说，众不见信。论圣人不能神而先知，先知之闻，不能独见；非徒空说虚言，直以才智准况之工也。事有证验，以效实然。"[③]还以《雷虚篇》为例，前面讲了王充对雷电现象的解释，颇有道理，但在王充看来，欲使自己的立论坚实，不被视之以虚妄，还需要进一步"证验"。为此，王充列举了 5 个"证验"，以证其"雷为天怒，虚妄之言"的思想观点。而五验的具体内容是："雷者火也。以人中雷而死，即询其身，中头则须发烧焦，中身则皮肤灼燌，临其尸上闻火气，一验也。道术之家，以为雷烧石色赤，投于井中，石燋井寒，激声大鸣，若雷之状，二验也。人伤于寒，寒气入腹，腹中素温，温寒分争，激气雷鸣，三验也。当雷之时，电光时见，大若火之耀，四验也。当雷之击，时或燔人室屋及地草木，五验也。夫论雷之为火有五验，言雷为天怒无一效。然则雷为天怒，虚妄之言。"[④]这些"效验"很有说服力，正因为这样，所以它也就构成了王充科学思想的一个重要特色。又如，"问曰：'何知不离天直自行也？'如日能直自行，当自东行，无为随天而西转也。月行与日同，行皆附天。何以验之？验之以云。云不附天，常止于所处，使（日）不附天，亦当自止其处。由此言之，日行附天明矣"[⑤]。这段话区分了大气层与星际空间，在王充生活的那个时代，无疑是一个很重要的创见。

（二）《论衡》对各种神学迷信的批判

（1）对鬼神观念的批判。人死为鬼，这是一个比较古老的观念。从考古学的角度看，山顶洞人时期就产生了人有灵魂的意识，《左传·昭公七年》载："及子产适晋，赵景子问

① （汉）王充：《论衡》卷 6《雷虚篇》，《百子全书》第 4 册，第 3276 页。
② （汉）王充：《论衡》卷 6《雷虚篇》，《百子全书》第 4 册，第 3276 页。
③ （汉）王充：《论衡》卷 26《知实篇》，《百子全书》第 4 册，第 3475—3476 页。
④ （汉）王充：《论衡》卷 6《雷虚篇》，《百子全书》第 4 册，第 3277 页。
⑤ （汉）王充：《论衡》卷 11《说日篇》，《百子全书》第 4 册，第 3325 页。

焉，曰：'伯有犹能为鬼乎？'子产曰：'能。人生始化曰魄，既生魄，阳曰魂。用物精多，则魂魄强，是以有精爽至于神明。匹夫匹妇强死，其魂魄犹能冯依于人，以为淫厉，况良霄，我先君穆公之胄，子耳之孙，子耳之子，敝邑之卿，从政三世矣。郑虽无腆，抑谚曰'蕞尔国'，而三世执其政柄，其用物也弘矣，其取精也多矣。其族又大，所冯厚矣。而强死，能为鬼，不亦宜乎？"①文中的"强死"即死于非命，"冯依于人，以为淫厉"，即依附活人的身上，变成可怕的厉鬼。《墨子·明鬼篇》云："古圣王必以鬼神为赏贤而罚暴，是故赏必于祖，而僇必于社……是以吏治官府，不敢不絜廉，见善不敢不赏，见暴不敢不罪。"②由于对统治者的不自信，墨子便不得不寄希望于鬼神，认为只有鬼神才能调控社会上的乱局，且能惩恶扬善，为民除害。从民众的感情来说，墨子的"明鬼"确实具有一定的政治批判性，但如若理性地分析，则"明鬼"的间接社会后果就是诱导民众崇拜鬼神，迷信鬼神，它最终会妨碍正确思想的传播。所以《管子·内业》说："凡物之精，比则为生。下生五谷，上为列星。流于天地之间，谓之鬼神；藏于胸中，谓之圣人。"③王充继承了先秦以来的"精气"思想，他认为："人之所以生者，精气也，死而精气灭。能为精气者，血脉也。人死血脉竭，竭而精气灭，灭而形体朽，朽而成灰土，何用为鬼？"④人由精气构成，鬼也系由精气构成，既然人死精气灭，那么，鬼也就随着精气的灭亡而消失。王充解释说：

> 夫死人不能为鬼，则亦无所知矣。何以验之？以未生之时无所知也。人未生，在元气之中；既死，复归元气。元气荒忽，人气在其中。人未生，无所知。其死，归无知之本，何能有知乎？人之所以聪明智惠者，以含五常之气也；五常之气所以在人者，以五藏在形中也。五藏不伤，则人智惠；五藏有病，则人荒忽。荒忽，则愚痴矣。人死，五藏腐朽；腐朽，则五常无所托矣，所用藏智者已败矣，所用为智者已去矣。形须气而成，气须形而知。天下无独燃之火，世间安得有无体独知之精？⑤

这种形神关系有多方面的意义：第一，否定了神学的先知说，因为人类的思维（或灵魂）不能脱离形体，一旦没有了形体，思维（或灵魂）也就不存在了。第二，元气是宇宙万物的本原，人体仅仅是元气的一种暂时的存在方式。第三，以烛火喻形神，主张"人生气化说"。王充认为："人之死，犹火之灭。火灭而耀不照，人死而知不惠，二者宜同一实。论者犹谓死有知，惑也。人病且死，与火之且灭何以异？火灭光消而烛在，人死精亡而形存，谓人死有知，是谓火灭复有光也。隆冬之月，寒气用事，水凝为冰，逾春气温，冰释为水。人生于天地之间，其犹冰也。阴阳之气，凝而为人，年终寿尽，死还为气。夫

---

① 杨伯峻：《春秋左传注》，北京：中华书局，1981 年，第 1292—1293 页。
② （清）孙诒让：《墨子闲诂》卷 8《明鬼下》，《诸子集成》第 6 册，第 150 页。
③ （春秋）管仲：《管子·内业》，第 277 页。
④ （汉）王充：《论衡》卷 20《论死篇》，《百子全书》第 4 册，第 3419 页。
⑤ （汉）王充：《论衡》卷 20《论死篇》，《百子全书》第 4 册，第 3421 页。

春水不能复为冰，死魂安能复为形？"①从桓谭的"烛火喻形神"到王充的"冰水喻形神"，我们看到了王充在形神关系问题上，既有继承又有发展的思想发展脉络。尽管用今天的眼光看，无论是"烛火喻形神"抑或是"冰水喻形神"，都还存在一定的局限性，但是在当时的历史条件下，它的进步作用是不言而喻的。我们知道，自《庄子·知北游》提出"人之生，气之聚也"的思想命题之后，汉代的"云气画"颇为盛行，如《史记·孝武本纪》载："文成言曰：'上即欲与神通，宫室被服不像神，神物不至。'乃作画云气车，及各以胜日驾车辟恶鬼。"②可见，"云气图"折射出来的心态比较复杂，但他至少表明"阴阳之气，凝而为人"的观念在汉代早已深入人心。

（2）剖析产生鬼神观念的生理和心理根源。王充把人们头脑中所产生的各种鬼神观念，统统与生理性疾病联系起来。他说："凡天地之间有鬼，非人死精神为之也，皆人思念存想之所致也。致之何由？由于疾病。人病则忧惧，忧惧见鬼出。"③关于疾病与鬼神的因果联系，古人有两种认识：一种是"鬼神生病"；另一种是"病生鬼神"。对于第一种观念，《周礼·夏官》载："方相氏，掌蒙熊皮，黄金四目，玄衣朱裳，执戈扬盾，帅百隶而时难，以索室驱疫。"④这种习俗在东汉仍然很盛行，故东汉蔡邕在《独断》中进一步解释说："帝颛顼有三子，生而亡去为鬼。其一者居江水，是为瘟神；其一者居若水，是为魍魉；其一者居人宫室枢隅处，善惊小儿。于是命方相氏，黄金四目，蒙以熊皮，玄衣朱裳，执戈扬盾，常以岁竟十二月，从百隶及童儿而时傩，以索宫中，驱疫鬼也。"⑤与这种"鬼神生病"观念不同，在王充看来，疾病不是鬼神作祟的结果，相反，倒是鬼神观念系由人们在遭受疾病折磨过程中所生成的一种虚幻映像。王充总结了生成鬼怪的 5 种情形：第一，"人之见鬼，目光与卧乱也。人之昼也，气倦精尽，夜则欲卧，卧而目光反，反而精神见人物之象矣。人病亦气倦精尽，目虽不卧，光已乱于卧也，故亦见人物象。病者之见也，若卧若否，与梦相似。当其见也，其人能自知觉与梦，故其见物不能知其鬼与人，精尽气倦之效也"⑥。这段话的核心思想是说明人的生理本身"气倦精尽"应是产生见鬼幻觉的一个重要因素。第二，"鬼者，人所见得病之气也。气不和者中人，中人为鬼，其气象人形而见。故病笃者气盛，气盛则象人而至，至则病者见其象矣"⑦。把"鬼"看作是一种病理现象，虽然容易让人不免有他的无神论思想尚不彻底之嫌，即给鬼神观念留下了一块儿地盘，但是从发生学的视角看，王充的见解却是非常有前瞻性的。例如，现代精神分析学研究证实"梦象与当事人的体况之间的对应关系"⑧，当然，从客观上讲，王充认

---

① （汉）王充：《论衡》卷 20《论死篇》，《百子全书》第 4 册，第 3421 页。
② 《史记》卷 12《孝武本纪》，第 458 页。
③ （汉）王充：《论衡》卷 22《订鬼篇》，《百子全书》第 4 册，第 3436 页。
④ 黄侃：《黄侃手批白文十三经·周礼》，第 85 页。
⑤ （汉）蔡邕：《独断》，《百子全书》第 4 册，第 3188 页。
⑥ （汉）王充：《论衡》卷 22《订鬼篇》，《百子全书》第 4 册，第 3436 页。
⑦ （汉）王充：《论衡》卷 22《订鬼篇》，《百子全书》第 4 册，第 3436 页。
⑧ 张建术：《让上帝笑去吧》，北京：群言出版社，2011 年，第 215 页。

为："天地之气为妖者，太阳之气也。妖与毒同，气中害人者谓之毒，气变化者谓之妖。"[①]把妖魔鬼怪理解成一种毒气，承认其客观存在，是一种不科学的解释，"往往在形神关系上无法越出二元论"[②]，它反映了王充思想的矛盾性（即主观愿望与客观效果之间的矛盾）和时代局限性，然而，若从历史的发展过程看，则王充是在用物质性的气来解释自然界的一切现象，这正是旧唯物主义者的思想局限性。同时，王充在主观上试图用"气"来排除有神论的一切神秘主义因素，这种思想努力的方向，应当肯定。第三，"鬼者，老物精也。夫物之老者，其精为人；亦有未老，性能变化，象人之形。人之受气，有与物同精者，则其物与之交；及病，精气衰劣也，则来犯陵之矣"[③]。这里，"老物精"其实就是一种物魅。夏曾佑先生解释说："人鬼、天神……均以生人之理，推之而已。其他庶物之变，所不常见者，则谓之物魅，亦以生人之理，推之而已。"[④]从进化论的角度讲，所有生物都有一个共同的基元，这是毋庸置疑的。而多数科学家相信，人类在从低等动物长期演变的历史进程中，曾经经历了一个类人动物阶段。[⑤]如果这个事实存在，那么，王充所言"象人之形"的动物在地球上存在，就不是一个神话，或许有所凭据。第四，"鬼者，本生于人，时不成人，变化而去。天地之性，本有此化，非道术之家所能论辩。"[⑥]这种认识正误参半，因为说"鬼者，本生于人"有对的成分，鬼是人类观念的产物，世界上本来是没有"鬼"的。然而，说"时不成人，变化而去"却是难以成立的。不过，对于王充来说，"这已超出他的认识界限，他是不能识别的"[⑦]。第五，"鬼者，甲乙之神也。甲乙者，天之别气也，其形象人。人病且死，甲乙之神至矣"[⑧]。对于这种现象，王充已经部分否认了它，他认为："此非论者所以为实也。"但同时又说："天道难知，鬼神暗昧，故具载列，令世察之也。"[⑨]对未知世界的"认识"采取一种"保留"态度，既不主观地去否定，又不盲目地崇信，而是让人类的科学发展逐步地证实或证伪，此即"令世察之"的真实内涵。第六，"鬼者，物也，与人无异。天地之间，有鬼之物，常在四边之外，时往来中国，与人杂，则凶恶之类也。故人病且死者，乃见之。天地生物也，有人如鸟兽。及其生凶物，亦有似人象鸟兽者。故凶祸之家，或见蜚尸，或见走凶，或见人形，三者皆鬼也。或谓之鬼，或谓之凶，或谓之魅，或谓之魑，皆生存实有，非虚无象类之也"[⑩]。从科学史的角度看，这段话显得非常荒诞。但从文化史的角度看，却为我们贡献了许多民间信仰的素材，比如有学者认为："此一说似乎是'鬼'的原始定义，人们以人的形象去描述物

① （汉）王充：《论衡》卷22《订鬼篇》，《百子全书》第4册，第3438页。
② 中国社会科学院哲学研究所：《中国哲学年鉴（1991）》，北京：哲学研究杂志社，1992年，第186页。
③ （汉）王充：《论衡》卷22《订鬼篇》，《百子全书》第4册，第3437页。
④ 夏曾佑：《中国古代史》，北京：中国和平出版社，2014年，第71页。
⑤ 任海军：《科学家发现新型类人动物化石》，《前沿科学》2010年第2期，第86—87页。
⑥ （汉）王充：《论衡》卷22《订鬼篇》，《百子全书》第4册，第3437页。
⑦ 田昌五：《论衡导读》，北京：中国国际广播出版社，2008年，第286页。
⑧ （汉）王充：《论衡》卷22《订鬼篇》，《百子全书》第4册，第3437页。
⑨ （汉）王充：《论衡》卷22《订鬼篇》，《百子全书》第4册，第3437页。
⑩ （汉）王充：《论衡》卷22《订鬼篇》，《百子全书》第4册，第3437页。

灵的存在，且指出与人杂处的物灵，往往不是善类，会危害到人的生存权利。"①又有学者
称：此段议论"颇有心理学及人种学上可讨论之价值。"②此外，余英时先生说："在西方
的对照之下，中国的超越世界与现实世界却不是如此泾渭分明的。……中国的两个世界是互
相交涉，离中有合、合中有离的。"③而王充的上述论说即为此提供了一个很好的例证。

（3）批判厚葬之祸。视死如生，惧怕鬼神，遂起"世尚厚葬"④之风俗。王充举例
说："闵死独葬，魂孤无副，丘墓闭藏，谷物乏匮，故作偶人，以侍尸柩；多藏食物，以
歆精魂。积浸流至，或破家尽业，以充死棺；杀人以殉藏，以快生意。"⑤以至于造成"畏
死不惧义，重死不顾生，竭财以事神，空家以送终"⑥的严重社会后果，可见，厚葬不仅
有害于科学的进步，而且更阻碍着文明社会的全面发展。王充以墨子"明鬼"思想为例，
认为墨子崇尚经验，固然有其合理性，但仅就鬼神观念而言，经验知识不能消除人们对虚
像的迷信和崇拜。王充指出："夫论不留精澄意，苟以外效立事是非，信闻见于外，不诠
订于内，是用耳目论，不以心意议也。夫以耳目论，则以虚象为言；虚象效，则以实事为
非。是故是非者，不徒耳目，必开心意。墨议不以心而原物，苟信闻见，则虽效验章明，
犹为失实。失实之议难以教，虽得愚民之欲，不合知者之心，丧物索用，无益于世，此盖
墨术所以不传也。"⑦这段话有两点需要分辨：第一，把"愚民"与"圣贤"（即知者）对
立起来，抬高"圣心贤意"⑧的地位，贬低"愚民"的认识价值，有其阶级局限性。第
二，"现象"需要分"真像"和"假象"，对一事物的本质来说，既可呈现"真像"，也可
呈现"假象"，前者与事物的本质相一致，而后者则与事物的本质不一致。所以在社会实
践中，"假象"或称"虚象"也有其特殊价值，完全否认它是不适当的。例如，孙膑曾经
采取"减灶"计策，给庞涓造成齐国军队溃退的"假象"，结果庞涓信以为真，于是，魏
国军队被诱至齐军的包围之中，庞涓惨败。可见，利用"假象"能够诱敌深入。另外，
"耳目"经过反复实践之后，经验多了，也能识别"假象"。下面的事例颇能说明问题，有
人举例说："在神经疾病的发生、发展过程中，真像和假象交替出现，虚实相间，鱼目混
珠，混淆不清，使临床表现错综复杂，曲折跌宕，假象也是一种临床现象，但以歪曲、颠
倒、掩盖的形式反映疾病本质。避实就虚，避重就轻的迂回战术，往往为神经科资历浅的
医师所采取，游离主题，弃本求末，隔靴搔痒，不得要领。经验丰富的神经科资深医师，
却善于从扑朔迷离、复杂多变的疾病现象中，廓清真相，切中要害，触类旁通，消解迷
误，由无序导向有序，进而认识疾病本质。"⑨在此，承认"假象"的复杂性和可变性，绝

---

① 郑志明：《想象：图像·文字·数字·故事——中国神话与仪式》，贵阳：贵州人民出版社，2010 年，第 235 页。
② 沈兼士著，葛信益、启功整理：《沈兼士学术论文集》，北京：中华书局，1986 年，第 188 页。
③ 余英时：《中国思想传统的现代诠释》，台北：联经出版事业公司，1987 年，第 10 页。
④ （汉）王充：《论衡》卷 23《薄葬篇》，《百子全书》第 4 册，第 3442 页。
⑤ （汉）王充：《论衡》卷 23《薄葬篇》，《百子全书》第 4 册，第 3442 页。
⑥ （汉）王充：《论衡》卷 23《薄葬篇》，《百子全书》第 4 册，第 3442 页。
⑦ （汉）王充：《论衡》卷 23《薄葬篇》，《百子全书》第 4 册，第 3442—3443 页。
⑧ （汉）王充：《论衡》卷 23《薄葬篇》，《百子全书》第 4 册，第 3442 页。
⑨ 肖军、罗建仲主编：《神经病诊断学》，成都：四川科学技术出版社，2006 年，第 4 页。

不意味着否认王充对耳目之识的独到见解。事实上，王充看到了"耳目"之识的局限性，主张"是非者，不徒耳目，必开心意"，文中的"开心意"可以理解为理性思维，从这层意义上，王充分析墨学衰落的原因说："墨议不以心而原物，苟信闻见，则虽效验章明，犹为失实。失实之议难以教，虽得愚民之欲，不合知者之心，丧物索用，无益于世。此盖墨术所以不传也。"①然而，王充所倡导的"理性思维"（即"知者之心"）却并没有进一步发展成为"理性主义"，这个历史教训值得深思。

（4）"诇时"与"五行相胜，物气钧适"原理。鬼神观念早在战国时期就向社会生活的各个领域渗透了，起宅盖屋更不能例外。如甘肃天水放马滩战国晚期秦墓出土的竹简《日书》及云梦秦简《日书》都有关于"土神"与"土忌"方面的内容。以云梦秦简《日书》为例，其甲种《啻》篇载："春三月，啻（帝）为室申，剽卯，杀辰，四废庚辛。夏三月，啻（帝）为室寅，剽午，杀未，四废壬癸。秋三月，啻（帝）为室巳，剽酉，杀戌，四废甲乙。冬三月，啻（帝）为室辰，剽子，杀丑，四废丙丁。"②经金良年先生考证，文中的"春三月，啻为室申"应为"为室亥"，"冬三月，啻为室辰"应为"为室申"③，以与天水放马滩《日书》所载"木生亥，牧卯者未。火生寅，牧午者戌。金生巳，牧酉者丑。水生申，牧子者辰"④的次序相一致。尽管学界对"啻"字的解释尚有分歧，但它内含鬼神遣谪的巫术观念，却是没有异议的。这种观念在秦汉非常盛行，此可由各地出土的简牍文献为证，如"额济纳旗居延遗址"出土的残简、敦煌遗书《诸杂略得要抄子》、沅陵虎溪山汉简《阎氏五胜》等，这里不去讨论。而在这类禁忌中，尤以"太岁"、"月建"禁忌为甚。王充分析当时的社会风气说："世俗起土兴功，岁月有所食，所食之地，必有死者。假令太岁在子，岁食于酉；正月建寅，月食于巳。子、寅地兴功，则酉、巳之家见食矣。见食之家，作起厌胜，以五行之物悬金木水火。假令岁月食西家，西家悬金，岁月食东家，东家悬炭。设祭祀以除其凶，或空亡徙以辟其殃。连相仿效，皆谓之然。如考实之，虚妄迷也。"⑤文中的"太岁"是风水术与"黄道"相结合的产物，其占测工具便是"式盘"。按照汉人的迷信观念，人们在太岁、月建所在之方位动土是犯忌的，因此需要用五行之物来厌除凶邪。所谓"太岁"是指为了调和岁星运行的"十二次"周期与十二辰纪年的矛盾而虚构的一个天体，与岁星相对，由于岁星纪年与太岁纪年比较混乱，故汉人习惯用"太岁"来纪年，而不在用"岁星纪年"，是谓"太岁纪年法"。如众所知，风水术中有"三刑法则"，即寅刑巳，巳刑申，申刑寅，丑刑戌，戌刑未，未刑丑，子刑卯，卯刑子，如图4-45所示：

---

① （汉）王充：《论衡》卷23《薄葬篇》，《百子全书》第4册，第3443页。
② 刘雨婷：《中国历代建筑典章制度》上册，上海：同济大学出版社，2010年，第44页。
③ 金良年：《云梦秦简〈日书〉"啻"篇研究》，钱伯城主编：《中华文史论丛》第51辑，上海：上海古籍出版社，1993年，第162页。
④ 金良年：《云梦秦简〈日书〉"啻"篇研究》，钱伯城主编：《中华文史论丛》第51辑，第161页。
⑤ （汉）王充：《论衡》卷23《诇时篇》，《百子全书》第4册，第3447—3448页。

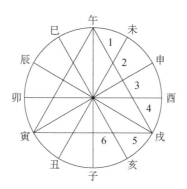

图 4-45　"三刑"示意图①

　　图 4-45 的规律是逢三相刑，逢六相冲，逢四相合。例如，寅与子、巳相刑，寅与申相冲，寅与戌、午相合，亦称"三合"。用此图与王充的论述一对照，其方位禁忌的内含十分清晰。即假如子年起宅盖屋，则宅屋的正西方（酉）是禁忌住人的，不然的话，就会招致灾祸。在王充看来，这些说法都没有根据，属"虚妄"之说。因为"五行相胜，物气钧适"，此处的"钧适"是指各种力量之间的比例关系，在双方力量极其悬殊的情况下，即使按照五行相生规律来运作，结果也会适得其反。对此，沅陵虎溪山汉简《阎氏五胜》云："衡平力钧则能相胜，衡不平力〔不〕钧则不能〈能〉相胜。"②所以王充举例说："泰山失火，沃以一杯之水；河决千里，塞以一撮之土。能胜之乎？非失五行之道，小大多少不能相当也。天地之性，人物之力，少不胜多，小不厌大。使三军持木杖，匹夫持一刃，伸力角气，匹夫必死。金性胜木，然而木胜金负者，木多而金寡也。"③显然，"见食之家，作起厌胜，以五行之物悬金木水火"的方法，属典型的"少多小大不钧"④之现象，因而采取这种方法"厌除凶咎"，肯定说没有可能性的事情。

　　（5）揭露"立土偶人"之愚昧。王充认为，天下万物同宗一气，以此类推，万物与人及鬼可归为一体。如前所述，王充的"无神论"思想尚存在一定的缺漏之处，而各种巫术乘机作兴，这便给王充提供了更多的批判素材。对汉代盛行的"为土偶人"现象，王充剖析其社会根源说："世间缮治宅舍，凿地掘土，功成作毕，解谢土神，名曰解土。为土偶人，以象鬼形，令巫祝延以解土神。已祭之后，心快意喜，谓鬼神解谢，殃祸除去。如讨论之，乃虚妄也。"⑤由于鬼神无处不在，世人又多有敬畏鬼神和消凶避祸之心理，所以巫祝在当时大行其道，动土之后，须请巫祝来解土，包括修宅、筑室、营都、播种、建邑等。考，汉代修宅作屋，"解土"是必不可少的仪式。据《后汉书》注引《东观记》云：钟离意"初到县，市无屋，意出奉钱帅人作屋。人斋茅竹或持材木，争起趋作，浃日而成。功作既毕，为解土，祝曰：'兴功役者令，百姓无事，如有祸祟，令自当之。'人皆大

　　① 　陈怡魁讲述、张茗阳编著：《生存风水学》，上海：学林出版社，2010 年，第 244 页。
　　② 　晏昌贵：《虎溪山汉简〈阎氏五胜〉校释》，武汉大学文学院、长江文艺出版社：《长江学术》第 5 辑，武汉：长江文艺出版社，2003 年，第 210 页。
　　③ 　（汉）王充：《论衡》卷 23《薄葬篇》，《百子全书》第 4 册，第 3449 页。
　　④ 　（汉）王充：《论衡》卷 23《薄葬篇》，《百子全书》第 4 册，第 3449 页。
　　⑤ 　（汉）王充：《论衡》卷 24《解除篇》，《百子全书》第 4 册，第 3464—3465 页。

悦。"①从王充的记载看，汉代解土的仪式十分烦琐，其中"为土偶人，以象鬼形"，表明汉代的阴间众鬼相对比较人性化，这与后来佛教所刻绘的鬼神形象大不相同。诚如有学者所言：在汉代世人的头脑里，鬼的形象与人无异，所以汉画像中的冥吏群体，其"穿着打扮悉如世人，难分彼此"，一句话，"汉画像阴曹地府的官吏、奴婢、童仆服饰打扮与现实生活中没什么两样"②。当然，这是问题的一个方面，另一方面，若站在无神论的立场，则汉代的所有这些"解土仪式"，无疑都是需要揭露和批判的思想糟粕。王充分析说："夫土地，犹人之体也，普天之下皆为一体，头足相去以万里数。人民居土上，犹蚤虱着人身也。蚤虱食人，贼人肌肤，犹人凿地，贼地之体也。蚤虱内知有欲解人之心，相与聚会，解谢于所食之肉旁，人能知之乎？夫人不能知蚤虱之音，犹地不能晓人民之言也。胡、越之人，耳口相类，心意相似，对口交耳而谈，尚不相解；况人之与地相似，地之耳口与人相远乎？今所解者地乎？则地之耳远，不能闻也。所解一宅之土，则一宅之土，犹人一分之肉也，安能晓之！"③严格来讲，王充的类比未必确当，不过，他用极浅显的事例说明了一个十分深刻的道理。其结论是："神荒忽无形，出入无门，故谓之神。今作形象，与礼相违，失神之实，故知其非。"④

二、王充科学思想的特点及历史地位

（一）王充科学思想的特点

第一，在辨伪中阐扬新思想。仅就《论衡》的篇章体例看，属于"辨伪"一类者计有9篇，即"书虚""变虚""异虚""感虚""福虚""祸虚""龙虚""雷虚""道虚"等。汉代谶纬盛行，许多虚妄的思想观念充斥着人们的头脑，如果不扫清这些障碍，正确的观念就无法被人们认识、理解和掌握。

考"书虚"篇，它主要系针对传世解释儒家经书的著作。在文中，王充经过仔细辨析，在传世的诸子文献里，有不少非常离谱的奇谈怪论。他说："夫世间传书诸子之语，多欲立奇造异，作惊目之论，以骇世俗之人，为谲诡之书，以著殊异之名。"⑤科学之区别于非科学的突出特点就是前者尊重事实，而后者歪曲事实，甚至捏造一些荒诞不经的"事实"。例如，"传书或言：颜渊与孔子俱上鲁太山，孔子东南望吴阊门外有系白马，引颜渊指以示之曰：'若见吴昌门乎？'颜渊曰：'见之。'孔子曰：'门外何有？'曰：'有如系练之状。'孔子抚其目而正之，因与俱下。下而颜渊发白齿落，遂以病死。盖以精神不能若孔子，强力自极，精华竭尽。故早夭死。世俗闻之，皆以为然。如实论之，殆虚言也"⑥。文中所说的"事情"仅凭人类的肉眼是不可能办到的，王充解释说："鲁去吴，千有余

① 《后汉书》卷41《钟离意传》，北京：中华书局，1965年，第1411页。
② 陈江风：《汉画像"神鬼世界"的思维形态及其艺术》，《中原文物》1991年第3期，第12页。
③ （汉）王充：《论衡》卷24《解除篇》，《百子全书》第4册，第3465页。
④ （汉）王充：《论衡》卷24《解除篇》，《百子全书》第4册，第3465页。
⑤ （汉）王充：《论衡》卷4《书虚篇》，《百子全书》第4册，第3244页。
⑥ （汉）王充：《论衡》卷4《书虚篇》，《百子全书》第4册，第3244—3245页。

里"，而"从太山之上，察白马之色"，"非颜渊不能见，孔子亦不能见也"，这是因为"耳目之用，均也。目不能见百里，则耳亦不能闻也"①。王充以人类的正常生理功能为依据，否定了"传书"的不实之说，并且在此基础上，提出了"耳目之用，均也"的命题。当然，我们还应看到，人类科学技术的发展不仅延长了我们的耳目之用，而且早已突破了人类耳目生理功能的极限。从这个层面讲，"孔子东南望，吴闻门外有系白马"，也可看作是一种幻想。又，"传书言：舜葬于苍梧，象为之耕；禹葬会稽，乌为之田。盖以圣德所致，天使鸟鲁报佑之也。世莫不然。考实之，殆虚言也"②。王充解释这种现象说："天地之情，鸟兽之行也。象自蹈土，鸟自食苹。土蹶草尽，若耕田状。壤靡泥易，人随种之，世俗则谓为舜、禹田。"③这种解释颇有新意，也合乎情理。

"变虚篇"主要讨论"荧惑守心"问题，这是天文学上的一个疑难，目前学界仍在争论。把"荧惑守心"与帝王政治联系起来，始于《春秋左传》。《论衡》引其文并加评论云：

> 宋景公之时，荧惑守心，公惧，召子韦而问之曰："荧惑在心，何也？"子韦曰："荧惑，天罚也，心，宋分野也，祸当君。虽然，可移于宰相。"公曰："宰相所使治国家也，而移死焉，不祥。"子韦曰："可移于民。"公曰："民死，寡人将谁为也？宁独死耳。"子韦曰："可移于岁。"公曰："民饥必死。为人君而欲杀其民以自活也，其谁以我为君者乎？是寡人命固尽也，子毋复言。"子韦退走，北面再拜曰："臣敢贺君。天之处高而听卑，君有君人之言三，天必三赏君。今夕星必徙三舍，君延命二十一年。"公曰："奚知之？"对曰："君有三善，故有三赏，星必三徙。三徙行七星，星当一年，三七二十一，故君命延二十一岁。臣请伏于殿下以伺之，星必不徙，臣请死耳。"是夕也，火星果徙三舍。如子韦之言，则延年审得二十一岁矣。星徙审则延命，延命明则景公为善，天佑之也。则夫世间人能为景公之行者，则必得景公佑矣。此言虚也。何则？皇天迁怒，使荧惑本景公身有恶而守心，则虽听子韦言，犹无益也。使其不为景公，则虽不听子韦之言，亦无损也。④

荧惑守心是比较少见的天象，"荧惑"系指火星，行踪难以捉摸，被星占家视为灾星，而"心"是指二十八宿中的心宿（天蝎座），它有三颗星，其中央大星最亮，呈红色，故又称大火星，代表皇帝，其他两星则分别代表皇子与皇室中最重要的成员。由于火星运行到心宿时，其运行路线会发生由顺行转为逆行，或由逆行转为顺行之变化，这样，它就必然会出现一段滞留现象，一般为一二十天。而对于火星在心宿留守的这段时间，兆示朝廷将会有凶险之事发生，故君王最为恐惧。下面分几层意思分析王充的思想：第一，王充虽然反对用人事来附会天象，但他并没有否定天象本身。学界对于《左传》所记载的"荧惑守心"天象，存在两派意见，一派以黄一农先生为代表，认为是当时的史官伪造天

---

① （汉）王充：《论衡》卷4《书虚篇》，《百子全书》第4册，第3245页。
② （汉）王充：《论衡》卷4《书虚篇》，《百子全书》第4册，第3246页。
③ （汉）王充：《论衡》卷4《书虚篇》，《百子全书》第4册，第3246页。
④ （汉）王充：《论衡》卷4《变虚篇》，《百子全书》第4册，第3250—3251页。

象。① 一派以孙小淳先生为代表，认为天象是真实发生过的，不是伪造。② 只不过是史家把"荧惑犯心"与"荧惑守心"两种天象混淆了，误将"荧惑犯心"当作是"荧惑守心"。然而，正如刘次沅先生所言："尽管荧惑守心记录的错误率高于其他类型的天象记录，但许多错误的记录，能够找出传抄错误的痕迹。某些错误，则是同类星占意义的天象中转化而来。同时，故意写错时间的事例也是存在的，至于凭空伪造天象而适应人事，还缺少证据。"③ 第二，"荧惑守心"（实为"荧惑犯心"）是行星运动的客观轨迹，它不会以那个君王的意志为转移，所以王充说："皇天迁怒，使荧惑本景公身有恶而守心，则虽听子韦言，犹无益也。使其不为景公，则虽不听子韦之言，亦无损也。"对于文中"皇天迁怒"一句话，有专家经考证，应为"皇天不迁怒"④，可备一说。但从逻辑学的角度看，王充在这里应用了"二难推理"。如果把上面的引文视为大前提，我们不妨把其推论过程列式如下：

> 那么，小前提就是：荧惑守心，或为景公，或不为景公。
> 其结论：则景公或听子韦之言为无益；或不听子韦之言为无损。
> 总之，子韦之论，纯属妄言。⑤

第三，王充坚持了"天人相分"的认识路线，因而对"天人合一"观念进行了驳斥。例如，针对子韦所言："天之处高而听卑，君有君人之言三，天必三赏君。"王充明确主张"天与人异体"⑥，依此为准，王充批评子韦之言道："夫天，体也，与地无异。诸有体者，耳咸附于首。体与耳殊，未之有也。天之去人，高数万里，使耳附天，听数万里之语，弗能闻也。"所以他的结论是："人不晓天所为，天安能知人所行？使天体乎，耳高不能闻人言；使天气乎，气若云烟，安能听人辞？"⑦

"异虚篇"主要批评了灾异瑞祥之物对帝王政治的影响，王充列举了"桑谷生于朝""麒麟之瑞""黄龙负舟""彗星之见"等自然现象，认为它们的发生完全与人事无关，所以诸如"瑞应之福渥"、"雨谷吉凶"等都是不实之论，至于王朝的兴亡，皆为人祸，天灾不是决定性因素。王充以周厉王为例，分析西周灭亡的原因说："褒姒不得不生，生则厉王不得不恶，恶则国不得不亡。征已见，虽五圣十贤相与却之，终不能消。"⑧ 尽管把王朝的兴亡归罪于一两个历史人物，未免主观和唯心，但是比起从外部寻找王朝兴亡原因的"外因论"，显然进步了许多，因为从社会内部来寻找王朝兴亡的历史原因，其认识社会的基本思路和方法是可取的。既然将王朝的兴亡归结为某种外部因素，那么，人们在具体解

---

① 黄一农：《星占、事应与伪造天象——以"荧惑守心"为例》，《自然科学史研究》1991 年第 2 期。

② 孙小淳：《"荧惑守心"问题》，"10000 个科学难题"编委会：《10000 个科学难题·天文学卷》，北京：科学出版社，2010 年，第 1071—1072 页。

③ 刘次沅、吴立旻：《古代"荧惑守心"记录再探》，《自然科学史研究》2008 年第 4 期，第 520 页。

④ 裘锡圭：《古代文史研究新探》，南京：江苏古籍出版社，1992 年，第 128 页。

⑤ 温公颐：《中国中古逻辑史》，上海：上海人民出版社，1989 年，第 144 页。

⑥ （汉）王充：《论衡》卷 4《变虚篇》，《百子全书》第 4 册，第 3251 页。

⑦ （汉）王充：《论衡》卷 4《变虚篇》，《百子全书》第 4 册，第 3251 页。

⑧ （汉）王充：《论衡》卷 5《异虚篇》，《百子全书》第 4 册，第 3255 页。

释这个外部因素与王朝的内在关系时就很难避免主观性和随意性。王充举例说：

> 汉孝武皇帝之时，获白麟，戴两角而共抵，使谒者终军议之。军曰："夫野兽而共一角，象天下合同为一也。"麒麟野兽也，桑谷野草也，俱为野物，兽草何别？终军谓兽为吉，祖己谓野草为凶。高宗祭成汤之庙，有蜚雉升鼎而雊。祖己以为远人将有来者，说《尚书》家谓雉凶，议驳不同。且从祖己之言，雉来吉也，雉伏于野草之中，草覆野鸟之形，若民人处草庐之中，可谓其人吉而庐凶乎？民人入都，不谓之凶，野草生朝，何故不吉？雉则民人之类。如谓含血者吉，长狄来至，是吉也，何故谓之凶？如以从夷狄来者不吉，介葛卢来朝，是凶也。如以草木者为凶，朱草、蓂荚出，是不吉也。朱草、蓂荚，皆草也，宜生于野，而生于朝，是为不吉。何故谓之瑞？一野之物，来至或出，吉凶异议。朱草、蓂荚、善草，故为吉，则是以善恶为吉凶，不以都野为好丑也。周时天下太平，越尝献雉于周公。高宗得之而吉。雉亦草野之物，何以为吉？如以雉所分有似于士，则麇亦仍有似君子；公孙术得白鹿，占何以凶？然则雉之吉凶未可知，则夫桑谷之善恶未可验也。桑谷或善物，象远方之士将皆立于高宗之朝，故高宗获吉福，享长久也。[1]

同样一个"事件"，吉凶则因人而异，甚或截然相反，两者反差巨大，根本就不存在统一和客观的评价标准，这恰好证明它本身的虚假和附会。于是，王充十分机智地批驳说："夫丝缕犹阴阳，帛布犹成谷也，赐人帛不谓之恶，天与之谷何故谓之凶？夫雨谷吉凶未可定，桑谷之言未可知也。"[2]

"感虚篇"主要讨论一些神话传说，如后羿射日、杞梁氏之妻（即孟姜女）哭城等，对这些神话传说，若从科学思想的角度说，里面所讲的"事实"确实难以成立，但是若从文学思想的视角观察，合理的想象反而能使"传说"更富有感染力。因此，对此篇内容我们需要辩证地去看，不能因为其中某些情节存在想象和夸张的成分，就否定它的内在思想价值。以杞梁氏之妻哭城为例，王充解释说：

> 传书言：杞梁氏之妻向城而哭，城为之崩。此言杞梁从军不还，其妻痛之，向城而哭，至诚悲痛，精气动城，故城为之崩也。夫言向城而哭者，实也。城为之崩者，虚也。夫人哭悲莫过雍门子。雍门子哭对孟尝君，孟尝君为之于邑。盖哭之精诚，故对向之者凄怆感动也。夫雍门子能动孟尝之心，不能感孟尝衣者，衣不知恻怛，不以人心相关通也。今城，土也。土犹衣也，无心腹之藏，安能为悲哭感动而崩？使至诚之声能动城土，则其对林木哭，能折草破木乎？向水火而泣，能涌水灭火乎？夫草木水火与土无异，然杞梁之妻不能崩城，明矣。或时城适自崩，杞梁妻适哭。下世好虚，不原其实，故崩城之名，至今不灭。[3]

---

① （汉）王充：《论衡》卷5《异虚篇》，《百子全书》第4册，第3255页。
② （汉）王充：《论衡》卷5《异虚篇》，《百子全书》第4册，第3256页。
③ （汉）王充：《论衡》卷5《感虚篇》，《百子全书》第4册，第3259页。

这段文论，王充应用归谬式推理，否定了杞梁氏之妻哭倒土城之传说的真实性，其思想主旨是正确的。如众所知，杞梁氏之妻哭倒土城的传说最早见于《左传·襄公二十三年》。后来刘向《烈女传·齐杞梁妻》进一步演绎说："杞梁之妻无子，内外皆无五属之亲。既无所归，乃就其夫之尸于城下而哭，内诚动人，道路过者莫不为之挥涕。十日，而城为之崩。既葬……自以无亲，赴淄而薨。"①此即王充所本，首先承认王充质疑这个传说的真实性，认真贯彻了他"浮华虚伪之语，莫不澄定"②之主张，无可厚非，问题是杞梁氏之妻哭倒土城之传说本身还有深刻的思想意义，王充承认"杞梁氏之妻向城而哭"的"城"是土城，土城怕雨水浇灌和浸泡，春秋战国时期，各诸侯国的土城（包括各国修筑的土长城），如赵长城、魏河西长城等，多为夯土城墙。仅就土长城而言，完全有可能被雨水浸泡而崩塌。因此，眼泪属于水，依五行，水能克土。从这个层面讲，杞梁氏之妻哭倒土城也有理论依据，并非妄说。另外，修城必然会伤亡很多男壮劳力，导致大量像杞梁氏之妻这样的怨妇，所以这个传说还有揭露当时社会之黑暗和统治者残暴压榨广大劳动者的进步意义。

第二，对人类的工具制造及其技术本身具有相对理性的检讨意识。工具是人类能动性的直接体现，对人类社会的进步起着决定性作用。无可否认，正是基于这一点，我们才更加觉得王充的技术批评思想甚为难得，所以有必要在此略加阐释。先看下面的事例：

> 儒书称鲁般、墨子之巧，刻木为鸢，飞之三日而不集。夫言其以木为鸢飞之，可也；言其三日不集，增之也。夫刻木为鸢以象鸢形，安能飞而不集乎？既能飞翔，安能至于三日？如审有机关，一飞遂翔，不可复下，则当言遂飞，不当言三日。犹世传言曰："鲁般巧，亡其母也。"言巧工为母作木车马、木人御者，机关备具，载母其上，一驱不还，遂失其母。如木鸢机关备具，与木车马等，则遂飞不集。机关为须臾间，不能远过三日，则木车等亦宜三日止于道路，无为径去以失其母。二者必失实者矣。③

木鸢能在空中飞翔，对于这种性能王充毫不怀疑，然而，对于木鸢"飞之三日而不集"之论，却持怀疑态度，他认为"机关为须臾间，不能远过三日"。据现代专家考证，木鸢应是早期的风筝。④山东潍坊的木工孙继和先生亲自仿制了一只木鸢，不仅能够在空中飞行，而且还能持续15分钟。于是，有专家称："这是迄今为止，我们所能见到的木鸢实物第一次成功飞行。它验证了古老文献具有较大的真实性，某种程度上回答了一个多年来悬而未决的谜题——'木鸟能不能飞起来'。由此可以推断，鲁班制作的木鸟，不仅能飞起来，在风力允许的情况下飞行3天不降落，也是有可能的。"⑤那么，我们回头再看王充的评论，王充非常关注"机关"问题。比如，他说："如审有机关，一飞遂翔，不可复

---

① 绿净：《古列女传译注》卷4《贞顺传》，上海：上海三联书店，2014年，第173页。
② （汉）王充：《论衡》卷30《自纪篇》，《百子全书》第4册，第3505页。
③ （汉）王充：《论衡》卷8《儒增篇》，《百子全书》第4册，第3290—3291页。
④ CCTV走近科学：《探索器物之谜》，上海：上海科学技术文献出版社，2011年，第152页。
⑤ CCTV走近科学：《探索器物之谜》，第156页。

下，则当言遂飞，不当言三日。"在当时，木鸢飞行的机关主要有翼和螺旋桨，这是现代航空科学的两个重大构成部件。[①]如上所述，鲁班制作的木鸢有翼，否则木鸢无法飞行。而王充没有提到还有一种能飞"木雕"，是张衡制作的。据张衡自己介绍这种器物说："三轮可使自转，木雕犹能独飞，已垂翅而还故栖，盍亦调其机而铦诸？"[②]对这段话，学界理解有分歧。有学者认为："若据上句可谓衡曾作三轮自转之器，则据下句，亦可谓衡曾造能飞之木鸟矣。然此二句似用典故，泛指其机巧，不必为事实也。"[③]但据《文士传》所载："张衡尝作木鸟，假以羽翮，腹中施机，能飞数里。"[④]有学者认为："腹中施机"的"机"应系螺旋桨，而"张衡利用弹性物体积蓄能量推动螺旋桨向前飞行或者使用多个能量贮蓄器，使螺旋桨得到多次接力，一直送到高空之后，再以滑翔的方法飞到更远的地方，就可能达到'能飞数里'了"[⑤]。至于"机关为须臾间，不能远过三日"，限于当时科学技术发展水平的历史实际，王充不能超越历史地去预设千年后世界科学技术发展的现实状况，但从经验科学的实际出发，勇于检讨"鲁般、墨子之巧"的"实"与"不实"，从而引导人们在技术发明的道路上，通过求真务实而不断发明，不断创造，推动我国古代科学技术不断走向历史新高峰。

又如，王充评论"楚养由基善射"一事说：

> 儒书称楚养由基善射，射一杨叶，百发能百中之，是称其巧于射也。夫言其时射一杨叶中之，可也；言其百发而百中，增之也。夫一杨叶射而中之，中之一再，行败穿不可复射矣。如就叶悬于树而射之，虽不欲射叶，杨叶繁茂，自中之矣。是必使上取杨叶，一一更置地而射之也？射之数十行，足以见巧；观其射之者亦皆知射工，亦必不至于百，明矣。言事者好增巧美，数十中之，则言其百中矣。[⑥]

王充的批评是对的，因为王充不怀疑养由基的射箭本领，然而，一中与百中，中间有一个体力消耗问题。体力消耗必然会使眼、臂、手等发生疲劳现象，而人在疲劳状态下射箭，则很容易使技术发挥出现偏差。对这个问题，《战国策·西周策》载："楚有养由基者，善射；去柳叶者百步而射之，百发百中。左右皆曰善。有一人过曰：'善射，可教射也矣。'养由基曰：'人皆曰善，子乃曰可教射，子何不代我射之也？'客曰：'我不能教子支左屈右。夫射柳叶者，百发百中，而不已善息，少焉气力倦，弓拨矢钩，一发不中，前功尽矣！'"[⑦]此外，"行败穿不可复射矣"的情形是存在的，所以为了检验养由基百发百中的本领，就需要将杨树叶子"使上取杨叶，一一更置地而射之"，如果真是这样的话，

---

① ［英］李约瑟：《中国科学技术史》第 4 卷《物理学及相关技术》第 2 分册《机械工程》，鲍国宝等译，北京、上海：科学出版社、上海古籍出版社，1999 年，第 639 页。

② 《后汉书》卷 59《张衡传》，第 1899 页。

③ 郭正昭、陈胜昆、蔡仁坚：《中国科技文明论集》，台北：牧童出版社，1978 年，第 251 页。

④ （宋）李昉等：《太平御览》卷 752《工艺部九》引《文士传》，北京：中华书局，1960 年，第 3337 页。

⑤ 曹景祥：《张衡"木雕犹能独飞"新探——兼论飞机的发明》，《南都学刊》（哲学社会科学版）1996 年第 2 期，第 111 页。

⑥ （汉）王充：《论衡》卷 8《儒增篇》，《百子全书》第 4 册，第 3289 页。

⑦ （西汉）刘向：《战国策·西周策》，哈尔滨：北方文艺出版社，2013 年，第 24—25 页。

里面就有一个概率问题。有学者曾做过计算，养由基很难做到百发百中。①

关于"周鼎不爨自沸；不投物，物自出"②的世俗传言，王充首先辨明："此则世俗增其言也，儒书增其文也。是使九鼎以无怪空为神也。"然而，"夫金者石之类也，石不能神，金安能神？"③汉人具有强烈的"神鼎意识"，譬如，汉武帝追求长生不老术，他所热衷的方式就是炼金—铸鼎—封禅。④据考，"鼎最初是作为炊具使用，黄帝时已成为国家政权的象征，到大禹时鼎的地位又一次提升，'收天下美铜，以为九鼎，象九州'"⑤。所以有学者分析说：九鼎"之所以能够历经每个王朝数百年地流传下去，正是因为它们在祭祀中的持续使用可以不断充实和更新对以往先王的回忆。由于只有王室成员才能主持这样的祭祀，九鼎的使用者因此也自然是政权的继承者。"⑥抛开九鼎所承载的政治意义不说，王充最关注的是九鼎的铸造，以及通过对铸造过程的揭示而不断抹去其笼罩在九鼎之上的那些神性色彩，从而还原它的本真。王充说："其为鼎也，有百物之象。……夫百物之象犹雷樽也，雷樽刻画云雷之形，云雷在天，神于百物，云雷之象不能神，百物之象安能神也？"⑦在当时，帝王铸造九鼎的技术是保密的。但不管怎样，九鼎的材料说到底也不过是些"积石"。在王充看来，"铜未铸铄曰积石"，换言之，"铜锡未采，在众石之间，工师凿掘，炉橐铸铄乃成器。未更炉橐，名曰积石，积石与彼路畔之瓦、山间之砾，一实也"⑧。这是从技术层面分析九鼎的价值，仅就原材料而言，鼎的本质是"积石"，与"彼路畔之瓦、山间之砾"是一回事，它并不高于普通的瓦砾。可见，鼎的神秘性是先秦儒家演绎的结果，亦即"儒书增其文也，是使九鼎以无怪空为神"（翻译成白话就是：使得本来并不神圣的九鼎凭空变成了一种具有神性的器物）的意思。把一般器物，为了某种政治需要而夸大成为天赐神物，进而强化了九鼎拥有者的正统地位，以及进一步巩固其对于政权的合法继承性。王充从技术的角度淡化了九鼎的神学性质，因而也就间接地否定了历史上一切皇权的天然合法性，这是王充政治思想的一种曲折表达，很尖锐，同时也很深刻。

（二）王充科学思想的历史地位

王充旗帜鲜明地主张气一元论，在中国古代思想史上独树一帜，影响深远。王充说："天地合气，万物自生，犹夫妇合气，子自生矣。"⑨他又说："天之动行也，施气也，体动气乃出，物乃生矣。由人动气也，体动气乃出，子亦生也。夫人之施气也，非欲以生子，

① 欧阳维诚：《寓言与数学》，长沙：湖南教育出版社，2001 年，第 87 页。
② （汉）王充：《论衡》卷 8《儒增篇》，《百子全书》第 4 册，第 3293 页。
③ （汉）王充：《论衡》卷 8《儒增篇》，《百子全书》第 4 册，第 3293 页。
④ 蔡林波：《神药之殇：道教丹术转型的文化阐释》，成都：巴蜀书社，2008 年，第 56 页。
⑤ 李根柱：《河洛笔记》，郑州：中州古籍出版社，2016 年，第 72 页。
⑥ 薛永年主编：《春华秋实——中央美术学院 1978 级研究生成果汇展集·美术史系分卷》，北京：人民美术出版社，2005 年，第 144 页。
⑦ （汉）王充：《论衡》卷 8《儒增篇》，《百子全书》第 4 册，第 3293 页。
⑧ （汉）王充：《论衡》卷 12《量知篇》，《百子全书》第 4 册，第 3339 页。
⑨ （汉）王充：《论衡》卷 18《自然篇》，《百子全书》第 4 册，第 3394 页。

气施而子自生矣。天动不欲以生物，而物自生，此则自然也。施气不欲为物，而物自为，此则无为也。谓天自然无为者何？气也。"①宇宙万物是天地自然运动变化的结果，而这种运动变化不是来自外部力量，而是由宇宙万物通过"天之动行也，施气也"而自己产生自己。毫无疑问，"万物自生"的命题是王充整个唯物论和无神论思想体系的根本前提。

通过检讨先秦以来儒家思想的不足而深化了对诸子学术的批评意识，例如，在《论衡》"问孔""非韩""刺孟"三篇里，王充敢于大胆挑战儒家"圣人"之不实言论与僵化之教条，开新除故，为东汉以来日益僵化的儒家学说注入了新鲜的思想血液。面对汉代盛行的尊孔崇古风气，王充一针见血地指出："世儒学者，好信师而是古，以为贤圣所言皆无非，专精讲习，不知难问。夫贤圣下笔造文，用意详审，尚未可谓尽得实，况仓卒吐言，安能皆是？不能皆是，时人不知难；或是，而意沉难见，时人不知问。案贤圣之言，上下多相违；其文，前后多相伐者，世之学者，不能知也。"②在此，王充认为孔子之说是"仓卒吐言"，有失偏颇，但就其整体思想而言，他是想着为东汉学术的发展注入活力，尤其是呼吁后来的莘莘学子，要敢于发表自己的思想和见解，不应当人云亦云，更不应盲目崇信古人，用古人的说教来禁锢自己的新思想和新观点。所以，王充认为："圣人之言，不能尽解；说道陈义，不能辄形。不能辄形，宜问以发之；不能尽解，宜难以极之。"③只有敢于"发之"与"极之"，学术才能进步，后人才能超迈前贤。而对于儒家学说，也不能墨守成规，更不能毫无批判地去被动接受。王充非常自信地说："问孔子之言，难其不解之文，世间弘才大知生，能答问解难之人，必将贤吾世间难问之言是非。"④在今天看来，王充之论具有非常重要的现实意义。

用无神论的观点去认识世界和指导人们的日常生产和生活，求真务实，为世人树立一种进步的人生观和价值观，它既是王充《论衡》的显著特点，同时也是其光辉思想的迷人之处。例如，《论衡·谴告篇》批判了"古之人君为政失道，天用灾异谴告之"⑤的观念，王充认为"天用灾异谴告人君"本身便违反了天道无为的定则。因为"夫天道，自然也，无为。如谴告人，是有为，非自然也"⑥。以气候的寒温为例，在一定条件下，气候的寒温变化会对特定人群的身体和情绪产生这样或那样的影响，但是它对每个人的实际行为不起决定作用，更与人君的政治意识没有直接关系。所以，王充说："夫天道自然，自然无为。二令参偶，遭适逢会，人事始作，天气已有，故曰道也。使应政事，是有〔为〕，非自然也。《易》京氏布六十四卦于一岁中，六日七分，一卦用事。卦有阴阳，气有升降。阳升则温，阴升则寒。由此言之，寒温随卦而至，不应政治也。"⑦文中的"二令参偶"是

---

① （汉）王充：《论衡》卷18《自然篇》，《百子全书》第4册，第3394页。
② （汉）王充：《论衡》卷9《问孔篇》，《百子全书》第4册，第3298页。
③ （汉）王充：《论衡》卷9《问孔篇》，《百子全书》第4册，第3298页。
④ （汉）王充：《论衡》卷9《问孔篇》，《百子全书》第4册，第3298页。
⑤ （汉）王充：《论衡》卷14《谴告篇》，《百子全书》第4册，第3358页。
⑥ （汉）王充：《论衡》卷14《谴告篇》，《百子全书》第4册，第3359页。
⑦ （汉）王充：《论衡》卷14《寒温篇》，《百子全书》第4册，第3358页。

指某种天象与人的某种行为如果发生了联系，那么，王充认为那纯粹是一种偶然性。可见，王充批判的主要对象是天人感应说。王充深刻揭露了天人感应说产生的社会根源。他说："《六经》之文，圣人之语，动言天者，欲化无道，惧愚者。欲言非独吾心，亦天意也。及其言天，犹以人心，非谓上天苍苍之体也。变复之家，见诬言天，灾异时至，则生谴告之言矣。"①可见，"谴告说"的本质是用愚昧的手段来恐吓百姓，以图达到维护君权统治的目的。与此相连，汉儒通过"瑞应"来固化君权神授意识。对此，《论衡》"讲瑞""指瑞""是应"等篇，比较详尽地分析了儒者宣扬瑞应思想的用心和目的，不过是为统治者粉饰太平。实际上，"种类无常，故曾皙生参，气性不世；颜路出回，古今卓绝。马有千里，不必麒麟之驹；鸟有仁圣，不必凤皇之雏。山顶之溪，不通江湖，然而有鱼，水精自为之也；废庭坏殿，基上草生，地气自出也。按溪水之鱼，殿基上之草，无类而出。瑞应之自至，天地未必有种类也"②。

王充认为："物与人通，人有痴狂之病，如知其物然而理之，病则愈矣。夫物未死，精神依倚形体，故能变化，与人交通；已死，形体坏烂，精神散亡，无所复依，不能变化。夫人之精神，犹物之精神也。物生，精神为病；其死，精神消亡。人与物同，死而精神亦灭，安能为害祸！设谓人贵，精神有异，成事，物能变化，人则不能，是反人精神不若物，物精奇于人也。"③这段话体现了王充思想的复杂性和局限性，然而，同评价张衡的科学思想一样，一个科学家之所以是杰出的，是因为他不囿于成见，甚至在某些方面已经自觉地和实质性地突破了他所生活的那个时代的窠臼。例如，"天人感应"是汉代学术的显著特色，王充思想中也不可避免地被打上了"天人感应"说的烙印。④但是，就现代康复医学的临床实践来看，所谓"信仰疗法"与王充所说的"物与人通"疗法在本质上并无差异。如众所知，"人类疾病大都可以分为两种：器质性疾病和功能性疾病。功能性疾病大都由心理原因引起，可以通过信仰疗法来矫正。因为人的精神或意志对身体有巨大的作用，精神因素可以使人得病也可以使人痊愈。另一方面，人体自身有巨大的潜在的康复能力。只要充分调动了自身的积极性，一般的疾病都可以不治而愈"⑤。当然，究竟什么是王充所说的"物"，释家有"鬼神"⑥、"物之精神"⑦等说法，实质上，王充的解释比较复杂，如《论衡·订鬼篇》中有7种解释。至于"鬼"为何物？王充说："凡天地之间有鬼，非人死精神为之也，皆人思念存想之所致也。"⑧因此，有学者比较客观地评论道："王充坚决地否定了人死能变鬼，鬼能害人的世俗鬼神论。从而有力地反击了社会风俗中

① （汉）王充：《论衡》卷 14《谴告篇》，《百子全书》第 4 册，第 3361 页。
② （汉）王充：《论衡》卷 16《讲瑞篇》，《百子全书》第 4 册，第 3382 页。
③ （汉）王充：《论衡》卷 21《论死篇》，《百子全书》第 4 册，第 3423 页。
④ 孙熙国：《先秦哲学的意蕴——中国哲学早期重要概念研究》，北京：华夏出版社，2006 年，第 65 页。
⑤ 王昭洪、徐旺生、易华：《幽冥王国——鬼之谜》，太原：山西高校联合出版社，1992 年，第 85 页。
⑥ 罗石标编著：《说医解字》，长沙：湖南科学技术出版社，2005 年，第 181 页。
⑦ 北京大学历史系《论衡》注释小组：《论衡注释》，北京：中华书局，1979 年，第 1204 页。
⑧ （汉）王充：《论衡》卷 22《订鬼篇》，《百子全书》第 4 册，第 3436 页。

低级的迷信鬼神思想，在当时的社会中可谓是高举生活理性大旗的勇敢旗手。"①当然，"王充的'精神'概念还是带有先验的形上特征，是一种类似于'实体'的东西，还未能从社会实践的角度论证精神的来源问题，从而为后来中国化的佛教的形神观留下了理论的空子。这是成熟的辩证唯物主义世界观出现以前所有哲学家在探讨'精神'问题时所共有的缺陷，我们不必苛求王充。再者，王充朴素的辩证形神观，还因为他混淆了人与物的关系，认为物亦有'精神'。因此，在讨论精神与形体的关系时，又具有泛神论的色彩。因此，王充还不是一个彻底的无神论者，而只是一个鬼神不能害人论者。但这已是一个了不起的思想认识的进步"②。

本 章 小 结

杂糅儒道，自成一系，汉代的《黄帝内经》以及扬雄的《太玄》和王充的《论衡》，都是儒道相融的自然哲学名著。

《黄帝内经》以道家的"真气"观来理解人体的生命运动，又以儒家的"中和"来解释人体的健康原理，从而体现了中医药儒道同源、儒以医彰和道以医显的基本属性。

扬雄的《太玄》"以八十一首构建'玄'的宇宙图式时，既模拟了孟喜的卦气图，又吸取了京房对孟喜卦气图的修正成果，即将六十四卦都纳入实际值日之中，从而也解决了《玄》首与《易》卦的完全对应问题"③，内儒外道，即以"儒家思想为基质、为主体的同时，儒道互补倾向非常鲜明"④。

从科学史的角度看，《论衡》充满了战斗的无神论精神，那么，王充这种战斗精神的理论源泉在何处？岳宗伟的博士学位论文《〈论衡〉引书研究》较好地回答了这个问题，岳先生在论文摘要中指出：

> 王充对于《孟子》、《荀子》著作的征引表明，一方面，他"刺孟"但是"尊孟"，不过在实践中孟学路线走不通；另一方面，对荀子评价不高，却在实践中趋向荀子的路数。然而，王充无论是走孟学的路子还是步荀学的后尘，都与时代存在违隔。⑤

王充在书中屡屡征引道家著作，将解决现实政治困局的希望寄托在"黄老"之术身上，显示了他在经学之外寻求破解时局之困的努力。另一方面，王充黄老思想凸显，预示

---

① 田文军、吴根友：《中国辩证法史》，郑州：河南人民出版社，2005 年，第 228 页。
② 田文军、吴根友：《中国辩证法史》，第 228—229 页。
③ 于成宝：《刍议扬雄〈太玄〉对〈周易〉的模拟》，方勇主编：《诸子学刊》第 18 辑，上海：上海古籍出版社，2019 年，第 151 页。
④ 梁宗华：《汉代经学流变与儒学理论发展》，济南：山东人民出版社，2018 年，第 131 页。
⑤ 岳宗伟：《〈论衡〉引书研究》摘要，复旦大学 2006 年博士学位论文，第 1 页。

道家思想在东汉中后期的复兴，也从另一个角度昭示了经学的衰落。①

矛盾与反叛是王充所生活的那个时代的特征，也是王充思想的原质，王充坚信科学的力量，所以胡适认为："王充的哲学的动机，只是对于当时种种虚妄和种种迷信的反抗。王充的哲学的方法，只是当时科学精神的表现。"②这是确当之论，因为"在王充身上，人们看到一种近代科学精神的超前觉醒"③。

① 岳宗伟：《〈论衡〉引书研究》摘要，复旦大学 2006 年博士学位论文，第 1 页。
② 胡适：《中国思想史》上册，长春：吉林出版集团股份有限公司，2018 年，第 147 页。
③ 朱亚宗：《王充：近代科学精神的超前觉醒》，《求索》1990 年第 1 期，第 60 页。

结　语

一、秦汉科学技术思想的历史地位

从先秦轴心时代到秦汉经学时代，中国科学技术思想历史的总体状况究竟是进步了还是退步了？这是首先要回答的问题。

仅就政治环境而言，"与城邦紧密相联，国家典章制度应运而生，而前国家的原始民主记忆仍然鲜活，二者互动是轴心时代政治环境特色所在"[①]。第一，"阶级分化已进入社会等级截然有别的阶段，国家典章制度初具规模"[②]；第二，"周制保有的原始民主遗存，是元典中民本思想的生成土壤，又为晚周'百家争鸣'局面的出现做了历史铺垫"[③]。一句话，"轴心时代是一个独断轮尚未确立的时代，自由思索得到鼓励，起码没有被严厉禁止"，因此，"儒、墨、道、法等学派蜂起，成一空前绝后的'百家争鸣'局面"[④]。然而，对于割据乱世的态度，诸子阵营可以说是泾渭分明，分成相互对立的两派：以儒士为代表的先秦统一派（儒、墨、法）和以策士为代表的先秦割据派（纵横、道、兵）。[⑤]我们知道，春秋战国时期的区域经济都有了进一步的发展和提高，尤其是各区域之间的经济联系越来越密切，客观上要求尽快结束混乱的割据历史，而在政治上走向统一。因此，只有与这种历史潮流相适应的理论学说，才能被统一王朝的统治者所接受和认可。汉武帝采纳董仲舒的建议"独尊儒术"，从而实现了思想、政治、经济和文化上的大一统。于是，以董仲舒"天人感应"为特色的汉代经学遂成为其科学技术思想发展的实质性内容。那么，"天人感应"是否阻碍了汉代科学技术的发展？不可否认，"天人感应"思想还保存着原始先民的"巫术"思维方式，承认这一点，丝毫不会降低"天人感应"本身的科学价值。因为从科学认识的发生过程来分析，"科学并不是在一片广阔的有益于健康的草原——愚昧的草原——上发芽成长的，而是在一片有害的丛林——巫术和迷信的丛林——中发芽成长的"[⑥]。所以更多的学者倾向于认为"天人感应"与科学发展之间往往会产生交集效应。下面的观点颇有代表性：

> "天人感应"是一个科学的命题，它是中国古典哲学博大精深的理论根基，之所

---

① 冯天瑜：《中华元典精神》，上海：上海人民出版社，2014 年，第 28 页。
② 冯天瑜：《中华元典精神》，第 28 页。
③ 冯天瑜：《中华元典精神》，第 29 页。
④ 冯天瑜：《中华元典精神》，第 29 页。
⑤ 何立明：《中国士人》，上海：上海交通大学出版社，2017 年，第 48 页。
⑥ ［英］W. C. 丹皮尔：《科学史及其与哲学和宗教的关系》，李珩译，北京：商务印书馆，1975 年，第 29 页。

以如此，因为它是中国上古先民在长期的科学研究、特别是在长期天文研究中得出的科学结论。这个科学观点的提出，不仅对中国的古代科技进步提供了重要的研究理论，依其作为指导思想，促进了中国古代天文、医药、卫生保健、饮食、建筑等各方面科学研究的长足发展，更提高了中华民族的思想智慧，促进了中华文明的发展进程。这些都有大量的历史证据，是无可置疑的事。[①]

为此，我们不妨以《中国古代重要科技发明创造》一书的统计为据来看几组数据：

（1）科学发现与创造。春秋战国总计6项，分别是圭表、十进位值制与算筹记数法、小孔成像、杂种优势利用、盈不足术、二十四节气等。秦汉总计6项，分别是马王堆地图、勾股容圆、线性方程组及解法、本草学、天象记录、方剂学等。

（2）技术发明。春秋战国总计5项，分别是以生铁为本的钢铁冶炼技术、分行栽培（垄作法）、青铜弩机、叠铸法、多熟种植等。秦汉总计12项，分别是造纸术、胸带式系驾法、温室栽培、提花机、指南车、水碓、新莽铜卡尺、扇车、地动仪、翻车（龙骨车）、水排、瓷器等。[②]

（3）工程成就。春秋战国总计2项，分别是曾侯乙编钟和都江堰。秦汉总计3项，分别是长城、灵渠、秦陵铜车马。

以上是中国科学院自然科学史研究所"中国古代重要科技发明创造"研究组具有权威性的研究成果（2016年），无论数量还是质量，秦汉两朝都超过了前秦"轴心时代"的发明创造。2017年，由华觉明、冯立升主编的《中国三十大发明》一书将"中国古代重要科技发明创造"从88项进一步萃化为30项，而在这30大原创性的发明名录中，春秋战国仅有3项（即十进位制记数法和筹算、以生铁为本的钢铁冶炼技术、精耕细作的生态农艺），而秦汉则至少有5项（即运河与船闸、犁与耧、水轮、造纸术、瓷器）。此外，金观涛等在《文化背景与科学技术结构的演变》一文中，提出了"大一统"技术的概念。所谓"大一统"技术是指发达的通信技术（交通运输和文化交流、传播的工具等）、强大的军事力量、"敬授民时"的历法、土地丈量技术、绘制地图的技术，乃至体现皇权威严的皇宫建筑等[③]，其历代"大一统"技术成就如附表1所示：

附表1　中国古代各类技术在总技术构成中的比重[④]　　　（单位：%）

朝代	农业	"大一统"	手工业	医药	其他
春秋	16	13	40	20	11
战国	26	12	43	18	1
秦	1	59	40	0	0
西汉	5	24	63	8	0

[①] 曲辰：《中国哲学与中华文化》，银川：宁夏人民出版社，2006年，第43—44页。

[②] 中国科学院自然科学史研究所：《中国古代重要发明创造》，北京：中国科学技术出版社，2016年，第205—207页。

[③] 金观涛等：《问题与方法集》，上海：上海人民出版社，1986年，第178页。

[④] 金观涛等：《问题与方法集》，第179页。

续表

朝代	农业	"大一统"	手工业	医药	其他
东汉	4	41	57	8	0
魏、西晋	12	12	35	41	0
南北朝	13	13	45	10	19
隋	4	58	27	14	0
唐	4	32	47	16	1
北宋	2	53	43	2	0
南宋	7	43	39	10	1
元	12	28	37	3	20
明	6	34	45	13	2
清	2	40	46	12	0

　　这张表的内容非常丰富，可以做专门研究。我们在这里想说的是，如果没有秦朝的统一，中国就很难在科学技术领域独领风骚 2000 年。秦朝不仅"大一统"技术遥遥领先于中国古代社会的历朝历代，而且"一法度衡石丈尺，车同轨，书同文字"①的历史贡献怎么评价都不过分。

　　当然，我们绝不是说秦汉的科学技术在各个方面都完胜先秦的"轴心时代"，事实上，从科学理论的创造能力和水平看，秦汉就不如先秦的"轴心时代"②。如附表2所示：

附表 2　中国历代理论、实验、技术在该朝代总积分中所占比重③　　（单位：%）

朝代	理论	实验	技术
春秋	12	2	86
战国	23	8	69
秦	0	0	100
西汉	6	9	85
东汉	10	14	76
魏、西晋	13	1	86
南北朝	15	13	72
隋	2	0	98
唐	8	11	81
五代	/	/	/
北宋	4	6	90
南宋	19	7	74
元	8	12	80
明	16	3	81
清	40	1	59

① 《史记》卷 6《秦始皇本纪》，北京：中华书局，1959 年，第 239 页。
② 金观涛等：《问题与方法集》，第 181 页。
③ 金观涛等：《问题与方法集》，第 168 页。

由上述讨论可知，秦汉科学技术的发展历史具有曲折性和上升性，这一点毋庸置疑。然而，秦汉科学技术的"大一统"技术发展模式，是不是就毫无教训可言了。也不是，因为秦汉的科学理论整体发展水平较先秦的"轴心时代"不是提高了，而是降低了。这就不能不引起我们的重视。

二、秦汉"大一统"技术发展模式的缺陷

无论是法家还是儒家，他们的思想理论多重视实际，这是中国古代技术成果相对于理论和实验成果具有压倒性优势的理论根源之一。目前学界有一种声音，越来越肯定汉代所行应为"儒法并用"之统治策略，认为汉武帝"独尊儒术"实为"外儒内法"的阴阳两面本质，如有学者指出："汉武帝的政治运作，在显性模式上确认了经学的地位，在隐性模式上确认了刑名法术的地位，这是一元主义的经学文化专制与政治专制一里一表地结合，从而形成了'霸王道杂之'、外儒而内法、霸实而王虚的基本政治理念。"[①]又有学者分析说："秦汉后期，董仲舒作《天人三策》，对战国以来的古今治乱之道和天人关系问题作了系统的阐述，杂糅法家及阴阳五行的观点。这种经过董仲舒改造的儒学其'外儒内法'的实质在此后的两千年间，为历代王朝所重视。"[②]

如前所述，法家主张以利益为衡量一切社会行为的出发点，如韩非就曾非常直白地说：

> 夫卖庸而播耕者，主人费家而美食，调布而求易钱者。非爱庸客也，曰："如是，耕者且深，耨者熟耘也"。庸客致力而疾耘耕者，尽巧而正畦陌畛畦者，非爱主人也，曰："如是羹且美，钱布且易云也。"此其养功力，有父子之泽矣，而心调于用者，皆挟自为心也。故人行事施予，以利之为心，则越人易和；以害之为心，则父子离且怨。[③]

功利主义思想有利也有弊，因此，有学者分析功利主义思想的弊端说："革命与更替不可能总是进步的，虽然法家的功利主义思想，是变革时代的思想精华，但是它们却代表着政治集团的高度利益，不惜伤害民众利益与破坏文化精神，这样的思想不具备任何先进性。"[④]如此否定法家功利主义思想的历史地位，不符合社会史发展和演变的历史逻辑，我们难以认同。不过，这段话也揭示了以"功利主义"为核心的"大一统"技术体系本身还存在着比较严重的缺陷。以数学发展为例，《九章算术》成书于东汉，甚至在张衡那里已经具备了类似笛卡尔的坐标系表示法。然而，为什么没有能够产生解析几何？金观涛等学者认为："从数学内部的因素来说，中国不仅在中古代，甚至在明末清初的一段时间内也不可能产生解析几何学。理论技术化倾向显然是一个重要原因，所以中国传统数学尽管有

① 边家珍：《汉代经学发展史论》，北京：中国文史出版社，2003年，第79页。
② 魏礼群主编：《创新政府治理深化行政改革》下册，北京：国家行政学院出版社，2015年，第560页。
③ （清）王先慎撰、钟哲点校：《韩非子集解》卷11《外储说左上》，北京：中华书局，1993年，第274页。
④ 关万维：《先秦儒法关系研究——殷商思想的对立性继承及流变》，上海：上海人民出版社，2015年，第331页。

高超玄妙的运算技巧，但它始终没有形成一个完整的构造型的理论体系。"①

还是金观涛等学者，他们在研究秦汉之后中国古代科学技术发展的历史特点时，发现了一个十分有趣的现象，如附图1、附图2所示：

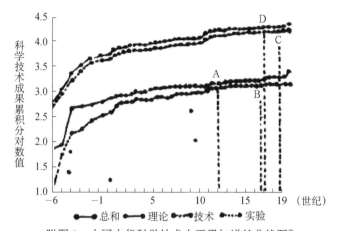

附图1　中国古代科学技术水平累加增长曲线图②

注：其中 ABCD 分别为西方的理论、实验、技术和总分赶上中国的交差点

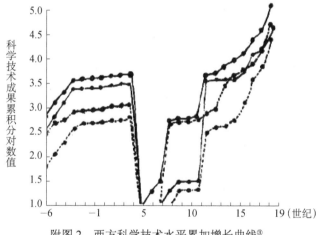

附图2　西方科学技术水平累加增长曲线③

由附图1、附图2不难看出，中国古代的科学理论以及与实验和技术之间的发展关系是平行发展的，始终没有出现相互交叉的节点，而西方在16世纪之后，科学理论以及与实验和技术之间的发展关系开始相互交叉。仔细观察"中国古代科学技术水平累加增长曲线"，你会注意到正是在秦汉时期才加大了中国古代科学理论、实验和技术三者之间的分离趋势。

在秦汉"大一统"技术模式下，谶纬学说盛行一时，这是秦汉时代独有的学术现象。

---

① 金观涛等：《问题与方法集》，第187页。
② 金观涛等：《问题与方法集》，第159页。
③ 金观涛等：《问题与方法集》，第160页。

据《四库全书总目》载：

> 儒者多称谶纬，其实谶自谶，纬自纬，非一类也。谶者诡为隐语，预决吉凶，《史记·秦本纪》称卢生"奏录图书"之语，是其始也。纬者，经之支流，衍及旁义。《史记·自序》引《易》"失之毫厘，差以千里"，《汉书·盖宽饶传》引《易》"五帝官天下，三王家天下"，注者均以为《易纬》之文是也。盖秦汉以来，去圣日远，儒者推阐论说，各自成书，与经原不相比附。如伏生《尚书大传》、董仲舒《春秋》阴阳，核其文体，即是纬书，特以显有主名，故不能托诸孔子。其他私相撰述，渐杂以术数之言，既不知作者为谁，因附会以神其说。迨弥传弥失，又益以妖妄之词，遂与谶合而为一。[①]

对于谶纬现象，时人桓谭、张衡、王充等均有批判，可见，谶纬确实有其"妖妄邪术"之一面。但是，它还有另外一面，诚如有学者所言："谶纬在理论上与汉代政治密切结合，并为统治者寻求解决社会矛盾和阶级矛盾的方法，其进步意义是显而易见的。"[②]至于谶纬与汉代科学技术之间的关系问题，我们也可以作如是观。因为在谶纬思想体系中，除了有天人感应论、卦气说和神道设教论等神秘主义的内容之外，还有讲天文的、讲历法的，以及讲地理的、讲史事的、讲文字的和讲典章制度的等内容，所以里面包含着一些天体物理学、气象学、医学生理学、地理学等领域的科学成分。[③]而刘宁的《谶纬天学研究》专门讲解了"谶纬最终成为汉代国家信仰"的历史过程和内在必然性，毫无疑问，当谶纬成为汉代的国家信仰之后，对其整个社会的政治、经济、科技、思想文化等各个方面都产生了重要影响。故刘师培说："夫谶纬之书，虽间有资于经术，然支离怪诞，虽愚者亦察其非，而汉廷深信不疑者，不过援纬书之说，以验帝王受命之真，而使之服从命令耳。"[④]任蜜林也认为："纬书的最终目的，即'为汉立法'。"[⑤]可见，谶纬思想体系从本质上看是与科学理论不相容的。所以当谶纬学说构成汉代"大一统"技术体系的有机组成部分之后，它必然拒斥具有"演绎陈述的等级系统"[⑥]的科学理论，而汉代科学理论的相对不发达，谶纬之学盛行是一个至关重要的因素。

---

① （清）永瑢等：《四库全书总目》卷 6《经部·易类六》，北京：中华书局，1965 年，第 47 页。
② 雷依群：《西汉长安经学研究》，西安：陕西人民出版社，2011 年，第 218 页。
③ 蔡德贵、侯拱辰：《道统文化新编》，济南：山东大学出版社，2000 年，第 513—514 页。
④ 刘师培：《国学发微》，《刘师培全集》第 1 册，北京：中共中央党校出版社，1997 年，第 481 页。
⑤ 任蜜林：《纬书思想研究》，北京大学 2007 年博士学位论文，第 1 页。
⑥ 林定夷：《近代科学中机械论自然观的兴衰》，广州：中山大学出版社，1995 年，第 250 页。

主要参考文献

一、引用史料

（春秋）管仲：《管子》，《百子全书》第 2 册，长沙：岳麓书社，1993 年。

（春秋）晏婴：《晏子春秋》，哈尔滨：北方文艺出版社，2013 年。

（春秋）左丘明撰、鲍思陶点校：《国语》，济南：齐鲁书社，2005 年。

（战国）韩非：《韩非子》，《百子全书》第 2 册，长沙：岳麓书社，1993 年。

（战国）列御寇：《列子》，《百子全书》第 5 册，长沙：岳麓书社，1993 年。

（战国）吕不韦：《吕氏春秋》，《百子全书》第 3 册，长沙：岳麓书社，1993 年。

（战国）吕不韦著、杨坚点校：《吕氏春秋》，长沙：岳麓书社，2006 年。

（战国）墨翟撰、（清）毕沅校注：《墨子》，《百子全书》第 3 册，长沙：岳麓书社，1993 年。

（战国）商鞅：《商子》，《百子全书》第 2 册，长沙：岳麓书社，1993 年。

（战国）庄周：《庄子南华真经》，《百子全书》第 5 册，长沙：岳麓书社，1993 年。

（汉）班固：《汉书》，北京：中华书局，1962 年。

（汉）蔡邕撰、（清）蔡云辑：《蔡氏月令》，四川大学古籍整理研究所、中华诸子宝藏编纂委员会：《诸子集成补编》第 3 册，成都：四川人民出版社，1997 年。

（汉）东方朔：《海内十洲记》，《百子全书》第 5 册，长沙：岳麓书社，1993 年。

（汉）董仲舒：《春秋繁露》，上海：上海古籍出版社，1989 年。

（汉）高诱：《〈淮南鸿烈解〉序》，张文治：《国学治要》，北京：北京理工大学出版社，2014 年。

（汉）华佗：《内照法》，严世芸、李其忠主编：《三国两晋南北朝医学总集》，北京：人民卫生出版社，2009 年。

（汉）华佗：《中藏经·论五脏六腑虚实寒热生死逆顺之法》，陈振相、宋贵美：《中医十大经典全录》，北京：学苑出版社，1995 年。

（汉）桓宽：《盐铁论》，上海：上海人民出版社，1974 年。

（汉）桓谭：《新论》，上海：上海人民出版社，1977 年。

（汉）桓谭：《新论·祛蔽》，（清）严可均：《全上古三代秦汉三国六朝文》，北京：

中华书局，1958年。

（汉）刘安著、高诱注：《淮南子》，《诸子集成》第10册，石家庄：河北人民出版社，1986年。

（汉）刘安著、（清）茆泮林辑：《淮南万毕术（及其他四种）》，北京：中华书局，1985年。

（汉）陆贾：《新语》，《百子全书》第1册，长沙：岳麓书社，1993年。

（汉）司马迁：《史记》，北京：中华书局，1959年。

（汉）王充：《论衡》，《百子全书》第4册，长沙：岳麓书社，1993年。

（汉）许慎：《说文解字》，北京：中华书局，1963年。

（汉）扬雄：《太玄》，《百子全书》第3册，长沙：岳麓书社，1993年。

（汉）扬雄著、（晋）李轨注：《法言》，《诸子集成》第10册，石家庄：河北人民出版社，1986年。

（汉）扬雄撰、刘韶军点校：《太玄集注》，北京：中华书局，1998年。

（汉）应劭：《风俗通》，《全上古三代秦汉三国六朝文》第2册，石家庄：河北教育出版社，1997年。

（汉）张衡：《浑天仪图注》，刘永平主编：《科圣张衡》，郑州：河南人民出版社，1996年。

（汉）郑玄笺、（唐）孔颖达疏：《毛诗正义》卷8，台北：广文书局，1971年。

（汉）郑玄注、（唐）贾公彦疏：《周礼注疏》卷5，上海：上海古籍出版社，1997年。

（三国·魏）刘徽：《九章算术》，郭书春、刘钝校点：《算经十书（一）》，沈阳：辽宁教育出版社，1998年。

（三国·魏）王弼：《老子道德经》，《诸子集成》第4册，石家庄：河北人民出版社，1986年。

（三国·魏）吴普：《华佗药方》，严世芸、李其忠主编：《三国两晋南北朝医学总集》，北京：人民卫生出版社，2009年。

（晋）陈寿：《三国志》，北京：中华书局，1956年。

（晋）崔豹：《古今注》，（晋）张华等撰、王根林等校点：《博物志》外七种，上海：上海古籍出版社，2012年。

（晋）葛洪：《抱朴子》，《百子全书》第5册，长沙：岳麓书社，1993年。

（晋）葛洪原著、（梁）陶弘景增补、尚志钧辑校：《补辑肘后方》上卷《治卒魇寐不寤方》，合肥：安徽科学技术出版社，1983年。

（晋）葛洪撰、胡守为校释：《神仙传校释》，北京：中华书局，2010年。

（晋）郭璞：《穆天子传》，《百子全书》第 5 册，长沙：岳麓书社，1993 年。

（晋）郭璞注、（清）毕沅校：《山海经》，上海：上海古籍出版社，1989 年。

（晋）皇甫谧：《黄帝针灸甲乙经》，陈振相、宋贵美：《中医十大经典全录》，北京：学苑出版社，1995 年。

（晋）王叔和：《脉经》，陈振相、宋贵美：《中医十大经典全录》，北京：学苑出版社，1995 年。

（南朝·宋）范晔：《后汉书》，北京：中华书局，1965 年。

（南朝·宋）雷敩：《雷公炮炙论》，严世芸、李其忠主编：《三国两晋南北朝医学总集》，北京：人民卫生出版社，2009 年。

（南朝·梁）刘勰：《灭惑论》，（南朝·梁）僧佑：《弘明集》卷 8，上海：上海古籍出版社，1991 年。

（南朝·梁）沈约：《宋书》，北京：中华书局，1974 年。

（南朝·梁）陶弘景：《本草经集注》，严世芸、李其忠主编：《三国两晋南北朝医学总集》，北京：人民出版社，2009 年。

（南朝·梁）陶弘景：《养性延命录》，严世芸、李其忠主编：《三国两晋南北朝医学总集》，北京：人民卫生出版社，2009 年。

（南朝·梁）陶弘景撰、尚志钧辑校：《名医别录》，北京：中国中医药出版社，2013 年。

（南朝·梁）萧统：《昭明文选》第 1 册，北京：华夏出版社，2000 年。

（北魏）郦道元撰，谭属春、陈爱平校点：《水经注》，长沙：岳麓书社，1995 年。

（北魏）张丘建：《张丘建算经》，郭书春、刘钝校点：《算经十书（二）》，沈阳：辽宁教育出版社，1998 年。

（北周）甄鸾：《五曹算经》，郭书春、刘钝校点：《算经十书（二）》，沈阳：辽宁教育出版社，1998 年。

（隋）萧吉：《五行大义》，《续修四库全书》编纂委员会：《续修四库全书术数类丛书》13，上海：上海古籍出版社，2006 年。

（唐）白云子：《服气精义论》，《道藏要辑选刊》第 9 册，上海：上海古籍出版社，1989 年。

（唐）韩延：《夏侯阳算经》，郭书春、刘钝校点：《算经十书（二）》，沈阳：辽宁教育出版社，1998 年。

（唐）瞿昙悉达：《开元占经》，北京：九州出版社，2012 年。

（唐）瞿昙悉达撰、常秉义点校：《开元占经》卷 110《八谷占》，北京：中央编译出版社，2006年。

（唐）孙思邈：《千金翼方》，太原：山西科学技术出版社，2010年。

（唐）王冰著、范登脉校注：《重广补注黄帝内经素问》卷2《阴阳应象大论篇》，北京：科学技术文献出版社，2011年。

（唐）魏征等：《隋书》，北京：中华书局，1973年。

（唐）张读撰、萧逸校点：《宣室志》，上海：上海古籍出版社，2012年。

（五代）谭峭撰，丁祯彦、李似珍点校：《化书》卷1《道化·形影》，北京：中华书局，1996年。

（金）成无己著，田思胜、马梅青校注：《注解伤寒论》，北京：中国医药科技出版社，2011年。

（金）李东垣：《李东垣医学全书》，太原：山西科学技术出版社，2012年。

（金）张从正著、王雅丽校注：《儒门事亲》，北京：中国医药科技出版社，2011年。

（宋）程颢、程颐著，王孝鱼点校：《二程集》，北京：中华书局，1981年。

（宋）范成大撰、严沛校注：《桂海虞衡志校注》，南宁：广西人民出版社，1986年。

（宋）黎靖德编、王星贤点校：《朱子语类》，北京：中华书局，1986年。

（宋）李昉编纂、夏剑钦校点：《太平御览》第1卷，石家庄：河北教育出版社，1994年。

（宋）李昉等：《太平御览》，北京：中华书局，1960年。

（宋）李籍：《九章算术音义》，上海：上海古籍出版社，1990年。

（宋）陆九渊：《象山先生全集》，上海：商务印书馆，1935年。

（宋）欧阳修、宋祁：《新唐书》，北京：中华书局，1975年。

（宋）邵雍：《皇极经世书》，北京：九州出版社，2012年。

（宋）沈括著、侯真平校点：《梦溪笔谈》，长沙：岳麓书社，1998年。

（宋）唐慎微：《证类本草》，北京：中国医药科技出版社，2011年。

（宋）张杲撰，王旭光、张宏校注：《医说》，北京：中国中医药出版社，2009年。

（宋）张君房纂辑、蒋力生等校注：《云笈七签》，北京：华夏出版社，1996年。

（宋）朱熹：《周易参同契考异》，《道藏》第20册，北京、上海、天津：文物出版社、上海书店、天津古籍出版社，1988年。

（宋）朱熹：《朱子全书》第13册《周易参同契考异》，上海、合肥：上海古籍出版社、安徽教育出版社，2002年。

（元）陈致虚：《参同契上阳子注》，吕光荣主编：《中国气功经典·先秦至南北朝部分》上，北京：人民体育出版社，1990年。

（元）滑寿：《滑寿医学全书》，太原：山西科学技术出版社，2013 年。

（元）脱脱等：《宋史》，北京：中华书局，1977 年。

（元）王祯：《农书》，北京：中华书局，1956 年。

（元）俞琰：《周易参同契发挥》卷 9，（东汉）魏伯阳等：《〈周易参同契〉注解集成》第 1 册，北京：宗教文化出版社，2013 年。

（明）方以智：《通雅》卷 3，《景印文渊阁四库全书》第 857 册，台北：商务印书馆，1986 年。

（明）江瓘、（清）魏之琇编著，潘桂娟、侯亚芬校注：《名医类案（正续编）》卷 53《肠痈》，北京：中国中医药出版社，1996 年。

（明）李濂：《医史》，李书田编著：《古代医家列传释译》，沈阳：辽宁大学出版社，2003 年。

（明）李时珍：《本草纲目》第 3 册，哈尔滨：黑龙江美术出版社，2009 年。

（明）陆西星：《周易参同契测疏》，（东汉）魏伯阳等：《〈周易参同契〉注解集成》第 2 册，北京：宗教文化出版社，2013 年。

（明）祁彪佳：《救荒全书》，李文海、夏明方、朱浒主编：《中国荒政书集成》第 2 册，天津：天津古籍出版社，2010 年。

（明）张惟任：《周易参同契解·序》，（东汉）魏伯阳等：《〈周易参同契〉注解集成》第 2 册，北京：宗教文化出版社，2013 年。

（明）朱载堉撰、冯文慈点注：《律学新说》，北京：人民音乐出版社，1986 年。

（清）仇兆鳌：《古本周易参同契集注》，（东汉）魏伯阳等：《〈周易参同契〉注解集成》第 3 册，北京：宗教文化出版社，2013 年。

（清）戴天章原著、何廉臣重订、张家玮点校：《重订广温热论》，王致谱主编：《温病大成》第 1 部，福州：福建科学技术出版社，2007 年。

（清）董德宁：《周易参同契正义》，（东汉）魏伯阳等：《〈周易参同契〉注解集成》第 3 册，北京：宗教文化出版社，2013 年。

（清）傅山：《傅山女科：仿古点校本》，太原：山西科学技术出版社，2013 年。

（清）黄奭：《神农本草经》，陈振相、宋贵美：《中医十大经典全录》，北京：学苑出版社，1995 年。

（清）黄元御著、孙洽熙校注：《四圣心源》卷 1《五行生克》，北京：中国中医药出版社，2009 年。

（清）纪大奎：《周易参同契集韵》，（东汉）魏伯阳等：《〈周易参同契〉注解集成》第 4 册，北京：宗教文化出版社，2013 年。

（清）焦循：《孟子正义》卷5《滕文公章句上》，《诸子集成》第2册，石家庄：河北人民出版社，1986年。

（清）柯琴撰、王晨、张黎临、赵小梅校注：《伤寒来苏集》，北京：中国中医药出版社，2006年。

（清）厉荃原辑，关槐增纂，吴潇恒、张春龙点校：《事物异名录》，长沙：岳麓书社，1991年。

（清）阮元等撰，冯立昇、邓亮、张俊峰校注：《畴人传合编校注》，郑州：中州古籍出版社，2012年。

（清）孙楷著、杨善群校补：《秦会要》，上海：上海古籍出版社，2004年。

（清）孙震元撰、崔扫尘等点校：《疡科会粹》引《心书》，北京：人民卫生出版社，1987年。

（清）唐宗海著、翁良点校：《金匮要略浅注补正》，天津：天津科学技术出版社，2010年。

（清）陶素耜：《周易参同契脉望》卷20，（东汉）魏伯阳等：《〈周易参同契〉注解集成》第3册，北京：宗教文化出版社，2013年。

（清）吴其濬：《植物名实图考长编》，北京：中华书局，1963年。

（清）吴谦著、刘国正校注：《医宗金鉴》，北京：中医古籍出版社，1995年。

（清）吴瑭著、宋咏梅校注：《温病条辨》，北京：中国盲文出版社，2013年。

（清）张璐：《本经逢原》，北京：中国中医药出版社，2007年。

（清）张志聪、高世栻：《侣山堂类辩医学真传》，北京：人民卫生出版社，1983年。

（清）张志聪著、王新华点注：《侣山堂类辩》卷上《十干化五行论》，南京：江苏科学技术出版社，1982年。

（清）郑复光：《费隐与知录》，上海：上海科学技术出版社，1985年。

（清）朱元育：《参同契阐幽》卷3，（东汉）魏伯阳等：《〈周易参同契〉注解集成》第2册，北京：宗教文化出版社，2013年。

陈振相、宋贵美：《中医十大经典全录》，北京：学苑出版社，1995年。

郭书春、刘钝校点：《算经十书（二）》，沈阳：辽宁教育出版社，1998年。

黄侃：《黄侃手批白文十三经》，上海：上海古籍出版社，1986年。

刘洋主编：《徐灵胎医学全书》，北京：中国中医药出版社，1999年。

王明：《太平经合校》卷36《丙部·事死不得过生法》，北京：中华书局，1960年。

游修龄编著：《农史研究文集》，北京：中国农业出版社，1999年。

二、研究论著

（宋）赵佶敕撰、（清）程林纂辑、余瀛鳌等编选：《圣济总录精华本·呕吐门》，北京：科学出版社，1998 年。

安树芬、彭诗琅主编：《中华教育通史》第 3 卷，北京：京华出版社，2010 年。

白寿彝主编：《中国通史》第 4 卷《中古时代·秦汉时期》下册，上海：上海人民出版社，2004 年。

薄树人：《薄树人文集》，合肥：中国科学技术大学出版社，2003 年。

毕润成主编：《生态学》，北京：科学出版社，2012 年。

蔡宾牟、袁运开主编：《物理学史讲义——中国古代部分》，北京：高等教育出版社，1985 年。

蔡德贵、侯拱辰：《道统文化新编》，济南：山东大学出版社，2000 年。

蔡元培：《中国伦理学史》，北京：中国书籍出版，2020 年。

曾雄生：《中国农学史》修订本，福州：福建人民出版社，2012 年。

陈久金主编：《中国古代天文学家》，北京：中国科学技术出版社，2008 年。

陈美东：《中国古代天文学思想》，北京：中国科学技术出版社，2007 年。

陈戍国：《秦汉礼制研究》，长沙：湖南教育出版社，1993 年。

陈万鼐：《陈万鼐科技史论著撰集》，台北：文史哲出版社，2002 年。

陈修园：《陈修园医学全书》，太原：山西科学技术出版社，2011 年。

陈寅恪：《陈寅恪史学论文选集》，上海：上海古籍出版社，1992 年。

陈元方：《历法与历法改革丛谈》，西安：陕西人民教育出版社，1992 年。

陈长勋主编：《中药药理学》，上海：上海科学技术出版社，2012 年。

陈植编著：《造林学原论》，南京：国立编译馆，1949 年。

陈遵妫：《中国天文学史》上册，上海：上海人民出版社，2006 年。

楚文化研究会：《楚文化研究论集》第 6 集，武汉：湖北教育出版社，2005 年。

崔涛：《董仲舒的儒家政治哲学》，北京：光明日报出版社，2013 年。

戴念祖、刘树勇：《中国物理学史·古代卷》，南宁：广西教育出版社，2006 年。

邓可卉：《比较视野下的中国天文学史》，上海：上海人民出版社，2011 年。

邓瑞全、王冠英主编：《中国伪书综考》，合肥：黄山书社，1998 年。

邓铁涛主编：《中国防疫史》，南宁：广西科学技术出版社，2006 年。

丁山：《古代神话与民族》，南京：江苏文艺出版社，2011 年。

杜石然、孔国平主编：《世界数学史》，长春：吉林教育出版社，2009 年。

段伟：《禳灾与减灾：秦汉社会自然灾害应对制度的形成》，上海：复旦大学出版社，

2008 年。

樊小蒲、赵强、苏婕：《科学名著与科学精神》，北京：光明日报出版社，2013 年。

方立天：《中国古代哲学问题发展史》上册，北京：中华书局，1990 年。

方药中、许家松：《黄帝内经素问运气七篇讲解》，北京：人民卫生出版社，2007 年。

冯友兰：《中国哲学史》下册，北京：生活·读书·新知三联书店，2009 年。

甘筱青：《感悟思辨逻辑——从数学到儒学的公理化诠释》，武汉：华中科学技术大学出版，2020 年。

高华平、张永春主编：《先秦诸子研究论文集》，南京：江苏凤凰出版社，2018 年。

高敏主编：《中国经济通史·魏晋南北朝》，北京：经济日报出版社，2007 年。

龚裕德：《简明中国学习思想史》，北京：中国文联出版社，2011 年。

关增建：《计量史话》，北京：社会科学文献出版社，2012 年。

管彦波：《民族地理学》，北京：社会科学文献出版社，2011 年。

郭沫若：《郭沫若全集》，北京：科学出版社，1982 年。

郭绍华：《逻辑起源》，北京：知识产权出版社，2014 年。

郭书春：《中国传统数学史话》，北京：中国国际广播出版社，2012 年。

郭文韬：《中国耕作制度史研究》，南京：河海大学出版社，1994 年。

郭彧：《易文献辨诂》，北京：北京大学出版社，2013 年。

韩复智编著：《钱穆先生学术年谱》卷 5，北京：中央编译出版社，2012 年。

韩金英绘著：《易经中的生命密码》，北京：团结出版社，2007 年。

何萍、李维武：《中国传统科学方法的嬗变》，杭州：浙江科学技术出版社，1994 年。

何堂坤：《中国古代手工业工程技术史》上，太原：山西教育出版社，2012 年。

何跃：《广义超元论与人类的世界》，重庆：重庆大学出版社，2012 年。

洪光：《中国风水史：一个文化现象的历史研究》，北京：九州出版社，2013 年。

胡大军：《伏羲密码——九千年中华文明源头新探》，上海：上海社会科学院出版社，2013 年。

胡寄窗：《中国经济思想史》中册，上海：上海人民出版社，1963 年。

胡兴山、葛国梁主编：《中医骨伤科发展史》，北京：人民卫生出版社，1991 年。

黄汉立：《易学与气功》，上海：学林出版社，1999 年。

惠富平：《中国传统农业生态文化》，北京：中国农业科学技术出版社，2014 年。

贾兵强、朱晓鸿：《图说治水与中华文明》，北京：中国水利水电出版社，2015 年。

江国樑：《周易原理与古代科技·八卦的剖析及其实际应用》，厦门：鹭江出版社，1990 年。

姜建国、李树沛编著：《伤寒析疑》，北京：科学技术文献出版社，1999 年。

姜生、汤伟侠主编：《中国道教科学技术史·汉魏两晋卷》，北京：科学出版社，2002 年。

姜文来、王建编著：《利水型社会》，北京：中国水利水电出版社，2012 年。

蒋朝君：《道教科技思想史料举要——以〈道藏〉为中心的考察》，北京：科学出版社，2012 年。

蒋祖怡：《王充卷》，郑州：中州书画，1983 年。

景戎华：《追思·俯察·展望——景戎华论文集》，哈尔滨：黑龙江教育出版社，1992 年。

匡调元：《中医病理研究》，上海：上海科学技术出版社，1980 年。

赖家度：《张衡》，上海：上海人民出版社，1956 年。

雷根平主编：《伤寒论笔记图解》，北京：化学工业出版社，2009 年。

李迪卷主编：《中国数学史大系》，北京：北京师范大学出版社，1998 年。

李根蟠：《中国农业史》，北京：文津出版社，1997 年。

李国豪主编：《建苑拾英——中国古代土木建筑科技史料选编》，上海：同济大学出版社，1990 年。

李合群主编：《中国传统建筑构造》，北京：北京大学出版社，2010 年。

李洪卫：《宇宙新视角：一个关于暗物质的设想可以帮助我们解释宇宙的奥秘》，武汉：湖北科学技术出版社，2013 年。

李继闵：《算法的源流：东方古典数学的特征》，北京：科学出版社，2007 年。

李经纬、张志斌主编：《中医学思想史》，长沙：湖南教育出版社，2006 年。

李均明：《秦汉简牍文书分类辑解》，北京：文物出版社，2009 年。

李克绍编著：《中药讲习手记》修订本，北京：中国医药科技出版社，2012 年。

李玫：《东西方乐律学研究及发展历程》，北京：中央音乐学院出版社，2007 年。

李慕南主编：《古代天文历法》，开封：河南大学出版社，2005 年。

李申：《中国古代哲学和自然科学》，北京：中国社会科学出版社，1989 年。

李石岑：《中国哲学十讲》，北京：首都经济贸易大学出版社，2013 年。

李文林主编：《从赵爽弦图谈起》，北京：高等教育出版社，2008 年。

李泽厚：《实用理性与乐感文化》，北京：生活·读书·新知三联书店，2005 年。

李志超：《天人古义——中国科学史论纲》，郑州：河南教育出版社，1995 年。

梁启超：《中国近三百年学术史》，北京：东方出版社，1996 年。

梁启超：《梁启超儒家哲学 梁启超国学要籍研读法四种》，长春：吉林人民出版社，

2013 年。

　　梁启超：《中国近三百年学术史》，北京：中国文史出版社，2016 年。

　　廖育群：《重构秦汉医学图像》，上海：上海交通大学出版社，2012 年。

　　廖育群、傅芳、郑金生：《中国科学技术史·医学卷》，北京：科学出版社，1998 年。

　　刘爱敏：《〈淮南子〉道论研究》，济南：山东人民出版社，2013 年。

　　刘钝等：《科史薪传——庆祝杜石然先生从事科学史研究 40 周年学术论文集》，沈阳：辽宁教育出版社，1997 年。

　　刘光宪、刘英哲：《刘炳凡医论医案》，北京：科学出版社，2012 年。

　　刘俊主编：《当代中医大家临床用药经验实录》，沈阳：辽宁科学技术出版社，2013 年。

　　刘鹏：《中医学身体观解读——肾与命门理论的建构与演变》，南京：东南大学出版社，2013 年。

　　刘平：《生物主动进化论》，济南：山东大学出版社，2009 年。

　　刘玉建：《两汉象数易学研究》，南宁：广西教育出版社，1996 年。

　　刘云柏：《中国古代管理思想史》，西安：陕西人民出版社，1997 年。

　　刘长林：《中国系统思维——文化基因探视》修订本，北京：社会科学文献出版社，2008 年。

　　刘钊：《机械振动》，上海：同济大学出版社，2016 年。

　　刘仲宇：《中国道教文化透视》，上海：学林出版社，1990 年。

　　刘宗迪：《失落的天书：〈山海经〉与古代华夏世界观》，北京：商务印书馆，2006 年。

　　卢嘉锡、路甬祥主编：《中国古代科学史纲》，石家庄：河北科学技术出版社，1998 年。

　　卢嘉锡总主编：《中国科学技术史》，北京：科学出版社，2000—2011 年。

　　卢央：《京房评传》，南京：南京大学出版社，1998 年。

　　陆思贤、李迪：《天文考古通论》，北京：紫禁城出版社，2000 年。

　　罗新慧：《走进中华古文明》，北京：民主与建设出版社，2009 年。

　　罗艺峰：《中国音乐思想史五讲》，上海：上海音乐学院出版社，2013 年。

　　罗翊重：《东西方矛盾观的形式演算》，昆明：云南科学技术出版社，1999 年。

　　吕思勉：《国学纲要》，北京：金城出版社，2014 年。

　　吕子方：《中国科学技术史论文集》，成都：四川人民出版社，1983 年。

　　马伯英：《中国医学文化史》下卷，上海：上海人民出版社，2010 年。

　　马东恩、温新新编著：《物质矛盾运动概论——兼谈宇宙历史中的若干问题》，北京：新时代出版社，2004 年。

　　马继兴：《中医文献学》，上海：上海科学技术出版社，1990 年。

孟乃昌：《周易参同契考辩》，上海：上海古籍出版社，1993 年。

缪天瑞：《律学》，上海：人民音乐出版社，1996 年。

牛正波等：《华佗研究》，合肥：黄山书社，1991 年。

潘吉星：《中外科学技术交流史论》，北京：中国社会科学出版社，2012 年。

潘鼐主编：《彩图本中国古天文仪器史》，太原：山西教育出版社，2005 年。

庞朴：《中国文化十一讲》，北京：中华书局，2008 年。

逄振镐：《秦汉经济问题探讨》，北京：华龄出版社，1990 年。

彭康、张一昕主编：《中药学》，北京：科学出版社，2013 年。

钱宝琮：《中国数学史话》，北京：中国青年出版社，1957 年。

钱超尘、温长路主编：《张仲景研究集成》上册，北京：中医古籍出版社，2004 年。

钱学森：《人体科学与现代科技发展纵横观》，北京：人民出版社，1997 年。

曲安京：《〈周髀算经〉新议》，西安：陕西人民出版社，2002 年。

任应秋主编：《中医各家学说》，上海：上海科技出版社，1980 年。

上海中医学院主编：《中医年鉴（1984）》，北京：人民卫生出版社，1985 年。

尚志钧：《本草人生——尚志钧本草论文集》，北京：中国中医药出版社，2010 年。

申泮文主编：《近代化学导论》下册，北京：高等教育出版社，2009 年。

沈康身：《〈九章算术〉导读》，武汉：湖北教育出版社，1997 年。

石声汉：《氾胜之书今释（初稿）》，北京：科学出版社，1956 年。

史念海：《史念海全集》第 3 卷，北京：人民出版社，2013 年。

史世勤主编：《中医传日史略》，武汉：华中师范大学出版社，1991 年。

睡虎地秦墓竹简整理小组：《睡虎地秦墓竹简》，北京：文物出版社，1978 年。

宋海宏、陈宇夫、李梅主编：《建筑设计及其方法研究》，北京：中国水利水电出版社，2015 年。

宋杰：《〈九章算术〉与汉代社会经济》，北京：首都师范大学出版社，1994 年。

宋君波：《从集约到发散——文明发展的一种新思想》，武汉：武汉大学出版社，2014 年。

宋正海等：《中国古代自然灾异动态分析》，合肥：安徽教育出版社，2002 年。

苏德昌：《〈汉书·五行志〉研究》，台北：台湾大学出版中心，2013 年。

苏湛：《看得见的中国科技史》，北京：中华书局，2012 年。

孙机：《汉代物质文化资料图说》，上海：上海古籍出版社，2011 年。

孙静均、李舜贤：《中国矿物药研究》，济南：山东科学技术出版社，1992 年。

孙猛：《日本国见在书目录详考》中册，上海：上海古籍出版社，2015 年。

唐德才、巢建国编著：《中草药彩色图谱》，长沙：湖南科学技术出版社，2013 年。

陶磊：《〈淮南子·天文〉研究——从数术史的角度》，济南：齐鲁书社，2003 年。

田文军、吴根友：《中国辩证法史》，郑州：河南人民出版社，2005 年。

仝小林：《方药量效学》，北京：科学出版社，2013 年。

万国鼎：《氾胜之书辑释》，北京：中华书局，1957 年。

汪国栋：《荀况天人系统哲学探索》，南宁：广西人民出版社，1987 年。

汪裕雄：《意象探源》，北京：人民出版社，2013 年。

汪子春、范楚玉：《中华文化通志·科学技术典》第 63 册《农学与生物学志》，上海：上海人民出版社，2010 年。

王宝青主编：《动物学》，北京：中国农业大学出版社，2009 年。

王根元等：《中国古代矿物知识》，北京：化学工业出版社，2011 年。

王利华：《中国农业通史·魏晋南北朝卷》，北京：中国农业出版社，2009 年。

王连升、郝志达、周德丰主编：《中国文化要义》，武汉：华中理工大学出版社，1999 年。

王龙宝主编：《中国管理通鉴·要著卷》，杭州：浙江人民出版社，1996 年。

王巧慧：《淮南子的自然哲学思想》，北京：科学出版社，2009 年。

王青：《扬雄评传》，南京：南京大学出版社，2000 年。

王双怀：《古史新探》，西安：陕西人民出版社，2013 年。

王铁：《汉代学术史》，上海：华东师范大学出版社，1995 年。

王亭之：《周易象数例解》，上海：复旦大学出版社，2013 年。

王永祥：《研究汉代大儒的新视角——董仲舒自然观》，深圳：海天出版社，2014 年。

王友三编著：《中国无神论史纲》，上海：上海人民出版社，1982 年。

王裕安主编：《墨子研究论丛》第 5 辑，济南：齐鲁书社，2001 年。

王振山：《〈周易参同契〉解读》，北京：宗教文化出版社，2013 年。

王忠：《中国传统创造思想研究》，北京：知识产权出版社，2018 年。

韦政通：《董仲舒》，台北：东大图书公司，1986 年。

温少峰、袁庭栋：《殷墟卜辞研究——科学技术篇》，成都：四川省社会科学院出版社，1983 年。

吴朝阳：《张家山汉简〈算数书〉校证及相关研究》，南京：江苏人民出版社，2014 年。

吴慧：《中国历代粮食亩产研究》，北京：农业出版社，1985 年。

吴平、许秋生、杨雁南：《近代物理与高新技术》，北京：国防工业出版社，2004 年。

吴守贤、全和钧主编：《中国古代天体测量学及天文仪器》，北京：中国科学技术出版社，2013年。

吴小强：《秦简日书集释》，长沙：岳麓书社，2000年。

夏丽英主编：《现代中药毒理学》，天津：天津科技翻译出版公司，2005年。

肖小河：《中药药性寒热差异的生物学表征》，北京：科学出版社，2010年。

萧汉明、郭东升：《〈周易参同契〉研究》，上海：上海文化出版社，2001年。

谢清果：《先秦两汉道家科技思想研究》，北京：东方出版社，2007年。

谢世俊：《中国古代气象史稿》，重庆：重庆出版社，1992年。

徐芹庭：《两汉京氏陆氏易学研究》，北京：中国书店，2011年。

许地山：《道教史》，北京：商务印书馆，2017年。

许结：《张衡评传》，南京：南京大学出版社，2011年。

许钦彬：《易与古文明》，北京：社会科学文献出版社，2012年。

薛愚主编：《中国药学史料》，北京：人民卫生出版社，1984年。

颜鸿森：《古中国失传机械的复原设计》，萧国鸿、张柏春译，郑州：大象出版社，2016年。

燕国材：《汉魏六朝心理思想研究》，长沙：湖南人民出版社，1984年。

杨建红主编：《解剖生理学基础》，北京：科学出版社，2010年。

杨建宏：《农耕与中国传统文化》，长沙：湖南人民出版社，2003年。

杨明洪：《农业增长方式转换机制论》，成都：西南财经大学出版社，2003年。

姚雪痕编著：《低碳生活》，上海：上海科学技术文献出版社，2013年。

叶峻主编：《人天观研究》，北京：人民出版社，2013年。

余伟：《山海经真相》，武汉：华中师范大学出版社，2012年。

余亚斐：《荀学与西汉儒学之趋向》，芜湖：安徽师范大学出版社，2011年。

岳峰等：《中华文献外译与西传研究》，厦门：厦门大学出版社，2018年。

张伯臾主编：《中医内科学》，北京：人民卫生出版社，1988年。

张灿玾：《中医古籍文献学》，北京：科学出版社，1998年。

张春辉等：《中国机械工程发明史》第2编，北京：清华大学出版社，2004年。

张凤：《汉晋西陲木简汇编》二编，上海：有正书局，1931年。

张光直：《中国青铜时代》二集，北京：生活·读书·新知三联书店，1990年。

张桂珍主编：《伤寒论讲义》，济南：山东大学出版社，1996年。

张家国：《神秘的占候——古代物候学研究》，南宁：广西人民出版社，2004年。

张景贤：《汉代法制研究》，哈尔滨：黑龙江教育出版社，1997年。

张履鹏：《农业经济史研究》，北京：中央文献出版社，2002年。

张培瑜等：《中国古代历法》，北京：中国科学技术出版社，2013 年。

张其成主编：《易经应用大百科》，南京：东南大学出版社，1994 年。

张思明：《理解数学——中学建模课程的实践案例与探索》，福州：福建教育出版社，2012 年。

张图云：《周易中的数学——揲扐算法研究》，贵阳：贵州科技出版社，2008 年。

张文智：《孟、焦、京易学新探》，济南：齐鲁书社，2013 年。

张闻玉：《古代天文历法论集》，贵阳：贵州人民出版社，1995 年。

张子高编著：《中国化学史稿（古代之部）》，北京：科学出版社，1964 年。

章鸿钊：《中国古历析疑》，北京：科学出版社，1958 年。

郑万耕编著：《扬雄及其太玄》，北京：北京师范大学出版社，2009 年。

郑文光：《中国天文学源流》，北京：科学出版社，1979 年。

中国科学院自然科学史研究所：《钱宝琮科学史论文选集》，北京：科学出版社，1983 年。

中国青年出版社：《鲁迅选集》，北京：中国青年出版社，1991 年。

中国社会科学院哲学研究所：《中国哲学年鉴（2001）》，北京：哲学研究杂志社，2001 年。

周桂钿：《董学探微》，北京：北京师范大学出版社，2008 年。

周桂钿：《天地奥秘的探索历程》，北京：中国社会科学出版社，1988 年。

周桂钿：《秦汉哲学》，武汉：武汉出版社，2006 年。

周俊玲：《建筑明器美学初探》，北京：中国社会科学出版社，2012 年。

周士一、潘启明：《周易参同契新探》，长沙：湖南教育出版社，1981 年。

周武忠主编：《设计学研究——20 位教授论设计》，上海：上海交通大学出版社，2015 年。

周昕：《中国农具通史》，济南：山东科学技术出版社，2010 年。

周肇基：《中国植物生理学史》，广州：广东高等教育出版社，1998 年。

周祯祥、邹忠梅主编：《张仲景药物学》，北京：中国医药科技出版社，2012 年。

朱伯昆：《易学哲学史》上册，北京：北京大学出版社，1986 年。

朱洁：《设计之美——张衡设计美学思想研究》，武汉：武汉大学出版社，2014 年。

庄鸿雁、张碧波：《中国文化生态学史论》，北京：中国文史出版社，2013 年。

庄威凤主编：《中国古代天象记录的研究与应用》，北京：中国科学技术出版社，2013 年。

邹学熹、戴斯玉、邹成永：《象数与中医学》，福州：福建科学技术出版社，1995 年。

［德］恩格斯：《自然辩证法》，北京：人民出版社，1984 年。

［古希腊］亚里士多德：《政治学》，颜一、秦典华译，北京：中国人民大学出版社，2005 年。

［美］米奇欧·卡库：《远景》，黄光锋译，海口：海南出版社，2000 年。

［日］大隈重信：《东西方文明之调和》，卞立强、（日）依田熹家译，北京：中国国际广播出版社，1992 年。

［日］冈西为人：《宋以前医籍考》，北京：人民卫生出版社，1958 年。

［日］桥本敬造：《中国占星术的世界》，王仲涛译，北京：商务印书馆，2012 年。

［日］秋泽修二：《东方哲学史——东学哲学特质的分析》，汪耀三、刘执之译，北京：生活·读书·新知三联书店出版社，2012 年。

［日］森立之撰、吉文辉等点校：《本草经考注》，上海：上海科学技术出版社，2005 年。

［日］天野元之助：《中国古农书考》，彭世奖、林广信译，北京：农业出版社，1992 年。

［英］李约瑟：《中国古代科学思想史》，陈立夫等译，南昌：江西人民出版社，1999 年。

［英］李约瑟：《中国科学技术史》第 4 卷第 1 分册，《中国科学技术史》翻译小组译，北京：科学出版社，1975 年。

［英］李约瑟：《中国科学技术史》第 5 卷，刘晓燕等译，北京：科学出版社，2018 年。

［英］李约瑟原著、（英）柯林·罗南改编：《中华科学文明史》上册，上海交通大学科学史系译，上海：上海人民出版社，2014 年。

［英］李约瑟原著、柯林·罗南改编：《中华科学文明史》第 2 卷，上海交通大学科学史系译，上海：上海人民出版社，2002 年。

三、论文

曹东义等：《〈素问〉之前热病探源》，《湖北民族学院学报（医学版）》2008 年第 2 期。

曹元宇：《中国古代金丹家的设备及方法》，《科学》1933 年第 1 期。

陈波：《中国逻辑学的历史审视与前景展望》，《光明日报》2003 年 11 月 4 日。

陈国符：《中国外丹黄白术考论略稿》，《化学通报》1954 年第 12 期。

陈应时：《"京房六十律"三辩》，《黄钟（武汉音乐学院学报）》2010 年第 2 期。

单长涛《近三十年国内外〈淮南子〉生态思想研究述评》，《鄱阳湖学刊》2015 年第 1 期。

范秀琳：《西汉与古罗马农书之比较——以〈氾胜之书〉与〈农业志〉为例》，《辽宁师范大学学报（社会科学版）》2021 年第 5 期。

郭树群：《京房六十律"律值日"理论律学思维阐微》，《音乐研究》2013 年第 4 期。

胡孚琛：《〈周易参同契〉研究琐谈》，《齐鲁学刊》1985 年第 2 期。

黄光惠：《〈黄帝内经〉西传推动西方医学发展》，《中国社会科学报》2019 年 8 月 30 日。

黄素封：《中国炼丹术考证》，《中华医史杂志》1945 年第 1、2 期。

黄一农：《江陵张家山出土汉初历谱考》，《考古》2002 年第 1 期。

江晓原：《〈周髀算经〉盖天宇宙结构》，《自然科学史研究》1996 年第 3 期。

蒋辰雪：《浅析中医文化负载词深度化翻译及其意义》，《环球中医药》2019 年第 1 期。

金传山、吴德林、张京生：《不同炮制方法对苍耳子成分及药效的影响》，《安徽中医学院学报》2000 年第 1 期。

雷志华、张功耀：《中国古代"夏造冰"新探及其模拟验证》，《自然科学史研究》2007 年第 1 期。

李学勤：《论含山凌家滩玉龟、玉版》，《中国文化》1992 年第 1 期。

林广云等：《中国科技典籍译本海外传播情况调研及传播路径构建》，《湖北社会科学》2020 年第 2 期。

刘金沂：《从"圆"到"浑"——汉初二十八宿圆盘的启示》，《中国天文学史文集》编辑组：《中国天文学史文集》第 3 集，北京：科学出版社，1984 年。

刘少虎：《论汉代著述之风的形成》，《益阳师专学报》1999 年第 4 期。

马宗军：《〈周易参同契〉思想研究》，山东大学 2006 年博士学位论文。

孟乃昌：《〈周易参同契〉的实验和理论》，《太原工学院学报》1983 年第 3 期。

秦建明：《"七衡六间"新说》，周天游主编：《陕西历史博物馆馆刊》第 10 辑，西安：三秦出版社，2003 年。

曲秀全：《从"天人合一"透视中国古代科学技术》，《科学技术哲学研究》2010 年第 4 期。

容志毅：《〈参同契〉与古代炼丹学说》，《自然科学史研究》2008 年第 4 期。

石声汉：《介绍"氾胜之书"》，《生物学通报》1956 年第 11 期。

孙大定：《苦味药的药性特征及其配伍作用初探》，《中国中药杂志》1996 年第 2 期。

闻人军、李仲钦、陈益棠：《膜脱盐技术源流考》，《水处理技术》1989 年第 2 期。

吴嘉瑞等：《基于关联规则和复杂系统熵聚类的中药相畏药物组合规律研究》，《中国中医药信息杂志》2013 年第 10 期。

徐振韬：《从帛书〈五星占〉看先秦浑仪的创制》，《考古》1976 年第 2 期。

薛公达、原思通、王智民：《樗鸡化学成分的研究》，《中国药学杂志》2000 年第 1 期。

杨栋、曹书杰：《二十世纪〈淮南子〉研究》，《古籍整理研究学刊》2008 年第 1 期。

杨莉等：《〈黄帝内经〉英译本出版情况》，《中国出版史研究》2016 年第 1 期。

杨向奎：《惠施"历物之意"及相关诸问题》，朱东润主编：《中华文史论丛》第 8 辑，上海：上海古籍出版社，1978 年。

袁翰青：《〈周易参同契〉——世界炼丹史上最古的著作》，《化学通报》1954 年第 8 期。

袁运开：《中国古代科学技术发展历史概貌及其特征》，《历史教学问题》2002 年第 6 期。

章鸿钊：《周髀算经上之勾股普遍定理："陈子定理"》，《中国数学杂志》1951 年第 1 期。

赵匡华：《中国炼丹术中的"黄芽"辨析》，《自然科学史研究》1989 年第 4 期。

郑彦、李明珍：《苍耳子治疗过敏性鼻炎进展》，《中医研究》2000 年第 3 期。

朱亚宗：《王充：近代科学精神的超前觉醒》，《求索》1990 年第 1 期。

［日］薮内清：《〈石氏星经〉的观测年代》，《中国科技史杂志》1984 年第 3 期。